普通高等教育自动化类国家级特色专业系列规划教材

现代控制理论基础

胡立坤　徐辰华　吕智林　编著

科学出版社
北京

内 容 简 介

本书对现代控制理论的基础内容作了深入浅出而翔实的阐述。全书共6章，包括系统的基本概念与数学基础、动态系统的模型与变换、动态系统的运动分析、动态系统的结构分析、动态系统的稳定性分析和确定性动态系统常规控制综合与设计。在内容的取舍上注重对基本问题的深入解释和工程实用性，给出了大量的相关例题，这些例题对于理解问题与实际应用大有裨益，同时注重与复频域理论的联系，书中还渗透了认识论与方法论，有助于提高理性思维。每章配有一定量的思考题用于巩固相关知识。

本书可作为高等学校自动化专业本科生和非自动化专业（电气类、电子类、机电类、生物信息类、生态类）研究生"现代控制理论"课程的教材和参考书，也可以作为广大科技人员自学的参考书。

图书在版编目(CIP)数据

现代控制理论基础/胡立坤，徐辰华，吕智林编著. —北京：科学出版社，2014.6

普通高等教育自动化类国家级特色专业系列规划教材

ISBN 978-7-03-040960-7

Ⅰ.①现… Ⅱ.①胡… ②徐… ③吕… Ⅲ.①现代控制理论-高等学校-教材 Ⅳ.①O231

中国版本图书馆 CIP 数据核字(2014)第 121929 号

责任编辑：余 江 于海云 / 责任校对：张怡君
责任印制：徐晓晨 / 封面设计：迷底书装

科学出版社出版
北京东黄城根北街 16 号
邮政编码：100717
http://www.sciencep.com

北京虎彩文化传播有限公司印刷
科学出版社发行 各地新华书店经销

*

2014 年 6 月第 一 版 开本：787×1092 1/16
2019 年 5 月第四次印刷 印张：24 1/2
字数：580 000

定价：88.00 元

（如有印装质量问题，我社负责调换）

前　　言

国内外许多高校都将现代控制理论作为一门重要的系统和控制科学课程，其原因可归结为，现代控制理论中大量的概念、方法、原理和结论对系统进行了清晰而明确的阐述，它所涉及的众多概念、方法、原理具有普适性，也对工科学生在认识论和方法论的提高上大有裨益，不仅对工程科学有重要指导作用，还为社会管理科学提供了可行的研究方法。

本教材是编者近年来从事现代控制理论教学自编讲义的基础上进一步整理编写而成的，书中对现代控制理论的基础内容作了深入浅出而翔实的阐述。全书共6章，包括系统的基本概念与数学基础、动态系统的模型与变换、动态系统的运动分析、动态系统的结构分析、动态系统的稳定性分析和确定性动态系统常规控制综合与设计。为方便教学与阅读，将工科基本数学中未深入涉及的相关数学内容提取到第1章讲述，这些数学内容在后面内容中将屡次用到。

本教材的一些特色可归结如下。

(1) 教材对相关概念与原理进行了深入讨论，特别是线性系统运动特性、稳定性和结构特性。

(2) 教材以状态空间表示为主线，但同时也阐述了其与传递函数矩阵描述、矩阵分式描述、多项式矩阵描述的关系，时域论述与复频域论述是关联在一起的，从多个角度阐述对问题的认识。

(3) 教材中的例子加入了与实验密切结合的实际典型对象例子。

(4) 教材中适时给出了一些思考题，引导读者自学时学会思考，有针对性地分析解决问题。

(5) 教材融合了人文素质教育，将相关的普适概念、原理与认识论、方法论结合起来，融课程教学与人文素质教育于一体。

在教学中，对本科可以淡化对理论问题的证明，侧重在理解方法、原理和结论，强调应用原理和方法解决和分析问题；对研究生不仅要强调理解和应用方法，还要加强锻炼对理论问题的思考，从教材的理论证明中汲取方法论，能从理论层面证明和解释一些相关问题。

编　者

2014年3月

目　　录

第1章　系统的基本概念与数学基础

20世纪50年代以来，世界各地的控制理论研究者投身于现代控制理论的研究，使其得到蓬勃发展。现代控制理论从诞生之日起就与数学有着极紧密的联系。为了更好地应用控制理论为工程和社会服务，需要透彻理解和掌握相关的数学理论基础，进而吸收现代控制理论的最新成果并推动其发展。

本章首先从系统概念与模型入手，介绍了相关概念、特征、分类、模型形式。其次为了方便教学与自学，选择了现代控制理论所涉及的数学基础，如线性空间与坐标变换、多项式矩阵、有理分式矩阵、矩阵特征值与特征向量、范数、矩阵指数函数、一阶常微分方程与解进行了回顾，有些内容是为了沟通经典控制理论与现代控制理论的联系而加入的。再次又回归到系统，讨论了线性系统的概念与几个基本问题，阐述了动态系统控制的几个基本步骤与特征。最后介绍了目前现代控制理论所涵盖的内容。中间的数学内容，如果读者对部分内容已比较熟悉，可以根据需要跳过这些内容。

1.1　系统及其模型

1.1.1　系统的概念、特征与分类

系统(system)一词来源于古代希腊文(systεmα)，意为部分组成的整体。系统论创始人贝塔朗菲定义："系统是相互联系相互作用的诸元素的综合体"。现代哲学观点认为，系统是由相互关联和相互制约的若干"部分"(元)所组成的具有特定功能的一个"整体"。这一定义指出了系统的几个特征。

(1) 多元性。系统是多样性的统一，差异性的统一，多部件的统一。

(2) 相关性。系统不存在孤立元素组分，所有元素或组分间相互依存、相互作用、相互制约。

(3) 整体性。系统是所有元素构成的复合统一整体，强调结构上的整体性。系统由"部分"组成，各部分相互作用是由物质、能量和信息交换实现的。

(4) 相对性。"整体"(系统)与"部分"称谓是相对的，系统又同时是构成其他系统的部分或"子整体"。

(5) 抽象性。强调高于现实系统，代表了一类系统。对具体的物理系统、自然系统、社会系统的抽象有助于揭示系统的一般特性和规律，具有普适性。也可以说，这种抽象抓住了主要矛盾。

系统状态由描述系统行为特征的变量来表示，并随着时间推移不断演化，导致这种演化的原因中最主要有两点。

(1) 外部环境影响，这是演化的外因，包括人为的控制作用，即有目的行为。

(2) 内部组成部分的相互作用，这是演化的内因。

系统可分为静态系统和动态系统两类。代数系统是一种静态变换，而动态系统则与时间或空间相关。后者普遍存在于自然系统、工程系统和社会系统中，系统状态按确定规律或确定

的统计规律演化。若一个动态系统中有代数约束，则称这种系统为广义系统，它也广泛存在于现实生活中，如电力系统、经济系统、生物系统、奇异摄动系统等。对静态系统，状态是不变的；而对动态系统状态是变化的。状态的“静”与“动”用数学语言表示就是状态的导数是否为零。

1.1.2 动态系统与建模

动态系统指系统状态变量随时间或空间发生演化的系统。其状态变量被定义为时间或空间的函数。这里的状态指足以描述系统过去与现在演化特性的性状的最小集合。

1. 动态系统的行为表征

动态系统的行为表征由各类变量间的关系表征。系统变量有三种形式。

(1) 输入变量包括控制变量、投入变量、扰动变量。

(2) 状态变量是系统内部状态的反映，是动态系统行为表征的实质。

(3) 输出变量表征了动态系统的响应及产出。

动态系统一般通过微分方程或差分方程组来建立各变量间的关系。通过基本理论推导方程组，并进行数值计算，得到系统运动规律和各种性质的严格的或定理性的表达。

2. 动态系统的描述基本形式

动态系统的一般形式有内部描述与外部描述两种基本形式。前者是一个“白箱”，内部行为特征可见，通常用状态空间描述，即通过机理表现出各状态变量间的数学化关系。后者是一个“黑箱”，内部形式不可见，通常用在关注输入输出的场合，如图 1-1 所示，系统有 p 个输入（一般用 $\boldsymbol{u}$ 表示）、n 个状态（一般用 $\boldsymbol{x}$ 表示）、q 个输出（一般用 $\boldsymbol{y}$ 表示）。

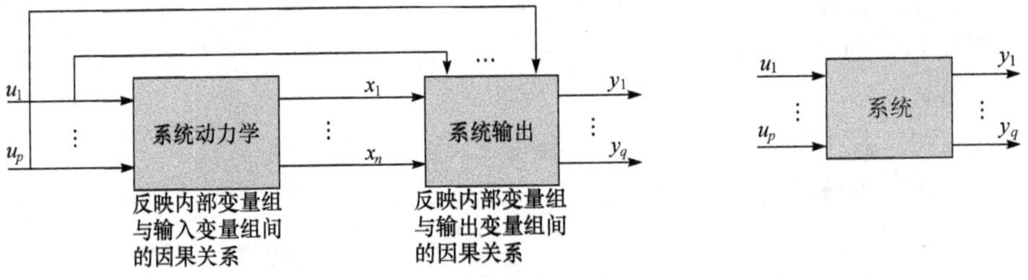

(a)“白箱”描述　　(b)“黑箱”描述

图 1-1　描述动态系统的两种基本形式

对两者进一步说明如下。

(1) “黑箱”描述反映的是输入输出的关系，而“白箱”描述反映的则是内部独立变量的变化。无论哪种描述对实际系统均应满足因果系统要求。

(2) 传递函数（矩阵）描述只能应用于线性定常系统，而状态空间描述则可以用于所有动态系统。

(3) 高阶微分方程不易求解，而状态空间描述处理的是一阶微分方程，利用矩阵微分方程的解理论较易求解。

(4) 传递函数（矩阵）描述的是在系统初始条件松弛假定下的输入输出关系，而状态方程初始条件可以非零。

(5) 对于机理不明确的复杂系统，很难建立状态空间模型，而借助于超低频特性测试仪，用实验方法可以得到系统的频域特性，进而获得系统的传递函数。这一点在经典控制理论中已有经验。

3. 动态系统的分类

动态系统的分类方法有很多，下面是一些分类情况。

(1) 按系统机制来分：连续变量动态系统(CVDS)、离散事件动态系统(DEDS)。

(2) 按系统特性来分：线性系统(LS)、非线性系统(NLS)。

(3) 按系统参数分布性来分：集中参数-单维系统(Lumped Parameter System，LPS)、分布参数-多维系统(Distributed Parameter System，DPS)。

(4) 按系统作用时间来分：连续时间系统(CTS)、离散时间系统(DTS)。

(5) 按参数随时间变化性来分：定常系统(TIS)、时变系统(TVS)。

本教材限于研究确定性的连续变量、连续/离散时间、线性、集中参数、时不变系统，这是研究其他系统理论的基础。

例 1-1 判断下列方程中所描述系统的类型，初始条件松弛。

(1) $2t\ddot{y}(t)+5\dot{y}(t)+e^{-t}y(t)=u(t)$；

(2) $\dddot{y}(t)+3\dot{y}(t)+6y(t)+10=u(t)$；

(3) $\ddot{y}(t)=3\dot{y}(t)y^2(t)+2y(t)\dot{u}(t)+u^2(t)$；

(4) $y(t)=\begin{cases}0, & u(t)<2\\ 2u(t), & u(t)\geqslant 2\end{cases}$；

(5) 均匀直杆纵向振动方程(波动方程)：$\rho A\dfrac{\partial^2 u}{\partial t^2}=EA\dfrac{\partial^2 u}{\partial x^2}$。

解 (1) 集中参数、线性、时变、动态；

(2) 集中参数、非线性、定常、动态；

(3) 集中参数、非线性、定常、动态；

(4) 集中参数、非线性、定常、静态；

(5) 分布式参数、线性、定常、动态。

4. 动态系统的模型与建模

无论自然系统、工程系统，还是社会系统，系统模型均可用来揭示规律或因果关系；可以用于预测或预报；可以为系统向好的方向发展设计控制方案提供依据。建模就是要得到状态变量、输入变量、输出变量、参量、常量间的关系，可以用数据、图表和数学表达式、计算机程序、逻辑关系或各种方式结合来表示。随着所考察问题的性质不同，一个系统可以有不同类型的数学模型，它们代表了系统的不同侧面的属性，对系统建模实质就是对各变量和参量间的关系按照研究需要的角度进行描述，是现实世界中的系统或其部分的行为和特性一个简化描述，并不能完全真实反映实际结构。

建立工程系统模型可以通过两种途径。

一是机理建模，针对已知结构和参数的工程系统，通过理论分析并合理简化推导建立系统模型，模型一般采用动态微分方程表示，当然也可以给出其派生形式，如传递函数、状态空间表示等。

"理论分析"就是利用已有定律与定理对工程系统进行建模。工程系统按其能量属性分为电气、机械、机电、气动、液压、热力的物理规律，常用的定律有物质不灭定律、能量守恒定律、牛顿第二定律、动量矩定理、机械转矩平衡定律、热力学定律、KCL、KVL。而"合理简化"指要抓住主要矛盾，将本质提取出来，建立一个简洁且能反映实际系统物理量变化的相当适用的数学模型。

二是系统辨识，针对内部结构和特性尚不清楚，甚至不了解的情况("黑箱")，根据一定数量的在系统运行过程中实际观察的物理量数据，利用统计规律和系统辨识算法合理地估计反映系统各物理量相互制约关系的数学模型。

"数据"是通过对系统施加激励，观察和测量响应获得的，由此采用统计学方法建立方程、曲线、图表。需要注意的是，不能随便施加激励，并且只可在线运行获得数据。系统辨识中最基本的方法是最小二乘法，由此建立系统变量间的关系。

社会系统的建模与工程系统有类似的地方，也有不同的地方，往往时间尺度比较大，如社会制度变革、社会经济发展、人口发展、社会可持续发展(巨系统)、现代社会运作等，对这些系统建模重要的目的是产生决策和调控。

为了模型方便分析与应用，无论哪种建模方式，还是针对哪类系统建模，均要遵循建模原则：建模必须在模型的简练性和分析结果的准确性间作出适当的折中。

1.2 线性空间与坐标变换

1.2.1 线性空间

1. 数域的概念

设 $\mathbf{P}$ 是包含 0 和 1 在内的数集，如果 $\mathbf{P}$ 中任意两个数的和、差、积、商(除数不为零)仍是 $\mathbf{P}$ 中的数，则称 $\mathbf{P}$ 为一个数域。如常用的数域有 $\mathbf{Q}$(有理数域)、$\mathbf{R}$(实数域)、$\mathbf{C}$(复数域)。

例 1-2 判断是否是数域。

$\mathbf{P}(\sqrt{2})=\{a+b\sqrt{2}\mid a,b\in\mathbf{Q}\}$，$\mathbf{N}=\{0,1,2,3,\cdots\}$两个集合是数域吗?

解 按定义进行简单的运算便可判定：前一个是数域，后一个不是数域。

2. 线性空间的概念

设 $\mathbf{P}$ 是一个数域，$\mathbf{V}$ 是 $\mathbf{P}$ 上的一个非空集合，在 $\mathbf{V}$ 上定义了两种代数运算"+"，"·"。令 k、m 是 $\mathbf{P}$ 中的任意数，$\boldsymbol{\alpha}$、$\boldsymbol{\beta}$、$\boldsymbol{\gamma}$ 分别是 $\mathbf{V}$ 中的任意元素(元素可以是标量、向量、矩阵等)，如果这两种运算满足：

(1) 加法交换律 $\boldsymbol{\alpha}+\boldsymbol{\beta}=\boldsymbol{\beta}+\boldsymbol{\alpha}$；

(2) 加法结合律 $(\boldsymbol{\alpha}+\boldsymbol{\beta})+\boldsymbol{\gamma}=\boldsymbol{\alpha}+(\boldsymbol{\beta}+\boldsymbol{\gamma})$；

(3) 有 $\mathbf{0}$ 元(V 中的元素)，即 $\boldsymbol{\alpha}+\mathbf{0}=\boldsymbol{\alpha}$，且 $\mathbf{0}$ 元是唯一的；

(4) V 中任意元素 $\boldsymbol{\alpha}$ 有负元 $\boldsymbol{\alpha}'$，即 $\boldsymbol{\alpha}+\boldsymbol{\alpha}'=\mathbf{0}$，且负元唯一；

(5) $1\cdot\boldsymbol{\alpha}=\boldsymbol{\alpha}$；注意这里的 1 是 $\mathbf{P}$ 中的元素；

(6) $k\cdot(m\cdot\boldsymbol{\alpha})=(km)\cdot\boldsymbol{\alpha}$；

(7) $(k+m)\cdot\boldsymbol{\alpha}=k\cdot\boldsymbol{\alpha}+m\cdot\boldsymbol{\alpha}$；

(8) $k\cdot(\boldsymbol{\alpha}+\boldsymbol{\beta})=k\cdot\boldsymbol{\alpha}+k\cdot\boldsymbol{\beta}$。

则称 V 是 P 上的线性空间。

思考 如何用数域定义证明：

① $0 \cdot \boldsymbol{\alpha}=\mathbf{0}$(提示：用(7)令 $m=-k$)；

② $k \cdot \mathbf{0}=\mathbf{0}$(提示：用(8)令 $\boldsymbol{\beta}=-\boldsymbol{\alpha}$)；

③ 若 $k \cdot \boldsymbol{\alpha}=\mathbf{0}$，则 $k=0$ 或 $\boldsymbol{\alpha}=\mathbf{0}$。

例 1-3 判断是否是线性空间。

全体正实数，对于定义的加法与数量乘($a \oplus b=ab, k \cdot a=a^k$)能够成实数域上的线性空间吗?

解 0 元是 1；负元是倒数；但其他性质不符，故不能构成实数域上的线性空间。

3. 线性相关与线性无关的概念

设 V 是数域 P 上线性空间，$\boldsymbol{\alpha}_1, \boldsymbol{\alpha}_2, \cdots, \boldsymbol{\alpha}_r (r \geqslant 1)$ 是 V 中向量(可以是矩阵或更高维的)。如果存在 r 个不全为 0 的 $k_1, k_2, \cdots, k_r \in \mathbf{P}$，使 $k_1\boldsymbol{\alpha}_1+k_2\boldsymbol{\alpha}_2+\cdots+k_r\boldsymbol{\alpha}_r=\mathbf{0}$，则称 $\boldsymbol{\alpha}_1, \boldsymbol{\alpha}_2, \cdots, \boldsymbol{\alpha}_r$ 线性相关(其中一个向量必能被其他的向量线性表示)；反之称为线性无关。

例 1-4 判断线性相关性。

实数域 R 上线性空间 $\mathbf{R}^{2\times 2}$ 的一组向量(矩阵)

$$\boldsymbol{E}_{11}=\begin{pmatrix}1 & 0\\ 0 & 0\end{pmatrix}, \boldsymbol{E}_{12}=\begin{pmatrix}0 & 1\\ 0 & 0\end{pmatrix}, \boldsymbol{E}_{21}=\begin{pmatrix}0 & 0\\ 1 & 0\end{pmatrix}, \boldsymbol{E}_{22}=\begin{pmatrix}0 & 0\\ 0 & 1\end{pmatrix}$$

是线性无关的吗?

解 按定义令 $k_{11}\boldsymbol{E}_{11}+k_{12}\boldsymbol{E}_{12}+k_{21}\boldsymbol{E}_{21}+k_{22}\boldsymbol{E}_{22}=\mathbf{0}$，只有当 $k_{11}=k_{12}=k_{21}=k_{22}=0$ 时才成立，所以线性无关。

4. 线性空间维数的概念

如果线性空间 V 中有 n 个线性无关的向量，但是没有更多数目的线性无关向量，则称 V 是 n 维的，记 $\dim(\mathbf{V})=n$。注意：这里 V 是 n 维的并不是说内含向量是 n 维的。同时这 n 个线性无关的向量(如 $\boldsymbol{\alpha}_1, \boldsymbol{\alpha}_2, \cdots, \boldsymbol{\alpha}_n$)称为 V 的一组基，且 V 中其他任一向量 $\boldsymbol{\alpha}$ 均可由这组基唯一表示，即

$$\boldsymbol{\alpha}=x_1\boldsymbol{\alpha}_1+x_2\boldsymbol{\alpha}_2+\cdots+x_n\boldsymbol{\alpha}_n=(\boldsymbol{\alpha}_1 \quad \cdots \quad \boldsymbol{\alpha}_n)\begin{pmatrix}x_1\\ \vdots\\ x_n\end{pmatrix}$$

称 x_i 组成向量为 $\boldsymbol{\alpha}$ 在基 $\boldsymbol{\alpha}_1, \boldsymbol{\alpha}_2, \cdots, \boldsymbol{\alpha}_n$ 下的坐标向量。几何上，基就是某种坐标系中坐标轴的集合。

下面分析一个问题，对于空间 V，基有多个，那么任一向量在这些基下的坐标能否转换?

事实上，令 $\mathbf{R}^n$ 的两组基分别为 $\{e_i, i=1,2,\cdots,n\}$，$\{e_j', j=1,2,\cdots,n\}$，则由于 V 中任一向量可由第一个基表示，所以存在非奇异方阵 $\boldsymbol{P}$(称从前一基到后一基的过渡矩阵)使得

$$(\boldsymbol{e}_1' \quad \cdots \quad \boldsymbol{e}_n')=(\boldsymbol{e}_1 \quad \cdots \quad \boldsymbol{e}_n)\boldsymbol{P} \tag{1-1}$$

于是，$\forall \boldsymbol{\alpha} \in \mathbf{R}^n, \boldsymbol{\alpha}=(\boldsymbol{e}_1 \quad \cdots \quad \boldsymbol{e}_n)\begin{pmatrix}x_1\\ \vdots\\ x_n\end{pmatrix}=(\boldsymbol{e}_1' \quad \cdots \quad \boldsymbol{e}_n')\begin{pmatrix}x_1'\\ \vdots\\ x_n'\end{pmatrix}=(\boldsymbol{e}_1 \quad \cdots \quad \boldsymbol{e}_n)\boldsymbol{P}\begin{pmatrix}x_1'\\ \vdots\\ x_n'\end{pmatrix}$。所以，基

变化前后对应坐标关系为

$$\begin{pmatrix} x_1 \\ \vdots \\ x_n \end{pmatrix} = \boldsymbol{P} \begin{pmatrix} x'_1 \\ \vdots \\ x'_n \end{pmatrix} \tag{1-2}$$

这说明：基于任意属于 $\mathbf{R}^n$ 的一个元素对应于某一基的坐标与这一元素对应另一基的坐标之间可以通过基与基之间的坐标转换实现。

例 1-5 求基之间的过渡矩阵和空间中元素在基下的坐标。

已知 $\mathbf{R}^4$ 的两组基：

① $\boldsymbol{\varepsilon}_1=[1\quad 0\quad 0\quad 0]^{\mathrm{T}}$，$\boldsymbol{\varepsilon}_2=[0\quad 1\quad 0\quad 0]^{\mathrm{T}}$，$\boldsymbol{\varepsilon}_3=[0\quad 0\quad 1\quad 0]^{\mathrm{T}}$，$\boldsymbol{\varepsilon}_4=[0\quad 0\quad 0\quad 1]^{\mathrm{T}}$；

② $\boldsymbol{\eta}_1=[2\quad 1\quad -1\quad 1]^{\mathrm{T}}$，$\boldsymbol{\eta}_2=[0\quad 3\quad 1\quad 0]^{\mathrm{T}}$，$\boldsymbol{\eta}_3=[5\quad 3\quad 2\quad 1]^{\mathrm{T}}$，$\boldsymbol{\eta}_4=[6\quad 6\quad 1\quad 3]^{\mathrm{T}}$。

求：(1) 由基 $\boldsymbol{\varepsilon}_1,\boldsymbol{\varepsilon}_2,\boldsymbol{\varepsilon}_3,\boldsymbol{\varepsilon}_4$ 到基 $\boldsymbol{\eta}_1,\boldsymbol{\eta}_2,\boldsymbol{\eta}_3,\boldsymbol{\eta}_4$ 的过渡矩阵；

(2) $\boldsymbol{\xi}=[1\quad 0\quad 0\quad -1]^{\mathrm{T}}$ 在两组基下的坐标。

解 (1) 由题得

$$(\boldsymbol{\eta}_1\ \ \boldsymbol{\eta}_2\ \ \boldsymbol{\eta}_3\ \ \boldsymbol{\eta}_4)=\begin{pmatrix} 2 & 0 & 5 & 6 \\ 1 & 3 & 3 & 6 \\ -1 & 1 & 2 & 1 \\ 1 & 0 & 1 & 3 \end{pmatrix}=\begin{pmatrix} 1 & 0 & 0 & 0 \\ 0 & 1 & 0 & 0 \\ 0 & 0 & 1 & 0 \\ 0 & 0 & 0 & 1 \end{pmatrix}\begin{pmatrix} 2 & 0 & 5 & 6 \\ 1 & 3 & 3 & 6 \\ -1 & 1 & 2 & 1 \\ 1 & 0 & 1 & 3 \end{pmatrix}=(\boldsymbol{\varepsilon}_1\ \ \boldsymbol{\varepsilon}_2\ \ \boldsymbol{\varepsilon}_3\ \ \boldsymbol{\varepsilon}_4)\begin{pmatrix} 2 & 0 & 5 & 6 \\ 1 & 3 & 3 & 6 \\ -1 & 1 & 2 & 1 \\ 1 & 0 & 1 & 3 \end{pmatrix}$$

故过渡矩阵为

$$\boldsymbol{P}=\begin{bmatrix} 2 & 0 & 5 & 6 \\ 1 & 3 & 3 & 6 \\ -1 & 1 & 2 & 1 \\ 1 & 0 & 1 & 3 \end{bmatrix}$$

(2) $\boldsymbol{\xi}$ 在 $\boldsymbol{\varepsilon}_1,\boldsymbol{\varepsilon}_2,\boldsymbol{\varepsilon}_3,\boldsymbol{\varepsilon}_4$ 下的坐标为

$$\boldsymbol{\xi}=[1\quad 0\quad 0\quad -1]^{\mathrm{T}}$$

$\boldsymbol{\xi}$ 在 $\boldsymbol{\eta}_1,\boldsymbol{\eta}_2,\boldsymbol{\eta}_3,\boldsymbol{\eta}_4$ 下的坐标为

$$\boldsymbol{P}^{-1}[1\quad 0\quad 0\quad -1]^{\mathrm{T}}=[5/3\quad 8/9\quad 1\quad -11/9]^{\mathrm{T}}$$

1.2.2 线性映射与线性变换

1. 线性映射

设 $\mathbf{V}_1$、$\mathbf{V}_2$ 是数域 $\mathbf{P}$ 的两个线性空间，$\boldsymbol{T}$ 是 $\mathbf{V}_1$ 到 $\mathbf{V}_2$ 的一个映射，如果 $\boldsymbol{\alpha}_1,\boldsymbol{\alpha}_2\in\mathbf{V}_1$ 且 $n,m\in\mathbf{P}$，均有 $\boldsymbol{T}(n\boldsymbol{\alpha}_1+m\boldsymbol{\alpha}_2)=n\boldsymbol{T}(\boldsymbol{\alpha}_1)+m\boldsymbol{T}(\boldsymbol{\alpha}_2)$，则称 $\boldsymbol{T}$ 是 $\mathbf{V}_1$ 到 $\mathbf{V}_2$ 的线性映射（同态映射）。若 $\boldsymbol{T}$ 是一个一一映射，则 $\boldsymbol{T}$ 称为同构映射。同构映射要求 $\mathbf{V}_1$、$\mathbf{V}_2$ 的维数相等。

线性映射 $\boldsymbol{T}$ 的值域 $\mathbf{R}(\boldsymbol{T})=\mathrm{Im}(\boldsymbol{T})=\{\boldsymbol{T}(\boldsymbol{\alpha})\mid\boldsymbol{\alpha}\in\mathbf{V}_1\}$，它是 $\mathbf{V}_2$ 的子空间。

线性映射 $\boldsymbol{T}$ 的核 $\ker(\boldsymbol{T})=N(\boldsymbol{T})=\{\boldsymbol{\alpha}\in\mathbf{V}_1\mid\boldsymbol{T}(\boldsymbol{\alpha})=\mathbf{0}\}$，它是 $\mathbf{V}_1$ 的子空间。

与线性映射相关的结论如下。

(1) 线性映射由基像组唯一确定。

(2) 设 $\boldsymbol{T}$ 是 n 维线性空间 $\mathbf{V}_1$ 到 m 维线性空间 $\mathbf{V}_2$ 的线性映射，$\zeta_1,\zeta_2,\cdots,\zeta_n$ 和 $\boldsymbol{\eta}_1,\boldsymbol{\eta}_2,\cdots,\boldsymbol{\eta}_m$ 分别是 $\mathbf{V}_1$ 和 $\mathbf{V}_2$ 中的基。$\boldsymbol{T}$ 在这对基下的矩阵是 $\boldsymbol{A}$（唯一的），即

$$(\boldsymbol{T}(\zeta_1),\boldsymbol{T}(\zeta_2),\cdots,\boldsymbol{T}(\zeta_n))=(\boldsymbol{\eta}_1,\boldsymbol{\eta}_2,\cdots,\boldsymbol{\eta}_m)\boldsymbol{A} \tag{1-3}$$

则

① 线性映射 $\boldsymbol{T}$ 的值域是由基像组张成的空间，即 $\mathbf{R}(\boldsymbol{T})=\mathrm{span}\{\boldsymbol{T}(\zeta_1),\boldsymbol{T}(\zeta_2),\cdots,\boldsymbol{T}(\zeta_n)\}$。

② $\boldsymbol{T}$ 的秩 $\mathrm{rank}(\boldsymbol{T})=\dim(\mathbf{R}(\boldsymbol{T}))=\mathrm{rank}(\boldsymbol{A})$。

③ $\mathrm{rank}(\boldsymbol{T})+\dim(\ker(\boldsymbol{T}))=n$。

思考 如何证明该式？

④ 若对 $\forall\boldsymbol{\alpha}\in V_1$，$\boldsymbol{\alpha}=\sum_{i=1}^{n}x_i\zeta_i$，$\boldsymbol{T}(\boldsymbol{\alpha})=\sum_{i=1}^{n}y_i\boldsymbol{\eta}_i$，则 $\begin{pmatrix}y_1\\ \vdots\\ y_m\end{pmatrix}=\boldsymbol{A}\begin{pmatrix}x_1\\ \vdots\\ x_n\end{pmatrix}$。

思考 如何证明该式？提示：利用式(1-3)。

(3) 同一线性映射在不同基对下的矩阵一般是不同的，线性映射在不同基对下的矩阵间是相抵(等价)的。

思考 如何说明该结论？

2. 线性(坐标)变换

设 $\mathbf{V}$ 是数域 $\mathbf{P}$ 上线性空间，$\mathbf{V}$ 到自身的线性映射称为 $\mathbf{V}$ 上线性变换。对 $\mathbf{V}$ 上的一组基 $\boldsymbol{\varepsilon}_1,\boldsymbol{\varepsilon}_2,\boldsymbol{\varepsilon}_3,\cdots,\boldsymbol{\varepsilon}_n$ 分别进行线性变换，得

$$\begin{cases}\boldsymbol{T}(\boldsymbol{\varepsilon}_1)=a_{11}\boldsymbol{\varepsilon}_1+a_{21}\boldsymbol{\varepsilon}_2+a_{31}\boldsymbol{\varepsilon}_3+\cdots+a_{n1}\boldsymbol{\varepsilon}_n\\ \boldsymbol{T}(\boldsymbol{\varepsilon}_2)=a_{12}\boldsymbol{\varepsilon}_1+a_{22}\boldsymbol{\varepsilon}_2+a_{32}\boldsymbol{\varepsilon}_3+\cdots+a_{n2}\boldsymbol{\varepsilon}_n\\ \qquad\vdots\\ \boldsymbol{T}(\boldsymbol{\varepsilon}_n)=a_{1n}\boldsymbol{\varepsilon}_1+a_{2n}\boldsymbol{\varepsilon}_2+a_{3n}\boldsymbol{\varepsilon}_3+\cdots+a_{nn}\boldsymbol{\varepsilon}_n\end{cases}$$

记 $\boldsymbol{T}(\boldsymbol{\varepsilon}_1,\boldsymbol{\varepsilon}_2,\boldsymbol{\varepsilon}_3,\cdots,\boldsymbol{\varepsilon}_n)=(\boldsymbol{T}(\boldsymbol{\varepsilon}_1),\boldsymbol{T}(\boldsymbol{\varepsilon}_2),\boldsymbol{T}(\boldsymbol{\varepsilon}_3),\cdots,\boldsymbol{T}(\boldsymbol{\varepsilon}_n))$，则

$$\boldsymbol{T}(\boldsymbol{\varepsilon}_1,\boldsymbol{\varepsilon}_2,\boldsymbol{\varepsilon}_3,\cdots,\boldsymbol{\varepsilon}_n)=(\boldsymbol{\varepsilon}_1,\boldsymbol{\varepsilon}_2,\boldsymbol{\varepsilon}_3,\cdots,\boldsymbol{\varepsilon}_n)\begin{bmatrix}a_{11}&a_{12}&\cdots&a_{1n}\\ a_{21}&a_{22}&\cdots&a_{2n}\\ \vdots&\vdots&&\vdots\\ a_{n1}&a_{n2}&\cdots&a_{nn}\end{bmatrix}=(\boldsymbol{\varepsilon}_1,\boldsymbol{\varepsilon}_2,\boldsymbol{\varepsilon}_3,\cdots,\boldsymbol{\varepsilon}_n)\boldsymbol{A} \quad (1\text{-}4)$$

这个表达式说明：基向量的像仍可用基线性表示。

与线性变换相关结论：设 n 维线性空间 $\mathbf{V}$ 上的线性变换 $\boldsymbol{T}$ 在基 $\{\boldsymbol{e}_i,i=1,2,\cdots,n\}$，$\{\boldsymbol{e}'_j,j=1,2,\cdots,n\}$ 下的矩阵分别为 $\boldsymbol{A}$ 和 $\boldsymbol{B}$，而由前一基到后一基的过渡矩阵为 $\boldsymbol{P}$，即 $(\boldsymbol{e}'_1\ \cdots\ \boldsymbol{e}'_n)=(\boldsymbol{e}_1\ \cdots\ \boldsymbol{e}_n)\boldsymbol{P}$，则 $\boldsymbol{B}=\boldsymbol{P}^{-1}\boldsymbol{A}\boldsymbol{P}$，即 $\boldsymbol{B}$ 与 $\boldsymbol{A}$ 互为相似。此结论说明：线性变换在不同基下对应的矩阵是相似的；两个相似的矩阵也可以看成同一线性变换在两组基下对应的矩阵。注：这个结论是线性映射下结论的特例。

思考 如何说明此结论的正确性？

例 1-6 求映射在基下的变换阵。

设 $\boldsymbol{\varepsilon}_1,\boldsymbol{\varepsilon}_2,\boldsymbol{\varepsilon}_3,\boldsymbol{\varepsilon}_4$ 是 4 维线性空间 $\mathbf{V}$ 的一组基，线性变换 $\boldsymbol{T}$ 在这组基下的矩阵为 $\begin{bmatrix}1&0&2&1\\ -1&2&1&3\\ 1&2&5&5\\ 2&-2&1&-2\end{bmatrix}$。

(1) 求 $\boldsymbol{T}$ 在基 $\boldsymbol{\eta}_1=\boldsymbol{\varepsilon}_1-2\boldsymbol{\varepsilon}_2+\boldsymbol{\varepsilon}_4, \boldsymbol{\eta}_2=3\boldsymbol{\varepsilon}_2-\boldsymbol{\varepsilon}_3-\boldsymbol{\varepsilon}_4, \boldsymbol{\eta}_3=\boldsymbol{\varepsilon}_3+\boldsymbol{\varepsilon}_4, \boldsymbol{\eta}_4=2\boldsymbol{\varepsilon}_4$ 下的矩阵。

(2) 求 $\boldsymbol{T}$ 的值域与核。

解 (1) 先求 $\boldsymbol{\varepsilon}_1,\boldsymbol{\varepsilon}_2,\boldsymbol{\varepsilon}_3,\boldsymbol{\varepsilon}_4$ 到 $\boldsymbol{\eta}_1,\boldsymbol{\eta}_2,\boldsymbol{\eta}_3,\boldsymbol{\eta}_4$ 的过渡矩阵。依题得

$$[\boldsymbol{\eta}_1 \quad \boldsymbol{\eta}_2 \quad \boldsymbol{\eta}_3 \quad \boldsymbol{\eta}_4]=[\boldsymbol{\varepsilon}_1 \quad \boldsymbol{\varepsilon}_2 \quad \boldsymbol{\varepsilon}_3 \quad \boldsymbol{\varepsilon}_4]\begin{bmatrix}1 & 0 & 0 & 0\\ -2 & 3 & 0 & 0\\ 0 & -1 & 1 & 0\\ 1 & -1 & 1 & 2\end{bmatrix}=[\boldsymbol{\varepsilon}_1 \quad \boldsymbol{\varepsilon}_2 \quad \boldsymbol{\varepsilon}_3 \quad \boldsymbol{\varepsilon}_4]\boldsymbol{P}$$

所以,$\boldsymbol{T}$ 在基 $\boldsymbol{\eta}_1,\boldsymbol{\eta}_2,\boldsymbol{\eta}_3,\boldsymbol{\eta}_4$ 下的矩阵为

$$\boldsymbol{B}=\boldsymbol{P}^{-1}\boldsymbol{A}\boldsymbol{P}=\begin{bmatrix}2 & -3 & 3 & 2\\ 2/3 & -4/3 & 10/3 & 10/3\\ 8/3 & -16/3 & 40/3 & 40/3\\ 0 & 1 & -7 & -8\end{bmatrix}$$

(2) 对于 $\forall \boldsymbol{\alpha}\in \mathbf{V}$,有 $\boldsymbol{\alpha}=\sum_{i=1}^{4}x_i\boldsymbol{\varepsilon}_i$,

$$\mathbf{R}(\boldsymbol{T})=\{\boldsymbol{T}(\boldsymbol{\alpha})\}=\left\{\sum_{i=1}^{4}x_i\boldsymbol{T}(\boldsymbol{\varepsilon}_i)\right\}=\operatorname{span}\{\boldsymbol{T}(\boldsymbol{\varepsilon}_1),\boldsymbol{T}(\boldsymbol{\varepsilon}_2),\boldsymbol{T}(\boldsymbol{\varepsilon}_3),\boldsymbol{T}(\boldsymbol{\varepsilon}_4)\}$$

由线性变换 T 的秩定义,得 $\dim\{T(\boldsymbol{\alpha})\}=\operatorname{rank}(T)=\operatorname{rank}(A)=2$,所以,$\dim(\ker(T))=4-2=2$。

令 $\boldsymbol{\varepsilon}_1=[1 \quad 0 \quad 0 \quad 0]^{\mathrm{T}},\boldsymbol{\varepsilon}_2=[0 \quad 1 \quad 0 \quad 0]^{\mathrm{T}},\boldsymbol{\varepsilon}_3=[0 \quad 0 \quad 1 \quad 0]^{\mathrm{T}},\boldsymbol{\varepsilon}_4=[0 \quad 0 \quad 0 \quad 1]^{\mathrm{T}}$,显然 $\boldsymbol{\varepsilon}_1,\boldsymbol{\varepsilon}_2,\boldsymbol{\varepsilon}_3,\boldsymbol{\varepsilon}_4$ 构成了 $\mathbf{R}^4$ 的一组基,则由 $\boldsymbol{T}(\boldsymbol{\alpha})=0$,得 $[\boldsymbol{\varepsilon}_1 \quad \boldsymbol{\varepsilon}_2 \quad \boldsymbol{\varepsilon}_3 \quad \boldsymbol{\varepsilon}_4]\boldsymbol{A}\begin{bmatrix}x_1\\x_2\\x_3\\x_4\end{bmatrix}=0$,即 $\boldsymbol{A}\begin{bmatrix}x_1\\x_2\\x_3\\x_4\end{bmatrix}=\mathbf{0}$,解此方程得 $\begin{bmatrix}x_1\\x_2\\x_3\\x_4\end{bmatrix}=k_1\begin{bmatrix}-2\\-\frac{3}{2}\\1\\0\end{bmatrix}+k_2\begin{bmatrix}-1\\-2\\0\\1\end{bmatrix}$。所以 $\ker(\boldsymbol{T})=\left\{\boldsymbol{x}\,\middle|\,\boldsymbol{x}=k_1\begin{bmatrix}-2\\-\frac{3}{2}\\1\\0\end{bmatrix}+k_2\begin{bmatrix}-1\\-2\\0\\1\end{bmatrix},k_1,k_2\in\mathbf{R}\right\}$。

下面讨论一个问题:线性变换的目的是什么?从上面的例子已看到,线性变换可以将一种基下的矩阵变成另一种基下的新矩阵,假若新基选择合适,则可以通过相似变换实现其相应的矩阵,具有较简洁的形式,这将在一定程度上消除系统变量间的耦合关系,也为分析系统提供了方便。在控制理论中,通常将坐标线性变换表示为 $\boldsymbol{x}=\boldsymbol{P}\boldsymbol{z}$,其中,$\boldsymbol{P}$ 表示变换阵。若 $\boldsymbol{P}$ 是相对于直角正交系到新坐标系的过渡矩阵,那么其每一列相当于一个坐标轴(向量),而坐标分量代表了这个向量在 $\boldsymbol{P}$ 所代表的坐标系(基)下的坐标值。向量还是原来的,只是在不同坐标系(基)下坐标值不一样。

例 1-7 求新坐标系下的变换阵与新坐标值。

已知某向量 $\boldsymbol{a}$ 在某一基下表示为 $\boldsymbol{x}=(1 \quad \sqrt{3})^{\mathrm{T}}$,通过一些变换后的新值如表 1-1 所示。

表 1-1　几种坐标变换例子

P	$z(=P^{-1}x)$	$\|z\|_2$	图形	线性变换方式
$\begin{pmatrix}1 & 0\\0 & 1\end{pmatrix}$	$\begin{pmatrix}1\\\sqrt{3}\end{pmatrix}$	2	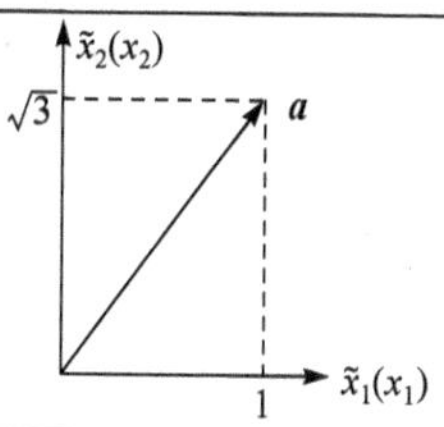	单位(正交)
$\begin{pmatrix}1/2 & -\sqrt{3}/2\\\sqrt{3}/2 & 1/2\end{pmatrix}$	$\begin{pmatrix}2\\0\end{pmatrix}$	2	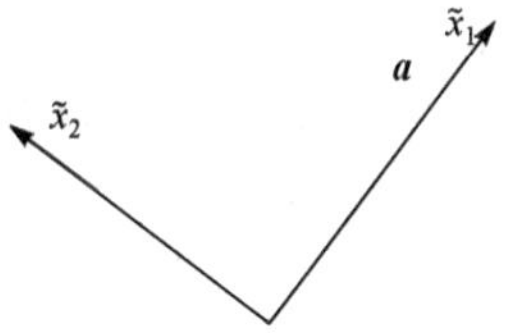	标准正交 (Given 60°R)
$\begin{pmatrix}-1/2 & -\sqrt{3}/2\\-\sqrt{3}/2 & 1/2\end{pmatrix}$	$\begin{pmatrix}-2\\0\end{pmatrix}$	2	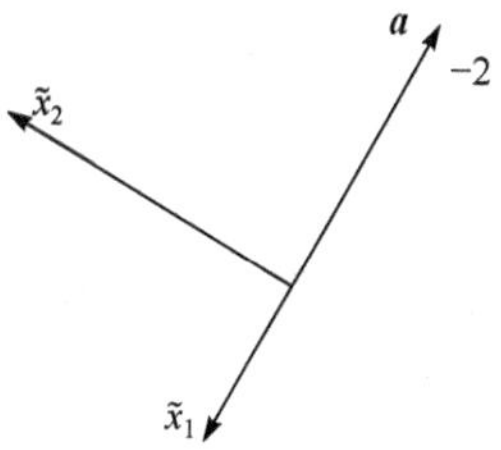	标准正交 Householder
$\begin{pmatrix}1 & -\sqrt{3}/2\\0 & 1/2\end{pmatrix}$	$\begin{pmatrix}4\\2\sqrt{3}\end{pmatrix}$	2	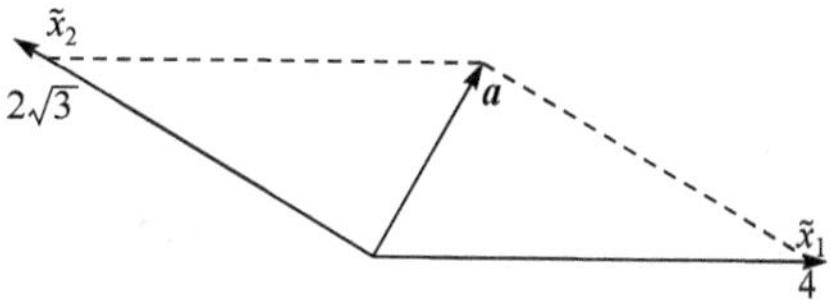	普通

从表中可以看出，标准正交变换可以保持坐标范数的一致性，而其他线性变换却不能。这在理论上是由正交变换性质决定的，即对于正交变换 P 有 $P^{-1}=P^{\mathrm{T}}$，于是有

$$\|z\|_2=\sqrt{z^{\mathrm{T}}z}=\sqrt{(P^{-1}x)^{\mathrm{T}}P^{-1}x}=\sqrt{x^{\mathrm{T}}\ (P^{-1})^{\mathrm{T}}P^{-1}x}=\sqrt{x^{\mathrm{T}}PP^{-1}x}=\sqrt{x^{\mathrm{T}}x}=\|x\|_2 \tag{1-5}$$

这表明标准正交矩阵运算是数值稳定的。

同时，正交矩阵的条件数是最小的(为 1)，也可以说明其运算是数值稳定的。关于条件数，后面的内容会涉及。

1.3　多项式矩阵

1.3.1　多项式矩阵的概念

以多项式为元组成的矩阵称为(实数域上的)多项式矩阵，记为

$$A(s)=[a_{ij}(s)]_{m\times n} \tag{1-6}$$

其全体记为 $\mathbf{R}^{m\times n}[s]$。实际上，多项式矩阵是对实数矩阵的扩展，实数矩阵就是各元均为零次多项式的一类特殊多项式矩阵，所以在矩阵的运算上并没有特殊的地方。

对一个方多项式矩阵 $A(s)$ 如果 $\det(A(s))\equiv 0$，称其为奇异的；否则，如果 $\det(A(s))\neq 0$，称其为非奇异的。

思考　对奇异与非奇异多项式矩阵如何理解？

方多项式矩阵 $\boldsymbol{A}(s)$ 是否有逆取决于 $\boldsymbol{A}(s)$ 是否非奇异且对 $\forall s\in\mathbf{C}$，是否 $\boldsymbol{A}(s)\neq\mathbf{0}$（即后面要讲的单模）。其逆的计算与数值方阵一样。$\boldsymbol{A}(s)$ 非奇异与 $\boldsymbol{A}(s)$ 行/列多项式向量线性无关等价；$\boldsymbol{A}(s)$ 奇异与 $\boldsymbol{A}(s)$ 行/列多项式向量线性相关等价。值得注意的是，多项式向量的线性相关性，不仅依赖于向量组本身，而且依赖于使下式成立的非零 $\boldsymbol{\beta}(s)$ 的存在性

$$(\boldsymbol{a}_1(s)\quad \boldsymbol{a}_2(s)\quad \cdots\quad \boldsymbol{a}_n(s))\boldsymbol{\beta}(s)=0 \tag{1-7}$$

式中，$\boldsymbol{\beta}(s)\in\mathbf{R}^{n\times 1}(s)$ 或者 $\boldsymbol{\beta}(s)\in\mathbf{R}^{n\times 1}$。注意这两种情况可能得到不同的结果，一般在判定线性相关性时取 $\boldsymbol{\beta}(s)\in\mathbf{R}^{n\times 1}(s)$。

对于非方多项式称一个多项式矩阵 $\boldsymbol{A}(s)=(\boldsymbol{a}_1(s)\quad \boldsymbol{a}_2(s)\quad \cdots\quad \boldsymbol{a}_n(s))$ 的列可简约，当且仅当 $\boldsymbol{A}(s)$ 对 s 的至少一个值（如 b）为列线性相关的，即存在不为零的常数矢量 $\boldsymbol{\beta}\in\mathbf{R}^{n\times 1}$，使 $\boldsymbol{A}(s)\boldsymbol{\beta}|_{s=b}=0$；否则称为列不可简约。

对于非方多项式称一个多项式矩阵 $\boldsymbol{A}(s)=\begin{pmatrix}\boldsymbol{a}_1'(s)\\ \boldsymbol{a}_2'(s)\\ \vdots\\ \boldsymbol{a}_n'(s)\end{pmatrix}$ 的行可简约，当且仅当 $\boldsymbol{A}(s)$ 对 s 的至少一个值（如 a）为行线性相关的，即存在不为零的常数矢量 $\boldsymbol{\alpha}\in\mathbf{R}^{1\times m}$，使 $\boldsymbol{\alpha}\boldsymbol{A}(s)|_{s=a}=0$；否则称为行不可简约。

多项式矩阵的秩 $\mathrm{rank}(\boldsymbol{A}(s))=r$，即至少存在一个 $r\times r$ 子式不恒等于零，而所有等于或大于 $(r+1)\times(r+1)$ 的子式均恒等于零。显然 $0\leqslant r\leqslant\min(m,n)$。秩的引入是对方多项式矩阵的奇异性和非奇异性在表示上的统一化：方多项式矩阵的非奇异对应于满秩，而奇异对应于降秩；秩的引入可使方多项式矩阵的奇异程度定量化，秩越小，奇异程度越大；秩的引入也适用于非方多项式矩阵。多项式矩阵的秩有两个性质。

(1) 对任意非零如式(1-6)的多项式矩阵，任取非奇异 $m\times m$ 阵 $\boldsymbol{T}(s)$ 和 $n\times n$ 阵 $\boldsymbol{Q}(s)$，则必成立

$$\mathrm{rank}(\boldsymbol{A}(s))=\mathrm{rank}(\boldsymbol{T}(s)\boldsymbol{A}(s))=\mathrm{rank}(\boldsymbol{A}(s)\boldsymbol{Q}(s)) \tag{1-8}$$

(2) 令 $\boldsymbol{T}(s)$ 和 $\boldsymbol{Q}(s)$ 为任意非零 $m\times n$ 和 $n\times p$ 多项式矩阵，则必有

$$\mathrm{rank}(\boldsymbol{T}(s)\boldsymbol{Q}(s))\leqslant\min(\mathrm{rank}(\boldsymbol{T}(s)),\mathrm{rank}(\boldsymbol{Q}(s))) \tag{1-9}$$

在多项式矩阵中有一类具有特有性质且应用广泛的矩阵称为单（幺）模矩阵，它指对于一个方多项式矩阵 $\boldsymbol{A}(s)$ 满足 $\det(\boldsymbol{A}(s))=c$，$c$ 为独立于 s 的非零常数。实际上，单（幺）模矩阵对于 $\forall s\in\mathbf{C}$，多项式矩阵 $\boldsymbol{A}(s)$ 均为可逆，所以单模矩阵 $\boldsymbol{A}(s)$ 是非奇异的。单（幺）模矩阵的一个基本性质：一个方多项式矩阵 $\boldsymbol{A}(s)$ 为单模矩阵，当且仅当 $\boldsymbol{A}^{-1}(s)$ 也是多项式矩阵；并且 $\boldsymbol{A}^{-1}(s)$ 也是单模的。

思考 如何证明这一基本性质？（提示：充分利用多项式矩阵伴随阵的特点和逆矩阵的特点）

例 1-8 计算多项式矩阵的秩，并说明该矩阵是否是单模矩阵。

已知 $\boldsymbol{A}(s)=\begin{pmatrix}s+2 & s^2+3s+2\\ s-1 & s^2-1\end{pmatrix}$，求该矩阵的秩，并说明该矩阵是否是单模矩阵。

解 易看出所有 1 阶子式均不恒等于 0，而 2 阶子式为 0，所以据定义，$\mathrm{rank}(\boldsymbol{A}(s))=1$，在实数多项式集合上是线性相关的。由于 2 阶行列式值为 0，所以它不是单模矩阵。

思考 若相关系数在实数域上取值，再次判定上例矩阵列向量的线性相关性。

1.3.2 初等变换与初等矩阵及其多项式矩阵的等价性

考虑多项式矩阵(1-6)，对其实施初等行或列变换。多项式矩阵的初等变换同实数一样具有三种基本情形。

(1) 矩阵的两行或两列交换。

(2) 矩阵的某一行或列乘以非零常数。

(3) 矩阵的某一行或列加上另一行或列的 $\phi(s)$倍。

对这三种基本变换形式，可以引入初等矩阵，使得对一个矩阵的初等行或列变换可以通过适当地左乘或右乘该矩阵来完成。下面对这三种情形分别进行介绍。

(1) 将多项式矩阵 $\boldsymbol{A}(s)$的 i,j 两行互换，得到多项式 $\widetilde{\boldsymbol{A}}_{\mathrm{r}}(s)$，即

$$\widetilde{\boldsymbol{A}}_{\mathrm{r}}(s)=\boldsymbol{E}_{1\mathrm{r}}(i,j)\boldsymbol{A}(s) \tag{1-10}$$

将多项式矩阵 $\boldsymbol{A}(s)$的 i,j 两列互换，得到多项式 $\widetilde{\boldsymbol{A}}_{\mathrm{c}}(s)$，即

$$\widetilde{\boldsymbol{A}}_{\mathrm{c}}(s)=\boldsymbol{A}(s)\boldsymbol{E}_{1\mathrm{c}}(i,j) \tag{1-11}$$

式中，$\boldsymbol{E}_{1\mathrm{r}}(i,j)$由将 $m\times m$ 的单位矩阵的第 i 列与第 j 列交换得到，实际上和第 i 行与第 j 行交换效果是一样的；$\boldsymbol{E}_{1\mathrm{c}}(i,j)$由将 $m\times m$ 的单位矩阵的第 i 行与第 j 行交换得到，实际上和第 i 列与第 j 列交换效果是一样的。

(2) 多项式矩阵 $\boldsymbol{A}(s)$的某一行 i 乘以非零常数 c，得到多项式 $\widetilde{\boldsymbol{A}}_{\mathrm{r}}(s)$，即

$$\widetilde{\boldsymbol{A}}_{\mathrm{r}}(s)=\boldsymbol{E}_{2\mathrm{r}}(i,c)\boldsymbol{A}(s) \tag{1-12}$$

多项式矩阵 $\boldsymbol{A}(s)$的某一列 i 乘以非零常数 c，得到多项式 $\widetilde{\boldsymbol{A}}_{\mathrm{c}}(s)$，即

$$\widetilde{\boldsymbol{A}}_{\mathrm{c}}(s)=\boldsymbol{A}(s)\boldsymbol{E}_{2\mathrm{c}}(i,c) \tag{1-13}$$

式中，$\boldsymbol{E}_{2\mathrm{r}}(i,c)$由将 $m\times m$ 的单位矩阵的第 i 列乘以 c 得到，实际上和第 i 行乘以 c 效果一样；$\boldsymbol{E}_{2\mathrm{c}}(i,c)$由将 $m\times m$ 的单位矩阵的第 i 行乘以 c 得到，实际上和第 i 列乘以 c 效果一样。

(3) 多项式矩阵 $\boldsymbol{A}(s)$的第 j 行的 $\phi(s)$倍加到 $\boldsymbol{A}(s)$的第 i 行上，得到多项式 $\widetilde{\boldsymbol{A}}_{\mathrm{r}}(s)$，即

$$\widetilde{\boldsymbol{A}}_{\mathrm{r}}(s)=\boldsymbol{E}_{3\mathrm{r}}(i,j,\phi(s))\boldsymbol{A}(s) \tag{1-14}$$

多项式矩阵 $\boldsymbol{A}(s)$的第 j 列的 $\phi(s)$倍加到 $\boldsymbol{A}(s)$的第 i 列上，得到多项式 $\widetilde{\boldsymbol{A}}_{\mathrm{c}}(s)$，即

$$\widetilde{\boldsymbol{A}}_{\mathrm{c}}(s)=\boldsymbol{A}(s)\boldsymbol{E}_{3\mathrm{c}}(i,j,\phi(s)) \tag{1-15}$$

式中，$\boldsymbol{E}_{3\mathrm{r}}(i,j,\phi(s))$由将 $m\times m$ 的单位矩阵的第 j 列第 i 行置 $\phi(s)$而得到，也就是单位矩阵的第 j 行乘以 $\phi(s)$加到第 i 行；$\boldsymbol{E}_{3\mathrm{c}}(i,j,\phi(s))$由将 $m\times m$ 的单位矩阵的第 j 行第 i 列置 $\phi(s)$而得到，也就是单位矩阵的第 j 列乘以 $\phi(s)$加到第 i 列。

上述三种情形下，引入的矩阵 $\boldsymbol{E}_{1\mathrm{r}}(i,j)$、$\boldsymbol{E}_{1\mathrm{c}}(i,j)$、$\boldsymbol{E}_{2\mathrm{r}}(i,c)$、$\boldsymbol{E}_{2\mathrm{c}}(i,c)$、$\boldsymbol{E}_{3\mathrm{r}}(i,j,\phi(s))$、$\boldsymbol{E}_{3\mathrm{c}}(i,j,\phi(s))$称为初等矩阵。这些初等矩阵均是非奇异的，且

$$\boldsymbol{E}_{1\mathrm{r}}^{-1}(i,j)=\boldsymbol{E}_{1\mathrm{r}}(i,j)=\boldsymbol{E}_{1\mathrm{r}}(j,i) \tag{1-16}$$

$$\boldsymbol{E}_{1\mathrm{c}}^{-1}(i,j)=\boldsymbol{E}_{1\mathrm{c}}(i,j)=E_{1\mathrm{c}}(j,i) \tag{1-17}$$

$$\boldsymbol{E}_{2\mathrm{r}}^{-1}(i,c)=\boldsymbol{E}_{2\mathrm{r}}(i,1/c) \tag{1-18}$$

$$\boldsymbol{E}_{2\mathrm{c}}^{-1}(i,c)=\boldsymbol{E}_{2\mathrm{c}}(i,1/c) \tag{1-19}$$

$$\boldsymbol{E}_{3\mathrm{r}}^{-1}(i,j,\phi(s))=\boldsymbol{E}_{3\mathrm{r}}(i,j,-\phi(s)) \tag{1-20}$$

$$\boldsymbol{E}_{3\mathrm{c}}^{-1}(i,j,\phi(s))=\boldsymbol{E}_{3\mathrm{c}}(i,j,-\phi(s)) \tag{1-21}$$

思考 请用一个三阶矩阵验证上述结论。

另外，也可证明 $\boldsymbol{E}_{1\mathrm{r}}(i,j)$、$\boldsymbol{E}_{1\mathrm{c}}(i,j)$、$\boldsymbol{E}_{2\mathrm{r}}(i,c)$、$\boldsymbol{E}_{2\mathrm{c}}(i,c)$、$\boldsymbol{E}_{3\mathrm{r}}(i,j,\phi(s))$、$\boldsymbol{E}_{3\mathrm{c}}(i,j,\phi(s))$均为

单模矩阵。任何一个单模矩阵都可以化为若干个初等矩阵的乘积，反之亦然。于是，将左乘或右乘初等矩阵拓展到左乘或右乘单模矩阵，便可定义单模变换：设 $\boldsymbol{A}(s)$ 为 $m\times n$ 多项式矩阵，$m\times m$ 阵 $\boldsymbol{T}(s)$ 和 $n\times n$ 阵 $\boldsymbol{Q}(s)$ 为单模矩阵，则 $\boldsymbol{T}(s)\boldsymbol{A}(s)$，$\boldsymbol{A}(s)\boldsymbol{Q}(s)$，$\boldsymbol{T}(s)\boldsymbol{A}(s)\boldsymbol{Q}(s)$ 均称为 $\boldsymbol{A}(s)$ 的单模变换。由此，还可以得到下面的结论。

(1) 对于一个多项式矩阵 $\boldsymbol{A}(s)$，左乘一个单模矩阵等效于进行若干次初等行变换。

(2) 对于一个多项式矩阵 $\boldsymbol{A}(s)$，右乘一个单模矩阵等效于进行若干次初等列变换。

(3) 单模变换不改变多项式矩阵奇异性和单模性。

思考 设 $\boldsymbol{P}$ 和 $\boldsymbol{Q}(s)$ 分别是 $n\times n$ 常量阵和多项式矩阵，且 $\boldsymbol{Q}(s)$ 是单模阵，能否断言 $\boldsymbol{PQ}(s)$ 也为单模阵。

实际上，如果令 $\boldsymbol{B}(s)=\boldsymbol{T}(s)\boldsymbol{A}(s)\boldsymbol{Q}(s)$，则称 $\boldsymbol{A}(s)$ 和 $\boldsymbol{B}(s)$ 两多项式矩阵相互等价，即满足以下性质。

自反性：每一个多项式矩阵均与自身等价。

对称性：$\boldsymbol{A}(s)$ 与 $\boldsymbol{B}(s)$ 等价可以推出 $\boldsymbol{B}(s)$ 与 $\boldsymbol{A}(s)$ 等价。

传递性：$\boldsymbol{A}(s)$ 和 $\boldsymbol{B}(s)$ 等价，$\boldsymbol{B}(s)$ 和 $\boldsymbol{C}(s)$ 等价，可以推得 $\boldsymbol{A}(s)$ 和 $\boldsymbol{C}(s)$ 等价。

例 1-9 用初等矩阵表示单模多项式矩阵。

已知单模多项式矩阵为 $\boldsymbol{A}(s)=\begin{bmatrix} s^2+2s+1 & s+4 & 1 \\ 1 & -1 & 0 \\ -(s^2+4) & s^2 & 0 \end{bmatrix}$，用初等矩阵表示该矩阵。

解 从单位矩阵出发，对其进行如下行初等变换：

$$\begin{bmatrix} 1 & 0 & 0 \\ 0 & 1 & 0 \\ 0 & 0 & 1 \end{bmatrix} \xrightarrow{\boldsymbol{E}_{1\mathrm{r}}(1,3)} \begin{bmatrix} 0 & 0 & 1 \\ 0 & 1 & 0 \\ 1 & 0 & 0 \end{bmatrix} \xrightarrow{\boldsymbol{E}_{3\mathrm{r}}(1,3,s^2+2s+1)} \begin{bmatrix} s^2+2s+1 & 0 & 1 \\ 0 & 1 & 0 \\ 1 & 0 & 0 \end{bmatrix}$$

$$\xrightarrow{\boldsymbol{E}_{1\mathrm{r}}(2,3)} \begin{bmatrix} s^2+2s+1 & 0 & 1 \\ 1 & 0 & 0 \\ 0 & 1 & 0 \end{bmatrix} \xrightarrow{\boldsymbol{E}_{3\mathrm{r}}(1,3,s+4)} \begin{bmatrix} s^2+2s+1 & s+4 & 1 \\ 1 & 0 & 0 \\ 0 & 1 & 0 \end{bmatrix}$$

$$\xrightarrow{\boldsymbol{E}_{3\mathrm{r}}(2,3,-1)} \begin{bmatrix} s^2+2s+1 & s+4 & 1 \\ 1 & -1 & 0 \\ 0 & 1 & 0 \end{bmatrix} \xrightarrow{\boldsymbol{E}_{2\mathrm{r}}(3,-4)} \begin{bmatrix} s^2+2s+1 & s+4 & 1 \\ 1 & -1 & 0 \\ 0 & -4 & 0 \end{bmatrix}$$

$$\xrightarrow{\boldsymbol{E}_{3\mathrm{r}}(3,2,-(s^2+4))} \begin{bmatrix} s^2+2s+1 & s+4 & 1 \\ 1 & -1 & 0 \\ -(s^2+4) & s^2 & 0 \end{bmatrix}$$

所以 $\boldsymbol{A}(s)=\boldsymbol{E}_{3\mathrm{r}}(3,2,-(s^2+4))\boldsymbol{E}_{2\mathrm{r}}(3,-4)\boldsymbol{E}_{3\mathrm{r}}(2,3,-1)\boldsymbol{E}_{3\mathrm{r}}(1,3,s+4)\boldsymbol{E}_{1\mathrm{r}}(2,3)\boldsymbol{E}_{3\mathrm{r}}(1,3,s^2+2s+1)\boldsymbol{E}_{1\mathrm{r}}(1,3)$。

从单位矩阵出发，对其进行列初等变换，也可得到本题的 $\boldsymbol{A}(s)$。（注意：此时的 $\boldsymbol{A}(s)$ 由每个列变换阵表示时的书写顺序与行初等变换时相反。）

通过这个例题可以说明单位阵与任一单模阵是等价的。

1.3.3 多项式矩阵间最大公因子与互质性

在多项式中有公因子和最大公因子的概念，将这些概念推广到多项式矩阵中来。多项式矩阵公因子和最大公因子是对多项式矩阵间关系的基本表征，是讨论互质性的基础。互质性是对两个多项式矩阵间的不可简约属性的表征。互质性是线性时不变系统复频域理论中最具重要意义的一个基本概念，右互质性对应于系统的能观性，而左互质性则对应于系统的能控性。

1. 公因子与最大公因子的定义

由于多项式矩阵的乘积运算有左乘与右乘之分，所以必须要定义左公因子（common left divisor，cld）和右公因子（common right divisor，crd）以及最大左公因子（gcld）和最大右公因子（gcrd）。

称 $p\times p$ 的多项式矩阵 $\boldsymbol{R}(s)$ 为列数为 p 的两个多项式矩阵 $\boldsymbol{D}(s)\in\mathbf{R}^{p\times p}(s)$ 和 $\boldsymbol{N}(s)\in\mathbf{R}^{q\times p}(s)$ 的右公因子，如果存在多项式矩阵 $\bar{\boldsymbol{D}}(s)\in\mathbf{R}^{p\times p}(s)$ 和 $\bar{\boldsymbol{N}}(s)\in\mathbf{R}^{q\times p}(s)$ 使成立：

$$\boldsymbol{D}(s)=\bar{\boldsymbol{D}}(s)\boldsymbol{R}(s),\quad \boldsymbol{N}(s)=\bar{\boldsymbol{N}}(s)\boldsymbol{R}(s) \tag{1-22}$$

进一步，若 $\boldsymbol{D}(s)$ 和 $\boldsymbol{N}(s)$ 的任一其他右公因子 $\tilde{\boldsymbol{R}}(s)$，$\exists \boldsymbol{W}(s)\in\mathbf{R}^{p\times p}(s)$，满足 $\boldsymbol{R}(s)=\boldsymbol{W}(s)\tilde{\boldsymbol{R}}(s)$，则称 $\boldsymbol{R}(s)$ 为一个最大右公因子。显然右公因子和最大右公因子不唯一。

称 $q\times q$ 的多项式矩阵 $\boldsymbol{L}(s)$ 为行数为 q 的两个多项式矩阵 $\boldsymbol{D}(s)\in\mathbf{R}^{q\times q}(s)$ 和 $\boldsymbol{N}(s)\in\mathbf{R}^{q\times p}(s)$ 的左公因子，如果存在多项式矩阵 $\bar{\boldsymbol{D}}(s)\in\mathbf{R}^{q\times q}(s)$ 和 $\bar{\boldsymbol{N}}(s)\in\mathbf{R}^{q\times p}(s)$ 使成立：

$$\boldsymbol{D}(s)=\boldsymbol{L}(s)\bar{\boldsymbol{D}}(s),\quad \boldsymbol{N}(s)=\boldsymbol{L}(s)\bar{\boldsymbol{N}}(s) \tag{1-23}$$

进一步，若 $\boldsymbol{D}(s)$ 和 $\boldsymbol{N}(s)$ 的任一其他左公因子 $\tilde{\boldsymbol{L}}(s)$，$\exists \boldsymbol{W}(s)\in\mathbf{R}^{q\times q}(s)$，满足 $\boldsymbol{L}(s)=\tilde{\boldsymbol{L}}(s)\boldsymbol{W}(s)$，则称 $\boldsymbol{L}(s)$ 为一个最大左公因子。显然左公因子和最大左公因子不唯一。

例 1-10 右公因子示例。

设有多项式矩阵 $\boldsymbol{D}(s)$ 和 $\boldsymbol{N}(s)$ 为

$$\boldsymbol{D}(s)=\begin{bmatrix} s+1 & s^2+2s+1 \\ 0 & s+2 \end{bmatrix},\quad \boldsymbol{N}(s)=\begin{bmatrix} 2s+2 & s+4 \\ 0 & s+2 \end{bmatrix}$$

显然，存在矩阵 $\boldsymbol{R}(s)=\begin{bmatrix} s+1 & 1 \\ 0 & s+2 \end{bmatrix}$ 使得

$$\boldsymbol{D}(s)=\begin{bmatrix} s+1 & s^2+2s+1 \\ 0 & s+2 \end{bmatrix}=\begin{bmatrix} 1 & s \\ 0 & 1 \end{bmatrix}\begin{bmatrix} s+1 & 1 \\ 0 & s+2 \end{bmatrix}$$

$$\boldsymbol{N}(s)=\begin{bmatrix} 2s+2 & s+4 \\ 0 & s+2 \end{bmatrix}=\begin{bmatrix} 2 & 0 \\ 0 & 1 \end{bmatrix}\begin{bmatrix} s+1 & 1 \\ 0 & s+2 \end{bmatrix}$$

所以 $\boldsymbol{R}(s)$ 是多项式矩阵 $\boldsymbol{D}(s)$ 和 $\boldsymbol{N}(s)$ 的右公因子。

2. 最大公因子的计算方法

1）最大右公因子求法

对于列数为 p 的两个多项式矩阵 $\boldsymbol{D}(s)\in\mathbf{R}^{p\times p}(s)$ 和 $\boldsymbol{N}(s)\in\mathbf{R}^{q\times p}(s)$，寻找使下式成立的单模矩阵 $\boldsymbol{U}(s)\in\mathbf{R}^{(p+q)\times(p+q)}(s)$，使成立：

$$\boldsymbol{U}(s)\begin{bmatrix} \boldsymbol{D}(s) \\ \boldsymbol{N}(s) \end{bmatrix}=\begin{bmatrix} \boldsymbol{U}_{11}(s) & \boldsymbol{U}_{12}(s) \\ \boldsymbol{U}_{21}(s) & \boldsymbol{U}_{22}(s) \end{bmatrix}\begin{bmatrix} \boldsymbol{D}(s) \\ \boldsymbol{N}(s) \end{bmatrix}=\begin{bmatrix} \boldsymbol{R}(s) \\ \boldsymbol{0} \end{bmatrix} \tag{1-24}$$

则导出的 $\boldsymbol{R}(s)\in\mathbf{R}^{p\times p}(s)$ 必为 $\boldsymbol{D}(s)$ 和 $\boldsymbol{N}(s)$ 的最大右公因子。在关系式(1-24)等式左边中左乘单模矩阵等价地代表对所示矩阵作相应的一系列行初等变换，所以可依此求一个最大右公因子。

例 1-11 求最大右公因子。

设有两多项式矩阵 $\boldsymbol{D}(s)$ 和 $\boldsymbol{N}(s)$ 如下，求最大右公因子。

$$\boldsymbol{D}(s)=\begin{bmatrix} s+1 & s^2+2s+1 \\ 0 & s+2 \end{bmatrix},\quad \boldsymbol{N}(s)=\begin{bmatrix} 2s+2 & s+4 \\ 0 & s+2 \end{bmatrix}$$

解 首先写出 $\begin{bmatrix}\boldsymbol{D}(s)\\ \boldsymbol{N}(s)\end{bmatrix}=\begin{bmatrix} s+1 & s^2+2s+1 \\ 0 & s+2 \\ 2s+2 & s+4 \\ 0 & s+2 \end{bmatrix}$； $\boldsymbol{E}_{3r}(4,2,-1)$：$\begin{bmatrix} s+1 & s^2+2s+1 \\ 0 & s+2 \\ 2s+2 & s+4 \\ 0 & 0 \end{bmatrix}$；

$\boldsymbol{E}_{3r}(3,2,-1)$：$\begin{bmatrix} s+1 & s^2+2s+1 \\ 0 & s+2 \\ 2s+2 & 2 \\ 0 & 0 \end{bmatrix}$； $\boldsymbol{E}_{2r}(3,1/2)$：$\begin{bmatrix} s+1 & s^2+2s+1 \\ 0 & s+2 \\ s+1 & 1 \\ 0 & 0 \end{bmatrix}$；

$\boldsymbol{E}_{3r}(1,3,-(s^2+2s+1))$：$\begin{bmatrix} -s(s+1)(s+2) & 0 \\ 0 & s+2 \\ s+1 & 1 \\ 0 & 0 \end{bmatrix}$； $\boldsymbol{E}_{3r}(1,3,s(s+2))$：$\begin{bmatrix} 0 & s(s+2) \\ 0 & s+2 \\ s+1 & 1 \\ 0 & 0 \end{bmatrix}$；

$\boldsymbol{E}_{3r}(1,2,-s)$：$\begin{bmatrix} 0 & 0 \\ 0 & s+2 \\ s+1 & 1 \\ 0 & 0 \end{bmatrix}$； $\boldsymbol{E}_{1r}(3,1)$：$\begin{bmatrix} s+1 & 1 \\ 0 & s+2 \\ 0 & 0 \\ 0 & 0 \end{bmatrix}$

所以最大右公因子为 $\boldsymbol{R}(s)=\begin{bmatrix} s+1 & 1 \\ 0 & s+2 \end{bmatrix}$。相应引入的单模矩阵为

$\boldsymbol{U}(s)=\boldsymbol{E}_{1r}(3,1)\boldsymbol{E}_{3r}(1,2,-s)\boldsymbol{E}_{3r}(1,3,s(s+2))\boldsymbol{E}_{3r}(1,3,-(s^2+2s+1))\boldsymbol{E}_{2r}(3,1/2)\boldsymbol{E}_{3r}(3,2,-1)\boldsymbol{E}_{3r}(4,2,-1)$

思考 计算一下该例引入的单模矩阵 $\boldsymbol{U}(s)$。

2) 最大左公因子求法

对于行数为 q 的两个多项式矩阵对 $\{\boldsymbol{D}(s)\in\mathbf{R}^{q\times q}(s),\boldsymbol{N}(s)\in\mathbf{R}^{q\times p}(s)\}$，寻找使下式成立的单模矩阵 $\bar{\boldsymbol{U}}(s)\in\mathbf{R}^{(p+q)\times(p+q)}(s)$，使成立：

$$[\boldsymbol{D}(s)\quad \boldsymbol{N}(s)]\bar{\boldsymbol{U}}(s)=[\boldsymbol{D}(s)\quad \boldsymbol{N}(s)]\begin{bmatrix}\bar{\boldsymbol{U}}_{11}(s) & \bar{\boldsymbol{U}}_{12}(s)\\ \bar{\boldsymbol{U}}_{21}(s) & \bar{\boldsymbol{U}}_{22}(s)\end{bmatrix}=[\boldsymbol{L}(s)\quad \boldsymbol{0}] \tag{1-25}$$

则导出的 $\boldsymbol{L}(s)\in\mathbf{R}^{q\times q}(s)$ 必为 $\boldsymbol{D}(s)$ 和 $\boldsymbol{N}(s)$ 的最大左公因子。在关系式(1-25)等式左边中右乘单模矩阵等价地代表对所示矩阵作相应的一系列初等变换，所以可依此求一个最大左公因子。

3. 最大公因子的性质

(1) 最大公因子的不唯一性，两个不同的最大公因子之间只相差一个单模矩阵。

下面以最大右公因子说明。令 $p\times p$ 多项式矩阵 $\boldsymbol{R}(s)$ 为具有相同列数 p 的多项式矩阵对 $\{\boldsymbol{D}(s)\in\mathbf{R}^{p\times p}(s),\boldsymbol{N}(s)\in\mathbf{R}^{q\times p}(s)\}$ 的一个最大右公因子。对任意 $p\times p$ 单模矩阵 $\boldsymbol{W}(s)$，构造 $(p+q)\times(p+q)$ 单模矩阵 $\bar{\boldsymbol{U}}(s)=\begin{bmatrix}\boldsymbol{W}(s) & \boldsymbol{0}\\ \boldsymbol{0} & \boldsymbol{I}\end{bmatrix}$，将其与最大右公因子构造关系式 $\boldsymbol{U}(s)$

$\begin{bmatrix} \boldsymbol{D}(s) \\ \boldsymbol{N}(s) \end{bmatrix} = \begin{bmatrix} \boldsymbol{R}(s) \\ \boldsymbol{0} \end{bmatrix}$两边相乘，得到

$$\bar{\boldsymbol{U}}(s)\boldsymbol{U}(s)\begin{bmatrix} \boldsymbol{D}(s) \\ \boldsymbol{N}(s) \end{bmatrix} = \begin{bmatrix} \boldsymbol{W}(s) & \boldsymbol{0} \\ \boldsymbol{0} & \boldsymbol{I} \end{bmatrix}\begin{bmatrix} \boldsymbol{R}(s) \\ \boldsymbol{0} \end{bmatrix} = \begin{bmatrix} \boldsymbol{W}(s)\boldsymbol{R}(s) \\ \boldsymbol{0} \end{bmatrix} \tag{1-26}$$

由于$\bar{\boldsymbol{U}}(s) = \bar{\boldsymbol{U}}(s)\boldsymbol{U}(s)$也为$(p+q)\times(p+q)$单模矩阵，所以矩阵$\boldsymbol{W}(s)\boldsymbol{R}(s)$也必是$\{\boldsymbol{D}(s),\boldsymbol{N}(s)\}$的一个最大右公因子。

（2）最大公因子在非奇异性和单模性上的唯一性。

下面以最大右公因子说明。令$p\times p$多项式矩阵$\boldsymbol{R}_1(s)$和$\boldsymbol{R}_2(s)$为具有相同列数p的多项式矩阵对$\{\boldsymbol{D}(s)\in\mathbf{R}^{p\times p}(s),\boldsymbol{N}(s)\in\mathbf{R}^{q\times p}(s)\}$的两个最大右公因子。由最大右公因子知，存在多项式矩阵$\boldsymbol{W}_1(s)$和$\boldsymbol{W}_2(s)$使成立：

$$\boldsymbol{R}_1(s)=\boldsymbol{W}_1(s)\boldsymbol{R}_2(s),\boldsymbol{R}_2(s)=\boldsymbol{W}_2(s)\boldsymbol{R}_1(s)$$

进一步得到

$$\begin{matrix} \boldsymbol{R}_1(s)=\boldsymbol{W}_1(s)\boldsymbol{W}_2(s)\boldsymbol{R}_1(s) \\ \boldsymbol{R}_2(s)=\boldsymbol{W}_2(s)\boldsymbol{W}_1(s)\boldsymbol{R}_2(s) \end{matrix} \Rightarrow \begin{matrix} \boldsymbol{W}_1(s)\boldsymbol{W}_2(s)=\boldsymbol{I} \\ \boldsymbol{W}_2(s)\boldsymbol{W}_1(s)=\boldsymbol{I} \end{matrix}$$

由于$\boldsymbol{W}_1(s)$和$\boldsymbol{W}_2(s)$均为多项式矩阵，所以上式也意味着$\boldsymbol{W}_1(s)$和$\boldsymbol{W}_2(s)$均为单模矩阵。考虑到单模变换不改变矩阵的非奇异性和单模性，于是$\boldsymbol{R}_1(s)$非奇异与$\boldsymbol{R}_2(s)$非奇异等价；$\boldsymbol{R}_1(s)$单模与$\boldsymbol{R}_2(s)$单模等价。

（3）最大公因子非奇异的条件是由矩阵对构成的广义矩阵满秩。

下面以最大右公因子说明。对具有相同列数p的多项式矩阵对$\{\boldsymbol{D}(s)\in\mathbf{R}^{p\times p}(s),\boldsymbol{N}(s)\in\mathbf{R}^{q\times p}(s)\}$，由最大右公因子构造关系式，并计及式(1-8)，可得

$$\operatorname{rank}\boldsymbol{R}(s)=\operatorname{rank}\begin{bmatrix} \boldsymbol{R}(s) \\ \boldsymbol{0} \end{bmatrix}=\operatorname{rank}\boldsymbol{U}(s)\begin{bmatrix} \boldsymbol{D}(s) \\ \boldsymbol{N}(s) \end{bmatrix}=\operatorname{rank}\begin{bmatrix} \boldsymbol{D}(s) \\ \boldsymbol{N}(s) \end{bmatrix}$$

由此，$\operatorname{rank}\boldsymbol{R}(s)=p\Leftrightarrow\operatorname{rank}\begin{bmatrix} \boldsymbol{D}(s) \\ \boldsymbol{N}(s) \end{bmatrix}=p,\ \forall s\in\mathbf{C}$。这表明，广义矩阵满秩与$\boldsymbol{R}(s)$非奇异是等价的。

（4）最大公因子中元多项式次数可能大于矩阵对中元多项式次数。

下面以最大右公因子说明。对多项式对$\{d(s),n(s)\}$，其中，最大右公因子$r(s)$的次数必小于$d(s)$和$n(s)$的次数。对相同列数的多项式矩阵对$\{\boldsymbol{D}(s)\in\mathbf{R}^{p\times p}(s),\boldsymbol{N}(s)\in\mathbf{R}^{q\times p}(s)\}$，其最大右公因子$p\times p$多项式矩阵$\boldsymbol{R}(s)$的元多项式次数可能大于$\boldsymbol{D}(s)$和$\boldsymbol{N}(s)$的元多项式次数。下面举例说明。

给定多项式矩阵对$\{\boldsymbol{D}(s),\boldsymbol{N}(s)\}$为$\boldsymbol{D}(s)=\begin{bmatrix} s & 3s+1 \\ -1 & s^2+s-2 \end{bmatrix}$，$\boldsymbol{N}(s)=[-1\quad s^2+2s-1]$，它的一个最大右公因子为$\boldsymbol{R}(s)=\begin{bmatrix} 1 & -s^2-s+2 \\ 0 & s+1 \end{bmatrix}$，取单模矩阵$\boldsymbol{W}(s)=\begin{bmatrix} s^k & 1 \\ s^k+1 & 1 \end{bmatrix}$，$k=1,2,\cdots$，据最大右公因子的不唯一性结论知，$\boldsymbol{W}(s)\boldsymbol{R}(s)$也是$\{\boldsymbol{D}(s),\boldsymbol{N}(s)\}$的一个最大右公因子，且有

$$\boldsymbol{R}_1(s)=\boldsymbol{W}(s)\boldsymbol{R}(s)=\begin{bmatrix} s^k & 1 \\ s^k+1 & 1 \end{bmatrix}\begin{bmatrix} 1 & -s^2-s+2 \\ 0 & s+1 \end{bmatrix}=\begin{bmatrix} s^k & s^k(-s^2-s+2)+(s+1) \\ s^k+1 & (s^k+1)(-s^2-s+2)+(s+1) \end{bmatrix}$$

显然，$\boldsymbol{R}_1(s)$的元多项式次数大于$\boldsymbol{D}(s)$和$\boldsymbol{N}(s)$的元多项式次数。

思考　以最大左公因子情况说明上述4点性质。

4. 互质性定义

如果两个多项式之间没有除了非零常数以外的公因子，则称这两个多项式之间是互质的。

这种概念同样可以推广到多项式矩阵上来。因为公因子是分左右的，所以互质性也同样是分左右的。

如果两个列数相同的多项式矩阵 $\boldsymbol{D}(s)$ 和 $\boldsymbol{N}(s)$ 的最大右公因子是单模矩阵，则称它们是右互质的。

如果两个行数相同的多项式矩阵 $\boldsymbol{D}(s)$ 和 $\boldsymbol{N}(s)$ 的最大左公因子是单模矩阵，则称它们是左互质的。

5. 互质性的判别

1）Bezout 互质判据

（1）Bezout 右互质判据。两个列数相同的 $p\times p$ 多项式矩阵 $\boldsymbol{D}(s)$ 和 $q\times p$ 多项式矩阵 $\boldsymbol{N}(s)$ 为右互质的充分必要条件：存在 $p\times p$ 多项式矩阵 $\boldsymbol{X}(s)$ 和 $p\times q$ 多项式矩阵 $\boldsymbol{Y}(s)$ 使得以下 Bezout 等式成立

$$\boldsymbol{X}(s)\boldsymbol{D}(s)+\boldsymbol{Y}(s)\boldsymbol{N}(s)=\boldsymbol{I} \tag{1-27}$$

（2）Bezout 左互质判据。两个行数相同的 $q\times q$ 多项式矩阵 $\boldsymbol{D}(s)$ 和 $q\times p$ 多项式矩阵 $\boldsymbol{N}(s)$ 为左互质的充分必要条件：存在 $q\times q$ 多项式矩阵 $\boldsymbol{X}(s)$ 和 $p\times q$ 多项式矩阵 $\boldsymbol{Y}(s)$ 使得以下 Bezout 等式成立

$$\boldsymbol{D}(s)\boldsymbol{X}(s)+\boldsymbol{N}(s)\boldsymbol{Y}(s)=\boldsymbol{I} \tag{1-28}$$

2）秩判据

（1）右互质秩判据：两个列数相同的 $p\times p$ 多项式矩阵 $\boldsymbol{D}(s)$ 和 $q\times p$ 多项式矩阵 $\boldsymbol{N}(s)$，且 $\boldsymbol{D}(s)$ 为非奇异，$\boldsymbol{D}(s)$ 与 $\boldsymbol{N}(s)$ 为右互质的充分必要条件是

$$\operatorname{rank}\begin{pmatrix}\boldsymbol{D}(s)\\ \boldsymbol{N}(s)\end{pmatrix}=p,\ \forall s\in\mathbf{C} \tag{1-29}$$

请注意该式的秩并不是指多项式矩阵的秩，实际上可以表述

$$\det\left(\begin{pmatrix}\boldsymbol{D}^{\mathrm{T}}(s) & \boldsymbol{N}^{\mathrm{T}}(s)\end{pmatrix}\begin{pmatrix}\boldsymbol{D}(s)\\ \boldsymbol{N}(s)\end{pmatrix}\right)\neq 0,\ \forall s\in\mathbf{C} \tag{1-30}$$

由最大右公因子构造关系式可以得到

$$\operatorname{rank}\left(\boldsymbol{U}(s)\begin{pmatrix}\boldsymbol{D}(s)\\ \boldsymbol{N}(s)\end{pmatrix}\right)=\operatorname{rank}\begin{pmatrix}\boldsymbol{D}(s)\\ \boldsymbol{N}(s)\end{pmatrix}=\operatorname{rank}\begin{pmatrix}\boldsymbol{R}(s)\\ \boldsymbol{0}\end{pmatrix}=\operatorname{rank}\boldsymbol{R}(s)=p,\ \forall s\in\mathbf{C}$$

再结合右互质的定义便可说明该判据。

在实际应用时并不需要计算所有的 s 对应的矩阵的秩，只要将使所有 p 阶子式降秩的 s 值计算出来，只要没有一个 s 值使所有的 p 阶子式降秩即可。

例 1-12 采用秩判据判断右互质性。

给定列数相同的两个多项式矩阵 $\boldsymbol{D}(s)$ 和 $\boldsymbol{N}(s)$，判断右互质性。

$$\boldsymbol{D}(s)=\begin{pmatrix}s+1 & 0\\ (s-1)(s+2) & s-1\end{pmatrix},\ \boldsymbol{N}(s)=\begin{pmatrix}s & 1\end{pmatrix}$$

解 构造判别矩阵

$$\begin{pmatrix}\boldsymbol{D}(s)\\ \boldsymbol{N}(s)\end{pmatrix}=\begin{bmatrix}s+1 & 0\\ (s-1)(s+2) & s-1\\ s & 1\end{bmatrix}$$

分别算出使判别矩阵中各个 2 阶方阵降秩的 s 值。

对$\begin{pmatrix} s+1 & 0 \\ (s-1)(s+2) & s-1 \end{pmatrix}$,降秩的 s 值为 1,−1。

对$\begin{pmatrix} (s-1)(s+2) & s-1 \\ s & 1 \end{pmatrix}$,降秩的 s 值为 1。

对$\begin{pmatrix} s+1 & 0 \\ s & 1 \end{pmatrix}$,降秩的 s 值为−1。

这表明,不存在一个 s 值使判别矩阵同时降秩。所以据右互质秩判据知 $\boldsymbol{D}(s)$ 和 $\boldsymbol{N}(s)$ 是右互质的。

(2) 左互质秩判据:两个行数相同的 $q\times q$ 多项式矩阵 $\boldsymbol{D}(s)$ 和 $q\times p$ 多项式矩阵 $\boldsymbol{N}(s)$,且 $\boldsymbol{D}(s)$ 为非奇异,$\boldsymbol{D}(s)$ 与 $\boldsymbol{N}(s)$ 为左互质的充分必要条件是

$$\operatorname{rank}(\boldsymbol{D}(s) \quad \boldsymbol{N}(s)) = q,\ \forall s \in \mathbf{C} \tag{1-31}$$

请注意该式的秩并不是指多项式矩阵的秩,实际上可以表述

$$\det\left[(\boldsymbol{D}(s) \quad \boldsymbol{N}(s))\begin{bmatrix}\boldsymbol{D}^{\mathrm{T}}(s) \\ \boldsymbol{N}^{\mathrm{T}}(s)\end{bmatrix}\right] \neq 0,\ \forall s \in \mathbf{C} \tag{1-32}$$

思考　仿照右互质秩判据的说明方法对左互质秩判据进行说明。

3) 基于行列式次数的判据

(1) 基于行列式次数的右互质判据:两个列数相同的 $p\times p$ 多项式矩阵 $\boldsymbol{D}(s)$ 和 $q\times p$ 多项式矩阵 $\boldsymbol{N}(s)$,且 $\boldsymbol{D}(s)$ 为非奇异,$\boldsymbol{D}(s)$ 与 $\boldsymbol{N}(s)$ 为右互质的充分必要条件是存在 $q\times q$ 多项式矩阵 $\boldsymbol{A}(s)$ 和 $q\times p$ 多项式矩阵 $\boldsymbol{B}(s)$ 使得

$$-\boldsymbol{B}(s)\boldsymbol{D}(s) + \boldsymbol{A}(s)\boldsymbol{N}(s) = (-\boldsymbol{B}(s) \quad \boldsymbol{A}(s))\begin{pmatrix}\boldsymbol{D}(s) \\ \boldsymbol{N}(s)\end{pmatrix} = \boldsymbol{0} \tag{1-33}$$

$$\deg(\det \boldsymbol{A}(s)) = \deg(\det \boldsymbol{D}(s)) \tag{1-34}$$

在线性时不变系统复频域理论中,更常用的是基于行列式次数的右互质判据的反向形式——非右互质判据。$\boldsymbol{D}(s)$ 与 $\boldsymbol{N}(s)$ 为非右互质的充分必要条件是存在 $q\times q$ 多项式矩阵 $\boldsymbol{A}(s)$ 和 $q\times p$ 多项式矩阵 $\boldsymbol{B}(s)$ 使得

$$-\boldsymbol{B}(s)\boldsymbol{D}(s) + \boldsymbol{A}(s)\boldsymbol{N}(s) = (-\boldsymbol{B}(s) \quad \boldsymbol{A}(s))\begin{pmatrix}\boldsymbol{D}(s) \\ \boldsymbol{N}(s)\end{pmatrix} = \boldsymbol{0} \tag{1-35}$$

$$\deg(\det \boldsymbol{A}(s)) < \deg(\det \boldsymbol{D}(s)) \tag{1-36}$$

(2) 基于行列式次数的左互质判据:两个行数相同的 $q\times q$ 多项式矩阵 $\boldsymbol{D}(s)$ 和 $q\times p$ 多项式矩阵 $\boldsymbol{N}(s)$,且 $\boldsymbol{D}(s)$ 为非奇异,$\boldsymbol{D}(s)$ 与 $\boldsymbol{N}(s)$ 为左互质的充分必要条件是存在 $p\times p$ 多项式矩阵 $\boldsymbol{A}(s)$ 和 $q\times p$ 多项式矩阵 $\boldsymbol{B}(s)$ 使得

$$-\boldsymbol{D}(s)\boldsymbol{B}(s) + \boldsymbol{N}(s)\boldsymbol{A}(s) = (\boldsymbol{D}(s) \quad \boldsymbol{N}(s))\begin{pmatrix}-\boldsymbol{B}(s) \\ \boldsymbol{A}(s)\end{pmatrix} = \boldsymbol{0} \tag{1-37}$$

$$\deg(\det \boldsymbol{A}(s)) = \deg(\det \boldsymbol{D}(s)) \tag{1-38}$$

在线性时不变系统复频域理论中,更常用的是基于行列式次数的左互质判据的反向形式——非左互质判据。$\boldsymbol{D}(s)$ 与 $\boldsymbol{N}(s)$ 为非左互质的充分必要条件是存在 $p\times p$ 多项式矩阵 $\boldsymbol{A}(s)$ 和 $q\times p$ 多项式矩阵 $\boldsymbol{B}(s)$ 使得

$$-\boldsymbol{D}(s)\boldsymbol{B}(s) + \boldsymbol{N}(s)\boldsymbol{A}(s) = (\boldsymbol{D}(s) \quad \boldsymbol{N}(s))\begin{pmatrix}-\boldsymbol{B}(s) \\ \boldsymbol{A}(s)\end{pmatrix} = \boldsymbol{0} \tag{1-39}$$

$$\deg(\det \boldsymbol{A}(s)) < \deg(\det \boldsymbol{D}(s)) \tag{1-40}$$

6. 最大公因子构造关系的几个性质

1) 最大右公因子构造关系的一些性质

考虑两个列数相同的 $p\times p$ 多项式矩阵 $\boldsymbol{D}(s)$ 和 $q\times p$ 多项式矩阵 $\boldsymbol{N}(s)$，且 $\boldsymbol{D}(s)$ 为非奇异，构造单模矩阵 $\boldsymbol{U}(s)$ 使

$$\boldsymbol{U}(s)\begin{bmatrix}\boldsymbol{D}(s)\\\boldsymbol{N}(s)\end{bmatrix}=\begin{bmatrix}\boldsymbol{U}_{11}(s) & \boldsymbol{U}_{12}(s)\\\boldsymbol{U}_{21}(s) & \boldsymbol{U}_{22}(s)\end{bmatrix}\begin{bmatrix}\boldsymbol{D}(s)\\\boldsymbol{N}(s)\end{bmatrix}=\begin{bmatrix}\boldsymbol{R}(s)\\\boldsymbol{0}\end{bmatrix}$$

式中，$\boldsymbol{U}_{11}(s)$，$\boldsymbol{U}_{12}(s)$，$\boldsymbol{U}_{21}(s)$，$\boldsymbol{U}_{22}(s)$分别为 $p\times p$ 多项式矩阵，$p\times q$ 多项式矩阵，$q\times p$ 多项式矩阵和 $q\times q$ 多项式矩阵。最大右公因子构造关系有如下性质。

性质 1：$\boldsymbol{U}_{21}(s)$，$\boldsymbol{U}_{22}(s)$为左互质。

由于$\boldsymbol{U}(s)$为单模矩阵，所以 $\text{rank}\boldsymbol{U}(s)=p+q$，$\forall s\in\mathbf{C}$，相应有 $\text{rank}[\boldsymbol{U}_{21}(s)\quad \boldsymbol{U}_{22}(s)]=q$，$\forall s\in\mathbf{C}$

由左互质秩判据，矩阵 $\boldsymbol{U}_{21}(s)$，$\boldsymbol{U}_{22}(s)$为左互质。

性质 2：$\boldsymbol{U}_{22}(s)$为非奇异矩阵，且 $\boldsymbol{N}(s)\boldsymbol{D}^{-1}(s)=-\boldsymbol{U}_{22}^{-1}(s)\boldsymbol{U}_{21}(s)$。

事实上，反设 $\boldsymbol{U}_{22}(s)$奇异，则必存在一个非零多项式行向量 $\boldsymbol{\beta}(s)$使下式成立

$$\boldsymbol{\beta}(s)\boldsymbol{U}_{22}(s)=\boldsymbol{0} \tag{1-41}$$

由最大右公因子构造关系式得

$$\boldsymbol{U}_{21}(s)\boldsymbol{D}(s)+\boldsymbol{U}_{22}(s)\boldsymbol{N}(s)=\boldsymbol{0} \tag{1-42}$$

将式(1-42)两边左乘 $\boldsymbol{\beta}(s)$，计及式(1-41)，可得

$$\boldsymbol{\beta}(s)\boldsymbol{U}_{21}(s)\boldsymbol{D}(s)=\boldsymbol{0}$$

由于 $\boldsymbol{D}(s)$为非奇异，所以

$$\boldsymbol{\beta}(s)\boldsymbol{U}_{21}(s)=\boldsymbol{0} \tag{1-43}$$

于是，有

$$\boldsymbol{\beta}(s)(\boldsymbol{U}_{21}(s)\quad \boldsymbol{U}_{22}(s))=\boldsymbol{0}$$

这说明$(\boldsymbol{U}_{21}(s)\quad \boldsymbol{U}_{22}(s))$是行降秩的，这与性质 1 矛盾。因此，反设不成立，$\boldsymbol{U}_{22}(s)$为非奇异矩阵。

由于 $\boldsymbol{U}_{22}(s)$非奇异，由式(1-42)可直接得到 $\boldsymbol{N}(s)\boldsymbol{D}^{-1}(s)=-\boldsymbol{U}_{22}^{-1}(s)\boldsymbol{U}_{21}(s)$。

性质 3：$\boldsymbol{D}(s)$和 $\boldsymbol{N}(s)$为右互质的充分必要条件是 $\deg(\det\boldsymbol{U}_{22}(s))=\deg(\det\boldsymbol{D}(s))$。

该性质实际上就是基于行列式次数的右互质判据给出的结论。

例 1-13　判断右互质性。

给定两个列数相同的多项式矩阵 $\boldsymbol{D}(s)$和 $\boldsymbol{N}(s)$，判定是否是右互质的。

$$\boldsymbol{D}(s)=\begin{pmatrix}s & 3s+1\\-1 & s^2+s-2\end{pmatrix},\boldsymbol{N}(s)=(-1\quad s^2+s-1)$$

解　方法一：利用性质 3，即基于行列式次数的右互质判据。

可以通过最大右公因子构造关系式得到单模变换阵 $\boldsymbol{U}(s)=\begin{pmatrix}0 & -1 & 0\\0 & -1 & 1\\1 & s^2+s+1 & -(s^2+1)\end{pmatrix}$，

显然 $\boldsymbol{U}_{22}(s)=-(s^2+1)$。由此，可以定出 $\deg\{\det(\boldsymbol{U}_{22}(s))\}=2<\deg\{\det(\boldsymbol{D}(s))\}=3$，所以非右互质。

方法二：利用互质秩判据。

$\boldsymbol{D}(s)$是非奇异的，s 值为-1时使$\begin{pmatrix}\boldsymbol{D}(s)\\ \boldsymbol{N}(s)\end{pmatrix}$的三个 2 阶子式都降秩，所以非右互质。

2）最大左公因子构造关系的一些性质

两个行数相同的 $q\times q$ 多项式矩阵$\boldsymbol{D}(s)$和 $q\times p$ 多项式矩阵$\boldsymbol{N}(s)$，且$\boldsymbol{D}(s)$为非奇异，构造单模矩阵$\bar{\boldsymbol{U}}(s)$，使

$$[\boldsymbol{D}(s)\quad \boldsymbol{N}(s)]\bar{\boldsymbol{U}}(s)=[\boldsymbol{D}(s)\quad \boldsymbol{N}(s)]\begin{bmatrix}\bar{\boldsymbol{U}}_{11}(s) & \bar{\boldsymbol{U}}_{12}(s)\\ \bar{\boldsymbol{U}}_{21}(s) & \bar{\boldsymbol{U}}_{22}(s)\end{bmatrix}=[\boldsymbol{L}(s)\quad \boldsymbol{0}]$$

式中，$\bar{\boldsymbol{U}}_{11}(s)$，$\bar{\boldsymbol{U}}_{12}(s)$，$\bar{\boldsymbol{U}}_{21}(s)$，$\bar{\boldsymbol{U}}_{22}(s)$分别为 $q\times q$ 多项式矩阵，$q\times p$ 多项式矩阵，$p\times q$ 多项式矩阵和 $p\times p$ 多项式矩阵。最大左公因子构造关系有如下性质。

性质 1：$\bar{\boldsymbol{U}}_{12}(s)$，$\bar{\boldsymbol{U}}_{22}(s)$为右互质。

性质 2：$\bar{\boldsymbol{U}}_{22}(s)$为非奇异矩阵，且 $\boldsymbol{D}^{-1}(s)\boldsymbol{N}(s)=-\bar{\boldsymbol{U}}_{12}(s)\bar{\boldsymbol{U}}_{22}^{-1}(s)$。

性质 3：$\boldsymbol{D}(s)$和 $\boldsymbol{N}(s)$为左互质的充分必要条件是 $\deg(\det\bar{\boldsymbol{U}}_{22}(s))=\deg(\det\boldsymbol{D}(s))$。

思考 仿照最大右公因子构造关系式性质的证明，对最大左公因子构造关系式性质进行证明。

1.3.4 基于矩阵列次数与行次数的多项式矩阵表达式及其既约性

矩阵的列次数与行次数在概念上继承了多项式次数概念，并进行了推广，它为定义和讨论多项式矩阵的既约性提供了基础。既约性实质上反映多项式矩阵在次数上的不可简约性。线性时不变系统的不少复频率分析和综合问题都以既约性为条件。把非既约多项式矩阵化为既约多项式矩阵是复频域方法中经常遇到的基本问题，其基本途径是引入单模矩阵以降低某些过高列次数或过高行次数。

1. 矩阵的列次数与行次数

对于多项式列向量，其次数定义为组成向量的元多项式次数的最大值。对于多项式行向量，其次数定义为组成向量的元多项式次数的最大值。即

$$\boldsymbol{a}(s)=\begin{bmatrix}a_1(s)\\ a_2(s)\\ \vdots\\ a_q(s)\end{bmatrix}\rightarrow\delta\boldsymbol{a}(s)=\max\{\deg a_i(s),i=1,2,\cdots,q\}$$

$$\bar{\boldsymbol{a}}(s)=[\bar{a}_1(s)\quad \bar{a}_2(s)\quad \cdots\quad \bar{a}_p(s)]\rightarrow\delta\bar{\boldsymbol{a}}(s)=\max\{\deg\bar{a}_i(s),i=1,2,\cdots,p\}$$

将上述定义扩展应用于多项式矩阵，可以定义的多项式矩阵的行次数和列次数如下。

对于 $q\times p$ 的多项式矩阵：

$$\boldsymbol{M}(s)=\begin{pmatrix}\bar{\boldsymbol{m}}_1(s)\\ \bar{\boldsymbol{m}}_2(s)\\ \vdots\\ \bar{\boldsymbol{m}}_q(s)\end{pmatrix}=(\boldsymbol{m}_1(s)\quad \boldsymbol{m}_2(s)\quad \cdots\quad \boldsymbol{m}_p(s))$$

其各列和行的次数用下列符号表示：

$$k_{cj}=\delta\boldsymbol{m}_j(s),j=1,2,\cdots,p\qquad k_{ri}=\delta\bar{\boldsymbol{m}}_i(s),i=1,2,\cdots,q$$

在引入了上述记号后，可以将一个多项式矩阵分别用列(行)次来表示。

2. 列次表达式和行次表达式

1) 列次表达式

考虑 $q\times p$ 的矩阵 $\boldsymbol{M}(s)=(\boldsymbol{m}_1(s)\quad \boldsymbol{m}_2(s)\quad \cdots\quad \boldsymbol{m}_p(s))$,

$$\boldsymbol{S}_c(s)=\begin{bmatrix} s^{k_{c1}} & 0 & \cdots & 0 \\ 0 & s^{k_{c2}} & \cdots & 0 \\ \vdots & \vdots & & \vdots \\ 0 & 0 & \cdots & s^{k_{cp}} \end{bmatrix},\boldsymbol{\Psi}_c(s)=\begin{bmatrix} s^{k_{c1}-1} & \cdots & 0 \\ \vdots & & \vdots \\ s & \cdots & 0 \\ 1 & \cdots & 0 \\ \vdots & & \vdots \\ 0 & \cdots & s^{k_{cp}-1} \\ \vdots & & \vdots \\ 0 & \cdots & s \\ 0 & \cdots & 1 \end{bmatrix}_{(\sum_i^p k_{ci})\times p} \tag{1-44}$$

则可将 $\boldsymbol{M}(s)$ 表达为

$$\boldsymbol{M}(s)=\boldsymbol{M}_{hc}\boldsymbol{S}_c(s)+\boldsymbol{M}_{lc}\boldsymbol{\Psi}_c(s) \tag{1-45}$$

式中,$\boldsymbol{M}_{hc}$ 为 $\boldsymbol{M}(s)$ 的列次系数矩阵;$\boldsymbol{M}_{lc}$ 为低列次系数矩阵。

2) 行次表达式

考虑 $q\times p$ 的矩阵 $\boldsymbol{M}(s)=\begin{pmatrix} \bar{\boldsymbol{m}}_1(s) \\ \bar{\boldsymbol{m}}_2(s) \\ \vdots \\ \bar{\boldsymbol{m}}_q(s) \end{pmatrix}$,令

$$\boldsymbol{S}_r(s)=\begin{bmatrix} s^{k_{r1}} & 0 & \cdots & 0 \\ 0 & s^{k_{r2}} & \cdots & 0 \\ \vdots & \vdots & & \vdots \\ 0 & 0 & \cdots & s^{k_{rq}} \end{bmatrix},\boldsymbol{\Psi}_r(s)=\begin{pmatrix} s^{k_{r1}-1} & \cdots & 1 & & & \\ & & & \ddots & & \\ & & & & s^{k_{rq}-1} & \cdots & 1 \end{pmatrix}$$

则可将 $\boldsymbol{M}(s)$ 表达为

$$\boldsymbol{M}(s)=\boldsymbol{S}_r(s)\boldsymbol{M}_{hr}+\boldsymbol{\Psi}_r(s)\boldsymbol{M}_{lr} \tag{1-46}$$

式中,$\boldsymbol{M}_{hr}$ 为 $\boldsymbol{M}(s)$ 的行次系数矩阵;$\boldsymbol{M}_{lr}$ 为低行次系数矩阵。

例 1-14 写出多项式矩阵的列次表达式和行次表达式。

已知 $\boldsymbol{M}(s)=\begin{bmatrix} s^2+4s+1 & 2s^2 & s+4 \\ s+3 & 4s^3-2s & 3s+1 \end{bmatrix}$,求该多项式矩阵的列次和行次,以及列次表达式和行次表达式。

解 (1) 该多项式的列次分别为 2,3,1,于是列次表示为

$$\boldsymbol{M}(s)=\begin{bmatrix} 1 & 0 & 1 \\ 0 & 4 & 3 \end{bmatrix}\begin{bmatrix} s^2 & 0 & 0 \\ 0 & s^3 & 0 \\ 0 & 0 & s \end{bmatrix}+\begin{bmatrix} 4 & 1 & 2 & 0 & 0 & 4 \\ 1 & 3 & 0 & -2 & 0 & 1 \end{bmatrix}\begin{bmatrix} s & 0 & 0 \\ 1 & 0 & 0 \\ 0 & s^2 & 0 \\ 0 & s & 0 \\ 0 & 1 & 0 \\ 0 & 0 & 1 \end{bmatrix}$$

(2) 该多项式的行次分别为 2,3,于是行次表达式为

$$M(s)=\begin{pmatrix} s^2 & 0 \\ 0 & s^3 \end{pmatrix}\begin{bmatrix} 1 & 2 & 0 \\ 0 & 4 & 0 \end{bmatrix}+\begin{pmatrix} s & 1 & 0 & 0 & 0 \\ 0 & 0 & s^2 & s & 1 \end{pmatrix}\begin{pmatrix} 4 & 0 & 1 \\ 1 & 0 & 4 \\ 0 & 0 & 0 \\ 1 & -2 & 3 \\ 3 & 0 & 1 \end{pmatrix}$$

思考 对于方多项式矩阵,考虑下面命题的正确性:

"$\det M(s)=(\det M_{hc})s^{\sum_i^p k_{ci}}$ +低列次项部分"和"$\det M(s)=(\det M_{hr})s^{\sum_i^p k_{ri}}$ +低行次项部分"。

3. 既约性概念

既约性(reduced property)实质上反映了多项式矩阵在行(列)次数上的不可简约性,可以分为列既约性和行既约性。

给定一个 $p\times p$ 的非奇异多项式矩阵 $M(s)$,如果 $\deg(\det M(s))=\sum_{i=1}^{p}k_{ci}$,则称 $M(s)$ 为列既约的;如果 $\deg(\det M(s))=\sum_{i=1}^{p}k_{ri}$,则称 $M(s)$ 为行既约的。一个多项式矩阵的行既约性与列既约性之间没有必然联系,不过对于非奇异的对角阵,列既约性与行既约性是等价的。

例 1-15 判定方阵的既约性。

(1) $M_1(s)=\begin{bmatrix} 3s^2+2s & 2s+4 \\ s^2+s-3 & 7s \end{bmatrix}$;

(2) $M_2(s)=\begin{bmatrix} s^2+2s-1 & s^{10} \\ 0 & s+2 \end{bmatrix}$。

解 (1) $M_1(s)$是列既约,但不是行既约的。

(2) $M_2(s)$既不是列既约,也不是行既约的。

这些例子说明,矩阵中元的次数并不总能真实地反映系统真实的维数,所以对非既约矩阵的既约化问题就提出来了。

对于一个非方满秩多项式矩阵也可以定义其既约性。给定一个 $q\times p$ 非方满秩多项式 $M(s)$,称为列既约的,当且仅当 $q\geqslant p$ 且 $M(s)$至少包含一个 $p\times p$"行列式次数=$M(s)$列次数和"的列既约矩阵;称为行既约的,当且仅当 $p\geqslant q$ 且 $M(s)$至少包含一个 $q\times q$"行列式次数=$M(s)$行次数和"的行既约矩阵。

4. 列既约性和行既约性的判别

给定一个 $p\times p$ 的非奇异多项式矩阵 $M(s)$,$M(s)$列既约等价于 M_{hc}非奇异;$M(s)$行既约等价于 M_{hr}非奇异。对于 $q\times p$ 的非方满秩多项式矩阵 $M(s)$,$M(s)$列既约等价于 $q\geqslant p$ 且 $\operatorname{rank}(M_{hc})=p$;$M(s)$行既约等价于 $p\geqslant q$ 且 $\operatorname{rank}(M_{hr})=q$。

实际上,对方多项式矩阵 $M(s)$的列次/行次表达式两边分别求行列式次数便可直接说明此判据。

思考 如何理解这个判据?

例 1-16 判定方阵的既约性。

根据这一判据重新判定上例第 3 个矩阵的既约性。

解 计算 $\boldsymbol{M}_{hr}$ 和 $\boldsymbol{M}_{hc}$，可得 $\boldsymbol{M}_2(s)$ 既不是列既约的，也不是行既约的。

5. 列既约和行既约矩阵的属性

对于两个 $p\times p$ 列既约的矩阵 $\boldsymbol{M}(s)$ 和 $\overline{\boldsymbol{M}}(s)$，它们的列次数满足非降性，即 $k_{c1}\leqslant k_{c2}\leqslant\cdots\leqslant k_{cp}$，$\bar{k}_{c1}\leqslant\bar{k}_{c2}\leqslant\cdots\leqslant\bar{k}_{cp}$，若 $\boldsymbol{M}(s)=\overline{\boldsymbol{M}}(s)\boldsymbol{U}(s)$ 为单模变换，则必有 $k_{ci}=\bar{k}_{ci}$，$i=1,2,\cdots,p$。

对于两个 $p\times p$ 行既约的矩阵 $\boldsymbol{M}(s)$ 和 $\overline{\boldsymbol{M}}(s)$，它们的行次数满足非降性，即 $k_{r1}\leqslant k_{r2}\leqslant\cdots\leqslant k_{rp}$，$\bar{k}_{r1}\leqslant\bar{k}_{r2}\leqslant\cdots\leqslant\bar{k}_{rp}$，若 $\boldsymbol{M}(s)=\boldsymbol{V}(s)\overline{\boldsymbol{M}}(s)$ 为单模变换，则必有 $k_{ri}=\bar{k}_{ri}$，$i=1,2,\cdots,p$。

既约矩阵属性表明列既约矩阵的列次数与行既约矩阵的行次数在单模变换下保持不变。

6. 非既约矩阵的既约化

给定一个 $p\times p$ 的非奇异多项式矩阵，必可找到一对 $p\times p$ 单模矩阵 $\boldsymbol{U}(s)$ 和 $\boldsymbol{V}(s)$，使 $\boldsymbol{M}(s)\boldsymbol{U}(s)$ 为列既约的，$\boldsymbol{V}(s)\boldsymbol{M}(s)$ 为行既约的。也就是说，对于一些非既约化的多项式矩阵，可以通过一系列的初等变换（实际上就是单模变换）将其既约化，将矩阵中次数不能真实地反映系统真实维数的元素次数适当降低。

例 1-17 对方多项式矩阵进行既约化。

已知方多项式矩阵 $\boldsymbol{M}(s)=\begin{pmatrix}s^2+2s & s^2+s+1\\ s & s+2\end{pmatrix}$，判定其既约性，并进行必要的既约化，计算引入的单模矩阵。

解 由于 $k_{c1}=2$，$k_{c2}=2$，$\deg(\det\boldsymbol{M}(s))=2\leqslant k_{c1}+k_{c2}=4$；$k_{r1}=2$，$k_{r2}=1$，$\deg(\det\boldsymbol{M}(s))=2\leqslant k_{r1}+k_{r2}=3$。

所以该方多项式矩阵非列既约，也非行既约。

对该方多项式矩阵列初等变换：

$\boldsymbol{E}_{3c}(1,2,-1)$：$\begin{pmatrix}s-1 & s^2+s+1\\ -2 & s+2\end{pmatrix}$；$\boldsymbol{E}_{3c}(2,1,1)$：$\begin{pmatrix}s-1 & s^2+2s\\ -2 & s\end{pmatrix}$；$\boldsymbol{E}_{3c}(2,1,-s)$：$\begin{pmatrix}s-1 & 3s\\ -2 & 3s\end{pmatrix}$，列既约

于是 $\boldsymbol{U}(s)=\boldsymbol{E}_{3c}(1,2,-1)\boldsymbol{E}_{3c}(2,1,1)\boldsymbol{E}_{3c}(2,1,-s)=\begin{pmatrix}1 & 0\\ -1 & 1\end{pmatrix}\begin{pmatrix}1 & 1\\ 0 & 1\end{pmatrix}\begin{pmatrix}1 & -s\\ 0 & 1\end{pmatrix}=\begin{pmatrix}1 & 1-s\\ -1 & s\end{pmatrix}$。

对该方多项式矩阵行初等变换：

$$\boldsymbol{E}_{3r}(1,2,-s):\begin{pmatrix}2s & -s+1\\ s & s+2\end{pmatrix}\text{，行既约}$$

于是 $\boldsymbol{V}(s)=\boldsymbol{E}_{3r}(1,2,-s)=\begin{pmatrix}1 & -s\\ 0 & 1\end{pmatrix}$。

思考 从这个例子总结一下如何寻找单模矩阵 $\boldsymbol{U}(s)$ 和 $\boldsymbol{V}(s)$，使方多项式矩阵 $\boldsymbol{M}(s)$ 既约化。

思考 使方多项式矩阵 $\boldsymbol{M}(s)$ 既约化的单模矩阵 $\boldsymbol{U}(s)$ 和 $\boldsymbol{V}(s)$ 是唯一的吗？为什么？

1.3.5 Smith 标准型

Smith 标准型是多项式矩阵的一种重要的规范型，任一多项式矩阵都可通过初等变换得到 Smith 标准型。在 Smith 标准型基础上导出的有理分式矩阵 Smith-McMillan 规范型为定义和分析 MIMO 线性时不变系统传递函数矩阵的极点和零点提供了重要的基础。

1. Smith 标准型的定义

给定一个 $q\times p$ 的多项式矩阵

$$\boldsymbol{Q}(s)=\begin{bmatrix} q_{11}(s) & \cdots & q_{1p}(s) \\ \vdots & & \vdots \\ q_{q1}(s) & \cdots & q_{qp}(s) \end{bmatrix}$$

$\text{rank}\boldsymbol{Q}(s)=r, 0\leqslant r\leqslant \min\{q,p\}$。如果通过初等行变换和初等列变换得到

$$\boldsymbol{U}(s)\boldsymbol{Q}(s)\boldsymbol{V}(s)=\begin{bmatrix} d_1(s) & & & 0 \\ & \ddots & & \vdots \\ & & d_r(s) & 0 \\ 0 & \cdots & 0 & 0 \end{bmatrix} \tag{1-47}$$

式中，$\{d_i(s), i=1,2,\cdots,r\}$是非零首一系数的多项式；$d_i(s)\mid d_{i+1}(s), i=1,2,\cdots,r-1$。称式(1-46)右侧为 $\boldsymbol{Q}(s)$的 Smith 标准型。显然，$\boldsymbol{U}(s)$，$\boldsymbol{V}(s)$均是单模矩阵。

实际上，如果 $\boldsymbol{Q}(s)$左上角的元素 $q_{11}(s)$不能整除其他的元素，通过单模变换使 $\boldsymbol{W}(s)=\boldsymbol{R}(s)\boldsymbol{Q}(s)\boldsymbol{T}(s)$的左上角元素 $w_{11}(s)\neq 0$，且 $\deg(w_{11}(s))<\deg(q_{11}(s))$。这样经过多次变换最终左上角的元素 $\tilde{q}_{11}(s)$可以整除其他所有元素，因此先将第一行和第一列的其他元素变为零，即

$$\begin{bmatrix} \tilde{q}_{11}(s) & 0 & \cdots & 0 \\ 0 & \tilde{q}_{22}(s) & \cdots & \tilde{q}_{2p}(s) \\ \vdots & \vdots & & \vdots \\ 0 & \tilde{q}_{qp}(s) & \cdots & \tilde{q}_{qp}(s) \end{bmatrix}，将 \tilde{q}_{11}(s) 首一化，得 \begin{bmatrix} d_1(s) & 0 & \cdots & 0 \\ 0 & \tilde{q}_{22}(s) & \cdots & \tilde{q}_{2p}(s) \\ \vdots & \vdots & & \vdots \\ 0 & \tilde{q}_{qp}(s) & \cdots & \tilde{q}_{qp}(s) \end{bmatrix}$$

对 $d_1(s)$的右下角部分重复以上工作即得 $\boldsymbol{\Lambda}(s)=\boldsymbol{U}(s)\boldsymbol{Q}(s)\boldsymbol{V}(s)=\begin{bmatrix} d_1(s) & & & 0 \\ & \ddots & & \vdots \\ & & d_r(s) & 0 \\ 0 & \cdots & 0 & 0 \end{bmatrix}$。

显然，$d_i(s), i=1,\cdots,r$ 是满足整除性条件的。所以，总可以找到$\{\boldsymbol{U}(s),\boldsymbol{V}(s)\}$使多项式矩阵 $\boldsymbol{Q}(s)$变换为 Smith 标准型。需要注意的是，行列变换引入的因子是多项式因子，而不是分式。

2. Smith 标准型的特性

1) 不变因子

Smith 标准型中的非零因子 $d_1(s), d_2(s), \cdots, d_r(s)$称为矩阵 $\boldsymbol{Q}(s)$的不变因子。在不变因子中所有与 λ 有关的指数大于 0 的因子(相同的也要列出)称为 $\boldsymbol{A}(\lambda)$的初等因子。

设 $D_i(s)$是 $\boldsymbol{Q}(s)$的所有 i 阶子式的首一最大公因子(gcd)，$i\leqslant \text{rank}(\boldsymbol{Q}(s))$。记 $D_0(s)=1$，称 $D_0(s), D_1(s), \cdots, D_r(s)$为 $\boldsymbol{Q}(s)$的行列式因子。显然一个多项式矩阵的行列式因子不会因为初等变换而变化。因此

$$
\begin{aligned}
D_r(s) &= d_1(s)d_2(s)\cdots d_r(s)\\
D_{r-1}(s) &= d_1(s)d_2(s)\cdots d_{r-1}(s)\\
&\vdots\\
D_2(s) &= d_1(s)d_2(s)\\
D_1(s) &= d_1(s)
\end{aligned}
$$

或者写成 $d_i(s)=D_i(s)/D_{i-1}(s)$，$i=1,2,\cdots,r$。

例 1-18 利用不变因子的概念化方多项式矩阵为 Smith 标准型。

已知 $\boldsymbol{Q}(s)=\begin{bmatrix} s^2+7s+2 & 0\\ 3 & s^2+s\\ s+1 & s+3\end{bmatrix}$，将其化为 Smith 标准型。

解 $$D_1(s)=\gcd\{s^2+7s+2,0,3,s^2+s,s+1,s+3\}=1$$

$$D_2(s)=\gcd\{(s^2+7s+2)(s^2+s),3(s+3)-(s^2+s)(s+1),(s^2+7s+2)(s+3)\}=1$$

由此得，$d_1(s)=1$，$d_2(s)=1$。所以 Smith 标准型为 $\begin{pmatrix}1 & 0\\ 0 & 1\\ 0 & 0\end{pmatrix}$。

2) Smith 标准型唯一性

由于初等变换/单模变换不会改变 $\boldsymbol{Q}(s)$ 的行列式因子，所以 $d_i(s)=D_i(s)/D_{i-1}(s)$，$i=1,2,\cdots,r$ 是唯一确定的。所以，$\boldsymbol{Q}(s)$ 的 Smith 标准型是唯一的。但这并不意味着使非奇异多项式矩阵 $\boldsymbol{Q}(s)$ 变换为 Smith 标准型的 $\{\boldsymbol{U}(s),\boldsymbol{V}(s)\}$ 对是唯一的。这一点很容易理解，施加行和列初等变换在形式和顺序上不唯一。

例 1-19 已知初等因子求 Smith 标准型。

已知满秩的 $\boldsymbol{A}(\lambda)$ 是 4×4 的，其初等因子为 $\lambda,\lambda,\lambda^2,\lambda-1,(\lambda-1)^2,(\lambda-1)^3,(\lambda+i)^3,(\lambda-i)^3$，写出 Smith 标准型。

解 由题知 $\boldsymbol{A}(\lambda)$ 的不变因子为

$$
\begin{aligned}
d_4(\lambda) &= \lambda^2(\lambda-1)^3(\lambda+i)^3(\lambda-i)^3\\
d_3(\lambda) &= \lambda(\lambda-1)^2\\
d_2(\lambda) &= \lambda(\lambda-1)\\
d_1(\lambda) &= 1
\end{aligned},
$$

从而，$\boldsymbol{A}(\lambda)$ 的 Smith 标准型为

$$
\begin{pmatrix}
1 & & & \\
 & \lambda(\lambda-1) & & \\
 & & \lambda(\lambda-1)^2 & \\
 & & & \lambda^2(\lambda-1)^3(\lambda^2+1)^3
\end{pmatrix}
$$

3) 多项式矩阵的 Smith 意义下等价

两个多项式矩阵 $\boldsymbol{Q}_1(s)$，$\boldsymbol{Q}_2(s)$，如果其具有相同的 Smith 标准型，则称为在 Smith 意义下等价，记为 $\boldsymbol{Q}_1(s)\overset{S}{\cong}\boldsymbol{Q}_2(s)$。Smith 意义下等价同样有自反性、对称性和传递性。

$\boldsymbol{Q}_1(s)\overset{S}{\cong}\boldsymbol{Q}_2(s)$ 的充要条件是存在单模阵 $\boldsymbol{P}(s)$，$\boldsymbol{T}(s)$ 使

$$\boldsymbol{Q}_1(s)=\boldsymbol{P}(s)\boldsymbol{Q}_2(s)\boldsymbol{T}(s) \tag{1-48}$$

实际上，由于 $\boldsymbol{Q}_1(s)\overset{S}{\cong}\boldsymbol{Q}_2(s)$，所以它们有相同的 Smith 标准型 $\boldsymbol{\Lambda}(s)$，由此出发根据 Smith

标准型的产生方法便可得到 $\boldsymbol{P}(s)$，$\boldsymbol{T}(s)$。

4）Smith 意义下等价与相似等价

给定同维两个方常阵 $\boldsymbol{A}$ 和 $\boldsymbol{B}$，则有

$$(s\boldsymbol{I}-\boldsymbol{A})\overset{\mathrm{S}}{\cong}(s\boldsymbol{I}-\boldsymbol{B})\Leftrightarrow \boldsymbol{A}\text{ 和 }\boldsymbol{B}\text{ 相似}$$

5）基于 Smith 标准型的互质性判据

两个列数相同的 $q\times p$ 和 $p\times p$ 多项式矩阵 $\boldsymbol{N}(s)$ 和 $\boldsymbol{D}(s)$ 为右互质的充分必要条件是 $\begin{bmatrix}\boldsymbol{D}(s)\\ \boldsymbol{N}(s)\end{bmatrix}$ 的 Smith 标准型为 $\begin{pmatrix}\boldsymbol{I}_p\\ \boldsymbol{0}\end{pmatrix}$。

对偶地，两个行数相同的 $q\times p$ 和 $q\times q$ 多项式矩阵 $\boldsymbol{N}(s)$ 和 $\boldsymbol{D}(s)$ 为左互质的充分必要条件是 $(\boldsymbol{D}(s)\quad \boldsymbol{N}(s))$ 的 Smith 标准型为 $(\boldsymbol{I}_q\quad \boldsymbol{0})$。

3. 一个基于 Smith 标准型的推论

设 $\boldsymbol{A}\in\mathbf{R}^{n\times n}$，$\boldsymbol{B}\in\mathbf{R}^{n\times r}$ 是数值矩阵，且条件

$$\operatorname{rank}(s\boldsymbol{I}-\boldsymbol{A}\quad \boldsymbol{B})=n \tag{1-49}$$

成立，则存在适当的单模阵 $\boldsymbol{P}(s)$，$\boldsymbol{Q}(s)$ 满足

$$\boldsymbol{P}(s)(\boldsymbol{A}-s\boldsymbol{I}\quad \boldsymbol{B})\boldsymbol{Q}(s)=(\boldsymbol{0}\quad \boldsymbol{I}) \tag{1-50}$$

思考 如何说明此结论的正确性。

上述推论中，单模阵 $\boldsymbol{P}(s)$，$\boldsymbol{Q}(s)$ 的求法：

（1）组增广矩阵 $\boldsymbol{X}(s)=\begin{pmatrix}\boldsymbol{A}-s\boldsymbol{I} & \boldsymbol{B} & \boldsymbol{I}_n\\ \boldsymbol{I}_n & \boldsymbol{0} & \boldsymbol{0}\\ \boldsymbol{0} & \boldsymbol{I}_r & \boldsymbol{0}\end{pmatrix}$；

（2）通过行列初等变换，将 $\boldsymbol{X}(s)$ 化成 $\bar{X}(s)=\begin{pmatrix}(\boldsymbol{0}\quad \boldsymbol{I}) & \boldsymbol{X}_1(s)\\ \boldsymbol{X}_2(s) & *\end{pmatrix}$；

（3）取 $\boldsymbol{P}(s)=\boldsymbol{X}_1(s)$，$\boldsymbol{Q}(s)=\boldsymbol{X}_2(s)$ 即得。

1.4 矩阵的特征值与特征向量

1.4.1 特征值与特征向量的概念

设 $\boldsymbol{L}$ 是数域 $\mathbf{P}$ 上线性空间 $\mathbf{V}$ 的一个线性变换，如果存在 $\lambda\in\mathbf{P}$ 以及非零向量 $\boldsymbol{\alpha}\in\mathbf{V}$ 使得 $\boldsymbol{L}(\boldsymbol{\alpha})=\lambda\boldsymbol{\alpha}$，则称 λ 为 $\boldsymbol{L}$ 的特征值，并称 $\boldsymbol{\alpha}$ 为 $\boldsymbol{L}$ 的属于特征值 λ 的特征向量。下面给出特征值与特征向量的求法。

设 n 维线性空间 $\mathbf{V}$ 上一组基为 $\boldsymbol{\varepsilon}_1,\boldsymbol{\varepsilon}_2,\boldsymbol{\varepsilon}_3,\cdots,\boldsymbol{\varepsilon}_n$，线性变换在这组基下的矩阵为 $\boldsymbol{A}$。如果 λ 和 $\boldsymbol{\alpha}$ 分别是 $\boldsymbol{L}$ 的特征值和对应的特征向量，则

$$\boldsymbol{\alpha}=(\boldsymbol{\varepsilon}_1,\boldsymbol{\varepsilon}_2,\cdots,\boldsymbol{\varepsilon}_n)\begin{pmatrix}x_1\\ x_2\\ \vdots\\ x_n\end{pmatrix}$$

据特征值与特征向量的定义，得

$$\boldsymbol{L}(\boldsymbol{\alpha})=(\boldsymbol{L}(\boldsymbol{\varepsilon}_1),\boldsymbol{L}(\boldsymbol{\varepsilon}_2),\cdots,\boldsymbol{L}(\boldsymbol{\varepsilon}_n))\begin{pmatrix}x_1\\x_2\\\vdots\\x_n\end{pmatrix}=(\boldsymbol{\varepsilon}_1,\boldsymbol{\varepsilon}_2,\cdots,\boldsymbol{\varepsilon}_n)\boldsymbol{A}\begin{pmatrix}x_1\\x_2\\\vdots\\x_n\end{pmatrix}=\lambda\boldsymbol{\alpha}=\lambda(\boldsymbol{\varepsilon}_1,\boldsymbol{\varepsilon}_2,\cdots,\boldsymbol{\varepsilon}_n)\begin{pmatrix}x_1\\x_2\\\vdots\\x_n\end{pmatrix}$$

由于 $\boldsymbol{\varepsilon}_1,\boldsymbol{\varepsilon}_2,\boldsymbol{\varepsilon}_3,\cdots,\boldsymbol{\varepsilon}_n$ 线性无关，所以

$$\boldsymbol{A}\begin{pmatrix}x_1\\x_2\\\vdots\\x_n\end{pmatrix}=\lambda\begin{pmatrix}x_1\\x_2\\\vdots\\x_n\end{pmatrix}$$

这表明特征向量的坐标满足齐次方程组：

$$(\lambda\boldsymbol{I}-\boldsymbol{A})\boldsymbol{x}=\boldsymbol{0}$$

因为 $\boldsymbol{\alpha}\neq\boldsymbol{0}$，所以 $\boldsymbol{x}\neq\boldsymbol{0}$，即齐次方程组有非零解。方程组有非零解的充分必要条件是

$$|\lambda\boldsymbol{I}-\boldsymbol{A}|=\boldsymbol{0} \tag{1-51}$$

令特征矩阵 $\boldsymbol{A}(\lambda)=\lambda\boldsymbol{I}-\boldsymbol{A}$，则 $\alpha(\lambda)=\det(\lambda\boldsymbol{I}-\boldsymbol{A})=\lambda^n+\alpha_{n-1}\lambda^{n-1}+\cdots+\alpha_1\lambda+\alpha_0$ 称特征多项式，$\alpha(\lambda)=0$ 为特征方程，其根（特征值）集合 $\boldsymbol{\Lambda}=\{\lambda\in\mathbf{C}|\alpha(\lambda)=0\}=\{\lambda_1,\lambda_2,\cdots,\lambda_n\}$。每个特征值对应相应的特征向量，$\boldsymbol{A}$ 的属于某特征值 λ_i 的特征向量为满足齐次方程组 $(\lambda_i\boldsymbol{I}-\boldsymbol{A})\boldsymbol{x}=\boldsymbol{0}$ 所得的非零向量 $\boldsymbol{x}=\boldsymbol{v}_i$（也称 $\lambda_i\boldsymbol{I}-\boldsymbol{A}$ 矩阵右零空间列向量），该列向量可能有多个，有几个列向量就代表与该值相关的 Jordan 块有几个（与下面讲到的几何重数对应）。这里讲到的特征向量均是右特征向量。实际上也有左特征向量，它定义为 $\boldsymbol{x}^{\mathrm{T}}(\lambda_i\boldsymbol{I}-\boldsymbol{A})=\boldsymbol{0}$ 的非零向量 $\boldsymbol{x}^{\mathrm{T}}=\boldsymbol{v}_i^{\mathrm{T}}$（也称 $\lambda_i\boldsymbol{I}-\boldsymbol{A}$ 矩阵的左零空间行向量）。$\boldsymbol{A}(\lambda)$ 作为多项式矩阵（λ 矩阵）必为非奇异，且常称其逆矩阵 $\boldsymbol{A}^{-1}(\lambda)$ 为预解矩阵。

思考 $\boldsymbol{A}(\lambda)$ 为何是非奇异的？

思考 由 $\det(\lambda\boldsymbol{I}-\boldsymbol{A})=\lambda^n+\alpha_{n-1}\lambda^{n-1}+\cdots+\alpha_1\lambda+\alpha_0$，若令 $\lambda=0$，将会得到什么结论？

下面是特征值与特征向量相关说明。

(1) 特征值的代数特性：λ_i 为系统的一个特征值，当且仅当 $\boldsymbol{A}(\lambda_i)$ 降秩。

(2) 特征值的形态：或者为实数，或者为共轭复数。

(3) 特征值的类型：单特征值和重特征值。

(4) 特征值 λ_i 的代数重数：满足 $\det(\lambda\boldsymbol{I}-\boldsymbol{A})=(\lambda-\lambda_i)^{\sigma_i}\beta_i(s)$，$\beta_i\neq0$ 的 σ_i（代表 Λ 中 λ_i 的个数）。

(5) 特征值 λ_i 的几何重数：$\rho_i=n-\mathrm{rank}(\lambda_i\boldsymbol{I}-\boldsymbol{A})$（几何重数代表 $\lambda_i\boldsymbol{I}-\boldsymbol{A}$ 的右零空间的维数），决定对应于该特征值 λ_i 有几个 Jordan 块。若矩阵 $\boldsymbol{A}$ 的各特征值的几何重数为 1（即各 Jordan 块对应的特征值互异，不变因子中同一特征值的因子只有一个），则称 $\boldsymbol{A}$ 是循环矩阵。若矩阵 $\boldsymbol{A}$ 的各特征值的几何重数与代数重数相等，则称 $\boldsymbol{A}$ 是可对角化矩阵（简单矩阵）。

(6) 特征值重数和类型的关系：单根时，$1=\rho_i=\sigma_i$；重根时，$1\leqslant\rho_i\leqslant\sigma_i$。

(7) 特征向量是不唯一的。

(8) 单根所属特性向量间是两两相异的。

(9) 重根所属特征向量需引入广义特征向量的概念，对每个 Jordan 块的代数重数为 σ_i，其 k 级广义特征向量定义为满足 $(\lambda_i\boldsymbol{I}-\boldsymbol{A})^k\boldsymbol{x}=\boldsymbol{0}\wedge(\lambda_i\boldsymbol{I}-\boldsymbol{A})^{k-1}\boldsymbol{x}\neq\boldsymbol{0}$ 的非零向量 $\boldsymbol{x}$。

(10) 对任何非奇异的矩阵 $\boldsymbol{A}$ 可以计算其 n 个特征向量，这是由下面两个结论确保的。

① 对 n 维线性时不变系统，设 $\boldsymbol{v}_i$ 为 $\boldsymbol{A}$ 的属于 σ_i 重特征值的 λ_i 的 k 阶广义特征向量，则如下方式定义的 k 个特征向量必为线性无关的：

$$
\begin{aligned}
&\boldsymbol{v}_i^{(0)} \triangleq \boldsymbol{v}_i \\
&\boldsymbol{v}_i^{(1)} \triangleq (\lambda_i \boldsymbol{I} - \boldsymbol{A})\boldsymbol{v}_i \\
&\quad\vdots \\
&\boldsymbol{v}_i^{(k-1)} \triangleq (\lambda_i \boldsymbol{I} - \boldsymbol{A})^{k-1}\boldsymbol{v}_i
\end{aligned}
\tag{1-52}
$$

且称这组特征向量为 λ_i 的长度为 k 的广义特征向量链。

证明 依结论只需证明，使

$$
\beta_0 \boldsymbol{v}_i^{(0)} + \beta_1 \boldsymbol{v}_i^{(1)} + \cdots + \beta_{k-1} \boldsymbol{v}_i^{(k-1)} = \boldsymbol{0} \tag{1-53}
$$

成立的系数全为 0，即 $\beta_0 = \beta_1 = \cdots = \beta_{k-1} = 0$。

利用广义特征向量定义与式(1-52)，得

$$
\begin{aligned}
(\lambda_i \boldsymbol{I} - \boldsymbol{A})^{k-1}\boldsymbol{v}_i^{(1)} &= (\lambda_i \boldsymbol{I} - \boldsymbol{A})^{k-1}(\lambda_i \boldsymbol{I} - \boldsymbol{A})\boldsymbol{v}_i = (\lambda_i \boldsymbol{I} - \boldsymbol{A})^{k}\boldsymbol{v}_i = \boldsymbol{0} \\
(\lambda_i \boldsymbol{I} - \boldsymbol{A})^{k-1}\boldsymbol{v}_i^{(2)} &= (\lambda_i \boldsymbol{I} - \boldsymbol{A})^{k-1}(\lambda_i \boldsymbol{I} - \boldsymbol{A})^{2}\boldsymbol{v}_i = (\lambda_i \boldsymbol{I} - \boldsymbol{A})(\lambda_i \boldsymbol{I} - \boldsymbol{A})^{k}\boldsymbol{v}_i = \boldsymbol{0} \\
&\vdots \\
(\lambda_i \boldsymbol{I} - \boldsymbol{A})^{k-1}\boldsymbol{v}_i^{(k-1)} &= (\lambda_i \boldsymbol{I} - \boldsymbol{A})^{k-1}(\lambda_i \boldsymbol{I} - \boldsymbol{A})^{k-1}\boldsymbol{v}_i = (\lambda_i \boldsymbol{I} - \boldsymbol{A})^{k-2}(\lambda_i \boldsymbol{I} - \boldsymbol{A})^{k}\boldsymbol{v}_i = \boldsymbol{0}
\end{aligned}
$$

将式(1-53)两边乘以 $(\lambda_i \boldsymbol{I} - \boldsymbol{A})^{k-1}$，并计及上面的表达式，得

$$
\beta_0 (\lambda_i \boldsymbol{I} - \boldsymbol{A})^{k-1}\boldsymbol{v}_i^{(0)} = \beta_0 (\lambda_i \boldsymbol{I} - \boldsymbol{A})^{k-1}\boldsymbol{v}_i = \boldsymbol{0} \tag{1-54}
$$

但由定义知 $(\lambda_i \boldsymbol{I} - \boldsymbol{A})^{k-1}\boldsymbol{v}_i \neq \boldsymbol{0}$，欲使式(1-54)成立只能有 $\beta_0 = 0$。

采用类同的推证步骤，将式(1-53)两边同乘 $(\lambda_i \boldsymbol{I} - \boldsymbol{A})^{k-2}$，可以导出 $\beta_1 = 0$。依次类推，有 $\beta_0 = \beta_1 = \cdots = \beta_{k-1} = 0$，从而说明式(1-52)定义的广义特征向量链为线性无关的。

由该结论也可推得属于 σ_i 重特征值的 λ_i 的若干个广义特征向量链中的向量是线性无关的。

② 设 λ_i 为系统矩阵 $\boldsymbol{A}$ 的一个代数重数为 σ_i 的重特征值，$i=1,2,\cdots,\mu$，$\lambda_i \neq \lambda_j\ (i \neq j)$，$\mu$ 是不同特征值的个数，则矩阵 $\boldsymbol{A}$ 的属于不同特征值向量组间必为线性无关的。

1.4.2 特征多项式的行列式因子、不变因子和初等因子

$\boldsymbol{A}(\lambda)$ 的行列式因子、不变因子和初等因子，也直接称为数值方阵 $\boldsymbol{A}$ 的行列式因子、不变因子、初等因子。回顾多项式矩阵的 Smith 标准型相关内容，对 $\boldsymbol{A}(\lambda)$ 重复如下。

由于 $\boldsymbol{A}(\lambda)$ 的非奇异性，进行初等变换得到唯一的相抵 Smith 标准型，形如

$$
\begin{bmatrix}
d_1(\lambda) & & & & & \\
 & d_2(\lambda) & & & & \\
 & & \ddots & & & \\
 & & & d_r(\lambda) & & \\
 & & & & \ddots & \\
 & & & & & d_n(\lambda)
\end{bmatrix}
\tag{1-55}
$$

其中，$d_i(\lambda)$，$i=1,\cdots,n$ 是首一多项式，称为 $\boldsymbol{A}(\lambda)$ 的不变因子，且 $d_i(\lambda) \mid d_{i+1}(\lambda)$，$i=1,\cdots,n-1$。由此可得 $\boldsymbol{A}(\lambda)$ 的各阶行列式因子为

$$\begin{cases} D_1(\lambda)=d_1(\lambda) \\ D_2(\lambda)=d_1(\lambda)d_2(\lambda) \\ \vdots \\ D_n(\lambda)=d_1(\lambda)d_2(\lambda)\cdots d_n(\lambda) \end{cases} \tag{1-56}$$

$\boldsymbol{A}(\lambda)$的初等因子是不变因子中所有与λ有关的指数大于0的因子(相同的也要列出)。由此便可根据初等因子确定与$\boldsymbol{A}$相似的Jordan形，每个初等因子对应一个Jordan块。

例1-20 根据初等因子写出Jordan形和Smith标准型。

设初等因子为$(\lambda-1)$，$(\lambda-1)^2$，$(\lambda-2)$，试写出Jordan形和Smith标准型。

解 每个初等因子对应一个Jordan块，所以Jordan形为$\begin{pmatrix} 1 & 0 & 0 & 0 \\ 0 & 1 & 1 & 0 \\ 0 & 0 & 1 & 0 \\ 0 & 0 & 0 & 2 \end{pmatrix}$。

由初等因子，得到不变因子为$\begin{cases} d_4(\lambda)=(\lambda-2)(\lambda-1)^2 \\ d_3(\lambda)=(\lambda-1) \\ d_2(\lambda)=1 \\ d_1(\lambda)=1 \end{cases}$，Smith标准型为$\begin{pmatrix} 1 & & & \\ & 1 & & \\ & & \lambda-1 & \\ & & & (\lambda-2)(\lambda-1)^2 \end{pmatrix}$。

1.4.3 特征多项式与预解矩阵的Leverrier计算法

对于阶数高的矩阵，直接根据定义求特征多项式较困难。另外，在许多问题中需要求矩阵$(\lambda\boldsymbol{I}-\boldsymbol{A})^{-1}$，该矩阵称为矩阵$\boldsymbol{A}$的预解矩阵。Leverrier算法为求特征多项式和$(\lambda\boldsymbol{I}-\boldsymbol{A})^{-1}$提供了方便。

令特征多项式$\alpha(\lambda)=\lambda^n+\alpha_{n-1}\lambda^{n-1}+\cdots+\alpha_1\lambda+\alpha_0$，则由矩阵逆的基本关系式，得

$$(\lambda\boldsymbol{I}-\boldsymbol{A})^{-1}=\mathrm{adj}(\lambda\boldsymbol{I}-\boldsymbol{A})/\alpha(\lambda) \tag{1-57}$$

显然，$\mathrm{adj}(\lambda\boldsymbol{I}-\boldsymbol{A})$的每一个元是一个$\lambda$多项式矩阵，且$\lambda$的幂次最高为$n-1$，于是可以令

$$\mathrm{adj}(\lambda\boldsymbol{I}-\boldsymbol{A})=\boldsymbol{R}_{n-1}\lambda^{n-1}+\boldsymbol{R}_{n-2}\lambda^{n-2}+\cdots+\boldsymbol{R}_1\lambda+\boldsymbol{R}_0 \tag{1-58}$$

将式(1-58)左乘$\alpha(\lambda)(\lambda\boldsymbol{I}-\boldsymbol{A})$，并计及特征多项式的形式，得

$$\boldsymbol{I}\lambda^n+\alpha_{n-1}\boldsymbol{I}\lambda^{n-1}+\cdots+\alpha_1\boldsymbol{I}\lambda+\alpha_0\boldsymbol{I}=(\lambda\boldsymbol{I}-\boldsymbol{A})(\boldsymbol{R}_{n-1}\lambda^{n-1}+\boldsymbol{R}_{n-2}\lambda^{n-2}+\cdots+\boldsymbol{R}_1\lambda+\boldsymbol{R}_0) \tag{1-59}$$

对比两边λ的同幂次项系数，可得

$$\begin{aligned} &\boldsymbol{R}_{n-1}=\boldsymbol{I} \\ &\boldsymbol{R}_{n-2}=\boldsymbol{A}\boldsymbol{R}_{n-1}+\alpha_{n-1}\boldsymbol{I} \\ &\quad\vdots \\ &\boldsymbol{R}_{n-i}=\boldsymbol{A}\boldsymbol{R}_{n-i+1}+\alpha_{n-i+1}\boldsymbol{I} \\ &\quad\vdots \\ &\boldsymbol{R}_0=\boldsymbol{A}\boldsymbol{R}_1+\alpha_1\boldsymbol{I} \end{aligned} \tag{1-60}$$

最后满足$\boldsymbol{A}\boldsymbol{R}_0+\alpha_0\boldsymbol{I}=\boldsymbol{0}$。由此还可得，在$A$可逆条件下，$\boldsymbol{A}^{-1}=-\boldsymbol{R}_0/\alpha_0$。

下面求特征多项式的系数。令$\sigma_r=\sum_{i=1}^{n}\lambda_i^r$，这里$\lambda_i$是特征根，$i=1,2,\cdots,n$。记

$$\lambda^n+\alpha_{n-1}\lambda^{n-1}+\cdots+\alpha_1\lambda+\alpha_0=\prod_{i=1}^{n}(\lambda-\lambda_i) \tag{1-61}$$

比较式(1-61)两边 λ^{n-1} 的系数，得 $\alpha_{n-1}=-\sum_{i}^{n}\lambda_i=-\sigma$，即 $\sigma_1+\alpha_{n-1}=0$。

对式(1-61)两边平方，比较 λ^{2n-2} 的系数，得

$$2\alpha_{n-2}+\alpha_{n-1}^2=\sum_{i=1}^{n}\lambda_i^2+4\sum_{i\neq j}\lambda_i\lambda_j$$

由 Vieta 定理知 $\sum_{i\neq j}\lambda_i\lambda_j=\alpha_{n-2}$，故有 $2\alpha_{n-2}+\alpha_{n-1}^2=\sum_{i=1}^{n}\lambda_i^2+4\alpha_{n-2}=\sigma_2+4\alpha_{n-2}$。所以

$$\sigma_2+2\alpha_{n-2}-\alpha_{n-1}^2=0 \tag{1-62}$$

即 $\sigma_2+\alpha_{n-1}\sigma_1+2\alpha_{n-2}=0$。

对式(1-61)两边立方，比较 λ^{3n-3} 的系数，得

$$3\alpha_{n-3}+6\alpha_{n-1}\alpha_{n-2}+\alpha_{n-1}^3=-\sum_{i=1}^{n}\lambda_i^3-9\sum_{i\neq j}\lambda_i\lambda_j\sum_{i=1}^{n}\lambda_i$$

考虑到 $-\sum_{i\neq j}\lambda_i\lambda_j\sum_{i=1}^{n}\lambda_i=-\alpha_{n-2}(-\alpha_{n-1})=\alpha_{n-2}\alpha_{n-1}$，故

$$3\alpha_{n-3}+6\alpha_{n-1}\alpha_{n-2}+\alpha_{n-1}^3=-\sigma_3+9\alpha_{n-1}\alpha_{n-2}$$

所以 $\sigma_3-3\alpha_{n-1}\alpha_{n-2}+\alpha_{n-1}^3+3\alpha_{n-3}=0$，即 $\sigma_3-2\alpha_{n-1}\alpha_{n-2}-\alpha_{n-1}\alpha_{n-2}+\alpha_{n-1}^3+3\alpha_{n-3}=0$，再变换得

$$\sigma_3+\alpha_{n-1}(\alpha_{n-1}^2-2\alpha_{n-2})-\alpha_{n-1}\alpha_{n-2}+3\alpha_{n-3}=0 \tag{1-63}$$

考虑到式(1-62)，得 $\sigma_3+\sigma_2\alpha_{n-1}+\sigma_1\alpha_{n-2}+3\alpha_{n-3}=0$。

重复上述步骤，对式(1-61)两边分别 4 次方，5 次方，…，k 次方，然后比较 λ^{4n-4}，λ^{5n-5}，…，λ^{kn-k} 的两边系数并整理，得到

$$\sigma_k+\sigma_{k-1}\alpha_{n-1}+\cdots+\alpha_{n-k+1}\sigma_1+k\alpha_{n-k}=0 \tag{1-64}$$

式中，$k=1,2,\cdots,n$。

由于 $\lambda_1,\lambda_2,\cdots,\lambda_n$ 为 $\boldsymbol{A}$ 的特征根，对于正数 r，易知 $\boldsymbol{A}^r$ 的特征根为 $\lambda_1^r,\lambda_2^r,\cdots,\lambda_n^r$，故 $\boldsymbol{A}^r$ 的迹为 $\mathrm{tr}(\boldsymbol{A}^r)=\sum_{i=1}^{n}\lambda^r=\sigma_r$。所以由式(1-64)可知

$$\mathrm{tr}(\boldsymbol{A}^k)+\alpha_{n-1}\mathrm{tr}(\boldsymbol{A}^{k-1})+\cdots+\alpha_{n-k+1}\mathrm{tr}(\boldsymbol{A})+k\alpha_{n-k}=0 \tag{1-65}$$

式中，$k=1,2,\cdots,n$。

将 $k=1,2,\cdots,n$ 分别代入式(1-65)，并根据式(1-60)便得

$$\begin{aligned}
\alpha_{n-1}&=-\mathrm{tr}(\boldsymbol{AR}_{n-1})\\
\alpha_{n-2}&=-\mathrm{tr}(\boldsymbol{AR}_{n-2})/2\\
&\vdots\\
\alpha_{n-i}&=-\mathrm{tr}(\boldsymbol{AR}_{n-i})/i\\
&\vdots\\
\alpha_0&=-\mathrm{tr}(\boldsymbol{AR}_0)/n
\end{aligned} \tag{1-66}$$

该算法的特点是反序号 $i=n-1,n-2,\cdots,1,0$ 递推地获得特征多项式的系数。如将上述算法紧凑地写出来，则为下述形式

$$\boldsymbol{R}_{n-i}=\boldsymbol{AR}_{n-i+1}+\alpha_{n-i+1}\boldsymbol{I},\boldsymbol{R}_n=\boldsymbol{0},\alpha_n=1,\alpha_{n-i}=-\mathrm{tr}(\boldsymbol{AR}_{n-i})/i \tag{1-67}$$

将式(1-60)按其递推的形式代入可以得到用 $\boldsymbol{A}^{r-1}$，$r=1,2,\cdots,n$ 表示的 $\boldsymbol{R}_{r-1}$，代入式(1-57)可得

$$(\lambda\boldsymbol{I}-\boldsymbol{A})^{-1}=\sum_{k=0}^{n-1}p_k(s)\boldsymbol{A}^k/\alpha(\lambda) \tag{1-68}$$

式中，$p_0(s)=s^{n-1}+\alpha_{n-1}s^{n-2}+\cdots+\alpha_2 s+\alpha_1$，$p_1(s)=s^{n-2}+\alpha_{n-1}s^{n-3}+\cdots+\alpha_3 s+\alpha_2$，…，$p_{n-2}(s)=s+\alpha_{n-1}$，$p_{n-1}(s)=1$。

另外，我国学者郑大钟教授于 1982 年提出了一个基于上/下三角矩阵分解的特征多项式计算方法，该方法对稀疏矩阵比较优越。由于算法本身较复杂，这里不赘述，有兴趣的读者请查阅相关参考书。

例 1-21 利用 Leverrier 算法求特征多项式。

给定一个 4×4 矩阵

$$\boldsymbol{A}=\begin{pmatrix}-1&0&1&1\\0&-1&-1&2\\1&2&1&2\\2&1&2&1\end{pmatrix}$$

利用 Leverrier 算法计算特征多项式，并求 $\det(\boldsymbol{A})$ 和 $\boldsymbol{A}^{-1}$。

解 (1) 按 Leverrier 算法步骤计算。

① $\boldsymbol{R}_3=\boldsymbol{I}=\begin{pmatrix}1&0&0&0\\0&1&0&0\\0&0&1&0\\0&0&0&1\end{pmatrix}$，$\boldsymbol{R}_3\boldsymbol{A}=\boldsymbol{A}=\begin{pmatrix}-1&0&1&1\\0&-1&-1&2\\1&2&1&2\\2&1&2&1\end{pmatrix}$，$\alpha_3=-\dfrac{\mathrm{tr}\boldsymbol{R}_3\boldsymbol{A}}{1}=0$。

② $\boldsymbol{R}_2=\boldsymbol{R}_3\boldsymbol{A}+\alpha_3\boldsymbol{I}=\begin{pmatrix}-1&0&1&1\\0&-1&-1&2\\1&2&1&2\\2&1&2&1\end{pmatrix}$，$\boldsymbol{R}_2\boldsymbol{A}=\begin{pmatrix}4&3&2&2\\3&1&4&-2\\4&2&4&9\\2&4&5&9\end{pmatrix}$，$\alpha_2=-\dfrac{\mathrm{tr}\boldsymbol{R}_2\boldsymbol{A}}{2}=-9$。

③ $\boldsymbol{R}_1=\boldsymbol{R}_2\boldsymbol{A}+\alpha_2\boldsymbol{I}=\begin{pmatrix}-5&3&2&2\\3&-8&4&-2\\4&2&-5&9\\2&4&5&0\end{pmatrix}$，$\boldsymbol{R}_1\boldsymbol{A}=\begin{pmatrix}11&3&-2&7\\-3&14&11&-7\\9&-3&15&7\\3&6&3&20\end{pmatrix}$，$\alpha_1=-\dfrac{\mathrm{tr}\boldsymbol{R}_1\boldsymbol{A}}{3}=-20$。

④ $\boldsymbol{R}_0=\boldsymbol{R}_1\boldsymbol{A}+\alpha_1\boldsymbol{I}=\begin{pmatrix}-9&3&-2&7\\-3&-6&11&-7\\9&-3&-5&7\\3&6&3&0\end{pmatrix}$，$\boldsymbol{R}_0\boldsymbol{A}=\begin{pmatrix}21&0&0&0\\0&21&0&0\\0&0&21&0\\0&0&0&21\end{pmatrix}$，$\alpha_0=-\dfrac{\mathrm{tr}\boldsymbol{R}_0\boldsymbol{A}}{4}=-21$。

于是，$\boldsymbol{A}$ 对应的特征多项式为

$$\alpha(\lambda)\triangleq\det(\lambda\boldsymbol{I}-\boldsymbol{A})=\lambda^4-9\lambda^2-20\lambda-21$$

(2) $|\boldsymbol{A}|=(-1)^n\alpha_0=-21$。

(3) 显然 $\boldsymbol{A}$ 可逆，$\boldsymbol{A}^{-1}=-\boldsymbol{R}_0/\alpha_0=\begin{pmatrix}-3/7&1/7&-2/21&1/3\\-1/7&-2/7&11/21&-1/3\\3/7&-1/7&-5/21&1/3\\1/7&2/7&1/7&0\end{pmatrix}$。

1.4.4 Cayley-Hamilton 定理与最小多项式

n 阶方矩阵 $\boldsymbol{A}$ 与其特征多项式 $\alpha(\lambda)$ 的重要关系由 Cayley-Hamilton 定理表述：

$$\alpha(\boldsymbol{A})=\boldsymbol{A}^n+\alpha_{n-1}\boldsymbol{A}^{n-1}+\cdots+\alpha_1\boldsymbol{A}+\alpha_0\boldsymbol{I}=\boldsymbol{0}\tag{1-69}$$

此结论揭示：对系统矩阵 $\boldsymbol{A}$，有且仅有$\{\boldsymbol{I},\boldsymbol{A},\boldsymbol{A}^2,\cdots,\boldsymbol{A}^{n-1}\}$为线性无关的，所有 $\boldsymbol{A}^i(i=n,n+1,\cdots)$都可表示为它们的线性组合。

实际上，式(1-69)可称为 $\boldsymbol{A}$ 的化零多项式之一；进一步，在所有的化零多项式中，次数最低且首项系数为 1 的多项式称为最小多项式。若$(\lambda\boldsymbol{I}-\boldsymbol{A})^{-1}=\mathrm{adj}(\lambda\boldsymbol{I}-\boldsymbol{A})/\alpha(\lambda)\overset{\text{简化}}{=\!=}\boldsymbol{M}(\lambda)/\phi(\lambda)$，则 $\phi(\lambda)$就是 $\boldsymbol{A}$ 的最小多项式：

$$\phi(\lambda)=|\lambda\boldsymbol{I}-\boldsymbol{A}|/d(\lambda) \tag{1-70}$$

$$\boldsymbol{M}(\lambda)=\sum_{k=0}^{l-1}p_k(\lambda)\boldsymbol{A}^k \tag{1-71}$$

式中，$d(\lambda)$为 $\mathrm{adj}(\lambda\boldsymbol{I}-\boldsymbol{A})$和 $\alpha(\lambda)$的最大公因子，即 $\mathrm{adj}(\lambda\boldsymbol{I}-\boldsymbol{A})=d(\lambda)\boldsymbol{M}(\lambda)$；$p_k(\lambda)$的表达如下式

$$\begin{aligned}
&p_0(\lambda)=\lambda^{l-1}+a_{l-1}\lambda^{l-2}+\cdots+a_2\lambda+a_1\\
&p_1(\lambda)=\lambda^{l-2}+a_{l-1}\lambda^{l-3}+\cdots+a_2\\
&\quad\vdots\\
&p_{l-2}(\lambda)=\lambda+a_{l-1}\\
&p_{l-1}(\lambda)=1
\end{aligned} \tag{1-72}$$

实际上 $\boldsymbol{A}$ 的最小多项式就是 $\boldsymbol{A}$ 的第 n 个不变因子 $d_n(\lambda)$。一个矩阵的化零多项式有无穷多个，它们均可被其最小多项式整除。

最小多项式的性质如下。

(1) 最小多项式的零点必定不是矩阵多项式 $\boldsymbol{M}(\lambda)$的零点。

(2) 循环矩阵的特征多项式与最小多项式等同，即 $\boldsymbol{A}(\lambda)$不可简约，$d(\lambda)=1$。

事实上，由于循环矩阵的各特征值的几何重数为 1，不变因子中同一特征值的因子只有一个，所以其特征多项式与最小多项式间只存在常数公因子 k，即 $\alpha(\lambda)=k\phi(\lambda)$。

(3) $\boldsymbol{M}(\lambda)\boldsymbol{A}=\boldsymbol{A}\boldsymbol{M}(\lambda)$。

事实上，由于 $\boldsymbol{M}(\lambda)$可表示为式(1-70)，两边右乘 $\boldsymbol{A}$ 观察右边的表达式便得。

例 1-22 根据 Cayley-Hamilton 定理计算。

设 $\boldsymbol{A}=\begin{pmatrix}1&0&2\\0&-1&1\\0&1&0\end{pmatrix}$，计算 $\varphi(\boldsymbol{A})=2\boldsymbol{A}^8-3\boldsymbol{A}^5+\boldsymbol{A}^4+\boldsymbol{A}^2-4\boldsymbol{I}$。

解 矩阵 $\boldsymbol{A}$ 的特征多项式为 $\alpha(\lambda)=\lambda^3-2\lambda+1$。取 $\varphi(\lambda)=2\lambda^8-3\lambda^5+\lambda^4+\lambda^2-4$。而 $\alpha(\lambda)/\varphi(\lambda)$的余式为 $r(\lambda)=24\lambda^2-37\lambda+10$。所以有

$$\varphi(\boldsymbol{A})=r(\boldsymbol{A})=24\boldsymbol{A}^2-37\boldsymbol{A}+10\boldsymbol{I}=\begin{pmatrix}-3&48&-26\\0&95&-61\\0&-61&34\end{pmatrix}$$

1.4.5 数值方阵的对角化与 Jordan 形计算——特征分解

数值方阵的对角化与 Jordan 形计算实际就是特征分解，通过特征分解提取这个矩阵最重要的特征：特征值表示的是这个特征到底有多重要；特征向量表示这个特征是什么。某特征值越大，代表对应的特征向量指标的变化方向越重要，如果想要描述好一个变换，那就描述好这个变换主要的变化方向，就能表达出主要的信息了。不过，特征值分解也有很多的局限，如变

换的矩阵必须是方阵。本节给出计算方法。

假设方矩阵 $\boldsymbol{A}_{n\times n}$ 有 q 重的特征根 λ_i，则它可被对角化的充要条件是其特征矩阵 $\boldsymbol{A}(\lambda_i)$ 的秩为 $n-q$。这与下面的条件是等价的：$\boldsymbol{A}$ 有 n 个线性无关的独立型特征向量；$\boldsymbol{A}$ 的每个特征值的几何重数等于代数重数；$\boldsymbol{A}(\lambda)$ 的初等因子均是 1 次的。实际上，可对角化的矩阵对于 q 重根 λ_i 对应 $\lambda_i\boldsymbol{I}-\boldsymbol{A}$ 的右零子空间维数是 q，也就是说，从对应的线性方程组求取特征向量时可以得到基础解系中元素个数是 q。不满足上述条件的 $\boldsymbol{A}$ 一般只能化成 Jordan 形。

根据有无重根，将 $\boldsymbol{A}$ 的标准化分如下几类。

(1) 若无重根（此时代数重数等于几何重数），则可将 $\boldsymbol{A}$ 线性变换为对角阵。

(2) 若有重根且代数重数等于几何重数，则仍可变换成对角阵；若有重根且代数重数≠几何重数，则只可变换成 Jordan 形（每个初等因子对应一 Jordan 块）。

无论哪种情况，将所找到的（广义）特征向量构成的矩阵作为变换阵 $\boldsymbol{P}$，利用

$$\boldsymbol{J}=\boldsymbol{P}^{-1}\boldsymbol{A}\boldsymbol{P} \tag{1-73}$$

便可将原矩阵化成对角阵或 Jordan 形 $\boldsymbol{J}$。这里的 $\boldsymbol{P}$ 常称为右特征向量矩阵，它满足 $\boldsymbol{PJ}=\boldsymbol{AP}$，矩阵 $\boldsymbol{P}$ 中的每一列对应于某一特征值的右特征向量。同理令 $\boldsymbol{T}=\boldsymbol{P}^{-1}$，则 $\boldsymbol{JT}=\boldsymbol{TA}$，$\boldsymbol{T}$ 称为左特征向量矩阵，其每一行对应于某一特征值的左特征向量。

对于无重根情况，显然比较容易构造出变换阵；而对于有重根的情况则较复杂一些，下面作介绍。

一般地，对于数值矩阵 $\boldsymbol{A}$，存在可逆阵 $\boldsymbol{P}=(\boldsymbol{P}_1\quad \boldsymbol{P}_2\quad \cdots\quad \boldsymbol{P}_s)$ 使得

$$\boldsymbol{P}^{-1}\boldsymbol{A}\boldsymbol{P}=\boldsymbol{J}=\begin{pmatrix}\boldsymbol{J}_1 & & & \\ & \boldsymbol{J}_2 & & \\ & & \ddots & \\ & & & \boldsymbol{J}_s\end{pmatrix}\Rightarrow \boldsymbol{A}(\boldsymbol{P}_1\quad \boldsymbol{P}_2\quad \cdots\quad \boldsymbol{P}_s)=(\boldsymbol{P}_1\quad \boldsymbol{P}_2\quad \cdots\quad \boldsymbol{P}_s)\begin{pmatrix}\boldsymbol{J}_1 & & & \\ & \boldsymbol{J}_2 & & \\ & & \ddots & \\ & & & \boldsymbol{J}_s\end{pmatrix} \tag{1-74}$$

于是得

$$(\boldsymbol{A}\boldsymbol{P}_1\quad \boldsymbol{A}\boldsymbol{P}_2\quad \cdots\quad \boldsymbol{A}\boldsymbol{P}_s)=(\boldsymbol{P}_1\boldsymbol{J}_1\quad \boldsymbol{P}_2\boldsymbol{J}_2\quad \cdots\quad \boldsymbol{P}_s\boldsymbol{J}_s)\Rightarrow \boldsymbol{A}\boldsymbol{P}_i=\boldsymbol{P}_i\boldsymbol{J}_i \tag{1-75}$$

令 $\boldsymbol{P}_i=(\boldsymbol{p}_1^{(i)}\quad \boldsymbol{p}_2^{(i)}\quad \cdots\quad \boldsymbol{p}_{n_i}^{(i)})$，$i=1,2,\cdots,s$，则

$$\begin{cases}\boldsymbol{A}\boldsymbol{p}_1^{(i)}=\lambda_i\boldsymbol{p}_1^{(i)}\\ \boldsymbol{A}\boldsymbol{p}_2^{(i)}=\lambda_i\boldsymbol{p}_2^{(i)}+\boldsymbol{p}_1^{(i)}\\ \quad\vdots\\ \boldsymbol{A}\boldsymbol{p}_{n_i}^{(i)}=\lambda_i\boldsymbol{p}_{n_i}^{(i)}+\boldsymbol{p}_{n_i-1}^{(i)}\end{cases} \tag{1-76}$$

由式(1-76)可见，$\boldsymbol{p}_1^{(i)}$ 是矩阵 $\boldsymbol{A}$ 对应于特征值 λ_i 的特征向量，且由 $\boldsymbol{p}_1^{(i)}$ 可以依次求出 $\boldsymbol{p}_2^{(i)},\cdots,\boldsymbol{p}_{n_i}^{(i)}$。需要注意的是，选取 $\boldsymbol{p}_1^{(i)}$ 应保证 $\boldsymbol{p}_2^{(i)}$ 可以求出，类似选取 $\boldsymbol{p}_2^{(i)}$（选取 $\boldsymbol{p}_2^{(i)}$ 一般不唯一，只要适当选取一个即可）也要保证 $\boldsymbol{p}_3^{(i)}$ 可求出，依次类推，并且使 $\boldsymbol{p}_1^{(i)}$ 与同特征值的其他特征向量无关和 $\boldsymbol{p}_1^{(i)},\boldsymbol{p}_2^{(i)},\cdots,\boldsymbol{p}_{n_i}^{(i)}$ 相互线性无关。显然这一直接方法不仅需要对特征矩阵进行相抵变换成 Smith 标准型，而且需要多次试探，增加了复杂性。

为了方便起见，可采用分块表法得到各重特征值的特征向量链。设 $n=10$，某重特征值为 λ_i，其代数重数为 $\sigma_i=8$，下面是分块表法的要点。

(1) 利用 $\rho_i=n-\mathrm{rank}(\lambda_i\boldsymbol{I}-\boldsymbol{A})$ 确定 λ_i 的几何重数。

(2) 计算 $\operatorname{rank}(\lambda_i \boldsymbol{I}-\boldsymbol{A})^m=n-\upsilon_m, m=0,1,2,\cdots$，直到 $m=m_0, \upsilon_{m_0}=\sigma_i$。设经计算 $m_0=4$，$\upsilon_0=0, \upsilon_1=3, \upsilon_2=6, \upsilon_3=7, \upsilon_4=8$。

(3) 确定分块表：m_0 决定列数，相邻 υ_i 差值分别代表每列向量个数，下标大的差值在左边，差值中的最大值决定行数。表格由下向上、由左向右构造，在构造这些向量时每列上向量是线性无关的。如表 1-2 所示。

表 1-2 分块表法示例

	列 1	列 2	列 3	列 4
向量个数	$\upsilon_4-\upsilon_3$	$\upsilon_3-\upsilon_2$	$\upsilon_2-\upsilon_1$	$\upsilon_1-\upsilon_0$
行 1			$\boldsymbol{v}_{i3}^{(0)} \triangleq \boldsymbol{v}_{i3}$	$\boldsymbol{v}_{i3}^{(1)} \triangleq -(\lambda_i \boldsymbol{I}-\boldsymbol{A})\boldsymbol{v}_{i3}$
行 2			$\boldsymbol{v}_{i2}^{(0)} \triangleq \boldsymbol{v}_{i2}$	$\boldsymbol{v}_{i2}^{(1)} \triangleq -(\lambda_i \boldsymbol{I}-\boldsymbol{A})\boldsymbol{v}_{i2}$
行 3	$\boldsymbol{v}_{i1}^{(0)} \triangleq \boldsymbol{v}_{i1}$	$\boldsymbol{v}_{i1}^{(1)} \triangleq -(\lambda_i \boldsymbol{I}-\boldsymbol{A})\boldsymbol{v}_{i1}$	$\boldsymbol{v}_{i1}^{(2)} \triangleq (\lambda_i \boldsymbol{I}-\boldsymbol{A})^2\boldsymbol{v}_{i1}$	$\boldsymbol{v}_{i1}^{(3)} \triangleq -(\lambda_i \boldsymbol{I}-\boldsymbol{A})^3\boldsymbol{v}_{i1}$

注意：在这个表中行的数量实际上代表了该特征值的几何重数，而列的数量代表了该特征值对应的 Jordan 块的最大维数。

(4) 由表得到 3 个广义特征向量链。

下面对各种情况下的特征向量求法一一示例。

例 1-23 求特征向量及 Jordan 形变换阵。

(1) 特征根互异的情况——循环阵

$$\boldsymbol{A}=\begin{pmatrix}0 & 1 & -1\\ -6 & -11 & 6\\ -6 & -11 & 5\end{pmatrix} \begin{array}{l} f(\lambda)=\lambda^3+6\lambda^2+11\lambda+6=0\\ ,\Rightarrow(\lambda+1)(\lambda+2)(\lambda+3)=0\\ \Rightarrow\lambda_1=-1,\lambda_2=-2,\lambda_3=-3\end{array} \begin{array}{l} p_1=(1\quad 0\quad 1)^{\mathrm{T}}\\ ,p_2=(1\quad 2\quad 4)^{\mathrm{T}},\\ p_3=(1\quad 6\quad 9)^{\mathrm{T}}\end{array} \begin{pmatrix}-1 & 0 & 0\\ 0 & -2 & 0\\ 0 & 0 & -3\end{pmatrix}$$

(2) 有重根，不可对角化情况——循环阵

$$\boldsymbol{A}=\begin{pmatrix}0 & 1 & 0\\ 0 & 0 & 1\\ 2 & 3 & 0\end{pmatrix} \begin{array}{l} f(\lambda)=\lambda^3-3\lambda-2=0\\ ,\Rightarrow(\lambda+1)^2(\lambda-2)=0,\\ \Rightarrow\lambda_1=-1,\lambda_2=2\end{array} \begin{array}{l} p_1=(1\quad -1\quad 1)^{\mathrm{T}}\\ p_2=(1\quad 0\quad -1)^{\mathrm{T}},\\ p_3=(1\quad 2\quad 4)^{\mathrm{T}}\end{array} \begin{pmatrix}-1 & 1 & 0\\ 0 & -1 & 0\\ 0 & 0 & 2\end{pmatrix}$$

(3) 有重根，可对角化情况——非循环阵

$$\boldsymbol{A}=\begin{pmatrix}1 & 2 & 0\\ 2 & 1 & 0\\ 0 & 0 & -1\end{pmatrix} \begin{array}{l} f(\lambda)=\lambda^3-\lambda^2-7\lambda-3=0\\ ,\Rightarrow(\lambda+1)^2(\lambda-3)=0\\ \Rightarrow\lambda_1=-1,\lambda_2=3\end{array} \begin{array}{l} p_1=(1\quad -1\quad 0)^{\mathrm{T}}\\ ,\ p_2=(0\quad 0\quad 1)^{\mathrm{T}},\\ p_3=(1\quad 1\quad 0)^{\mathrm{T}}\end{array} \begin{pmatrix}-1 & 0 & 0\\ 0 & -1 & 0\\ 0 & 0 & 3\end{pmatrix}$$

(4) 有重根，某特征值的几何重数>1 且几何重数≠代数重数，不可对角化情况——非循环阵

$$\boldsymbol{A}=\begin{pmatrix}-1 & -2 & 6\\ -1 & 0 & 3\\ -1 & -1 & 4\end{pmatrix} \begin{array}{l} f(\lambda)=\lambda^3-3\lambda^2+3\lambda-1=0\\ ,\Rightarrow(\lambda-1)^3=0\\ \Rightarrow\lambda=1\end{array} \begin{array}{l} p_1=(-1\quad 1\quad 0)^{\mathrm{T}}\\ ,\ p_2=(2\quad 1\quad 1)^{\mathrm{T}},\\ p_3=(2\quad 0\quad 1)^{\mathrm{T}}\end{array} \begin{pmatrix}1 & 0 & 0\\ 0 & 1 & 1\\ 0 & 0 & 1\end{pmatrix}$$

解 因为

$$\boldsymbol{A}(\lambda)=\lambda\boldsymbol{I}-\boldsymbol{A}=\begin{pmatrix}\lambda+1 & 2 & -6\\ 1 & \lambda & -3\\ 1 & 1 & \lambda-4\end{pmatrix}\cong\begin{pmatrix}1 & 0 & 0\\ 0 & \lambda-1 & 0\\ 0 & 0 & (\lambda-1)^2\end{pmatrix}$$

则初等因子为 $\lambda-1,(\lambda-1)^2$，故该矩阵的特征值只有 1 个，且几何重数是 2，代数重数是 3，

Jordan 标准形为 $\boldsymbol{J}=\begin{pmatrix}1&0&0\\0&1&1\\0&0&1\end{pmatrix}$。由此必存在 3 阶可逆阵 $\boldsymbol{P}$ 使得

$$\boldsymbol{P}^{-1}\boldsymbol{AP}=\boldsymbol{J}=\begin{pmatrix}1&0&0\\0&1&1\\0&0&1\end{pmatrix}$$

令 $\boldsymbol{P}=(\boldsymbol{p}_1^{(1)}\quad \boldsymbol{p}_1^{(2)}\quad \boldsymbol{p}_2^{(2)})$则得

$$(\boldsymbol{Ap}_1^{(1)}\quad \boldsymbol{Ap}_1^{(2)}\quad \boldsymbol{Ap}_2^{(2)})=(\boldsymbol{p}_1^{(1)}\quad \boldsymbol{p}_1^{(2)}\quad \boldsymbol{p}_2^{(2)})\begin{pmatrix}1&0&0\\0&1&1\\0&0&1\end{pmatrix}\Rightarrow\begin{cases}\boldsymbol{Ap}_1^{(1)}=\boldsymbol{p}_1^{(1)}\\ \boldsymbol{Ap}_1^{(2)}=\boldsymbol{p}_1^{(2)}\\ \boldsymbol{Ap}_2^{(2)}=\boldsymbol{p}_1^{(2)}+\boldsymbol{p}_2^{(2)}\end{cases}$$

由此可见，$\boldsymbol{p}_1^{(1)}$，$\boldsymbol{p}_1^{(2)}$ 是 $\boldsymbol{A}$ 对应特征值 1 的两个线性无关的特征向量。

从$(\lambda\boldsymbol{I}-\boldsymbol{A})x=\boldsymbol{0}$ 可求得两个独立的线性无关特征向量 $\boldsymbol{\xi}=(-1\quad 1\quad 0)^{\mathrm{T}}$，$\boldsymbol{\eta}=(3\quad 0\quad 1)^{\mathrm{T}}$。

可以取 $\boldsymbol{p}_1^{(1)}=\boldsymbol{\xi}$，但不能简单取 $\boldsymbol{p}_1^{(2)}=\boldsymbol{\eta}$，因为 $\boldsymbol{p}_1^{(2)}$ 的选取应保证第三个非齐次线性方程式组有解。故取 $\boldsymbol{p}_1^{(2)}=k_1\boldsymbol{\xi}+k_2\boldsymbol{\eta}$，其中选定常数只要保证 $\boldsymbol{p}_1^{(1)}$，$\boldsymbol{p}_1^{(2)}$ 线性无关，且使第三个非齐次线性方程式组

$$\begin{pmatrix}2&2&-6\\1&1&-3\\1&1&-3\end{pmatrix}\begin{pmatrix}x_1\\x_2\\x_3\end{pmatrix}=\begin{pmatrix}k_1-3k_2\\-k_1\\-k_2\end{pmatrix}$$

有解。容易看出，当 $k_1=k_2$ 时，方程有解，且其解为

$$x_1=-x_2+3x_3-k_1$$

取 $k_1=1$，可得 $\boldsymbol{p}_1^{(2)}=\begin{pmatrix}2\\1\\1\end{pmatrix}$，$\boldsymbol{p}_2^{(2)}=\begin{pmatrix}2\\0\\1\end{pmatrix}$或$\begin{pmatrix}-2\\1\\0\end{pmatrix}$使 $\boldsymbol{P}^{-1}\boldsymbol{AP}=\begin{pmatrix}1&0&0\\0&1&1\\0&0&1\end{pmatrix}$。

实际上，若取 $\boldsymbol{p}_1^{(2)}=\boldsymbol{\eta}$ 将使第三个非齐次线性方程组出现矛盾，无解。

例 1-24 利用分块表法求 Jordan 形变换阵。

试利用分块表求 $\boldsymbol{A}=\begin{pmatrix}3&-1&1&1&0&0\\1&1&-1&-1&0&0\\0&0&2&0&1&1\\0&0&0&2&-1&-1\\0&0&0&0&1&1\\0&0&0&0&1&1\end{pmatrix}$的特征值、特征向量和 Jordan 形变换阵。

解 (1) 求特征值。利用分块矩阵特征多项式的算法，系统矩阵 $\boldsymbol{A}$ 的特征多项式为 $\alpha(\lambda)=(s-2)^5 s$，所以特征值为 $\lambda_1=2$，$\lambda_2=0$，其代数重数分别为 $\sigma_1=5$，$\sigma_2=1$。

(2) 计算重特征值 $\lambda_1=2$ 的几何重数 ρ_1。由于

$$\boldsymbol{A}(2)=2\boldsymbol{I}-\boldsymbol{A}=\begin{pmatrix}-1&1&-1&-1&0&0\\-1&1&1&1&0&0\\0&0&0&0&-1&-1\\0&0&0&0&1&1\\0&0&0&0&1&-1\\0&0&0&0&-1&1\end{pmatrix},\operatorname{rank}(\boldsymbol{A}(2))=4$$

所以 $\rho_1=6-4=2$。

(3) 使用分块表法求重根 $\lambda_1=2$ 的广义特征向量链。

对重特征值 $\lambda_1=2$ 计算 $\operatorname{rank}(\lambda_i\boldsymbol{I}-\boldsymbol{A})^m=n-\upsilon_m$ 中的 υ_m，$m=0,1,\cdots$。对此，由

$$(2\boldsymbol{I}-\boldsymbol{A})^0=\boldsymbol{I},\operatorname{rank}((2\boldsymbol{I}-\boldsymbol{A})^0)=6=6-0$$

可知 $\upsilon_0=0$。由

$$(2\boldsymbol{I}-\boldsymbol{A})^1=\boldsymbol{A}(2),\operatorname{rank}((2\boldsymbol{I}-\boldsymbol{A})^1)=4=6-2$$

可知 $\upsilon_1=2$。由

$$(2\boldsymbol{I}-\boldsymbol{A})^2=\boldsymbol{A}(2)*\boldsymbol{A}(2),\operatorname{rank}((2\boldsymbol{I}-\boldsymbol{A})^2)=2=6-4$$

可知 $\upsilon_2=4$。由

$$(2\boldsymbol{I}-\boldsymbol{A})^3=\boldsymbol{A}(2)*\boldsymbol{A}(2)*\boldsymbol{A}(2),\operatorname{rank}((2\boldsymbol{I}-\boldsymbol{A})^3)=1=6-5$$

可知 $\upsilon_3=5=\sigma_1$。此时 $m=3$，对应该特征值的最大约当块维数为 3，即广义特征向量分块数为 3。列表如下：

表 1-3　例 1-24 分块表

	列 1	列 2	列 3
向量个数	$\upsilon_3-\upsilon_2$	$\upsilon_2-\upsilon_1$	$\upsilon_1-\upsilon_0$
行 1		$\boldsymbol{v}_{12}^{(0)}\triangleq\boldsymbol{v}_{12}$	$\boldsymbol{v}_{12}^{(1)}\triangleq-(2\boldsymbol{I}-\boldsymbol{A})\boldsymbol{v}_{12}$
行 2	$\boldsymbol{v}_{11}^{(0)}\triangleq\boldsymbol{v}_{11}$	$\boldsymbol{v}_{11}^{(1)}\triangleq-(2\boldsymbol{I}-A)\boldsymbol{v}_{11}$	$\boldsymbol{v}_{11}^{(2)}\triangleq(2\boldsymbol{I}-A)^2\boldsymbol{v}_{11}$

由满足 $(2\boldsymbol{I}-\boldsymbol{A})^3\boldsymbol{v}_{11}=\boldsymbol{0}\wedge(2\boldsymbol{I}-\boldsymbol{A})^2\boldsymbol{v}_{11}\neq\boldsymbol{0}$ 可以得到一个独立型的列向量 $\boldsymbol{v}_{11}=(0\ \ 0\ \ 1\ \ 0\ \ 0\ \ 0)^{\mathrm{T}}=\boldsymbol{v}_{11}^{(0)}$。基此，可以计算得导出型列向量 $\boldsymbol{v}_{11}^{(1)}=(1\ \ -1\ \ 0\ \ 0\ \ 0\ \ 0)^{\mathrm{T}}$，$\boldsymbol{v}_{11}^{(2)}=(2\ \ 2\ \ 0\ \ 0\ \ 0\ \ 0)^{\mathrm{T}}$。

再者，满足 $\boldsymbol{v}_{12}(=\boldsymbol{v}_{12}^{(0)})$ 与 $\boldsymbol{v}_{11}^{(1)}$ 线性无关，$(2\boldsymbol{I}-\boldsymbol{A})^2\boldsymbol{v}_{12}=\boldsymbol{0}\wedge(2\boldsymbol{I}-\boldsymbol{A})\boldsymbol{v}_{12}\neq\boldsymbol{0}$，可以得到另一个独立型向量 $\boldsymbol{v}_{12}=(0\ \ 0\ \ 1\ \ -1\ \ 1\ \ 1)^{\mathrm{T}}=\boldsymbol{v}_{12}^{(0)}$。基此，可以计算得导出型列向量 $\boldsymbol{v}_{12}^{(1)}=(0\ \ 0\ \ 2\ \ -2\ \ 0\ \ 0)^{\mathrm{T}}$。

(4) 确定单根 $\lambda_2=0$ 的特征向量。

单根 $\lambda_2=0$ 的几何重数 $\rho_2=\sigma_2=1$。

由 $(\lambda_2\boldsymbol{I}-\boldsymbol{A})\boldsymbol{v}_2=\boldsymbol{0}$ 得到一个特征向量 $\boldsymbol{v}_2=(0\ \ 0\ \ 0\ \ 0\ \ 1\ \ -1)^{\mathrm{T}}$。

(5) 上述特征向量按下面的排列方式便可得到变换阵 $\boldsymbol{P}=(\boldsymbol{v}_{11}^{(2)}\quad\boldsymbol{v}_{11}^{(1)}\quad\boldsymbol{v}_{11}^{(0)}\quad\boldsymbol{v}_{12}^{(1)}\quad\boldsymbol{v}_{12}^{(0)}\quad\boldsymbol{v}_2)$。

$$(6)\ 验证：\boldsymbol{P}^{-1}\boldsymbol{A}\boldsymbol{P}=\boldsymbol{J}=\begin{pmatrix}2&1&&&&\\&2&1&&&\\&&2&&&\\&&&2&1&\\&&&&2&\\&&&&&0\end{pmatrix}。$$

另外，对于特征值两两相异的 n 维线性时不变系统，如果特征值 $\{\lambda_1,\lambda_2,\cdots,\lambda_n\}$ 中包含复数特征值，则引入的变换矩阵 $\boldsymbol{P}$ 包含共轭复数元，据式(1-73)进而导致 $\boldsymbol{J}$ 中也包含共轭复数元，会给工程应用带来不便。所以需要进一步进行实数化处理。

不失一般性，设矩阵 $\boldsymbol{A}$ 的 n 个两两相异特征值中只含一对共轭复根，设为

$$\lambda_i=\sigma+\mathrm{j}\omega,\lambda_{i+1}=\sigma-\mathrm{j}\omega \tag{1-77}$$

取对应于 λ_i 的特征向量形式为 $\boldsymbol{p}_i=(\alpha_1+\mathrm{j}\beta_1\quad \alpha_2+\mathrm{j}\beta_2\quad \cdots\quad \alpha_n+\mathrm{j}\beta_n)^{\mathrm{T}}$，将其代入特征方程，可以解得 $\alpha_i,\beta_i(i=1,2,\cdots,n)$，将 $\boldsymbol{\alpha}=(\alpha_1\quad \alpha_2\quad \cdots\quad \alpha_n)^{\mathrm{T}}$ 和 $\boldsymbol{\beta}=(\beta_1\quad \beta_2\quad \cdots\quad \beta_n)^{\mathrm{T}}$ 作为实数化的特征向量，便可得到如下模态形

$$\boldsymbol{J}=\begin{bmatrix}\lambda_1 &&&&&&& \\ & \ddots &&&&&& \\ && \lambda_{i-1} &&&&& \\ &&& \sigma & \omega &&& \\ &&& -\omega & \sigma &&& \\ &&&&& \lambda_{i+2} && \\ &&&&&& \ddots & \\ &&&&&&& \lambda_n\end{bmatrix} \tag{1-78}$$

例 1-25 化模态形。

已知 $\boldsymbol{A}=\begin{pmatrix}-2 & 1\\ -17 & -4\end{pmatrix}$，求其模态形。

解 易得 $\boldsymbol{A}$ 的特征值为 $\lambda_{1,2}=-3\pm\mathrm{j}4$，令 λ_1 的特征向量为 $\boldsymbol{p}=\begin{bmatrix}\alpha_1+\mathrm{j}\beta_1\\ \alpha_2+\mathrm{j}\beta_2\end{bmatrix}$，则由

$$(-3+\mathrm{j}4)\begin{bmatrix}\alpha_1+\mathrm{j}\beta_1\\ \alpha_2+\mathrm{j}\beta_2\end{bmatrix}=\begin{pmatrix}-2 & 1\\ -17 & -4\end{pmatrix}\begin{bmatrix}\alpha_1+\mathrm{j}\beta_1\\ \alpha_2+\mathrm{j}\beta_2\end{bmatrix}$$

得

$$\boldsymbol{p}=\begin{bmatrix}\alpha_1+\mathrm{j}\beta_1\\ \alpha_2+\mathrm{j}\beta_2\end{bmatrix}=\begin{pmatrix}1\\ -1+4\mathrm{j}\end{pmatrix}=\begin{pmatrix}1\\ -1\end{pmatrix}+\mathrm{j}\begin{pmatrix}0\\ 4\end{pmatrix}$$

于是 $\boldsymbol{P}=\begin{pmatrix}1 & 0\\ -1 & 4\end{pmatrix}$，$\boldsymbol{P}^{-1}=\begin{pmatrix}1 & 0\\ -1/4 & 1/4\end{pmatrix}$。由 $\boldsymbol{J}=\boldsymbol{P}^{-1}\boldsymbol{A}\boldsymbol{P}$ 得 $\boldsymbol{J}=\begin{pmatrix}-3 & 4\\ -4 & -3\end{pmatrix}$。

最后指出，由方矩阵的特征值、特征值重数(几何重数和代数重数)、特征向量(包含广义特征向量)组成了方矩阵的特征结构。

1.5 向量与矩阵范数

在许多场合需要度量向量与矩阵间的大小和接近程度(如线性方程组近似解的误差估计)，对 $\mathbf{R}^n$(n 维向量空间)中的向量或 $\mathbf{R}^{n\times n}$ 中矩阵的“大小”引入一种度量——向量和矩阵的范数。使用范数可以测量两个函数、向量或矩阵之间的距离，衡量总体上的“大小”。

1.5.1 向量范数

1. 向量范数概念

设 n 维向量 $\boldsymbol{x}=(x_1,x_2,\cdots,x_n)^{\mathrm{T}}\in\mathbf{C}^n$，若其满足下列条件，则称非负实数 $\|\boldsymbol{x}\|$ 为向量 $\boldsymbol{x}$

的范数。

（1）正性：$\|\boldsymbol{x}\| \geqslant 0$，且 $\|\boldsymbol{x}\|=0 \Leftrightarrow \boldsymbol{x}=\boldsymbol{0}$。

（2）齐次性：对任意实数 $\|k\boldsymbol{x}\|=|k|\,\|\boldsymbol{x}\|$。

（3）三角不等式：对任意 $\boldsymbol{x},\boldsymbol{y}\in \mathbf{C}^n$，有 $\|\boldsymbol{x}+\boldsymbol{y}\| \leqslant \|\boldsymbol{x}\|+\|\boldsymbol{y}\|$。

向量范数是度量向量长度的一种定义形式，只要符合定义的三条就是一种范数。同一向量，采用不同的范数定义，可得到不同的范数值。

建立在 **C** 域上的常用向量范数有 1-范数、2-范数（Euclid 范数）、∞-范数，它们的定义如下：

$$\|\boldsymbol{x}\|_1=\sum_{i=1}^{n}|x_i|,\ \|\boldsymbol{x}\|_2=\left(\sum_{i=1}^{n}|x_i|^2\right)^{1/2},\ \|\boldsymbol{x}\|_\infty=\max_{1\leqslant i\leqslant n}|x_i| \tag{1-79}$$

2. 向量范数等价

称范数 $\|\cdot\|_p$ 与 $\|\cdot\|_q$ 等价，若存在正数 C_1, C_2，使对任意向量，都有

$$C_1\|\cdot\|_q \leqslant \|\cdot\|_p \leqslant C_2\|\cdot\|_q \tag{1-80}$$

范数的等价关系具有自反性、对称性和传递性。

有限维线性空间 V 上的任意两个向量范数都是等价的，所以范数 $\|\cdot\|_2$，$\|\cdot\|_1$，$\|\cdot\|_\infty$ 彼此等价。

范数的等价性保证了运用具体范数研究收敛性在理论上的合法性和一般性。

1.5.2 矩阵范数

1. 矩阵范数概念

设 n 阶方阵 $\boldsymbol{A}=\begin{pmatrix} a_{11} & a_{12} & \cdots & a_{1n} \\ a_{21} & a_{22} & \cdots & a_{2n} \\ \vdots & \vdots & & \vdots \\ a_{m1} & a_{m2} & \cdots & a_{mn} \end{pmatrix} \xlongequal{\text{记}} (a_{ij})_{m\times n}\in \mathbf{C}^{m\times n}$，若其满足下列条件，则称 $\|\boldsymbol{A}\|$ 为矩阵 **A** 的范数。

（1）正性：$\|\boldsymbol{A}\| \geqslant 0$，且 $\|\boldsymbol{A}\|=0 \Leftrightarrow \boldsymbol{A}=\boldsymbol{0}$。

（2）齐次性：对任意实数 $\|k\boldsymbol{A}\|=|k|\,\|\boldsymbol{A}\|$。

（3）三角不等式：对任意 $\boldsymbol{A},\boldsymbol{B}\in \mathbf{C}^{m\times n}$，有 $\|\boldsymbol{A}+\boldsymbol{B}\| \leqslant \|\boldsymbol{A}\|+\|\boldsymbol{B}\|$。

（4）对任意 $\boldsymbol{A}\in \mathbf{C}^{m\times n}$，$\boldsymbol{B}\in \mathbf{C}^{n\times k}$，$\|\boldsymbol{AB}\|_\gamma \leqslant \|\boldsymbol{A}\|_\alpha \|\boldsymbol{B}\|_\beta$——相容性条件（自相容：$\alpha=\beta=\gamma$）。

建立在 **C** 域上的常用矩阵范数有 1-范数、2-范数、∞-范数，它们的定义如下：

$\|\boldsymbol{A}\|_1=\max\limits_{1\leqslant j\leqslant n}\sum\limits_{i=1}^{n}|a_{ij}|$ 为矩阵 **A** 的 1- 范数（或列范数 —— 列模和最大）；

$\|\boldsymbol{A}\|_\infty=\max\limits_{1\leqslant i\leqslant n}\sum\limits_{i=1}^{n}|a_{ij}|$ 为矩阵 **A** 的 ∞- 范数（或行范数 —— 行模和最大）；

$\|\boldsymbol{A}\|_{\mathrm{F}}=\left(\sum\limits_{i=1}^{n}\sum\limits_{j=1}^{n}|a_{ij}|^2\right)^{1/2}$ 为矩阵 **A** 的 Frobenius 范数；

$\|\boldsymbol{A}\|_2=\sqrt{\lambda_m}$ 是矩阵 **A** 的 2- 范数（或谱范数），$\lambda_m=\rho(\boldsymbol{A}^H\boldsymbol{A})$ 是 $\boldsymbol{A}^{\mathrm{H}}\boldsymbol{A}$ 的谱半径。

2. 矩阵范数与向量范数的相容性

由矩阵分析理论知，在 $\mathbf{C}^n$ 上存在着向量与在 $\mathbf{C}^{n\times n}$ 上的矩阵范数相容，即设 $\boldsymbol{x}$ 是 n 维向量，$\boldsymbol{A}$ 是 n 阶方阵，则 $\|\boldsymbol{Ax}\|\leqslant\|\boldsymbol{A}\|\,\|\boldsymbol{x}\|$。据此可以证明 $\boldsymbol{A}$ 的谱半径 $\rho(\boldsymbol{A})\leqslant\|\boldsymbol{A}\|$。

事实上，设 λ 是 $\boldsymbol{A}$ 的任意一个特征值，$x\neq\boldsymbol{0}$ 是 $\boldsymbol{A}$ 的属于 λ 的特征向量，则有 $\boldsymbol{Ax}=\lambda\boldsymbol{x}$。若 $\lambda_1,\lambda_2,\cdots,\lambda_n$ 是 $\boldsymbol{A}$ 的所有特征值，则

$$\left.\begin{array}{l}\|\boldsymbol{Ax}\|\leqslant\|\boldsymbol{A}\|\,\|\boldsymbol{x}\|\\ \|\lambda\boldsymbol{x}\|=|\lambda|\,\|\boldsymbol{x}\|\\ \|\boldsymbol{Ax}\|=\|\lambda\boldsymbol{x}\|\end{array}\right\}\Rightarrow|\lambda|\leqslant\|\boldsymbol{A}\|\Rightarrow\rho(\boldsymbol{A})=\max_{1\leqslant i\leqslant n}|\lambda_i|\leqslant\|\boldsymbol{A}\|$$

3. 矩阵范数等价

由向量范数的等价性可以得到矩阵范数等价性：设 $\|\cdot\|_\alpha$，$\|\cdot\|_\beta$ 是 $\mathbf{C}^{m\times n}$ 上的范数，则存在正数 d_1,d_2，使对任意矩阵，都有

$$d_1\,\|\cdot\|_\beta\leqslant\|\cdot\|_\alpha\leqslant d_2\,\|\cdot\|_\beta \tag{1-81}$$

建立在 $\mathbf{C}$ 域上的矩阵范数 $\|\cdot\|_2$，$\|\cdot\|_1$，$\|\cdot\|_\infty$，$\|\cdot\|_{\mathrm{F}}$ 彼此等价。

例 1-26 求矩阵的范数。

设 $\boldsymbol{A}=\begin{pmatrix}1&1\\-3&3\end{pmatrix}$，计算 $\boldsymbol{A}$ 的各种范数。

解

$$\|\boldsymbol{A}\|_1=\max\{1+|-3|,1+3\}=4$$

$$\|\boldsymbol{A}\|_\infty=\max\{1+1,|-3|+3\}=6$$

$$\|\boldsymbol{A}\|_{\mathrm{F}}=[1^2+1^2+|-3|^2+3^2]^{1/2}=\sqrt{20}=2\sqrt{5}$$

$$\boldsymbol{A}^{\mathrm{T}}\boldsymbol{A}=\begin{pmatrix}1&-3\\1&3\end{pmatrix}\begin{pmatrix}1&1\\-3&3\end{pmatrix}=\begin{pmatrix}10&-8\\-8&10\end{pmatrix}$$

$$|\boldsymbol{A}^{\mathrm{T}}\boldsymbol{A}-\lambda\boldsymbol{I}|=\begin{vmatrix}10-\lambda&-8\\-8&10-\lambda\end{vmatrix}=(\lambda-10)^2-8^2=\lambda^2-20\lambda+36=(\lambda-18)(\lambda-2)$$

得 $\boldsymbol{A}^{\mathrm{T}}\boldsymbol{A}$ 的两个特征值 $\lambda_1=18,\lambda_2=2$，所以 $\lambda_m=\max\{\lambda_1,\lambda_2\}=18$，$\|\boldsymbol{A}\|_2=\sqrt{\lambda_m}=\sqrt{18}=3\sqrt{2}$。

1.5.3 矩阵范数的应用

矩阵范数的一个直接应用是判定线性方程组是否病态。其病态的定义：若系数矩阵 $\boldsymbol{A}$ 或 $\boldsymbol{b}$ 的微小变化，可引起方程组 $\boldsymbol{Ax}=\boldsymbol{b}$ 的解的巨大变化，则称方程组 $\boldsymbol{Ax}=\boldsymbol{b}$ 是“病态”方程组，相应的系数矩阵 $\boldsymbol{A}$ 称为“病态”矩阵。否则，称 $\boldsymbol{Ax}=\boldsymbol{b}$ 是“良态”方程组，$\boldsymbol{A}$ 称为“良态”矩阵。

例 1-27 判断如下方程组(系数矩阵 $\boldsymbol{A}$ 或 $\boldsymbol{b}$ 的微小变化)的病态性。

(1) $\begin{pmatrix}2&3\\2&3.0001\end{pmatrix}\begin{pmatrix}x_1\\x_2\end{pmatrix}=\begin{pmatrix}5\\5.0001\end{pmatrix}\rightarrow$ 它的精确解是 $x_1=x_2=1$；

(2) $\begin{pmatrix}2&3\\2&3.0001\end{pmatrix}\begin{pmatrix}x_1\\x_2\end{pmatrix}=\begin{pmatrix}5\\5.0002\end{pmatrix}\rightarrow$ 它的精确解是 $x_1=-1/2$，　$x_2=2$；

(3) $\begin{pmatrix}2&3\\2&2.9999\end{pmatrix}\begin{pmatrix}x_1\\x_2\end{pmatrix}=\begin{pmatrix}5\\5.0001\end{pmatrix}\rightarrow$ 它的精确解是 $x_1=4$，　$x_2=-1$。

更一般的情况，分两种情况讨论。

① 设 $\boldsymbol{A}$ 准确且非奇异，$\boldsymbol{b}$ 有微小变化(或称有扰动)$\delta\boldsymbol{b}$，则方程组 $\boldsymbol{Ax}=\boldsymbol{b}$ 的解有扰动 $\delta\boldsymbol{x}$，此时方程组为

$$\boldsymbol{A}(\boldsymbol{x}+\delta\boldsymbol{x})=\boldsymbol{b}+\delta\boldsymbol{b}$$

由 $\boldsymbol{Ax}=\boldsymbol{b}$，得 $\boldsymbol{A}\delta\boldsymbol{x}=\delta\boldsymbol{b}$，即 $\delta\boldsymbol{x}=\boldsymbol{A}^{-1}\delta\boldsymbol{b}$，于是

$$\|\delta\boldsymbol{x}\|=\|\boldsymbol{A}^{-1}\delta\boldsymbol{b}\|\leqslant\|\boldsymbol{A}^{-1}\|\ \|\delta\boldsymbol{b}\|$$

又由 $\boldsymbol{Ax}=\boldsymbol{b}$ 知，$\|\boldsymbol{b}\|=\|\boldsymbol{Ax}\|\leqslant\|\boldsymbol{A}\|\ \|\boldsymbol{x}\|$，因为 $\|\boldsymbol{x}\|\neq0$，结合上式，有

$$\frac{\|\delta\boldsymbol{x}\|}{\|\boldsymbol{x}\|}\leqslant\|\boldsymbol{A}\|\ \|\boldsymbol{A}^{-1}\|\frac{\|\delta\boldsymbol{b}\|}{\|\boldsymbol{b}\|}\tag{1-82}$$

该式表明：当 $\boldsymbol{b}$ 有扰动 $\delta\boldsymbol{b}$ 时，所引起的解的相对误差不超过 $\boldsymbol{b}$ 的相对误差乘 $\|\boldsymbol{A}\|\ \|\boldsymbol{A}^{-1}\|$，可见当 $\boldsymbol{b}$ 有扰动时，$\|\boldsymbol{A}\|\ \|\boldsymbol{A}^{-1}\|$ 对方程组 $\boldsymbol{Ax}=\boldsymbol{b}$ 的解的变化是一个重要的衡量尺度。

② 若方程组 $\boldsymbol{Ax}=\boldsymbol{b}$ 的右端无扰动，而系数矩阵 $\boldsymbol{A}$ 非奇异，但有扰动 $\delta\boldsymbol{A}$，相应地方程组 $\boldsymbol{Ax}=\boldsymbol{b}$ 的解有扰动 $\delta\boldsymbol{x}$，此时原方程组变为

$$(\boldsymbol{A}+\delta\boldsymbol{A})(\boldsymbol{x}+\delta\boldsymbol{x})=\boldsymbol{b}$$

即 $\boldsymbol{A}\delta\boldsymbol{x}+\delta\boldsymbol{A}(\boldsymbol{x}+\delta\boldsymbol{x})=\boldsymbol{0}$，也即 $\delta\boldsymbol{x}=-\boldsymbol{A}^{-1}\delta\boldsymbol{A}(\boldsymbol{x}+\delta\boldsymbol{x})$，于是

$$\|\delta\boldsymbol{x}\|=\|-\boldsymbol{A}^{-1}\delta\boldsymbol{A}(\boldsymbol{x}+\delta\boldsymbol{x})\|\leqslant\|\boldsymbol{A}^{-1}\|\ \|\delta\boldsymbol{A}\|\ \|\boldsymbol{x}+\delta\boldsymbol{x}\|$$

所以

$$\frac{\|\delta\boldsymbol{x}\|}{\|\boldsymbol{x}+\delta\boldsymbol{x}\|}\leqslant\|\boldsymbol{A}^{-1}\|\ \|\delta\boldsymbol{A}\|=\|\boldsymbol{A}^{-1}\|\ \|\boldsymbol{A}\|\frac{\|\delta\boldsymbol{A}\|}{\|\boldsymbol{A}\|}\tag{1-83}$$

该式表明：当 $\boldsymbol{A}$ 有扰动 $\delta\boldsymbol{A}$ 时，所引起的解的相对误差不超过 $\boldsymbol{A}$ 的相对误差乘 $\|\boldsymbol{A}\|\ \|\boldsymbol{A}^{-1}\|$，再一次说明，当 $\boldsymbol{A}$ 有扰动时，$\|\boldsymbol{A}\|\ \|\boldsymbol{A}^{-1}\|$ 对方程组 $\boldsymbol{Ax}=\boldsymbol{b}$ 的解的变化是一个重要的衡量尺度。

综合式(1-82)和式(1-83)，有

$$\frac{\|\delta\boldsymbol{x}\|}{\|\boldsymbol{x}\|}\leqslant\|\boldsymbol{A}\|\ \|\boldsymbol{A}^{-1}\|\frac{\|\delta\boldsymbol{b}\|}{\|\boldsymbol{b}\|},\ \frac{\|\delta\boldsymbol{x}\|}{\|\boldsymbol{x}+\delta\boldsymbol{x}\|}\leqslant\|\boldsymbol{A}\|\ \|\boldsymbol{A}^{-1}\|\frac{\|\delta\boldsymbol{A}\|}{\|\boldsymbol{A}\|}\tag{1-84}$$

由此，为定量衡量矩阵 $\boldsymbol{A}$ 的病态性，引入条件数的概念。设 $\boldsymbol{A}$ 是非奇异矩阵，称数 $\mathrm{Cond}\ (\boldsymbol{A})_\nu=\|\boldsymbol{A}\|_\nu\ \|\boldsymbol{A}^{-1}\|_\nu(\nu=1$ 或 2 或 $\infty)$ 为矩阵 $\boldsymbol{A}$ 的条件数。

显然有 $\mathrm{Cond}\ (\boldsymbol{A})_\nu=\|\boldsymbol{A}\|_\nu\ \|\boldsymbol{A}^{-1}\|_\nu\geqslant\|\boldsymbol{AA}^{-1}\|_\nu=\|\boldsymbol{I}\|_\nu=1$。条件数是一个放大的倍数，当条件数较大($\mathrm{Cond}(\boldsymbol{A})\gg1$)时，方程组 $\boldsymbol{Ax}=\boldsymbol{b}$ 呈病态；当条件数较小时，方程组 $\boldsymbol{Ax}=\boldsymbol{b}$ 呈良态。

例 1-28 计算矩阵的条件数。

计算矩阵 $\boldsymbol{A}=\begin{pmatrix}2 & 3\\ 2 & 3.0001\end{pmatrix}$ 的条件数 $\mathrm{Cond}\ (\boldsymbol{A})_1$。

解 $\boldsymbol{A}=\begin{pmatrix}2 & 3\\ 2 & 3.0001\end{pmatrix}$，$\|\boldsymbol{A}\|_1=\max\{|2|+|2|,|3|+|3.0001|\}=6.0001$

$$\boldsymbol{A}^{-1}=\frac{1}{|\boldsymbol{A}|}\begin{pmatrix}3.0001 & -3\\ -2 & 2\end{pmatrix}=\frac{1}{0.0002}\begin{pmatrix}3.0001 & -3\\ -2 & 2\end{pmatrix}=\frac{1}{2}\begin{pmatrix}30001 & -30000\\ -20000 & 20000\end{pmatrix}$$

$$\|\boldsymbol{A}^{-1}\|_1=\max\{0.5\times(|30001|+|-20000|),0.5\times(|-30000|+|20000|)\}=50001\times0.5$$

$$\mathrm{Cond}\ (\boldsymbol{A})_1=\|\boldsymbol{A}\|_1\ \|\boldsymbol{A}^{-1}\|_1=6.0001\times50001\times0.5=150005.50005$$

从条件数的定义看出，要求一个矩阵的条件数，必须计算逆矩阵的范数，这在实际应用时很不方便。但如果在实际运算中出现下列情况，那么矩阵 $\boldsymbol{A}$ 可能是病态的。

① 若在 $\boldsymbol{A}$ 的三角约化时，出现小主元，则 $\boldsymbol{A}$ 可能是病态的。

② 若 $\boldsymbol{A}$ 的行列式值很小，或某些行近似线性相关，则 $\boldsymbol{A}$ 可能是病态的。

③ 若 $\boldsymbol{A}$ 的元素之间数量级相差很大，并无一定规律，则 $\boldsymbol{A}$ 可能是病态的。

1.6 线性二次型及矩阵的正定性

1.6.1 标量函数的符号性质

设 $V(\boldsymbol{x})$ 为由 n 维矢量 $\boldsymbol{x}$ 所定义的标量函数，$\boldsymbol{x}\in\Omega$，且在 $\boldsymbol{x}=0$ 处，恒有 $V(\boldsymbol{x})=0$。所有在域 Ω 中的任意非零矢量 $\boldsymbol{x}$，如果：

(1) $V(\boldsymbol{x})>0$，则称 $V(\boldsymbol{x})$ 为正定的，例如，当 $n=2$ 时，$V(\boldsymbol{x})=x_1^2+x_2^2$；

(2) $V(\boldsymbol{x})\geqslant 0$，则称 $V(\boldsymbol{x})$ 为半正定(或非负定)的，例如，当 $n=2$ 时，$V(\boldsymbol{x})=(x_1+x_2)^2$；

(3) $V(\boldsymbol{x})<0$，则称 $V(\boldsymbol{x})$ 为负定的，例如，当 $n=2$ 时，$V(\boldsymbol{x})=-(x_1^2+2x_2^2)$；

(4) $V(\boldsymbol{x})\leqslant 0$，则称 $V(\boldsymbol{x})$ 为半负定(或非正定)的，例如，当 $n=2$ 时，$V(\boldsymbol{x})=-(x_1+x_2)^2$；

(5) $V(\boldsymbol{x})>0$ 或 $V(\boldsymbol{x})<0$，则称 $V(\boldsymbol{x})$ 为不定的，例如，当 $n=2$ 时，$V(\boldsymbol{x})=x_1+x_2$。

例 1-29 判别标量函数的符号性质。

(1) 设 $\boldsymbol{x}=(x_1\quad x_2\quad x_3)^{\mathrm{T}}$，标量函数为 $V(\boldsymbol{x})=(x_1+x_2)^2+x_3^2$。

(2) 设 $\boldsymbol{x}=(x_1\quad x_2\quad x_3)^{\mathrm{T}}$，标量函数为 $V(\boldsymbol{x})=x_1^2+x_2^2$。

解 (1) 因为有 $V(\boldsymbol{0})=0$，而且对非零 $\boldsymbol{x}$，例如，$\boldsymbol{x}=(a,-a,0)^{\mathrm{T}}$，也使 $V(\boldsymbol{x})=0$。所以 $V(\boldsymbol{x})$ 为半正定(或非负定)的。

(2) 因为有 $V(\boldsymbol{0})=0$，而且当 $\boldsymbol{x}=(0,0,a)^{\mathrm{T}}$ 时也使 $V(\boldsymbol{x})=0$。所以 $V(\boldsymbol{x})$ 为半正定的。这个例子表明，在判定正定性时，不能单纯说某个标量函数正定与否，一定要首先搞清楚在几维空间中讨论问题。

1.6.2 二次型标量函数

设 $x_1,x_2,\cdots,x_n$ 为 n 个变量，定义二次型标量函数为

$$V(\boldsymbol{x})=\boldsymbol{x}^{\mathrm{T}}\boldsymbol{P}\boldsymbol{x}=(x_1,x_2,\cdots,x_n)\begin{pmatrix}p_{11} & p_{12} & \cdots & p_{1n}\\ p_{21} & p_{22} & \cdots & p_{2n}\\ \vdots & \vdots & & \vdots\\ p_{n1} & p_{n2} & \cdots & p_{nn}\end{pmatrix}\begin{pmatrix}x_1\\ x_2\\ \vdots\\ x_n\end{pmatrix}$$

如果 $p_{ij}=p_{ji}$，则称 $\boldsymbol{P}$ 为实对称阵。例如

$$V(\boldsymbol{x})=x_1^2+2x_1x_2+x_2^2+x_3^2=(x_1,x_2,x_3)\begin{pmatrix}1 & 1 & 0\\ 1 & 1 & 0\\ 0 & 0 & 1\end{pmatrix}\begin{pmatrix}x_1\\ x_2\\ x_3\end{pmatrix}$$

对二次型函数 $V(\boldsymbol{x})=\boldsymbol{x}^{\mathrm{T}}\boldsymbol{P}\boldsymbol{x}$，若 $\boldsymbol{P}$ 为实对称阵，则必存在正交矩阵 $\boldsymbol{T}$，通过变换 $\boldsymbol{x}=\boldsymbol{T}\bar{\boldsymbol{x}}$，使之化成

$$V(\boldsymbol{x})=\boldsymbol{x}^{\mathrm{T}}\boldsymbol{P}\boldsymbol{x}=\bar{\boldsymbol{x}}^{\mathrm{T}}\boldsymbol{T}^{\mathrm{T}}\boldsymbol{P}\boldsymbol{T}\bar{\boldsymbol{x}}=\bar{\boldsymbol{x}}^{\mathrm{T}}(\boldsymbol{T}^{-1}\boldsymbol{P}\boldsymbol{T})\bar{\boldsymbol{x}}=\bar{\boldsymbol{x}}^{\mathrm{T}}\bar{\boldsymbol{P}}\bar{\boldsymbol{x}}=\bar{\boldsymbol{x}}^{\mathrm{T}}\begin{pmatrix}\lambda_1 & & & \\ & \lambda_2 & 0 & \\ & 0 & \ddots & \\ & & & \lambda_n\end{pmatrix}\bar{\boldsymbol{x}}=\sum_{i=1}^{n}\lambda_i\bar{\boldsymbol{x}}_i^2 \tag{1-85}$$

称式(1-85)为二次型函数的标准型。它只包含变量的平方项，其中 $\lambda_i(i=1,2,\cdots,n)$ 为对称阵 $\boldsymbol{P}$ 的互异特征值，且均为实数。则 $\boldsymbol{V}(\boldsymbol{x})$ 正定的充要条件是对称阵 $\boldsymbol{P}$ 的所有特征值 λ_i 均大于零。

矩阵 $\boldsymbol{P}$ 的符号性质定义：设 $\boldsymbol{P}$ 为 $n\times n$ 实对称方阵，$V(\boldsymbol{x})=\boldsymbol{x}^{\mathrm{T}}\boldsymbol{P}\boldsymbol{x}$ 为由 $\boldsymbol{P}$ 所决定的二次型函数。

(1) 若 $V(\boldsymbol{x})$ 正定，则称 $\boldsymbol{P}$ 为正定，记为 $\boldsymbol{P}>0$。

(2) 若 $V(\boldsymbol{x})$ 负定，则称 $\boldsymbol{P}$ 为负定，记为 $\boldsymbol{P}<0$。

(3) 若 $V(\boldsymbol{x})$ 半正定(非负定)，则称 $\boldsymbol{P}$ 为半正定(非负定)，记为 $\boldsymbol{P}\geqslant 0$。

(4) 若 $V(\boldsymbol{x})$ 半负定(非正定)，则称 $\boldsymbol{P}$ 为半负定(非正定)，记为 $\boldsymbol{P}\leqslant 0$。

由此可见，矩阵 $\boldsymbol{P}$ 的符号性质与由其所决定的二次型函数 $V(\boldsymbol{x})=\boldsymbol{x}^{\mathrm{T}}\boldsymbol{P}\boldsymbol{x}$ 的符号性质完全一致。因此，要判别 $V(\boldsymbol{x})$ 的符号只要判别 $\boldsymbol{P}$ 的符号即可。判别 $\boldsymbol{P}$ 的符号可由西尔维斯特(Sylvester)判据进行判定。

1.6.3 西尔维斯特判据

设实对称矩阵：

$$\boldsymbol{P}=\begin{bmatrix} p_{11} & p_{12} & \cdots & p_{1n} \\ p_{21} & p_{22} & \cdots & p_{2n} \\ \vdots & \vdots & & \vdots \\ p_{n1} & p_{n2} & \cdots & p_{nn} \end{bmatrix},p_{ij}=p_{ji}$$

$\Delta_i,i=1,2,\cdots,n$ 为其各阶顺序主子式：

$$\Delta_1=p_{11},\Delta_2=\begin{vmatrix} p_{11} & p_{12} \\ p_{21} & p_{22} \end{vmatrix},\cdots,\Delta_n=|\boldsymbol{P}|$$

矩阵 $\boldsymbol{P}$(或 $V(\boldsymbol{x})$)定号性的充要条件如下。

(1) 若 $\Delta_i>0$，则 $\boldsymbol{P}$(或 $V(\boldsymbol{x})$)为正定的。

(2) 若当 $i=1,2,\cdots,n$ 为偶数时，$\Delta_i>0$；当 $i=1,2,\cdots,n$ 为奇数时，$\Delta_i<0$，则 $\boldsymbol{P}$(或 $V(\boldsymbol{x})$)为负定的。

(3) 若当 $i=1,2,\cdots,n-1$ 时，$\Delta_i\geqslant 0$；当 $i=n$ 时，$\Delta_i=0$，则 $\boldsymbol{P}$(或 $V(x)$)为半正定(非负定)的。

(4) 若当 $i=n$ 时，$\Delta_i=0$；当 $i<n$ 且为偶数时，$\Delta_i\geqslant 0$；当 $i<n$ 且为奇数时，$\Delta_i\leqslant 0$，则 $\boldsymbol{P}$(或 $V(\boldsymbol{x})$)为半负定(非正定)的。

1.7 有理函数矩阵

在前面介绍了多项式矩阵，但在系统对象或控制器环节往往通过传递函数(阵)表达，传递函数(阵)本身就是一个有理分式函数(阵)，所以本节介绍有理函数矩阵相关的数学准备。

1.7.1 有理函数矩阵概念

1. 定义

设 $n_{ij}(s),d_{ij}(s)\in\mathbf{R}(s),d_{ij}(s)\neq 0$，且假定 $n_{ij}(s)$ 和 $d_{ij}(s)$ 没有非常数公约式，则 $q\times p$

矩阵

$$
\boldsymbol{G}(s)=\begin{bmatrix} \dfrac{n_{11}(s)}{d_{11}(s)} & \cdots & \dfrac{n_{1p}(s)}{d_{1p}(s)} \\ \vdots & & \vdots \\ \dfrac{n_{q1}(s)}{d_{q1}(s)} & \cdots & \dfrac{n_{qp}(s)}{d_{qp}(s)} \end{bmatrix}
$$

称为有理函数矩阵。如果 $n_{ij}(s)\leqslant d_{ij}(s)$，则称 $\boldsymbol{G}(s)$ 为真的；若 $n_{ij}(s)<d_{ij}(s)$，则称 $\boldsymbol{G}(s)$ 为严真的。

有理函数矩阵 $\boldsymbol{G}(s)$ 是真的充要条件是 $\lim\limits_{s\to\infty}\boldsymbol{G}(s)=\boldsymbol{G}_0$；有理函数矩阵 $\boldsymbol{G}(s)$ 是严真的充要条件是 $\lim\limits_{s\to\infty}\boldsymbol{G}(s)=\boldsymbol{0}$。

真有理函数矩阵 $\boldsymbol{G}(s)$ 的所有子式的首一最小公分母定义为 $\boldsymbol{G}(s)$ 的特征多项式。$\boldsymbol{G}(s)$ 特征多项式的次数定义为 $\boldsymbol{G}(s)$ 的次数，记为 $\delta\boldsymbol{G}(s)$。

例 1-30 求有理函数矩阵的特征多项式和次数。

已知下面的有理函数，求特征多项式和次数。

$$
\boldsymbol{G}(s)=\begin{bmatrix} \dfrac{s}{s+1} & \dfrac{1}{(s+1)(s+2)} & \dfrac{1}{s+3} \\ \dfrac{-1}{s+1} & \dfrac{1}{(s+1)(s+2)} & \dfrac{1}{s} \end{bmatrix}
$$

解 $\boldsymbol{G}(s)$ 的一阶子式为其各元。

$\boldsymbol{G}(s)$ 的二阶子式有 3 个：

第 1、2 列

$$
\det\begin{bmatrix} \dfrac{s}{s+1} & \dfrac{1}{(s+1)(s+2)} \\ \dfrac{-1}{s+1} & \dfrac{1}{(s+1)(s+2)} \end{bmatrix}=\frac{1}{(s+1)(s+2)}
$$

第 2、3 列

$$
\det\begin{bmatrix} \dfrac{1}{(s+1)(s+2)} & \dfrac{1}{s+3} \\ \dfrac{1}{(s+1)(s+2)} & \dfrac{1}{s} \end{bmatrix}=\frac{3}{s(s+1)(s+2)(s+3)}
$$

第 1、3 列

$$
\det\begin{bmatrix} \dfrac{s}{s+1} & \dfrac{1}{s+3} \\ \dfrac{-1}{s+1} & \dfrac{1}{s} \end{bmatrix}=\frac{s+4}{(s+1)(s+3)}
$$

可见 $\boldsymbol{G}(s)$ 的最小公分母为 $s(s+1)(s+2)(s+3)$，即为特征多项式，其次数为 4。然而 $\boldsymbol{G}(s)$ 的特征多项式并不一定等于所有元的最小公分母。另外，在 $\boldsymbol{G}(s)$ 是方阵时它的特征多项式一般也不同于 $\boldsymbol{G}(s)$ 行列式的分母。

思考 自己举一个例子验证"另外"后面的命题。

值得注意的是，在计算有理函数矩阵的特征多项式时，必须将矩阵的每个子式化简成既约形式，否则会得到错误的结果。

2. 多项式方阵的逆阵的真性与严真性

一个多项式方阵 $\boldsymbol{D}(s)\in\mathbf{R}^{p\times p}(s)$ 为非奇异的，且非单模矩阵，其逆阵是一个有理函数矩阵。当该多项式矩阵 $\boldsymbol{D}(s)$ 为行（列）既约时，$\boldsymbol{D}^{-1}(s)$ 是真的。若 $\boldsymbol{D}(s)$ 行既约，且 $\delta_{ri}\boldsymbol{D}(s)\geqslant 1$，则 $\boldsymbol{D}^{-1}(s)$ 是严真的。若 $\boldsymbol{D}(s)$ 列既约，且 $\delta_{ci}\boldsymbol{D}(s)\geqslant 1$，则 $\boldsymbol{D}^{-1}(s)$ 是严真的。

思考　能证明这个结论吗？

1.7.2　有理函数矩阵的分解——矩阵分式描述

1. 矩阵分式描述的概念

对于 $q\times p$ 的有理函数矩阵 $\boldsymbol{G}(s)$，如果存在 $q\times p$ 多项式矩阵 $\boldsymbol{N}(s)$ 和非奇异的 $p\times p$ 多项式 $\boldsymbol{D}(s)$ 成立 $\boldsymbol{G}(s)=\boldsymbol{N}(s)\boldsymbol{D}^{-1}(s)$，则称 $\boldsymbol{N}(s)\boldsymbol{D}^{-1}(s)$ 是 $\boldsymbol{G}(s)$ 的一个右矩阵分式描述（RMFD）。$\boldsymbol{N}(s)\boldsymbol{D}^{-1}(s)$ 的次数定义为 $\deg(\det\boldsymbol{D}(s))$。

对于 $q\times p$ 的有理函数矩阵 $\boldsymbol{G}(s)$，如果存在 $q\times p$ 多项式矩阵 $\boldsymbol{N}(s)$ 和非奇异的 $q\times q$ 多项式 $\boldsymbol{D}(s)$ 成立 $\boldsymbol{G}(s)=\boldsymbol{D}^{-1}(s)\boldsymbol{N}(s)$，则称 $\boldsymbol{D}^{-1}(s)\boldsymbol{N}(s)$ 是 $\boldsymbol{G}(s)$ 的一个左矩阵分式描述（LMFD）。$\boldsymbol{D}^{-1}(s)\boldsymbol{N}(s)$ 的次数定义为 $\deg(\det\boldsymbol{D}(s))$。

矩阵分式描述（Matrix Fraction Description，MFD）实际上将原来为有理函数矩阵 $\boldsymbol{G}(s)$ 表达为两个多项式矩阵之“比”或者说是“分子矩阵”与“分母矩阵”之“比”。显然，矩阵分式描述是对一般标量分式描述的直接推广。

定义了矩阵分式描述的概念以后，首先碰到的问题当然是如何将一个有理函数矩阵（有理分式矩阵）分解为一个左（或者右）矩阵分式描述。下面通过一个例子说明。

例 1-31　将有理函数矩阵分解成矩阵分式描述。

给定 2×3 传递函数矩阵 $\boldsymbol{G}(s)$ 如下，分别求其对应的 RMFD 和 LMFD。

$$\boldsymbol{G}(s)=\begin{bmatrix}\dfrac{s+1}{(s+2)(s+3)^2} & \dfrac{s+1}{s+3} & \dfrac{s}{s+2}\\[2mm] \dfrac{-(s+1)}{s+3} & \dfrac{s+3}{s+4} & \dfrac{s}{s+1}\end{bmatrix}$$

解　先求 RMFD，求出 $\boldsymbol{G}(s)$ 各列元素的最小公分母

$$d_{c1}(s)=(s+2)(s+3)^2,\ d_{c2}(s)=(s+3)(s+4),\ d_{c3}(s)=(s+2)(s+1)$$

为此，$\boldsymbol{G}(s)$ 可以表示为

$$\boldsymbol{G}(s)=\boldsymbol{N}(s)\boldsymbol{D}^{-1}(s)=\begin{bmatrix}s+1 & (s+1)(s+4) & s(s+1)\\ -(s+1)(s+2)(s+3) & (s+3)^2 & s(s+2)\end{bmatrix}\begin{bmatrix}(s+2)(s+3)^2 & 0 & 0\\ 0 & (s+3)(s+4) & 0\\ 0 & 0 & (s+1)(s+2)\end{bmatrix}^{-1}$$

显然 $\deg\det\boldsymbol{D}(s)=7$。

同样，求出 $\boldsymbol{G}(s)$ 各行元素的最小公分母

$$d_{r1}(s)=(s+2)(s+3)^2,\ d_{r2}(s)=(s+3)(s+4)(s+1)$$

$$G(s)=D^{-1}(s)N(s)=\begin{pmatrix}(s+2)(s+3)^2 & 0\\ 0 & (s+3)(s+4)(s+1)\end{pmatrix}^{-1}$$
$$\begin{pmatrix}s+1 & (s+1)(s+2)(s+3) & s(s+3)^2\\ -(s+1)(s+4)(s+1) & (s+3)^2(s+1) & s(s+3)(s+4)\end{pmatrix}$$

显然 $\deg\det \boldsymbol{D}(s)=6$。

这个例子说明 RMFD 与 LMFD 次数不一定相等，且分母矩阵的维数不一定相同。实际上，在后面章节将看到 $\deg\det\boldsymbol{D}(s)$反映了系统复杂性。

2. MFD 的不唯一性及扩展构造

对于同样一个有理函数矩阵，其 MFD 是不唯一的（实际上是无穷多的），且不同的 MFD 可能具有不同的次数。这从下面的例子可以看出。

例 1-32 说明 MFD 的不唯一性。

验证下面两组分解是有理函数矩阵 $\boldsymbol{G}(s)=\begin{pmatrix}\dfrac{s}{(s+1)^2(s+2)^2} & \dfrac{s}{(s+2)^2}\\ \dfrac{-s}{(s+2)^2} & \dfrac{-s}{(s+2)^2}\end{pmatrix}$的 RMFD，并求它们的次数。

(1) $\left\{\boldsymbol{N}_1(s)=\begin{pmatrix}s & s\\ -s(s+1)^2 & -s\end{pmatrix},\boldsymbol{D}_1(s)=\begin{pmatrix}(s+1)^2(s+2)^2 & 0\\ 0 & (s+2)^2\end{pmatrix}\right\}$；

(2) $\left\{\boldsymbol{N}_2(s)=\begin{pmatrix}s & 0\\ -s & s^2\end{pmatrix},\boldsymbol{D}_2(s)=\begin{pmatrix}0 & -(s+1)^2(s+2)\\ (s+2)^2 & (s+2)\end{pmatrix}\right\}$。

解 根据相关定义，很易验证：它们都是 $\boldsymbol{G}(s)$的 RMFD，并且第一种分解的次数为 6；第二种分解的次数为 5。

思考 请写出该例的具体过程。

上面的例子是分析问题，它的反问题就是 MFD 扩展构造方法。下面的结论给出了答案。

RMFD 扩展构造：$\boldsymbol{N}(s)\boldsymbol{D}^{-1}(s)$为 $\boldsymbol{G}(s)$的 RMFD，引入任意一个 $p\times p$ 非奇异的多项式矩阵 $\boldsymbol{R}(s)$，则 $\boldsymbol{G}(s)=\tilde{\boldsymbol{N}}(s)\tilde{\boldsymbol{D}}^{-1}(s)$的 RMFD，其中 $\tilde{\boldsymbol{D}}(s)=\boldsymbol{D}(s)\boldsymbol{R}(s)$，$\tilde{\boldsymbol{N}}(s)=\boldsymbol{N}(s)\boldsymbol{R}(s)$。并且当 $\boldsymbol{R}(s)$为单模时，$\tilde{\boldsymbol{N}}(s)\tilde{\boldsymbol{D}}^{-1}(s)$与 $\boldsymbol{N}(s)\boldsymbol{D}^{-1}(s)$是同次的。

LMFD 扩展构造：$\boldsymbol{D}^{-1}(s)\boldsymbol{N}(s)$为 $\boldsymbol{G}(s)$的 RMFD，引入任意一个 $q\times q$ 非奇异的多项式矩阵 $\boldsymbol{R}(s)$，则 $\boldsymbol{G}(s)=\tilde{\boldsymbol{D}}^{-1}(s)\tilde{\boldsymbol{N}}(s)$的 RMFD，其中 $\tilde{\boldsymbol{D}}(s)=\boldsymbol{R}(s)\boldsymbol{D}(s)$，$\tilde{\boldsymbol{N}}(s)=\boldsymbol{R}(s)\boldsymbol{N}(s)$。并且当 $\boldsymbol{R}(s)$为单模时，$\tilde{\boldsymbol{D}}^{-1}(s)\tilde{\boldsymbol{N}}(s)$与 $\boldsymbol{D}^{-1}(s)\boldsymbol{N}(s)$是同次的。

思考 对这两个结论，能说明一下正确性吗？

通过扩展构造可以得到无穷多个分解，能否得到一种分解的分母矩阵行列式阶次最小？它唯一吗？这种分解满足什么条件？

将所有的左（右）MFD 的次数中最小的那种描述称为左（右）MFD 是最小阶的 MFD。当分子矩阵和分母矩阵之间是互质（互素）的，其分母矩阵行列式的阶次应该是最小的。若令 $\boldsymbol{N}(s)\boldsymbol{D}^{-1}(s)$是 $\boldsymbol{G}(s)$的最小阶 RMFD，并引入单模矩阵 $\boldsymbol{R}(s)$，则 $\boldsymbol{N}(s)\tilde{\boldsymbol{D}}^{-1}(s)$也是最小阶的，其中 $\tilde{\boldsymbol{D}}(s)=\boldsymbol{D}(s)\boldsymbol{R}(s)$，$\tilde{\boldsymbol{D}}(s)=\boldsymbol{N}(s)\boldsymbol{R}(s)$。若令 $\boldsymbol{D}^{-1}(s)\boldsymbol{N}(s)$是 $\boldsymbol{G}(s)$的最小阶 LMFD，引入单模

矩阵 $\boldsymbol{R}(s)$，则 $\widetilde{\boldsymbol{D}}^{-1}(s)\widetilde{\boldsymbol{N}}(s)$ 也是最小阶的，其中 $\widetilde{\boldsymbol{D}}(s)=\boldsymbol{R}(s)\boldsymbol{D}(s)$，$\widetilde{\boldsymbol{N}}(s)=\boldsymbol{R}(s)\boldsymbol{N}(s)$。

1.7.3 矩阵分式描述的真性与严真性

1. 矩阵分式描述的真性和严真性定义

矩阵分式描述的真性和严真性与其对应的有理函数矩阵的真性与严真性是一样的。

2. 矩阵分式描述的真性和严真性判定

1) 既约 MFD 判据

如果对于 $\boldsymbol{G}(s)$ 的一个 RMFD $\boldsymbol{N}(s)\boldsymbol{D}^{-1}(s)$，其中 $p\times p$ 多项式 $\boldsymbol{D}(s)$ 为列既约的，则 $\boldsymbol{G}(s)=\boldsymbol{N}(s)\boldsymbol{D}^{-1}(s)$ 为真的充分必要条件是 $\delta_{cj}\boldsymbol{N}(s)\leqslant\delta_{cj}\boldsymbol{D}(s)$，$j=1,2,\cdots,p$；而 $\boldsymbol{G}(s)=\boldsymbol{N}(s)\boldsymbol{D}^{-1}(s)$ 为严真的充分必要条件是 $\delta_{cj}\boldsymbol{N}(s)<\delta_{cj}\boldsymbol{D}(s)$，$j=1,2,\cdots,p$。

如果对于 $\boldsymbol{G}(s)$ 的一个 LMFD $\boldsymbol{D}^{-1}(s)\boldsymbol{N}(s)$，其中 $q\times q$ 多项式 $\boldsymbol{D}(s)$ 为行既约的，则 $\boldsymbol{G}(s)=\boldsymbol{D}^{-1}(s)\boldsymbol{N}(s)$ 为真的充分必要条件是 $\delta_{rj}\boldsymbol{N}(s)\leqslant\delta_{rj}\boldsymbol{D}(s)$，$j=1,2,\cdots,q$；而 $\boldsymbol{G}(s)=\boldsymbol{D}^{-1}(s)\boldsymbol{N}(s)$ 为严真的充分必要条件是 $\delta_{rj}\boldsymbol{N}(s)<\delta_{rj}\boldsymbol{D}(s)$，$j=1,2,\cdots,q$。

下面对 RMFD $\boldsymbol{G}(s)=\boldsymbol{N}(s)\boldsymbol{D}^{-1}(s)$ 为真的充分必要条件进行证明。

首先证必要性。假设 $\boldsymbol{G}(s)=\boldsymbol{N}(s)\boldsymbol{D}^{-1}(s)$ 为真，则有 $\boldsymbol{N}(s)=\boldsymbol{G}(s)\boldsymbol{D}(s)$。表 $\boldsymbol{N}(s)$ 中的每一个元为

$$n_{ij}(s)=(g_{i1}(s)\cdots g_{ip}(s))\begin{pmatrix}d_{1j}(s)\\ \vdots\\ d_{pj}(s)\end{pmatrix}=\sum_{k=1}^{p}g_{ik}(s)d_{kj}(s)$$

由于 $\boldsymbol{G}(s)$ 为真，所以 $g_{ij}(s)$ 分子的次数都小于或者等于分母的次数。注意到 $n_{ij}(s)$ 是一个多项式，上式求和部分会将所有分母全部约掉，因此对 $\forall i$，$\deg n_{ij}(s)\leqslant\max\{\deg d_{kj}(s),k=1,2,\cdots,p\}$，即 $\boldsymbol{N}(s)$ 中第 j 列的每一个元素的次数都不超过 $\boldsymbol{D}(s)$ 第 j 列各元素的次数的最大值。所以 $\delta_{cj}\boldsymbol{N}(s)\leqslant\delta_{cj}\boldsymbol{D}(s)$，$j=1,2,\cdots,p$。

再证充分性。假设 $\delta_{cj}\boldsymbol{N}(s)\leqslant\delta_{cj}\boldsymbol{D}(s)$，$j=1,2,\cdots,p$，利用列次表达式将 $\boldsymbol{D}(s)$ 表示为

$$\boldsymbol{D}(s)=\boldsymbol{D}_{hc}\boldsymbol{S}_c(s)+\boldsymbol{D}_{cl}(s)=(\boldsymbol{D}_{hc}+\boldsymbol{D}_{cl}(s)\boldsymbol{S}_c^{-1}(s))\boldsymbol{S}_c(s)$$

再利用 $\boldsymbol{S}_c(s)$ 将 $\boldsymbol{N}(s)$ 按列次表达式形式写出（这里请注意，$\boldsymbol{D}(s)$ 和 $\boldsymbol{N}(s)$ 使用的是同一个 $\boldsymbol{S}_c(s)$，也就是说 $\boldsymbol{N}(s)$ 不一定是真正的列次表达式）。

$$\boldsymbol{N}(s)=\boldsymbol{N}_{hc}\boldsymbol{S}_c(s)+\boldsymbol{N}_{cl}(s)=(\boldsymbol{N}_{hc}+\boldsymbol{N}_{cl}(s)\boldsymbol{S}_c^{-1}(s))\boldsymbol{S}_c(s)$$

所以有 $\boldsymbol{G}(s)=\boldsymbol{N}(s)\boldsymbol{D}^{-1}(s)=(\boldsymbol{N}_{hc}+\boldsymbol{N}_{cl}(s)\boldsymbol{S}_c^{-1}(s))(\boldsymbol{D}_{hc}+\boldsymbol{D}_{cl}(s)\boldsymbol{S}_c^{-1}(s))^{-1}$。

注意到 $\delta_{cj}\boldsymbol{D}_{cl}(s)<\delta_{cj}\boldsymbol{S}_c(s)$，计及 $\delta_{cj}\boldsymbol{N}(s)\leqslant\delta_{cj}\boldsymbol{D}(s)$，得 $\delta_{cj}\boldsymbol{N}_{cl}(s)<\delta_{cj}\boldsymbol{S}_c(s)$。由此可得

$$\lim_{s\to\infty}\boldsymbol{D}_{cl}(s)\boldsymbol{S}_c^{-1}(s)=\lim_{s\to\infty}\begin{bmatrix}\dfrac{*}{s^{k_{c1}}} & \cdots & \dfrac{*}{s^{k_{cp}}}\\ \vdots & & \vdots\\ \dfrac{*}{s^{k_{c1}}} & \cdots & \dfrac{*}{s^{k_{cp}}}\end{bmatrix}=0,\ \lim_{s\to\infty}\boldsymbol{N}_{cl}(s)\boldsymbol{S}_c^{-1}(s)=\lim_{s\to\infty}\begin{bmatrix}\dfrac{\#}{s^{k_{c1}}} & \cdots & \dfrac{\#}{s^{k_{cp}}}\\ \vdots & & \vdots\\ \dfrac{\#}{s^{k_{c1}}} & \cdots & \dfrac{\#}{s^{k_{cp}}}\end{bmatrix}=0$$

所以 $\lim\limits_{s\to\infty}\boldsymbol{G}(s)=\lim\limits_{s\to\infty}\boldsymbol{N}_{hc}\boldsymbol{D}_{hc}^{-1}$。

又由于 $\boldsymbol{D}(s)$ 为列既约，所以 $\boldsymbol{D}_{hc}^{-1}$ 存在；而由于 $\delta_{cj}\boldsymbol{N}(s)\leqslant\delta_{cj}\boldsymbol{D}(s)$，所以 $\boldsymbol{N}_{hc}$ 为非零常阵。

因此 $\lim\limits_{s\to\infty}\boldsymbol{G}(s)=\lim\limits_{s\to\infty}\boldsymbol{N}_{hc}\boldsymbol{D}_{hc}^{-1}$ 为常阵列，由此说明 $\boldsymbol{G}(s)$ 为真。

例 1-33 判定 MFD 的真性。

已知 RMFD $\boldsymbol{N}(s)\boldsymbol{D}^{-1}(s)$：$\boldsymbol{N}(s)=(1\quad 2)$，$\boldsymbol{D}(s)=\begin{pmatrix} s^2 & s-1 \\ s+1 & 1 \end{pmatrix}$，判定其真性。

解 可以看出 $\boldsymbol{D}(s)$是非列既约的，而 $\delta_{c1}\boldsymbol{N}(s)=0<\delta_{c1}\boldsymbol{D}(s)=2$，$\delta_{c2}\boldsymbol{N}(s)=0<\delta_{c2}\boldsymbol{D}(s)=1$ 是满足条件的。但事实上 $\boldsymbol{N}(s)\boldsymbol{D}^{-1}(s)=(-2s-1\quad 2s^2-s+1)$，这表明 $\boldsymbol{N}(s)\boldsymbol{D}^{-1}(s)$非真。

这个例子说明分母矩阵为列既约的条件是不可缺少的。如果 $\boldsymbol{D}(s)$不是列既约的，则上面的“充要条件”仅是必要条件，但不是充分条件。事实上，在证明必要性时并没有使用列既约的条件。

2）非既约 MFD 判据

如果 $\boldsymbol{D}(s)$不是既约的，如何判定 MFD 的真性与严真性呢？结合前面讲到的非既约多项式矩阵的既约化，引入合适的单模矩阵 $\boldsymbol{V}(s)$便可以将 $\boldsymbol{D}(s)$既约化。进而再利用上面的结论进行判定。

上面的结论实际上根据 MFD 中“分子”和“分母”矩阵的次数来判别对应的有理函数矩阵的真性。

3. 从非真矩阵分式描述导出严真矩阵分式

一般的标量分式 $n(s)/d(s)$可以通过长除法得到

$$n(s)/d(s)=a(s)+b(s)/d(s) \Leftrightarrow n(s)=a(s)d(s)+b(s)$$

式中，$a(s)$称为商式；$b(s)$称为余式；$\deg b(s)<\deg d(s)$。对于真有理函数，$a(s)=C$；对于严真有理函数，$a(s)=0$；对于非真有理函数，$a(s)$是一个多项式。

这种带余除法可以推广到有理函数矩阵，但要区分 RMFD 和 LMFD 两种情况。

对于非真的 RMFD $\boldsymbol{G}(s)=\boldsymbol{N}(s)\boldsymbol{D}^{-1}(s)$，则唯一存在两个 $q\times p$ 多项式矩阵 $\boldsymbol{Q}(s)$和 $\boldsymbol{R}(s)$使成立：

$$\boldsymbol{N}(s)\boldsymbol{D}^{-1}(s)=\boldsymbol{Q}(s)+\boldsymbol{R}(s)\boldsymbol{D}^{-1}(s) \tag{1-86}$$

式中，$\boldsymbol{R}(s)\boldsymbol{D}^{-1}(s)$为严真的。进一步据 RMFD 严真性判据的必要条件知 $\delta_{cj}\boldsymbol{D}(s)>\delta_{cj}\boldsymbol{R}(s)$，$j=1,2,\cdots,p$。

对于非真的 LMFD $\boldsymbol{G}(s)=\boldsymbol{D}^{-1}(s)\boldsymbol{N}(s)$，则唯一存在两个 $q\times p$ 多项式矩阵 $\boldsymbol{Q}(s)$和 $\boldsymbol{R}(s)$使成立：

$$\boldsymbol{D}^{-1}(s)\boldsymbol{N}(s)=\boldsymbol{Q}(s)+\boldsymbol{D}^{-1}(s)\boldsymbol{R}(s) \tag{1-87}$$

式中，$\boldsymbol{D}^{-1}(s)\boldsymbol{R}(s)$为严真的。进一步据 RMFD 严真性判据的必要条件知 $\delta_{rj}\boldsymbol{D}(s)>\delta_{rj}\boldsymbol{R}(s)$，$j=1,2,\cdots,q$。

思考 这两个结论实际上说明了什么？

接下来的问题就是如何确定严格真的 MFD。实际上根据上面构造性证明过程，可以总结出相应的求解步骤。实际上，如果由 $\boldsymbol{G}(s)$直接确定严格真的 MFD，可以采用如下方法：将 $\boldsymbol{G}(s)$分为两个部分，即将 $\boldsymbol{G}(s)$中的元都分为一个严格真的有理分式再加上一个多项式 $g_{ij}(s)=q_{ij}(s)+\bar{g}_{ij}(s)$，其中 $\bar{g}_{ij}(s)$是严格真的有理分式。进而有 $\boldsymbol{G}(s)=\boldsymbol{Q}(s)+\boldsymbol{G}_{sp}(s)$，其中 $\boldsymbol{Q}(s)$是一个多项式矩阵，$\boldsymbol{G}_{sp}(s)$是一个严格真的有理分式阵。将 $\boldsymbol{G}_{sp}(s)$化为相应的 MFD $\boldsymbol{G}_{sp}(s)=\boldsymbol{R}(s)\boldsymbol{D}^{-1}(s)$。

例 1-34 确定严真 MFD。

给定非真 RMFD $\boldsymbol{N}(s)\boldsymbol{D}^{-1}(s)$：

$$\boldsymbol{N}(s)=((s+1)^2(s+2)-(s+2)^2),\boldsymbol{D}(s)=\begin{pmatrix}(s+2)(s+1) & s+1\\ s+2 & s+1\end{pmatrix}$$

解 由题得到有理函数矩阵为

$$\boldsymbol{G}(s)=\boldsymbol{N}(s)\boldsymbol{D}^{-1}(s)=\begin{pmatrix}\dfrac{s^3+4s^2+7s+5}{s^2+s} & -\dfrac{2s^2+6s+5}{s}\end{pmatrix}$$

对元有理函数采用多项式除法，将 $\boldsymbol{G}(s)$ 表示为

$$\boldsymbol{G}(s)=\begin{pmatrix}s+3+\dfrac{4s+5}{s^2+s} & -(2s+6)-\dfrac{5}{s}\end{pmatrix}=(s+3\quad -(2s+6))+\begin{pmatrix}\dfrac{4s+5}{s^2+s} & \dfrac{5}{s}\end{pmatrix}=\boldsymbol{Q}(s)+\boldsymbol{G}_{\mathrm{sp}}(s)$$

于是

$$\boldsymbol{R}(s)=\boldsymbol{G}_{\mathrm{sp}}(s)\boldsymbol{D}(s)=(4s+8\quad -1)$$

从而得到严真 RMFD $\boldsymbol{R}(s)\boldsymbol{D}^{-1}(s)=(4s+8\quad -1)\begin{pmatrix}(s+2)(s+1) & s+1\\ s+2 & s+1\end{pmatrix}^{-1}$。

4. 一类特殊情形的多项式矩阵除法问题

设 $\boldsymbol{A}$ 是数值方阵，$\boldsymbol{D}(s)=s\boldsymbol{I}-\boldsymbol{A}$ 为一多项式矩阵，它的行次与列次相等。在实际应用中，常常会将其作为“分母”矩阵。

如果 $\boldsymbol{G}(s)=\boldsymbol{N}(s)(s\boldsymbol{I}-\boldsymbol{A})^{-1}$，可以通过下列方法，确定严格真的 RMFD。$\boldsymbol{N}(s)$ 为如下的矩阵多项式：

$$\boldsymbol{N}(s)=\boldsymbol{N}_n s^n+\boldsymbol{N}_{n-1}s^{n-1}+\cdots+\boldsymbol{N}_1 s+\boldsymbol{N}_0$$

式中，$\boldsymbol{N}_0,\boldsymbol{N}_1,\cdots,\boldsymbol{N}_{n-1},\boldsymbol{N}_n$ 均为常系数矩阵；$n=\max\limits_j(\delta_{cj}\boldsymbol{N}(s))$。则一个严格真的 MFD 可以表示为

$$\boldsymbol{G}(s)=\boldsymbol{Q}_{\mathrm{r}}(s)+\boldsymbol{N}_{\mathrm{r}}(s\boldsymbol{I}-\boldsymbol{A})^{-1} \tag{1-88}$$

式中，$\boldsymbol{N}_{\mathrm{r}}=\boldsymbol{N}_n\boldsymbol{A}^n+\boldsymbol{N}_{n-1}\boldsymbol{A}^{n-1}+\cdots+\boldsymbol{N}_1\boldsymbol{A}+\boldsymbol{N}_0\boldsymbol{I}$，显然 $\boldsymbol{N}_{\mathrm{r}}$ 是数值矩阵；

$\boldsymbol{Q}_{\mathrm{r}}(s)=\boldsymbol{N}_n s^{n-1}+(\boldsymbol{N}_n\boldsymbol{A}+\boldsymbol{N}_{n-1})s^{n-2}+\cdots+(\boldsymbol{N}_n\boldsymbol{A}^{n-2}+\boldsymbol{N}_{n-1}\boldsymbol{A}^{n-3}+\cdots+\boldsymbol{N}_2)s+(\boldsymbol{N}_n\boldsymbol{A}^{n-1}+\boldsymbol{N}_{n-1}\boldsymbol{A}^{n-2}+\cdots+\boldsymbol{N}_2\boldsymbol{A}+\boldsymbol{N}_1)$

同样，如果 $\boldsymbol{G}(s)=(s\boldsymbol{I}-\boldsymbol{A})^{-1}\boldsymbol{N}(s)$，可以通过下列方法，确定严格真的 LMFD。$\boldsymbol{N}(s)$ 为如下的矩阵多项式：

$$\boldsymbol{N}(s)=\boldsymbol{N}_n s^n+\boldsymbol{N}_{n-1}s^{n-1}+\cdots+\boldsymbol{N}_1 s+\boldsymbol{N}_0$$

式中，$\boldsymbol{N}_0,\boldsymbol{N}_1,\cdots,\boldsymbol{N}_{n-1},\boldsymbol{N}_n$ 均为常系数矩阵；$n=\max\limits_j(\delta_{rj}\boldsymbol{N}(s))$。则一个严格真的 MFD 可以表示为

$$\boldsymbol{G}(s)=\boldsymbol{Q}_{\mathrm{l}}(s)+(s\boldsymbol{I}-\boldsymbol{A})^{-1}\boldsymbol{N}_{\mathrm{l}} \tag{1-89}$$

式中，$\boldsymbol{N}_{\mathrm{l}}=\boldsymbol{N}_n\boldsymbol{A}^n+\boldsymbol{N}_{n-1}\boldsymbol{A}^{n-1}+\cdots+\boldsymbol{N}_1\boldsymbol{A}+\boldsymbol{N}_0\boldsymbol{I}$，显然 $\boldsymbol{N}_{\mathrm{l}}$ 是数值矩阵；

$\boldsymbol{Q}_{\mathrm{l}}(s)=\boldsymbol{N}_n s^{n-1}+(\boldsymbol{N}_n\boldsymbol{A}+\boldsymbol{N}_{n-1})s^{n-2}+\cdots+(\boldsymbol{N}_n\boldsymbol{A}^{n-2}+\boldsymbol{N}_{n-1}\boldsymbol{A}^{n-3}+\cdots+\boldsymbol{N}_2)s+(\boldsymbol{N}_n\boldsymbol{A}^{n-1}+\boldsymbol{N}_{n-1}\boldsymbol{A}^{n-2}+\cdots+\boldsymbol{N}_2\boldsymbol{A}+\boldsymbol{N}_1)$

上述两个结论很容易得到证实。矩阵 $\boldsymbol{A}$ 对应于后面章节重点研究的系统状态空间表达式中的系统矩阵。

1.7.4 矩阵分式描述的不可简约性

不可简约的矩阵分式描述（Irreducible MFD）实际上是系统矩阵分式描述中结构上最简单的一种。

1. 不可简约性 MFD 定义

考虑 $q\times p$ 的有理函数矩阵 $\boldsymbol{G}(s)$，如果对于 $\boldsymbol{G}(s)$ 的一个 RMFD$\boldsymbol{N}(s)\boldsymbol{D}^{-1}(s)$，其“分子”矩阵 $\boldsymbol{N}(s)$ 和“分母”矩阵 $\boldsymbol{D}(s)$ 是右互质的，则称该 MFD 是右不可简约的。如果对于 $\boldsymbol{G}(s)$ 的一个 LMFD$\boldsymbol{D}^{-1}(s)\boldsymbol{N}(s)$，其“分子”矩阵 $\boldsymbol{N}(s)$ 和“分母”矩阵 $\boldsymbol{D}(s)$ 是左互质的，则称该 MFD 是左不可简约的。

思考 分析具体问题时，如何判定 MFD 的不可简约性？

2. 不可简约性 MFD 的基本特性

1）不可简约 MFD 的不唯一性与广义唯一性

对于一个有理函数矩阵 $\boldsymbol{G}(s)$，它有无穷多个右不可简约的 MFD。设 $\boldsymbol{G}(s)=\boldsymbol{N}_1(s)\boldsymbol{D}_1^{-1}(s)=\boldsymbol{N}_2(s)\boldsymbol{D}_2^{-1}(s)$ 为 $q\times p$ 传递函数 $\boldsymbol{G}(s)$ 矩阵的两个 RMFD，则必存在 $p\times p$ 的单模矩阵 $\boldsymbol{U}(s)$ 使 $\boldsymbol{D}_1(s)=\boldsymbol{D}_2(s)\boldsymbol{U}(s)$，$\boldsymbol{N}_1(s)=\boldsymbol{N}_2(s)\boldsymbol{U}(s)$ 成立。实际上，给定一个右不可简约 MFD，引入任一单模矩阵 $\boldsymbol{U}(s)$，可以构造新的右不可简约 MFD，依此可得到所有右不可简约 MFD。这就是右不可简约 MFD 的广义唯一性。

对于一个有理函数矩阵 $\boldsymbol{G}(s)$，它有无穷多个左不可简约的 MFD。设 $\boldsymbol{G}(s)=\boldsymbol{D}_1^{-1}(s)\boldsymbol{N}_1(s)=\boldsymbol{D}_2^{-1}(s)\boldsymbol{N}_2(s)$ 为 $q\times p$ 传递函数 $\boldsymbol{G}(s)$ 矩阵的两个 LMFD，则必存在 $q\times q$ 的单模矩阵 $\boldsymbol{V}(s)$ 使 $\boldsymbol{D}_1(s)=\boldsymbol{V}(s)\boldsymbol{D}_2(s)$，$\boldsymbol{N}_1(s)=\boldsymbol{V}(s)\boldsymbol{N}_2(s)$ 成立。实际上，给定一个左不可简约 MFD，引入任一单模矩阵 $\boldsymbol{V}(s)$，可以构造新的左不可简约 MFD，依此可得到所有左不可简约 MFD。这就是左不可简约 MFD 的广义唯一性。

思考 不可简约 MFD 的不唯一性与广义唯一性说明了什么？

2）不可简约 MFD 与可简约 MFD 间的关系

对 $q\times p$ 传递函数 $\boldsymbol{G}(s)$ 矩阵的任一右不可简约 MFD $\boldsymbol{N}(s)D^{-1}(s)$ 和任一右可简约 MFD $\tilde{\boldsymbol{N}}(s)\tilde{\boldsymbol{D}}^{-1}(s)$，必存在 $p\times p$ 非奇异多项式矩阵 $\boldsymbol{T}(s)$，使 $\tilde{\boldsymbol{N}}(s)=\boldsymbol{N}(s)\boldsymbol{T}(s)$，$\tilde{\boldsymbol{D}}(s)=\boldsymbol{D}(s)\boldsymbol{T}(s)$ 成立。

对 $q\times p$ 传递函数 $\boldsymbol{G}(s)$ 矩阵的任一左不可简约 MFD $\boldsymbol{D}^{-1}(s)\boldsymbol{N}(s)$ 和任一左可简约 MFD $\tilde{\boldsymbol{D}}^{-1}(s)\tilde{\boldsymbol{N}}(s)$，必存在 $p\times p$ 非奇异多项式矩阵 $\boldsymbol{T}(s)$，使 $\tilde{\boldsymbol{N}}(s)=\boldsymbol{T}(s)\boldsymbol{N}(s)$，$\tilde{\boldsymbol{D}}(s)=\boldsymbol{T}(s)\boldsymbol{D}(s)$ 成立。

思考 不可简约 MFD 与可简约 MFD 间的关系说明了什么？

3）不可简约 MFD 的同一性

对 $q\times p$ 传递函数矩阵 $\boldsymbol{G}(s)$ 的所有右不可简约 MFD $\boldsymbol{N}_i(s)\boldsymbol{D}_i^{-1}(s)$，$i=1,2,\cdots$，必成立：①$\boldsymbol{N}_i(s)$ 具有相同的 Smith 规范型；②$\boldsymbol{D}_i(s)$ 具有相同不变多项式。

对 $q\times p$ 传递函数矩阵 $\boldsymbol{G}(s)$ 的所有左不可简约 MFD $\boldsymbol{D}_i^{-1}(s)\boldsymbol{N}_i(s)$，$i=1,2,\cdots$，必成立：①$\boldsymbol{N}_i(s)$ 具有相同的 Smith 规范型；②$D_i(s)$ 具有相同不变多项式。

4）不可简约的 MFD 是次数最小的

对 $q\times p$ 传递函数矩阵 $\boldsymbol{G}(s)$ 的一个右不可简约 MFD $\boldsymbol{N}_{\mathrm{R}}(s)\boldsymbol{D}_{\mathrm{R}}^{-1}(s)$ 和一个左不可简约 MFD $\boldsymbol{D}_{\mathrm{L}}^{-1}(s)\boldsymbol{N}_{\mathrm{L}}(s)$，则 $\boldsymbol{D}_{\mathrm{L}}^{-1}(s)\boldsymbol{N}_{\mathrm{L}}(s)$ 为最小阶当且仅当其为左不可简约 MFD，$\boldsymbol{N}_{\mathrm{R}}(s)\boldsymbol{D}_{\mathrm{R}}^{-1}(s)$ 为最小阶当且仅当其为右不可简约 MFD。这个结论反映了不可简约 MFD 在结构上的最简性。

3. 确定不可简约矩阵分式描述算法

1) 基于最大公因子的方法

基于不可简约 MFD 与可简约 MFD 间的关系，便可总结该方法的特点：先确定一个右(左)MFD $\boldsymbol{G}(s)=\boldsymbol{N}_{\mathrm{R}}(s)\boldsymbol{D}_{\mathrm{R}}^{-1}(s)=\boldsymbol{D}_{\mathrm{L}}^{-1}(s)\boldsymbol{N}_{\mathrm{L}}(s)$，然后求得“分子”矩阵和“分母”矩阵的最大右(左)公因子，即

$$\boldsymbol{D}_{\mathrm{R}}(s)=\bar{\boldsymbol{D}}_{\mathrm{R}}(s)\boldsymbol{R}(s),\boldsymbol{N}_{\mathrm{R}}(s)=\bar{\boldsymbol{N}}_{\mathrm{R}}(s)\boldsymbol{R}(s);\boldsymbol{D}_{\mathrm{L}}(s)=\boldsymbol{L}(s)\bar{\boldsymbol{D}}_{\mathrm{L}}(s),\boldsymbol{N}_{\mathrm{L}}(s)=\boldsymbol{L}(s)\bar{\boldsymbol{N}}_{\mathrm{L}}(s)$$

最后将此公因子的逆矩阵右(左)乘“分子”矩阵和“分母”矩阵，即得到不可简约的 MFD 的新“分子”矩阵和“分母”矩阵，即

$$\boldsymbol{G}(s)=\bar{\boldsymbol{N}}_{\mathrm{R}}(s)\bar{\boldsymbol{D}}_{\mathrm{R}}^{-1}(s)=\bar{\boldsymbol{D}}_{\mathrm{L}}^{-1}(s)\bar{\boldsymbol{N}}_{\mathrm{L}}(s)$$

例 1-35 确定不可简约 MFD。

给定 2×2 可简约 RMFD$\tilde{\boldsymbol{N}}(s)\tilde{\boldsymbol{D}}^{-1}(s)$，确定一个右不可简约 MFD$\boldsymbol{N}(s)\boldsymbol{D}^{-1}(s)$。

$$\tilde{\boldsymbol{N}}(s)=\begin{bmatrix} s & s(s+1)^2 \\ -s(s+1)^2 & -s(s+1)^2 \end{bmatrix},\tilde{\boldsymbol{D}}(s)=\begin{bmatrix} (s+1)^2(s+2)^2 & 0 \\ 0 & (s+1)^2(s+2)^2 \end{bmatrix}$$

解 首先，根据最大右公因子的构造关系式，定出 $\tilde{\boldsymbol{D}}(s)$ 和 $\tilde{\boldsymbol{N}}(s)$ 的一个最大右公因子 $\boldsymbol{R}(s)$ 及其逆为

$$\boldsymbol{R}(s)=\begin{pmatrix} 1 & (s+1)^2 \\ -(s+2) & 0 \end{pmatrix},\boldsymbol{R}^{-1}(s)=\begin{bmatrix} 0 & -\dfrac{1}{(s+2)} \\ \dfrac{1}{(s+1)^2} & \dfrac{1}{(s+1)^2(s+2)} \end{bmatrix}$$

于是，所求一个右不可简约 MFD 为 $\boldsymbol{N}(s)\boldsymbol{D}^{-1}(s)$，其中

$$\boldsymbol{N}(s)=\tilde{\boldsymbol{N}}(s)\boldsymbol{R}^{-1}(s)=\begin{bmatrix} s & s(s+1)^2 \\ -s(s+1)^2 & -s(s+1)^2 \end{bmatrix}\begin{bmatrix} 0 & -\dfrac{1}{(s+2)} \\ \dfrac{1}{(s+1)^2} & \dfrac{1}{(s+1)^2(s+2)} \end{bmatrix}=\begin{pmatrix} s & 0 \\ -s & s^2 \end{pmatrix}$$

$$\boldsymbol{D}(s)=\tilde{\boldsymbol{D}}(s)\boldsymbol{R}^{-1}(s)=\begin{bmatrix} (s+1)^2(s+2)^2 & 0 \\ 0 & (s+1)^2(s+2)^2 \end{bmatrix}\begin{bmatrix} 0 & -\dfrac{1}{(s+2)} \\ \dfrac{1}{(s+1)^2} & \dfrac{1}{(s+1)^2(s+2)} \end{bmatrix}$$

$$=\begin{bmatrix} 0 & -(s+1)^2(s+2) \\ (s+2)^2 & (s+2) \end{bmatrix}$$

2) 由右可简约 MFD 确定左不可简约 MFD

设 $\boldsymbol{G}(s)=\boldsymbol{N}_{\mathrm{R}}(s)\boldsymbol{D}_{\mathrm{R}}^{-1}(s)=\boldsymbol{D}_{\mathrm{L}}^{-1}(s)\boldsymbol{N}_{\mathrm{L}}(s)$，前一个是可简约的 RMFD，后一个是某一个 LMFD，于是有

$$\boldsymbol{D}_{\mathrm{L}}(s)\boldsymbol{N}_{\mathrm{R}}(s)=\boldsymbol{N}_{\mathrm{L}}(s)\boldsymbol{D}_{\mathrm{R}}(s)\Rightarrow(-\boldsymbol{N}_{\mathrm{L}}(s)\quad \boldsymbol{D}_{\mathrm{L}}(s))\begin{bmatrix} \boldsymbol{D}_{\mathrm{R}}(s) \\ \boldsymbol{N}_{\mathrm{R}}(s) \end{bmatrix}=0$$

在$\{\boldsymbol{D}_{\mathrm{R}}(s),\boldsymbol{N}_{\mathrm{R}}(s)\}$已知的情况下，可以求出该多项式矩阵方程解对$\{\boldsymbol{N}_{\mathrm{L}}(s),\boldsymbol{D}_{\mathrm{L}}(s)\}$。若$\{\boldsymbol{N}_{\mathrm{L}}(s),\boldsymbol{D}_{\mathrm{L}}(s)\}$是互质的，令$\bar{\boldsymbol{N}}_{\mathrm{L}}(s)=\boldsymbol{N}_{\mathrm{L}}(s),\bar{\boldsymbol{D}}_{\mathrm{L}}(s)=\boldsymbol{D}_{\mathrm{L}}(s)$，便是左不可简约 MFD 对；若非互质再按左不可简约 MFD 与左可简约 MFD 关系进行处理，便可求得一个左不可简约 MFD。

例 1-36 计算左不可简约 MFD。

给定右可简约 MFD $N_R(s)D_R^{-1}(s)$，求一个左不可简约 MFD。

$$N_R(s)=\begin{pmatrix} s & 0 & s(s+1) \\ 0 & s+1 & s+2 \end{pmatrix},\ D_R^{-1}(s)=\begin{bmatrix} s+2 & 0 & 0 \\ 0 & s^2 & 0 \\ 0 & 0 & s(s+2) \end{bmatrix}$$

解 设一个 LMFD 为

$$N_L(s)=\begin{bmatrix} b_{11}(s) & b_{12}(s) & b_{13}(s) \\ b_{21}(s) & b_{22}(s) & b_{23}(s) \end{bmatrix},\ D_L(s)=\begin{bmatrix} a_{11}(s) & a_{12}(s) \\ a_{21}(s) & a_{22}(s) \end{bmatrix}$$

组成矩阵方程：$(-N_L(s)\quad D_L(s))\begin{bmatrix} D_R(s) \\ N_R(s) \end{bmatrix}=0$，并求解该矩阵方程，得到一组解

$$N_L(s)=\begin{pmatrix} s & s+1 & 2s+1 \\ s(s+2) & s+1 & s^2+4s+2 \end{pmatrix},\ D_L(s)=\begin{bmatrix} s+2 & s^2 \\ (s+2)^2 & s^2 \end{bmatrix}$$

易知，上述解并非左互质，据最大左公因子构造关系式可得到最大左公因子和其逆矩阵为

$$R_L(s)=\begin{pmatrix} 1 & 1 \\ s+2 & 1 \end{pmatrix},\ R_L^{-1}(s)=\begin{pmatrix} -1/(s+1) & 1/(s+1) \\ (s+2)/(s+1) & -1/(s+1) \end{pmatrix}$$

于是，得到一个左不可简约 MFD 为 $\bar{D}_L^{-1}(s)\bar{N}_L(s)$：

$$\bar{D}_L(s)=R_L^{-1}(s)D_L(s)=\begin{pmatrix} s+2 & 0 \\ 0 & s^2 \end{pmatrix},\ \bar{N}_L(s)=R_L^{-1}(s)N_L(s)=\begin{pmatrix} s & 0 & s+1 \\ 0 & s+1 & s \end{pmatrix}$$

思考 能给出"由左可简约 MFD 确定右不可简约 MFD 的算法"吗?

3) 左既约矩阵 $(sI-A)^{-1}B$ 的右既约分解

设 $A\in \mathbf{R}^{n\times n}$，$B\in \mathbf{R}^{n\times r}$ 为两个数字矩阵，则 $W(s)=(sI-A)^{-1}B$ 为一个 $n\times r$ 的有理分式矩阵。据左互质的秩判据知，在条件 $\operatorname{rank}[sI-A\quad B]\equiv n$，$\forall s\in \mathbf{C}$ 下，$(sI-A)^{-1}B$ 即 $W(s)$ 的一个左互质分解。下面求取 $W(s)$ 的右既约分解 $N(s)D^{-1}(s)$。

作为一个特殊的有理分式矩阵，$W(s)$ 的右既约分解可利用一般有理式矩阵右既约分解的算法求解。下面根据 $W(s)$ 的特点介绍一种右既约分解简单算法。

在 1.3.5 节给出了一个基于 Smith 标准型的推论，由此，由于 $\operatorname{rank}[sI-A\quad B]\equiv n$，$\forall s\in \mathbf{C}$，所以存在适当的单模阵 $P(s)$，$Q(s)$ 满足

$$P(s)(sI-A\quad B)Q(s)=(0\quad I) \tag{1-90}$$

将单模阵 $Q(s)$ 分块，$Q(s)=\begin{bmatrix} Q_{11}(s) & Q_{12}(s) \\ Q_{21}(s) & Q_{22}(s) \end{bmatrix}$，其中，$Q_{11}(s)\in \mathbf{R}^{n\times r}[s]$，$Q_{21}(s)\in \mathbf{R}^{r\times r}[s]$。

由于 $Q(s)$ 为单模阵，故必有 $\operatorname{rank}\begin{bmatrix} Q_{11}(s) \\ Q_{21}(s) \end{bmatrix}=r$，$\forall s\in \mathbf{C}$。取 $\bar{N}(s)=Q_{11}(s)$ 和 $\bar{D}(s)=Q_{21}(s)$，据右互质秩判据知，$\bar{N}(s)$，$\bar{D}(s)$ 是右互质的，且 $\bar{D}(s)$ 是满秩的。于是有

$$P(s)[sI-A\quad B]\begin{bmatrix} \bar{N}(s) \\ \bar{D}(s) \end{bmatrix}=\mathbf{0} \tag{1-91}$$

即

$$(sI-A)\bar{N}(s)+B\bar{D}(s)=\mathbf{0} \tag{1-92}$$

于是式(1-92)两端同时左乘 $(sI-A)^{-1}$、右乘 $\bar{D}^{-1}(s)$，便得

$$W(s)=(sI-A)^{-1}B=-\bar{N}(s)\bar{D}^{-1}(s) \tag{1-93}$$

令 $N(s)=-\bar{N}(s)$，$D(s)=\bar{D}(s)$便得右既约分解。

1.7.5 有理函数矩阵的 Smith-McMillan 规范型

1. 定义与构造

称秩为 r 的 $q\times p$ 有理函数矩阵 $G(s)$ 的 Smith-McMillan 规范型 $M(s)$ 具有如下形式：

$$M(s)=\begin{bmatrix} \frac{\varepsilon_1(s)}{\psi_1(s)} & \cdots & 0 & \cdots & 0 \\ \vdots & & \vdots & & \vdots \\ 0 & \cdots & \frac{\varepsilon_r(s)}{\psi_r(s)} & \cdots & 0 \\ \vdots & & \vdots & & \vdots \\ 0 & \cdots & 0 & \cdots & 0 \end{bmatrix}$$

式中，$\varepsilon_i(s)$、$\psi_i(s)$是互质的，$i=1,\cdots,r$；$\psi_{i+1}(s)\mid\psi_i(s)$，$\varepsilon_i(s)\mid\varepsilon_{i+1}(s)$，$i=1,\cdots,r-1$。

设多项式 $d(s)$ 为 $G(s)$ 所有元的最小公分母，则有理函数矩阵 $G(s)$ 可表示为

$$G(s)=d^{-1}(s)N(s) \tag{1-94}$$

式中，$N(s)$为多项式矩阵。于是有

$$N(s)=d(s)G(s) \tag{1-95}$$

所以存在 $q\times q$ 和 $p\times p$ 的单模矩阵 $U(s)$ 和 $V(s)$ 使

$$U(s)d(s)G(s)V(s)=U(s)N(s)V(s)=\begin{pmatrix} \lambda_1(s) & & & 0 \\ & \ddots & & \vdots \\ & & \lambda_r(s) & 0 \\ 0 & \cdots & 0 & 0 \end{pmatrix} \tag{1-96}$$

所以有

$$M(s)=U(s)G(s)V(s)=\begin{pmatrix} \frac{\lambda_1(s)}{d(s)} & & & 0 \\ & \ddots & & \vdots \\ & & \frac{\lambda_r(s)}{d(s)} & 0 \\ 0 & \cdots & 0 & 0 \end{pmatrix} \tag{1-97}$$

将式(1-97)非零元素(有理分式)的分子和分母的公因子相消后得到

$$\frac{\lambda_i(s)}{d(s)}=\frac{\varepsilon_i(s)}{\psi_i(s)},i=1,2,\cdots,r \tag{1-98}$$

易知$\{\varepsilon_i(s),\psi_i(s)\}$互质。再计及整除性 $\lambda_i(s)/\lambda_{i+1}(s)$，可得

$$d(s)\frac{\varepsilon_i(s)}{\psi_i(s)}\Bigg/d(s)\frac{\varepsilon_{i+1}(s)}{\psi_{i+1}(s)} \tag{1-99}$$

即$\dfrac{\frac{\varepsilon_{i+1}(s)}{\psi_{i+1}(s)}}{\frac{\varepsilon_i(s)}{\psi_i(s)}}=\dfrac{\varepsilon_{i+1}(s)}{\varepsilon_i(s)}\cdot\dfrac{\psi_i(s)}{\psi_{i+1}(s)}=$多项式。所以有 $\varepsilon_i(s)/\varepsilon_{i+1}(s)$，同时 $\psi_{i+1}(s)/\psi_i(s)$，满足 Smith-

McMillan 规范型定义。这意味着对于秩为 r 的 $q\times p$ 有理函数矩阵 $\boldsymbol{G}(s)$，必存在适合的单模矩阵 $\boldsymbol{U}(s)$ 和 $\boldsymbol{V}(s)$ 构造其 Smith-McMillan 规范型 $\boldsymbol{M}(s)=\boldsymbol{U}(s)\boldsymbol{G}(s)\boldsymbol{V}(s)$。

2. Smith-McMillan 规范型的基本特性

(1) Smith-McMillan 规范型是唯一的，但单模变换矩阵 $\boldsymbol{U}(s)$ 和 $\boldsymbol{V}(s)$ 对不唯一。

思考 如何说明此性质的正确性?（提示：根据 Smith 规范型的唯一性与单模变换的不唯一性说明）

(2) 如果原来的有理函数矩阵 $\boldsymbol{G}(s)$ 是严真（真）的，经过初等（单模）变换后，其 Smith-McMillan 规范型不一定是严真（真）的。

例 1-37 求 Smith-McMillan 规范型。

设系统的有理函数矩阵为 $\boldsymbol{G}(s)=\begin{bmatrix}\dfrac{s}{(s+1)^2(s+2)^2} & \dfrac{s}{(s+2)^2}\\ -\dfrac{s}{(s+2)^2} & -\dfrac{s}{(s+2)^2}\end{bmatrix}$，求其 Smith-McMillan 规范型。

解 $\boldsymbol{G}(s)$ 各元的最小公分母为 $d(s)=(s+1)^2(s+2)^2$，所以 $\boldsymbol{N}(s)=\begin{bmatrix}s & s(s+1)^2\\ -s(s+1)^2 & -s(s+1)^2\end{bmatrix}$。

$\boldsymbol{N}(s)$ 的各阶行列式因子为 $D_1(s)=s$，$D_2(s)=s^3(s+1)^2(s+2)$，所以 $d_1(s)=s$，$d_2(s)=s^2(s+1)^2(s+2)$。即有

$\boldsymbol{\Lambda}(s)=\begin{pmatrix}s & 0\\ 0 & s^2(s+1)^2(s+2)\end{pmatrix}$。所以 $\boldsymbol{G}(s)$ 的 Smith-McMillan 规范型为

$$\frac{1}{d(s)}\boldsymbol{\Lambda}(s)=\frac{1}{(s+1)^2(s+2)^2}\begin{pmatrix}s & 0\\ 0 & s^2(s+1)^2(s+2)\end{pmatrix}=\begin{bmatrix}\dfrac{s}{(s+1)^2(s+2)^2} & 0\\ 0 & \dfrac{s^2}{(s+2)}\end{bmatrix}$$

很显然 Smith-McMillan 规范型非真。

(3) 对于非奇异（方）的 $q\times q$ 有理函数矩阵 $\boldsymbol{G}(s)$，其行列式为 $\det\boldsymbol{G}(s)=\prod\limits_{i=1}^{q}\dfrac{\varepsilon_i(s)}{\psi_i(s)}$。

思考 如何说明该性质的正确性?

(4) $\boldsymbol{M}(s)$ 的矩阵分式描述。

如果令

$$\boldsymbol{E}_{\mathrm{R}}(s)=\begin{bmatrix}\varepsilon_1(s) & & \\ & \ddots & \\ & & \varepsilon_r(s) & \\ & & & \boldsymbol{0}_{(q-r)(p-r)}\end{bmatrix},\ \boldsymbol{\psi}_{\mathrm{R}}(s)=\begin{bmatrix}\psi_1(s) & & \\ & \ddots & \\ & & \psi_r(s) & \\ & & & \boldsymbol{I}_{(p-r)}\end{bmatrix}$$

则 $\boldsymbol{M}(s)$ 的 RMFD 表示为 $\boldsymbol{M}(s)=\boldsymbol{E}_{\mathrm{R}}(s)\boldsymbol{\psi}_{\mathrm{R}}^{-1}(s)$。

如果令

$$
\boldsymbol{E}_{\mathrm{L}}(s)=\begin{bmatrix}\varepsilon_1(s) & & \\ & \varepsilon_r(s) & \\ & & \boldsymbol{0}_{(q-r)(p-r)}\end{bmatrix},\boldsymbol{\psi}_{\mathrm{L}}(s)=\begin{bmatrix}\psi_1(s) & & \\ & \psi_r(s) & \\ & & \boldsymbol{I}_{(q-r)}\end{bmatrix}
$$

则 $\boldsymbol{M}(s)$的 LMFD 表示为 $\boldsymbol{M}(s)=\boldsymbol{\psi}_{\mathrm{L}}^{-1}(s)\boldsymbol{E}_{\mathrm{L}}(s)$。

由$\{\varepsilon_i(s),\psi_i(s)\}$的互质性,不难证明 $\boldsymbol{M}(s)=\boldsymbol{E}_{\mathrm{R}}(s)\boldsymbol{\psi}_{\mathrm{R}}^{-1}(s)$和 $\boldsymbol{M}(s)=\psi_{\mathrm{L}}^{-1}(s)\boldsymbol{E}_{\mathrm{L}}(s)$都是不可简约的 MFD。

进一步,延用上面引入的单模矩阵 $\boldsymbol{U}(s)$和 $\boldsymbol{V}(s)$,取

$$
\boldsymbol{N}_{\mathrm{R}}(s)=\boldsymbol{U}^{-1}(s)\boldsymbol{E}_{\mathrm{R}}(s),\boldsymbol{D}_{\mathrm{R}}(s)=\boldsymbol{V}(s)\boldsymbol{\psi}_{\mathrm{R}}(s)
$$

$$
\boldsymbol{N}_{\mathrm{L}}(s)=\boldsymbol{E}_{\mathrm{L}}(s)\boldsymbol{V}^{-1}(s),\boldsymbol{D}_{\mathrm{L}}(s)=\boldsymbol{\psi}_{\mathrm{L}}(s)U(s)
$$

则 $\boldsymbol{G}(s)=\boldsymbol{N}_{\mathrm{R}}(s)\boldsymbol{D}_{\mathrm{R}}^{-1}(s)=\boldsymbol{D}_{\mathrm{L}}^{-1}(s)\boldsymbol{N}_{\mathrm{L}}(s)$分别为 $\boldsymbol{G}(s)$的不可简约 RMFD 和不可简约 LMFD。

思考 对上述结论,能说明其正确性吗?

有理函数矩阵的 Smith-McMillan 规范型是有理分式矩阵的一种重要的规范型,利用它可以定义和分析多变量系统的零点和极点,这点将在以后章节中阐述。

1.8 矩阵指数函数与计算

1.8.1 定义与性质

矩阵指数函数 $\mathrm{e}^{\boldsymbol{A}t}$定义为

$$
\mathrm{e}^{\boldsymbol{A}t}=\boldsymbol{I}+\boldsymbol{A}t+\frac{1}{2}\boldsymbol{A}^2t^2+\cdots+\frac{1}{k!}\boldsymbol{A}^kt^k+\cdots \tag{1-100}
$$

它有如下性质:

(1) 设 t 和 τ 是独立的自变量,则有 $\mathrm{e}^{\boldsymbol{A}t}\mathrm{e}^{\boldsymbol{A}\tau}=\mathrm{e}^{\boldsymbol{A}(t+\tau)}$。

(2) $\mathrm{e}^{\boldsymbol{A}t}$的非奇异性,$(\mathrm{e}^{\boldsymbol{A}t})^{-1}=\mathrm{e}^{-\boldsymbol{A}t}$。

(3) $\dfrac{\mathrm{d}\mathrm{e}^{\boldsymbol{A}t}}{\mathrm{d}t}=\boldsymbol{A}\mathrm{e}^{\boldsymbol{A}t}=\mathrm{e}^{\boldsymbol{A}t}\boldsymbol{A}$。

(4) 对于 $n\times n$ 阶方阵 $\boldsymbol{A}$ 和 $\boldsymbol{B}$,若 $\boldsymbol{A}$ 和 $\boldsymbol{B}$ 是可交换的,则 $\mathrm{e}^{(\boldsymbol{A}+\boldsymbol{B})t}=\mathrm{e}^{\boldsymbol{A}t}\mathrm{e}^{\boldsymbol{B}t}$。

(5) $(\mathrm{e}^{\boldsymbol{A}t})^m=\mathrm{e}^{\boldsymbol{A}mt}$。

(6) 若 $\boldsymbol{A}$ 非奇异,则有 $\boldsymbol{A}^{-1}\mathrm{e}^{\boldsymbol{A}t}=\mathrm{e}^{\boldsymbol{A}t}\boldsymbol{A}^{-1}$。

1.8.2 计算

1. 根据 $\mathrm{e}^{\boldsymbol{A}t}$的定义直接计算

例 1-38 计算 $\mathrm{e}^{\boldsymbol{A}t}$。

已知 $\boldsymbol{A}=\begin{bmatrix}0 & 1\\ -2 & -3\end{bmatrix}$,求 $\mathrm{e}^{\boldsymbol{A}t}$。

解

$$
\begin{aligned}
\mathrm{e}^{\boldsymbol{A}t}&=\begin{bmatrix}1 & 0\\ 0 & 1\end{bmatrix}+\begin{bmatrix}0 & 1\\ -2 & -3\end{bmatrix}t+\begin{bmatrix}0 & 1\\ -2 & -3\end{bmatrix}^2\frac{t^2}{2!}+\begin{bmatrix}0 & 1\\ -2 & -3\end{bmatrix}^3\frac{t^3}{3!}+\cdots\\
&=\begin{bmatrix}1-t^2+t^3+\cdots & t-\frac{3}{2}t^2-\frac{7}{6}t^3+\cdots\\ -2t+3t^2-\frac{7}{3}t^3+\cdots & 1-3t+\frac{7}{2}t^2-\frac{5}{2}t^3+\cdots\end{bmatrix}
\end{aligned}
$$

此方法具有步骤简便和编程容易的优点，适合于计算机计算。但是采用此法计算难以获得解析形式的结果。

2. 利用拉氏反变换法计算 e^{At}

考虑到对标量 a，在 $|a/s|<1$ 时有幂级数表达式：

$$\frac{1}{s}+\frac{a}{s^2}+\frac{a^2}{s^3}+\cdots=\frac{1/s}{1-a/s}=(s-a)^{-1}$$

对应地，对矩阵 $\boldsymbol{A}$，可有

$$\frac{\boldsymbol{I}}{s}+\frac{\boldsymbol{A}}{s^2}+\frac{\boldsymbol{A}^2}{s^3}+\cdots=(s\boldsymbol{I}-\boldsymbol{A})^{-1} \tag{1-101}$$

对式(1-101)两端进行拉氏反变换，并利用幂函数的拉氏反变换式，得

$$L^{-1}[(s\boldsymbol{I}-\boldsymbol{A})^{-1}]=\boldsymbol{I}+\boldsymbol{A}t+\frac{1}{2}\boldsymbol{A}^2t^2+\cdots=e^{\boldsymbol{A}t} \tag{1-102}$$

例 1-39 计算 e^{At}。

已知 $\boldsymbol{A}=\begin{bmatrix}0 & 1\\ -2 & -3\end{bmatrix}$，求 e^{At}。

解

$$s\boldsymbol{I}-\boldsymbol{A}=\begin{bmatrix}s & -1\\ 2 & s+3\end{bmatrix}$$

$$(s\boldsymbol{I}-\boldsymbol{A})^{-1}=\frac{1}{|s\boldsymbol{I}-\boldsymbol{A}|}\mathrm{adj}(s\boldsymbol{I}-\boldsymbol{A})=\frac{1}{(s+1)(s+2)}\begin{bmatrix}s+3 & 1\\ -2 & s\end{bmatrix}=\begin{bmatrix}\frac{2}{s+1}-\frac{1}{s+2} & \frac{1}{s+1}-\frac{1}{s+2}\\ \frac{-2}{s+1}+\frac{2}{s+2} & \frac{-1}{s+1}+\frac{2}{s+2}\end{bmatrix}$$

所以 $e^{At}=L^{-1}[(s\boldsymbol{I}-\boldsymbol{A})^{-1}]=\begin{bmatrix}2e^{-t}-e^{-2t} & e^{-t}-e^{-2t}\\ -2e^{-t}+e^{-2t} & -e^{-t}+2e^{-2t}\end{bmatrix}$。

3. 利用对角形或 Jordan 形变换法计算 e^{At}

利用定义易证：

(1) 若 $\boldsymbol{A}$ 为对角阵 $\boldsymbol{A}=\mathrm{diag}(\lambda_1,\lambda_2,\cdots,\lambda_n)$，则 $e^{At}=\mathrm{diag}[e^{\lambda_1 t},e^{\lambda_2 t},\cdots,e^{\lambda_n t}]$；

(2) 若 $\boldsymbol{A}$ 为 $m\times m$ 的 Jordan 阵，$\boldsymbol{A}=\begin{pmatrix}\lambda & 1 & & \\ & \lambda & \ddots & \\ & & \ddots & 1\\ & & & \lambda\end{pmatrix}$，则 $e^{At}=e^{\lambda t}\begin{bmatrix}1 & t & \frac{t^2}{2!} & \cdots & \frac{t^{m-1}}{(m-1)!}\\ 0 & 1 & t & \cdots & \frac{t^{m-2}}{(m-2)!}\\ \vdots & \vdots & \vdots & & \vdots\\ 0 & 0 & 0 & 1 & t\\ 0 & 0 & 0 & 0 & 1\end{bmatrix}$；

(3) 若 $\boldsymbol{A}$ 为模态型矩阵，$\boldsymbol{A}=\begin{pmatrix}\sigma & \omega\\ -\omega & \sigma\end{pmatrix}$，则 $e^{At}=e^{\sigma t}\begin{pmatrix}\cos\omega t & \sin\omega t\\ -\sin\omega t & \cos\omega t\end{pmatrix}$。

对于非上述形式的矩阵或者包含上述两种情况的矩阵，则可以通过相似变换 $\boldsymbol{P}^{-1}\boldsymbol{A}\boldsymbol{P}=\boldsymbol{\Lambda}$ 或者 $\boldsymbol{P}^{-1}\boldsymbol{A}\boldsymbol{P}=\boldsymbol{J}$ 变换成上述两种形式或两者的复合形式，再利用下式进行计算

$$e^{At}=\boldsymbol{P}e^{\Lambda t}\boldsymbol{P}^{-1} \quad 或 \quad e^{At}=\boldsymbol{P}e^{Jt}\boldsymbol{P}^{-1} \tag{1-103}$$

思考 能给出完整的证明过程吗？

例 1-40 计算 e^{At}。

已知 $A=\begin{bmatrix}0&1&0\\0&0&1\\2&-5&4\end{bmatrix}$,用变换法求 e^{At}。

解 (1) 矩阵的特征值多项式为

$$\alpha(\lambda)=\lambda^3-4\lambda^2+5\lambda-2$$

易求特征值 $\lambda_1=1,\lambda_2=2$,它们的代数重数分别为 $\sigma_1=2,\sigma_2=1$。

(2) 将 $\lambda_1=1$ 代入 $\mathrm{rank}(\lambda_1\boldsymbol{I}-\boldsymbol{A})=2$,所以对应 $\lambda_1=1$ 的几何重数为 $\rho_1=1$。$\lambda_2=2$ 是单根,所以它的几何重数与代数重数相等 $\rho_1=1$。

由此可写出 Jordan 形为 $\boldsymbol{J}=\begin{pmatrix}1&1&\\&1&\\&&2\end{pmatrix}$。所以 $e^{Jt}=\begin{pmatrix}e^t&te^t&0\\0&e^t&0\\0&0&e^{2t}\end{pmatrix}$。

(3) 由(2)可知 $\boldsymbol{A}$ 是一个循环矩阵,按 1.6.5 节所述方法求各特征值的特征向量(链)并进行组合,得

$$\boldsymbol{P}=\begin{pmatrix}1&-1&1\\1&0&2\\1&1&4\end{pmatrix}\Rightarrow\boldsymbol{P}^{-1}=\begin{pmatrix}-2&5&-2\\-2&3&-1\\1&-2&1\end{pmatrix}$$

故 $e^{At}=\boldsymbol{P}e^{Jt}\boldsymbol{P}^{-1}=\begin{pmatrix}-2te^t+e^{2t}&3te^t+2e^t-e^{2t}&-te^t-e^t+e^{2t}\\2(e^{2t}-te^t-e^t)&3te^t+5e^t-4e^{2t}&-te^t-2e^t+2e^{2t}\\-2te^t-4e^t+4e^{2t}&3te^t+8e^t-8e^{2t}&-te^t-3e^t+4e^{2t}\end{pmatrix}$。

4. 有限项展开法

由矩阵指数的定义,并计及 Cayley-Hamilton 定理,矩阵指数可表示为

$$e^{At}=\alpha_0(t)\boldsymbol{I}+\alpha_1(t)\boldsymbol{A}+\cdots+\alpha_{n-1}(t)\boldsymbol{A}^{n-1}\tag{1-104}$$

思考 能说明获得这个表达式的过程吗?

分三种情况讨论。

(1) 当 $\boldsymbol{A}$ 的特征值互异时,由于 $\boldsymbol{A}$ 满足自身特征方程式,可知 $\boldsymbol{A}$ 与 λ 是可以互换的,所以有

$$e^{\lambda_i t}=\alpha_0(t)+\alpha_1(t)\lambda_i+\cdots+\alpha_{n-1}(t)\lambda_i^{\,n-1},i=1,2,\cdots,n\tag{1-105}$$

联立这个方程组可解出系数。

(2) 当 $\boldsymbol{A}$ 的特征值均相同(设为 λ),且其几何重数为 1 时,为了能求出各系数还需要构造 $n-1$ 个方程,对下述方程

$$e^{\lambda t}=\alpha_0(t)+\alpha_1(t)\lambda+\cdots+\alpha_{n-1}(t)\lambda^{n-1}\tag{1-106}$$

两边求 λ 的 $1,2,\cdots,n-1$ 次导。由此得到 n 个方程,可以确定各系数。

(3) 更一般的情况是 $\boldsymbol{A}$ 既含有单根,也含有重根,此时要综合上述两种情况。

例 1-41 计算 e^{At}。

已知 $A=\begin{bmatrix}0&1&0\\0&0&1\\2&-5&4\end{bmatrix}$,用有限项展开法求 e^{At}。

解 (1) 矩阵的特征值多项式为

$$\alpha(\lambda)=\lambda^3-4\lambda^2+5\lambda-2$$

易求特征值 $\lambda_1=1,\lambda_2=2$，它们的代数重数分别为 $\sigma_1=2,\sigma_2=1$。

(2) 将 $\lambda_1=1$ 代入 $\mathrm{rank}(\lambda_1 \boldsymbol{I}-\boldsymbol{A})=2$，所以对应 $\lambda_1=1$ 的几何重数为 $\rho_1=1$。$\lambda_2=2$ 是单根，所以它的几何重数与代数重数相等 $\rho_1=1$。

由此可写出 Jordan 形为 $\boldsymbol{J}=\begin{pmatrix}1 & 1 & \\ & 1 & \\ & & 2\end{pmatrix}$。

(3) 将特征值代入方程 $\alpha_0(t)+\alpha_1(t)\lambda+\alpha_2(t)\lambda^2=\mathrm{e}^{\lambda t}$，并计及第一个根是几何重数为 1 的重根，可得如下方程组

$$\begin{cases}\alpha_0+\alpha_1+\alpha_2=\mathrm{e}^t\\ \alpha_1+2\alpha_2=t\mathrm{e}^t\\ \alpha_0+2\alpha_1+4\alpha_2=\mathrm{e}^{2t}\end{cases}\Rightarrow\begin{cases}\alpha_0=\mathrm{e}^{2t}-2t\mathrm{e}^t\\ \alpha_1=3t\mathrm{e}^t+2\mathrm{e}^t-2\mathrm{e}^{2t}\\ \alpha_2=\mathrm{e}^{2t}-t\mathrm{e}^t-\mathrm{e}^t\end{cases}$$

所以，$\mathrm{e}^{\boldsymbol{A}t}=\alpha_0(t)+\alpha_1(t)\boldsymbol{A}+\alpha_2(t)\boldsymbol{A}^2$。

这种方法显然对于某特征值的几何重数不为 1 的情况不能直接用有限项展开法，而要将矩阵 **A** 化为 Jordan 形，然后将其分解成矩阵和式形式，再对各项分别求矩阵指数函数。由于分解成和式形式后**各项两两间乘法符合交换律**，故据矩阵指数的性质可知，将各项的矩阵指数函数相乘便得到最终的矩阵指数函数。

思考 解释一下上面这段中加黑的部分。

在上面所求的指数函数的结果表达式中矩阵各项出现了由 $\mathrm{e}^{\lambda t}$，$t\mathrm{e}^{\lambda t}$ 构成的多项式，实际上这些形式就是运动模态，也就是系统运动的模式，这将在第 3 章中结合具体的工程例子进一步阐述。

1.9 一阶常微分方程及其解

1.9.1 常微分方程概念及阶数的工程意义

工程问题不能直接找出所需的函数关系，只能根据机理列写含有未知函数的微分关系式，微分反映的是随时间或者空间变化的事件，反映到物理概念上表征的是能量的变化。对于无储能元件的系统没有动态变化，只是代数的。所谓储能元件如电学中的电容、电感等，力学中的质量块、弹簧等。

只含一个自变量(时间变量或空间变量)的微分方程，称为常微分方程，自变量多于一个的微分方程称为偏微分方程。一般地，对于一个集中参数的动态系统，其阶数取决于常微分方程的阶数所含有的独立储能元件的个数，n 阶常微分方程(组)的形式为

$$\boldsymbol{F}(t,y_1,\dot{y}_1,\cdots,y_1^{(n_1)},\cdots,y_m,\dot{y}_m,\cdots,y_m^{(n_m)})=0 \tag{1-107}$$

式中，$\boldsymbol{F}$ 是 $t,\boldsymbol{y},\dot{\boldsymbol{y}},\cdots,\boldsymbol{y}^{(n)}$ 的向量函数且满足一定的初始条件。如果在某个区间 $\boldsymbol{\Omega}$ 上的函数 $\varphi_1(t),\varphi_2(t),\cdots,\varphi_n(t)$ 具有 $n_1,n_2,\cdots,n_m$ 阶导数且在 $\boldsymbol{\Omega}$ 上满足式(1-107)，则称 $\varphi_1(t)$，$\varphi_2(t),\cdots,\varphi_n(t)$ 为方程(组)在 $\boldsymbol{\Omega}$ 上的解。为了适应现代计算技术，一般又把式(1-107)化成下面的形式，以方便进行数值求解：

$$\dot{\boldsymbol{x}}=\boldsymbol{f}(\boldsymbol{x},t),\boldsymbol{x}(t_0)=\boldsymbol{x}_0,t\geqslant t_0 \tag{1-108}$$

式中，$\boldsymbol{f}$ 是关于 t 的分段连续函数。

1.9.2 常微分方程的适定性

一个常微分方程是不是有特解？如果有，又有几个？这是微分方程解的存在和唯一性问题。因为如果没有解，要去求解，那是没有意义的；而如果有解又不是唯一的，那又不好确定。因此，存在和唯一性定理对于微分方程的求解是十分重要的。另外，当初值或者参数稍微变化后，其解是否不会发生很大变化，这就是连续依赖性问题。若定解问题的解是存在的、唯一的、连续依赖于初始条件和参数的，则这个定解问题称为适定的。一般而言，只有适定问题计算才有意义。这样，微分方程的研究成果才能为实际所应用。如果对上述三个问题的回答有一个是否定的，这个定解问题就称为不适定的。一般，不适定问题用来刻画实际规律的数学模型不恰当性，必须另建合适的数学模型。不适定问题也是需要研究的，这种研究有时会导致理论上的新发展。

1. *微分方程解的存在与唯一性*

考察式(1-108)表示的系统，其解设定一个连续函数 $\boldsymbol{x}:[t_0,t_1]\to\mathbf{R}^n$，使其对于所有 $t\in[t_0,t_1]$，$\dot{\boldsymbol{x}}$ 有定义，即上面系统表达式存在，则

(1) 若 $\dot{\boldsymbol{x}}=\boldsymbol{f}(\boldsymbol{x},t)$对 $\boldsymbol{x},t$ 都连续，那么解 $\boldsymbol{x}$ 一定连续可微；

(2) 若 $\dot{\boldsymbol{x}}=\boldsymbol{f}(\boldsymbol{x},t)$对 $\boldsymbol{x}$ 连续，而对 t 分段连续，那么解 $\boldsymbol{x}$ 只可能是分段连续。$\boldsymbol{f}(\boldsymbol{x},t)$对 t 分段连续包含了时变输入的情况。

在历史上，求通解曾作为微分方程的主要目标，一旦得到通解，就容易从中得到所需要的特解。另外，也可以由通解的表达式，了解对某些参数的依赖情况，便于选取适宜参数，使它对应的解具有所需要的性能。后来的发展表明，能够用初等解法求出通解的情况不多，在实际应用中所需要的多是求满足某种指定初始条件和约束条件的特解。自然提出问题：初值问题的解是否存在？如果存在是否唯一？下面先看两个例子。

例 1-42 关于解的存在性和不唯一性例子。

(1) 方程$\dfrac{dx}{dt}=2\sqrt{x}$过点(0,0)的解就是不唯一的。事实上，$x=0$ 及 $x=t^2$ 皆满足方程且过(0,0)点，更一般的函数 $x=\begin{cases}0, & 0\leqslant t\leqslant c\\(t-c)^2, & c<t\leqslant 1\end{cases}$ 过(0,0)点且为方程的解。

(2) 对标量方程：$\dot{x}=x^{1/3}$，$x(0)=0$，$t\geqslant 0$，它的解为 $x(t)=\pm(2t/3)^{3/2}$。该例子说明 $f(x,t)$对 x 是连续的，保证了至少有一个解，存在性得到保证，但这并不能保证其解是唯一的，必须对右侧连续函数施加其他条件。

下面引入关于微分方程解的局部存在性与唯一性定理。

设对所有 $t\geqslant t_0$ 和定义域 $\mathbf{D}\subset\mathbf{R}^n$ 内，$\dot{\boldsymbol{x}}=\boldsymbol{f}(\boldsymbol{x},t)$对 $\boldsymbol{x}$ 连续，而对 t 分段连续，且满足 Lipschitz 条件 $\|\boldsymbol{f}(\boldsymbol{x},t)-\boldsymbol{f}(\boldsymbol{v},t)\|\leqslant L\|\boldsymbol{x}-\boldsymbol{v}\|$，对任意 $\boldsymbol{x},\boldsymbol{v}\in B_r=\{\boldsymbol{w}\in\mathbf{R}^n \mid \|\boldsymbol{w}-\boldsymbol{w}_0\|\leqslant r\}$，$\forall t\in[t_0,t_1]$，那么存在 $\delta>0$，使状态方程 $\dot{\boldsymbol{x}}=\boldsymbol{f}(\boldsymbol{x},t)$，$\boldsymbol{x}(t_0)=\boldsymbol{x}_0$，$t\geqslant t_0$ 在$[t_0,t_0+\delta]$(δ 取决于 $\boldsymbol{x}_0$)内有唯一解 $\boldsymbol{x}=\boldsymbol{\varphi}(t)$。$L$ 是 Lipschitz 常数。

对该定理的证明可以用逐步逼近法，也可以用空间与映射理论证明，这里不再赘述。但强调以下几点。

(1) 关于 Lipschitz 条件的说明：在定义域 $\mathbf{D}$(开连通集)，若 $\mathbf{D}\subset\mathbf{R}^n$ 内的每一点都有一个邻域 $\mathbf{D}_0$，使得 $\boldsymbol{f}$ 对于 $\mathbf{D}_0$ 内各点都满足 Lipschitz 条件，则称函数 $\boldsymbol{f}$ 在 $\mathbf{D}$ 内是局部 Lipschitz

的,而称函数 $\boldsymbol{f}$ 在 $\mathbf{D}_0$ 内是 Lipschitz 的,对应每个邻域的 Lipschitz 常数是 L_0。函数的 Lipschitz 性比连续强,比连续可微性弱。

(2) 若在某一定义域 $\mathbf{D}\subset\mathbf{R}^n$,$\boldsymbol{f}$ 和其对 $\boldsymbol{x}$ 的偏导数在 $[a,b]\times\mathbf{D}$ 内是连续的,那么 $\boldsymbol{f}$ 在其上对于 $\mathbf{R}^n$ 是局部 Lipschitz 的。当且仅当偏导数在 $[a,b]\times\mathbf{R}^n$ 上一致有界时,$\boldsymbol{f}$ 在 $[a,b]\times\mathbf{D}$ 上对于 $\boldsymbol{x}$ 是全局 Lipschitz 的。

(3) 在 $\mathbf{R}^n$ 上选择哪一种范数并不影响函数的 Lipschitz 性,只影响 Lipschitz 常数的值;Lipschitz 条件并不能唯一定义其常数,一般比求出来的 Lipschitz 常数大的数都满足其条件。若消除 Lipschitz 常数的唯一性,需规定最小性。

(4) 该定理仅在 $[t_0,t_0+\delta]$ 保证了存在性和唯一性,并没对 δ 有大小限制,所以并不能保证在 $[t_0,t_1]$ $(t_1>t_0+\delta)$ 内的存在性和唯一性。然而可以通过重复应用局部定理扩展存在区间,但解的存在区间一般不能无限扩展,也就是存在一个最大区间 $[t_0,T]$,使始于 $(t_0,\boldsymbol{x}_0)$ 的唯一性存在。当状态变量的所属空间可拓展到 $\mathbf{R}^n$,可得到全局情况下的定理。但是全局 Lipschitz 性太严格,很多物理系统的模型并不满足,于是常用下面的定理。

设对所有 $t\geqslant t_0$ 和定义域 $\mathbf{D}\subset\mathbf{R}^n$ 内,$\dot{\boldsymbol{x}}=\boldsymbol{f}(\boldsymbol{x},t)$ 对 x 连续,而对 t 分段连续,且对 $\boldsymbol{x}$ 是局部 Lipschitz 的,并设 $\mathbf{X}$ 是 $\mathbf{D}$ 的一个紧子集,$\boldsymbol{x}_0\in\mathbf{X}$,并假设 $\dot{\boldsymbol{x}}=\boldsymbol{f}(\boldsymbol{x},t)$,$x(0)=\boldsymbol{x}_0$ 的每个解都在 $\mathbf{X}$ 内,那么,对于所有 $t\geqslant t_0$,系统有唯一解。

(5) δ 取决于 $\boldsymbol{x}_0$,在一阶系统中可以这样定义:

$$|t-t_0|\leqslant\delta,\delta=\min(a,b/M),M=\max_{(t,x)\in D_{ab}}\|f(t,x)\| \tag{1-109}$$

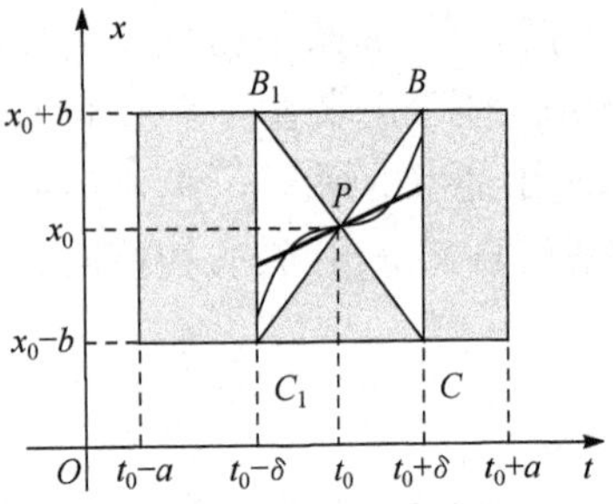

图 1-2 δ 的几何意义

式中,$f(t,x)$ 是在矩形域 $\mathbf{D}_{ab}$:$|t-t_0|\leqslant a$,$|x-x_0|\leqslant b$ 上的连续函数。这里 δ 的几何意义如图 1-2 所示。此图中 $\delta=b/M$,过点 (t_0,x_0) 的积分曲线 $x=\varphi(t)$ 在 $|t-t_0|\leqslant\delta$ 上确定,由于积分曲线斜率介于 BC_1、B_1C 的斜率 M、$-M$ 之间,故 $|t-t_0|\leqslant\delta$ 时,积分曲线上点 $(t,\varphi(t))$ 满足

$$|\varphi(t)-\varphi(t_0)|=|\varphi(t)-x_0|\leqslant M|t-t_0|\leqslant M\delta=b$$

即积分曲线在域 B_1PC_1 及 BPC 的内部,也在矩形 D_{ab} 内部。

(6) 由于 Lipschitz 条件比较难于检验,常用 $f(t,x)$ 在 $\mathbf{D}$ 上有对 $\boldsymbol{x}$ 的连续偏导数来代替。如果在 $\mathbf{D}$ 上 $\partial\boldsymbol{f}/\partial\boldsymbol{x}$ 存在且连续,则 $\partial\boldsymbol{f}/\partial\boldsymbol{x}$ 在 $\mathbf{R}$ 上有界,即 $\|\partial\boldsymbol{f}/\partial\boldsymbol{x}\|\leqslant L$。这时

$$\|\boldsymbol{f}(t,\boldsymbol{w})-\boldsymbol{f}(t,\boldsymbol{v})\|\leqslant\|\partial\boldsymbol{f}(t,\boldsymbol{v}+\theta(\boldsymbol{w}-\boldsymbol{v}))/\partial\boldsymbol{v}\|\ \|\boldsymbol{w}-\boldsymbol{v}\|\leqslant L\|\boldsymbol{w}-\boldsymbol{v}\|$$

由此,任何在某点的斜率为无穷大的函数 $\boldsymbol{f}(t,\boldsymbol{x})$,在该点均不是 Lipschitz 的。

(7) 对于隐方程的解存在唯一性定理可以这样表述。如果在点 $(t_0,\boldsymbol{x}_0,\dot{\boldsymbol{x}}_0)$ 的某一邻域中:

① $\boldsymbol{F}(t,\boldsymbol{x},\dot{\boldsymbol{x}})$ 对所有变元 $(t,\boldsymbol{x},\dot{\boldsymbol{x}})$ 连续,且存在连续偏导数;

② $\boldsymbol{F}(t_0,\boldsymbol{x}_0,\dot{\boldsymbol{x}}_0)=0$;

③ $\left.\dfrac{\partial\boldsymbol{F}(t,\boldsymbol{x},\dot{\boldsymbol{x}})}{\partial\dot{\boldsymbol{x}}}\right|_{(t_0,\boldsymbol{x}_0,\dot{\boldsymbol{x}}_0)}\neq0$。

则方程 $\boldsymbol{F}(t,\boldsymbol{x},\dot{\boldsymbol{x}})=0$ 存在唯一解 $\boldsymbol{x}=\boldsymbol{\varphi}(t)$,$|t-t_0|\leqslant\delta$($\delta$ 为足够小的正数),且满足初始条件 $\boldsymbol{x}(t_0)=\boldsymbol{x}_0$,$\dot{\boldsymbol{x}}(t_0)=\boldsymbol{x}_0'$。

例 1-43 判定 Lipschitz 性。

(1) 不连续的函数在不连续点上不是 Lipschitz 的；

(2) 对于例 142 中(2)可以求得在 0 点也不是 Lipschitz 的；

(3) 判断函数向量 $\boldsymbol{f}(\boldsymbol{x})=\begin{bmatrix}-x_1+x_1x_2\\ x_2-x_1x_2\end{bmatrix}$在 $\mathbf{R}^2$ 上的 Lipschitz 性，并计算在凸集 $\mathbf{W}=\{\boldsymbol{x}\in\mathbf{R}^2 \mid |x_1|<a_1, |x_2|<a_2\}$上的一个 Lipschitz 常数。

解 首先求 Jacobi 矩阵

$$\left[\frac{\partial \boldsymbol{f}}{\partial \boldsymbol{x}}\right]=\begin{bmatrix}-1+x_2 & x_1\\ -x_2 & 1-x_1\end{bmatrix}$$

利用 $\mathbf{R}^2$ 上对向量的范数 $\|\cdot\|_\infty$和矩阵的导出阵模，有

$$\left\|\frac{\partial \boldsymbol{f}}{\partial \boldsymbol{x}}\right\|_\infty=\max\{|-1+x_2|+|x_1|, |x_2|+|1-x_1|\}$$

$\mathbf{W}$ 内的所有点都满足

$$|-1+x_2|+|x_1|\leqslant 1+a_2+a_1, |x_2|+|1-x_1|\leqslant a_2+1+a_1$$

因此

$$\left\|\frac{\partial \boldsymbol{f}}{\partial \boldsymbol{x}}\right\|_\infty\leqslant 1+a_1+a_2$$

Lipschitz 常数可取为 $L=1+a_1+a_2$。但是，它不是全局 Lipschitz 的，因为$[\partial \boldsymbol{f}/\partial \boldsymbol{x}]$在 $\mathbf{R}^2$ 上不是一致有界的。

(4) 单状态系统 $\dot{x}=-x^2, x(0)=-1$。对于所有 $x\in\mathbf{R}$，它的右端函数是局部 Lipschitz 的，在 $t\in[0,1)$上存在唯一解 $x(t)=1/(t-1)$。显然，当 $t\to 1$ 时，$x(t)$不再属于任何紧子集。实际上，它是一种有限逃逸时间系统。这是非线性系统可能存在的一种现象，而线性系统则一般是无限逃逸时间系统。

2. 解对初值与参数的连续依赖性

由式(1-108)，重写如下

$$\dot{\boldsymbol{x}}=\boldsymbol{f}(\boldsymbol{x},t), \boldsymbol{x}(t_0)=\boldsymbol{x}_0, t\geqslant t_0$$

得到积分关系式

$$\boldsymbol{x}(t)=\boldsymbol{x}_0+\int_{t_0}^{t}\boldsymbol{f}(\tau,\boldsymbol{x}(\tau))\mathrm{d}\tau \tag{1-110}$$

该式表明，初值问题的解不仅依赖于自变量 $\boldsymbol{x}$，而且也依赖于初值$(t_0,\boldsymbol{x}_0)$。在考虑初值变动时，解可以看成三类变元的函数而记为 $\boldsymbol{x}=\boldsymbol{\varphi}(t,t_0,\boldsymbol{x}_0)$。它满足 $\boldsymbol{x}_0=\boldsymbol{\varphi}(t_0,t_0,\boldsymbol{x}_0)$。

(1) 解关于初值的对称性：在 $\boldsymbol{x}=\boldsymbol{\varphi}(t,t_0,\boldsymbol{x}_0)$表达式中，$(t,\boldsymbol{x})$和$(t_0,\boldsymbol{x}_0)$可以调换其相对位置，即在解的存在范围内成立着关系式：$\boldsymbol{x}_0=\boldsymbol{\varphi}(t_0,t,\boldsymbol{x})$。

(2) 解对初值的连续依赖性：若 $\boldsymbol{v}(t)$是上述微分方程的一个解，始于 $\boldsymbol{v}(t_0)=\boldsymbol{v}_0$ 且定义在时间紧区间$[t_0,t_1]$上，给定 $\varepsilon>0$，存在 $\delta>0$，使得对于超球体$\{\boldsymbol{z}\in\mathbf{R}^n \mid \|(\boldsymbol{z},\tilde{t}_0)-(\boldsymbol{v}_0,t_0)\|<\delta\}$内所有$(\boldsymbol{z}_0,\tilde{t}_0)$，方程 $\dot{\boldsymbol{x}}=\boldsymbol{f}(\boldsymbol{x},t), \boldsymbol{x}(\tilde{t}_0)=\boldsymbol{z}_0, t\geqslant\tilde{t}_0$ 在$[t_0,t_1]$内有唯一解 $\boldsymbol{x}(t)=\boldsymbol{z}(t)$，且对所有 $t\in[t_0,t_1]$满足 $\|\boldsymbol{z}(t)-\boldsymbol{v}(t)\|<\varepsilon$。

(3) 解对参数 λ 的连续依赖性：设 $\boldsymbol{x}(t,\lambda_0)$是方程 $\dot{\boldsymbol{x}}=\boldsymbol{f}(t,\boldsymbol{x},\boldsymbol{\lambda}_0), \boldsymbol{x}(t_0,\boldsymbol{\lambda}_0)=\boldsymbol{x}_0$ 在$[t_0,t_1]$上的解。如果对任意 $\varepsilon>0$，存在 $\delta>0$，使得对于球$\{\boldsymbol{x}\in\mathbf{R}^n \,\|\lambda-\lambda_0\|<\delta\}$内所有 λ，方程 $\dot{\boldsymbol{x}}=\boldsymbol{f}(t,\boldsymbol{x},\lambda)$，$\boldsymbol{x}(t_0,\lambda)=\tilde{x}_0$ 在$[t_0,t_1]$内有唯一解，且对所有 $t\in[t_0,t_1]$满足 $\|\boldsymbol{x}(t,\lambda)-\boldsymbol{x}(t,\lambda_0)\|<\varepsilon$。

下面讨论解对初值条件和参数的连续依赖性的必要性。

(1) 初值通常是用实验方法求得的，实验测得的数据不可能绝对准确，若微小的误差会引起对应解的巨大变动，那么所求的初值问题解的实用价值就很小。

(2) 系统的模型只是人为建立的，并非精准，所以参数可能存在一些不同，若对与对象不一致的模型进行分析得到的结果与真实情况有很大不同，那么所求的解也没什么实用价值。

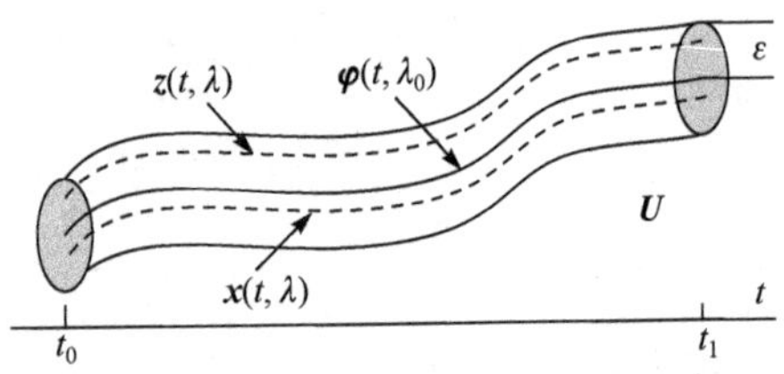

图 1-3　围绕标称解构造的邻域

基于上述两点认识，研究解对初值条件和参数的连续依赖性在理论上就显得很重要：若在初始时刻 $\boldsymbol{x}(t_0)$ 和 $\boldsymbol{z}(t_0)$ 十分接近，则在定义域 $[a,b]$ 内的解 $\boldsymbol{x}(t)$ 和 $\boldsymbol{z}(t)$ 也会十分接近；若两个模型参数与真实对象的参数相差不大或接近，则在定义域 $[a,b]$ 和一定初值情况下，$\boldsymbol{x}(t,\lambda)$ 和 $\boldsymbol{z}(t,\lambda)$ 也会十分接近，如图 1-3所示，图中 $\boldsymbol{\varphi}(t,\lambda_0)$ 是标称参数下的解。

1.9.3　微分方程的解法

本节简要介绍三种微分方程的解法。

1. 变量替换和分量变量法

例 1-44　求解微分方程。

求 $\dfrac{\mathrm{d}y}{\mathrm{d}x}=\dfrac{y}{x}+\tan\dfrac{y}{x}$ 的解。

解　令 $u=\dfrac{y}{x}$，对方程进行变换得 $\dfrac{\mathrm{d}u}{\tan u}=\dfrac{\mathrm{d}x}{x}$，两边积分可得 $\ln|\sin u|=\ln|x|+c$，c 是任意常数，所以 $\sin(y/x)=Cx$，C 是任意常数。

2. 逐步逼近法

利用基于初值的积分迭代可以得到第 n 次近似解 $\varphi_n(x)$，它和真正解 $\varphi(x)$ 在区间 $|x-x_0|\leqslant\delta$ 内的误差估计式为

$$|\varphi_n(x)-\varphi(x)|\leqslant\frac{ML^n}{(n+1)!}\delta^{n+1}\tag{1-111}$$

式中，M，δ 分别由式(1-108)定义，L 是一个 Lipschitz 常数。

例 1-45　求解微分方程。

方程 $\dfrac{\mathrm{d}x}{\mathrm{d}t}=t^2+x^2$ 定义在矩形域 $\mathbf{D}$：$-1\leqslant t\leqslant 1$，$-1\leqslant x\leqslant 1$ 上，试利用存在唯一性定理确定经过点(0,0)的解的存在区间，并求在此区间上与真正解的误差不超过 0.05 的近似解的表达式。

解　$M=\max\limits_{(t,x)\in D}|f(t,x)|=2$，$\delta=\min\left\{1,\dfrac{1}{2}\right\}=\dfrac{1}{2}$，$L=\max\limits_{(t,x)\in D}\left|\dfrac{\partial f}{\partial x}\right|=2$，从而解的存在区间为 $|t|\leqslant\dfrac{1}{2}$。

由 $|\varphi_n(t)-\varphi(t)|\leqslant\frac{ML^n}{(n+1)!}\delta^{n+1}=\frac{1}{(n+1)!}<0.05$，知取 $n=3$ 即可。迭代求解如下：

$$\varphi_0(t)=0$$

$$\varphi_1(t)=\int_0^t[\xi^2+\varphi_0{}^2(\xi)]\,\mathrm{d}\xi=\frac{t^3}{3}$$

$$\varphi_2(t)=\int_0^x[\xi^2+\varphi_1{}^2(\xi)]\,\mathrm{d}\xi=\frac{t^3}{3}+\frac{t^7}{63}$$

$$\varphi_3(t)=\int_0^t[\xi^2+\varphi_2{}^2(\xi)]\,\mathrm{d}\xi=\frac{t^3}{3}+\frac{t^7}{63}+\frac{2t^{11}}{2079}+\frac{t^{15}}{59535}$$

3. 拉氏变换法

这种方法仅适用于线性微分方程，将其拉氏变换后求解代数方程，然后变换到时域。

例 1-46 求解微分方程。

求解微分方程

$$\dot{x}=ax+bu,u=1(t),\mathrm{s.t.}\,x(0)=x_0$$

解 将原方程改写为

$$\dot{x}-ax=bu$$

对微分方程拉氏变换得

$$sX(s)-x(0)-aX(s)=\frac{b}{s}$$

将初始条件代入可得

$$X(s)=\frac{b+sx_0}{s^2-sa}=\frac{sx_0+b}{s(s-a)}$$

将上式展开成部分分式

$$X(s)=-\frac{b/a}{s}+\frac{x_0+b/a}{s-a}$$

拉氏反变换得到

$$x(t)=x_0\mathrm{e}^{at}+\frac{b}{a}(\mathrm{e}^{at}-1)$$

现在，用计算机解微分方程都是数值方法，常用的有 Euler 法、Runge-Kutta 法，它们都是建立在 Talyor 展开和给定初值基础上的，有固定的数值计算步骤，这些方法也有现成的程序可直接使用。

1.9.4 微分方程的微分方程解的界评估

研究一阶微分方程时，往往并不需要计算解本身，而需要计算解的边界。有两种方法可以实现这一目标：一是比较原理；二是基于 Gronwall-Bellman 不等式。

1. 比较原理

首先引入上右导数的概念

$$\mathbf{D}^{+}v(t)=\lim\sup_{h\to0^{+}}\frac{v(t+h)-v(t)}{h} \tag{1-112}$$

对此定义说明两点。

(1) 若 $v(t)$ 对于 t 可微，那么 $\mathbf{D}^{+}v(t)=\dot{v}(t)$。

(2) 若 $|v(t+h)-v(t)|/h\leqslant g(t,h)$, $\forall h\in(0,b]$，式中，$\lim\limits_{h\to0^{+}}g(t,h)=g_0(t)$，那么 $\mathbf{D}^{+}v(t)\leqslant g_0(t)$。

基此，给出下面的比较原理。

考虑标量微分方程

$$\dot{x}=f(x,t),\ x(t_0)=x_0 \tag{1-113}$$

对于所有 $t\geqslant0$ 和所有 $u\in\mathbf{J}\subset\mathbf{R}$，$f(x,t)$ 对于 t 连续可微，且对于 x 是局部 Lipschitz 的。设 $[t_0,T)$（T 可以是无限的）是解 $x(t)$ 存在的最大区间，并且假设对于所有 $[t_0,T)$，有 $x(t)\in J$ 满足微分不等式 $\mathbf{D}^{+}v(t)<f(v(t),t)$，$v(t_0)\leqslant x_0$，那么对于所有 $t\in[t_0,T)$，有 $v(t)\leqslant x(t)$。

考虑微分方程

$$\dot{z}=f(z,t)+\lambda,\ z(t_0)=x_0 \tag{1-114}$$

λ 为正常数。在任意紧区间 $[t_0,t_1]$，对于任意 $\varepsilon>0$，存在 $\delta>0$，使得当 $\lambda<\delta$ 时，上述方程有定义在 $[t_0,t_1]$ 上的唯一解 $z(t,\lambda)$，且

$$|z(t,\lambda)-x(t)|<\varepsilon,\ \forall t\in[t_0,t_1] \tag{1-115}$$

由此，得到：对于所有 $t\in[t_0,t_1]$，有 $v(t)\leqslant z(t,\lambda)$。事实上，假设该结论不成立，即有 a，$b\in(t_0,t_1]$，使得 $v(a)=z(a,\lambda)$ 及 $v(t)>z(t,\lambda)$，这里 $a<t\leqslant b$，于是

$$v(t)-v(a)>z(t,\lambda)-z(a,\lambda),\ t\in(a,b]$$

这表明

$$\mathbf{D}^{+}v(a)\geqslant\dot{z}(a,\lambda)=f(a,z(a,\lambda))+\lambda>f(a,v(a))$$

显然，这与不等式 $\mathbf{D}^{+}v(t)\leqslant f(t,v(t))$ 矛盾。

现在假设对于所有 $t\in[t_0,t_1]$，结论 $v(t)\leqslant x(t)$ 不成立，那么存在 $a\in[t_0,t_1]$，使得 $z(a,\lambda)=v(a)>x(a)$，取 $\varepsilon=[v(a)-x(a)]/2$，并利用式(1-115)可得

$$v(a)-z(a,\lambda)=v(a)-x(a)+x(a)-z(a,\lambda)\geqslant\varepsilon\Rightarrow v(a)\geqslant z(a,\lambda)$$

这与 $v(t)\leqslant z(t,\lambda)$ 相矛盾。所以 $v(t)\leqslant x(t)$，$t\in[t_0,t_1]$。

由于不等式在每个紧闭区间都是成立的，所以对于所有 $t\geqslant t_0$，不等式 $v(t)\leqslant x(t)$ 也是成立的。

例 1-47 求微分方程解的界。

标量微分方程 $\dot{x}=f(x)=-(1+x^2)x$，$x(0)=a$，求其微分方程解的界。

解 由于 $f(x)$ 对 x 是局部 Lipschitz 的，所以对于某一 $t_1>0$ 在 $(0,t_1]$ 上有唯一解。

设 $y(t)=x^2(t)$，则函数 $v(t)$ 是可微的，其导数为

$$\dot{y}(t)=2x(t)\dot{x}(t)=-2x^2(t)-2x^4(t)<-2x^2(t)$$

因此 $v(t)$ 满足微分不等式

$$\dot{y}(t)\leqslant-2y(t),\ y(0)=a^2。$$

现设 $u(t)$ 是微分方程 $\dot{u}=-2u$，$u(0)=a^2$，则 $u(t)=a^2\mathrm{e}^{-2t}$，所以据比较原理，解 $x(t)$ 对于所有 $t\geqslant0$ 都有定义，且满足 $|x(t)|=\sqrt{y(t)}\leqslant\mathrm{e}^{-t}|a|$，$\forall t\geqslant0$。

2. Gronwall-Bellman 不等式

令 $\lambda:[a,b]\to\mathbf{R}$ 是连续的，$\mu:[a,b]\to\mathbf{R}$ 是连续非负的，如果连续函数 $y:[a,b]\to\mathbf{R}$ 在 $a\leqslant t\leqslant b$ 时满足

$$y(t)\leqslant\lambda(t)+\int_a^t\mu(s)y(s)\mathrm{d}s \tag{1-116}$$

那么在同一个区间上有 Gronwall-Bellman 不等式

$$y(t)\leqslant\lambda(t)+\int_a^t\lambda(s)\mu(s)\exp\left[\int_s^t\mu(\tau)\mathrm{d}\tau\right]\mathrm{d}s \tag{1-117}$$

特殊情况是，如果 $\lambda(t)\equiv\lambda$ 是一个常数，那么

$$y(t)\leqslant\lambda\exp\left[\int_a^t\mu(\tau)\mathrm{d}\tau\right] \tag{1-118}$$

进一步，如果 $\mu(t)\equiv\mu\geqslant0$ 也是一个常数，那么

$$y(t)\leqslant\lambda\exp[\mu(t-a)] \tag{1-119}$$

为说明此结论的正确性，令 $z(t)=\int_a^t\mu(s)y(s)$，且 $v(t)=z(t)+\lambda(t)-y(t)\geqslant0$，则据式

$$v(t)=z(t)+\lambda(t)-y(t)\geqslant0$$

由此，z 是可微的，且

$$\dot{z}=\mu(t)y(t)=\mu(t)z(t)+\mu(t)\lambda(t)-\mu(t)v(t)$$

这个微分方程的状态转移函数为

$$\phi(t,s)=\exp\left(\int_s^t\mu(\tau)\mathrm{d}\tau\right)$$

由于 $z(a)=0$，所以有

$$z(t)=\int_a^t\phi(t,s)[\mu(s)\lambda(s)-\mu(s)v(s)]\mathrm{d}s$$

式中，$\int_a^t\phi(t,s)\mu(s)v(s)\mathrm{d}s$ 是非负的。故

$$z(t)\leqslant\int_a^t\exp\left(\int_s^t\mu(\tau)d\tau\right)\mu(s)\lambda(s)\mathrm{d}s \tag{1-120}$$

由此，计及 $y(t)\leqslant\lambda(t)+z(t)$，得式(1-117)成立。

对于特殊情况 $\lambda(t)\equiv\lambda$，由式(1-120)右侧可写成

$$\lambda\int_a^t\mu(s)\exp\left(\int_s^t\mu(\tau)\mathrm{d}\tau\right)\mathrm{d}s=-\lambda\int_a^t\frac{\mathrm{d}}{\mathrm{d}s}\left\{\exp\left(\int_s^t\mu(\tau)\mathrm{d}\tau\right)\right\}\mathrm{d}s=-\lambda+\lambda\exp\left(\int_s^t\mu(\tau)\mathrm{d}\tau\right)$$

再计及 $y(t)\leqslant\lambda(t)+z(t)$，得式(1-118)成立。

进一步，如果 $\mu(t)\equiv\mu\geqslant0$ 也是一个常数，式(1-119)显见。

思考　当 λ,μ 均为常数时，结论为什么成立？

注意：Gronwall-Bellman 不等式要求 μ 非负，而对 λ 的正负没有要求。

1.9.5　微分方程的可微性和灵敏度方程

考虑标称下的系统

$$\dot{\boldsymbol{x}}(t)=\boldsymbol{f}(t,\boldsymbol{x},\boldsymbol{\lambda}_0),\boldsymbol{x}\in\mathbf{R}^n,\boldsymbol{\lambda}_0\in\mathbf{R}^p \tag{1-121}$$

与之对应的实际系统参数是变化的，有

$$\dot{\boldsymbol{x}}(t)=\boldsymbol{f}(t,\boldsymbol{x},\boldsymbol{\lambda}),\boldsymbol{x}\in\mathbf{R}^n,\boldsymbol{\lambda}\in\mathbf{R}^p \tag{1-122}$$

当上述两式中的参数满足 $\|\lambda-\lambda_0\|$ 足够小时，两者的解 $\boldsymbol{x}(t,\lambda)$ 与 $\boldsymbol{x}(t,\lambda_0)$ 接近，所以在同一时间区间 $[t_0,t_1]$ 上有定义。

由式(1-122)可得

$$\boldsymbol{x}(t,\boldsymbol{\lambda})=\boldsymbol{x}_0+\int_{t_0}^{t}\boldsymbol{f}(s,\boldsymbol{x},\boldsymbol{\lambda})\mathrm{d}s$$

上式对 $\boldsymbol{\lambda}$ 求导，得到

$$\boldsymbol{x}_\lambda(t,\boldsymbol{\lambda})=\int_{t_0}^{t}\frac{\partial\boldsymbol{f}(s,\boldsymbol{x},\boldsymbol{\lambda})}{\partial\boldsymbol{x}}\frac{\partial\boldsymbol{x}(s,\boldsymbol{\lambda})}{\partial\boldsymbol{\lambda}}+\frac{\partial\boldsymbol{f}(s,\boldsymbol{x},\boldsymbol{\lambda})}{\partial\boldsymbol{\lambda}}\mathrm{d}s$$

再对 t 求微分，得到

$$\frac{\partial\boldsymbol{x}_\lambda(t,\boldsymbol{\lambda})}{\partial t}=\boldsymbol{A}(t,\boldsymbol{\lambda})\boldsymbol{x}_\lambda(t,\boldsymbol{\lambda})+\boldsymbol{B}(t,\boldsymbol{\lambda}),\boldsymbol{x}_\lambda(t_0,\boldsymbol{\lambda}) \tag{1-123}$$

式中，$\boldsymbol{A}(t,\boldsymbol{\lambda})=\left.\dfrac{\partial\boldsymbol{f}(t,\boldsymbol{x},\boldsymbol{\lambda})}{\partial\boldsymbol{x}}\right|_{x=x(t,\lambda)}$；$\boldsymbol{B}(t,\lambda)=\left.\dfrac{\partial\boldsymbol{f}(t,\boldsymbol{x},\lambda)}{\partial\lambda}\right|_{x=x(t,\lambda)}$。

在 $\boldsymbol{\lambda}=\boldsymbol{\lambda}_0$ 处，式(1-123)右边只与标称解 $\boldsymbol{x}(t,\lambda_0)$ 有关。设 $\boldsymbol{S}(t)=\boldsymbol{x}_\lambda(t,\lambda)|_{\lambda_0}$（称为灵敏度函数），则式(1-123)变成

$$\dot{\boldsymbol{S}}(t)=\boldsymbol{A}(t,\boldsymbol{\lambda}_0)\boldsymbol{S}(t)+\boldsymbol{B}(t,\boldsymbol{\lambda}_0),\boldsymbol{S}(t_0)=\boldsymbol{S}_0 \tag{1-124}$$

这个方程称为灵敏度方程。

$\boldsymbol{S}(t)$ 给出解受参数变化影响的一阶估计值，也可给出当 $\boldsymbol{\lambda}$ 与 $\boldsymbol{\lambda}_0$ 足够接近时逼近系统方程的解，即

$$\boldsymbol{x}(t,\boldsymbol{\lambda})=\boldsymbol{x}(t,\boldsymbol{\lambda}_0)+\boldsymbol{S}(t)(\boldsymbol{\lambda}-\boldsymbol{\lambda}_0)+\sigma((\boldsymbol{\lambda}-\boldsymbol{\lambda}_0)^2) \tag{1-125}$$

该式的意义在于：知道标称解和灵敏度函数，就足以逼近在以 $\boldsymbol{\lambda}_0$ 为中心的小球内对所有 $\boldsymbol{\lambda}$ 值的解。

计算灵敏度函数 $\boldsymbol{S}(t)$ 的步骤归纳如下。

(1) 解标称状态方程的标称解 $\boldsymbol{x}(t,\boldsymbol{\lambda}_0)$。

(2) 计算 Jacobi 矩阵：

$$\boldsymbol{A}(t,\boldsymbol{\lambda}_0)=\left.\frac{\partial\boldsymbol{f}(t,\boldsymbol{x},\boldsymbol{\lambda})}{\partial\boldsymbol{x}}\right|_{x=x(t,\lambda_0),\lambda=\lambda_0},\boldsymbol{B}(t,\boldsymbol{\lambda}_0)=\left.\frac{\partial\boldsymbol{f}(t,\boldsymbol{x},\boldsymbol{\lambda})}{\partial\boldsymbol{\lambda}}\right|_{x=x(t,\lambda_0),\lambda=\lambda_0}。$$

(3) 解灵敏度方程(1-124)求 $\boldsymbol{S}(t)$。

上述过程除某些简单情况外，一般需求其数值解。另一种计算 $\boldsymbol{S}(t)$ 的方法：对初始标称状态方程附加灵敏度方程，获得 $n+n\times p$ 阶增广方程，采用数值方法同时求解标称解和灵敏度函数。下面通过一个例子说明。

例 1-48 灵敏度函数计算。

考虑锁相环(PLL)模型：

$$\dot{x}_1=x_2=f_1(x_1,x_2)$$
$$\dot{x}_2=-c\sin x_1-(a+b\cos x_1)x_2=f_2(x_1,x_2)$$

假设参数 a,b,c 的标称值为 1,0,1，则标称系统为

$$\dot{x}_1=x_2$$
$$\dot{x}_2=-\sin x_1-x_2$$

求解对参数 a、b、c 变化时的灵敏度。并当初值为(1,1)时在 MATLAB 中进行数值计算说明参数变化对响应的影响情况。

解 (1) Jacobi 矩阵为

$$\frac{\partial \boldsymbol{f}}{\partial \boldsymbol{x}}=\begin{bmatrix}0 & 1\\ -c\cos x_1+bx_2\sin x_1 & -(a+b\cos x_1)\end{bmatrix}\xrightarrow{\text{nominal}}\begin{bmatrix}0 & 1\\ -\cos x_1 & -1\end{bmatrix}$$

$$\frac{\partial \boldsymbol{f}}{\partial \boldsymbol{\lambda}}=\begin{bmatrix}0 & 0 & 0\\ -x_2 & -x_2\cos x_1 & -\sin x_1\end{bmatrix}\xrightarrow{\text{nominal}}\begin{bmatrix}0 & 0 & 0\\ -x_2 & -x_2\cos x_1 & -\sin x_1\end{bmatrix}$$

设 $\boldsymbol{S}$ 为

$$\boldsymbol{S}=\begin{bmatrix}x_3 & x_5 & x_7\\ x_4 & x_6 & x_8\end{bmatrix}=\left.\begin{bmatrix}\dfrac{\partial x_1}{\partial a} & \dfrac{\partial x_1}{\partial b} & \dfrac{\partial x_1}{\partial c}\\ \dfrac{\partial x_2}{\partial a} & \dfrac{\partial x_2}{\partial b} & \dfrac{\partial x_2}{\partial c}\end{bmatrix}\right|_{\text{nominal}}$$

于是

$$\begin{aligned}
&\dot{x}_1=x_2 && x_1(0)=x_{10}\\
&\dot{x}_2=-\sin x_1-x_2 && x_2(0)=x_{20}\\
&\dot{x}_3=x_4 && x_3(0)=0\\
&\dot{x}_4=-x_3\cos x_1-x_4-x_2 && x_4(0)=0\\
&\dot{x}_5=x_6 && x_5(0)=0\\
&\dot{x}_6=-x_5\cos x_1-x_6-x_2\cos x_1 && x_6(0)=0\\
&\dot{x}_7=x_8 && x_7(0)=0\\
&\dot{x}_8=-x_7\cos x_1-x_8-\sin x_1 && x_8(0)=0
\end{aligned}$$

(2) 当初始状态 $x_{10}=x_{20}=1$ 时在 MATLAB 中计算。图 1-4 给出了数值结果。由图可知：在初始状态 $x_{10}=x_{20}=1$ 条件下，解对参数 c 变化时的灵敏度比参数 a 和 b 变化时的灵敏度高。事实上，在其他初始条件下，可得到类似的结果。所以，该系统的解对参数 c 变化时的灵敏度比参数 a 和 b 变化时灵敏度高。

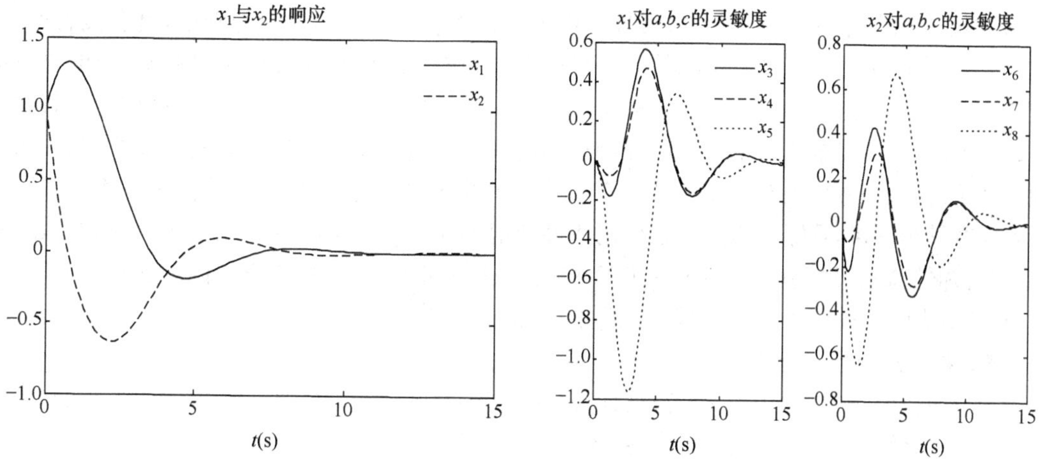

图 1-4 例 1-48 的数值计算结果

1.9.6 两类 Cauchy 问题的等价性

两类初值 Cauchy 问题讨论的是如下两种形式的微分方程在给定初值条件下的解等价性问题。

$$\dot{\boldsymbol{x}}=\boldsymbol{f}(\boldsymbol{x},t),\boldsymbol{x}(t_0)=\boldsymbol{x}_0+\boldsymbol{\gamma}(t_0),t\geqslant t_0 \tag{1-126}$$

$$\dot{\boldsymbol{x}}=\boldsymbol{f}(\boldsymbol{x},t)+\boldsymbol{\gamma}(t_0)\delta(t-t_0),\boldsymbol{x}(t_0)=\boldsymbol{x}_0,t\geqslant t_0 \tag{1-127}$$

式中，$\boldsymbol{f}(\boldsymbol{x},t)$满足 Lipschitz 解条件 $\|\boldsymbol{f}(\boldsymbol{x},t)-\boldsymbol{f}(\boldsymbol{v},t)\|\leqslant L\|\boldsymbol{x}-\boldsymbol{v}\|$，$\boldsymbol{\gamma}(t)$连续。

对这两个初值问题求解：

由方程(1-126)得$\int_{t_0}^{t}\dot{\boldsymbol{x}}\mathrm{d}t=\int_{t_0}^{t}\boldsymbol{f}(\boldsymbol{x},t)\mathrm{d}t$，即 $\boldsymbol{x}(t)-\boldsymbol{x}(t_0)=\int_{t_0}^{t}\boldsymbol{f}(\boldsymbol{x},t)\mathrm{d}t$。所以

$$\boldsymbol{x}(t)=\boldsymbol{x}(t_0)+\int_{t_0}^{t}\boldsymbol{f}(\boldsymbol{x},t)\mathrm{d}t=\boldsymbol{x}_0+\boldsymbol{\gamma}(t_0)+\int_{t_0}^{t}\boldsymbol{f}(\boldsymbol{x},t)\mathrm{d}t \tag{1-128}$$

由方程(1-127)得$\int_{t_0}^{t}\dot{\boldsymbol{x}}\mathrm{d}t=\int_{t_0}^{t}\boldsymbol{f}(\boldsymbol{x},t)\mathrm{d}t+\int_{t_0}^{t}\boldsymbol{\gamma}(t_0)\delta(t-t_0)\mathrm{d}t$，即$\boldsymbol{x}(t)-\boldsymbol{x}(t_0)=\int_{t_0}^{t}\boldsymbol{f}(\boldsymbol{x},t)\mathrm{d}t+\boldsymbol{\gamma}(t_0)$。所以

$$\boldsymbol{x}(t)=\boldsymbol{x}_0+\boldsymbol{\gamma}(t_0)+\int_{t_0}^{t}\boldsymbol{f}(\boldsymbol{x},t)\mathrm{d}t \tag{1-129}$$

比较式(1-128)和式(1-129)可知，两类 Cauchy 初值问题的解为等价的。其等价性表明：

(1) 冲激输入与初始条件效果是等效的，即零初始条件下，脉冲输入的效果与一个只靠释放初始能量而动作的自由系统的效果是一样的；

(2) 其物理意义在于，一个系统的初始能量可以是以往积累的结果，也可以是瞬时冲激脉冲提供的；

(3) 任何一个系统都可以视为零初始条件的系统，然后将非零初始条件视为冲激输入加进去。

1.10 线性系统与相关问题说明

线性系统虽然是理想化的系统，实际系统与它的区别对于所研究的问题而言，小到无关紧要而可忽略不计，因此，从此意义上讲，线性系统或可线性化的系统是大量存在的，具有代表性，特别是在工作点附近可以反映系统的特点。线性系统理论是现代控制理论中最基本、最重要也最成熟的一个分支，是生产过程控制、信息处理、通信系统、网络系统等多方面的基础理论。其大量的概念、方法、原理和结论对于系统和控制理论的许多学科分支，如最优控制、非线性控制、随机控制、系统辨识、信号检测与估计等都具有十分重要的作用。鉴于此，首先要搞清楚线性系统的内涵，从数学角度讲，凡输入输出关系可用线性映射描述的系统就称为线性系统，实际上系统只要满足叠加性就是线性系统。为进一步理解线性系统的本质，下面针对五个问题展开讨论。

(1) 用线性方程描述的系统不都是线性系统。

例 1-49 判断是否是线性系统。

$y(t)=au(t)+b$ 是线性系统吗？只有当 $b=0$ 时系统才是线性系统。为什么？

(2) 非线性方程不一定表示非线性系统。

例 1-50 判断是否是线性系统。

某系统的表达式为$\begin{cases}\dot{x}=f(x,u,t)\\ y=0\end{cases}$，$f$ 对 u 是非线性的。该系统是线性系统吗？

(3) 系统中有非线性元件不一定不是线性系统。

例 1-51 判断是否是线性系统。

如图 1-5 所示的系统，图中 $u(t)$ 是输入量，$x(t)$ 是输出量，D 是理想的。讨论该系统是否是线性系统。

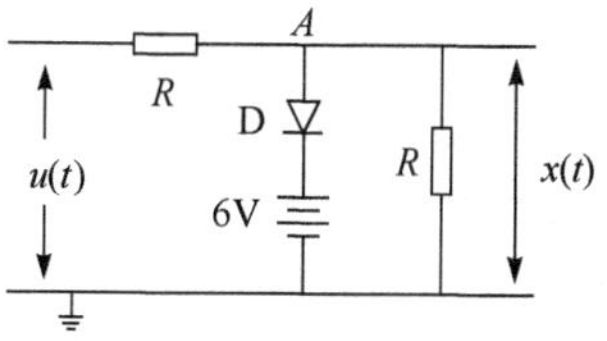

图 1-5 带二极管的简单电路图

解 当 A 点电压 $v_A<6\text{V}$ 时，$x(t)=0.5u(t)$，输入量增大到原来的 a 倍，只要 $u(t)<12\text{V}$，就有 $x(t)=0.5u(t)$，即输出也增加原来的 a 倍。此时该系统是线性的。但若 $u(t)>12\text{V}$，此时该系统就不是线性的。

(4) 给定系统

$$\begin{aligned}\dot{\boldsymbol{x}}(t)&=\boldsymbol{Ax}(t)+\boldsymbol{Bu}(t),\boldsymbol{x}(0)=\boldsymbol{x}_0\\ \boldsymbol{y}(t)&=\boldsymbol{Cx}(t)+\boldsymbol{Du}(t)\end{aligned}\tag{1-130}$$

此方程描述的是线性系统吗？为何又可以当成线性系统？

首要的问题是解的表达式。将微分方程部分写成

$$\dot{\boldsymbol{x}}(t)-\boldsymbol{Ax}(t)=\boldsymbol{Bu}(t)$$

等式两边同时左乘 $\mathrm{e}^{-\boldsymbol{A}t}$，得

$$\mathrm{e}^{-\boldsymbol{A}t}(\dot{\boldsymbol{x}}(t)-\boldsymbol{Ax}(t))=\mathrm{e}^{-\boldsymbol{A}t}\boldsymbol{Bu}(t)$$

即

$$\frac{\mathrm{d}}{\mathrm{d}t}[\mathrm{e}^{-\boldsymbol{A}t}\boldsymbol{x}(t)]=\mathrm{e}^{-\boldsymbol{A}t}\boldsymbol{Bu}(t)$$

对上式在 $[t_0,t]$ 进行积分，有

$$\mathrm{e}^{-\boldsymbol{A}t}\boldsymbol{x}(t)\Big|_{t_0}^{t}=\int_{t_0}^{t}\mathrm{e}^{-\boldsymbol{A}\tau}\boldsymbol{Bu}(\tau)\mathrm{d}\tau$$

整理后得

$$\boldsymbol{x}(t)=\mathrm{e}^{\boldsymbol{A}(t-t_0)}\boldsymbol{x}_0+\int_{t_0}^{t}\mathrm{e}^{\boldsymbol{A}(t-\tau)}\boldsymbol{Bu}(\tau)\mathrm{d}\tau\tag{1-131}$$

于是代数等式部分有

$$\boldsymbol{y}(t)=\boldsymbol{C}\mathrm{e}^{\boldsymbol{A}(t-t_0)}\boldsymbol{x}_0+\int_{t_0}^{t}\boldsymbol{C}\mathrm{e}^{\boldsymbol{A}(t-\tau)}\boldsymbol{Bu}(\tau)\mathrm{d}\tau+\boldsymbol{Du}(t)=L(\boldsymbol{u})\tag{1-132}$$

用叠加原理进行验证可知，仅当 $\boldsymbol{x}_0=\boldsymbol{0}$ 时，此系统是线性系统。试把过程写下来。

当初始条件不为 $\boldsymbol{0}$ 时，系统可以转化成

$$\begin{aligned}\dot{\boldsymbol{x}}(t)&=\boldsymbol{Ax}(t)+\boldsymbol{Bu}(t)+\boldsymbol{x}_0\delta(t),\boldsymbol{x}(0)=\boldsymbol{0}\\ &=\boldsymbol{Ax}(t)+(\boldsymbol{B}\quad\boldsymbol{x}_0)\begin{pmatrix}\boldsymbol{u}(t)\\ \delta(t)\end{pmatrix}\\ &=\boldsymbol{Ax}(t)+\bar{\boldsymbol{B}}\bar{\boldsymbol{u}}(t)\end{aligned}$$

所以，本教材后面各章直接将形如式(1-130)当成线性系统对待。

(5) 给定系统

$$\begin{aligned}\boldsymbol{x}(k+1)&=\boldsymbol{Gx}(k)+\boldsymbol{Hu}(k),\boldsymbol{x}(k)\big|_{k=0}=\boldsymbol{x}(0)=\boldsymbol{x}_0\\ \boldsymbol{y}(k)&=\boldsymbol{Cx}(k)+\boldsymbol{Du}(k)\end{aligned}\tag{1-133}$$

此方程描述的是线性系统吗？为何又可以当成线性系统？

同样,首要的问题还是解的表达式。离散时间状态方程一般用递推法。用递推法解差分方程:

当 $k=0,\boldsymbol{x}(1)=\boldsymbol{Gx}(0)+\boldsymbol{Hu}(0)$

当 $k=1,\boldsymbol{x}(2)=\boldsymbol{Gx}(1)+\boldsymbol{Hu}(1)=\boldsymbol{G}^2\boldsymbol{x}(0)+\boldsymbol{GH}(0)+\boldsymbol{Hu}(1)$

当 $k=2,\boldsymbol{x}(3)=\boldsymbol{Gx}(2)+\boldsymbol{Hu}(2)=\boldsymbol{G}^3\boldsymbol{x}(0)+\boldsymbol{G}^2\boldsymbol{Hu}(0)+\boldsymbol{GHu}(1)+\boldsymbol{Hu}(2)$

$\vdots$

当 $k-1,\boldsymbol{x}(k)=\boldsymbol{Gx}(k-1)+\boldsymbol{Hu}(k-1)=\boldsymbol{G}^k x(0)+\boldsymbol{G}^{k-1}\boldsymbol{Hu}(0)+\cdots+\boldsymbol{GHu}(k-2)+\boldsymbol{Hu}(k-1)$

所以方程的解为

$$\boldsymbol{x}(k)=\boldsymbol{G}^k\boldsymbol{x}(0)+\sum_{j=0}^{k-1}\boldsymbol{G}^j\boldsymbol{Hu}(k-j-1) \tag{1-134}$$

于是有

$$\boldsymbol{y}(k)=\boldsymbol{CG}^k\boldsymbol{x}(0)+\sum_{j=0}^{k-1}\boldsymbol{CG}^j\boldsymbol{Hu}(k-j-1)+\boldsymbol{Du}(k) \tag{1-135}$$

用叠加原理进行验证可知,仅当 $\boldsymbol{x}(0)=\boldsymbol{0}$ 时,此系统是线性系统。试把过程写下来。

当初始条件不为 $\boldsymbol{0}$ 时,系统可以转化成

$$\begin{aligned}\boldsymbol{x}(k+1)&=\boldsymbol{Gx}(k)+\boldsymbol{Hu}(k)+\boldsymbol{x}_0\delta(k),\ \boldsymbol{x}(k)\big|_{k=0}=\boldsymbol{x}(0)=\boldsymbol{x}_0\\&=\boldsymbol{Gx}(k)+(\boldsymbol{H}\quad \boldsymbol{x}_0)\begin{pmatrix}\boldsymbol{u}(k)\\ \delta(k)\end{pmatrix}\\&=\boldsymbol{Gx}(k)+\bar{\boldsymbol{H}}\bar{\boldsymbol{u}}(k)\end{aligned}$$

1.11 动态系统控制的概念及几个基本步骤

1.11.1 控制的概念

控制是自动控制理论的核心概念,一般采用的形式是反馈控制,因变化而调整,以克服不确定性,使系统稳定地保持或达到某种所需的状态,或者使系统按照某种规律变化。

为深入理解控制概念,强调以下几点。

(1) 控制的目的性是控制的实质性标志。

控制的目的在于使系统保持或达到其存在和发展的状态,这种状态可以是指定状态,也可以是状态序列(跟踪)。

(2) 控制理论中动态、模型、分解互联和不确定性是 4 个系统支撑性概念。

动态意味着变化和因果关系;模型是分析与设计的基础;分解互联反映了系统内部各部分关系;不确定是控制要解决的基本矛盾。

任何现实系统依其所处条件不同,可能有多种不同的状态,由于系统内外部条件的变化以及随机出现的干扰,导致系统处于何种状态和向何种状态方向发展的不确定性。控制要排除系统的不确定性,而排除这种不确定性,必须从内部依据和外部条件出发,对系统互联的各构成部分进行调节。

系统的不确定性一般用熵表示,即

$$H(\mathbf{X})=-\sum p(x_i)\lg_2(p(x_i)) \tag{1-136}$$

式中,$\mathbf{X}=\{x_1,x_2,\cdots,x_n\}$为系统可能状态集合;$p(x_i),i=1,2,\cdots,n$ 为系统处于这些可能状态概率。

于是可以将控制理解为通过调节减少或消除干扰因素得到受控变量的变异度，抑制熵增加趋势过程。将熵作为评价控制能力大小和质量优劣的一个指标。

在控制理论中，变异度基本定律指出控制作用减少被控量的不确定性有一定限度，这种限度可用下式体现

$$H(\mathbf{Y}) \geqslant H(\mathbf{X}) - H(\mathbf{U}) + H_D(\mathbf{U}) \tag{1-137}$$

式中，$H(\mathbf{Y})$表示被控量的不确定性；$H(\mathbf{X})$是系统不确定状态；$H(\mathbf{U})$是控制器的变异能力；$H_D(\mathbf{U})$表示控制器对不确定的干扰发生后采取何种对策的不确定性。从该式可以看出，$H(\mathbf{Y})$的不确定性主要依靠$H(\mathbf{U})$的作用来减少。$H(\mathbf{U})$越大，$H(\mathbf{Y})$将越小。

(3) 信息是实现控制的基础。

实现反馈控制排除不确定性，信息是基础，控制过程就是信息的获取、加工和使用过程。

(4) 控制系统在达到控制目的的同时，强调稳、快、准和鲁棒性、资源少省性。

稳定性是受扰系统重新恢复原工作状态的能力。稳定是系统正常工作的前提。

快速性是对系统动态性能的要求。期望系统尽快进入稳态，需要的时间较短。使用反馈控制可以提高控制系统的快速性，但受执行器饱和（功率限制）与延时（系统惯性）的影响，实际系统的快速性是受限的。

准确性是对系统稳态性能的要求。对一个稳定的系统而言，暂态过程结束后，系统输出量的实际值与期望值之差称为稳态误差，它是衡量系统指令跟踪精度、负载扰动抑制和测量噪声衰减性能的重要指标。稳态误差越小，表示系统的准确性越好，控制精度越高。使用反馈控制可以提高控制系统的准确性。但受传感器精度的影响，实际系统的控制精度也是受限的。

鲁棒性是指系统参数或结构发生变化后，系统原来所具有的性能品质可以保持的特性。如果是保持系统的稳定性，就称稳定鲁棒性；如果是保持系统控制性能品质，那么就称性能鲁棒性。使用反馈控制可以改善控制系统的鲁棒性。在许多情况下，对鲁棒性的要求与对稳、快、准的要求是一致的。

资源少省性则是指为达到目标所付出的代价和占用的资源的多少。当然希望用尽量少的资源和小的代价获得满意的结果，而这往往是与高的目标相矛盾的。

(5) 控制的思想有普适性。

工程系统、社会系统、经济系统、人口系统、心理系统、人体系统等均在控制论研究范畴内。下面就是利用反馈控制解释社会运作系统的例子。

从图1-6中可以有两个相互制约，但又不可忽视的机制：一是忽视媒体反馈的信息往往会减弱对政策失误的发现和纠正；二是过分增大反馈作用会使目标难以得到果断有效执行，甚至会因反馈信息的误差而引起政策的失误。所以作为智囊团或领导集体要多方听取意见，并对各方意见进行理性思考，才能作出正确的决定。

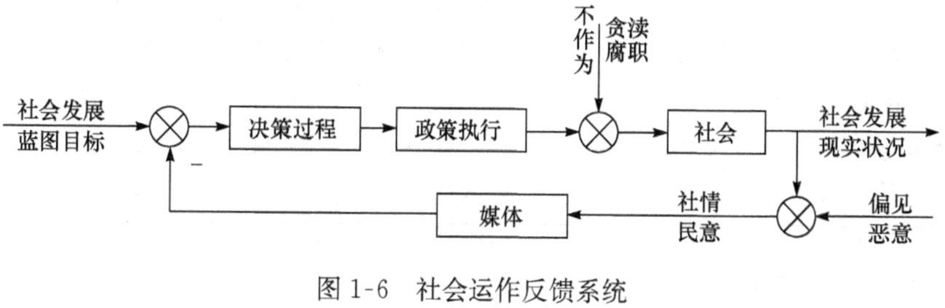

图1-6　社会运作反馈系统

1.11.2 控制系统设计的基本步骤

简单地讲，一个动态系统的控制器设计（这时只关注控制器本身，而不关注测量单元与执行单元）有下列四个基本步骤：建模、系统辨识、信号处理、控制综合与设计。

（1）建模：基于物理规律为系统选择恰当的数学模型是控制工程中最重要的工作。

① 控制工程中的模型与物理学中的模型问题是完全不同的。前者要求精确，后者则要求精炼。

② 在控制系统设计中如果无法找到合适的数学模型，控制理论的应用可能存在困难。

③ 两种极端观点：一种强调的是精确微观模型，它便于研究事物的运动规律；一种强调的是健壮控制器，而不是好的模型，它便于发展先进控制理论。

④ 走极端不恰当的。控制界必须认识到控制技术新应用的成功完全靠新模型和这些模型对新理论的发展，同时也依靠反馈设计技术不断创新，从整体观点出发，从器部件与系统两个层面解决控制问题。

（2）系统辨识：对一个动态系统实测输入与输出数据来确定系统模型的过程称为系统辨识。

① 若模型结构未知，需根据输入输出的观测数据，按照某种最佳准则确定模型具体形式，称为结构辨识，其目标是确定一个简单的、满足精度要求的适用模型的结构。

② 若模型结构已知，只是其参数尚未知道，则系统辨识变成参数估计。

③ 若系统的模型是动态的，参数、结构是变化的，则系统辨识实际上是建立在动态变化基础上的数据驱动建模。

系统辨识理论涉及问题的可解性和问题提出的恰当性、系统本身知识、数据分组方法、对各类模型的参数估计方法。

（3）信号处理：虽然信号处理已独立为一门学科，但这两学科之间有许多重叠之处，控制界曾对信号处理作出了重要贡献，特别是在滤波、平滑（从被噪声污染的观察信号中重构原信息）、预报、状态估计方面。信号处理的目的是为控制器产生提供准确可信的数据用于产生控制器输出。

（4）控制综合与设计：为控制系统生成实际可用的控制规律，从理论与工程两个角度，确定控制作用、形式、构成和线路、器件、功率等。

1.12 现代控制理论的主要任务与涉及内容

现代控制理论主要研究系统状态的运动规律和改变这种运动规律的可能性和方法。前者属于分析问题，认知系统，即对系统组成、运动规律、属性和结构进行深入研究；后者属于设计问题，改造系统，即针对具体的设计要求和控制目标，采用合适的方法和手段实现。

从这个方面讲，前面提到的四个基本步骤中前两步属分析范畴，后两步属设计范畴。

系统分析包含两个大的方面：定量与定性。定量分析要求给出运动的解析解或数值解，由此探索总结运动规律和特性，但从这种解析解或数值解获得的认识并不够深刻和明确。例如，保证系统能在带有一定扰动情况下正常工作，即希望能够在足够长的时间之后恢复到希望的响应轨迹上来；再如，是否存在一个容许的有效输入使系统能够产生希望的动作或运动。对此，基于系统的定量分析并不能立即得到答案，只有通过定量分析才能得到结论性的答案。

系统设计侧重于从外部对系统进行干预，使改变后的系统满足所规定的任务或性能要求。这里从外部干预实际上就是通过调整系统输入（控制变量）改变系统结构和性能。控制变量改变可以依时间，也可以依系统信息，前者对应开环控制，后者对应闭环控制，显然后者可以敏感系统信息的变化，实现依变化调节，因而具有一定的抗扰能力，得到广泛应用。另外，系统设计要有目标，这个目标称为性能指标，指标的不同决定了不同的设计问题。目标有单目标、多目标之分；非优化、优化目标之分，需根据实际情况进行合理选择。

现代控制理论包括了状态空间描述方法、运动解与状态转移、稳定性理论、能观能控性、极点配置方法、观测器设计、最优控制（LQR、LQG）、参数估计理论、鲁棒控制、自适应控制、分布式参数控制、非线性控制、多维系统理论等内容。本教材主要关注状态空间描述方法、运动解与状态转移、稳定性理论、能观能控性、极点配置方法、观测器设计、最优控制（LQR、LQG）这几个部分，在论述时注重工程应用，并与基于传递函数的分析与设计相结合，深刻理解经典控制理论与现代控制理论的联系。

习　题

1.1　已知线性变换 $\boldsymbol{T}$ 在基 $\boldsymbol{\xi}_1,\boldsymbol{\xi}_2,\boldsymbol{\xi}_3,\boldsymbol{\xi}_4$ 下的矩阵为 $\boldsymbol{A}=\begin{pmatrix}5&4&8&3\\0&5&4&-2\\-2&7&-3&1\\1&9&2&-7\end{pmatrix}$，给定另一组基 $\varepsilon_1=2\boldsymbol{\xi}_1+\boldsymbol{\xi}_3+\boldsymbol{\xi}_4$，$\varepsilon_2=5\boldsymbol{\xi}_2+2\boldsymbol{\xi}_3+9\boldsymbol{\xi}_4$，$\varepsilon_3=5\boldsymbol{\xi}_3+\boldsymbol{\xi}_4$，$\varepsilon_4=3\boldsymbol{\xi}_4$，求在此基下的矩阵 $\boldsymbol{B}$。

1.2　求下列多项式矩阵 $\boldsymbol{D}(s)$ 和 $\boldsymbol{N}(s)$ 的两个不同的最大右公因子：

$$\boldsymbol{D}(s)=\begin{pmatrix}s^2+2s & s+3\\2s^2+s & 3s-2\end{pmatrix},\boldsymbol{N}(s)=(s\quad 1)$$

1.3　化下面多项式矩阵为 Smith 规范型。

$$\boldsymbol{Q}(s)=\begin{pmatrix}0 & 0 & (s+1)^2 & -s^2+s+1\\0 & 0 & -(s+1) & s-1\\s+1 & s^2 & s^2+s+1 & s\end{pmatrix}$$

1.4　证明单模矩阵的 Smith 标准型为单位矩阵。

1.5　证明：若方阵 $\boldsymbol{A}$ 为非奇异，λ 为矩阵 $\boldsymbol{A}$ 的一个特征值，则 λ^{-1} 必为 $\boldsymbol{A}^{-1}$ 的特征值。

1.6　设 $\boldsymbol{A}$ 和 $\boldsymbol{B}$ 为同维非奇异方阵，证明 $\boldsymbol{AB}$ 的特征值必等同于 $\boldsymbol{BA}$ 的特征值，并确定二者特征向量间关系。

1.7　求下面矩阵的特征值和特征向量。

(1) $\boldsymbol{A}=\begin{pmatrix}0&1&0\\3&0&2\\-12&-7&-6\end{pmatrix}$；　(2) $\boldsymbol{A}=\begin{pmatrix}4&1&-2\\1&0&2\\1&-1&3\end{pmatrix}$。

1.8　已知一矩阵 $\boldsymbol{A}=\begin{pmatrix}5.01&3\\5.00&3\end{pmatrix}$，求 $\boldsymbol{A}$ 的病态性。

1.9　求转移矩阵 $\mathbf{e}^{\boldsymbol{A}t}$。

(1) 已知 $\boldsymbol{A}=\begin{pmatrix}1&1\\4&1\end{pmatrix}$，根据拉氏反变换求解转移矩阵 $\mathbf{e}^{\boldsymbol{A}t}$。

(2) 已知 $\boldsymbol{A}=\begin{pmatrix}4&1&-2\\1&0&2\\1&-1&3\end{pmatrix}$，根据 C-H 有限项展开法求解转移矩阵 $\mathbf{e}^{\boldsymbol{A}t}$。

1.10　判断下面 MFD 为非真、真或严真：

$$\begin{pmatrix} s^2-1 & s+1 \\ 3 & s^2-1 \end{pmatrix}^{-1} \begin{pmatrix} s-1 & s+1 \\ s^2 & 2s+2 \end{pmatrix}$$

1.11　给定有理函数矩阵 $\boldsymbol{G}(s)$ 的一个 LMFD：

$$\boldsymbol{G}(s)=\begin{pmatrix} s^2 & 0 \\ 1 & -s+1 \end{pmatrix}^{-1} \begin{pmatrix} s+1 & 0 \\ 1 & 1 \end{pmatrix}$$

试确定该 LMFD 是否为最小阶；如果是，求出另一最小阶 LMFD，如果，求出其最小阶 LMFD。

1.12　设 $\boldsymbol{A}^{-1}(s)\boldsymbol{B}(s)=\bar{\boldsymbol{A}}^{-1}(s)\bar{\boldsymbol{B}}(s)$ 均为不可简约的 LMFD，证明 $\boldsymbol{V}(s)=\boldsymbol{A}(s)\bar{\boldsymbol{A}}^{-1}(s)$ 为单模矩阵。
提示：利用 Bezout 互质性判据证明 $\boldsymbol{V}(s)$ 与 $\boldsymbol{V}^{-1}(s)$ 均为多项式矩阵就可说明 $\boldsymbol{V}(s)$ 是单模矩阵。

1.13　给定一个 RMFD $\boldsymbol{N}(s)\boldsymbol{D}^{-1}(s)$，其中

$$\boldsymbol{D}(s)=\begin{pmatrix} s^2+2s & 1 \\ 3s^3+4s^2-4s+3 & 3s-2 \end{pmatrix}$$

试证明：对任意 2×2 多项式矩阵 $\boldsymbol{N}(s)$，$\boldsymbol{N}(s)\boldsymbol{D}^{-1}(s)$ 必为不可简约的。（提示：这里的 $\boldsymbol{D}(s)$ 为单模矩阵，据互质性秩判据便可说明任意选取 $\boldsymbol{N}(s)$ 不影响互质性，进而说明不可简约。）

1.14　给出下列有理函数的 Smith-McMillan 规范型

$$\boldsymbol{G}(s)=\begin{pmatrix} \dfrac{s^2}{(s+1)(s+2)^2} & \dfrac{s+1}{(s+2)^2} \\ \dfrac{-s}{(s+2)^2} & \dfrac{1}{s+2} \end{pmatrix}$$

第 2 章　动态系统的模型与变换

2.1　引　　言

系统除了输出量外，还包含其他相互独立的变量，在经典控制理论中传递函数和微分方程对这些内部的变量不便给出直接描述，因而有必要发展一种全息描述系统信息的方法，这就是状态空间法。状态空间模型能够揭示系统的全部运动状态，并且采用了一阶微分方程组或差分方程组形式，这种模型特别有利于数值计算，得到形象的图形表示。

本章首先讨论状态空间描述的相关概念，并利用状态空间描述方法对系统进行建模，讨论状态空间的实现问题；其次讨论了如何使用线性变换理论对状态空间描述进行坐标变换，在此基础上阐述线性时不变系统的特征结构；再次对传递函数阵描述与多项式矩阵描述及其与状态空间描述的关系进行了详细阐述；最后讨论了非本质非线性系统的线性化问题。

2.2　状态与状态空间模型

在第 1 章已给出抽象的状态与状态空间的概念，但并没详细的阐述其特征。本节将对相关的几个概念作明确界定，给出描述各种系统的状态空间表达式，并讨论它们的状态模拟结构图。

2.2.1　状态变量、矢量与选取

系统状态就是指系统过去、现在和将来的状况。

思考　考虑图 2-1 所示作直线运动的小车，状态指什么？

选取足以完全表征系统运动状态而个数最少的一组变量，称为状态矢量。设一组状态变量为 $x_1(t), x_2(t), \cdots, x_n(t)$ 且 $t \geqslant t_0$，则

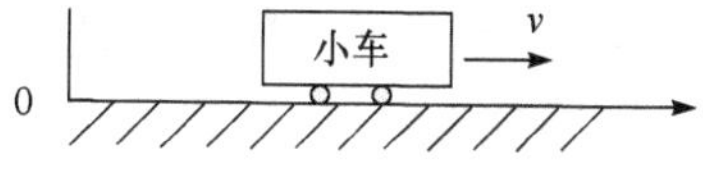

图 2-1　直线运动的小车

(1)"完全表征"的含义是在任何时刻 $t=t_i$，这组变量的值 $x_1(t_i), x_2(t_i), \cdots, x_n(t_i)$ 就表示系统在该时刻的状态；当 $t \geqslant t_0$ 时的输入 $\boldsymbol{u}(t)$ 给定后，在 n 个独立初始条件 $x_1(t_0), x_2(t_0), \cdots, x_n(t_0)$ 已知条件下，由于微分方程要有唯一解，状态变量就能完全确定系统在 $t \geqslant t_0$ 时的行为。

(2)"个数最少"的含义是减小变量个数将破坏表征的完整性，而增加则会产生冗余且没必要，实际上状态变量的个数一般就是系统中储能元件个数，但必须相互间独立；同时状态变量选取不唯一，且这些变量相互独立。这一点可以在下一节的例子中体会。

将 n 个状态变量写成一个向量形式，称为状态矢量，记

$$\boldsymbol{x}(t) = (x_1(t) \quad x_2(t) \quad \cdots \quad x_n(t))^{\mathrm{T}} \tag{2-1}$$

将这种矢量的代数表示与几何概念联系起来，状态矢量中的各元素代表了该矢量在某种 n 维坐标系下各轴的坐标值。而由此 n 维坐标系构成的 n 维空间称为状态空间。状态矢量$\boldsymbol{x}(t)$就

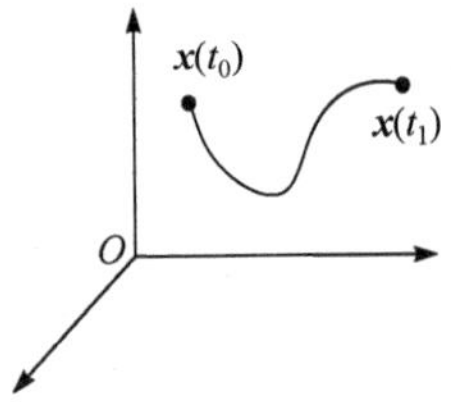

图 2-2　状态与其轨线

是状态空间中的一点。经历时间 t_0-t 过程状态轨迹变化曲线称为状态轨线，如图 2-2 所示。根据状态变量选取的非唯一性，设 $\boldsymbol{x}(t)$ 与 $\boldsymbol{z}(t)$ 是任意选取的两组状态矢量，根据线性空间坐标变换，两者间关系可通过非奇异矩阵联系起来，即

$$\boldsymbol{x}(t)=\boldsymbol{P}\boldsymbol{z}(t) \tag{2-2}$$

式中，$\boldsymbol{P}$ 是 $\boldsymbol{x}(t)$ 所在的旧基到 $\boldsymbol{z}(t)$ 所在的新基的过渡矩阵。由于过渡矩阵的非奇异性，所以有

$$\boldsymbol{z}(t)=\boldsymbol{P}^{-1}\boldsymbol{x}(t) \tag{2-3}$$

2.2.2　状态空间描述的一般形式

在状态空间中可采用数学手段描述一个动态系统，包括两部分，一部分是状态方程，它由系统的状态变量构成一阶微分方程组，表示了由输入引起的状态变化是一个动态过程，需要用微分方程或差分方程表达；一部分是输出方程，它是状态和输入有关的静态函数关系。系统输出一般可以通过物理测量(直接或间接测量)得到；而系统状态描述系统内部行为，物理上不一定可观测或测量。

给出一个系统的状态空间描述，实际上就是建立状态空间模型。对不同的系统，它们的表达形式有区别。

(1) 非线性系统

连续系统：

$$\begin{aligned}\dot{\boldsymbol{x}}&=\boldsymbol{f}(\boldsymbol{x},\boldsymbol{u},t)\triangleq\boldsymbol{f}(\boldsymbol{x},t),\boldsymbol{x}(t_0)=\boldsymbol{x}_0,t\geqslant t_0\\ \boldsymbol{y}&=\boldsymbol{g}(\boldsymbol{x},\boldsymbol{u},t)\triangleq\boldsymbol{g}(\boldsymbol{x},t)\end{aligned} \tag{2-4}$$

离散系统：

$$\begin{aligned}\boldsymbol{x}(k+1)&=\boldsymbol{f}(\boldsymbol{x}(k),\boldsymbol{u}(k),k)\\ \boldsymbol{y}(k)&=\boldsymbol{g}(\boldsymbol{x}(k),\boldsymbol{u}(k),k),k=0,1,2,\cdots\end{aligned} \tag{2-5}$$

式中，$\boldsymbol{f}(\cdot)\boldsymbol{g}(\cdot)$ 的全部或至少一个组成元为状态变量 $x_i(t)(x_i(k))$，$i=1,2,\cdots,n$ 和 $u_i(t)(u_i(k))$，$i=1,2,\cdots,p$ 的非线性函数。一般情况下，状态的维数 n 大于等于输出维数 q。需要注意的是，非线性系统可能存在着本质非线性环节，如继电、饱和、滞环等。

(2) 线性系统

计及第 1 章 1.10 节所述内容，等效意义下表示线性系统如下。

连续系统：

$$\begin{aligned}\dot{\boldsymbol{x}}&=\boldsymbol{A}(t)\boldsymbol{x}+\boldsymbol{B}(t)\boldsymbol{u},\quad \boldsymbol{x}(t_0)=\boldsymbol{x}_0,t\geqslant t_0\\ \boldsymbol{y}&=\boldsymbol{C}(t)\boldsymbol{x}+\boldsymbol{D}(t)\boldsymbol{u}\end{aligned} \tag{2-6}$$

当参数时不变时，有

$$\begin{aligned}\dot{\boldsymbol{x}}&=\boldsymbol{A}\boldsymbol{x}+\boldsymbol{B}\boldsymbol{u}\\ \boldsymbol{y}&=\boldsymbol{C}\boldsymbol{x}+\boldsymbol{D}\boldsymbol{u}\end{aligned} \tag{2-7}$$

简记为 $\Sigma(\boldsymbol{A},\boldsymbol{B},\boldsymbol{C},\boldsymbol{D})$。

离散系统：

$$\begin{aligned}\boldsymbol{x}(k+1)&=\boldsymbol{G}(k)\boldsymbol{x}(k)+\boldsymbol{H}(k)\boldsymbol{u}(k)\\ \boldsymbol{y}(k)&=\boldsymbol{C}(k)\boldsymbol{x}(k)+\boldsymbol{D}(k)\boldsymbol{u}(k),k=0,1,2,\cdots\end{aligned} \tag{2-8}$$

当参数时不变时，有

$$
\begin{aligned}
\boldsymbol{x}(k+1)&=\boldsymbol{G}\boldsymbol{x}(k)+\boldsymbol{H}\boldsymbol{u}(k)\\
\boldsymbol{y}(k)&=\boldsymbol{C}\boldsymbol{x}(k)+\boldsymbol{D}\boldsymbol{u}(k)
\end{aligned}
\tag{2-9}
$$

简记为 $\Sigma(\boldsymbol{G},\boldsymbol{H},\boldsymbol{C},\boldsymbol{D})$。

上述方程中，$\boldsymbol{A}$ 和 $\boldsymbol{G}$ 称为 $n\times n$ 系统矩阵，$\boldsymbol{B}$ 和 $\boldsymbol{H}$ 称 $n\times p$ 控制矩阵，$\boldsymbol{C}$ 称为 $q\times n$ 输出矩阵，$\boldsymbol{D}$ 称为 $q\times p$ 直接传递矩阵(关联矩阵)。上面四式中，当 $\boldsymbol{D}$ 为 $\boldsymbol{0}$ 时，称系统为惯性系统。后面的章节在不说明这些矩阵维数时，均按这里的规定解释。

下面对线性系统与非线性系统说明几点如下。

(1) 实际上，现实世界一切实际系统均属非线性系统，线性系统只是忽略次要非线性因素后导出的理想化的模型，但同时也必须指出，完全可以将相当多的实际系统按照线性系统对待与处理，当然需要有足够的吻合实际系统的精度。如果限于讨论某个$(\boldsymbol{x}_e,\boldsymbol{u}_e)$的足够小邻域内的运动，那么任一光滑非线性系统均可通过 Taylor 展开，在这一邻域内用一个线性系统来代替。另外，光滑非线性系统也可以通过精确线性化方法(见本章 2.8 节)进行线性化。

(2) 无论线性系统，还是非线性系统都有单输入单输出(SISO)与多输入多输出(MIMO)之分。SISO 系统与 MIMO 系统输入与输出的维数不同，对 MIMO 系统的分析与综合要比 SISO 系统复杂得多。

(3) 在零初始条件下可以将线性定常系统转化成表示输入输出特性的传递函数矩阵形式(如下式)。

$$
\boldsymbol{G}(s)=\begin{pmatrix}
\dfrac{n_{11}(s)}{d_{11}(s)} & \cdots & \dfrac{n_{1p}(s)}{d_{1p}(s)}\\
\vdots & & \vdots\\
\dfrac{n_{q1}(s)}{d_{q1}(s)} & \cdots & \dfrac{n_{qp}(s)}{d_{qp}(s)}
\end{pmatrix}
\tag{2-10}
$$

式中，$n_{ij}(s),d_{ij}(s)\in\mathbf{R}(s),d_{ij}(s)\neq 0$，且假定 $n_{ij}(s)$和 $d_{ij}(s)$没有非常数公约式。

(4) 可以将线性定常系统转化成多项式矩阵描述形式，可写成多项式系统矩阵

$$
\boldsymbol{S}=\begin{pmatrix} s\boldsymbol{I}-\boldsymbol{A} & \boldsymbol{B}\\ -\boldsymbol{C} & \boldsymbol{D}\end{pmatrix}\text{或}\begin{pmatrix} s\boldsymbol{I}-\boldsymbol{A} & -\boldsymbol{B}\\ \boldsymbol{C} & \boldsymbol{D}\end{pmatrix}
\tag{2-11}
$$

(5) 时不变只是时变的理想情况，但只要这种时变过程较系统动态过程变化足够慢，那么采用时不变系统模型进行分析仍可保证足够的精度。

(6) 由于时间本质上是连续的，几乎在自然界和工程界中的所有系统都归属于连续时间范畴，但时间又有度量上的离散特点，又使社会经济领域中的许多问题适宜作为离散时间系统来处理和研究。

上述给出的系统均属确定性系统，即系统的特性和参数、输入和扰动是随时间有规律的确定函数，所以动态过程也是时间变量的确定函数，可以求解唯一确定响应。实际上还有不确定系统，输入或扰动是随机变量，系统参数与特性包含不确定性，它们分别发展成为独立分支：随机系统理论和鲁棒理论。

2.2.3 状态空间的系统框图和模拟结构图

与古典控制理论类似，状态空间也可用方框系统结构图来表示。式(2-7)和式(2-9)的方框图表示如图 2-3 所示。

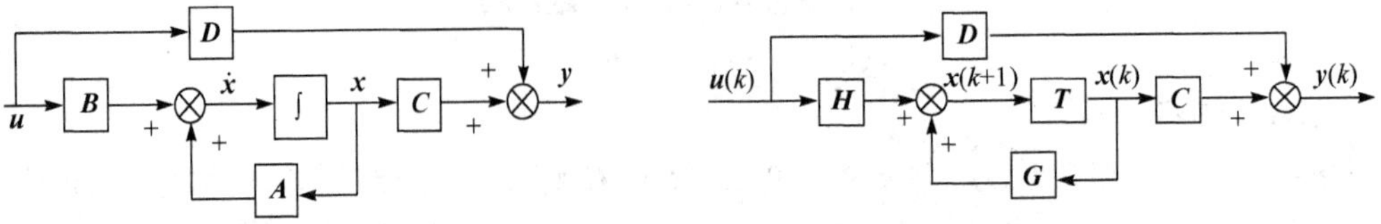

(a) 连续系统框图 (b) 离散系统框图

图 2-3 线性系统的方框系统结构图

状态空间表达式和系统框图说明：它们既表征了输入对于系统内部状态的因果关系，又反映了内部状态对于外部输出的影响，所以状态空间表达式是对系统的一种完全描述。

更进一步将系统框图细化可以画出模拟结构图，即用有源模拟器件搭建的模拟结构图。一般采用如图 2-4 所示的记号。绘制系统模拟结构图的一般步骤如下。

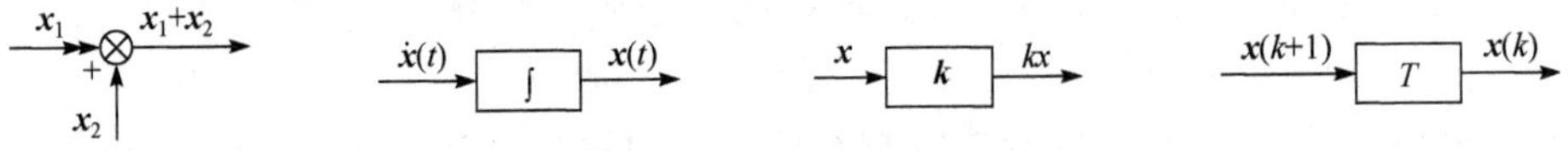

(a) 加法器 (b) 积分器 (c) 放大器 (d) 单位延迟

图 2-4 模拟结构图基本部件

(1) 对于连续系统绘制积分器；对于离散系统绘制单位延迟。

(2) 画出加法器和放大器。

(3) 用线连接各元件，并用箭头给出信号传递的方向。

例 2-1 绘制微分方程的模拟结构图。

已知某系统的微分方程如下，画出一个模拟结构图。

$$\frac{\mathrm{d}^4 y(t)}{\mathrm{d}t^4}+3\frac{\mathrm{d}^3 y(t)}{\mathrm{d}t^3}+3\frac{\mathrm{d}^2 y(t)}{\mathrm{d}t^2}+2\frac{\mathrm{d}y(t)}{\mathrm{d}t}=\frac{\mathrm{d}u(t)}{\mathrm{d}t}+3u(t)$$

解 (1) 将题中式子写成

$$\frac{\mathrm{d}^4 y(t)}{\mathrm{d}t^4}=-3\frac{\mathrm{d}^3 y(t)}{\mathrm{d}t^3}-3\frac{\mathrm{d}^2 y(t)}{\mathrm{d}t^2}-2\frac{\mathrm{d}y(t)}{\mathrm{d}t}+\frac{\mathrm{d}u(t)}{\mathrm{d}t}+3u(t)$$

(2) 按绘制模型结构图步骤画图，如图 2-5 所示。

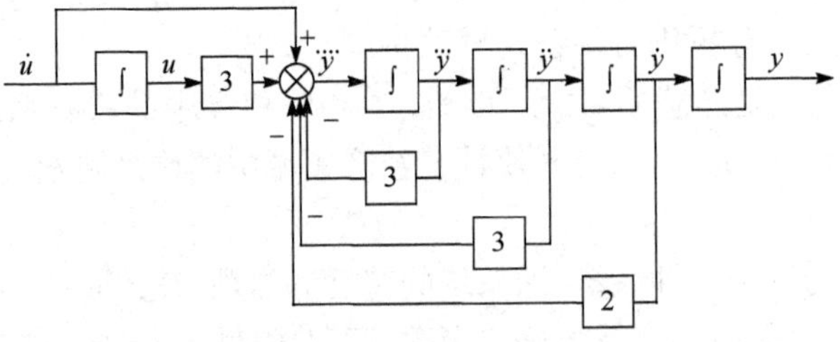

图 2-5 例 2-1 的状态模拟结构图

例 2-2 绘制状态空间描述的系统模拟结构图。

画出下面状态空间描述的系统模拟结构图。

$$\dot{x}_1=x_2+f(u)$$

$$\dot{x}_2=x_3$$

$$\dot{x}_3=-6x_1-3x_2-2x_3+u$$

$$y=x_1+x_2$$

解 按绘制模型结构图步骤画图，如图 2-6 所示。

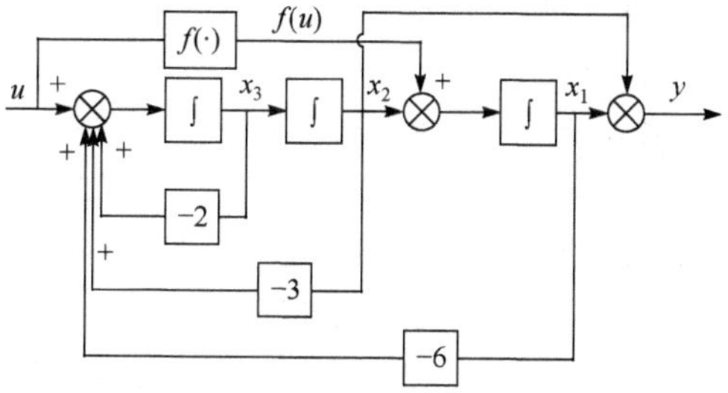

图 2-6 例 2-2 的状态模拟结构图

例 2-3 由传递函数框图绘制系统模拟结构图。

根据位置随动闭环系统的传递函数框图(图 2-7)画状态变量模拟结构图，并求状态方程。

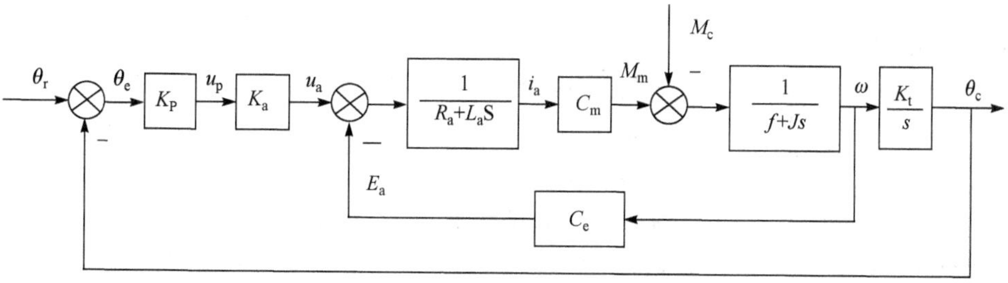

图 2-7 例 2-3 的位置随动闭环系统框图

解 各环节的模拟结构图如图 2-8 所示。

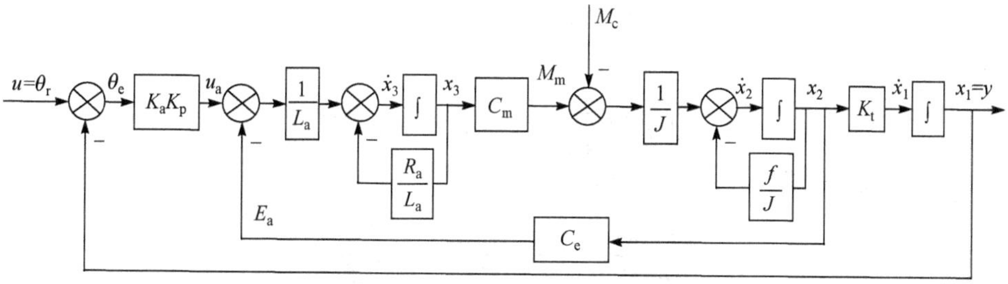

图 2-8 例 2-3 的位置随动闭环模拟结构图

从图可知状态空间描述为

$$\dot{x}_1=K_t x_2$$

$$\dot{x}_2=-\frac{f}{J}x_2+\frac{C_m}{J}x_3-\frac{M_c}{J}$$

$$\dot{x}_3=-\frac{K_a K_p}{L_a}x_1-\frac{C_e}{L_a}x_2-\frac{R_a}{L_a}x_3+\frac{K_a K_p}{L_a}u$$

$$y=x_1$$

思考 若传递函数框图中含有零点的环节，如何处理？对二阶传递环节，又如何处理？

2.3 基于机理的状态空间建模

本节针对几种类型的系统建立状态空间模型。

例 2-4 离散系统建模。

设某国普查统计 2001 年城乡人口的分布是城市人口为 1 千万，乡村为 9 千万。人口的自然流动情况：每年 4%上一年城市人口迁移到乡村，同时有 2%的反向迁移。而人口的自然增长率为 1%。此国的激励政策为一个单位的正控制措施可激励 5 万城市人口迁移到乡村；而一个单位的负控制措施结果相反。仅考虑每年城市、乡村人口数极大无关情况下，建立此国家的人口城乡分布的状态空间描述。提示：以 2001 年为起点，$k=0$ 代表 2001 年。

解 令 $x_1(k)$为某年的城市人口，$x_2(k)$为某年的乡村人口，则依题进行分析得

$$x_1(k+1)=(1+1\%)[(1-0.04)x_1(k)+0.02x_2(k)-5\times10^4u(k)],x_1(0)=10^7$$

$$x_2(k+1)=(1+1\%)[0.04x_1(k)+(1-0.02)x_2(k)+5\times10^4u(k)],x_2(0)=9\times10^7$$

$$y(k)=x_1(k)+x_2(k)$$

例 2-5 电路建模。

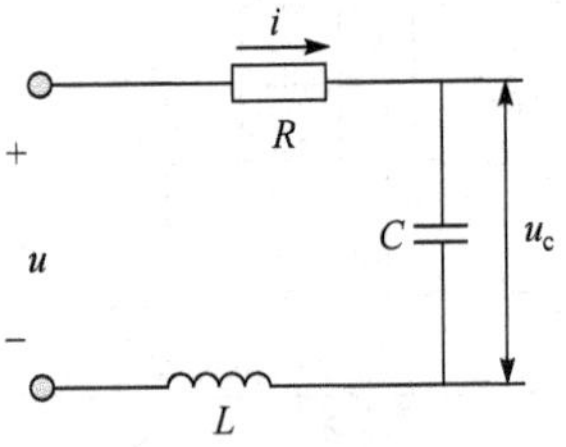

图 2-9 RLC 电路

如图 2-9 所示的 RLC 电路，u 是输入电源电压，u_c 是 C 两端电压，i 是流经 L 的电流。建立两种以上的状态变量表达的状态空间模型。

解 L、C 有两个储能元件，故有两个状态变化。根据 VAR 和 KVL 可以建立模型

$$C\frac{du_c}{dt}=i(\text{VAR})$$

$$L\frac{di}{dt}+Ri+u_c=u(\text{KVL})$$

于是建立模型可得

$$\ddot{u}_c+\frac{R}{L}\dot{u}_c+\frac{1}{LC}u_c=\frac{1}{LC}u$$

最后拉氏变换得到

$$\frac{u_c(s)}{u(s)}=\frac{1/LC}{s^2+(R/L)s+1/LC}$$

(1) 选择 $x_1=u_c,x_2=i$

$$\begin{pmatrix}\dot{x}_1\\ \dot{x}_2\end{pmatrix}=\begin{pmatrix}0 & 1/C\\ -1/L & -R/L\end{pmatrix}\begin{pmatrix}x_1\\ x_2\end{pmatrix}+\begin{pmatrix}0\\ 1/L\end{pmatrix}u$$

$$y=(1\quad 0)\begin{pmatrix}x_1\\ x_2\end{pmatrix}$$

(2) 选择 $\bar{x}_1=u_c,\bar{x}_2=\dot{u}_c$

$$\begin{pmatrix}\dot{\bar{x}}_1\\ \dot{\bar{x}}_2\end{pmatrix}=\begin{pmatrix}0 & 1\\ -1/LC & -R/LC\end{pmatrix}\begin{pmatrix}\bar{x}_1\\ \bar{x}_2\end{pmatrix}+\begin{pmatrix}0\\ 1/L\end{pmatrix}u$$

$$y=(1\quad 0)\begin{pmatrix}\bar{\boldsymbol{x}}_1\\ \bar{\boldsymbol{x}}_2\end{pmatrix}$$

(3) 选择 $\tilde{x}_1=L\dot{q}+Rq,\tilde{x}_2=q$

$$\begin{pmatrix}\dot{\tilde{x}}_1\\ \dot{\tilde{x}}_2\end{pmatrix}=\begin{pmatrix}0 & 1/C\\ -1/L & -R/L\end{pmatrix}\begin{pmatrix}\tilde{x}_1\\ \tilde{x}_2\end{pmatrix}+\begin{pmatrix}1\\ 0\end{pmatrix}u$$

$$y=(0\quad 1/C)\begin{pmatrix}\tilde{x}_1\\ \tilde{x}_2\end{pmatrix}$$

通过上述计算分析，可知该系统是一个线性时不变系统，且是惯性系统。状态变量的选取不唯一，但个数是确定的，且等于储能元件的个数。不同的状态变量得到的动态方程不一样，但都是描述同一个 RLC 电路的，其输入输出关系没变。这说明，根据输入输出关系求状态空间表达有无穷多个。同时，根据计算结果 $\boldsymbol{x},\bar{\boldsymbol{x}},\tilde{\boldsymbol{x}}$ 可通过线性变换互相得到，变化过程如下：

$$\bar{\boldsymbol{x}}=\begin{pmatrix}1 & 0\\ 0 & 1/C\end{pmatrix}\boldsymbol{x}=\boldsymbol{P}_1\boldsymbol{x},\tilde{\boldsymbol{x}}=\begin{pmatrix}RC & LC\\ C & 0\end{pmatrix}\bar{\boldsymbol{x}}=\boldsymbol{P}_2\bar{\boldsymbol{x}}=\boldsymbol{P}_2\boldsymbol{P}_1\boldsymbol{x}$$

另外，状态变量的选取不一定具有物理意义，也不一定可测量，如第三种选择方式的第一个状态，但从工程实际角度出发，选择具有物理意义的量。

例 2-6 机械运动建模。

如图 2-10 所示的机械系统，M 为物体的质量，K 为弹簧系数，B 为阻尼器，f 为外加的力，y 为受力后弹簧的位移，试写出该机械系统的状态方程。

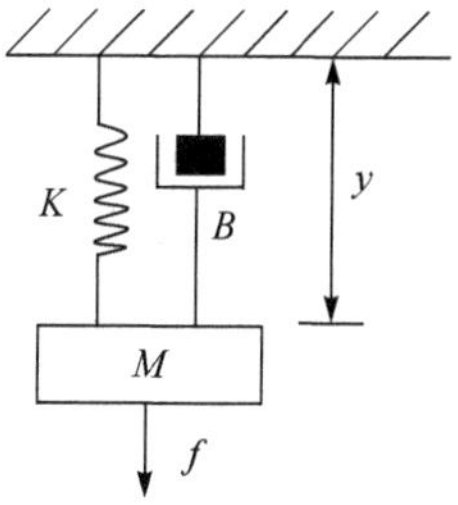

图 2-10 机械运动模型图

解 利用牛顿力学第二定律，可以得到(注意：阻尼系数与物体运动速度成正比)

$$M\frac{\mathrm{d}^2y}{\mathrm{d}t^2}+B\frac{\mathrm{d}y}{\mathrm{d}t}+Ky=f+Mg$$

令 $x_1=y,x_2=\dot{y},u=f+Mg$，代入上式，化简写为状态空间表达式

$$\begin{pmatrix}\dot{x}_1\\ \dot{x}_2\end{pmatrix}=\begin{pmatrix}0 & 1\\ -\dfrac{K}{M} & -\dfrac{B}{M}\end{pmatrix}\begin{pmatrix}x_1\\ x_2\end{pmatrix}+\begin{pmatrix}0\\ \dfrac{1}{M}\end{pmatrix}u$$

$$y=[1\quad 0]\begin{bmatrix}x_1\\ x_2\end{bmatrix}$$

实际上，由基础物理学可知，电网络与机械系统有相似关系，例如：

作用于质量 m 上的力 $F=m\dot{v}=m\ddot{y}$，类似于作用于 L 上的电压 $u_L=L\dot{i}_L=L\ddot{q}$，类似于作用于 C 上的电流 $i_C=C\dot{u}_C=C\ddot{\psi}$；

作用于弹簧 K 上的力 $F=Ky=K\int v\mathrm{d}t$，类似于作用于 L 上的电流 $i_L=\psi/L=\int u_L\mathrm{d}t/L$，类似于作用于 C 上的电压 $u_C=q/C=\int i_C\mathrm{d}t/C$；

作用于阻尼器 B 上的力 $F=B\dot{y}=Bv$，类似于作用于 R 上的电压 $u=Ri$，类似于作用于 G 上的电流 $i=Gu$。

力矩也有类似的对应关系。

由上述相似关系得到两种电路与机械系统相似关系，如表 2-1 所示。

表 2-1　机械物理量与电网络物理量间的关系

机械运动系统	电网络系统	
	串联	并联
力 F(或转矩 M)	电压 u	电流 i
位移 y(或转角 θ)	电荷 q	磁链 ψ
速度 v(或角速度 ω)	电流 i	电压 u
质量 m(或惯量 J)	电感 L	电容 C
阻尼 B	电阻 R	电导 G(即 $R=1/B$)
弹性常数的倒数 $1/K$	电容 C	电感 L

思考　表 2-1 中的相似关系可将机械运动系统转化成电网络系统，在不考虑重力情况下，图 2-11 的转换对吗？这种转换说明了什么？（提示：首先确定不同电位（并联）的点或不同电流（串联）的支路个数。）

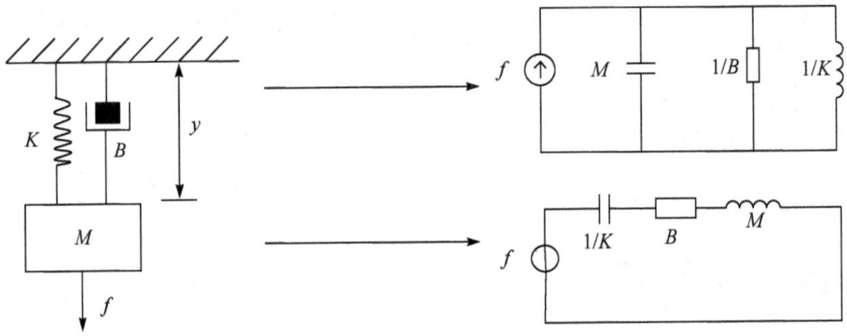

图 2-11　转换图

例 2-7　直流他励电动机建模。

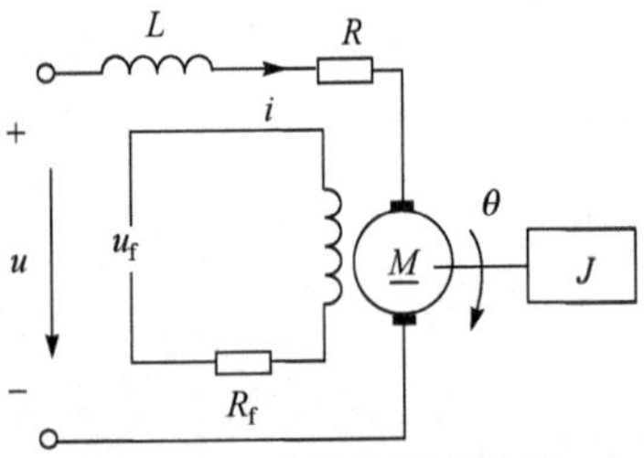

图 2-12　直流他励电动机

图 2-12 是直流他励电动机的示意图，设 K_a，K_b 分别为电动机转矩常数和反电动势常数，B 为旋转部件的黏性摩擦系数，ω 为转子转速，折合到电动机轴的总负载转矩为 M_l，反电动势与转子转速的关系为 $e=K_b\omega$，电磁转矩与电枢电流的关系为 $M_e=K_a i$。以转角、转速和电枢电流为状态，以电枢电压和总负载转矩为输入，以电枢电流为输出，建立状态空间表达式。

解　根据 KVL 可列方程

$$u=u_R+u_L+e=iR+L\frac{\mathrm{d}i}{\mathrm{d}t}+K_b\frac{\mathrm{d}\theta}{\mathrm{d}t}$$

根据机电转矩动力学可列方程

$$K_a i-M_l=J\frac{\mathrm{d}^2\theta}{\mathrm{d}t^2}+B\frac{\mathrm{d}\theta}{\mathrm{d}t}$$

设 $x_1=\theta, x_2=\dot{\theta}, x_3=i$，将上述式子化简写为状态空间表达式：

$$\begin{pmatrix}\dot{x}_1\\ \dot{x}_2\\ \dot{x}_3\end{pmatrix}=\begin{pmatrix}0 & 1 & 0\\ 0 & -B/J & K_a/J\\ 0 & -K_b/L & -R/L\end{pmatrix}\begin{pmatrix}x_1\\ x_2\\ x_3\end{pmatrix}+\begin{pmatrix}0 & 0\\ 0 & 1/J\\ 1/L & 0\end{pmatrix}\begin{pmatrix}u\\ M_l\end{pmatrix}$$

$$y=(1\quad 0\quad 0)\begin{pmatrix}x_1\\ x_2\\ x_3\end{pmatrix}$$

例 2-8 直线单级倒立摆系统建模。

倒立摆系统与机器人的站立与行走、火箭发射与飞行过程、卫星姿态稳定、卫星伺服云台稳定与消震有很大的相似性，因此对倒立摆控制机理的研究具有重要的理论和实践意义。图 2-13(a)为直线单级倒立摆实际设备，为方便分析，将其抽象为小车与摆杆的示意图，如图 2-13(b)所示。

解 定义逆时针转动为正方向。单级倒立摆受力分析图如图 2-14 所示，设摆杆的重心为(x_g,y_g)，则

$$\begin{cases}x_g=x-l\sin\phi\\ y_g=l\cos\phi\end{cases}\tag{2-12}$$

根据牛顿定律建立系统垂直和水平方向的动力学方程。

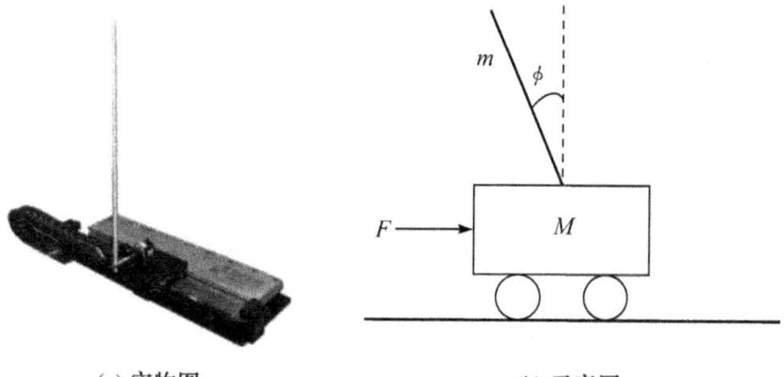

(a) 实物图　(b) 示意图

图 2-13 直线单级倒立摆系统

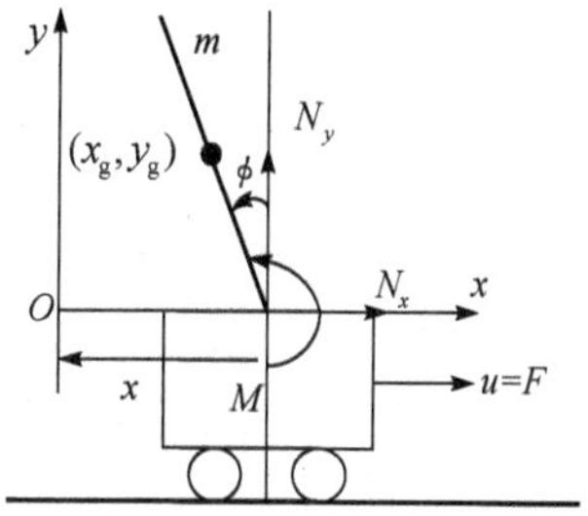

图 2-14 单级倒立摆受力分析图

(1) 摆杆绕其重心转动的动力学方程为

$$J\ddot{\phi}=N_y l\sin\phi+N_x l\cos\phi-b_1\dot{\phi}\tag{2-13}$$

式中，J 为摆杆绕其重心的转动惯量，$J=\frac{1}{12}mL^2\overset{L=2l}{=\!=\!=}\frac{1}{3}ml^2$。这里，杆重力的转动力矩为 0，小车运动引起的杆牵连运动的惯性力的转矩也为 0。

(2) 摆杆重心的水平动力学方程为

$$m\frac{\mathrm{d}^2(x-l\sin\phi)}{\mathrm{d}t^2}=N_x\tag{2-14}$$

(3) 摆杆重心的垂直动力学方程为

$$m\frac{\mathrm{d}^2(l\cos\phi)}{\mathrm{d}t^2}=N_y-mg\tag{2-15}$$

(4) 小车的水平动力学方程为

$$M\frac{\mathrm{d}^2x}{\mathrm{d}t^2}=F-N_x-b_2\frac{\mathrm{d}x}{\mathrm{d}t}\tag{2-16}$$

由式(2-14)、式(2-16)得

$$(M+m)\ddot{x}+b_2\dot{x}-ml\ddot{\phi}\cos\phi+ml\dot{\phi}^2\sin\phi=F \tag{2-17}$$

由式(2-13)、式(2-14)、式(2-15)得

$$(J+ml^2)\ddot{\phi}+b_1\dot{\phi}-ml\ddot{x}\cos\phi-mgl\sin\phi=0 \tag{2-18}$$

于是,计及 $u=F$ 得单级倒立摆动力学方程为

$$\ddot{\phi}=\frac{(M+m)mgl\sin\phi+mlu\cos\phi-m^2l^2\dot{\phi}^2\sin\phi\cos\phi-mlb_2\dot{x}\cos\phi-(M+m)b_1\dot{\phi}}{J(M+m)+m^2l^2\sin^2\phi+Mml^2} \tag{2-19}$$

$$\ddot{x}=\frac{(J+ml^2)u-(J+ml^2)ml\dot{\phi}^2\sin\phi+m^2l^2g\sin\phi\cos\phi-(J+ml^2)b_2\dot{x}-mlb_1\dot{\phi}\cos\phi}{J(M+m)+m^2l^2\sin^2\phi+Mml^2} \tag{2-20}$$

令 $\boldsymbol{z}=(x\quad \dot{x}\quad \phi\quad \dot{\phi})^{\mathrm{T}}$,$\boldsymbol{y}=(x\quad \phi)^{\mathrm{T}}$,计及表 2-2 所给参数,则系统的状态空间表达式为

$$\begin{aligned}
\dot{z}_1&=z_2\\
\dot{z}_2&=\frac{(J+ml^2)u-(J+ml^2)mlz_4^2\sin z_3+m^2l^2g\sin z_3\cos z_3-(J+ml^2)b_2z_2-mlb_1z_4\cos z_3}{J(M+m)+m^2l^2\sin^2 z_3+Mml^2}\\
\dot{z}_3&=z_4\\
\dot{z}_4&=\frac{(M+m)mgl\sin z_3+mlu\cos z_3-m^2l^2z_4^2\sin z_3\cos z_3-mlb_2z_2\cos z_3-(M+m)b_1z_4}{J(M+m)+m^2l^2\sin^2 z_3+Mml^2}\\
y_1&=z_1\\
y_2&=z_3
\end{aligned} \tag{2-21}$$

表 2-2　直线单级倒立摆系统参数

参数	大小
摆杆质量 m	0.109kg
小车质量 M	1.096kg
摆杆转动轴心到摆杆质心的长度 l	0.25m
摆杆绕其重心的转动惯量 J	$0.0034\text{kg}\cdot\text{m}^2$
摆杆与小车间的摩擦系数 b_1	$0.001\text{N}\cdot\text{m}\cdot\text{s}\cdot\text{rad}^{-1}$
小车水平运动的摩擦系数 b_2	$0.1\text{N}\cdot\text{s}\cdot\text{m}^{-1}$
摆杆与垂直向上方向的夹角 ϕ	$\theta-\pi$

可以进一步将此非线性模型用 Simulink 封装起来以便以后对其分析和设计使用。

思考　从哪些方面验证该模型的正确性?提示:从有无摩擦、初值条件、输入信号相关不同组合情况下的响应与物理现象比对验证模型的正确性。

例 2-9　磁悬浮系统建模。

利用磁力使物体处于无接触悬浮状态的设想是人类一个古老的梦想。由于磁铁有同性相斥和异性相吸两种形式,故磁浮也有两种相应的形式:一种是利用磁铁同性相斥原理而设计的磁浮系统,它利用车上超导体电磁铁形成的磁场与轨道上的线圈形成的磁场之间所产生的相斥力,使物体悬浮;另一种则是利用磁铁异性相吸原理而设计的磁浮系统,它通过吸引力平衡重力达到悬浮目的。一个实际的磁悬浮系统利用了集电磁学、电子技术、控制工程、信号处理、机械学、动力学为一体的典型的机电一体化技术。本例题引入一个简化的吸力型磁悬浮系统,

如图 2-15 所示，电磁铁绕组中通以一定的电流会产生电磁力，只要控制绕组中的电流使电磁力与重力平衡，钢球就可以悬浮在空中而处于平衡状态；该系用光源与光电池及其后处理组成无接触位移传感器。这里假设：

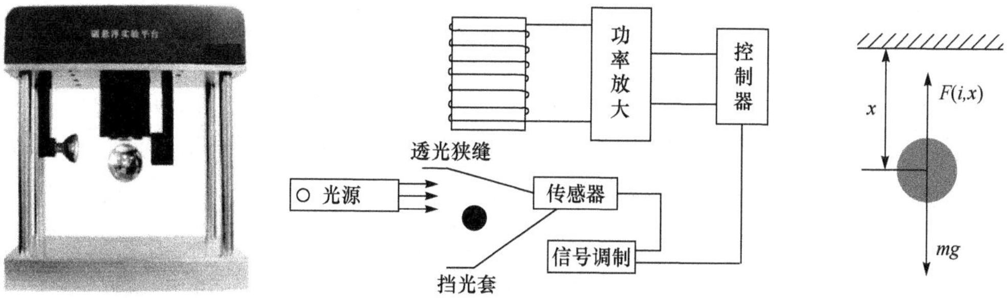

(a) 实物图　　(b) 示意图　　(c) 小球受力分析

图 2-15　磁悬浮系统

(1) 忽略漏磁通，磁通全部通过电磁铁的外部磁极气隙；磁通在气隙处均匀分布，忽略边缘效应。

(2) 坐标原点位于电磁铁下磁极面，取方向向下为正方向。

(3) 假设球所受的电磁力集中在中心点，且其中心点与质心重合，其受力分析如图 2-15(c)所示。

(4) 忽略小球和电磁铁铁心的磁阻，即认为铁心和小球的磁阻为零。则电磁铁与小球所组成的磁路的磁阻主要集中在两者之间的气隙上，即磁阻与小球位移的关系为 $R(x)=2x/(\mu_0 A)$，A 为螺线管一头的空气隙截面积，空气磁导率 $\mu_0=4\pi\times10^{-7}\,\mathrm{H/m}$。

(5) 采用电压-电流型功率放大器，且功率放大器的惯性时间常数非常小，可忽略不计，近似为比例系数 $K_a=5.8929$。

(6) 小球位移与光电池传感器信号调理后的测量电压间的变换关系为 $V_{out}=K_s(x-0.0125)$，其中变换系数 $K_s=-458.7156$。

基于上述假设和表 2-3 中的系统参数，建立其磁浮系统模型。

表 2-3　磁浮系统参数与相关物理量

参数	值	参数	值
小球质量 m	22g	浮球半径 r	12.5mm
平衡点电流 i_0/电压 u_0	0.6105A/8.4249V	平衡点小球位移 x_0	20.0mm
线圈匝数 N	2450 匝	漆包线径 d_w	ϕ0.8mm
铁心的导磁长度 l	55mm	电磁铁线圈的阻抗 R	13.8Ω
螺线管的直径 D	ϕ78mm	铁心直径 d	ϕ22mm
铁心导磁截面积 A_0	38.5350mm^2	螺线管一头的空气隙截面积 A	491.1329mm^2
空气磁导率 μ_0	$4\pi\times10^{-7}$H/m	铁心磁导率 μ	$1.2\pi\times10^{-4}$H/m
功率放大器比例 K_a	5.8929	位移与电压传递系数 K_s	−458.7156
小球未处于电磁场中时带铁心的电磁铁线圈静态电感 L_0	123.6mH	小球处于电磁场中时线圈中气隙为零时增加的电感 L_1	8.3mH
重力系数 g	9.8N/kg	小球位移 $x(t)$	取方向向下为正方向
电磁铁线圈中电流 $i(t)$	—	电压控制量 $u(t)$	—

解 (1) 小球动力学方程。

假设忽略小球受到的其他干扰力(风力、电网突变产生的力等),则小球在竖直方向的动力学方程可以描述为

$$m\frac{\mathrm{d}^2x(t)}{\mathrm{d}t^2}=F(i,x)+mg \tag{2-22}$$

(2) 电磁力模型。

由前面假设可知,磁路的磁阻主要集中在电磁铁磁极和小球所组成的气隙上。考虑到铁心由铁磁材料制成,其磁阻与气隙磁阻相比很小,可表示为

$$R(x)=\frac{l}{\mu A_0}+\frac{2x}{\mu_0 A}\approx\frac{2x}{\mu_0 A} \tag{2-23}$$

由磁路的基尔霍夫定律,得 $Ni=\phi(i,x)R(x)$,即

$$\phi(i,x)=\frac{Ni}{R(x)} \tag{2-24}$$

把式(2-23)代入式(2-24)得

$$\phi(i,x)=\mu_0 AN\frac{i}{2x} \tag{2-25}$$

在这里,假设电磁铁没有工作在磁饱和状态下,且每匝线圈中通过的磁通量都是相同的,则线圈的磁通链数为

$$\psi(i,x)=N\phi(i,x)=\mu_0 AN^2\frac{i}{2x} \tag{2-26}$$

由毕奥-萨伐尔定律,在空间任意一点所产生的磁感应强度都与回路中的电流强度成正比,因此通过回路所包围的面积的磁通量 ϕ 也与电流强度成正比,即

$$N\phi=Li \tag{2-27}$$

则瞬间时电磁铁绕组线圈电感为

$$L(i,x)=\frac{\psi(i,x)}{i}=\frac{\mu_0 AN^2}{2x} \tag{2-28}$$

磁场的能量 $W_{\mathrm{m}}(i,x)$ 为

$$W_{\mathrm{m}}(i,x)=\frac{1}{2}L(i,x)i^2 \tag{2-29}$$

式中,A 为电磁铁下方整个空气隙的磁通截面积。

但计及小球的截面积与螺线管等效直径的大小关系,通过小球截面积的能量为

$$W'_{\mathrm{m}}(i,x)=\frac{1}{2}K_f L(i,x)i^2 \tag{2-30}$$

式中,$K_{\mathrm{f}}=(2r/((D-d)/2+d))^2$。于是小球电磁的吸引力为

$$F(i,x)=\frac{\partial W'_{\mathrm{m}}(i,x)}{\partial x}=\frac{\partial\left(\dfrac{\mu_0 K_f AN^2 i^2}{4x}\right)}{\partial x}=-\frac{\mu_0 AN^2 K_{\mathrm{f}}}{4}\left(\frac{i}{x}\right)^2 \tag{2-31}$$

由于 μ_0、A、N、K_{f} 均为常数,故可定义一常系数 K

$$K=-\frac{\mu_0 AN^2 K_f}{4} \tag{2-32}$$

则电磁力可改写为

$$F(i,x)=K\left(\frac{i}{x}\right)^2 \tag{2-33}$$

另外，小球处于平衡状态时，其加速度为零，由牛顿第二定律可知小球此时所受合力为零。小球受到向上的电磁力与小球自身的重力相等，即

$$mg+F(i_0,x_0)=0 \tag{2-34}$$

这就是系统平衡的边界条件。

(3) 电磁铁中控制电压和电流的模型。

为了研究问题方便，将电磁铁线圈模型化，即考虑主要特性，忽略次要特性。将电磁铁线圈用一电阻 R 与一电感线圈 L 串联来代替。同时，为了减小误差，模型应充分考虑悬浮小球对电磁线圈的影响。由电磁感应定律及电路的基尔霍夫定律可知有如下关系：

$$u(t)=Ri(t)+\frac{\mathrm{d}\psi(i,x)}{\mathrm{d}t}=Ri(t)+\frac{\mathrm{d}[L(x)i(t)]}{\mathrm{d}t} \tag{2-35}$$

Woodson 和 Melcher 于 1968 年根据实验数据给出了电磁铁绕组上的瞬时电感 $L(x)$ 与气隙 x 的关系，如图 2-16 所示。它可以用下式来求取

$$L(x)=L_0+\frac{L_1}{1+x/a} \tag{2-36}$$

式中，L_0 为小球没处于电磁场中时的静态电感；L_1 为小球处于电磁场中时线圈中气隙为零时增加的电感；a 为磁极附近一点到磁极表面的气隙，其值可以通过实验得到。

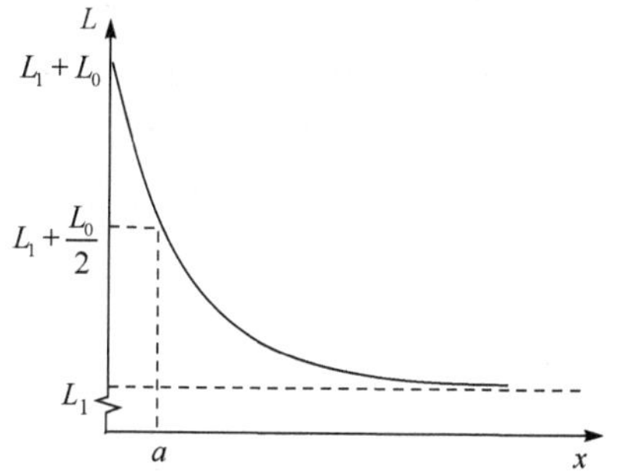

图 2-16　电磁铁电感特性

磁场的能量

$$W'_{\mathrm{m}}(i,x)=\frac{1}{2}K_{\mathrm{f}}L(x)i^2=\frac{1}{2}K_{\mathrm{f}}\left(L_0+\frac{L_1}{1+x/a}\right)i^2 \tag{2-37}$$

小球电磁的吸引力

$$F(i,x)=\frac{\partial W'_{\mathrm{m}}(i,x)}{\partial x}=\frac{\partial\left(\frac{1}{2}K_f\left(L_0+\frac{L_1}{1+x/a}\right)i^2\right)}{\partial x}=-\frac{K_fL_1ai^2}{2}\cdot\frac{1}{a^2+2ax+x^2}\approx-\frac{K_{\mathrm{f}}L_1a}{2}\cdot\frac{i^2}{x^2} \tag{2-38}$$

令 $K=-K_fL_1a/2$，得

$$F(i,x)=K\left(\frac{i}{x}\right)^2 \tag{2-39}$$

对比式(2-40)与式(2-35)可知小球电磁吸引力的数学表达式一致。

Woodson 提出，通过实验可知 $L_0\gg L_1$，故电磁铁绕组上的电感可近似表达为

$$L(x)\approx L_0 \tag{2-40}$$

将式(2-40)代入式(2-35)中，则电磁铁绕组中的电压与电流的关系可表示如下

$$u(t)=Ri(t)+L_0\frac{\mathrm{d}i}{\mathrm{d}t} \tag{2-41}$$

综上所述，磁悬浮系统模型归纳如下：

$$m\frac{d^2x(t)}{dt^2}=K\left(\frac{i}{x}\right)^2+mg, \text{s. t.} \ mg+F(i_0,x_0)=0$$
$$u(t)=Ri(t)+L_0\frac{di}{dt} \tag{2-42}$$

很显然这是一个非线性系统，主要表现在电磁力与气隙、电流间的非线性关系。

可以进一步将此非线性模型用 Simulink 封装起来以便以后对其分析和设计使用。

思考 从哪些方面验证该模型的正确性？提示：从有无摩擦、初值条件、输入信号相关不同组合情况下的响应与物理现象比对验证模型的正确性。

思考 磁悬浮的典型应用领域有磁悬浮列车、磁悬浮隔振、磁悬浮熔炼、磁悬浮风洞，请查找相关资料，并对其进行总结。

无论机械系统，还是电网络系统，或是机电结合的系统，甚至是化学化工系统，基本都是由最基本的元件构成，将每一部分分析清楚，并计及各部分间的联系，便可依据基本物理或化学原理推导相应的数学模型。但是一个复杂的系统，在机理不甚明确的情况下，机理建模一般不能解决问题，需要通过运行工况数据对系统进行辨识才能得到模型，特别是对象动态变化的情况下，需要采用数据驱动建模方法以适应实际系统或对象的变化，只有获得可靠的数据才能使动态模型更切合实际，这将涉及信号处理、检测技术相关内容。

2.4 状态空间的实现问题

由于状态空间表征了系统的内部关系，揭示了系统的本质。给定一个状态空间描述，可以很方便地利用已有物理原理或者化学原理实现，其实现的内部结构也是多样的。所谓实现问题就是指由微分方程/差分方程(组)或传递函数(阵)得到状态空间描述形式，它既保持了原传递函数(阵)所确定的输入/输出关系，又将系统的内部关系揭示出来，而且得到的状态空间描述有无穷多个，它们的内部结构或实现机理不同。

2.4.1 SISO 线性定常系统微分方程/差分方程的实现问题

本节以线性系统为对象讨论实现问题，即对于 n 阶连续系统微分方程

$$y^{(n)}+a_{n-1}y^{(n-1)}+a_{n-2}y^{(n-2)}+\cdots+a_0y=b_mu^{(m)}+b_{m-1}u^{(m-1)}+\cdots+b_0u \tag{2-43}$$

式中，$n\geqslant m$。在零初始条件下，其传递函数为

$$W(s)=\frac{b_ms^m+b_{m-1}s^{m-1}+\cdots+b_1s+b_0}{s^n+a_{n-1}s^{n-1}+\cdots+a_1s+a_0} \tag{2-44}$$

该系统的状态空间描述的实现形式如下

$$\begin{aligned}\dot{\boldsymbol{x}}&=\boldsymbol{Ax}+\boldsymbol{b}u\\ y&=\boldsymbol{cx}+du\end{aligned} \tag{2-45}$$

或对于 n 阶离线系统差分方程

$$\begin{aligned}&y(k+n)+a_{n-1}y(k+n-1)+\cdots+a_1y(k+1)+a_0y(k)\\ &=b_mu(k+m)+b_{m-1}u(k+m-1)+\cdots+b_1u(k+1)+b_0u(k)\end{aligned} \tag{2-46}$$

式中，$n\geqslant m$。在零初始条件下，其传递函数为

$$W(z)=\frac{b_mz^m+b_{m-1}z^{m-1}+\cdots+b_1z+b_0}{z^n+a_{n-1}z^{n-1}+\cdots+a_1z+a_0} \tag{2-47}$$

该系统的状态空间描述的实现形式如下

$$
\begin{aligned}
\boldsymbol{x}(k+1)&=\boldsymbol{G}\boldsymbol{x}(k)+\boldsymbol{h}u(k)\\
y(k)&=\boldsymbol{c}\boldsymbol{x}(k)+du(k)
\end{aligned}
\tag{2-48}
$$

对上述要实现的系统(实际上有时也可以是控制器)说明几点。

(1) $m\leqslant n$ 是物理可实现的条件,也才能成为因果系统,即下一时刻的状态只与当前时刻和前面时刻的状态相关,而与未来时刻的状态无关。

实际上,当 $m>n$ 意味着系统中有纯微分环节 s。s 的拉氏反变换是单位冲激偶,而冲激偶是这样一种函数:当 t 从负值趋于 0 时,它是一强度为无限大的正冲激函数;当 t 从正值趋于 0 时,它是一强度为无限大的负冲激函数。现实世界,不可能提供此类信号。另外,微分对高频噪声信号具有放大作用,这可能导致淹没信号本身。

思考 关于微分对高频噪声信号,分析信号 $u(t)=1\sin t+0.001\sin 10000t$ 的微分,会出现什么结果?

(2) 微分控制反映误差信号的变化趋势,具有预测能力,在误差信号变化之前给出校正信号,防止系统出现过大的偏离和振荡,因而可以有效地改善系统的动态性能。这种预测能力可以从图 2-17 直观地看出,图中,对一个匀速变化的信号,微分时间常数 T_d 便是微分控制规律超前于比例控制规律的时间。

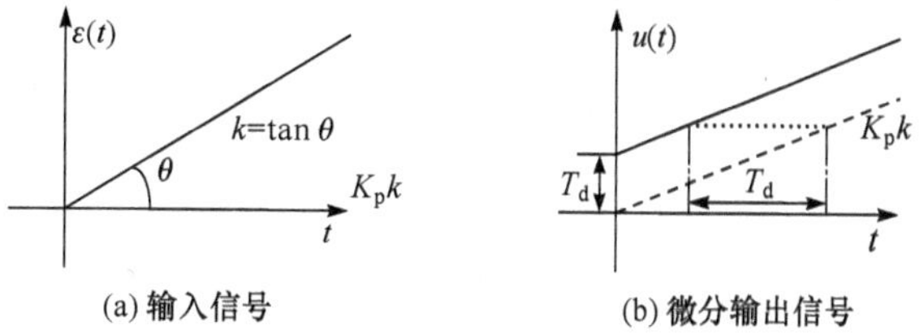

图 2-17 微分预测能力示意图

(3) 微分不能单独作为控制器。微分控制只对稳态误差随时间变化而变化的情况起作用。而当稳态误差是常量时,对系统无任何影响,所以在实际的工程中调节执行器具有失灵或死区时,对没有变化或变化缓慢的场合,微分没有输出,调节器并不动作,但误差一直在积累,而此时又得不到调整。

(4) 若 $m=n$,系统是非惯性的,系统的传递函数或通过长除法化为

$$
W(s)=b_n+\frac{(b_{n-1}-a_{n-1}b_n)s^{n-1}+\cdots+(b_1-a_1b_n)s+(b_0-a_0b_n)}{s^n+a_{n-1}s^{n-1}+\cdots+a_1s+a_0}
\tag{2-49}
$$

或

$$
W(z)=b_n+\frac{(b_{n-1}-a_{n-1}b_n)z^{n-1}+\cdots+(b_1-a_1b_n)z+(b_0-a_0b_n)}{z^n+a_{n-1}z^{n-1}+\cdots+a_1z+a_0}
\tag{2-50}
$$

式中第一项是输入与输出的直接传递项。

(5) 状态空间描述的实现形式中 $\boldsymbol{A},\boldsymbol{b},\boldsymbol{c}$ 可以取无穷多种形式,也就是实现是非唯一的。

(6) 当 $W(s)$没有零极点对消时,与其阶数一致的状态空间实现称为最小实现;否则称为非最小实现。

下面针对连续系统情况,分别就微分方程是否含作用函数 u 的导数项的两种情况讨论上述问题的实现。这些结果也同样适用于离散系统。

1) 高阶微分方程中不包含作用函数 u 的导数项的情况(传递函数无零点)。

考虑微分方程

$$y^{(n)}+a_{n-1}y^{(n-1)}+a_{n-2}y^{(n-2)}+\cdots+a_0y=b_0u \tag{2-51}$$

其对应的传递函数为

$$W(s)=\frac{b_0}{s^n+a_{n-1}s^{n-1}+\cdots+a_1s+a_0} \tag{2-52}$$

初值和输入给定，微分方程的解存在且唯一，便可完全确定系统的运动状态。

一种常用的结构由中间变量到输入端的负反馈构成，如图 2-18 所示。

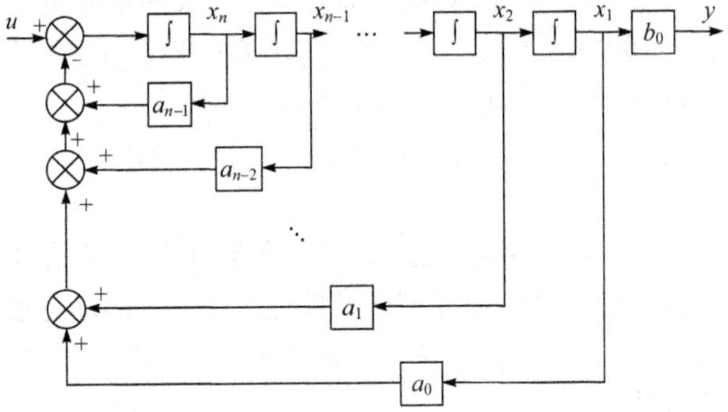

图 2-18　高阶微分方程中不包含作用函数 u 的导数项的模拟结构图

将图中每个积分器的输出取为状态变量，有时称为相变量，它是输出 y/b_0 的各阶导数。于是有

$$\begin{aligned}
\dot{x}_1&=x_2\\
\dot{x}_2&=x_3\\
&\vdots\\
\dot{x}_{n-1}&=x_n\\
\dot{x}_n&=-a_0x_1-a_1x_2-\cdots-a_{n-2}x_{n-1}-a_{n-1}x_n+u\\
y&=b_0x_1
\end{aligned} \tag{2-53}$$

写成矩阵形式（友矩阵形式），仔细观察下式中矩阵中的数与微分方程或传递函数中的系数对应关系。

$$\underbrace{\begin{pmatrix}\dot{\boldsymbol{x}}_1\\ \dot{\boldsymbol{x}}_2\\ \vdots\\ \dot{\boldsymbol{x}}_{n-1}\\ \dot{\boldsymbol{x}}_n\end{pmatrix}}_{\dot{\boldsymbol{x}}=}=\underbrace{\begin{pmatrix}0&1&0&\cdots&0\\0&0&1&\cdots&0\\ \vdots&\vdots&\vdots&&\vdots\\0&0&0&\cdots&1\\-a_0&-a_1&-a_2&\cdots&-a_{n-1}\end{pmatrix}}_{\boldsymbol{A}}\underbrace{\begin{pmatrix}x_1\\x_2\\ \vdots\\x_{n-1}\\x_n\end{pmatrix}}_{\boldsymbol{x}}+\underbrace{\begin{pmatrix}0\\0\\ \vdots\\0\\1\end{pmatrix}}_{+\boldsymbol{b}}u \tag{2-54}$$

$$\underbrace{y=}_{y=}\underbrace{(b_0,\ 0,\ 0,\ \cdots,\ 0)}_{\boldsymbol{c}}\underbrace{x}_{\boldsymbol{x}}$$

这种形式称为能控标准Ⅰ型。

若令上面的相变量为 $x_1=y,\cdots,x_n=y^{(n-1)}$，得到的状态空间形式为

$$
\boldsymbol{A}=\begin{pmatrix} 0 & 1 & 0 & \cdots & 0 \\ 0 & 0 & 1 & \cdots & 0 \\ \vdots & \vdots & \vdots & & \vdots \\ 0 & 0 & 0 & \cdots & 1 \\ -a_0 & -a_1 & -a_2 & \cdots & -a_{n-1} \end{pmatrix},\boldsymbol{b}=\begin{pmatrix} 0 \\ 0 \\ \vdots \\ 0 \\ b_0 \end{pmatrix},\boldsymbol{c}=(1 \quad 0 \quad \cdots \quad 0 \quad 0) \qquad (2\text{-}55)
$$

这种形式称为能观标准Ⅰ型。

若令上面的相变量为

$$
\begin{cases} x_1=(y^{(n-1)}+a_{n-1}y^{(n-2)}+\cdots+a_3\ddot{y}+a_2\dot{y}+a_1y)/b_0 \\ x_2=(y^{(n-2)}+a_{n-1}y^{(n-3)}+\cdots+a_3\dot{y}+a_2y)/b_0 \\ x_3=(y^{(n-3)}+a_{n-1}y^{(n-4)}+\cdots+a_3y)/b_0 \\ \qquad\vdots \\ x_{n-1}=(\dot{y}+a_{n-1}y)/b_0 \\ x_n=y/b_0 \end{cases}
$$

得到的状态空间形式为

$$
\boldsymbol{A}=\begin{pmatrix} 0 & 0 & 0 & \cdots & -a_0 \\ 1 & 0 & 0 & \cdots & -a_1 \\ \vdots & \ddots & \ddots & \ddots & \vdots \\ 0 & 0 & 0 & \cdots & -a_{n-2} \\ 0 & 0 & \cdots & 1 & -a_{n-1} \end{pmatrix},\boldsymbol{b}=\begin{pmatrix} 1 \\ 0 \\ \vdots \\ 0 \\ 0 \end{pmatrix},\boldsymbol{c}=(0 \quad 0 \quad \cdots \quad 0 \quad b_0) \qquad (2\text{-}56)
$$

这种形式称为能控标准Ⅱ型。

若令上面的相变量为

$$
\begin{cases} x_1=y^{(n-1)}+a_{n-1}y^{(n-2)}+\cdots+a_3\ddot{y}+a_2\dot{y}+a_1y \\ x_2=y^{(n-2)}+a_{n-1}y^{(n-3)}+\cdots+a_3\dot{y}+a_2y \\ x_3=y^{(n-3)}+a_{n-1}y^{(n-4)}+\cdots+a_3y \\ \qquad\vdots \\ x_{n-1}=\dot{y}+a_{n-1}y \\ x_n=y \end{cases}
$$

得到的状态空间形式为

$$
\boldsymbol{A}=\begin{pmatrix} 0 & 0 & 0 & \cdots & -a_0 \\ 1 & 0 & 0 & \cdots & -a_1 \\ \vdots & \ddots & \ddots & \ddots & \vdots \\ 0 & 0 & 0 & \cdots & -a_{n-2} \\ 0 & 0 & \cdots & 1 & -a_{n-1} \end{pmatrix},\boldsymbol{b}=\begin{pmatrix} b_0 \\ 0 \\ \vdots \\ 0 \\ 0 \end{pmatrix},\boldsymbol{c}=(0 \quad 0 \quad \cdots \quad 0 \quad 1) \qquad (2\text{-}57)
$$

这种形式称为能观标准Ⅱ型。

比较以上四种标准型，它们有如图 2-19 的对偶关系。

对于差分方程表示的系统，具有同样的结论。这里不再赘述，读者可以类似分析。

例 2-10 下面两式分别为微分方程和差分方程表示的系统，求它们的四种标准型。

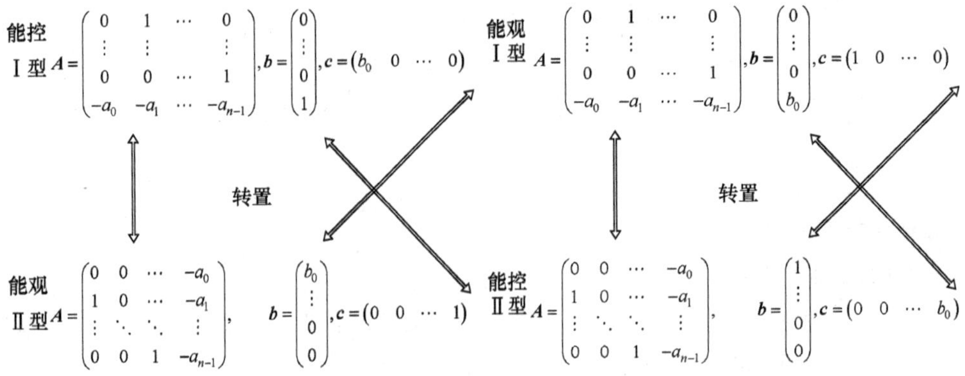

图 2-19　SISO 系统四种标准型的关系

(1) $\dddot{y}+7\ddot{y}+14\dot{y}+8y=3u$；

(2) $y(k+2)+y(k+1)+2y(k)=u(k)$。

解　依四种标准型格式易写出对应的系统矩阵、控制矩阵、输出矩阵和直接传递矩阵。这里从略。

2) 高阶微分方程中包含作用函数 u 的导数项的情况(传递函数有零点)。

考虑微分方程

$$y^{(n)}+a_{n-1}y^{(n-1)}+a_{n-2}y^{(n-2)}+\cdots+a_0y=b_mu^{(m)}+b_{m-1}u^{(m-1)}+\cdots+b_0u \tag{2-58}$$

其对应的传递函数为

$$W(s)=\frac{b_ms^m+b_{m-1}s^{m-1}+\cdots+b_1s+b_0}{s^n+a_{n-1}s^{n-1}+\cdots+a_1s+a_0} \tag{2-59}$$

初值和输入给定,微分方程的解存在且唯一,便可完全确定系统的运动状态。下面的讨论不失一般性,令 $m=n$。

若令上面的相变量为 $x_1=y,\cdots,x_n=y^{(n-1)}$,得到如下的状态方程

$$\begin{bmatrix}\dot{x}_1\\ \dot{x}_2\\ \vdots\\ \dot{x}_{n-1}\\ \dot{x}_n\end{bmatrix}=\begin{bmatrix}0&1&0&0&0\\ 0&0&1&0&0\\ \vdots&\vdots&\vdots&\ddots&\vdots\\ 0&0&0&\cdots&1\\ -a_0&-a_1&-a_2&\cdots&-a_{n-1}\end{bmatrix}\begin{bmatrix}x_1\\ x_2\\ \vdots\\ x_{n-1}\\ x_n\end{bmatrix}+\begin{bmatrix}0&0&\cdots&0\\ \vdots&\vdots&\cdots&0\\ 0&0&\ddots&0\\ b_n&b_{n-1}&\cdots&b_0\end{bmatrix}\begin{bmatrix}u^{(n)}\\ u^{(n-1)}\\ \vdots\\ \dot{u}\\ u\end{bmatrix} \tag{2-60}$$

式(2-60)在右边第二项存在 u 的导数项,这将导致物理实现上出现不希望出现的输入微分。所以必须选择合适的状态变量使状态方程中不含输入的导数项。

为此下面用两种方法消除输入的微分。

(1) 方法 1：在 $m=n$ 时,系统的传递函数为

$$W(s)=\frac{b_ns^n+b_{n-1}s^{n-1}+\cdots+b_1s+b_0}{s^n+a_{n-1}s^{n-1}+\cdots+a_1s+a_0}=\frac{Y(s)}{U(s)} \tag{2-61}$$

将其正则化

$$W(s)=b_n+\frac{(b_{n-1}-a_{n-1}b_n)s^{n-1}+\cdots+(b_1-a_1b_n)s+(b_0-a_0b_n)}{s^n+a_{n-1}s^{n-1}+\cdots+a_1s+a_0}=\frac{Y(s)}{U(s)} \tag{2-62}$$

令

$$\tilde{Y}(s)=\frac{1}{s^n+a_{n-1}s^{n-1}+\cdots+a_1s+a_0}U(s) \tag{2-63}$$

于是有

$$Y(s)=b_nU(s)+\widetilde{Y}(s)[(b_{n-1}-a_{n-1}b_n)s^{n-1}+\cdots+(b_1-a_1b_n)s+(b_0-a_0b_n)] \quad (2\text{-}64)$$

拉氏变换

$$y=b_nu+(b_{n-1}-a_{n-1}b_n)\widetilde{y}^{(n-1)}+\cdots+(b_1-a_1b_n)\dot{\widetilde{y}}+(b_0-a_0b_n)\widetilde{y} \quad (2\text{-}65)$$

先画出式(2-63)部分,然后按式(2-65)将其他部分加进去,可画出这个系统的模拟状态结构图如图 2-20 所示。

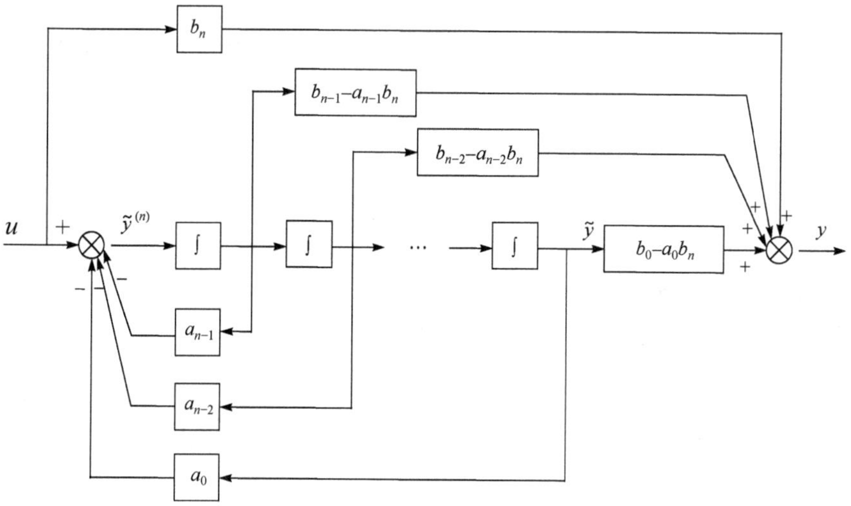

图 2-20　系统的状态模拟结构图

由此图可令 $x_1=\widetilde{y}_1,\cdots,x_n=\widetilde{y}_1^{(n-1)}$,得

$$\begin{bmatrix}\dot{x}_1\\ \dot{x}_2\\ \vdots\\ \dot{x}_{n-1}\\ \dot{x}_n\end{bmatrix}=\begin{bmatrix}0 & 1 & 0 & \cdots & 0\\ 0 & 0 & 1 & \cdots & 0\\ \vdots & \vdots & \vdots & & \vdots\\ 0 & 0 & 0 & \cdots & 1\\ -a_0 & -a_1 & -a_2 & \cdots & -a_{n-1}\end{bmatrix}\begin{bmatrix}x_1\\ x_2\\ \vdots\\ x_{n-1}\\ x_n\end{bmatrix}+\begin{bmatrix}0\\ 0\\ \vdots\\ 0\\ 1\end{bmatrix}u \quad (2\text{-}66)$$

$$y=((b_0-a_0b_n),(b_1-a_1b_n),\cdots,(b_{n-1}-a_{n-1}b_n))\begin{bmatrix}x_1\\ x_2\\ \vdots\\ x_{n-1}\\ x_n\end{bmatrix}+b_nu$$

如果一个系统可转化成该表达式的形式,可以直接判定其是能控的,所以称其为能控标准Ⅰ型。

思考　式(2-66)有什么特点?

另外,将式(2-61)写成

$$\frac{Y(s)}{U(s)}=W(s)=b_n+\frac{(b_{n-1}-a_{n-1}b_n)s^{n-1}+\cdots+(b_1-a_1b_n)s+(b_0-a_0b_n)}{s^n+a_{n-1}s^{n-1}+\cdots+a_1s+a_0}=b_n+\frac{\bar{Y}(s)}{U(s)} \quad (2\text{-}67)$$

即有

$$Y(s)=b_nU(s)+\bar{Y}(s) \tag{2-68}$$

拉氏反变换得

$$y(t)=b_nu(t)+\bar{y}(t) \tag{2-69}$$

由式(2-69)可知,只要求得 $\bar{y}(t)$,就可得 $y(t)$。于是可令相变量为

$$\begin{cases} x_1=\bar{y}^{(n-1)}+a_{n-1}\bar{y}^{(n-2)}+\cdots+a_3\ddot{\bar{y}}+a_2\dot{\bar{y}}+a_1\bar{y}-(b_{n-1}-a_{n-1}b_n)u^{(n-2)}-\cdots-(b_1-a_1b_n)u \\ x_2=\bar{y}^{(n-2)}+a_{n-1}\bar{y}^{(n-3)}+\cdots+a_3\dot{\bar{y}}+a_2\bar{y}-(b_{n-1}-a_{n-1}b_n)u^{(n-3)}-\cdots-(b_2-a_2b_n)u \\ x_3=\bar{y}^{(n-3)}+a_{n-1}\bar{y}^{(n-4)}+\cdots+a_3\bar{y}-(b_{n-1}-a_{n-1}b_n)u^{(n-4)}-\cdots-(b_3-a_3b_n)u \\ \quad\vdots \\ x_{n-1}=\dot{\bar{y}}+a_{n-1}\bar{y}-(b_{n-1}-a_{n-1}b_n)u \\ x_n=\bar{y} \end{cases} \tag{2-70}$$

于是,得系统状态空间描述为

$$\boldsymbol{A}=\begin{pmatrix} 0 & 0 & 0 & \cdots & -a_0 \\ 1 & 0 & 0 & \cdots & -a_1 \\ \vdots & \ddots & \ddots & \ddots & \vdots \\ 0 & 0 & 0 & \cdots & -a_{n-2} \\ 0 & 0 & \cdots & 1 & -a_{n-1} \end{pmatrix},\boldsymbol{b}=\begin{pmatrix} b_0-a_0b_n \\ b_1-a_1b_n \\ \vdots \\ b_{n-2}-a_{n-2}b_n \\ b_{n-1}-a_{n-1}b_n \end{pmatrix},\boldsymbol{c}=(0\quad 0\quad \cdots\quad 0\quad 1),d=b_n \tag{2-71}$$

如果一个系统可转化成该表达式的形式,可以直接判定其是能观的,所以称其为能观标准Ⅱ型。同样可以看出,能观标准Ⅱ型与能控标准Ⅰ型是对偶的。

对于差分方程表示的系统,具有同样的结论。这里不再赘述,读者可以类似分析。

(2) 方法 2:重写不适用的状态空间描述式(2-60)如下

$$\begin{bmatrix} \dot{x}_1 \\ \dot{x}_2 \\ \vdots \\ \dot{x}_{n-1} \\ \dot{x}_n \end{bmatrix}=\begin{bmatrix} 0 & 1 & 0 & 0 & 0 \\ 0 & 0 & 1 & 0 & 0 \\ \vdots & \vdots & \vdots & \ddots & \vdots \\ 0 & 0 & 0 & \cdots & 1 \\ -a_0 & -a_1 & -a_2 & \cdots & -a_{n-1} \end{bmatrix}\begin{bmatrix} x_1 \\ x_2 \\ \vdots \\ x_{n-1} \\ x_n \end{bmatrix}+\begin{bmatrix} 0 & 0 & \cdots & 0 \\ \vdots & \vdots & \cdots & 0 \\ 0 & 0 & \ddots & 0 \\ b_n & b_{n-1} & \cdots & b_0 \end{bmatrix}\begin{bmatrix} u^{(n)} \\ u^{(n-1)} \\ \vdots \\ \dot{u} \\ u \end{bmatrix} \tag{2-72}$$

由此先画出其模拟图,如图 2-21 所示。

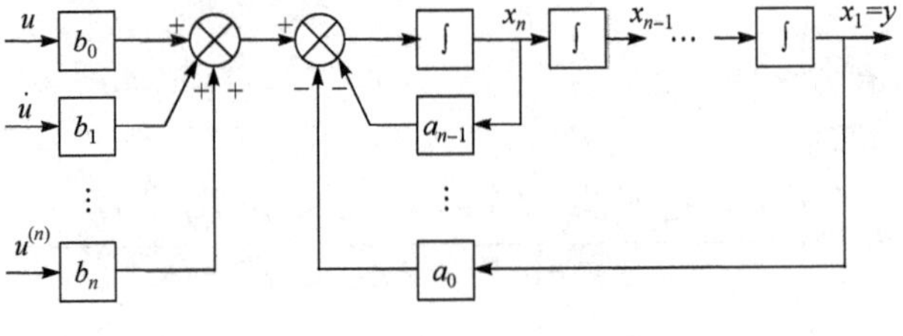

图 2-21　系统的状态模拟结构图

选择合适的 β_j，并将 $j=1,2,\cdots,n$ 的 $u^{(j)}$ 等效后移，得

由此方程便可列写状态空间描述为

$$
\boldsymbol{A}=\begin{pmatrix} 0 & 1 & 0 & 0 & 0 \\ 0 & 0 & 1 & 0 & 0 \\ \vdots & \vdots & \vdots & \ddots & \vdots \\ 0 & 0 & 0 & \cdots & 1 \\ -a_0 & -a_1 & -a_2 & \cdots & -a_{n-1} \end{pmatrix},\boldsymbol{b}=\begin{pmatrix} \beta_{n-1} \\ \beta_{n-2} \\ \vdots \\ \beta_1 \\ \beta_0 \end{pmatrix},\boldsymbol{c}=(1\quad 0\quad \cdots\quad 0\quad 0),d=\beta_n \tag{2-73}
$$

这种形式称为能观标准Ⅰ型。

为了求取式(2-73)中 β_j，$j=0,1,\cdots,n$，将图 2-22 中综合点前移得图 2-23。

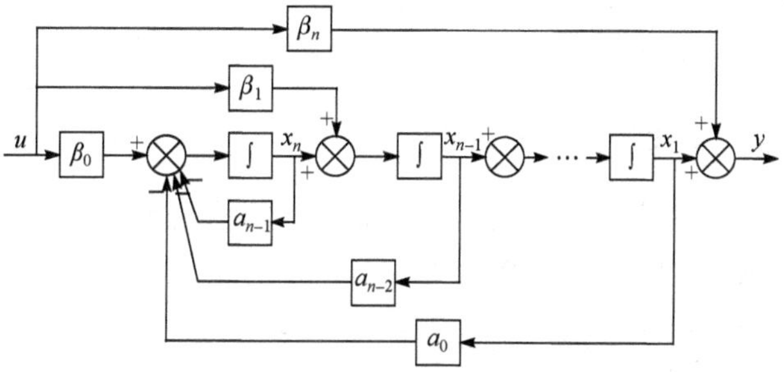

图 2-22 选择合适的 β_j 将 $u^{(j)}$ 等效后移后的状态模拟结构图

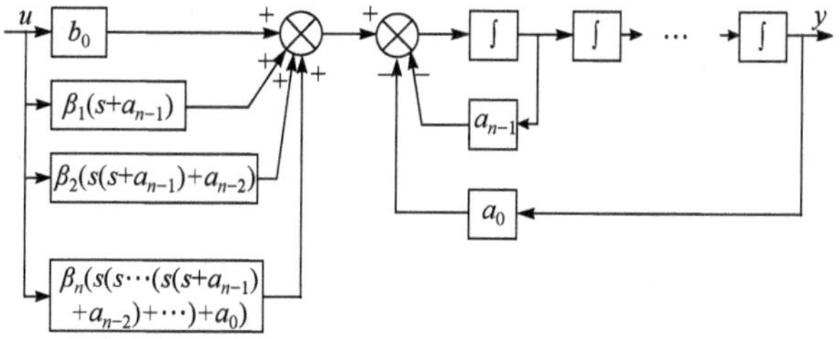

图 2-23 选择合适的 β_j 将 $u^{(j)}$ 等效后移后的状态模拟结构图

思考 从图 2-22 如何得到图 2-23？写出过程。

将图 2-22 写成传递函数形式

$$
W(s)=\frac{\beta_n(s^n+a_{n-1}s^{n-1}+\cdots+a_1s+a_0)+\beta_{n-1}(s^{n-1}+a_{n-1}s^{n-2}\cdots+a_1)+\cdots+\beta_1(s+a_{n-1})+\beta_0}{s^n+a_{n-1}s^{n-1}+\cdots+a_1s+a_0} \tag{2-74}
$$

与式(2-61)比较，并写成矩阵形式

$$
\begin{aligned}
&\beta_n=b_n \\
&\beta_{n-1}=b_{n-1}-a_{n-1}\beta_n \\
&\beta_{n-2}=b_{n-2}-a_{n-2}\beta_n-a_{n-1}\beta_{n-1} \\
&\qquad\vdots \\
&\beta_0=b_0-a_0\beta_n-a_1\beta_{n-1}\cdots-a_{n-1}\beta_1
\end{aligned}
\quad\Rightarrow\quad
\begin{pmatrix} 1 & & & & \\ a_{n-1} & 1 & & & \\ a_{n-2} & a_{n-1} & \ddots & & \\ \vdots & \vdots & \vdots & 1 & \\ a_0 & a_1 & \cdots & a_{n-1} & 1 \end{pmatrix}\begin{pmatrix} \beta_n \\ \beta_{n-1} \\ \beta_{n-2} \\ \vdots \\ \beta_0 \end{pmatrix}=\begin{pmatrix} b_n \\ b_{n-1} \\ b_{n-2} \\ \vdots \\ b_0 \end{pmatrix} \tag{2-75}
$$

另外，若将综合点后移可得到能控标准Ⅱ型，即

$$\boldsymbol{A}=\begin{pmatrix}0 & 0 & \cdots & -a_0\\1 & 0 & \cdots & -a_1\\\vdots & \ddots & \ddots & \vdots\\0 & 0 & 1 & -a_{n-1}\end{pmatrix},\boldsymbol{b}=\begin{pmatrix}1\\0\\\vdots\\0\\0\end{pmatrix},\boldsymbol{c}=(\beta_{n-1}\quad \beta_{n-2}\quad \cdots\quad \beta_1\quad \beta_0),d=\beta_n \tag{2-76}$$

式中，$\beta_j,j=0,1,\cdots,n$ 按式(2-75)计算。

对于差分方程表示的系统，具有同样的结论。这里不再赘述，读者可以类似分析。

例 2-11 下面两式分别是微分方程和差分方程表示的系统，求它们的四种标准型。

(1) $\dddot{y}+5\ddot{y}+7\dot{y}+3y=\ddot{u}+3\dot{u}+2u$；

(2) $y(k+2)+3y(k+1)+y(k)=2u(k+1)+3u(k)$。

解 直接套用四种标准型的公式即得。这里从略。

2.4.2 SISO 线性定常系统传递函数的实现问题

用分解方法直接由传递函数建立空间表达式。分解方法有三种：直接分解法、串联分解法、并联分解法。这里限于讨论 $m<n$ 的情况，不失一般性，令 $m=n-1$，有

$$\frac{Y(s)}{U(s)}=W(s)=\frac{b_{n-1}s^{n-1}+\cdots+b_1s+b_0}{s^n+a_{n-1}s^{n-1}+\cdots+a_1s+a_0} \tag{2-77}$$

1. 直接分析法

将式(2-77)右端分子分母同除以 s^n，得

$$Y(s)=\frac{b_{n-1}s^{-1}+\cdots+b_1s^{-(n-1)}+b_0s^{-n}}{1+a_{n-1}s^{-1}+\cdots+a_1s^{-(n-1)}+a_0s^{-n}}U(s) \tag{2-78}$$

令 $E(s)=\dfrac{1}{1+a_{n-1}s^{-1}+\cdots+a_1s^{-(n-1)}+a_0s^{-n}}U(s)$，得

$$E(s)=U(s)-a_{n-1}s^{-1}E(s)-\cdots-a_1s^{-(n-1)}E(s)-a_0s^{-n}E(s) \tag{2-79}$$

$$Y(s)=b_{n-1}s^{-1}E(s)+\cdots+b_1s^{-(n-1)}E(s)+b_0s^{-n}E(s) \tag{2-80}$$

由以上两式可以画出系统模拟结构图如图 2-24 所示。

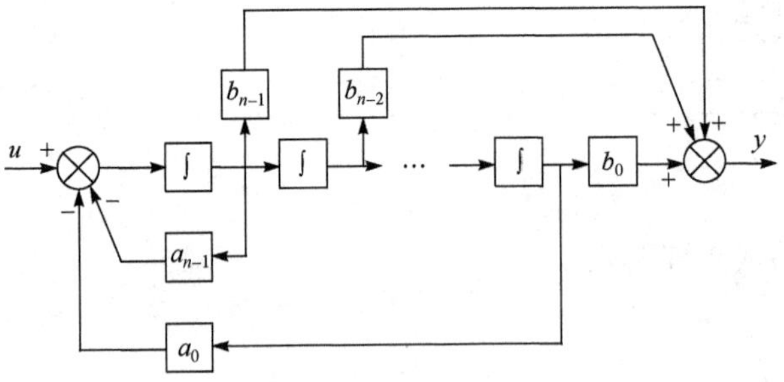

图 2-24 直接分析法得到的状态模拟结构图

由图可得与能控标准Ⅰ型一样的状态空间表达式

$$\begin{bmatrix} \dot{x}_1 \\ \dot{x}_2 \\ \vdots \\ \dot{x}_{n-1} \\ \dot{x}_n \end{bmatrix} = \begin{bmatrix} 0 & 1 & 0 & 0 & 0 \\ 0 & 0 & 1 & 0 & 0 \\ \vdots & \vdots & \vdots & \ddots & \vdots \\ 0 & 0 & 0 & \cdots & 1 \\ -a_0 & -a_1 & -a_2 & \cdots & -a_{n-1} \end{bmatrix} \begin{bmatrix} x_1 \\ x_2 \\ \vdots \\ x_{n-1} \\ x_n \end{bmatrix} + \begin{pmatrix} 0 \\ 0 \\ \vdots \\ 0 \\ 1 \end{pmatrix} u \tag{2-81}$$

$$y = (b_0 \quad b_1 \quad \cdots \quad b_{n-2} \quad b_{n-1}) \begin{bmatrix} x_1 \\ x_2 \\ \vdots \\ x_{n-1} \\ x_n \end{bmatrix}$$

2. 串联分解法

若传递函数是以因式相乘的形式呈现的,形如

$$W(s) = \frac{b_{n-1}(s-z_2)\cdots(s-z_n)}{(s-p_1)(s-p_2)\cdots(s-p_n)} = \frac{b_{n-1}}{(s-p_1)} \frac{(s-z_2)}{(s-p_2)} \cdots \frac{(s-z_n)}{(s-p_n)} \tag{2-82}$$

式中,$\dfrac{(s-z_i)}{(s-p_i)} = 1 + (p_i - z_i)\dfrac{1/s}{1-p_i/s}$,$i=2,3,\cdots,n$。分块画出此模拟图如图 2-25 所示。

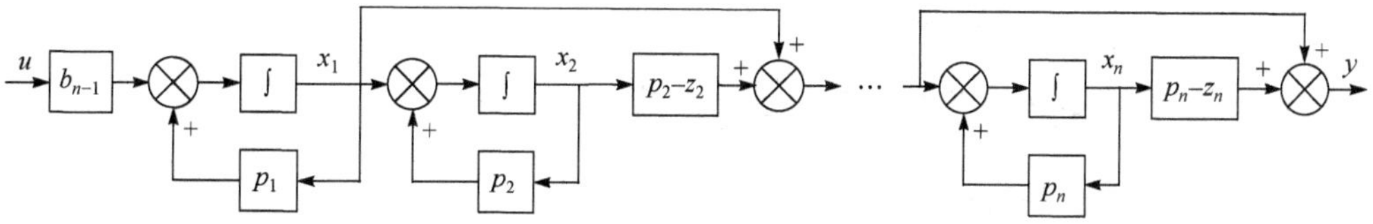

图 2-25　串联分解法得到的状态模拟结构图

由上图可得状态空间表达式如下

$$\boldsymbol{A} = \begin{pmatrix} p_1 & & & & \\ 1 & p_2 & & & \\ 1 & p_2-z_2 & p_3 & & \\ \vdots & \vdots & \vdots & \ddots & \\ 1 & p_2-z_2 & p_3-z_3 & \cdots & p_n \end{pmatrix}, \boldsymbol{b} = \begin{pmatrix} b_{n-1} \\ 0 \\ 0 \\ 0 \\ 0 \end{pmatrix}, \boldsymbol{c} = (1 \quad p_2-z_2 \quad p_3-z_3 \quad \cdots \quad p_n-z_n) \tag{2-83}$$

3. 并联分解法

不失一般性,讨论单个重根情况。设有 q 重的主根 λ_1,其余 $\lambda_{q+1},\cdots,\lambda_n$ 互异,将传递函数展成部分分式

$$W(s) = \frac{c_{1q}}{(s-\lambda_1)^q} + \frac{c_{1(q-1)}}{(s-\lambda_1)^{q-1}} + \cdots + \frac{c_{11}}{(s-\lambda_1)} + \sum_{i=q+1}^{n} \frac{c_i}{s-\lambda_i} \tag{2-84}$$

式中,$c_{1(q-k)} = \dfrac{1}{k!}\lim\limits_{s\to\lambda_1}\dfrac{\mathrm{d}^k}{\mathrm{d}s^k}[(s-\lambda_i)^q W(s)]$,$k=0,\cdots,q-1$;$c_i = \lim\limits_{s\to\lambda_i}(s-\lambda_i)W(s)$,$i=q+1,\cdots,n$。画出其模拟结构图如图 2-26 所示。图中除重根部分取积分串联的形式,其余为积分并联。由

图可得状态空间表达式如下

$$
\boldsymbol{A}=\begin{pmatrix}\lambda_1 & 1 & & & & & & \\ & \lambda_1 & 1 & & & & & \\ & & \lambda_1 & 1 & & & & \\ & & & \ddots & 1 & & & \\ & & & & \lambda_1 & & & \\ & & & & & \lambda_{q+1} & & \\ & & & & & & \ddots & \\ & & & & & & & \lambda_n\end{pmatrix},\boldsymbol{b}=\begin{pmatrix}0\\0\\ \vdots\\0\\1\\1\\ \vdots\\1\end{pmatrix},\boldsymbol{c}=(c_{1q} \quad c_{1(q-1)} \quad \cdots \quad c_{12} \quad c_{11} \quad c_{q+1} \quad \cdots \quad c_n) \tag{2-85}
$$

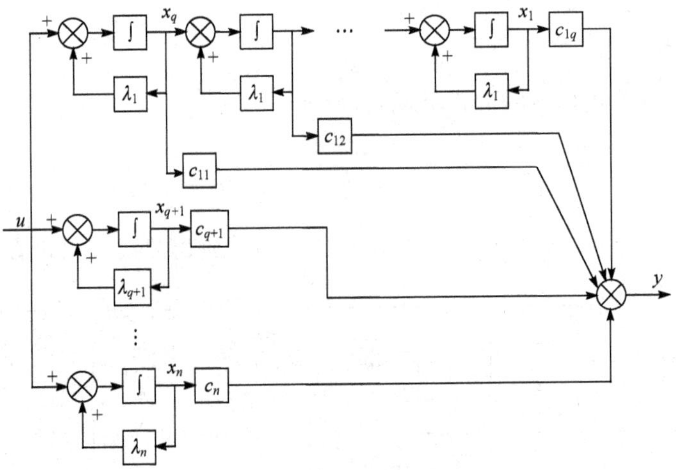

图 2-26　并联分解法得到的状态模拟结构图

当特征根互异时，状态空间表达式变成如下形式

$$
\boldsymbol{A}=\begin{pmatrix}\lambda_1 & & & \\ & \lambda_2 & & \\ & & \ddots & \\ & & & \lambda_n\end{pmatrix},\boldsymbol{b}=\begin{pmatrix}1\\1\\ \vdots\\1\end{pmatrix},\boldsymbol{c}=(c_1 \quad c_2 \quad \cdots \quad c_n) \tag{2-86}
$$

对应地，将结构模拟图中的 $c_{11},c_{12},\cdots,c_{1q},c_{q+1},\cdots,c_n$ 直接与 u 相乘后加到相应的积分号前，并联状态按图 2-27 选择，便得到

$$
\boldsymbol{A}=\begin{pmatrix}\lambda_1 & 0 & & & & & & \\ 1 & \lambda_1 & 0 & & & & & \\ & 1 & \lambda_1 & 0 & & & & \\ & & 1 & \ddots & 0 & & & \\ & & & 1 & \lambda_1 & & & \\ & & & & 1 & \lambda_{q+1} & & \\ & & & & & & \ddots & \\ & & & & & & & \lambda_n\end{pmatrix},\boldsymbol{b}=(c_{1q} \quad c_{1(q-1)} \quad \cdots \quad c_{12} \quad c_{11} \quad c_{q+1} \quad \cdots \quad c_n)^{\mathrm{T}},\boldsymbol{c}=\begin{pmatrix}0\\0\\ \vdots\\0\\1\\1\\ \vdots\\1\end{pmatrix}^{\mathrm{T}} \tag{2-87}
$$

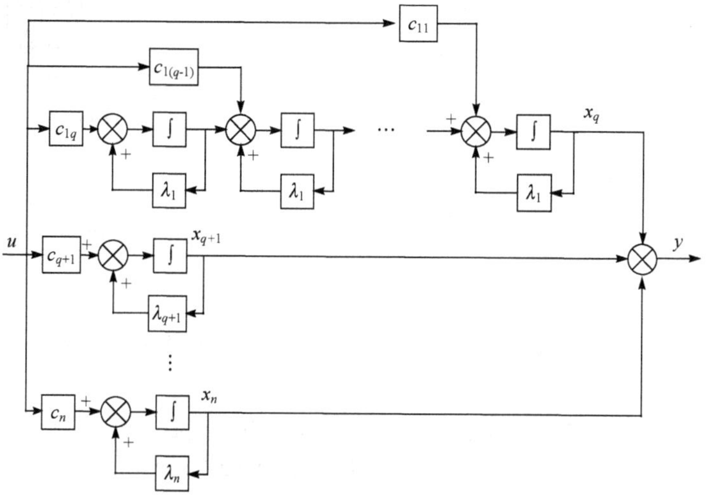

图 2-27　并联分解法得到的状态模拟结构图(对偶)

当特征根互异时,状态空间表达式变成如下形式

$$\boldsymbol{A}=\begin{pmatrix}\lambda_1 & & & \\ & \lambda_2 & & \\ & & \ddots & \\ & & & \lambda_n\end{pmatrix},\boldsymbol{b}=(c_1 \quad c_2 \quad \cdots \quad c_n)^{\mathrm{T}},\boldsymbol{c}=\begin{pmatrix}1\\1\\ \vdots \\1\end{pmatrix}^{\mathrm{T}} \tag{2-88}$$

从上面的表达式可以看出,式(2-85)和式(2-87)是对偶的,式(2-86)和式(2-88)是对偶的。

对于离散线性定常系统的传递函数,具有同样的结论。这里不再赘述,读者可以类似分析。

例 2-12　求状态空间表达式。

下面两式分别是连续和离散传递函数表示的系统,用三种分解方法求状态空间表达式。

(1) $W(s)=\dfrac{6(s+1)}{s(s+1)(s+3)^2}$;　　(2) $W(s)=\dfrac{10(z-1)}{(z+0.5)(z+1)(z+3)}$。

解　依三种分解方式给出的形式很易写出相应的状态空间表达式,这里从略。

2.4.3　MIMO 线性定常系统的实现问题

对于一个 MIMO 线性系统(p 个输入,q 个输出),如图 2-28 所示,存在 q 个微分方程,各微分方程中输出变量相互包含(耦合)。对于线性定常系统,用传递函数阵来定义这种系统,则需用一个矩阵来表示。

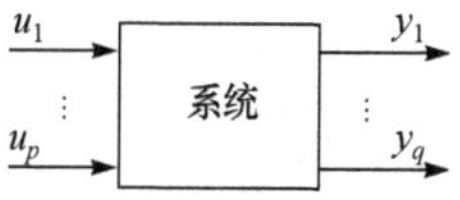

图 2-28　MIMO 系统

定义第 i 个输出和第 j 个输入间的传递函数为

$$w_{ij}(s)=\frac{Y_i(s)}{U_j(s)} \tag{2-89}$$

这种定义是假定除了第 j 个输入外,其余输入均为 0 得到的。由于线性系统满足叠加性,所以当其输入均为非零时,第 i 个输出为

$$Y_i(s)=w_{i1}U_1(s)+w_{i2}U_2(s)+\cdots+w_{ip}U_p(s) \tag{2-90}$$

当 $i=1,2,\cdots,m$ 时可得到 m 个式子,可以写成矩阵形式

$$
\boldsymbol{Y}(s)=\boldsymbol{W}(s)\boldsymbol{U}(s)=\begin{pmatrix} w_{11}(s) & w_{12}(s) & \cdots & w_{1p}(s) \\ w_{21}(s) & w_{22}(s) & \cdots & w_{2p}(s) \\ \vdots & \vdots & & \vdots \\ w_{q1}(s) & w_{q2}(s) & \cdots & w_{qp}(s) \end{pmatrix}\begin{pmatrix} U_1(s) \\ U_2(s) \\ \vdots \\ U_p(s) \end{pmatrix} \tag{2-91}
$$

式中，$\boldsymbol{W}(s)=\begin{pmatrix} w_{11}(s) & w_{12}(s) & \cdots & w_{1p}(s) \\ w_{21}(s) & w_{22}(s) & \cdots & w_{2p}(s) \\ \vdots & \vdots & & \vdots \\ w_{q1}(s) & w_{q2}(s) & \cdots & w_{qp}(s) \end{pmatrix}$称为 MIMO 线性系统的传递函数阵。

由微分方程组或传递函数阵得到的状态空间模型也非唯一，但可以较简单地得到其中一个。

离散情况的 MIMO 系统与上述讨论类似，形式上将 s 换成 z 就可以了。

例 2-13 下面是 MIMO 三阶线性系统，求状态空间表达式。

已知某系统的微分方程为

$$
\ddot{y}_1+2\dot{y}_1+3y_2=\dot{u}_1+4u_1+5u_2
$$

$$
\dot{y}_2+y_2+2y_1=6u_2
$$

写出其传递函数矩阵和一种状态空间表达式。

解 系统的阶数是各个微分方程最高阶数之和，所以是三阶的。

在条件松弛下，对微分方程两端进行拉氏变换得到传递函数：

$$
\begin{pmatrix} \dfrac{Y_1(s)}{U_1(s)} & \dfrac{Y_1(s)}{U_2} \\ \dfrac{Y_2(s)}{U_1(s)} & \dfrac{Y_2(s)}{U_2(s)} \end{pmatrix}=\begin{pmatrix} \dfrac{(s+4)(s+1)}{s^3+3s^2+2s-6} & \dfrac{5s-13}{s^3+3s^2+2s-6} \\ -\dfrac{2(s+4)}{s^3+3s^2+2s-6} & \dfrac{6s^2+12s^2-10}{s^3+3s^2+2s-6} \end{pmatrix}
$$

对每个微分方程积分得

$$
y_1=\iint(-2\dot{y}_1+\dot{u}_1)\mathrm{d}t^2+\int(4u_1+5u_2-3y_2)\mathrm{d}t=\int(-2y_1+u_1)\mathrm{d}t+\int(4u_1+5u_2-3y_2)\mathrm{d}t
$$

$$
y_2=\int(-y_2-2y_1+6u_2)\mathrm{d}t
$$

由此得模拟结构图如图 2-29 所示。

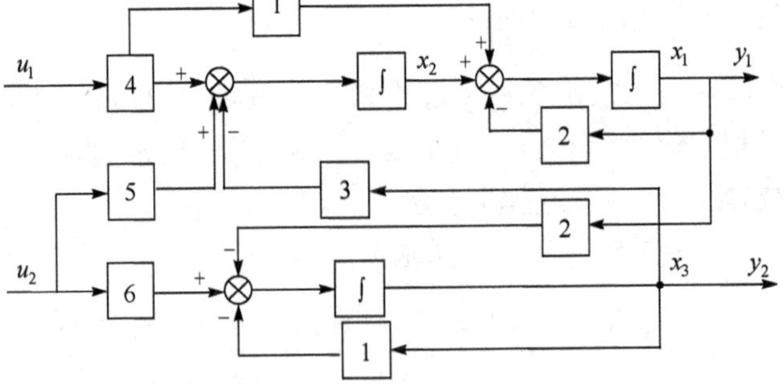

图 2-29 状态模拟结构图

由此图得

$$\begin{pmatrix}\dot{x}_1\\ \dot{x}_2\\ \dot{x}_3\end{pmatrix}=\begin{pmatrix}-2 & 1 & 0\\ 0 & 0 & -3\\ -2 & 0 & -1\end{pmatrix}\begin{pmatrix}x_1\\ x_2\\ x_3\end{pmatrix}+\begin{pmatrix}1 & 0\\ 4 & 5\\ 0 & 6\end{pmatrix}\begin{pmatrix}u_1\\ u_2\end{pmatrix}$$

$$\begin{pmatrix}y_1\\ y_2\end{pmatrix}=\begin{pmatrix}1 & 0 & 0\\ 0 & 0 & 1\end{pmatrix}\begin{pmatrix}x_1\\ x_2\\ x_3\end{pmatrix}$$

2.4.4 非线性定常系统的实现问题

根据机理建立的非线性系统模型可以用状态模拟结构图表示，也可以用微分方程(组)表示。如果简单地按递阶形式构造状态矢量，可以很容易写出其状态空间表达式，但是往往在表达式中含有一些状态与状态、状态与输入的交联项，它的存在将造成构造相应对象或者是设计控制器的困难，所以可能情况下采用一些技巧将这些交联项消除，以方便后续对模型的利用。下面举两个非线性定常系统的实现例子。

例 2-14 由模拟结构图建立状态空间表达式。

如图 2-30 所示的模拟结构图，写出状态空间表达式。

解 由状态模拟结构图很容易写出状态空间描述形式：

$$\dot{x}_1=x_2$$

$$\dot{x}_2=-\phi_1(x_1)-\phi_2(x_2)+u$$

$$y=x_1$$

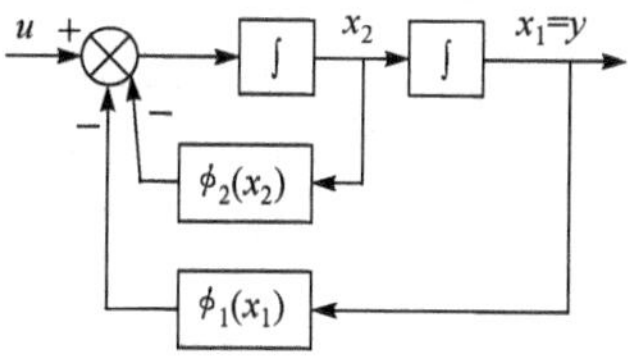

图 2-30 例 2-14 图

显然这种情况只需根据结构图将每个积分后的变量令为状态变量即可直接写出。

例 2-15 由非线性微分方程求取状态空间表达式。

已知非线性微分方程为下式，写出状态空间表达式。

$$\ddot{y}+\phi(y)\dot{y}+\psi(y)=u$$

解 首先令 $x_1=y$，$x_2=\dot{y}$，可画出图 2-31(a)的模拟结构图，得到下面的状态方程

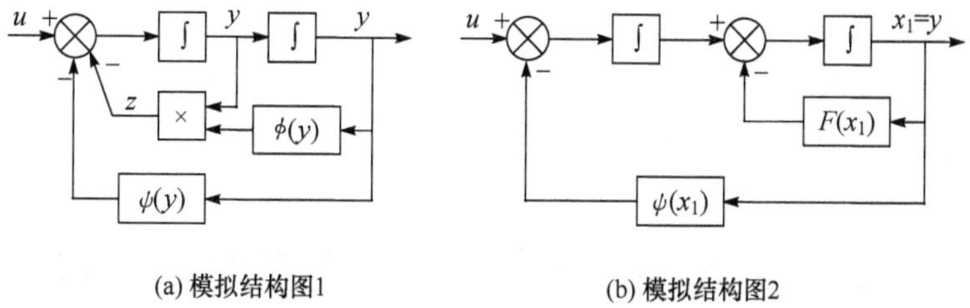

图 2-31 例 2-15 图

$$\dot{x}_1=x_2$$

$$\dot{x}_2=u-x_2\phi(x_1)-\psi(x_1)$$

$$y=x_1$$

这个状态方程由于涉及状态与状态间的交联项 $-x_2\phi(x_1)$ 而变得不易处理，故需要通过数学手段消除该交联项。令 $F(x_1)=\int\phi(x_1)\mathrm{d}x_1$，即 $\phi(x_1)=\dfrac{\mathrm{d}F(x_1)}{\mathrm{d}x_1}$，于是$\dfrac{\mathrm{d}F(x_1)}{\mathrm{d}t}=\dfrac{\mathrm{d}F(x_1)}{\mathrm{d}x_1}$

$\dot{x}_1=\phi(x_1)x_2$。由此在图 2-31(*a*)中 $z=\dfrac{\mathrm{d}F(x_1)}{\mathrm{d}t}$，经过一积分后便可得到图 2-31(b)的模拟结构图，于是状态空间描述可化为

$$\dot{x}_1=x_2-F(x_1)$$

$$\dot{x}_2=u-\psi(x_1)$$

$$y=x_1$$

例 2-16 由非线性差分方程表示的状态空间表达式。

设含有两种生物一个生态系统，A 生物是捕食者，B 生物是被捕食者。在 k 个采样点，前者数量令为 $x_1(k)$，后者数量令为 $x_2(k)$。它们之间的数量关系可以用差分表示为如下：

$$x_1(k+1)=ax_1(k)+\alpha x_1(k)x_2(k)$$

$$x_2(k+1)=bx_2(k)+\beta x_1(k)x_2(k)$$

式中，a 为捕食者独自存在时前后采样点数量间的折扣系数，$a<1$；α 为被捕食者给予捕食者的供养能力，$\alpha>0$；b 为被捕食者独立生存时前后采样点数量间的增益，$b>1$；β 为捕食者猎取被捕食者的能力，$\beta<0$。如果取 $a=0.5$，$\alpha=0.02$，$b=1.5$，$\beta=-0.1$，$x_1(0)=3$，$x_2(0)=26$，可以在 MATLAB/Simulink 中建立如图 2-32 的计算模型。

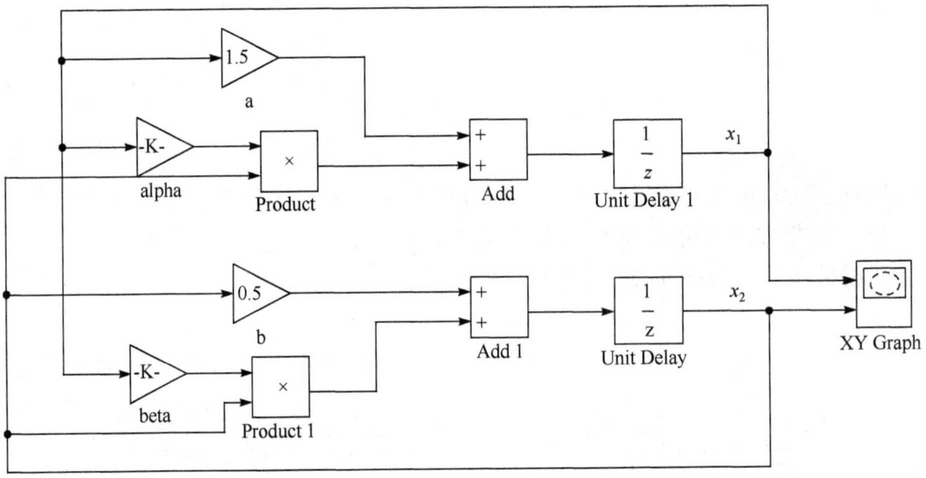

图 2-32 例 2-16 图

2.5 线性系统状态空间表达式的线性变换与特征结构

前面的章节已讲到，一个动态系统状态变量的选取可以有无穷多种方法，因此一个动态系统的状态表达式有无穷多种形式。无论线性系统，还是非线性系统，状态变量的不同选取，从数学角度讲，其实质是状态变量所在的“坐标系（基）”变了，相关内容参见第 1 章。

本节以讨论线性定常系统(下述讨论既适用于连续系统，也适用于离散系统，仅以连续系统形式体现)为主。线性系统的矩阵 **A** 的特征值是表征系统动力学特性的一个重要参数。系统的状态方程通过适当的线性非奇异变换而化成由特征值表征的标准型，这种标准型就是在第 1 章提到的 Jordan 标准型。得到这种标准型必将引入特征向量和特征值的重数。将特征值、特征值重数和特征向量称为系统的特征结构。

2.5.1 状态变量的线性变换的非唯一性的解释

设有 $\mathbf{R}^n$ 中相对于基$\{e_i, i=1,2,\cdots,n\}$的给定系统

$$\begin{aligned}\dot{\boldsymbol{x}}&=\boldsymbol{A}\boldsymbol{x}+\boldsymbol{B}\boldsymbol{u}, \boldsymbol{x}(0)=\boldsymbol{x}_0\\ \boldsymbol{y}&=\boldsymbol{C}\boldsymbol{x}+\boldsymbol{D}\boldsymbol{u}\end{aligned} \tag{2-92}$$

$\mathbf{R}^n$ 中另一个基为$\{e'_j, j=1,2,\cdots,n\}$，系统在这个基中的坐标为 z，按第 1 章 1.2 节可以找到任意一个非奇异矩阵 $\boldsymbol{P}$(称从前一基到后一基的过渡矩阵)使

$$(e'_1 \quad \cdots \quad e'_n)=(e_1 \quad \cdots \quad e_n)\boldsymbol{P} \tag{2-93}$$

于是基变化前后对应坐标关系为

$$\begin{pmatrix}x_1\\ \vdots\\ x_n\end{pmatrix}=\boldsymbol{P}\begin{pmatrix}z_1\\ \vdots\\ z_n\end{pmatrix} \tag{2-94}$$

简记为 $\boldsymbol{x}=\boldsymbol{P}\boldsymbol{z}$。于是得到另一基下的状态空间表达式：

$$\begin{aligned}\dot{\boldsymbol{z}}&=\bar{\boldsymbol{A}}\boldsymbol{z}+\bar{\boldsymbol{B}}\boldsymbol{u}, \boldsymbol{z}(0)=\boldsymbol{P}^{-1}\boldsymbol{x}(0)\\ \boldsymbol{y}&=\bar{\boldsymbol{C}}\boldsymbol{z}+\bar{\boldsymbol{D}}\boldsymbol{u}\end{aligned} \tag{2-95}$$

式中，系统矩阵、控制矩阵、输出矩阵和直接传递矩阵分别为

$$\bar{\boldsymbol{A}}=\boldsymbol{P}^{-1}\boldsymbol{A}\boldsymbol{P}, \bar{\boldsymbol{B}}=\boldsymbol{P}^{-1}\boldsymbol{B}, \bar{\boldsymbol{C}}=\boldsymbol{C}\boldsymbol{P}, \bar{\boldsymbol{D}}=\boldsymbol{D} \tag{2-96}$$

思考 仔细观察上述表达式的特点，总结一下坐标变换的几何含义(换基)。

由于在上述过程中 $\boldsymbol{P}$ 选择具有人为任意性，故状态空间表达式有无穷多个。这就是状态空间表达式非唯一性的数学解释(这一解释也同样适合于离散系统)。例 2-5 已给出因选取不同的状态变量集产生的多种状态空间表达式形式。

2.5.2 线性时不变系统的不变性及其与传递函数阵的关系

1. 特征多项式、特征值的不变性

计及式(2-96)求状态空间描述式(2-95)中系统特征多项式为

$$\det(\bar{\boldsymbol{A}}(\lambda))=|\lambda\boldsymbol{I}-\bar{\boldsymbol{A}}|=|\lambda\boldsymbol{P}^{-1}\boldsymbol{I}\boldsymbol{P}-\boldsymbol{P}^{-1}\boldsymbol{A}\boldsymbol{P}|=|\boldsymbol{P}^{-1}|\cdot|\lambda\boldsymbol{I}-\boldsymbol{A}|\cdot|\boldsymbol{P}|=|\lambda\boldsymbol{I}-\boldsymbol{A}|=\det(\boldsymbol{A}(\lambda)) \tag{2-97}$$

此式表明，线性变换前后的特征多项式相同，记为 $\alpha(\lambda)=\det(\lambda\boldsymbol{I}-\boldsymbol{A})=\lambda^n+\alpha_{n-1}\lambda^{n-1}+\cdots+\alpha_1\lambda+\alpha_0$。称 $\alpha_i, i=0,1,\cdots,n-1$ 是系统的不变量。进一步可知系统的特征值在线性变换前后是不变的。

这也表明，虽然状态空间坐标选择具有人为属性，但是特征多项式、特征值(极点)是不会变的，这是由于系统本身的特性具有客观性，而不依赖于状态的选择。而稳定性、结构特性与特征多项式、特征值(极点)有密切关系，它们反映了系统的固有特性。

2. 状态空间表达式与传递函数(阵)间转换及其不变性

由于传递函数是在系统初值松弛的条件下得到的，所以为了由状态空间表达式(2-92)得到相应的传递函数，令 $\boldsymbol{x}_0=\boldsymbol{0}$，对式(2-92)两式两边进行拉氏变换得

$$\begin{aligned}\boldsymbol{X}(s)&=(s\boldsymbol{I}-\boldsymbol{A})^{-1}\boldsymbol{B}\boldsymbol{U}(s)\\ \boldsymbol{Y}(s)&=\boldsymbol{C}(s\boldsymbol{I}-\boldsymbol{A})^{-1}\boldsymbol{B}\boldsymbol{U}(s)+\boldsymbol{D}\boldsymbol{U}(s)\end{aligned}\tag{2-98}$$

故$\boldsymbol{U}\to\boldsymbol{X}$的传递函数为$\boldsymbol{W}_{ux}(s)=(s\boldsymbol{I}-\boldsymbol{A})^{-1}\boldsymbol{B}$,显然它是$n\times p$维的;$\boldsymbol{U}\to\boldsymbol{Y}$的传递函数为$\boldsymbol{W}_{uy}(s)=\boldsymbol{C}(s\boldsymbol{I}-\boldsymbol{A})^{-1}\boldsymbol{B}+\boldsymbol{D}$,显然它是$q\times p$维的。

对输入输出传递函数$\boldsymbol{W}_{uy}(s)=\boldsymbol{C}(s\boldsymbol{I}-\boldsymbol{A})^{-1}\boldsymbol{B}+\boldsymbol{D}$可以将其变换成下式求解,即

$$\boldsymbol{W}_{uy}(s)=\frac{1}{|s\boldsymbol{I}-\boldsymbol{A}|}(\mathbf{C}\mathrm{adj}(s\boldsymbol{I}-\boldsymbol{A})\boldsymbol{B}+\mathbf{D}|s\boldsymbol{I}-\boldsymbol{A}|)\tag{2-99}$$

式中,$\boldsymbol{W}_{uy}(s)$的分母就是系统矩阵$\boldsymbol{A}$的特征多项式,它的分子是一个多项式矩阵。当为SISO系统时,$\boldsymbol{W}_{uy}(s)$是标量。

同样在系统初值松弛的条件下对式(2-95)两式两边进行拉氏变换得

$$\begin{aligned}\boldsymbol{Z}(s)&=(s\boldsymbol{I}-\bar{\boldsymbol{A}})^{-1}\bar{\boldsymbol{B}}\boldsymbol{U}(s)\\ \boldsymbol{Y}(s)&=\bar{\boldsymbol{C}}(s\boldsymbol{I}-\bar{\boldsymbol{A}})^{-1}\bar{\boldsymbol{B}}\boldsymbol{U}(s)+\bar{\boldsymbol{D}}\boldsymbol{U}(s)\end{aligned}\tag{2-100}$$

得到相应的$\boldsymbol{U}\to\boldsymbol{Y}$的传递函数为$\bar{\boldsymbol{W}}_{uy}(s)=\bar{\boldsymbol{C}}(s\boldsymbol{I}-\bar{\boldsymbol{A}})^{-1}\bar{\boldsymbol{B}}+\bar{\boldsymbol{D}}$,计及式(2-96)得

$$\bar{\boldsymbol{W}}_{uy}(s)=\boldsymbol{W}_{uy}(s)\tag{2-101}$$

由此说明,线性变换不会改变系统的传递函数阵。

思考 离散线性系统状态空间描述与传递函数间的转换。

例 2-17 由状态空间表达式求传递函数阵。

已知给定线性时不变系统的状态空间描述

$$\dot{\boldsymbol{x}}=\begin{pmatrix}2&0&0\\0&2&0\\0&3&1\end{pmatrix}\boldsymbol{x}+\begin{pmatrix}1&2\\1&0\\2&0\end{pmatrix}\boldsymbol{u}$$

$$\boldsymbol{y}=(1\quad 1\quad 2)\boldsymbol{x}$$

求此系统的传递函数阵$\boldsymbol{W}(s)$。

解 根据$\boldsymbol{W}(s)=\boldsymbol{C}(s\boldsymbol{I}-\boldsymbol{A})^{-1}\boldsymbol{B}+\boldsymbol{D}$,得

$$\boldsymbol{W}(s)=\begin{pmatrix}\dfrac{6s^2-16s+8}{s^3-5s^2+8s-4} & \dfrac{2}{s-2}\end{pmatrix}$$

3. 求解$\boldsymbol{W}_{uy}(s)$的 Leverrier-Faddev 算法

对状态空间描述$\Sigma(\boldsymbol{A},\boldsymbol{B},\boldsymbol{C},\boldsymbol{D})$的特征多项式为$\alpha(s)=\det(s\boldsymbol{I}-\boldsymbol{A})=s^n+\alpha_{n-1}s^{n-1}+\cdots+\alpha_1 s+\alpha_0$,其中的系数可通过 Leverrier 算法式计算。再按下式计算

$$\boldsymbol{W}(s)=\frac{1}{\alpha(s)}(\boldsymbol{E}_{n-1}s^{n-1}+\boldsymbol{E}_{n-2}s^{n-2}+\cdots+\boldsymbol{E}_1 s+\boldsymbol{E}_0)+\boldsymbol{D}\tag{2-102}$$

式中,$\boldsymbol{E}_i$,$i=0,1,\cdots,n-1$如下式计算

$$\begin{aligned}\boldsymbol{E}_{n-1}&=\boldsymbol{C}\boldsymbol{B}\\ \boldsymbol{E}_{n-2}&=\boldsymbol{C}\boldsymbol{A}\boldsymbol{B}+\alpha_{n-1}\boldsymbol{C}\boldsymbol{B}\\ &\ \vdots\\ \boldsymbol{E}_1&=\boldsymbol{C}\boldsymbol{A}^{n-2}\boldsymbol{B}+\alpha_{n-1}\boldsymbol{C}\boldsymbol{A}^{n-3}\boldsymbol{B}+\cdots+\alpha_2\boldsymbol{C}\boldsymbol{B}\\ \boldsymbol{E}_0&=\boldsymbol{C}\boldsymbol{A}^{n-1}\boldsymbol{B}+\alpha_{n-1}\boldsymbol{C}\boldsymbol{A}^{n-2}\boldsymbol{B}+\cdots+\alpha_1\boldsymbol{C}\boldsymbol{B}\end{aligned}$$

事实上，由于$(s\boldsymbol{I}-\boldsymbol{A})^{-1}$可表达成

$$(s\boldsymbol{I}-\boldsymbol{A})^{-1}=\frac{\mathrm{adj}(s\boldsymbol{I}-\boldsymbol{A})}{\alpha(s)}=\frac{1}{\alpha(s)}(\boldsymbol{R}_{n-1}s^{n-1}+\boldsymbol{R}_{n-2}s^{n-2}+\cdots+\boldsymbol{R}_1 s+\boldsymbol{R}_0) \tag{2-103}$$

此式两边右乘$\alpha(s)(s\boldsymbol{I}-\boldsymbol{A})$，得

$$\alpha(s)\boldsymbol{I}=\boldsymbol{R}_{n-1}s^{n-1}+\boldsymbol{R}_{n-2}s^{n-2}+\cdots+\boldsymbol{R}_1 s+\boldsymbol{R}_0 \tag{2-104}$$

将$\alpha(s)$代入式(2-104)后，两边系数对应便可求出$\boldsymbol{R}_0,\boldsymbol{R}_1,\cdots,\boldsymbol{R}_{n-1}$。再代回式(2-103)，然后将其代入式(2-99)便得式(2-102)。

例 2-18 利用 Leverrier-Faddev 算法由状态空间表达式求传递函数阵。

已知给定线性时不变系统的状态空间描述

$$\dot{\boldsymbol{x}}=\begin{pmatrix}2&0&0\\0&2&0\\0&3&1\end{pmatrix}\boldsymbol{x}+\begin{pmatrix}1&2\\1&0\\2&0\end{pmatrix}\boldsymbol{u}$$

$$\boldsymbol{y}=(1\quad 1\quad 2)\boldsymbol{x}$$

求此系统的传递函数阵$\boldsymbol{W}(s)$。

解 $\boldsymbol{W}(s)=\dfrac{1}{\alpha(s)}(\boldsymbol{E}_2 s^2+\boldsymbol{E}_1 s+\boldsymbol{E}_0)=\left(\dfrac{6s^2-16s+8}{s^3-5s^2+8s-4}\quad \dfrac{2}{s-2}\right)$

2.5.3 线性时不变系统的代数等价性

基于式(2-92)、式(2-94)、式(2-95)、式(2-96)定义代数等价系统：称具有相同输入、输出的两个同阶线性时不变系统为代数等价系统，当且仅当它们的系统矩阵间满足坐标变换中给出的关系。由此定义，可知同一线性时不变系统的两个状态空间描述必为等价系统。

代数等价系统的基本特征是具有相同的代数结构特征(如特征多项式、特征值)，以及随后的稳定性、能控能观性，所有代数等价系统均具有等同的输入输出特性。

思考 具有等同的输入输出特性的系统是代数等价的，对吗？用自己的语言叙述一下。

思考 不同系统的状态空间描述可能是代数等价的，对吗？为什么？

2.5.4 线性时不变系统状态空间表达式的 Jordan 形——最简耦合形

若变换阵$\boldsymbol{P}$选择得合适，可将状态空间表达式转换成一种最简耦合形式，这种形式与对传递函数由并联分解法得到的状态空间表达式是一样的，称为 Jordan 标准型，它是数学上方阵$\boldsymbol{A}$的 Jordan 标准型$\boldsymbol{J}$的直接拓展，其变换阵$\boldsymbol{P}$选择方法与在第 1 章计算方法一样，再结合式(2-96)计算相应的状态空间的 Jordan 标准型

$$\begin{aligned}&\dot{\boldsymbol{z}}=\boldsymbol{J}\boldsymbol{z}+\boldsymbol{P}^{-1}\boldsymbol{B}\boldsymbol{u},\boldsymbol{z}(0)=\boldsymbol{P}^{-1}\boldsymbol{x}(0)\\&\boldsymbol{y}=\boldsymbol{C}\boldsymbol{P}\boldsymbol{z}+\boldsymbol{D}\boldsymbol{u}\end{aligned} \tag{2-105}$$

根据第 1 章 1.10 节的内容，可得该状态空间表达式的解为

$$\boldsymbol{z}(t)=\mathrm{e}^{\boldsymbol{J}t}\boldsymbol{z}(0)+\int_0^t \mathrm{e}^{\boldsymbol{J}(t-\tau)}\boldsymbol{P}^{-1}\boldsymbol{B}\boldsymbol{u}(\tau)\mathrm{d}\tau \tag{2-106}$$

$$\boldsymbol{y}(t)=\boldsymbol{C}\boldsymbol{P}\mathrm{e}^{\boldsymbol{J}t}\boldsymbol{x}(0)+\int_0^t \boldsymbol{C}\boldsymbol{P}\mathrm{e}^{\boldsymbol{J}(t-\tau)}\boldsymbol{P}^{-1}\boldsymbol{B}\boldsymbol{u}(\tau)\mathrm{d}\tau+\boldsymbol{D}\boldsymbol{u}(t) \tag{2-107}$$

从$\boldsymbol{J}$中可直观地看出原系统矩阵$\boldsymbol{A}$的特征值$\lambda_i,i=1,2,\cdots,n$(可能有重根)。据第 1 章中利用对角形或 Jordan 形变换法计算$\mathrm{e}^{\boldsymbol{J}t}$可知，状态空间表达式的解中可能含有如下运动形式(模态)。

(1) 没重根时，特征根为 $\lambda_1,\lambda_2,\cdots,\lambda_n$，模态是 $e^{\lambda_1 t},e^{\lambda_2 t},\cdots,e^{\lambda_n t}$ 的形式。

(2) 若有共轭复根 $\sigma\pm j\omega$，则 $e^{(\sigma+j\omega)t}$ 和 $e^{(\sigma-j\omega)t}$ 表示的模态可表示成 $e^{\sigma t}\cos\omega t$ 和 $e^{\sigma t}\sin\omega t$ 的形式。

(3) 特征根中有多重根 λ 时，模态会具有 $t^{l-1}e^{\lambda t}$，$t^{l-1}e^{\sigma t}\sin\omega t$，$t^{l-1}e^{\sigma t}\cos\omega t$，$l$ 表示特征值 λ 出现 l 阶 Jordan 块。

由 2.5.2 节知道，系统的特征值在经过坐标变换后是不变的，所以运动模态也不会有变化。而运动模态又基本上决定了系统的运行特性和稳定性，因此 Jordan 标准型为进行运动分析、结构分析和稳定性分析提供方便。

另外，还要指出的是，由于上述变换阵 $\boldsymbol{P}$ 是依特征向量进行选择的，它的意义在于确定在状态空间中状态向量的方向。如果直接将特征向量作为状态空间的坐标系称为特征坐标系，应用特征坐标系代替原始坐标系，将给定的系统状态空间描述转换成一组非耦合方程或最简耦合方程，这就是 Jordan 标准型。

当系统矩阵 $\boldsymbol{A}$ 是友矩阵且其特征多项式为 $\alpha(\lambda)=\lambda^n+\alpha_{n-1}\lambda^{n-1}+\cdots+\alpha_1\lambda+\alpha_0$，$\alpha_0\neq 0$ 时，可得 $\boldsymbol{A}^{-1}$，即

$$\boldsymbol{A}=\begin{pmatrix}0 & 1 & \cdots & 0 & 0\\ 0 & 0 & \ddots & 0 & 0\\ \vdots & \vdots & \ddots & 1 & 0\\ 0 & 0 & \cdots & 0 & 1\\ -\alpha_0 & -\alpha_1 & \cdots & -\alpha_{n-2} & -\alpha_{n-1}\end{pmatrix}\rightarrow\boldsymbol{A}^{-1}=\begin{pmatrix}-\alpha_1/\alpha_0 & -\alpha_2/\alpha_0 & \cdots & -\alpha_{n-2}/\alpha_0 & -\alpha_{n-1}/\alpha_0\\ 1 & 0 & \cdots & 0 & 0\\ \vdots & \ddots & \ddots & \vdots & \vdots\\ 0 & 0 & \ddots & 0 & 0\\ 0 & 0 & \cdots & 1 & 0\end{pmatrix}$$

分以下几种情况可以方便得到相应的 Jordan 标准型。

(1) $\boldsymbol{A}$ 无重特征根，Jordan 标准为对角阵 $\boldsymbol{\Lambda}$，有 $\boldsymbol{AP}_v=\boldsymbol{P}_v\boldsymbol{\Lambda}\Rightarrow\boldsymbol{\Lambda}=\boldsymbol{P}_v^{-1}\boldsymbol{AP}_v$，$\boldsymbol{P}_v$ 为 Vandermonde 矩阵。

(2) $\boldsymbol{A}$ 有重特征根且无共轭复根时，则需按第 1 章 1.4.5 节的方法计算，有 $\boldsymbol{AP}=\boldsymbol{PJ}\Rightarrow\boldsymbol{J}=\boldsymbol{P}^{-1}\boldsymbol{AP}$。特殊地，设 λ_1 是三重根，且只对应一个特征向量，则变换矩阵 $\boldsymbol{P}$ 和变换后的 $\boldsymbol{J}$ 为

$$\boldsymbol{P}=\begin{pmatrix}1 & 0 & 0 & 1 & 1 & \cdots & 1\\ \lambda_1 & 1 & 0 & \lambda_4 & \lambda_5 & \cdots & \lambda_n\\ \lambda_1^2 & 2\lambda_1 & 1 & \lambda_4^2 & \lambda_5^2 & \cdots & \lambda_n^2\\ \vdots & \vdots & \vdots & \vdots & \vdots & \vdots & \vdots\\ \lambda_1^{n-1} & \dfrac{d\lambda_1^{n-1}}{d\lambda_1} & \dfrac{1}{2}\dfrac{d^2\lambda_1^{n-1}}{d\lambda_1^2} & \lambda_4^{n-1} & \lambda_5^{n-1} & \cdots & \lambda_n^{n-1}\end{pmatrix},\boldsymbol{J}=\begin{pmatrix}\lambda_1 & 1 & & & & & \\ & \lambda_1 & 1 & & & & \\ & & \lambda_1 & & & & \\ & & & \lambda_4 & & & \\ & & & & \lambda_5 & & \\ & & & & & \ddots & \\ & & & & & & \lambda_n\end{pmatrix}$$

(3) $\boldsymbol{A}$ 特征根两两相异，但含共轭复根时，也需按第 1 章方法计算，有 $\boldsymbol{AP}=\boldsymbol{PJ}\Rightarrow\boldsymbol{J}=\boldsymbol{P}^{-1}\boldsymbol{AP}$。特殊地，对四阶系统中有一对共轭复根时，变换矩阵 $\boldsymbol{P}$ 和变换后的 $\boldsymbol{J}$ 为

$$\boldsymbol{P}=\begin{pmatrix}1 & 0 & 1 & 1\\ \sigma & \omega & \lambda_3 & \lambda_4\\ \sigma^2-\omega^2 & 2\sigma\omega & \lambda_3^2 & \lambda_4^2\\ \sigma^3\quad 3\sigma\omega^2 & 3\sigma\omega^2-\omega^3 & \lambda_3^3 & \lambda_4^3\end{pmatrix},\boldsymbol{J}=\begin{pmatrix}\sigma & \omega & 0 & 0\\ -\omega & \sigma & 0 & 0\\ 0 & 0 & \lambda_3 & 0\\ 0 & 0 & 0 & \lambda_4\end{pmatrix}$$

例 2-19 已知友矩阵状态方程，将其转化成对角型。

已知状态方程如下，构造变换阵将其转化成对角型。

$$\dot{\boldsymbol{x}}=\begin{pmatrix}0 & 1 & 0\\ 0 & 0 & 1\\ -24 & -26 & -9\end{pmatrix}\boldsymbol{x}+\begin{pmatrix}0\\0\\1\end{pmatrix}\boldsymbol{u}$$

解 求其特征值为$-2,-3,-4$,无重特征根,所以对角型可用$\boldsymbol{\Lambda}=\boldsymbol{P}_{\mathrm{v}}^{-1}\boldsymbol{A}\boldsymbol{P}_{\mathrm{v}}$计算。自己写出计算结果。

2.5.5 线性子系统在各种连接时的传递函数阵

由两个或两个以上子系统按实际情况或实际需要连接构成的系统称为组合系统,基本组合方式有并联、串联和反馈三种类型。不失一般性,并且针对两个子系统讨论三种连接类型,子系统的状态空间描述和传递函数阵表示为

$$\Sigma(\boldsymbol{A}_i,\boldsymbol{B}_i,\boldsymbol{C}_i,\boldsymbol{D}_i)\Leftrightarrow\boldsymbol{W}_i(s),i=1,2 \tag{2-108}$$

两个系统的输出维数、输入维数、状态维数分别为q_i、p_i、n_i。

1. 子系统的串联

如图2-33所示,不难看出,两个子系统可以串联的条件是,子系统在输入维数和输出维数上满足关系$q_1=p_2$。子系统串联后的传递函数(阵)为

$$\boldsymbol{W}(s)=\boldsymbol{W}_2(s)\boldsymbol{W}_1(s) \tag{2-109}$$

需要注意的是:两者相乘的先后顺序。

串联的子系统若均是真的,则串联后的系统也是真的。

思考 如何从状态空间描述模型说明这一结论?

2. 子系统的并联

如图2-34所示,不难看出,两个子系统可以并联的条件是,子系统在输入维数和输出维数上满足关系$q_1=q_2$,$p_1=p_2$。子系统并联后的传递函数(阵)为

$$\boldsymbol{W}(s)=\boldsymbol{W}_1(s)+\boldsymbol{W}_2(s) \tag{2-110}$$

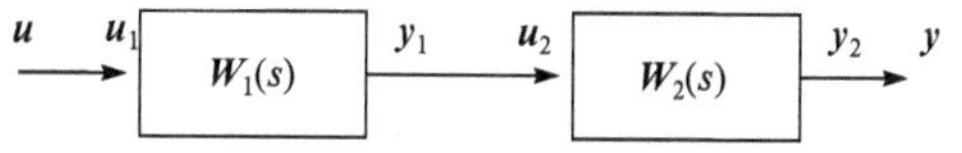

图2-33 子系统的串联等效传递函数框图

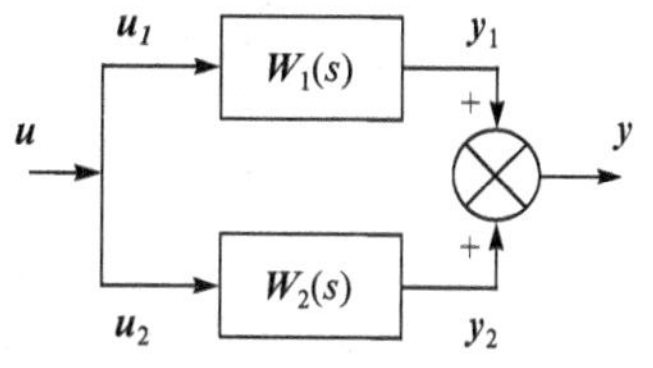

图2-34 子系统的并联等效传递函数框图

并联的子系统若均是真的,则并联后的系统也是真的。

思考 如何从状态空间描述模型说明这一结论?

3. 子系统的反馈连接

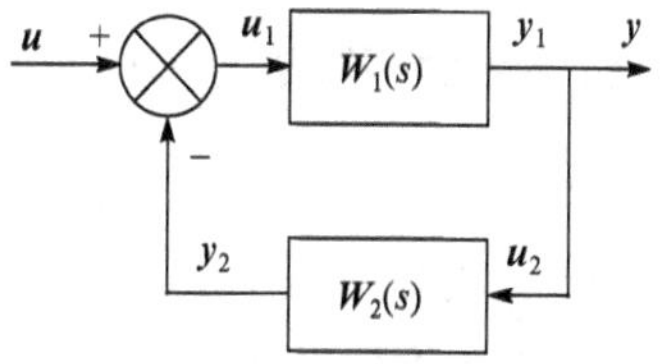

图2-35 子系统的反馈连接等效传递函数框图

如图2-35所示,不难看出,两个子系统可以反馈连接的条件是,子系统在输入维数和输出维数上满足关系$q_1=p_2$,$p_1=q_2$。子系统反馈连接后的传递函数(阵)为

$$W(s)=W_1(s)[I+W_2(s)W_1(s)]^{-1}=[I+W_1(s)W_2(s)]^{-1}W_1(s) \tag{2-111}$$

对反馈连接后得到上式，可以从两种途径来证明：一是通过传递函数运算；二是利用状态空间描述进行运算，并将总的状态方程转化成传递函数(阵)。

思考 如何从状态空间描述模型说明这一结论？

这里需要强调的是在反馈连接中求逆部分的存在性，否则反馈系统对于某些输入就没有一个满足$W(s)$的输出，反馈变得无意义。在反馈连接时，虽然组成反馈系统传递函数都是真的，而且$(I+W_2(s)W_1(s))^{-1}$和$(I+W_1(s)W_2(s))^{-1}$存在，但其反馈连接未必是真的。

例 2-20 反馈连接的传递函数。

两个子系统组成反馈系统，$W_1(s)$在正向通道上，$W_2(s)$在反向通道上，其组合系统的传递函数矩阵是什么？

$$W_1(s)=\begin{pmatrix} -1 & \frac{1}{s} \\ \frac{1}{s+1} & \frac{-s-2}{s+1} \end{pmatrix}, W_2(s)=\begin{pmatrix} 1 & 0 \\ 0 & 1 \end{pmatrix}$$

解 由反馈连接传递函数结论可得，$W(s)=\begin{pmatrix} -s+1 & -s-1 \\ -s & 1 \end{pmatrix}$。

上面这个例子可以看出，反馈组合系统是非真有理传递函数阵，这时若输入一个带噪声的信号，那么会对噪声放大。所以反馈连接一定要保证反馈的真性。实际上要保证反馈连接是真的，其充要条件是$\lim\limits_{s\to\infty}\det[I+W_2(s)W_1(s)]\neq 0$或$\lim\limits_{s\to\infty}\det[I+W_1(s)W_2(s)]\neq 0$。

2.5.6 线性时变系统坐标变换下的特性

针对式(2-6)，引入非奇异坐标变换$x=P(t)z$，则有变换后的状态空间描述

$$\begin{aligned} \dot{z}&=(P^{-1}(t)A(t)P(t)-P^{-1}(t)\dot{P}(t))z+P^{-1}(t)B(t)u \\ y&=C(t)P(t)z+D(t)u \end{aligned} \tag{2-112}$$

可以令$\bar{A}(t)=P^{-1}(t)A(t)P(t)-P^{-1}(t)\dot{P}(t)$，$\bar{B}(t)=P^{-1}(t)B(t)$，$\bar{C}(t)=C(t)P(t)$，$\bar{D}(t)=D(t)$得到简记式。显然，要求非奇异变换阵$P(t)$为可逆且可微。另外，对时变系统，系统矩阵除了要考虑与定常类似的部分，还要考虑由$P(t)$导数引起的项。

2.6 传递函数矩阵描述及其零极点

对于一个零状态线性定常系统，传递函数阵可由微分方程组经过两侧拉氏变换后经左右换项得到一个有理函数矩阵，显然对于线性时变系统或非线性系统不可能得到这一简洁形式。传递函数阵$W_{uy}(s)$给出了输入与输出间关系的描述，但其内部的结构和形式并不知晓。

2.6.1 传递函数矩阵真性与奇异性

由于传递函数矩阵是s的有理函数矩阵，所以其真性与第1章中对有理函数矩阵的真性与严格真性定义是一致的。同时由2.4.1节中，已经知道对于标量传递函数的分子分母阶次只有满足$m\leqslant n$才是可实现的，在传递函数阵中这一条件对于各元素依然成立，从数学角度讲，满足这一条件的传递函数阵称为真的传递函数阵；更进一步，若各元素均有$m<n$，称为严

格真的传递函数阵。

若传递函数阵 $W_{uy}(s)$ 是真的，则 $W_{uy}(\infty)=\lim_{s\to\infty}W_{uy}(s)=D$。

若传递函数阵 $W_{uy}(s)$ 是严格真的，则 $W_{uy}(\infty)=\lim_{s\to\infty}W_{uy}(s)=\mathbf{0}$。

由 $W_{uy}^{p}(s)$ 真性导出严格真性 $W_{uy}^{sp}(s)=W_{uy}^{p}(s)-W_{uy}^{p}(\infty)$。

另外，若 $W_{uy}(s)$ 是方的有理分式阵，且 $\det(W_{uy}(s))\neq 0$ 称此传递函数为正则的，否则称为奇异的。这一概念也延续了第 1 章有理函数矩阵中给出的定义。为方便，将 $W_{uy}(s)$ 简记为$W(s)$。

2.6.2 传递函数矩阵的有限零极点

1. 有限极点和零点的基本定义与分布特点

下面用传递函数矩阵 $W(s)$ 的 Smith-McMillan 规范型来定义有限极点和零点。此定义是 20 世纪 60 年代由 Rosenbrock 给出的。对于 $q\times p$ 的传递函数矩阵 $W(s)$，其秩为 $r\leqslant\min\{q,p\}$，若其 Smith-McMillan 规范型为

$$M(s)=\begin{pmatrix}\dfrac{\varepsilon_1(s)}{\psi_1(s)} & & & \\ & \ddots & & 0 \\ & & \dfrac{\varepsilon_r(s)}{\psi_r(s)} & \\ & 0 & & 0\end{pmatrix} \tag{2-113}$$

则使 $\psi_i(s)=0,i=1,2,\cdots,r$ 的值称为 $W(s)$ 的有限极点；使 $\varepsilon_i(s)=0,i=1,2,\cdots,r$ 的值称为 $W(s)$ 的有限零点。显然，有限极点使 $\|W(s)\|\to\infty$；有限零点使 $W(s)$ 降秩，有时称为系统传输零点(Tansfer Zero)。

一般，将传递函数矩阵按第 1 章 Smith-McMillan 规范型转化算法转化成 Smith-McMillan 规范型，该规范型将零极点都表示出了，但计算过程很麻烦。可以直接按 $W(s)$ 的特征多项式的概念求取有限零极点。

$W(s)$ 的特征多项式与最小多项式按下面方式定义。

对于标量形式的 $W(s)$ 的特征多项式就是其分母多项式，而对于矩阵形式的 $W(s)$ 定义其特征多项式 $\alpha_W(s)$ 为 $W(s)$ 中所有 1 阶，2 阶，…，$\min(p,q)$ 阶子式的最小公分母。最小多项式 $\phi_W(s)$ 定义为 $W(s)$ 所有一阶子式的最小公分母。满足 $\alpha_W(\lambda)=0$ 的常数 λ 称为特征多项式的根。当且仅当 $\alpha_W(s)=k\phi_W(s)$，k 是常数，$W(s)$ 为循环性。当分母取特征多项式时，对 $W(s)$ 的所有 $\min(p,q)$ 阶子式，其分子的首 1 最大公因子就是零点多项式。

例 2-21 求传递函数阵的有限零极点。

已知传递函数阵 $W(s)=\begin{pmatrix}\dfrac{1}{s+1} & 0 & \dfrac{s-1}{(s+1)(s+2)} \\ \dfrac{-1}{s-1} & \dfrac{1}{s+2} & \dfrac{1}{s+2}\end{pmatrix}$，求特征多项式和最小多项式以及有限零极点。

解 第 1 种方法：直接法。

(1) 求有限极点。

$\boldsymbol{W}(s)$的一阶子式的公分母为$(s+1)(s+2)(s-1)$，该式即最小多项式。

$\boldsymbol{W}(s)$的二阶子式有

$$\frac{1}{(s+1)(s+2)},\frac{-(s-1)}{(s+1)(s+2)^2},\frac{2}{(s+1)(s+2)}$$

故二阶子式的公分母为$(s+1)(s+2)^2$。

$\boldsymbol{W}(s)$所有不恒为0的各阶子式的首1最小公分母就是$\boldsymbol{W}(s)$的极点多项式，这里的各阶子式的首1最小公分母为$(s+1)(s+2)^2(s-1)$。所以$\boldsymbol{W}(s)$的极点为$-1,-2,-2,1$。-2是二重极点。

显然$\boldsymbol{W}(s)$的秩为2。

(2) 求有限零点。

当分母取极点多项式时，三个二阶子式分别为

$$\frac{(s+2)(s-1)}{(s+1)(s+2)^2(s-1)},\frac{-(s-1)^2}{(s+1)(s+2)^2(s-1)},\frac{2(s-1)(s+2)}{(s+1)(s+2)^2(s-1)}$$

可见分子的最大公因式为$(s-1)$，所以$\boldsymbol{W}(s)$的零点为1。

第2种方法：Smith-McMillan 规范型法。

$\boldsymbol{W}(s)$的 Smith-McMillan 规范型为

$$\boldsymbol{M}(s)=\begin{pmatrix}\dfrac{1}{(s+1)(s+2)(s-1)} & 0 & 0\\ 0 & \dfrac{s-1}{s+2} & 0\end{pmatrix}$$

显然，按定义得到的结果是一样的。注意零极点有相同，也要重复计算。

下面，对$\boldsymbol{W}(s)$有限极点和零点的 Rosenbrock 定义给出如下几点说明。

(1) 定义的适用性。

基于 Smith-McMillan 规范型的定义，只适用于在有限复平面上的极点和零点，不适用于在无穷远处的极点和零点。因为在化为 Smith-McMillan 规范型的过程中，引入的单模变换可能使严真$\boldsymbol{W}(s)$对应的$\boldsymbol{M}(s)$为真的或者非真的，这说明$\boldsymbol{M}(s)$在无穷处的极点、零点一般不能代表$\boldsymbol{W}(s)$在无穷远处的极点、零点。

(2) 传递函数阵极点零点分布的特点。

不同于 SISO 线性时不变系统的标量传递函数，MIMO 线性时不变系统的传递函数矩阵$\boldsymbol{W}(s)$的极点和零点可位于复平面同一位置上而不构成对消。

思考 指出例子中能够说明该事实的证据。

2. 基于传递函数矩阵分式描述的有限极点和零点推论性定义

对于$q\times p$的传递函数矩阵$\boldsymbol{W}(s)$，其秩为$r\leqslant\min\{q,p\}$，它的不可简约 RMFD 和 LMFD 分别为

$$\boldsymbol{W}(s)=\boldsymbol{N}_{\mathrm{R}}(s)\boldsymbol{D}_{\mathrm{R}}^{-1}(s)=\boldsymbol{D}_{\mathrm{L}}^{-1}(s)\boldsymbol{N}_{\mathrm{L}}(s) \tag{2-114}$$

则$\det\boldsymbol{D}_{\mathrm{R}}(s)=0$的根的全体或者$\det\boldsymbol{D}_{\mathrm{L}}(s)=0$的根的全体即$\boldsymbol{W}(s)$的有限极点；使$\mathrm{rank}(\boldsymbol{N}_{\mathrm{R}}(s))<r$的$s$值的全体或者$\mathrm{rank}(\boldsymbol{N}_{\mathrm{L}}(s))<r$的$s$值的全体为$\boldsymbol{W}(s)$的有限零点。

证明 $\boldsymbol{W}(s)$的 Smith-McMillan 规范型为$\boldsymbol{M}(s)=\boldsymbol{E}_{\mathrm{R}}(s)\boldsymbol{\psi}_{\mathrm{R}}^{-1}(s)$，其中

$$E_R(s)=\begin{bmatrix}\varepsilon_1(s) & & \\ & \varepsilon_r(s) & \\ & & \mathbf{0}_{(q-r)(p-r)}\end{bmatrix},\ \boldsymbol{\psi}_R(s)=\begin{bmatrix}\psi_1(s) & & \\ & \psi_r(s) & \\ & & \boldsymbol{I}_{(p-r)}\end{bmatrix}$$

且是不可简约的。

据 Smith-McMillan 规范型的性质，可引入一个单模矩阵 $\boldsymbol{U}(s)$和 $\boldsymbol{V}(s)$，使

$$\boldsymbol{N}_R(s)=\boldsymbol{U}^{-1}(s)\boldsymbol{E}_R(s),\ \boldsymbol{D}_R(s)=\boldsymbol{V}(s)\boldsymbol{\psi}_R(s)$$

对 $\boldsymbol{D}_R(s)=\boldsymbol{V}(s)\boldsymbol{\psi}_R(s)$两边取行列式，得

$$\det\boldsymbol{D}_R(s)=\det\boldsymbol{V}(s)\det\boldsymbol{\psi}_R(s)=\alpha\det\boldsymbol{\psi}_R(s)$$

式中，α 为非零常数。所以 $\det\boldsymbol{D}_R(s)=0\Leftrightarrow\det\boldsymbol{\psi}_R(s)=0\Leftrightarrow\psi_i(s)=0$

对 $\boldsymbol{N}_R(s)=\boldsymbol{U}^{-1}(s)\boldsymbol{E}_R(s)$有

$$\mathrm{rank}\boldsymbol{N}_R(s)=\mathrm{rank}\boldsymbol{E}_R(s)<r\Leftrightarrow\varepsilon_i(s)=0$$

就此可得结论。

这个证明是针对 RMFD 的，对于 LMFD 情况类似。并且两者定义的极点集和零点集是等同的。

思考 能针对 LMFD 的情况进行证明吗？

说明：在上述推论性定义中，要求传递函数矩阵 $\boldsymbol{W}(s)$的 MFD 是不可简约的。不难想象，如果 $\boldsymbol{W}(s)$的 MFD 是可简约的，同样可以定义零点和极点，这样定义的零点和极点的个数无疑要比原来所定义的零点和极点的个数多，这样的零点和极点有什么样的意义呢？这一点将在后面介绍。

3. 零、极点的物理意义

在后面将看到，$\boldsymbol{W}(s)$极点决定系统输出运动组成分量的模式(模态)，往往在时域中以 $t^i e^{\lambda t}$，$i=0,1,\cdots$体现。

系统传输零点(Tansfer Zero) z 使 $\boldsymbol{W}(s)$减秩意味着存在至少一个非零向量 $\boldsymbol{u}_0$ 使 $\boldsymbol{W}(z)\boldsymbol{u}_0=0$，因此这样的系统对于任何形式如 $\boldsymbol{u}_0 e^{zt}$ 的输入引起的零状态响应都是 0。

将任何使 $\boldsymbol{W}(s)=\mathbf{0}$ 的有限常数 $s=z$ 定义为系统的阻塞零点(Blocking Zero)；显然，阻塞零点是传输零点的一部分。有阻塞零点 z 的系统对任何形式如 $\boldsymbol{u}_0 e^{zt}$ ($\boldsymbol{u}_0$ 任意)的输入引起的零状态响应都是 0。

思考 传输零点与阻塞零点的区别？

例 2-22 已知传递函数阵求阻塞零点和传输零点。

已知传递函数阵为 $\boldsymbol{W}(s)=\begin{bmatrix}0 & \dfrac{s+1}{s^2+1}\\ \dfrac{s(s+1)}{s^2+1} & \dfrac{(s+2)(s+1)}{s^2+2s+3}\\ \dfrac{s(s+1)(s+2)}{s^4+2} & \dfrac{(s+2)(s+1)}{s^2+2s+2}\end{bmatrix}$，利用定义求阻塞零点和传输零点。

解 根据前面求零点的方法可得：传输零点 -1 和 0，阻塞零点 -1。

4. $\alpha_W(s)$与 $\alpha_A(s)$的关系

$\boldsymbol{W}(s)$的首一化特征多项式为 $\alpha_W(s)$，其极点集合为 Λ_W，它对应状态空间实现的系统矩阵

$\boldsymbol{A}$ 的首一化特征多项式为 $\alpha_{\boldsymbol{A}}(s)$，其特征值集合为 Λ，它们的关系可以表述如下。

当且仅当系统是能控且能观(这两个概念将在第 4 章中详述)时

$$\alpha_{\boldsymbol{W}}(s)=\alpha_{\boldsymbol{A}}(s), \boldsymbol{\Lambda}_{W}=\boldsymbol{\Lambda} \tag{2-115}$$

否则

$$\deg(\alpha_{\boldsymbol{W}}(s))\leqslant\deg(\alpha_{\boldsymbol{A}}(s)), \boldsymbol{\Lambda}_{W}\subseteq\boldsymbol{\Lambda} \tag{2-116}$$

2.6.3 传递函数矩阵在无穷远处的零极点

$\boldsymbol{W}(s)$在无穷远处的极点反映系统的非真性。$\boldsymbol{W}(s)$在无穷远处零点是研究多输入多输出系统根轨迹渐近行为的基础。在线性时不变的复频域理论中，传递函数矩阵 $\boldsymbol{W}(s)$在无穷远处的极点和零点同样也是需要关注的基本问题。

对 $q\times p$ 传递函数矩阵 $\boldsymbol{W}(s)$，$\mathrm{rank}\boldsymbol{W}(s)=r\leqslant\min\{q,p\}$，则直接基于 $\boldsymbol{W}(s)$的 Smith-McMillan 规范型 $\boldsymbol{M}(s)$不能定义 $\boldsymbol{W}(s)$在无穷远处的极点和零点。事实上，由 $\boldsymbol{W}(s)$导出 $\boldsymbol{M}(s)$所引入的单模变换，可能使 $\boldsymbol{W}(s)$导致非真或增加非真程度，即可能对 $\boldsymbol{W}(s)$引入附加无穷远处极点，这显然是不合理的。如何避免对 $\boldsymbol{W}(s)$的直接单模变换所引起的非真性影响呢？注意到在将 $\boldsymbol{W}(s)$转化成 Smith-McMillan 规范型 $\boldsymbol{M}(s)$后并不会影响在 0 处的极点和零点，基此，对 $\boldsymbol{W}(s)$引入变换 $s=\lambda^{-1}$ 使化为 $\boldsymbol{W}(\lambda^{-1})$，进而化成以 λ 为变量的有理分式矩阵 $\boldsymbol{H}(\lambda)$，于是有 $\boldsymbol{W}(s)$在"$s=\infty$"处极点/零点$=\boldsymbol{H}(\lambda)$在"$\lambda=0$"处极点/零点。进一步有如下结论。

对 $q\times p$ 传递函数矩阵 $\boldsymbol{W}(s)$，设 $\mathrm{rank}\boldsymbol{W}(s)=r\leqslant\min\{q,p\}$，基于变换 $s=\lambda^{-1}$ 由 $\boldsymbol{W}(s)$导出 $\boldsymbol{H}(\lambda)$，且有 $\mathrm{rank}\boldsymbol{H}(\lambda)=r\leqslant\min\{q,p\}$，引入 $q\times q$ 和 $p\times p$ 单模阵 $\widetilde{\boldsymbol{U}}(\lambda)$和$\widetilde{\boldsymbol{V}}(\lambda)$，导出 $\boldsymbol{H}(\lambda)$的 Smith-McMillan 规范型 $\widetilde{\boldsymbol{M}}(\lambda)$：

$$\widetilde{\boldsymbol{M}}(\lambda)=\widetilde{\boldsymbol{U}}(\lambda)\boldsymbol{H}(\lambda)\widetilde{\boldsymbol{V}}(\lambda)=\left[\begin{array}{ccc:c}\dfrac{\widetilde{\varepsilon}_1(\lambda)}{\widetilde{\psi}_1(\lambda)} & & & \\ & \ddots & & 0 \\ & & \dfrac{\widetilde{\varepsilon}_r(\lambda)}{\widetilde{\psi}_r(\lambda)} & \\ \hdashline & 0 & & 0\end{array}\right] \tag{2-117}$$

则有

$\boldsymbol{W}(s)$在"$s=\infty$"处极点重数$=\widetilde{\boldsymbol{M}}(\lambda)$中"$\widetilde{\psi}_i(\lambda)=0$"的"$\lambda=0$"根重数和，$i=1,2,\cdots,r$；

$\boldsymbol{W}(s)$在"$s=\infty$"处零点重数$=\widetilde{\boldsymbol{M}}(\lambda)$中"$\widetilde{\varepsilon}_i(\lambda)=0$"的"$\lambda=0$"根重数和，$i=1,2,\cdots,r$。

2.6.4 传递函数矩阵的亏数

亏数是对传递函数矩阵零极点个数不平衡性的表征。

对单输入单输出 $q=p=1$ 线性时不变系统，其标量函数 $g(s)$，$g(s)\neq0$ 必满足极点零点平衡性，即 $g(s)$在有限处和无穷远处极点总数$=g(s)$在有限处和无穷远处零点总数。Evans 的根轨迹法就是基于传递函数 $g(s)$的极点零点平衡性的。正是这一属性，使根轨迹法在构成上较为简单和在应用上易于分析。

然而，对多输入多输出线性时不变系统，秩为 $\mathrm{rank}\boldsymbol{W}(s)=r\leqslant\min\{q,p\}$的 $q\times p$ 传递函数矩阵 $\boldsymbol{W}(s)$一般不满足极点零点平衡性，即 $\boldsymbol{W}(s)$在有限处和无穷远处极点总数$\neq\boldsymbol{W}(s)$在有限处和无穷远处零点总数。这一点使根轨迹法在构造上和应用上都要复杂得多。将两者之差称

为传递函数矩阵 $\boldsymbol{W}(s)$ 的亏数：

$\mathrm{def}\boldsymbol{W}(s)=\boldsymbol{W}(s)$ 在有限处和无穷远处极点总数 $-\boldsymbol{W}(s)$ 在有限处和无穷远处零点总数

对 $q\times p$ 传递函数矩阵 $\boldsymbol{W}(s)$，$\mathrm{rank}\boldsymbol{W}(s)=r\leqslant\min\{q,p\}$，$\mathrm{def}\boldsymbol{W}(s)=0$ 的充要条件是存在 q 阶可逆常数矩阵 $\boldsymbol{H}$ 和 p 阶可逆常数矩阵 $\boldsymbol{F}$，使

$$\boldsymbol{H}\boldsymbol{W}(s)\boldsymbol{F}=\begin{pmatrix}\boldsymbol{W}_1(s) & \boldsymbol{0}\\ \boldsymbol{0} & \boldsymbol{0}\end{pmatrix} \tag{2-118}$$

式中，$\boldsymbol{W}_1(s)$ 为 $r\times r$ 的正则矩阵，即"$\boldsymbol{W}_1(s)$ 为方且 $\det\boldsymbol{W}_1(s)\neq0$"。

2.7 线性系统的多项式矩阵描述与零极点

线性系统的多项式矩阵描述(PMD)是由英国学者 Rosenbrock 于 20 世纪 60 年代提出的，它具有更广的普遍性，常用于线性时不变系统的复频域分析和综合。

2.7.1 多项式矩阵描述与多项式系统矩阵

首先看下面的引例，通过引例说明多项式矩阵描述与系统矩阵的书写形式。

例 2-23 多项式矩阵描述。

如图 2-36 所示，假设取两个回路的电流 ξ_1、ξ_2 为广义状态变量，u 为输入变量，y 为输出变量。利用复阻抗的概念对两个回路可列写下面的方程：

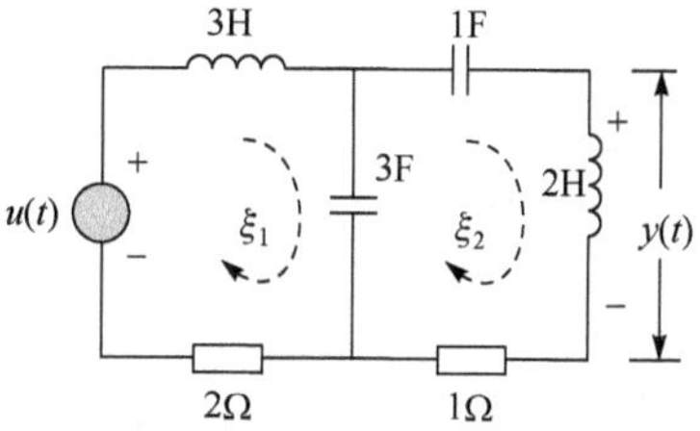

图 2-36 一个简单的电路

$$\begin{cases}\left(3s+2+\dfrac{1}{3s}\right)\xi_1(s)-\dfrac{1}{3s}\xi_2(s)=u(s)\\ -\dfrac{1}{3s}\xi_1(s)+\left(2s+1+\dfrac{1}{3s}+\dfrac{1}{s}\right)\xi_2(s)=0\end{cases}$$

$$y(s)=2s\xi_2(s)$$

将上述方程化简改写，可得到下式

$$\begin{cases}(9s^2+6s+1)\xi_1(s)-\xi_2(s)=3su(s)\\ -\xi_1(s)+(6s^2+3s+4)\xi_2(s)=0\end{cases}$$

$$y(s)=0\xi_1(s)+2s\xi_2(s)+0u(s)$$

将以上两式表示成向量方程形式，有

$$\begin{bmatrix}9s^2+6s+1 & -1\\ -1 & 6s^2+3s+4\end{bmatrix}\begin{bmatrix}\xi_1(s)\\ \xi_2(s)\end{bmatrix}=\begin{bmatrix}3s\\ 0\end{bmatrix}u(s)$$

$$y(s)=\begin{bmatrix}0 & 2s\end{bmatrix}\begin{bmatrix}\xi_1(s)\\ \xi_2(s)\end{bmatrix}+[0]u(s)$$

上述两个方程就是描述给定电路的广义状态方程和输出方程，且系数矩阵都是多项式矩阵形式，称这两个方程是给定电路的一个 PMD。推广到一般形式的 MIMO 线性定常系统，定义

$$\text{输入}\quad \boldsymbol{u}=\begin{bmatrix}u_1\\ \vdots\\ u_p\end{bmatrix},\quad \text{广义状态}\quad \boldsymbol{\xi}=\begin{bmatrix}\xi_1\\ \vdots\\ \xi_m\end{bmatrix},\quad \text{输出}\quad \boldsymbol{y}=\begin{bmatrix}y_1\\ \vdots\\ y_q\end{bmatrix} \tag{2-119}$$

那么，根据对上述电路的 PMD 的推广，可以导出系统的 PMD 为

$$\begin{aligned}\boldsymbol{P}(s)\boldsymbol{\xi}(s)&=\boldsymbol{Q}(s)\boldsymbol{u}(s)\\ \boldsymbol{y}(s)&=\boldsymbol{R}(s)\boldsymbol{\xi}(s)+\boldsymbol{W}(s)\boldsymbol{u}(s)\end{aligned} \tag{2-120}$$

式中，$\boldsymbol{P}(s)$为 $m\times m$ 多项式矩阵；$\boldsymbol{Q}(s)$、$\boldsymbol{R}(s)$、$\boldsymbol{W}(s)$为 $m\times p$、$q\times m$、$q\times p$ 多项式矩阵。为保证该式给出的 PMD 有唯一解，假定 $\boldsymbol{P}(s)$非奇异，即 $\boldsymbol{P}^{-1}(s)$存在 。

用微分算子 p 代替复数变量 s，并将复频域变量替换时间域变量，就得到时间域 PMD 为

$$\begin{cases}\boldsymbol{P}(p)\boldsymbol{\xi}(p)=\boldsymbol{Q}(p)\boldsymbol{u}(p)\\ \boldsymbol{y}(p)=\boldsymbol{R}(p)\boldsymbol{\xi}(p)+\boldsymbol{W}(p)\boldsymbol{u}(p)\end{cases} \tag{2-121}$$

PMD 提供了最一般的系统描述，本质上属于系统内部描述，但不同于系统的状态空间描述。这里引入的是一种广义状态或伪状态，并不要求按状态定义进行严格限定。很显然上述例子中有三个储能元件应有三个状态，但这里的广义状态只选择了两个。

另外，一般还将式(2-120)表示为

$$\begin{bmatrix}\boldsymbol{P}(s) & \boldsymbol{Q}(s)\\ -\boldsymbol{R}(s) & \boldsymbol{W}(s)\end{bmatrix}\begin{bmatrix}\boldsymbol{\xi}(s)\\ -\boldsymbol{u}(s)\end{bmatrix}=\begin{bmatrix}\boldsymbol{0}\\ -\boldsymbol{y}(s)\end{bmatrix} \tag{2-122}$$

定义线性定常系统的系统矩阵为

$$\boldsymbol{S}(s)=\begin{bmatrix}\boldsymbol{P}(s) & \boldsymbol{Q}(s)\\ -\boldsymbol{R}(s) & \boldsymbol{W}(s)\end{bmatrix}\begin{matrix}\}m\\ \}q\end{matrix} \tag{2-123}$$

2.7.2 PMD 和系统矩阵与其他描述的关系

下面将简单介绍线性定常系统的 PMD 和系统矩阵与传递函数矩阵、状态空间描述、MFD 等之间的关系。

1. PMD 的传递函数矩阵

由于 $\boldsymbol{P}(s)$非奇异，式(2-120)中的第一个关系式两边同乘 $\boldsymbol{P}^{-1}(s)$得

$$\boldsymbol{\xi}(s)=\boldsymbol{P}^{-1}(s)\boldsymbol{Q}(s)\boldsymbol{u}(s)$$

将其代入(2-120)中的第二个关系式，可以得到

$$\boldsymbol{y}(s)=(\boldsymbol{R}(s)\boldsymbol{P}^{-1}(s)\boldsymbol{Q}(s)+\boldsymbol{W}(s))\boldsymbol{u}(s)$$

由此可导出 PMD 的传递函数矩阵 $\boldsymbol{G}(s)$为

$$\boldsymbol{G}(s)=\boldsymbol{R}(s)\boldsymbol{P}^{-1}(s)\boldsymbol{Q}(s)+\boldsymbol{W}(s) \tag{2-124}$$

2. 状态空间描述的 PMD

给定线性定常系统的状态空间描述

$$\begin{cases}\dot{\boldsymbol{x}}=\boldsymbol{A}\boldsymbol{x}+\boldsymbol{B}\boldsymbol{u}, & t\geqslant 0\\ \boldsymbol{y}=\boldsymbol{C}\boldsymbol{x}+\boldsymbol{D}(p)\boldsymbol{u}\end{cases} \tag{2-125}$$

式中，$\boldsymbol{D}(p)$为多项式矩阵；$p=\mathrm{d}/\mathrm{d}t$ 为微分算子；$\boldsymbol{x}(0)=\boldsymbol{0}$；$\boldsymbol{D}(p)$的存在反映系统的非真性。那么，与式(2-125)所示状态空间描述等价的 PMD 为

$$\begin{cases}(s\boldsymbol{I}-\boldsymbol{A})\boldsymbol{\xi}(s)=\boldsymbol{B}\boldsymbol{u}(s)\\ \boldsymbol{y}(s)=\boldsymbol{C}\boldsymbol{\xi}(s)+\boldsymbol{D}(s)\boldsymbol{u}(s)\end{cases} \tag{2-126}$$

式中，$\boldsymbol{\xi}(s)=\boldsymbol{x}(s)$为 $n\times 1$ 广义状态。类比可得 PMD 的各个系数矩阵为

$$\boldsymbol{P}(s)=(s\boldsymbol{I}-\boldsymbol{A}),\quad \boldsymbol{Q}(s)=\boldsymbol{B},\quad \boldsymbol{R}(s)=\boldsymbol{C},\quad \boldsymbol{W}(s)=\boldsymbol{D}(s) \tag{2-127}$$

相应的系统矩阵为

$$\boldsymbol{S}(s)=\begin{pmatrix} s\boldsymbol{I}-\boldsymbol{A} & \boldsymbol{B} \\ -\boldsymbol{C} & \boldsymbol{D}(s) \end{pmatrix} \text{或} \begin{pmatrix} s\boldsymbol{I}-\boldsymbol{A} & -\boldsymbol{B} \\ \boldsymbol{C} & \boldsymbol{D}(s) \end{pmatrix} \tag{2-128}$$

3. MFD 的 PMD

设 $q\times p$ 线性定常系统的 RMFD $\boldsymbol{N}_{\mathrm{R}}(s)\boldsymbol{D}_{\mathrm{R}}^{-1}(s)+\boldsymbol{E}(s)$ LMFD $\boldsymbol{D}_{\mathrm{L}}^{-1}(s)\boldsymbol{N}_{\mathrm{L}}(s)+\boldsymbol{E}(s)$，其中 $\boldsymbol{N}_{\mathrm{R}}(s)\boldsymbol{D}_{\mathrm{R}}^{-1}(s)$、$\boldsymbol{D}_{\mathrm{L}}^{-1}(s)\boldsymbol{N}_{\mathrm{L}}(s)$ 为严格真 MFD，$\boldsymbol{E}(s)$ 为多项式矩阵。

(1) 等价于 $\boldsymbol{N}_{\mathrm{R}}(s)\boldsymbol{D}_{\mathrm{R}}^{-1}(s)+\boldsymbol{E}(s)$ 的 PMD 为

$$\begin{cases} \boldsymbol{D}_{\mathrm{R}}(s)\boldsymbol{\xi}(s)=\boldsymbol{I}\boldsymbol{u}(s) \\ \boldsymbol{y}(s)=\boldsymbol{N}_{\mathrm{R}}(s)\boldsymbol{\xi}(s)+\boldsymbol{E}(s)\boldsymbol{u}(s) \end{cases} \tag{2-129}$$

式中，$\boldsymbol{\xi}(s)=\boldsymbol{D}_{\mathrm{R}}^{-1}(s)\boldsymbol{I}\boldsymbol{u}(s)$ 为 $p\times 1$ 广义状态。PMD 的各个系数矩阵为

$$\boldsymbol{P}(s)=\boldsymbol{D}_{\mathrm{R}}(s),\quad \boldsymbol{Q}(s)=\boldsymbol{I},\quad \boldsymbol{R}(s)=\boldsymbol{N}_{\mathrm{R}}(s),\quad \boldsymbol{W}(s)=\boldsymbol{E}(s) \tag{2-130}$$

写成系统矩阵为

$$\boldsymbol{S}(s)=\begin{bmatrix} \boldsymbol{D}_{\mathrm{R}}(s) & \boldsymbol{I} \\ -\boldsymbol{N}_{\mathrm{R}}(s) & \boldsymbol{E}(s) \end{bmatrix} \tag{2-131}$$

(2) 等价于 $\boldsymbol{D}_{\mathrm{L}}^{-1}(s)\boldsymbol{N}_{\mathrm{L}}(s)+\boldsymbol{E}(s)$ 的 PMD 为

$$\begin{cases} \boldsymbol{D}_{\mathrm{L}}(s)\boldsymbol{\xi}(s)=\boldsymbol{N}_{\mathrm{L}}\boldsymbol{u}(s) \\ \boldsymbol{y}(s)=\boldsymbol{I}\boldsymbol{\xi}(s)+\boldsymbol{E}(s)\boldsymbol{u}(s) \end{cases} \tag{2-132}$$

式中，$\boldsymbol{\xi}(s)=\boldsymbol{D}_{\mathrm{L}}^{-1}(s)\boldsymbol{N}_{\mathrm{L}}(s)\boldsymbol{u}(s)$ 为 $q\times 1$ 广义状态。PMD 的各个系数矩阵为

$$\boldsymbol{P}(s)=\boldsymbol{D}_{\mathrm{L}}(s),\quad \boldsymbol{Q}(s)=\boldsymbol{N}_{\mathrm{L}}(s),\quad \boldsymbol{R}(s)=\boldsymbol{I},\quad \boldsymbol{W}(s)=\boldsymbol{E}(s) \tag{2-133}$$

写成系统矩阵为

$$\boldsymbol{S}(s)=\begin{pmatrix} \boldsymbol{D}_{\mathrm{L}}(s) & \boldsymbol{N}_{\mathrm{L}}(s) \\ -\boldsymbol{I} & \boldsymbol{E}(s) \end{pmatrix} \tag{2-134}$$

从前面的讨论中可以看出，PMD 是线性定常系统的最为一般的描述，系统的其他数学描述均可认为是 PMD 的特殊情况。

2.7.3 不可简约的 PMD

称$(\boldsymbol{P}(s),\boldsymbol{Q}(s),\boldsymbol{R}(s),\boldsymbol{W}(s))$为不可简约 PMD，当且仅当$\{\boldsymbol{P}(s),\boldsymbol{Q}(s)\}$左互质，$\{\boldsymbol{P}(s),\boldsymbol{R}(s)\}$右互质。实际上，根据互质性判据，这要求系统矩阵 $\boldsymbol{S}(s)$ 前 m 行和前 m 列分别满秩。针对特定的系统，不可简约的 PMD$(\boldsymbol{P}(s),\boldsymbol{Q}(s),\boldsymbol{R}(s),\boldsymbol{W}(s))$是不唯一的。这一点，可以引入单模变换

$$\bar{\boldsymbol{P}}(s)=\boldsymbol{U}(s)\boldsymbol{P}(s)\boldsymbol{V}(s),\bar{\boldsymbol{Q}}(s)=\boldsymbol{U}(s)\boldsymbol{Q}(s),\bar{\boldsymbol{R}}(s)=\boldsymbol{R}(s)\boldsymbol{V}(s) \tag{2-135}$$

则$(\bar{\boldsymbol{P}}(s),\bar{\boldsymbol{Q}}(s),\bar{\boldsymbol{R}}(s),\boldsymbol{W}(s))$也是一个不可简约 PMD。

$(\boldsymbol{P}(s),\boldsymbol{Q}(s),\boldsymbol{R}(s),\boldsymbol{W}(s))$可简约有三种情形。

(1) $\{\boldsymbol{P}(s),\boldsymbol{Q}(s)\}$非左互质，$\{\boldsymbol{P}(s),\boldsymbol{R}(s)\}$右互质。

(2) $\{\boldsymbol{P}(s),\boldsymbol{Q}(s)\}$左互质，$\{\boldsymbol{P}(s),\boldsymbol{R}(s)\}$非右互质。

(3) $\{\boldsymbol{P}(s),\boldsymbol{Q}(s)\}$非左互质，$\{\boldsymbol{P}(s),\boldsymbol{R}(s)\}$非右互质。

将可简约的 PMD 化成不可简约的 PMD 是复频域方法中经常面临的一个问题。解决这一问题的基本途径是引入变换。下面针对三种情形讨论。

(1) 情形 1：$\{\boldsymbol{P}(s),\boldsymbol{Q}(s)\}$非左互质，$\{\boldsymbol{P}(s),\boldsymbol{R}(s)\}$右互质。

设 $m\times m$ 多项式矩阵 $\boldsymbol{H}(s)$为非左互质$\{\boldsymbol{P}(s),\boldsymbol{Q}(s)\}$的任一最大左公因子，取

$$\boldsymbol{P}(s)=\boldsymbol{H}(s)\bar{\boldsymbol{P}}(s),\boldsymbol{Q}(s)=\boldsymbol{H}(s)\bar{\boldsymbol{Q}}(s) \tag{2-136}$$

则，可简约 PMD 的一个不可简约 PMD 为

$$\begin{cases}\bar{\boldsymbol{P}}(s)\boldsymbol{\xi}(s)=\bar{\boldsymbol{Q}}(s)\boldsymbol{u}(s)\\ \boldsymbol{y}(s)=\boldsymbol{R}(s)\boldsymbol{\xi}(s)+\boldsymbol{W}(s)\boldsymbol{u}(s)\end{cases} \tag{2-137}$$

式中，$\{\bar{\boldsymbol{P}}(s),\boldsymbol{R}(s)\}$是右互质的。

(2) 情形 2：$\{\boldsymbol{P}(s),\boldsymbol{Q}(s)\}$左互质，$\{\boldsymbol{P}(s),\boldsymbol{R}(s)\}$非右互质。

设 $m\times m$ 多项式矩阵 $\boldsymbol{F}(s)$为非右互质$\{\boldsymbol{P}(s),\boldsymbol{R}(s)\}$的任一最大右公因子，即有

$$\boldsymbol{P}(s)=\bar{\boldsymbol{P}}(s)\boldsymbol{F}(s),\boldsymbol{R}(s)=\bar{\boldsymbol{R}}(s)\boldsymbol{F}(s) \tag{2-138}$$

则有

$$\begin{cases}\bar{\boldsymbol{P}}(s)\boldsymbol{F}(s)\boldsymbol{\xi}(s)=\boldsymbol{Q}(s)\boldsymbol{u}(s)\\ \boldsymbol{y}(s)=\bar{\boldsymbol{R}}(s)\boldsymbol{F}(s)\boldsymbol{\xi}(s)+\boldsymbol{W}(s)\boldsymbol{u}(s)\end{cases} \tag{2-139}$$

取 $\bar{\boldsymbol{\xi}}(s)=\boldsymbol{F}(s)\boldsymbol{\xi}(s)$，得可简约 PMD 的一个不可简约 PMD 为

$$\begin{cases}\bar{\boldsymbol{P}}(s)\bar{\boldsymbol{\xi}}(s)=\boldsymbol{Q}(s)\boldsymbol{u}(s)\\ \boldsymbol{y}(s)=\bar{\boldsymbol{R}}(s)\bar{\boldsymbol{\xi}}(s)+\boldsymbol{W}(s)\boldsymbol{u}(s)\end{cases} \tag{2-140}$$

(3) 情形 3：$\{\boldsymbol{P}(s),\boldsymbol{Q}(s)\}$非左互质，$\{\boldsymbol{P}(s),\boldsymbol{R}(s)\}$非右互质。

设 $m\times m$ 多项式矩阵 $\boldsymbol{H}(s)$为非左互质$\{\boldsymbol{P}(s),\boldsymbol{Q}(s)\}$的任一最大左公因子，取 $\bar{\boldsymbol{P}}(s)=\boldsymbol{H}^{-1}(s)\boldsymbol{P}(s)$，$m\times m$ 多项式矩阵 $\bar{\boldsymbol{F}}(s)$为$\{\bar{\boldsymbol{P}}(s),\boldsymbol{R}(s)\}$的任一最大右公因子，即有

$$\boldsymbol{P}(s)=\boldsymbol{H}(s)\tilde{\boldsymbol{P}}(s)\bar{\boldsymbol{F}}(s),\boldsymbol{Q}(s)=\boldsymbol{H}(s)\tilde{\boldsymbol{Q}}(s),\boldsymbol{R}(s)=\tilde{\boldsymbol{R}}(s)\bar{\boldsymbol{F}}(s) \tag{2-141}$$

则有

$$\begin{cases}\boldsymbol{H}(s)\tilde{\boldsymbol{P}}(s)\bar{\boldsymbol{F}}(s)\bar{\boldsymbol{\xi}}(s)=\boldsymbol{H}(s)\tilde{\boldsymbol{Q}}(s),\boldsymbol{u}(s)\\ \boldsymbol{y}(s)=\tilde{\boldsymbol{R}}(s)\bar{\boldsymbol{F}}(s)\bar{\boldsymbol{\xi}}(s)+\boldsymbol{W}(s)\boldsymbol{u}(s)\end{cases} \tag{2-142}$$

再取 $\tilde{\boldsymbol{\xi}}(s)=\bar{\boldsymbol{F}}(s)\boldsymbol{\xi}(s)$，可简约 PMD 的一个不可简约 PMD 为

$$\begin{cases}\tilde{\boldsymbol{P}}(s)\tilde{\boldsymbol{\xi}}(s)=\tilde{\boldsymbol{Q}}(s)\boldsymbol{u}(s)\\ \boldsymbol{y}(s)=\tilde{\boldsymbol{R}}(s)\tilde{\boldsymbol{\xi}}(s)+\boldsymbol{W}(s)\boldsymbol{u}(s)\end{cases} \tag{2-143}$$

2.7.4 用 PMD 和系统矩阵定义有限极点和零点

虽然 PMD 属于系统的内部描述范畴，但因复频域中对系统的分析综合几乎都是针对输入输出描述进行的，所以 PMD 的极点和零点基于传递函数进行定义是合理的。

对于线性定常系统的 PMD$(\boldsymbol{P}(s),\boldsymbol{Q}(s),\boldsymbol{R}(s),\boldsymbol{W}(s))$，其传递函数矩阵为

$$\boldsymbol{G}(s)=\boldsymbol{R}(s)\boldsymbol{P}^{-1}(s)\boldsymbol{Q}(s)+\boldsymbol{W}(s)$$

则 PMD 的极点被定义为

$$\text{PMD 的极点}=\boldsymbol{R}(s)\boldsymbol{P}^{-1}(s)\boldsymbol{Q}(s)+\boldsymbol{W}(s)\text{的极点}$$

PMD(传输)零点的定义为

$$\text{PMD 的零点}=\boldsymbol{R}(s)\boldsymbol{P}^{-1}(s)\boldsymbol{Q}(s)+\boldsymbol{W}(s)\text{的零点}$$

另设 PMD 不可简约，基于自身、LMFD 和 RMFD 的各种形式的系统矩阵 $\boldsymbol{S}(s)$，均有

$$\text{PMD 的极点}=\text{使 }\boldsymbol{S}(s)\text{左上 }m\times m\text{ 方块矩阵降秩的 }s\text{ 值}$$

$$\text{PMD 的零点}=\text{使 }\boldsymbol{S}(s)\text{降秩的 }s\text{ 值}$$

思考 若 $\boldsymbol{S}(s)$分别针对自身、LMFD 和 RMFD 得到的矩阵，PMD 极点等于什么形式？

特别地，若$(\boldsymbol{A},\boldsymbol{B},\boldsymbol{C},\boldsymbol{D}(p))$为定常系统 PMD$(\boldsymbol{P}(s),\boldsymbol{Q}(s),\boldsymbol{R}(s),\boldsymbol{W}(s))$一个最小实现（后面将看到这种实现既能控也能观），则

(1) $\det(s\boldsymbol{I}-\boldsymbol{A})=0$ 的根的全体即 PMD 的有限极点。

(2) 使 $\operatorname{rank}\begin{pmatrix} s\boldsymbol{I}-\boldsymbol{A} & \boldsymbol{B} \\ -\boldsymbol{C} & \boldsymbol{D} \end{pmatrix}$降秩的 s 值的全体为 PMD 有限（传输）零点。

例 2-24 计算 PMD 描述的系统的极点和传输零点。

$$\begin{bmatrix} s^2+2s+1 & 2 \\ 0 & s+1 \end{bmatrix}\begin{bmatrix} \xi_1(s) \\ \xi_2(s) \end{bmatrix}=\begin{bmatrix} s+2 & s \\ 1 & s+3 \end{bmatrix}u(s)$$

$$\boldsymbol{y}(s)=\begin{bmatrix} s+1 & 1 \\ 2 & s \end{bmatrix}\begin{bmatrix} \xi_1(s) \\ \xi_2(s) \end{bmatrix}$$

解 对题中给出的 PMD，$\dim\boldsymbol{P}(s)=2$，容易验证

$$\operatorname{rank}[\boldsymbol{P}(s)\quad \boldsymbol{Q}(s)]=\operatorname{rank}\begin{bmatrix} s^2+2s+1 & 2 & s+2 & s \\ 0 & s+1 & 1 & s+3 \end{bmatrix}=2,\quad \forall s\in\mathbf{C}$$

$$\operatorname{rank}\begin{bmatrix} \boldsymbol{P}(s) \\ -\boldsymbol{R}(s) \end{bmatrix}=\operatorname{rank}\begin{bmatrix} s^2+2s+1 & 2 \\ 0 & s+1 \\ -(s+1) & -1 \\ -2 & -s \end{bmatrix}=2,\quad \forall s\in\mathbf{C}$$

据互质性秩判据，$\{\boldsymbol{P}(s),\boldsymbol{Q}(s)\}$左互质，$\{\boldsymbol{P}(s),\boldsymbol{R}(s)\}$右互质，即$\{\boldsymbol{P}(s),\boldsymbol{Q}(s),\boldsymbol{R}(s),\boldsymbol{W}(s)\}$为不可简约。基此，由求解

$$\det\boldsymbol{P}(s)=\det\begin{bmatrix} s^2+2s+1 & 2 \\ 0 & s+1 \end{bmatrix}=(s^2+2s+1)(s+1)=(s+1)^3=0$$

可以定出：PMD 的极点$=-1$（三重）。

再因 PMD 的系统矩阵为方阵，并注意到 $\boldsymbol{W}(s)=\boldsymbol{0}$，$\boldsymbol{R}(s)$和 $\boldsymbol{Q}(s)$为方多项式矩阵，则利用求解分块矩阵行列式的公式，由

$$\begin{aligned}\det\begin{bmatrix} \boldsymbol{P}(s) & \boldsymbol{Q}(s) \\ -\boldsymbol{R}(s) & \boldsymbol{W}(s) \end{bmatrix}&=\det\boldsymbol{P}(s)\det[\boldsymbol{W}(s)+\boldsymbol{R}(s)\boldsymbol{P}^{-1}(s)\boldsymbol{Q}(s)]\\
&=\det\boldsymbol{P}(s)\det\boldsymbol{R}(s)\boldsymbol{P}^{-1}(s)\boldsymbol{Q}(s)=\det\boldsymbol{P}(s)\det\boldsymbol{P}^{-1}(s)\det\boldsymbol{R}(s)\det\boldsymbol{Q}(s)\\
&=\det\boldsymbol{R}(s)\det\boldsymbol{Q}(s)=\det\begin{bmatrix} s+1 & 1 \\ 2 & s \end{bmatrix}\det\begin{bmatrix} s+2 & s \\ 1 & s+3 \end{bmatrix}\\
&=(s^2+s-2)(s^2+4s+6)=(s+2)(s-1)(s^2+4s+6)=0\end{aligned}$$

可以定出：PMD 的传输零点$=-2,1,-2\pm \mathrm{j}\sqrt{2}$。

2.7.5 严格系统等价

1. 严格系统等价

对于线性定常系统，考虑具有相同输入和相同输出的两个 PMD 的系统矩阵 $\boldsymbol{S}_1(s)$、$\boldsymbol{S}_2(s)$，

它们既可属于同一系统，也可属于不同系统。$\boldsymbol{S}_1(s)$、$\boldsymbol{S}_2(s)$分别为

$$\boldsymbol{S}_1(s)=\begin{bmatrix}\boldsymbol{P}_1(s) & \boldsymbol{Q}_1(s)\\ -\boldsymbol{R}_1(s) & \boldsymbol{W}_1(s)\end{bmatrix},\quad \boldsymbol{S}_2(s)=\begin{bmatrix}\boldsymbol{P}_2(s) & \boldsymbol{Q}_2(s)\\ -\boldsymbol{R}_2(s) & \boldsymbol{W}_2(s)\end{bmatrix} \tag{2-144}$$

式中，$\boldsymbol{P}_i(s)$为 $m_i\times m_i$ 满秩多项式阵；$\boldsymbol{Q}_i(s)$、$\boldsymbol{R}_i(s)$、$\boldsymbol{W}_i(s)$为 $m_i\times p$、$q\times m_i$、$q\times p$ 多项式阵，$i=1,2$。不妨设 $m_1=m_2=m$，若不然，可对维数较小的系统矩阵通过增广途径做到这一点。考虑一般性，必有 $m\geqslant m_i$，$i=1,2$。

对于上述两个 PMD 的系统矩阵 $\boldsymbol{S}_1(s)$、$\boldsymbol{S}_2(s)$，当且仅当存在 $m\times m$ 单模阵$\boldsymbol{U}(s)$、$\boldsymbol{V}(s)$，以及 $q\times m$、$m\times p$ 多项式矩阵$\boldsymbol{X}(s)$、$\boldsymbol{Y}(s)$，使下式成立

$$\begin{bmatrix}\boldsymbol{U}(s) & \boldsymbol{0}\\ \boldsymbol{X}(s) & \boldsymbol{I}_q\end{bmatrix}\begin{bmatrix}\boldsymbol{P}_1(s) & \boldsymbol{Q}_1(s)\\ -\boldsymbol{R}_1(s) & \boldsymbol{W}_1(s)\end{bmatrix}\begin{bmatrix}\boldsymbol{V}(s) & \boldsymbol{Y}(s)\\ \boldsymbol{0} & \boldsymbol{I}_p\end{bmatrix}=\begin{bmatrix}\boldsymbol{P}_2(s) & \boldsymbol{Q}_2(s)\\ -\boldsymbol{R}_2(s) & \boldsymbol{W}_2(s)\end{bmatrix} \tag{2-145}$$

则系统矩阵 $\boldsymbol{S}_1(s)$、$\boldsymbol{S}_2(s)$为严格系统等价，记为 $\boldsymbol{S}_1(s)\sim\boldsymbol{S}_2(s)$。这种定义同样适用于用其他形式描述的系统矩阵。判定严格系统等价由式(2-145)可知可借助于行列等效变换。

例 2-25 判断系统矩阵是否为严格系统等价。

判断下列两个系统矩阵 $\boldsymbol{S}_1(s)$和 $\boldsymbol{S}_2(s)$是否为严格系统等价：

$$\boldsymbol{S}_1(s)=\left[\begin{array}{cc:c}s+1 & s^3 & 0\\ 0 & s+1 & 1\\ \hdashline -1 & 0 & 0\end{array}\right],\quad \boldsymbol{S}_2(s)=\left[\begin{array}{cc:c}s+1 & -1 & -3\\ 0 & s+1 & 1\\ \hdashline -1 & 0 & 2-s\end{array}\right]$$

解 引入初等变换：

$$\boldsymbol{S}_1(s)=\begin{bmatrix}s+1 & s^3 & 0\\ 0 & s+1 & 1\\ -1 & 0 & 0\end{bmatrix}\xrightarrow{\boldsymbol{E}_{3\mathrm{r}}(1,2,-(s^2-s+1))}\begin{bmatrix}s+1 & -1 & -(s^2-s+1)\\ 0 & s+1 & 1\\ -1 & 0 & 0\end{bmatrix}$$

$$\xrightarrow{\boldsymbol{E}_{3\mathrm{c}}(3,1,(s-2))}\begin{bmatrix}s+1 & -1 & -3\\ 0 & s+1 & 1\\ -1 & 0 & 2-s\end{bmatrix}=\boldsymbol{S}_2(s)$$

从而可知给定系统矩阵 $\boldsymbol{S}_1(s)$和 $\boldsymbol{S}_2(s)$为严格系统等价。

2. 严格系统等价变换的性质

(1) 严格系统等价变换满足对称性、自反性和传递性。

对称性：若 $\boldsymbol{S}_1(s)\sim\boldsymbol{S}_2(s)$，则 $\boldsymbol{S}_2(s)\sim\boldsymbol{S}_1(s)$。

自反性：$\boldsymbol{S}_1(s)\sim\boldsymbol{S}_1(s)$。

传递性：若 $\boldsymbol{S}_1(s)\sim\boldsymbol{S}_2(s)$，$\boldsymbol{S}_2(s)\sim\boldsymbol{S}_3(s)$，则 $\boldsymbol{S}_1(s)\sim\boldsymbol{S}_3(s)$。

(2) 分母矩阵具有等同的不变多项式。对于两个 PMD 的系统矩阵 $\boldsymbol{S}_1(s)$、$\boldsymbol{S}_2(s)$，若 $\boldsymbol{S}_1(s)\sim\boldsymbol{S}_2(s)$，即严格系统等价，则两者的分母矩阵 $\boldsymbol{P}_1(s)$、$\boldsymbol{P}_2(s)$具有等同的不变多项式，即有

$$\det\boldsymbol{P}_2(s)=\beta_0\det\boldsymbol{P}_1(s) \tag{2-146}$$

式中，β_0 为非零常数。从严格系统等价的定义式很容易说明该性质的正确性。

思考 自己写出证明过程。

(3) 传递函数矩阵保持不变。对于两个 PMD 的系统矩阵 $\boldsymbol{S}_1(s)$、$\boldsymbol{S}_2(s)$，若 $\boldsymbol{S}_1(s)\sim\boldsymbol{S}_2(s)$，即严格系统等价，则两者的传递函数矩阵相同，即有

$$\boldsymbol{R}_1(s)\boldsymbol{P}_1^{-1}(s)\boldsymbol{Q}_1(s)+\boldsymbol{W}_1(s)=\boldsymbol{R}_2(s)\boldsymbol{P}_2^{-1}(s)\boldsymbol{Q}_2(s)+\boldsymbol{W}_2(s) \tag{2-147}$$

思考 自己写出证明过程。

(4) 严格系统等价变换下两个广义状态之间的关系。对线性定常系统，设两个 PMD 为

$$\begin{bmatrix} \boldsymbol{P}_1(s) & \boldsymbol{Q}_1(s) \\ -\boldsymbol{R}_1(s) & \boldsymbol{W}_1(s) \end{bmatrix}\begin{bmatrix} \boldsymbol{\xi}_1(s) \\ -\boldsymbol{u}(s) \end{bmatrix}=\begin{bmatrix} \boldsymbol{0} \\ -\boldsymbol{y}(s) \end{bmatrix} \tag{2-148}$$

$$\begin{bmatrix} \boldsymbol{P}_2(s) & \boldsymbol{Q}_2(s) \\ -\boldsymbol{R}_2(s) & \boldsymbol{W}_2(s) \end{bmatrix}\begin{bmatrix} \boldsymbol{\xi}_2(s) \\ -\boldsymbol{u}(s) \end{bmatrix}=\begin{bmatrix} \boldsymbol{0} \\ -\boldsymbol{y}(s) \end{bmatrix} \tag{2-149}$$

其系统矩阵为 $\boldsymbol{S}_1(s)$、$\boldsymbol{S}_2(s)$，若 $\boldsymbol{S}_1(s)\sim\boldsymbol{S}_2(s)$，即严格系统等价，则两者的广义状态 $\boldsymbol{\xi}_1(s)$、$\boldsymbol{\xi}_2(s)$ 之间存在关系

$$\boldsymbol{\xi}_1(s)=\boldsymbol{V}(s)\boldsymbol{\xi}_2(s)-\boldsymbol{Y}(s)\boldsymbol{u}(s) \tag{2-150}$$

式中，$\boldsymbol{V}(s)$ 由式(2-145)定义。

思考 自己写出证明。提示：利用严格系统等价关系式和下面关系式

$$\begin{bmatrix} \boldsymbol{0} \\ -\boldsymbol{y}(s) \end{bmatrix}=\begin{bmatrix} \boldsymbol{U}(s) & \boldsymbol{0} \\ \boldsymbol{X}(s) & \boldsymbol{I}_q \end{bmatrix}\begin{bmatrix} \boldsymbol{0} \\ -\boldsymbol{y}(s) \end{bmatrix} \tag{2-151}$$

(5) 严格系统等价变换不改变左互质性、右互质性。对线性定常系统，PMD 的互质性在严格系统等价变换下保持不变。即对于 PMD 的两个系统矩阵 $\boldsymbol{S}_1(s)$、$\boldsymbol{S}_2(s)$，若 $\boldsymbol{S}_1(s)\sim\boldsymbol{S}_2(s)$，即严格系统等价，即有

$$\{\boldsymbol{P}_2(s),\boldsymbol{Q}_2(s)\}\text{左互质}\Leftrightarrow\{\boldsymbol{P}_1(s),\boldsymbol{Q}_1(s)\}\text{左互质}$$

$$\{\boldsymbol{P}_2(s),\boldsymbol{R}_2(s)\}\text{右互质}\Leftrightarrow\{\boldsymbol{P}_1(s),\boldsymbol{R}_1(s)\}\text{右互质}$$

思考 自己写出证明。提示：将严格系统等价关系式展开，左右两边秩的等价性。

(6) 代数等价与严格系统等价的等价性。对线性定常系统，两个状态空间描述为$(\boldsymbol{A}_1,\boldsymbol{B}_1,\boldsymbol{C}_1,\boldsymbol{D}_1(p))$和$(\boldsymbol{A}_2,\boldsymbol{B}_2,\boldsymbol{C}_2,\boldsymbol{D}_2(p))$，其系统矩阵 $\boldsymbol{S}_1(s)$、$\boldsymbol{S}_2(s)$ 为

$$\boldsymbol{S}_1(s)=\begin{bmatrix} s\boldsymbol{I}-\boldsymbol{A}_1 & \boldsymbol{B}_1 \\ -\boldsymbol{C}_1 & \boldsymbol{D}_1(s) \end{bmatrix},\quad \boldsymbol{S}_2(s)=\begin{bmatrix} s\boldsymbol{I}-\boldsymbol{A}_2 & \boldsymbol{B}_2 \\ -\boldsymbol{C}_2 & \boldsymbol{D}_2(s) \end{bmatrix} \tag{2-152}$$

则有

$$(\boldsymbol{A}_2,\boldsymbol{B}_2,\boldsymbol{C}_2,\boldsymbol{D}_2(p))\text{代数等价}(\boldsymbol{A}_1,\boldsymbol{B}_1,\boldsymbol{C}_1,\boldsymbol{D}_1(p))\Leftrightarrow\boldsymbol{S}_1(s)\sim\boldsymbol{S}_2(s)$$

(7) 传递函数矩阵 $\boldsymbol{G}(s)$ 的所有类型不可简约描述的等价关系。对线性定常系统的 $q\times p$ 传递函数矩阵 $\boldsymbol{G}(s)$，$\boldsymbol{G}(s)$ 的所有不可简约状态空间描述、不可简约 MFD 以及不可简约 PMD 之间为严格系统等价，且必然有以下关系式成立

$$\Delta(\boldsymbol{G}(s))\sim\det(s\boldsymbol{I}-\boldsymbol{A})\sim\det\boldsymbol{D}_{\mathrm{R}}(s)\sim\det\boldsymbol{D}_{\mathrm{L}}(s)\sim\det\boldsymbol{P}(s) \tag{2-153}$$

式中，符号 Δ 表示求其特征多项式；符号～表示以模为非零常数意义下的相等关系。所以不可简约的前提下，这三种描述的任何一种都可用来研究系统的分析和设计而不会丢失任何基本的实质性信息。

实际上，严格系统等价在运动行为与结构特性也是相同的，关于运动行为与结构特性见后面相关章节。

2.8 非本质非线性系统的状态空间表达式及其线性化处理

2.8.1 工作点附近的近似线性化方法

实际系统或多或少含非线性特性，但许多系统在某些工作范围内可以合理地用线性模型来替代，这些工作范围也是邻域。近似线性化方法可以建立该邻域外内的线性模，为分析系统在这一邻域的特性提供了方便，而且也为设计线性控制器提供了途径。

考虑下面的时不变系统

$$\begin{aligned}\dot{\boldsymbol{x}}&=\boldsymbol{f}(\boldsymbol{x},\boldsymbol{u}),\boldsymbol{x}(t_0)=\boldsymbol{x}_0,t\geqslant t_0\\ \boldsymbol{y}&=\boldsymbol{g}(\boldsymbol{x},\boldsymbol{u})\end{aligned} \tag{2-154}$$

设$\{\boldsymbol{x}_Q,\boldsymbol{u}_Q,\boldsymbol{y}_Q\}$是满足下面表达式的轨迹集合：

$$\begin{aligned}\dot{\boldsymbol{x}}_Q&=\boldsymbol{f}(\boldsymbol{x}_Q,\boldsymbol{u}_Q),\boldsymbol{x}_Q(t_0)=\boldsymbol{x}_{Q0}\\ \boldsymbol{y}_Q&=\boldsymbol{g}(\boldsymbol{x}_Q,\boldsymbol{u}_Q)\end{aligned} \tag{2-155}$$

若$\{\boldsymbol{x}_Q,\boldsymbol{u}_Q,\boldsymbol{y}_Q\}$为平衡点，于是可通过 Taylor 展开取一阶：

$$\begin{aligned}\dot{\boldsymbol{x}}&=f(\boldsymbol{x}_Q,\boldsymbol{u}_Q)+\left.\frac{\partial \boldsymbol{f}}{\partial \boldsymbol{x}}\right|_{(\boldsymbol{x}_Q,\boldsymbol{u}_Q)}\delta\boldsymbol{x}+\left.\frac{\partial \boldsymbol{f}}{\partial \boldsymbol{u}}\right|_{(\boldsymbol{x}_Q,\boldsymbol{u}_Q)}\delta\boldsymbol{u}+\boldsymbol{o}(\delta\boldsymbol{x},\delta\boldsymbol{u})\\ \boldsymbol{y}&=\boldsymbol{g}(\boldsymbol{x}_Q,\boldsymbol{u}_Q)+\left.\frac{\partial \boldsymbol{g}}{\partial \boldsymbol{x}}\right|_{(\boldsymbol{x}_Q,\boldsymbol{u}_Q)}\delta\boldsymbol{x}+\left.\frac{\partial \boldsymbol{g}}{\partial \boldsymbol{u}}\right|_{(\boldsymbol{x}_Q,\boldsymbol{u}_Q)}\delta\boldsymbol{u}+\boldsymbol{o}(\delta\boldsymbol{x},\delta\boldsymbol{u})\end{aligned} \tag{2-156}$$

式中，$\delta\boldsymbol{x}=\boldsymbol{x}-\boldsymbol{x}_Q$；$\delta\boldsymbol{y}=\boldsymbol{y}-\boldsymbol{y}_Q$；$\delta\boldsymbol{u}=\boldsymbol{u}-\boldsymbol{u}_Q$；$\left.\frac{\partial \boldsymbol{f}}{\partial \boldsymbol{x}}\right|_{(\boldsymbol{x}_Q,\boldsymbol{u}_Q)}$、$\left.\frac{\partial \boldsymbol{f}}{\partial \boldsymbol{u}}\right|_{(\boldsymbol{x}_Q,\boldsymbol{u}_Q)}$、$\left.\frac{\partial \boldsymbol{g}}{\partial \boldsymbol{x}}\right|_{(\boldsymbol{x}_Q,\boldsymbol{u}_Q)}$、$\left.\frac{\partial \boldsymbol{g}}{\partial \boldsymbol{u}}\right|_{(\boldsymbol{x}_Q,\boldsymbol{u}_Q)}$分别是 Jacobi 矩阵。计及式(2-155)，得

$$\begin{aligned}\delta\dot{\boldsymbol{x}}&=\left.\frac{\partial \boldsymbol{f}}{\partial \boldsymbol{x}}\right|_{(\boldsymbol{x}_Q,\boldsymbol{u}_Q)}\delta\boldsymbol{x}+\left.\frac{\partial \boldsymbol{f}}{\partial \boldsymbol{u}}\right|_{(\boldsymbol{x}_Q,\boldsymbol{u}_Q)}\delta\boldsymbol{u}+\boldsymbol{o}(\delta\boldsymbol{x},\delta\boldsymbol{u})\\ \delta\boldsymbol{y}&=\left.\frac{\partial \boldsymbol{g}}{\partial \boldsymbol{x}}\right|_{(\boldsymbol{x}_Q,\boldsymbol{u}_Q)}\delta\boldsymbol{x}+\left.\frac{\partial \boldsymbol{g}}{\partial \boldsymbol{u}}\right|_{(\boldsymbol{x}_Q,\boldsymbol{u}_Q)}\delta\boldsymbol{u}+\boldsymbol{o}(\delta\boldsymbol{x},\delta\boldsymbol{u})\end{aligned} \tag{2-157}$$

令 Jacobi 矩阵分别为 $\boldsymbol{A},\boldsymbol{B},\boldsymbol{C},\boldsymbol{D}$，并忽略高阶无穷小，得小信号模型，也就是在平衡点附近的线性模型

$$\begin{aligned}\dot{\hat{\boldsymbol{x}}}&=\boldsymbol{A}\hat{\boldsymbol{x}}+\boldsymbol{B}\hat{\boldsymbol{u}}\\ \hat{\boldsymbol{y}}&=\boldsymbol{C}\hat{\boldsymbol{x}}+\boldsymbol{D}\hat{\boldsymbol{u}}\end{aligned} \tag{2-158}$$

从上面的阐述表明，线性化的实质是采用线性一次函数替代原非本质非线性函数。

另外，需要注意的是，并不是所有的非线性系统均可进行线性化，可线性化需满足三个条件。

(1) 系统的正常工作状态至少有一个稳定工作点。

(2) 在运行过程中偏量满足小偏差。

(3) 只含非本质非线性函数，要求函数单值、连续、光滑。

例 2-26 平衡点附近线性化。

已知输入 $u_Q=2$ 是控制平衡点，试将下面的非线性系统在平衡点附近进行线性化，并在输入是 2+逐渐增加的方波序列情况下，在 MATLAB/Simulink 搭建系统，比较响应。

$$\dot{x}(t)=-\sqrt{x(t)}+\frac{u^2(t)}{3},y(t)=x(t)$$

解 由平衡点定义，且计及 $u_Q=2$，得 $x_Q=16/9$。按线性化方法得

$$\frac{\mathrm{d}\delta_x}{\mathrm{d}t}=-\frac{1}{2\sqrt{x_Q}}\delta_x+\frac{2u_Q}{3}\delta_u=-\frac{3}{8}\delta_x+\frac{4}{3}\delta_u$$

在 MATLAB/Simulink 中搭建系统，其响应如图 2-37 所示。

从响应图可以看出，线性化误差取决于远离工作点的程度：越远，误差越大。

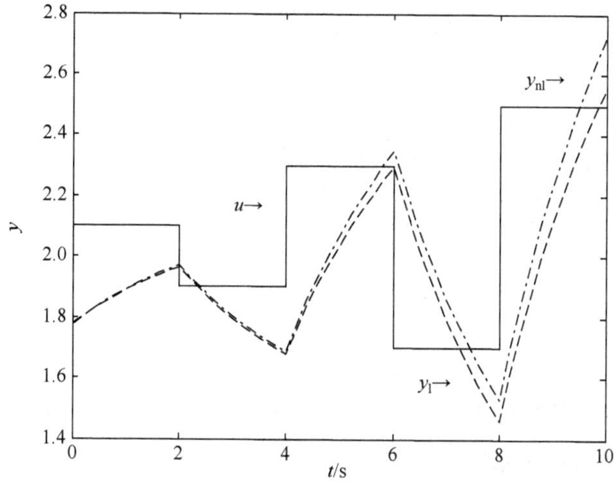

图 2-37　例 2-26 的响应图

例 2-27　单级倒立摆系统模型线性化。

考察对单级倒立摆系统模型能否线性化。由于控制系统的目的是保持单摆直立，所以假设 $\phi,\dot{\phi}$ 接近于零，这样保留低阶 $\phi,\dot{\phi}$ 项，忽略微小的高次项，如 $\phi\dot{\phi}$，ϕ^2，$\dot{\phi}^2$ 项；再计及倒立摆稳定近似竖直时，ϕ 很小，由 Taylor 展式知，$\sin\phi\approx\phi$，$\cos\phi\approx1$。于是可以在工作点(摆的竖直位置处)进行线性化(注意这一过程的处理与近似线性化方法结果是一样的)。例 2-8 的式(2-21)简化成

$$\begin{aligned}
\dot{z}_1&=z_2\\
\dot{z}_2&=\frac{(J+ml^2)u+m^2l^2gz_3-(J+ml^2)b_2z_2-mlb_1z_4}{J(M+m)+Mml^2}\\
\dot{z}_3&=z_4\\
\dot{z}_4&=\frac{(M+m)mglz_3+mlu-mlb_2z_2-(M+m)b_1z_4}{J(M+m)+Mml^2}\\
y_1&=z_1\\
y_2&=z_3
\end{aligned}\tag{2-159}$$

写成矩阵形式

$$\begin{aligned}
\dot{\boldsymbol{z}}&=\boldsymbol{A}\boldsymbol{z}+\boldsymbol{B}u\\
\boldsymbol{y}&=\boldsymbol{C}\boldsymbol{z}+\boldsymbol{D}u
\end{aligned}\tag{2-160}$$

$$\boldsymbol{A}=\begin{pmatrix}0&1&0&0\\0&\dfrac{-(J+ml^2)b_2}{J(M+m)+Mml^2}&\dfrac{m^2l^2g}{J(M+m)+Mml^2}&\dfrac{-mlb_1}{J(M+m)+Mml^2}\\0&0&0&1\\0&\dfrac{-mlb_2}{J(M+m)+Mml^2}&\dfrac{(M+m)mgl}{J(M+m)+Mml^2}&\dfrac{-(M+m)b_1}{J(M+m)+Mml^2}\end{pmatrix},\boldsymbol{B}=\begin{pmatrix}0\\\dfrac{J+ml^2}{J(M+m)+Mml^2}\\0\\\dfrac{ml}{J(M+m)+Mml^2}\end{pmatrix}$$

$$\boldsymbol{C}=\begin{pmatrix}1&0&0&0\\0&0&1&0\end{pmatrix},\boldsymbol{D}=\begin{pmatrix}0\\0\end{pmatrix}$$

上式在某些情况下可进一步忽略摩擦的影响。将参数代入上式即可得

____。

同时，由例 2-8 的式(2-17)和式(2-18)直接进行近似得

$$(M+m)\ddot{x}+b_2\dot{x}-ml\ddot{\phi}=u \tag{2-161}$$

$$(J+ml^2)\ddot{\phi}+b_1\dot{\phi}-ml\ddot{x}-mgl\phi=0 \tag{2-162}$$

假设初始条件松弛，对上面两式分别进行拉氏变换，得

$$(M+m)s^2X(s)+b_2sX(s)-mls^2\Phi(s)=U(s) \tag{2-163}$$

$$(J+ml^2)s^2\Phi(s)+b_1s\Phi(s)-mls^2X(s)-mgl\Phi(s)=0 \tag{2-164}$$

由式(2-164)得

$$\frac{\Phi(s)}{X(s)}=\frac{mls^2}{(J+ml^2)s^2+b_1s-mgl} \tag{2-165}$$

摆是一个力控设备，据牛顿第二定律，力与加速度成正比，因此给系统施加的控制量就是加速度，所以往往控制器的输出是水平运动加速度信号，于是令 $V(s)=s^2X(s)$，则式(2-165)为

$$\frac{\Phi(s)}{V(s)}=\frac{ml}{(J+ml^2)s^2+b_1s-mgl} \tag{2-166}$$

此表达式表示了角度与水平运动加速度间的关系。

再由式(2-163)得角度与力间的传递关系

$$\frac{\Phi(s)}{U(s)}=\frac{\dfrac{ml}{(M+m)(J+ml^2)-m^2l^2}s^2}{s^4+\dfrac{(M+m)b_1+(J+ml^2)b_2}{(M+m)(J+ml^2)-m^2l^2}s^3+\dfrac{b_1b_2-(M+m)mgl}{(M+m)(J+ml^2)-m^2l^2}s^2-\dfrac{b_2mgl}{(M+m)(J+ml^2)-m^2l^2}s} \tag{2-167}$$

将参数代入式(2-165)、式(2-166)和式(2-167)即可。

另外，根据 $V(s)=s^2X(s)$，可以令新的输入为 $v=\ddot{x}$，忽略摩擦，此时据表达式(2-162)得

$$\ddot{\phi}=\frac{mgl}{J+ml^2}\phi+\frac{ml}{J+ml^2}v \tag{2-168}$$

建立新的状态空间表达式为

$$\begin{aligned}\dot{\boldsymbol{z}}&=\begin{pmatrix}0&1&0&0\\0&0&0&0\\0&0&0&1\\0&0&\dfrac{mgl}{J+ml^2}&0\end{pmatrix}\boldsymbol{z}+\begin{pmatrix}0\\1\\0\\\dfrac{ml}{J+ml^2}\end{pmatrix}v\\ \boldsymbol{y}&=\begin{pmatrix}1&0&0&0\\0&0&1&0\end{pmatrix}\boldsymbol{z}+\begin{pmatrix}0\\0\end{pmatrix}v\end{aligned} \tag{2-169}$$

可见此表达式要简洁得多，所以通常基于它进行控制器设计。

从上述分析可以看出，倒立摆系统本质上是一个非最小相位、强耦合、多变量的非线性系统，还是一个绝对不稳定性系统。它是进行控制理论教学并开展各种控制实验的理想平台，也是进行理论与方法验证的科研平台。许多抽象的控制概念如控制系统的稳定性、可控性、随动性、系统收敛速度和系统抗干扰能力等，都可以通过倒立摆系统直观地表现出来。倒立摆系统的结构一般包括小车和摆杆两部分，摆杆可以是一级、二级，甚至可以是多级的。除直线倒立摆系统外，还有旋转倒立摆、圆轨倒立摆等。

例 2-28 磁悬浮系统模型线性化。

例 2-9 中式(2-34)成立，说明系统有平衡点，并且在其附近有一定的连续运动范围，所以有进行线性化的可能性。为了后续处理和控制器设计，对其非线性部分进行线性化处理。

对式(2-33)作泰勒级数展开，省略高阶项可得

$$F(i,x)\approx F(i_0,x_0)+F_i(i_0,x_0)(i-i_0)+F_x(i_0,x_0)(x-x_0) \tag{2-170}$$

式中，$F(i_0,x_0)$是当磁极与小球间的气隙为 x_0、平衡电流为 i_0 时电磁铁对小球的电磁引力，且与小球的重力平衡，即 $F(i_0,x_0)=-mg$。一阶项系数为

$$K_i=F_i(i_0,x_0)=\left.\frac{\delta F(i,x)}{\delta i}\right|_{i=i_0,x=x_0}=\frac{2Ki_0}{{x_0}^2},K_x=F_x(i_0,x_0)=\left.\frac{\delta F(i,x)}{\delta x}\right|_{i=i_0,x=x_0}=-\frac{2K{i_0}^2}{{x_0}^3}$$

称 K_i 为平衡点处电磁力对电流的刚度系数，K_x 为平衡点处电磁力对气隙的刚度系数。

故磁悬浮系统线性化模型归纳如下

$$\begin{aligned}&m\frac{\mathrm{d}^2x(t)}{\mathrm{d}t^2}=K_i(i-i_0)+K_x(x-x_0),\text{s. t. }mg+F(i_0,x_0)=0\\&u(t)=Ri(t)+L_0\frac{\mathrm{d}i}{\mathrm{d}t}\end{aligned} \tag{2-171}$$

对式(2-171)计及$\frac{\mathrm{d}^2x(t)}{\mathrm{d}t^2}=\frac{\mathrm{d}^2(x(t)-x_0)}{\mathrm{d}t^2}$，并令 $\tilde{x}=x(t)-x_0,\tilde{i}=i(t)-i_0,\tilde{u}=u(t)-u_0,u_0=Ri_0$，得

$$\begin{aligned}&m\frac{\mathrm{d}^2\tilde{x}}{\mathrm{d}t^2}=K_i\tilde{i}+K_x\tilde{x}=\frac{2Ki_0}{{x_0}^2}\tilde{i}-\frac{2K{i_0}^2}{{x_0}^3}\tilde{x}\\&\tilde{u}=R\tilde{i}+L_0\frac{\mathrm{d}\tilde{i}}{\mathrm{d}t}\end{aligned} \tag{2-172}$$

在零初始条件下，对式(2-172)进行拉氏变换后得

$$\begin{aligned}&s^2X(s)=\frac{2Ki_0}{m{x_0}^2}I(s)-\frac{2Ki_0^2}{mx_0^3}X(s)\\&U(s)=RI(s)+sL_0I(s)\end{aligned} \tag{2-173}$$

通常将电流作为控制量，此时只需考虑式(2-173)中的第一个方程。由边界方程 $mg=-K\left(\frac{i_0^2}{x_0^2}\right)$代入得系统的开环传递函数

$$\frac{x(s)}{i(s)}=\frac{-1}{As^2-B} \tag{2-174}$$

式中，$A=i_0/2g,B=i_0/x_0$。

定义系统对象的输入量为功率放大器的输入电压也即控制电压 u_{in}，系统对象输出量为 x 所反映出来的输出电压 u_{out}(传感器后处理电路输出电压)，则该系统控制对象的模型可写为

$$G(s)=\frac{U_{\text{out}}(s)}{U_{\text{in}}(s)}=\frac{K_sx(s)}{K_ai(s)}=\frac{-(K_s/K_a)}{As^2-B} \tag{2-175}$$

取系统状态变量分别为 $x_1=u_{\text{out}},x_2=\dot{u}_{\text{out}}$，则系统的状态方程如下：

$$\begin{aligned}&\begin{pmatrix}\dot{x}_1\\\dot{x}_2\end{pmatrix}=\begin{pmatrix}0&1\\\frac{2g}{x_0}&0\end{pmatrix}\begin{pmatrix}x_1\\x_2\end{pmatrix}+\begin{pmatrix}0\\-\frac{2gK_s}{i_0K_a}\end{pmatrix}u_{\text{in}}\\&y=(1\quad 0)\begin{pmatrix}x_1\\x_2\end{pmatrix}=x_1\end{aligned} \tag{2-176}$$

将表 2-3 各参数代入可得到

$$
\begin{pmatrix} \dot{x}_1 \\ \dot{x}_2 \end{pmatrix} = \begin{pmatrix} 0 & 1 \\ 980.0 & 0 \end{pmatrix} \begin{pmatrix} x_1 \\ x_2 \end{pmatrix} + \begin{pmatrix} 0 \\ 2499.1 \end{pmatrix} u_{\text{in}}
$$

$$
y = (1 \quad 0) \begin{pmatrix} x_1 \\ x_2 \end{pmatrix} = x_1 \tag{2-177}
$$

相应的传递函数为 $G(s)=\dfrac{77.8421}{0.03115s^2-30.5250}$。该模型通常用于控制器设计。

2.8.2 精确反馈线性化方法简介

2.8.1 节的线性化是基于稳定的工作点附近的线性化，非全局的，这种线性化的精度依赖于工作点的选择和系统偏离工作点的范围，对于具有强非线性大范围变化的非线性动力学系统，这种近似线性化的方法将难以提供有效的系统模型供系统分析和设计使用。若在定义的整个区域进行线性化，称为精确线性化。这种线性化方法必然要引入反馈，所以又称为精确反馈线性化，实际上这已涉及控制器的设计问题。目前有两种精确反馈线性化方法，一类是基于微分几何的；一类是基于逆系统方法的。需要注意的是，它们都是针对不含本质非质非线性环节的系统的。虽然精确反馈线性化后的系统其内部仍是非线性的，但输入到状态或输入到输出表现为线性系统，可以进一步采用成熟的线性系统理论进行分析和综合。本节简单地对这两种方法加以介绍。

1. 基于微分几何的反馈线性化方法

微分几何方法起源于 20 世纪 70 年代初期，其采用微分流形的概念，借助于构造微分同胚变换和反馈变换实现非线性系统的精确线性化。该方法近几十年来在理论和工程应用上都受到相当的重视，已成为非线性系统控制理论的一个分支。

考虑如下的仿射非线性系统

$$
\dot{\boldsymbol{x}} = \boldsymbol{f}(\boldsymbol{x}) + \boldsymbol{G}(x)\boldsymbol{u}, \boldsymbol{x}(t_0) = \boldsymbol{x}_0
$$

$$
\boldsymbol{y} = \boldsymbol{h}(\boldsymbol{x}) \tag{2-178}
$$

式中，$\boldsymbol{u}=(u_1 \quad u_2 \quad \cdots \quad u_p)$；$\boldsymbol{y}=(y_1 \quad y_2 \quad \cdots \quad y_q)$；$\boldsymbol{G}(x)=(\boldsymbol{g}_1(x) \quad \boldsymbol{g}_2(x) \quad \cdots \quad \boldsymbol{g}_p(x))_{n\times p}$；$\boldsymbol{f}(\boldsymbol{x})$ 和 $\boldsymbol{g}_i(x)$ 是光滑的向量场；$\boldsymbol{h}(\boldsymbol{x})$ 是光滑的函数向量。

基于微分几何对式(2-178)的反馈线性化包含两类，一是全状态线性化，二是输入输出线性化。前者实现输入到状态的线性化，但并不代表输入到输出线性化；后者实现输入到输出的线性化，但也并不代表输入到状态同时实现线性化。

全状态线性化是寻找一个微分同胚(或称非线性变换)$\boldsymbol{z}=\boldsymbol{\Phi}(\boldsymbol{x})$ 和反馈变换 $\boldsymbol{u}=\boldsymbol{\alpha}(\boldsymbol{x})+\boldsymbol{\beta}(\boldsymbol{x})\boldsymbol{v}$ 使系统(2-178)化为如下完全可控的线性系统：

$$
\dot{\boldsymbol{z}} = \boldsymbol{A}\boldsymbol{z} + \boldsymbol{B}\boldsymbol{v}
$$

$$
\boldsymbol{y} = \boldsymbol{C}\boldsymbol{z} \tag{2-179}
$$

这里所谓微分同胚是指具有连续可微逆映射的连续可微映射。实际上它是一种一一映射。微分同胚是通过 $\boldsymbol{h}(x)$ 关于 $\boldsymbol{f}(\boldsymbol{x})$ 和 $\boldsymbol{g}_i(x)$ 的李导数合构造的，$\boldsymbol{\alpha}(\boldsymbol{x})$ 与 $\boldsymbol{\beta}(\boldsymbol{x})$ 的构造也具有形式化的表达规则。

输入输出线性化同样是寻找反馈变换 $\boldsymbol{u}=\boldsymbol{\alpha}(\boldsymbol{x})+\boldsymbol{\beta}(\boldsymbol{x})\boldsymbol{v}$，使输入与输出简化为

$$y_i^{(\alpha_i)} = v_i \tag{2-180}$$

式中，$i=1,2,\cdots,q$，这里假设 $p=q$。也就是说，经过反馈状态后，系统变成若干个积分链的形式。

2. 基于逆系统方法的反馈线性化方法

对于具有 p 维输入 $\boldsymbol{u}(t)=(u_1,u_2,\cdots,u_p)^{\mathrm{T}}$，$q$ 维输出 $\boldsymbol{y}(t)=(y_1,y_2,\cdots,y_q)^{\mathrm{T}}$ 的系统 Σ，状态方程表示为

$$\begin{aligned} \dot{\boldsymbol{x}} &= \boldsymbol{f}(\boldsymbol{x},\boldsymbol{u}),\ \boldsymbol{x}(t_0)=\boldsymbol{x}_0 \\ \boldsymbol{y} &= \boldsymbol{h}(\boldsymbol{x},\boldsymbol{u}) \end{aligned} \tag{2-181}$$

式中，$\boldsymbol{f}(\boldsymbol{x},\boldsymbol{u})$，$\boldsymbol{h}(\boldsymbol{x},\boldsymbol{u})$在讨论的定义域上足够光滑。这里假设 $p=q$。

该系统的数学模型可以表示为一个从输入映射到输出的算子，并且输出是由初始状态和输入完全决定的(因果性)。若用算子 $\boldsymbol{\theta}$ 描述这种因果关系，则有

$$\boldsymbol{y}(\cdot)=\boldsymbol{\theta}(\boldsymbol{x}_0,\boldsymbol{u}(\cdot)) \tag{2-182}$$

系统 Σ 的逆系统 Π 指能够将系统 Σ 的输出逆映射到输入的系统，即若将系统 Σ 的期望输出 $y_{\mathrm{d}}(t)$反过来作为逆系统 Π 的输入，那么逆系统 Π 的输出恰好为驱动系统 Σ 的控制量 $u(t)$，如图 2-38 所示。

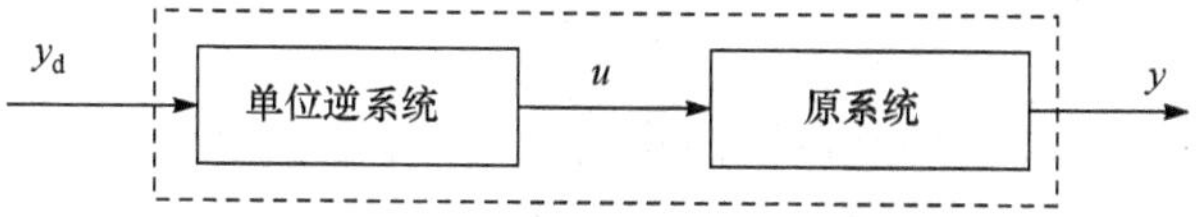

图 2-38　逆系统结构示意图

如果逆系统的输入为 $\varphi(t)=y_{\mathrm{d}}^{(\alpha)}(t)$，$\boldsymbol{\alpha}(t)=(\alpha_1,\alpha_2,\cdots,\alpha_q)^{\mathrm{T}}$，也就是定义 φ_i 为 $y_{\mathrm{d}i}$的 α_i 阶导数，那么称 Π_α 是原系统 Σ 的 α 阶积分逆系统，简称为 α 阶逆系统，如图 2-39 所示。

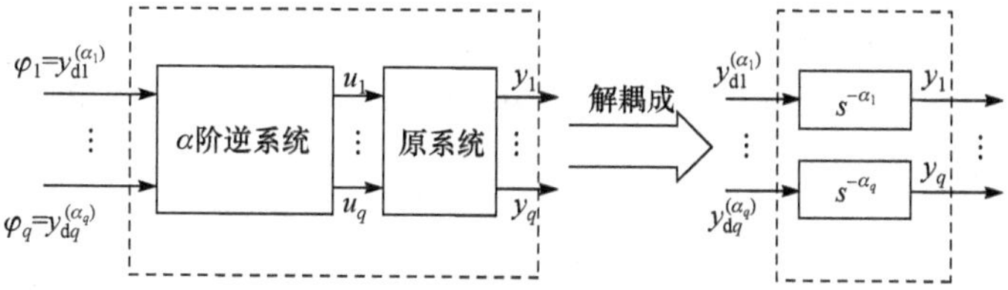

图 2-39　α 阶逆系统结构示意图

实际上，如果原系统是非线性的，称图 2-38 和图 2-39 所构成的系统为伪线性系统，这是因为这个系统的输入、输出关系表现为线性的，但是系统的内部结构却仍然可能是非线性的。由此，实现了系统解耦合线性化，进一步可以应用线性系统理论来实现对系统的综合，达到期望的性能指标。

逆系统方法的物理概念非常清晰、易于理解，它对一般形式的非线性系统已经建立了一套比较完整的理论，常用于复杂非线性系统的解耦控制，目前已有两种比较完善的完全解析构造方法，即基于 Singh 整体处理方法和基于 Interactor 算法的依次处理方法。逆系统方法已在飞行器控制、机器人控制、电力系统控制、化工过程控制等领域得到一些应用。

2.9 小　　结

本章是状态空间法的基础。重点围绕线性系统，讨论状态空间描述的内涵、形式、建模方法、特性、变换，以及组合系统形式。状态空间描述是一种内部描述，可以完全表征系统的动态行为和结构特征。建立状态空间描述的基本途径包括基于系统结构的“机理方法”和基于系统输入输出特性的“辨识方法”。机理方法将系统看成“白箱”，正确选择状态变量组和合理运用相应的物理定律或定理。实现就是从输入输出描述构造状态空间描述的系数矩阵。线性定常系统的状态空间描述的基本特征由特征结构所表征，包括特征值、特征值重数和特征向量，它们对于系统的动态特性如运动规律、稳定性以及系统的结构特性都有着直接的影响和内在的联系。状态空间描述坐标变换的实质是引入非奇异变换基，这种变换是系统分析和综合的基本手段，它的基本作用在于导出反映各种层面系统结构特征的状态空间描述形式，并简化分析和综合的计算过程。在非奇异变换下，线性系统的固有特性保持不变。组合系统方式有三种，即并联、串联和反馈，复杂系统均是由简单系统通过这三种方式的不断应用得到的。为了更深入地理解 MIMO 传递函数矩阵传递的信息以及与状态空间描述的关系，对线性系统的传递函数矩阵描述与多项式矩阵描述进行了详细阐述，建立它们与状态空间描述的关系。上述对线性系统的讨论，大部分以连续系统为对象进行展开，这些讨论给出的概念和得到的结论在离散系统中同样也成立。

此外，也从近似线性化和精确反馈线性化两个方面讨论了关于非线性系统的线性化问题。近似线性化是基于平稳点的，其重要目的是在平衡点附近建立线性控制分析和综合模型，以方便利用成熟的线性系统理论；精确线性化则是基于状态反馈的，构造积分链或广义积分链的形式，可以进一步采用线性系统理论对系统进行综合。

习　　题

2.1　图 P2.1 是 RC 电路，请根据原理画出其方框图，并求其传递函数和状态空间描述。

2.2　已知 RLC 网络如图 P2.2 所示，试求以 u_i 为输入，u_o 为输出的传递函数和状态空间描述。

2.3　已知有源网络如图 P2.3 所示，求传递函数与状态空间模型。

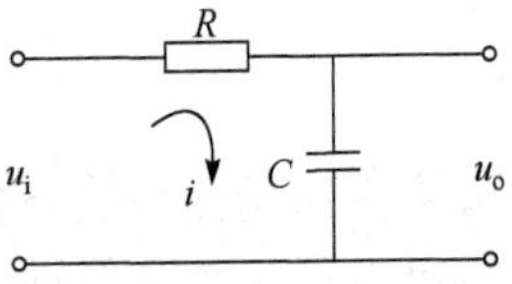

图 P2.1　一阶 RC 网络

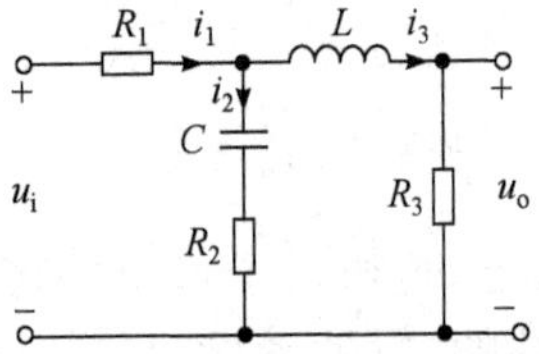

图 P2.2　RLC 网络

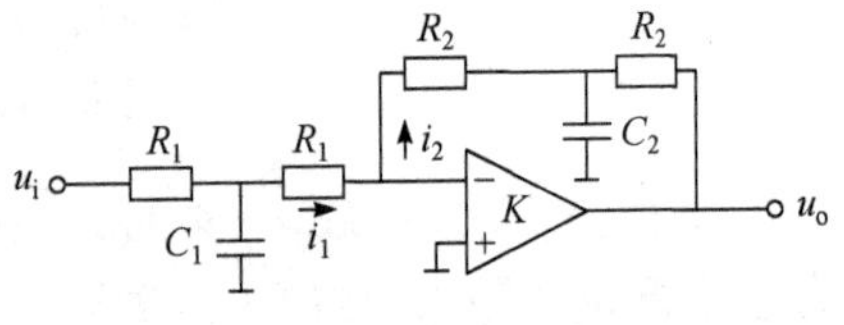

图 P2.3　有源电路网络

2.4　已知弹簧阻尼器系统如图 P2.4 所示，求传递函数，并思考：传递函数阶次与储能元件的个数一致吗？为什么？

2.5　将如图 P2.5 所示的机械系统转化成电网络系统，并写出其状态方程。

2.6　设有如图 P2.6 所示的齿轮传动链，由电动机 M 输入的扭矩为 T_m，L 为输出端负载，T_L 为负载扭矩。图中所示的 z_i 为各齿轮齿数，J_1、J_2、J_3 及 θ_1、θ_2、θ_3 分别为各轴及相应齿轮的转动惯量和转角。建立动力学方程，并得到一个简化的等效轮系，用状态空间模型表示。

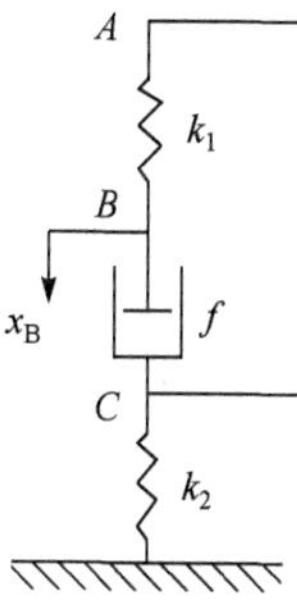

图 P2.4　弹簧阻尼器系统

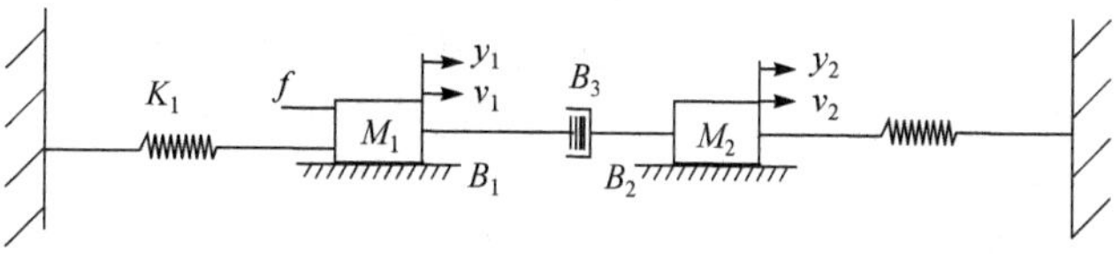

图 P2.5　SMD 机械系统

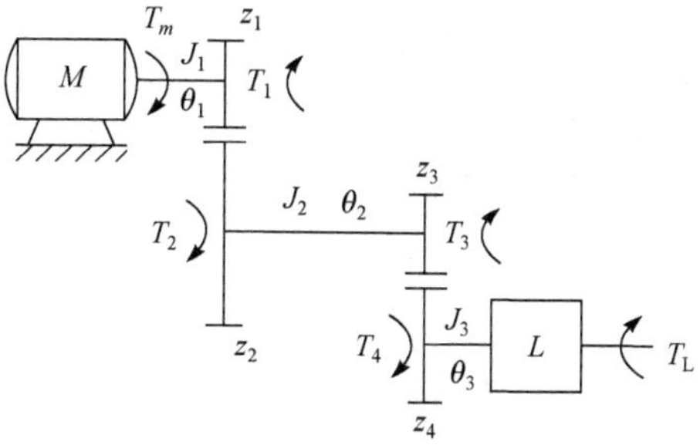

图 P2.6　齿轮传动链

2.7　设描述系统输入输出关系的微分方程为

$$\ddot{x}(t)+3\dot{x}(t)+2x(t)=u(t)$$

(1) 若选状态变量为 $x_1=x, x_2=\dot{x}$，试建立系统状态方程；

(2) 若重选一组状态变量 $\bar{x}_1$ 和 $\bar{x}_2$，使得 $x_1=\bar{x}_1+\bar{x}_2, x_2=-\bar{x}_1-2\bar{x}_2$，试建立系统在 $\bar{x}$ 坐标系中的状态方程。

2.8　已知控制系统的状态空间表达式为

$$\begin{cases}\dot{\boldsymbol{x}}=\boldsymbol{Ax}+\boldsymbol{Bu}\\ \boldsymbol{y}=\boldsymbol{Cx}+\boldsymbol{Du}\end{cases}$$

其中

$$\boldsymbol{A}=\begin{bmatrix}-5 & -4 & 2\\ 3 & 3 & -2\\ 0 & 2 & -2\end{bmatrix},\boldsymbol{B}=\begin{bmatrix}-1 & 0\\ 1 & 0\\ 0 & 2\end{bmatrix},\boldsymbol{C}=\begin{bmatrix}1 & 1 & 0\\ 0 & 0 & 1\end{bmatrix},\boldsymbol{D}=\begin{bmatrix}0 & 0\\ 0 & 1\end{bmatrix}$$

试求系统的传递函数矩阵。

2.9　已知差分方程

$$y(k+2)+3y(k+1)+3y(k)=2u(k+1)+3u(k)$$

将其用离散状态空间表达式表示，并使输入 $u(k)$ 的系数分别为 $\begin{pmatrix}1\\1\end{pmatrix}$，$\begin{pmatrix}0\\1\end{pmatrix}$。若状态空间表达式的系数矩阵含复数，进一步将其实数化。

2.10　已知两系统的传递函数分别为 $\boldsymbol{W}_1(s)$ 和 $\boldsymbol{W}_2(s)$：

$$\boldsymbol{W}_1(s)=\begin{bmatrix}\dfrac{1}{s+1} & \dfrac{1}{s+2}\\ 0 & \dfrac{s+1}{s+2}\end{bmatrix},\boldsymbol{W}_2(s)=\begin{bmatrix}\dfrac{1}{s+3} & \dfrac{1}{s+4}\\ \dfrac{1}{s+1} & 0\end{bmatrix}$$

试求两子系统串联连接和并联连接时，系统的传递函数阵。

2.11 已知子系统 1、2 的传递函数阵分别为 $W_1(s)=\begin{bmatrix}\frac{1}{s+1} & -\frac{1}{s}\\ 0 & \frac{1}{s+2}\end{bmatrix}$，$W_2(s)=\begin{bmatrix}1 & 0\\ 0 & 1\end{bmatrix}$，求：

(1) 两子系统串联的闭环传递函数；

(2) 将 $W_1(s)$作为前向通道传递函数，$W_2(s)$作为反馈通道传递函数的闭环反馈系统的传递函数。

2.12 已知下面非线性系统平衡点时的状态为 $\boldsymbol{x}_Q=\boldsymbol{0}$，求平衡点附近线性化模型。

$$\dot{x}_1=x_2$$
$$\dot{x}_2=x_1+x_2+x_2^3+2u$$
$$y=x_1+x_2^2$$

2.13 已知传递函数 $W(s)=\begin{pmatrix}\frac{s^2}{(s+1)(s+2)} & \frac{s(s+3)}{(s+1)(s+2)^2}\\ \frac{s+2}{(s+1)(s+2)} & \frac{s+1}{(s+3)^2(s+2)}\end{pmatrix}$，求零极点及其重数和 Smith-McMillan 规范型。

2.14 计算传递函数阵的亏数。

(1) $W(s)=\begin{pmatrix}\frac{s^2}{(s+1)(s+2)} & \frac{s(s+3)}{(s+1)(s+2)^2}\\ \frac{s+2}{(s+1)(s+2)} & \frac{s+1}{(s+3)^2(s+2)}\end{pmatrix}$；

(2) $W(s)=\begin{pmatrix}\frac{s}{(s+1)(s+2)^2} & \frac{1}{s+2} & \frac{s(s+3)}{(s+1)(s+2)^2}\\ \frac{1}{(s+2)^3} & \frac{s+1}{s(s+2)^2} & \frac{s+3}{(s+2)^3}\end{pmatrix}$。

2.15 已知线性时不变受控系统的 PMD 为

$$\boldsymbol{P}(s)\boldsymbol{\xi}(s)=\boldsymbol{Q}(s)\boldsymbol{u}(s)$$
$$\boldsymbol{y}(s)=\boldsymbol{R}(s)\boldsymbol{\xi}(s)+\boldsymbol{W}(s)\boldsymbol{u}(s)$$

且取 $\boldsymbol{u}(s)$为反馈控制律 $\boldsymbol{u}(s)=\boldsymbol{v}(s)-\boldsymbol{F}(s)\boldsymbol{y}(s)$组成闭环控制系统，$\boldsymbol{v}(s)$为参考输入。证明：

(1) 闭环系统的系统矩阵为

$$\begin{pmatrix}\boldsymbol{P}(s) & \boldsymbol{Q}(s) & \boldsymbol{0} & \boldsymbol{0}\\ -\boldsymbol{R}(s) & \boldsymbol{W}(s) & \boldsymbol{I} & \boldsymbol{0}\\ \boldsymbol{0} & -\boldsymbol{I} & \boldsymbol{F}(s) & \boldsymbol{I}\\ \boldsymbol{0} & \boldsymbol{0} & -\boldsymbol{I} & \boldsymbol{0}\end{pmatrix}$$

(2) 若$\{\boldsymbol{P}(s),\boldsymbol{Q}(s),\boldsymbol{R}(s),\boldsymbol{W}(s)\}$为不可简约的，则闭环系统的系统矩阵也是不可简约的。

2.16 给定基于 PMD 的 $q\times q$ 传递函数矩阵 $\boldsymbol{G}(s)=\boldsymbol{R}(s)\boldsymbol{P}^{-1}(s)\boldsymbol{Q}(s)+\boldsymbol{W}(s)$，且 $\det\boldsymbol{W}(s)\neq0$。证明：$\boldsymbol{G}(s)\neq0\Leftrightarrow\det(\boldsymbol{P}(s)+\boldsymbol{Q}(s)\boldsymbol{W}(s)\boldsymbol{R}(s))\neq0$。

第3章　动态系统的运动分析

3.1 引　　言

动态系统的行为和特性是由系统运动过程的形态所决定的。对系统的运动分析归结为从各种形式的模型(如状态空间描述)出发研究由输入作用和初始状态的激励所引起的状态响应或输出响应。而求解运动实质是求解系统的状态方程或输出响应的解析解或数值解,建立系统状态基于输入和初始状态的随时间演化规律,特别是状态演化形态对系统结构和参数的依赖关系。另外,从系统的响应也可直观地看出其暂态指标与稳态指标,特别是暂态响应的速度和平稳度。基于这些属性,运动分析可为系统的基本特性如稳定性、能控性和能观性等提供一条分析途径。

由于状态空间描述法反映了系统的全部信息,运动分析比较方便,所以本章以状态空间描述的模型作为运动分析的载体。运动分析主要集中在对线性时不变系统(连续的和离散的)进行定量分析,只有这类系统的数学模型才有普遍的和简明的解析解,根据对系统性质的普遍、简明而深入的理解,才能普遍地、系统地和有效地指导控制系统的设计。此外,也将对线性时变系统运动作阐述,理解状态转移的更一般规律。

3.2 线性系统响应解释

对于线性系统

$$\begin{aligned}\dot{\boldsymbol{x}}(t)&=\boldsymbol{A}(t)\boldsymbol{x}(t)+\boldsymbol{B}(t)\boldsymbol{u}(t),\boldsymbol{x}(0)=\boldsymbol{x}_0\\ \boldsymbol{y}(t)&=\boldsymbol{C}(t)\boldsymbol{x}(t)+\boldsymbol{D}(t)\boldsymbol{u}(t)\end{aligned}\tag{3-1}$$

运动分析归结为相对于给定初始状态 $\boldsymbol{x}_0$ 和输入向量 $\boldsymbol{u}(t)$ 得到响应随时间变化的规律,以便对系统的实际运动过程作出估计。

但需要注意的是,当状态方程解存在且唯一时,对系统的运动分析才有意义。在数学基础中已讨论,满足 Lipschitz 条件是保证状态方程解存在且唯一的条件。而针对线性系统,这一条件可以弱化一下,更直观地表述如下。

(1) $\boldsymbol{A}(t)$中的各元 $a_{ij}(t)$绝对可积:

$$\int_{t_0}^{t_a}|a_{ij}(t)|\,\mathrm{d}t\leqslant M,\quad i,j=1,2,\cdots,n$$

(2) $\boldsymbol{B}(t)\boldsymbol{u}(t)$中的各元绝对可积:

$$\sum_{k=1}^{r}\int_{t_0}^{t_a}|b_{ik}(t)u_k(t)|\,\mathrm{d}t\leqslant M,\quad i=1,2,\cdots,n,\quad k=1,2,\cdots,r$$

本章在讨论线性系统时,总是假定其满足上述存在性、唯一性条件,并在这一前提下分析系统状态运动的演化规律。根据线性系统的叠加性原理,系统的响应可以分解成两部分,如图 3-1 所示。

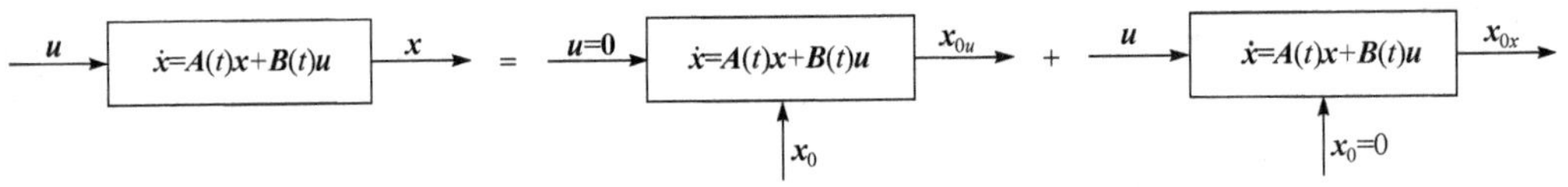

图 3-1　线性系统运动分解

零输入响应（自由运动）$\boldsymbol{x}_{0u}$：$\boldsymbol{u}(t)\equiv 0$ 时的系统响应。数学上，零输入响应$\boldsymbol{x}_{0u}$是自治状态方程的解；物理上，零输入响应$\boldsymbol{x}_{0u}$代表自由运动。

零状态响应（强迫运动）$\boldsymbol{x}_{0x}$：$\boldsymbol{x}_0\equiv 0$ 时的系统响应。数学上，零状态响应$\boldsymbol{x}_{0x}$是强迫状态方程的解；物理上，零状态响应$\boldsymbol{x}_{0x}$代表强迫运动，稳态时具有与输入相同的函数形态。

实际上，对连续定常线性系统，可以通过状态空间模型得到传递函数的响应模型，可以分解成两部分

$$\boldsymbol{Y}(s)=\underbrace{\boldsymbol{C}(s\boldsymbol{I}-\boldsymbol{A})^{-1}\boldsymbol{x}(0)}_{\substack{\boldsymbol{Y}_{\mathrm{ZI}(s)}\\ \text{零输入响应}}}+\underbrace{(\boldsymbol{C}(s\boldsymbol{I}-\boldsymbol{A})^{-1}\boldsymbol{B}+\boldsymbol{D})\boldsymbol{u}(s)}_{\substack{\boldsymbol{Y}_{\mathrm{ZS}(s)}\\ \text{零状态响应}}}$$

显然这就是线性系统的叠加性质。

例 3-1　考察如图 3-2 所示两个不同机理的系统，分析其响应。

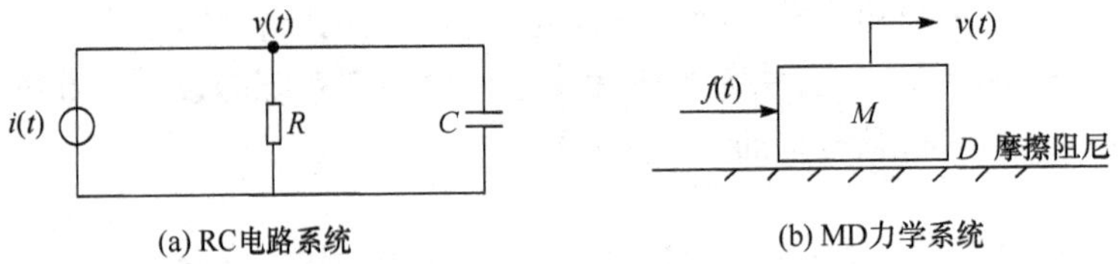

图 3-2　两个不同机理的系统

对于 RC 电路系统，据基尔霍夫电压定律，得 $i(t)=C\dot{v}(t)+(v(t)-0)/R$。对于 MD 力学系统，据牛顿第二定律，得 $f(t)=M\dot{v}(t)+D(v(t)-0)$。两系统均是一阶系统，按状态空间的$(\boldsymbol{A},\boldsymbol{B})$写法，可知 $\boldsymbol{A}\triangleq\lambda$，即对 RC 电路系统有 $\boldsymbol{A}=-1/RC,\boldsymbol{B}=1/C$；对 MD 力学系统：$\boldsymbol{A}=-D/M,\boldsymbol{B}=1/M$。两者统一成

$$\dot{v}(t)=\boldsymbol{A}v(t)+\boldsymbol{B}u(t)$$

将其进行拉氏变换，得

$$V(s)=\frac{1}{s-\lambda}v(0)+\frac{\boldsymbol{B}}{s-\lambda}u(s)$$

设 $u(t)$为阶跃函数，且 $u(s)=F/s$，则对上式进行拉氏反变换得

$$v(t)=\mathrm{e}^{\lambda t}v(0)+(-F\boldsymbol{B}/\lambda)(1-\mathrm{e}^{\lambda t})=v_{\mathrm{ZI}}(t)+v_{\mathrm{ZS}}(t)$$

将此表达式的两部分画出来如图 3-3 所示。

在 RC 电路系统中，$v_{\mathrm{ZI}}(t)$是指忽略电容充电情况下电路的运行情况；在 MD 力学系统中，$v_{\mathrm{ZI}}(t)$是指没有摩擦力情况下物体的运动状况。从图中和运动的表达式可以看出：

（1）虽然系统的运动是对初始条件和外部输入的响应，但其运动形式却主要由系统的结构和参数所决定，状态空间描述的解给出了系统运动形式对系统的结构和参数的依赖关系。基于这样的关系，就可以分析系统的结构特性、稳定性，或者从对象或系统外部想办法改变系统的参数和结构，以期达到希望的性能要求；

（2）两类系统有完全类似的数学模型，因此也具有完全类似的性质；

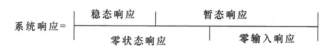

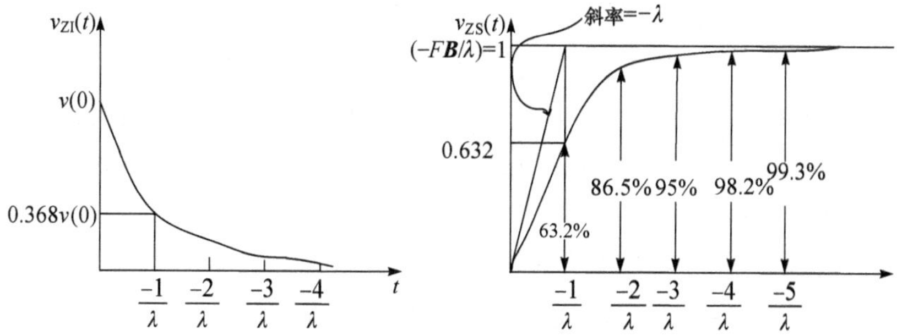

图 3-3　两部分响应图

(3) 系统的初始状态对系统有重要影响，特别反映在暂态响应部分——它的收敛速度与平稳度是系统的主要性能指标；

(4) 如果单纯地基于传递函数分析，显然忽略了零输入的影响(对暂态响应的影响)；

(5) 零状态响应包含暂态响应和稳态响应，零输入响应全是暂态响应，它们的关系可用图 3-4 表示。

系统响应 = 稳态响应 + 暂态响应 = 零状态响应 + 零输入响应

图 3-4　系统响应各部分关系

3.3　连续定常系统状态空间的解与性能

3.3.1　连续定常线性系统状态空间的解

给定线性定常连续非齐次状态方程如下：

$$\dot{\boldsymbol{x}}(t)=\boldsymbol{A}\boldsymbol{x}(t)+\boldsymbol{B}\boldsymbol{u}(t),\ \boldsymbol{x}(0)=\boldsymbol{x}_0 \tag{3-2}$$

在初始时刻 t_0，初始状态 $\boldsymbol{x}(t_0)$ 时，其解为

$$\boldsymbol{x}(t)=\boldsymbol{\Phi}(t-t_0)\boldsymbol{x}(t_0)+\int_{t_0}^{t}\boldsymbol{\Phi}(t-\tau)\boldsymbol{B}\boldsymbol{u}(\tau)\mathrm{d}\tau \tag{3-3}$$

式中，$\boldsymbol{\Phi}(t-t_0)=\mathrm{e}^{\boldsymbol{A}(t-t_0)}$。一般情况下，初始时刻 $t_0=0$。

在 1.10 节已经给出了式(3-2)的求解过程。在这里用拉氏变换法再求解一次。对式(3-2)两边进行拉氏变换，得

$$s\boldsymbol{X}(s)-\boldsymbol{x}(t_0)=\boldsymbol{A}\boldsymbol{X}(s)+\boldsymbol{B}\boldsymbol{U}(s) \tag{3-4}$$

即

$$(s\boldsymbol{I}-\boldsymbol{A})\boldsymbol{X}(s)=\boldsymbol{x}(t_0)+\boldsymbol{B}\boldsymbol{U}(s) \tag{3-5}$$

考虑到 $s\boldsymbol{I}-\boldsymbol{A}$ 的非奇异性，式(3-5)左边乘$(s\boldsymbol{I}-\boldsymbol{A})^{-1}$，得

$$\boldsymbol{X}(s)=(s\boldsymbol{I}-\boldsymbol{A})^{-1}\boldsymbol{x}(t_0)+(s\boldsymbol{I}-\boldsymbol{A})^{-1}\boldsymbol{B}\boldsymbol{U}(s) \tag{3-6}$$

考虑到$(s\boldsymbol{I}-\boldsymbol{A})^{-1}=L(\boldsymbol{\Phi}(t))$，$\boldsymbol{U}(s)=L[\boldsymbol{u}(t)]$，两个拉氏变换函数的积是一个卷积的拉氏变换，即

$$(s\boldsymbol{I}-\boldsymbol{A})^{-1}\boldsymbol{B}\boldsymbol{U}(s)=L\left[\int_{t_0}^{t}\boldsymbol{\Phi}(t-\tau)\boldsymbol{B}\boldsymbol{u}(\tau)\mathrm{d}\tau\right] \tag{3-7}$$

于是，对式(3-6)两边取拉氏反变换，得

$$\boldsymbol{x}(t)=\boldsymbol{\Phi}(t-t_0)\boldsymbol{x}(t_0)+\int_{t_0}^{t}\boldsymbol{\Phi}(t-\tau)\boldsymbol{B}\boldsymbol{u}(\tau)\mathrm{d}\tau \tag{3-8}$$

很明显，解 $x(t)$ 由两部分组成：等式右边第一项表示由初始状态引起的自由运动(自由解)，第二项表示由控制激励作用引起的强制运动。这两项的运动形式均由 $\boldsymbol{\Phi}(t-t_0)$ 决定，称 $\boldsymbol{\Phi}(t-t_0)$ 为状态转移矩阵。

有了状态方程的解，可以很容易得到输出响应

$$\boldsymbol{y}(t)=\boldsymbol{C}\boldsymbol{\Phi}(t-t_0)\boldsymbol{x}(t_0)+\boldsymbol{C}\int_{t_0}^{t}\boldsymbol{\Phi}(t-\tau)\boldsymbol{B}\boldsymbol{u}(\tau)\mathrm{d}\tau+\boldsymbol{D}\boldsymbol{u}(t) \tag{3-9}$$

例 3-2 求响应。

已知系统的状态方程如下，系统的初始条件是 $\boldsymbol{x}(0)=(1\quad 0\quad 2)^{\mathrm{T}}$，求输入信号分别为阶跃信号 $\boldsymbol{K}\cdot 1(t)(\boldsymbol{K}=2)$ 和冲激信号 $\boldsymbol{K}\delta(t)(\boldsymbol{K}=2)$ 的状态响应。

$$\dot{\boldsymbol{x}}=\begin{pmatrix}0 & 1 & 0\\ 0 & 0 & 1\\ 1 & -3 & 3\end{pmatrix}\boldsymbol{x}+\begin{pmatrix}0\\0\\1\end{pmatrix}\boldsymbol{u}$$

解 (1)先求 $\mathrm{e}^{\boldsymbol{A}t}$。

该矩阵的特征方程为 $|\lambda \boldsymbol{I}-A|=\lambda^3-3\lambda^2+3\lambda-1=(\lambda-1)^3=0$。解得 $\boldsymbol{A}$ 有三个相同的特征根 $\lambda=1$。特征根代入 $(\lambda\boldsymbol{I}-\boldsymbol{A})\boldsymbol{x}=\boldsymbol{0}$ 解得 $p_1=(1\quad 1\quad 1)^{\mathrm{T}}$，说明 $\lambda=1$ 的几何重数是 1。

于是，由广义特征向量计算方法得 $\boldsymbol{p}_2=(-1\quad 0\quad 1)^{\mathrm{T}}$，$\boldsymbol{p}_3=(1\quad 0\quad 0)^{\mathrm{T}}$。所以将矩阵 $\boldsymbol{A}$ 变换为 Jordan 形的变换矩阵及其逆阵为

$$\boldsymbol{P}=\begin{pmatrix}1 & -1 & 1\\ 1 & 0 & 0\\ 1 & 1 & 0\end{pmatrix},\boldsymbol{P}^{-1}=\begin{pmatrix}0 & 1 & 0\\ 0 & -1 & 1\\ 1 & -2 & 1\end{pmatrix}$$

Jordan 形为

$$\boldsymbol{P}^{-1}\boldsymbol{A}\boldsymbol{P}=\boldsymbol{J}=\begin{pmatrix}1 & 1 & 0\\ 0 & 1 & 1\\ 0 & 0 & 1\end{pmatrix}$$

故有

$$\begin{aligned}\mathrm{e}^{\boldsymbol{A}t}=\boldsymbol{P}\mathrm{e}^{\boldsymbol{J}t}\boldsymbol{P}^{-1}&=\begin{pmatrix}1 & -1 & 1\\ 1 & 0 & 0\\ 1 & 1 & 0\end{pmatrix}\begin{pmatrix}\mathrm{e}^t & t\mathrm{e}^t & 0.5t^2\mathrm{e}^t\\ 0 & \mathrm{e}^t & t\mathrm{e}^t\\ 0 & 0 & \mathrm{e}^t\end{pmatrix}\begin{pmatrix}0 & 1 & 0\\ 0 & -1 & 1\\ 1 & -2 & 1\end{pmatrix}\\ &=\begin{pmatrix}\mathrm{e}^t-t\mathrm{e}^t+0.5t^2\mathrm{e}^t & t\mathrm{e}^t-t^2\mathrm{e}^t & 0.5t^2\mathrm{e}^t\\ 0.5t^2\mathrm{e}^t & \mathrm{e}^t-t\mathrm{e}^t-t^2\mathrm{e}^t & t\mathrm{e}^t+0.5t^2\mathrm{e}^t\\ t\mathrm{e}^t+0.5t^2\mathrm{e}^t & -3t\mathrm{e}^t-t^2\mathrm{e}^t & \mathrm{e}^t+2t\mathrm{e}^t+0.5t^2\mathrm{e}^t\end{pmatrix}\end{aligned}$$

(2) 当 $\boldsymbol{u}(t)=\boldsymbol{K}\cdot 1(t)$ 时，系统的状态响应为

$$\begin{aligned}\boldsymbol{x}(t)&=\boldsymbol{\Phi}(t)\boldsymbol{x}(0)+\int_0^t\boldsymbol{\Phi}(t-\tau)\boldsymbol{B}\boldsymbol{u}(\tau)\mathrm{d}\tau=\mathrm{e}^{\boldsymbol{A}t}\boldsymbol{x}(0)+\int_0^t\mathrm{e}^{A(t-\tau)}\boldsymbol{B}\boldsymbol{K}\mathrm{d}\tau\\ &=\mathrm{e}^{\boldsymbol{A}t}\boldsymbol{x}(0)+\int_0^t\mathrm{e}^{\boldsymbol{A}t}\mathrm{e}^{-\boldsymbol{A}\tau}\boldsymbol{B}\boldsymbol{K}\mathrm{d}\tau=\mathrm{e}^{\boldsymbol{A}t}\boldsymbol{x}(0)-\mathrm{e}^{\boldsymbol{A}t}\cdot\int_0^{-\boldsymbol{A}t}\mathrm{e}^{-\boldsymbol{A}\tau}\boldsymbol{A}^{-1}\mathrm{d}(-\boldsymbol{A}\tau)\cdot\boldsymbol{B}\boldsymbol{K}\end{aligned}$$

考虑到 $\mathrm{e}^{\boldsymbol{A}t}\boldsymbol{A}^{-1}=\boldsymbol{A}^{-1}\mathrm{e}^{\boldsymbol{A}t}$ 以及 $\mathrm{e}^{-\boldsymbol{A}t}\boldsymbol{A}^{-1}=\boldsymbol{A}^{-1}\mathrm{e}^{-\boldsymbol{A}t}$，有

$$\boldsymbol{x}(t)=\mathrm{e}^{\boldsymbol{A}t}\boldsymbol{x}(0)-\boldsymbol{A}^{-1}\mathrm{e}^{\boldsymbol{A}t}\cdot\int_0^{-\boldsymbol{A}t}\mathrm{e}^{-\boldsymbol{A}\tau}\mathrm{d}(-\boldsymbol{A}\tau)\cdot\boldsymbol{B}\boldsymbol{K}$$

$$= e^{At}x(0) - A^{-1}e^{At}(e^{-At} - I)BK$$
$$= e^{At}x(0) + A^{-1}(e^{At} - I)BK$$

接下来只要代入相关数据就可以计算了，请自己写出结果。

有了阶跃响应，可以将其强迫运动部分微分，自由运动部分不变，便得到冲激响应

$$x(t) = e^{At}x(0) + e^{At}BK$$

接下来只要代入相关数据就可以计算了，请自己写出结果。

思考 能直接写出斜坡响应的形式化表达式吗？

3.3.2 连续定常线性系统状态空间解的性能

1. 特征值与特征向量对解性能的影响

由式(3-8)，并考虑到 $e^{At} = Pe^{Jt}P^{-1}$，于是有

$$x(t) = Pe^{J(t-t_0)}P^{-1}x(t_0) + \int_{t_0}^{t} Pe^{J(t-\tau)}P^{-1}Bu(\tau)d\tau \tag{3-10}$$

计及 $J = \begin{pmatrix} J_1 & & & \\ & J_2 & & \\ & & \ddots & \\ & & & J_s \end{pmatrix}$，并令 $T = P^{-1}$，式(3-10)可化为

$$x(t) = \left(\sum_{i=1}^{s} P_i e^{J_i(t-t_0)} T_i\right)x(t_0) + \int_{t_0}^{t}\left(\sum_{i=1}^{s} P_i e^{J_i(t-\tau)} T_i\right)Bu(\tau)d\tau \tag{3-11}$$

从式(3-11)可以看出，线性时不变系统的响应和 $e^{J_i(t-\tau)}$ 与特征向量有关，而 $e^{J_i(t-\tau)}$ 是唯一和系统有关的时间函数项。因此，系统矩阵的特征值是最直接地决定系统性能的参数，系统的运动形式完全由 e^{At} 中所包含的运动模态决定，同一特征值的运动模态集的不同表明其特征矩阵的不同。

令 Jordan 块 J_i 对应的特征值为 λ_i，其对应的运动形式有以下几种可能。

(1) 如果其对应的特征值是单根，则 $e^{J_it} = e^{\lambda_it}$。

(2) 若 J_i 是模态形 $J_i = \begin{pmatrix} \sigma & \omega \\ -\omega & \sigma \end{pmatrix}$，则 $e^{J_it} = \begin{pmatrix} e^{\sigma t}\cos\omega t & e^{\sigma t}\sin\omega t \\ -e^{\sigma t}\sin\omega t & e^{\sigma t}\cos\omega t \end{pmatrix}$。

(3) 如果 J_i 是维数 m 大于 1 的 Jordan 块，则 $e^{J_it} = e^{\lambda_it}\begin{bmatrix} 1 & t & \frac{t^2}{2!} & \cdots & \frac{t^{m-1}}{(m-1)!} \\ 0 & 1 & t & \ddots & \frac{t^{m-2}}{(m-2)!} \\ 0 & \ddots & \ddots & \ddots & \vdots \\ \vdots & \ddots & 0 & 1 & t \\ 0 & 0 & 0 & 0 & 1 \end{bmatrix}$。

上面各种情况的运动总结成图 3-5。图中特征值所在位置用符号“×”表示，其附近对应 e^{J_it} 的波形。

例 3-3 比较零输入响应。

已知两个线性系统的系统矩阵分别是

$$A_1 = \begin{pmatrix} 0 & 1 & 0 \\ 0 & 0 & 1 \\ -2 & -5 & -4 \end{pmatrix}, A_2 = \begin{pmatrix} -2 & -1 & 0 \\ 0 & -1 & 0 \\ -1 & -1 & -1 \end{pmatrix}$$

初始状态均是 $x(0) = (1\quad 2\quad 3)^T$，比较两者的零输入响应。

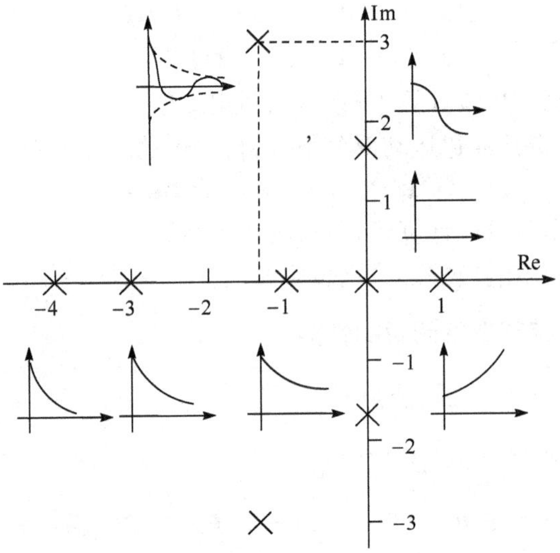

图 3-5　系统特征值的可能位置及其对应的系统响应波形

解　这两个矩阵有相同的三个特征值−1、−1、−2，但$\boldsymbol{A}_1$ 第一个矩阵特征值−1 的几何重数是 1，而$\boldsymbol{A}_2$ 特征值−1 的几何重数是 2，所以得到不同的特征分解：

$$\boldsymbol{A}_1=\begin{pmatrix}1&2&0\\-2&-2&2\\4&2&-4\end{pmatrix}\begin{pmatrix}-2&0&0\\0&-1&1\\0&0&-1\end{pmatrix}\begin{pmatrix}1&2&1\\0&-1&-0.5\\1&1.5&0.5\end{pmatrix},$$

$$\boldsymbol{A}_2=\begin{pmatrix}1&-1&-1\\0&1&1\\1&-1&0\end{pmatrix}\begin{pmatrix}-2&0&0\\0&-1&0\\0&0&-1\end{pmatrix}\begin{pmatrix}1&1&0\\1&1&-1\\-1&0&1\end{pmatrix}$$

于是，在初始状态均为$\boldsymbol{x}(0)=(1\quad 2\quad 3)^{\mathrm{T}}$ 时，计及$\mathrm{e}^{\boldsymbol{A}t}=\boldsymbol{P}\mathrm{e}^{\boldsymbol{J}t}\boldsymbol{P}^{-1}$，得到的零输入响应

$$\mathrm{e}^{\boldsymbol{A}_1 t}\boldsymbol{x}(0)=\begin{pmatrix}-7\mathrm{e}^{-t}+8\mathrm{e}^{-2t}+11t\mathrm{e}^{-t}\\18\mathrm{e}^{-t}-16\mathrm{e}^{-2t}-11t\mathrm{e}^{-t}\\-29\mathrm{e}^{-t}+32\mathrm{e}^{-2t}+11t\mathrm{e}^{-t}\end{pmatrix},\mathrm{e}^{\boldsymbol{A}_2 t}\boldsymbol{x}(0)=\begin{pmatrix}-2\mathrm{e}^{-t}+3\mathrm{e}^{-2t}\\2\mathrm{e}^{-t}\\3\mathrm{e}^{-2t}\end{pmatrix}$$

其波形图如图 3-6 所示。

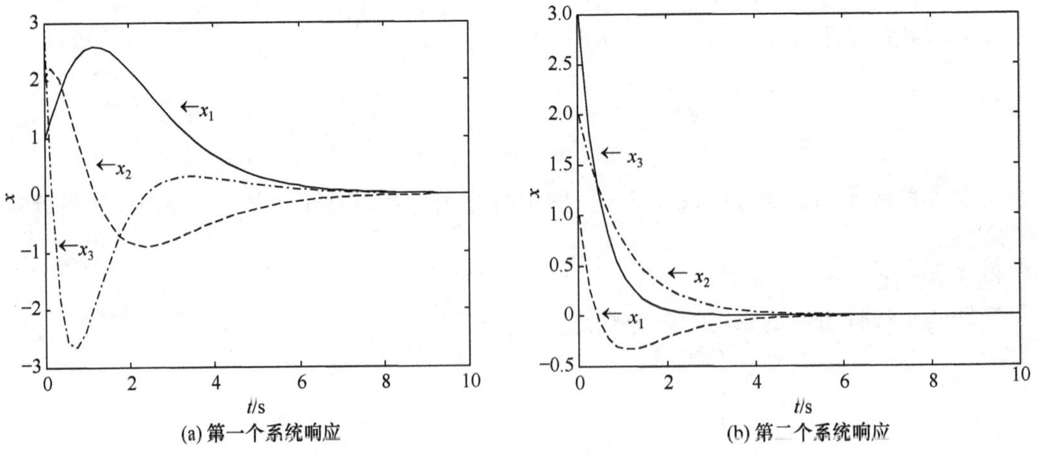

图 3-6　零输入响应比较

从图 3-6 中可以看出，尽管系统的特征值相同，其零输入响应也可能因为系统矩阵的特征分解的不同而很不同，第二个系统比第一个系统快得多和平稳得多。这是因为特征值 -1 在第一个系统中产生了一个广义特征向量。显然基于传递函数分析是得不到这一现象的。

此例虽只是针对零输入响应，不过由于零状态响应部分也是由 e^{J_it} 决定的，所以 e^{J_it} 的不同也可以决定系统零状态响应的不同。这一点也不可能从传递函数本身明确地反映出来。

例 3-4 比较零状态响应。

设线性惯性系统的系统矩阵、控制矩阵和输出矩阵分别是

$$\boldsymbol{A}=\begin{pmatrix}-1 & 3 & 0\\ -3 & -1 & 0\\ 0 & 0 & -2\end{pmatrix},\boldsymbol{B}=\begin{pmatrix}0\\ 1\\ 1\end{pmatrix},\boldsymbol{C}=\begin{pmatrix}5/3 & 0 & 1\\ 0 & 5 & 1\end{pmatrix}$$

（1）当初始条件松弛，输入为单位阶跃信号时，求系统的零状态响应和输出响应，并比较两个输出响应的趋向稳定的速度和暂态平稳性；

（2）从频域角度比较两个输出响应的趋向稳定的速度和暂态平稳性，并与(1)的结论进行比较，说明什么问题？

解 (1)显然 **A** 已是约当型(模态形)，状态转移矩阵为

$$e^{\boldsymbol{A}t}=\begin{pmatrix}e^{-t}\cos 3t & e^{-t}\cos 3t & 0\\ -e^{-t}\sin 3t & e^{-t}\cos 3t & 0\\ 0 & 0 & e^{-2t}\end{pmatrix}$$

于是，单位阶跃信号的零状态响应为

$$\boldsymbol{x}(t)=\begin{pmatrix}0.3+(1/\sqrt{10})e^{-t}\cos(3t-198^\circ)\\ 0.1+(1/\sqrt{10})e^{-t}\cos(3t-108^\circ)\\ 0.5-0.5e^{-2t}\end{pmatrix}$$

由此可求出 $\boldsymbol{y}(t)=(y_1(t)\quad y_2(t))^{\mathrm{T}}=\boldsymbol{Cx}(t)$。它们的波形如图 3-7 所示。

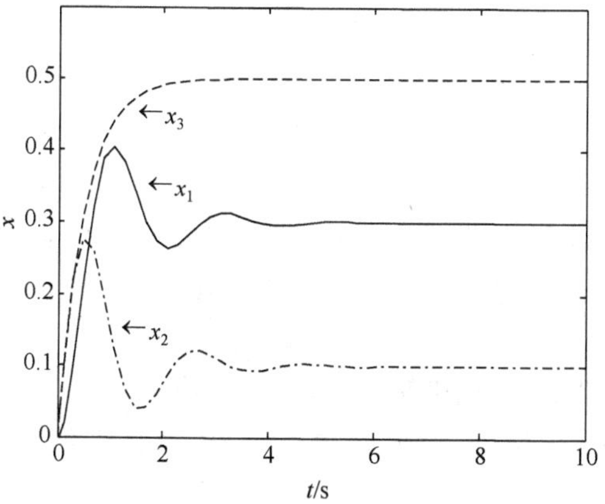

(a) 状态响应

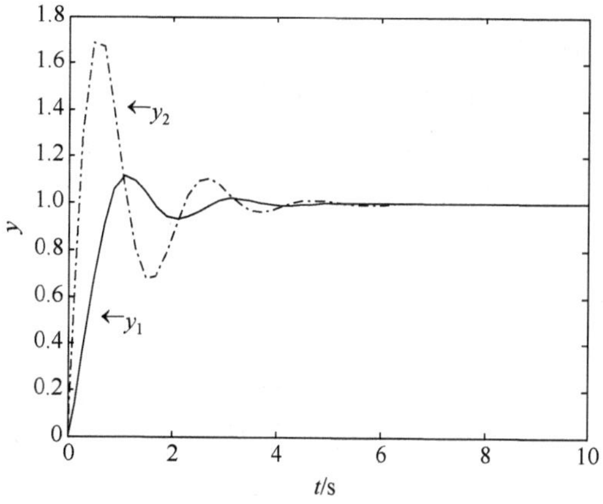

(b) 输出响应

图 3-7 零状态响应比较

从图 3-7 中可以看出前两个状态是振荡的，后一个状态是非振荡的，这符合特征值形态对应响应的描述。另外，状态响应的前两个状态几乎同时到达稳定，两个输出响应也几乎同时到达稳定。但第一个输出的平稳性比第二个输出好一些。

(2) 若从传递函数分析，首先得到传递函数阵为

$$\boldsymbol{W}(s)=\boldsymbol{C}(s\boldsymbol{I}-\boldsymbol{A})^{-1}\boldsymbol{B}=\frac{1}{(s^2+2s+10)(s+2)}\begin{pmatrix}s^2+7s+20\\6s^2+17s+20\end{pmatrix}$$

可以利用 $\boldsymbol{Y}(s)=\boldsymbol{W}(s)\boldsymbol{U}(s)$，对其拉氏反变换得到输出响应，且可以利用终值定理得到稳态值，但并不能得到内部状态的响应。对传递函数阵中两个传递函数画出幅频特性如图 3-8 所示。由于是最小相位系统，只分析其幅频特性。

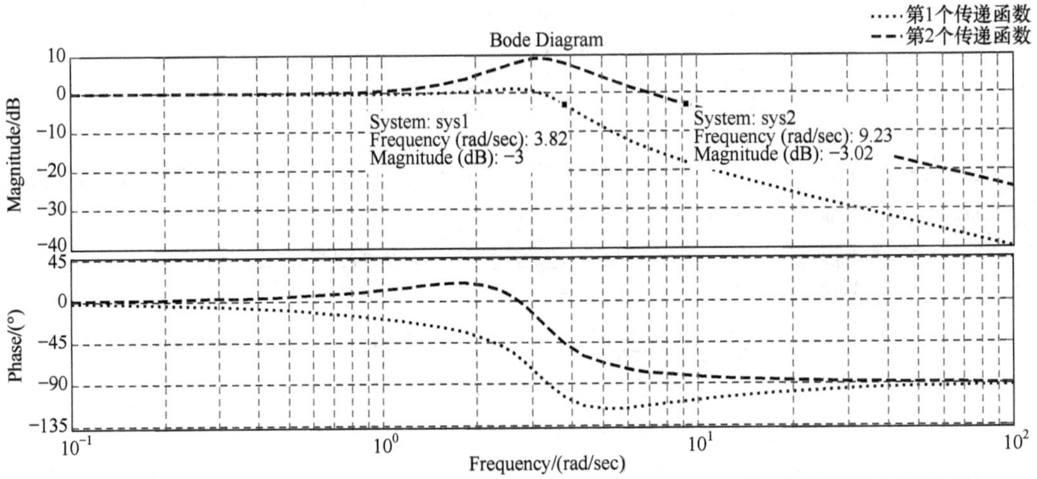

(a) 第一个传递函数的幅频特性　　(b) 第二个传递函数的幅频特性

图 3-8　幅频、相频特性曲线

显然，从图 3-8 中可以看出两传递函数的频带分别为 3.82 和 9.21。由于带宽也基本上与系统的特征值实部及虚部的绝对值成正比，所以，频宽被广泛地用来测量系统达到稳态的速度以及系统的能性。这里从频宽角度可以看出，$y_2(t)$ 比 $y_1(t)$ 的趋向稳定的速度要快，并且 $y_2(t)$ 的平稳性比 $y_1(t)$ 要好。但这两点均是错误的，与(1)得到结论矛盾，所以，若根据频宽有时并不能得到正确的分析结果，当然也不能用于指导系统的设计。

由前面的内容，得到如下的结论。

(1)系统渐近稳定的充分必要条件是零输入响应在 $t\to\infty$ 时最终趋于 0。对应于系统的每个特征值均有负实部。

(2)暂态响应的速度和平稳性是决定系统性能的主要标志，而它们由特征值反映得最直接、最准确、最全面。这一点频带宽度反映得就欠缺一些，有时甚至不能正确反映系统的暂态响应。

(3)系统到达稳态的速度主要由特征值的实部决定，离虚轴越远，速度越快。

(4)存在共轭特征值情况下，系统有振荡，特征值虚部大，振荡频率高，这并不符合高性能的要求。

(5)相对于第三种运动形式的重复特征值越多，系统的暂态响应越不平稳。由于从传递函数不可能知道系统矩阵及其特征结构，所以是传递函数反映不出来的这一现象。

2. 零点对系统解性能的影响

对 $q\times p$ 严真传递函数矩阵 $\boldsymbol{W}(s)$，其所属线性时不变系统的一个能控和能观测最小(不可简约)实现的状态空间描述为 $(\boldsymbol{A},\boldsymbol{B},\boldsymbol{C})$，对于该系统的一种 PMD 模型左乘一个非奇异矩

阵，有

$$\begin{pmatrix} \boldsymbol{I} & \boldsymbol{0} \\ -\boldsymbol{C}(s\boldsymbol{I}-\boldsymbol{A})^{-1} & \boldsymbol{I} \end{pmatrix}\begin{pmatrix} s\boldsymbol{I}-\boldsymbol{A} & -\boldsymbol{B} \\ \boldsymbol{C} & \boldsymbol{0} \end{pmatrix}=\begin{pmatrix} s\boldsymbol{I}-\boldsymbol{A} & -\boldsymbol{B} \\ \boldsymbol{0} & \boldsymbol{C}(s\boldsymbol{I}-\boldsymbol{A})^{-1}\boldsymbol{B} \end{pmatrix}=\begin{pmatrix} s\boldsymbol{I}-\boldsymbol{A} & -\boldsymbol{B} \\ \boldsymbol{0} & \boldsymbol{G}(s) \end{pmatrix} \tag{3-12}$$

两边取秩，得

$$\operatorname{rank}\left(\begin{pmatrix} \boldsymbol{I} & \boldsymbol{0} \\ -\mathrm{C}(s\boldsymbol{I}-\boldsymbol{A})^{-1} & \boldsymbol{I} \end{pmatrix}\begin{pmatrix} s\boldsymbol{I}-\boldsymbol{A} & -\boldsymbol{B} \\ \boldsymbol{C} & \boldsymbol{0} \end{pmatrix}\right)=\operatorname{rank}\begin{pmatrix} s\boldsymbol{I}-\boldsymbol{A} & -\boldsymbol{B} \\ \boldsymbol{C} & \boldsymbol{0} \end{pmatrix}=\operatorname{rank}\begin{pmatrix} s\boldsymbol{I}-\boldsymbol{A} & -\boldsymbol{B} \\ \boldsymbol{0} & \boldsymbol{G}(s) \end{pmatrix} \tag{3-13}$$

由此，零点就是使式(3-13)降秩的 $s=z$ 值。令 z_0 为 $\boldsymbol{W}(s)$ 任一零点，可知

$$\begin{pmatrix} s\boldsymbol{I}-\boldsymbol{A} & -\boldsymbol{B} \\ \boldsymbol{C} & \boldsymbol{0} \end{pmatrix}\text{在 } s=z_0 \text{ 降秩} \tag{3-14}$$

也就是存在非零初始状态 $\boldsymbol{x}_0$ 和非零常向量 $\boldsymbol{u}_0$，使下面关系式成立

$$\begin{pmatrix} z_0\boldsymbol{I}-\boldsymbol{A} & -\boldsymbol{B} \\ \boldsymbol{C} & \boldsymbol{0} \end{pmatrix}\begin{bmatrix} x_0 \\ u_0 \end{bmatrix}=\boldsymbol{0} \tag{3-15}$$

当系统输入形如 $\boldsymbol{u}(t)=\boldsymbol{u}_0\mathrm{e}^{z_0 t}$ 时，其系统响应的拉氏变换为

$$\boldsymbol{Y}(s)=\boldsymbol{C}(s\boldsymbol{I}-\boldsymbol{A})^{-1}\boldsymbol{x}(0)+\boldsymbol{C}(s\boldsymbol{I}-\boldsymbol{A})^{-1}\boldsymbol{B}\boldsymbol{u}_0/(s-z_0) \tag{3-16}$$

由于

$$\begin{aligned}
(s\boldsymbol{I}-\boldsymbol{A})^{-1}(s-z_0)^{-1} &= (s\boldsymbol{I}-\boldsymbol{A})^{-1}(s-z_0)^{-1}(z_0\boldsymbol{I}-\boldsymbol{A})(z_0\boldsymbol{I}-\boldsymbol{A})^{-1} \\
&= (s\boldsymbol{I}-\boldsymbol{A})^{-1}\left(\frac{z_0}{s-z_0}\boldsymbol{I}-(s-z_0)^{-1}\boldsymbol{A}\right)(z_0\boldsymbol{I}-\boldsymbol{A})^{-1} \\
&= (s\boldsymbol{I}-\boldsymbol{A})^{-1}\left(-\boldsymbol{I}+\frac{s}{s-z_0}\boldsymbol{I}-(s-z_0)^{-1}\boldsymbol{A}\right)(z_0\boldsymbol{I}-\boldsymbol{A})^{-1} \\
&= (s\boldsymbol{I}-\boldsymbol{A})^{-1}(-\boldsymbol{I}+(s-z_0)^{-1}(s\mathrm{I}-\boldsymbol{A}))(z_0\boldsymbol{I}-\boldsymbol{A})^{-1} \\
&= -(s\boldsymbol{I}-\boldsymbol{A})^{-1}(z_0\boldsymbol{I}-\boldsymbol{A})^{-1}+(s-z_0)^{-1}(z_0\boldsymbol{I}-\boldsymbol{A})^{-1} \\
&= (s\boldsymbol{I}-\boldsymbol{A})^{-1}(\boldsymbol{A}-z_0\boldsymbol{I})^{-1}+(s-z_0)^{-1}(z_0\boldsymbol{I}-\boldsymbol{A})^{-1}
\end{aligned} \tag{3-17}$$

于是，式(3-16)可化为

$$\begin{aligned}
\boldsymbol{Y}(s) &= \boldsymbol{C}(s\boldsymbol{I}-\boldsymbol{A})^{-1}\boldsymbol{x}(0)+\boldsymbol{C}((s\boldsymbol{I}-\boldsymbol{A})^{-1}(\boldsymbol{A}-z_0\boldsymbol{I})^{-1}+(s-z_0)^{-1}(z_0\boldsymbol{I}-\boldsymbol{A})^{-1})\boldsymbol{B}\boldsymbol{u}_0 \\
&= \boldsymbol{C}(s\boldsymbol{I}-\boldsymbol{A})^{-1}(\boldsymbol{x}(0)+(\boldsymbol{A}-z_0\boldsymbol{I})^{-1}\boldsymbol{B}\boldsymbol{u}_0)+\boldsymbol{C}(s-z_0)^{-1}(z_0\boldsymbol{I}-\boldsymbol{A})^{-1}\boldsymbol{B}\boldsymbol{u}_0
\end{aligned} \tag{3-18}$$

计及式(3-15)第一式，得

$$\boldsymbol{Y}(s)=\boldsymbol{0}+\boldsymbol{C}(s-z_0)^{-1}(z_0\boldsymbol{I}-\boldsymbol{A})^{-1}\boldsymbol{B}=\boldsymbol{W}(z_0)\boldsymbol{u}_0/(s-z_0) \tag{3-19}$$

对其进行反变换，得系统响应为

$$\boldsymbol{y}(t)=\boldsymbol{W}(z_0)\boldsymbol{u}_0\mathrm{e}^{z_0 t} \tag{3-20}$$

计及 $\boldsymbol{W}(z_0)=\boldsymbol{C}(z_0\boldsymbol{I}-\boldsymbol{A})^{-1}\boldsymbol{B}$ 和式(3-15)第二式，于是

$$\boldsymbol{y}(t)=\boldsymbol{C}(z_0\boldsymbol{I}-\boldsymbol{A})^{-1}\boldsymbol{B}\boldsymbol{u}_0\mathrm{e}^{z_0 t}=-\boldsymbol{C}(z_0\boldsymbol{I}-\boldsymbol{A})^{-1}(z_0\boldsymbol{I}-\boldsymbol{A})\boldsymbol{x}_0\mathrm{e}^{z_0 t}=-\boldsymbol{C}\boldsymbol{x}_0\mathrm{e}^{z_0 t}=\boldsymbol{0},\ \forall t\geqslant 0 \tag{3-21}$$

这表明，系统响应对与零点相关一类输入向量函数具有阻塞作用，即其所引起的系统强制输出 $y(t)$ 稳态部分恒为零。

实际上，若 z_0 并不是传递函数的零点，且也非传递函数的极点，当输入 $\boldsymbol{u}(t)=\boldsymbol{u}_0\mathrm{e}^{z_0 t}$ 时，从式(3-16)和式(3-20)可知，系统的响应可用式(3-20)表达。

思考 当 z_0 为极点时，为何上面这个结果不成立？

例 3-5 零点的阻塞作用。

设某对象的状态空间描述为

$$\dot{\boldsymbol{x}}=\begin{pmatrix}-8 & -3.75\\ 4 & 0\end{pmatrix}\boldsymbol{x}+\begin{pmatrix}1\\ 0\end{pmatrix}\boldsymbol{u}$$

$$\boldsymbol{y}=(1\quad 0.5)\boldsymbol{x}$$

验证零点的阻塞作用。

解 容易求得其零点为-2，极点为-5、-3。当输入为$2\mathrm{e}^{-2t}$，初始条件为$x(0)=-(\boldsymbol{A}+2\boldsymbol{I})^{-1}\boldsymbol{b}\cdot 2=\begin{pmatrix}-2/3\\ 4/3\end{pmatrix}$时，系统的零状态响应和零输入响应为

$$y_{\text{zero\_state}}=L^{-1}[c(s\boldsymbol{I}-\boldsymbol{A})^{-1}\boldsymbol{b}\cdot 2/(s+2)]=L^{-1}[W(s)\cdot 2/(s+2)]=0+\mathrm{e}^{-3t}/2-\mathrm{e}^{-5t}/2$$

$$y_{\text{zero\_input}}=L^{-1}[\boldsymbol{c}(s\boldsymbol{I}-\boldsymbol{A})^{-1}\boldsymbol{x}(0)]=-\mathrm{e}^{-3t}/2+\mathrm{e}^{-5t}/2$$

零状态响应中的0表示的是强迫运动的稳态部分，后面的是暂态部分；零输入运动只有暂态部分。显然两部分暂态的代数和为0。

由此可见，当输入为$\boldsymbol{u}(t)=\boldsymbol{u}_0\mathrm{e}^{z_0 t}$（$z_0$为传递函数的零点）且初始条件为$\boldsymbol{x}(0)=-(\boldsymbol{A}-z_0\boldsymbol{I})^{-1}\boldsymbol{b}\boldsymbol{u}_0$时，零状态响应的暂态部分与零输入响应刚好抵消，导致了式(3-21)的成立。

传递函数零点的阻塞作用还体现在对响应模态权值的改变方面。不失一般性，下面以一个SISO的例子加以说明。

例 3-6 零点对响应的影响。

设某对象的传递函数为

$$W(s)=\frac{3(2s+1)}{(s+1)(s+3)}$$

它有两个极点，分别为-1和-3，一个零点为-0.5，求其单位阶跃响应。在保证静态增益不变情况下，将零点调整为-0.83时（离极点-1较近），单位阶跃响应又是什么？比较两者响应表达式。

解 零点未变之前的响应为

$$y(t)=L^{-1}\left(\frac{3(2s+1)}{(s+1)(s+3)}\frac{1}{s}\right)=1+1.5\mathrm{e}^{-t}-2.5\mathrm{e}^{-3t}$$

零点变之后的响应为

$$y(t)=L^{-1}\left(\frac{3(1.2s+1)}{(s+1)(s+3)}\frac{1}{s}\right)=1+0.3\mathrm{e}^{-t}-2.5\mathrm{e}^{-3t}$$

两种响应的曲线对比如图3-9所示。

该例表明，系统的零点并不形成运动模态，但却影响各模态在响应中所占的比重，从而影响系统响应的曲线。相对各极点，距离零点远一些的极点其模态所占比重较大，若零点靠近某极点，则对应模态的比重就减小，所以离零点很近的极点对响应贡献比重会被大大削弱。极端的情况产生极点和零点相消，极点对响应的贡献将变成0，对应的模态被隐掉。

3. 从频域角度理解零极点——更切合物理现象

从频率特性上看，当系统输入幅度不为零且输入频率使系统输出为零时，此输入频率值即为零点；当系统输入幅度不为零且输入频率使系统输出为无穷大（系统稳定破坏，呈振荡发散）时，此频率值即为极点。

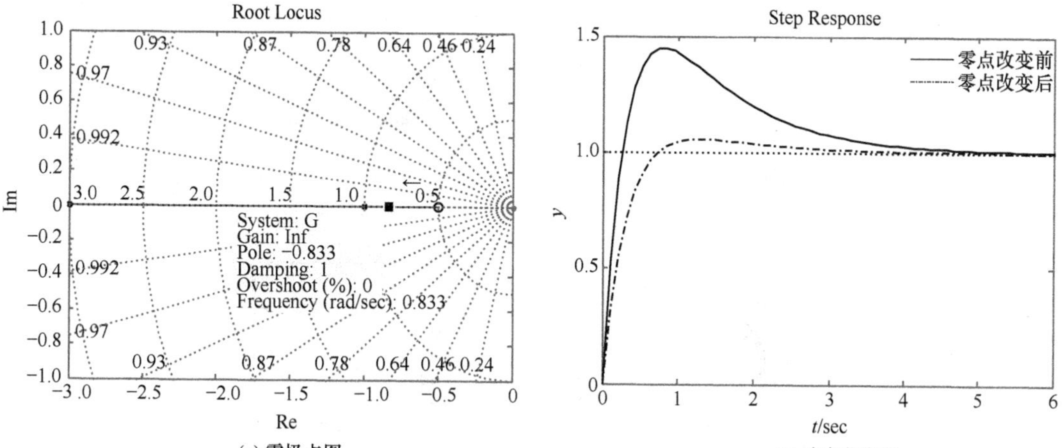

(a) 零极点图　　(b) 响应曲线图

图 3-9　零点对响应的影响

举例：有时音响或电视机壳发出一阵阵尖厉嘶嘶声，此时拧紧螺丝，噪声问题就解决了。其实，这里所做的工作就是极点补偿，拧紧螺丝实际上是降低系统极点频率。这里系统是指机械振动系统。

3.3.3　连续定常非线性系统状态空间的解

对于非线性定常系统绝大部分不能得到解析形式的解。若要从解析角度分析系统，一个好的办法是在平衡点（工作点）附近进行线性化（具体方法在第 1 章中已详细阐述过），得到其 Jacobi 系统矩阵，由定常线性系统响应理论近似分析其运动模态。值得庆幸的是，大部分的系统都可以采用这种方法进行分析。

另外，对比较复杂的系统，借助数值计算方法和现代计算工具得到其数值解，MATLAB/Simulink 软件为此提供了一个很好的平台。下面是两个例子。

例 3-7　求一级倒立摆系统的响应并分析模型的正确性。

根据 2.2.3 节中得到的倒立摆模型，使用 MATLAB/Simulink 求一级倒立摆系统在有摩擦情况下，当初始状态 $(0\quad 0\quad 0\quad 0)^{\mathrm{T}}$ 时，在 10s 时给小车脉冲信号（面积为单位 1），分析波形说明模型的正确性。

解　根据 2.2.3 中得到的倒立摆模型，在输入端按要求 10s 时给小车脉冲信号（面积为单位 1），并将初始状态设为 $(0\quad 0\quad 0\quad 0)^{\mathrm{T}}$，运行得到图 3-10 的响应结果。

从图 3-10 中可以看出：前 10s 系统处于平衡点，状态不变。10s 后，系统得到冲激量，由于有摩擦的存在，小车的运动速度和摆杆的摆动速度都将逐渐减小直至分别停止，最终整个系统停止运动，其位置停在非 0 处，而角度为 π。在运动过程中，两者相互产生影响，使小车的速度和摆杆的角速度呈周期变化。上述数值计算结果与实际的物理现象是相符的。

例 3-8　求磁浮系统的响应并分析模型的正确性。

根据在 2.3 节中得到的吸力型磁浮系统模型，使用 MATLAB/Simulink 求吸力型磁浮系统响应。其条件：开始时加入平衡输入电压 8.4249V，在 0.02s 时由平衡电压 8.4249V 阶跃为 14V，小球位置、速度及电磁铁绕组中的电流响应如图 3-11 所示。

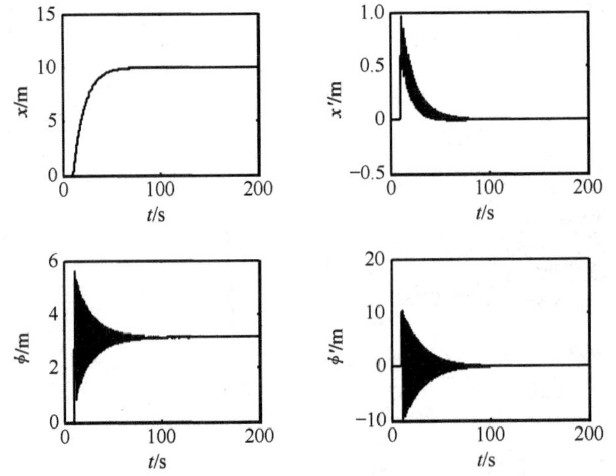

图 3-10 一级倒立摆的冲激响应

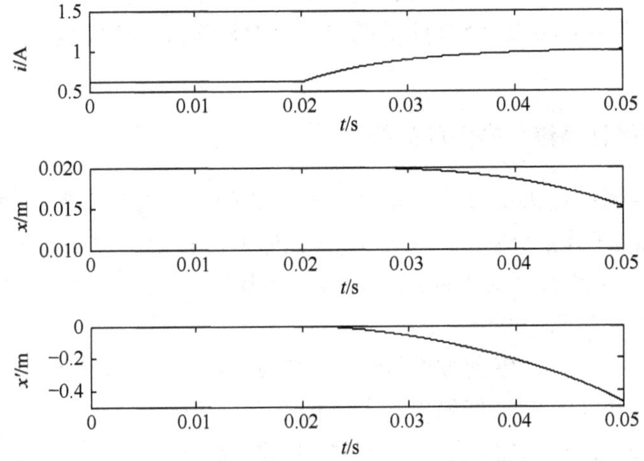

图 3-11 吸力型磁浮系统的阶跃响应

从图 3-11 中可以看出:电流对应电压变化,并呈惯性响应;由于数值计算的原因导致平衡位置的非精确性,在没加入阶跃信号前位移增加,开始增加的电磁力基本上用于校正前面增加的位移,所以看上去小球速度及位置响应稍微滞后阶跃信号。电压增大,电流增大,即电磁力增大,电磁力大于重力,系统失衡,小球竖直向上运动。图中小球向负方向运动,与物理现象一致。

从这个例子可以看出,在进行数值计算时,有时是要考虑数值计算的非精确性的,并且需充分估计该非精确性,以得到正确的分析结论。

例 3-9 数值分析 Lokta_Volterra 模型。

假设有一个生态系统,其中含有两种生物,即 A 生物和 B 生物,其中 A 生物是捕食者(鲨鱼),B 生物是被捕食者(食用鱼)。假设 t 时刻捕食者 A 的数目为 $x(t)$,被捕食者 B 数目为 $y(t)$,它们之间满足以下变化规律

$$\dot{x}(t)=x(t)[\alpha_1+\alpha_2 y(t)]$$
$$\dot{y}(t)=y(t)[\alpha_3+\alpha_4 x(t)]$$

式中，α_1 为捕食者独自存在时的死亡率，故 $\alpha_1<0$(取-0.5)；α_2 为被捕食者给予捕食者的供养能力，$\alpha_2>0$(取 0.02)；α_3 为被捕食者独立生存时的增长率，$\alpha_3>0$(取 1)；α_4 为捕食者猎取被捕食者的能力，$\alpha_4<0$(取-0.1)。

由于 Lokta-Volterra 生态模型的非线性，所以该模型理论上不存在解析解。下面首先对 Lokta-Volterra 模型进行分析。

由 Lokta-Volterra 状态方程模型的两个方程相除，得

$$\frac{\mathrm{d}y(t)}{\mathrm{d}x(t)}=\frac{y(t)[\alpha_1+\alpha_2 y(t)]}{x(t)[\alpha_3+\alpha_4 x(t)]}$$

移项，得

$$\frac{[\alpha_1+\alpha_2 y(t)]\mathrm{d}y(t)}{y(t)}=\frac{[\alpha_3+\alpha_4 x(t)]\mathrm{d}x(t)}{x(t)}$$

取初值 $x_0=x(t_0)$，$y_0=y(t_0)$，对上式两边积分，得

$$\int_{y_0}^{y}\frac{[\alpha_1+\alpha_2 y(t)]\mathrm{d}y(t)}{y(t)}=\int_{x_0}^{x}\frac{[\alpha_3+\alpha_4 x(t)]\mathrm{d}x(t)}{x(t)}$$

得到模型的相轨方程为

$$\alpha_1(\ln y-\ln y_0)+\alpha_2(y-y_0)-\alpha_3(\ln x-\ln x_0)-\alpha_4(x-x_0)=0$$

移项得

$$\alpha_1\ln y+\alpha_2 y-\alpha_3\ln x-\alpha_4 x=\alpha_1\ln y_0+\alpha_2 y_0-\alpha_3\ln x_0-\alpha_4 x_0$$

上式右边只与系统的初始状态有关，令 $\alpha_1\ln y_0+\alpha_2 y_0-\alpha_3\ln x_0-\alpha_4 x_0=c$，于是原方程可变为

$$\alpha_1\ln y+\alpha_2 y-\alpha_3\ln x-\alpha_4 x=c$$

该式为原方程组的隐式通解，c 是积分常数。它确定了 $\alpha_k(k=1,2,3,4)$ 以及积分常数 c 之间的关系，而且该关系式在任意时刻都成立。

给定参数和初始值的情形下，在 MATLAB/Simulink 环境下采用数值积分获得任意时间的数值解。获得 x-t 和 y-t 的波动图像，以及 y-x 的图像如图 3-12 所示。

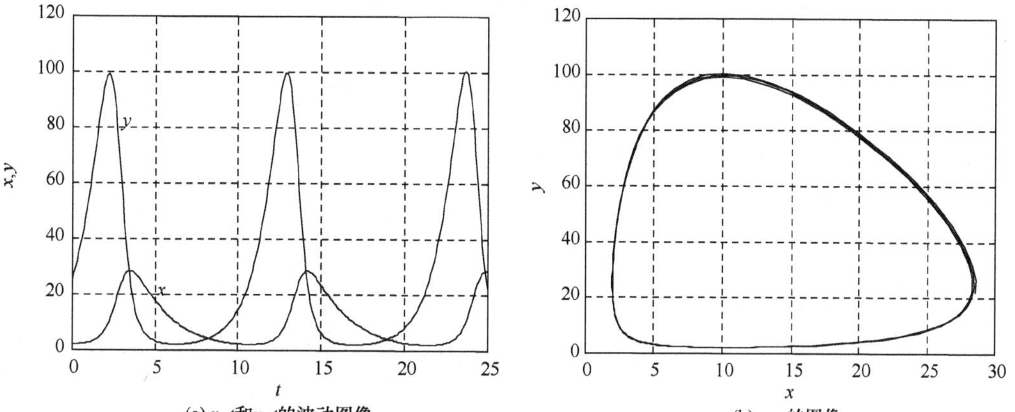

(a) x–t和y–t的波动图像　(b) x–y的图像

图 3-12　Lokta_Volterra 模型分析图

由 x-t 和 y-t 的图像可知，$x(t)$和 $y(t)$是周期函数；$x(t)$相对 $y(t)$是一个相对滞后的过程，这与现实情况也是吻合的，即捕食者的增长会跟随被捕食者的增长，但是并非及时跟随而是会落后于为其供给食物的被捕食者。由 y-x 图像可知，y-x 为闭合曲线，说明了两函数的周期性质。

3.4 连续时变系统状态空间的解

严格地说，系统一般都是时变的，即系统的某些参数是随时间变化的，如：电机的升温会导致电阻的变化；火箭燃料的消耗使其质量不断减小；卫星姿态稳定若采用喷气控制，燃料的消耗也会引起本体质量的变化；飞机在飞行过程中随能量的消耗，飞机的相关飞行参数也会改变。

这些例子均说明了系统参数的可变性，只不过有时变化很小或很缓慢，在方程上可以忽略。本节讨论时变情况下线性连续系统的运动规律，得出的结论将与定常情况下很类似，使理解上和理论分析上变得简便，这也是状态空间分析的一个优点。但单从计算角度讲，线性时变系统的运动分析则比定常系统复杂得多，且常要借助于计算机完成。

3.4.1 时变连续线性状态方程的形式化解

1. 解的特点

首先考察标量时变线性系统

$$\dot{x}(t)=a(t)x(t),x(t)|_{t=t_0}=x(t_0) \tag{3-22}$$

采用分离变量法，可以求得

$$x(t)=\mathrm{e}\int_{t_0}^{t}a(\tau)\mathrm{d}\tau x(t_0) \tag{3-23}$$

这个关系能否推广到如下矢量方程？

$$\dot{\boldsymbol{x}}(t)=\boldsymbol{A}(t)\boldsymbol{x}(t),\boldsymbol{x}(t)|_{t=t_0}=\boldsymbol{x}(t_0) \tag{3-24}$$

即能否将其解写成

$$\boldsymbol{x}(t)=\exp(\int_{t_0}^{t}\boldsymbol{A}(\tau)\mathrm{d}\tau)\boldsymbol{x}(t_0) \tag{3-25}$$

不妨假设式(3-25)是式(3-24)的解，则成立

$$\frac{\mathrm{d}}{\mathrm{d}t}\exp\left(\int_{t_0}^{t}\boldsymbol{A}(\tau)\mathrm{d}\tau\right)=\boldsymbol{A}(t)\exp\left(\int_{t_0}^{t}\boldsymbol{A}(\tau)\mathrm{d}\tau\right) \tag{3-26}$$

将 $\exp\left(\int_{t_0}^{t}\boldsymbol{A}(\tau)\mathrm{d}\tau\right)$按定义展开成幂级数

$$\exp\left(\int_{t_0}^{t}\boldsymbol{A}(\tau)\mathrm{d}\tau\right)=\boldsymbol{I}+\int_{t_0}^{t}\boldsymbol{A}(\tau)\mathrm{d}\tau+\frac{1}{2!}\int_{t_0}^{t}\boldsymbol{A}(\tau)\mathrm{d}\tau\int_{t_0}^{t}\boldsymbol{A}(\tau)\mathrm{d}\tau+\cdots \tag{3-27}$$

式(3-27)两边对时间取导数得

$$\frac{\mathrm{d}}{\mathrm{d}t}\exp\left(\int_{t_0}^{t}\boldsymbol{A}(\tau)\mathrm{d}\tau\right)=\boldsymbol{A}(t)+\frac{1}{2}\boldsymbol{A}(t)\int_{t_0}^{t}\boldsymbol{A}(\tau)\mathrm{d}\tau+\frac{1}{2!}\int_{t_0}^{t}\boldsymbol{A}(\tau)\mathrm{d}\tau\boldsymbol{A}(t)+\cdots \tag{3-28}$$

将式(3-27)两边左乘 $\boldsymbol{A}(t)$有

$$\boldsymbol{A}(t)\exp\left(\int_{t_0}^{t}\boldsymbol{A}(\tau)\mathrm{d}\tau\right)=\boldsymbol{A}(t)+\boldsymbol{A}(t)\int_{t_0}^{t}\boldsymbol{A}(\tau)\mathrm{d}\tau+\frac{1}{2!}\boldsymbol{A}(t)\int^{t\,t_0}\boldsymbol{A}(\tau)\mathrm{d}\tau\int_{t_0}^{t}\boldsymbol{A}(\tau)\mathrm{d}\tau+\cdots \tag{3-29}$$

比较式(3-29)和式(3-28)可以看出要使式(3-26)成立，必满足

$$\boldsymbol{A}(t)\int_{t_0}^{t}\boldsymbol{A}(\tau)\mathrm{d}\tau=\int_{t_0}^{t}\boldsymbol{A}(\tau)\mathrm{d}\tau\boldsymbol{A}(t) \tag{3-30}$$

也就是说 $\boldsymbol{A}(t)$ 和 $\int_{t_0}^{t}\boldsymbol{A}(\tau)\mathrm{d}\tau$ 是乘法可交换的。但是，这个条件是比较苛刻的，所以时变线性系统解通常是不能写成一个封闭形式的。

2. 解的形式化表示

当不满足式(3-30)的苛刻要求时，齐次矩阵微分方程式(3-24)的解仍能表示为下述形式

$$\boldsymbol{x}(t)=\boldsymbol{\Phi}(t,t_0)\boldsymbol{x}(t_0) \tag{3-31}$$

式中，$\boldsymbol{\Phi}(t,t_0)$ 是 $n\times n$ 非奇异的方阵。将其代入式(3-24)可得到 $\boldsymbol{\Phi}(t,t_0)$ 满足的矩阵微分方程与其初始条件

$$\dot{\boldsymbol{\Phi}}(t,t_0)=\boldsymbol{A}(t)\boldsymbol{\Phi}(t,t_0) \tag{3-32}$$

$$\boldsymbol{\Phi}(t_0,t_0)=\boldsymbol{I} \tag{3-33}$$

这两个条件通常被用来验证一个矩阵是否为状态转移矩阵。

思考 为什么 $\boldsymbol{\Phi}(t,t_0)$ 是非奇异的？把两个条件的证明过程写下来。

对于线性时变系统非齐次矩阵微分方程

$$\dot{\boldsymbol{x}}(t)=\boldsymbol{A}(t)\boldsymbol{x}(t)+\boldsymbol{B}(t)\boldsymbol{u}(t) \tag{3-34}$$

线性系统满足叠加原理，故式(3-34)的解可以看成由初始状态 $\boldsymbol{x}(t_0)$ 的转移和控制作用激励的状态 $\boldsymbol{x}_u(t)$ 的转移两部分组成

$$\boldsymbol{x}(t)=\boldsymbol{\Phi}(t,t_0)\boldsymbol{x}(t_0)+\boldsymbol{\Phi}(t,t_0)\boldsymbol{x}_u(t)=\boldsymbol{\Phi}(t,t_0)(\boldsymbol{x}(t_0)+\boldsymbol{x}_u(t)) \tag{3-35}$$

将式(3-35)代入式(3-34)，有

$$\dot{\boldsymbol{\Phi}}(t,t_0)(\boldsymbol{x}(t_0)+\boldsymbol{x}_u(t))+\boldsymbol{\Phi}(t,t_0)\dot{\boldsymbol{x}}_u(t)=\boldsymbol{A}(t)\boldsymbol{x}(t)+\boldsymbol{B}(t)\boldsymbol{u}(t) \tag{3-36}$$

计及式(3-32)，得

$$\boldsymbol{A}(t)\boldsymbol{x}(t)+\boldsymbol{\Phi}(t,t_0)\dot{\boldsymbol{x}}_u(t)=\boldsymbol{A}(t)\boldsymbol{x}(t)+\boldsymbol{B}(t)\boldsymbol{u}(t) \tag{3-37}$$

于是

$$\dot{\boldsymbol{x}}_u(t)=\boldsymbol{\Phi}^{-1}(t,t_0)\boldsymbol{B}(t)\boldsymbol{u}(t)=\boldsymbol{\Phi}(t_0,t)\boldsymbol{B}(t)\boldsymbol{u}(t) \tag{3-38}$$

在 $t_0\sim t$ 区间积分，有

$$\boldsymbol{x}_u(t)=\int_{t_0}^{t}\boldsymbol{\Phi}(t,\tau)\boldsymbol{B}(\tau)\boldsymbol{u}(\tau)\mathrm{d}\tau+\boldsymbol{x}_u(t_0) \tag{3-39}$$

将式(3-39)代入式(3-35)，得

$$\boldsymbol{x}(t)=\boldsymbol{\Phi}(t,t_0)\boldsymbol{x}(t_0)+\int_{t_0}^{t}\boldsymbol{\Phi}(t,\tau)\boldsymbol{B}(\tau)\boldsymbol{u}(\tau)\mathrm{d}\tau+\boldsymbol{\Phi}(t,t_0)x_u(t_0) \tag{3-40}$$

令式(3-35)中 $t=t_0$，计及 $\boldsymbol{\Phi}(t_0,t_0)=\boldsymbol{I}$，可知 $\boldsymbol{x}_u(t_0)=0$，这样代入式(3-40)之后可得

$$\boldsymbol{x}(t)=\boldsymbol{\Phi}(t,t_0)\boldsymbol{x}(t_0)+\int_{t_0}^{t}\boldsymbol{\Phi}(t,\tau)\boldsymbol{B}(\tau)\boldsymbol{u}(\tau)\mathrm{d}\tau \tag{3-41}$$

此式第一部分是由初始状态引起的状态转移，而第二部分则是由控制作用引起的状态转移。也称 $\boldsymbol{\Phi}(t,t_0)$ 为状态转移矩阵。

比较式(3-41)和式(3-3)可以看出，时变连续线性系统响应与定常连续线性系统响应表述区别在于状态转移矩阵的不同：$\boldsymbol{\Phi}(t-t_0)$ 表示只依赖差值 $t-t_0$，而与 t_0 无关，它可以由 $\mathrm{e}^{\boldsymbol{A}(t-t_0)}$ 来计算；而 $\boldsymbol{\Phi}(t,t_0)$ 则与 t_0 和 t 相关，只有满足 $\boldsymbol{A}(t)$ 与 $\int_{t_0}^{t}\boldsymbol{A}(\tau)\mathrm{d}\tau$ 乘法可交换，才能按 $\exp\left(\int_{t_0}^{t}\boldsymbol{A}(\tau)\mathrm{d}\tau\right)$ 计算。不过，对 $\boldsymbol{\Phi}(t,t_0)$ 一般可以采用级数近似法(Peano-Baker 级数)计算

$$\boldsymbol{\Phi}(t,t_0)=\boldsymbol{I}+\int_{t_0}^{t}\boldsymbol{A}(\tau_0)\mathrm{d}\tau_0+\int_{t_0}^{t}\boldsymbol{A}(\tau_0)\int_{t_0}^{t}\boldsymbol{A}(\tau)\mathrm{d}\tau_1\mathrm{d}\tau_0+\int_{t_0}^{t}\boldsymbol{A}(\tau_0)\int_{t_0}^{\tau_0}\boldsymbol{A}(\tau_1)\int_{t_0}^{\tau_1}\boldsymbol{A}(\tau_2)\mathrm{d}\tau_2\mathrm{d}\tau_1\mathrm{d}\tau_0+\cdots \tag{3-42}$$

事实上，对式(3-42)两边求导可得到式(3-32)和式(3-33)，即表明 $\boldsymbol{\Phi}(t,t_0)$的级数表达是满足状态转移矩阵要求的。

例 3-10 计算状态转移矩阵。

已知线性时变系统，其系统矩阵为 $\boldsymbol{A}(t)=\begin{pmatrix}t & 1\\ 1 & t\end{pmatrix}$，求 $\boldsymbol{\Phi}(t,0)$。

解 先判定是否满足式(3-30)。由题可计算 $\int_0^t\boldsymbol{A}(\tau)\mathrm{d}\tau=\int_0^t\begin{pmatrix}\tau & 1\\ 1 & \tau\end{pmatrix}\mathrm{d}\tau=\begin{pmatrix}\frac{1}{2}t^2 & t\\ t & \frac{t^2}{2}\end{pmatrix}$，于是

$$\boldsymbol{A}(t)\int_{t_0}^{t}\boldsymbol{A}(\tau)\mathrm{d}\tau=\begin{pmatrix}t & 1\\ 1 & t\end{pmatrix}\begin{pmatrix}\frac{1}{2}t^2 & t\\ t & \frac{t^2}{2}\end{pmatrix}=\begin{pmatrix}\frac{1}{2}t^2 & t\\ t & \frac{t^2}{2}\end{pmatrix}\begin{pmatrix}t & 1\\ 1 & t\end{pmatrix}=\int_{t_0}^{t}\boldsymbol{A}(\tau)\mathrm{d}\tau\boldsymbol{A}(t)$$

满足式(3-30)。所以有

$$\boldsymbol{\Phi}(t,0)=\exp\left(\int_0^t\boldsymbol{A}(\tau)\mathrm{d}\tau\right)=\begin{pmatrix}1 & 0\\ 0 & 1\end{pmatrix}+\begin{pmatrix}\frac{1}{2}t^2 & t\\ t & \frac{t^2}{2}\end{pmatrix}+\frac{1}{2}\begin{pmatrix}\frac{1}{2}t^2 & t\\ t & \frac{t^2}{2}\end{pmatrix}^2+\cdots$$

$$=\begin{pmatrix}1+t^2+\frac{t^4}{8}+\cdots & t+\frac{t^3}{2}+\cdots\\ t+\frac{t^2}{2}+\cdots & 1+t^2+\frac{t^4}{8}+\cdots\end{pmatrix}$$

例 3-11 状态转移矩阵的判定。

已知两矩阵分别如下，判断它们是否为连续线性系统的状态转移矩阵。若是，则求对应的矩阵 $\boldsymbol{A}$。

$$\boldsymbol{\Phi}(t)=\begin{pmatrix}1 & 0 & 0\\ 0 & \sin t & \cos t\\ 0 & -\cos t & \sin t\end{pmatrix},\boldsymbol{\Phi}(t)=\begin{pmatrix}0.5(\mathrm{e}^{-t}+\mathrm{e}^{3t}) & 0.25(-\mathrm{e}^{-t}+\mathrm{e}^{3t})\\ -\mathrm{e}^{-t}+\mathrm{e}^{3t} & 0.5(\mathrm{e}^{-t}+\mathrm{e}^{3t})\end{pmatrix}$$

解 (1)第一个矩阵虽然是非奇异的，但不满足矩阵微分方程的初始条件，所以不是状态转移矩阵。

(2) 第二个矩阵满足矩阵微分方程的初始条件且是非奇异的，从状态转移矩阵可以看出，它与时刻 t_0 没有关系，所以第二个 $\boldsymbol{\Phi}(t)$是定常系统的状态转移矩阵，于是由 $\dot{\boldsymbol{\Phi}}(t-t_0)=\boldsymbol{A}\boldsymbol{\Phi}(t-t_0)$，得

$$\boldsymbol{A}=\dot{\boldsymbol{\Phi}}(t-0)\boldsymbol{\Phi}^{-1}(t-0)=\dot{\boldsymbol{\Phi}}(t-0)\boldsymbol{\Phi}(0-t)$$

将 $\boldsymbol{\Phi}(t)$代入便可得到矩阵 $\boldsymbol{A}$。请写在下面：

事实上，由 $\dot{\boldsymbol{\Phi}}(t-t_0)=\boldsymbol{A}\boldsymbol{\Phi}(t-t_0)$两边取 $t=t_0=0$，便直接可得 $\boldsymbol{A}=\dot{\boldsymbol{\Phi}}(t)\big|_{t=0}$。

3.4.2 时变连续线性系统的脉冲响应矩阵

对于式(3-1)的时变线性系统，当系统的 p 个输入为单位冲激函数，即

$$\boldsymbol{u}(t)=\mathrm{e}_i\delta(t-\tau) \tag{3-43}$$

式中，τ 是加入冲激的时刻；$e_i=(0 \quad \cdots \quad 0 \quad 1 \quad 0 \quad \cdots \quad 0)^{\mathrm{T}}$ 为第 i 个位置为 1，其他位置为 0 的向量。

由式(3-41)，计及输出方程，令初始松弛，得系统的输出为(注意是整个系统的输出)

$$\boldsymbol{y}_i(t)=\boldsymbol{C}(t)\int_{t_0}^{t}\boldsymbol{\Phi}(t,\eta)\boldsymbol{B}(\eta)\ \mathrm{e}_i\delta(\eta-\tau)\mathrm{d}\eta+D(t)\ \mathrm{e}_i\delta(t-\tau) \tag{3-44}$$

令其为$\boldsymbol{h}_i(t,\tau)$，则

$$\boldsymbol{h}_i(t,\tau)=\begin{cases}\boldsymbol{C}(t)\boldsymbol{\Phi}(t,\tau)\boldsymbol{B}(\tau)\mathrm{e}_i+\boldsymbol{D}(t)\mathrm{e}_i\delta(t-\tau),t\geqslant\tau\\0,t<\tau\end{cases} \tag{3-45}$$

于是

$$\boldsymbol{H}(t,\tau)=(\boldsymbol{h}_1(t,\tau)\quad \boldsymbol{h}_2(t,\tau)\quad \cdots\quad \boldsymbol{h}_p(t,\tau))=\begin{cases}\boldsymbol{C}(t)\boldsymbol{\Phi}(t,\tau)\boldsymbol{B}(\tau)+\boldsymbol{D}(t)\delta(t-\tau),t\geqslant\tau\\0,t<\tau\end{cases} \tag{3-46}$$

称该式为连续时变线性系统的脉冲响应矩阵。

定常是时变的特殊情况，且令 $\tau=0$，此时有

$$\boldsymbol{H}(t)=\begin{cases}\boldsymbol{C}\mathrm{e}^{\boldsymbol{A}t}\boldsymbol{B}+\boldsymbol{D}\delta(t),t\geqslant 0\\0,t<0\end{cases} \tag{3-47}$$

对该式两边拉氏变换，得

$$\boldsymbol{H}(s)=L[\boldsymbol{H}(t)]=\boldsymbol{C}\int_0^{\infty}\mathrm{e}^{\boldsymbol{A}t}\mathrm{e}^{-st}\boldsymbol{dtB}+\boldsymbol{D} \tag{3-48}$$

考虑到

$$\boldsymbol{A}\int_0^{\infty}\mathrm{e}^{\boldsymbol{A}t}\mathrm{e}^{-st}\mathrm{d}t=\int_0^{\infty}\boldsymbol{A}\mathrm{e}^{\boldsymbol{A}t}\mathrm{e}^{-st}\mathrm{d}t=\mathrm{e}^{-st}\mathrm{e}^{\boldsymbol{A}t}\big|_0^{\infty}-\int_0^{\infty}\mathrm{e}^{\boldsymbol{A}t}\mathrm{d}\mathrm{e}^{-st}=-\boldsymbol{I}+s\int_0^{\infty}\mathrm{e}^{\boldsymbol{A}t}\mathrm{e}^{-st}\mathrm{d}t \tag{3-49}$$

由此得

$$(s\boldsymbol{I}-\boldsymbol{A})\int_0^{\infty}\mathrm{e}^{\boldsymbol{A}t}\mathrm{e}^{-st}\mathrm{d}t=\boldsymbol{I} \tag{3-50}$$

若$(s\boldsymbol{I}-\boldsymbol{A})^{-1}$存在，则

$$\int_0^{\infty}\mathrm{e}^{\boldsymbol{A}t}\mathrm{e}^{-st}\mathrm{d}t=(s\boldsymbol{I}-\boldsymbol{A})^{-1} \tag{3-51}$$

将其代入式(3-48)得

$$\boldsymbol{H}(s)=L[\boldsymbol{H}(t)]=\boldsymbol{C}(s\boldsymbol{I}-\boldsymbol{A})^{-1}\boldsymbol{B}+\boldsymbol{D} \tag{3-52}$$

这与第 2 章得到的结果是一样的。

利用脉冲响应矩阵，可以通过卷积的方式计算任意输入信号零状态下的响应

$$\boldsymbol{y}(t)=\boldsymbol{H}(t)*\boldsymbol{u}(t)=\int_0^{t}\boldsymbol{H}(t-\tau)\boldsymbol{u}(\tau)\mathrm{d}\tau \tag{3-53}$$

进一步将零输入响应加入后便得

$$\boldsymbol{y}(t)=\boldsymbol{C}\mathrm{e}^{A(t)}\boldsymbol{x}(0)+\int_0^{t}\boldsymbol{H}(t-\tau)\boldsymbol{u}(\tau)\mathrm{d}\tau \tag{3-54}$$

推广到时变情况有

$$\boldsymbol{y}(t)=\boldsymbol{H}(t,\tau)*\boldsymbol{u}(t)=\int_0^{t}\boldsymbol{H}(t-\eta,\tau)\boldsymbol{u}(\eta)\mathrm{d}\eta \tag{3-55}$$

进一步将零输入响应加入后便得

$$\boldsymbol{y}(t)=\boldsymbol{C\Phi}(t,t_0)\boldsymbol{x}(t_0)+\int_{t_0}^{t}\boldsymbol{H}(t-\eta,\tau)\boldsymbol{u}(\eta)\mathrm{d}\eta \tag{3-56}$$

这再次表明，状态空间描述法既包含了初始状态响应，也包含了输入引起的强迫响应。

3.4.3 时变连续非线性状态方程的解

通常对非线性状态方程，除了比较简单的表达式以外，比较难以得到解析解，但在满足一定条件下，也可以得到解的范围，下面的结论给出了一种解的范围。下面考虑状态方程

$$\dot{\boldsymbol{x}}=\boldsymbol{f}(\boldsymbol{x},t),\boldsymbol{x}(t_0)=\boldsymbol{x}_0 \tag{3-57}$$

设 $D\subset\mathbf{R}^n$ 是包含 $\boldsymbol{x}=0$ 的定义域。假设对于所有 $t\geqslant t_0$，该方程的解 $\boldsymbol{x}(t)\in D$，且在 $D\times[t_0,\infty)$ 上有 $\|f(t,\boldsymbol{x})\|_2\leqslant L\|\boldsymbol{x}\|_2$。则有

$$\|\boldsymbol{x}_0\|_2\mathrm{e}^{-L(t-t_0)}\leqslant\|\boldsymbol{x}(t)\|_2\leqslant\|\boldsymbol{x}_0\|_2\mathrm{e}^{L(t-t_0)} \tag{3-58}$$

事实上，由 $\frac{\mathrm{d}}{\mathrm{d}t}(\|\boldsymbol{x}\|_2^2)=\frac{\mathrm{d}}{\mathrm{d}t}(\boldsymbol{x}^{\mathrm{T}}\boldsymbol{x})=2\boldsymbol{x}^{\mathrm{T}}\dot{\boldsymbol{x}}=2\boldsymbol{x}^{\mathrm{T}}f(\boldsymbol{x},t)$，并计及 $\|f(t,\boldsymbol{x})\|_2\leqslant L\|\boldsymbol{x}\|_2$，得

$$\left|\frac{\mathrm{d}}{\mathrm{d}t}(\|\boldsymbol{x}\|_2^2)\right|=\left|\frac{\mathrm{d}}{\mathrm{d}t}(\boldsymbol{x}^{\mathrm{T}}\boldsymbol{x})\right|\leqslant 2\|\boldsymbol{x}\|_2\|f(\boldsymbol{x},t)\|_2\leqslant 2L\|\boldsymbol{x}\|_2^2 \tag{3-59}$$

所以有

$$-2L\|\boldsymbol{x}\|_2^2\leqslant\frac{\mathrm{d}}{\mathrm{d}t}(\|\boldsymbol{x}\|_2^2)\leqslant 2L\|\boldsymbol{x}\|_2^2 \tag{3-60}$$

令 $V(t)=\boldsymbol{x}^{\mathrm{T}}(t)\boldsymbol{x}(t)=\|\boldsymbol{x}\|_2^2, V(t_0)=\boldsymbol{x}_0^{\mathrm{T}}\boldsymbol{x}_0=V_0=\|\boldsymbol{x}_0\|_2^2$，则有

$$-2L\leqslant\dot{V}/V\leqslant 2L \tag{3-61}$$

对式(3-61)各部分进行积分

$$-\int_{t_0}^{t}2L\mathrm{d}t\leqslant\int_{V_0}^{V}\frac{\mathrm{d}V}{V}\leqslant\int_{t_0}^{t}2L\mathrm{d}t\Rightarrow-2L(t-t_0)\leqslant\ln\left(\frac{V(t)}{V_0}\right)\leqslant 2L(t-t_0) \tag{3-62}$$

所以有

$$V_0\mathrm{e}^{-2L(t-t_0)}\leqslant V(t)\leqslant V_0\mathrm{e}^{2L(t-t_0)}\Leftrightarrow\|\boldsymbol{x}_0\|_2\mathrm{e}^{-L(t-t_0)}\leqslant\|\boldsymbol{x}\|_2\leqslant\|\boldsymbol{x}_0\|_2\mathrm{e}^{L(t-t_0)} \tag{3-63}$$

该式给出了一般系统在满足 $\|\boldsymbol{f}(t,x)\|_2\leqslant L\|\boldsymbol{x}\|_2$ 时解的上下界。这个界的评估同样适用于定常非线性系统。

同定常非线性系统一样，也可以在平衡点(工作点)附近进行线性化，得到其时变 Jacobi 系统矩阵，由时变线性系统响应理论近似分析其运动模态。

另外，从数值定量角度求解时变连续非线性的解从而研究其特性，是当前对比较复杂系统常用的方法。

3.5 连续线性系统的状态转移矩阵及其性质

无论初始状态引起的运动，还是输入引起的运动都是一种状态转移。其形态可用状态转移矩阵描述。状态转移矩阵决定了系统的运动。本节从线性齐次微分方程解空间与解的构造角度对状态转移矩阵进行深入解释，并给了状态转移矩阵的一些性质。

3.5.1 线性齐次微分方程的解空间与基本解

1. 线性齐次微分方程的解空间

对于如下的线性齐次微分方程

$$\dot{x}(t)=\boldsymbol{A}(t)x(t) \tag{3-64}$$

它的所有解的集合组成实数域上的 n 维向量空间。

事实上，令 $\boldsymbol{x}_1(t)$和 $\boldsymbol{x}_2(t)$为上面方程的任意两个解，则对于任意实数 a_1 和 a_2，显然 $a_1\ x_1(t)+a_2\ x_2(t)$也是方程的解，这可直接由验算证明。所以，上面方程解的集合组成实数域上的线性空间，称为解空间。下面说明这个解空间是 n 维的。

令$\boldsymbol{e}_1,\boldsymbol{e}_2,\cdots,\boldsymbol{e}_n$ 为实的 n 维欧氏空间中一组线性独立的向量，$\boldsymbol{x}_i(t)$是方程相应于初始条件为$\boldsymbol{e}_i(t)$的解，$i=1,2,\cdots,n$。现证明上面方程的解都能被$\boldsymbol{x}_i(t)$线性表示且$\boldsymbol{x}_i(t)(i=1,2,\cdots,n)$线性独立。下面利用反证法。

设$\boldsymbol{x}_1(t),\boldsymbol{x}_2(t),\cdots,\boldsymbol{x}_n(t)$线性相关，则有不全为零的 n 个实数 $a_1,a_2,\cdots,a_n$，使得对 $t\geqslant t_0$，有

$$\sum_{i=1}^{n}a_i\,\boldsymbol{x}_i(t)\equiv\boldsymbol{0} \tag{3-65}$$

特别当 $t=t_0$ 时，有

$$\sum_{i=1}^{n}a_i\,\boldsymbol{x}_i(t_0)=\sum_{i=1}^{n}a_i\sum_{j=1}^{n}b_j\,\boldsymbol{e}_j=\sum_{i=1}^{n}c_i\,\boldsymbol{e}_i=\boldsymbol{0} \tag{3-66}$$

而这与$\boldsymbol{e}_1,\boldsymbol{e}_2,\cdots,\boldsymbol{e}_n$ 线性独立相矛盾。因此，$\boldsymbol{x}_1(t),\boldsymbol{x}_2(t),\cdots,\boldsymbol{x}_n(t)$在其定义域上必线性独立。

令 $\boldsymbol{x}(t)$是线性齐次微分方程的任意一个解，并且 $\boldsymbol{x}(t_0)=\boldsymbol{e}_0$。因为$\boldsymbol{e}_1,\boldsymbol{e}_2,\cdots,\boldsymbol{e}_n$ 线性独立，所以必存在不全为零的 n 个实数$a_1,a_2,\cdots,a_n$ 能唯一地表示成$\boldsymbol{e}_i$，$i=1,2,\cdots,n$ 的线性组合，即

$$\boldsymbol{e}_0=\sum_{i=1}^{n}a_i\,\boldsymbol{e}_i \tag{3-67}$$

显然，$\sum\limits_{i=1}^{n}a_i\,\boldsymbol{x}_i(t)$ 是以$\boldsymbol{e}_0$ 为初始条件时线性齐次微分方程的解。因此，由解的唯一性有

$$\boldsymbol{x}(t)=\sum_{i=1}^{n}a_i\,\boldsymbol{x}_i(t) \tag{3-68}$$

2. 线性齐次微分方程的基本解

设$\psi_1(t),\psi_2(t),\cdots,\psi_n(t)$是方程(3-64)的一组线性独立的解，则将组成的矩阵称为方程(3-64)的基本解阵。

$$\boldsymbol{\Psi}(t)=(\boldsymbol{\psi}_1(t),\boldsymbol{\psi}_2(t),\cdots,\boldsymbol{\psi}_n(t)) \tag{3-69}$$

它有如下性质：如果 $\boldsymbol{\Psi}(t)$满足方程(3-64)，且对某个 t_0，$\boldsymbol{\Psi}(t_0)$非奇异，则 $\boldsymbol{\Psi}(t)$必为方程(3-64)的基本解。由此也可导出：对任意 t，基本解阵 $\boldsymbol{\Psi}(t)$都是非奇异的。

思考 如何解释基本解的性质？用反证法。

3.5.2 状态转移矩阵的基本概念与性质

1. 状态转移矩阵的定义

令 $\boldsymbol{\Psi}(t)$是方程(3-64)的基本解，则定义 $\boldsymbol{\Phi}(t,t_0)=\boldsymbol{\Psi}(t)\boldsymbol{\Psi}^{-1}(t_0)$，$t\geqslant t_0$ 为系统的状态转移

矩阵。

2. 状态转移矩阵物理和几何意义

从线性系统解的表达式可知，状态转移矩阵反映了从初始时刻的状态矢量 $\boldsymbol{x}_0$ 到任意 $t>0$ 或 $t>t_0$ 时刻的状态矢量 $\boldsymbol{x}(t)$ 的一种矢量变换关系，变换矩阵就是 $\boldsymbol{\Phi}(t,t_0)$。它不同于线性变换矩阵 $\boldsymbol{T}$，它不是一个常数矩阵，它的元素一般是时间 t 的函数；从时间的角度而言，意味着它使状态矢量随着时间的推移，不断地在状态空间中转移，而在时间上形成一条轨迹，完成了状态转移的作用。以二阶定常系统为例，其几何意义如图 3-13 所示。

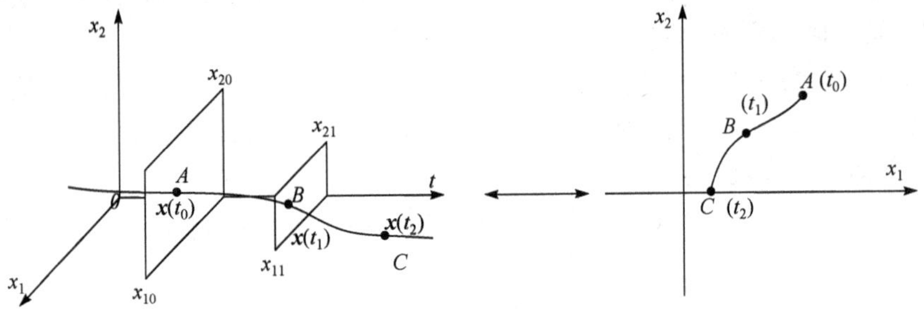

$$t_0,\boldsymbol{x}(t_0)=\begin{pmatrix}x_{10}\\x_{20}\end{pmatrix}\to t_1,\boldsymbol{x}(t_1)=\begin{pmatrix}x_{11}\\x_{21}\end{pmatrix}\to t_2,\boldsymbol{x}(t_2)=\begin{pmatrix}x_{12}\\x_{22}\end{pmatrix}$$

A　　B　　C

图 3-13　状态转移矩阵几何意义

对连续时变和时不变线性系统，由状态转移矩阵 $\boldsymbol{\Phi}(t,t_0)$ 和 $\boldsymbol{\Phi}(t-t_0)$ 的形式可以看出，两者的基本区别主要表现在两个方面。

(1) 对时不变情况，状态转移矩阵 $\boldsymbol{\Phi}(t-t_0)$ 依赖于“相对时间”，初始时刻 t_0 选择不同具有同样的结果；对时变情况，状态转移矩阵 $\boldsymbol{\Phi}(t,t_0)$ 依赖于“绝对时间”，初始时刻 t_0 选择不同具有不同的结果。

(2) 对时不变情况，可以得到状态转移矩阵 $\boldsymbol{\Phi}(t-t_0)$ 的闭合表达式；对时变情况，除极为特殊的类型和简单的情形外，状态转移矩阵一般难以求得闭合形式表达式，但它仍然表征了状态转移的内在机理和物理意义。

3. 状态转移矩阵的性质

1) 状态转移矩阵的唯一性

状态转移矩阵是基于基本解定义的，虽然针对某一线性系统，基本解阵不唯一，但状态转移矩阵 $\boldsymbol{\Phi}(t,t_0)$ 却是唯一的而与基本解阵的选取无关。

事实上，设 $\boldsymbol{\Psi}_1(t)$ 和 $\boldsymbol{\Psi}_2(t)$ 为系统两个基本解阵，显然两个基本解必存在非奇异线性变换 $\boldsymbol{P}$，使

$$\boldsymbol{\Psi}_2(t)=\boldsymbol{\Psi}_1(t)\boldsymbol{P} \tag{3-70}$$

由状态转移矩阵的定义，得

$$\boldsymbol{\Phi}(t,t_0)=\boldsymbol{\Psi}_2(t)\boldsymbol{\Psi}_2^{-1}(t_0)=\boldsymbol{\Psi}_1(t)\boldsymbol{P}\boldsymbol{P}^{-1}\boldsymbol{\Psi}_1^{-1}(t_0)=\boldsymbol{\Psi}_1(t)\boldsymbol{\Psi}_1^{-1}(t_0) \tag{3-71}$$

这说明 $\boldsymbol{\Phi}(t,t_0)$ 是唯一的而与基本解阵的选取无关。

对式(3-71)第一个等号两端求导，并计及基本解阵 $\boldsymbol{\Psi}(t)$ 的性质，得

$$\dot{\boldsymbol{\Phi}}(t,t_0)=\dot{\boldsymbol{\Psi}}_2(t)\boldsymbol{\Psi}_2^{-1}(t_0)=\boldsymbol{A}(t)\boldsymbol{\Psi}_2(t)\boldsymbol{\Psi}_2^{-1}(t_0)=\boldsymbol{A}(t)\boldsymbol{\Phi}(t,t_0) \tag{3-72}$$

由此也说明状态转移矩阵是唯一的。对于定常情况，式(3-72)变成

$$\dot{\boldsymbol{\Phi}}(t)=\boldsymbol{A}\boldsymbol{\Phi}(t)=\boldsymbol{\Phi}(t)\boldsymbol{A} \tag{3-73}$$

即 $\mathrm{d}e^{\boldsymbol{A}t}/\mathrm{d}t=\boldsymbol{A}e^{\boldsymbol{A}t}=e^{\boldsymbol{A}t}\boldsymbol{A}$。这说明，$\boldsymbol{\Phi}(t)$或 $e^{\boldsymbol{A}t}$矩阵和$\boldsymbol{A}$ 矩阵是可以交换的。

另外，若令$\boldsymbol{e}_i=(0\quad\cdots\quad 0\quad 1\quad 0\quad\cdots\quad 0)^{\mathrm{T}}$ 为第 i 个位置为 1，其他位置为 0 的向量，那么 $\boldsymbol{\Phi}(t,t_0)$的第 i 列组成的矢量就是以$\boldsymbol{e}_i$ 为初始条件的方程(3-64)的唯一解。所以，状态转移矩阵 $\boldsymbol{\Phi}(t_1,t_0)$也是齐次微分方程的一个基本解。

2) 状态转移矩阵的自反性

对任意 t，有

$$\boldsymbol{\Phi}(t,t)=\boldsymbol{I} \tag{3-74}$$

此性质可利用状态转移矩阵定义得到证明。该性质意味着状态矢量从时刻 t 又转移到时刻 t，显然，状态矢量是不变的。

3) 状态转移矩阵的反身性

由式 $\boldsymbol{\Phi}(t,t_0)=\boldsymbol{\Psi}(t)\boldsymbol{\Psi}^{-1}(t_0)$，并利用乘积矩阵求逆公式，即得

$$\boldsymbol{\Phi}^{-1}(t,t_0)=[\boldsymbol{\Psi}(t)\boldsymbol{\Psi}^{-1}(t_0)]^{-1}=\boldsymbol{\Psi}(t_0)\boldsymbol{\Psi}^{-1}(t)=\boldsymbol{\Phi}(t_0,t) \tag{3-75}$$

同理可得 $\boldsymbol{\Phi}^{-1}(t-t_0)=\boldsymbol{\Phi}(t_0-t)$。

这个性质表明状态转移矩阵的逆意味着时间的逆转；利用这个性质，可以在已知 $x(t)$的情况下，求出小于时刻 t 的 $\boldsymbol{x}(t_0)$，$(t_0<t)$。

4) 状态转移矩阵的传递性

考虑图 3-13 的状态转移，有

$$\boldsymbol{x}(t_1)=\boldsymbol{\Phi}(t_1,t_0)\boldsymbol{x}(t_0)+\int_{t_0}^{t_1}\boldsymbol{\Phi}(t_1,\tau)\boldsymbol{B}\boldsymbol{u}(\tau)\mathrm{d}\tau \tag{3-76}$$

$$\boldsymbol{x}(t_2)=\boldsymbol{\Phi}(t_2,t_0)\boldsymbol{x}(t_0)+\int_{t_0}^{t_2}\boldsymbol{\Phi}(t_2,\tau)\boldsymbol{B}\boldsymbol{u}(\tau)\mathrm{d}\tau \tag{3-77}$$

而

$$\begin{aligned}\boldsymbol{x}(t_2)&=\boldsymbol{\Phi}(t_2,t_1)\left[\boldsymbol{\Phi}(t_1,t_0)\boldsymbol{x}(t_0)+\int_{t_0}^{t_1}\boldsymbol{\Phi}(t_1,\tau)\boldsymbol{B}\boldsymbol{u}(\tau)\mathrm{d}\tau\right]+\int_{t_1}^{t_2}\boldsymbol{\Phi}(t_2,\tau)\boldsymbol{B}\boldsymbol{u}(\tau)\mathrm{d}\tau\\&=\boldsymbol{\Phi}(t_2,t_1)\boldsymbol{\Phi}(t_1,t_0)x(t_0)+\boldsymbol{\Phi}(t_2,t_1)\int_{t_0}^{t_1}\boldsymbol{\Phi}(t_1,\tau)\boldsymbol{B}\boldsymbol{u}(\tau)\mathrm{d}\tau+\int_{t_1}^{t_2}\boldsymbol{\Phi}(t_2,\tau)\boldsymbol{B}\boldsymbol{u}(\tau)\mathrm{d}\tau\\&=\boldsymbol{\Phi}(t_2,t_1)\boldsymbol{\Phi}(t_1,t_0)x(t_0)+\int_{t_0}^{t_1}\boldsymbol{\Phi}(t_2,t_1)\boldsymbol{\Phi}(t_1,\tau)\boldsymbol{B}\boldsymbol{u}(\tau)\mathrm{d}\tau+\int_{t_1}^{t_2}\boldsymbol{\Phi}(t_2,\tau)\boldsymbol{B}\boldsymbol{u}(\tau)\mathrm{d}\tau\end{aligned} \tag{3-78}$$

比较式(3-77)和式(3-78)，可得

$$\boldsymbol{\Phi}(t_2,t_1)\boldsymbol{\Phi}(t_1,t_0)=\boldsymbol{\Phi}(t_2,t_0) \tag{3-79}$$

这表明状态转移矩阵依时间传递，进而说明线性矩阵微分方程的解，在时间上可以任意分段求解。

对于线性定常系统有

$$\boldsymbol{\Phi}(t)\boldsymbol{\Phi}(\tau)=\boldsymbol{\Phi}(t+\tau) \tag{3-80}$$

即 $e^{\boldsymbol{A}t}e^{\boldsymbol{A}\tau}=e^{\boldsymbol{A}(t+\tau)}$。这是组合性质，它意味着从$-\tau$ 转移到 0，再从 0 转移到 t 的组合，即

$$\boldsymbol{\Phi}(t-0)\boldsymbol{\Phi}(0-(-\tau))=\boldsymbol{\Phi}(t-(-\tau))=\boldsymbol{\Phi}(t+\tau) \tag{3-81}$$

例 3-12 求状态响应。

求下面线性时变系统的状态方程的解：

$$\dot{\boldsymbol{x}}=\begin{pmatrix}0&0\\t&0\end{pmatrix}\boldsymbol{x}+\begin{pmatrix}1\\1\end{pmatrix}u,\boldsymbol{x}(1)=\begin{pmatrix}1\\2\end{pmatrix},u(t)=1(t-1),t\in[1,10]$$

解 先求状态转移矩阵。为此考虑零输入时的状态方程

$$\dot{x}_1=0$$
$$\dot{x}_2=tx_1$$

分离变量法求解，得

$$x_1(t)=x_1(t_0)$$
$$x_2=0.5t^2x_1(t_0)-0.5t_0^2x_1(t_0)+x_2(t_0)$$

取两组不同的初值$(0\quad 1)^{\mathrm{T}}$和$(2\quad 0)^{\mathrm{T}}$，可以得到两个线性无关解：

$$\boldsymbol{\Psi}(t)=(\boldsymbol{\psi}_1(t)\quad \boldsymbol{\psi}_2(t))=\begin{pmatrix}0 & 2\\ 1 & t^2-t_0^2\end{pmatrix}$$

由此可得状态转移矩阵

$$\boldsymbol{\Phi}(t,t_0)=\boldsymbol{\Psi}(t)\boldsymbol{\Psi}^{-1}(t_0)=\begin{pmatrix}1 & 0\\ 0.5t^2-0.5t_0^2 & 1\end{pmatrix}$$

于是，系统的响应是

$$\boldsymbol{x}(t)=\begin{pmatrix}1 & 0\\ 0.5t^2-0.5 & 1\end{pmatrix}\begin{pmatrix}1\\ 2\end{pmatrix}+\int_1^t\begin{pmatrix}1 & 0\\ 0.5t^2-0.5\tau^2 & 1\end{pmatrix}\begin{pmatrix}1\\ 1\end{pmatrix}\mathrm{d}\tau=\begin{pmatrix}t\\ (1/3)t^3+t+2/3\end{pmatrix}。$$

5）状态转移矩阵的逆矩阵的导数

状态转移矩阵的逆矩阵的导数等式为

$$\frac{\mathrm{d}\boldsymbol{\Phi}^{-1}(t,t_0)}{\mathrm{d}t}=\frac{\mathrm{d}\boldsymbol{\Phi}(t_0,t)}{\mathrm{d}t}=-\boldsymbol{\Phi}(t_0,t)\boldsymbol{A}(t)\tag{3-82}$$

思考 能给出证明过程吗？提示：对$\boldsymbol{\Phi}(t,t_0)\boldsymbol{\Phi}^{-1}(t,t_0)=\boldsymbol{I}$两边求导，并计及状态转移矩阵微分方程。

3.6 离散系统分析基础——采样与保持

现代控制器一般均采用微处理器，而微处理器一般仅能处理数字量，而被控量一般为模拟量，这就需要在控制器的输入端把连续信号进行离散化，再经过控制器进行处理，处理完后又要把离散信号进行连续化，转换成模拟信号，输出给被控对象，如图 3-14 所示。在连续信号的离散化的过程中需要进行采样量化和 A/D 转换；在离散信号进行连续化的过程中需要进行 D/A 转换和信号保持。这两个过程分别称为采样和保持。图 3-14 给出了离散控制系统原理结构图，虚框 a 表示的是输入通道，即采样量化和 A/D 转换通道；虚框 b 表示的是输出通道，即 D/A 转换和信号保持通道。

图 3-14 中连续模拟信号、离散模拟信号、离散数字信号、连续时间量化模型信号如图 3-15 所示。

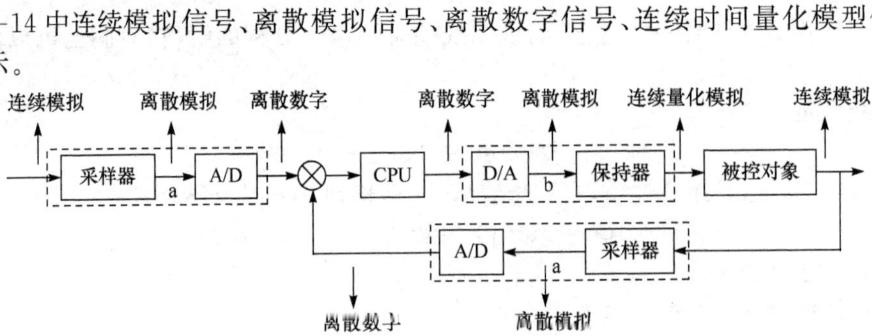

图 3-14 离散控制系统原理结构图

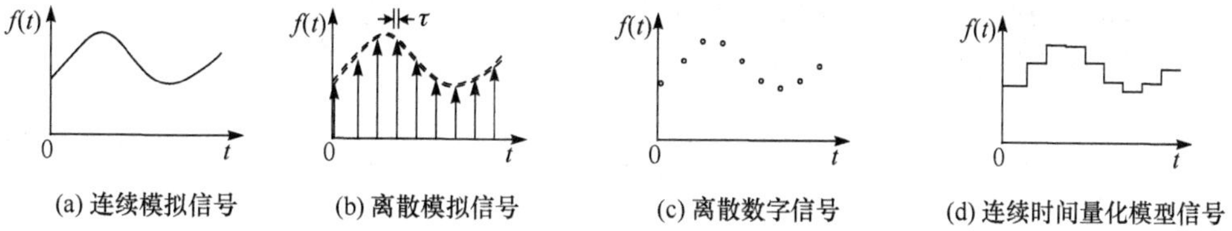

图 3-15　信号类型

采样是将时间上连续的信号转换成时间上离散的脉冲或数字序列的过程；保持是将离散的采样(模拟)信号恢复到连续信号的过程。典型的采样器为周期性的动作开关，开关接通时将变量输入，开关断开时将变量阻断。由“保持器-连续时间系统-采样器”组成连续时间受控对象的时间离散化系统。采样保持和控制器决定着系统的稳态特性和动态特性。A/D 和 D/A在转换速度相当快的情况下，只起信号的测量和转化作用，其分辨率在很大程度上决定了系统的稳态精度，但对动态特性影响不大。

3.6.1　采样过程及其分析

1. 采样的理想与实际描述

采样器的采样方式取为以时间常数 T 为周期的等间隔采样，采样瞬间为 $t_k=kT,k=0,1,2,\cdots$。假定采样时间宽度 τ 比采样周期 T 小得多。则在上述约定下，理想采样与实际采样两者具有如下的输入

$$f(k)=\begin{cases}f_i(t),t=kT\\0,t\neq kT\end{cases}\tag{3-83}$$

式中，$k=0,1,2,\cdots$。图 3-16 给出这种采样方式的示意图。

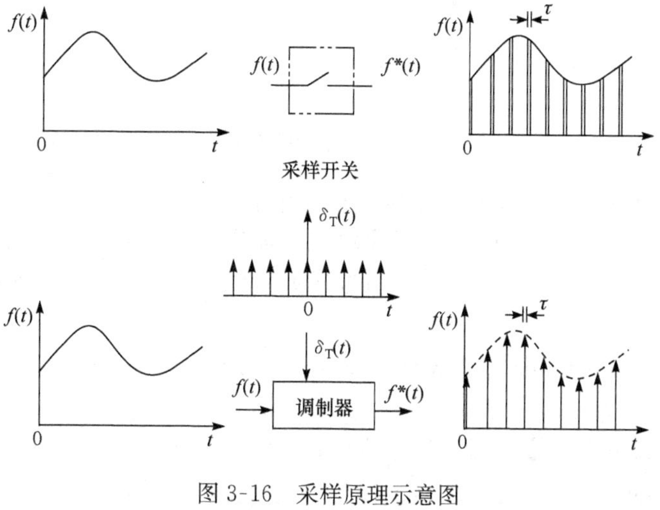

图 3-16　采样原理示意图

为保证离散化变量在理论上可以复原的要求，在采样周期 T 大小的选择上要遵循香农采样定理：如果采样器的输入信号 $f(t)$具有有限带宽，即有直到 ω_f 的频率分量，若要从采样信号 $f^*(t)$中完整地恢复信号 $f(t)$，则模拟信号的采样角频率 ω_s，或采样周期 T 必须满足下列条件

$$\omega_s\geqslant 2\omega_f\Leftrightarrow T\leqslant\pi/\omega_f\tag{3-84}$$

实际上，可将采样看成用脉冲信号充当载波信号的幅度调制。

一个理想采样器载波与输出分别为

$$\delta_T(t)=\sum_{k=-\infty}^{\infty}\delta(t-kT) \tag{3-85}$$

$$f^*(t)=f(t)\delta_T(t)=\sum_{k=0}^{\infty}f(kT)\delta(t-kT) \tag{3-86}$$

其物理意义是在理想情况下每个采样时刻，采样器输出序列的幅值为∞，强度为该时刻输出函数值 $f(kT)$。

但在实际情况中，采样器载波与输出分别为

$$p_T(t)=\sum_{k=-\infty}^{\infty}p(t-kT)=\sum_{k=-\infty}^{\infty}[1(t-kT)-1(t-kT-\tau)] \tag{3-87}$$

$$f^*(t)=f(t)p_T(t)=\sum_{k=0}^{\infty}f(kT)p(t-kT) \tag{3-88}$$

其物理意义是每个采样时刻，采样器输出的序列幅值为 $f(kT)$，强度为 $\tau f(kT)$，其中 τ 为采样宽度。

2. 能量(强度)相同的脉冲信号的近似等价性

所谓等价性从时域角度上说就是指零初始条件下，系统在这些脉冲信号的作用下输出的响应几乎相同；从频谱的角度上说就是指这些脉冲信号的频谱几乎相同，特别在低频段，且脉冲宽度越小，频谱越接近于 $\delta(t)$频谱 1。假设能量为 1，等价性可用图 3-17 示意。下面以一个例子说明此等价性。

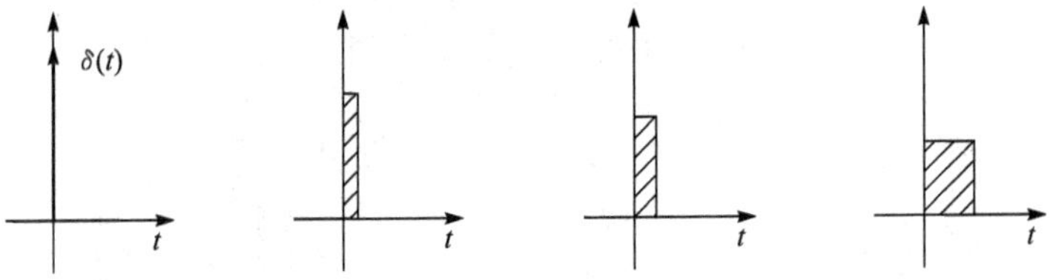

图 3-17　能量相同的脉冲信号

例 3-13　说明能量相同的脉冲信号的近似等价性。

设系统为 $G(s)=(s^2+0.3s+1)^{-1}$，系统输入信号分别取 $u(t)=\delta(t)$，$u(t)=1(t)-1(t-\tau)$ (τ 取 0.001、0.1、1) 。编制 MATLAB 程序求系统的响应和，并对两种输入信号进行频谱分析。

解　在 MATLAB/Simulink 中编制相关程序。相应的响应图的信号频谱图如图 3-18 所示。

这个例子充分说明了能量相同的脉冲信号的近似等价性。

3. 理想采样信号 $f^*(t)$和实际采样信号 $f_p^*(t)$的频域特性分析

1) 理想采样信号 $f^*(t)$的频域特性

由于采样信号只包括连续信号采样点上的信息，所以采样信号的频谱与连续信号的频谱相比，要发生变化。理想单位脉冲序列 $\delta_T(t)$是周期函数，可以展开为傅里叶级数的形式，即

$$\delta_T(t)=\sum_{k=-\infty}^{+\infty}c_k e^{jk\omega_s t} \tag{3-89}$$

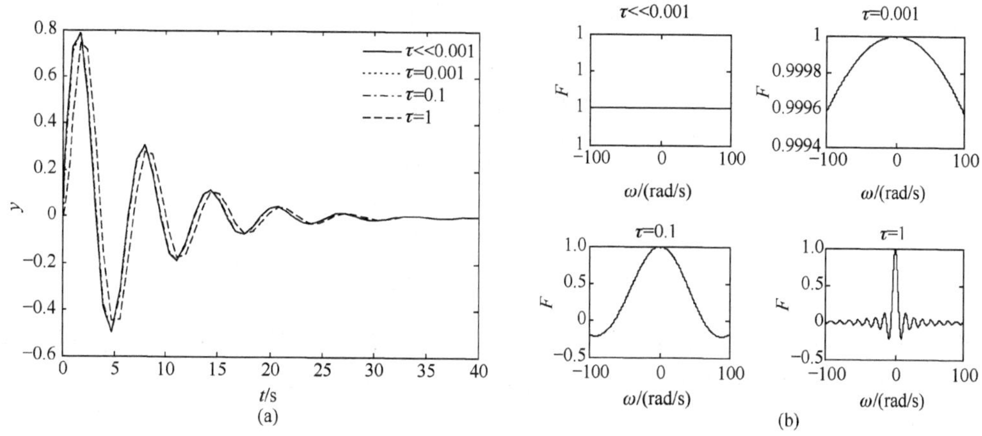

图 3-18 能量相同的脉冲信号的近似等价性

(a)响应图;(b)频谱图

式中，$\omega_s=2\pi/T$，为采样角频率；c_k 是傅里叶系数，其值为

$$c_k=\frac{1}{T}\int_{-T/2}^{T/2}\delta_T(t)\mathrm{e}^{-\mathrm{j}k\omega_s t}\mathrm{d}t \tag{3-90}$$

由于在$[-T/2,T/2]$区间中，$\delta_T(t)$仅在 $t=0$ 时有值，且 $\mathrm{e}^{-\mathrm{j}k\omega_s t}|_{t=0}=1$，所以

$$c_k=\frac{1}{T}\int_{0_-}^{0_+}\delta(t)\mathrm{d}t=\frac{1}{T} \tag{3-91}$$

于是式(3-89)变为

$$\delta_T(t)=\frac{1}{T}\sum_{k=-\infty}^{+\infty}\mathrm{e}^{\mathrm{j}k\omega_s t} \tag{3-92}$$

再把式(3-92)代入式(3-86)，有

$$f^*(t)=\frac{1}{T}\sum_{k=-\infty}^{+\infty}f(t)\mathrm{e}^{\mathrm{j}k\omega_s t} \tag{3-93}$$

据傅里叶变换的频移性质

$$F(f^*(t))=F^*(\mathrm{j}\omega)=\frac{1}{T}\sum_{k=-\infty}^{\infty}F[\mathrm{j}(\omega-k\omega_s)]$$
$$=\frac{1}{T}(\cdots+F[\mathrm{j}(\omega-\omega_s)]+F(\mathrm{j}\omega)+F[\mathrm{j}(\omega+\omega_s)]+\cdots) \tag{3-94}$$

用频谱图表示输入与输出如图 3-19 所示。

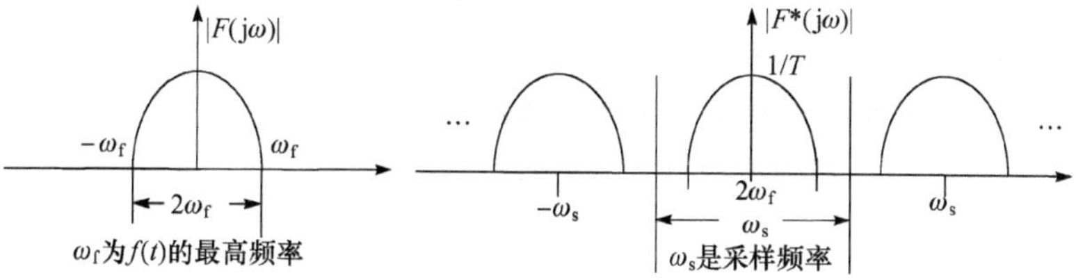

图 3-19 信号与理想采样信号的频谱

理想采样信号 $f^*(t)$的频谱为 $F^*(\mathrm{j}\omega)$，它的基本频谱是 $F(\mathrm{j}\omega)/T$。根据香农采样定理只有当 $\omega_s\geqslant 2\omega_f$ 时才能筛选出基本频谱，且不用担心采样过程的任何信息损失；否则，频谱将出现混叠现象，此时无法再把基本频谱与高频频谱分开，无法还原信号。可以用理想低通滤波器

保留低频信号，并加一个放大器，从采样信号中恢复出不失真的原信号，如图 3-20 所示。

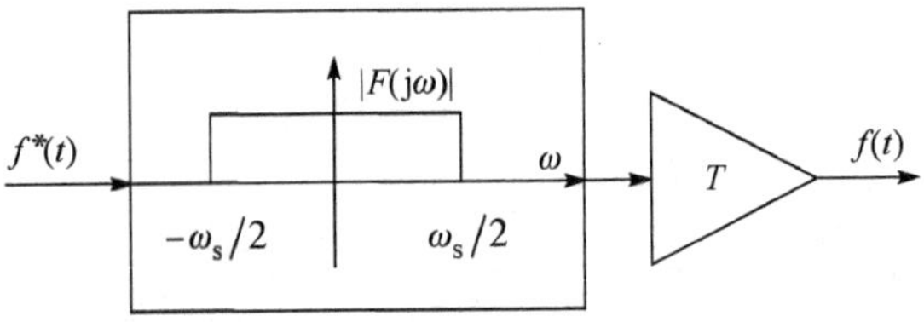

图 3-20 理想采样信号的恢复

但是理想低通滤波器是不存在的，这一点可以从两个方面加以解释：一是时域角度，对下面的理想低通滤波器求其傅里叶反变换得到解释；二是频域角度。

理想低通滤波器为

$$F(\mathrm{j}\omega)=\begin{cases}T\mathrm{e}^{\mathrm{j}\omega t_0}, |\omega|\leqslant\omega_{\mathrm{f}}\\0, |\omega|>\omega_{\mathrm{f}}\end{cases} \tag{3-95}$$

对其进行傅里叶反变换，得

$$f(t)=T\frac{\omega_{\mathrm{f}}}{\pi}\frac{\sin(\omega_{\mathrm{f}}(t-t_0))}{\omega_{\mathrm{f}}(t-t_0)} \tag{3-96}$$

其波形如图 3-21 所示。由于冲激响应对应的输入是冲激信号，其特点为仅在 $t=t_0$ 时产生冲激作用，但理想低通的冲激响应在 $t<t_0$ 时已经出现，如图 3-21 所示。显然该系统是非因果的，物理上是不可实现的。

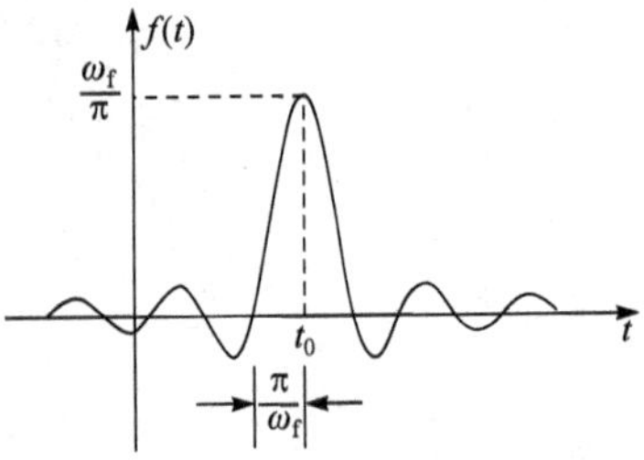

图 3-21 理想低通的冲激响应

从频域角度讲，理想低通滤波器不满足佩利-维纳准则

$$\int_{-\infty}^{\infty}\frac{|\ln|F(\mathrm{j}\omega)||}{1+\omega^2}\mathrm{d}\omega<\infty \tag{3-97}$$

式中，$|F(\mathrm{j}\omega)|$是绝对可积的。对于物理可实现系统，可以允许 $F(\mathrm{j}\omega)$特性在某些不连续的频率点上为零，但不允许在一个有限频带内为零，即要求可实现的幅频特性其总的衰减不能过于迅速，不能比指数函数衰减还要快。佩利-维纳准则是系统物理可实现的必要条件，而非充分条件。

因此，实际上只能构造低通滤波器去逼近理想低通特性，由采样信号恢复原信号一定是不准确的。

2) 实际采样信号 $f_{\mathrm{p}}^*(t)$的频域特性

同理想采样一样，对实际脉冲可表示成级数形式

$$p_T(t)=\sum_{k=-\infty}^{\infty}c_k\mathrm{e}^{\mathrm{j}k\omega_s t} \tag{3-98}$$

式中，$\omega_s=2\pi/T$，为采样角频率；c_k 是傅里叶系数，其值为

$$c_k=\frac{1}{T_s}\int_{T/2}^{-T/2}p_T(t)\mathrm{e}^{-\mathrm{j}k\omega_s t}\mathrm{d}t=\frac{1}{T}\frac{\sin(k\omega_s\tau/2)}{k\omega_s\tau/2}\mathrm{e}^{-\mathrm{j}\frac{k\omega_s\tau}{2}}, k\neq 0 \tag{3-99}$$

$$c_0=\lim_{k\to 0}c_k=\tau/T \tag{3-100}$$

把式(3-98)代入式(3-88)，有

$$f^*(t) = \sum_{k=-\infty}^{\infty} c_k f(t) e^{jk\omega_s t} \tag{3-101}$$

再据傅里叶变换的频移性质得

$$\begin{aligned} F(f_p^*(t)) &= F_p^*(j\omega) = \sum_{k=-\infty}^{\infty} c_k F[j(\omega - k\omega_s)] \\ &= \cdots + c_{-1}F[j(\omega - \omega_s)] + c_0 F(j\omega) + c_1 F[j(\omega + \omega_s)] + \cdots \end{aligned} \tag{3-102}$$

用频谱图表示输入与输出如图 3-22 所示。

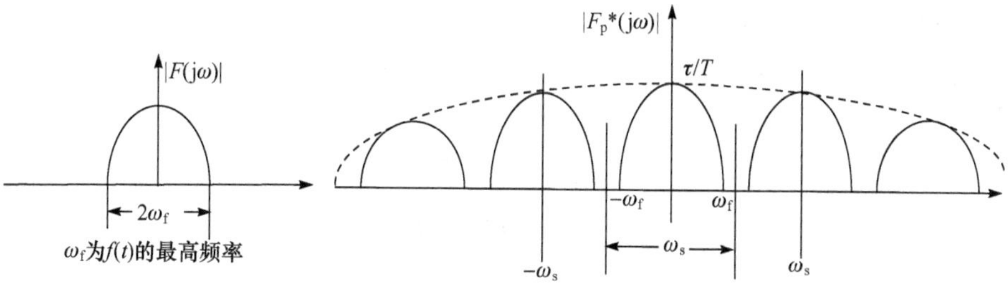

图 3-22　信号与实际采样信号的频谱

理想采样信号 $f_p^*(t)$的频谱 $F_p^*(j\omega)$，它的基本频谱是 $\tau F(j\omega)/T$。它是一个以 ω_s 为频率的衰减函数，且附加了很多高频谱。根据香农采样定理只有当 $\omega_s \geqslant 2\omega_f$ 时才能筛选出基本频谱，且不用担心采样过程的任何信息损失；否则频谱将出现混叠现象，此时无法再把基本频谱与高频频谱分开，无法还原信号。

工程上通常用低通滤波器保留低频信号，并加一个放大器，从采样信号中恢复出原信号，如图 3-23 所示。

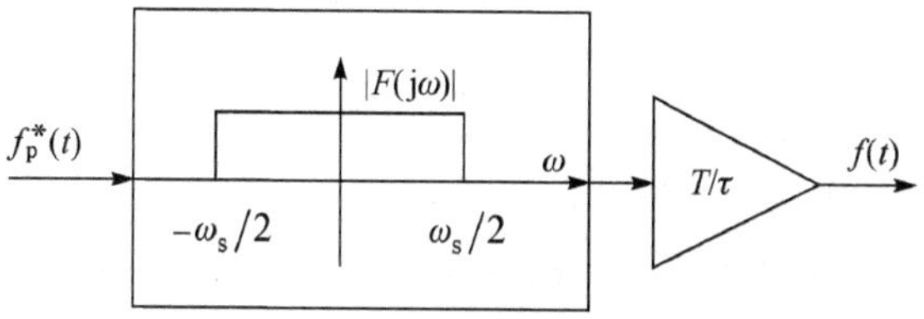

图 3-23　实际采样信号的恢复

基于上述两方面的分析，从能量的观点有改进的采样信号数学描述

$$f_p^*(t) = \sum_{k=0}^{\infty} \tau f(kT)\delta(t - kT) \tag{3-103}$$

4. 采样周期的选择

值得注意的是，在工程中一般均会对非周期信号进行采样，为合理利用采样定理，需要注意选择 ω_f 和 ω_s。一般可按频谱幅值为最大值 5%以下的允许误差选取 ω_f，而 ω_s 选择则要依其易实现性和抗干扰性综合考虑。常用的选择 ω_s 的方法如下。

(1) 被控变量随时间的变化率缓慢时按照工程经验选取，如表 3-1 所示。

表 3-1　按被控变量的不同选取采样周期

被控变量	采样周期/s
流量	1～3
压力	1～5
液面	5～10
温度	10～20
成分	10～30

(2) 按照闭环系统或开环系统频率特性选取：$\omega_f=\omega_b$，$\omega_s=(5\sim10)\omega_b$ 或 $\omega_s=(5\sim10)\omega_c$。

(3) 按照开环传递函数选取。

如果已知系统开环传递函数，可以按照传递函数中的最小时间常数或最小自然振荡周期来选取采样周期。若系统开环传递函数的一般形式为

$$G(s)=\frac{N(s)}{s^{\nu}\prod_{i=1}^{n_1}(T_i s+1)\prod_{j=1}^{n_2}\left[\left(s+\frac{1}{\tau_j}\right)^2+\omega_j^2\right]} \tag{3-104}$$

则其对应的脉冲响应函数 $g(t)$ 中基本分量为 e^{-t/T_i}，$e^{-t/\tau_j}\sin\omega_j t$，$i=1,2,\cdots,n_1$，$j=1,2,\cdots,n_2$，其中 T_i，τ_j 为时间常数，ω_j 为阻尼振荡角频率，换算为阻尼振荡周期得 $t_j=2\pi/\omega_j$。通过这些参数，可以近似了解系统动态过程中输出信号的最快变化速度或最高的频率分量，所以，它们可作为采样周期选取的依据，采样周期 T 可取为

$$T=\min\frac{1}{4}(T_1,T_2,\cdots,T_{n_1},\tau_1,\tau_2,\cdots,\tau_{n_2},t_1,t_2,\cdots,t_{n_2}) \tag{3-105}$$

(4) 按照开环系统阶跃响应上升时间 t_r 选取。

阶跃响应的初始阶段反映了响应的高频分量，按照 t_r 选取采样周期 T，就相当于按照响应中的高频分量的周期选取 T，一般取

$$T=\frac{t_r}{2\sim4} \tag{3-106}$$

(5) 按照 A/D 转换量化单位和连续信号最大变化速度选取。

设 A/D 转换的量化单位为 q，被采样的连续信号为 $f(t)$，其最大变化速度为 $\max|f'(t)|$ 如果用零阶保持器将采样信号 $f^*(t)$ 重构成连续信号 $f_h(t)$，最大重构误差为

$$e_m=\max|f(t)-f_h(t)|\leqslant T\max|f'(t)|$$

为保证重构精度，应使 $e_m\leqslant q$，所以，采样周期取为 $T\leqslant\dfrac{q}{\max|f'(t)|}$。

3.6.2　保持的理想描述与实际描述

保持器是由采样序列恢复原连续信号，并达到满意恢复精度的环节，一般保持器是线性时不变元件。在采样瞬时，保持器输出量 $f_h(t)$ 的值等于对应离散时间分量 $f_h(kT)$ 的值；在两个采样瞬时的区间上，分量 $f_h(kT)$ 的值保持前一个采样瞬时上的值。

1. 理想保持器

理想保持器(ZOH)输入输出关系如图 3-24 所示。

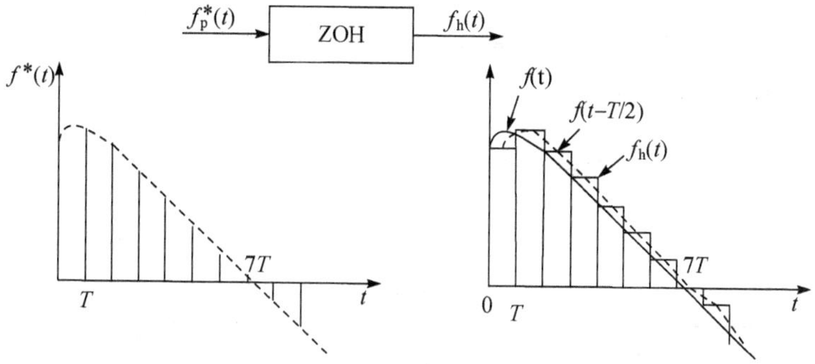

图 3-24　理想保持器的输入输出关系

在信号传递过程中，把 kT 时刻的采样信号一直保持到第 $(k+1)T$ 的前一瞬间，ZOH 在每采样周期内输出是常值，故称零阶保持器，用下式表示

$$f_h(kT+t)=f(kT) \tag{3-107}$$

式中，$0\leqslant t<T$。不失一般性，设 $f^*(t)=\delta(t)$，理想保持器输出表达式为 $f_h(t)=1(t)-1(t-T)$，其输入输出特性可用传递函数表示为

$$G_h(s)=\frac{L[f_h(t)]}{L[\delta(t)]}=\frac{1}{s}(1-e^{-Ts}) \tag{3-108}$$

其频率特性为

$$G_h(j\omega)=\frac{1-e^{j\omega T}}{j\omega}=T\left(\frac{\sin(\omega T/2)}{\omega T/2}\right)e^{-j\omega T/2} \tag{3-109}$$

绘制相应的幅频与相频特性图如图 3-25 所示。

由幅频特性知，ZOH 具有低通滤波特性，而由相频特性知，它产生 $\omega T/2$ 相位滞后，会降低系统的稳定性，所以有些情况下，需要加入超前校正。

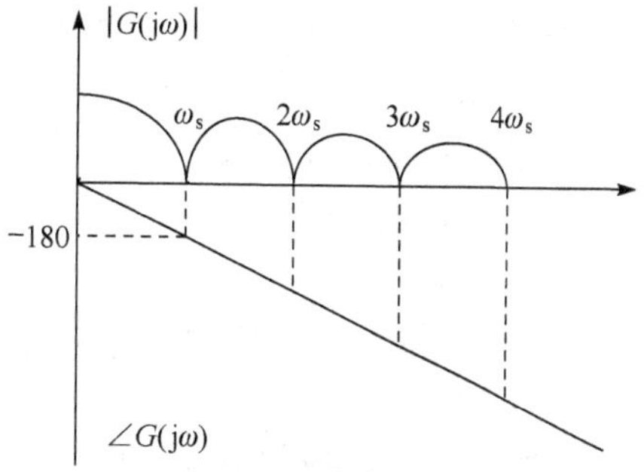

图 3-25　理想保持器的输入输出关系

2. 实际的 ZOH

在实际情况中，对于有限脉宽的采样器，采样信号 $f_p^*(t)$ 不是一个序列函数，但在两次连续采样之间，实际保持器的输出仍为式(3-107)。不失一般性，设 $f_p{}^*(t)=1(t)-1(t-\tau)$，实际保持器输出表达式为 $f_{ph}(t)=1(t)-1(t-T)$，则实际 ZOH 的传递函数为

$$G_{ph}(s)=\frac{L[f_{ph}(t)]}{L[f_p^*(t)]}=\frac{1-e^{-Ts}}{1-e^{-\tau s}} \tag{3-110}$$

当 $\tau\ll T$ 时，$1-e^{-\tau s}=\tau s$，则

$$G_{ph}(s)=\frac{1-e^{-Ts}}{\tau s}=\frac{1}{\tau}G_h(s) \tag{3-111}$$

这与理想情况比较仅是增益不一样。

ZOH 的实现可以用无源网络近似实现：

$$G_h(s)=\frac{1-e^{-Ts}}{s}\underline{\text{一次展开}}\frac{1}{s}\left(1-\frac{1}{1+T}\right)=\frac{T}{Ts+1}$$

这完全可以用 RC 电路实现或有源放大器网络实现。

3.6.3 理想情况与实际情况分析的一致性

再次将理想采样器、保持器和实际采样器、保持器用表 3-2 归纳如下。

表 3-2 采样器与保持器对照表

	采样器	保持器
理想	$f_p^*(t)=\sum_{k=0}^{\infty}f(kT)\delta(t-kT)$	$G_h(s)=\frac{1}{s}(1-e^{-Ts})$
实际	$f_p^*(t)=\sum_{k=0}^{\infty}\tau f(kT)\delta(t-kT)$	$G_{ph}(s)=\frac{1}{\tau s}(1-e^{-Ts})$

可以看出:实际采样器多出来的部分在经保持器后被对消掉,故用理想情况分析完全可以代替实际情况。当然这需要如下条件。

(1) 连续信号是低频的,且最大频率为 ω_f,即 $\omega>\omega_f$ 时,信号的频谱为 0。

(2) 实际采样脉宽 $\tau\ll T$,且 $\omega_s>2\omega_f$。

(3) 实际采样器后需串接放大器环节 $1/\tau$ 或置 ZOH。

这三个条件对当前的离散控制系统来说是可以满足的。离散控制系统对采样前的连续信号一般都前置滤波,更何况一般控制对象本身往往具有低通特性,因而测量信号往往是低频的。过程通道中的信号送入采样器 A/D 后,经处理器变换接 D/A,它实际是一个零阶保持器,具有低通滤波特性。控制系统设计时要对采样周期进行整定,可以使其满足采样定理。

容易指出,在采样器与保持器之间串联了其他数字环节,上述情况仍是不变的。

综上所述,采用理想采样保持器是数学分析上的需要,因为实际采样信号是分段连续的断续信号,数学处理较困难。理想的采样信号它容易用 Z 变换和脉冲传递函数加以处理。

3.7 连续线性系统的状态空间表达式的离散化

数字计算机所处理的数据是数字量,它不仅在数值上是整量化的,而且在时间上是离散化的。如果采用数字计算机对连续时间状态方程求解,那么必须先将其化为离散时间状态方程。当然,在对连续受控对象进行在线控制时,同样也有一个将连续系统模型的受控对象离散化的问题。其数学实质:在一定采样保持方式下,由连续时间状态空间描述导出离散时间状态描述,并建立两者系数之间的关系式。

离散化系统需要保证其具有可复原性,采样周期 T 的确定应满足香农采样定理,一般按等采样周期进行采样,即将 t 变为 kT,其中 T 为采样周期,而 $k=0,1,2,\cdots$,为一正整数。可以用下面的采样方程表示

$$u(k)=\begin{cases}u(t), t=kT\\0, t\neq kT\end{cases} \tag{3-112}$$

即输入量 $u(t)$ 只在采样时刻发生变化。在相邻采样时刻之间,$u(t)$ 是通过零阶保持器保持不变的,且等于前一个采样时刻之值,换句话说,在 kT 和 $(k+1)T$ 之间,$u(t)=u(kT)=$常数。

值得注意，当连续系统的控制信号为分段常值时，对开环系统，不论采样周期如何选取，离散化方程采样时刻的输出值与连续系统数学描述计算是一样的。否则，采样周期的长短直接影响着近似精度；对于闭环系统，如果先求出开环离散方程，再求闭环离散方程，则不论控制信号是否分段都必须选择合适的采样周期，同时也要考虑与被控制对象的频带间的关系。此时的闭环系统只是在采样宽度 τ 内构成闭环系统。

3.7.1 连续定常线性系统离散化方法

1. 精确离散化方法

在满足离散化的采样相关要求下，对于连续时间定常线性系统的状态空间表达式

$$\begin{aligned}\dot{\boldsymbol{x}}&=\boldsymbol{A}\boldsymbol{x}+\boldsymbol{B}\boldsymbol{u}\\ \boldsymbol{y}&=\boldsymbol{C}\boldsymbol{x}+\boldsymbol{D}\boldsymbol{u}\end{aligned} \tag{3-113}$$

将其离散化后，则得离散时间状态空间表达式为

$$\begin{aligned}\boldsymbol{x}(k+1)&=\boldsymbol{G}(T)\boldsymbol{x}(k)+\boldsymbol{H}(T)\boldsymbol{u}(k)\\ \boldsymbol{y}(k)&=\boldsymbol{C}\boldsymbol{x}(k)+\boldsymbol{D}\boldsymbol{u}(k)\end{aligned} \tag{3-114}$$

输出方程式为状态矢量和控制矢量的某种线性组合，离散化之后，组合关系并不改变，故 $\boldsymbol{C}$ 和 $\boldsymbol{D}$ 是不变的。但状态方程的系统矩阵和控制矩阵则要相应改变。

前面的内容已给出，连续时间定常线性系统的状态方程的解为

$$\boldsymbol{x}(t)=\mathrm{e}^{\boldsymbol{A}(t-t_0)}\boldsymbol{x}(t_0)+\int_{t_0}^{t}\boldsymbol{\Phi}(t-\tau)\boldsymbol{B}\boldsymbol{u}(\tau)\mathrm{d}\tau \tag{3-115}$$

这里只考察 $t_0=kT$ 到 $t=(k+1)T$ 这一段的响应，并考虑到这一段时间间隔内 $\boldsymbol{u}(t)=\boldsymbol{u}(kT)=$ 常数，于是有

$$\boldsymbol{x}((k+1)T)=\mathrm{e}^{\boldsymbol{A}T}\boldsymbol{x}(kT)+\int_{kT}^{(k+1)T}\mathrm{e}^{\boldsymbol{A}[(k+1)T-\tau]}\boldsymbol{B}\mathrm{d}\tau\boldsymbol{u}(kT) \tag{3-116}$$

比较式(3-114)和式(3-116)的状态方程可得

$$\boldsymbol{G}(T)=\mathrm{e}^{\boldsymbol{A}T} \tag{3-117}$$

$$\boldsymbol{H}(T)=\int_{kT}^{(k+1)T}\mathrm{e}^{\boldsymbol{A}[(k+1)T-\tau]}\boldsymbol{B}\mathrm{d}\tau \tag{3-118}$$

在式(3-118)中，令 $t=(k+1)T-\tau$，则 $\mathrm{d}\tau=-\mathrm{d}t$，而积分下限 $\tau=kT$ 时，相应于 $t=T$；积分上限 $\tau=(k+1)T$ 相应于 $t=0$。于是，式(3-118)简化为

$$\boldsymbol{H}(T)=\int_{T}^{0}\mathrm{e}^{\boldsymbol{A}t}\boldsymbol{B}\mathrm{d}(-t)=\int_{0}^{T}\mathrm{e}^{\boldsymbol{A}\tau}\mathrm{d}\tau\boldsymbol{B} \tag{3-119}$$

另外，如果要获得采样瞬时之间的状态，只需在此采样周期内，即在 kT 和 $(k+1)T$ 之间，利用连续状态方程解的表达式

$$\boldsymbol{x}(t)=\boldsymbol{\Phi}(t-kT)\boldsymbol{x}(kT)+\int_{kT}^{(k+1)T}\boldsymbol{\Phi}(t-\tau)\boldsymbol{B}\boldsymbol{u}(kT)\mathrm{d}\tau \tag{3-120}$$

为了显式地表示 t 的有效期在 kT 和 $(k+1)T$ 之间，可以令 $t=(k+\Delta)T$，这里 $0\leqslant\Delta\leqslant1$，于是式(3-120)变为

$$\boldsymbol{x}((k+\Delta)T)=\boldsymbol{\Phi}(\Delta T)\boldsymbol{x}(kT)+\int_{0}^{\Delta T}\boldsymbol{\Phi}(\Delta T-\tau)\boldsymbol{B}\mathrm{d}\tau\boldsymbol{u}(kT)$$

显然，这个公式的形式和离散状态方程是完全一致的，如果使 Δ 的值在 0 和 1 之间变动，那么便可得采样瞬时之间全部状态和输出信息。

2. 近似离散化方法

在采样周期 T 较小时，一般当其为系统最小时间常数的 1/10 左右时，可以基于差商处理，离散化的状态方程可近似表示为

$$\boldsymbol{x}[(k+1)T]=(T\boldsymbol{A}+\boldsymbol{I})\boldsymbol{x}(kT)+T\boldsymbol{B}\boldsymbol{u}(kT) \tag{3-121}$$

即

$$\boldsymbol{G}(T)\approx T\boldsymbol{A}+\boldsymbol{I} \tag{3-122}$$

$$\boldsymbol{H}(T)\approx T\boldsymbol{B} \tag{3-123}$$

思考　写出上述离散化过程。

例 3-14　离散化并比较。

试将下面状态方程用两种方法进行离散化，并且假设 $T=1,0.5,0.05$，比较离散化结果。假设输入为单位阶跃信号。

$$\dot{\boldsymbol{x}}=\begin{pmatrix}0 & 1\\ 0 & -2\end{pmatrix}\boldsymbol{x}+\begin{pmatrix}0\\ 1\end{pmatrix}\boldsymbol{u}$$

解　(1) 按式(3-117)和式(3-119)可以计算

$$\boldsymbol{G}(T)=\mathrm{e}^{\boldsymbol{A}T}=L^{-1}[(s\boldsymbol{I}-\boldsymbol{A})^{-1}]\big|_{t=T}=L^{-1}\left\{\begin{pmatrix}s & -1\\ 0 & s+2\end{pmatrix}^{-1}\right\}\Bigg|_{t=T}=\begin{Bmatrix}1 & \frac{1}{2}(1-\mathrm{e}^{-2T})\\ 0 & \mathrm{e}^{-2T}\end{Bmatrix}$$

$$\boldsymbol{H}(T)=\int_0^T\mathrm{e}^{At}\,\mathrm{d}tB=\int_0^T\begin{Bmatrix}1 & \frac{1}{2}(1-\mathrm{e}^{-2t})\\ 0 & \mathrm{e}^{-2t}\end{Bmatrix}\mathrm{d}t\begin{pmatrix}0\\ 1\end{pmatrix}=\begin{pmatrix}\frac{1}{2}\left(T+\frac{1}{2}\mathrm{e}^{-2T}-\frac{1}{2}\right)\\ -\frac{1}{2}\mathrm{e}^{-2T}+\frac{1}{2}\end{pmatrix}$$

(2) 按式(3-122)和式(3-123)近似计算得

$$\boldsymbol{G}\approx T\boldsymbol{A}+\boldsymbol{I}=\begin{pmatrix}0 & T\\ 0 & -2T\end{pmatrix}+\begin{pmatrix}1 & 0\\ 0 & 1\end{pmatrix}=\begin{pmatrix}1 & T\\ 0 & 1-2T\end{pmatrix},\boldsymbol{H}\approx T\boldsymbol{B}=\begin{pmatrix}0\\ T\end{pmatrix}$$

(3) 将以上两种计算方法在不同采样周期 T 时的计算结果列表，如表 3-3 所示。从表中可知，在 $T=0.05$ 时，两者已极为接近。

表 3-3　不同采样周期时的系统矩阵和控制矩阵

	$\boldsymbol{G}$		$\boldsymbol{H}$	
$T_s=T$	$\begin{pmatrix}1 & 0.5(1-\mathrm{e}^{-2T})\\ 0 & \mathrm{e}^{-2T}\end{pmatrix}$	$\begin{pmatrix}1 & T\\ 0 & 1-2T\end{pmatrix}$	$\begin{pmatrix}0.5(T+0.5(\mathrm{e}^{-2T}-1))\\ 0.5(1-\mathrm{e}^{-2T})\end{pmatrix}$	$\begin{pmatrix}0\\ \mathrm{T}\end{pmatrix}$
$T_s=1$	$\begin{pmatrix}1 & 0.432\\ 0 & 0.135\end{pmatrix}$	$\begin{pmatrix}1 & 1\\ 0 & -1\end{pmatrix}$	$\begin{pmatrix}0.284\\ 0.432\end{pmatrix}$	$\begin{pmatrix}0\\ 1\end{pmatrix}$
$T_s=0.5$	$\begin{pmatrix}1 & 0.316\\ 0 & 0.368\end{pmatrix}$	$\begin{pmatrix}1 & 0.5\\ 0 & 0\end{pmatrix}$	$\begin{pmatrix}0.092\\ 0.316\end{pmatrix}$	$\begin{pmatrix}0\\ 0.5\end{pmatrix}$
$T_s=0.05$	$\begin{pmatrix}1 & 0.048\\ 0 & 0.905\end{pmatrix}$	$\begin{pmatrix}1 & 0.05\\ 0 & 0.90\end{pmatrix}$	$\begin{pmatrix}0.0012\\ 0.0475\end{pmatrix}$	$\begin{pmatrix}0\\ 0.05\end{pmatrix}$

例 3-15　两种离散化途径的一致性。

假设采样周期为 T，求如图 3-26 所示系统的离散化状态空间表示。

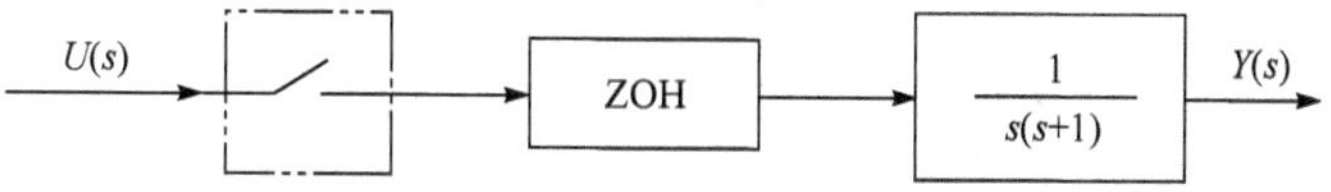

图 3-26　一个带采样保持器的系统

解　下面分别基于连续系统状态方程和开环传递函数离散化该系统。

(1) 此系统对应的连续系统传递函数为

$$W(s)=\frac{1}{s(s+1)}$$

写出能控标准Ⅰ型

$$\begin{pmatrix}\dot{x}_1\\ \dot{x}_2\end{pmatrix}=\begin{pmatrix}0 & 1\\ 0 & -1\end{pmatrix}\begin{pmatrix}x_1\\ x_2\end{pmatrix}+\begin{pmatrix}0\\ 1\end{pmatrix}u$$

计及采样周期 T，根据式(3-117)和式(3-119)计算可得离散化状态空间描述

$$\begin{pmatrix}x_1(k+1)\\ x_2(k+1)\end{pmatrix}=\begin{pmatrix}1 & 1-e^{-T}\\ 0 & e^{-T}\end{pmatrix}\begin{pmatrix}x_1(k)\\ x_2(k)\end{pmatrix}+\begin{pmatrix}T-1+e^{-T}\\ 1-e^{-T}\end{pmatrix}u(k)$$

$$y(k)=\begin{pmatrix}1 & 0\end{pmatrix}\begin{pmatrix}x_1(k)\\ x_2(k)\end{pmatrix}$$

(2) 由图 3-26 可知，系统的开环传递函数为

$$G(s)=\frac{1-e^{-Ts}}{s}\frac{1}{s(s+1)}$$

采用留数法求 Z 变换，得

$$G(z)=(1-z^{-1})Z\left(\frac{1}{s^2(s+1)}\right)=\frac{(T-1+e^{-T})z+(1-e^{-t}-Te^{-t})}{z^2-(1+e^{-T})z+e^{-T}}$$

按能控标准Ⅰ型写出状态空间描述

$$\begin{pmatrix}\overline{x}_1(k+1)\\ \overline{x}_2(k+1)\end{pmatrix}=\begin{pmatrix}0 & 1\\ -e^{-T} & 1+e^{-T}\end{pmatrix}\begin{pmatrix}\overline{x}_1(k)\\ \overline{x}_2(k)\end{pmatrix}+\begin{pmatrix}0\\ 1\end{pmatrix}\overline{u}(k)$$

$$y(k)=\begin{pmatrix}1-e^{-T}+Te^{-T} & T-1+e^{-T}\end{pmatrix}\begin{pmatrix}\overline{x}_1(k)\\ \overline{x}_2(k)\end{pmatrix}$$

显然两种途径得到的状态空间表达式不一样，这是因为选取了不同的状态变量，它们之间可以通过非奇异变换相互转换。

思考　能写出两个状态空间表达式的转换矩阵吗？

3.7.2　连续时变线性系统离散化方法

由于 $\boldsymbol{\Phi}(t,t_0)$ 难以求解，许多连续时变系统不能用式(3-41)直接求解。通常总是预先在周期内定常化，即在一个采样周期内参数没有显著变化，因此变为求解一组离散状态方程。需要指出的是，时间离散化不改变系统的时变性或定常性。

设原系统状态空间表达式为

$$\dot{\boldsymbol{x}}=\boldsymbol{A}(t)\boldsymbol{x}+\boldsymbol{B}(t)\boldsymbol{u},$$

$$y(t)=C(t)x+D(t)u \tag{3-124}$$

离散化之后的状态空间表达式为

$$\begin{aligned}&x((k+1)T)=G(kT)x(kT)+H(kT)u(kT)\\&y(kT)=C(kT)x(kT)+D(kT)u(kT)\end{aligned} \tag{3-125}$$

仿照时不变系统的证明方法，可以求出 $G(kT)$、$H(kT)$、$C(kT)$、$D(kT)$：

$$G(kT)=\Phi[(k+1)T,kT] \tag{3-126}$$

$$H(kT)=\int_{kT}^{(k+1)T}\Phi[(k+1)T,\tau]B(\tau)\mathrm{d}\tau \tag{3-127}$$

$$C(kT)=C(t)|_{t=kT} \tag{3-128}$$

$$D(kT)=D(t)|_{t=kT} \tag{3-129}$$

式中，$\Phi[(k+1)T,kT]$为 $\Phi(t,t_0)$在 $kT\leqslant t\leqslant(k+1)T$ 区间段内的状态转移矩阵，在 $t_0=kT$ 附近用泰勒级数展开作近似计算

$$\Phi[(k+1)T,kT]=\Phi[kT,kT]+\left.\frac{\mathrm{d}\Phi[t,kT]}{\mathrm{d}t}\right|_{kT}\cdot T+\frac{1}{2!}\left.\frac{\mathrm{d}^2\Phi[t,kT]}{\mathrm{d}t^2}\right|_{kT}\cdot T^2+\cdots \tag{3-130}$$

考虑到 $\Phi(t,t_0)$的下列性质：

$$\begin{aligned}&\Phi(t_0,t_0)=I\\&\dot{\Phi}(t_0,t_0)|_{t_0}=A(t)\Phi(t,t_0)|_{t_0}=A(t_0)\\&\ddot{\Phi}(t,t_0)|_{t_0}=\left.\frac{\mathrm{d}[A(t)\Phi(t,t_0)]}{\mathrm{d}t}\right|_{t_0}=A^2(t)+\dot{A}(t)|_{t_0}\end{aligned}$$

将其代入式(3-130)，并在 T 很小的时候忽略 T 的二次幂以上的高阶项，可得 $\Phi[(k+1)T,kT]$的近似计算式

$$\Phi(k+1,k)=I+A(kT)T+\frac{1}{2!}(A^2(kT)+\dot{A}(t)|_{kT})T^2 \tag{3-131}$$

不难求出 $H(kT)$的值。

同样，可以仿照近似离散化方法，得到近似的计算公式如下

$$G(T)\approx TA(kT)+I \tag{3-132}$$

$$H(T)\approx TB(kT) \tag{3-133}$$

从式(3-126)和 $\Phi(t,t_0)$的性质知，无论 $A(t)$是否非奇异，其离散化后的系统矩阵一定是非奇异的。

最后，还需要注意，有时一个系统本身就是离散系统，并不涉及离散化问题，如人口变化问题等。

3.8 离散系统状态方程的解

离散时间状态空间的解法主要有两种方法：递推法和解析法。下面首先分别详细介绍这两种方法。本节特别考虑了离散时间状态方程的解问题，其表达式为

$$\begin{aligned}&x(k+1)=G(k)x(k)+H(k)u(k),x(0)=x_0,k=0,1,2,\cdots\\&y(k)=C(k)x(k)+D(k)u(k)\end{aligned} \tag{3-134}$$

式中，系统矩阵可以是定常的。同连续线性系统一样，本节还给出了其脉冲传递矩阵描述系统

的输入输出特性。

3.8.1 递推法

递推迭代法的基本思路是基于状态方程，利用给定或定出的上一采样时刻状态值，迭代地得到下一采样时刻的状态。它适用于定常、时变、非线性，但并不一定能得到解析解。只有定常线性系统可以得到解析形式的解，这在第1章中已作了介绍，其状态解的表达式为

$$\boldsymbol{x}(k)=\boldsymbol{G}^k\boldsymbol{x}(0)+\sum_{j=0}^{k-1}\boldsymbol{G}^j\boldsymbol{H}\boldsymbol{u}(k-j-1) \tag{3-135}$$

有了状态解，很易得到输出响应表达式。

显然，离散定常线性系统状态方程的求解公式和连续情况的求解公式在形式上是类似的，它也由两部分响应组成，即由初始状态所引起的响应和输入信号所引起的响应。所不同的是离散状态方程的解，是状态空间的一条离散轨迹。同时，在由输入引起的响应中，第 k 个时刻的状态，只与此采样时刻以前的输入采样值有关，而与该时刻的输入采样值无关。

3.8.2 解析法

解析法并不适用一般的非线性系统，所以这里针对线性系统讨论。与连续线性系统一样，对于离散线性系统的状态响应也是由状态转移矩阵决定的，下面首先介绍状态转移矩阵及其性质，继而再给出状态响应表达式，最后从状态响应的组成角度分析系统。

1. 状态转移矩阵及其性质

对离散线性时变系统(3-134)，其状态转移矩阵定义为对应矩阵方程

$$\boldsymbol{\Phi}(k+1,m)=\boldsymbol{G}(k)\boldsymbol{\Phi}(k,m),\boldsymbol{\Phi}(m,m)=\boldsymbol{I} \tag{3-136}$$

的 $n\times n$ 的解阵 $\boldsymbol{\Phi}(k,m)$。定常状态转移矩阵定义为对应矩阵方程

$$\boldsymbol{\Phi}(k+1)=\boldsymbol{G}\boldsymbol{\Phi}(k),\boldsymbol{\Phi}(0)=\boldsymbol{I} \tag{3-137}$$

的 $n\times n$ 的解阵 $\boldsymbol{\Phi}(k)$。

由式(3-136)可知

$$\boldsymbol{\Phi}(k,m)=\boldsymbol{G}(k-1)\boldsymbol{G}(k-2)\cdots\boldsymbol{G}(m),k\geqslant m \tag{3-138}$$

定常情况下为

$$\boldsymbol{\Phi}(k)=\boldsymbol{G}^k \tag{3-139}$$

显然，$\boldsymbol{\Phi}(k,m)$的奇异性取决于右端各因子。

同样，离散线性系统的状态转移矩阵也满足唯一性、自反性、反身性、传递性。

思考 能用数学表达式表达上述这些性质吗?

2. 状态响应表达式

由式(3-134)进行迭代，同时计及式(3-136)可得

$$\begin{aligned}\boldsymbol{x}(k)&=\boldsymbol{\Phi}(k,0)\boldsymbol{x}_0+\{\boldsymbol{\Phi}(k,1)\boldsymbol{H}(0)\boldsymbol{u}(0)+\boldsymbol{\Phi}(k,2)\boldsymbol{H}(1)\boldsymbol{u}(1)+\cdots\\&\quad+\boldsymbol{\Phi}(k,k-1)\boldsymbol{H}(k-2)\boldsymbol{u}(k-2)+\boldsymbol{H}(k-1)\boldsymbol{u}(k-1)\}\\&=\boldsymbol{\Phi}(k,0)\boldsymbol{x}_0+\sum_{i=0}^{k-1}\boldsymbol{\Phi}(k,i+1)\boldsymbol{H}(i)\boldsymbol{u}(i)\end{aligned} \tag{3-140}$$

对于定常的情况同样有

$$\boldsymbol{x}(k)=\boldsymbol{\Phi}(k)\boldsymbol{x}_0+\sum_{i=0}^{k-1}\boldsymbol{\Phi}(k-i-1)\boldsymbol{Hu}(i) \tag{3-141}$$

对于线性定常离散系统的状态方程，也可以用 Z 变换法求解。设定常离散系统的状态方程式

$$\boldsymbol{x}(k+1)=\boldsymbol{Gx}(k)+\boldsymbol{Hu}(k) \tag{3-142}$$

对式(3-142)两端进行 Z 变换，有

$$z\boldsymbol{x}(z)-z\boldsymbol{x}(0)=\boldsymbol{Gx}(z)+\boldsymbol{Hu}(z) \tag{3-143}$$

即

$$\boldsymbol{x}(z)=[z\boldsymbol{I}-\boldsymbol{G}]^{-1}\boldsymbol{Hu}(z)+[z\boldsymbol{I}-\boldsymbol{G}]^{-1}zx(0) \tag{3-144}$$

对式(3-144)两端 Z 反变换，得

$$\boldsymbol{x}(k)=Z^{-1}\{[z\boldsymbol{I}-\boldsymbol{G}]^{-1}z\boldsymbol{x}(0)\}+\boldsymbol{Z}^{-1}\{[z\boldsymbol{I}-\boldsymbol{G}]^{-1}\boldsymbol{Hu}(z)\} \tag{3-145}$$

与式(3-141)相比较得

$$\boldsymbol{\Phi}(k)=\boldsymbol{G}^k=\boldsymbol{Z}^{-1}\{[z\boldsymbol{I}-\boldsymbol{G}]^{-1}z\} \tag{3-146}$$

$$\sum_{i=0}^{k-1}\boldsymbol{G}^{k-i-1}\boldsymbol{Hu}(i)=Z^{-1}\{[z\boldsymbol{I}-\boldsymbol{G}]^{-1}\boldsymbol{Hu}(z)\} \tag{3-147}$$

实际上，上面两个等式可按如下过程得到。

先求 $\boldsymbol{G}^k$ 的 Z 变换，得

$$Z[\boldsymbol{G}^k]=\sum_{k=0}^{\infty}\boldsymbol{G}^k z^{-k}=\boldsymbol{I}+\boldsymbol{G}z^{-1}+\boldsymbol{G}^2z^{-2}+\cdots \tag{3-148}$$

左乘 $\boldsymbol{G}z^{-1}$，得

$$\boldsymbol{G}z^{-1}Z[\boldsymbol{G}^k]=\sum_{k=0}^{\infty}\boldsymbol{G}^k z^{-k}=\boldsymbol{G}z^{-1}+\boldsymbol{G}^2z^{-2}+\boldsymbol{G}^3z^{-3}+\cdots \tag{3-149}$$

用式(3-148)减去式(3-149)，得

$$(\boldsymbol{I}-\boldsymbol{G}z^{-1})Z[\boldsymbol{G}^k]=\boldsymbol{I} \tag{3-150}$$

对 $Z[\boldsymbol{G}^k]$求解，得

$$Z[\boldsymbol{G}^k]=(\boldsymbol{I}-\boldsymbol{G}z^{-1})^{-1}=[z\boldsymbol{I}-\boldsymbol{G}]^{-1}z \tag{3-151}$$

对式(3-151)两边取 Z 反变换，便可求得 $\boldsymbol{G}^k$。

再用卷积公式求 $\sum_{i=0}^{k-1}G^{k-i-1}\boldsymbol{Hu}(i)$：

$$Z\left[\sum_{i=0}^{k-1}\boldsymbol{G}^{k-i-1}\boldsymbol{Hu}(i)\right]=Z[\boldsymbol{G}^{k-1}]\boldsymbol{H}Z[\boldsymbol{u}(k)]=Z[\boldsymbol{G}^k]z^{-1}\boldsymbol{H}Z[\boldsymbol{u}(k)]=[z\boldsymbol{I}-\boldsymbol{G}]^{-1}\boldsymbol{Hu}(z) \tag{3-152}$$

两边取 Z 反变换，即可得

$$\sum_{i=0}^{k-1}\boldsymbol{G}^{k-i-1}\boldsymbol{Hu}(i)=Z^{-1}\{[z\boldsymbol{I}-\boldsymbol{G}]^{-1}\boldsymbol{Hu}(z)\} \tag{3-153}$$

显然，离散线性系统的状态响应式(3-140)和式(3-141)与连续情况一样分成了两部分，一部分是零输入响应，另一部分是零状态响应。

对于零输入响应部分，再考虑其输出部分

$$\boldsymbol{y}(z)=\boldsymbol{C}[z\boldsymbol{I}-\boldsymbol{G}]^{-1}\boldsymbol{Hu}(z) \tag{3-154}$$

式中，$\boldsymbol{W}(z)=\boldsymbol{C}[z\boldsymbol{I}-\boldsymbol{G}]^{-1}\boldsymbol{H}$ 为脉冲传递矩阵。

3. 零输入响应态渐近趋于原点的条件

为方便，只考虑离散定常情况的零输入响应部分。不失一般性，令系统矩阵 $\boldsymbol{G}$ 的特征值 $\{\lambda_i, i=1,2,\cdots,n\}$ 均是互异的，则存在非奇异矩阵 $\boldsymbol{P}$，使

$$\boldsymbol{G}=\boldsymbol{P}\begin{pmatrix}\lambda_1 & & \\ & \ddots & \\ & & \lambda_n\end{pmatrix}\boldsymbol{P}^{-1} \tag{3-155}$$

由此，离散定常情况零输入响应可表达为

$$\boldsymbol{x}(k)=\boldsymbol{\Phi}(k)\boldsymbol{x}_0=\boldsymbol{P}\begin{pmatrix}\lambda_1^k & & \\ & \ddots & \\ & & \lambda_n^k\end{pmatrix}\boldsymbol{P}^{-1}\boldsymbol{x}_0 \tag{3-156}$$

显然，当 $k\to\infty$ 时，要使 $\boldsymbol{x}(k)$ 收敛于 0，必有 $|\lambda_i|<1$。这也就是离散系统渐近稳定的直接条件。

4. 零状态响应的因果性

为方便，只考虑离散定常情况的零状态响应部分。可以看出，其 k 时刻的状态只与此前各个时刻输入有关，而与该时刻输入无关，这就是因果性。

例 3-16 求离散系统响应。

已知离散时间系统的状态方程为

$$x(k+1)=\boldsymbol{Gx}(k)+\boldsymbol{Hu}(k)=\begin{pmatrix}0 & 1\\ -0.16 & -1\end{pmatrix}\boldsymbol{x}(k)+\begin{pmatrix}1\\1\end{pmatrix}\boldsymbol{u}(k)$$

试求当初始状态 $\boldsymbol{x}(0)=(1\quad -1)^T$ 和控制作用为 $\boldsymbol{u}(t)=1(t)$ 时，试用 Z 反变换求此系统的 $\boldsymbol{\Phi}(k)$ 和 $\boldsymbol{x}(k)$。

解 因 $\boldsymbol{u}(k)=1$，故 $\boldsymbol{u}(z)=\dfrac{z}{z-1}$。根据公式可以求得

$$\begin{aligned}\boldsymbol{\Phi}(k)&=Z^{-1}\{[z\boldsymbol{I}-\boldsymbol{G}]^{-1}z\}=Z^{-1}\left\{\begin{pmatrix}z & -1\\ 0.16 & z+1\end{pmatrix}^{-1}z\right\}\\&=Z^{-1}\left\{\frac{z}{(z+0.2)(z+0.8)}\begin{pmatrix}z+1 & 1\\ -0.16 & z\end{pmatrix}\right\}\\&=Z^{-1}\left\{\frac{z}{3}\begin{bmatrix}\dfrac{4}{z+0.2}+\dfrac{-1}{z+0.8} & \dfrac{5}{z+0.2}+\dfrac{-5}{z+0.8}\\ \dfrac{-0.8}{z+0.2}+\dfrac{-0.8}{z+0.8} & \dfrac{-1}{z+0.2}+\dfrac{4}{z+0.8}\end{bmatrix}\right\}\\&=\frac{1}{3}\begin{bmatrix}4(-0.2)^k-(-0.8)^k & 5(-0.2)^k-5(-0.8)^k\\ -0.8(-0.2)^k-0.8(-0.8)^k & -(-0.2)^k+4(-0.8)^k\end{bmatrix}\end{aligned}$$

计算

$$z\boldsymbol{x}(0)+\boldsymbol{Hu}(z)=\begin{pmatrix}z\\ -z\end{pmatrix}+\begin{pmatrix}\dfrac{z}{z-1}\\ \dfrac{z}{z-1}\end{pmatrix}=\begin{pmatrix}\dfrac{z^2}{z-1}\\ \dfrac{-z^2+2z}{z-1}\end{pmatrix}$$

所以可得

$$
\boldsymbol{x}(z)=[z\boldsymbol{I}-\boldsymbol{G}]^{-1}\boldsymbol{H}\boldsymbol{u}(z)+[z\boldsymbol{I}-\boldsymbol{G}]^{-1}z\boldsymbol{x}(0)=\begin{pmatrix}\dfrac{(z^2+2)z}{(z+0.8)(z+0.2)(z-1)}\\ \dfrac{(-z^2+1.84z)z}{(z+0.8)(z+0.2)(z-1)}\end{pmatrix}
$$

$$
=\begin{pmatrix}\dfrac{-(17/6)z}{(z+0.2)}+\dfrac{(22/9)z}{(z+0.8)}+\dfrac{(25/18)z}{(z-1)}\\ \dfrac{(3.4/6)z}{(z+0.2)}+\dfrac{(-17.6/9)z}{(z+0.8)}+\dfrac{(7/18)z}{(z-1)}\end{pmatrix}
$$

因此

$$
\boldsymbol{x}(k)=Z^{-1}[\boldsymbol{x}(z)]=\begin{pmatrix}-\dfrac{17}{6}(-0.2)^k+\dfrac{22}{9}(-0.8)^k+\dfrac{25}{18}\\ \dfrac{3.4}{6}(-0.2)^k-\dfrac{17.6}{9}(-0.8)^k+\dfrac{7}{18}\end{pmatrix}
$$

3.9 小　　结

本章是对动态系统运动规律的定量分析，特别是对线性系统的运动解及其特性进行了详细阐述。求解线性系统响应的方法归纳如图 3-27 所示。

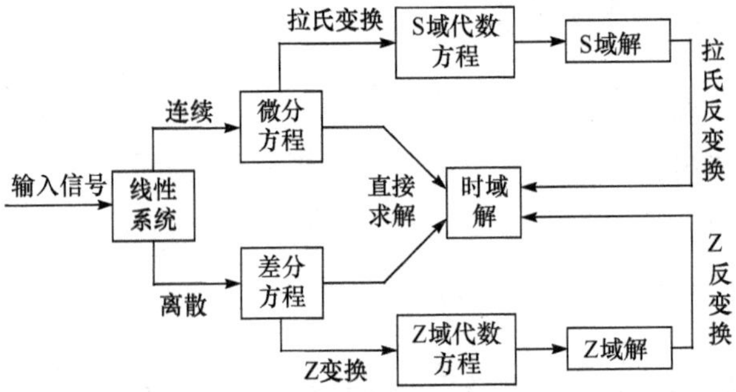

图 3-27　线性系统响应求解方法

运动解的形式与状态转移矩阵密切相关，运动分析在计算上归结为状态转移矩阵的计算和分析，这有助于理解运动的本质。运动的形式与系统的稳、快、准性能指标有直接联系，并且系统参数的变化对系统的影响表现了控制系统的鲁棒性。对于离散系统，采样周期对其稳、快、准等指标也有重要影响。

习　　题

3.1　为什么系统的状态转移矩阵的各列是相应齐次线性系统的解？它们的初值是什么？

3.2　求下列状态空间表达式的解：

(1) $\begin{cases}\dot{\boldsymbol{x}}=\begin{pmatrix}0 & 1\\ 0 & 0\end{pmatrix}\boldsymbol{x}+\begin{pmatrix}0\\ 1\end{pmatrix}u, x(0)=\begin{pmatrix}1\\ 1\end{pmatrix}, u(t)=1(t), t>0\\ y=(1\quad 0)\boldsymbol{x}\end{cases}$；

(2) $\begin{cases}\dot{\boldsymbol{x}}=\begin{pmatrix}0 & 1\\ -2 & -3\end{pmatrix}\boldsymbol{x}+\begin{pmatrix}2\\ 0\end{pmatrix}u, \boldsymbol{x}(0)=\begin{pmatrix}0\\ 1\end{pmatrix}, u(t)=e^{-t}, t>0\\ y=(1\quad 0)\boldsymbol{x}\end{cases}$。

3.3 给定矩阵微分方程为

$$\dot{\boldsymbol{X}}=\boldsymbol{A}\boldsymbol{X}+\boldsymbol{X}\boldsymbol{A}^{\mathrm{T}},\boldsymbol{X}(0)=\boldsymbol{X}_0$$

其中,$\boldsymbol{X}$ 是 $n\times n$ 的变量阵。证明此矩阵微分方程的解为

$$\boldsymbol{X}(t)=\mathrm{e}^{\boldsymbol{A}t}\boldsymbol{X}_0\mathrm{e}^{\boldsymbol{A}^{\mathrm{T}}t}$$

3.4 给定两个线性定常系统$(\boldsymbol{A},\boldsymbol{B},\boldsymbol{C},\boldsymbol{D})$和$(\overline{\boldsymbol{A}}-,\overline{\boldsymbol{B}},\overline{\boldsymbol{C}},\overline{\boldsymbol{D}})$,设两者具有相同的输入和输出维数,但它的状态维数不一定相同,则这两个具有相同的脉冲响应矩阵的充要条件是 $\boldsymbol{D}=\overline{\boldsymbol{D}}$ 和 $\boldsymbol{C}\boldsymbol{A}^i\boldsymbol{B}=\overline{\boldsymbol{C}}\overline{\boldsymbol{A}}^i\overline{\boldsymbol{B}},i=1,2,\cdots$。

3.5 给定线性时变系统

$$\dot{\boldsymbol{x}}=\begin{pmatrix}\boldsymbol{A}_{11}(t) & \boldsymbol{A}_{12}(t)\\ \boldsymbol{A}_{21}(t) & \boldsymbol{A}_{22}(t)\end{pmatrix}\boldsymbol{x}+\begin{pmatrix}\boldsymbol{B}_1(t)\\ \boldsymbol{B}_2(t)\end{pmatrix}\boldsymbol{u},t\geqslant t_0$$

设其状态转移矩阵为

$$\boldsymbol{\Phi}(t,t_0)=\begin{pmatrix}\boldsymbol{\Phi}_{11}(t,t_0) & \boldsymbol{\Phi}_{12}(t,t_0)\\ \boldsymbol{\Phi}_{21}(t,t_0) & \boldsymbol{\Phi}_{22}(t,t_0)\end{pmatrix}$$

证明:当$\boldsymbol{A}_{21}=0$ 时,$\boldsymbol{\Phi}_{21}(t,t_0)\equiv 0$。

3.6 设 $\boldsymbol{A}$ 为方常阵且特征值两两相异,证明 $\det(\mathrm{e}^{\boldsymbol{A}t})=\mathrm{e}^{(tr\boldsymbol{A})t}$。

3.7 已知一个二阶定常线性系统的齐次状态方程两个初始状态及其响应为

$$(1)\ \boldsymbol{x}(0)=\begin{pmatrix}1\\-1\end{pmatrix},x(t)=\begin{pmatrix}\mathrm{e}^{-3t}\\-\mathrm{e}^{-3t}\end{pmatrix};(2)\ \boldsymbol{x}(0)=\begin{pmatrix}2\\-1\end{pmatrix},x(t)=\begin{pmatrix}2\mathrm{e}^{-2t}\\-\mathrm{e}^{-2t}\end{pmatrix}$$

求对应的两个系统矩阵。

3.8 试写出 ZOH 的传递函数,并说明其特点,使用时应注意什么?

3.9 对第 2 章 2.3 节的离散系统建模——人口分布例子,在初值为$(10000000\quad 90000000)^{\mathrm{T}}$时,在没有政策激励、单位正激励和单位负激励三种情况下求其响应,并绘制曲线(要求每种情况绘在一幅图中)。

3.10 某离散时间系统的结构如图 P3.10 所示。

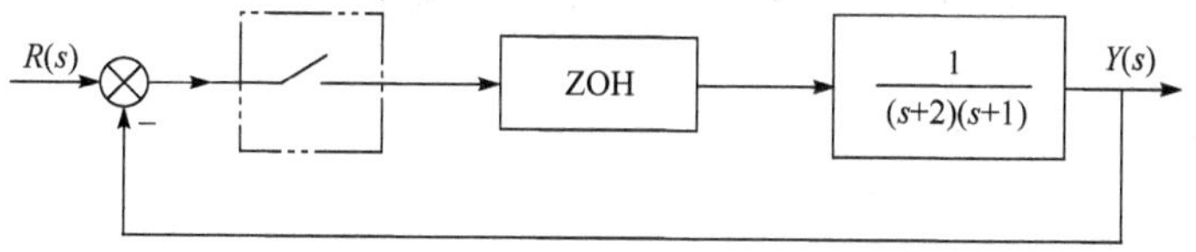

图 P3.10 离散系统的结构

(1) 写出离散系统状态方程;

(2) 当采样周期 $T=0.1\mathrm{s}$,写出状态转移矩阵;

(3) 采样周期 $T=0.1\mathrm{s}$,输入为单位阶跃信号,求初值为零的离散输出 $y(k)$,并求 $t=0.26s$ 时刻的输出值。

3.11 已知线性定常系统 $\boldsymbol{W}(s)$的最小实现为$(\boldsymbol{A},\boldsymbol{B},\boldsymbol{C},\boldsymbol{D})$,证明 λ 是 $\boldsymbol{W}(s)$极点的充要条件是存在一个初始状态x_0 使系统的零输入响应为 $\boldsymbol{y}(t)=\boldsymbol{\beta}\mathrm{e}^{\lambda t}$,$\boldsymbol{\beta}$ 为非零向量。

3.12 给定定常线性系统 $\boldsymbol{W}(s)$的最小实现为$(\boldsymbol{A},\boldsymbol{B},\boldsymbol{C},0)$,其初始条件令为 $\boldsymbol{x}(0)=\boldsymbol{x}_0$,证明

(1) 在输入 $\boldsymbol{u}(t)=\boldsymbol{u}_0\mathrm{e}^{\lambda t}$ 下系统状态的拉氏变换可以表示为

$$\boldsymbol{X}(s)=(s\boldsymbol{I}-\boldsymbol{A})^{-1}(\boldsymbol{x}_0-(\lambda\boldsymbol{I}-\boldsymbol{A})^{-1}\boldsymbol{B}\boldsymbol{u}_0)+(\lambda\boldsymbol{I}-\boldsymbol{A})^{-1}\boldsymbol{B}\boldsymbol{u}_0/(s-\lambda)$$

(2) 设输入 $\boldsymbol{u}(t)=\boldsymbol{u}_0\mathrm{e}^{\lambda t}$ 使得系统在初始值下有 $\boldsymbol{Y}(t)\equiv 0$,则$\lim\limits_{t\to\infty}\boldsymbol{x}(t)=0$ 的充要条件是原系统的零点在左平面上,这里$\boldsymbol{x}_0\neq 0$。

第4章 动态系统的结构分析

4.1 引 言

Kalman于1960年提出的能控性和能观性两个概念已成为现代控制理论的两个基本概念。许多基本问题，如极点配置、观测器设计、解耦问题、最优控制、系统估计都与能控性、能观性密切相关。

经典控制着眼于对系统输出的控制，输出量既是被控量，也是观测量。但是不关心内部状态的可控性与可观性将导致一些现象不易解释，所以现代控制理论着眼于对状态的控制和观测。

一个系统所有的状态能否按照要求进行运动，也是最基本的控制要求。由此，一个直接的问题是“在有限时间内，能否存在某种控制作用使系统由初始状态转移到要求的状态”。更复杂的情况是，控制在受到限制的情况下，是否存在某种容许控制使系统按期望的性能指标达到希望的状态。

已知系统的状态向量及其运动规律全息地反映了系统的全部特征，因而只要得到所有状态就把握了系统的本质。由此，另一个直接的问题是“实际系统所有的状态是否能够有途径获得?”。由于系统的输出一般是可测定的，所以进一步的问题是“在有限时间内，能否通过对系统输出的测定来估计系统的状态” 实际上，状态测量值将用于反馈控制，所以对系统状态的观测与控制本身同等重要。

上述两个问题就是本章阐述的重点。

4.1.1 能控性与能观性物理现象——从例子谈起

例 4-1 从单级倒立摆谈能控性和能观性。

在第2章2.3节已讲到过单级倒立摆的例子，它的抽象图示如图4-1所示。对这个系统，要求控制小车的移动使摆杆维持直立不倒，且使其停留在期望的位置。为此需要分析以下问题。

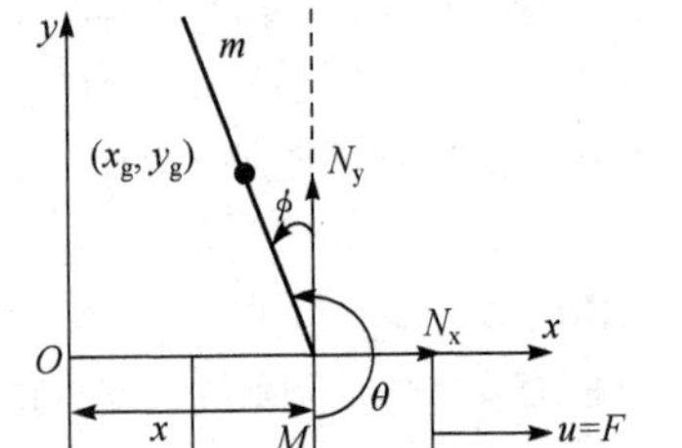

图4-1 单级倒立摆

(1) 有哪些变量可以表征该系统的状态? 显然有小车位置、速度和摆杆角位置与速度。

(2) 要达到控制目的，u 能否对所有变量产生影响? 这就是能控性问题。

(3) 由于技术或经济原因，并非所有的状态变量都能够测量，如角速度和速度，能通过位置和角位置获重吗? 这就是能观性问题。

例 4-2 从电路网络谈能控性。

已知某无源电网络如图4-2(a)所示。判断两个电容器电压是否受输入电压的控制。

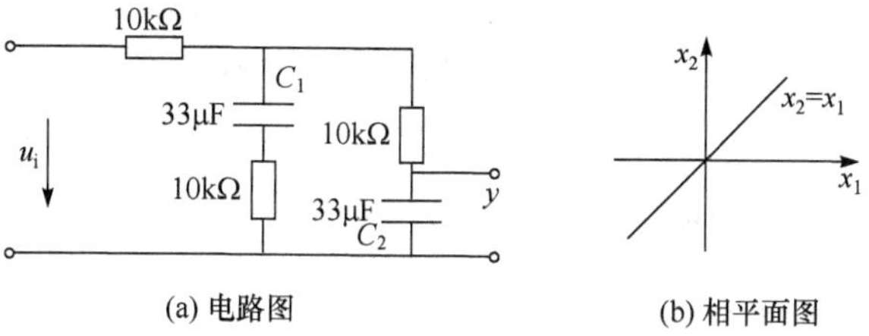

图 4-2　一个电路网络和相平面图

令 $x_1=u_{C_1}, x_2=u_{C_2}$，初始状态 $x_1(0)=x_2(0)=0$。这个电网络的模型如下

$$\dot{\boldsymbol{x}}=\begin{bmatrix}-2 & 1\\ 1 & -2\end{bmatrix}\boldsymbol{x}+\begin{bmatrix}1\\1\end{bmatrix}u=\boldsymbol{A}\boldsymbol{x}+\boldsymbol{b}u$$

$$y=[0\quad 1]\boldsymbol{x}=\boldsymbol{C}\boldsymbol{x}$$

其状态转移矩阵为 $e^{\boldsymbol{A}t}=\dfrac{1}{2}\begin{bmatrix}e^{-t}+e^{-3t} & e^{-t}-e^{-3t}\\ e^{-t}-e^{-3t} & e^{-t}+e^{-3t}\end{bmatrix}$，于是状态响应为

$$\boldsymbol{x}=\int_0^t e^{\boldsymbol{A}(t-\tau)}\boldsymbol{b}u(\tau)\mathrm{d}\tau=\begin{pmatrix}1\\1\end{pmatrix}\int_0^t e^{-(t-\tau)}u(t)\mathrm{d}\tau$$

将其画在相平面上，如图 4-2(b)所示。显然，相轨迹并不受 u 的控制。

例 4-3　从电路网络谈能观性。

已知电路网络如下，为了方便，令图中的电阻均是 1Ω，电感均是 1H(仅为了说明问题)，如图 4-3 所示。判断两个电感器上电流是否可由输出确定。

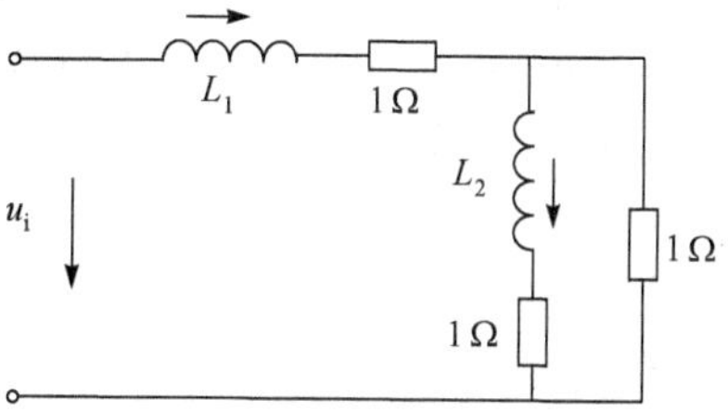

图 4-3　一个电路网络

令 $x_1=i_{L_1}, x_2=i_{L_2}$，初始状态 $x_1(0)=x_2(0)=0$。这个电网络的模型如下

$$\dot{\boldsymbol{x}}=\begin{pmatrix}-2 & 1\\ 1 & -2\end{pmatrix}\boldsymbol{x}+\begin{pmatrix}1\\0\end{pmatrix}u=\boldsymbol{A}\boldsymbol{x}+\boldsymbol{b}u$$

$$y=(1\quad -1)\boldsymbol{x}=\boldsymbol{C}\boldsymbol{x}$$

其状态转移矩阵为 $e^{\boldsymbol{A}t}=\dfrac{1}{2}\begin{pmatrix}e^{-t}+e^{-3t} & e^{-t}-e^{-3t}\\ e^{-t}-e^{-3t} & e^{-t}+e^{-3t}\end{pmatrix}$，于是状态响应为

$$\boldsymbol{x}=e^{\boldsymbol{A}t}x(0)+\int_0^t e^{\boldsymbol{A}(t-\tau)}\boldsymbol{b}u(\tau)\mathrm{d}\tau$$

$$y=\boldsymbol{C}\boldsymbol{x}$$

给定 $\boldsymbol{x}(0)$ 和 $u(t)$ 便可通过上式得到状态 $\boldsymbol{x}(t)$ 和输出 $y(t)$。显然，$\boldsymbol{x}(t)$ 与 $\boldsymbol{x}(0)$ 有确定的关系，且 $\boldsymbol{y}(t)$ 由 $\boldsymbol{x}(t)$ 表达。所以通过观测 $y(t)$ 确定 $\boldsymbol{x}(t)$ 的问题转化为确定 $\boldsymbol{x}(0)$ 的问题。由于 $u(t)$ 是确定的，不会影响能观性，不妨令 $u(t)\equiv 0$，则

$$\boldsymbol{x}(t)=e^{\boldsymbol{A}t}\boldsymbol{x}(0)$$

$$y(t)=\boldsymbol{C}e^{\boldsymbol{A}t}\boldsymbol{x}(0)=[x_1(0)-x_2(0)]e^{-3t}$$

可以看出，$y(t)$ 仅取决于差值，不可能观测出 $x_1(0)$ 和 $x_2(0)$，特别当 $x_1(0)=x_2(0)$ 时，$y(t)$ 响应全无，无法观测。所以两个电感器上电流不可由输出确定。

通过上述几个例子，引出下面的论述。

(1) 如果系统状态空间不完全受控于 $u(t)$，那么控制策略无法实施。

(2) 如果设计控制器需测量某量，但该量不易测量，那么就要想办法设计观测器估计该

量，若估计不成，控制策略仍无法实施。当然，有些情况，只需知道该量的多少，而不用该量参与控制，在不易测量的情况下，设计观测器估计它，这便是软测量。

(3) 两个概念是朴素的，但富有哲理。

4.1.2 能控性与能观性的数学描述

1. 能控性问题的数学描述

下面从数学形式上，分析和讨论状态 $\boldsymbol{x}$ 由控制量 $\boldsymbol{u}$ 完全实现控制的可能性。考察如下状态方程：

$$
\begin{aligned}
\dot{\boldsymbol{x}}_1 &= a_{11}\boldsymbol{x}_1 + a_{12}\boldsymbol{x}_2 + \cdots + a_{1n}\boldsymbol{x}_n + b_{11}u_1 + b_{12}u_2 + \cdots + b_{1p}u_p \\
\dot{\boldsymbol{x}}_2 &= a_{21}\boldsymbol{x}_1 + a_{22}\boldsymbol{x}_2 + \cdots + a_{2n}\boldsymbol{x}_n + b_{21}u_1 + b_{22}u_2 + \cdots + b_{2p}u_p \\
&\vdots \\
\dot{\boldsymbol{x}}_n &= a_{n1}\boldsymbol{x}_1 + a_{n2}\boldsymbol{x}_2 + \cdots + a_{nn}\boldsymbol{x}_n + b_{n1}u_1 + b_{n2}u_2 + \cdots + b_{np}u_p
\end{aligned}
\tag{4-1}
$$

显然，利用易将该状态方程通过非奇异变换将上式变化状态耦合最简形式——Jordan 规范型。由此，状态变量和控制变量间的关系有如下几种情况。

(1) 某些(个)$\dot{\boldsymbol{x}}_i(i=1,2,\cdots,n)$表达式仍显含某些(个)$u_j(j=1,2,\cdots,p)$。这种情况称直接关联，相关状态是能控的。

(2) 某些(个)$\dot{\boldsymbol{x}}_i(i=1,2,\cdots,n)$表达式不显含某些(个)$u_j(j=1,2,\cdots,p)$，而这些个 $\dot{x}_i$ 中包含与 $u_j(j=1,2,\cdots,p)$有直接关联的状态变量，或者间接与 u_j 有关联。这种情况称为间接关联，相关状态也是能控的。

(3) 某些(个)状态既不存在直接关联，也不存在间接关联。此情况称为无关联，相关状态是不能控的。

从状态空间方法看，系统的某个状态能控性是在特定控制输入的作用下，该状态能由任一初始状态转移到系统可能状态空间中预定的一点，实际上是从控制输入空间可以映射到可能状态空间中的一点；如果从可能控制输入空间可以映射到可能状态空间的全体，则称系统是完全能控的。能控性是对整个系统状态而言的，只有全部的状态变量都能控，系统的状态变量才是完全能控的。状态变量受 u 控制，并不具有必然性，这实际上取决于 $\boldsymbol{A}$ 和 $\boldsymbol{B}$ 的形态。

例 4-4 考察系统的能控性。

已知状态方程如下，从数学形式上考察能控性。

$$
\begin{pmatrix} \dot{x}_1 \\ \dot{x}_2 \end{pmatrix} = \begin{pmatrix} -4 & 5 \\ 1 & 0 \end{pmatrix} \begin{pmatrix} x_1 \\ x_2 \end{pmatrix} + \begin{pmatrix} b_1 \\ b_2 \end{pmatrix} u, b_1 \neq 0, b_2 \neq 0
$$

解 特征多项式和特征值：$\det[\lambda\boldsymbol{I}-\boldsymbol{A}]=(\lambda-1)(\lambda+5)=0 \Rightarrow \lambda_1=1, \lambda_2=-5$，由此得特征向量矩阵及其逆矩阵

$$
\boldsymbol{T}=\begin{pmatrix} 1 & -5 \\ 1 & 1 \end{pmatrix} \boldsymbol{T}^{-1}=\frac{1}{6}\begin{pmatrix} 1 & 5 \\ -1 & 1 \end{pmatrix}
$$

于是 $\widetilde{\boldsymbol{A}}=\boldsymbol{T}^{-1}\boldsymbol{A}\boldsymbol{T}=\begin{pmatrix} 1 & 0 \\ 0 & -5 \end{pmatrix}, \widetilde{\boldsymbol{B}}=\boldsymbol{T}^{-1}\boldsymbol{B}=\frac{1}{6}\begin{pmatrix} b_1+5b_2 \\ -b_1+b_2 \end{pmatrix}$。故有 $\dot{\tilde{x}}_1=\tilde{x}_1+\left(\frac{1}{6}b_1+\frac{5}{6}b_2\right)u, \dot{\tilde{x}}_2=-5\tilde{x}_2+\left(-\frac{1}{6}b_1+\frac{1}{6}b_2\right)u$。

从 Jordan 规范型状态方程可以看出：

(1) 当 $b_1=-5b_2$ 时，第一个状态变量不能控；

(2) 当 $b_1=b_2$ 时,第二个状态不能控;

(3) 当且仅当 $b_1\neq-5b_2$ 且 $b_1\neq b_2$ 时,状态才是完全能控的。

2. 能观性问题的数学描述

下面从数学形式上,分析输出观测状态的可能性。仅考虑状态通过输出的反映,而不管造成状态变化的原因。故只考察下面的表示形式:

$$\begin{cases}\dot{x}_1=a_{11}x_1+a_{12}x_2+\cdots+a_{1n}x_n\\ \quad\vdots\\ \dot{x}_n=a_{n1}x_1+a_{n2}x_2+\cdots+a_{nn}x_n\end{cases}\quad\begin{cases}y_1=c_{11}x_1+c_{12}x_2+\cdots+c_{1n}x_n\\ \quad\vdots\\ y_q=c_{q1}x_1+c_{q2}x_2+\cdots+c_{qn}x_n\end{cases}\tag{4-2}$$

显然,易利用非奇异变换将式(4-2)变化成 Jordan 规范型。由此,状态变量和输出变量的关系有如下几种情况。

(1) 若 x_i 至少是和 y_i 的一个相关联。这种情况称为直接关联,相关状态是能观的。

(2) 对于和 y_i 无直接关联的状态变量,在输出式的最简耦合型中,它们和与 y_i 有直接关联的状态变量之间的耦合关系都不能完全清除,那么它们和 y_i 仍关联。这种情况称为间接关联,相关状态是能观的。

(3) 如果 x_i 中某些变量和 y_i 中的任何一个既无直接关联,又无间接关联。这种情况称为无关联,相应状态是不能观的。

能观性是对整个系统状态而言的,只有全部的状态变量都能观,系统的状态才是完全能观的。状态变量由输出 $\boldsymbol{y}$ 反映,并不具有必然性,这实际上取决于 $\boldsymbol{A}$ 和 $\boldsymbol{C}$ 的形态。

例 4-5 考察系统的能观性。

已知状态方程和输出方程如下,从数学形式上考察能观性。

$$\begin{pmatrix}\dot{x}_1\\ \dot{x}_2\end{pmatrix}=\begin{pmatrix}-4 & 5\\ 1 & 0\end{pmatrix}\begin{pmatrix}x_1\\ x_2\end{pmatrix}$$

$$y=(c_1\quad c_2)\begin{pmatrix}x_1\\ x_2\end{pmatrix},c_1\neq0,c_2\neq0$$

解 由例(4-4)的 $\boldsymbol{T}$,得 $\tilde{\boldsymbol{C}}=\boldsymbol{CT}=(c_1+c_2\quad -5c_1+c_2)$。于是得

$$\dot{\tilde{x}}_1=\tilde{x}_1$$

$$\dot{\tilde{x}}_2=-5\tilde{x}_2$$

$$y=(c_1+c_2)\tilde{x}_1+(-5c_1+c_2)\tilde{x}_2$$

根据上述形式可以看出:

(1) 当 $c_1=-c_2$ 时,$\tilde{x}_1$ 和 y 无关联,不能观测;

(2) 当 $c_2=5c_1$ 时,$\tilde{x}_2$ 和 y 无关联,不能观测;

(3) 当且仅当 $c_1\neq-c_2$ 且 $c_2\neq 5c_1$ 时,$\tilde{x}_1$ 和 $\tilde{x}_2$ 能观测。

值得说明的是,上述的例子和数学描述均是以线性系统为对象,实际上非线性系统也有能控、能观性问题,由于其形式上的复杂性,非线性系统的能控能观的描述将更加复杂一些,作为现代控制理论的入门课程,下面的内容以线性系统为对象展开讨论,很多思想、概念同样适用于非线性领域。

4.2 连续线性系统能控性与能观性定义

本节考虑如下的连续线性系统

$$\dot{\boldsymbol{x}}(t)=\boldsymbol{A}(t)\boldsymbol{x}(t)+\boldsymbol{B}(t)\boldsymbol{u}(t),\boldsymbol{x}(0)=\boldsymbol{x}_0$$
$$\boldsymbol{y}(t)=\boldsymbol{C}(t)\boldsymbol{x}(t)+\boldsymbol{D}(t)\boldsymbol{u}(t) \tag{4-3}$$

对初始时刻 t_0，存在另一个时刻 $t_f > t_0$，t_f 属于 J，J 为系统的时间定义域。本节讨论的能控性与能观性均是针对状态的，并且在没有特殊指明的情况下，这两个概念一般也指状态的能控性和能观性。

4.2.1 能控性定义

对 t_0 时刻的任意初始状态 $\boldsymbol{x}_0$，若存在一个无约束的容许控制 $\boldsymbol{u}$，能在任意有限的时间内，使系统由 $\boldsymbol{x}_0$ 转移到一个终端 $\boldsymbol{x}(t_f)$，通常将终端状态指定为零状态 $\boldsymbol{x}(t_f)=\boldsymbol{0}$，则称系统在 t_0 时刻是(完全)能控的。如果能控性不依赖于时刻 t_0，则称系统是一致能控的。

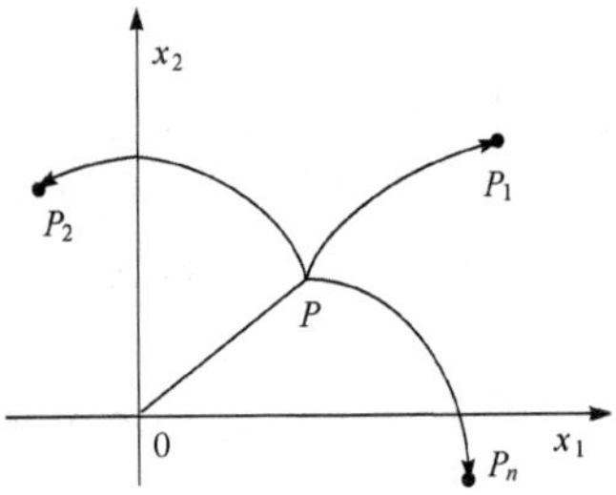

图 4-4 图示说明

为了更好地理解这个定义，下面对此定义说明几点。

(1) 定义中的能控性是相对特定的控制目标的，并将控制目标选为参考坐标的原点，实际上所期望的目标不在原点，则可以通过数学坐标变换的方法将其变换到原点。所以可用图 4-4 说明，假定状态平面中的 P 点能在时刻 t_0 在输入作用下被驱动到任一指定状态 P_i，那么状态平面的 P 点对于时刻 t_0 是能控状态。如果对于时刻 t_0 的任意初始状态，能控状态充满整个空间，则称该系统的状态完全能控。

(2) 某一状态的能控与系统的完全能控在含义上是不同的，只有所有的状态能控，才能称系统是完全能控的。

(3) 容许控制 $\boldsymbol{u}(t)$，在数字上要求其元在 $[t_0, t_f]$ 区间是绝对平方可积，即

$$\int_{t_0}^{t_f} \|\boldsymbol{u}(t)\|^2 \mathrm{d}t < \infty \tag{4-4}$$

实际上这一条件保证了系统状态的解存在且唯一。通常容许控制是一个分段连续的时间函数，都是绝对可积的，这在工程上是容易保证的。从物理上看，这样的控制作用实际上是无约束的，其取值并非唯一，因为关心的只是它能否将 $\boldsymbol{x}(t_0)$ 驱动到 $\boldsymbol{x}(t_f)$，而不计较 $\boldsymbol{x}$ 的轨迹如何。需要注意的是，这里的容许控制并不说考虑约束，实际上，定义中并不考虑约束，如控制输入的大小、能量和强度，模型的精确程度等。

(4) 定义中 t_f 是系统在容许控制作用下，由 $\boldsymbol{x}(t_0)$ 转移到目标状态 $\boldsymbol{x}(t_f)=\boldsymbol{0}$ 的时刻。由于时变系统的状态转移与 t_0 有关，所以能控性和 t_0 选择有关。而对于定常系统而言，能控性是和 t_0 选择无关的，即如果定常系统在某一有限时间区间内是完全能控的，那么其在任一初始时刻的相应区间内必是完全能控的。

(5) 令 $\boldsymbol{x}_0$ 是能控状态，那么根据能控状态的定义有

$$\boldsymbol{x}(t_f)=\boldsymbol{\Phi}(t_f, t_0)\,\boldsymbol{x}_0+\int_{t_0}^{t_f}\boldsymbol{\Phi}(t_f,\tau)\boldsymbol{B}(\tau)\boldsymbol{u}(\tau)\mathrm{d}\tau=\boldsymbol{0} \tag{4-5}$$

由此，得

$$\boldsymbol{x}_0=-\boldsymbol{\Phi}^{-1}(t_f, t_0)\times\int_{t_0}^{t_f}\boldsymbol{\Phi}(t_f,\tau)\boldsymbol{B}(\tau)\boldsymbol{u}(\tau)\mathrm{d}\tau=-\int_{t_0}^{t_f}\boldsymbol{\Phi}(t_0,\tau)\boldsymbol{B}(\tau)\boldsymbol{u}(\tau)\mathrm{d}\tau \tag{4-6}$$

这个表达式给出的是能控状态和控制作用之间的关系。表明，若时刻 t_0 的状态能控，则对于某个任意给定的非零 x_0，满足上述关系式的 $\boldsymbol{u}(t)$ 是存在的。换句话说，系统状态不能控，必存在 n 维非零列向量 $\boldsymbol{a}$，使成立 $\boldsymbol{a}^{\mathrm{T}}\boldsymbol{\Phi}(t_0,t)\boldsymbol{B}(t)\equiv\boldsymbol{0}$，$t\in[t_0, t_f]$。

(6) 系统能控性定义中的初始状态 $\boldsymbol{x}(t_0)$是状态空间中的非零有限点，控制的一般目标是状态空间坐标原点。

(7) 若在$[t_0,t_f]$区间内存在无约束的容许控制 $\boldsymbol{u}(t)$，使系统从 $\boldsymbol{x}(t_0)=0$ 推向预先指定的状态 $x(t_f)$，则称状态 $x(t_f)$在 t_0 时刻是能达的。对于连续时不变线性系统，由于状态转移矩阵的可逆性，能控性与能达性是等价的。对离散时不变线性系统和离散时变线性系统，要求系统矩阵是非奇异的，能控性和能达性才是等价的。而对连续时变线性系统，能控性和能达性一般是不等价的。

(8) 若在系统中引入不依赖于控制输入 $\boldsymbol{u}(t)$的确定扰动 $\boldsymbol{f}(t)$，只要保证所给系统有唯一解，则不会影响系统的能控性。事实上，引入确定扰动 $\boldsymbol{f}(t)$后，系统的状态响应为

$$\boldsymbol{x}(t_f)=\boldsymbol{\Phi}(t_f,t_0)\boldsymbol{x}_0+\int_{t_0}^{t_f}\boldsymbol{\Phi}(t_f,\tau)\boldsymbol{f}(\tau)\mathrm{d}\tau+\int_{t_0}^{t_f}\boldsymbol{\Phi}(t_f,\tau)\boldsymbol{B}(\tau)\boldsymbol{u}(\tau)\mathrm{d}\tau \tag{4-7}$$

考虑状态转移矩阵的传递关系，得

$$\boldsymbol{x}(t_f)=\boldsymbol{\Phi}(t_f,t_0)\left(\boldsymbol{x}_0+\int_{t_0}^{t_f}\boldsymbol{\Phi}(t_0,\tau)\boldsymbol{f}(\tau)\mathrm{d}\tau\right)+\int_{t_0}^{t_f}\boldsymbol{\Phi}(t_f,\tau)\boldsymbol{B}(\tau)\boldsymbol{u}(\tau)\mathrm{d}\tau \tag{4-8}$$

显然，确定扰动 $\boldsymbol{f}(t)$ 的影响相当于把原系统的初始状态$\boldsymbol{x}_0$ 改变到另一个确定值$x_{0_}=x_0+\int_{t_0}^{t_f}\boldsymbol{\Phi}(t_0,\tau)\boldsymbol{f}(\tau)\mathrm{d}\tau$，由式(4-5) 得

$$\boldsymbol{x}_{0\_}=-\int_{t_0}^{t_f}\boldsymbol{\Phi}(t_0,\tau)\boldsymbol{B}(\tau)\boldsymbol{u}(\tau)\mathrm{d}\tau \tag{4-9}$$

该式表明，由于容许控制 $\boldsymbol{u}(t)$的存在性，$\boldsymbol{x}(t_f)=\boldsymbol{0}$ 仍是能控的。所以在讨论能控性时，不用考虑系统中存在的确定性干扰。

例 4-6 理解能控性。

给定连续定常线性系统的状态方程

$$\dot{\boldsymbol{x}}=\begin{pmatrix}0&1&0\\0&0&0\\0&0&1\end{pmatrix}\boldsymbol{x}+\begin{pmatrix}0\\1\\1\end{pmatrix}\boldsymbol{u},\boldsymbol{x}(0)=\boldsymbol{x}_0$$

任取 $\boldsymbol{d}\in\mathbf{R}^3$，能否在$[0,1]$上找到控制 $\boldsymbol{u}$，使 $\boldsymbol{x}(1)=\boldsymbol{d}$？

解 将其状态方程写成方程组的形式

$$\dot{x}_1=x_2$$
$$\dot{x}_2=u$$
$$\dot{x}_3=x_3+u$$

显然从数学上变量间的相关性可以判定其是能控的。

而系统状态响应可以表达为

$$\boldsymbol{x}(t)=\mathrm{e}^{\boldsymbol{A}t}\boldsymbol{x}(0)+\int_0^t\mathrm{e}^{\boldsymbol{A}(t-\tau)}\boldsymbol{b}u(\tau)\mathrm{d}\tau$$

两边同时左乘 $\mathrm{e}^{-\boldsymbol{A}t}$，可得

$$\mathrm{e}^{-\boldsymbol{A}t}\boldsymbol{x}(t)=\boldsymbol{x}(0)+\int_0^t\mathrm{e}^{-\boldsymbol{A}\tau}\boldsymbol{b}u(\tau)\mathrm{d}\tau$$

左右换项，得

$$\boldsymbol{x}(0)-\mathrm{e}^{-\boldsymbol{A}t}\boldsymbol{x}(t)=-\int_0^t\mathrm{e}^{-\boldsymbol{A}\tau}\boldsymbol{b}u(\tau)\mathrm{d}\tau$$

令 $t=1\mathrm{s}$，代入上式，并计及 $\boldsymbol{x}(0)=\boldsymbol{x}_0$ 和 $\boldsymbol{x}(1)=\boldsymbol{d}$，得

$$x_0 - e^{-A}d = -\int_0^1 e^{-A\tau}bu(\tau)d\tau$$

令$x_{0_} = x_0 - e^{-A}d$，则有

$$x_{0\_} = -\int_0^1 e^{-A\tau}bu(\tau)d\tau$$

由于该定常线性系统能控，所以对于初值是$x_{0_} = x_0 - e^{-A}d$ 时，满足上述关系式的 $u(t)$是存在的。这也表明了任取 $d \in \mathbf{R}^3$，可以在$[0,1]$上找到控制 u，使 $x(1) = d$。

(9) 非奇异变换(变换矩阵是常数阵)不改变系统的能控性，进一步，代数等价的系统具有相同的能控性。

事实上，设系统在变换前是能控的，它必成立式(4-6)。若取常数非奇异变换矩阵 P，对 x 进行线性变换 $x = P\tilde{x}$，则

$$\begin{aligned}\tilde{A} = P^{-1}AP \rightarrow A = P\tilde{A}P^{-1}\\ \tilde{B} = P^{-1}B \rightarrow B = P\tilde{B}\end{aligned} \tag{4-10}$$

将这些关系代入式(4-6)中，得

$$P\tilde{x}_0 = -\int_{t_0}^{t_f} \Phi(t_0,\tau)P\tilde{B}(\tau)u(\tau)d\tau \tag{4-11}$$

于是

$$\tilde{x}_0 = -\int_{t_0}^{t_f} P^{-1}\Phi(t_0,\tau)P\tilde{B}(\tau)u(\tau)d\tau = -\int_{t_0}^{t_f} \tilde{\Phi}(t_0,\tau)B(\tau)u(\tau)d\tau \tag{4-12}$$

式中，$\tilde{\Phi}(t_0,\tau)$为由状态方程$(\tilde{A},\tilde{B})$得到的状态转移矩阵。

(10) 若 x_{01}，x_{02}是能控的，则 $\alpha_1 x_{01} + \alpha_2 x_{02}$也必是能控的。这里 α_1 和 α_2 为非零实数。

事实上，若 x_{01}，x_{02} 能控，必存在对应容许控制 u_1，u_2，且 $\alpha_1 u_1 + \alpha_2 u_2$ 也是容许控制，若将 $\alpha_1 u_1 + \alpha_2 u_2$代入式(4-6)，得

$$-\int_{t_0}^{t_f} \Phi(t_0,\tau)B(\tau)[\alpha_1 u_1(\tau) + \alpha_2 u_2(\tau)]d\tau = \alpha_1 x_{01} + \alpha_2 x_{02} \tag{4-13}$$

此时表明 $\alpha_1 x_{01} + \alpha_2 x_{02}$是能控的。

(11) 由线性代数关于线性空间的定义可知，系统中所有能控状态构成状态空间中的一个子空间，称为能控子空间 $\mathbf{X}_c$。若 $\mathbf{X}_c = \mathbf{R}^n$，则称其为完全能控。

例 4-7 求系统能控子空间。

已知系统$\begin{pmatrix}\dot{x}_1\\ \dot{x}_2\end{pmatrix} = \begin{pmatrix}1 & 0\\ 0 & 1\end{pmatrix}\begin{pmatrix}x_1\\ x_2\end{pmatrix} + \begin{pmatrix}1\\ 1\end{pmatrix}u$，求系统的能控子空间。

解 该系统的零状态响应表达式如下：

____。

从响应表达式可以看出，只有 $x_1 = x_2$ 的状态是能控状态，在相平面上表现为图 4-2(b)。

(12) 若系统状态不能控，则可以将全部的状态变量分为能控和不能控两个部分，也即把它们分解为完全能控子空间和完全不能控子空间，且这两个子空间完全正交（注：两个子空间互相正交指来自两个子空间的向量内积为 0）。

(13) 现实的工程物理系统虽然可能存在其数学模型的不能控，但由于实际器件不精确，总会有偏差，所以实际系统能控可能性几乎为 1。

(14) 定义不涉及输出，对能控性的研究集中于 $A(t)$、$B(t)$矩阵。这与前面的结论是一致的。

4.2.2 能观性定义

根据在$[t_0,t_f]$的观测值 $\boldsymbol{y}(t)$，能唯一地确定系统在 t_0 时刻的状态 $\boldsymbol{x}(t_0)$（$\boldsymbol{x}(t_0)$是任意的），则称系统在$[t_0,t_f]$上是状态完全能观的。如果能观性不依赖于时刻 t_0，则称系统是一致能观的。

为了更好地理解这个定义，下面对此定义说明几点。

(1) 能观性是 $\boldsymbol{y}(t)$反映状态矢量的能力。由于输入引起的响应可以从总的响应中分离出去，所以在分析能观测问题时，可以令 $\boldsymbol{u}=\boldsymbol{0}$，只需要齐次状态方程和输出方程。

(2) 一个状态能观与完全能观在含义上是不同的，当且仅当状态空间中有限时间的状态均为能观测时，系统才是状态能观的。

(3) 从输出方程观测状态，实际上是如何由输出序列得到状态。从输出方程看，分两种情况。

① 若输出量 $\boldsymbol{y}$ 的维数等于状态的维数，并且 $\boldsymbol{C}(t)$是非奇异阵，则求解状态非常简单，即

$$\boldsymbol{x}(t)=\boldsymbol{C}^{-1}\boldsymbol{y}(t) \tag{4-14}$$

也就是此种情况不需要观测时间区间就可直接由输出得到状态。

② 若输出量 y 的维数总是小于状态变量的个数($q<n$)，为能唯一地确定状态变量，必须在不同的时刻多测量几组输出数据 $y(t_0),y(t_1),\cdots,y(t_f)$，使之构成几个方程式求解。需要注意的是，所测量数据的时刻间不能太近，倘若 $t_0,t_1,\cdots,t_f$相隔太近，则 $y(t_0),y(t_1),\cdots,y(t_f)$所构成的几个方程虽然在结构上是独立的，但数值相差无几，破坏了其独立性。

(4) 虽然定义中要确定的仅是系统初态，即观测的目标是系统的初态 $x(t_0)$，但由第 3 章可知，已知初态便可以根据运动解求得 $t>t_0$任何时刻系统的解，从而达到根据输出测量值观测到系统状态的目的。

(5) 若根据输出 $y(t)$可以唯一确定 $\boldsymbol{x}(t_f)$，称系统的状态 $x(t_f)$在 t_0时刻是能构的(即从 t_0 时刻出发可以构造出 $x(t_f)$)。对于连续时不变线性系统，由于状态转移矩阵的可逆性，能构性与能观性是等价的。对离散时不变线性系统和离散时变线性系统，要求系统矩阵是非奇异的，能构性与能观性才是等价的。而对连续时变线性系统，能构性与能观性一般是不等价的。

(6) 在定义中，$[t_0,t_f]$为识别初态的必要观测区间，此区间的大小一般与 t_0有关。对于线性时变系统状态转移与 t_0有关，所以能观性和 t_0选择有关。而对于线性定常系统而言，由于状态转移矩阵只与差值有关，和 t_0的选择无关，即如果定常系统在某一有限时间区间内是完全能观的，那么其在任一初始时刻的相应区间内必是完全能观的。

(7) 若系统状态方程存在确定的干扰 $\boldsymbol{f}(t)$，系统的能观性不改变。(引入 Gram 矩阵 $\boldsymbol{W}_o(t_0,t_f)$)。

事实上，对输出响应

$$\boldsymbol{y}(t)=\boldsymbol{C\Phi}(t,t_0)\,x_0+\int_{t_0}^{t}\boldsymbol{C\Phi}(t,\tau)[\boldsymbol{Bu}(\tau)+\boldsymbol{f}(\tau)]\mathrm{d}\tau \tag{4-15}$$

两边同时乘以$[\boldsymbol{C\Phi}(t,t_0)]^{\mathrm{T}}$，则

$$\boldsymbol{\Phi}^{\mathrm{T}}(t,t_0)\,\boldsymbol{C}^{\mathrm{T}}y(t)=[\boldsymbol{\Phi}^{\mathrm{T}}(t,t_0)\,\boldsymbol{C}^{\mathrm{T}}\boldsymbol{C\Phi}(t,t_0)]\,x_0+\int_{t_0}^{t}\boldsymbol{\Phi}^{\mathrm{T}}(t,t_0)\,\boldsymbol{C}^{\mathrm{T}}\boldsymbol{C\Phi}(t,\tau)[\boldsymbol{Bu}(\tau)+\boldsymbol{f}(\tau)]\mathrm{d}\tau \tag{4-16}$$

两边从 t_0到 t_f积分得

$$\int_{t_0}^{t_f} \boldsymbol{\Phi}^{\mathrm{T}}(t,t_0)\boldsymbol{C}^{\mathrm{T}}\boldsymbol{C}\boldsymbol{\Phi}(t,t_0)\mathrm{d}t \cdot \boldsymbol{x}_0 = \int_{t_0}^{t_f} \boldsymbol{\Phi}^{\mathrm{T}}(t,t_0)\boldsymbol{C}^{\mathrm{T}}y(\tau)\mathrm{d}t$$

$$-\int_{t_0}^{t_f}\int_{t_0}^{t} \boldsymbol{\Phi}^{\mathrm{T}}(t,t_0)\boldsymbol{C}^{\mathrm{T}}\boldsymbol{C}\boldsymbol{\Phi}(t,\tau)[\boldsymbol{B}\boldsymbol{u}(\tau)+\boldsymbol{f}(\tau)]\mathrm{d}\tau\mathrm{d}t \tag{4-17}$$

显然,若 $\boldsymbol{y}(t)$、$\boldsymbol{u}(t)$、$\boldsymbol{f}(t)$已知,右端可计算。$\boldsymbol{x}_0$是否存在唯一解取决于下式的秩,而与 $\boldsymbol{u}(t)$、$\boldsymbol{f}(t)$无关。

$$\boldsymbol{W}_{\mathrm{o}}[t_0,t_f] = \int_{t_0}^{t_f} \boldsymbol{\Phi}^{\mathrm{T}}(t,t_0)\boldsymbol{C}^{\mathrm{T}}\boldsymbol{C}\boldsymbol{\Phi}(t,t_0)\mathrm{d}t \tag{4-18}$$

称该式为 Gram 观测矩阵。

(8) 根据能观测的定义,可以写出不能观测的数学表达式

$$\boldsymbol{C}(t)\boldsymbol{\Phi}(t,t_0)\boldsymbol{x}(t_0)\equiv\boldsymbol{0},t\in[t_0,t_f] \tag{4-19}$$

该式表明由初始状态引起的状态响应为零,自然也无法观测。

(9) 非奇异变换(变换矩阵是常数阵)不改变系统的能观性,进而代数等价的系统具有相同的能观性。

事实上,设系统 $\boldsymbol{x}(t_0)$是不能观测的状态,它必满足式(4-19),取 $\boldsymbol{P}$ 为变换矩阵,对 $\boldsymbol{x}$ 进行线性变换 $\boldsymbol{x}=\boldsymbol{P}\tilde{\boldsymbol{x}}$,则

$$\tilde{\boldsymbol{C}}=\boldsymbol{C}\boldsymbol{P}\Rightarrow\boldsymbol{C}=\tilde{\boldsymbol{C}}\boldsymbol{P}^{-1} \tag{4-20}$$

将其代入式(4-19)中,得

$$\tilde{\boldsymbol{C}}(t)\boldsymbol{P}^{-1}\boldsymbol{\Phi}(t,t_0)\boldsymbol{P}\tilde{\boldsymbol{x}}(t_0)\equiv\boldsymbol{0} \tag{4-21}$$

令 $\tilde{\boldsymbol{\Phi}}(t,t_0)=\boldsymbol{P}^{-1}\boldsymbol{\Phi}(t,t_0)\boldsymbol{P}$,该式是变换后的状态转移矩阵,于是得

$$\tilde{\boldsymbol{C}}(t)\tilde{\boldsymbol{\Phi}}(t,t_0)\tilde{\boldsymbol{x}}(t_0)\equiv\boldsymbol{0} \tag{4-22}$$

该式表明 $\tilde{\boldsymbol{x}}(t_0)$不能观。

(10) 若 x_{01}、x_{02}是不能观的,则 $\beta_1 x_{01}+\beta_2 x_{02}$也是不能观的。

思考 应该如何说明该结论呢?另外,若 x_{01}、x_{02}是能观的,则 $\beta_1 x_{01}+\beta_2 x_{02}$也是能观的吗?

(11) 由线性代数关于线性空间的定义可知,系统中所有能观状态构成状态空间中的一个子空间,称为能观子空间 $\mathbf{X}_c$。若 $\mathbf{X}_c=\mathbf{R}^n$,则称其为完全能观。

(12) 若系统状态不能观,则可以将全部的状态变量分为能观和不能观两个部分,也即把它们分解为完全能观子空间和完全不能观子空间,且这两个子空间完全正交(注:两个子空间互相正交指来自两个子空间的向量内积为 0)。

(13) 现实的工程物理系统虽然可能存在其数学模型的不能观,但由于实际器件不精确,总会有偏差,所以实际系统能观可能性几乎为 1。

(14) 定义不涉及输入,对能控性的研究集中于 $\boldsymbol{A}(t)$、$\boldsymbol{C}(t)$矩阵。这与前面的结论是一致的。

4.3 连续线性系统能控性与能观性判据

从数学上分析能控能观性虽然比较直观,但这仅对状态数目少的情况,对于状态数目较多的系统,显然用这种方法是不现实的。本节介绍一些判据简化能控性与能观性的判定。

4.3.1 定常系统的能控性判据与能控性指数

1. Gram 矩阵能控性判据

考虑下面的 p 个输入的 n 阶系统状态方程

$$\dot{\boldsymbol{x}}=\boldsymbol{A}\boldsymbol{x}+\boldsymbol{B}\boldsymbol{u},x(0)=x_0,t\geqslant 0 \tag{4-23}$$

该系统为完全能控的充要条件：存在时刻 $t_f>0$，使能控性 Gram 矩阵为非奇异。Gram 矩阵为

$$\boldsymbol{W}_c[0,t_f]=\int_0^{t_f}e^{-\boldsymbol{A}t}\boldsymbol{B}\boldsymbol{B}^T(e^{-\boldsymbol{A}t})^T dt=\int_0^{t_f}e^{-\boldsymbol{A}t}\boldsymbol{B}\boldsymbol{B}^T e^{-\boldsymbol{A}^T t}dt \tag{4-24}$$

事实上，从条件的充分性上看，由$\boldsymbol{W}_c[0,t_f]$非奇异，所以$\boldsymbol{W}_c^{-1}[0,t_f]$存在，对于给定的$\forall \boldsymbol{x}_0$，必可构造输入

$$\boldsymbol{u}(t)=-\boldsymbol{B}^T(e^{-\boldsymbol{A}t})^T\boldsymbol{W}_c^{-1}[0,t_f]\boldsymbol{x}_0 \tag{4-25}$$

在其作用下，状态在 t_f 时刻的值为

$$\begin{aligned}\boldsymbol{x}(t_f)&=e^{\boldsymbol{A}t_f}\boldsymbol{x}_0+\int_0^{t_f}e^{\boldsymbol{A}(t_f-t)}\boldsymbol{B}\boldsymbol{u}(t)dt=e^{\boldsymbol{A}t_f}\boldsymbol{x}_0-\int_0^{t_f}e^{\boldsymbol{A}(t_f-t)}\boldsymbol{B}\boldsymbol{B}^T(e^{-\boldsymbol{A}t})^T\boldsymbol{W}_c^{-1}[0,t_f]\boldsymbol{x}_0dt\\&=e^{\boldsymbol{A}t_f}\boldsymbol{x}_0-e^{\boldsymbol{A}t_f}\int_0^{t_f}e^{-\boldsymbol{A}t}\boldsymbol{B}\boldsymbol{B}^T(e^{-\boldsymbol{A}t})^T dt\cdot\boldsymbol{W}_c^{-1}[0,t_f]\boldsymbol{x}_0=e^{\boldsymbol{A}t_f}\boldsymbol{x}_0-e^{\boldsymbol{A}t_f}\boldsymbol{W}_c[0,t_f]\boldsymbol{W}_c^{-1}[0,t_f]\boldsymbol{x}_0=0\end{aligned} \tag{4-26}$$

按能控性定义，系统状态完全能控。

若系统完全能控，反设$\boldsymbol{W}_c[0,t_f]$奇异，则在状态空间 $\mathbf{R}^n$ 中至少$\exists\bar{\boldsymbol{x}}_0\neq\boldsymbol{0}$，使下式成立

$$\bar{\boldsymbol{x}}_0^T\boldsymbol{W}_c[0,t_f]\bar{\boldsymbol{x}}_0=0 \tag{4-27}$$

将式(4-24)代入上式，得

$$\bar{\boldsymbol{x}}_0^T\int_0^{t_f}e^{-\boldsymbol{A}t}\boldsymbol{B}\boldsymbol{B}^T(e^{-\boldsymbol{A}t})^T dt\,\bar{\boldsymbol{x}}_0=\int_0^{t_f}[\boldsymbol{B}^T(e^{-\boldsymbol{A}t})^T\bar{\boldsymbol{x}}_0]^T\boldsymbol{B}^T(e^{-\boldsymbol{A}t})^T\bar{\boldsymbol{x}}_0dt=\int_0^{t_f}\|\boldsymbol{B}^T(e^{-\boldsymbol{A}t})^T\bar{\boldsymbol{x}}_0\|^2dt=0 \tag{4-28}$$

由此，得

$$\boldsymbol{B}^T(e^{-\boldsymbol{A}t})^T\bar{\boldsymbol{x}}_0=\boldsymbol{0} \tag{4-29}$$

但由于系统可控，可以找到 $\boldsymbol{u}(t)$使$\bar{\boldsymbol{x}}_0$ 成立

$$\bar{\boldsymbol{x}}_0=-\int_0^{t_f}e^{-\boldsymbol{A}t}\boldsymbol{B}\boldsymbol{u}(t)dt \tag{4-30}$$

于是有

$$\|\bar{\boldsymbol{x}}_0\|^2=\bar{\boldsymbol{x}}_0^T\bar{\boldsymbol{x}}_0=-\left(\int_0^{t_f}e^{-\boldsymbol{A}t}\boldsymbol{B}\boldsymbol{u}(t)dt\right)^T\bar{\boldsymbol{x}}_0=-\int_0^{t_f}\boldsymbol{u}^T(t)\boldsymbol{B}^T(e^{-\boldsymbol{A}t})^T\bar{\boldsymbol{x}}_0dt=0 \tag{4-31}$$

由此得 $\bar{\boldsymbol{x}}_0=\boldsymbol{0}$，这与前述假设$\bar{\boldsymbol{x}}_0\neq\boldsymbol{0}$ 矛盾。故$\boldsymbol{W}_c[0,t_f]$一定是非奇异的。

需要说明的是，Gram 矩阵能控性判据意义在于理论分析，而不在于具体判定系统的能控性。同时也要看到，基于 Gram 矩阵可以给出任意非零初始状态在有限时间内转移到原点的控制输入的构造性关系式。

对于连续定常线性系统，由于状态转移矩阵只与时间之差相关，且状态转移矩阵是可逆的，由$\boldsymbol{W}_c[0,t_f]$的非奇性与系统能控性的等价性证明过程，同样也可证明$\boldsymbol{W}_c[0,t_f]$非奇异与系统能达性的等价性。

2. 具有Jordan标准型系统的能控性判据

1) 单输入系统

考虑单输入(SI)系统状态方程

$$\dot{\boldsymbol{x}}=\boldsymbol{A}\boldsymbol{x}+\boldsymbol{b}u \tag{4-32}$$

可以转化成

$$\dot{\boldsymbol{z}}=\boldsymbol{\Lambda}\boldsymbol{z}+\boldsymbol{b}_{\Lambda}u \text{ 或 } \dot{\boldsymbol{z}}=\boldsymbol{J}\boldsymbol{z}+\boldsymbol{b}_{J}u \tag{4-33}$$

下面由几个例子出发归纳 SI 系统的能控性。

例 4-8 画模拟结构图分析能控性。

已知系统如下式，画出框图分析能控性。

$$\dot{\boldsymbol{x}}=\begin{pmatrix}\lambda_1 & 0\\ 0 & \lambda_2\end{pmatrix}\boldsymbol{x}+\begin{pmatrix}0\\ b_2\end{pmatrix}u,\ y=(c_1,c_2)\boldsymbol{x},\lambda_1\neq\lambda_2,b_0\neq 0$$

解 画出系统的模拟结构图如图 4-5(a)所示。从图中可以看出，对应 x_1 的方框部分与此 u 无关。能控子空间如图 4-5(b)所示。

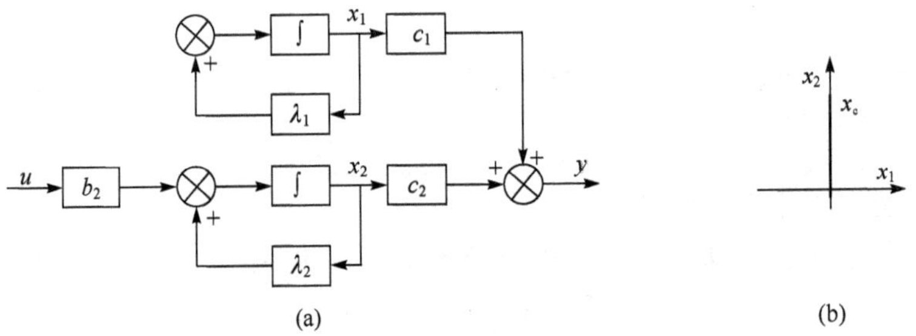

图 4-5 例 4-8 模拟结构图与能控子空间

由此，得到结论 1：对于 SI 系统，若特征根互异(可对角化)，且 $\boldsymbol{b}$ 的元素全不为 0，则该系统是能控的。

例 4-9 画模拟结构图分析能控性。

已知系统如下式，画出框图分析能控性。

$$\dot{\boldsymbol{x}}=\begin{pmatrix}\lambda_1 & 0\\ 0 & \lambda_1\end{pmatrix}\boldsymbol{x}+\begin{pmatrix}b_1\\ b_2\end{pmatrix}u,y=(c_1\quad c_2)\boldsymbol{x},b_1\neq 0,b_2\neq 0,$$

解 系统的模拟结构图如图 4-6(a)所示。由状态方程可得，系统的状态响应为

$$\begin{pmatrix}x_1\\ x_2\end{pmatrix}=\begin{bmatrix}e^{\lambda_1 t}x_1(0)\\ e^{\lambda_1 t}x_2(0)\end{bmatrix}+\begin{bmatrix}b_1\\ b_2\end{bmatrix}\int_0^t e^{\lambda_1(t-\tau)}u(\tau)\mathrm{d}\tau$$

令 $W=\int_0^t e^{\lambda_1(t-\tau)}u(\tau)\mathrm{d}\tau,V_1=e^{\lambda_1 t}x_{01},V_2=e^{\lambda_1 t}x_{02}$，则

$$\frac{x_1-V_1}{b_1}=\frac{x_2-V_2}{b_2}$$

所以能控子空间如图 4-6(b)所示。

由此，得到结论 2：对于 SI 系统，若存在重特征值，但仍可化成对角型，此时，该系统一定不能控。

例 4-10 画模拟结构图分析能控性。

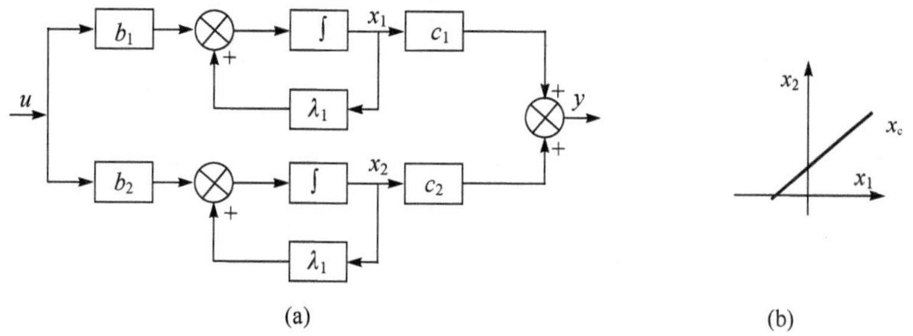

图 4-6　例 4-9 模拟结构图与能控子空间

已知系统如下式,画出框图分析能控性。

$$\dot{\boldsymbol{x}}=\begin{pmatrix}\lambda_1 & 1\\ 0 & \lambda_1\end{pmatrix}\boldsymbol{x}+\begin{pmatrix}0\\ b_2\end{pmatrix}u,y=(c_1,c_2)\boldsymbol{x},b_2\neq 0$$

解　系统的模拟结构图如图 4-7 所示。同时可以计算状态响应为

$$\begin{pmatrix}x_1\\ x_2\end{pmatrix}=\begin{bmatrix}e^{\lambda_1 t}x_1(0)+te^{\lambda_1 t}x_2(0)\\ e^{\lambda_1 t}x_2(0)\end{bmatrix}+\int_0^t e^{\lambda_1(t-\tau)}\begin{bmatrix}0\\ b_2\end{bmatrix}u(\tau)d\tau$$

这是一个 Jordan 块串联型系统结构,没有孤立部分。虽然 $\dot{x}_1$ 表达式与 u 无直接联系,但是它与 x_2有联系,而 x_2都受控于 u,所以系统完全能控。这一点从状态响应表达式中也可以看出来。

例 4-11　画模拟结构图分析能控性。

已知系统如下式,画出框图分析能控性。

$$\dot{\boldsymbol{x}}=\begin{pmatrix}\lambda_1 & 1\\ 0 & \lambda_1\end{pmatrix}\boldsymbol{x}+\begin{pmatrix}b_1\\ 0\end{pmatrix}u,y=(c_1,c_2)\boldsymbol{x},b_1\neq 0$$

解　系统的模拟结构图如图 4-8 所示。从图中可以看出,x_2不受 u 控制,所以系统不能控。

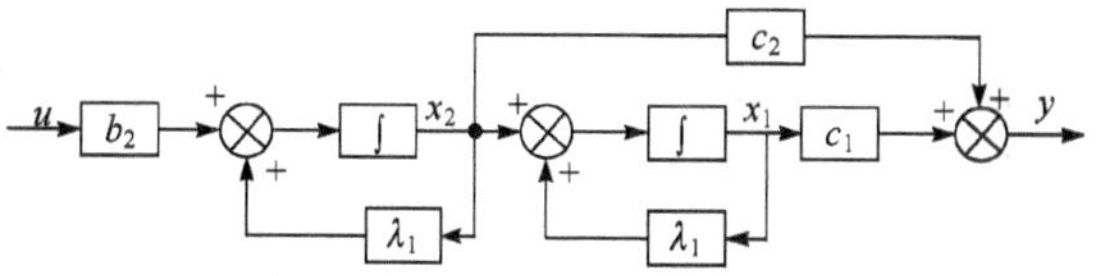

图 4-7　例 4-10 模拟结构图

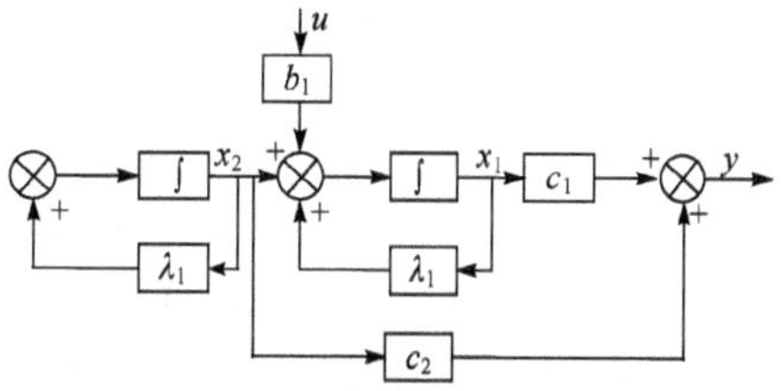

图 4-8　例 4-11 模拟结构图

由例 4-10 和例 4-11,得到结论 3:对于 SI 系统,对于某重特征值的约当块,前一状态总是受下一个状态的控制,故只有当 b 中相应于约当块的最后一行的元素不为 0 时,该 Jordan 块对应的状态才是能控的。同时,也得到结论 4:对于 SI 系统,在结构图中表现为存在与 u 无关的孤立的状态方块,则方程是不能控的,但这只是充分条件,并不是必要条件,这一点从例 4-9 可以看出来。

例 4-12　画模拟结构图分析能控性。

已知系统如下式,画出框图分析能控性。

$$\dot{x}=\begin{pmatrix}\lambda_1 & 1 & 0\\0 & \lambda_1 & 0\\0 & 0 & \lambda_1\end{pmatrix}x+\begin{pmatrix}0\\b_2\\b_3\end{pmatrix}u,y=(c_1\quad c_2\quad c_3)x$$

解 系统的模拟结构图如图 4-9(a)所示。同时由状态方程可以得到状态响应为

$$x=\begin{pmatrix}1 & t & 0\\0 & 1 & 0\\0 & 0 & 1\end{pmatrix}e^{\lambda_1 t}x(0)+\int_0^t e^{\lambda_1(t-\tau)}\begin{pmatrix}0\\b_2\\b_3\end{pmatrix}u(\tau)d\tau$$

可以得到 x_2 和 x_3 的关系如下

$$\frac{x_2-e^{\lambda_1 t}x_{02}}{b_2}=\frac{x_3-e^{\lambda_1 t}x_{03}}{b_3}$$

所以能控子空间如图 4-9(b)所示。

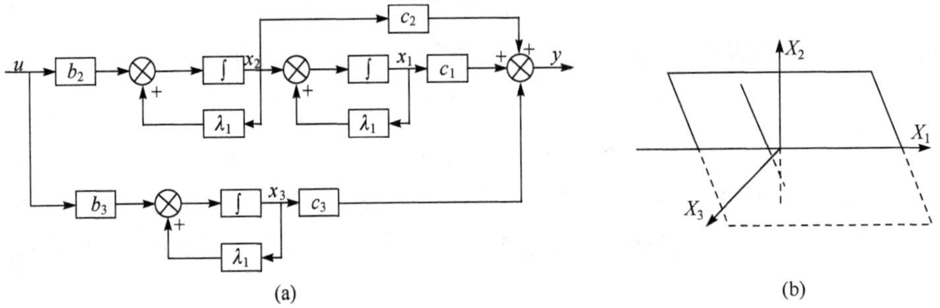

图 4-9　例 4-12 模拟结构图与能控子空间

由此，得到结论 5：对于 SI 系统，同一特征值的 Jordan 块有多个，即使每个 Jordan 块对应的状态能控，该系统也不能控；反之，对 SI 系统，并联分解结构中，关于任一重特征值的分支仅一支，各分支与 u 有联系，则系统一定能控。

2) 多输入系统

考虑式(4-23)的多输入(MI)系统状态方程，可以在 $\boldsymbol{x}=\boldsymbol{Tz}$ 的变换下变成 Jordan 标准型：

$$\dot{\boldsymbol{z}}=\boldsymbol{\Lambda}_z\boldsymbol{z}+\boldsymbol{T}^{-1}\boldsymbol{Bu},\boldsymbol{\Lambda}_z=\boldsymbol{T}^{-1}\boldsymbol{AT}\tag{4-34}$$

或

$$\dot{\boldsymbol{z}}=\boldsymbol{Jz}+\boldsymbol{T}^{-1}\boldsymbol{Bu},\boldsymbol{J}=\boldsymbol{T}^{-1}\boldsymbol{AT}\tag{4-35}$$

基于线性变换不改变能控性结论，直接讨论 Jordan 标准型就可以得到原系统的能控性。SI 线性系统讨论过程可以类推到 MI 线性系统。这里直接给出如下结论，注意由于 SI 线性系统只是 MI 线性系统的特例，所以下列的结论同样适用于 SI 线性系统。MI 线性系统的能控性判据如下。

(1) 若系统矩阵 $\boldsymbol{A}$ 的特征值互异，此时系统能控的充分必要条件是控制矩阵 $\boldsymbol{T}^{-1}\boldsymbol{B}$ 的各行元素不全为 0。

(2) 若系统矩阵 $\boldsymbol{A}$ 特征值有相同的，且各特征值的几何重数仅为 1，此时的充要条件是，各 Jordan 块最后一行相对应的 $\boldsymbol{T}^{-1}\boldsymbol{B}$ 中的行元素不全为 0。

(3) 若系统矩阵 $\boldsymbol{A}$ 特征值有相同的，且存在某特征值的几何重数大于 1，此时的充要条件是，各 Jordan 块最后一行相对应的 $\boldsymbol{T}^{-1}\boldsymbol{B}$ 中的行元素不全为 0 且在 $\boldsymbol{T}^{-1}\boldsymbol{B}$ 中，那些相同特征值对应的各 Jordan 块的最后一行元素所形成的矢量是线性无关的。

思考 “对于 MI 线性系统，可控意味着最多有 p 个（系统输入个数）Jordan 块特征值相同。”对吗？对 SI 线性系统呢？

例 4-13 利用判据判断能控性。

分别判断下列系统的能控性。

(1) $\dot{\boldsymbol{x}}=\begin{pmatrix}-4&1&0\\0&-4&0\\0&0&-2\end{pmatrix}\boldsymbol{x}+\begin{pmatrix}0\\4\\3\end{pmatrix}u$； (2) $\dot{\boldsymbol{x}}=\begin{pmatrix}-7&0&0\\0&-5&0\\0&0&-2\end{pmatrix}\boldsymbol{x}+\begin{pmatrix}2\\1\\1\end{pmatrix}u$；

(3) $\dot{\boldsymbol{x}}=\begin{pmatrix}-7&0&0\\0&-5&0\\0&0&-5\end{pmatrix}\boldsymbol{x}+\begin{pmatrix}2\\1\\1\end{pmatrix}u$； (4) $\dot{\boldsymbol{x}}=\begin{pmatrix}-2&1&0\\0&-2&0\\0&0&3\end{pmatrix}\boldsymbol{x}+\begin{pmatrix}1&3\\0&0\\4&5\end{pmatrix}\boldsymbol{u}$；

(5) $\dot{\boldsymbol{x}}=\begin{pmatrix}-7&0&0\\0&-5&0\\0&0&-2\end{pmatrix}\boldsymbol{x}+\begin{pmatrix}0&1\\4&0\\7&5\end{pmatrix}\boldsymbol{u}$； (6) $\dot{\boldsymbol{x}}=\begin{pmatrix}-2&1&0&0\\0&-2&0&0\\0&0&-2&0\\0&0&0&-3\end{pmatrix}\boldsymbol{x}+\begin{pmatrix}1&3\\1&0\\2&0\\3&0\end{pmatrix}\boldsymbol{u}$。

解 (1)能控；(2)能控；(3)不能控；(4)不能控；(5)能控；(6)不能控。

例 4-14 利用判据证明能控性。

证明如下能控标准型系统是能控的。

$$\dot{\boldsymbol{x}}=\begin{pmatrix}0&1&0\\0&0&1\\-a_0&-a_1&-a_2\end{pmatrix}\boldsymbol{x}+\begin{pmatrix}0\\0\\1\end{pmatrix}\boldsymbol{u}$$

证明 (1) 若系统矩阵的特征根 $\lambda_1,\lambda_2,\lambda_3$ 互异，将其变换为对角阵时，变换阵为范德蒙阵$\boldsymbol{P}_V$

$$\boldsymbol{P}_V=\begin{pmatrix}1&1&1\\\lambda_1&\lambda_2&\lambda_3\\\lambda_1^2&\lambda_2^2&\lambda_3^2\end{pmatrix},\boldsymbol{P}_V^{-1}=\frac{1}{|\boldsymbol{P}_V|=\lambda_3\lambda_2(\lambda_3-\lambda_2)+\lambda_2\lambda_1(\lambda_2-\lambda_1)+\lambda_1\lambda_3(\lambda_1-\lambda_3)}\begin{pmatrix}*&*&\lambda_3-\lambda_2\\ *&*&\lambda_1-\lambda_3\\ *&*&\lambda_2-\lambda_1\end{pmatrix}$$

经变换后得 Jordan 标准型

$$\dot{\boldsymbol{z}}=\begin{pmatrix}\lambda_1&&\\&\lambda_2&\\&&\lambda_3\end{pmatrix}\boldsymbol{z}+\frac{1}{|\boldsymbol{P}_V|}\begin{pmatrix}\lambda_3-\lambda_2\\\lambda_1-\lambda_3\\\lambda_2-\lambda_1\end{pmatrix}\boldsymbol{u}$$

此式的控制矩阵部分不可能为 0，故系统是能控的。

(2) 若系统矩阵的特征根 $\lambda_1,\lambda_2,\lambda_3$ 前两个相等，并且可以判定其不可对角化，于是引入变换阵

$$\boldsymbol{P}=\begin{pmatrix}1&0&1\\\lambda_1&1&\lambda_3\\\lambda_1^2&2\lambda_1&\lambda_3^2\end{pmatrix},\boldsymbol{P}^{-1}=\frac{1}{(\lambda_1-\lambda_3)^2}\begin{pmatrix}*&*&-1\\ *&*&\lambda_1-\lambda_3\\ *&*&1\end{pmatrix}$$

经变换后得 Jordan 标准型

$$\dot{\boldsymbol{z}}=\begin{pmatrix}\lambda_1&1&\\&\lambda_1&\\&&\lambda_3\end{pmatrix}\boldsymbol{z}+\frac{1}{(\lambda_1-\lambda_3)^2}\begin{pmatrix}-1\\\lambda_3-\lambda_1\\1\end{pmatrix}\boldsymbol{u}$$

此式的控制矩阵的各元素非零，故系统是能控的。

(3) 若系统矩阵的特征根$\lambda_1,\lambda_2,\lambda_3$均相等，并且可以判定其不可对角化，于是

$$\boldsymbol{P}=\begin{pmatrix}1 & 0 & 0\\ \lambda_1 & 1 & 0\\ \lambda_1^2 & 2\lambda_1 & \lambda_1\end{pmatrix},\boldsymbol{P}^{-1}=\frac{1}{\lambda_1}\begin{pmatrix}* & * & 0\\ * & * & 0\\ * & * & 1\end{pmatrix}$$

经变换后得

$$\dot{\boldsymbol{z}}=\begin{pmatrix}\lambda_1 & 1 & \\ & \lambda_1 & 1\\ & & \lambda_1\end{pmatrix}\boldsymbol{z}+\frac{1}{\lambda_1}\begin{pmatrix}0\\0\\1\end{pmatrix}\boldsymbol{u}$$

此式的控制矩阵的最后一行元素非零，故系统是能控的。

3. 能控性矩阵秩判据

由于单输入是多输入的特殊情况，不失一般性，下面仅讨论多输入系统的能控性秩判据。考虑下面的p个输入的n阶系统状态方程

$$\dot{\boldsymbol{x}}=\boldsymbol{Ax}+\boldsymbol{Bu} \tag{4-36}$$

其能控的充分必要条件为$\mathrm{rank}(\boldsymbol{Q}_\mathrm{c})=n$。式中，能控性矩阵

$$\boldsymbol{Q}_\mathrm{c}=(\boldsymbol{B}\quad \boldsymbol{AB}\quad \cdots\quad \boldsymbol{A}^{n-1}\boldsymbol{B}) \tag{4-37}$$

事实上，系统是否能控实际上是判定“是否存在初始状态$\boldsymbol{x}(t_0)$转移到$\boldsymbol{0}$的控制作用$\boldsymbol{u}(t)$”。为此，由状态方程的解

$$\boldsymbol{x}(t)=\boldsymbol{\Phi}(t-t_0)\boldsymbol{x}(t_0)+\int_{t_0}^{t}\boldsymbol{\Phi}(t-\tau)\boldsymbol{Bu}(\tau)\mathrm{d}\tau \tag{4-38}$$

据能控性定义，在有限时刻点t_f得

$$\boldsymbol{x}(t_0)=-\int_{t_0}^{t_\mathrm{f}}\boldsymbol{\Phi}(t_0-\tau)\boldsymbol{B}(\tau)\boldsymbol{u}(\tau)\mathrm{d}\tau \tag{4-39}$$

据 C-H 定理，$\boldsymbol{A}$的任意次幂可由$\boldsymbol{A}$的 0 次到$n-1$次幂表示，于是有

$$\boldsymbol{A}^k=\sum_{j=0}^{n-1}\alpha_{jk}\boldsymbol{A}^j,\ \forall k\geqslant 0 \tag{4-40}$$

又因

$$\boldsymbol{\Phi}(t)=\mathrm{e}^{\boldsymbol{A}t}=\sum_{k=0}^{\infty}\boldsymbol{A}^k t^k/k! \tag{4-41}$$

故

$$\boldsymbol{\Phi}(t)=\sum_{k=0}^{\infty}t^k/k!\cdot\boldsymbol{A}^k=\sum_{k=0}^{\infty}t^k/k!\cdot\sum_{j=0}^{n-1}\alpha_{jk}\boldsymbol{A}^j=\sum_{j=0}^{n-1}\boldsymbol{A}^j\cdot\sum_{k=0}^{\infty}\alpha_{jk}t^k/k! \tag{4-42}$$

令

$$\beta_j(t)=\sum_{k=0}^{\infty}\alpha_{jk}t^k/k! \tag{4-43}$$

则

$$\boldsymbol{x}(t_0)=-\sum_{j=0}^{n-1}\boldsymbol{A}^j\boldsymbol{B}\int_{t_0}^{t_\mathrm{f}}\beta_j(t_0-\tau)\boldsymbol{u}(\tau)\mathrm{d}\tau \tag{4-44}$$

令

$$\boldsymbol{\Gamma}_j(t)=\int_{t_0}^{t_\mathrm{f}}\beta_j(t_0-\tau)\boldsymbol{u}(\tau)\mathrm{d}\tau \tag{4-45}$$

计及式(4-37),式(4-44)变为

$$\boldsymbol{x}(t_0)=-\boldsymbol{Q}_c\begin{pmatrix}\boldsymbol{\Gamma}_0(t)\\ \boldsymbol{\Gamma}_1(t)\\ \boldsymbol{\Gamma}_2(t)\\ \vdots\\ \boldsymbol{\Gamma}_{n-1}(t)\end{pmatrix} \tag{4-46}$$

该式是一个有 np 个未知数的 n 个方程组,据代数理论,对式(4-46)给出的非齐次方程组有解的充要条件是它的系统矩阵 $\boldsymbol{Q}_c$ 和增广矩阵 $(\boldsymbol{Q}_c \quad \boldsymbol{x}(t_0))$ 的秩相等。考虑到 $\boldsymbol{x}(t_0)$ 的任意性,欲使 $\mathrm{rank}(\boldsymbol{Q}_c)=\mathrm{rank}(\boldsymbol{Q}_c \quad x(t_0))$,$\boldsymbol{Q}_c$ 必是满秩的,即 $\mathrm{rank}(\boldsymbol{Q}_c)=n$。考虑到 $\boldsymbol{Q}_c$ 可能是非方的,一般不易计算,常用 $\mathrm{rank}(\boldsymbol{Q}_c)=\mathrm{rank}(\boldsymbol{Q}_c\boldsymbol{Q}_c^{\mathrm{T}})$ 关系确定 $\boldsymbol{Q}_c$ 的秩。另外,从 γ_j 或 $\boldsymbol{\Gamma}_j$ 的表达式中可以看出,$\boldsymbol{u}(t)$ 有无穷多个。

思考 为什么由式(4-45)和式(4-46)可以解出无穷多的 $\boldsymbol{u}(t)$?

例 4-15 利用能控性矩阵秩判据证明能控性。

利用 $\boldsymbol{Q}_c$ 矩阵的秩证明下面的能控标准 I 型状态方程是能控的。

$$\dot{\boldsymbol{x}}=\begin{pmatrix}0 & 1 & 0\\ 0 & 0 & 1\\ -a_0 & -a_1 & -a_2\end{pmatrix}\boldsymbol{x}+\begin{pmatrix}0\\0\\1\end{pmatrix}\boldsymbol{u}$$

解 计算 $\boldsymbol{Q}_c$,得

$$\boldsymbol{Q}_c=(\boldsymbol{b} \quad \boldsymbol{A}\boldsymbol{b} \quad \boldsymbol{A}^2\boldsymbol{b})=\begin{pmatrix}0 & 0 & 1\\ 0 & 1 & -a_2\\ 1 & -a_2 & -a_1+a_2^2\end{pmatrix}$$

由于该矩阵是一个三角矩阵,对角线非零,无论参数取何值,总是满秩的,所以系统总是能控的。

例 4-16 利用能控性矩阵秩判据证明能控性。

用 $\boldsymbol{Q}_c$ 矩阵秩判定下面系统状态方程的能控性:

$$\dot{\boldsymbol{x}}=\begin{pmatrix}1 & 2 & 1\\ 0 & 1 & 0\\ 1 & 0 & 3\end{pmatrix}\boldsymbol{x}+\begin{pmatrix}1 & 0\\ 0 & 1\\ 0 & 0\end{pmatrix}\boldsymbol{u}$$

解 计算 $\boldsymbol{Q}_c$,得

$$\boldsymbol{Q}_c=(\boldsymbol{B} \quad \boldsymbol{A}\boldsymbol{B} \quad \boldsymbol{A}^2\boldsymbol{B})=\left(\begin{array}{cc:cc:cc}1 & 0 & 1 & 2 & 2 & 4\\ 0 & 1 & 0 & 1 & 0 & 1\\ 0 & 0 & 1 & 0 & 4 & 2\end{array}\right)$$

鉴于 $\mathrm{rank}(\boldsymbol{Q}_c)=\mathrm{rank}(\boldsymbol{Q}_c\boldsymbol{Q}_c^{\mathrm{T}})=3$,可以判定方阵 $\boldsymbol{Q}_c\boldsymbol{Q}_c^{\mathrm{T}}$ 的秩来判定能控性。

4. 能控性 PBH 判据

能控性 PBH(Popov-Belevitch-Hautus)判据是由 Popov 和 Belevitch 提出的,并由 Hautus 指出其广泛可用性。它包括两种:一种是 PBH 秩判据,一种是 PBH 特征向量判据。

(1) PBH 秩判据:考虑如式(4-36)的状态方程,其能控的充要条件是矩阵 $(\lambda_i\boldsymbol{I}-\boldsymbol{A} \quad \boldsymbol{B})$ 对于 $\boldsymbol{A}$ 的所有特征值 λ_i,其秩都是 n,即 $\mathrm{rank}(\lambda_i I-\boldsymbol{A} \quad \boldsymbol{B})=n$;进而,$\mathrm{rank}(sI-\boldsymbol{A} \quad \boldsymbol{B})=n$,$\forall s\in\mathbf{C}$。

实际上，若设系统是状态完全能控的，反设 $\mathrm{rank}(\lambda_i \boldsymbol{I}-\boldsymbol{A} \quad \boldsymbol{B})<n$，于是存在一个非零的常向量 $\boldsymbol{\alpha}$ 使得

$$\boldsymbol{\alpha}^{\mathrm{T}}(\lambda_i \boldsymbol{I}-\boldsymbol{A} \quad \boldsymbol{B})=\boldsymbol{0}, i=1,2,\cdots,n$$

即 $\boldsymbol{\alpha}^{\mathrm{T}}\boldsymbol{A}=\lambda_i \boldsymbol{\alpha}^{\mathrm{T}}, \boldsymbol{\alpha}^{\mathrm{T}}\boldsymbol{B}=0$。于是

$$\boldsymbol{\alpha}^{\mathrm{T}}\boldsymbol{B}=0, \boldsymbol{\alpha}^{\mathrm{T}}\boldsymbol{AB}=\lambda_i \alpha^{\mathrm{T}}\boldsymbol{B}=0, \cdots, \alpha^{\mathrm{T}} \boldsymbol{A}^{n-1}\boldsymbol{B}=\lambda_i\, n-1\boldsymbol{\alpha}^{\mathrm{T}}\boldsymbol{B}=0$$

即

$$\boldsymbol{\alpha}^{\mathrm{T}}(\boldsymbol{B} \quad \boldsymbol{AB} \quad \cdots \quad \boldsymbol{A}^{n-1}\boldsymbol{B})=0$$

由于 $\boldsymbol{\alpha}$ 为非零变量，所以必有 $\mathrm{rank}(\boldsymbol{B} \quad \boldsymbol{AB} \quad \cdots \quad \boldsymbol{A}^{n-1}\boldsymbol{B})<n$，这与能控性矩阵秩判据矛盾。

另外，若 $\mathrm{rank}(\lambda_i \boldsymbol{I}-\boldsymbol{A} \quad \boldsymbol{B})=n$，反设系统是状态不完全能控的，由于非奇异变换不改变能控性，所以引入某种非奇异变换 $\boldsymbol{P}$ 可以将原状态方程分解成如下形式

$$\overline{\boldsymbol{A}}=\boldsymbol{PA}\boldsymbol{P}^{-1}=\begin{pmatrix}\overline{\boldsymbol{A}}_{\mathrm{c}} & \overline{\boldsymbol{A}}_{12}\\ \boldsymbol{0} & \overline{\boldsymbol{A}}_{\bar{\mathrm{c}}}\end{pmatrix}, \overline{\boldsymbol{B}}=\boldsymbol{PB}=\begin{pmatrix}\overline{\boldsymbol{B}}_{\mathrm{c}}\\ \boldsymbol{0}\end{pmatrix}$$

式中，$(\overline{\boldsymbol{A}}_{\mathrm{c}}\in\mathbf{R}^{h\times h}, \overline{\boldsymbol{A}}_{\mathrm{c}}\in\mathbf{R}^{h\times r})$ 和 $(\overline{\boldsymbol{A}}_{\bar{\mathrm{c}}}\in\mathbf{R}^{(n-h)\times(n-h)}, 0\in\mathbf{R}^{(n-h)\times r})$ 代表系统分解后的能控部分和不能控部分。再 $\lambda_i=\overline{\boldsymbol{A}}_{\bar{\mathrm{c}}}$ 的一个特征值 $=\boldsymbol{A}$ 的一个特征值；$\boldsymbol{q}_{\bar{\mathrm{c}}}{}^{\mathrm{T}}\in\boldsymbol{C}^{1\times(n-h)}=\overline{\boldsymbol{A}}_{\bar{\mathrm{c}}}$ 的属于 λ_i 的一个左特征向量。基此，可构造一个非零 n 维行向量 $\boldsymbol{q}^{\mathrm{T}}=(\boldsymbol{0} \quad \overline{\boldsymbol{q}}_{\bar{\mathrm{c}}}^{T})\boldsymbol{P}$，使成立

$$\boldsymbol{q}^{\mathrm{T}}\boldsymbol{B}=(\boldsymbol{0} \quad \overline{\boldsymbol{q}}_{\bar{\mathrm{c}}}{}^{\mathrm{T}})\boldsymbol{P}\cdot\boldsymbol{P}^{-1}\begin{pmatrix}\overline{\boldsymbol{B}}_{\mathrm{c}}\\ \boldsymbol{0}\end{pmatrix}=\boldsymbol{0}$$

$$\boldsymbol{q}^{\mathrm{T}}\boldsymbol{A}=(\boldsymbol{0} \quad \overline{\boldsymbol{q}}_{\bar{\mathrm{c}}}{}^{\mathrm{T}})\boldsymbol{P}\cdot\boldsymbol{P}^{-1}\begin{pmatrix}\overline{\boldsymbol{A}}_{\mathrm{c}} & \overline{\boldsymbol{A}}_{12}\\ \boldsymbol{0} & \overline{\boldsymbol{A}}_{\bar{\mathrm{c}}}\end{pmatrix}\boldsymbol{P}=(\boldsymbol{0} \quad \overline{\boldsymbol{q}}_{\bar{\mathrm{c}}}{}^{\mathrm{T}}\overline{\boldsymbol{A}}_{\bar{\mathrm{c}}})\boldsymbol{P}=(\boldsymbol{0} \quad \lambda_i \overline{\boldsymbol{q}}_{\bar{\mathrm{c}}}{}^{\mathrm{T}})\boldsymbol{P}=\lambda_i(\boldsymbol{0} \quad \overline{\boldsymbol{q}}_{\bar{\mathrm{c}}}{}^{\mathrm{T}})\boldsymbol{P}=\lambda_i \boldsymbol{q}^{\mathrm{T}}$$

这表明，存在一个 n 维行向量 $\boldsymbol{q}^{\mathrm{T}}\neq\boldsymbol{0}$，使成立

$$\boldsymbol{q}^{\mathrm{T}}(\lambda_i \boldsymbol{I}-\boldsymbol{A} \quad \boldsymbol{B})=\boldsymbol{0}$$

等价地，即存在一个 $\lambda_i\in\mathbf{C}$，有 $\mathrm{rank}(\lambda_i \boldsymbol{I}-\boldsymbol{A} \quad \boldsymbol{B})<n$。显然，这和已知"$\mathrm{rank}(s\boldsymbol{I}-\boldsymbol{A} \quad \boldsymbol{B})=n, \forall s\in\mathbf{C}$"相矛盾。反设不成立，系统完全能控。

思考　只要对于所有的特征值 $\mathrm{rank}(\lambda_i \boldsymbol{I}-\boldsymbol{A} \quad \boldsymbol{B})=n$，即可保证对 $\forall s\in\mathbf{C}$，有 $\mathrm{rank}(s\boldsymbol{I}-\boldsymbol{A} \quad \boldsymbol{B})=n$，必要性得证。这是为什么？

(2) PBH 特征向量判据：考虑如式(4-36)的状态方程，其能控的充要条件：矩阵 $\boldsymbol{A}$ 不存在与 $\boldsymbol{B}$ 所有列正交的非零左特征向量，即对所有的特征值 λ_i，若存在 $\boldsymbol{\alpha}^{\mathrm{T}}$ 满足 $\boldsymbol{\alpha}^{\mathrm{T}}\boldsymbol{A}=\lambda_i \boldsymbol{\alpha}^{\mathrm{T}}$ 且 $\boldsymbol{\alpha}^{\mathrm{T}}\boldsymbol{B}=0$，则必有 $\boldsymbol{\alpha}^{\mathrm{T}}=\boldsymbol{0}$。

事实上，若系统完全能控，反设存在一个 n 维的行向量 $\boldsymbol{\alpha}^{\mathrm{T}}\neq\boldsymbol{0}$ 使 $\boldsymbol{\alpha}^{\mathrm{T}}\boldsymbol{A}=\lambda_i \boldsymbol{\alpha}^{\mathrm{T}}$ 且 $\boldsymbol{\alpha}^{\mathrm{T}}\boldsymbol{B}=\boldsymbol{0}$，则

$$\boldsymbol{\alpha}^{\mathrm{T}}\boldsymbol{B}=\boldsymbol{0}, \boldsymbol{\alpha}^{\mathrm{T}}\boldsymbol{AB}=\lambda_i \boldsymbol{\alpha}^{\mathrm{T}}\boldsymbol{B}=\boldsymbol{0}, \cdots, \boldsymbol{\alpha}^{\mathrm{T}} \boldsymbol{A}^{n-1}\boldsymbol{B}=\lambda_i^{n-1} \boldsymbol{\alpha}^{\mathrm{T}}\boldsymbol{B}=\boldsymbol{0}$$

从而有

$$\boldsymbol{\alpha}^{\mathrm{T}}(\boldsymbol{B} \quad \boldsymbol{AB} \quad \cdots \quad \boldsymbol{A}^{n-1}\boldsymbol{B})=\boldsymbol{0}$$

由于 $\boldsymbol{\alpha}$ 为非零变量，所以必有 $\mathrm{rank}(\boldsymbol{B} \quad \boldsymbol{AB} \quad \cdots \quad \boldsymbol{A}^{n-1}\boldsymbol{B})<n$，这与能控性矩阵秩判据矛盾。

另外，若不存在一个 $\boldsymbol{\alpha}^{\mathrm{T}}\neq\boldsymbol{0}$ 使 $\boldsymbol{\alpha}^{\mathrm{T}}\boldsymbol{A}=\lambda_i \boldsymbol{\alpha}^{\mathrm{T}}$ 且 $\boldsymbol{\alpha}^{\mathrm{T}}\boldsymbol{B}=\boldsymbol{0}$ 成立，反设系统不能控，由 PBH 秩判据知，至少存在一个 $s=\lambda_i$ 及一个非零左特征向量 $\boldsymbol{\alpha}^{\mathrm{T}}\in\boldsymbol{C}^{1\times n}$，使下式成立

$$\boldsymbol{\alpha}^{\mathrm{T}}(\lambda_i \boldsymbol{I}-\boldsymbol{A} \quad \boldsymbol{B})=\boldsymbol{0}$$

这表明，对特征值 λ_i 存在非零左特征向量 $\boldsymbol{\alpha}^{\mathrm{T}}\neq\boldsymbol{0}$，同时满足 $\boldsymbol{\alpha}^{\mathrm{T}}\boldsymbol{A}=\lambda_i \boldsymbol{\alpha}^{\mathrm{T}}$ 且 $\boldsymbol{\alpha}^{\mathrm{T}}\boldsymbol{B}=\boldsymbol{0}$。显然与已知矛盾，反设不成立，系统完全能控。

例 4-17 利用能控性 PBH 判据证明能控性。

用 PBH 法判定如下系统的能控性：

$$\dot{\boldsymbol{x}}=\begin{pmatrix}1&2&1\\0&1&0\\1&0&3\end{pmatrix}\boldsymbol{x}+\begin{pmatrix}1&0\\0&1\\0&0\end{pmatrix}\boldsymbol{u}$$

解 此系统的特征值为 0.5858，3.4142 和 1.0000，将其分别代入 $\text{rank}(\lambda_i\boldsymbol{I}-\boldsymbol{A}\quad\boldsymbol{B})$ 中计算，得到其值均为 3，说明该系统是完全能控的。

5. 定常系统的能控性指数

1) 定义与计算

考虑式(4-36)的系统，有

$$\boldsymbol{Q}_k^{\mathrm{c}}=(\boldsymbol{B}\quad\boldsymbol{AB}\quad\cdots\quad\boldsymbol{A}^{k-1}\boldsymbol{B})\tag{4-47}$$

基此式定义能控性指数 μ=使 $\text{rank}(\boldsymbol{Q}_k^{\mathrm{c}})=n$ 成立的 k 最小正整数。从此定义可以这样确定能控性指数：对矩阵$\boldsymbol{Q}_k^{\mathrm{c}}$ 将 k 依次由 1 增加直到有 $\text{rank}(\boldsymbol{Q}_k^{\mathrm{c}})=n$，此时的 k 就是 μ。

将$\boldsymbol{Q}_\mu^{\mathrm{c}}$ 表示为

$$\boldsymbol{Q}_\mu^{\mathrm{c}}=(\boldsymbol{b}_1,\boldsymbol{b}_2,\cdots,\boldsymbol{b}_p\,\vdots\,\boldsymbol{A}\boldsymbol{b}_1,\boldsymbol{A}\boldsymbol{b}_2,\cdots,\boldsymbol{A}\boldsymbol{b}_p\,\vdots\,\boldsymbol{A}^2\boldsymbol{b}_1,\boldsymbol{A}^2\boldsymbol{b}_2,\cdots,\boldsymbol{A}^2\boldsymbol{b}_p\,\vdots\,\cdots\,\vdots\,\boldsymbol{A}^{\mu-1}\boldsymbol{b}_1,\boldsymbol{A}^{\mu-1}\boldsymbol{b}_2,\cdots\boldsymbol{A}^{\mu-1}\boldsymbol{b}_p)\tag{4-48}$$

并从左至右依次搜索$\boldsymbol{Q}_\mu^{\mathrm{c}}$ 的 n 个线性无关列，考虑 $\text{rank}\boldsymbol{B}=\kappa(\kappa\leqslant r)$ 中有且仅有 κ 个线性无关列，且不妨令为$\boldsymbol{b}_1,\boldsymbol{b}_2,\cdots,\boldsymbol{b}_\kappa$，再按此搜索方式得到 n 个线性无关列重新排列为

$$\boldsymbol{b}_1,\boldsymbol{A}\boldsymbol{b}_1,\cdots,\boldsymbol{A}^{\mu_1-1}\boldsymbol{b}_1;\boldsymbol{b}_2,\boldsymbol{A}\boldsymbol{b}_2,\cdots,\boldsymbol{A}^{\mu_2-1}\boldsymbol{b}_2;\cdots;\boldsymbol{b}_\kappa,\boldsymbol{A}\boldsymbol{b}_\kappa,\cdots,\boldsymbol{A}^{\mu_\kappa-1}\boldsymbol{b}_\kappa\tag{4-49}$$

其中 $\mu_1+\mu_2+\cdots+\mu_\kappa=n$，$\{\mu_1,\mu_2,\cdots,\mu_\kappa\}$为系统的能控性指数集。能控性指数 μ 满足关系式

$$\mu=\max\{\mu_1,\mu_2,\cdots,\mu_\kappa\}\tag{4-50}$$

2) 能控性指数范围

对于完全能控多输入系统，状态维数为 n，输入维数为 p，设 $\text{rank}\boldsymbol{B}=\kappa$，则能控性指数满足如下估计

$$n/p\leqslant\mu\leqslant n-\kappa+1\tag{4-51}$$

若 l 为矩阵 $\boldsymbol{A}$ 的最小多项式的次数，则系统能控性指数满足如下估计：

$$n/p\leqslant\mu\leqslant\min(l,n-\kappa+1)\tag{4-52}$$

事实上，由于$\boldsymbol{Q}_\mu^{\mathrm{c}}$ 为 $n\times\mu p$ 阵，欲使 $\text{rank}(\boldsymbol{Q}_\mu^{\mathrm{c}})=n$，必有$\boldsymbol{Q}_\mu^{\mathrm{c}}$ 的列数大于等于行数，即 $\mu p\geqslant n\Rightarrow\mu\geqslant n/p$。又由 $\text{rank}\boldsymbol{B}=\kappa$ 和能控性指数定义，可知 $\boldsymbol{AB},\boldsymbol{A}^2\boldsymbol{B},\cdots,\boldsymbol{A}^{\mu-1}\boldsymbol{B}$ 每个矩阵中至少含有一个列向量与$\boldsymbol{Q}_\mu^{\mathrm{c}}$ 中位于其左侧所有线性独立列向量是线性无关的，于是有 $\kappa+\mu-1\leqslant n$，即 $\mu\leqslant n+1-\kappa$。

进一步计及 C－H 定理，$\boldsymbol{A}$ 的最小多项式 $\phi(s)$的属性

$$\phi(\boldsymbol{A})=\boldsymbol{A}^l+\bar{\alpha}_{l-1}\boldsymbol{A}^{l-1}+\cdots+\bar{\alpha}_1\boldsymbol{A}^1+\bar{\alpha}_0\boldsymbol{I}=\boldsymbol{0}$$

基此，得

$$\boldsymbol{A}^l\boldsymbol{B}=-\bar{\alpha}_{l-1}\boldsymbol{A}^{l-1}\boldsymbol{B}-\cdots-\bar{\alpha}_1\boldsymbol{A}^1\boldsymbol{B}-\bar{\alpha}_0\boldsymbol{B}$$

此式表明，$\boldsymbol{A}^l\boldsymbol{B}$ 所有列均线性相关于$\boldsymbol{Q}_{l+1}^{\mathrm{c}}$中位于其左侧的各列向量，同时，对$\boldsymbol{A}^{l+1}\boldsymbol{B},\cdots,\boldsymbol{A}^n\boldsymbol{B}$ 具有同样的性质。所以必有 $\mu\leqslant l$。

综上，式(4-51)和式(4-52)成立。需要指出的是，能控性指数是针对能控的系统而言的。

另外，基于能控性指数的上界估计式(4-51)，可以将能控性矩阵进一步减小规模，即只判定

$$\operatorname{rank} \boldsymbol{Q}_{n-\kappa+1}^{c}=\operatorname{rank}(\boldsymbol{B} \quad \boldsymbol{AB} \quad \cdots \quad \boldsymbol{A}^{n-\kappa}\boldsymbol{B})=n \tag{4-53}$$

例 4-18 计算能控性指数集与指数。

已知系统状态方程为 $\dot{\boldsymbol{x}}=\begin{pmatrix}1&2&1\\0&1&0\\1&0&3\end{pmatrix}\boldsymbol{x}+\begin{pmatrix}1&0\\0&1\\0&0\end{pmatrix}\boldsymbol{u}$，计算能控性指数集与指数。

解 由 $\boldsymbol{Q}_c=(\boldsymbol{B} \quad \boldsymbol{AB} \quad \boldsymbol{A}^2\boldsymbol{B})=\begin{pmatrix}1&0&1&2&2&4\\0&1&0&1&0&1\\0&0&1&0&4&2\end{pmatrix}$，其秩为 3，它是能控的且 $\kappa=2$。显然前三列是线性无关的，所以能控性指数集为 $\{\mu_1=2,\mu_2=1\}$，能控性指数为 2。

4.3.2 定常系统的能观性判据与能观性指数

1. Gram 矩阵能观判据

考虑下面的 q 个输出的 n 阶系统状态方程与输出方程

$$\begin{aligned}&\dot{\boldsymbol{x}}=\boldsymbol{Ax}+\boldsymbol{Bu},\boldsymbol{x}(0)=x_0,t\geqslant 0\\&\boldsymbol{y}=\boldsymbol{Cx}\end{aligned} \tag{4-54}$$

该系统为完全能观的充要条件：存在时刻 $t_1>0$，使能观性 Gram 矩阵为非奇异。Gram 矩阵为

$$\boldsymbol{W}_o[0,t_f]=\int_0^{t_f}(e^{\boldsymbol{A}t})^{T}\boldsymbol{C}^{T}\boldsymbol{C}e^{\boldsymbol{A}t}dt=\int_0^{t_f}e^{\boldsymbol{A}^{T}t}\boldsymbol{C}^{T}\boldsymbol{C}e^{\boldsymbol{A}t}dt \tag{4-55}$$

事实上，从条件的充分性上看，由于 $\boldsymbol{W}_o[0,t_f]$ 非奇异，所以 $\boldsymbol{W}_o^{-1}[0,t_f]$ 存在，对于任意的输出 $y(t)$ 构造系统的初始状态

$$\begin{aligned}\boldsymbol{x}_0&=\boldsymbol{W}_o^{-1}[0,t_f]\boldsymbol{W}_o[0,t_f]\boldsymbol{x}_0=\boldsymbol{W}_o^{-1}[0,t_f]\int_0^{t_f}(e^{\boldsymbol{A}t})^{T}\boldsymbol{C}^{T}\boldsymbol{C}e^{\boldsymbol{A}t}dt\,x_0\\&=\boldsymbol{W}_o^{-1}[0,t_f]\int_0^{t_f}(e^{\boldsymbol{A}t})^{T}\boldsymbol{C}^{T}\boldsymbol{y}(t)dt\end{aligned} \tag{4-56}$$

按能观性定义，系统状态完全能观。

若系统状态完全能观，反设 $\boldsymbol{W}_o[0,t_f]$ 是奇异的，则在状态空间 $\mathbf{R}^n$ 中至少 $\exists\,\bar{\boldsymbol{x}}_0\neq\boldsymbol{0}$，使下式成立

$$\bar{\boldsymbol{x}}_0^{T}\boldsymbol{W}_o[0,t_f]\bar{\boldsymbol{x}}_0=\int_0^{t_f}\bar{\boldsymbol{x}}_0^{T}e^{\boldsymbol{A}^{T}t}\boldsymbol{C}^{T}\boldsymbol{C}e^{\boldsymbol{A}t}\bar{\boldsymbol{x}}_0dt=\int_0^{t_f}\boldsymbol{y}^{T}(t)\boldsymbol{y}(t)dt=\int_0^{t_f}\|\boldsymbol{y}(t)\|^2dt=0 \tag{4-57}$$

于是有

$$\boldsymbol{y}(t)=\boldsymbol{C}e^{\boldsymbol{A}t}\bar{\boldsymbol{x}}_0\equiv 0,\ \forall t\in[0,t_f] \tag{4-58}$$

由此得 $\bar{\boldsymbol{x}}_0=\boldsymbol{0}$，这与前述假设 $\bar{\boldsymbol{x}}_0\neq\boldsymbol{0}$ 矛盾。故 $\boldsymbol{W}_o[0,t_f]$ 一定是非奇异的。

2. 具有 Jordan 标准型系统的能观性判据

由前面可知在考虑能观性时可以不用考虑 $\boldsymbol{B}$ 阵。考虑到 SI 是 MI 系统的特例，以下的讨论均针对 MI 系统。考虑式(4-54)的多输入系统状态方程，将其转化成

$$\begin{aligned}&\dot{\tilde{\boldsymbol{x}}}=\boldsymbol{\Lambda}\tilde{\boldsymbol{x}}\\&\boldsymbol{y}=\tilde{\boldsymbol{C}}\tilde{\boldsymbol{x}}\end{aligned}\quad\text{或}\quad\begin{aligned}&\dot{\tilde{\boldsymbol{x}}}=\boldsymbol{J}\tilde{\boldsymbol{x}}\\&\boldsymbol{y}=\tilde{\boldsymbol{C}}\tilde{\boldsymbol{x}}\end{aligned} \tag{4-59}$$

基于线性变换不改变能观性结论，直接讨论 Jordan 标准型就可以得到原系统的能观性。与讨论能控性的方法类似，这里直接给出如下结论，注意由于 SI 系统只是 MI 的特例，所以下列的结论同样适用于 SI 系统。MI 系统的能观性判据如下。

(1) 若系统矩阵 $\boldsymbol{A}$ 的特征值互异，此时系统能观的充要条件是 $\tilde{\boldsymbol{C}}=\boldsymbol{CT}$ 的各列元素均不全为 0。

(2) 若系统矩阵 $\boldsymbol{A}$ 的特征值有相同的，且各特征值几何重数仅为 1，此时的充要条件是，各 Jordan 块第一列的对应的 $\boldsymbol{CT}$ 中的列元素不全为 0。

(3) 若系统矩阵 $\boldsymbol{A}$ 的特征值有相同的，且各特征值几何重数大于 1，此时的充要条件是，各 Jordan 块第一列各特征值相对应的 $\boldsymbol{CT}$ 中的列元素不全为 0 且在 $\boldsymbol{CT}$ 中，那些相同特征值对应的各 Jordan 块第一列元素对应的 $\boldsymbol{CT}$ 中的列元素形成的矢量之间是线性无关的。

例 4-19 利用判据判断能观性。

分别判断下列系统的能观性。

(1) $\dot{\boldsymbol{x}}=\begin{pmatrix}-7&0&0\\0&-5&0\\0&0&-1\end{pmatrix}\boldsymbol{x},\boldsymbol{y}=(0\quad 4\quad 5)\boldsymbol{x}$； (2) $\dot{\boldsymbol{x}}=\begin{pmatrix}-7&0&0\\0&-5&0\\0&0&-1\end{pmatrix}\boldsymbol{x},\boldsymbol{y}=\begin{pmatrix}3&2&0\\0&3&1\end{pmatrix}\boldsymbol{x}$；

(3) $\dot{\boldsymbol{x}}=\begin{pmatrix}3&1&0&0&0\\0&3&1&0&0\\0&0&3&0&0\\0&0&0&-2&1\\0&0&0&0&-2\end{pmatrix}\boldsymbol{x},\boldsymbol{y}=\begin{pmatrix}1&1&1&1&0\\0&1&1&0&0\end{pmatrix}\boldsymbol{x}$；

(4) $\dot{\boldsymbol{x}}=\begin{pmatrix}3&1&0&0\\0&3&1&0\\0&0&3&0\\0&0&0&3\end{pmatrix}\boldsymbol{x},\boldsymbol{y}=\begin{pmatrix}1&1&1&1\\0&1&1&0\end{pmatrix}\boldsymbol{x}$。

解 (1)不能观；(2)能观；(3)能观；(4)不能观。

3. 能观性矩阵秩判据

由于单输入是多输入的特殊情况，不失一般性，下面仅讨论多输入系统的能观性秩判据。考虑下面的 p 个输入的 n 阶系统状态方程和输出方程

$$\dot{\boldsymbol{x}}(t)=\boldsymbol{Ax},\boldsymbol{y}=\boldsymbol{Cx} \tag{4-60}$$

其能观的充分必要条件为 $\mathrm{rank}(\boldsymbol{Q}_o)=n$。式中，能观性矩阵

$$\boldsymbol{Q}_o=\begin{pmatrix}\boldsymbol{C}\\\boldsymbol{CA}\\\vdots\\\boldsymbol{CA}^{n-1}\end{pmatrix} \tag{4-61}$$

事实上，系统是否能观实际上是判定“是否由 $\boldsymbol{y}(t)$ 能得到 $\boldsymbol{x}(t_0)$”。为此，计及式(4-42)和式(4-43)得输出响应为

$$\boldsymbol{y}=\boldsymbol{C}\sum_{j=0}^{n-1}\beta_j(t-t_0)\boldsymbol{A}^j\boldsymbol{x}_0=\sum_{j=0}^{n-1}\beta_j(t-t_0)\boldsymbol{CA}^j\boldsymbol{x}_0 \tag{4-62}$$

写成矩阵的形式为

$$\boldsymbol{y}(t)=(\beta_0\boldsymbol{I}\quad \beta_1\boldsymbol{I}\quad \cdots\quad \beta_{n-1}\boldsymbol{I})\begin{pmatrix}\boldsymbol{C}\\ \boldsymbol{CA}\\ \vdots \\ \boldsymbol{CA}^{n-1}\end{pmatrix}\boldsymbol{x}_0 \tag{4-63}$$

根据时间区间 $t_0\leqslant t\leqslant t_f$ 的 $\boldsymbol{y}(t)$要确定唯一的$\boldsymbol{x}_0$，即要满足 $\mathrm{rank}(\boldsymbol{Q}_o)=n$。

例 4-20 利用能观性矩阵秩判据证明能观性。

用$\boldsymbol{Q}_o$矩阵秩判定下面系统的能观性。

$$\begin{pmatrix}\dot{x}_1\\ \dot{x}_2\\ \dot{x}_3\end{pmatrix}=\begin{pmatrix}0 & 1 & 0\\ 0 & 0 & 1\\ -6 & -11 & -6\end{pmatrix}\begin{pmatrix}x_1\\ x_2\\ x_3\end{pmatrix}+\begin{pmatrix}0\\ 0\\ 1\end{pmatrix}u,\ y=(4\quad 5\quad -1)\begin{pmatrix}x_1\\ x_2\\ x_3\end{pmatrix}$$

解 计算$\boldsymbol{Q}_o$，得

$$\boldsymbol{Q}_o=\begin{pmatrix}4 & 5 & -1\\ 6 & 15 & 11\\ -66 & -115 & 51\end{pmatrix},\ \mathrm{rank}(\boldsymbol{Q}_o)=2<3\text{ ，故不能观。}$$

同样鉴于 $\mathrm{rank}(\boldsymbol{Q}_o)=\mathrm{rank}(\boldsymbol{Q}_o^{\mathrm{T}}\boldsymbol{Q}_o)$，可以判定方阵 $\boldsymbol{Q}_o^{\mathrm{T}}\boldsymbol{Q}_o$ 的秩来判定能观性。

4. 能观性 PBH 判据

能观性 PBH 判据是由 Popov 和 Belevitch 提出的，并由 Hautus 指出其广泛可用性。它包括两种：一种是 PBH 秩判据，一种是 PBH 特征向量判据。

(1) PBH 秩判据：考虑如式(4-60)的状态空间描述，其能观的充要条件是矩阵 $(\boldsymbol{C}^{\mathrm{T}}\quad (\lambda\boldsymbol{I}-\boldsymbol{A})^{\mathrm{T}})^{\mathrm{T}}$ 对于$\boldsymbol{A}$的所有特征值 λ_i，其秩都是 n，即 $rank\ (\boldsymbol{C}^{\mathrm{T}}\quad (\lambda_i\boldsymbol{I}-\boldsymbol{A})^{\mathrm{T}})^{\mathrm{T}}=n$，进而，$\mathrm{rank}\ (\boldsymbol{C}^{\mathrm{T}}\quad (s\boldsymbol{I}-\boldsymbol{A})^{\mathrm{T}})^{\mathrm{T}}=n,\ \forall s\in \mathbf{C}$。

(2) PBH 特征向量判据：考虑如式(4-60)的状态空间描述，其能观的充要条件：矩阵 $\boldsymbol{A}$ 不存在与$\boldsymbol{C}$ 所有行正交的非零右特征向量，即对矩阵 $\boldsymbol{A}$ 所有特征值 λ_i，若存在 $\bar{\boldsymbol{\alpha}}$ 满足 $\overline{\boldsymbol{A\alpha}}=\lambda_i\bar{\boldsymbol{\alpha}}$ 且 $\boldsymbol{C}\bar{\alpha}=\mathbf{0}$，则必有 $\bar{\boldsymbol{\alpha}}=\mathbf{0}$。

例 4-21 利用能观性 PBH 判据证明能观性。

用 PBH 法判定如下系统的能观性

$$\dot{\boldsymbol{x}}=\begin{pmatrix}-2 & 0\\ 0 & -5\end{pmatrix}\boldsymbol{x}+\begin{pmatrix}1\\ 2\end{pmatrix}u,\ y=(0\quad 1)\boldsymbol{x}$$

解 由 PBH 秩判据或特征向量判据易得该系统不能观。

5. 定常系统的能观性指数

1) 定义与计算

考虑式(4-60)的系统，有

$$\boldsymbol{Q}_k^{o}=\begin{pmatrix}\boldsymbol{C}\\ \boldsymbol{CA}\\ \vdots \\ \boldsymbol{CA}^{k-1}\end{pmatrix} \tag{4-64}$$

基此式定义能观性指数 ν=使 $\mathrm{rank}(\boldsymbol{Q}_k^{o})=n$ 成立的 k 最小正整数。从此定义可以这样确定能

观性指数:对矩阵$\boldsymbol{Q}_k^{\circ}$将k依次由1增加直到有$\mathrm{rank}(\overline{\boldsymbol{Q}}_k^{\circ})=n$,此时的$k$就是$\nu$。将$\boldsymbol{Q}_k^{\circ}$表示为

$$\boldsymbol{Q}_k^{\circ}=\begin{pmatrix} c_1 \\ \vdots \\ c_q \\ \cdots \\ c_1\boldsymbol{A} \\ \vdots \\ c_q\boldsymbol{A} \\ \cdots \\ \vdots \\ \cdots \\ c_1\boldsymbol{A}^{v-1} \\ \vdots \\ c_q\boldsymbol{A}^{v-1} \end{pmatrix} \tag{4-65}$$

并从上至下依次搜索$\boldsymbol{Q}_k^{\circ}$的n个线性无关行,考虑$\mathrm{rank}\boldsymbol{C}=\kappa(\kappa\leqslant q)$中有且仅有$\kappa$个线性无关行,且不妨令为$c_1,c_2,\cdots,c_\kappa$,再按此方式得到$n$个线性无关行重新排列为

$$\begin{matrix} c_1 & c_2 & & c_\kappa \\ c_1\boldsymbol{A} & c_2\boldsymbol{A} & & c_\kappa\boldsymbol{A} \\ \vdots & \vdots & \cdots & \vdots \\ c_1\boldsymbol{A}^{v_1-1} & c_2A^{v_2-1} & & c_\kappa\boldsymbol{A}^{v_\kappa-1} \end{matrix} \tag{4-66}$$

其中$\nu_1+\nu_2+\cdots+\nu_\kappa=n$,$\{\nu_1,\nu_2,\cdots,\nu_\kappa\}$为系统的能观性指数集。能观性指数$\nu$满足关系式

$$\nu=\max\{\nu_1,\nu_2,\cdots,\nu_\kappa\} \tag{4-67}$$

2) 能观性指数范围

对于完全能观多输入系统,状态维数为n,输出维数为q,设$\mathrm{rank}\boldsymbol{C}=\kappa$,则系统能观性指数满足如下估计

$$n/q\leqslant\nu\leqslant n-\kappa+1 \tag{4-68}$$

若l为矩阵$\boldsymbol{A}$的最小多项式的次数,则系统的能观性指数满足如下估计:

$$n/q\leqslant\nu\leqslant\min(l,n-\kappa+1) \tag{4-69}$$

事实上,由于$\boldsymbol{Q}_\nu^{\circ}$为$n\times\nu q$阵,欲使$\mathrm{rank}(\boldsymbol{Q}_\nu^{\circ})=n$,必有$\boldsymbol{Q}_\nu^{\circ}$的行数大于等于列数,即$\nu q\geqslant n\Rightarrow\nu\geqslant n/q$。又由$\mathrm{rank}\boldsymbol{C}=\kappa$和能观性指数定义,可知$((\boldsymbol{CA})^{\mathrm{T}}\quad(\boldsymbol{CA}^2)^{\mathrm{T}}\quad\cdots\quad(\boldsymbol{CA}^{\nu-1})^{\mathrm{T}})^{\mathrm{T}}$每个矩阵中至少含有一个行向量与$\boldsymbol{Q}_\nu^{\circ}$中位于其上面的所有线性独立行向量是线性无关的,于是有$\kappa+\nu-1\leqslant n$,即$\nu\leqslant n+1-\kappa$。

进一步计及C−H定理,$\boldsymbol{A}$的最小多项式的属性

$$\phi(\boldsymbol{A})=\boldsymbol{A}^l+\overline{\alpha}_{l-1}\boldsymbol{A}^{l-1}+\cdots+\overline{\alpha}_1\boldsymbol{A}^1+\overline{\alpha}_0\boldsymbol{I}=\boldsymbol{0}$$

基此,得

$$\boldsymbol{CA}^l=-\overline{\alpha}_{l-1}\boldsymbol{CA}^{l-1}-\cdots-\overline{\alpha}_1\boldsymbol{CA}^1-\overline{\alpha}_0\boldsymbol{C}$$

此式表明,$\boldsymbol{CA}^l$所有行均线性相关于$\overline{\boldsymbol{Q}}_{l+1}^{\circ}$中位于其左侧的各行向量,同时,对$\boldsymbol{CA}^{l+1},\cdots,\boldsymbol{CA}^n$具有同样的性质。所以必有$\nu\leqslant l$。

综上,式(4-68)和式(4-69)成立。要指出的是,能观性指数是针对能观的系统而言的。

另外，基于能观性指数的上界估计式(4-68)，可以将能观性矩阵进一步减小规模，即只判定

$$\operatorname{rank}\overline{\boldsymbol{Q}}^{\circ}_{n-\kappa+1}=\operatorname{rank}\,(\boldsymbol{C}^{\mathrm{T}}\ \boldsymbol{A}^{\mathrm{T}}\ \boldsymbol{C}^{\mathrm{T}}\cdots(\boldsymbol{A}^{\mathrm{T}})^{n-\kappa}\boldsymbol{C}^{\mathrm{T}})^{\mathrm{T}}=n \tag{4-70}$$

例 4-22 计算能观性指数集与指数。

已知如下系统，计算能观性指数集与指数。

$$\dot{\boldsymbol{x}}=\begin{pmatrix}1&2&1\\0&1&0\\1&0&3\end{pmatrix}\boldsymbol{x},\boldsymbol{y}=\begin{bmatrix}1&0&1\\0&1&0\end{bmatrix}\boldsymbol{x}$$

解 由$\boldsymbol{Q}_{\mathrm{o}}=\begin{pmatrix}\boldsymbol{C}\\\boldsymbol{CA}\\\boldsymbol{CA}^2\end{pmatrix}=\begin{pmatrix}1&0&1\\0&1&0\\2&2&4\\0&1&0\\6&6&14\\0&1&0\end{pmatrix}$，其秩为 3，它是能观的且 $\kappa=2$。显然前三行是线性无关的，所以能观性指数集为$\{\nu_1=2,\nu_2=1\}$，能观性指数为 2。

4.3.3 时变系统的能控性判据

1. Gram 矩阵能控性判据

考虑下面的 p 个输入的 n 阶连续时变线性系统状态方程

$$\dot{\boldsymbol{x}}=\boldsymbol{A}(t)\boldsymbol{x}+\boldsymbol{B}(t)\boldsymbol{u},\boldsymbol{x}(t_0)=\boldsymbol{x}_0,t,t_0\in\mathbf{J} \tag{4-71}$$

该系统在时刻 $t_0\in J$ 完全能控的充要条件是存在一个有限时刻 $t_{\mathrm{f}}\in\mathbf{J},t_{\mathrm{f}}>t_0$，使能控性 Gram 矩阵非奇异。能控性 Gram 矩阵$\boldsymbol{W}_{\mathrm{c}}[t_0,t_{\mathrm{f}}]$为

$$\boldsymbol{W}_{\mathrm{c}}[t_0,t_{\mathrm{f}}]=\int_{t_0}^{t_{\mathrm{f}}}\boldsymbol{\Phi}(t_0,t)\boldsymbol{B}(t)\,\boldsymbol{B}^{\mathrm{T}}(t)\,\boldsymbol{\Phi}^{\mathrm{T}}(t_0,t)\mathrm{d}t \tag{4-72}$$

事实上，由$\boldsymbol{W}_{\mathrm{c}}[t_0,t_{\mathrm{f}}]$非奇异，知$\boldsymbol{W}_{\mathrm{c}}^{-1}[t_0,t_{\mathrm{f}}]$存在。于是对于给定的$\forall\,\boldsymbol{x}_0$，必可构造输入

$$\boldsymbol{u}(t)=-\boldsymbol{B}^{\mathrm{T}}(t)\boldsymbol{\Phi}^{\mathrm{T}}(t_0,t)\boldsymbol{W}_{\mathrm{c}}^{-1}[t_0,t_{\mathrm{f}}]\boldsymbol{x}_0 \tag{4-73}$$

在其作用下，状态在 t_{f} 时刻的值为

$$\begin{aligned}x(t_{\mathrm{f}})&=\boldsymbol{\Phi}(t_{\mathrm{f}},t_0)\,\boldsymbol{x}_0+\boldsymbol{\Phi}(t_{\mathrm{f}},t_0)\int_{t_0}^{t_{\mathrm{f}}}\boldsymbol{\Phi}(t_0,\tau)\boldsymbol{B}(\tau)\boldsymbol{u}(\tau)\mathrm{d}t\\&=\boldsymbol{\Phi}(t_{\mathrm{f}},t_0)\,\boldsymbol{x}_0-\boldsymbol{\Phi}(t_{\mathrm{f}},t_0)\int_{t_0}^{t_{\mathrm{f}}}\boldsymbol{\Phi}(t_0,\tau)\boldsymbol{B}(\tau)\,\boldsymbol{B}^{\mathrm{T}}(\tau)\,\boldsymbol{\Phi}^{\mathrm{T}}(t_0,\tau)\mathrm{d}t\cdot\boldsymbol{W}_{\mathrm{c}}^{-1}[t_0,t_{\mathrm{f}}]\,x_0\\&=\boldsymbol{\Phi}(t_{\mathrm{f}},t_0)\,\boldsymbol{x}_0-\boldsymbol{\Phi}(t_{\mathrm{f}},t_0)\,\boldsymbol{W}^{\mathrm{c}}[t_0,t_{\mathrm{f}}]\cdot\boldsymbol{W}_{\mathrm{c}}^{-1}[t_0,t_{\mathrm{f}}]\,\boldsymbol{x}_0=0\end{aligned} \tag{4-74}$$

按能控性定义，系统状态完全能控。

另外，已知系统完全能控，反设$\boldsymbol{W}_{\mathrm{c}}[t_0,t_{\mathrm{f}}]$奇异则在状态空间 $\mathbf{R}^n$ 中至少$\exists\,\tilde{\boldsymbol{x}}_0\neq\mathbf{0}$，使下式成立

$$\boldsymbol{x}_0^T\,\boldsymbol{W}_{\mathrm{c}}[t_0,t_{\mathrm{f}}]\tilde{x}_0=0 \tag{4-75}$$

将式(4-72)代入上式，可得

$$\int_{t_0}^{t_{\mathrm{f}}}\|\,\tilde{\boldsymbol{x}}_0^{\mathrm{T}}\boldsymbol{\Phi}(t_0,t)\boldsymbol{B}(t)\,\|^2\mathrm{d}t=0 \tag{4-76}$$

由此，有

$$\tilde{\boldsymbol{x}}_0^{\mathrm{T}}\boldsymbol{\Phi}(t_0,t)\boldsymbol{B}(t)=\boldsymbol{0} \tag{4-77}$$

但由于系统可控，可以找到 $\boldsymbol{u}(t)$ 表示 $\tilde{\boldsymbol{x}}_0$，于是有

$$\|\tilde{\boldsymbol{x}}_0\|^2=\tilde{\boldsymbol{x}}_0^{\mathrm{T}}\tilde{\boldsymbol{x}}_0=-\int_0^{t_f}[\tilde{\boldsymbol{x}}_0^{\mathrm{T}}\boldsymbol{\Phi}(t_0,\tau)\boldsymbol{B}(\tau)]\boldsymbol{u}(\tau)\mathrm{d}\tau=0 \tag{4-78}$$

由此得 $\tilde{\boldsymbol{x}}_0=\boldsymbol{0}$，这与前述假设 $\tilde{\boldsymbol{x}}_0\neq\boldsymbol{0}$ 矛盾。故 $\boldsymbol{W}_c[t_0,t_f]$ 一定是非奇异的。从而也说明 $\boldsymbol{W}_c[t_0,t_f]$ 是正定的。

思考 如何说明 $\boldsymbol{W}_c[t_0,t_f]$ 的对称、正定性?

另外，实际上，能够实现由非零初始状态 $\boldsymbol{x}_0$ 转移到零状态的控制函数并非唯一，式(4-73)仅是一种情况。下面给出的控制函数

$$\boldsymbol{u}_{\min}(t)=-\boldsymbol{B}^{\mathrm{T}}(t)\boldsymbol{\Phi}^{\mathrm{T}}(t_f,t)\boldsymbol{W}_c^{-1}[t_0,t_f]\boldsymbol{\Phi}^{\mathrm{T}}(t_f,t_0)\boldsymbol{x}_0 \tag{4-79}$$

实现了状态转移的能量消耗最小化。基此容易得到

$$\boldsymbol{0}=\boldsymbol{\Phi}(t_f,t_0)\boldsymbol{x}_0+\int_{t_0}^{t_f}\boldsymbol{\Phi}(t_f,\tau)\boldsymbol{B}(\tau)\boldsymbol{u}_{\min}(\tau)\mathrm{d}t \tag{4-80}$$

事实上，假设 $\boldsymbol{u}(t)$ 是另一个将 $\boldsymbol{x}_0$ 转移到零状态的容许控制，于是有

$$\boldsymbol{0}=\boldsymbol{\Phi}(t_f,t_0)\boldsymbol{x}_0+\int_{t_0}^{t_f}\boldsymbol{\Phi}(t_f,\tau)\boldsymbol{B}(\tau)\boldsymbol{u}(\tau)\mathrm{d}t \tag{4-81}$$

上面两式相减，得

$$\boldsymbol{0}=\int_{t_0}^{t_f}\boldsymbol{\Phi}(t_f,\tau)\boldsymbol{B}(\tau)(\boldsymbol{u}(\tau)-\boldsymbol{u}_{\min}(\tau))\mathrm{d}t \tag{4-82}$$

右端左乘 $\boldsymbol{x}_0^{\mathrm{T}}\boldsymbol{\Phi}^{\mathrm{T}}(t_f,t)\boldsymbol{W}_c^{-1}[t_0,t_f]$，并计及式(4-80)，得

$$0=\int_{t_0}^{t_f}\boldsymbol{u}_{\min}^{\mathrm{T}}(\tau)(\boldsymbol{u}(\tau)-\boldsymbol{u}_{\min}(\tau))\mathrm{d}t \tag{4-83}$$

进而，得

$$\int_{t_0}^{t_f}\boldsymbol{u}_{\min}^{\mathrm{T}}(\tau)\boldsymbol{u}(\tau)\mathrm{d}t=\int_{t_0}^{t_f}\|\boldsymbol{u}_{\min}(\tau)\|^2\mathrm{d}t \tag{4-84}$$

由于

$$0\leqslant\int_{t_0}^{t_f}\|\boldsymbol{u}(\tau)-\boldsymbol{u}_{\min}(\tau)\|^2\mathrm{d}t=\int_{t_0}^{t_f}(\|\boldsymbol{u}(\tau)\|^2-2\boldsymbol{u}_{\min}^{\mathrm{T}}(\tau)\boldsymbol{u}(\tau)+\|\boldsymbol{u}_{\min}(\tau)\|^2)\mathrm{d}t \tag{4-85}$$

考虑到式(4-84)，得

$$0\leqslant\int_{t_0}^{t_f}(\|\boldsymbol{u}(\tau)\|^2-\|\boldsymbol{u}_{\min}(\tau)\|^2)\mathrm{d}t \tag{4-86}$$

所以

$$\int_{t_0}^{t_f}\|\boldsymbol{u}(\tau)\|^2\mathrm{d}t\geqslant\int_{t_0}^{t_f}\|\boldsymbol{u}_{\min}(\tau)\|^2\mathrm{d}t \tag{4-87}$$

这表明容许控制 $\boldsymbol{u}_{\min}(t)$ 能量的最小性。

需要说明的是，Gram 矩阵能控性判据意义在于理论分析，而不在于具体判定系统的能控性，因为对于时变系统状态转移矩阵的计算是比较困难的。另外，对于连续时变线性系统，系统能达性与能控性一般是不等价的。

2. 能控性秩判据

对式(4-71)所示的时变线性系统状态方程，若 $\boldsymbol{A}(t)$、$\boldsymbol{B}(t)$ 的各元对时间 t 分别是 $(n-1)$ 次

连续可微的，记

$$\boldsymbol{B}_1(t)=\boldsymbol{B}(t)$$

$$\boldsymbol{B}_i(t)=-\boldsymbol{A}(t)\boldsymbol{B}_{i-1}(t)+\dot{\boldsymbol{B}}_{i-1}(t),i=2,\cdots,n \tag{4-88}$$

并令$\boldsymbol{\Pi}_c(t)\equiv(\boldsymbol{B}_1(t)\boldsymbol{B}_2(t)\cdots\boldsymbol{B}_n(t))$，若$\exists t_f>t_0$，使 $\operatorname{rank}\boldsymbol{\Pi}_c(t_f)=n$，则该系统在时刻 $t_0\in J$ 上是完全能控的。注意这个判据的条件是充分的，但并不是必要的。

为说明这个判据的正确性，首先推证一个关系式。考虑到 $\boldsymbol{\Phi}(t_0,t_f)\boldsymbol{B}(t_f)=\boldsymbol{\Phi}(t_0,t_f)\boldsymbol{B}_1(t_f)$，并有

$$\frac{\partial}{\partial t_f}(\boldsymbol{\Phi}(t_0,t_f)\boldsymbol{B}(t_f))=\left(\frac{\partial}{\partial t}\boldsymbol{\Phi}(t_0,t)\boldsymbol{B}(t)\right)_{t=t_f} \tag{4-89}$$

计及 $\dot{\boldsymbol{\Phi}}(t_0,t)=-\boldsymbol{\Phi}(t_0,t)\boldsymbol{A}(t)$ 和式(4-86)，可以得到

$$\left(\boldsymbol{\Phi}(t_0,t_f)\boldsymbol{B}(t_f)\ \vdots\ \frac{\partial}{\partial t_f}\boldsymbol{\Phi}(t_0,t_f)\boldsymbol{B}(t_f)\ \vdots\ \cdots\ \vdots\ \frac{\partial^{n-1}}{\partial t_f^{n-1}}\boldsymbol{\Phi}(t_0,t_f)\boldsymbol{B}(t_f)\right)=\boldsymbol{\Phi}(t_0,t_f)\left[\boldsymbol{B}_1(t_f)\ \vdots\ \boldsymbol{B}_2(t_f)\ \vdots\ \cdots\ \vdots\ \boldsymbol{B}_n(t_f)\right] \tag{4-90}$$

再由 $\boldsymbol{\Phi}(t_0,t_f)$非奇异，并利用 $\operatorname{rank}\boldsymbol{\Pi}_c(t_f)=n$，即可导出所要推证的关系式为

$$\operatorname{rank}\left(\boldsymbol{\Phi}(t_0,t_f)\boldsymbol{B}(t_f)\ \vdots\ \frac{\partial}{\partial t_f}\boldsymbol{\Phi}(t_0,t_f)\boldsymbol{B}(t_f)\ \vdots\ \cdots\ \vdots\ \frac{\partial^{n-1}}{\partial t_f^{n-1}}\boldsymbol{\Phi}(t_0,t_f)\boldsymbol{B}(t_f)\right)=n \tag{4-91}$$

对 $t_f>t_0$，下面证明 $\boldsymbol{\Phi}(t_0,t)\boldsymbol{B}(t)$在$[t_0,t_f]$上行线性无关。采用反证法。反设 $\boldsymbol{\Phi}(t_0,t)\boldsymbol{B}(t)$行线性相关，则存在 $1\times n$ 非零常向量α 使对所有 $t\in[t_0,t_f]$成立

$$\boldsymbol{\alpha}\boldsymbol{\Phi}(t_0,t)\boldsymbol{B}(t)=\boldsymbol{0} \tag{4-92}$$

于是，对所有 $t\in[t_0,t_f]$和 $k=1,2,\cdots,n-1$，又有

$$\boldsymbol{\alpha}\frac{\partial^k}{\partial t^k}\boldsymbol{\Phi}(t_0,t)\boldsymbol{B}(t)=\boldsymbol{0} \tag{4-93}$$

从而，对所有 $t\in[t_0,t_f]$成立

$$\boldsymbol{\alpha}\left(\boldsymbol{\Phi}(t_0,t)\boldsymbol{B}(t)\ \vdots\ \frac{\partial}{\partial t}\boldsymbol{\Phi}(t_0,t)\boldsymbol{B}(t)\ \vdots\ \cdots\ \vdots\ \frac{\partial^{n-1}}{\partial t^{n-1}}\boldsymbol{\Phi}(t_0,t)\boldsymbol{B}(t)\right)=\boldsymbol{0} \tag{4-94}$$

这意味着，对所有 $t\in[t_0,t_f]$，有$\left(\boldsymbol{\Phi}(t_0,t)\boldsymbol{B}(t)\ \vdots\ \frac{\partial}{\partial t}\boldsymbol{\Phi}(t_0,t)\boldsymbol{B}(t)\ \vdots\ \cdots\ \vdots\ \frac{\partial^{n-1}}{\partial t^{n-1}}\boldsymbol{\Phi}(t_0,t)\boldsymbol{B}(t)\right)$行线性相关，这和上述导出的关系式(4-89)相矛盾。反设不成立，$\boldsymbol{\Phi}(t_0,t)\boldsymbol{B}(t)$对所有 $t\in[t_0,t_f]$行线性无关。

进一步下面证明$\boldsymbol{W}_c[t_0,t_f]$非奇异，采用反证法。反设$\boldsymbol{W}_c[t_0,t_f]$奇异，则存在一个 $1\times n$ 非零常向量 $\boldsymbol{\alpha}$，成立

$$0=\alpha\boldsymbol{W}_c[t_0,t_f]\boldsymbol{\alpha}^{\mathrm{T}}=\int_{t_0}^{t_f}[\boldsymbol{\alpha}\boldsymbol{\Phi}(t_0,t)\boldsymbol{B}(t)]\cdot[\boldsymbol{\alpha}\boldsymbol{\Phi}(t_0,t)\boldsymbol{B}(t)]^{\mathrm{T}}\mathrm{d}t=\int_{t_0}^{t_f}\|\boldsymbol{\alpha}\boldsymbol{\Phi}(t_0,t)\boldsymbol{B}(t)\|^2\mathrm{d}t \tag{4-95}$$

上述积分中被积函数为连续函数，且其对所有 $t\in[t_0,t_f]$为非负，由此又可以导出

$$\boldsymbol{\alpha}\boldsymbol{\Phi}(t_0,t)\boldsymbol{B}(t)=0,\quad t\in[t_0,t_f] \tag{4-96}$$

这和已知 $\boldsymbol{\Phi}(t_0,t)\boldsymbol{B}(t)$行线性无关相矛盾。反设不成立，即 $\boldsymbol{W}_c[t_0,t_f]$非奇异。据 Gram 矩阵判据可知，系统在时刻 t_0 完全能控。

例 4-23 利用能控性秩判据判定能控性。

判定下列系统在时刻 $t_0=0.5$ 的能控性，$\mathbf{J}=[0,2]$。

$$\begin{pmatrix}\dot{x}_1\\ \dot{x}_2\end{pmatrix}=\begin{pmatrix}0 & t\\ 0 & 0\end{pmatrix}\begin{pmatrix}x_1\\ x_2\end{pmatrix}+\begin{pmatrix}0\\ 1\end{pmatrix}u,y=(1\quad 2)\begin{pmatrix}x_1\\ x_2\end{pmatrix}$$

解 按能控性秩判据计算

$$\boldsymbol{\Pi}_{\mathrm{c}}(t)=(\boldsymbol{B}_1(t)\boldsymbol{B}_2(t))=\begin{pmatrix}0 & -t\\ 1 & 0\end{pmatrix}$$

可以在 $J=[0,2]$找到 $t_{\mathrm{f}}=0.6>t_0=0.5$，使其秩为 2，所以系统在时刻 $t_0=0.5$ 是能控的。

本题也可以计算 $\boldsymbol{W}_{\mathrm{c}}$来进行判定，为此必须先计算状态转移矩阵的逆 $\boldsymbol{\Phi}(0.5,t)$。计算 $\boldsymbol{\Phi}(0.5,t)$可以采用近似级数方法，并计及 $\boldsymbol{A}(t_1)\boldsymbol{A}(t_2)=\boldsymbol{A}(t_2)\boldsymbol{A}(t_1)$。请写出相应过程。

4.3.4 时变系统的能观性判据

1. Gram 矩阵能观性判据

考虑下面的 q 个输出的 n 阶连续时变线性系统状态方程

$$\dot{\boldsymbol{x}}=\boldsymbol{A}(t)\boldsymbol{x},\boldsymbol{x}(t_0)=\boldsymbol{x}_0,t,t_0\in\mathbf{J}$$
$$\boldsymbol{y}=\boldsymbol{C}(t)\boldsymbol{x}\tag{4-97}$$

该系统在时刻 $t_0\in\mathbf{J}$ 完全能观的充要条件是存在一个有限时刻 $t_{\mathrm{f}}\in\mathbf{J},t_{\mathrm{f}}>t_0$，使能观性 Gram 矩阵非奇异。能观性 Gram 矩阵 $\boldsymbol{W}_{\mathrm{o}}[t_0,t_{\mathrm{f}}]$为

$$\boldsymbol{W}_{\mathrm{o}}[t_0,t_{\mathrm{f}}]=\int_{t_0}^{t_{\mathrm{f}}}\boldsymbol{\Phi}^{\mathrm{T}}(t,t_0)\boldsymbol{C}^{\mathrm{T}}(t)\boldsymbol{C}(t)\boldsymbol{\Phi}(t,t_0)\mathrm{d}t\tag{4-98}$$

事实上，由 $\boldsymbol{W}_{\mathrm{o}}[t_0,t_{\mathrm{f}}]$非奇异，知$\boldsymbol{W}_{\mathrm{o}}^{-1}[t_0,t_{\mathrm{f}}]$存在。于是对于时间区间$[t_0,t_{\mathrm{f}}]$上的 $\forall y$，必可构造唯一初始状态

$$\begin{aligned}\boldsymbol{x}_0&=\boldsymbol{W}_{\mathrm{o}}^{-1}[t_0,t_{\mathrm{f}}]\boldsymbol{W}_{\mathrm{o}}[t_0,t_{\mathrm{f}}]\boldsymbol{x}_0=\boldsymbol{W}_{\mathrm{o}}^{-1}[t_0,t_{\mathrm{f}}]\int_{t_0}^{t_{\mathrm{f}}}\boldsymbol{\Phi}^{\mathrm{T}}(t,t_0)\boldsymbol{C}^{\mathrm{T}}(t)\boldsymbol{C}(t)\boldsymbol{\Phi}(t,t_0)\mathrm{d}t\,x_0\\&=\boldsymbol{W}_{\mathrm{o}}^{-1}[t_0,t_{\mathrm{f}}]\int_{t_0}^{t_{\mathrm{f}}}\boldsymbol{\Phi}^{\mathrm{T}}(t,t_0)\boldsymbol{C}^{\mathrm{T}}(t)\boldsymbol{y}(t)\mathrm{d}t\end{aligned}\tag{4-99}$$

这意味着，状态空间中任意非零$\boldsymbol{x}_0$ 均是能观测的。按能观性定义，系统状态完全能观。

已知系统完全能观，反设 $\boldsymbol{W}_{\mathrm{o}}[t_0,t_{\mathrm{f}}]$奇异，则在状态空间 $\mathbf{R}^n$ 中至少$\exists\,\bar{\boldsymbol{x}}_0\neq\mathbf{0}$，使下式成立

$$\bar{\boldsymbol{x}}_0^{\mathrm{T}}\boldsymbol{W}_{\mathrm{c}}[t_0,t_{\mathrm{f}}]\bar{\boldsymbol{x}}_0=0\tag{4-100}$$

将式(4-98)代入上式，可得

$$\int_{t_0}^{t_{\mathrm{f}}}\|\boldsymbol{C}(t)\boldsymbol{\Phi}(t,t_0)\bar{\boldsymbol{x}}_0\|^2\mathrm{d}t=0\tag{4-101}$$

由此，有

$$\boldsymbol{y}(t)=\boldsymbol{C}(t)\boldsymbol{\Phi}(t,t_0)\bar{\boldsymbol{x}}_0\equiv\mathbf{0}\tag{4-102}$$

这意味着非零的状态$\bar{\boldsymbol{x}}_0$ 为状态空间中一个不能观状态，这和系统完全能观测相矛盾，反设不成立，$\boldsymbol{W}_{\mathrm{o}}[t_0,t_{\mathrm{f}}]$为非奇异。由此也表明 $\boldsymbol{W}_{\mathrm{o}}[t_0,t_{\mathrm{f}}]$为正定的。

思考 如何说明 $\boldsymbol{W}_{\mathrm{o}}[t_0,t_{\mathrm{f}}]$的对称、正定性?

需要说明的是，Gram 矩阵能观性判据意义在于理论分析，而不在于具体判定系统的能观性，因为对于时变系统状态转移矩阵的计算是比较困难的。另外，对于连续时变线性系统，系统能观性与能构性一般是不等价的。

2. 能观性秩判据

对式(4-97)所示的时变线性系统状态方程，若 $\boldsymbol{A}(t)$、$\boldsymbol{C}(t)$的各元对时间 t 分别是$(n-1)$次

连续可微的，记

$$C_1(t)=C(t)$$

$$C_i(t)=C_{i-1}(t)A(t)+\dot{C}_{i-1}(t),i=2,\cdots,n \tag{4-103}$$

并令$\boldsymbol{\Pi}_{\mathrm{o}}(t)=(\boldsymbol{C}_1^{\mathrm{T}}(t)\boldsymbol{C}_2^{\mathrm{T}}(t)\cdots\boldsymbol{C}_n^{\mathrm{T}}(t))^{\mathrm{T}}$，若$\exists\, t_{\mathrm{f}}>t_0$，使$\operatorname{rank}\boldsymbol{\Pi}_{\mathrm{o}}(t_{\mathrm{f}})=n$，则该系统在时刻$t_0\in J$上是完全能观的。注意这个判据的条件是充分的，但并不是必要的。

思考 仿照能控性秩判据说明能观性秩判据的正确性。

例 4-24 利用能观性秩判据判定能观性。

判定下列系统在时刻$t_0=0.5$的能观性，$\mathbf{J}=[0,2]$。

$$\begin{pmatrix}\dot{x}_1\\ \dot{x}_2\end{pmatrix}=\begin{pmatrix}0 & t\\ 0 & 0\end{pmatrix}\begin{pmatrix}x_1\\ x_2\end{pmatrix}+\begin{pmatrix}0\\ 1\end{pmatrix}u,\ y=(1\quad 2)\begin{pmatrix}x_1\\ x_2\end{pmatrix}$$

解 按能观性秩判据计算

$$\boldsymbol{\Pi}_{\mathrm{o}}(t)=\begin{pmatrix}\boldsymbol{C}_1(t)\\ \boldsymbol{C}_2(t)\end{pmatrix}=\begin{pmatrix}1 & 2\\ 0 & t\end{pmatrix}$$

可以在$J=[0,2]$找到$t_{\mathrm{f}}=0.6>t_0=0.5$，使其秩为2，所以系统在时刻$t_0=0.5$是能观的。

本题也可以计算$\boldsymbol{W}_{\mathrm{o}}$来进行判定，为此必须先计算状态转移矩阵$\boldsymbol{\Phi}(t,0.5)$。计算$\boldsymbol{\Phi}(t,0.5)$可以采用近似级数方法，并计及$\boldsymbol{A}(t_1)\boldsymbol{A}(t_2)=\boldsymbol{A}(t_2)\boldsymbol{A}(t_1)$。请写出相应过程。

4.3.5 时变系统的能控、能观性判据与其定常情况的关系

在矩阵分析中有结论：矩阵$\boldsymbol{H}(t_0,t)=[\boldsymbol{h}_1(t_0,t),\boldsymbol{h}_2(t_0,t_2),\cdots,\boldsymbol{h}_n(t_0,t)]$，$\boldsymbol{h}_i(t_0,t)$为列矢量，当且仅当由$\boldsymbol{H}(t_0,t)$构成的Gram矩阵$\boldsymbol{G}=\int_{t_0}^{t_{\mathrm{f}}}\boldsymbol{H}^{\mathrm{T}}(t_0,t)\boldsymbol{H}(t_0,t)\mathrm{d}t$为满秩时，$\boldsymbol{h}_i(t_0,t)(i=1,2,\cdots,n)$列矢量是线性无关的。这里"矢量"不一定是单列矢量。由此结论，可以分析时变情况与定常情况的判据是一脉相承的。

1. 能控性说明

能控性判别的Gram矩阵为

$$\boldsymbol{W}_{\mathrm{c}}[t_0,t_{\mathrm{f}}]=\int_{t_0}^{t_{\mathrm{f}}}\boldsymbol{\Phi}(t_0,t)\boldsymbol{B}(t)\boldsymbol{B}^{\mathrm{T}}(t)\boldsymbol{\Phi}^{\mathrm{T}}(t_0,t)\mathrm{d}t=\int_{t_0}^{t_{\mathrm{f}}}[\boldsymbol{B}^{\mathrm{T}}(t)\boldsymbol{\Phi}^{\mathrm{T}}(t_0,t)]^{\mathrm{T}}[B^{\mathrm{T}}(t)\boldsymbol{\Phi}^{\mathrm{T}}(t_0,t)]\mathrm{d}t \tag{4-104}$$

由开始给出的结论，有"$\boldsymbol{B}^{\mathrm{T}}(t)\boldsymbol{\Phi}^{\mathrm{T}}(t_0,t)$矩阵的列矢量是线性无关的"与"$\boldsymbol{W}_{\mathrm{c}}[t_0,t_{\mathrm{f}}]$非奇异"是等价的。

实际上，由$\boldsymbol{\Phi}(t_0-t)=\mathrm{e}^{\boldsymbol{A}(t_0-t)}$的定常表达式，可知$\boldsymbol{W}_{\mathrm{c}}[t_0,t]$的非奇异与$\mathrm{e}^{\boldsymbol{A}(t_0-t)}\boldsymbol{B}$的行矢量线性无关是等价的。而由式(4-42)和式(4-43)知

$$\mathrm{e}^{\boldsymbol{A}(t_0-t)}\boldsymbol{B}=\sum_{j=1}^{n-1}\boldsymbol{\beta}_j(t_0-t)\boldsymbol{A}^j\boldsymbol{B}=(\boldsymbol{B},\boldsymbol{AB},\cdots,\boldsymbol{A}^{n-1}\boldsymbol{B})\begin{pmatrix}\boldsymbol{\beta}_0\\ \boldsymbol{\beta}_1\\ \vdots\\ \boldsymbol{\beta}_{n-1}\end{pmatrix} \tag{4-105}$$

故$\boldsymbol{W}_{\mathrm{c}}[t_0,t_{\mathrm{f}}]$非奇异等价于$(\boldsymbol{B},\boldsymbol{AB},\cdots,\boldsymbol{A}^{n-1}\boldsymbol{B})$行矢量线性无关，也等价于$\operatorname{rank}\boldsymbol{Q}_{\mathrm{c}}=n$。

2. 能观性说明

能观性判别的Gram矩阵为

$$\boldsymbol{W}_{\mathrm{o}}[t_0,t_{\mathrm{f}}]=\int_{t_0}^{t_{\mathrm{f}}}\boldsymbol{\Phi}^{\mathrm{T}}(t,t_0)\boldsymbol{C}^{\mathrm{T}}(t)\boldsymbol{C}(t)\boldsymbol{\Phi}(t,t_0)\mathrm{d}t=\int_{t_0}^{t_{\mathrm{f}}}(\boldsymbol{C}(t)\boldsymbol{\Phi}(t,t_0))^{\mathrm{T}}[\boldsymbol{C}(t)\boldsymbol{\Phi}(t,t_0)]\mathrm{d}t \tag{4-106}$$

由开始给出的结论，有“$\boldsymbol{C}(t)\boldsymbol{\Phi}(t,t_0)$的列矢量线性无关”等价于“$\boldsymbol{W}_{\mathrm{o}}[t_0,t_{\mathrm{f}}]$是非奇异的”。

实际上，由$\boldsymbol{C\Phi}(t-t_0)=\boldsymbol{C}\mathrm{e}^{\boldsymbol{A}(t-t_0)}$的定常情况表达式，可知$\boldsymbol{W}_{\mathrm{o}}[t_0,t_{\mathrm{f}}]$的非奇异与$\boldsymbol{C}\mathrm{e}^{\boldsymbol{A}(t-t_0)}$的列矢量线性无关是等价的。而由式(4-42)和式(4-43)知

$$\boldsymbol{C}\mathrm{e}^{\boldsymbol{A}(t_0-t)}=\sum_{j=1}^{n-1}\boldsymbol{\beta}_j(t_0-t)\boldsymbol{CA}^j=(\boldsymbol{\beta}_0,\boldsymbol{\beta}_1,\cdots,\boldsymbol{\beta}_n)\begin{pmatrix}\boldsymbol{C}\\\boldsymbol{CA}\\\vdots\\\boldsymbol{CA}^{n-1}\end{pmatrix} \tag{4-107}$$

故$\boldsymbol{W}_{\mathrm{o}}[t_0,t_{\mathrm{f}}]$非奇异等价于$\begin{pmatrix}\boldsymbol{C}\\\boldsymbol{CA}\\\vdots\\\boldsymbol{CA}^{n-1}\end{pmatrix}$列矢量线性无关，也等价于 $\mathrm{rank}\boldsymbol{Q}_{\mathrm{o}}=n$。

4.4 连续线性系统输出能控性和输出函数能控性及判据

前面所讲的状态能控性属于动力学方程的性质，而本节输出能控性则属于系统的脉冲响应矩阵的性质。在实际控制系统分析中，因系统输出往往是被调量，人们更关心系统输出响应行为。线性连续定常系统

$$\begin{aligned}&\dot{\boldsymbol{x}}=\boldsymbol{Ax}+\boldsymbol{Bu},\boldsymbol{x}(t_0)=\boldsymbol{x}_0,t\geqslant0\\&\boldsymbol{y}=\boldsymbol{Cx}+\boldsymbol{Du}\end{aligned} \tag{4-108}$$

的输出响应可表示为

$$\boldsymbol{y}(t)=\int_{t_0}^{t}\boldsymbol{H}(t-\tau)\boldsymbol{u}(\tau)\mathrm{d}\tau \tag{4-109}$$

式中，$\boldsymbol{H}(t-\tau)=\boldsymbol{C}\mathrm{e}^{\boldsymbol{A}(t-\tau)}\boldsymbol{B}+\boldsymbol{D}\delta(t-\tau)$是系统的脉冲响应矩阵。

4.4.1 输出能控性定义及其判定

对于具有连续脉冲响应矩阵的系统，如果任意给定的一个输出向量$\boldsymbol{y}(t_0)$，均存在一个输入向量，能够在有限的时间区间$[t_0,t_{\mathrm{f}}]$内将系统的输出向量由初值$\boldsymbol{y}(t_0)=0$推动到终值$\boldsymbol{y}(t_{\mathrm{f}})=\boldsymbol{y}_{\mathrm{f}}$，则称系统是输出能控的。

令$\boldsymbol{Q}_{\mathrm{oc}}=(\boldsymbol{CB}\quad\boldsymbol{CAB}\quad\cdots\quad\boldsymbol{CA}^{n-1}\boldsymbol{BD})$，系统输出能控的充要条件为

$$\mathrm{rank}\boldsymbol{Q}_{\mathrm{oc}}=q \tag{4-110}$$

特殊地，当$\boldsymbol{D}=\boldsymbol{0}$时，有$\mathrm{rank}(\boldsymbol{CB}\quad\boldsymbol{CAB}\quad\cdots\quad\boldsymbol{CA}^{n-1}\boldsymbol{B})=q$，此时传递函数阵$\boldsymbol{G}(s)$是严格真的，输出可控的充分必要条件是$\boldsymbol{G}(s)$的行在复数域上线性无关。

事实上，由输出响应的表达式

$$\begin{aligned}\boldsymbol{y}(t)&=\boldsymbol{C\Phi}(t-t_0)\boldsymbol{x}(t_0)+\boldsymbol{C}\int_{t_0}^{t}\boldsymbol{\Phi}(t-\tau)\boldsymbol{Bu}(\tau)\mathrm{d}\tau+\boldsymbol{Du}(t)\\&=\boldsymbol{y}(t_0)+\boldsymbol{C}\int_{t_0}^{t}\boldsymbol{\Phi}(t-\tau)\boldsymbol{Bu}(\tau)\mathrm{d}\tau+\boldsymbol{Du}(t)\end{aligned} \tag{4-111}$$

令初值$y(t_0)=0$，并计及$\delta(t)$的筛选性，即有

$$y(t_f)=C\int_{t_0}^{t_f}\Phi(t-\tau)Bu(\tau)d\tau+D\int_{t_0}^{t_f}\delta(\tau-t_f)u(\tau)d\tau \tag{4-112}$$

计及式(4-42)和式(4-43),得

$$y(t_f)=\sum_{j=0}^{n-1}CA^jB\int_{t_0}^{t_f}\beta_j(t-\tau)u(\tau)d\tau+D\int_{t_0}^{t_f}\delta(\tau-t_f)u(\tau)d\tau \tag{4-113}$$

令

$$\Gamma_j(t)=\int_{t_0}^{t_f}\beta_j(t_0-\tau)u(\tau)d\tau,j=0,1,\cdots,n-1 \tag{4-114}$$

$$\Gamma_n(t)=\int_{t_0}^{t_f}\delta(\tau-t_f)u(\tau)d\tau \tag{4-115}$$

式(4-44)变为

$$y(t_f)=(CB\quad CAB\quad\cdots\quad CA^{n-1}B\quad D)\begin{pmatrix}\Gamma_0(t)\\ \Gamma_1(t)\\ \vdots\\ \Gamma_{n-1}(t)\\ \Gamma_n(t)\end{pmatrix}=Q_{oc}\begin{pmatrix}\Gamma_0(t)\\ \Gamma_1(t)\\ \vdots\\ \Gamma_{n-1}(t)\\ \Gamma_n(t)\end{pmatrix} \tag{4-116}$$

该式是一个有$(n+1)p$个未知数的m个方程的方程组,据代数理论,对式(4-116)给出的非齐次方程组有解的充要条件是它的系统矩阵Q_{oc}和增广矩阵$(Q_{oc}\quad y(t_f))$的秩相等。考虑到$y(t_f)$的任意性,欲使$\text{rank}(Q_{oc})=\text{rank}(Q_{oc}\quad y(t_f))$,$Q_{oc}$必是满秩的,即$\text{rank}(Q_{oc})=q$。另外,从$\gamma_j$或$\Gamma_j$的表达式中可以看出,$u(t)$有无穷多个。

例 4-25 判定输出能控性与状态能控性。

给定系统(A,B,C,D),试判定系统的输出能控性和状态能控性。

$$A=\begin{bmatrix}-4 & 5\\ 1 & 0\end{bmatrix},b=\begin{bmatrix}-5\\ 1\end{bmatrix},C=[1\quad 0],D=1$$

解 按输出能控性判据,显然$\text{rank}(Q_{oc})=1$,与输出的个数是一致的。说明系统是输出能控的。

另外,由状态能控性秩判据,知$\text{rank}(Q_c)=1<2$,表明系统状态并不完全能控。

此例说明,系统输出能控与状态能控不是等价的,两者并没有必然的导出关系。那么是否满足一定条件就可以由状态能控得到输出能控呢?答案是肯定的。

如果线性连续系统的状态能控,则该系统输出完全能控的充分条件为$D\neq 0$,$\text{rank}(C\quad D)=q$;$D=0$,$\text{rank}(C)=q$。

事实上,当$D=0$时,令$t_0=0$,据状态能控性证明过程得

$$x(0)=-\sum_{j=0}^{n-1}A^jB\Gamma_j(t) \tag{4-117}$$

由此,得

$$y(0)=Cx(0)=-C\sum_{j=0}^{n-1}A^jB\Gamma_j=-C[B\quad AB\quad\cdots\quad A^{n-1}B]\begin{bmatrix}\Gamma_0\\ \vdots\\ \Gamma_{n-1}\end{bmatrix}$$

若系统的状态完全能控,且输出完全能控,则任给定$y(0)$都应满足上式,而要使上式有解,即存在满足使系统状态在区间$[0,t_f]$上逐渐转移到$x(t_f)=0$,必有$\text{rank}(CQ_c)=\text{rank}[CQ_c\quad y(0)]=q$。根据 Sylvester 不等式,得

$$\text{rank}(C)+\text{rank}(Q_c)-n\leqslant\text{rank}(CQ_c)\leqslant\min(\text{rank}(C),\text{rank}(Q_c)) \tag{4-118}$$

显然，$\text{rank}\boldsymbol{C}=q$。

当 $\boldsymbol{D}\neq\boldsymbol{0}$ 时，当满足 $\text{rank}(\boldsymbol{C}\quad\boldsymbol{D})=q$ 条件时，输出与输入建立联系有两种方式，或与状态建立联系，或与输入直接建立联系，并且只可能有这两种情况。与状态建立联系的输出时，由于系统状态完全能控，所以相应的输出也完全能控；而不与状态建立联系的输出，与输入直接建立联系，当然是能控的。

例 4-26 判定输出能控性。

已知系统$(\boldsymbol{A},\boldsymbol{B},\boldsymbol{C},\boldsymbol{D})$如下，判定输出能控性。

$$\boldsymbol{A}=\begin{bmatrix}1 & 1 & -1\\ 1 & 1 & -1\\ 0 & 1 & -1\end{bmatrix},\boldsymbol{B}=\begin{bmatrix}1 & 0\\ 0 & 1\\ 0 & 1\end{bmatrix},\boldsymbol{C}=\begin{bmatrix}1 & -1 & 0\\ 0 & 0 & 0\end{bmatrix},\boldsymbol{D}=\begin{bmatrix}0 & 1\\ 1 & 0\end{bmatrix}$$

解 据能控性秩判据，得 $\text{rank}(\boldsymbol{Q}_c)=3$，所以系统是状态完全能控的。又由于 $\text{rank}(\boldsymbol{C}\quad\boldsymbol{D})=2$，所以系统是输出能控的。

另外，若此系统是惯性系统，则 $\text{rank}\boldsymbol{C}=1<2$。说明此时系统输出是不能控的。

例 4-27 判定倒立摆系统的能控与能观性。

由一级倒立摆系统的状态方程线性化(以加速度为输入的模型)，得到以下的状态空间描述，将参数 $m=0.109\text{kg}$，$l=0.25\text{m}$，$J=0.0034\text{kg}\cdot\text{m}^2$ 代入后，判定其能控性与能观性以及输出能控性。

$$\dot{\boldsymbol{z}}=\begin{pmatrix}0 & 1 & 0 & 0\\ 0 & 0 & 0 & 0\\ 0 & 0 & 0 & 1\\ 0 & 0 & \dfrac{mgl}{J+ml^2} & 0\end{pmatrix}\boldsymbol{z}+\begin{pmatrix}0\\ 1\\ 0\\ \dfrac{ml}{J+ml^2}\end{pmatrix}v$$

$$\boldsymbol{y}=\begin{pmatrix}1 & 0 & 0 & 0\\ 0 & 0 & 1 & 0\end{pmatrix}\boldsymbol{z}+\begin{pmatrix}0\\ 0\end{pmatrix}v$$

解 将参数代入后，系统的线性化状态空间为

$$\dot{\boldsymbol{z}}=\begin{pmatrix}0 & 1 & 0 & 0\\ 0 & 0 & 0 & 0\\ 0 & 0 & 0 & 1\\ 0 & 0 & 29.4 & 0\end{pmatrix}\boldsymbol{z}+\begin{pmatrix}0\\ 1\\ 0\\ 3\end{pmatrix}v$$

$$\boldsymbol{y}=\begin{pmatrix}1 & 0 & 0 & 0\\ 0 & 0 & 1 & 0\end{pmatrix}\boldsymbol{z}+\begin{pmatrix}0\\ 0\end{pmatrix}v$$

求能控性矩阵与能观性矩阵，得

$$\boldsymbol{Q}_c=\begin{pmatrix}0 & 1 & 0 & 0\\ 1 & 0 & 0 & 0\\ 0 & 3 & 0 & 88.2\\ 3 & 0 & 88.2 & 0\end{pmatrix},\boldsymbol{Q}_o=\begin{pmatrix}1 & 0 & 0 & 0\\ 0 & 0 & 1 & 0\\ 0 & 1 & 0 & 0\\ 0 & 0 & 0 & 1\\ 0 & 0 & 0 & 0\\ 0 & 0 & 29.4 & 0\\ 0 & 0 & 0 & 0\\ 0 & 0 & 0 & 29.4\end{pmatrix}$$

据状态能控性、能观性矩阵秩判据知，系统状态是能控的且能观的。

由于 rank$\boldsymbol{C}$=2，据输出能控性矩阵秩判据知系统输出是能控的。

4.4.2 输出函数能控性定义及其判定

系统的输出函数能控性是与输出能控性密切相关的一个问题，此问题对应于工业控制中的跟踪问题和调节问题。如果存在一个控制向量 $\boldsymbol{u}(t)$ 能够使系统的输出向量由零初始条件出发，沿着任意期望的轨线运动，称系统为输出函数能控的。显然，输出函数能控时，输出一定能控。系统输出函数能控有如下的判据：一个具有 $q\times p$ 真有理传递函数 $\boldsymbol{G}(s)$ 的系统，输出函数能控的充要条件是在具有实系数的有理函数域上，有

$$\operatorname{rank}(\boldsymbol{G}(s))=q \tag{4-119}$$

事实上，据传递函数的含义，得输入与输出间的关系

$$\boldsymbol{Y}(s)=\boldsymbol{G}(s)\boldsymbol{U}(s) \tag{4-120}$$

若 $\operatorname{rank}(\boldsymbol{G}(s))=q$，表明它在有理函数域上行线性无关，则 q 阶方阵 $\boldsymbol{G}(s)\boldsymbol{G}^{\mathrm{H}}(s)$ 非奇异。因而对于任意的输出向量$\boldsymbol{Y}_{\mathrm{r}}(s)$，可以这样来组成控制输入，即令

$$\boldsymbol{U}(s)=\boldsymbol{G}^{\mathrm{H}}(s)(\boldsymbol{G}(s)\boldsymbol{G}^{\mathrm{H}}(s))^{-1}\boldsymbol{Y}_{\mathrm{r}}(s) \tag{4-121}$$

将其代入式(4-120)中，得

$$\boldsymbol{Y}(s)=\boldsymbol{Y}_{\mathrm{r}}(s) \tag{4-122}$$

这表明，存在控制式(4-121)可以使输出向量由零初始条件出发，沿着任意期望的轨线运动，也就是输出函数能控。

此外，已知系统是输出函数能控的，反设 $\operatorname{rank}(\boldsymbol{G}(s))<q$，则根据矩阵理论中秩的概念，总能找到一个不在 $\boldsymbol{G}(s)$的值域空间内的$\boldsymbol{Y}(s)$，使式(4-120)对$\boldsymbol{U}(s)$无解。这与系统是输出函数能控的条件相矛盾。故反设不成立，说明 $\operatorname{rank}(\boldsymbol{G}(s))=q$。

对于系统输出函数能控性判据说明几点。

(1) 输出函数能控的一个必要条件是 $p\geqslant q$。

因为 $q>p$，显然有 $\operatorname{rank}(\boldsymbol{G}(s))\leqslant p<q$，则不可能是输出函数能控。

(2) 当系统是惯性系统时，输出函数能控的充要条件也可用矩阵 $\boldsymbol{A},\boldsymbol{B},\boldsymbol{C}$ 来表达

$$\operatorname{rank}\begin{bmatrix}\boldsymbol{CB} & \boldsymbol{CAB} & \cdots & \cdots & \boldsymbol{CA}^{2n-1}\boldsymbol{B}\\ & \boldsymbol{CB} & \cdots & \cdots & \boldsymbol{CA}^{2n-2}\boldsymbol{B}\\ 0 & & \ddots & & \vdots\\ & & & \boldsymbol{CB} & \boldsymbol{CA}^{n}\boldsymbol{B}\end{bmatrix}=nq \tag{4-123}$$

例 4-28 判定状态能控性、输出能控性和输出函数能控性。

已知系统$(\boldsymbol{A},\boldsymbol{B},\boldsymbol{C})$，试判定该系统的状态能控性、输出能控性和输出函数能控性。

$$\boldsymbol{A}=\begin{bmatrix}0 & -3 & 0 & 0\\ 1 & -4 & 0 & 0\\ 0 & 0 & 0 & -1\\ 0 & 0 & 1 & -2\end{bmatrix},\boldsymbol{B}=\begin{bmatrix}3 & 2\\ 1 & 2\\ 1 & 1\\ 1 & 2\end{bmatrix},\boldsymbol{C}=\begin{bmatrix}0 & 1 & 0 & 0\\ 0 & 0 & 0 & 1\end{bmatrix}$$

解 由各自的判据可以判定，状态是能控的；输出是能控的；输出函数也是能控的。自己写出过程。

4.5 连续线性系统的对偶关系

能控性与能观性的内在关系是由对偶原理给出的，利用对偶关系可以将对能控性分析转化为对其对偶系统能观性的分析。从而也沟通了最优控制问题和最优估计问题间的关系。

4.5.1 定常情况下的对偶关系

考虑如下两个定常线性惯性系统

$$\Sigma_1 = (\boldsymbol{A}_1, \boldsymbol{B}_1, \boldsymbol{C}_1) \tag{4-124}$$

$$\Sigma_2 = (\boldsymbol{A}_2, \boldsymbol{B}_2, \boldsymbol{C}_2) \tag{4-125}$$

式中各矩阵按以前的规定。若满足如下关系式

$$\boldsymbol{A}_2 = \boldsymbol{A}_1^{\mathrm{T}}, \boldsymbol{B}_2 = \boldsymbol{C}_1^{\mathrm{T}}, \boldsymbol{C}_2 = \boldsymbol{B}^{\mathrm{T}} \tag{4-126}$$

则称其互为对偶系统。

根据上述定义，可以推出互为对偶的两系统的状态转移矩阵互为转置，即

$$\boldsymbol{\Phi}_1(t-t_0) = \boldsymbol{\Phi}_2^{\mathrm{T}}(t-t_0) \tag{4-127}$$

式中，$\boldsymbol{\Phi}_1(t-t_0)$为 $\sum_1$ 的状态转移矩阵；$\boldsymbol{\Phi}_2(t-t_0)$为 Σ_2 的状态转移矩阵。

定常情况下的对偶系统模拟结构图如图 4-10 所示。

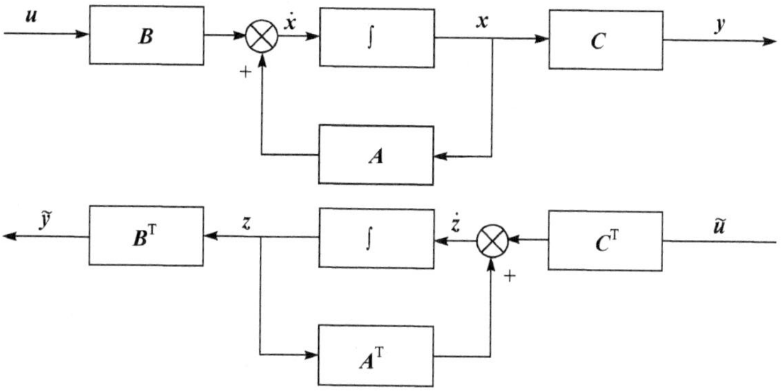

图 4-10 定常情况下的对偶系统模拟结构图

显然互为对偶的系统，特征值是一样的，即

$$\det(s\boldsymbol{I} - \boldsymbol{A}_1) = \det(s\boldsymbol{I} - \boldsymbol{A}_2) \tag{4-128}$$

思考 能证明该关系式吗?

从传递函数矩阵来看对偶系统的关系，系统 1 和系统 2 的传递函数阵分别为

$$\boldsymbol{W}_1(s) = \boldsymbol{C}_1 (s\boldsymbol{I} - \boldsymbol{A}_1)^{-1}\boldsymbol{B}_1, \boldsymbol{W}_2(s) = \boldsymbol{C}_2 (s\boldsymbol{I} - \boldsymbol{A}_2)^{-1}\boldsymbol{B}_2 \tag{4-129}$$

按对偶关系，得

$$\boldsymbol{W}_2(s) = \boldsymbol{B}_1^{\mathrm{T}} [(s\boldsymbol{I} - \boldsymbol{A}_1)^{-1}]^{\mathrm{T}} \boldsymbol{C}_1^{\mathrm{T}} = W_1^{\mathrm{T}}(s) \tag{4-130}$$

传递函数间关系互为转置。另外，还有

输入—状态传递函数　状态—输出传递函数

$$\Sigma_1 \qquad \boldsymbol{W}_{ux1}=(s\boldsymbol{I}-\boldsymbol{A}_1)^{-1}\boldsymbol{B}_1 \quad \boldsymbol{W}_{xy1}=\boldsymbol{C}_1(s\boldsymbol{I}-\boldsymbol{A}_1)^{-1}$$

$$\Sigma_2 \qquad \boldsymbol{W}_{ux2}=(s\boldsymbol{I}-\boldsymbol{A}_2)^{-1}\boldsymbol{B}_2 \quad \boldsymbol{W}_{xy2}=\boldsymbol{C}_2(s\boldsymbol{I}-\boldsymbol{A}_2)^{-1}$$

显然，$\boldsymbol{W}_{ux1}$与$\boldsymbol{W}_{xy2}$互为转置，$\boldsymbol{W}_{ux2}$与$\boldsymbol{W}_{xy1}$互为转置。

式(4-124)和式(4-125)互为对偶，则Σ_1的能控性等价于Σ_2的能观性，Σ_1的能观性等价于Σ_2的能控性。该性质称为定常连续线性系统对偶原理。该对偶原理可以通过能控性矩阵$\boldsymbol{Q}_c$和能观性矩阵$\boldsymbol{Q}_o$的秩证明。

思考　能写出定常情况下的对偶原理的证明过程吗？

4.5.2　时变情况下的对偶关系

考虑如下两个时变线性惯性系统

$$\Sigma_1 = (\boldsymbol{A}_1(t),\boldsymbol{B}_1(t),\boldsymbol{C}_1(t)) \tag{4-131}$$

$$\Sigma_2 = (\boldsymbol{A}_2(t),\boldsymbol{B}_2(t),\boldsymbol{C}_2(t)) \tag{4-132}$$

式中各矩阵按以前的规定。若满足如下关系式

$$\boldsymbol{A}_2(t)=-\boldsymbol{A}_1^{\mathrm{T}}(t),\boldsymbol{B}_2(t)=\boldsymbol{C}_1^{\mathrm{T}}(t),\boldsymbol{C}_2(t)=\boldsymbol{B}^{\mathrm{T}}(t) \tag{4-133}$$

则称其互为对偶系统。

根据上述定义，可以推出互为对偶的两系统的状态转移矩阵互为转置逆，即

$$\boldsymbol{\Phi}_1(t,t_0)=\boldsymbol{\Phi}_2^{-\mathrm{T}}(t,t_0)=\boldsymbol{\Phi}_2^{\mathrm{T}}(t_0,t) \tag{4-134}$$

式中，$\boldsymbol{\Phi}_1(t,t_0)$为$\sum_1$的状态转移矩阵；$\boldsymbol{\Phi}_2(t,t_0)$为$\sum_2$的状态转移矩阵。

事实上，由式(4-131)的对偶关系，得

$$(\boldsymbol{A}_2(t),\boldsymbol{B}_2(t),\boldsymbol{C}_2(t))=(-\boldsymbol{A}_1^{\mathrm{T}}(t),\boldsymbol{B}_2(t),\boldsymbol{C}_2(t)) \tag{4-135}$$

于是

$$\dot{\boldsymbol{\Phi}}_2(t,t_0)=-\boldsymbol{A}_1^{\mathrm{T}}(t)\boldsymbol{\Phi}_2(t,t_0) \tag{4-136}$$

两边转置，得

$$\dot{\boldsymbol{\Phi}}_2^{\mathrm{T}}(t,t_0)=-\boldsymbol{\Phi}_2^{\mathrm{T}}(t,t_0)\boldsymbol{A}_1(t) \tag{4-137}$$

又由

$$\boldsymbol{\Phi}_2^{\mathrm{T}}(t_0,t)\boldsymbol{\Phi}_2^{\mathrm{T}}(t,t_0)=\boldsymbol{I} \tag{4-138}$$

两边求导，得

$$\dot{\boldsymbol{\Phi}}_2^{\mathrm{T}}(t_0,t)\boldsymbol{\Phi}_2^{\mathrm{T}}(t,t_0)+\boldsymbol{\Phi}_2^{\mathrm{T}}(t_0,t)\dot{\boldsymbol{\Phi}}_2(t,t_0)=0 \tag{4-139}$$

计及式(4-135)，于是

$$\dot{\boldsymbol{\Phi}}_2^{\mathrm{T}}(t_0,t)=-\boldsymbol{\Phi}_2^{\mathrm{T}}(t_0,t)\dot{\boldsymbol{\Phi}}_2(t,t_0)\boldsymbol{\Phi}_2^{-\mathrm{T}}(t,t_0)=\boldsymbol{\Phi}_2^{\mathrm{T}}(t_0,t)\boldsymbol{\Phi}_2^{\mathrm{T}}(t,t_0)\boldsymbol{A}_1(t)\boldsymbol{\Phi}_2^{-\mathrm{T}}(t,t_0) \tag{4-140}$$

即

$$\dot{\boldsymbol{\Phi}}_2^{\mathrm{T}}(t_0,t)=\boldsymbol{A}_1(t)\boldsymbol{\Phi}_2^{-\mathrm{T}}(t,t_0)=\boldsymbol{A}_1(t)\boldsymbol{\Phi}_2^{\mathrm{T}}(t_0,t) \tag{4-141}$$

又由$\boldsymbol{\Phi}_2(t_0,t_0)=\boldsymbol{I}$，得

$$\boldsymbol{\Phi}_2^{\mathrm{T}}(t_0,t_0)=\boldsymbol{I} \tag{4-142}$$

由状态转移矩阵的性质知，$\boldsymbol{\Phi}_2^{\mathrm{T}}(t_0,t)$必是$\dot{\boldsymbol{x}}_1=\boldsymbol{A}_1(t)\boldsymbol{x}_1$的状态转移矩阵。而系统的状态转移矩阵是唯一的，所以有式(4-134)。

式(4-131)和(4-132)互为对偶，则Σ_1的能控性等价于Σ_2的能观性，Σ_1的能观性等价于Σ_2的能控性。该性质称为时变连续线性系统的对偶原理。该对偶原理可以通过能控性Gram矩阵和能观性Gram矩阵的秩证明。

思考 能写出时变情况下的对偶原理的证明过程吗？

4.6 定常连续线性系统的能控型与能观型

从第1章的内容和本章前面的根据标准型判定能控、能观性的内容，可以看出，标准型为分析相关问题提供了方便，同样对于能控性与能观性分析的相关问题，得到能控型和能观型对于研究相关问题也将提供方便。那么接下来的问题是如何将非标准型转化为能控型和能观型。状态空间的这种转化的依据在于状态变量选取非唯一性和非奇异变换不会改变能控、能观性。需要说明的是，只有系统完全能控时，才能转换成能控型；只有系统完全能观时，才能转化成能观型。若给出的系统是能控或能观型，则可直接判定其能控或能观。

4.6.1 SISO系统的能控标准型与能观标准型

考虑如下的SI连续线性系统

$$\begin{aligned}\dot{\boldsymbol{x}}&=\boldsymbol{A}\boldsymbol{x}+\boldsymbol{b}u\\ y&=\boldsymbol{c}\boldsymbol{x}\end{aligned} \tag{4-143}$$

式中，各变量与参数矩阵按前面的规定。

1. 能控标准Ⅰ型与能观标准Ⅱ型

假设系统完全能控，则有

$$\text{rank}\boldsymbol{Q}_c=\text{rank}(\boldsymbol{b}\quad \boldsymbol{A}\boldsymbol{b}\quad \cdots\quad \boldsymbol{A}^{n-1}\boldsymbol{b})=n \tag{4-144}$$

再令系统特征多项式为

$$\alpha(\lambda)=\lambda^n+a_{n-1}\lambda^{n-1}+\cdots+a_1\lambda+a_0 \tag{4-145}$$

并定义如下n个常数：

$$\begin{aligned}\beta_{n-1}&=\boldsymbol{c}\boldsymbol{b}\\ \beta_{n-2}&=\boldsymbol{c}\boldsymbol{A}\boldsymbol{b}+a_{n-1}\boldsymbol{c}\boldsymbol{b}\\ &\vdots\\ \beta_1&=\boldsymbol{c}\boldsymbol{A}^{n-2}\boldsymbol{b}+a_{n-1}\boldsymbol{c}\boldsymbol{A}^{n-3}\boldsymbol{b}+\cdots+a_2\boldsymbol{c}\boldsymbol{b}\\ \beta_0&=\boldsymbol{c}\boldsymbol{A}^{n-1}\boldsymbol{b}+a_{n-1}\boldsymbol{c}\boldsymbol{A}^{n-2}\boldsymbol{b}+\cdots+a_1\boldsymbol{c}\boldsymbol{b}\end{aligned} \tag{4-146}$$

则存在线性非奇异变换

$$\boldsymbol{x}=\boldsymbol{T}_{c1}\bar{\boldsymbol{x}} \tag{4-147}$$

式中，变换矩阵为

$$\boldsymbol{T}_{c1}=(\boldsymbol{A}^{n-1}\boldsymbol{b}\quad \boldsymbol{A}^{n-2}\boldsymbol{b}\quad \cdots\quad \boldsymbol{b})\begin{pmatrix}1 & & & & 0\\ a_{n-1} & 1 & & & \\ \vdots & & \ddots & & \\ a_2 & a_3 & & \ddots & \\ a_1 & a_2 & \cdots & a_{n-1} & 1\end{pmatrix} \tag{4-148}$$

使其状态空间表达式(4-143)化为

$$\dot{\bar{x}}=\bar{A}\bar{x}+\bar{b}u$$
$$y=\bar{c}\bar{x} \tag{4-149}$$

其中系统矩阵、控制矩阵与输出矩阵分别为

$$\bar{A}=T_{c1}^{-1}AT_{c1}=\begin{pmatrix}0 & 1 & 0 & \cdots & 0\\ 0 & 0 & 1 & \cdots & 0\\ \vdots & \vdots & \vdots & & \vdots\\ 0 & 0 & 0 & \cdots & 1\\ -a_0 & -a_1 & -a_2 & \cdots & -a_{n-1}\end{pmatrix},\bar{b}=T_{c1}^{-1}b=\begin{pmatrix}0\\0\\0\\ \vdots\\1\end{pmatrix},$$
$$\bar{C}=CT_{c1}=(\beta_0\quad \beta_1\quad \beta_2\quad \cdots\quad \beta_{n-1}) \tag{4-150}$$

这种称为能控标准Ⅰ型。

假定系统是能观的,则有

$$\mathrm{rank}Q_o=\mathrm{rank}\begin{pmatrix}c\\ cA\\ \vdots\\ cA^{n-1}\end{pmatrix}=n \tag{4-151}$$

再令系统特征多项式为

$$\alpha(\lambda)=\lambda^n+a_{n-1}\lambda^{n-1}+\cdots+a_1\lambda+a_0 \tag{4-152}$$

并定义如下 n 个常数:

$$\begin{aligned}\beta_{n-1}&=cb\\ \beta_{n-2}&=cAb+a_{n-1}cb\\ &\vdots\\ \beta_1&=cA^{n-2}b+a_{n-1}cA^{n-3}b+\cdots+a_2cb\\ \beta_0&=cA^{n-1}b+a_{n-1}cA^{n-2}b+\cdots+a_1cb\end{aligned} \tag{4-153}$$

则存在线性非奇异变换

$$x=T_{o2}\bar{x} \tag{4-154}$$

式中,变换矩阵为

$$T_{o2}^{-1}=\begin{pmatrix}1 & a_{n-1} & \cdots & a_2 & a_1\\ & 1 & & a_3 & a_2\\ & & \ddots & & \vdots\\ & & & \ddots & a_{n-1}\\ & \mathbf{0} & & & 1\end{pmatrix}\begin{pmatrix}cA^{n-1}\\ cA^{n-2}\\ \vdots\\ cA\\ c\end{pmatrix} \tag{4-155}$$

使其状态空间表达式(4-141)化为

$$\dot{\bar{x}}=\bar{A}\bar{x}+\bar{b}u$$
$$y=\bar{c}\bar{x} \tag{4-156}$$

其中系统矩阵、控制矩阵与输出矩阵分别为

$$\bar{A}=T_{o2}^{-1}AT_{o2}=\begin{pmatrix}0&0&0&\cdots&-a_0\\1&0&0&\cdots&-a_1\\0&1&0&\cdots&-a_2\\\vdots&\vdots&\vdots&&\vdots\\0&0&0&\cdots&-a_{n-1}\end{pmatrix},\bar{b}=T_{o2}^{-1}b=\begin{pmatrix}\beta_0\\\beta_1\\\beta_2\\\vdots\\\beta_{n-1}\end{pmatrix},\bar{c}=cT_{o2}=(0\quad 0\quad 0\quad\cdots\quad 1)$$

(4-157)

式中，$\beta_i(i=0,1,2,\cdots,n-1)$与式(4-151)相同。这种标准型称为能观标准Ⅱ型。

能控标准Ⅰ型与能观标准Ⅱ型是对偶的。由能控标准Ⅰ型和能观标准Ⅱ型可以直接写出系统的传递函数

$$G(s)=\frac{\beta_{n-1}s^{n-1}+\beta_{n-2}s^{n-2}+\cdots+\beta_1 s+\beta_0}{s^n+a_{n-1}s^{n-1}+\cdots+a_1 s+a_0} \tag{4-158}$$

2．能控标准Ⅱ型与能观标准Ⅰ型

若变换矩阵为

$$T_{c2}=(b\quad Ab\quad\cdots\quad A^{n-1}b) \tag{4-159}$$

则能控标准Ⅱ型的系统矩阵、控制矩阵与输出矩阵分别为

$$\begin{pmatrix}0&0&0&\cdots&-a_0\\1&0&0&\cdots&-a_1\\0&1&0&\cdots&-a_2\\\vdots&\vdots&\vdots&&\vdots\\0&0&0&\cdots&-a_{n-1}\end{pmatrix},\begin{pmatrix}0\\0\\0\\\vdots\\1\end{pmatrix},(\beta_0\quad\beta_1\quad\beta_2\quad\cdots\quad\beta_{n-1}) \tag{4-160}$$

其中

$$\begin{aligned}\beta_0&=cb\\\beta_1&=cAb\\&\vdots\\\beta_{n-1}&=cA^{n-1}b\end{aligned} \tag{4-161}$$

若变换矩阵为

$$T_{o1}^{-1}=\begin{pmatrix}c\\cA\\\vdots\\cA^{n-1}\end{pmatrix} \tag{4-162}$$

则能观标准Ⅰ型的系统矩阵、控制矩阵与输出矩阵分别为

$$\begin{pmatrix}0&1&0&\cdots&0\\0&0&1&\cdots&0\\\vdots&\vdots&\vdots&&\vdots\\0&0&0&\cdots&1\\-a_0&-a_1&-a_2&\cdots&-a_{n-1}\end{pmatrix},\begin{pmatrix}\beta_0\\\beta_1\\\beta_2\\\vdots\\\beta_{n-1}\end{pmatrix},(1\quad 0\quad 0\quad\cdots\quad 0) \tag{4-163}$$

式中，$\beta_i(i=0,1,2,\cdots,n-1)$与式(4-161)相同。

能控标准Ⅱ型与能观标准Ⅰ型互为对偶。

例 4-29 将系统转化成能控标准型和能观标准型。

已知系统如下，引入变换阵将其分别化成能控标准Ⅰ和能观标准Ⅱ型。

$$\boldsymbol{A}=\begin{pmatrix}1 & 2 & 0\\3 & -1 & 1\\0 & 2 & 0\end{pmatrix},\boldsymbol{b}=\begin{pmatrix}2\\1\\1\end{pmatrix},\boldsymbol{c}=(0\quad 0\quad 1)$$

解 (1)判定其能控性与能观性。

依能控与能观性矩阵秩判据计算如下：

$$\boldsymbol{Q}_{\mathrm{c}}=(\boldsymbol{b}\quad \boldsymbol{Ab}\quad \boldsymbol{A}^2\boldsymbol{b})=\begin{pmatrix}2 & 4 & 16\\1 & 6 & 8\\1 & 2 & 12\end{pmatrix},\boldsymbol{Q}_{\mathrm{o}}=\begin{pmatrix}\boldsymbol{c}\\\boldsymbol{cA}\\\boldsymbol{cA}^2\end{pmatrix}=\begin{pmatrix}0 & 0 & 1\\0 & 2 & 0\\6 & -2 & 2\end{pmatrix}$$

显然两矩阵都是满秩的，故系统是能控且能观的。

(2) 转化成能控标准Ⅰ型和能观标准Ⅱ型。

系统的特征多项式为 $\alpha(\lambda)=\lambda^3+0\lambda^2-9\lambda+2$。由此引入变换

$$\boldsymbol{T}_{\mathrm{c1}}=\begin{pmatrix}16 & 4 & 2\\8 & 6 & 1\\12 & 2 & 1\end{pmatrix}\begin{pmatrix}1 & 0 & 0\\0 & 1 & 0\\-9 & 0 & 1\end{pmatrix}=\begin{pmatrix}-2 & 4 & 2\\-1 & 6 & 1\\3 & 2 & 1\end{pmatrix}$$

得变换后的能控标准Ⅰ型的系统矩阵、控制矩阵与输出矩阵分别为

$$\begin{pmatrix}0 & 1 & 0\\0 & 0 & 1\\-2 & 9 & 0\end{pmatrix},\begin{pmatrix}0\\0\\1\end{pmatrix},(3\quad 2\quad 1)$$

它的对偶系统，即能观标准Ⅱ型的系统矩阵、控制矩阵与输出矩阵分别为

$$\begin{pmatrix}0 & 0 & -2\\1 & 0 & 9\\0 & 1 & 0\end{pmatrix},\begin{pmatrix}3\\2\\1\end{pmatrix},(0\quad 0\quad 1)$$

4.6.2 MIMO 类 SISO 的能控标准型与能观标准型

对于 SISO 系统，一旦给定系统的传递函数，便可以直接写出其能控标准Ⅰ型和能观标准Ⅱ型实现。将其推广到 MIMO 系统，考虑惯性线性系统(即严格真有理分式矩阵)，为此必须把 $q\times p$ 维的传递函数阵写成和单输入单输出系统的传递函数类似的形式

$$\boldsymbol{G}(s)=\frac{\boldsymbol{\beta}_{n-1}s^{n-1}+\boldsymbol{\beta}_{n-2}s^{n-2}+\cdots+\boldsymbol{\beta}_1 s+\boldsymbol{\beta}_0}{s^n+a_{n-1}s^{n-1}+\cdots+a_1 s+a_0}\tag{4-164}$$

式中，$\boldsymbol{\beta}_i(i=0,1,2,\cdots,n-1)$为 $q\times p$ 维常数阵；分母多项式为该传递函数阵的特征多项式。

MIMO 能控标准型实现的系统矩阵、控制矩阵与输出矩阵分别为

$$\boldsymbol{A}_{\mathrm{c}}=\begin{bmatrix}\boldsymbol{0}_p & \boldsymbol{I}_p & \boldsymbol{0}_p & \cdots & \boldsymbol{0}_p\\\boldsymbol{0}_p & \boldsymbol{0}_p & \boldsymbol{I}_p & \cdots & \boldsymbol{0}_p\\\vdots & \vdots & \vdots & \ddots & \vdots\\\boldsymbol{0}_p & \boldsymbol{0}_p & \boldsymbol{0}_p & \cdots & \boldsymbol{I}_p\\-a_0\boldsymbol{I}_p & -a_1\boldsymbol{I}_p & -a_0\boldsymbol{I}_p & \cdots & -a_{n-1}\boldsymbol{I}_p\end{bmatrix}_{np\times np},\boldsymbol{B}_{\mathrm{c}}=\begin{pmatrix}\boldsymbol{0}_p\\\boldsymbol{0}_p\\\vdots\\\boldsymbol{0}_p\\\boldsymbol{I}_p\end{pmatrix},\boldsymbol{C}_{\mathrm{c}}=(\boldsymbol{\beta}_0,\boldsymbol{\beta}_1,\cdots,\boldsymbol{\beta}_{n-1})\tag{4-165}$$

MIMO 能观标准型实现的系统矩阵、控制矩阵与输出矩阵分别为

$$\boldsymbol{A}_{o}=\begin{bmatrix}\boldsymbol{0}_q & \boldsymbol{0}_q & \cdots & \boldsymbol{0}_q & -a_0\boldsymbol{I}_q\\ \boldsymbol{I}_q & \boldsymbol{0}_q & \cdots & \boldsymbol{0}_q & -a_1\boldsymbol{I}_q\\ \boldsymbol{0}_q & \boldsymbol{I}_q & \cdots & \boldsymbol{0}_q & -a_2\boldsymbol{I}_q\\ \vdots & \vdots & \ddots & \vdots & \vdots\\ \boldsymbol{0}_q & \boldsymbol{0}_q & \cdots & \boldsymbol{I}_q & -a_{n-1}\boldsymbol{I}_m\end{bmatrix}_{nq\times nq},\boldsymbol{B}_{o}=\begin{pmatrix}\boldsymbol{\beta}_0\\ \boldsymbol{\beta}_1\\ \boldsymbol{\beta}_2\\ \vdots\\ \boldsymbol{\beta}_{n-1}\end{pmatrix},\boldsymbol{C}_{o}=(\boldsymbol{0}_q,\boldsymbol{0}_q,\cdots,\boldsymbol{0}_q,\boldsymbol{I}_q) \quad (4\text{-}166)$$

需要注意的是，MIMO 系统的能观标准型并非能控标准型简单转置，这一点与 SISO 系统不同。

例 4-30 将系统转化成能控标准型和能观标准型。

已知系统用传递函数阵表达如下，引入变换阵将其分别化成能控标准型和能观标准型。

$$\boldsymbol{G}(s)=\begin{pmatrix}\dfrac{s+2}{s+1} & \dfrac{1}{s+3}\\ \dfrac{s}{s+1} & \dfrac{s+1}{s+2}\end{pmatrix}$$

解 将传递函数阵表示成

$$\boldsymbol{G}(s)=\boldsymbol{C}(s\boldsymbol{I}-\boldsymbol{A})^{-1}\boldsymbol{B}+\boldsymbol{D}=\begin{pmatrix}\dfrac{1}{s+1} & \dfrac{1}{s+3}\\ -\dfrac{1}{s+1} & -\dfrac{1}{s+2}\end{pmatrix}+\begin{pmatrix}1 & 0\\ 1 & 1\end{pmatrix}$$

将 $\boldsymbol{C}(s\boldsymbol{I}-\boldsymbol{A})^{-1}\boldsymbol{B}$ 写成按 s 降幂排列的格式

$$\begin{pmatrix}\dfrac{1}{s+1} & \dfrac{1}{s+3}\\ -\dfrac{1}{s+1} & -\dfrac{1}{s+2}\end{pmatrix}=\frac{1}{s^3+6s^2+11s+6}\begin{pmatrix}s^2+5s+6 & s^2+3s+2\\ -(s^2+5s+6) & -(s^2+4s+3)\end{pmatrix}$$

$$=\frac{1}{s^3+6s^2+11s+6}\left\{\begin{pmatrix}1 & 1\\ -1 & -1\end{pmatrix}s^2+\begin{pmatrix}5 & 3\\ -5 & -4\end{pmatrix}s+\begin{pmatrix}6 & 2\\ -6 & -3\end{pmatrix}\right\}$$

对照式(4-162)，可得

$$a_0=6,a_1=11,a_2=6$$

$$\boldsymbol{\beta}_0=\begin{pmatrix}6 & 2\\ -6 & -3\end{pmatrix},\ \boldsymbol{\beta}_1=\begin{pmatrix}5 & 3\\ -5 & -4\end{pmatrix},\ \boldsymbol{\beta}_2=\begin{pmatrix}1 & 1\\ -1 & -1\end{pmatrix}$$

将上述系数及矩阵代入式(4-165)，便可得到能控标准型的各系数矩阵：

$$\boldsymbol{A}_{c}=\begin{pmatrix}\boldsymbol{0}_2 & \boldsymbol{I}_2 & \boldsymbol{0}_2\\ \boldsymbol{0}_2 & \boldsymbol{0}_2 & \boldsymbol{I}_2\\ -a_0\boldsymbol{I}_2 & -a_1\boldsymbol{I}_2 & -a_2\boldsymbol{I}_2\end{pmatrix}=\begin{pmatrix}0 & 0 & 1 & 0 & 0 & 0\\ 0 & 0 & 0 & 1 & 0 & 0\\ 0 & 0 & 0 & 0 & 1 & 0\\ 0 & 0 & 0 & 0 & 0 & 1\\ -6 & 0 & -11 & 0 & -6 & 0\\ 0 & -6 & 0 & -11 & 0 & -6\end{pmatrix},\boldsymbol{B}_{c}=\begin{pmatrix}\boldsymbol{0}_2\\ \boldsymbol{0}_2\\ \boldsymbol{I}_2\end{pmatrix}=\begin{pmatrix}0 & 0\\ 0 & 0\\ 0 & 0\\ 0 & 0\\ 1 & 0\\ 0 & 1\end{pmatrix}$$

$$\boldsymbol{C}_{c}=(\boldsymbol{\beta}_0,\boldsymbol{\beta}_1,\boldsymbol{\beta}_2)=\begin{pmatrix}6 & 2 & 5 & 3 & 1 & 1\\ -6 & -3 & -5 & -4 & -1 & -1\end{pmatrix},\boldsymbol{D}=\begin{pmatrix}1 & 0\\ 1 & 1\end{pmatrix}$$

类似地，可得能观标准型各系数阵：

$$A_o=\begin{pmatrix}\mathbf{0}_q & \mathbf{0}_q & -a_0\boldsymbol{I}_q\\ \boldsymbol{I}_q & \mathbf{0}_q & -a_1\boldsymbol{I}_q\\ \mathbf{0}_q & \boldsymbol{I}_q & -a_2\boldsymbol{I}_q\end{pmatrix}=\begin{pmatrix}0&0&0&0&-6&0\\0&0&0&1&0&-6\\1&0&0&0&-11&0\\0&1&0&0&0&-11\\0&0&1&0&-6&0\\0&0&0&1&0&-6\end{pmatrix},\boldsymbol{B}_o=\begin{pmatrix}\boldsymbol{\beta}_0\\ \boldsymbol{\beta}_1\\ \boldsymbol{\beta}_2\end{pmatrix}=\begin{pmatrix}6&2\\-6&-3\\5&3\\-5&-4\\1&1\\-1&-1\end{pmatrix}$$

$$\boldsymbol{C}_o=(\mathbf{0}_q,\mathbf{0}_q,\boldsymbol{I}_q)=\begin{pmatrix}0&0&0&0&1&0\\0&0&0&0&0&1\end{pmatrix},\boldsymbol{D}=\begin{pmatrix}1&0\\1&1\end{pmatrix}$$

需要指出的是，在综合设计中经常用到的是龙伯格规范型和旺纳姆能规范型，感兴趣的读者可以查阅相关文献，这里不再展开。

4.7 连续线性系统的结构分解

4.7.1 结构分解的意义

完全能控能观的系统，可进一步对其设计反馈控制器或观测器，改善系统的性能，但不完全能控/能观的系统，若不能找出哪些状态能控/能观，设计系统的控制算法可能是困难的。对于对角型或 Jordan 标准型的结构形式，容易辨别出哪些能控/能观，但对于非这种结构形式的情况，能控(观)子空间和不能控(观)子空间是看不出来的。所以，基于非奇异变换不改变系统的能控性程度，需要选择合适的变换矩阵将能控(观)的状态与不能控(观)的状态分解开，进而为进一步分析和设计提供方便。结构分解与系统的状态反馈、系统镇定等问题的解决密切相关，它揭示了系统的本质特征，为最小实现提供了理论依据。故结构分解是有理论依据和实际意义的。接下来的问题就是如何确定实现分解？分解后系统的结构形式是什么？

4.7.2 时变情况下的结构分解

1. 若不能控，按能控性分解

考察在$[t_0,t_f]$上不完全能控的系统$\Sigma=(\boldsymbol{A}(t),\boldsymbol{B}(t))$，必存在线性非奇异变换可微矩阵$\boldsymbol{R}(t)$，将其按能控性分解成能控部分和不能控部分

$$\begin{pmatrix}\dot{\hat{\boldsymbol{x}}}^{(1)}\\ \dot{\hat{\boldsymbol{x}}}^{(2)}\end{pmatrix}=\begin{pmatrix}\hat{\boldsymbol{A}}_{11}(t) & \hat{\boldsymbol{A}}_{12}(t)\\ 0 & \hat{\boldsymbol{A}}_{22}(t)\end{pmatrix}\begin{pmatrix}\hat{\boldsymbol{x}}^{(1)}\\ \hat{\boldsymbol{x}}^{(2)}\end{pmatrix}+\begin{pmatrix}\hat{\boldsymbol{B}}_1(t)\\ \mathbf{0}\end{pmatrix}\boldsymbol{u} \tag{4-167}$$

用方框图(图 4-11)表示，从中可以看出，$\hat{\boldsymbol{x}}^{(1)}$($l$ 维)是能控的，$\hat{\boldsymbol{x}}^{(2)}$($n-l$ 维)是不能控的。

事实上，不完全能控的系统$\sum=(\boldsymbol{A}(t),\boldsymbol{B}(t))$通过非奇异变换可微矩阵$\boldsymbol{R}(t)$进行变换后，可得如下形式的状态方程描述

$$\begin{pmatrix}\dot{\hat{\boldsymbol{x}}}^{(1)}\\ \dot{\hat{\boldsymbol{x}}}^{(2)}\end{pmatrix}=\begin{pmatrix}\hat{\boldsymbol{A}}_{11}(t) & \hat{\boldsymbol{A}}_{12}(t)\\ \hat{\boldsymbol{A}}_{21}(t) & \hat{\boldsymbol{A}}_{22}(t)\end{pmatrix}\begin{pmatrix}\hat{\boldsymbol{x}}^{(1)}\\ \hat{\boldsymbol{x}}^{(2)}\end{pmatrix}+\begin{pmatrix}\hat{\boldsymbol{B}}_1(t)\\ \hat{\boldsymbol{B}}_2(t)\end{pmatrix}\boldsymbol{u} \tag{4-168}$$

需要证明$\hat{\boldsymbol{A}}_{21}(t)=\mathbf{0},\hat{\boldsymbol{B}}_2(t)=\mathbf{0}$。计及$(\hat{\boldsymbol{A}}(t),\hat{\boldsymbol{B}}(t))$仍然是不能控的，故必存在 n 维非零列向量$\boldsymbol{\alpha}$，使成立

$$\boldsymbol{\alpha}^{\mathrm{T}}\hat{\boldsymbol{\Phi}}(t_0,t)\hat{\boldsymbol{B}}(t)\equiv\mathbf{0},t\in[t_0,t_1] \tag{4-169}$$

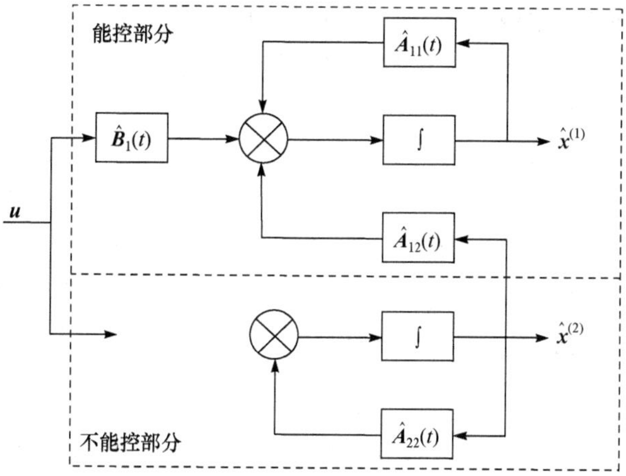

图 4-11　按能控性分解图

进一步，考虑式(4-169)成立的线性无关的 n 维非零列向量的全体，共 $(n-l)$ 个，记为 $\boldsymbol{a}_1$，$\boldsymbol{a}_2$，…，$\boldsymbol{a}_{n-l}$。于是，有

$$\begin{matrix} l\left\{ \right. \\ \\ n-l\left\{ \right. \end{matrix}\begin{bmatrix} 0 \\ \vdots \\ 0 \\ \boldsymbol{a}_1^{\mathrm{T}} \\ \vdots \\ \boldsymbol{a}_{n-l}^{\mathrm{T}} \end{bmatrix}\hat{\boldsymbol{\Phi}}(t_0,t)\hat{\boldsymbol{B}}(t)=\boldsymbol{0},t\in[t_0,t_1] \tag{4-170}$$

再引入 $\boldsymbol{n}\times\boldsymbol{n}$ 阵 $\boldsymbol{P}$，则仍有

$$\boldsymbol{P}\begin{bmatrix} 0 \\ \vdots \\ 0 \\ \boldsymbol{a}_1^{\mathrm{T}} \\ \vdots \\ \boldsymbol{a}_{n-l}^{\mathrm{T}} \end{bmatrix}\hat{\boldsymbol{\Phi}}(t_0,t)\hat{\boldsymbol{B}}(t)=\boldsymbol{0},t\in[t_0,t_1] \tag{4-171}$$

这样地选取 $\boldsymbol{P}$，使之对上述 $\begin{bmatrix}\boldsymbol{0}^* \\ \boldsymbol{a}^*\end{bmatrix}$ 阵作行和列的初等变换，进而化为

$$\begin{bmatrix} \boldsymbol{0}_{l\times l} & \boldsymbol{0}_{l\times(n-l)} \\ \boldsymbol{0}_{(n-l)\times l} & \boldsymbol{E}^*_{(n-l)\times(n-l)} \end{bmatrix}\begin{bmatrix} \hat{\boldsymbol{\Phi}}_{11}(t_0,t) & \hat{\boldsymbol{\Phi}}_{12}(t_0,t) \\ \hat{\boldsymbol{\Phi}}_{21}(t_0,t) & \hat{\boldsymbol{\Phi}}_{22}(t_0,t) \end{bmatrix}\begin{bmatrix} \hat{\boldsymbol{B}}_1(t) \\ \hat{\boldsymbol{B}}_2(t) \end{bmatrix}=\begin{bmatrix} \boldsymbol{0} \\ E^*[\hat{\boldsymbol{\Phi}}_{21}(t_0,t)\hat{\boldsymbol{B}}_1(t)+\hat{\boldsymbol{\Phi}}_{22}(t_0,t)\hat{\boldsymbol{B}}_2(t)] \end{bmatrix}$$
$$=\boldsymbol{0},t\in[t_0,t_1]$$

由此得到，对一切 $t\in[t_0,t_1]$ 有

$$\boldsymbol{E}^*[\hat{\boldsymbol{\Phi}}_{21}(t_0,t)\hat{\boldsymbol{B}}_1(t)+\hat{\boldsymbol{\Phi}}_{22}(t_0,t)\hat{\boldsymbol{B}}_2(t)]=\boldsymbol{0} \tag{4-172}$$

但因系统的任意性，故又有

$$\begin{cases} \boldsymbol{E}^*\hat{\boldsymbol{\Phi}}_{21}(t_0,t)\hat{\boldsymbol{B}}_1(t)=\boldsymbol{0} \\ \boldsymbol{E}^*\hat{\boldsymbol{\Phi}}_{22}(t_0,t)\hat{\boldsymbol{B}}_2(t)=\boldsymbol{0} \end{cases},t\in[t_0,t_1] \tag{4-173}$$

又因 $\hat{\boldsymbol{x}}^{(1)}$ 为能控分状态，$\hat{\boldsymbol{B}}_1(t)\neq 0$，而 $\boldsymbol{E}^*$ 为非奇异，所以只有

$$\hat{\boldsymbol{\Phi}}_{21}(t_0,t)\equiv\boldsymbol{0},t\in[t_0,t_1] \tag{4-174}$$

再由$\boldsymbol{E}^*$为非奇异，且一般$\hat{\boldsymbol{\Phi}}_{22}(t_0,t)$不恒为零，从而又有

$$\hat{\boldsymbol{B}}_2(t)\equiv\boldsymbol{0},t\in[t_0,t_1] \tag{4-175}$$

计及状态转移矩阵的性质(第3章)，有

$$\dot{\hat{\boldsymbol{\Phi}}}(t_0,t)=-\hat{\boldsymbol{\Phi}}(t_0,t)\boldsymbol{A}(t),t\in[t_0,t_1] \tag{4-176}$$

即

$$\begin{bmatrix}\dot{\hat{\boldsymbol{\Phi}}}_{11}(t_0,t) & \dot{\hat{\boldsymbol{\Phi}}}_{12}(t_0,t)\\ \dot{\hat{\boldsymbol{\Phi}}}_{21}(t_0,t) & \dot{\hat{\boldsymbol{\Phi}}}_{22}(t_0,t)\end{bmatrix}=-\begin{bmatrix}\hat{\boldsymbol{\Phi}}_{11}(t_0,t) & \hat{\boldsymbol{\Phi}}_{12}(t_0,t)\\ \hat{\boldsymbol{\Phi}}_{21}(t_0,t) & \hat{\boldsymbol{\Phi}}_{22}(t_0,t)\end{bmatrix}\begin{bmatrix}\hat{\boldsymbol{A}}_{11}(t) & \hat{\boldsymbol{A}}_{12}(t)\\ \hat{\boldsymbol{A}}_{21}(t) & \hat{\boldsymbol{A}}_{22}(t)\end{bmatrix}$$

可以导出

$$\dot{\hat{\boldsymbol{\Phi}}}_{21}(t_0,t)=-\hat{\boldsymbol{\Phi}}_{21}(t_0,t)\hat{\boldsymbol{A}}_{11}(t)-\hat{\boldsymbol{\Phi}}_{22}(t_0,t)\hat{\boldsymbol{A}}_{21}(t) \tag{4-177}$$

但由式(4-174)知，对一切$t\in[t_0,t_1]$，必有$\dot{\hat{\boldsymbol{\Phi}}}_{21}(t_0,t)\equiv\boldsymbol{0}$，计及式(4-212)，得

$$-\hat{\boldsymbol{\Phi}}_{22}(t_0,t)\hat{\boldsymbol{A}}_{21}(t)\equiv\boldsymbol{0},t\in[t_0,t_1]$$

又因$\hat{\boldsymbol{\Phi}}_{22}(t_0,t)$一般非恒为零，且其为非奇异，故就有$\hat{\boldsymbol{A}}_{21}(t)\equiv\boldsymbol{0},t\in[t_0,t_1]$。综上所述，式(4-167)成立。

关于系统按能控性分解的几点说明如下。

(1) 只存在由不能控部分到能控部分的耦合作用。

(2) 对线性时不变系统，分解之后按结构式中系统矩阵的分布可得

$$\det(s\boldsymbol{I}-\boldsymbol{A})=\det(s\boldsymbol{I}-\hat{\boldsymbol{A}})=\det(s\boldsymbol{I}-\hat{\boldsymbol{A}}_{11})\det(s\boldsymbol{I}-\hat{\boldsymbol{A}}_{22}) \tag{4-178}$$

这表明：系统特征值分离成两部分，一部分是能控振型，另一部分是不能控振型。$\boldsymbol{u}$的作用只能改变能控振型的位置，不能改变不能控振型位置。这对系统分析和综合具有重要的意义。

(3) 结构分解形式是唯一的，但结果不唯一，变换阵的选择不同，结果就不一样。

(4) 对于线性时不变系统，也可以将其作为能控性判据，不能分解成这种形式的就是能控的。

2. *若不能观，按能观性分解*

考察在$[t_0,t_f]$上不完全能观的系统$\sum=(\boldsymbol{A}(t),\boldsymbol{C}(t))$，必存在线性非奇异变换可微矩阵$\boldsymbol{T}(t)$，将其按能观性分解成能观部分和不能观部分

$$\begin{aligned}\begin{pmatrix}\dot{\hat{\boldsymbol{x}}}^{(1)}\\ \dot{\hat{\boldsymbol{x}}}^{(2)}\end{pmatrix}&=\begin{pmatrix}\hat{\boldsymbol{A}}_{11}(t) & 0\\ \hat{\boldsymbol{A}}_{21}(t) & \hat{\boldsymbol{A}}_{22}(t)\end{pmatrix}\begin{pmatrix}\hat{\boldsymbol{x}}^{(1)}\\ \hat{\boldsymbol{x}}^{(2)}\end{pmatrix}\\ \boldsymbol{y}&=(\widetilde{\boldsymbol{C}}_1(t)\quad 0)\begin{pmatrix}\hat{\boldsymbol{x}}^{(1)}\\ \hat{\boldsymbol{x}}^{(2)}\end{pmatrix}\end{aligned} \tag{4-179}$$

用方框图表示，如图4-12所示，从中可以看出，$\hat{\boldsymbol{x}}^{(1)}$($m$维)是能观的，$\hat{\boldsymbol{x}}^{(2)}$($n-m$维)是不能观的。

思考 类比能控性分解的思想证明上述结论。

关于系统按能观性分解的几点说明如下。

(1) 只存在由能观部分到不能观部分的耦合作用。

(2) 对线性时不变系统，分解之后按结构式中系统矩阵的分布可得

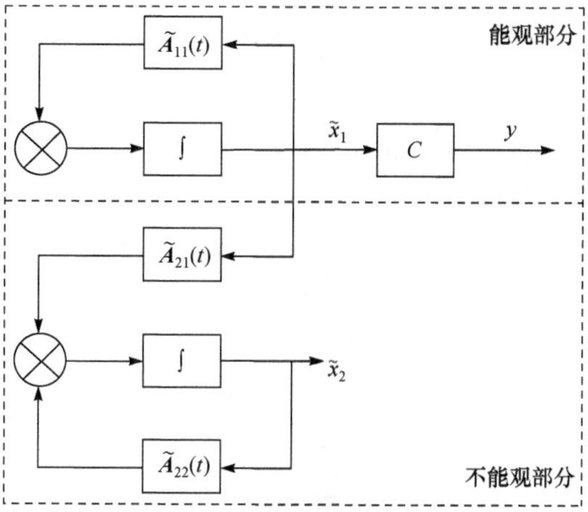

图 4-12　按能观性分解图

$$\det(s\boldsymbol{I}-\boldsymbol{A})=\det(s\boldsymbol{I}-\hat{\boldsymbol{A}})=\det(s\boldsymbol{I}-\hat{\boldsymbol{A}}_{11})\det(sI-\hat{\boldsymbol{A}}_{22}) \tag{4-180}$$

这表明:系统特征值分离成两部分,一部分是能观振型,另一部分是不能观振型。y 的作用只能反映能观振型的位置,不能反映不能观振型位置。这对系统分析和综合同样具有重要的意义。

(3) 结构分解形式是唯一的,但结果不唯一,变换阵的选择不同,结果就不一样。

(4) 对于线性时不变系统,也可以将其作为能观性判据,不能分解成这种形式的就是能观的。

3. 若不能控且不能观,按能控能观性分解(先按能控分解,再按能观分解)

考察在$[t_0,t_f]$上不完全能观且不完全能控的系统$\Sigma=(\boldsymbol{A}(t),\boldsymbol{B}(t),\boldsymbol{C}(t))$,必存在线性非奇异可微矩阵$\boldsymbol{Q}(t)$,将其按能控能观性分解为

$$\begin{bmatrix}\dot{\hat{\boldsymbol{x}}}^{(1)}\\ \dot{\hat{\boldsymbol{x}}}^{(2)}\\ \dot{\hat{\boldsymbol{x}}}^{(3)}\\ \dot{\hat{\boldsymbol{x}}}^{(4)}\end{bmatrix}=\begin{bmatrix}\hat{\boldsymbol{A}}_{11}(t) & 0 & \hat{\boldsymbol{A}}_{13}(t) & 0\\ \hat{\boldsymbol{A}}_{21}(t) & \hat{\boldsymbol{A}}_{22}(t) & \hat{\boldsymbol{A}}_{23}(t) & \hat{\boldsymbol{A}}_{24}(t)\\ 0 & 0 & \hat{\boldsymbol{A}}_{33}(t) & 0\\ 0 & 0 & \hat{\boldsymbol{A}}_{43}(t) & \hat{\boldsymbol{A}}_{44}(t)\end{bmatrix}\begin{bmatrix}\hat{\boldsymbol{x}}^{(1)}\\ \hat{\boldsymbol{x}}^{(2)}\\ \hat{\boldsymbol{x}}^{(3)}\\ \hat{\boldsymbol{x}}^{(4)}\end{bmatrix}+\begin{bmatrix}\hat{\boldsymbol{B}}_1(t)\\ \hat{\boldsymbol{B}}_2(t)\\ 0\\ 0\end{bmatrix}\boldsymbol{u} \tag{4-181}$$

$$y=(\hat{\boldsymbol{C}}_1(t)\quad 0\quad \hat{\boldsymbol{C}}_3(t)\quad 0)\begin{bmatrix}\hat{\boldsymbol{x}}^{(1)}\\ \hat{\boldsymbol{x}}^{(2)}\\ \hat{\boldsymbol{x}}^{(3)}\\ \hat{\boldsymbol{x}}^{(4)}\end{bmatrix}$$

用方框图表示,如图 4-13 所示,从图中可以看出,$\hat{\boldsymbol{x}}^{(1)}$、$\hat{\boldsymbol{x}}^{(2)}$、$\hat{\boldsymbol{x}}^{(3)}$、$\hat{\boldsymbol{x}}^{(4)}$分别是能控且能观的状态($n_1$维)、能控且不能观的状态($n_2$维)、不能控且能观的状态($n_3$维)、不能控且不能观的状态($n_4$维)。事实上,对系统先按能控性进行分解,然后对不能控和能控部分分别进行分解。

首先,将系统按照能控性进行分解,有

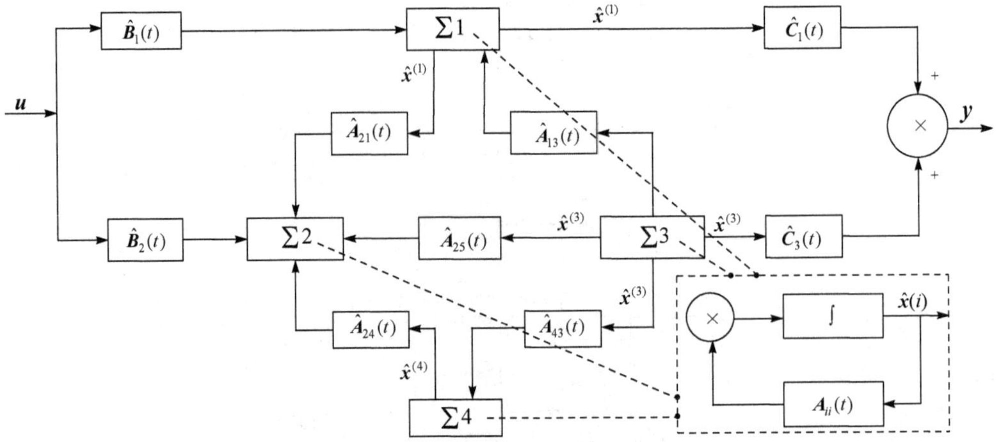

图 4-13　按能控与能观性分解图

$$\begin{bmatrix}\dot{\tilde{x}}_{1,2}\\ \dot{\tilde{x}}_{3,4}\end{bmatrix}=\begin{bmatrix}\tilde{A}^{(1)}(t) & \tilde{A}^{(2)}(t)\\ 0 & \tilde{A}^{(4)}(t)\end{bmatrix}\begin{bmatrix}\tilde{x}_{1,2}\\ \tilde{x}_{3,4}\end{bmatrix}+\begin{bmatrix}\tilde{B}^{(1)}(t)\\ 0\end{bmatrix}u$$

$$y=\begin{bmatrix}\tilde{C}^{(1)}(t) & \tilde{C}^{(2)}(t)\end{bmatrix}\begin{bmatrix}\tilde{x}_{1,2}\\ \tilde{x}_{3,4}\end{bmatrix}$$

式中，$\dot{\tilde{x}}_{1,2}\in X_k^+$（能控子空间）；$\dot{\tilde{x}}_{3,4}\in X_k^-$（不能控子空间）。进而，对$\dot{\tilde{x}}_{1,2}\in X_k^+$ 按能观性进行分解，有

$$\begin{bmatrix}\dot{\hat{x}}^{(1)}\\ \dot{\hat{x}}^{(2)}\end{bmatrix}=\begin{bmatrix}\hat{A}_{11}(t) & 0\\ \hat{A}_{21}(t) & \hat{A}_{22}(t)\end{bmatrix}\begin{bmatrix}\hat{x}^{(1)}\\ \hat{x}^{(2)}\end{bmatrix}+\begin{bmatrix}\hat{A}_{13}(t) & 0\\ \hat{A}_{23}(t) & \hat{A}_{24}(t)\end{bmatrix}\begin{bmatrix}\hat{x}^{(3)}\\ \hat{x}^{(4)}\end{bmatrix}+\begin{bmatrix}\hat{B}_1(t)\\ \hat{B}_1(t)\end{bmatrix}u$$

$$y^{(1)}=\begin{bmatrix}\hat{C}_1(t) & 0\end{bmatrix}\begin{bmatrix}\hat{x}^{(1)}\\ \hat{x}^{(2)}\end{bmatrix}\tag{4-182}$$

对$\hat{x}_{3,4}$，按能观性进行分解，得

$$\begin{bmatrix}\dot{\hat{x}}^{(3)}\\ \dot{\hat{x}}^{(4)}\end{bmatrix}=\begin{bmatrix}\hat{A}_{33}(t) & 0\\ \hat{A}_{43}(t) & \hat{A}_{44}(t)\end{bmatrix}\begin{bmatrix}\hat{x}^{(3)}\\ \hat{x}^{(4)}\end{bmatrix}$$

$$y^{(2)}=\begin{bmatrix}\hat{C}_3(t) & 0\end{bmatrix}\begin{bmatrix}\hat{x}^{(3)}\\ \hat{x}^{(4)}\end{bmatrix}\tag{4-183}$$

式中，$\hat{x}^{(1)}\in X_k^+\cap X_g^+$（能控能观子空间）；$\hat{x}^{(2)}\in X_k^+\cap X_g^-$（能控不能观子空间）；$\hat{x}^{(3)}\in X_k^-\cap X_g^+$（不能控能观子空间）；$\hat{x}^{(4)}\in X_k^-\cap X_g^-$（不能控不能观子空间）。

这样，综合式(4-182)和式(4-183)，就得到了结论中的表达式。对于线性定常系统，式(4-181)中各参数矩阵均为常数。

关于系统按能控性与能观性分解的几点说明如下。

(1) 对于定常情况还可以得到

$$G(s)=C(sI-A)^{-1}B=\hat{C}_1(sI-\hat{A}_{11})^{-1}\hat{B}_1\tag{4-184}$$

其中

$$(s\boldsymbol{I}-\hat{\boldsymbol{A}})^{-1}=\begin{bmatrix} s\boldsymbol{I}-\hat{\boldsymbol{C}}_{11} & 0 & -\hat{\boldsymbol{A}}_{13} & 0 \\ -\hat{\boldsymbol{A}}_{21} & s\boldsymbol{I}-\hat{\boldsymbol{A}}_{22} & -\hat{\boldsymbol{A}}_{23} & -\hat{\boldsymbol{A}}_{24} \\ 0 & 0 & s\boldsymbol{I}-\hat{\boldsymbol{A}}_{33} & 0 \\ 0 & 0 & -\hat{\boldsymbol{A}}_{43} & s\boldsymbol{I}-\hat{\boldsymbol{A}}_{44} \end{bmatrix}^{-1}$$

$$=\begin{bmatrix} \begin{bmatrix} s\boldsymbol{I}-\hat{\boldsymbol{A}}_{11} & 0 \\ -\hat{\boldsymbol{A}}_{21} & s\boldsymbol{I}-\hat{\boldsymbol{A}}_{22} \end{bmatrix}^{-1} & \begin{bmatrix} * & 0 \\ * & * \end{bmatrix} \\ 0 & \begin{bmatrix} s\boldsymbol{I}-\hat{\boldsymbol{A}}_{33} & 0 \\ -\hat{\boldsymbol{A}}_{43} & s\boldsymbol{I}-\hat{\boldsymbol{A}}_{44} \end{bmatrix}^{-1} \end{bmatrix}$$

利用分块矩阵的求逆公式$\begin{bmatrix} \boldsymbol{A} & \boldsymbol{0} \\ \boldsymbol{C} & \boldsymbol{B} \end{bmatrix}^{-1}=\begin{bmatrix} \boldsymbol{A}^{-1} & \boldsymbol{0} \\ \boldsymbol{B}^{-1}\boldsymbol{C}\boldsymbol{A}^{-1} & \boldsymbol{B}^{-1} \end{bmatrix}$,可得到最后的表达式。

(2) 在系统输入$\boldsymbol{u}$与输出$\boldsymbol{y}$之间,只有一条前向控制通道,即$\boldsymbol{u}\rightarrow\hat{\boldsymbol{B}}_1\rightarrow\Sigma 1\rightarrow\hat{\boldsymbol{C}}_1\rightarrow\boldsymbol{y}$,显然,传递函数只能反映系统中能控能观的那个子系统。这也说明传递函数阵只是对系统的一种不完全描述,若在系统中添加(或去掉)不能控或不能观的子系统,并不影响系统的传递函数。因而根据传递函数阵求对应的状态空间表达式,其解有无穷多个,但其中维数最小的那个状态空间表达式是常用的,即最小实现。

(3) 图示结构充分说明,能控能观的系统有如下好处:由表能及里;确定的输入,得到预想的输出。这一点在朋友交往、认识他人和组织管理方面也是很有启发的。

思考 想想看,写下你的认识。

4.7.3 线性定常系统结构分解的变换阵构造方法

前面的内容从理论上回答了状态不完全能控或不完全能观的系统按能控性或能观性进行结构分解的问题。对于通常的线性定常系统还有特殊的方法构造变换阵。

1. 由能控能观性判别矩阵Q_c和Q_o出发构造变换阵

步骤如下:

(1) 对给定的系统进行能控性、能观性判定。

如果系统不能控,但能观,则可按能控性分解;

如果系统能控,但不能观,则可按能观性分解;

如果系统不能控,且不能观,则可按能控性、能观性、能控能观性分解。

(2) 构造变换阵$\boldsymbol{P}(\boldsymbol{x}=\boldsymbol{P}\boldsymbol{z})$。

设$Q_c(Q_o)$矩阵秩为n_1,则从其中取出n_1个线性无关的列向量(行向量),再任取$n-n_1$个线性无关的列向量(行向量)构成一个非奇异矩阵,将其作为$\boldsymbol{P}(\boldsymbol{P}^{-1})$。

(3) 实施变换:$\hat{\boldsymbol{A}}=\boldsymbol{P}^{-1}\boldsymbol{A}\boldsymbol{P}$,$\hat{\boldsymbol{B}}=\boldsymbol{P}^{-1}\boldsymbol{B}$,$\hat{\boldsymbol{C}}=\boldsymbol{C}\boldsymbol{P}$。

例 4-31 判定系统的能观性和能控性,并将其分解。

判定如下系统的能观性和能控性,并按要求进行相应分解。

$$\dot{\boldsymbol{x}}=\begin{pmatrix} 0 & 0 & -1 \\ 1 & 0 & -3 \\ 0 & 1 & -3 \end{pmatrix}\boldsymbol{x}+\begin{pmatrix} 1 \\ 1 \\ 0 \end{pmatrix}u$$

$$\boldsymbol{y}=(0 \quad 1 \quad -2)\boldsymbol{x}$$

(1) 判断能控性和能观性;(2)按能控性进行分解;(3)按能观性进行分解;(4)按能控和能观性进行分解。

解 按能控性和能观性矩阵秩判据,可以判定此系统既非能控,也非能观。

(1) 系统能控性判别矩阵与能观性判别矩阵分别为

$$\boldsymbol{Q}_c=(\boldsymbol{b}\quad \boldsymbol{Ab}\quad \boldsymbol{A}^2\boldsymbol{b})=\begin{pmatrix}1&0&-1\\1&1&-3\\0&1&-2\end{pmatrix},\boldsymbol{Q}_o=\begin{pmatrix}\boldsymbol{C}\\\boldsymbol{CA}\\\boldsymbol{CA}^2\end{pmatrix}=\begin{pmatrix}0&1&-2\\1&-2&3\\-2&3&-4\end{pmatrix}$$

由于 $\text{rank}\boldsymbol{Q}_c=2<n$,$\text{rank}\boldsymbol{Q}_o=2<n$,所以该系统是不完全能控、不完全能观的。

(2) 按能控性进行分解,选择 $\boldsymbol{Q}_c$ 的前两列,并增加一列,同时保证变换阵非奇异。这里选取变换阵 $\boldsymbol{M}$ 为下式,并对其求逆得

$$\boldsymbol{M}=\begin{pmatrix}1&0&0\\1&1&0\\0&1&1\end{pmatrix},\boldsymbol{M}^{-1}=\begin{pmatrix}1&0&0\\-1&1&0\\1&-1&1\end{pmatrix}$$

变换后的状态空间表达式为

$$\dot{\bar{\boldsymbol{x}}}=\boldsymbol{M}^{-1}\boldsymbol{AM}\bar{\boldsymbol{x}}+\boldsymbol{M}^{-1}\boldsymbol{b}u=\left(\begin{array}{cc|c}0&-1&-1\\1&-2&-2\\\hline 0&0&-1\end{array}\right)\bar{\boldsymbol{x}}+\begin{pmatrix}1\\0\\\cdots\\0\end{pmatrix}u$$

$$\boldsymbol{y}=\boldsymbol{CM}\bar{\boldsymbol{x}}=(1\quad -1\quad 2)\bar{\boldsymbol{x}}$$

(3) 按能观性进行分解,选择 $\boldsymbol{Q}_c$ 的前两行,并增加一行,同时保证变换阵非奇异。构造非奇异变换阵$\boldsymbol{N}^{-1}$,为下式,并对其求逆得

$$\boldsymbol{N}^{-1}=\begin{pmatrix}0&1&-2\\1&-2&3\\0&0&1\end{pmatrix},\boldsymbol{N}=\begin{pmatrix}2&1&1\\1&0&2\\0&0&1\end{pmatrix}$$

变换后的状态空间表达式为

$$\dot{\bar{\boldsymbol{x}}}=\boldsymbol{N}^{-1}\boldsymbol{AN}\bar{\boldsymbol{x}}+\boldsymbol{N}^{-1}\boldsymbol{b}u=\begin{pmatrix}0&1&0\\-1&-2&0\\0&1&-1\end{pmatrix}\bar{\boldsymbol{x}}+\begin{pmatrix}1\\-1\\0\end{pmatrix}u$$

$$\boldsymbol{y}=\boldsymbol{CN}\bar{\boldsymbol{x}}=(1\quad 0\quad 0)\bar{\boldsymbol{x}}$$

(4) 按能控能观性进行分解。

对按能控性进行分解的如下表达式再进行处理。

$$\begin{pmatrix}\dot{\boldsymbol{x}}_c\\\dot{\boldsymbol{x}}_{\bar{c}}\end{pmatrix}=\left(\begin{array}{cc|c}0&-1&-1\\1&-2&-2\\\hline 0&0&-1\end{array}\right)\begin{pmatrix}\boldsymbol{x}_c\\\boldsymbol{x}_{\bar{c}}\end{pmatrix}+\begin{pmatrix}1\\0\\\cdots\\0\end{pmatrix}u$$

$$\boldsymbol{y}=(1,-1,-2)\begin{pmatrix}\boldsymbol{x}_c\\\boldsymbol{x}_{\bar{c}}\end{pmatrix}$$

从上式可见,不能控了空间 $\mathbf{X}_{\bar{c}}$ 仅一维,且显而易见是能观的,故无须再进行分解。而能控子系统是 2 维的,需按能观性进行分解,得

$$\dot{\boldsymbol{x}}_c=\begin{pmatrix}0 & -1\\ 1 & -2\end{pmatrix}\boldsymbol{x}_c+\begin{pmatrix}-1\\ -2\end{pmatrix}\boldsymbol{x}_{\bar{c}}+\begin{pmatrix}1\\ 0\end{pmatrix}u$$

$$\boldsymbol{y}_1=(1\quad -1)\boldsymbol{x}_c$$

按能观性分解，构造非奇异矩阵$\hat{\boldsymbol{N}}^{-1}=\begin{pmatrix}1 & -1\\ 0 & 1\end{pmatrix}$，将上式按能观性分解为

$$\begin{bmatrix}\dot{\boldsymbol{x}}_{co}\\ \dot{\boldsymbol{x}}_{c\bar{o}}\end{bmatrix}=\begin{pmatrix}-1 & 0\\ 1 & -1\end{pmatrix}\begin{bmatrix}\boldsymbol{x}_{co}\\ \boldsymbol{x}_{c\bar{o}}\end{bmatrix}+\begin{pmatrix}1\\ -2\end{pmatrix}\boldsymbol{x}_{\bar{c}}+\begin{pmatrix}1\\ 0\end{pmatrix}u$$

$$\boldsymbol{y}_1=(1\quad 0)\begin{bmatrix}\boldsymbol{x}_{co}\\ \boldsymbol{x}_{c\bar{o}}\end{bmatrix}$$

综合以上两次变换结果，并计及各状态集合均是单个，系统按能控和能观分解表达式写为

$$\begin{bmatrix}\dot{\boldsymbol{x}}_{co}\\ \dot{\boldsymbol{x}}_{c\bar{o}}\\ \dot{\boldsymbol{x}}_{\bar{c}o}\end{bmatrix}=\begin{bmatrix}-1 & 0 & -1\\ 1 & -1 & -2\\ 0 & 0 & -1\end{bmatrix}\begin{bmatrix}\boldsymbol{x}_{co}\\ \boldsymbol{x}_{c\bar{o}}\\ \boldsymbol{x}_{\bar{c}o}\end{bmatrix}+\begin{bmatrix}1\\ 0\\ 0\end{bmatrix}u$$

$$\boldsymbol{y}=(1\quad 0\quad -2)\begin{bmatrix}\boldsymbol{x}_{co}\\ \boldsymbol{x}_{c\bar{o}}\\ \boldsymbol{x}_{\bar{c}o}\end{bmatrix}$$

2. 约当标准型观察调整法

先将系统化成约当标准型，然后按能控判别法则和能观判别法则判别各状态变量的能控和能观性。最后对其按结构分类（四类）排列，即可组成相应的子系统。

例 4-32 判定系统的能观性和能控性，并将其分解。

已知系统的 Jordan 标准型，判定系统的能观性和能控性，并进行相应分解。

$$\begin{bmatrix}\dot{x}_1\\ \dot{x}_2\\ \dot{x}_3\\ \dot{x}_4\\ \dot{x}_5\\ \dot{x}_6\end{bmatrix}=\begin{bmatrix}-4 & 1 & & & & \\ 0 & -4 & & 0 & & 0\\ & & 3 & 1 & & \\ & 0 & 0 & 3 & & 0\\ & & & & -1 & 1\\ & 0 & & 0 & 0 & -1\end{bmatrix}\begin{bmatrix}x_1\\ x_2\\ x_3\\ x_4\\ x_5\\ x_6\end{bmatrix}+\begin{bmatrix}1 & 3\\ 5 & 7\\ 4 & 3\\ 0 & 0\\ 1 & 6\\ 0 & 0\end{bmatrix}\begin{bmatrix}u_1\\ u_2\end{bmatrix},\quad \begin{bmatrix}y_1\\ y_2\end{bmatrix}=\begin{pmatrix}3 & 1 & 0 & 5 & 0 & 0\\ 1 & 4 & 0 & 2 & 0 & 0\end{pmatrix}\begin{bmatrix}x_1\\ x_2\\ x_3\\ x_4\\ x_5\\ x_6\end{bmatrix}$$

解 据约当标准型判据，容易判定：能控且能观为 x_1，x_2；能控但不能观为 x_3，x_5；不能控但能观为 x_4；不能控也不能观为 x_6。据此重新排列即可得。

思考 写一写、试一试。

4.8 连续定常线性系统的实现问题及其与结构特性间的关系

在第 1 章已经介绍过实现问题的基本概念，本节进一步强化相关理论。

4.8.1 传递函数矩阵描述的直接实现问题

若定常连续线性状态空间描述

$$\dot{\boldsymbol{x}}(t)=\boldsymbol{A}\boldsymbol{x}(t)+\boldsymbol{B}\boldsymbol{u}(t)$$
$$\boldsymbol{y}(t)=\boldsymbol{C}\boldsymbol{x}(t)+\boldsymbol{D}\boldsymbol{u}(t) \quad (4\text{-}185)$$

是可物理实现(真有理分式)传递函数阵 $\boldsymbol{G}(s)$ 的一个实现，则两者外部特性等价，即

$$\boldsymbol{G}(s)=\boldsymbol{C}(s\boldsymbol{I}-\boldsymbol{A})^{-1}\boldsymbol{B}+\boldsymbol{D} \quad (4\text{-}186)$$

物理上，$\boldsymbol{G}(s)$ 的实现就是对具有“黑箱”形式的真实系统在状态空间中寻找一个外部输入输出特性等价的内部假想结构，此结构能否完全表征真实对象取决于系统的能控性和能观性。“内部结构的假想性”表现为内部实现机理与实现维数的不唯一性，同时也表现为即使实现维数确定，也有不唯一的实现形式，各种假想的形式间并不一定代数等价。给定一种实现，通过代数等价非奇异变换得到另一种相似的同维实现。

传递函数(阵)的基本实现形式有两类：能控类实现、能观类实现。实现 $(\boldsymbol{A},\boldsymbol{B},\boldsymbol{C},\boldsymbol{D})$ 为能控类实现，当且仅当 $(\boldsymbol{A},\boldsymbol{B})$ 是能控的；实现 $(\boldsymbol{A},\boldsymbol{B},\boldsymbol{C},\boldsymbol{D})$ 为能观类实现，当且仅当 $(\boldsymbol{A},\boldsymbol{C})$ 是能观的。传递函数(阵)的能控标准型与能观标准型实现已在 4.6.1 节和 4.6.2 节中阐述。

4.8.2 矩阵分式描述的实现问题

不失一般性，考虑 $q\times p$ 严真的传递函数矩阵 $\boldsymbol{G}(s)$ 以 RMFD 表示为

$$\boldsymbol{G}(s)=\boldsymbol{N}_R(s)\boldsymbol{D}_R^{-1}(s) \quad (4\text{-}187)$$

根据 $\boldsymbol{D}_R(s)$ 的列或行既约性，其实现分为两类。

(1) 若 $\boldsymbol{D}_R(s)$ 是列既约的，则可以得到控制器形实现。

(2) 若 $\boldsymbol{D}_R(s)$ 是行既约的，则可以得到能控性形实现。

同样，考虑严真的传递函数矩阵 $\boldsymbol{G}(s)$ 以 LMFD 表示为

$$\boldsymbol{G}(s)=\boldsymbol{D}_L^{-1}(s)\boldsymbol{N}_L(s) \quad (4\text{-}188)$$

根据 $\boldsymbol{D}_L(s)$ 的行或列既约性，其实现也分为两类。

(1) 若 $\boldsymbol{D}_L(s)$ 是行既约的，则可以得到观测器形实现，它与控制器形实现是对偶的。

(2) 若 $\boldsymbol{D}_L(s)$ 是列既约的，则可以得到能观性形实现，它与能控性形实现是对偶的。

以上四种实现均将传递函数用列次或行次表达，将其转化成含动态的核心部分与只有静态的非核心部分，得到状态空间实现的各矩阵均为稀疏的，物理实现比较方便。下面以 RMFD 控制器形实现为例阐述。

设式(4-187)中 $\boldsymbol{D}_R(s)$ 是列既约的，列次为 $\delta_{ci}\boldsymbol{D}_R(s)=k_{ci}$，$i=1,2,\cdots,p$，称下面的状态空间描述为其控制器形实现。

$$\dot{\boldsymbol{x}}(t)=\boldsymbol{A}_c x(t)+\boldsymbol{B}_c\boldsymbol{u}(t)$$
$$\boldsymbol{y}(t)=\boldsymbol{C}_c x(t) \quad (4\text{-}189)$$

式中，$\dim(\boldsymbol{A}_c)=\sum_{i=1}^{p}k_{ci}=n$；$\boldsymbol{N}_R(s)\boldsymbol{D}_R^{-1}(s)=\boldsymbol{C}_c(s\boldsymbol{I}-\boldsymbol{A}_c)^{-1}\boldsymbol{B}_c$，$(\boldsymbol{A}_c,\boldsymbol{B}_c)$ 具有特定形式。

据输入输出关系，得

$$\boldsymbol{Y}(s)=\boldsymbol{N}_R(s)\boldsymbol{D}_R^{-1}(s)\boldsymbol{U}(s)=\boldsymbol{N}_R(s)\xi(s) \quad (4\text{-}190)$$

又式(4-187)中将分母和分子矩阵按列次分别表示为

$$\boldsymbol{D}_R(s)=\boldsymbol{D}_{hc}\boldsymbol{S}_c(s)+\boldsymbol{D}_{lc}\boldsymbol{\Psi}_c(s) \quad (4\text{-}191)$$

$$\boldsymbol{N}_R(s)=\boldsymbol{N}_{lc}\boldsymbol{\Psi}_c(s) \quad (4\text{-}192)$$

式中，$\boldsymbol{S}_{\mathrm{c}}(s)=\begin{pmatrix} s^{k_{\mathrm{c}1}} & & & \\ & s^{k_{\mathrm{c}2}} & & \\ & & \ddots & \\ & & & s^{k_{\mathrm{c}p}} \end{pmatrix}$；$\boldsymbol{\Psi}_{\mathrm{c}}(s)=\begin{pmatrix} s^{k_{\mathrm{c}1}-1} & & \\ \vdots & & \\ s & & \\ 1 & & \\ & \ddots & \\ & & s^{k_{\mathrm{c}p}-1} \\ & & \vdots \\ & & s \\ & & 1 \end{pmatrix}$。

由式(4-190)、式(4-191)、式(4-192)，可得

$$\boldsymbol{D}_{\mathrm{R}}(s)\boldsymbol{\xi}(s)=\boldsymbol{U}(s) \tag{4-193}$$

$$[\boldsymbol{D}_{\mathrm{hc}}(s)\boldsymbol{S}_{\mathrm{c}}(s)+\boldsymbol{D}_{\mathrm{lc}}\boldsymbol{\Psi}_{\mathrm{c}}(s)]\xi(s)=\boldsymbol{U}(s) \tag{4-194}$$

考虑到$\boldsymbol{D}_{\mathrm{R}}(s)$是方的且为列既约，所以$\boldsymbol{D}_{\mathrm{hc}}(s)$非奇异，所以

$$\boldsymbol{S}_{\mathrm{c}}(s)\boldsymbol{\xi}(s)+\boldsymbol{D}_{\mathrm{hc}}^{-1}\boldsymbol{D}_{\mathrm{lc}}\boldsymbol{\Psi}_{\mathrm{c}}(s)\xi(s)=\boldsymbol{D}_{\mathrm{hc}}^{-1}\boldsymbol{U}(s) \tag{4-195}$$

于是有

$$\boldsymbol{S}_{\mathrm{c}}(s)\boldsymbol{\xi}(s)=\boldsymbol{D}_{\mathrm{hc}}^{-1}\boldsymbol{U}(s)-\boldsymbol{D}_{\mathrm{hc}}^{-1}\boldsymbol{D}_{\mathrm{lc}}\boldsymbol{\Psi}_{\mathrm{c}}(s)\boldsymbol{\xi}(s) \tag{4-196}$$

$$\boldsymbol{Y}(s)=\boldsymbol{N}_{\mathrm{lc}}\boldsymbol{\Psi}_{\mathrm{c}}(s)\boldsymbol{\xi}(s) \tag{4-197}$$

令$\mathring{\boldsymbol{U}}(s)=\boldsymbol{D}_{\mathrm{hc}}^{-1}\boldsymbol{U}(s)-\boldsymbol{D}_{\mathrm{hc}}^{-1}\boldsymbol{D}_{\mathrm{lc}}\boldsymbol{\Psi}_{\mathrm{c}}(s)\xi(s)$，$\mathring{\boldsymbol{Y}}(s)=\boldsymbol{\Psi}_{\mathrm{c}}(s)\xi(s)$，于是可得

$$\boldsymbol{S}_{\mathrm{c}}(s)\boldsymbol{\xi}(s)=\mathring{\boldsymbol{U}}(s) \tag{4-198}$$

由此得

$$\mathring{\boldsymbol{Y}}(s)=\boldsymbol{\Psi}_{\mathrm{c}}(s)\boldsymbol{S}_{\mathrm{c}}^{-1}(s)\mathring{\boldsymbol{U}}(s) \tag{4-199}$$

此式表达了实现的核心部分。再考虑到式(4-196)和式(4-197)，便可得到如图 4-14 所示的结构示意图。

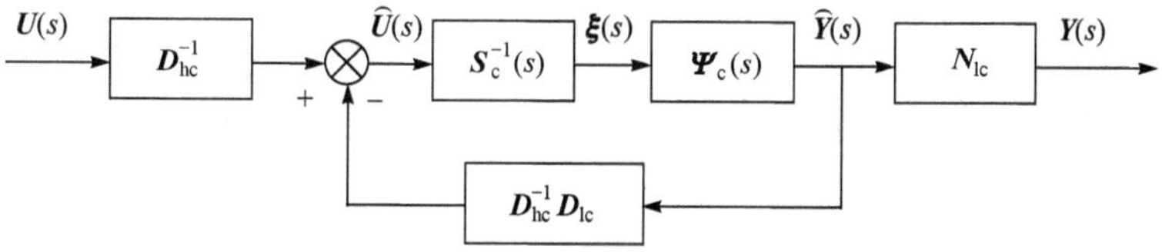

图 4-14　控制器形实现的结构图

从框图中可以看出，除$\boldsymbol{\Psi}_{\mathrm{c}}(s)\boldsymbol{S}_{\mathrm{c}}^{-1}(s)$核心部分与动态相关外，其余部分均是常矩阵，所以实现$\boldsymbol{\Psi}_{\mathrm{c}}(s)\boldsymbol{S}_{\mathrm{c}}^{-1}(s)$是关键。

由式(4-198)可得

$$\xi(s)=\begin{bmatrix}\xi_1(s)\\ \xi_2(s)\\ \vdots \\ \xi_p(s)\end{bmatrix}=\boldsymbol{S}_{\mathrm{c}}^{-1}(s)\mathring{\boldsymbol{U}}(s)=\begin{bmatrix}\frac{1}{s^{k_{\mathrm{c}1}}} & & & \\ & \frac{1}{s^{k_{\mathrm{c}2}}} & & \\ & & \ddots & \\ & & & \frac{1}{s^{k_{\mathrm{c}p}}}\end{bmatrix}\begin{bmatrix}\mathring{U}_1(s)\\ \mathring{U}_2(s)\\ \vdots \\ \mathring{U}_p(s)\end{bmatrix} \tag{4-200}$$

此表达式可以画成如图 4-15 所示的多积分链框图。

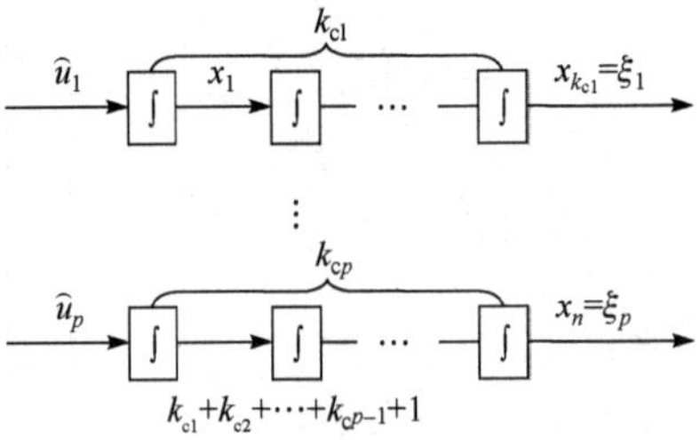

图 4-15　多积分链框图

又由式(4-198)和(4-199),得

$$\mathring{\boldsymbol{Y}}(s)=\begin{bmatrix} s^{k_{c1}-1} & & \\ \vdots & & \\ s & & \\ 1 & & \\ & \ddots & \\ & & s^{k_{cp}-1} \\ & & \vdots \\ & & s \\ & & 1 \end{bmatrix}\begin{bmatrix}\xi_1(s)\\ \vdots \\ \xi_p(s)\end{bmatrix}=\begin{bmatrix} s^{k_{c1}-1}\xi_1(s) \\ \vdots \\ s\xi_1(s) \\ \xi_1(s) \\ \vdots \\ s^{k_{cp}-1}\xi_p(s) \\ \vdots \\ s\xi_p(s) \\ \xi_p(s) \end{bmatrix} \tag{4-201}$$

按图 4-16 选择状态变量,即

$$\begin{array}{lcl} \dot{x}_1(t)=\mathring{u}_1(t) & & \dot{x}_{k_{c1}+k_{c2}+\cdots+k_{cp-1}+1}(t)=\mathring{u}_p(t) \\ \dot{x}_2(t)=x_1(t) & \cdots & \dot{x}_{k_{c1}+k_{c2}+\cdots+k_{cp-1}+2}(t)=x_{k_{c1}+k_{c2}+\cdots+k_{cp-1}+1}(t) \\ \vdots & & \vdots \\ \dot{x}_{k_{c1}}(t)=x_{k_{c1}-1}(t) & & \dot{x}_n(t)=x_{n-1}(t) \end{array} \tag{4-202}$$

由此,得到核心部分的状态空间表达式参数矩阵为(对角每块是 k_{ci} 维的)

$$\mathring{\boldsymbol{A}}_c=\left(\begin{array}{cccc:c:cccc} 0 & & & & & & & & \\ 1 & 0 & & & & & & & \\ & \ddots & \ddots & & & & & & \\ & & 1 & 0 & & & & & \\ \hdashline & & & & \ddots & & & & \\ \hdashline & & & & & 0 & & & \\ & & & & & 1 & 0 & & \\ & & & & & & \ddots & \ddots & \\ & & & & & & & 1 & 0 \end{array}\right),\mathring{\boldsymbol{B}}_c=\left(\begin{array}{c:c:c} 1 & & \\ 0 & & \\ \vdots & & \\ 0 & & \\ \hdashline & \ddots & \\ \hdashline & & 1 \\ & & 0 \\ & & \vdots \\ & & 0 \end{array}\right),\mathring{\boldsymbol{C}}_c=\boldsymbol{I}_n \tag{4-203}$$

进一步,按作用点移动规则,可以得到控制器形实现的状态空间表达式参数矩阵

$$\boldsymbol{A}_c=\mathring{\boldsymbol{A}}_c-\mathring{\boldsymbol{B}}_c\boldsymbol{D}_{hc}^{-1}\boldsymbol{D}_{lc},\boldsymbol{B}_c=\mathring{\boldsymbol{B}}_c\boldsymbol{D}_{hc}^{-1},\boldsymbol{C}_c=\boldsymbol{N}_{lc} \tag{4-204}$$

$$
\boldsymbol{A}_c=\left(\begin{array}{cccc:cccc:c}
* & \cdots & \cdots & * & * & \cdots & \cdots & * & \\
1 & 0 & & & 0 & \cdots & \cdots & 0 & \\
& \ddots & \ddots & & \vdots & & & \vdots & \cdots \quad \cdots \\
& & 1 & 0 & 0 & \cdots & \cdots & 0 & \\
\hdashline
* & \cdots & \cdots & * & & & & & \\
0 & \cdots & \cdots & 0 & & & & & \\
\vdots & & & \vdots & & & \ddots & & \\
0 & \cdots & \cdots & 0 & & & & & \\
& & \vdots & & & & & \ddots & \\
& & \vdots & & & & & & \\
\hdashline
& & & & & & & & \begin{matrix} * & \cdots & \cdots & * \\ 1 & 0 & & \\ & \ddots & \ddots & \\ & & 1 & 0 \end{matrix}
\end{array}\right),
$$

$$
\boldsymbol{B}_c=\begin{pmatrix}
* & \cdots & * \\
0 & \cdots & 0 \\
\vdots & & \vdots \\
0 & \cdots & 0 \\
& \vdots & \\
& \vdots & \\
* & \cdots & * \\
0 & \cdots & 0 \\
\vdots & & \vdots \\
0 & \cdots & 0
\end{pmatrix},\boldsymbol{C}_c=N_{lc} \tag{4-205}
$$

对 $q\times p$ 严真 RMFD $\boldsymbol{N}_R(s)\boldsymbol{D}_R^{-1}(s)$ 且 $\boldsymbol{D}_R(s)$ 是列既约的系统控制器形实现，说明几点。

(1) 在计算系数矩阵 $\boldsymbol{A}_c$、$\boldsymbol{B}_c$、$\boldsymbol{C}_c$ 时，可以利用一些关系式：$\boldsymbol{A}_c$ 的第 i 个 * 行 $=-\boldsymbol{D}_{hc}^{-1}\boldsymbol{D}_{lc}$ 的第 i 行；$\boldsymbol{B}_c$ 的第 i 个 * 行 $=\boldsymbol{D}_{hc}^{-1}$ 的第 i 行。

(2) 控制器形实现和 $\boldsymbol{N}_R(s)$、$\boldsymbol{D}_R(s)$ 以及 $\boldsymbol{\Psi}_c(s)$ 之间关系

$$
\begin{pmatrix} s\boldsymbol{I}-\boldsymbol{A}_c & \boldsymbol{B}_c \\ -\boldsymbol{C}_c & 0 \end{pmatrix}\begin{pmatrix} \boldsymbol{\Psi}_c(s) & 0 \\ 0 & \boldsymbol{I} \end{pmatrix}=\begin{pmatrix} \boldsymbol{B}_c & 0 \\ 0 & \boldsymbol{I} \end{pmatrix}\begin{pmatrix} D_R(s) & \boldsymbol{I} \\ -\boldsymbol{N}_R(s) & 0 \end{pmatrix} \tag{4-206}
$$

式中，$\{\boldsymbol{\Psi}_c(s),\boldsymbol{D}_R(s)\}$ 为右互质；$\{s\boldsymbol{I}-\boldsymbol{A}_c,\boldsymbol{B}_c\}$ 为左互质。该式等价于

$$
\begin{aligned}
(s\boldsymbol{I}-\boldsymbol{A}_c)\boldsymbol{\Psi}_c(s)&=\boldsymbol{B}_c\boldsymbol{D}_R^{-1}(s) \\
\boldsymbol{C}_c\boldsymbol{\Psi}_c(s)&=\boldsymbol{N}_R(s)
\end{aligned} \tag{4-207}
$$

首先证明上两式成立。显然有下式成立

$$
\boldsymbol{N}_{lc}(s\boldsymbol{I}-\boldsymbol{A}_c)^{-1}\boldsymbol{B}_c=\boldsymbol{C}_c(s\boldsymbol{I}-\boldsymbol{A}_c)^{-1}\boldsymbol{B}_c=\boldsymbol{N}_R(s)\boldsymbol{D}_R^{-1}(s)=\boldsymbol{N}_{lc}\boldsymbol{\Psi}_c(s)\boldsymbol{D}_R^{-1}(s) \tag{4-208}
$$

由于 $\boldsymbol{N}_{lc}$ 的任意性，所以

$$
(s\boldsymbol{I}-\boldsymbol{A}_c)^{-1}\boldsymbol{B}_c=\boldsymbol{\Psi}_c(s)\boldsymbol{D}_R^{-1}(s) \tag{4-209}
$$

而

$$
\boldsymbol{C}_c\boldsymbol{\Psi}_c(s)=\boldsymbol{N}_{lc}\boldsymbol{\Psi}_c(s)=\boldsymbol{N}_R(s) \tag{4-210}
$$

再说明互质性。从$\boldsymbol{\Psi}_c(s)$的构造不难看出，其包含一个$p\times p$的单位矩阵，所以$\operatorname{rank}\begin{bmatrix}\boldsymbol{\Psi}_c(s)\\ \boldsymbol{D}_R(s)\end{bmatrix}=p, \forall s\in \boldsymbol{C}$。由互质性的秩判据可知，$\{\boldsymbol{\Psi}_c(s), \boldsymbol{D}_R(s)\}$为右互质。另外，由于$(\boldsymbol{A}_c, \boldsymbol{B}_c)$状态完全能控，由能控性 PBH 秩判据可知，$\operatorname{rank}(s\boldsymbol{I}-\boldsymbol{A}_c, \boldsymbol{B}_c)=n, \forall s\in \mathbf{C}$，又由互质性的秩判据可知，$\{s\boldsymbol{I}-\boldsymbol{A}_c, \boldsymbol{B}_c\}$为左互质。

(3) 控制器形实现的特征多项式与$\boldsymbol{D}_{hc}$和$\boldsymbol{D}_R(s)$关系

$$\det(s\boldsymbol{I}-\boldsymbol{A}_c)=\det(\boldsymbol{D}_{hc}^{-1})\det(\boldsymbol{D}_R(s)) \tag{4-211}$$

事实上，由于$\{\boldsymbol{\Psi}_c(s), \boldsymbol{D}_R(s)\}$为右互质，$\{s\boldsymbol{I}-\boldsymbol{A}_c, \boldsymbol{B}_c\}$为左互质，由 Bezout 判据，存在多项式矩阵$\{\boldsymbol{X}(s), \boldsymbol{Y}(s), \overline{\boldsymbol{X}}(s), \overline{\boldsymbol{Y}}(s)\}$，成立

$$\begin{aligned}&(s\boldsymbol{I}-\boldsymbol{A}_c)\boldsymbol{X}(s)+\boldsymbol{B}_c\boldsymbol{Y}(s)=\boldsymbol{I}_n\\&\overline{\boldsymbol{X}}(s)\boldsymbol{\Psi}_c(s)+\overline{\boldsymbol{Y}}(s)\boldsymbol{D}_R(s)=\boldsymbol{I}_p\end{aligned} \tag{4-212}$$

将式(4-212)写成矩阵形式

$$\begin{bmatrix}s\boldsymbol{I}-\boldsymbol{A}_c & \boldsymbol{B}_c\\ -\overline{\boldsymbol{X}}(s) & \overline{\boldsymbol{Y}}(s)\end{bmatrix}\begin{bmatrix}\boldsymbol{X}(s) & -\boldsymbol{\Psi}_c(s)\\ \boldsymbol{Y}(s) & \boldsymbol{D}_R(s)\end{bmatrix}=\begin{pmatrix}\boldsymbol{I} & 0\\ \boldsymbol{Q}(s) & \boldsymbol{I}\end{pmatrix} \tag{4-213}$$

式中，$\boldsymbol{Q}(s)=-\overline{\boldsymbol{X}}(s)\boldsymbol{X}(s)+\overline{\boldsymbol{Y}}(s)\boldsymbol{Y}(s)$。

从式(4-213)可以看出，等式的右边为一个单模矩阵，所以等式左边的两个矩阵也是单模矩阵。

对矩阵$\begin{pmatrix}s\boldsymbol{I}-\boldsymbol{A}_c & \boldsymbol{B}_c\\ \boldsymbol{0} & \boldsymbol{I}\end{pmatrix}$作单模列变换得

$$\begin{pmatrix}s\boldsymbol{I}-\boldsymbol{A}_c & \boldsymbol{B}_c\\ \boldsymbol{0} & \boldsymbol{I}\end{pmatrix}\begin{bmatrix}\boldsymbol{X}(s) & -\boldsymbol{\Psi}_c(s)\\ \boldsymbol{Y}(s) & \boldsymbol{D}_R(s)\end{bmatrix}=\begin{pmatrix}\boldsymbol{I} & \boldsymbol{0}\\ \boldsymbol{Y}(s) & \boldsymbol{D}_R(s)\end{pmatrix} \tag{4-214}$$

两边取行列式得

$$\det(s\boldsymbol{I}-\boldsymbol{A}_c)=k\det(\boldsymbol{D}_R(s)) \tag{4-215}$$

式中，k 是常量。

由$\det(s\boldsymbol{I}-\boldsymbol{A}_c)$为首 1 多项式，而$\det(\boldsymbol{D}_R(s))$的首系数等于$\det(\boldsymbol{D}_{hc})$，所以$k=\det(\boldsymbol{D}_{hc}^{-1})$。从而有式(4-211)。

(4) 控制器形实现的维数与$\boldsymbol{D}_R(s)$间的关系：$\dim(\boldsymbol{A}_c)=\operatorname{degdet}(\boldsymbol{D}_R(s))$。

思考 如何说明这种关系？提示：直接由式(4-215)出发。

(5) 控制器形实现与$\boldsymbol{N}_R(s)$间的关系

$$\begin{bmatrix}s\boldsymbol{I}-\boldsymbol{A}_c & \boldsymbol{B}_c\\ -\boldsymbol{C}_c & \boldsymbol{0}\end{bmatrix}\overset{s}{\cong}\begin{bmatrix}\boldsymbol{I}_n & \boldsymbol{0}\\ \boldsymbol{0} & \boldsymbol{N}_R(s)\end{bmatrix} \tag{4-216}$$

事实上，由式(4-213)已知$\begin{bmatrix}\boldsymbol{X}(s) & -\boldsymbol{\Psi}_c(s)\\ \boldsymbol{Y}(s) & \boldsymbol{D}_R(s)\end{bmatrix}$为单模矩阵，所以

$$\begin{aligned}\begin{bmatrix}s\boldsymbol{I}-\boldsymbol{A}_c & \boldsymbol{B}_c\\ -\boldsymbol{C}_c & \boldsymbol{0}\end{bmatrix}\begin{bmatrix}X(s) & -\boldsymbol{\Psi}_c(s)\\ \boldsymbol{Y}(s) & \boldsymbol{D}_R(s)\end{bmatrix}&=\begin{pmatrix}\boldsymbol{I} & \boldsymbol{0}\\ -\boldsymbol{C}_c\boldsymbol{X}(s) & \boldsymbol{C}_c\boldsymbol{\Psi}_c(s)\end{pmatrix}=\begin{pmatrix}\boldsymbol{I} & \boldsymbol{0}\\ -\boldsymbol{C}_c\boldsymbol{X}(s) & \boldsymbol{N}_{lc}\boldsymbol{\Psi}_c(s)\end{pmatrix}\\&=\begin{pmatrix}\boldsymbol{I} & \boldsymbol{0}\\ \boldsymbol{C}_c\boldsymbol{X}(s) & \boldsymbol{N}_R(s)\end{pmatrix}\end{aligned} \tag{4-217}$$

对式(4 217)的最右边矩阵初等变换，Smith 意义下等价保持不变，即有式(4-216)。

(6) 所实现的状态空间描述是完全能控的，但一般不完全能观。控制器形实现能控且能

观的一个充分条件是$\boldsymbol{N}_{\mathrm{R}}(s)$列满秩。

事实上，由式(4-216)得

$$\operatorname{rank}\begin{pmatrix} s\boldsymbol{I}-\boldsymbol{A}_{\mathrm{c}} & \boldsymbol{B}_{\mathrm{c}} \\ -\boldsymbol{C}_{\mathrm{c}} & \boldsymbol{0} \end{pmatrix}=\operatorname{rank}\begin{pmatrix} \boldsymbol{I}_n & \boldsymbol{0} \\ \boldsymbol{0} & \boldsymbol{N}_{\mathrm{R}}(s) \end{pmatrix} \tag{4-218}$$

如果$\boldsymbol{N}_{\mathrm{R}}(s)$是列满秩的，则

$$\operatorname{rank}\begin{pmatrix} s\boldsymbol{I}-\boldsymbol{A}_{\mathrm{c}} & \boldsymbol{B}_{\mathrm{c}} \\ -\boldsymbol{C}_{\mathrm{c}} & \boldsymbol{0} \end{pmatrix}=n+p \tag{4-219}$$

这就意味着$\begin{pmatrix} s\boldsymbol{I}-\boldsymbol{A}_{\mathrm{c}} & \boldsymbol{B}_{\mathrm{c}} \\ -\boldsymbol{C}_{\mathrm{c}} & \boldsymbol{0} \end{pmatrix}$是列满秩的，因此$\begin{pmatrix} s\boldsymbol{I}-\boldsymbol{A}_{\mathrm{c}} \\ -\boldsymbol{C}_{\mathrm{c}} \end{pmatrix}$是列满秩的，由能观性的 PBH 定理，知状态完全能观测。

(7) 控制器形实现的系统矩阵的右特征向量关系式。

设λ为$\boldsymbol{A}_{\mathrm{c}}$的一个特征值，$\boldsymbol{q}$为使$\boldsymbol{D}_{\mathrm{R}}(\lambda)\boldsymbol{q}=0$的任一个$p\times1$的非零常数向量，则$\boldsymbol{A}_{\mathrm{c}}$的属于$\lambda$的一个$n\times1$特征向量$\boldsymbol{p}$满足：

$$\boldsymbol{p}=\boldsymbol{\Psi}_{\mathrm{c}}(\lambda)\boldsymbol{q} \tag{4-220}$$

事实上，将λ代入式(4-209)可写成如下形式

$$(\lambda\boldsymbol{I}-\boldsymbol{A}_{\mathrm{c}} \quad -\boldsymbol{B}_{\mathrm{c}})\begin{pmatrix} \boldsymbol{\Psi}_{\mathrm{c}}(\lambda) \\ \boldsymbol{D}_{\mathrm{R}}(\lambda) \end{pmatrix}=\boldsymbol{0} \tag{4-221}$$

又由于$\boldsymbol{\Psi}_{\mathrm{c}}(\lambda)$包含一个$p\times p$的单位向量，所以$\begin{pmatrix} \boldsymbol{\Psi}_{\mathrm{c}}(\lambda) \\ \boldsymbol{D}_{\mathrm{R}}(\lambda) \end{pmatrix}$的列向量线性无关。

计及控制器形实现是完全能控的，由能控性 PBH 秩判据知，$\operatorname{rank}(\lambda\boldsymbol{I}-\boldsymbol{A}_{\mathrm{c}} \quad \boldsymbol{B}_{\mathrm{c}})=n$，所以依零空间定义知$(\lambda\boldsymbol{I}-\boldsymbol{A}_{\mathrm{c}} \quad -\boldsymbol{B}_{\mathrm{c}})$右零空间的秩不会超过$p$。于是，可取$\begin{pmatrix} \boldsymbol{\Psi}_{\mathrm{c}}(\lambda) \\ \boldsymbol{D}_{\mathrm{R}}(\lambda) \end{pmatrix}$的列向量作为$(\lambda\boldsymbol{I}-\boldsymbol{A}_{\mathrm{c}} \quad -\boldsymbol{B}_{\mathrm{c}})$零空间的一组基。

由于$\boldsymbol{p}$是$\boldsymbol{A}_{\mathrm{c}}$的属于$\lambda$的一个$n\times1$特征向量，所以成立$\lambda\boldsymbol{p}-\boldsymbol{A}_{\mathrm{c}}\boldsymbol{p}=0$，可以写成如下形式

$$(\lambda\boldsymbol{I}-\boldsymbol{A}_{\mathrm{c}} \quad -\boldsymbol{B}_{\mathrm{c}})\begin{pmatrix} p \\ 0 \end{pmatrix}=\boldsymbol{0} \tag{4-222}$$

这说明$\begin{pmatrix} \boldsymbol{p} \\ \boldsymbol{0} \end{pmatrix}$是属于$(\lambda\boldsymbol{I}-\boldsymbol{A}_{\mathrm{c}} \quad -\boldsymbol{B}_{\mathrm{c}})$零空间的一个向量，因此可以用$\begin{pmatrix} \boldsymbol{\Psi}_{\mathrm{c}}(\lambda) \\ \boldsymbol{D}_{\mathrm{R}}(\lambda) \end{pmatrix}$的列向量线性表示。即在$\boldsymbol{q}$使式成立

$$\begin{pmatrix} \boldsymbol{\Psi}_{\mathrm{c}}(\lambda) \\ \boldsymbol{D}_{\mathrm{R}}(\lambda) \end{pmatrix}\boldsymbol{q}=\begin{pmatrix} \boldsymbol{p} \\ \boldsymbol{0} \end{pmatrix} \tag{4-223}$$

由此，式(4-220)成立。

例 4-33 给出 RMFD 的控制器形实现。

已知 MFD $\boldsymbol{N}_{\mathrm{R}}(s)\boldsymbol{D}_{\mathrm{R}}^{-1}(s)$，求控制器形实现的$\boldsymbol{A}_{\mathrm{c}}$、$\boldsymbol{B}_{\mathrm{c}}$、$\boldsymbol{C}_{\mathrm{c}}$。

$$\boldsymbol{N}(s)=\begin{pmatrix} s & 0 \\ -s & s^2 \end{pmatrix},\boldsymbol{D}_{\mathrm{R}}(s)=\begin{pmatrix} 0 & -s^3-3s^2-4s-2 \\ (s+2^2) & s+2 \end{pmatrix}$$

解 写出$\boldsymbol{N}_{\mathrm{R}}(s)\boldsymbol{D}_{\mathrm{R}}^{-1}(s)$的列次表达式

$$
\boldsymbol{D}_{\mathrm{R}}(s)=\boldsymbol{D}_{\mathrm{hc}}\boldsymbol{S}_{\mathrm{c}}(s)+\boldsymbol{D}_{\mathrm{lc}}\boldsymbol{\Psi}_{\mathrm{c}}(s)=\begin{pmatrix}0 & -1\\1 & 0\end{pmatrix}\begin{pmatrix}s^2 & 0\\0 & s^3\end{pmatrix}+\begin{pmatrix}0 & 0 & -3 & -4 & -2\\4 & 4 & 0 & 1 & 2\end{pmatrix}\begin{pmatrix}s & 0\\1 & 0\\0 & s^2\\0 & s\\0 & 1\end{pmatrix}
$$

$$
\boldsymbol{N}_{\mathrm{R}}(s)=\boldsymbol{N}_{\mathrm{lc}}\boldsymbol{\Psi}_{\mathrm{c}}(s)=\begin{pmatrix}1 & 0 & 0 & 0 & 0\\-1 & 0 & 1 & 0 & 0\end{pmatrix}\begin{pmatrix}s & 0\\1 & 0\\0 & s^2\\0 & s\\0 & 1\end{pmatrix}
$$

可以采用先求核心部分的状态空间描述，再求控制器形实现的方法得到；也可以直接利用式(4-205)和说明第(2)点直接写出。下面是控制器形实现的参数矩阵

$$
\boldsymbol{A}_{\mathrm{c}}=\begin{pmatrix}-4 & -4 & -0 & -1 & -2\\1 & 0 & 0 & 0 & 0\\0 & 0 & -3 & -4 & -2\\0 & 0 & 1 & 0 & 0\\0 & 0 & 0 & 1 & 0\end{pmatrix},\boldsymbol{B}_{\mathrm{c}}=\begin{pmatrix}0 & 1\\0 & 0\\-1 & 0\\0 & 0\\0 & 0\end{pmatrix},\boldsymbol{C}_{\mathrm{c}}=\begin{pmatrix}1 & 0 & 0 & 0 & 0\\-1 & 0 & 1 & 0 & 0\end{pmatrix}
$$

4.8.3 PMD 模型的实现问题

还有一种实现问题是基于 PMD 模型$\{\boldsymbol{P}(s),\boldsymbol{Q}(s),\boldsymbol{R}(s),\boldsymbol{W}(s)\}$的，其中$\boldsymbol{P}(s)$、$\boldsymbol{Q}(s)$、$\boldsymbol{R}(s)$、$\boldsymbol{W}(s)$分别为$m\times m$、$m\times p$、$q\times m$、$q\times p$多项式，若有一个状态空间表达式使$\boldsymbol{R}(s)\boldsymbol{P}^{-1}(s)\boldsymbol{Q}(s)+\boldsymbol{W}(s)=\boldsymbol{C}(s\boldsymbol{I}-\boldsymbol{A})^{-1}\boldsymbol{B}+\boldsymbol{D}(s)$成立，$\boldsymbol{A}$、$\boldsymbol{B}$、$\boldsymbol{C}$、$\boldsymbol{D}$分别为$n\times n$、$n\times p$、$q\times n$、$q\times p$矩阵。对于 PMD 模型给出的系统物理可实现性条件为$W(s)$为常阵，基此$\boldsymbol{D}(s)$也为常阵。

实现的内核是构造 PMD 的基础，其含义是指 PMD 的传递函数阵$\boldsymbol{G}(s)$中包含的一个 MFD 的实现。由于$\boldsymbol{G}(s)=\boldsymbol{R}(s)\boldsymbol{P}^{-1}(s)\boldsymbol{Q}(s)+\boldsymbol{W}(s)$，基此可以选择不同的内核 MFD 构造相应的实现。有四种不同类型。

(1) 内核 MFD 为“$\boldsymbol{R}(s)\boldsymbol{P}^{-1}(s)$，$\boldsymbol{P}(s)$列既约”，称实现内核为控制器形实现。

(2) 内核 MFD 为“$\boldsymbol{R}(s)\boldsymbol{P}^{-1}(s)$，$\boldsymbol{P}(s)$行既约”，称实现内核为能控性形实现。

(3) 内核 MFD 为“$\boldsymbol{P}^{-1}(s)\boldsymbol{Q}(s)$，$\boldsymbol{P}(s)$行既约”，称实现内核为观测器形实现。

(4) 内核 MFD 为“$\boldsymbol{P}^{-1}(s)\boldsymbol{Q}(s)$，$\boldsymbol{P}(s)$列既约”，称实现内核为能观性形实现。

下面讨论内核 *MFD* 为“$\boldsymbol{P}^{-1}(s)\boldsymbol{Q}(s)$，$\boldsymbol{P}(s)$行既约”情形，给出观测器形实现，其实现也为最简便的。

(1) 化$\boldsymbol{P}(s)$为行既约。

对内核 MFD $\boldsymbol{P}^{-1}(s)\boldsymbol{Q}(s)$，由实现内核为“观测器形实现”要求$\boldsymbol{P}(s)$行既约。若$\boldsymbol{P}(s)$行既约，无须引入转换，令

$$
\boldsymbol{P}_{\mathrm{r}}(s)=\boldsymbol{P}(s),\boldsymbol{Q}_{\mathrm{r}}(s)=\boldsymbol{Q}(s) \tag{4-224}
$$

若$\boldsymbol{P}(s)$非行既约，引入一个$m\times m$单模阵$\boldsymbol{M}(s)$使$\boldsymbol{M}(s)\boldsymbol{P}(s)$行既约，并有

$$
\boldsymbol{P}_{\mathrm{r}}(s)=\boldsymbol{M}(s)\boldsymbol{P}(s),\boldsymbol{Q}_{\mathrm{r}}(s)=\boldsymbol{M}(s)\boldsymbol{Q}(s)
$$

考虑到$\boldsymbol{P}_{\mathrm{r}}^{-1}(s)\boldsymbol{Q}_{\mathrm{r}}(s)=(\boldsymbol{M}(s)\boldsymbol{P}(s))^{-1}\boldsymbol{M}(s)\boldsymbol{Q}(s)=\boldsymbol{P}^{-1}(s)\boldsymbol{Q}(s)$，$\mathrm{degdet}\,\boldsymbol{P}_{\mathrm{r}}(s)=\mathrm{degdet}\boldsymbol{P}(s)$，可以断言$\boldsymbol{P}_{\mathrm{r}}^{-1}(s)\boldsymbol{Q}_{\mathrm{r}}(s)$和$\boldsymbol{P}^{-1}(s)\boldsymbol{Q}(s)$具有等同实现。

(2) 由$\boldsymbol{P}_r^{-1}(s)\boldsymbol{Q}_r(s)$导出严真的$\boldsymbol{P}_r^{-1}(s)\overline{\boldsymbol{Q}}_r(s)$。

一般情况，$\boldsymbol{P}_r^{-1}(s)\boldsymbol{Q}_r(s)$并非一定严真，所以可以利用第 1 章 1.7.3 节“一类特殊情形矩阵除法问题”给出的等式，有

$$\boldsymbol{Q}_r(s)=\boldsymbol{P}_r(s)\boldsymbol{Y}(s)+\overline{\boldsymbol{Q}}_r(s) \tag{4-225}$$

左乘$\boldsymbol{P}_r^{-1}(s)$，可以得到

$$\boldsymbol{P}_r^{-1}(s)\boldsymbol{Q}_r(s)=\boldsymbol{Y}(s)+\boldsymbol{P}_r^{-1}(s)\overline{\boldsymbol{Q}}_r(s) \tag{4-226}$$

式中，$\boldsymbol{P}_r^{-1}(s)\overline{\boldsymbol{Q}}_r(s)$为严真 MFD。

(3) 对$\boldsymbol{P}_r^{-1}(s)\overline{\boldsymbol{Q}}_r(s)$构造观测器实现$(\boldsymbol{A}_o,\boldsymbol{B}_o,\boldsymbol{C}_o)$。

对“严真 MFD $\boldsymbol{P}_r^{-1}(s)\overline{\boldsymbol{Q}}_r(s)$，$\boldsymbol{P}_r(s)$行既约”，采用前面给出的方法，可以得到观测器实现$(\boldsymbol{A}_o,\boldsymbol{B}_o,\boldsymbol{C}_o)$，且有

$$\boldsymbol{P}_r^{-1}(s)\overline{\boldsymbol{Q}}_r(s)=\boldsymbol{C}_o(s\boldsymbol{I}-\boldsymbol{A}_o)^{-1}\boldsymbol{B}_o \tag{4-227}$$

(4) 由$(\boldsymbol{A}_o,\boldsymbol{B}_o,\boldsymbol{C}_o)$导出 PMD 实现$(\boldsymbol{A},\boldsymbol{B},\boldsymbol{C},\boldsymbol{D})$。

首先，直接取 $\boldsymbol{A}=\boldsymbol{A}_o,\boldsymbol{B}=\boldsymbol{B}_o$。

再推导 $\boldsymbol{C},\boldsymbol{D}$：

$$\begin{aligned}\boldsymbol{G}(s)&=\boldsymbol{R}(s)\boldsymbol{P}^{-1}(s)\boldsymbol{Q}(s)+\boldsymbol{W}(s)=\boldsymbol{R}(s)\boldsymbol{P}_r^{-1}(s)\boldsymbol{Q}_r(s)+\boldsymbol{W}(s)\\&=\boldsymbol{R}(s)(\boldsymbol{P}_r^{-1}(s)\overline{\boldsymbol{Q}}_r(s)+\boldsymbol{Y}(s))+\boldsymbol{W}(s)\\&=\boldsymbol{R}(s)\boldsymbol{P}_r^{-1}(s)\overline{\boldsymbol{Q}}_r(s)+\boldsymbol{R}(s)\boldsymbol{Y}(s)+\boldsymbol{W}(s)\\&=\boldsymbol{R}(s)\boldsymbol{C}_o(s\boldsymbol{I}-\boldsymbol{A}_o)^{-1}\boldsymbol{B}_o+(\boldsymbol{R}(s)\boldsymbol{Y}(s)+\boldsymbol{W}(s))\\&=\boldsymbol{R}(s)\boldsymbol{C}_o(s\boldsymbol{I}-\boldsymbol{A})^{-1}\boldsymbol{B}+(\boldsymbol{R}(s)\boldsymbol{Y}(s)+\boldsymbol{W}(s))\end{aligned} \tag{4-228}$$

式中，$\boldsymbol{R}(s)\boldsymbol{C}_o(s\boldsymbol{I}-\boldsymbol{A})^{-1}$一般为非严真的，同样利用第 1 章 1.7.3 节“一类特殊情形矩阵除法问题”给出的等式，有

$$\boldsymbol{R}(s)\boldsymbol{C}_o=\boldsymbol{X}(s)(s\boldsymbol{I}-\boldsymbol{A})+\boldsymbol{R}(s)\boldsymbol{C}_o|_{s=\mathrm{A}} \tag{4-229}$$

取 $\boldsymbol{C}=\boldsymbol{R}(s)\boldsymbol{C}_o|_{s=\boldsymbol{A}}$，并将式(4-229)代入式(4-228)，得

$$\begin{aligned}\boldsymbol{G}(s)&=\boldsymbol{X}(s)(s\boldsymbol{I}-\boldsymbol{A})(s\boldsymbol{I}-\boldsymbol{A})^{-1}\boldsymbol{B}+\boldsymbol{C}(s\boldsymbol{I}-\boldsymbol{A})^{-1}\boldsymbol{B}+(\boldsymbol{R}(s)\boldsymbol{Y}(s)+\boldsymbol{W}(s))\\&=\boldsymbol{C}(s\boldsymbol{I}-\boldsymbol{A})^{-1}\boldsymbol{B}+(\boldsymbol{X}(s)\boldsymbol{B}+\boldsymbol{R}(s)\boldsymbol{Y}(s)+\boldsymbol{W}(s))\end{aligned} \tag{4-230}$$

令 $\boldsymbol{D}(s)=\boldsymbol{X}(s)\boldsymbol{B}+\boldsymbol{R}(s)\boldsymbol{Y}(s)+\boldsymbol{W}(s)$，则

$$\boldsymbol{G}(s)=\boldsymbol{C}(s\boldsymbol{I}-\boldsymbol{A})^{-1}\boldsymbol{B}+\boldsymbol{D}(s) \tag{4-231}$$

4.8.4 时域与频域结构特性

本节不加证明地给出一系列结论，只给出必要的解释。

1. PMD 描述的互质性与状态空间描述的能控、能观性

由于 PMD 描述本质上是系统的内部描述，它与状态空间描述有对应的结构特性表征。考虑时不变的线性系统 PMD 描述为$\{\boldsymbol{P}(s),\boldsymbol{Q}(s),\boldsymbol{R}(s),\boldsymbol{W}(s)\}$，其系统的状态空间实现的描述为 $\sum=(\boldsymbol{A},\boldsymbol{B},\boldsymbol{C},\boldsymbol{D}(p))$，各字符的定义与前同，则有

$$\boldsymbol{C}(s\boldsymbol{I}-\boldsymbol{A})^{-1}\boldsymbol{B}+\boldsymbol{D}(s)=\boldsymbol{R}(s)\boldsymbol{P}^{-1}(s)\boldsymbol{Q}(s)+\boldsymbol{W}(s) \tag{4-232}$$

互质性与能控、能观性的关系：对状态空间描述和 PMD 描述有$\{\boldsymbol{P}(s),\boldsymbol{Q}(s)\}$左互质等价于$(\boldsymbol{A},\boldsymbol{B})$完全能控；对状态空间描述和 PMD 描述有$(\boldsymbol{P}(s),\boldsymbol{R}(s))$右互质等价于$(\boldsymbol{A},\boldsymbol{C})$完全能观。

另外，由 PMD 描述互质性与状态空间描述的能控性与能观性等价关系知，$(s\boldsymbol{I}-\boldsymbol{A})$与 $\boldsymbol{B}$ 左互质等价于$(\boldsymbol{A},\boldsymbol{B})$完全能控；$(s\boldsymbol{I}-\boldsymbol{A})$与 $\boldsymbol{C}$ 右互质等价于$(\boldsymbol{A},\boldsymbol{C})$完全能观。进一步将能控性与能观性联合起来，有$(\boldsymbol{P}(s),\boldsymbol{Q}(s))$左互质且$(\boldsymbol{P}(s),\boldsymbol{R}(s))$右互质，等价于$(\boldsymbol{A},\boldsymbol{B})$完全能控且$(\boldsymbol{A},\boldsymbol{C})$完全能观，等价于$(s\boldsymbol{I}-\boldsymbol{A})$与 $\boldsymbol{C}$ 右互质且$(s\boldsymbol{I}-\boldsymbol{A})$与 $\boldsymbol{B}$ 左互质。

2. MFD 描述的互质性与状态空间描述的能控、能观性

考虑线性时不变系统的 RMFD

$$\overline{\boldsymbol{N}}_{\mathrm{R}}(s)\boldsymbol{D}_{\mathrm{R}}^{-1}(s)=\boldsymbol{N}_{\mathrm{R}}(s)\boldsymbol{D}_{\mathrm{R}}^{-1}(s)+\boldsymbol{E}_{\mathrm{R}}(s) \tag{4-233}$$

式中，$\boldsymbol{N}_{\mathrm{R}}(s)\boldsymbol{D}_{\mathrm{R}}^{-1}(s)$是严真的。令它的能控类状态空间实现为

$$\Sigma^{\mathrm{c}}=(\boldsymbol{A}^{\mathrm{c}},\boldsymbol{B}^{\mathrm{c}},\boldsymbol{C}^{\mathrm{c}},\boldsymbol{D}(p)),\boldsymbol{D}(p)=\boldsymbol{E}_{\mathrm{R}}(p) \tag{4-234}$$

式中，$\dim(\boldsymbol{A}^{\mathrm{c}})=\mathrm{degdet}(\boldsymbol{D}_{\mathrm{R}}(s))$。则$\{\boldsymbol{D}_{\mathrm{R}}(s),\boldsymbol{N}_{\mathrm{R}}(s)\}$右互质等价于$(\boldsymbol{A}^{\mathrm{c}},\boldsymbol{C}^{\mathrm{c}})$完全能观。进而实现 Σ^{c} 是既能控也能观的。

同样，考虑线性时不变系统的 LMFD

$$\boldsymbol{D}_{\mathrm{L}}^{-1}(s)\overline{\boldsymbol{N}}_{\mathrm{L}}(s)=\boldsymbol{D}_{\mathrm{L}}^{-1}(s)\boldsymbol{N}_{\mathrm{L}}(s)+\boldsymbol{E}_{\mathrm{L}}(s) \tag{4-235}$$

式中，$\boldsymbol{D}_{\mathrm{L}}^{-1}(s)\boldsymbol{N}_{\mathrm{L}}(s)$是严真的。令它的能观类状态空间实现为

$$\Sigma^{\mathrm{o}}=(\boldsymbol{A}^{\mathrm{o}},\boldsymbol{B}^{\mathrm{o}},\boldsymbol{C}^{\mathrm{o}},\boldsymbol{D}(p)),\boldsymbol{D}(p)=\boldsymbol{E}_{\mathrm{L}}(p) \tag{4-236}$$

式中，$\dim(\boldsymbol{A}^{\mathrm{o}})=\mathrm{degdet}(\boldsymbol{D}_{L}(s))$。则$\{\boldsymbol{D}_{\mathrm{L}}(s),\boldsymbol{N}_{\mathrm{L}}(s)\}$左互质等价于$(\boldsymbol{A}^{\mathrm{o}},\boldsymbol{B}^{\mathrm{o}})$完全能控。进而实现 Σ^{o} 是既能观也能控的。

3. 系统的解耦零点与结构特性

这里解耦零点基于系统 PMD 为可简约的情形进行定义。对可简约$(\boldsymbol{P}(s),\boldsymbol{Q}(s),\boldsymbol{R}(s),\boldsymbol{W}(s))$，其系统矩阵$\boldsymbol{S}(s)$，在使 $\det\boldsymbol{P}(s)=\boldsymbol{0}$ 的 s 值和使$\boldsymbol{S}(s)$降秩的 s 值中，通常还包含 PMD 的解耦零点。进而，可把解耦零点区分为“输入解耦零点”和“输出解耦零点”，分别表征其对输入和输出的解耦属性。

(1) **情形 1**：$\{\boldsymbol{P}(s),\boldsymbol{Q}(s)\}$非左互质，$\{\boldsymbol{P}(s),\boldsymbol{R}(s)\}$右互质。

对于“$\{\boldsymbol{P}(s),\boldsymbol{Q}(s)\}$非左互质”型可简约 PMD，设 $m\times m$ 多项式矩阵 $\boldsymbol{H}(s)$为$\{\boldsymbol{P}(s),\boldsymbol{Q}(s)\}$的任一最大左公因子，且 $\boldsymbol{H}(s)$为非单模、非奇异。则有 PMD 的输入解耦零点＝“$\det\boldsymbol{H}(s)=\boldsymbol{0}$ 的根”。

由于 $\boldsymbol{H}(s)$为$\{\boldsymbol{P}(s),\boldsymbol{Q}(s)\}$的任一最大左公因子，所以有

$$\boldsymbol{P}(s)=\boldsymbol{H}(s)\overline{\boldsymbol{P}}(s),\boldsymbol{Q}(s)=\boldsymbol{H}(s)\overline{\boldsymbol{Q}}(s) \tag{4-237}$$

可以导出$\{\overline{\boldsymbol{P}}(s),\overline{\boldsymbol{Q}}(s)\}$为左互质。基此，进而得到

$$\mathrm{rank}[\overline{\boldsymbol{P}}(s),\overline{\boldsymbol{Q}}(s)]=m,\ \forall s\in\mathbf{C} \tag{4-238}$$

而

$$[\boldsymbol{P}(s),\boldsymbol{Q}(s)]=\boldsymbol{H}(s)[\overline{\boldsymbol{P}}(s),\overline{\boldsymbol{Q}}(s)] \tag{4-239}$$

这就表明：使$[\boldsymbol{P}(s),\boldsymbol{Q}(s)]$降秩 s 值＝“$\det\boldsymbol{H}(s)=0$ 的根”，所以 PMD 的输入解耦零点就是使$[\boldsymbol{P}(s),\boldsymbol{Q}(s)]$降秩 s 值。

设维数为 $n=\det\boldsymbol{P}(s)$的状态空间 $\Sigma=(\boldsymbol{A},\boldsymbol{B},\boldsymbol{C},\boldsymbol{D}(p))$是$(\boldsymbol{P}(s),\boldsymbol{Q}(s),\boldsymbol{R}(s),\boldsymbol{W}(s))$的任一实现，于是由互质性和能控性能观性的关系可知，$\boldsymbol{P}(s),\boldsymbol{R}(s)$ 右互质意味着$(\boldsymbol{A},\boldsymbol{C})$完全能观测，$(\boldsymbol{P}(s),\boldsymbol{Q}(s))$非左互质意味着$(\boldsymbol{A},\boldsymbol{B})$不完全能控。于是，将$(\boldsymbol{A},\boldsymbol{B})$按能控性作结构分解，得

$$\begin{pmatrix}\dot{\bar{x}}_c\\ \dot{\bar{x}}_{\bar{c}}\end{pmatrix}=\begin{pmatrix}\bar{A}_c & \dot{\bar{A}}_{12}\\ \mathbf{0} & \bar{A}_{\bar{c}}\end{pmatrix}\begin{pmatrix}\bar{x}_c\\ \bar{x}_{\bar{c}}\end{pmatrix}+\begin{pmatrix}\bar{B}_c\\ \mathbf{0}\end{pmatrix}u=\bar{A}\begin{pmatrix}\bar{x}_c\\ \bar{x}_{\bar{c}}\end{pmatrix}+\bar{B}u \tag{4-240}$$

利用左互质性与能控性间关系，有

$\boldsymbol{A}$ 的不能控模态$=\bar{A}_{\bar{c}}$ 的特征值$=$使$[sI-\bar{A}\quad \bar{B}]$降秩 s 值

$=$使$[sI-A\quad B]$降秩 s 值$=[P(s),Q(s)]$降秩 s 值

而 PMD 的输入解耦零点就是使$[P(s),Q(s)]$降秩 s 值，所以 PMD 的输入解耦零点就是 $\boldsymbol{A}$ 的不能控模态。这也是所谓“输入解耦”零点的含义。

由于传递函数矩阵 $G(s)$只能表征系统中能控能观部分，因此上述论述意味着，在 PMD 导出的 $G(s)$的极点中 $\boldsymbol{A}$ 的不能控模即$\bar{A}_{\bar{c}}$ 的特征值已与 PMD 的输入解耦零点构成对消。

实际上，也可以基于状态空间$\sum=(A,B,C,D(p))$ 定义输入解耦零点：称满足

$$\mathrm{rank}(sI-A\quad B)<n \tag{4-241}$$

的 s 为系统的输入解耦零点。若没有输入解耦零点就意味着$(sI-A)$与 $\boldsymbol{B}$ 左互质，即意味着状态完全能控。基此再考虑输入到状态的传递函数为

$$G_{ux}(s)=(sI-A)^{-1}B=\frac{M(s)}{\phi(s)}B \tag{4-242}$$

式中，$\phi(s)$是 $\boldsymbol{A}$ 的最小多项式；$M(s)$是 $\mathrm{adj}(\lambda I-A)$去除最大公因子后剩下的矩阵。即右侧的表达式实际上已约去了 $\mathrm{adj}(\lambda I-A)$与特征多项式 $\alpha(s)$相同的因子。基此，系统$\Sigma=(A,B,C,D(p))$状态完全能控的必要条件是式(4-242)的右侧没有零极点相消。这个条件是必要条件，即没有零极点对消，系统不一定能控。对于 SISO 系统，该条件也是充分条件。

对于输入解耦零点，以 SISO 系统为例，直观上很容易理解：分子分母同时约去一个公因子后，状态变量少了一维，系统出现了一个低维能控子空间和一个不能控子空间，被对消的极点就是不能控的模态。

实际上，对于一般的 MIMO 线性系统$\Sigma=(A,B,C)$，它能控也有充分条件：状态向量与输入向量间的传递函数$G_{ux}(s)$的各列线性无关。

(2) **情形 2**　$\{P(s),Q(s)\}$左互质，$\{P(s),R(s)\}$非右互质。

对于“$\{P(s),R(s)\}$非右互质”型可简约 PMD，设 $m\times m$ 多项式矩阵 $F(s)$为非右互质$\{P(s),R(s)\}$的任一最大右公因子，且 $F(s)$为非单模、非奇异，则有 PMD 的输出解耦零点$=$“$\det F(s)=\mathbf{0}$ 的根”。与情形 1 类似，对“$P(s),R(s)$)非右互质”型可简约 PMD，则有 PMD 的输出解耦零点$=$使$\begin{pmatrix}P(s)\\ R(s)\end{pmatrix}$降秩 s 值。

设维数为 $n=\det P(s)$的状态空间$\sum=(A,B,C,D(p))$是$(P(s),Q(s),R(s),W(s))$的任一实现，则有 PMD 输出解耦零点$=A$ 的不能观测模态$=A$ 的不能观测分块阵$\bar{A}$ 中$\bar{A}_{\bar{o}}$ 的特征值。这也是所谓“输出解耦” 零点的含义。

由于传递函数矩阵 $G(s)$只能表征系统中能控能观部分，因此上述论述意味着，在 PMD 导出的 $G(s)$的极点中 $\boldsymbol{A}$ 的不能观测模即$\bar{A}_{\bar{o}}$ 的特征值已与 PMD 的输出解耦零点构成对消。

实际上，也可以基于状态空间 $\Sigma=(\boldsymbol{A},\boldsymbol{B},\boldsymbol{C},\boldsymbol{D}(p))$ 定义输出解耦零点：称满足

$$\operatorname{rank}\begin{pmatrix} s\boldsymbol{I}-\boldsymbol{A} \\ \boldsymbol{C} \end{pmatrix}<n \tag{4-243}$$

的 s 为系统的输出解耦零点。若没有输出解耦零点就意味着 $(s\boldsymbol{I}-\boldsymbol{A})$ 与 $\boldsymbol{C}$ 右互质，即意味着状态完全能观。基此再考虑状态到输出的传递函数为

$$\boldsymbol{G}_{xy}(s)=\boldsymbol{C}(s\boldsymbol{I}-\boldsymbol{A})^{-1}=\boldsymbol{C}\frac{\boldsymbol{M}(s)}{\phi(s)} \tag{4-244}$$

式中，$\phi(s)$ 是 $\boldsymbol{A}$ 的最小多项式；$\boldsymbol{M}(s)$ 是 $\operatorname{adj}(\lambda\boldsymbol{I}-\boldsymbol{A})$ 去除最大公因子后剩下的矩阵。右侧的表达式实际上已约去了 $\operatorname{adj}(\lambda\boldsymbol{I}-\boldsymbol{A})$ 与特征多项式 $\alpha(s)$ 相同的因子。基此，系统 $\sum=(\boldsymbol{A},\boldsymbol{B},\boldsymbol{C},\boldsymbol{D}(p))$ 状态完全能观的必要条件是式(4-244)的右侧没有零极点相消。这个条件是必要条件，即没有零极点对消，系统不一定能观。对于 SISO 系统，该条件也是充分条件。

对于输出解耦零点，以 SISO 系统为例，直观上很容易理解：分子分母同时约去一个公因子后，状态变量少了一维，系统出现了一个低维能观子空间和一个不能观子空间，被对消的极点就是不能观的模态。

实际上，对于一般的 MIMO 线性系统 $\Sigma=(\boldsymbol{A},\boldsymbol{B},\boldsymbol{C})$，它能控也有充分条件：状态向量与输出向量间的传递函数 $\boldsymbol{G}_{xy}(s)$ 的各行线性无关。

(3) **情形 3** $\{\boldsymbol{P}(s),\boldsymbol{Q}(s)\}$ 非左互质，$\{\boldsymbol{P}(s),\boldsymbol{R}(s)\}$ 非右互质。

对于“$\{\boldsymbol{P}(s),\boldsymbol{Q}(s)\}$ 非左互质，$\{\boldsymbol{P}(s),\boldsymbol{R}(s)\}$ 非右互质”型可简约 PMD，设 $m\times m$ 多项式矩阵 $\boldsymbol{H}(s)$ 为 $\{\boldsymbol{P}(s),\boldsymbol{Q}(s)\}$ 的任一最大左公因子，记 $\overline{\boldsymbol{P}}(s)=\boldsymbol{H}^{-1}(s)\boldsymbol{P}(s)$，$m\times m$ 多项式矩阵 $\overline{\boldsymbol{F}}(s)$ 为 $\{\overline{\boldsymbol{P}}(s),\boldsymbol{R}(s)\}$ 的任一最大右公因子，则有 PMD 的输入解耦零点＝“$\det\boldsymbol{H}(s)=\boldsymbol{0}$ 的根”；PMD 的输出解耦零点＝“$\det\overline{\boldsymbol{F}}(s)=0$ 的根”。

设维数为 $n=\det\boldsymbol{P}(s)$ 的状态空间 $\Sigma=(\boldsymbol{A},\boldsymbol{B},\boldsymbol{C},\boldsymbol{D}(p))$ 是 $(\boldsymbol{P}(s),\boldsymbol{Q}(s),\boldsymbol{R}(s),\boldsymbol{W}(s))$ 的任一实现，结合情形 1 和情形 2 便有：

PMD 的输入解耦零点＝使 $[\boldsymbol{P}(s),\boldsymbol{Q}(s)]$ 降秩 s 值＝$\boldsymbol{A}$ 的不能控模态；

PMD 的输出解耦零点＝使 $\begin{bmatrix} \overline{\boldsymbol{P}}(s) \\ \boldsymbol{R}(s) \end{bmatrix}$ 降秩 s 值＝$\boldsymbol{A}$ 的不能观测模态。

实际上，也可以基于状态空间 $\sum=(\boldsymbol{A},\boldsymbol{B},\boldsymbol{C},\boldsymbol{D}(p))$ 定义包含 PMD 零点和解耦零点的扩展 PMD 零点：称 Rosenbrook 矩阵秩满足

$$\operatorname{rank}\begin{pmatrix} s\boldsymbol{I}-\boldsymbol{A} & \boldsymbol{B} \\ -\boldsymbol{C} & \boldsymbol{D} \end{pmatrix}<n+\min\{p,q\} \tag{4-245}$$

的 s 为系统的传输零点。若没有解耦零点就意味着 $(s\boldsymbol{I}-\boldsymbol{A})$ 与 $\boldsymbol{C}$ 右互质且 $(s\boldsymbol{I}-\boldsymbol{A})$ 与 $\boldsymbol{B}$ 左互质，即意味着状态完全能观且能控。基此再考虑输入到输出的传递函数为

$$\boldsymbol{G}_{uy}(s)=\boldsymbol{C}(s\boldsymbol{I}-\boldsymbol{A})^{-1}\boldsymbol{B}=\boldsymbol{C}\frac{\boldsymbol{M}(s)}{\phi(s)}\boldsymbol{B} \tag{4-246}$$

式中，$\phi(s)$ 是 $\boldsymbol{A}$ 的最小多项式；$\boldsymbol{M}(s)$ 是 $\operatorname{adj}(s\boldsymbol{I}-\boldsymbol{A})$ 去除最大公因子后剩下的矩阵。右侧的表达式实际上已约去了 $\operatorname{adj}(s\boldsymbol{I}-\boldsymbol{A})$ 与特征多项式 $\alpha(s)$ 相同的因子。基此，系统 $\Sigma=(\boldsymbol{A},\boldsymbol{B},\boldsymbol{C},\boldsymbol{D}(p))$ 状态完全能控且能观的必要条件是式(4-246)的右侧没有零极点相消。这个条件是必要条件，即没有零极点对消，系统不一定能控。对于 SISO 系统，该条件也是充分条件。

4. 严格系统等价变换下结构特性的不变性

(1) 系统同类实现在维数和特征多项式上的等同性。

对线性定常系统，设两个 PMD 如下式

$$\begin{bmatrix} \boldsymbol{P}_1(s) & \boldsymbol{Q}_1(s) \\ -\boldsymbol{R}_1(s) & \boldsymbol{W}_1(s) \end{bmatrix}\begin{bmatrix} \boldsymbol{\xi}_1(s) \\ -\boldsymbol{u}(s) \end{bmatrix}=\begin{bmatrix} \boldsymbol{0} \\ -\boldsymbol{y}(s) \end{bmatrix} \tag{4-247}$$

$$\begin{bmatrix} \boldsymbol{P}_2(s) & \boldsymbol{Q}_2(s) \\ -\boldsymbol{R}_2(s) & \boldsymbol{W}_2(s) \end{bmatrix}\begin{bmatrix} \boldsymbol{\xi}_2(s) \\ -\boldsymbol{u}(s) \end{bmatrix}=\begin{bmatrix} \boldsymbol{0} \\ -\boldsymbol{y}(s) \end{bmatrix} \tag{4-248}$$

其系统矩阵为$\boldsymbol{S}_1(s)$、$\boldsymbol{S}_2(s)$，再令$(\boldsymbol{A}_1,\boldsymbol{B}_1,\boldsymbol{C}_1,\boldsymbol{D}_1(p))$为 PMD1 的任一可控类或可观类实现；$(\boldsymbol{A}_2,\boldsymbol{B}_2,\boldsymbol{C}_2,\boldsymbol{D}_2(p))$=PMD2 的任一可控类或可观类实现。若$\boldsymbol{S}_1(s)\sim\boldsymbol{S}_2(s)$，即严格系统等价，则两个同类实现具有相同维数和相同特征多项式，即

$$\dim(\boldsymbol{A}_1)=\dim(\boldsymbol{A}_2) \tag{4-249}$$

$$\det(s\boldsymbol{I}-\boldsymbol{A}_1)=\det(s\boldsymbol{I}-\boldsymbol{A}_2) \tag{4-250}$$

这种特征结构表明了运动行为上的不变性。

(2) 严格系统等价变换不改变能控性、能观性。

设$(\boldsymbol{A}_1,\boldsymbol{B}_1,\boldsymbol{C}_1,\boldsymbol{D}_1(p))$、$(\boldsymbol{A}_2,\boldsymbol{B}_2,\boldsymbol{C}_2,\boldsymbol{D}_2(p))$分别为线性定常系统 PMD $\boldsymbol{S}_1(s)$、$\boldsymbol{S}_2(s)$的任一可控类或可观测类实现，若$\boldsymbol{S}_1(s)\sim\boldsymbol{S}_2(s)$，即严格系统等价，则有两者的能控性与能观性等价。

(3) 严格系统用于系统分析与综合/设计时的结果是完全等价的。

例 4-34 求 PMD 的解耦零点。

求下列线性时不变系统的 PMD 的输入解耦零点和输出解耦零点。

$$\begin{bmatrix} s^2+2s+1 & 3 \\ 0 & s+1 \end{bmatrix}\boldsymbol{\xi}(s)=\begin{bmatrix} s+2 & s \\ 0 & s+1 \end{bmatrix}\boldsymbol{u}(s)$$

$$\boldsymbol{y}(s)=\begin{bmatrix} s+1 & 2 \\ 0 & s \end{bmatrix}\boldsymbol{\xi}(s)$$

解 (1) 判断给定 PMD 的可简约性。考虑到 $\dim\boldsymbol{P}(s)=2$，则由

$$\operatorname{rank}[\boldsymbol{P}(s)\ \boldsymbol{Q}(s)]_{s=-1}=\operatorname{rank}\begin{bmatrix} s^2+2s+1 & 3 & s+2 & s \\ 0 & s+1 & 0 & s+1 \end{bmatrix}_{s=-1}=\operatorname{rank}\begin{bmatrix} 0 & 3 & 1 & -1 \\ 0 & 0 & 0 & 0 \end{bmatrix}=1<2$$

$$\operatorname{rank}\begin{bmatrix} \boldsymbol{P}(s) \\ \boldsymbol{R}(s) \end{bmatrix}_{s=-1}=\operatorname{rank}\begin{bmatrix} s^2+2s+1 & 3 \\ 0 & s+1 \\ s+1 & 2 \\ 0 & s \end{bmatrix}_{s=-1}=\operatorname{rank}\begin{bmatrix} 0 & 3 \\ 0 & 0 \\ 0 & 2 \\ 0 & -1 \end{bmatrix}=1<2$$

并据互质性秩判据可知，PMD 可简约，且$\{\boldsymbol{P}(s),\boldsymbol{Q}(s)\}$非左互质，$\{\boldsymbol{P}(s),\boldsymbol{R}(s)\}$非右互质。

(2) 确定给定 PMD 的输入解耦零点。先行引入确定$\{\boldsymbol{P}(s),\boldsymbol{Q}(s)\}$的最大左公因子的列初等运算：

$$[\boldsymbol{P}(s)\quad \boldsymbol{Q}(s)]=\begin{bmatrix} s^2+2s+1 & 3 & s+2 & s \\ 0 & s+1 & 0 & s+1 \end{bmatrix}\xrightarrow{E_{3c}(2,4,-1)}$$

$$\begin{bmatrix} s^2+2s+1 & -s+3 & s+2 & s \\ 0 & 0 & 0 & s+1 \end{bmatrix}\xrightarrow{E_{3c}(2,3,1),E_{2c}(2,1/5)}$$

$$\begin{bmatrix} s^2+2s+1 & 1 & s+2 & s \\ 0 & 0 & 0 & s+1 \end{bmatrix} \xrightarrow{E_{3c}(3,2,-(s+2)),E_{3c}(1,2,-(s^2+2s+1))}$$

$$\begin{bmatrix} 0 & 1 & 0 & s \\ 0 & 0 & 0 & s+1 \end{bmatrix} \xrightarrow{E_{1c}(2,1),E_{1c}(4,2)} \begin{bmatrix} 1 & s & 0 & 0 \\ 0 & s+1 & 0 & 0 \end{bmatrix}$$

于是，导出$\{\boldsymbol{P}(s),\boldsymbol{Q}(s)\}$的一个最大左公因子及其逆为

$$\boldsymbol{H}_{\mathrm{L}}(s)=\begin{bmatrix} 1 & s \\ 0 & s+1 \end{bmatrix},\boldsymbol{H}_{\mathrm{L}}^{-1}(s)=\begin{bmatrix} 1 & -s/(s+1) \\ 0 & 1/(s+1) \end{bmatrix}$$

据输入解耦零点的定义，得

PMD的输入解耦零点＝“$\det \boldsymbol{H}_{\mathrm{L}}(s)=\boldsymbol{0}$ 根”⇒“$\det\begin{bmatrix} 1 & s \\ 0 & s+1 \end{bmatrix}=\boldsymbol{0}$ 根”⇒“$s+1=0$ 根”⇒$s-1$

(3) 确定给定PMD的输出解耦零点。先行导出

$$\overline{\boldsymbol{P}}(s)=\boldsymbol{H}_{\mathrm{L}}^{-1}(s)\boldsymbol{P}(s)=\begin{bmatrix} 1 & -s/(s+1) \\ 0 & 1/(s+1) \end{bmatrix}\begin{bmatrix} s^2+2s+1 & 3 \\ 0 & s+1 \end{bmatrix}=\begin{bmatrix} s^2+2s+1 & -(s-3) \\ 0 & 1 \end{bmatrix}$$

并引入确定$\{\overline{\boldsymbol{P}}(s),\boldsymbol{R}(s)\}$的最大右公因子的行初等运算：

$$\begin{bmatrix} \overline{\boldsymbol{P}}(s) \\ \boldsymbol{R}(s) \end{bmatrix}=\begin{bmatrix} s^2+2s+1 & -(s-3) \\ 0 & 1 \\ s+1 & 2 \\ 0 & s \end{bmatrix} \xrightarrow{E_{3r}(3,2,-2),E_{3r}(1,2,-3),E_{3r}(4,2,-s)}$$

$$\begin{bmatrix} s^2+2s+1 & 0 \\ 0 & 1 \\ s+1 & 0 \\ 0 & 0 \end{bmatrix} \xrightarrow{E_{3r}(1,3,-(s+1))} \begin{bmatrix} 0 & 0 \\ 0 & 1 \\ s+1 & 0 \\ 0 & 0 \end{bmatrix} \xrightarrow{E_{1r}(1,3)} \begin{bmatrix} s+1 & 0 \\ 0 & 1 \\ 0 & 0 \\ 0 & 0 \end{bmatrix}$$

基此，导出$\{\overline{\boldsymbol{P}}(s),\boldsymbol{R}(s)\}$的一个最大右公因子为$\boldsymbol{F}(s)=\begin{bmatrix} s+1 & 0 \\ 0 & 1 \end{bmatrix}$，据输出解耦零点的定义，得

PMD的输出解耦零点＝“$\det\boldsymbol{F}(s)=\boldsymbol{0}$ 根”⇒“$\det\begin{bmatrix} s+1 & 0 \\ 0 & 1 \end{bmatrix}=\boldsymbol{0}$ 根”⇒“$s+1=0$ 根”⇒$s-1$

例 4-35 传递函数三种不同的实现。

系统的传递函数为$G(s)=\dfrac{s+2.5}{(s+2.5)(s-1)}$，写出阶数为2的三种不同结构特性的实现。

解 它就有下面三种不同的实现：

$$\dot{\boldsymbol{x}}=\begin{pmatrix} 1 & 0 \\ 0 & -2.5 \end{pmatrix}\boldsymbol{x}+\begin{pmatrix} 1 \\ 1 \end{pmatrix}u \qquad \dot{\boldsymbol{x}}=\begin{pmatrix} 1 & 0 \\ 0 & -2.5 \end{pmatrix}\boldsymbol{x}+\begin{pmatrix} 1 \\ 0 \end{pmatrix}u \qquad \dot{\boldsymbol{x}}=\begin{pmatrix} 1 & 0 \\ 0 & -2.5 \end{pmatrix}\boldsymbol{x}+\begin{pmatrix} 1 \\ 0 \end{pmatrix}u$$

$$\boldsymbol{y}=(1\quad 0)\boldsymbol{x} \qquad \boldsymbol{y}=(1\quad 1)\boldsymbol{x} \qquad \boldsymbol{y}=(1\quad 0)\boldsymbol{x}$$

能控、不能观　　　　能观、不能控　　　　不能控、不能观

这个例子也说明：如果SISO传递函数出现零极点对消，还不能确定系统是不能控，还是不能观，还是既不能控也不能观，系统一定不是能控且能观的。

例 4-36 分析MIMO系统的能控性与能观性。

已知多输入与多输出系统为$\Sigma=(\boldsymbol{A},\boldsymbol{B},\boldsymbol{C})$，判定其能控性与能观性，并求系统的传递函数

$$\boldsymbol{A}=\begin{pmatrix} 1 & 3 & 2 \\ 0 & 4 & 2 \\ 0 & 0 & 1 \end{pmatrix},\boldsymbol{B}=\begin{pmatrix} 0 & 1 \\ 0 & 0 \\ 1 & 0 \end{pmatrix},\boldsymbol{C}=\begin{pmatrix} 1 & 0 & 0 \\ 0 & 0 & 1 \end{pmatrix}$$

解 计算能控性判别矩阵与能观性判别矩阵

$$Q_c=(B \quad AB \quad A^2B)=\begin{pmatrix}0&1&2&*&*&*\\0&0&2&*&*&*\\1&0&1&*&*&*\end{pmatrix},Q_o=\begin{pmatrix}C\\CA\\CA^2\end{pmatrix}=\begin{pmatrix}1&0&0\\0&0&1\\1&3&2\\*&*&*\\*&*&*\\*&*&*\end{pmatrix}$$

显然 $\mathrm{rank}Q_c=3$，$\mathrm{rank}Q_o=3$。按矩阵秩判据知：系统状态是能控且能观的。

另外，此系统的传递函数为

$$G(s)=C(sI-A)^{-1}B=\frac{s-1}{(s-1)^2(s-4)}\begin{pmatrix}2&s-4\\s-4&0\end{pmatrix}$$

可见存在零极对消，相消的因子为 $s-1$。由此可见，SISO 的情况与 MIMO 不一样。这里 $s-1$ 消去了一次，但并未消失，而是降低了零极点的重数。实际上可以通过判定 $G_{ux}(s)$ 与 $G_{xy}(s)$ 来判定能控能观性。

$$G_{ux}(s)=(sI-A)^{-1}B=\frac{M(s)}{\phi(s)}B=\frac{1}{(s-1)(s-4)}\begin{pmatrix}s-4&3&2\\0&s-1&2\\0&0&s-4\end{pmatrix}\begin{pmatrix}0&1\\0&0\\1&0\end{pmatrix}$$

$$=\frac{1}{(s-1)(s-4)}\begin{pmatrix}2&s-4\\2&0\\s-4&0\end{pmatrix}$$

$$G_{xy}(s)=C(sI-A)^{-1}=C\frac{M(s)}{\phi(s)}=\begin{pmatrix}1&0&0\\0&0&1\end{pmatrix}\frac{1}{(s-1)(s-4)}\begin{pmatrix}s-4&3&2\\0&s-1&2\\0&0&s-4\end{pmatrix}$$

$$=\frac{1}{(s-1)(s-4)}\begin{pmatrix}s-4&3&2\\0&0&s-4\end{pmatrix}$$

从上面两式可以看出，B 和 C 分别与 $M(s)/\phi(s)$ 右乘与左乘并没有相消任何最小多项式的因子，故系统是能控且能观的。实际上也可以由 $G_{ux}(s)$ 的各列线性无关和 $G_{xy}(s)$ 的各行线性无关（充分条件）判定系统是能控且能观的。

4.8.5 最小实现与求解

1. 最小实现的定义与充要条件

定常线性系统的传递函数阵只能反映系统中能控且能观子系统的动力学行为，反过来说，给定一个可实现的传递函数矩阵 $G(s)$，它的实现并不是唯一的。通常将所有实现中阶数最小（表明最简结构）的一个称为最小实现。这里所说的最小实现在物理上系指用物理器件来构造系统时，所需的数目最少，结构最简单、最经济。

不失一般性考虑惯性系统，即 $D=0$。n 阶系统 $\Sigma=(A,B,C)$ 是可实现严真传递函数矩阵 $G(s)$ 的一个最小实现，当且仅当 (A,B) 能控且 (A,C) 能观。这实际上是最小实现的时域条件。

先说明必要性。反设 (A,B,C) 不是能控且能观的，则可以通过结构分解找出能控和能观的部分($\hat{\boldsymbol{A}}_{11}$,$\hat{\boldsymbol{B}}_1$,$\hat{\boldsymbol{C}}_1$),则必成立式(4-215),且 $\dim(\boldsymbol{A})>\dim(\hat{\boldsymbol{A}}_{11})$。这表明,实现($\hat{\boldsymbol{A}}_{11}$,$\hat{\boldsymbol{B}}_1$,$\hat{\boldsymbol{C}}_1$)有更小的维数,与($\boldsymbol{A}$,$\boldsymbol{B}$,$\boldsymbol{C}$)为最小实现矛盾,故($\boldsymbol{A}$,$\boldsymbol{B}$,$\boldsymbol{C}$)是能控且能观的。

再说明充分性。由($\boldsymbol{A}$,$\boldsymbol{B}$)能控且($\boldsymbol{A}$,$\boldsymbol{C}$)能观,知($s\boldsymbol{I}-\boldsymbol{A}$)与 $\boldsymbol{B}$ 是左互质的,且($s\boldsymbol{I}-\boldsymbol{A}$)与 $\boldsymbol{C}$ 是右互质的,进而 $\boldsymbol{C}(s\boldsymbol{I}-\boldsymbol{A})^{-1}\boldsymbol{B}$ 无零极点相消出现。反设 n 阶系统 $\Sigma=(\boldsymbol{A},\boldsymbol{B},\boldsymbol{C})$ 不是最小实现,则必存在最小实现 $\mathring{\Sigma}=(\mathring{\boldsymbol{A}},\mathring{\boldsymbol{B}},\mathring{\boldsymbol{C}})$ 的阶次 $\mathring{n}<n$。又据传递函数阵与状态空间描述间的关系,得

$$\boldsymbol{G}(s)=\boldsymbol{C}(s\boldsymbol{I}-\boldsymbol{A})^{-1}\boldsymbol{B}=\mathring{\boldsymbol{C}}(s\boldsymbol{I}-\mathring{\boldsymbol{A}})^{-1}\mathring{\boldsymbol{B}} \tag{4-251}$$

由于 $\mathring{n}<n$,所以 $\boldsymbol{C}(s\boldsymbol{I}-\boldsymbol{A})^{-1}\boldsymbol{B}$ 存在相消。故反设不成立,表明 $\Sigma=(\boldsymbol{A},\boldsymbol{B},\boldsymbol{C})$ 是 $\boldsymbol{W}(s)$ 的最小实现。

2. 最小实现非奇异变换下的广义唯一性

传递函数阵的各最小实现是代数等价的,可通过非奇异变换实现各最小实现间的转换。

令严真的 $\boldsymbol{W}(s)$ 的两个最小实现为 $\Sigma_1=(\boldsymbol{A}_1,\boldsymbol{B}_1,\boldsymbol{C}_1)$ 和 $\Sigma_2=(\boldsymbol{A}_2,\boldsymbol{B}_2,\boldsymbol{C}_2)$。则有

$$\boldsymbol{W}(s)=\boldsymbol{C}_1(s\boldsymbol{I}-\boldsymbol{A}_1)^{-1}\boldsymbol{B}_1=\boldsymbol{C}_2(s\boldsymbol{I}-\boldsymbol{A}_2)^{-1}\boldsymbol{B}_2 \tag{4-252}$$

将预解矩阵的无穷级数表达式代入上式,并比较两边 s 同次幂,得

$$\boldsymbol{C}_1\boldsymbol{A}_1^j\boldsymbol{B}_1=\boldsymbol{C}_2\boldsymbol{A}_2^j\boldsymbol{B}_2,\ j=0,1,2,\cdots \tag{4-253}$$

两个实现的能控性和能观性矩阵为

$$\boldsymbol{Q}_{ci}=(\boldsymbol{B}\quad \boldsymbol{AB}\quad \cdots\quad \boldsymbol{A}^{k-1}\boldsymbol{B}),\ \boldsymbol{Q}_{oi}=\begin{bmatrix}\boldsymbol{C}\\ \boldsymbol{CA}\\ \vdots\\ \boldsymbol{CA}^{k-1}\end{bmatrix} \tag{4-254}$$

式中,$i=1,2$。假设系统最小实现的阶数为 n,计及式(4-253),得

$$\boldsymbol{Q}_{o1}\boldsymbol{Q}_{c1}=\boldsymbol{Q}_{o2}\boldsymbol{Q}_{c2} \tag{4-255}$$

由于两个实现均是能控、能观的,所以$\boldsymbol{Q}_{oi}^{\mathrm{T}}\boldsymbol{Q}_{oi}$和 $\boldsymbol{Q}_{ci}\boldsymbol{Q}_{ci}^{\mathrm{T}}$是非奇异矩阵,令

$$\boldsymbol{T}_1=\boldsymbol{Q}_{c2}\boldsymbol{Q}_{c1}^{\mathrm{T}}(\boldsymbol{Q}_{c1}\boldsymbol{Q}_{c1}^{\mathrm{T}})^{-1} \tag{4-256}$$

$$\boldsymbol{T}_2=(\boldsymbol{Q}_{o1}^{\mathrm{T}}\boldsymbol{Q}_{o1})^{-1}\boldsymbol{Q}_{o1}^{\mathrm{T}}\boldsymbol{Q}_{o2} \tag{4-257}$$

显然有

$$\boldsymbol{T}_1\boldsymbol{T}_2=\boldsymbol{I}\Leftrightarrow\boldsymbol{T}_2=\boldsymbol{T}_1^{-1} \tag{4-258}$$

于是

$$\boldsymbol{T}_2\boldsymbol{Q}_{c2}=[(\boldsymbol{Q}_{o1}^{\mathrm{T}}\boldsymbol{Q}_{o1})^{-1}\boldsymbol{Q}_{o1}^{\mathrm{T}}\boldsymbol{Q}_{o2}]\boldsymbol{Q}_{c2}=(\boldsymbol{Q}_{o1}^{\mathrm{T}}\boldsymbol{Q}_{o1})^{-1}\boldsymbol{Q}_{o1}^{\mathrm{T}}\boldsymbol{Q}_{o1}\boldsymbol{Q}_{c1}=\boldsymbol{Q}_{c1} \tag{4-259}$$

$$\boldsymbol{Q}_{o2}\boldsymbol{T}_1=\boldsymbol{Q}_{o2}[\boldsymbol{Q}_{c2}\boldsymbol{Q}_{c1}^{\mathrm{T}}(\boldsymbol{Q}_{c1}\boldsymbol{Q}_{c1}^{\mathrm{T}})^{-1}]=\boldsymbol{Q}_{o1}\boldsymbol{Q}_{c1}\boldsymbol{Q}_{c1}^{\mathrm{T}}(\boldsymbol{Q}_{c1}\boldsymbol{Q}_{c1}^{\mathrm{T}})^{-1}=\boldsymbol{Q}_{o1} \tag{4-260}$$

将式(4-254)代入式(4-259)和式(4-260),便得

$$\boldsymbol{B}_1=\boldsymbol{T}_2\boldsymbol{B}_2=\boldsymbol{T}_1^{-1}\boldsymbol{B}_2,\ \boldsymbol{C}_1=\boldsymbol{C}_2\boldsymbol{T}_2^{-1}=\boldsymbol{C}_2\boldsymbol{T}_1 \tag{4-261}$$

又由式(4-253),并计及(4-259)可推知

$$\boldsymbol{Q}_{o1}\boldsymbol{A}_1\boldsymbol{Q}_{c1}=\boldsymbol{Q}_{o2}\boldsymbol{A}_2\boldsymbol{Q}_{c2}=\boldsymbol{Q}_{o1}\boldsymbol{T}_2\boldsymbol{A}_2\boldsymbol{T}_2^{-1}\boldsymbol{Q}_{c1} \tag{4-262}$$

由此,两边分别左乘$(\boldsymbol{Q}_{o1}^{\mathrm{T}}\boldsymbol{Q}_{o1})^{-1}\boldsymbol{Q}_{o1}^{\mathrm{T}}$,右乘$\boldsymbol{Q}_{c1}^{\mathrm{T}}(\boldsymbol{Q}_{c1}\boldsymbol{Q}_{c1}^{\mathrm{T}})^{-1}$,得

$$\boldsymbol{A}_1=\boldsymbol{T}_2\boldsymbol{A}_2\boldsymbol{T}_2^{-1}=\boldsymbol{T}_1^{-1}\boldsymbol{A}_2\boldsymbol{T}_1 \tag{4-263}$$

所以两系统间存在非奇异变换$\boldsymbol{T}_1$ 实现转换,故两种实现代数等价。

上述过程也说明最小实现的阶数是唯一的，但最小实现的形式却非唯一。非最小实现即使维数一样也不一定等价。这很易理解：从能控能观分解后的系统框图可以看出，对一个传递函数(阵)若不用最小实现，虽然维数一样，但其内部的结构不一样，这样的实现肯定是不等价的。

3. 基于传递函数(阵)的能控标准型与能观标准型实现与最小实现

系统完全能控且能观(本身是最小实现形式)的情况下，其传递函数的极点就对应着$\det(s\boldsymbol{I}-\boldsymbol{A})=0$ 的根。

由严真的传递函数(阵)的能控标准型实现一般不保证完全能观测；由严真的传递函数(阵)的能观标准型实现一般不保证完全能控。所以要构造最小实现，必须在给出能控标准型或能观标准型后先进行判定，若不能观或不能控，再按最小实现构造方法(见下面的内容)构造最小实现。

4. 不可简约 LMFD 和不可简约 RMFD 与最小实现的关系

(1) 不可简约 RMFD 最小实现。

对于$q\times p$ 的严真传递函数矩阵$\boldsymbol{G}(s)=\boldsymbol{N}_{\mathrm{R}}(s)\boldsymbol{D}_{\mathrm{R}}^{-1}(s)$，$n=\operatorname{degdet}\boldsymbol{D}_{\mathrm{R}}(s)$，当$\boldsymbol{D}_{\mathrm{R}}(s)$是列既约时，其控制器形实现为$\Sigma_{\mathrm{c}}=(\boldsymbol{A}_{\mathrm{c}},\boldsymbol{B}_{\mathrm{c}},\boldsymbol{C}_{\mathrm{c}})$；当$\boldsymbol{D}_{\mathrm{R}}(s)$是行既约时，其能控性形实现为$\Sigma_{\mathrm{co}}=(\boldsymbol{A}_{\mathrm{co}},\boldsymbol{B}_{\mathrm{co}},\boldsymbol{C}_{\mathrm{co}})$，则$\Sigma_{\mathrm{c}}=(\boldsymbol{A}_{\mathrm{c}},\boldsymbol{B}_{\mathrm{c}},\boldsymbol{C}_{\mathrm{c}})$和$\Sigma_{\mathrm{co}}=(\boldsymbol{A}_{\mathrm{co}},\boldsymbol{B}_{\mathrm{co}},\boldsymbol{C}_{\mathrm{co}})$为最小实现的充要条件是$\boldsymbol{G}(s)=\boldsymbol{N}_{\mathrm{R}}(s)\boldsymbol{D}_{\mathrm{R}}^{-1}(s)$是不可简约的。

这个结论给出了基于 RMFD 构造最小实现的途径，采用控制器形实现或能控性形实现是一种有效手段，而非目的。由于最小实现的代数等价性，所以此结论进一步拓展：任意形式的最小实现$\Sigma=(\boldsymbol{A},\boldsymbol{B},\boldsymbol{C})$与不可简约的行或列既约的 RMFD 等价。

(2) 不可简约 LMFD 最小实现。

对于$q\times p$ 的严真传递函数矩阵$\boldsymbol{G}(s)=\boldsymbol{D}_{\mathrm{L}}^{-1}(s)\boldsymbol{N}_{\mathrm{L}}(s)$，$n=\deg\det\boldsymbol{D}_{\mathrm{L}}(s)$，当$\boldsymbol{D}_{\mathrm{L}}(s)$是行既约时，其观测器形实现为$\Sigma_{\mathrm{o}}=(\boldsymbol{A}_{\mathrm{o}},\boldsymbol{B}_{\mathrm{o}},\boldsymbol{C}_{\mathrm{o}})$；当$\boldsymbol{D}_{\mathrm{R}}(s)$是列既约时，其能观性形实现为$\Sigma_{\mathrm{ob}}=(\boldsymbol{A}_{\mathrm{ob}},\boldsymbol{B}_{\mathrm{ob}},\boldsymbol{C}_{\mathrm{ob}})$，则$\Sigma_{\mathrm{o}}=(\boldsymbol{A}_{\mathrm{o}},\boldsymbol{B}_{\mathrm{o}},\boldsymbol{C}_{\mathrm{o}})$和$\Sigma_{\mathrm{ob}}=(\boldsymbol{A}_{\mathrm{ob}},\boldsymbol{B}_{\mathrm{ob}},\boldsymbol{C}_{\mathrm{ob}})$为最小实现的充要条件是$\boldsymbol{G}(s)=\boldsymbol{D}_{\mathrm{L}}^{-1}(s)\boldsymbol{N}_{\mathrm{L}}(s)$是不可简约的。

同样，这个结论给出了基于 RMFD 构造最小实现的途径，采用控制器形实现或能控性形实现是一种有效手段，而非目的。由于最小实现的代数等价性，所以此结论进一步拓展：任意形式的最小实现$\Sigma=(\boldsymbol{A},\boldsymbol{B},\boldsymbol{C})$与不可简约的行或列既约的 RMFD 等价。因此，对于具体的系统，要据其特性，尽可能地选择物理意义明确的变量作为状态变量进行实现。

(3) 不可简约 LMFD 与 RMFD 的$\deg\det\boldsymbol{D}_{\mathrm{R}}(s)$与$\deg\det\boldsymbol{D}_{\mathrm{L}}(s)$的关系。

对于$\boldsymbol{G}(s)$的任一个不可简约的 RMFD $\boldsymbol{N}_{\mathrm{R}}(s)\boldsymbol{D}_{\mathrm{R}}^{-1}(s)$和任一个不可简约的 LMFD $\boldsymbol{D}_{\mathrm{L}}^{-1}(s)\boldsymbol{N}_{\mathrm{L}}(s)$，必有$\deg\det\boldsymbol{D}_{\mathrm{R}}(s)=\deg\det\boldsymbol{D}_{\mathrm{L}}(s)$。

对$\boldsymbol{G}(s)$的左不可简约 MFD $\boldsymbol{D}_{\mathrm{L}}^{-1}(s)\boldsymbol{N}_{\mathrm{L}}(s)$，阶数为$\deg\det\boldsymbol{D}_{\mathrm{L}}(s)$的实现是最小实现；而对$\boldsymbol{G}(s)$的右不可简约 MFD $\boldsymbol{N}_{\mathrm{R}}(s)\boldsymbol{D}_{\mathrm{R}}^{-1}(s)$，阶数为$\deg\det\boldsymbol{D}_{\mathrm{R}}(s)$的实现是最小实现。由于最小实现的充分必要条件是状态完全能控和状态完全能观测，所以最小实现必有相同的阶数，于是$\deg\det\boldsymbol{D}_{\mathrm{R}}(s)=\deg\det\boldsymbol{D}_{\mathrm{L}}(s)$。

(4) 从不可简约 MFD 理解最小实现。

① MFD 最小实现的狭义唯一性。

对于某个确定的不可简约 L/RMFD 的特定形式最小实现(如控制器形最小实现、观测器形最小实现、能控性形最小实现、能观性形最小实现)是唯一的。由于 $\boldsymbol{G}(s)$ 的不可简约的规范 MFD(如 Hermite、Popov)是唯一的,所以再结合特定形式最小实现,可以保证其唯一性。

② 严真传递函数阵 $\boldsymbol{G}(s)$ 最小实现的不唯一性。

严真传递函数阵 $\boldsymbol{G}(s)$ 的不可简约 MFD 表示不唯一,所以最小实现也不唯一。

③严真传递函数阵 $\boldsymbol{G}(s)$ 最小实现维数的唯一性。

严真传递函数阵 $\boldsymbol{G}(s)$ 无论被表示成哪种类型的不可简约的 MFD,也不管为哪种类型的实现,最小实现的唯数均相同,其次数为分母矩阵行列式的次数。

5. PMD 模型的实现与最小实现的关系

$\Sigma=(\boldsymbol{A},\boldsymbol{B},\boldsymbol{C},\boldsymbol{D}(s))$ 是 PMD 模型 $\{\boldsymbol{P}(s),\boldsymbol{Q}(s),\boldsymbol{R}(s),\boldsymbol{W}(s)\}$ 一个维数为 $n=\deg\det\boldsymbol{P}(s)$ 最小实现,则有 $\Sigma=(\boldsymbol{A},\boldsymbol{B},\boldsymbol{C},\boldsymbol{D}(s))$ 为最小实现等价于 $\{\boldsymbol{P}(s),\boldsymbol{Q}(s),\boldsymbol{R}(s),\boldsymbol{W}(s)\}$ 不可简约。

事实上,$\Sigma=(\boldsymbol{A},\boldsymbol{B},\boldsymbol{C},\boldsymbol{D}(s))$ 是最小实现,即 $(\boldsymbol{A},\boldsymbol{B})$ 完全能控且 $(\boldsymbol{A},\boldsymbol{C})$ 完全能观。而由前面可得 $(\boldsymbol{A},\boldsymbol{C})$ 完全能观等价于 $(\boldsymbol{P}(s),\boldsymbol{R}(s))$ 右互质,$(\boldsymbol{A},\boldsymbol{B})$ 完全能控等价于 $\{\boldsymbol{P}(s),\boldsymbol{Q}(s)\}$ 左互质。又 $\{\boldsymbol{P}(s),\boldsymbol{Q}(s),\boldsymbol{R}(s),\boldsymbol{W}(s)\}$ 不可简约与 $\{\boldsymbol{P}(s),\boldsymbol{Q}(s)\}$ 左互质且 $(\boldsymbol{P}(s),\boldsymbol{R}(s))$ 右互质等价。所以 $\Sigma=(\boldsymbol{A},\boldsymbol{B},\boldsymbol{C},\boldsymbol{D}(s))$ 为最小实现等价于 $\{\boldsymbol{P}(s),\boldsymbol{Q}(s),\boldsymbol{R}(s),\boldsymbol{W}(s)\}$ 不可简约。

又由基于传递函数矩阵的 PMD 极点定义知,PMD 极点就是对应传递函数阵 $\boldsymbol{G}(s)$ 的极点,而在系统完全能控且能观的情况下,其传递函数的极点就对应着 $\det(s\boldsymbol{I}-\boldsymbol{A})=0$ 的根。

由此,最小实现的极点="$\det(s\boldsymbol{I}-\boldsymbol{A})=0$ 的根"="$\det\boldsymbol{P}(s)=0$ 的根"。

6. 最小实现的维数确定

确定最小实现的维数有多种方法,这里只介绍由 Smith-McMillan 型确定最小实现维数。

对 $q\times p$ 传递函数 $\boldsymbol{G}(s)$,$\mathrm{rank}(\boldsymbol{G}(s))=r$,其 Smith-McMillan 型为

$$\boldsymbol{M}(s)=\boldsymbol{U}(s)\boldsymbol{G}(s)\boldsymbol{V}(s)=\left(\begin{array}{ccc:c}\frac{\varepsilon_1(s)}{\psi_1(s)} & & & \\ & \ddots & & \boldsymbol{0} \\ & & \frac{\varepsilon_r(s)}{\psi_r(s)} & \\ \hdashline & \boldsymbol{0} & & \boldsymbol{0}\end{array}\right)=\left(\begin{array}{ccc:c}\varepsilon_1(s) & & & \\ & \ddots & & \boldsymbol{0} \\ & & \varepsilon_r(s) & \\ \hdashline & \boldsymbol{0} & & \boldsymbol{0}\end{array}\right)\cdot\left(\begin{array}{ccc:c}\psi_1(s) & & & \\ & \ddots & & \boldsymbol{0} \\ & & \psi_r(s) & \\ \hdashline & \boldsymbol{0} & & \boldsymbol{I}\end{array}\right)^{-1}$$

$$=\boldsymbol{E}(s)\boldsymbol{\Psi}^{-1}(s) \tag{4-264}$$

式中,$\boldsymbol{U}(s)$ 与 $\boldsymbol{V}(s)$ 是单模矩阵。那么,$\boldsymbol{G}(s)$ 的状态空间实现的最小维数为

$$n=\sum_{i=1}^{r}\deg(\psi_i(s)) \tag{4-265}$$

7. 最小实现的实现步骤

不失一般性,下面针对以传递函数阵给出的严真线性系统,列出最小实现的步骤。

(1) 初选的实现 $\Sigma=(\boldsymbol{A},\boldsymbol{B},\boldsymbol{C})$,可以利用类 SISO 的能控标准型,也可以利用类 SISO 的能观标准型。

(2) 找出其完全能控能观的部分 $\tilde{\Sigma}=(\tilde{\boldsymbol{A}},\tilde{\boldsymbol{B}},\tilde{\boldsymbol{C}})$ 对应最小实现。

例 4-37 已知传递函数阵，求最小实现。

$$G(s)=\begin{pmatrix}\dfrac{s+2}{s+1} & \dfrac{1}{s+3}\\ \dfrac{s}{s+1} & \dfrac{s+1}{s+2}\end{pmatrix}$$

解 在 4.6.2 节中已给出 $G(s)$ 的类 SISO 的能控标准型与能观标准型，即

能控标准型各系数阵

$$A_c=\begin{pmatrix}0&0&1&0&0&0\\0&0&0&1&0&0\\0&0&0&0&1&0\\0&0&0&0&0&1\\-6&0&-11&0&-6&0\\0&-6&0&-11&0&-6\end{pmatrix},B_c=\begin{pmatrix}0&0\\0&0\\0&0\\0&0\\1&0\\0&1\end{pmatrix},$$

$$C_c=\begin{pmatrix}6&2&5&3&1&1\\-6&-3&-5&-4&-1&-1\end{pmatrix},D=\begin{pmatrix}1&0\\1&1\end{pmatrix}$$

能观标准型各系数阵

$$A_o=\begin{pmatrix}0&0&0&0&-6&0\\0&0&0&1&0&-6\\1&0&0&0&-11&0\\0&1&0&0&0&-11\\0&0&1&0&-6&0\\0&0&0&1&0&-6\end{pmatrix},B_o=\begin{pmatrix}6&2\\-6&-3\\5&3\\-5&-4\\1&1\\-1&-1\end{pmatrix},C_o=\begin{pmatrix}0&0&0&0&1&0\\0&0&0&0&0&1\end{pmatrix},D=\begin{pmatrix}1&0\\1&1\end{pmatrix}$$

对能控标准型进行处理：易判定该能控标准型实现是不能观的，所以按能观性分解，构造 P^{-1}，并得到 P，即

$$P^{-1}=\begin{pmatrix}6&2&5&3&1&1\\-6&-3&-5&-4&-1&-1\\-6&-6&-5&-9&-1&-3\\1&0&0&0&0&0\\0&1&0&0&0&0\\0&0&1&0&0&0\end{pmatrix},P=\begin{pmatrix}0&0&0&1&0&0\\0&0&0&0&1&0\\0&0&0&0&0&1\\-1&-1&0&0&-1&0\\1.5&0&0.5&-6&0&-5\\2.5&3&-0.5&0&1&0\end{pmatrix}$$

通过变换便可得分解

$$\mathring{A}_c=\left(\begin{array}{ccc:ccc}0&0&1&0&0&0\\-1.5&-2&-0.5&0&0&0\\-3&0&-4&0&0&0\\\hdashline 0&0&0&0&0&1\\-1&-1&0&0&-1&0\\1.5&0&0.5&-6&0&-5\end{array}\right),\mathring{B}_c=\left(\begin{array}{cc}1&1\\-1&-1\\-1&-3\\\hdashline 0&0\\0&0\\0&0\end{array}\right),$$

$$\mathring{C}_c=\left(\begin{array}{ccc:ccc}1&0&0&0&0&0\\0&1&0&0&0&0\end{array}\right),D=\begin{pmatrix}1&0\\1&1\end{pmatrix}$$

取其能观部分，即得最小实现为

$$\mathring{\boldsymbol{A}}_{\mathrm{m}}=\begin{pmatrix}0 & 0 & 1\\ -1.5 & -2 & -0.5\\ -3 & 0 & -4\end{pmatrix},\mathring{\boldsymbol{B}}_{\mathrm{m}}=\begin{pmatrix}1 & 1\\ -1 & -1\\ -1 & -3\end{pmatrix},\mathring{\boldsymbol{C}}_{\mathrm{m}}=\begin{pmatrix}1 & 0 & 0\\ 0 & 1 & 0\end{pmatrix},D=\begin{pmatrix}1 & 0\\ 1 & 1\end{pmatrix}$$

对能观标准型进行处理：易判定该能控标准型实现是不能控的，所以按能控性分解，构造 $\boldsymbol{P}$，并得到$\boldsymbol{P}^{-1}$，即

$$\boldsymbol{P}=\begin{pmatrix}6 & 2 & -6 & 1 & 0 & 0\\ -6 & -3 & 6 & 0 & 1 & 0\\ 5 & 3 & -9 & 0 & 0 & 1\\ -5 & -4 & 8 & 0 & 0 & 0\\ 1 & 1 & -3 & 0 & 0 & 0\\ -1 & -1 & 2 & 0 & 0 & 0\end{pmatrix},\boldsymbol{P}^{-1}=\begin{pmatrix}0 & 0 & 0 & -1 & 0 & 4\\ 0 & 0 & 0 & 1 & -2 & -7\\ 0 & 0 & 0 & 0 & -1 & -1\\ 1 & 0 & 0 & 4 & -2 & -16\\ 0 & 1 & 0 & -3 & 0 & 9\\ 0 & 0 & 1 & 2 & -3 & -8\end{pmatrix}$$

通过变换便可得分解

$$\breve{\boldsymbol{A}}_{\mathrm{o}}=\left(\begin{array}{ccc:ccc}-1 & 0 & 0 & 0 & -1 & 0\\ 0 & 0 & -6 & 0 & 1 & -2\\ 0 & 1 & -5 & 0 & 0 & -1\\ \hdashline 0 & 0 & 0 & 0 & 4 & -2\\ 0 & 0 & 0 & 0 & -3 & 0\\ 0 & 0 & 0 & 1 & 2 & -3\end{array}\right),\breve{\boldsymbol{B}}_{\mathrm{o}}=\begin{pmatrix}1 & 0\\ 0 & 1\\ 0 & 0\\ 0 & 0\\ 0 & 0\\ 0 & 0\end{pmatrix},\breve{\boldsymbol{C}}_{\mathrm{o}}=\left(\begin{array}{ccc:ccc}1 & 1 & -3 & 0 & 0 & 0\\ -1 & -1 & 2 & 0 & 0 & 0\end{array}\right),$$

$$\boldsymbol{D}=\begin{pmatrix}1 & 0\\ 1 & 1\end{pmatrix}$$

取其能控部分，即得最小实现为

$$\breve{\boldsymbol{A}}_{\mathrm{m}}=\begin{pmatrix}-1 & 0 & 0\\ 0 & 0 & -6\\ 0 & 1 & -5\end{pmatrix},\breve{\boldsymbol{B}}_{\mathrm{m}}=\begin{pmatrix}1 & 1\\ 0 & 1\\ 0 & 0\end{pmatrix},\breve{\boldsymbol{C}}_{\mathrm{m}}=\begin{pmatrix}1 & 1 & -3\\ -1 & -1 & 2\end{pmatrix},\boldsymbol{D}=\begin{pmatrix}1 & 0\\ 1 & 1\end{pmatrix}$$

通过以上计算，进一步说明传递函数的实现不是唯一的，最小实现也不是唯一的，只是最小实现的阶数是唯一的。但是，可以证明最小实现间可以通过变换实现。

4.9 基于复频域的并串联线性系统的能控性与能观性

线性系统的并联与串联是基本连接方式，这两种方式在 2.5.5 节中已阐述过，将其再次用图 4-16 表示。其中，各子系统的模型用传递函数阵或矩阵分式描述或多项式矩阵描述表示。

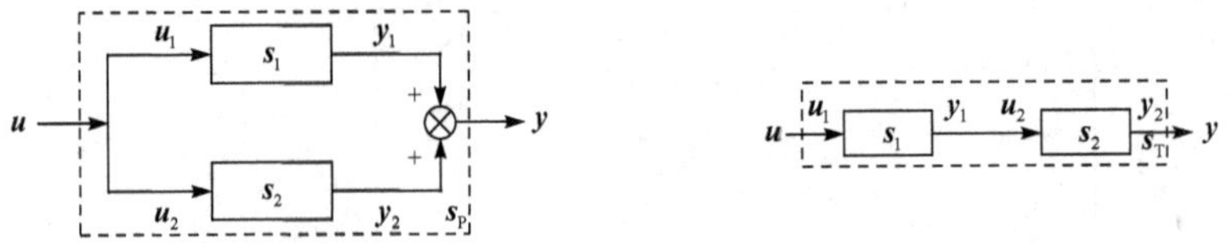

(a) 子系统并联　　(b) 子系统串联

图 4-16　线性系统的并联与串联

对图 4-16 所示的两种连接方式，给出两个基本假定：一是，$\boldsymbol{s}_1$ 和$\boldsymbol{s}_2$ 可由其传递函数矩阵 $\boldsymbol{G}_1(s)$和 $\boldsymbol{G}_2(s)$完全表征，即其相应的状态空间描述为完全能控和完全能观；二是，子系统传递

函数矩阵 $\boldsymbol{G}_i(s), i=1,2$ 为 $q_i \times p_i$ 有理分式矩阵，且表为不可简约右和左 MFD：

$$\boldsymbol{G}_i(s)=\boldsymbol{N}_{Ri}(s)\boldsymbol{D}_{Ri}^{-1}(s)=\boldsymbol{D}_{Li}^{-1}(s)\boldsymbol{N}_{Li}(s), i=1,2 \tag{4-266}$$

子系统的并联有相应约束条件

$$\boldsymbol{u}=\boldsymbol{u}_1=\boldsymbol{u}_2, \boldsymbol{y}=\boldsymbol{y}_1+\boldsymbol{y}_2 \tag{4-267}$$

$$p_1=p_2=p, q_1=q_2=q \tag{4-268}$$

对于系统的串联有相应约束条件

$$\boldsymbol{u}=\boldsymbol{u}_1, \boldsymbol{y}_1=\boldsymbol{u}_2, \boldsymbol{y}=\boldsymbol{y}_2 \tag{4-269}$$

$$p_1=p, q_1=p_2, q_2=q \tag{4-270}$$

本节针对线性时不变系统基于 MFD 表示和传递函数阵表示，本节不加证明地给出并联系统和串联系统保持能控性和能观性应满足的条件。

4.9.1 并联系统的能控性和能观性判据

1. 子系统以 MFD 表征的能控性保持条件和能观性保持条件以及不可简约条件

按图 4-16(a)所示的并联系统 $\boldsymbol{s}_p$，如式(4-266)所示取不可简约的 MFD，则

(1) 若取不可简约的 RMFD，$\boldsymbol{s}_p$ 完全能控 $\Leftrightarrow \{\boldsymbol{D}_{R1}(s), \boldsymbol{D}_{R2}(s)\}$ 左互质；

(2) 若取不可简约的 LMFD，$\boldsymbol{s}_p$ 完全能观 $\Leftrightarrow \{\boldsymbol{D}_{L1}(s), \boldsymbol{D}_{L2}(s)\}$ 右互质；

(3) $\boldsymbol{s}_p$ 不可简约（可用 $\boldsymbol{G}_1(s)+\boldsymbol{G}_2(s)$ 完全表征）$\Leftrightarrow \{\boldsymbol{D}_{R1}(s), \boldsymbol{D}_{R2}(s)\}$ 左互质，$\{\boldsymbol{D}_{L1}(s), \boldsymbol{D}_{L2}(s)\}$ 右互质。

需要说明的是，在结论中把 $\boldsymbol{G}_1(s)$ 和 $\boldsymbol{G}_2(s)$ 同时取为不可简约右或左 MFD 并不具有本质意义。也就是说取为其他不同的不可简约形式，也可导出对应的完全能控或完全能观的对应条件。但只是对上述取法情形，才能得到结论中给出的简单形式条件。

2. 并联系统基于“极点对消”的能控性和能观性保持条件

按图 4-16(a)所示的多输入多输出(MIMO)并联系统 $\boldsymbol{s}_p$，则 $\boldsymbol{s}_p$ 保持完全能控和完全能观性的一个充分条件是，$q \times p$ 传递函数矩阵 $\boldsymbol{G}_1(s)$ 和 $\boldsymbol{G}_2(s)$ 不包含公共极点。若系统是单输入单输出(SISO)系统，则该条件是充要条件。

4.9.2 串联系统的能控性和能观性判据

1. 子系统以 MFD 表征的能控性保持条件和能观性保持条件

按图求 4-16(b)所示的串联系统 $\boldsymbol{s}_T$，如式(4-266)所示取不可简约的 MFD，则

(1) 若两个子系统均取不可简约的 RMFD 时，$\boldsymbol{s}_T$ 完全能控 $\Leftrightarrow \{\boldsymbol{D}_{R2}(s), \boldsymbol{N}_{R1}(s)\}$ 左互质；

(2) 若 $\boldsymbol{s}_1, \boldsymbol{s}_2$ 分别取不可简约的 RMFD 和 LMFD 时，$\boldsymbol{s}_T$ 完全能控 $\Leftrightarrow \{\boldsymbol{D}_{L2}(s), \boldsymbol{N}_{L2}(s)\boldsymbol{N}_{R1}(s)\}$ 左互质；

(3) 若 $\boldsymbol{s}_1, \boldsymbol{s}_2$ 分别取不可简约的 LMFD 和 RMFD 时，$\boldsymbol{s}_T$ 完全能控 $\Leftrightarrow \{\boldsymbol{D}_{L1}(s)\boldsymbol{D}_{R2}(s), \boldsymbol{N}_{L1}(s)\}$ 左互质；

(4) 若两个子系统均取不可简约的 LMFD 时，$\boldsymbol{s}_T$ 完全能观 $\Leftrightarrow \{\boldsymbol{D}_{L1}(s), \boldsymbol{N}_{L2}(s)\}$ 右互质；

(5) 若 $\boldsymbol{s}_1, \boldsymbol{s}_2$ 分别取不可简约的 LMFD 和 RMFD 时，$\boldsymbol{s}_T$ 完全能观 $\Leftrightarrow \{\boldsymbol{D}_{L1}(s)\boldsymbol{D}_{R2}(s), \boldsymbol{N}_{R2}(s)\}$ 右互质；

(6) 若 $\boldsymbol{s}_1, \boldsymbol{s}_2$ 分别取不可简约的 RMFD 和 LMFD 时，$\boldsymbol{s}_T$ 完全能观 $\Leftrightarrow \{\boldsymbol{D}_{R1}(s), \boldsymbol{N}_{L2}(s)\boldsymbol{N}_{R1}$

$(s)\}$右互质。

2. 串联系统基于"零点极点对消"的能控性保持条件

按图 4-16(b)所示的串联系统s_T,设 $p=p_1\geqslant q_1=p_2$,传递函数矩阵 $G_1(s)$为满秩,则s_T 保持完全能控的一个充分条件是,没有 $G_2(s)$极点等同于 $G_1(s)$传输零点。若系统是单输入单输出系统,则该条件是充要条件。

3. 串联系统基于"零点极点对消"的能观性保持条件

由对偶原理,可得到串联系统基于"零点极点对消"的能观性保持条件。

按图 4-16(b)所示的串联系统s_T,设 $p_2=q_1\leqslant q_2=q$,传递函数矩阵 $G_2(s)$为满秩,则s_T 保持完全能观的一个充分条件(但不是必要条件)是,没有 $G_1(s)$极点等同于 $G_2(s)$传输零点。若系统是单输入单输出系统,则该条件是充要条件。

4. 串联系统中"零点极点对消"的表征

按图 4-16(b)所示的串联系统S_T,令

$$\Delta(s)=G_2(s)G_1(s)\text{的特征多项式}$$
$$\Delta_1(s)=G_1(s)\text{的特征多项式}$$
$$\Delta_2(s)=G_2(s)\text{的特征多项式}$$

则有

$$G_1(s)\text{和} G_2(s)\text{没有极点零点对消}\Leftrightarrow \deg\Delta(s)=\deg\Delta_1(s)+\deg\Delta_2(s)$$
$$G_1(s)\text{和} G_2(s)\text{包含极点零点对消}\Leftrightarrow \deg\Delta(s)<\deg\Delta_1(s)+\deg\Delta_2(s)$$

并且

$$G_1(s)\text{和} G_2(s)\text{被对消掉的极点}=\text{"}\Delta_1(s)\Delta_2(s)/\Delta(s)=0\text{ 的根"}$$

对于 SISO 系统,s_T 用 $g_2(s)g_1(s)$完全表征,当且仅当s_T 为完全能控和完全能观,由串联系统基于"零点极点对消"的能控性和能观性保持条件,得s_T 可用 $g_2(s)g_1(s)$完全表征的充要条件是,$g_1(s)$和 $g_2(s)$没有极点零点对消现象。

4.10 离散线性系统的能控能观性及其判据

4.10.1 能控、能观性概念

考虑如下时变(包括定常)系统

$$\begin{aligned} x(k+1)&=G(k)x(k)+H(k)u(k),k\in \mathbf{J}_k \\ y(k)&=C(k)x(k) \end{aligned} \tag{4-271}$$

式中,x 为 n 维向量;u 为 p 维输入矩阵;y 为 q 维输出矩阵。$\mathbf{J}_k$ 为离散时间定义区间,$G(k)$、$H(k)$和 $C(k)$分别为 $n\times n$、$n\times p$ 和 $n\times q$ 时变矩阵。基于此系统定义离散系统的能控性、能达性和能观性、能构性。

1. 完全能控

称上述系统式在时刻 $h\in \mathbf{J}_k$ 完全能控,如果对初始时刻 $h\in \mathbf{J}_k$ 和任意非零初始状态 $x(h)=x_0$ 都存在时刻 $l\in \mathbf{J}_k$,$l>h$ 和对应输入 $u(k)$,使输入作用下系统状态在时刻 $l\in \mathbf{J}_k$ 达到

原点即 $\boldsymbol{x}(l)=\mathbf{0}$。通常令 $h=0$，说明初始时刻状态的能控性。能控性表征任意初始状态到零状态的能力。但要注意：

(1) 对于定常系统，能控性和 h 的选择无关；

(2) 对于时变系统，能控性和 h 的选择相关。

2. 完全能达

称上述系统式在时刻 $h\in\mathbf{J}_k$ 完全能达，如果对初始时刻 $h\in\mathbf{J}_k$ 和任意非零初始状态$\boldsymbol{x}_l$，都存在时刻 $l\in\mathbf{J}_k, l>h$ 和对应输入 $\boldsymbol{u}(k)$，使输入作用下系统由初始零状态 $\boldsymbol{x}(h)=\mathbf{0}$ 出发的系统运动在时刻 $l\in\mathbf{J}_k$ 到达$\boldsymbol{x}_l$，即 $\boldsymbol{x}(l)=\boldsymbol{x}_l$。能达性表征零初始状态到任意非零状态的转移能力。但要注意：

(1) 对于定常系统，能达性和 h 的选择无关；

(2) 对于时变系统，能达性和 h 的选择相关。

3. 完全能观

称上述系统在时刻 $l\in\mathbf{J}_k$ 完全能观，如果根据 $k\in[h,l]$的观测值 $\boldsymbol{y}(k)$能够唯一地确定系统的初始状态 $\boldsymbol{x}(h)$。通常取 $h=0$ 来研究初始时刻状态的能观性。完全能观表征输出反映初始状态的能力。但要注意：

(1) 对于定常系统，能观性和 h 的选择无关；

(2) 对于时变系统，能观性和 h 的选择有关。

4. 完全能构

称上述系统在时刻 $l\in\mathbf{J}_k$ 完全能构，如果根据在 $k\in[h,l]$上的输出 $\boldsymbol{y}(k)$可以唯一地确定 $\boldsymbol{x}(l)$。完全能构表征输出反映任意非零状态的能力。但要注意：

(1) 对于定常系统，能构性和 h 的选择无关；

(2) 对于时变系统，能构性和 h 的选择相关。

4.10.2 时变情况下的能控性、能达性与能观性、能构性判据

1. 能控性与能达性判据及其等价性

1) 能控性判据

对离散时间线性时变系统式(4-270)，$\boldsymbol{\Phi}(\cdot,\cdot)$为状态转移矩阵，若系统矩阵 $\boldsymbol{G}(k)$对所有 $k\in[h,l-1]$非奇异，则系统在时刻 $h\in J_k$ 完全能控的充分必要条件为，存在时刻 $l\in\mathbf{J}_k, l>h$，使如下定义的 Gram 矩阵

$$\boldsymbol{W}_c[h,l]=\sum_{k=h}^{l-1}\boldsymbol{\Phi}(l,k+1)\boldsymbol{H}(k)\boldsymbol{H}^{\mathrm{T}}(k)\boldsymbol{\Phi}^{\mathrm{T}}(l,k+1) \tag{4-272}$$

为非奇异。若系统矩阵 $\boldsymbol{G}(k)$对一个或一些 $k\in[h,l-1]$奇异，则 Gram 矩阵 $\boldsymbol{W}_c[h,l]$非奇异为系统在时刻 $h\in\mathbf{J}_k$ 完全能控的一个充分条件。

2) 能达性判据

对离散时间线性时变系统式(4-270)，$\boldsymbol{\Phi}(\cdot,\cdot)$为状态转移矩阵，则系统在时刻 $h\in\mathbf{J}_k$ 完全能达的充分必要条件为，存在时刻 $l\in\mathbf{J}_k, l>h$，使如下定义的 Gram 矩阵：

$$\boldsymbol{W}_{c}[h,l]=\sum_{k=h}^{l-1}\boldsymbol{\Phi}(l,k+1)\boldsymbol{H}(k)\boldsymbol{H}^{\mathrm{T}}(k)\,\boldsymbol{\Phi}^{\mathrm{T}}(l,k+1) \tag{4-273}$$

为非奇异。

3) 能达性与能控性的等价性

对离散时间线性时变系统式(4-270)，若系统矩阵 $\boldsymbol{G}(k)$ 对所有 $k\in[h,l-1]$ 非奇异，则系统的能控性和能达性为等价的。

事实上，在矩阵 $\boldsymbol{G}(k)$ 对所有 $k\in[h,l-1]$ 非奇异的条件下，系统在时刻 $h\in \mathbf{J}_k$ 完全能达和在时刻 $h\in \mathbf{J}_k$ 完全能控具有相同的充要条件，即系统能控性等价于系统能达性。

对能控性和能达性的等价性说明几点。

(1) 若 $\boldsymbol{G}(k)$ 奇异，则不可达系统也可能可控。

(2) 可达系统一定可控。

(3) 可控系统不一定可达。

另外，若离散时间时变线性系统式(4-270)为连续时间线性时变系统的时间离散化，则系统的能控性与能达性等价。这一点由连续系统离散化系统的特性，系统矩阵 $\boldsymbol{G}(k)$ 必非奇异自然成立。

2. 能观性与能构性判据及其等价性

1) 能观性判据

对离散时间线性时变系统式(4-270)，$\boldsymbol{\Phi}(\cdot,\cdot)$ 为状态转移矩阵，则系统在时刻 $h\in J_k$ 完全能观的充分必要条件为，存在一个离散时刻 $l\in J_k$，$l>h$，使如下定义的 Gram 矩阵：

$$\boldsymbol{W}_{o}[h,l]=\sum_{k=h}^{l-1}\boldsymbol{\Phi}^{\mathrm{T}}(h,k)\,\boldsymbol{C}^{\mathrm{T}}(k)\boldsymbol{C}(k)\boldsymbol{\Phi}(k,h) \tag{4-274}$$

为非奇异。

值得注意的是，不同于能控性 Gram 矩阵判据，对离散时间线性时变系统的能观性 Gram 判据，不需引入对 $\boldsymbol{G}(k)$ 的非奇异性条件。

2) 能构性判据

对离散时间线性时变系统式(4-270)，$\boldsymbol{\Phi}(\cdot,\cdot)$ 为状态转移矩阵，则系统 $\boldsymbol{G}(k)$ 对所有 $k\in[h,l-1]$ 非奇异，则系统在时刻 $h\in J_k$ 完全能构的充分必要条件为，存在一个离散时刻 $l\in J_k$，$l>h$，使如下定义的 Gram 矩阵：

$$\boldsymbol{W}_{o}[h,l]=\sum_{k=h}^{l-1}\boldsymbol{\Phi}^{\mathrm{T}}(h,k)\,\boldsymbol{C}^{\mathrm{T}}(k)\boldsymbol{C}(k)\boldsymbol{\Phi}(k,h) \tag{4-275}$$

为非奇异。若系统矩阵 $\boldsymbol{G}(k)$ 对一个或一些 $k\in[h,l-1]$ 奇异，则上述矩阵非奇异为系统在时刻 $h\in J_k$ 完全能构的一个充分条件。

3) 能观性与能构性的等价性

对离散线性时变系统式(4-270)，若系统 $\boldsymbol{G}(k)$ 对所有 $k\in[h,l-1]$ 非奇异，则系统的能观性和能构性是等价的。

事实上，在矩阵 $\boldsymbol{G}(k)$ 对所有 $k\in[h,l-1]$ 非奇异的条件下，系统在时刻 $h\in J_k$ 完全能观和在时刻 $h\in J_k$ 完全能构具有相同的充要条件，即系统能观性等价于系统能构性。

对能观性与能构性的等价条件说明几点。

(1) 若 $\boldsymbol{G}(k)$ 奇异，则对不可观系统也可能可构。

(2) 可观系统一定可构。

(3) 可构系统不一定可观。

另外，若离散时间时变线性系统为连续时间线性时变系统的时间离散化，则系统能观性与能构性等价。这一点由连续系统离散化系统的特性，系统矩阵 $\boldsymbol{G}(k)$ 必非奇异自然成立。

4.10.3 定常情况下的能控性与能观性判据

下面的内容，取式(4-270)各参数矩阵为常量。

1. 能控性与能达性判据及其等价性

1) 能达性判据

对离散时间线性时不变系统，系统完全能达的充分必要条件为，存在时刻 $l>0$ 使 Gram 矩阵

$$\boldsymbol{W}_c[0,l]=\sum_{k=0}^{l-1}\boldsymbol{G}^k\boldsymbol{H}\boldsymbol{H}^{\mathrm{T}}(\boldsymbol{G}^{\mathrm{T}})^k \tag{4-276}$$

为非奇异。

基于时不变系统和时变系统在状态转移矩阵和系数矩阵表达方式上的关系，在时变系统能达性 Gram 矩阵式(4-272)中，取

$$\begin{gathered}\boldsymbol{\Phi}(l,k+1)=\boldsymbol{\Phi}(l-k-1)=\boldsymbol{G}^{l-k-1}\\ \boldsymbol{H}(k)=\boldsymbol{H}\end{gathered} \tag{4-277}$$

对离散时间时不变系统，可以导出

$$\begin{aligned}\boldsymbol{W}_c[0,l]&=\sum_{k=0}^{l-1}\boldsymbol{G}^k\boldsymbol{H}\boldsymbol{H}^{\mathrm{T}}(\boldsymbol{G}^{\mathrm{T}})^{l-k-1}\\ &=\boldsymbol{G}^{l-1}\boldsymbol{H}\boldsymbol{H}^{\mathrm{T}}(\boldsymbol{G}^{\mathrm{T}})^{l-1}+\boldsymbol{G}^{l-2}\boldsymbol{H}\boldsymbol{H}^{\mathrm{T}}(\boldsymbol{G}^{\mathrm{T}})^{l-2}+\cdots+\boldsymbol{H}\boldsymbol{H}^{\mathrm{T}}\\ &=\sum_{k=0}^{l-1}\boldsymbol{G}^k\boldsymbol{H}\boldsymbol{H}^{\mathrm{T}}(\boldsymbol{G}^{\mathrm{T}})k\end{aligned} \tag{4-278}$$

这说明系统完全能达当且仅当 $\boldsymbol{W}_c[0,l]$ 非奇异。

更易计算的判据：对离散时间线性时不变系统，系统完全能达的充分必要条件为

$$\mathrm{rank}\boldsymbol{Q}_c=\mathrm{rank}(\boldsymbol{H}\quad \boldsymbol{G}\boldsymbol{H}\quad\cdots\quad \boldsymbol{G}^{n-1}\boldsymbol{H})=n \tag{4-279}$$

事实上，利用状态运动关系式，并取 $\boldsymbol{x}(0)=\boldsymbol{0}$ 和 $k=n$，可以得到

$$\begin{aligned}\boldsymbol{x}(n)&=[\boldsymbol{G}^{n-1}\boldsymbol{H}\boldsymbol{u}(0)+\cdots+\boldsymbol{G}\boldsymbol{H}\boldsymbol{u}(n-2)+\boldsymbol{H}\boldsymbol{u}(n-1)]\\ &=[\boldsymbol{H}\quad \boldsymbol{G}\boldsymbol{H}\quad\cdots\quad \boldsymbol{G}^{n-1}\boldsymbol{H}]\begin{bmatrix}\boldsymbol{u}(n-1)\\ \boldsymbol{u}(n-2)\\ \vdots\\ \boldsymbol{u}(0)\end{bmatrix}\end{aligned} \tag{4-280}$$

基此，若 $\mathrm{rank}\boldsymbol{Q}_c=n$，对于任意非零状态 $\boldsymbol{x}_n$，都能找到一组对应输入

$$\{\boldsymbol{u}(0),\cdots,\boldsymbol{u}(n-2),\boldsymbol{u}(n-1)\} \tag{4-281}$$

使 $\boldsymbol{x}(n)=\boldsymbol{x}_n$ 即系统能完全能达。

若系统完全能达，则意味着式(4-279)解即输入式(4-280)存在且唯一，从而有 $\mathrm{rank}\boldsymbol{Q}_c=n$。

2) 能控性判据

对离散时间线性时不变系统式，若 $\boldsymbol{G}$ 非奇异，则系统完全能控的充分必要条件为，存在时

刻 $l>0$，使 Gram 矩阵

$$W_c[0,l]=\sum_{k=0}^{l-1}G^kHH^T(G^T)^k \tag{4-282}$$

为非奇异。若系统矩阵 G 奇异，则上述 Gram 矩阵非奇异为系统完全能控的一个充分条件。

能控性判据可以类似于能达性 Gram 矩阵判据的解释过程，方便地得到证明。

更易计算的判据：对离散时间线性时不变系统，若系统矩阵 G 非奇异，系统完全能控的充分必要条件为

$$\text{rank}Q_c=\text{rank}(H\quad GH\quad\cdots\quad G^{n-1}H)=n \tag{4-283}$$

事实上，利用状态运动关系式，并取 $x(0)=0$ 和 $k=n$，可以得到

$$G^nx(0)=-[G^{n-1}Hu(0)+\cdots+GHu(n-2)+Hu(n-1)]=-[H\quad GH\quad\cdots\quad G^{n-1}H]\begin{bmatrix}u(n-1)\\u(n-2)\\\vdots\\u(0)\end{bmatrix} \tag{4-284}$$

这表明，当且仅当式(4-283)成立，任意非零 $G^nx(0)$ 为完全能控。进而，对 G 非奇异，任意非零 $G^nx(0)$ 完全能控等价于任意非零 $x(0)$ 即系统完全能控。对 G 奇异，(4-283)成立可使任意非零 $x(0)$ 即系统完全能控，但系统即任意非零 $x(0)$ 完全能控并不要求式(4-283)成立。因此，对 G 奇异，式(4-283)为系统完全能控的充分不必要条件。

例 4-38 判定系统的能控性与能达性。

给定离散时不变系统，判定其能达性与能控性

$$x(k+1)=\begin{pmatrix}3&2\\6&4\end{pmatrix}x(k)+\begin{pmatrix}1\\2\end{pmatrix}u(k),k=0,1,2,\cdots$$

解 易知 G 奇异，且 $\text{rank}Q_c=1<2$，因此系统不完全能达。但是，据此不能导出是否完全能控的结论。

事实上，由

$$0=x(1)=\begin{pmatrix}3&2\\6&4\end{pmatrix}x(0)+\begin{pmatrix}1\\2\end{pmatrix}u(0)$$

可以导出

$$3x_1(0)+2x_2(0)+u(0)=0 \tag{4-285}$$

这意味着，对任意 $x_1(0)\neq0,x_2(0)\neq0$ 必可构成相应的输入

$$u(0)=-3x_1(0)-2x_2(0)$$

使其作用下有 $x(1)=0$。这就说明，尽管不满足充分性判别条件，但系统为完全能控。

需要指出的是，离散线性时不变系统的能控性与能达性的等价性质仍然继承了时变系统。

2. 能观性与能构性判据

1) 能观性判据

对离散时间线性时不变系统，系统完全能观的充分必要条件为，存在时刻 $l>0$，使 Gram 矩阵

$$W_o[0,l]=\sum_{k=0}^{l-1}(G^T)^kC^TCG^k \tag{4-286}$$

由时变情况下的一般表达式与定常情况下的特殊性可以推得此判据。

更易计算的判据：对离散时间线性时不变系统，系统完全能观的充分必要条件为

$$\operatorname{rank}\boldsymbol{Q}_{\text{o}}=\operatorname{rank}\begin{pmatrix}\boldsymbol{C}\\ \boldsymbol{CG}\\ \vdots\\ \boldsymbol{CG}^{n-1}\end{pmatrix}=n \tag{4-287}$$

事实上，利用自治状态运动关系式，得

$$\begin{pmatrix}\boldsymbol{y}(0)\\ \boldsymbol{y}(1)\\ \vdots\\ \boldsymbol{y}(n-1)\end{pmatrix}=\begin{pmatrix}\boldsymbol{C}\\ \boldsymbol{CG}\\ \vdots\\ \boldsymbol{CG}^{n-1}\end{pmatrix}\boldsymbol{x}(0)$$

基此，可以进而导出

$$(\boldsymbol{C}^{\text{T}}\quad \boldsymbol{G}^{\text{T}}\boldsymbol{C}^{\text{T}}\quad \cdots\quad (\boldsymbol{G}^{\text{T}})^{n-1}\boldsymbol{C}^{\text{T}})\begin{pmatrix}\boldsymbol{C}\\ \boldsymbol{CG}\\ \vdots\\ \boldsymbol{CG}^{n-1}\end{pmatrix}\boldsymbol{x}(0)=(\boldsymbol{C}^{\text{T}}\quad \boldsymbol{G}^{\text{T}}\boldsymbol{C}^{\text{T}}\quad \cdots\quad (\boldsymbol{G}^{\text{T}})^{n-1}\boldsymbol{C}^{\text{T}})\begin{pmatrix}y(0)\\ y(1)\\ \vdots\\ y(n-1)\end{pmatrix}$$

$$=\boldsymbol{Q}_{\text{o}}^{\text{T}}\begin{pmatrix}y(0)\\ y(1)\\ \vdots\\ y(n-1)\end{pmatrix}$$

这表明，当且仅当 $\operatorname{rank}(\boldsymbol{Q}_{\text{o}})=n$，即$\boldsymbol{Q}_{\text{o}}^{\text{T}}\boldsymbol{Q}_{\text{o}}$ 满秩，对任意非恒 0 的输出组，可唯一地确定初始状态，即系统完全能观。

2）能构性判据

对离散时间线性时不变系统，若 $\boldsymbol{G}$ 非奇异，则系统完全能构的充分必要条件为，存在时刻 $l>0$，使 Gram 矩阵

$$\boldsymbol{W}_{\text{o}}[0,l]=\sum_{k=0}^{l-1}(\boldsymbol{G}^{\text{T}})^{k}\boldsymbol{C}^{\text{T}}\boldsymbol{C}\boldsymbol{G}^{k} \tag{4-288}$$

为非奇异。若系统矩阵 $\boldsymbol{G}$ 奇异，则上述 Gram 矩阵非奇异为系统完全能构的一个充分条件。

由时变情况下的一般表达式与定常情况下的特殊性可以推得，具体推证过程从略。

更易计算的判据：对离散时间线性时不变系统，若系统矩阵 $\boldsymbol{G}$ 非奇异，系统完全能构的充分必要条件为

$$\operatorname{rank}\boldsymbol{Q}_{\text{o}}=\operatorname{rank}\begin{pmatrix}\boldsymbol{C}\\ \boldsymbol{CG}\\ \vdots\\ \boldsymbol{CG}^{n-1}\end{pmatrix}=n \tag{4-289}$$

利用自治状态运动关系式和输出关系式可以方便推导。

实际上，若系统矩阵 $\boldsymbol{G}$ 奇异，而 $\operatorname{rank}\boldsymbol{Q}_{\text{o}}=n$ 成立可使 $\boldsymbol{x}(n)$完全能构，但系统完全能构并不要求 $\operatorname{rank}\boldsymbol{Q}_{\text{o}}=n$，所以 $\operatorname{rank}\boldsymbol{Q}_{\text{o}}=n$ 是能控的一个充分条件。

4.10.4 定常情况下的最小拍控制与最小拍观测

1. 最小拍控制

对 SI 离散线性时不变系统

$$\boldsymbol{x}(k+1)=\boldsymbol{G}\boldsymbol{x}(k)+\boldsymbol{h}u(k),k=0,1,\cdots \tag{4-290}$$

式中，$\boldsymbol{G}$ 是非奇异的。那么，当系统为完全能控时，可构造如下一组输入控制：

$$\begin{pmatrix} u(0) \\ u(1) \\ \vdots \\ u(n-1) \end{pmatrix}=-(\boldsymbol{G}^{-1}\boldsymbol{h} \quad \boldsymbol{G}^{-2}\boldsymbol{h} \quad \cdots \quad \boldsymbol{G}^{-n}\boldsymbol{h})^{-1}\boldsymbol{x}_0 \tag{4-291}$$

使系统必可在 n 步内由任意非零初始状态 $\boldsymbol{x}(0)=\boldsymbol{x}_0$ 转移到状态空间原点 $\boldsymbol{x}(n)=\boldsymbol{0}$。通常称这组控制为最小拍控制。

事实上，利用状态运动关系式，并取 $k=n$，可以得到

$$\begin{aligned} \boldsymbol{x}(n)&=\boldsymbol{G}^n\boldsymbol{x}_0+[\boldsymbol{G}^{n-1}\boldsymbol{h}u(0)+\cdots+\boldsymbol{G}\boldsymbol{h}u(n-2)+\boldsymbol{h}u(n-1)] \\ &=\boldsymbol{G}^n\boldsymbol{x}_0+\boldsymbol{G}^n[\boldsymbol{G}^{-1}\boldsymbol{h}u(0)+\cdots+\boldsymbol{G}^{-(n-1)}\boldsymbol{h}u(n-2)+\boldsymbol{G}^{-n}\boldsymbol{h}u(n-1)] \\ &=\boldsymbol{G}^n\boldsymbol{x}_0+\boldsymbol{G}^n[\boldsymbol{G}^{-1}\boldsymbol{h} \quad \cdots \quad \boldsymbol{G}^{-n}\boldsymbol{h}]\begin{bmatrix} u(0) \\ \vdots \\ u(n-1) \end{bmatrix} \end{aligned} \tag{4-292}$$

再由系统完全能控，并利用 $\boldsymbol{G}$ 非奇异，导出

$$[\boldsymbol{G}^{n-1}\boldsymbol{h} \quad \cdots \quad \boldsymbol{G}\boldsymbol{h} \quad \boldsymbol{h}]=\boldsymbol{G}^n[\boldsymbol{G}^{-1}\boldsymbol{h} \quad \cdots \quad \boldsymbol{G}^{-n}\boldsymbol{h} \quad \boldsymbol{G}^{-n}] \tag{4-293}$$

由此，$[\boldsymbol{G}^{-1}\boldsymbol{h} \quad \cdots \quad \boldsymbol{G}^{-n}\boldsymbol{h} \quad \boldsymbol{G}^{-n}]$ 为非奇异，这表明，式(4-291)给出的控制是可构成的。于是将式(4-291)代入式(4-292)，即可得到

$$\boldsymbol{x}(n)=\boldsymbol{G}^n\boldsymbol{x}_0-\boldsymbol{G}^n[\boldsymbol{G}^{-1}\boldsymbol{h} \quad \cdots \quad \boldsymbol{G}^{-n}\boldsymbol{h}][\boldsymbol{G}^{-1}\boldsymbol{h} \quad \cdots \quad \boldsymbol{G}^{-n}\boldsymbol{h}]^{-1}\boldsymbol{x}_0=\boldsymbol{G}^n\boldsymbol{x}_0-\boldsymbol{G}^n\boldsymbol{x}_0=\boldsymbol{0} \tag{4-294}$$

由此说明输入控制(4-291)使系统必可在 n 步内由任意非零初始状态 $\boldsymbol{x}(0)=\boldsymbol{x}_0$ 转移到状态空间原点 $\boldsymbol{x}(n)=\boldsymbol{0}$。

上述结论针对的是 SI 系统。对 MI 系统，n 阶系统的初始状态转移到原点，一般不一定需要 n 个采样周期。特别地，若输入的个数 $p=n$，即 $\boldsymbol{H}$ 是方阵且是非奇异的，那么只需一个采样点，就可以将状态转移到原点，此时，$\boldsymbol{H}\boldsymbol{u}(0)=-\boldsymbol{G}\boldsymbol{x}(0)$，显然只有 $\boldsymbol{H}$ 满秩，$\boldsymbol{u}(0)$才可确定。

例 4-39 确定最小拍控制。

已知一个三阶系统有三个输入

$$\boldsymbol{x}(k+1)=\begin{pmatrix} 1 & 2 & 1 \\ 0 & 1 & 0 \\ 1 & 0 & 3 \end{pmatrix}\boldsymbol{x}(k)+\begin{pmatrix} 1 & 0 & 0 \\ 0 & 1 & 0 \\ 0 & 0 & 1 \end{pmatrix}\boldsymbol{u}(k)$$

确定最小拍控制信号。

解 由 $\boldsymbol{x}(1)=\begin{pmatrix} 1 & 2 & 1 \\ 0 & 1 & 0 \\ 1 & 0 & 3 \end{pmatrix}\boldsymbol{x}(0)+\begin{pmatrix} 1 & 0 & 0 \\ 0 & 1 & 0 \\ 0 & 0 & 1 \end{pmatrix}\boldsymbol{u}(0)=\boldsymbol{0}$，得一步控制信号 $\boldsymbol{u}(0)=-\begin{pmatrix} 1 & 2 & 1 \\ 0 & 1 & 0 \\ 1 & 0 & 3 \end{pmatrix}\boldsymbol{x}(0)$。

2. 最小拍观测

对于 SO 离散时间定常系统，若系统完全能观测，则只利用 n 步输出值 $y(0),y(1),\cdots,y(n)$ 就可构造相应初始状态$\boldsymbol{x}_0$，即有

$$
\boldsymbol{x}_0=\begin{pmatrix}\boldsymbol{C}\\ \boldsymbol{CG}\\ \vdots\\ \boldsymbol{CG}^{n-1}\end{pmatrix}^{-1}\begin{pmatrix}y(0)\\ y(1)\\ \vdots\\ y(n-1)\end{pmatrix}
$$

这个结论针对的是 SO 系统。对 MO 系统，n 阶系统观测初始状态，一般不一定需要 n 个采样周期。特别地，若输出的个数 $q=n$，即 $\boldsymbol{C}$ 是方阵且是非奇异的，那么只需一个采样点就可以观测状态。

4.10.5 定常情况下离散化连续系统保持能控性和能观性的条件

记连续时不变线性系统和离散化的线性系统如下式

$$
\Sigma:\ \begin{array}{l}\dot{\boldsymbol{x}}=\boldsymbol{A}\boldsymbol{x}+\boldsymbol{B}\boldsymbol{u},t\geqslant 0\\ \boldsymbol{y}=\boldsymbol{C}\boldsymbol{x}\end{array}\quad\Rightarrow\quad \Sigma_{T_s}:\ \begin{array}{l}\boldsymbol{x}(k+1)=\boldsymbol{G}\boldsymbol{x}(k)+\boldsymbol{H}\boldsymbol{u}(k),k=0,1,2,\cdots\\ \boldsymbol{y}(k)=\boldsymbol{C}\boldsymbol{x}(k)\end{array}\tag{4-295}
$$

式中，$\boldsymbol{G}=\mathrm{e}^{\boldsymbol{A}T_s}$；$\boldsymbol{H}=\left(\int_0^{T_s}\mathrm{e}^{\boldsymbol{A}t}\mathrm{d}t\right)\boldsymbol{B}$。对连续系统令其系统矩阵 $\boldsymbol{A}$ 的特征值为 $\lambda_1,\lambda_2,\cdots,\lambda_\mu,\lambda_i\neq\lambda_j$，$\forall i\neq j,\mu\leqslant n$，离散化的采样周期为 T_s 和保持器是 ZOH。

对上述系统，有如下结论。

(1) 如果连续系统不能控(不能观)，则离散化的系统必是不能控(不能观)的。其逆命题一般不成立。

(2) 如果离散化后的系统能控(能观)，则离散化前的连续系统必是能控(能观)的。其逆命题一般不成立。

(3) 如果连续系统能控(能观)，不能保证离散化后是能控(能观)的。

其中对第三个命题就有问题：保持能控(能观)性取决于什么？条件又是什么？研究此问题的意义有两点：第一，可以判定离散化系统所用的采样周期是否合适；第二，采用离散化设计控制器或观测器是否妥当或有解取决于离散化后系统的可控制性或可观测性。

连续线性时不变系统被离散化之后，能控性与能观性保持条件有如下结论。

对能控的时间连续定常系统，时间离散定常系统保持完全能控(能观)的一个充分条件：对满足 $\mathrm{Re}(\lambda_i-\lambda_j)=0$ 的一切特征值，使采样周期 T_s 成立

$$
T_s\neq\frac{2l\pi}{\mathrm{Im}(\lambda_i-\lambda_j)},l=\pm1,\pm2,\cdots\tag{4-296}
$$

例 4-40 分析离散化系统能控与能观的条件。

给定一个连续时间线性时不变系统：

$$
\dot{\boldsymbol{x}}=\begin{pmatrix}0&1\\-1&0\end{pmatrix}\boldsymbol{x}+\begin{pmatrix}1\\0\end{pmatrix}u
$$

给出系统离散化后能控性与能观性的条件。

解 容易得原连续系统是能控，且能观的，其特征值分别为 $\pm\mathrm{j}$。于是利用保持条件，得采样周期满足

$T_s\neq\dfrac{2l\pi}{\mathrm{Im}(\lambda_i-\lambda_j)}=\dfrac{2l\pi}{2},l=\pm1,\pm2,\cdots$，离散化系统的能控性与能观性得到保持。

思考 验证一下这个条件。

4.11 小　结

系统的能控性探讨的是实践的主体(控制者)能动地改造实践的客体(被控对象/系统),在什么条件下统一以及两者如何统一的问题,即控制者寻求什么样的控制输入手段对被控制对象系统施加控制作用,才能克服不确定性,实现控制系统的目标以及实现该控制目标的可能性问题。对被控对象/系统而言,在某种输入作用下,系统是否有足够的转移变换能力;对控制者而言,考虑相关约束条件,是否拥有将足够可行的决策知识按控制目标要求对系统施加影响作用以及影响作用的程度大小。前者属于系统本身的内部因素,它正是本章的侧重点;后者属于外部因素,是控制器综合与设计的内容。针对被控对象/系统本身的改造可以使被控对象/系统由不可控向可控转化。

系统的能观性探讨的是有关认识的主体(观测者)能动地认识客体(被观测对象/系统),在什么条件下统一以及两者如何统一的问题,即观测者能否通过被观测对象的输出(客体对周围环境的影响)的观测来认识被观测对象内部的状态(本质)的问题。对被观测对象/系统而言,内部状态是否具有"穿透"能力,即从输出反映系统内部的透明程度;对观测者而言,计及信息通道及其容量和技术手段,是否具有足够的观测手段和知识来收集和处理系统内部状态信息,进而确定内部状态。前者属系统本身的内部因素,它正是本章的侧重点;后者属于外部因素,是观测器综合与设计的内容。针对被观测对象/系统本身的改造可以使被观测对象/系统由不可观向可观转化。

系统的能控性与能观性反映了改造与认识活动中主体和客体的辩证统一,均反映内在本质属性。同时也要认识到它们在时间意义上的区别,系统的能控性关心的是系统将来时间的系统行为,而系统的能观性则关心的是系统过去的知识。另外,对偶原理表明,系统能控性与能观性问题在一定条件下可以互相转化。

对任何一个系统进行建模后,可以把它(包括人这个高度复杂的系统)分解为四部分:能控能观部分(既能理解他/她/它,又能控制他/她/它),能控不能观部分(可以管教他/她/它,但根本不能理解他/她/它),能观不能控部分(你知道他/她在想什么或者它的性能,但不能强迫他/她做什么或者管理它),不能控不能观部分(他/她/它游离于你的视野与掌心之外)。因为每个人对事物建模的不尽一致,不同的人对一个系统了解及评价不会相同(如父母、妻子或丈夫、朋友兄弟对你了解及评价不会相同),所以这种分解是相对的。那么要想完全了解一个系统,得通过实验辨识(状态观测)或基于运动机理建造一个好(与对象完全一致)的模型,但得到这样的模型并不容易,所以要抓住主要的东西,即系统的奇异值与特征向量。

习　题

4.1　给定定常线性系统

$$\dot{\boldsymbol{x}}(t)=\boldsymbol{A}\boldsymbol{x}(t)+\boldsymbol{B}\boldsymbol{u}(t)$$
$$\boldsymbol{y}(t)=\boldsymbol{C}\boldsymbol{x}(t)$$

其中各系数矩阵按教材已有的定义解释。证明:对 $\forall x_0\in\mathbf{R}^n$ 以及常数 τ 和正数 t_0,状态 x_0 在 t_0 时刻能控当且仅当状态 $e^{A\tau}\boldsymbol{x}_0$ 在 t_0 时刻能控。

4.2　已知连续时变线性系统的状态方程 $\dot{\boldsymbol{x}}(t)=\boldsymbol{A}(t)x(t)+\boldsymbol{D}(t)\boldsymbol{u}(t)$ 在时刻 t_0 能控,另知 $t_1>t_0$ 和 $t_2<t_0$,阐述系统在时刻 t_1 和 t_2 的能控性。

4.3　给定定常线性系统为

$$\dot{\boldsymbol{x}}(t)=\boldsymbol{A}\boldsymbol{x}(t)+\boldsymbol{B}\boldsymbol{u}(t)$$
$$\boldsymbol{y}(t)=\boldsymbol{C}\boldsymbol{x}(t)$$

其中各系数矩阵按教材已有的定义解释。已知($\boldsymbol{A},\boldsymbol{B}$)能控,问是否一定存在矩阵$\boldsymbol{C}$使($\boldsymbol{A},\boldsymbol{C}$)能观。

4.4　已知系统状态方程如下,采用两种以上方法判定其能控性。

$$\dot{\boldsymbol{x}}=\begin{pmatrix}-4 & 5\\ 1 & 0\end{pmatrix}\boldsymbol{x}+\begin{pmatrix}-5\\ 1\end{pmatrix}\boldsymbol{u}$$

4.5　确定使下列系统为完全能控和状态完全能观的常数。

$\Sigma_1:\boldsymbol{A}=\begin{pmatrix}\alpha_1 & 0\\ 0 & \alpha_2\end{pmatrix},\boldsymbol{b}=\begin{pmatrix}1\\ 1\end{pmatrix},\boldsymbol{c}=(1\quad -1)$;

$\Sigma_2:\boldsymbol{A}=\begin{pmatrix}\alpha_1 & \alpha_2\\ \alpha_3 & \alpha_4\end{pmatrix},\boldsymbol{b}=\begin{pmatrix}1\\ 1\end{pmatrix},\boldsymbol{c}=(1\quad 0)$;

$\Sigma_3:\boldsymbol{A}=\begin{pmatrix}0 & 0 & 2\\ 1 & 0 & -3\\ 0 & 1 & -4\end{pmatrix},\boldsymbol{b}=\begin{pmatrix}1\\ \beta_2\\ \beta_3\end{pmatrix},\boldsymbol{c}=(0,\quad 0,\quad 1)$。

4.6　证明题。

SI 线性系统的特征多项式为 $\alpha(s)=s^n+a_{n-1}s^{n-1}+\cdots+a_1s+a_0$,并且($\boldsymbol{A},\boldsymbol{b}$)能控,能控性矩阵 $\boldsymbol{Q}_c=(\boldsymbol{b}\quad \boldsymbol{A}\boldsymbol{b}\quad \cdots\quad \boldsymbol{A}^{n-1}\boldsymbol{b})$。证明:$-(a_0\quad a_1\quad \cdots\quad a_{n-1})^{\mathrm{T}}=\boldsymbol{Q}_c^{-1}\boldsymbol{A}^n\boldsymbol{b}$。

4.7　已知系统如下,写出其对偶系统,判定它们的状态能控性和能观性,并分别相应地写出能控标准型或能观标准型。

$$\dot{\boldsymbol{x}}=\begin{pmatrix}0 & 1 & 0\\ -2 & -3 & 0\\ -1 & 1 & 3\end{pmatrix}\boldsymbol{x}+\begin{pmatrix}0\\ 1\\ 2\end{pmatrix}\boldsymbol{u}$$
$$y=(0\quad 0\quad 1)\boldsymbol{x}$$

4.8　结构分解。

判定下列系统是否可按能控性、能观性和能控能观性进行结构分解,并进行适当的分解。

(1) $\boldsymbol{A}=\begin{pmatrix}1 & 0 & 0\\ 2 & 2 & 3\\ -2 & 0 & 1\end{pmatrix},\boldsymbol{b}=\begin{pmatrix}1\\ 2\\ 2\end{pmatrix},\boldsymbol{c}=(1\quad 1\quad 2)$;

(2) $\boldsymbol{A}=\begin{pmatrix}-2 & 2 & -1\\ 0 & -2 & 0\\ 1 & -4 & 0\end{pmatrix},\boldsymbol{b}=\begin{pmatrix}0\\ 0\\ 1\end{pmatrix},\boldsymbol{c}=(1\quad -1\quad 1)$。

4.9　分析题。

对 SISO 系统,从传递函数是否出现零极点对消现象出发,说明单位正/负反馈系统的能控性与能观性与开环系统的能控性和能观性是一致的。

4.10　证明题。

当且仅当($\boldsymbol{A},\boldsymbol{C}^{\mathrm{H}}\boldsymbol{C}$)可观,($\boldsymbol{A},\boldsymbol{C}$)是可观的。

4.11　分析题。

考虑定常线性系统($\boldsymbol{A},\boldsymbol{b},\boldsymbol{c}$)

$$\boldsymbol{A}=\begin{pmatrix}-1 & 1 & 0\\ 0 & -1 & 0\\ 0 & 0 & -2\end{pmatrix},\boldsymbol{b}=\begin{pmatrix}0\\ 1\\ 1\end{pmatrix},\boldsymbol{c}=(1\quad 1\quad 1)$$

是否可能选在 $t=0$ 时的初始状态,使得系统方程输出的形式为 $y(t)=t\mathrm{e}^{-t}(t>1)$?

4.12　证明题。

(1) 两个线性系统并联得到的系统完全能控必要条件是这两个线性系统分别都是能控的;

(2) 两个线性系统并联得到的系统完全能观必要条件是这两个线性系统分别都是能观的。

4.13 证明题。

设$(\boldsymbol{A}_1,\boldsymbol{B}_1,\boldsymbol{C}_1)$和$(\boldsymbol{A}_2,\boldsymbol{B}_2,\boldsymbol{C}_2)$为传递函数矩阵$\boldsymbol{G}(s)$的任意两个最小实现，确定由两个实现得到的能控性Gram矩阵$\boldsymbol{W}_{1c}[0,t_f]$和$\boldsymbol{W}_{2c}[0,t_f]$及能观性Gram矩阵$\boldsymbol{W}_{1o}[0,t_f]$和$\boldsymbol{W}_{2o}[0,t_f]$间的关系。

4.14 求脉冲传递函数矩阵的最小实现。

$$\boldsymbol{G}(z)=\begin{pmatrix}\dfrac{z+2}{z+1} & \dfrac{1}{z+3}\\[2mm] \dfrac{z}{z+1} & \dfrac{z+1}{z+2}\end{pmatrix}$$

4.15 按顺序$g_1(s)-g_2(s)$连接的串联系统，其传递函数分别为

$$g_1(s)=\frac{s+3}{s^2+3s+2},g_2(s)=\frac{s+2}{s+4}$$

试判断：(1) 串联系统的能控性和能观性；(2) 串联系统可否用这两个传递函数完全表征？

4.16 按顺序$\boldsymbol{G}_1(s)-\boldsymbol{G}_2(s)$连接的串联系统，其传递函数分别为

$$\boldsymbol{G}_1(s)=\begin{pmatrix}\dfrac{s+1}{s+2} & 0\\[2mm] 0 & \dfrac{s+2}{s+1}\end{pmatrix},\boldsymbol{G}_2(s)=\begin{pmatrix}\dfrac{1}{s-1} & \dfrac{s+2}{s+1}\\[2mm] 0 & \dfrac{1}{s+1}\end{pmatrix}$$

试判断：(1) 串联系统的能控性和能观性；(2) 串联系统可否用这两个传递函数完全表征？

第 5 章　动态系统的稳定性分析

5.1 引　　言

为了从物理角度把握稳定性概念，考察如图 5-1 所示位于凸面顶部和凹面底部的小球稳定性。显然，前者受扰后，会滚到地面，不会再回到原始位置；而后者则在凹面内来回运动，最终将回到原始位置。就稳定性而言，前者是不稳定的，后者是稳定的。

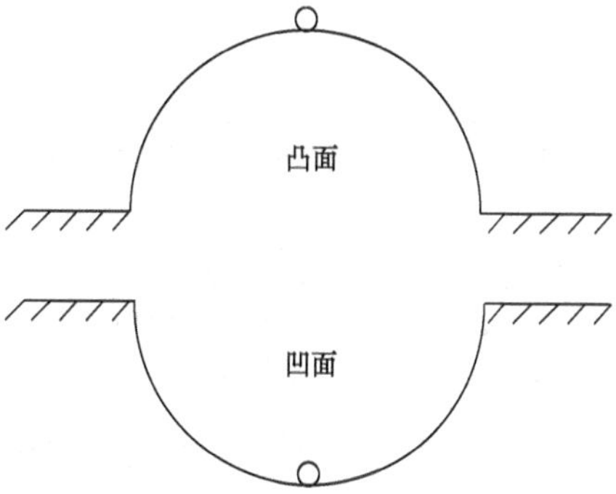

图 5-1　凸面顶部和凹面底部的小球

由此，引入物理上的稳定性含义，即当系统承受这种干扰之后，能否稳妥地保持预定的运动轨迹或者工作状态。此外，描述系统的数学模型，绝大部分都是近似的，这或由于测量误差，或为使问题简化，而不得不忽略某些次要因素，但这种近似的数学模型能否如实反映实际的运动，在某种意义上说，也是稳定性问题。

任何一个实际系统总是在各种偶然和持续的干扰下运动或工作的，系统的稳定性关系到是否能正常工作和能否完成预期控制任务，所以在反馈控制系统的分析与设计时首先要考虑的问题就是稳定性。

由经典控制理论可知，对于以传递函数表示的定常线性系统的稳定性只取决于系统的结构和参数，而与系统的初始条件及外界扰动的大小无关，所以由此建立了“稳定性是指系统的稳定”这样一种认识。但实际上，非线性系统的稳定性还与工作平衡点、初始条件及外界扰动的大小有关，而在经典控制理论中对此类系统没有明确的稳定性定义。事实上，稳定性都是针对系统平衡状态而言的，只有对于具有唯一平衡点的系统或者其所有平衡状态为同时稳定/不稳定的系统，可以笼统地讲系统的稳定性。按照系统设计的不同要求，有不同的稳定性概念。

内部稳定性用零输入下状态自由运动的响应来表征，表征的是系统固有的特性。1892 年，俄国数学与力学家 A. M. Lyapunov(1857～1918 年)创造性地发表了其博士论文《运动稳定性的一般问题》，给出了内部稳定性的一般概念，并提出了解决稳定性的方法。在 Lyapunov 稳定性理论基础上，后来又发展了输入状态稳定，它是对任何有界输入与非零初始状态的全局定义。

外部稳定性用输入和输出关系表征，在零初始条件下，任意有界的输入产生有界的输出，一般用 L 稳定定义。对于有界输入有界输出稳定来说，L_∞ 稳定性的定义是常用的概念，但本章限于篇幅就不介绍了。

稳定性分析具有一般性，适合于各类系统，并且稳定性理论对于控制器设计也具有重要指导意义。

5.2 内部稳定性的基本概念

5.2.1 自治与非自治系统

自治系统定义为不受外部影响即没有输入作用的一类动态系统。对连续时间非线性时变系统，自治系统状态方程的一般形式为

$$\dot{\boldsymbol{x}}=\boldsymbol{f}(\boldsymbol{x},t),\boldsymbol{x}(t_0)=\boldsymbol{x}_0,t\in[t_0,\infty) \tag{5-1}$$

式中，$\boldsymbol{x}$ 为 n 维状态；$\boldsymbol{f}(\boldsymbol{x},t)$：$[\mathbf{0},\infty)\times\mathbf{D}\rightarrow\mathbf{R}^n$ 为显含时间变量 t 的 n 维向量分段连续函数，且对 $\boldsymbol{x}$ 是局部/全局 Lipschitz 的。$\mathbf{D}$ 是包含原点的定义域，它可以是 $\mathbf{R}^n$。

对连续时间非线性系统，向量函数 $\boldsymbol{f}(\boldsymbol{x},t)$ 中不再显含时间变量 t，即方程形式相应的为 $\dot{\boldsymbol{x}}=\boldsymbol{f}(\boldsymbol{x})$。

对连续时间线性时变系统，向量函数 $\boldsymbol{f}(\boldsymbol{x},t)$ 可进一步表示为状态 $\boldsymbol{x}$ 的线性向量函数，即 $\dot{\boldsymbol{x}}=\boldsymbol{A}(t)\boldsymbol{x}$。

对连续时间线性时不变系统，系统矩阵 $\boldsymbol{A}(t)$ 不再显含时间变量 t，即方程形式相应的为 $\dot{\boldsymbol{x}}=\boldsymbol{A}\boldsymbol{x}$。

思考 $\dot{\boldsymbol{x}}=\boldsymbol{A}\boldsymbol{x}+\boldsymbol{g}(t),\boldsymbol{x}(\mathbf{0})=\boldsymbol{x}_0,t\geqslant t_0$ 是自治系统吗？

内部稳定性的研究限于研究自治系统的稳定性问题。

需要注意的是，有些书中将显含时间的自治系统也归为非自治系统，将时变作用当成一种外部因素，同时外部输入也是与时间相关的，所以这样归类也是可以理解的。

5.2.2 平衡点(平衡状态)

考虑系统 5-1，若随着时间 t 的变化，状态 $\boldsymbol{x}=\boldsymbol{x}_e$ 保持不变，则称这个状态为系统的平衡状态。

由于平衡状态也是系统的一个状态，所以它是系统(5-1)的一个解，即

$$\boldsymbol{f}(\boldsymbol{x}_e,t)=\mathbf{0} \tag{5-2}$$

由此表达式可以求得平衡点集合 $\boldsymbol{X}_e$，该集合中可能包含若干孤立平衡点，也可能包含稠密区域平衡点集。也就是说对于一个任意系统，不一定都存在平衡状态，有时即使存在也未必是唯一的。

在大多数情况下，系统大都是孤立平衡点，并且往往 $\boldsymbol{x}_e=\mathbf{0}$，即状态空间的原点为系统的平衡状态。对于系统的孤立非零平衡点，总是可以通过线性变换将平衡点 $\boldsymbol{x}_e$ 平移到状态空间的坐标原点，所以下面提及的平衡点均指原点。这种“原点稳定性问题”由于使问题得到极大简化，而不失一般性，从而为稳定性理论的建立奠定了坚实的基础，这也是 Lyapunov 的一个重要贡献。

应当指出，稳定性问题都是相对于某个平衡状态而言的，所以稳定性具有局部性。线性定常系统由于只有唯一的平衡点，所以才笼统地讲所谓的系统稳定性问题。对一般系统则可能由于存在多个平衡点，不同的平衡点可能表现出不同的稳定性，所以必须逐个加以讨论。

例 5-1 求平衡点。

对于线性定常系统 $\dot{\boldsymbol{x}}=\boldsymbol{A}\boldsymbol{x}=\begin{pmatrix}-1 & 0\\ 0 & 1\end{pmatrix}\boldsymbol{x}$，考察系统的平衡点。

解 令 $\dot{\boldsymbol{x}}_e=\mathbf{0}$，则 $\begin{pmatrix}-1 & 0\\ 0 & 1\end{pmatrix}\boldsymbol{x}_e\equiv\mathbf{0}$，解得 $\boldsymbol{x}_e=\mathbf{0}$，可以看出，系统的平衡状态是系统方程的常

数解，系统是一种静止状态。由于系统矩阵 $\boldsymbol{A}$ 是可逆的，所以系统有唯一平衡点 $\boldsymbol{x}_e=\boldsymbol{0}$。

5.2.3 受扰运动

在初始时刻 t_0 时，干扰引起的状态向量 $\boldsymbol{x}_0$ 与平衡状态 x_e 之差称为初始扰动向量，即

$$\tilde{\boldsymbol{x}}_0=\boldsymbol{x}_0-\boldsymbol{x}_e \tag{5-3}$$

动态系统的受扰运动定义为其自治系统由初始状态扰动 $\boldsymbol{x}_0$ 引起的一类状态运动，即

$$\boldsymbol{x}(t)=\boldsymbol{x}(t;t_0,\boldsymbol{x}_0) \tag{5-4}$$

由此，定义扰动向量

$$\tilde{\boldsymbol{x}}(t)=\boldsymbol{x}(t)-\boldsymbol{x}_e \tag{5-5}$$

对此式两边求导，得

$$\frac{\mathrm{d}}{\mathrm{d}t}\tilde{\boldsymbol{x}}(t)=\frac{\mathrm{d}}{\mathrm{d}t}(\boldsymbol{x}-\boldsymbol{x}_e)=\boldsymbol{f}(\boldsymbol{x},t) \tag{5-6}$$

定义 $\boldsymbol{F}(\tilde{\boldsymbol{x}},\boldsymbol{t})\triangleq\boldsymbol{f}(\tilde{\boldsymbol{x}}+\boldsymbol{x}_e,\boldsymbol{t})$，于是

$$\frac{\mathrm{d}}{\mathrm{d}t}\tilde{\boldsymbol{x}}(t)=\boldsymbol{F}(\tilde{\boldsymbol{x}},t) \tag{5-7}$$

该方程称为关于平衡状态 $\boldsymbol{x}_e$ 的扰动方程。考虑到平衡状态和受扰运动均是系统(5-1)的解，由 $\boldsymbol{f}(\boldsymbol{x}_e,\boldsymbol{t})\equiv\boldsymbol{0}$，知 $\boldsymbol{F}(\boldsymbol{0},t)\equiv\boldsymbol{0}$。

研究系统的稳定性就是研究偏离平衡状态的受扰运动能否只靠系统内部结构因素而返回到平衡状态，或者限制在一个有限的邻域内。

5.2.4 内部稳定性——Lyapunov 稳定

不管系统为线性或非线性，内部稳定性意指自治系统内部各状态运动的稳定性。首先分析下面的例子。

例 5-2 分析解与稳定性。

说明下面两个初值问题的平衡点，并给出其解，说明其稳定性。

(1) $\dot{x}=4x,x(0)=0.001$；

(2) $\dot{x}=-4x,x(0)=100$。

解 显然两个系统的平衡点均为 0。(1)的解 $x(t)=0.001\mathrm{e}^{4t}$ 是不稳定的；(2)的解 $x(t)=100\mathrm{e}^{-4t}$ 是稳定的。

第(1)个系统及其解表明，即使初始值微小地偏离了平衡状态，尽管在任意有限的时间内解是有界的，但若讨论时间趋于无穷时系统的行为，则这种发散特性就完全不能接收；第(2)个系统及其解表明，无论初始扰动有多大，时间趋于无穷(或在工程上，当时间"很长")时最终将收敛于平衡点。Lyapunov 稳定性就是要研究微分方程解在 $t\in[t_0,\infty)$ 上的有界性。根据微分方程对初值的连续依赖性，可知：只要初值 $\boldsymbol{x}_0$ 充分小，对于 $t\in[t_0,T]$ 的任一时刻，解式(5-4)偏移平衡状态 $\boldsymbol{x}_e$ 也可任意小。现研究这一性质是否对 $t\in[t_0,\infty)$ 均成立，这实际就是 Lyapunov 稳定性。下面分别基于系统(5-1)及其平衡点 $\boldsymbol{x}_e=\boldsymbol{0}$ 给出 Lyapunov 稳定/一致稳定、Lyapunov 渐近稳定/一致渐近稳定、Lyapunov 不稳定的概念。

1. Lyapunov 稳定/一致稳定

对于任意的 $\varepsilon>0$，都存在 $\delta(t_0,\varepsilon)>0$，使得当 $\|\boldsymbol{x}(t_0)\|\leqslant\delta(t_0,\varepsilon)$ 时有 $\|\boldsymbol{x}(t;t_0,\boldsymbol{x}_0)\|\leqslant\varepsilon$，$\forall t\geqslant t_0$ 成立，则称系统关于平衡状态 $\boldsymbol{x}_e=\boldsymbol{0}$ 是 Lyapunov 稳定的。若上述定义中的 $\delta=\delta(\varepsilon)$，

即 δ 与 t_0 无关(关于 t_0 一致),则称所定义的稳定为 Lyapunov 一致稳定。

对此定义说明几点。

(1)Lyapunov 稳定性概念几何含义如下:对任意 $\varepsilon>0$,在状态空间中以 $\boldsymbol{x}_e=\boldsymbol{0}$ 为球心构造半径为 ε 的一个超球体 $\mathbf{S}(\varepsilon)$,则若存在对应的一个正实数 $\delta(t_0,\varepsilon)$,其大小同时依赖于 t_0 和 ε,且以 $\boldsymbol{x}_e=\boldsymbol{0}$ 为球心构造球心为原点半径为 $\delta(t_0,\varepsilon)$ 的另一个超球体 $\mathbf{S}(\delta)$,且由域 $\mathbf{S}(\delta)$ 上的任一点出发的运动轨线 $\boldsymbol{x}(t;t_0,\boldsymbol{x}_0)$,对所有的 $t\geqslant t_0$ 都不脱离域 $\mathbf{S}(\varepsilon)$,那么就称平衡状态 $\boldsymbol{x}_e$ 是 Lyapunov 意义下稳定的,用图 5-2 表示。

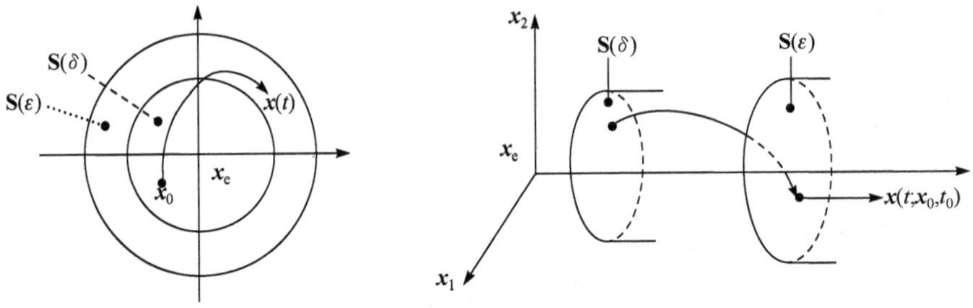

图 5-2 稳定的状态轨线及平衡状态

(2)从这个定义可以看出,同一个系统不同起始时刻的运动完全可能有着不同的稳定性,初始时刻的影响决定了稳定性是否一致的问题。对于定常系统,$\boldsymbol{x}_e=\boldsymbol{0}$ 的稳定等价于一致稳定,但对时变系统,$\boldsymbol{x}_e=\boldsymbol{0}$ 稳定并不意味着一致稳定。从实际应用出发,常要求系统是一致稳定的,以便在任一初始时刻 t_0 处受扰运动均是稳定的。一致稳定的几何解释如图 5-3 所示。

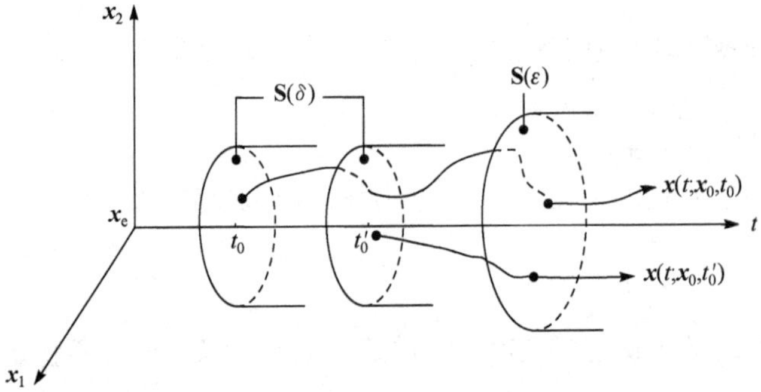

图 5-3 一致稳定的平衡状态与状态轨线

(3)由于 ε 的任意性,而 $\delta(t_0,\varepsilon)<\varepsilon$,所以初值变化充分小时,解的变化($t\geqslant t_0$)可任意小。

(4) Lyapunov 稳定实际上保证了系统受扰运动相对于平衡点的有界性,它是工程上的临界稳定。

(5)由于针对的是某一个平衡点,故稳定性是一个局部概念。

(6)不显含时间的自治系统平衡点的稳定性与 t_0 是没有关系的,而显含时间的自治系统平衡点的稳定性可能与 t_0 是有关系的,若没关系,称一致稳定。工程上一致稳定比稳定更实用。

例 5-3 用定义分析稳定性。

根据定义讨论下列系统 $\dot{\boldsymbol{x}}=\begin{pmatrix}-1 & 1\\ 0 & 0\end{pmatrix}\boldsymbol{x}$ 的稳定性和一致稳定性。

解 系统解为

$$\left.\begin{aligned}x_1(t)&=e^{-(t-t_0)}x_1(t_0)+[1-e^{-(t-t_0)}]x_2(t_0)\\x_2(t)&=x_2(t_0)\end{aligned}\right\},\ \forall t\geqslant t_0$$

任给 $\varepsilon>0$，取 $\delta=\varepsilon$ 与 t_0 无关，则只要 $|x_1(t_0)|+|x_2(t_0)|\leqslant|x_1(t_0)|+2|x_2(t_0)|<\delta=\varepsilon$，就有

$|x_1(t)|+|x_2(t)|\leqslant|e^{-(t-t_0)}x_1(t_0)+[1-e^{-(t-t_0)}]x_2(t_0)|+|x_2(t_0)|\leqslant|x_1(t_0)|+2|x_2(t_0)|<\varepsilon,\forall t\geqslant t_0$

故系统是 Lyapunov 稳定的。又 $\delta=\varepsilon$，与 t_0 无关，故系统是一致稳定的。

2. Lyapunov 渐近稳定/一致渐近稳定

首先定义 Lyapunov 渐近稳定：平衡状态 $\boldsymbol{x}_e=\boldsymbol{0}$ 是 Lyapunov 渐近稳定的，若① $\boldsymbol{x}_e=0$ 是 Lyapunov 稳定的；② 对 $\delta(t_0,\varepsilon)>0$，使得对任意的 $\mu>0$，存在 $T(\mu,t_0,x_0)$，当 $\|\boldsymbol{x}(t_0)\|\leqslant\delta(t_0,\varepsilon)$，$t\geqslant t_0+T(\mu,t_0,x_0)$时，有 $\|\boldsymbol{x}(t;t_0,\boldsymbol{x}_0)\|\leqslant\mu,\forall t\geqslant t_0$。

对此定义说明几点。

(1)①部分 $\boldsymbol{x}_e=\boldsymbol{0}$ 是稳定的，$\boldsymbol{x}$ 在 $t>t_0$ 的行为已决定；②部分是 t 充分大时的性质。

(2)这个定义实际上采用的是一种渐近逼近的方式，注意"对任意的 $\mu>0$，存在 $T(\mu,t_0,x_0)$"，对于 $\mu\to0$，必有 $T\to\infty$。可以将此定义改成：存在 $\delta(t_0,\varepsilon)>0$，使得 $\|\boldsymbol{x}(t_0)\|\leqslant\delta(t_0,\varepsilon)$ $\|\boldsymbol{x}(t,t_0,\boldsymbol{x}_0)\|$ 是有界的，且蕴涵

$$\lim_{t\to\infty}\boldsymbol{x}(\boldsymbol{t},\boldsymbol{t}_0,\boldsymbol{x}_0)=\boldsymbol{0}\tag{5-8}$$

(3)Lyapunov 稳定性概念几何含义可用图 5-4 解释。

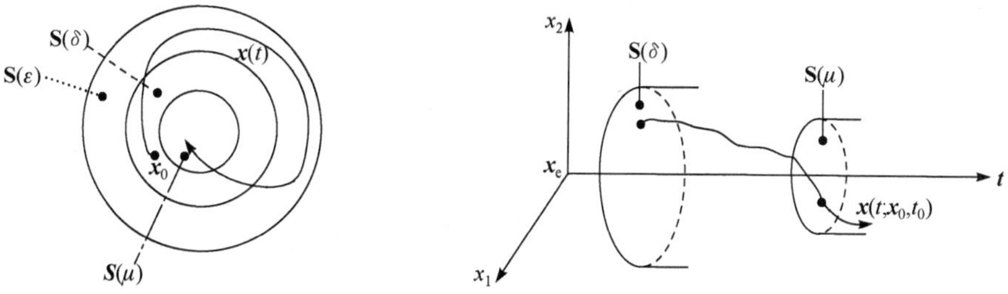

图 5-4 渐近稳定的状态轨线及平衡状态

(4)Lyapunov 渐近稳定与工程上的稳定是等价的。

(5)定义②部分中 $\delta(t_0,\varepsilon)$是固定的一个范围，称为平衡状态吸引区。它表征了稳定平衡状态所允许的初值扰动范围，并不是任意小的；同时它也决定了渐近性的全局性与局部性，当 $S(\delta)$可取整个 n 维空间时，相应的稳定称为关于平衡点全局渐近稳定，否则称为局部渐近稳定。如果一个系统平衡点是全局(或称大范围)渐近稳定的，表明该系统只有一个平衡点。如果是局部(或称小范围)渐近稳定的，还将涉及确定最大吸引区的问题。

(6)对于线性系统，无论时变还是定常、连续时间还是离散时间，基于叠加原理可知，若平衡点 $\boldsymbol{x}_e=\boldsymbol{0}$ 为渐近稳定，则其必为全局渐近稳定。实际上，时变线性系统的稳定性取决于状态转移矩阵，特殊地，定常线性系统的稳定性直接取决于系统矩阵的特征值，系统特征值具有负实部，系统一定是渐近稳定的，并且是全局渐近稳定的。

(7)稳定和吸引(即①和②)是相互独立的概念，对于一般的系统，它们之间不存在蕴涵关系。下面举一个例子说明。

(8)工程上一致渐近稳定比稳定更实用。

例 5-4 分析吸引性与稳定性。

设二阶系统如下,分析平衡点的吸引性与稳定性

$$\begin{aligned}\dot{x}_1&=f(x_1)+x_2\\ \dot{x}_2&=-x_1\end{aligned}\quad,\quad f(x_1)=\begin{cases}-4x_1, x_1>0\\ 2x_1, -1\leqslant x_1\leqslant 0\\ -x_1-3, x_1<-1\end{cases}$$

解 显然系统的平衡点为(0,0)。

当 $x>0$ 时,其通解为

$$x_1(t)=c_1(2-\sqrt{3})\mathrm{e}^{(-2+\sqrt{3})t}+c_2(2+\sqrt{3})\mathrm{e}^{(-2-\sqrt{3})t}$$

$$x_2(t)=c_1\mathrm{e}^{(-2+\sqrt{3})t}+c_2\mathrm{e}^{(-2-\sqrt{3})t}$$

当 $-1\leqslant x\leqslant 0$ 时,其通解为

$$x_1(t)=c_1\mathrm{e}^t+c_2t\mathrm{e}^t$$

$$x_2(t)=(-c_1+c_2)\mathrm{e}^t-c_2t\mathrm{e}^t$$

当 $x<-1$ 时,其通解为

$$x_1(t)=\frac{1}{2}\mathrm{e}^{-t/2}c_1\left(\cos\frac{\sqrt{3}}{2}t+\sqrt{3}\sin\frac{\sqrt{3}}{2}t\right)+\frac{1}{2}\mathrm{e}^{-t/2}c_2\left(\sin\frac{\sqrt{3}}{2}t-\sqrt{3}\cos\frac{\sqrt{3}}{2}t\right)$$

$$x_2(t)=\mathrm{e}^{-t/2}c_1\cos\frac{\sqrt{3}}{2}t+\mathrm{e}^{-t/2}c_2\sin\frac{\sqrt{3}}{2}t+3$$

系统满足解的存在性与唯一性,在相平面上绘制相轨迹如图 5-5 所示。对一切初值,均有 $\lim\limits_{t\to 0}x_1(t)=0,\lim\limits_{t\to 0}x_2(t)=0$,所以平衡点就是吸引的。

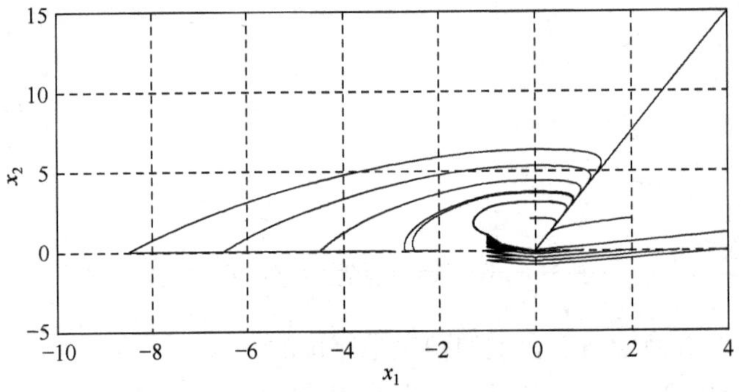

图 5-5 例 5-4 相轨迹图

而考虑初值为(−1,1)时,按上述通解,得解为

$$x_1(t)=-\mathrm{e}^t$$

$$x_2(t)=\mathrm{e}^t$$

当 $t\leqslant 0,-1\leqslant x\leqslant 0$ 时,有

$\lim\limits_{t\to-\infty}x_1(t)=\lim\limits_{t\to-\infty}(-\mathrm{e}^t)=0,\lim\limits_{t\to-\infty}x_2(t)=\lim\limits_{t\to-\infty}(-\mathrm{e}^t)=0$ 反过来,将很小的 $t_0<0$ 作为初始时刻,此时的初值为在原点任意小的邻域内某点 (x_{10},x_{20}),由此将解看成由此出发的解,即

$$\begin{aligned}x_1(t)&=-\mathrm{e}^t\\ x_2(t)&=\mathrm{e}^t\end{aligned}\quad,\quad \begin{aligned}x_1(t_0)&=x_{10}\\ x_2(t_0)&=x_{20}\end{aligned}$$

取 $\varepsilon=\sqrt{2}/\mathrm{e}$，$\forall\delta>0$，虽然 $x_{10}^2+x_{20}^2<\delta$，但存在 t_1（如 $t_1\geqslant-1$）使

$$\sqrt{x_1^2(t)+x_2^2(t)}=\sqrt{2\mathrm{e}^{2t_1}}=\sqrt{2}\mathrm{e}^{t_1}\geqslant\varepsilon$$

由此，平衡点是不稳定的。

下面定义 Lyapunov 一致渐近稳定：称 $\boldsymbol{x}_e=\boldsymbol{0}$ 为一致渐近稳定，若① $\boldsymbol{x}_e=\boldsymbol{0}$ 是一致稳定的；② 存在 $\delta(\varepsilon)>0$，使得对任意的 $\mu>0$，存在 $T(\mu,\delta(\varepsilon))=T(\mu,\varepsilon)$，当 $\|\boldsymbol{x}(t_0)\|\leqslant\delta(\varepsilon)$，$t\geqslant t_0+T(\mu,\varepsilon)$ 时，有 $\|\boldsymbol{x}(t;t_0,\boldsymbol{x}_0)\|\leqslant\mu$，$\forall t\geqslant t_0$。

对此定义说明几点。

(1) Lyapunov 一致渐近稳定并不是一致稳定与渐近稳定的合并，这里的一致性更强：$\delta(\varepsilon)$不依赖于 t_0，且 T 仅依赖于 μ 和ε，不依赖于 t_0、$\boldsymbol{x}_0$，即

$$\boldsymbol{x}(t;t_0,\boldsymbol{x}_0)\xrightarrow{\text{关于 } t_0\text{、}\boldsymbol{x}_0 \text{ 均一致}}\boldsymbol{0}$$

(2)对时变系统，一致渐近稳定比渐近稳定更有意义，它的几何含义可用图 5-6 进行解释。

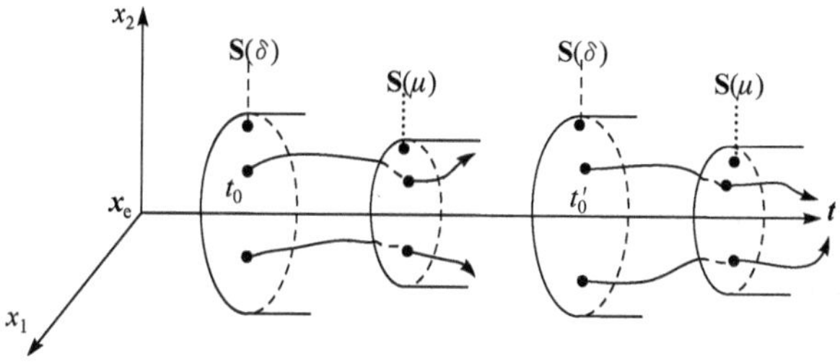

图 5-6 一致渐近稳定的状态轨线及平衡状态

(3)若 δ 任意，给出的定义便是 Lyapunov 全局一致渐近稳定。

例 5-5 利用定义进行稳定性分析。

讨论下列系统是否稳定、是否一致稳定、是否渐近稳定。

$$(1)\begin{cases}\dot{x}_1=-x_2, & x_1(t_0)=x_{10}\\ \dot{x}_2=x_1, & x_2(t_0)=x_{20}\end{cases};(2)\frac{\mathrm{d}x}{\mathrm{d}t}=-\frac{x}{t+1}$$

解 (1) 易知系统平衡点为(0,0)，利用拉氏逆变换可求其解，并有 $x_1^2(t)+x_2^2(t)=x_{10}^2+x_{20}^2$。显然，任给 $\varepsilon>0$，只要取 $\delta=\varepsilon$，而当 $x_{10}^2+x_{20}^2<\delta$ 时，就有 $x_1^2(t)+x_2^2(t)<\varepsilon$。故系统是 Lyapunov 稳定的。又 δ 与 t_0 无关，故系统是一致稳定的。

但$\lim\limits_{t\to 0}x_1^2(t)+x_2^2(t)=x_1^2(t_0)+x_2^2(t_0)\neq 0$，故系统不是 Lyapunov 渐近稳定的。

(2) 易知系统平衡点为 0，并解出

$$x(t,t_0,x_0)=\frac{t_0+1}{t+1}x_0$$

任给 $\varepsilon>0$，取 $\delta=\varepsilon$，则对所有 $t\geqslant t_0$，只要$|x_0|<\delta$，就有$|x(t,t_0,x_0)|\leqslant|x_0|<\varepsilon$，故其平衡点一致稳定。

又$\lim\limits_{t\to\infty}x(t,t_0,x_0)=\lim\limits_{t\to\infty}\frac{t_0+1}{t+1}x_0=0$，故平衡点是渐近稳定的。而对 $\forall T>0$，取 $t=T+t_0$，有

$x(t,t_0,x_0)=x_0\ \dfrac{t_0+1}{t_0+T+1}\xrightarrow[t_0\to\infty]{}x_0\neq 0$，故平衡点并不是一致渐近稳定的。

下面定义 Lyapunov 指数渐近稳定：称 $\boldsymbol{x}_e=\boldsymbol{0}$ 是按指数渐近稳定的，若存在$v>0$，$k(\delta)>0$，对任意的$\varepsilon>0$，存在 $\delta(\varepsilon)>0$，使得当 $\|\boldsymbol{x}(t_0)\|<\delta(\varepsilon)$，就有 $\|\boldsymbol{x}(t,t_0,\boldsymbol{x}_0)\|<k(\delta)\|\boldsymbol{x}(t_0)\|$

$e^{-v(t-t_0)}$，$\forall t \geqslant t_0$ 成立。该定义关于 t_0、$\boldsymbol{x}_0$ 均是一致的，所以指数稳定必一致渐近稳定。同样，若 δ 任意，给出的定义便是 Lyapunov 全局指数渐近稳定。

(3) Lyapunov 各种稳定性间的关系

Lyapunov 各种稳定性间的关系可用图 5-7 表示。

全局指数稳定	⇒	指数稳定		
⇓		⇓		
全局一致渐近稳定	⇒	一致渐近稳定	⇒	一致稳定
⇓		⇓		⇓
全局渐近稳定	⇒	渐近稳定	⇒	稳定

图 5-7 Lyapunov 各种稳定性间的关系

(4) Lyapunov 不稳定的概念

不管取多大的有限实数 $\varepsilon>0$，都不可能找到相应的实数 $\delta(t_0,\varepsilon)>0$，使得由满足不等式 $\|\boldsymbol{x}(t_0)\| \leqslant \delta(t_0,\varepsilon)$ 的任一初态 $\boldsymbol{x}_0$ 出发的运动满足不等式 $\|\boldsymbol{x}(t;t_0,\boldsymbol{x}_0)\| \leqslant \varepsilon$，$\forall t \geqslant t_0$，称系统平衡点 $\boldsymbol{x}_e=\boldsymbol{0}$ 是不稳定的。

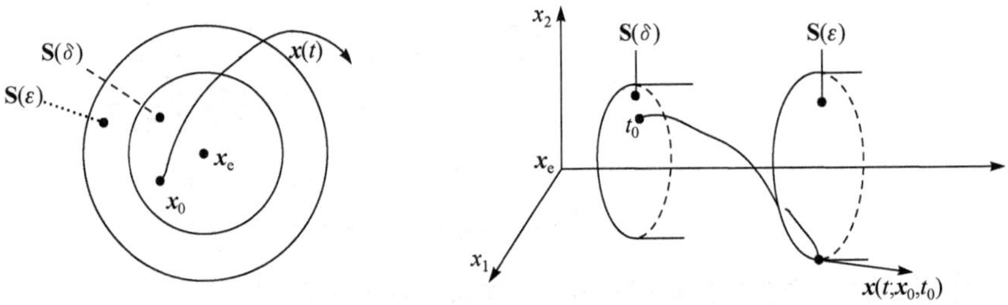

图 5-8 不稳定的平衡状态与状态轨线

对该定义说明几点。

(1)对任意给定的 $\varepsilon>0$，无论 δ 多小，总可以找到满足 $\|\boldsymbol{x}(t_0)\| \leqslant \delta$ 的某一初值 $\boldsymbol{x}_0$，使得从它出发的运动轨线 $\boldsymbol{x}(t,\ t_0,\ \boldsymbol{x}_0)$ 在某一时刻 $t_1>t_0$，有 $\|\boldsymbol{x}(t;t_0,\boldsymbol{x}_0)\|=\varepsilon$。

(2)实质上，Lyapunov 不稳定等同于工程意义上的发散性不稳定。

(3)不稳定是个局部概念。

本节的最后要指出：采用 Lyapunov 方法有第一法和第二法之分，后者要能找到相应的 Lyapunov 函数，前者则通过线性化后基于特征值判定。第二法具有普遍性，它可以适用于线性系统、非线性系统以及时变系统稳定性分析。

5.3 不显含时间的自治系统的 Lyapunov 第二法稳定性判据

Lyapunov 第二法又称直接法。第二法主要定理的提出基于物理学，即系统运动的进程总是伴随能量变化，如果做到使系统能量变化的速率始终保持为负，也就是使运动进程中能量为单调减少，那么系统受扰运动最终必会返回到平衡状态。这种观点用来分析系统的稳定性是直观而方便的。但是，由于系统的复杂性和多样性，往往不能直观地找到一个能量函数来描述系统的能量关系，于是 Lyapunov 定义一个正定的标量函数 $V(\boldsymbol{x})$，作为虚构的广义能量函数，然后，根据其对时间导数的符号特征来判别系统的稳定性。

例 5-6 引例——单摆。

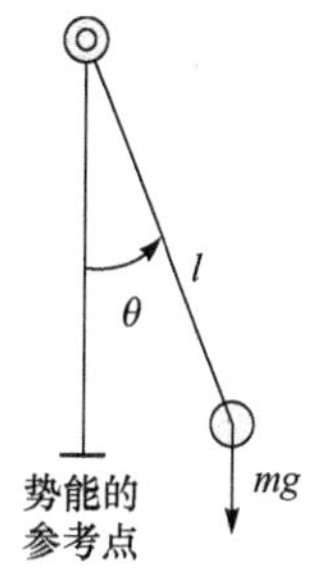

图 5-9 单摆系统

一个单摆如图 5-9 所示，其摆长为 l，摆球重 m，设摆角变量为 θ，容易建立其动力学方程

$$ml\ddot{\theta}=-mg\sin\theta-kl\dot{\theta}$$

令 $x_1=\theta, x_2=\dot{\theta}$，则得到状态方程

$$\dot{x}_1=x_2$$

$$\dot{x}_2=-\frac{g}{l}\sin x_1-\frac{k}{m}x_2=-a\sin x_1-bx_2$$

系统的平衡点为$(k\pi,0)$，$k\in\mathbf{Z}$，令 $a=10, b=0$(无摩擦)和 $a=10$，$b=1$(有摩擦)，分别画出相平面图，如图 5-10 所示。

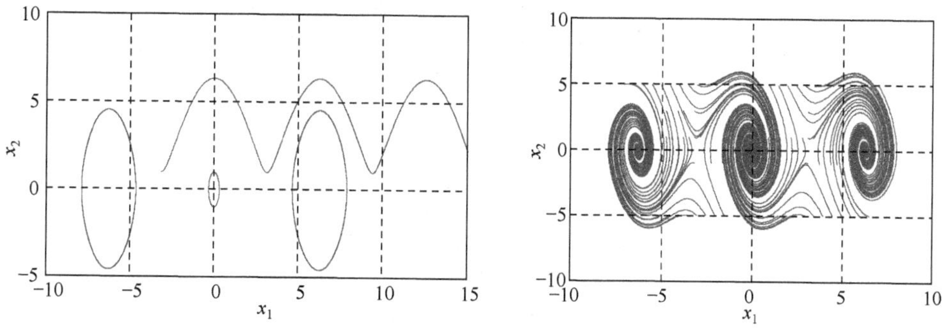

图 5-10 单摆系统的相平面图

可以看出，对于无摩擦情况，相图出现一个稳定的极限环，根据初始能量的大小，其中心点的位置分别为两个平衡点。对于有摩擦情况，相图以 2π 为周期，当 k 是偶数时，其平衡点为稳定的焦点；而当 k 为奇数时，其平衡点为鞍点。在稳定的焦点附近的初始点随时间呈减幅振荡趋近于焦点；而在鞍点附近的初始点有两种情况，一种是沿分界线到达鞍点，另一种是沿分界线离开鞍点。注意到达鞍点位置后是无法保持的，由于扰动的作用，将引起轨线从此位置向外扩散。

从能量的观点看，将单摆的能量定义成势能与动能之和，并选择势能的参考点为摆的最下端。能量函数如下

$$V(\boldsymbol{x})=\int_0^{x_1}a\sin\rho\mathrm{d}\rho+0.5x_2^2=a(1-\cos x_1)+0.5x_2^2$$

当无动能和无势能时，$V(\boldsymbol{x})=0$。

对于无摩擦情况，它是一个保守系统，不消耗任何能量，只是在势能与动能之间交替转化，总的能量 $V(\boldsymbol{x}(t))=c$ 不变，而“不变”的含义是 $\dot{V}(\boldsymbol{x}(t))=0$。当 c 较小时，$\boldsymbol{V}(\boldsymbol{x})=\boldsymbol{c}$ 就是一条绕(0,0)闭轨线，由此知(0,0)是稳定的。而当有摩擦时，系统运动过程中一定有能量损失，即 $\dot{V}(\boldsymbol{x}(t))\leqslant 0$，系统的能量不断减少，最终为 0。但这里要注意一个问题，是否存在 $\boldsymbol{V}(\boldsymbol{x}(t))$ 减小到一定程度就不再减小了呢？从数学关系式上是有可能在某个确定的状态时(如无论 x_1 取何值，$x_2=0$)，有 $\dot{V}(\boldsymbol{x}(t))=0$，但这种状态不可能保持，所以，系统能量最终还是降为 0。由此表明，可以通过检验能量沿系统轨线的导数确定平衡点的稳定性。1892 年，Lyapunov 证明了能够用某些函数代替能量函数以确定平衡点的稳定性。另外，Chetaev 给出了平衡点不稳定性判据。

5.3.1 不显含时间的自治系统 Lyapunov 稳定/渐近稳定性主判据

设 $\boldsymbol{x}=\boldsymbol{0}$ 是不显含时间的自治系统

$$\dot{\boldsymbol{x}}=\boldsymbol{f}(\boldsymbol{x}),\boldsymbol{x}(t_0)=\boldsymbol{x}_0,t\in[t_0,\infty) \tag{5-9}$$

的一个平衡点，$\mathbf{D}\subset\mathbf{R}^n$，是包含原点的定义域。设 $V:\mathbf{D}\to\mathbf{R}$ 是连续可微的函数，如果

(1) $V(\boldsymbol{0})=0$，而在 $\mathbf{D}-\{\boldsymbol{0}\}$ 内 $V(\boldsymbol{x})>0$；

(2) 在 $\mathbf{D}$ 内，$\dot{V}(\boldsymbol{x})\leqslant 0$。

那么，原点 $\boldsymbol{x}=\boldsymbol{0}$ 是稳定的。进一步，如果 $\dot{V}(\boldsymbol{x})<0$ 在 $\mathbf{D}-\{\boldsymbol{0}\}$ 内，那么，原点 $\boldsymbol{x}=\boldsymbol{0}$ 是渐近稳定的。同时定义满足上述两个条件的函数 V 称为 Lyapunov 函数 $V(\boldsymbol{x})$，显然第一个条件确定了 $V(\boldsymbol{x})$ 的正定性。

要证明该结论的正确性，实际上是向 Lyapunov 稳定性定义靠拢。

先构造一些集合，并说明各集合的关系，如图 5-11 所示。给定 $\varepsilon>0$，选择 $r\in(0,\varepsilon]$，满足 $\mathbf{B}_r=\{\boldsymbol{x}\in\mathbf{R}^n \mid \|\boldsymbol{x}\|\leqslant r\}\subset\mathbf{D}$，设 $\alpha=\min\limits_{\|x\|=r}V(\boldsymbol{x})$，显然 $\alpha>0$。取 $\beta=(0,\alpha)$，并设 $\boldsymbol{\Omega}_\beta=\{\boldsymbol{x}\in\mathbf{B}_r \mid V(\boldsymbol{x})\leqslant\beta\}$，显然 $\boldsymbol{\Omega}_\beta$ 在 $\mathbf{B}_r$ 内。

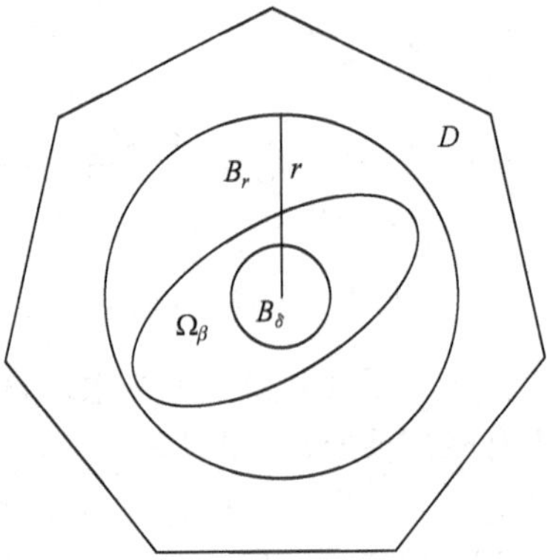

图 5-11 各集合的几何表示

由于 $\dot{V}(\boldsymbol{x})\leqslant 0$，所以对 $\forall t\geqslant 0$，$V(\boldsymbol{x})\leqslant V(\boldsymbol{x}_0)\leqslant\beta$，由此在 $\mathbf{D}$ 内，始于 $\boldsymbol{\Omega}_\beta$ 内的任何轨线都保持在 $\boldsymbol{\Omega}_\beta$ 内。又由于 $\boldsymbol{\Omega}_\beta$ 是有界闭集，根据第 1 章“微分方程解的适定性”一节的结论知，只要 $x(0)\in\boldsymbol{\Omega}_\beta$，则对于所有 $t\geqslant 0$，方程有唯一解。

因 $V(\boldsymbol{x})$ 连续且 $V(\boldsymbol{0})=0$，故存在 $\delta>0$ 满足 $\|\boldsymbol{x}\|\leqslant\delta\Rightarrow V(\boldsymbol{x})<\beta$，那么 $\mathbf{B}_\delta\subset\boldsymbol{\Omega}_\beta\subset\mathbf{B}_r$，并且 $\boldsymbol{x}(0)\in\mathbf{B}_\delta\subset\boldsymbol{\Omega}_\beta\Rightarrow\boldsymbol{x}(t)\in\boldsymbol{\Omega}_\beta\subset\mathbf{B}_r$，所以 $\|\boldsymbol{x}(0)\|<\delta\Rightarrow\|\boldsymbol{x}(t)\|<r\leqslant\varepsilon,\forall t\geqslant 0$。由此，说明符合 Lyapunov 稳定性定义，平衡点 $\boldsymbol{x}=\boldsymbol{0}$ 是稳定的。

另外，在 $\dot{V}(\boldsymbol{x})<0$ 在 $\mathbf{D}-\{\boldsymbol{0}\}$ 内成立时证明其渐近稳定就是要证明 $\lim\limits_{t\to\infty}\boldsymbol{x}(t)=0$，即对于 $\forall\mu>0$，存在 $T>0$，使对于所有 $t>T$，都有 $\|\boldsymbol{x}(t)\|<\mu$。由于 $V(\boldsymbol{x})$ 的单调递减性，所以要证明 $\lim\limits_{t\to\infty}V(\boldsymbol{x})=c=0$。下面采用反证法证明。

假设 $c>0$，由 $V(\boldsymbol{x})$ 的连续性可知，存在 $d>0$ 使 $\mathbf{B}_d\subset\boldsymbol{\Omega}_c$。极限 $V(\boldsymbol{x})\to c>0$ 指对于所有 $t\geqslant 0$，轨线 $\boldsymbol{x}(t)$ 位于球 $\mathbf{B}_d$ 之外。设 $-\gamma=\max\limits_{d\leqslant\|x\|\leqslant r}\dot{V}(\boldsymbol{x})$（所涉域内 $V(\boldsymbol{x})$ 下降最慢的速度），连续函数 $\dot{V}(\boldsymbol{x})$ 在紧集 $\{d\leqslant\|\boldsymbol{x}\|\leqslant r\}$ 上有最大值，即有

$$V(\boldsymbol{x}(t))=V(\boldsymbol{x}(0))+\int_0^t\dot{V}(\boldsymbol{x}(\tau))\mathrm{d}\tau\leqslant V(\boldsymbol{x}(0))-\gamma t$$

由于$-\gamma<0$，上式右侧最终将为负，故与假设$c>0$矛盾。结论$\lim\limits_{t\to\infty}V(\boldsymbol{x})=c=\boldsymbol{0}$成立。

对于该主判据说明几点。

(1)$V(\boldsymbol{x})$是满足稳定性判据条件的一个正定的标量函数，且对$\boldsymbol{x}$应具有连续的一阶偏导数。

(2)对于一个给定系统，如果$V(\boldsymbol{x})$是可找到的，那么通常是非唯一的，但这并不影响结论的一致性。

(3)图5-12是Lyapunov稳定定理的直观性说明，它显示了当c减小时Lyapunov函数等位面的变化。当条件$\dot{V}(\boldsymbol{x})\leqslant 0$是指当轨线与Lyapunov函数等位面$V(\boldsymbol{x})=c$相交，并会向$\boldsymbol{\Omega}_c=\{\boldsymbol{x}\in\mathbf{R}^n \mid V(\boldsymbol{x})\leqslant c\}$内运动，而永远不会再运动到该区域外；而当$\dot{V}(\boldsymbol{x})<0$时，轨线从一个Lyapunov面内部较小的$V(\boldsymbol{x})=c$运动，最终缩小到原点。需要注意，仅$\dot{V}(\boldsymbol{x})\leqslant 0$并不能确定轨线是否最终趋于原点。

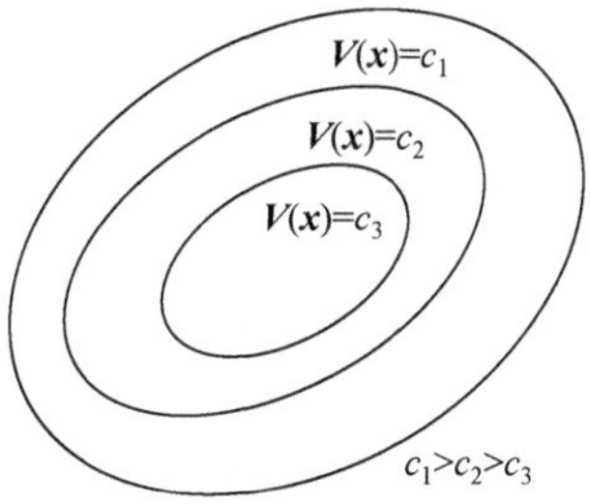

图5-12　Lyapunov稳定性判据的直观性说明

(4)该主判据的条件只是充分的：没有备选的满足稳定性或渐近稳定性条件的Lyapunov函数，并不意味着平衡点不是稳定的或渐近稳定的。

(5)$V(\boldsymbol{x})$函数只表示系统在平衡状态附近某领域内局部运动的稳定情况，丝毫不能提供域外运动的任何信息。

(6)不必求解微分方程就可以运用Lyapunov定理，但找到一套对任何系统都普遍适用的方法仍很困难。对于电气系统和机械系统中能量函数是自然存在的，而对另一些情况，寻找Lyapunov函数一般采用尝试法求解。现在，借助数字计算机不仅可以找到所需要的Lyapunov函数，而且能确定系统的稳定区域。在后面的章节将给出两种系统平衡状态为原点的自治系统的Lyapunov函数规则性构造方法，即Krasovski方法和Schultz－Gibson方法，这些方法并不是在任何情况下都有效的。

(7)Lyapunov函数可以用于估计渐近吸引区，即找出包含于吸引区的集合$\boldsymbol{\Omega}_c$：如果在$\mathbf{D}$上存在一个满足渐近稳定条件的Lyapunov函数，并且如果$\boldsymbol{\Omega}_c=\{\boldsymbol{x}\in\mathbf{R}^n \mid V(\boldsymbol{x})\leqslant c\}$有界且包含于$\mathbf{D}$中，那么每一条始于$\boldsymbol{\Omega}_c$内的轨线都保持在$\boldsymbol{\Omega}_c$内，且当$t\to\infty$时趋于原点。但$\boldsymbol{\Omega}_c$这个估计值可能偏于保守。当$\mathbf{D}=\mathbf{R}^n$且满足“在$\|\boldsymbol{x}\|\to\infty$时恒有$V(\boldsymbol{x})\to\infty$”(径向无界)条件，渐近稳定是全局的。径向无界的条件保证了对于$c>0$的所有值都使$\boldsymbol{\Omega}_c$有界，但它仅是全局渐近稳定的必要条件。这个结论由Barbashin－Krasovskii给出。

(8)利用Lyapunov函数还可以评价系统，如评价能量衰减性能，一个较好的Lyapunov函数用于评价系统时有较少的保守性。

(9)利用Lyapunov函数实际上还可以设计控制器，不过此时构造的是预设闭环系统的

Lyapunov 函数，不同的 Lyapunov 函数用于系统控制器设计时得到的性质是不一样的。

例 5-7 判定是否满足径向无界条件。

已知 $V(\boldsymbol{x})=\frac{x_1^2}{x_1^2+1}+x_2^2=c$，画出 c 为不同值时的 Lyapunov 函数等位面，判定其是否满足径向无界条件。

解 显然当 $x_2=0, x_1=\infty$ 时，$V(\boldsymbol{x})$ 极限为 1，显然不是径向无界的。事实上，当 c 增加到一定值后，Lyapunov 函数等位面张开，如图 5-13 所示，$\boldsymbol{\Omega}_c=\{\boldsymbol{x}\in \mathbf{R}^n \mid V(\boldsymbol{x})\leqslant c\}$ 变成无界。吸引区 $\boldsymbol{\Omega}_c$ 必须满足

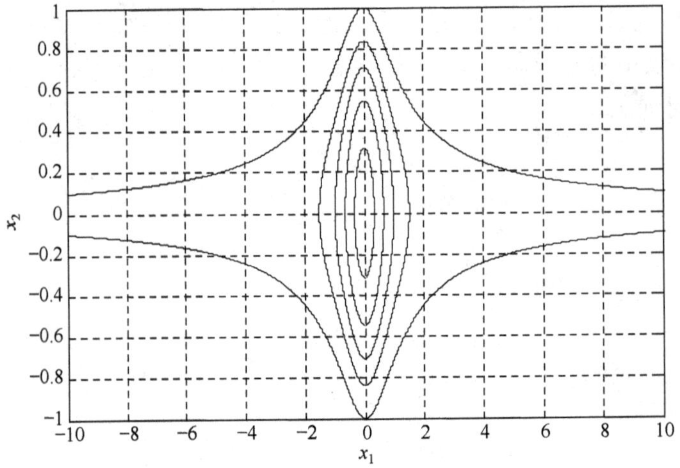

图 5-13 Lyapunov 函数等位面

$$c<\lim_{r\to\infty}\inf_{\|x\|\geqslant r} V(\boldsymbol{x})=\lim_{r\to\infty}\inf_{\|x\|=r}\left(\frac{x_1^2}{x_1^2+1}+x_2^2\right)$$

由 Lyapunov 函数等位面知，当 $r\to\infty$ 时，$x_2\to 0$，而 $x_1\to\infty$，此时上式右端为 1。所以当 $c<1$ 时 $\boldsymbol{\Omega}_c$ 有界。

例 5-8 研究系统稳定性。

考虑一阶系统为 $\dot{x}=-g(x)$。式中，$g(x)$ 是区间 $(-a,a)$ 上的局部 Lipschtiz 函数，且满足 $g(0)=0, xg(x)>0, \forall x\neq 0 \wedge x\in(-a,a)$。利用 Lyapuov 稳定性判据判定该系统的稳定性。

解 由题可知，$g(x)$ 的可能曲线如图 5-14 所示。该系统的平衡点必是 $(0,0)$，根据导数的符号，始于原点的解会向原点运动，所以该平衡点是渐近稳定的。另外，可以构造备选 Lyapuov 函数 $V(\boldsymbol{x})=\int_0^x g(\rho)\mathrm{d}\rho$ 判定该系统是渐近稳定的。

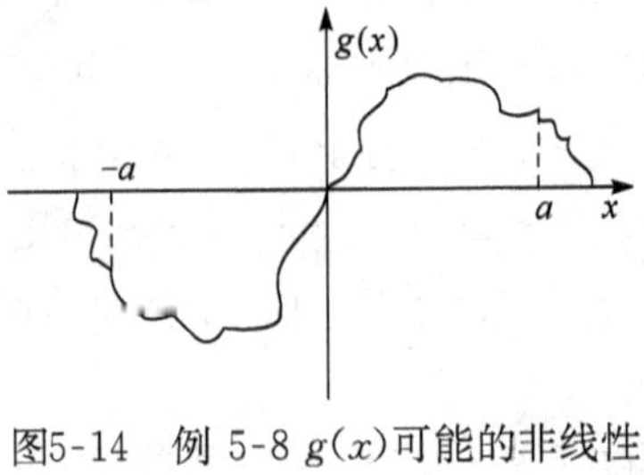

图5-14 例 5-8 $g(x)$ 可能的非线性曲线

思考 自己根据 Lyapuov 稳定性判据演算一下。

例 5-9 研究系统稳定性。

有摩擦单摆系统为

$$\dot{x}_1 = x_2$$
$$\dot{x}_2 = -a\sin x_1 - bx_2$$

式中参数均大于 0。利用 Lyapunov 稳定性判据判定平衡点(0,0)的稳定性。

解 利用本节引例中的能量 Lyapunov 函数

$$V(\boldsymbol{x}) = a(1-\cos x_1) + 0.5x_2^2$$

求导得到 $\dot{V}(\boldsymbol{x}) = -bx_2^2 \leqslant 0$,由此只能判定其是稳定的。

实际上,该系统在$(-\pi,\pi)$是渐近稳定的,所以选择的 Lyapunov 函数并不合适。一个合适的 Lyapunov 函数为

$$V(\boldsymbol{x}) = a(1-\cos x_1) + 0.5(x_1 \quad x_2)\begin{pmatrix} b^2/2 & b/2 \\ b/2 & 1 \end{pmatrix}\begin{pmatrix} x_1 \\ x_2 \end{pmatrix}$$

式中第二项因式实际上是一个正定的二次型多项式。显然上式是正定的。对上式求导,得

$$\dot{V}(\boldsymbol{x}) = -0.5abx_1\sin x_1 - 0.5bx_2^2$$

在$(-\pi,\pi)$内 $\dot{V}(\boldsymbol{x})$是负定的。所以平衡点(0,0)是(局部)渐近稳定的。

思考 本题构造的 Lyapunov 函数的第二项因子是正定的多项式,按这一思路,推导构造的正定二次型多项式应满足什么条件,得到的函数才是 Lyapunov 函数?

例 5-10 研究系统稳定性。

已知系统的状态方程如下,判定其稳定性。

$$\dot{\boldsymbol{x}} = \begin{pmatrix} 0 & 1 \\ -1 & 0 \end{pmatrix}\boldsymbol{x} + \begin{pmatrix} 0 \\ 1 \end{pmatrix}u$$

解 该状态方程是非齐次线性方程,其稳定性与相应齐次线性方程稳定性等价。齐次状态方程为

$$\dot{x}_1 = x_2$$
$$\dot{x}_2 = -x_1$$

显然,原点为系统唯一的平衡状态。试选正定的 Lyapunov 函数

$$V(\boldsymbol{x}) = x_1^2 + x_2^2$$

则有

$$\dot{V}(\boldsymbol{x}) = 2x_1\dot{x}_1 + 2x_2\dot{x}_2 = 2(x_1x_2 - x_1x_2) \equiv 0$$

可见,$\dot{V}(\boldsymbol{x})$在任意 $x \neq 0$ 的值上均可保持为零,而 $V(\boldsymbol{x})$保持为某常数,即

$$V(\boldsymbol{x}) = x_1^2 + x_2^2 = C$$

这表示系统运动的相轨迹是一系列以原点为圆心,$\sqrt{C}$为半径的圆。这时系统为 Lyapunov 意义下的稳定。

5.3.2 不显含时间的自治系统 Chetaev 平衡点不稳定性判据

设 $\boldsymbol{x}=0$ 是不显含时间自治系统(5-9)的平衡点。设 $V:\mathbf{D}\to\mathbf{R}$ 是连续可微函数,对 $\forall t$ 满足 $\boldsymbol{V}(0)=0$,且存在任意接近平衡点的某一点 $\boldsymbol{x}_0$,满足 $V(\boldsymbol{x}_0)>0$。选择 $r>0$,使球 $\mathbf{B}_r = \{\boldsymbol{x} \in$

$\mathbf{R}^n \mid \|\boldsymbol{x}\| \leqslant r\} \subset \mathbf{D}$，并存在 $\mathbf{U}=\{\boldsymbol{x}\in\mathbf{B}_r \mid V(\boldsymbol{x})>0\}$，如果在 U 内有 $\dot{V}(\boldsymbol{x})>0$ 且有界，那么 $\boldsymbol{x}=\mathbf{0}$ 就是非稳定平衡点。

事实上，对任意接近平衡点的某一点 $\boldsymbol{x}_0$，满足 $V(\boldsymbol{x}_0)>0$，并 $\dot{V}(\boldsymbol{x})>0$，可知，当 $t>0$ 时，一定有 $V(\boldsymbol{x}(t))>V(\boldsymbol{x}_0)$。不妨令 $\gamma=\min\{\dot{V}(\boldsymbol{x}) \mid x\in\mathbf{U}\wedge V(\boldsymbol{x})>V(\boldsymbol{x}_0)\}$，显然 $\gamma>0$，且有

$$V(\boldsymbol{x}(t)) = V(\boldsymbol{x}_0) + \int_0^t V(\boldsymbol{x}(\rho))\mathrm{d}\rho \geqslant V(\boldsymbol{x}_0) + \gamma t$$

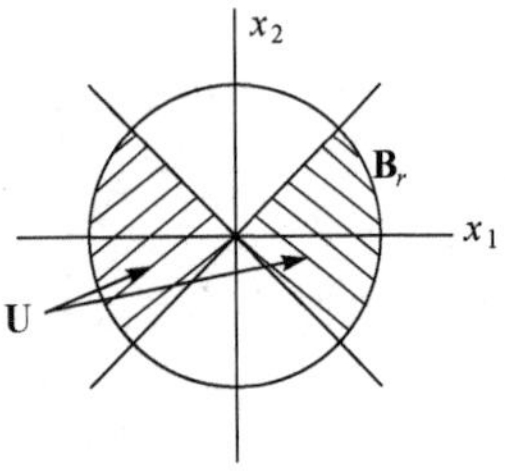

图 5-15　例 5-11 的集合 U 示意图

同时计及 $\|\boldsymbol{x}_0\|$ 任意小时，此不等式均正确，所以该不等式表明，$\boldsymbol{x}(t)$ 不可能永远保持在 U 内，即 $\boldsymbol{x}=0$ 就是非稳定平衡点。

对该不稳定性判据说明几点。

(1) 集合是包含在 $\mathbf{B}_r$ 内的非空集，其边界是曲面 $\mathbf{V}(\boldsymbol{x})=0$ 和球 $\|\boldsymbol{x}\|=r$。由于 $\mathbf{V}(0)=0$，所以原点在 $\mathbf{B}_r$ 内的非空集，位于 $\mathbf{U}$ 的边界上。这里 $\mathbf{U}$ 可能包含不止一个区域。

(2) 在 $\mathbf{U}$ 内有 $\dot{V}(\boldsymbol{x})>0$ 条件与 $\dot{V}(\boldsymbol{x})=\lambda V(\boldsymbol{x})+V_1(\boldsymbol{x})$，$\lambda>0, V_1(\boldsymbol{x})\geqslant 0, \boldsymbol{x}\in\mathbf{U}$ 是等价的。

例 5-11　研究系统稳定性。

考虑一个二阶系统

$$\begin{aligned}\dot{x}_1&=x_1+g(x)\\ \dot{x}_2&=-x_2+g_2(x)\end{aligned}$$

其中，g_1 和 g_2 是局部 Lipschitz 函数，并在原点的一个邻域内满足不等式 $|g_1(\boldsymbol{x})|\leqslant k\|\boldsymbol{x}\|_2^2$，$|g_2(\boldsymbol{x})|\leqslant k\|\boldsymbol{x}\|_2^2$。判断平衡点的稳定性。

解　由题中的不等式知：平衡点是原点。考虑函数 $V(\boldsymbol{x})=\dfrac{1}{2}(x_1^2-x_2^2)$。

在直线 $x_2=0$ 上，对于任意接近原点的点，有 $V(\boldsymbol{x})>0$。集合 $\mathbf{U}$ 如图 5-15 所示。

对 $V(\boldsymbol{x})$ 求导，得

$$\dot{V}(\boldsymbol{x})=x_1^2+x_2^2+x_1g_1(\boldsymbol{x})-x_2g_2(\boldsymbol{x})$$

又 $|x_1g_1(\boldsymbol{x})-x_2g_2(\boldsymbol{x})|\leqslant\sum_{i=1}^{2}|\boldsymbol{x}_i|\cdot|g_i(\boldsymbol{x})|\leqslant 2k\|\boldsymbol{x}\|_2^3$，于是得

$$\dot{V}(x)\geqslant\|\boldsymbol{x}\|_2^2-2k\|\boldsymbol{x}\|_2^3=\|\boldsymbol{x}\|_2^2(1-k\|\boldsymbol{x}\|_2)$$

要使 $\|\boldsymbol{x}\|_2^2(1-2k\|\boldsymbol{x}\|_2)>0$，则选择 $\mathbf{B}_r\subset\mathbf{D}$ 满足 $\|\boldsymbol{x}\|_2<1/2k\Rightarrow r<1/2k$。综上所述，不稳定定理的条件都得到满足，所以原点是不稳定的。

5.4　不显含时间的自治系统的 LaSalle 不变集原理与稳定性

事实上，在 5.3 节的单摆系统例子中，利用能量函数作为 Lyapunov 函数也能判定系统在平衡点(0,0)处的渐近稳定性。正如已分析过的，对于引入的能量函数沿系统轨线的导数是半负定的，且确定了除原点外，轨线不能保持在 $\dot{V}(x)=\mathbf{0}$ 上，原点就是渐近稳定的。这种思想实际就是 LaSalle 不变集原理。它主要依据 Lyapunov 函数刻画系统极限集位置，从而利用极限集的不变性考察系统运动的渐近特性。

5.4.1 几个定义

仍然考虑式(5-9)给出的不显含时间的自治系统，其解为 $x(t)$。

称 $\boldsymbol{m}$ 是 $\boldsymbol{x}(t)$ 的一个正向极限，若存在时间序列 $\{t_k \mid \lim\limits_{k\to\infty} t_k=\infty\}$ 使得 $\lim\limits_{k\to\infty}\boldsymbol{x}(t_k)=\boldsymbol{m}$。把 $\boldsymbol{x}(t)$ 的所有正向极限点组成的集合称为 $\boldsymbol{x}(t)$ 的正极限集 $\mathbf{L}^+$。

称 $\mathbf{M}$ 是正向不变集，若对任意初值 $\boldsymbol{x}(0)=\boldsymbol{x}_0\in\mathbf{M}$，对 $\forall t\geqslant 0$ 总有 $\boldsymbol{x}(t)\in\mathbf{M}$。或写成 $\boldsymbol{x}(t)\xrightarrow{t\to\infty}\mathbf{M}$，若对 $\forall\varepsilon>0$，$\exists T>0$ 使得 $\inf\limits_{m\in\mathbf{M}}\|\boldsymbol{m}-\boldsymbol{x}(t)\|<\varepsilon$，$\forall t>T$。

基于此可以讨论渐近稳定平衡点和稳定极限环是否为正极限集和正不变集。前者是始于足够接近于平衡点的初值对应的每个解的正极限集，而后者是始于足够接近极限环的每个点对应的每个解的正极限集。需要注意的是，仅考察的是极限环附近的区域，所以并不意味着 $x(t)$ 在 $t\to\infty$ 时极限存在。

正不变集的性质：当 $t\geqslant 0$ 时解 $\boldsymbol{x}(t)\in\mathbf{D}$ 且有界，那么其正极限集 $\mathbf{L}^+$ 是非空的正向不变紧闭集，且 $\boldsymbol{x}(t)\xrightarrow{t\to\infty}\mathbf{L}^+$。

例 5-12 不变集条件。

$\boldsymbol{\Omega}_c=\{\boldsymbol{x}\in\mathbf{R}^n \mid V(\boldsymbol{x}(t))\leqslant c\}$ 满足什么条件是正不变集？

解 对于 $\forall\boldsymbol{x}\in\boldsymbol{\Omega}_c$ 有 $\dot{\mathbf{V}}(\boldsymbol{x}(t))\leqslant 0$ 时，$\boldsymbol{\Omega}_c$ 就是正不变集。

5.4.2 LaSalle 不变原理与稳定性

设 $\boldsymbol{\Omega}\subset\mathbf{D}$ 是式(5-9)给出的不显含时间的自治系统的有界正向不变紧闭集，若设 $V:\mathbf{D}\to\mathbf{R}$ 是连续可微的函数，满足在 $\boldsymbol{x}(t)\in\boldsymbol{\Omega}$ 内 $\dot{V}(\boldsymbol{x}(t))\leqslant 0$，那么该系统对应于任意初态 $\boldsymbol{x}_0\in\boldsymbol{\Omega}$ 的解 $x(t)$ 随时间趋向于 $\mathbf{M}$，即

$$\lim_{t\to\infty}\boldsymbol{x}(t)=\boldsymbol{m}\in\mathbf{M} \tag{5-10}$$

式中，$\mathbf{M}$ 是 $\mathbf{E}=\{\boldsymbol{x}\mid\dot{V}(\boldsymbol{x}(t))=0\}$ 所含的最大不变集。

事实上，由于 $\boldsymbol{\Omega}$ 内 $\dot{V}(\boldsymbol{x}(t))\leqslant 0$，所以 $V(x(t))$ 对 t 是递减的。又由于 $V(\boldsymbol{x})$ 在 $\boldsymbol{\Omega}$ 内是连续的，所以 $V(\boldsymbol{x})$ 下有界，即有 $\lim\limits_{t\to\infty}V(\boldsymbol{x})=a$。又因 $\boldsymbol{\Omega}$ 是闭集，所以正极限集 $\mathbf{L}^+\subset\boldsymbol{\Omega}$。对 $\forall\boldsymbol{m}\in\mathbf{L}^+$，存在序列 $\{t_k\mid\lim\limits_{k\to\infty}t_k=\infty\}$ 使得 $\lim\limits_{k\to\infty}\boldsymbol{x}(t_k)=\boldsymbol{m}$，计及 $\lim\limits_{t\to\infty}V(\boldsymbol{x})=a$，所以 $V(\boldsymbol{m})=\lim\limits_{k\to\infty}V(\boldsymbol{x}(t_k))=a$，故在 $\mathbf{L}^+$ 上有 $V(\boldsymbol{x})=a$。

由于 $\mathbf{L}^+$ 是正不变集，而 $\mathbf{M}$ 是 $\mathbf{E}=\{x\mid\dot{V}(\boldsymbol{x}(t))=0\}$ 所含的最大不变集，所以

$$\mathbf{L}^+\subseteq\mathbf{M}\subseteq\mathbf{E}\subseteq\boldsymbol{\Omega}$$

据正极限集的性质，有 $\boldsymbol{x}(t)\xrightarrow{t\to\infty}\mathbf{L}^+$，故有 $x(t)\xrightarrow{t\to\infty}\mathbf{M}$。

关于 LaSalle 不变集原理说明几点。

(1) LaSalle 不变集原理的几何解释。

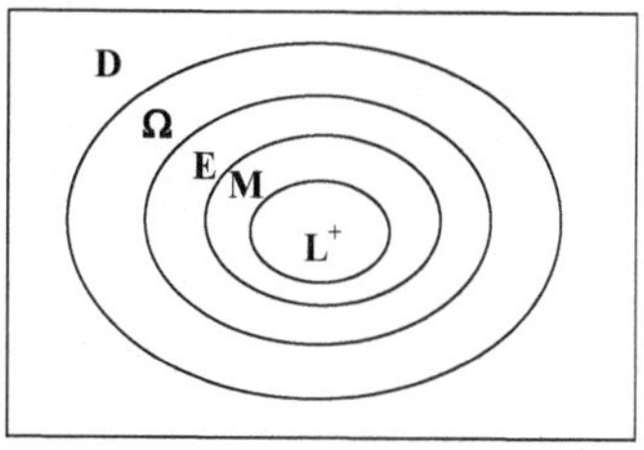

图 5-16 不变集原理的几何解释

如图 5-16 所示，由于 $V(\boldsymbol{x})$ 的单调性，必有 $\boldsymbol{x}(t)\xrightarrow{t\to\infty}E$，而且最终将进入 $\mathbf{E}$ 内，并进一步趋于 $\mathbf{M}$，更准确地趋于 $\mathbf{L}^+$，所以若能够断定系统在 $\mathbf{E}$ 中的不变集 $\mathbf{M}$ 只含有原点，那么即使无法验证 $\dot{V}(\boldsymbol{x}(t))$ 的负定性，也同样可以

得到平衡点渐近稳定的结论。

(2) LaSalle 不变集原理不要求 $V(\boldsymbol{x})$ 是正定的,适用的范围更宽了。如对于 Hopfield 人工神经网络动态模型分析时选择非正定或非半正定的 $V(\boldsymbol{x})$,依然能判定在对称条件下的稳定性。

(3)构造集合不必与构造 $V(\boldsymbol{x})$ 相联系,但在许多情况下,有了 $V(\boldsymbol{x})$ 本身就确定的 $\boldsymbol{\Omega}$,特别地,若 $\boldsymbol{\Omega}_c=\{\boldsymbol{x}\in\boldsymbol{R}^n|V(\boldsymbol{x}(t))\leqslant c\}$ 有界且在此集合内有 $\dot{V}(\boldsymbol{x}(t))\leqslant 0$,则可取 $\boldsymbol{\Omega}=\boldsymbol{\Omega}_c$。

(4) LaSalle 不变集原理可以用于有一个平衡点集的系统,而不单是只有一个孤立平衡点的系统。

由 LaSalle 不变集原理得到单孤立平衡点系统的 Lyapunov 稳定性判据(Barbashin-Krasovskii 判据):在 Lyapunov(全局)稳定基础上,设 $\mathbf{S}=\{\boldsymbol{x}\in\mathbf{D}|\dot{V}(\boldsymbol{x}(t))=0\}$,若除平衡点外,没有其他解同样保持在 $\mathbf{S}$ 内,那么原点是(全局)渐近稳定的

例 5-13 利用 LaSalle 不变集原理判定稳定性。

考虑系统

$$\dot{x}_1=x_2$$

$$x_2=-h_1(x_1)-h_2(x_2)$$

式中,$h_1(\cdot)$ 和 $h_2(\cdot)$ 均是局部 Lipschitz 的,且满足 $h_i(0)=0,uh_i(u)>0,\forall u\neq 0\wedge u\in(-a,a)$。判定平衡点(0,0)的稳定性。

解 该系统只有一个平衡点(0,0)。设 $\mathbf{D}=\{\boldsymbol{x}\in\mathbf{R}^2\,|-a<x_i<a\}$,考虑到此系统是单摆系统的进一步一般化,构造备选 Lyapunov 函数

$$V(\boldsymbol{x})=\int_0^{x_1}h_1(\rho)\mathrm{d}\rho+0.5x_2^2$$

显然,此函数在 $\mathbf{D}$ 内正定,且有

$$\dot{V}(\boldsymbol{x})=h_1(x_1)x_2+x_2(-h_1(x_1)-h_2(x_2))=-x_2h_2(x_2)\leqslant 0$$

半负定。为此,求出 $\mathbf{S}=\{\boldsymbol{x}\in\mathbf{D}|\dot{V}(\boldsymbol{x}(t))=0\}=\{\boldsymbol{x}\in\mathbf{D}|x_2=0\}$。很容易验证只有平衡点(0,0)会一直保持在 $\mathbf{S}$ 中,所以平衡点(0,0)是渐近稳定的。

5.5 显含时间的自治系统的 Lyapunov 第二法稳定性判据

显含时间的自治系统的解不仅与 $t-t_0$ 有关,而且与 t_0 也有关。能否改进稳定性和渐近稳定性的定义,使它们对初始时刻 t_0 一致成立呢?为此首先引入特殊的比较函数和相关引理,然后基此再给出显含时间的自治系统的 Lyapunov 第二法稳定性相关判据。

5.5.1 比较函数与 Lyapunov 分析

1. K 类函数与 KL 类函数定义及性质

若函数 $\alpha:[0,a)\to[0,\infty)$ 严格递增,且 $\alpha(0)=0$,则 α 属于 K 类函数。如果 $a=\infty$,且当 $r\to\infty$ 时,$\alpha(r)=\infty$,则 α 属于 K_∞ 类函数。

对于连续函数 $\beta:[0,a)\times[0,\infty)\to[0,\infty)$,如果对于每个固定的 s,映射 $\beta(r,s)$ 都是关于 r 的 K 类函数,并且对于每个固定的 r,映射是 s 的递减函数,且当 $s\to\infty$ 时,$\beta(r,s)\to 0$,则 $\beta(r,s)$ 属于 KL 类函数。

设 α_1 和 α_2 是$[0,a)$上的 K 类函数,α_3 和 α_4 是 K_∞ 类函数,β 是 KL 类函数,则有如下性质。

(1)α_1^{-1} 在$[0,\alpha_1(a))$上有定义,且属于 K 类函数。

(2)α_3^{-1} 在$[0,\alpha_3(a))$上有定义,且属于 K_∞类函数。

(3)$\alpha_1\circ\alpha_2$ 是 K 类函数。

(4)$\alpha_3\circ\alpha_4$ 是 K_∞类函数。

(5)$\sigma(r,s)=\alpha_1(\beta(\alpha_2(r),s))$是 KL 类函数。

例 5-14 函数属类判定。

$$\alpha(r)=\min\{r^2,r\},\alpha(r)=\tan^{-1}(r),\beta(r,s)=r^c\mathrm{e}^{-s},\beta(r,s)=r/krs+1。$$

解 据定义知,这几个函数的属类分别是 K_∞、K、KL、KL。

2. 基于 K 类函数与 KL 类函数的 Lyapunov 分析

下面的结论表述了自治系统能量函数的 K 类函数界性。

设 $V:\mathbf{D}\to\mathbf{R}$ 是定义域为 $\mathbf{D}\subset\mathbf{R}^n$ 且包含原点连续正定函数,并设对于某个 $r>0$ 有 $\mathbf{B}_r\subset\mathbf{D}$,则对于所有 $\boldsymbol{x}\in\mathbf{B}_r$,存在定义在$[0,r]$上的 K 类函数 α_1 和 α_2满足

$$\alpha_1(\|\boldsymbol{x}\|)\leqslant V(\boldsymbol{x})\leqslant\alpha_2(\|\boldsymbol{x}\|)\tag{5-11}$$

如果 $\mathbf{D}=\mathbf{R}^n$ 且 $V(\boldsymbol{x})$是径向无界的,则存在 K_∞类函数 α_1 和 α_2 在$[0,\infty)$上有定义,使得式(5-11)对于任意 $\boldsymbol{x}\in\mathbf{R}^n$ 都成立。式(5-11)的几何意义如图 5-17 所示。

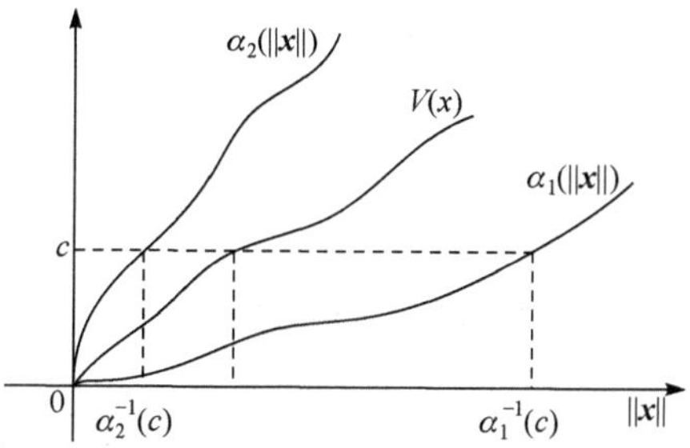

图 5-17 式(5-11)的几何意义

例 5-15 写出界性表达式。

已知二次正定函数 $V(\boldsymbol{x})=x^{\mathrm{T}}\boldsymbol{Px}$,写出 K 类函数界性表达式。

解 由于 $\boldsymbol{P}$ 为实对称阵,必存在一个正交变换 $\boldsymbol{x}=\boldsymbol{T}\bar{\boldsymbol{x}}$,使其对角化,又 $\boldsymbol{P}$ 是正定矩阵,对角化后的矩阵特征值全为正数,分别取最大和最小,容易得到下面的不等式

$$\lambda_{\min}(\boldsymbol{P})\|\boldsymbol{x}\|_2^2\leqslant\boldsymbol{x}^{\mathrm{T}}\boldsymbol{P}x\leqslant\lambda_{\max}(\boldsymbol{P})\|\boldsymbol{x}\|_2^2$$

此等式表达了二次正定函数的界性。

为引入基于 K 类函数与 KL 类函数的 Lyapunov 分析,首先给出一个比较容易理解的结论。考虑标量自治可微方程:$\dot{y}=-\alpha(y),y(t_0)=y_0$,其中 α 是定义在$[0,a)$上的局部 Lipschitz K 类函数,则对于所有 $0\leqslant y_0<a$,当 $t\geqslant t_0$时方程有唯一解 $y(t)$,且 $y(t)=\sigma(y_0,t-t_0)$,其中,σ 为$[0,a)\times[0,\infty)$上的 KL 类函数。

直观上看,由于$-\alpha(y)$除 $y=0$ 时等于 0 之外,任何 y 值都将使$-\alpha(y)$为负,这表明 y 是逐渐减小的,依时间 t 最终将减小到 0;此外,初值 y_0 越大,$\sigma(y_0,t-t_0)$ 在相同时间点上的值越大。故 σ 为$[0,a)\times[0,\infty)$上的 KL 类函数。要严格证明,需要从解上入手。下面给一个例子予以说明。

例 5-16 分析下面方程解。

分析一下 $\dot{y}=-ky^2, k>0$,初值为 y_0 的解是否与前面的结论相符。

解 利用分离变量法,得微分方程的解为 $y(t)=\dfrac{y_0}{ky_0(t-t_0)+1}=\sigma(y_0,t-t_0)$,显然 $\sigma(y_0,t-t_0)$ 对 y_0 是递增的,而对 t 是递减的,所以 $\sigma(y_0,t-t_0)$ 是 KL 类函数。

下面,将 K 类和 KL 类函数引入不显含时间的自治系统 Lyapunov 稳定性证明中。在 5.3.1节不显含时间的自治系统 Lyapunov 稳定性主判据的证明中,希望选择 β 和 δ,满足 $\mathbf{B}_\delta\subset\mathbf{\Omega}_\beta\subset\mathbf{B}_r$。利用自治系统能量函数的 K 类函数界性(式(5-11))。因为

$$V(\boldsymbol{x})\leqslant\beta\Rightarrow\alpha_1(\|\boldsymbol{x}\|)\leqslant\alpha_1(r)\Leftrightarrow\|\boldsymbol{x}\|\leqslant r$$

且

$$\|\boldsymbol{x}\|\leqslant\delta\Rightarrow V(\boldsymbol{x})\leqslant\alpha_2(\delta)\leqslant\beta$$

依此,可选择 $\beta\leqslant\alpha_1(r)$ 和 $\delta\leqslant\alpha_2^{-1}(\beta)$。

在此证明中,还希望说明当 $\dot{V}(\boldsymbol{x})$ 负定时,渐近稳定。由式(5-11),得存在 **K** 类函数 α_3,满足

$$\dot{V}(\boldsymbol{x})\leqslant-\alpha_3(\|\boldsymbol{x}\|)\Rightarrow\dot{V}(\boldsymbol{x})\leqslant-\alpha_3(\alpha_2^{-1}(V))$$

由比较原理可知,$V(\boldsymbol{x})$ 以标量微分方程

$$\dot{y}=-\alpha_3(\alpha_2^{-1}(y)),\ y(0)=V(\boldsymbol{x}(0))$$

的解为界。又由 K 类函数的性质,$\alpha_3\circ\alpha_2^{-1}$ 是 K 类函数。考虑上面引入的结论,上述标量方程的解为 KL 类函数,即

$$y(t)=\sigma(y(0),t)$$

因此 $V(\boldsymbol{x})$ 满足不等式

$$V(\boldsymbol{x})\leqslant\sigma(V(\boldsymbol{x}(0),t)$$

此式即说明 $V(\boldsymbol{x})$ 在 $t\to\infty$ 时趋于 0。

另外,也可以从估计 $||\boldsymbol{x}||$ 值的角度来证明不显含时间的自治系统 Lyapunov 稳定性主判据,即

$$\left.\begin{array}{c}\dot{V}(\boldsymbol{x}(t))\leqslant 0\\ \alpha_1(\|\boldsymbol{x}\|)\leqslant V(\boldsymbol{x})\leqslant\alpha_2(\|\boldsymbol{x}\|)\end{array}\right\}\Rightarrow\alpha_1(\|\boldsymbol{x}(t)\|)\leqslant V(\boldsymbol{x}(t))\leqslant V(\boldsymbol{x}(0))\leqslant\alpha_2(\|\boldsymbol{x}(0)\|)$$

$$\Rightarrow\|\boldsymbol{x}(t)\|\leqslant\alpha_1^{-1}(\alpha_2(\|\boldsymbol{x}(0)\|)) \tag{5-12}$$

对 $\|\boldsymbol{x}(0)\|$ 的 K 类函数中只能说明有界性,不能足以说明渐近稳定。下面的 KL 类函数说明渐近稳定。

$$\left.\begin{array}{c}V(\boldsymbol{x})\leqslant\sigma(V(0),t)\\ \alpha_1(\|\boldsymbol{x}\|)\leqslant V(\boldsymbol{x})\leqslant\alpha_2(\|\boldsymbol{x}\|)\end{array}\right\}\Rightarrow\alpha_1(\|\boldsymbol{x}(t)\|)\leqslant V(\boldsymbol{x}(t))\leqslant\sigma(V(0),t)\leqslant\sigma(\alpha_2(\|\boldsymbol{x}(0)\|),t)$$

$$\Rightarrow\|\boldsymbol{x}(t)\|\leqslant\alpha_1^{-1}(\sigma(\alpha_2(\|\boldsymbol{x}(0)\|),t)) \tag{5-13}$$

5.5.2 显含时间的自治系统的 Lyapunov 第二法稳定性判据

1. 改进的一致稳定性与一致渐近稳定性定义

首先用 K 类和 KL 类函数定义一致稳定性与一致渐近稳定性,实际上是对原定义的一种改进。

对于显含时间的自治系统

$$\dot{\boldsymbol{x}}=\boldsymbol{f}(\boldsymbol{x},t),\boldsymbol{x}(\boldsymbol{t}_0)=\boldsymbol{x}_0,t\in[t_0,\infty) \tag{5-14}$$

平衡点为 $\boldsymbol{x}=\boldsymbol{0}$,则有

(1)当且仅当存在一个 K 类函数和独立于 t_0 的正常数 c,满足下面不等式时,平衡点是一致稳定的;

$$\|\boldsymbol{x}(t)\|\leqslant\alpha(\|\boldsymbol{x}(t_0)\|),\forall t\geqslant t_0\geqslant 0,\forall\|\boldsymbol{x}(t_0)\|<c \tag{5-15}$$

(2)当且仅当存在一个 KL 函数和独立于 t_0 的正常数 c,满足下面不等式时,平衡点是一致渐近稳定的;

$$\|\boldsymbol{x}(t)\|\leqslant\beta(\|\boldsymbol{x}(t_0)\|,t-t_0),\forall t\geqslant t_0\geqslant 0,\forall\|\boldsymbol{x}(t_0)\|<c \tag{5-16}$$

(3)当且仅当上面不等式对于任意初始状态 $\boldsymbol{x}(t_0)$ 都成立时,平衡点是全局一致渐近稳定的;

(4)当(2)和(3)的 KL 函数满足取 $\beta(r,s)=kr\mathrm{e}^{-\lambda s}$,$\lambda>0$ 的形式时,平衡点是指数稳定的,同样有局部与全局之分。

2. 稳定性判据

由于一致稳定和一致渐近稳定是工程中最常用的,所以下面只给出这两种稳定性的判据。

(1)显含时间的自治系统(5-14)一致稳定的判据。

设 $\boldsymbol{x}=\boldsymbol{0}$ 是自治系统(5-14)的一个平衡点,$\mathbf{D}\subset\mathbf{R}^n$ 是包含 $\boldsymbol{x}=\boldsymbol{0}$ 的定义域,$V:\mathbf{D}\times[0,\infty]\rightarrow\mathbf{R}$ 是连续可微函数,且满足:

$$W_1(\boldsymbol{x})\leqslant V(\boldsymbol{x},t)\leqslant W_2(\boldsymbol{x}) \tag{5-17}$$

$$\dot{V}(\boldsymbol{x},t)=\frac{\partial V}{\partial t}+\frac{\partial V}{\partial \boldsymbol{x}}f(\boldsymbol{x},t)\leqslant 0 \tag{5-18}$$

$\forall t\geqslant 0,\forall \boldsymbol{x}\in\mathbf{D}$,其中 W_1 和 W_2 都是 $\mathbf{D}$ 上的连续正定函数。那么 $\boldsymbol{x}=\boldsymbol{0}$ 是一致稳定的。

首先选择 $r>0$ 和 $c>0$,满足 $\mathbf{B}_r\subseteq\mathbf{D}$ 和 $c<\lim\limits_{\min\|\boldsymbol{x}\|=r}W_1(\boldsymbol{x})$,那么在 $\mathbf{B}_r$ 内有集合 $\boldsymbol{\Omega}_{W_1}=\{\boldsymbol{x}\in\mathbf{B}_r|W_1(\boldsymbol{x})\leqslant c\}$ 和 $\boldsymbol{\Omega}_{W_2}=\{\boldsymbol{x}\in\mathbf{B}_r|W_2(\boldsymbol{x})\leqslant c\}$。与时间无关的集合 $\boldsymbol{\Omega}_{t,c}$ 定义为 $\boldsymbol{\Omega}_{t,c}=\{\boldsymbol{x}\in\mathbf{B}_r|V(\boldsymbol{x},t)\leqslant c\}$。

若假设 $W_2(\boldsymbol{x})\leqslant c$,则由式(5-17)得,$V(\boldsymbol{x},t)\leqslant c$,进而 $W_1(\boldsymbol{x})\leqslant c$。计及式(5-17)和图 5-17,于是有

$$\boldsymbol{\Omega}_{W_2}\subseteq\boldsymbol{\Omega}_{t,c}\subseteq\boldsymbol{\Omega}_{W_1}\subseteq\mathbf{B}_r\subseteq\mathbf{D} \tag{5-19}$$

这五个嵌套集合如图 5-18 所示。图 5-18 与图 5-11 相似,不同之处在于图中曲面 $V(\boldsymbol{x},t)=c$ 与 t 有关,所以它处于独立于时间的曲面 $W_1(\boldsymbol{x})=c$ 和 $W_2(\boldsymbol{x})=c$ 之间。

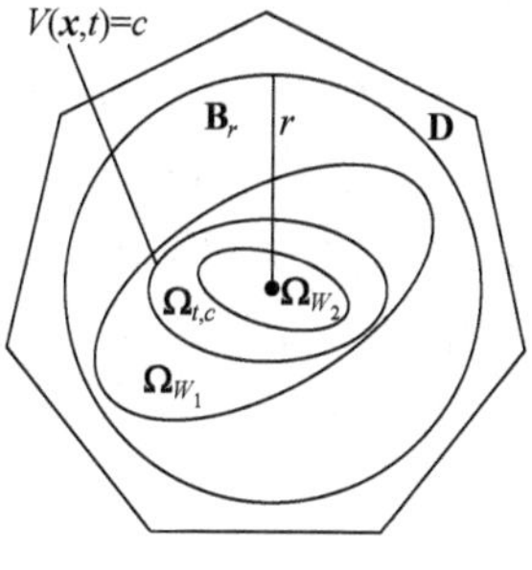

图 5-18　各集合的几何表示

由于在 $\mathbf{D}$ 上，对于任何 $t_0 \geqslant 0$，有 $\boldsymbol{x}_0 \in \boldsymbol{\Omega}_{t_0,c}$，而 $\dot{V}(\boldsymbol{x},t) \leqslant 0$，所以对于所有 $t \geqslant t_0$，始于 $(\boldsymbol{x}_0, t_0)$ 的解保持在 $\boldsymbol{\Omega}_{t,c}$ 内。因此，对于所有未来时刻，始于 $\boldsymbol{\Omega}_{W_2}$ 的任何解都保持在 $\boldsymbol{\Omega}_{t,c}$ 内，从而保持在 $\boldsymbol{\Omega}_{W_1}$ 内。

综上，对于所有 $t \geqslant t_0$，解都有定义且有界。

另由 V 沿方程的轨线的导数为 $\dot{V}(\boldsymbol{x},t) \leqslant 0$，所以有

$$V(\boldsymbol{x}(t), t) \leqslant V(\boldsymbol{x}(t_0), t_0),\ \forall t \geqslant t_0$$

又据 K 类函数界性结论，存在定义在 $[0,r]$ 上的 K 类函数 α_1 和 α_2（注意这里针对的是不显含时间 $W_1(\boldsymbol{x})$ 和 $W_2(\boldsymbol{x})$），满足

$$\alpha_1(\|\boldsymbol{x}\|) \leqslant W_1(\boldsymbol{x}) \leqslant V(t,\boldsymbol{x}) \leqslant W_2(\boldsymbol{x}) \leqslant \alpha_2(\|\boldsymbol{x}\|) \tag{5-20}$$

将上述两个不等式结合，有

$$\|\boldsymbol{x}(t)\| \leqslant \alpha_1^{-1}(V(\boldsymbol{x}(t),t)) \leqslant \alpha_1^{-1}(V(\boldsymbol{x}(t_0),t_0)) \leqslant \alpha_1^{-1}(\alpha_2(\|\boldsymbol{x}(t_0)\|)) \tag{5-21}$$

据 K 类函数的性质知，$\alpha_1^{-1} \circ \alpha_2$ 是 K 类函数。由此，据改进的一致稳定性定义，原点是一致稳定的。

(2) 显含时间的自治系统(5-14)一致渐近稳定的判据。

假设一致稳定判据的假定条件中第二个不等式改为

$$\dot{V}(\boldsymbol{x},t) = \frac{\partial V}{\partial t} + \frac{\partial V}{\partial \boldsymbol{x}} \boldsymbol{f}(\boldsymbol{x},t) \leqslant -W_3(\boldsymbol{x}) \tag{5-22}$$

$\forall t \geqslant 0, \forall \boldsymbol{x} \in \mathbf{D}$，其中 W_3 也是 $\mathbf{D}$ 上的连续正定函数。那么 $\boldsymbol{x}=\mathbf{0}$ 是一致渐近稳定的。如果选择 r 和 c 满足 $\mathbf{B}_r = \{\|\boldsymbol{x}\| \leqslant r\} \subset \mathbf{D}$ 和 $c < \min\limits_{\|\boldsymbol{x}\|=r} W_1(\boldsymbol{x})$，则始于 $\boldsymbol{\Omega}_{W_2}$ 每条轨线对于某个 KL 类函数 β 都满足

$$\|\boldsymbol{x}(t)\| \leqslant \beta(\boldsymbol{x}(t_0), t-t_0),\ \forall t \geqslant t_0 \geqslant 0 \tag{5-23}$$

若 $\mathbf{D}=\mathbf{R}^n$ 和 $W_1(x)$ 径向无界，则 $\boldsymbol{x}=\mathbf{0}$ 是全局一致渐近稳定的。

对于所有未来时刻，始于 $\boldsymbol{\Omega}_{W_2}$ 的任何解都保持在 $\boldsymbol{\Omega}_{t,c}$ 内，从而保持在 $\boldsymbol{\Omega}_{W_1}$ 内。

事实上，由于 W_3 是 $\mathbf{D}$ 上的连续正定函数，所以存在定义在 $[0,r]$ 上的 K 类函数 α_3 满足 $\alpha_3(\|\boldsymbol{x}\|) \leqslant W_3(x)$。计及式(5-22)，得

$$\dot{V}(\boldsymbol{x},t) = \frac{\partial V}{\partial t} + \frac{\partial V}{\partial x} \boldsymbol{f}(\boldsymbol{x},t) \leqslant -W_3(\boldsymbol{x}) \leqslant -\alpha_3(\|\boldsymbol{x}\|) \tag{5-24}$$

再利用式(5-20)的 $V(t,\boldsymbol{x}) \leqslant \alpha_2(\|\boldsymbol{x}\|)$，得 $\alpha_2^{-1}(V(t,\boldsymbol{x})) \leqslant \|\boldsymbol{x}\|$，进而 $\alpha_3(\alpha_2^{-1}(V(t,\boldsymbol{x}))) \leqslant \alpha_3(\|\boldsymbol{x}\|)$，结合上式，得

$$\dot{V}(\boldsymbol{x},\boldsymbol{t}) \leqslant -\alpha_3(\alpha_2^{-1}(V(t,\boldsymbol{x})))$$

令 $\alpha = \alpha_3 \cdot \alpha_2^{-1}$，据 K 类函数性质，$\alpha$ 是 $[0,r]$ 上的 K 类函数。于是有

$$\dot{V}(\boldsymbol{x},t) \leqslant -\alpha(V(t,\boldsymbol{x}))$$

不失一般性，假设 α 是局部 Lipschitz 函数（如果不是，可选择一个局部 Lipschitz 函数 K 类函数 β 使其在定义域内满足 $\alpha(\cdot) \geqslant \beta(\cdot)$），并设 $y(t)$ 满足下面微分方程

$$\dot{y} = -\alpha(y),\ y(t_0) = V(\boldsymbol{x}(t_0), t_0) \geqslant 0$$

对于此微分方程，由前面的结论知，其解为 $[0,r] \times [0,\infty)$ 上的 KL 类函数 $\sigma(\cdot,\cdot)$，即

$$y(t) = \sigma(V(\boldsymbol{x}(t_0), t_0), t-t_0)$$

又由 1.9.4 节的比较原理，有

$$V(\boldsymbol{x},t) \leqslant y(t),\ \forall t \geqslant t_0$$

所以

$$V(\boldsymbol{x},t)\leqslant\sigma(V(\boldsymbol{x}(t_0),t_0),t-t_0),\ \forall V(\boldsymbol{x}(t_0),t_0)\in[0,c]$$

由此，计及式(5-20)的 $\alpha_1(\|\boldsymbol{x}\|)\leqslant V(t,\boldsymbol{x})$ 和式(5-21)的 $\alpha_1^{-1}(V(\boldsymbol{x}(t_0),t_0))\leqslant\alpha_1^{-1}(\alpha_2(\|\boldsymbol{x}(t_0)\|))$，有任何始于 $\boldsymbol{\Omega}_{W_1}$ 的解均满足

$$\|\boldsymbol{x}\|\leqslant\alpha_1^{-1}(V(t,\boldsymbol{x}))\leqslant\alpha_1^{-1}(\sigma(V(\boldsymbol{x}(t_0),t_0),t-t_0))\leqslant\alpha_1^{-1}(\alpha_2(\|\boldsymbol{x}(t_0)\|),t-t_0)$$

令 $\rho(\|\boldsymbol{x}(t_0)\|,t-t_0)=\alpha_1^{-1}(\alpha_2(\|\boldsymbol{x}(t_0)\|),t-t_0)$，据 K/KL 类函数性质，$\rho$ 是 KL 类函数，所以式(5-23)成立。若 $\mathbf{D}=\mathbf{R}^n$ 和 $W_1(\boldsymbol{x})$ 径向无界，由于所有的 K 类函数将是$[0,\infty)$上的函数，c 可以选择无穷大，式(5-23)全局成立，故此时原点是全局渐近稳定的。

例 5-17 判定稳定性。

已知标量系统 $\dot{x}=-(1+g(t))x^3$，其中 $g(t)$ 连续，且对所有 $t\geqslant 0$，有 $g(t)\geqslant 0$。判定稳定性。

解 备选正定的 Lyapunov 函数 $V(x,t)=0.5x^2$，对其求导

$$\dot{V}(x,t)=-(1+g(t))x^4\leqslant -x^4,\ \forall x\in\mathbf{R},\ \forall t\geqslant 0$$

令 $W_1(x)=W_2(x)=V(x)$，$W_3(x)=x^4$，这些函数全局满足一致渐近稳定判据的条件，因此系统是全局一致渐近稳定的。

下面，进一步对一致渐近稳定的判据中的 W_1、W_2、W_3 分别取如下形式

$$W_1(\boldsymbol{x})=k_1\|\boldsymbol{x}\|^a,W_2(\boldsymbol{x})=k_2\|\boldsymbol{x}\|^a,W_3(\boldsymbol{x})=k_3\|\boldsymbol{x}\|^a \tag{5-25}$$

$\forall t\geqslant 0$，$\forall \boldsymbol{x}\in\mathbf{D}$，其中 k_1,k_2,k_3,a 是正常数。那么 $\boldsymbol{x}=0$ 是指数稳定的。如果上述假设全局成立，那么 $\boldsymbol{x}=0$ 是全局指数稳定的。

事实上，从渐近稳定判据知，始于 $\boldsymbol{\Omega}_{W_2}$ 每条轨线均是有界的。对于足够小的 c，始于 $\boldsymbol{\Omega}_{W_2}$ 的任何解均是有界的。由式(5-20)和式(5-24)，并计及式(5-25)，有

$$\dot{V}\leqslant-(k_3/k_2)V$$

据比较原理，有

$$V(\boldsymbol{x},t)\leqslant V(\boldsymbol{x}(t_0),t_0)\mathrm{e}^{-(k_3/k_2)(t-t_0)}$$

计及式(5-20)中 $W_1(\boldsymbol{x})=k_1\|\boldsymbol{x}\|^a\leqslant V(t,\boldsymbol{x})$，所以

$$\|\boldsymbol{x}\|\leqslant(V(t,\boldsymbol{x})/k_1)^{1/a}\leqslant(V(\boldsymbol{x}(t_0),t_0)\mathrm{e}^{-(k_3/k_2)(t-t_0)}/k_1)^{1/a}$$

再结合式(5-20)中 $V(t,\boldsymbol{x})\leqslant W_3(\boldsymbol{x})=k_3\|\boldsymbol{x}\|^a$，所以

$$\|\boldsymbol{x}\|\leqslant(V(t,\boldsymbol{x})/k_1)^{1/a}\leqslant(k_3\|\boldsymbol{x}(t_0)\|^a\mathrm{e}^{-(k_3/k_2)(t-t_0)}/k_1)^{1/a}=(k_2/k_1)^{1/a}\|\boldsymbol{x}(t_0)\|\mathrm{e}^{-(k_3/ak_2)(t-t_0)}$$

所以，原点是指数稳定的。如果所有假设全局成立，则可任意选择 c，且上述不等式对于 $\boldsymbol{x}(t_0)\in\mathbf{R}^n$ 都成立。

例 5-18 判定稳定性。

已知如下的系统

$$\dot{x}_1=-x_1-g(t)x_2$$
$$\dot{x}_2=x_1-x_2$$

其中，$g(t)$ 连续可微且满足 $0\leqslant g(t)\leqslant k$，$\dot{g}(t)\leqslant g(t)$，$\forall t\geqslant 0$。判定稳定性。

解 取 $V(\boldsymbol{x},t)=x^2+(1+g(t))x_2^2$ 作为备选正定的 Lyapunov 函数。容易看出

$$W_1(\boldsymbol{x})=x_1^2+x_2^2\leqslant V(\boldsymbol{x},t)\leqslant x_1^2+(1+k)x_2^2\leqslant(1+k)(x_1^2+x_2^2)=W_2(\boldsymbol{x}),\ \forall \boldsymbol{x}\in\mathbf{R}^2$$

因此，$V(\boldsymbol{x},t)$ 是递减的，后径向无界。对 $V(\boldsymbol{x},t)$ 求导，得

$$\dot{V}(\boldsymbol{x},t)=-2\boldsymbol{x}_1^2+2\boldsymbol{x}_1\boldsymbol{x}_2-(2+2g(t)-\dot{g}(t))\boldsymbol{x}_2^2$$

计及 $\dot{g}(t)\leqslant g(t)$，得

$$\dot{V}(\boldsymbol{x},t)\leqslant -2x_1^2+2x_1x_2-2x_2^2=-(x_1\quad x_2)\begin{pmatrix}2 & -1\\ -1 & 2\end{pmatrix}\begin{bmatrix}x_1\\ x_2\end{bmatrix}=-\widetilde{W}(\boldsymbol{x})$$

显然 $\widetilde{W}(\boldsymbol{x})$是正定的，因此 $\dot{V}(\boldsymbol{x},t)$负定。令 $\boldsymbol{P}=\begin{pmatrix}2 & -1\\ -1 & 2\end{pmatrix}$，则 $\widetilde{W}(\boldsymbol{x})\geqslant\lambda_{\min}(\boldsymbol{P})\|\boldsymbol{x}\|_2^2=W_3(\boldsymbol{x})$，所以

$$\dot{V}(\boldsymbol{x},t)\leqslant -\widetilde{W}(\boldsymbol{x})\leqslant -W_3(\boldsymbol{x})$$

由此，可得系统是全局指数稳定的。

5.5.3 显含时间的自治系统 Chetaev 平衡点不稳定性判据

设 $\boldsymbol{x}=0$ 是显含时间自治系统(5-14)的平衡点。设 $V:D\times[0,\infty]\to\mathbf{R}$ 是连续可微函数，对 $\forall t$ 满足 $V(\mathbf{0},t)=0$，且在 t_0 时刻存在任意接近平衡点的某一点 $\boldsymbol{x}_0$，满足 $V(\boldsymbol{x}_0,t_0)>0$。选择 $r>0$，使球 $\mathbf{B}_r=\{\boldsymbol{x}\in\mathbf{R}^n\mid\|\boldsymbol{x}\|\leqslant r\}\subset\mathbf{D}$，并存在 $\mathbf{U}=\{\boldsymbol{x}\in B_r\mid V(\boldsymbol{x},t)>0,\forall t\geqslant t_0\}$，如果在 U 内对 $\forall t$ 有 $\dot{V}(\boldsymbol{x},t)>0$ 且有界，那么 $\boldsymbol{x}=0$ 在 t_0 时刻就是非稳定平衡点。

事实上，对任意接近平衡点的某一点 $\boldsymbol{x}_0$，满足 $V(\boldsymbol{x}_0,t_0)>0$，并对 $\forall t$ 有 $\dot{V}(\boldsymbol{x},t)>0$，可知，当 $t>0$时，一定有 $V(\boldsymbol{x}(t),t)>V(\boldsymbol{x}_0,t_0)$。不妨令 $\gamma=\min\{\dot{V}(\boldsymbol{x})\mid\boldsymbol{x}\in\mathbf{U}\wedge V(\boldsymbol{x},t)>V(\boldsymbol{x}_0,t_0)\}$，显然 $\gamma>0$，且有

$$V(\boldsymbol{x}(t),t)=V(\boldsymbol{x}_0,t_0)+\int_0^t V(\boldsymbol{x}(\rho),\rho)\mathrm{d}\rho\geqslant V(\boldsymbol{x}_0,t_0)+\gamma t \tag{5-26}$$

同时计及 $\|\boldsymbol{x}_0\|$ 任意小时，此不等式均正确，所以该不等式表明，$\boldsymbol{x}(t)$不可能永远保持在 $\mathbf{U}$ 内，即 $\boldsymbol{x}=0$ 在 t_0 时刻就是非稳定平衡点。

对该不稳定性判据说明几点。

(1)集合是包含在 $\mathbf{B}_r$ 内的非空集，其边界是曲面 $V(\boldsymbol{x}(t),t)=0$ 和球 $\|\boldsymbol{x}\|=r$。由于对 $\forall t$ 满足 $V(\mathbf{0},t)=0$，所以原点在 $\mathbf{B}_r$ 内的非空集，位于 $\mathbf{U}$ 的边界上。这里 $\mathbf{U}$ 可能包含不止一个区域。

(2)在 $\mathbf{U}$ 内有 $\dot{V}(\boldsymbol{x},t)>0$ 条件与 $\dot{V}(\boldsymbol{x},t)=\lambda V(\boldsymbol{x},t)+V_1(\boldsymbol{x},t)$，$\lambda>0$，$V_1(\boldsymbol{x},t)\geqslant 0$，$\boldsymbol{x}\in\mathbf{U}$ 是等价的。

5.6 显含时间的自治系统的类不变性原理与稳定性

LaSalle 不变集原理克服了 Lyapunov 理论的某些局限性，不要求 $V(\boldsymbol{x})$是正定的，也能得到不显含时间的自治系统的渐近稳定性结论。但是，LaSalle 不变集原理不适用于显含时间的自治系统渐近收敛性的分析。Barbalat 引理弥补了不变集原理和 Lyapunov 稳定理论的不足。同时在此基础上还可得到针对显含时间的类不变性原理。

5.6.1 Barbalat 引理与变形及其稳定性分析表述

1. 引理的基本形式与变形

下面的 Barbalat 引理虽然考虑的是单变量，但同样适用于多变量的情况。

基本形式一 设 $x:[0,\infty)\to\mathbf{R}$ 一阶连续可导，且当 $t\to\infty$时有极限，则如果 $\dot{x}(t)$，$t\in[0,\infty)$一致连续，那么$\lim\limits_{t\to\infty}\dot{x}(t)=0$。

如果 $\ddot{x}(t)$存在且有界，那么形式一中 $\dot{x}(t)$的一致连续性条件可用 $\ddot{x}(t)$的有界性来代替，

从而得到如下形式的定理。

基本形式二 设 $x:[0,\infty)\to\mathbf{R}$ 一阶连续可导，且当 $t\to\infty$ 时有极限，则如果 $\ddot{x}(t),t\in[0,\infty)$ 存在且有界，那么 $\lim\limits_{t\to\infty}\dot{x}(t)=0$。

基本形式三 若 $x:[0,\infty)\to\mathbf{R}$ 一致连续，并且 $\lim\limits_{t\to\infty}\int_0^t x(\tau)\mathrm{d}\tau$ 存在且有界，那么 $\lim\limits_{t\to\infty}x(t)=0$。

若 $\lim\limits_{t\to\infty}x(t)\neq 0$，则 $\lim\limits_{t\to\infty}\int_0^t x(\tau)\mathrm{d}\tau$ 必不可能收敛到有限值，则由反证法可知结论成立。

Barbalat 引理的基本形式虽然在一定程度上能判断系统的渐近收敛性，但由于不易与 Lyapunov 理论相结合，故在实际应用中具有一定的局限性。为此，对 Barbalat 基本形式可以进行延展和变形，得到如下几种。

变形一 若 $x:[0,\infty)\to\mathbf{R}$ 一致连续，且存在 $p\in[1,\infty)$，使得 $x\in\mathbf{L}_p$，那么 $\lim\limits_{t\to\infty}x(t)=0$。其中，$\mathbf{L}_p=\{x\mid x:[0,\infty)\to\mathbf{R}$，且$\left(\int_0^\infty |x(t)|^p\mathrm{d}t\right)^{1/p}<\infty\}$，$p\in[1,\infty)$。

变形二 设 $x:[0,\infty)\to\mathbf{R}$ 为 $\mathbf{L}_p$，$p\in[1,\infty)$，且 $\dot{x}(t),t\in[0,\infty)$ 有界，那么 $\lim\limits_{t\to\infty}x(t)=0$。

这种形式可用于研究具有 $\mathbf{L}_p$ 函数扰动的系统 $\mathbf{L}_p$ 稳定性。特别是当 $p=2$ 时，可与 Lyapunov 理论相结合研究系统的渐近收敛性。

如下给出的 Barbalat 定理的两种变形形式较前述各种形式的 Barbalat 定理所成立的条件更弱，因而具有更为广泛的适用范围。

变形三 设 $x:[0,\infty)\to\mathbf{R}$ 绝对连续，如果 $x(t)\in\mathbf{L}_p$，$p\in[1,\infty)$，且 $\dot{x}(t),t\in[0,\infty)$ 对任意紧集 $\mathbf{D}\subset[0,\infty)$ 一致局部可积，那么 $\lim\limits_{t\to\infty}x(t)=0$。

变形四 设 $\alpha:\mathbf{R}^+\to\mathbf{R}^+$ 连续、非减，且仅当 $x=0$ 时，$\alpha(|x|)=0$。则如果 $x:[0,\infty)\to\mathbf{R}$ 为一致连续且 $\alpha(|x(t)|)\in\mathbf{L}_1$，那么 $\lim\limits_{t\to\infty}\alpha(|x(t)|)=0$，进而 $\lim\limits_{t\to\infty}x(t)=0$。

2. Barbalat 引理在显含时间自治系统稳定性分析中的表述

该引理虽然是关于函数及其导数渐近性的纯粹数学结论，但如果能够恰当应用，能够找到导数半负定的类 Lyapunov 函数，那么对于非线性非自治系统，就可以得到如下满意渐近收敛性结论。

如果连续可导的二元函数 $V:\mathbf{R}^n\times[0,\infty)\to\mathbf{R}$ 有下界，$\dot{V}(\boldsymbol{x},t)$ 半负定，且 $\dot{V}(\boldsymbol{x},t)$ 关于时间 t 是一致连续的，那么 $\lim\limits_{t\to\infty}\dot{V}(\boldsymbol{x},t)=0$。

Barbalat 引理与 Lyapunov 稳定性定理的不同之处如下。

(1)在 Barbalat 引理中只要求 $V(\boldsymbol{x},t)$ 有下界，而不一定是正定函数。

(2)在 Barbalat 引理中除了要保证 $\dot{V}(\boldsymbol{x},t)$ 是半负定以外，还要满足关于时间 t 是一致连续的。

例 5-19 判定稳定性。

某二阶系统

$$\dot{x}_1(t)=-x_1+x_2w(t)$$
$$\dot{x}_2(t)=-x_1w(t)$$

其中 w 是一有界连续函数，分析系统的稳定性。

解 求平衡点 $\dot{\boldsymbol{x}}_e=0$，则 $\begin{pmatrix}-1 & w(t)\\ -w(t) & 0\end{pmatrix}\boldsymbol{x}_e\equiv 0$，得 $\boldsymbol{x}_e=\begin{bmatrix}x_1\\ x_2\end{bmatrix}=\begin{pmatrix}0\\ 0\end{pmatrix}$。

选取 $V(t)=x_1^2+x_2^2$，则 $\dot{V}=2x_1(-x_1+x_2w(t))+2x_2(-x_1w(t))=-2x_1^2\leqslant 0$。

由此可得$\sup_{t\geqslant 0}V(t)\leqslant V(0)$，即 $V(t)$为有界的。这意味着 x_1 及 x_2 为有界的。由此及$\ddot{V}(t)=-4x_1(-x_1+x_2w)$和 $w(t)$的有界性可知 $\ddot{V}(t)$是有界的，所以 $\dot{V}(t)$关于时间 t 是一致连续的。可得$\lim_{t\to\infty}\dot{V}(t)=0$，进而由上述表述可得$\lim_{t\to\infty}\boldsymbol{x}_1(t)=0$。

需指出的是，虽然 x_1 最终收敛于 0，但是整个系统不是渐近稳定的，因为只能保证 x_2 有界，而不能保证 x_2 的渐近收敛性。

5.6.2 类不变性原理

在不显含时间的自治系统情况下，LaSalle 不变定理说明在 E 中系统轨线趋向最大的不变集，其中 E 是使得 $\dot{V}(t)=0$ 的集合 Ω 内所有点的集合。在显含时间的自治系统情况下，由于 $\dot{V}(\boldsymbol{x},t)$是 $\boldsymbol{x}$ 和 t 的函数，所以很难确定集合 E。如果能证明

$$\dot{V}(\boldsymbol{x},t)\leqslant -W(\boldsymbol{x})\leqslant 0$$

问题将得以简化，因为可以把集合 E 定义为所有使 $W(\boldsymbol{x})=0$ 的点的集合，希望当 $t\to\infty$ 时，系统的轨线趋于集合 E。这基本上就是类不变原理的思想。

1. 显含时间情况下的不变集

设 $D\subset\mathbf{R}^n$ 是包含 $\boldsymbol{x}=\mathbf{0}$ 的定义域，假设函数 $\boldsymbol{f}(\boldsymbol{x},t)$在$[0,\infty)\times D$ 上对 t 是分段连续的，对 $\boldsymbol{x}$ 是局部 Lipschitz 的，对 t 一致。进一步假设对于所有 $t\geqslant 0$，$\boldsymbol{f}(\mathbf{0},t)$一致有界。设 $V:[0,\infty)\times D\to\mathbf{R}$ 是连续可微函数，使得$\forall t\geqslant 0$，$\forall \boldsymbol{x}\in D$，满足

$$W_1(\boldsymbol{x})\leqslant V(\boldsymbol{x},t)\leqslant W_2(\boldsymbol{x})$$

$$\dot{V}(\boldsymbol{x},t)=\frac{\partial V}{\partial \boldsymbol{x}}\boldsymbol{f}(\boldsymbol{x},t)+\frac{\partial V}{\partial t}\leqslant -W(\boldsymbol{x})$$

式中，$W_1(\boldsymbol{x})$和 $W_2(\boldsymbol{x})$是 D 上的连续正定函数；$W(\boldsymbol{x})$是 D 上的连续半正定函数。选择 $r>0$使 $B_r\subset D$，并设 $\rho<\min_{\|x\|=r}W_1(\boldsymbol{x})$，则 $\dot{\boldsymbol{x}}=\boldsymbol{f}(\boldsymbol{x},\boldsymbol{t})$的所有满足 $\boldsymbol{x}(t_0)\in\{\boldsymbol{x}\in B_r\,|\,W_2(\boldsymbol{x})\leqslant\rho\}$的解都是有界的，且满足

$$W(\boldsymbol{x}(t))\to 0 \text{ 当 } t\to\infty$$

此外，如果所有假设全局成立，且 $W_1(x)$是径向无界的，则上述结论对于所有 $\boldsymbol{x}(t_0)\in\mathbf{R}^n$ 都成立。

事实上，依据 5.5.2 节中稳定判据的证明，有

$$\boldsymbol{x}(t_0)\in\{\boldsymbol{x}\in B_r\,|\,W_2(\boldsymbol{x})\leqslant\rho\}\Rightarrow\boldsymbol{x}(t)\in\Omega_{t,\rho}\subset\{\boldsymbol{x}\in B_r\,|\,W_1(\boldsymbol{x})\leqslant\rho\},\ \forall t\geqslant t_0$$

这是因为 $\dot{V}(\boldsymbol{x},t)\leqslant 0$。因此对于所有 $t\geqslant t_0$，有 $\|\boldsymbol{x}(t)\|<r$。因为 $V(t,\boldsymbol{x}(t))$单调非增，下方有界且为 0，所以当 $t\to\infty$时，V 是收敛的。现在有

$$\int_{t_0}^{t}W(\boldsymbol{x}(\tau))\mathrm{d}\tau\leqslant -\int_{t_0}^{t}\dot{V}(\boldsymbol{x}(\tau),\tau)\mathrm{d}\tau=V(\boldsymbol{x}(t_0),t_0)-V(\boldsymbol{x}(t),t)$$

因此，$\lim_{t\to\infty}\int_{t_0}^{t}W(\boldsymbol{x}(\tau))\mathrm{d}\tau$ 存在且是有限的。因为 $\boldsymbol{x}(t)$ 有界，故 $\dot{\boldsymbol{x}}(t)=f(\boldsymbol{x}(t),t)$ 对于所有 $t\geqslant t_0$ 有界，且对 t 是一致的，因此，$\boldsymbol{x}(t)$ 在$[t_0,\infty)$ 上对 t 是一致连续的，从而 $W(\boldsymbol{x}(t))$ 在$[t_0,\infty)$ 上对 t 是一致连续的，因为 $W(x)$ 在紧集 $\mathbf{B}_r$ 上对 $\boldsymbol{x}$ 是一致连续的。因此由 Barbalat 基本形式三可得，当 $t\to\infty$ 时，$W(\boldsymbol{x}(t))\to 0$。如果所有假设都全局成立，且 $W_1(\boldsymbol{x})$ 是径向无界的，则对于任意 $\boldsymbol{x}(t_0)$，可选取 ρ 足够大，使得

$$\boldsymbol{x}(t_0)\in\{\boldsymbol{x}\in\mathbf{R}^n\mid W_2(\boldsymbol{x})\leqslant\rho\}$$

极限 $W(\boldsymbol{x}(t))\to 0$ 表示当 $t\to\infty$ 时，$\boldsymbol{x}(t)$ 都趋近于 $\mathbf{E}$，其中

$$\mathbf{E}=\{\boldsymbol{x}\in\mathbf{D}\mid W(\boldsymbol{x})=0\}$$

所以 $\boldsymbol{x}(t)$ 的正极限集是 $\mathbf{E}$ 的一个子集。$\boldsymbol{x}(t)$ 趋于 $\mathbf{E}$ 比不显含时间的自治系统不变集原理的要求弱得多，不变原理要求 $\boldsymbol{x}(t)$ 趋于 $\mathbf{E}$ 内的最大不变集。

2. 显含时间自治系统的一个渐近稳定性判据

在不显含时间的自治系统情况下 $\boldsymbol{x}(t)$ 趋于 $\mathbf{E}$ 内的最大不变集这一事实，允许得到结论除平凡解之外，集合 E 不包含系统的全部轨线，从而建立原点的渐近稳定性。对于一般的显含时间的自治系统，该论述不能证明其一致渐近稳定性。但下面的结论能说明如果除 $\dot{V}(\boldsymbol{x},t)\leqslant 0$ 之外，还可以证明 V 在区间 $[t,t+\delta]$ 内是递减的，则可能得到系统是一致渐近稳定的结论。

设 $\mathbf{D}\subset\mathbf{R}^n$ 是包含 $\boldsymbol{x}=\mathbf{0}$ 的定义域，并假设对于所有 $t\geqslant 0$ 和 $\boldsymbol{x}\in\mathbf{D}$，$\boldsymbol{f}(\boldsymbol{x},t)$ 是 t 的分段连续函数，且对 $\boldsymbol{x}$ 是局部 Lipschitz 的。设 $\boldsymbol{x}=\mathbf{0}$ 是 $\dot{\boldsymbol{x}}=\boldsymbol{f}(\boldsymbol{x},t)$ 在 $t=0$ 时刻的一个平衡点。设 V：$\mathbf{D}\times[0,\infty)\to\mathbf{R}$ 是连续可微函数，使得对于某个 $\delta>0$，$\forall t\geqslant 0$，$\forall\boldsymbol{x}\in\mathbf{D}$，满足

$$W_1(\boldsymbol{x})\leqslant V(\boldsymbol{x},t)\leqslant W_2(\boldsymbol{x}) \tag{5-27}$$

$$\dot{V}(\boldsymbol{x},t)=\frac{\partial V}{\partial x}\boldsymbol{f}(\boldsymbol{x},t)+\frac{\partial V}{\partial t}\leqslant 0 \tag{5-28}$$

$$V(\phi(t+\delta;\boldsymbol{x},t),t+\delta)-V(\boldsymbol{x},t)\leqslant-\lambda V(\boldsymbol{x},t),0<\lambda<1 \tag{5-29}$$

式中，$W_1(\boldsymbol{x})$ 和 $W_2(\boldsymbol{x})$ 是 $\mathbf{D}$ 上的连续正定函数，$\phi(\tau;\boldsymbol{x},t)$ 是系统始于 $(\boldsymbol{x},t)$ 的解，则原点是一致渐近稳定的。如果所有假设全局成立，且 $W_1(\boldsymbol{x})$ 是径向无界的，则原点是全局渐近稳定的。如果

$$W_1(\boldsymbol{x})\geqslant k_1\|\boldsymbol{x}\|^c,W_2(\boldsymbol{x})\leqslant k_2\|\boldsymbol{x}\|^c,k_1>0,k_2>0,c>0$$

则原点是指数稳定的。

选择 $r>0$，使 $\mathbf{B}_r\in\mathbf{D}$。与 5.5.2 节稳定性判据证明方法一样，可得

$$\boldsymbol{x}(t_0)\in\{\boldsymbol{x}\in B_r\mid W_2(\boldsymbol{x})\leqslant\rho\}\Rightarrow\boldsymbol{x}(t)\in\boldsymbol{\Omega}_{t,\rho},\forall t\geqslant t_0$$

式中，$\rho<\min\limits_{\|\boldsymbol{x}\|=r}W_1(\boldsymbol{x})$。

又对于所有 $t\geqslant t_0$ 有 $V(\boldsymbol{x}(t+\delta),t+\delta)\leqslant V(\boldsymbol{x}(t),t)-\lambda V(\boldsymbol{x}(t),t)=(1-\lambda)V(\boldsymbol{x}(t),t)$，计及 $\dot{V}(\boldsymbol{x},t)\leqslant 0$，所以有

$$V(\boldsymbol{x}(\tau),\tau)\leqslant V(\boldsymbol{x}(t),t),\forall\tau\in[t,t+\delta]$$

对于任意 $t\geqslant t_0$，设 N 是满足 $t\leqslant t_0+N\delta$ 的最小正整数。将区间 $[t_0,t_0+(N-1)\delta]$ 等分为 $(N-1)$ 个长为 δ 的子区间，则有

$$\begin{aligned}V(\boldsymbol{x}(t),t)&\leqslant V(\boldsymbol{x}(t_0+(N-1)\delta),t_0+(N-1)\delta)\\&\leqslant(1-\lambda)V(\boldsymbol{x}(t_0+(N-2)\delta),t_0+(N-2)\delta)\leqslant\cdots\leqslant(1-\lambda)^{(N-1)}V(\boldsymbol{x}(t_0),t_0)\\&\leqslant\frac{1}{(1-\lambda)}(1-\lambda)^{(t-t_0)/\delta}V(\boldsymbol{x}(t_0),t_0)\end{aligned}$$

令 $b=\dfrac{1}{\delta}\ln\dfrac{1}{(1-\lambda)}$，则

$$V(\boldsymbol{x}(t),t)\leqslant=\frac{1}{(1-\lambda)}\mathrm{e}^{-b(t-t_0)}V(\boldsymbol{x}(t_0),t_0)$$

取

$$\sigma(r,s)=\frac{r}{(1-\lambda)}\mathrm{e}^{-bs}$$

容易看出，$\sigma(r,s)$是一个 KL 类函数，且 $V(\boldsymbol{x}(t),t)$满足

$$V(\boldsymbol{x}(t),t)\leqslant\sigma(V(\boldsymbol{x}(t_0),t_0),t-t_0),\ \forall V(\boldsymbol{x}(t_0),t_0)\in[0,\rho] \tag{5-30}$$

此后的证明与 5.5.2 节中显含时间的自治系统的稳定性证明相同。

例 5-20 分析稳定性。

考虑线性时变系统 $\dot{\boldsymbol{x}}=\boldsymbol{A}(t)\boldsymbol{x}$，其中对于所有 $t\geqslant0$，$\boldsymbol{A}(t)$是连续的。假设存在一个连续可微的对称矩阵 $\boldsymbol{P}(t)$，满足 $0<c_1\boldsymbol{I}\leqslant\boldsymbol{P}(t)\leqslant c_2\boldsymbol{I},\ \forall t\geqslant0$ 以及矩阵微分方程 $-\dot{\boldsymbol{P}}(t)=\boldsymbol{P}(t)\boldsymbol{A}(t)+\boldsymbol{A}^T(t)\boldsymbol{P}(t)+\boldsymbol{C}^T(t)\boldsymbol{C}(t)$，其中 $\boldsymbol{C}(t)$对 t 是连续的。分析该系统的稳定性。

解 二次函数

$$V(\boldsymbol{x},t)=\boldsymbol{x}^{\mathrm{T}}\boldsymbol{P}(t)\boldsymbol{x}$$

沿系统轨线的导数为

$$\dot{V}(\boldsymbol{x},t)=-\boldsymbol{x}^{\mathrm{T}}\boldsymbol{C}^{\mathrm{T}}(t)\boldsymbol{C}(t)\boldsymbol{x}\leqslant0$$

则线性系统的解可由 $\boldsymbol{\phi}(\tau;\boldsymbol{x},t)=\boldsymbol{\Phi}(\tau,t)\boldsymbol{x}$ 给出，其中 $\boldsymbol{\Phi}(\tau,t)$是状态转移矩阵。因此有

$$\begin{aligned}V(\phi(t+\delta;\boldsymbol{x},t),t+\delta)-V(\boldsymbol{x},t)&=\int_t^{t+\delta}\dot{V}(\phi(\tau;\boldsymbol{x},t),\tau)\mathrm{d}\tau\\&=-\boldsymbol{x}^{\mathrm{T}}\int_t^{t+\delta}\boldsymbol{\Phi}^{\mathrm{T}}(\tau,t)\boldsymbol{C}^{\mathrm{T}}(\tau)\boldsymbol{C}(\tau)\boldsymbol{\Phi}(\tau,t)\mathrm{d}\tau\boldsymbol{x}\\&=-\boldsymbol{x}^{\mathrm{T}}W(t,t+\delta)\boldsymbol{x}\end{aligned}$$

其中

$$W(t,t+\delta)=\int_t^{t+\delta}\boldsymbol{\Phi}^{\mathrm{T}}(\tau,t)\boldsymbol{C}^{\mathrm{T}}(\tau)\boldsymbol{C}(\tau)\boldsymbol{\Phi}(\tau,t)\mathrm{d}\tau$$

假设存在一个正常数 $k<c_2$，使得

$$W(t,t+\delta)\geqslant k,\ \forall t\geqslant0$$

则有

$$V(\phi(t+\delta;\boldsymbol{x},t),t+\delta)-V(\boldsymbol{x},t)\leqslant-k\ \|\boldsymbol{x}\|_2^2\leqslant-\frac{k}{c_2}V(\boldsymbol{x},t)$$

这样当

$$W_i(\boldsymbol{x})=c_i\ \|\boldsymbol{x}\|_2^2,i=1,2,\lambda=\frac{k}{c_2}<1$$

时，基于类 LaSalle 不变集原理的稳定性判据中的所有假设全局满足，可得原点是全局指数稳定的。

5.7 自治系统构造 Lyapunov 函数的方法

用 Lyapunov 分析稳定性关键在于构造一个有效的 Lyapunov 函数，目前并没有通用的方法，本节给出两种规范化经验方法：一是 Krasovski 法，它是其于 Jacobi 矩阵的方法；二是 Shultz-Gibson 法，它是基于变量梯度的方法。

5.7.1 Krasovski 法——Jacobi 矩阵法

本节针对不显含时间的自治系统

$$\dot{\boldsymbol{x}}=\boldsymbol{f}(\boldsymbol{x}),\boldsymbol{x}(t_0)=\boldsymbol{x}_0,\boldsymbol{x}\in\mathbf{R}^n \tag{5-31}$$

式中，$\boldsymbol{x}$ 为 n 维状态向量；$\boldsymbol{f}$ 为与 $\boldsymbol{x}$ 同维的非线性矢量函数。假设原点$\boldsymbol{x}_e=\mathbf{0}$ 是平衡状态，$\boldsymbol{f}(\boldsymbol{x})$ 对 $x_i(i=1,2,\cdots,n)$可微。

Krasovski 建议构造 $V(x)$用 $\dot{\boldsymbol{x}}$，而不用 $\boldsymbol{x}$，即

$$V(\boldsymbol{x})=\dot{\boldsymbol{x}}^{\mathrm{T}}\boldsymbol{P}\dot{\boldsymbol{x}}=\boldsymbol{f}^{\mathrm{T}}(\boldsymbol{x})\boldsymbol{P}\boldsymbol{f}(\boldsymbol{x}) \tag{5-32}$$

式中，$\boldsymbol{P}$ 是对称正定的，可取单位阵 $\boldsymbol{I}$。

对式(5-32)求导，得

$$\dot{V}(\boldsymbol{x})=\boldsymbol{f}^{\mathrm{T}}(\boldsymbol{x})\boldsymbol{P}\dot{\boldsymbol{f}}(\boldsymbol{x})+\dot{\boldsymbol{f}}^{\mathrm{T}}(\boldsymbol{x})\boldsymbol{P}\boldsymbol{f}(\boldsymbol{x})=\boldsymbol{f}^{\mathrm{T}}(\boldsymbol{x})[\boldsymbol{J}^{\mathrm{T}}(\boldsymbol{x})\boldsymbol{P}+\boldsymbol{P}\boldsymbol{J}(\boldsymbol{x})]\boldsymbol{f}(\boldsymbol{x})$$

其 Jacobi 矩阵为

$$\boldsymbol{J}(\boldsymbol{x})=\frac{\partial\boldsymbol{f}(\boldsymbol{x})}{\partial\boldsymbol{x}}=\begin{bmatrix}\frac{\partial f_1}{\partial x_1} & \frac{\partial f_1}{\partial x_2} & \cdots & \frac{\partial f_1}{\partial x_n}\\ \frac{\partial f_2}{\partial x_1} & \frac{\partial f_2}{\partial x_2} & \cdots & \frac{\partial f_2}{\partial x_n}\\ \vdots & \vdots & & \vdots\\ \frac{\partial f_n}{\partial x_1} & \frac{\partial f_n}{\partial x_2} & \cdots & \frac{\partial f_n}{\partial x_n}\end{bmatrix}$$

令 $\boldsymbol{Q}(\boldsymbol{x})=-[\boldsymbol{J}^{\mathrm{T}}(\boldsymbol{x})\boldsymbol{P}+\boldsymbol{P}\boldsymbol{J}(\boldsymbol{x})]$，显然要使当 $\boldsymbol{x}\neq\mathbf{0}$ 时 $\dot{V}(\boldsymbol{x})<0$，$\boldsymbol{Q}(\boldsymbol{x})$必须满足正定要求。进一步，如果当 $\|\boldsymbol{x}\|\to\infty$时，还有 $V(\boldsymbol{x})\to\infty$，则系统在 $\boldsymbol{x}_e=\mathbf{0}$ 是大范围渐近稳定。

思考 要使 $\boldsymbol{Q}(\boldsymbol{x})$为正定，Jacobi 矩阵 $\boldsymbol{J}(\boldsymbol{x})$的形式是什么样的？要求 $f_i(\boldsymbol{x})$应该至少满足什么要求？

如果取 $\boldsymbol{P}=\boldsymbol{I}$，则

$$\boldsymbol{Q}(\boldsymbol{x})=-[\boldsymbol{J}^{\mathrm{T}}(\boldsymbol{x})+\boldsymbol{J}(\boldsymbol{x})] \tag{5-33}$$

称该式为 Krasovski 表达式。这时有

$$\mathbf{V}(\boldsymbol{x})=\boldsymbol{f}^{\mathrm{T}}(\boldsymbol{x})\boldsymbol{f}(\boldsymbol{x}) \tag{5-34}$$

$$\dot{V}(\boldsymbol{x})=\boldsymbol{f}^{\mathrm{T}}(\boldsymbol{x})[\boldsymbol{J}^{\mathrm{T}}(\boldsymbol{x})+\boldsymbol{J}(\boldsymbol{x})]\boldsymbol{f}(\boldsymbol{x}) \tag{5-35}$$

对 Krasovski 法说明几点。

(1)使用该方法的困难在于，对相当多的非线性系统，要求 $\boldsymbol{Q}(\boldsymbol{x})$均为正定这个条件很严，未必能满足。

(2)$\boldsymbol{Q}(\boldsymbol{x})$正定只给出渐近稳定的充分条件。

(3)显然对连续定常线性系统，条件等价于$(\mathbf{A}+\mathbf{A}^{\mathrm{T}})$为负定。

例 5-21 利用 Krasovski 法分析稳定性。

考虑二阶系统

$$\dot{x}_1=-x_1$$
$$\dot{x}_2=x_1-x_2-x_2^3$$

分析稳定性。

解 显然原点是唯一的平衡点。这里

$$\boldsymbol{f}(\boldsymbol{x})=\begin{bmatrix}-x_1\\ x_1-x_2-x_2^3\end{bmatrix}$$

计算 Jacobi 矩阵

$$\boldsymbol{J}(\boldsymbol{x})=\frac{\partial \boldsymbol{f}(\boldsymbol{x})}{\partial \boldsymbol{x}}=\begin{pmatrix}-1 & 0\\ 1 & -1-3x_2^2\end{pmatrix}$$

取 $\boldsymbol{P}=\boldsymbol{I}$,得

$$-\boldsymbol{Q}(\boldsymbol{x})=\boldsymbol{J}^{\mathrm{T}}(\boldsymbol{x})+\boldsymbol{J}(\boldsymbol{x})=\begin{pmatrix}-1 & 0\\ 1 & -1-3x_2^2\end{pmatrix}+\begin{pmatrix}-1 & 1\\ 0 & -1-3x_2^2\end{pmatrix}=\begin{pmatrix}-2 & 1\\ 1 & -2-6x_2^2\end{pmatrix}$$

显然 $\boldsymbol{Q}(\boldsymbol{x})$是正定的。最后构造的 V 是

$$V(\boldsymbol{x})=x_1^2+(x_1-x_2-x_2^3)^2$$

如果当 $\|\boldsymbol{x}\|\to\infty$时,还有 $V(\boldsymbol{x})\to\infty$,则系统在 $\boldsymbol{x}_{\mathrm{e}}=\boldsymbol{0}$ 是大范围渐近稳定的。

5.7.2 Shultz-Gibson 法——变量梯度法

本节针对显含时间的自治系统

$$\dot{\boldsymbol{x}}=\boldsymbol{f}(\boldsymbol{x},t),\boldsymbol{x}(t_0)=\boldsymbol{x}_0,\boldsymbol{x}\in\boldsymbol{R}^n \tag{5-36}$$

Shultz-Gibson 法基于如下事实:如果找到一个特定的 Lyapunov 函数 $V(\boldsymbol{x})$,能够证明所给系统的平衡状态为渐近稳定的,那么,这个 Lyapunov 函数 $V(\boldsymbol{x})$的梯度

$$\mathrm{grad}V(\boldsymbol{x})=\nabla V(\boldsymbol{x})=\begin{pmatrix}\frac{\partial V(\boldsymbol{x})}{\partial x_1} & \frac{\partial V(\boldsymbol{x})}{\partial x_2} & \cdots & \frac{\partial V(\boldsymbol{x})}{\partial x_n}\end{pmatrix}^{\mathrm{T}} \tag{5-37}$$

必定存在且唯一。由此,$V(\boldsymbol{x})$对时间的导数可以表达为

$$\dot{V}(\boldsymbol{x})=[\nabla V(\boldsymbol{x})]^{\mathrm{T}}\dot{\boldsymbol{x}} \tag{5-38}$$

这里假设$\nabla V(\boldsymbol{x})$为含待定系数的 n 维向量

$$\nabla\boldsymbol{V}=\begin{pmatrix}a_{11}x_1+a_{12}x_2+\cdots+a_{1n}x_n\\ a_{21}x_1+a_{22}x_2+\cdots+a_{2n}x_n\\ \vdots\\ a_{n1}x_1+a_{n2}x_2+\cdots+a_{nn}x_n\end{pmatrix} \tag{5-39}$$

注意各项系数 a_{ij},$i,j=1,2,\cdots,n$ 可能含时间 t。

由式(5-38),得

$$V(\boldsymbol{x})=\int_0^x[\nabla V(\boldsymbol{x})]^{\mathrm{T}}\mathrm{d}\boldsymbol{x} \tag{5-40}$$

该式是对整个状态空间中任意点 $\boldsymbol{x}=[x_1,x_2,\cdots,x_n]^{\mathrm{T}}$ 的线积分。这个线积分可以做到与积分路径无关,所以要求$\nabla V(\boldsymbol{x})$为位势场(保守场),旋度 $\mathrm{rot}(\nabla V(\boldsymbol{x}))=0$,即满足 n 维广义旋度方程:

$$\frac{\partial\nabla V_i}{\partial x_j}=\frac{\partial\nabla V_j}{\partial x_i}(i,j=1,2,\cdots,n) \tag{5-41}$$

对 n 维系统应有 $n(n-1)/2$ 个旋度方程。换个说法,即$\frac{\partial\nabla V_i}{\partial x_j}$所组成的 Jacobi 矩阵为对称的

$$\boldsymbol{J}=\frac{\partial\nabla V}{\partial\boldsymbol{x}}=\begin{bmatrix}\frac{\partial V_1}{\partial x_1} & \frac{\partial V_1}{\partial x_2} & \cdots & \frac{\partial V_1}{\partial x_n}\\ \frac{\partial V_2}{\partial x_1} & \frac{\partial V_2}{\partial x_2} & \cdots & \frac{\partial V_2}{\partial x_n}\\ \vdots & \vdots & & \vdots\\ \frac{\partial V_n}{\partial x_1} & \frac{\partial V_n}{\partial x_2} & \cdots & \frac{\partial V_n}{\partial x_n}\end{bmatrix} \tag{5-42}$$

显然最简单的积分路径是采用如下逐点积分法

$$V(\boldsymbol{x})=\int_0^{x_1(x_2=x_3=\cdots=x_n=0)}\nabla V_1\mathrm{d}\boldsymbol{x}_1+\int_0^{x_2(x_1=x_1,x_3=x_4\cdots=x_n=0)}\nabla V_2\mathrm{d}\boldsymbol{x}_2+\cdots$$
$$+\int_0^{x_n(x_1=x_1,x_2=x_2,\cdots,x_{n-1}=x_{n-1})}\nabla V_n\mathrm{d}\boldsymbol{x}_n \tag{5-43}$$

设单位矢量 $\boldsymbol{e}_1=(1\quad 0\quad 0\quad \cdots\quad 0)^{\mathrm{T}}$，$\boldsymbol{e}_2=(0\quad 1\quad 0\quad \cdots\quad 0)^{\mathrm{T}}$，$\cdots$，$\boldsymbol{e}_n=(0\quad 0\quad 0\quad \cdots\quad 1)^{\mathrm{T}}$，那么式(5-43)中的积分路径是从坐标原点开始，沿着$\boldsymbol{e}_1$ 到达 $\boldsymbol{x}_1$，再由这点沿着 $\boldsymbol{e}_2$ 到达 $\boldsymbol{x}_2$，$\cdots$，最后沿着 $\boldsymbol{e}_n$ 到达 $\boldsymbol{x}(x_1,x_2,x_3,\cdots,x_n)$。

然后由 $\dot{V}(\boldsymbol{x})$为负定(或半负定)和 $\mathrm{rot}(\nabla V(\boldsymbol{x}))=0$ 的要求确定待定系数 $a_{ij}(i,j=1,2,\cdots,n)$，再由式(5-43)导出 $V(\boldsymbol{x})$。

如果由式(5-43)求得的$V(\boldsymbol{x})$是正定的，那么平衡状态是渐近稳定的。若当$\|\boldsymbol{x}\|\to\infty$时，有 $V(\boldsymbol{x})\to\infty$，则平衡状态是大范围渐近稳定的。此时的 $V(\boldsymbol{x})$为 Lyapunov 函数。

综上所述，可把应用变量梯度法分析系统稳定性的步骤归纳如下。

(1) 选取∇V 如式(5-39)。

(2) 求 $\dot{V}(\boldsymbol{x})=[\nabla V(\boldsymbol{x})]^{\mathrm{T}}\dot{\boldsymbol{x}}$，此时含系数的。

(3) 使 $\dot{V}(\boldsymbol{x})$负定，进一步确定∇V。

(4) 由于∇V 是位势场、保守场，所以 $\mathrm{rot}(\nabla V(\boldsymbol{x}))=0$。这意味着$\nabla V$ 的 Jacobi 矩阵必是对称的。由此又得到 $n(n-1)/2$ 个方程，确定 $n(n-1)/2$ 个系数。这时重新检验其负定性。

(5) 按 $V(\boldsymbol{x})=\int_0^{x}[\nabla V(\boldsymbol{x})]^{\mathrm{T}}\mathrm{d}\boldsymbol{x}$ 积分。

(6) 整理 V，判定稳定性。

对 Shultz-Gibson 法说明几点。

(1) 使用该方法如果找不出合适的 $V(\boldsymbol{x})$，那也不意味着平衡状态是不稳定的。

(2) 由于参数 a_{ij}，$i,j=1,2,\cdots,n$ 可以含时间，所以该方法适用于显含时间的自治系统。

(3) 一定要校验 $\mathrm{rot}(\nabla V(\boldsymbol{x}))=0$。

例 5-22 利用 Shultz-Gibson 法分析稳定性。

分析下列非线性系统

$$\dot{x}_1=-x_1$$
$$\dot{x}_2=-x_2+x_1x_2^2$$

的稳定性。

解 系统的平衡状态为原点。

(1)设 $V(\boldsymbol{x})$的梯度为$\nabla V=\begin{pmatrix}a_{11}x_1+a_{12}x_2\\a_{21}x_1+a_{22}x_2\end{pmatrix}$。

(2)计算 $V(\boldsymbol{x})$的导数

$$\dot{V}(\boldsymbol{x})=[\nabla V(\boldsymbol{x})]^{\mathrm{T}}\dot{\boldsymbol{x}}=(a_{11}x_1+a_{12}x_2\quad a_{21}x_1+a_{22}x_2)\begin{pmatrix}-x_1\\-x_2+x_1x_2^2\end{pmatrix}$$
$$=-a_{11}x_1^2-(a_{12}+a_{21})x_1x_2-a_{22}x_2^2+a_{21}x_1^2x_2^2+a_{22}x_1x_2^3$$

(3)选择参数。

若选择 $a_{11}=a_{22}=1$，$a_{12}=a_{21}=0$，则

$$\dot{V}(\boldsymbol{x})=-x_1^2-(1-x_1x_2)x_2^2$$

如果使 $1-x_1x_2>0$ 或 $x_1x_2<1$，则 $\dot{V}(\boldsymbol{x})$ 是负定的。因此，$x_1x_2<1$ 是 x_1 和 x_2 的约束条件。于是得

$$\nabla V=\begin{pmatrix}x_1\\x_2\end{pmatrix}$$

显然满足旋度方程

$$\frac{\partial\nabla V_1}{\partial x_2}=\frac{\partial\nabla V_2}{\partial x_1}, \text{即} \frac{\partial x_1}{\partial x_2}=\frac{\partial x_2}{\partial x_1}=0$$

这表明上述选择的参数是允许的。

(4)确定 $V(\boldsymbol{x})$

$$\mathbf{V}(\boldsymbol{x})=\int_0^{x_1(x_2=0)}x_1\mathrm{d}x_1+\int_0^{x_2(x_1=x_1)}x_2\mathrm{d}x_2=\frac{1}{2}(x_1^2+x_2^2)$$

显然 $V(\boldsymbol{x})$ 是正定的，因此在 $x_1x_2<1$ 范围内，$x_e=0$ 为渐近稳定的。

为了说明 Lyapunov 函数选择的非唯一性，重做(3)和(4)步。

(3)选择参数。

选参数：$a_{11}=1, a_{12}=x_2^2, a_{21}=3x_2^2, a_{22}=3$，则

$$\dot{V}(\boldsymbol{x})=[\nabla V(\boldsymbol{x})]^{\mathrm{T}}\dot{\boldsymbol{x}}=(x_1+x_2^3 \quad 3x_1x_2^2+3x_2)\begin{pmatrix}-x_1\\-x_2+x_1x_2^2\end{pmatrix}$$

$$=-x_1^2-3x_2^2-(x_1x_2-3x_1^2x_2^2)x_2^2$$

欲使 $\dot{V}(\boldsymbol{x})$ 为负定，则取 $x_1x_2(1-3x_1x_2)>0$，即 $0<x_1x_2<1/3$，此时同样满足旋度方程

$$\frac{\partial\nabla V_1}{\partial x_2}=3x_2^2, \frac{\partial\nabla V_2}{\partial x_1}=3x_2^2$$

(4)确定 $V(\boldsymbol{x})$

$$V(x)=\int_0^{x_1(x_2=0)}x_1\mathrm{d}\boldsymbol{x}_1+\int_0^{x_2(x_1=x_1)}(3x_1x_2^2+3x_2)\mathrm{d}\boldsymbol{x}_2=\frac{1}{2}x_1^2+\frac{3}{2}x_2^2+x_1x_2^3$$

显然 $V(\boldsymbol{x})$ 是正定的，因此在约束条件 $0<x_1x_2<1/3$ 下，系统在 $x_e=0$ 是渐近稳定的。

将两种不同系数得到的稳定区域画在相平面中，如图 5-19 所示。由此表明，即使对同一系统，当选择不同的 a_{ij} 参数时，对应的 Lyapunov 函数 $V(\boldsymbol{x})$ 不同，渐近稳定的范围也不同。前者选取的 $V(\boldsymbol{x})$ 比后者要好一些。

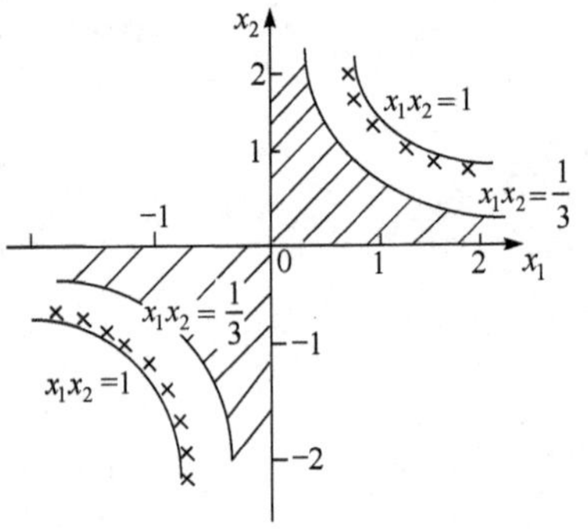

图 5-19　两种系数下的稳定区域

5.8 线性系统的状态运动稳定性判据

考虑线性系统

$$\dot{\boldsymbol{x}}=\boldsymbol{A}(t)\boldsymbol{x}+\boldsymbol{B}(t)u,\boldsymbol{x}(t_0)=\boldsymbol{x}_0,t\geqslant t_0 \tag{5-44}$$

其定常形式

$$\dot{\boldsymbol{x}}=\boldsymbol{A}\boldsymbol{x}+\boldsymbol{B}\boldsymbol{u},\boldsymbol{x}(t_0)=\boldsymbol{x}_0,t\geqslant t_0 \tag{5-45}$$

式中的各矩阵按前面内容定义。

内部稳定研究无外部激励时的系统本身稳定性，所以下面的内容将令 $\boldsymbol{u}\equiv\boldsymbol{0}$，研究其齐次方程的稳定性。线性系统是一般系统的特例，有更简单的稳定特性。

5.8.1 线性系统的运动稳定等价性

所谓线性系统运动稳定等价性是指对于由式(5-44)所表示的线性系统，若有一个运动稳定，则其所有运动稳定。

不妨设线性系统的一个运动 $\boldsymbol{x}_1(t)$是稳定的，即对任意给定的 $\varepsilon>0$，使得对满足系统的任一运动 $\boldsymbol{x}(t)$只要有 $\|\boldsymbol{x}(t_0)-\boldsymbol{x}_1(t_0)\|\leqslant\delta(t_0,\varepsilon)$，就有

$$\|\boldsymbol{x}(t)-\boldsymbol{x}_1(t)\|\leqslant\varepsilon,\forall t\geqslant t_0 \tag{5-46}$$

成立。而

$$\dot{\boldsymbol{x}}(t)-\dot{\boldsymbol{x}}_1(t)=\boldsymbol{A}(t)x+\boldsymbol{B}(t)u-(\boldsymbol{A}(t)x_1+\boldsymbol{B}(t)u)=\boldsymbol{A}(t)(\boldsymbol{x}(t)-\boldsymbol{x}_1(t))$$

令 $\tilde{\boldsymbol{x}}(t)=\boldsymbol{x}(t)-\boldsymbol{x}_1(t)$，得

$$\dot{\tilde{\boldsymbol{x}}}(t)=\boldsymbol{A}(t)\tilde{\boldsymbol{x}}(t) \tag{5-47}$$

于是，关于运动 $\boldsymbol{x}_1(t)$的稳定性等价于关于零解的稳定性。由于 $\boldsymbol{x}_1(t)$的任意性，故对于所有的运动都可以等价于关于零解的稳定性。

由此也表明对一般的非齐次线性系统在输入 $\boldsymbol{u}$ 作用下任一实际运动的稳定性等价于其齐次方程(零输入响应)关于零解的稳定性。

另外，对于线性系统而言，可笼统地说“系统是稳定的”，而一般的非线性系统并不具备这一特性。

例 5-23 讨论稳定性。

讨论系统 $\dot{x}=-5x+t,t\geqslant0,x(0)=x_0$ 的稳定性。

解 该系统将右端 t 看成输入信号，则系统是一个线性系统，根据线性系统运动稳定等价性，只需要讨论所对应的齐次方程的零解稳定性即可。而齐次方程渐近稳定，故原系统渐近稳定。

需要注意，这个例子中系统的响应是无界的，这是由于输入信号是无界的。这和系统的稳定性不是同一个概念。

5.8.2 线性定常系统的稳定性特征值判据

在经典控制理论中判定线性系统稳定性是基于传递函数进行判定的，只能表征能控且能观部分模态的收敛性，当时采用的方法有 Routh-Hurwitz 稳定性代数判据和 Nyquist 稳定性频域判据。本节研究的是线性定常系统(5-45)的内部稳定性，包括了不能控或不能观的模

态，对于 n 维定常线性系统(5-45)的稳定性完全可由该特征方程式根及其相应的模式来决定。

思考 回顾 Routh-Hurwitz 稳定性代数判据和 Nyquist 稳定性频域判据。

1. 运动模式及其收敛、发散、有界的条件

由第 3 章知，线性定常系统中特征值 λ 对应的运动模态可能有 $e^{\lambda t}, te^{\lambda t}, \cdots, t^{n_i-1}e^{\lambda t}$，究竟出现多少种/项取决于 λ 的几何结构，并且这些运动模态的运动形式取决于特征值的正、负性。

例 5-24 讨论 Jordan 标准型结构的运动模式与收敛性。

下面不同的 Jordan 标准型结构对应有不同的运动模式，并有不同的收敛性。

$$\boldsymbol{A}_1=\begin{bmatrix}\lambda & & \\ & \lambda & \\ & & \lambda\end{bmatrix} \Rightarrow e^{\boldsymbol{A}_1 t}=\begin{bmatrix}e^{\lambda t} & & \\ & e^{\lambda t} & \\ & & e^{\lambda t}\end{bmatrix}$$

$$\boldsymbol{A}_2=\begin{bmatrix}\lambda & 1 & \\ & \lambda & \\ & & \lambda\end{bmatrix} \Rightarrow e^{\boldsymbol{A}_2 t}=\begin{bmatrix}e^{\lambda t} & te^{\lambda t} & \\ & e^{\lambda t} & \\ & & e^{\lambda t}\end{bmatrix}$$

$$\boldsymbol{A}_3=\begin{bmatrix}\lambda & 1 & \\ & \lambda & 1\\ & & \lambda\end{bmatrix} \Rightarrow e^{\boldsymbol{A}_3 t}=\begin{bmatrix}e^{\lambda t} & te^{\lambda t} & 0.5t^2e^{\lambda t} \\ & e^{\lambda t} & te^{\lambda t} \\ & & e^{\lambda t}\end{bmatrix}$$

尽管三者均具有相同的特征值且代数重数相等，都是 3；但却有不同的几何重数：分别为 3、2、1。

将所得运动模式代入下面解的表达式

$$\boldsymbol{x}(t)=\mathbf{e}^{\boldsymbol{A}(t-t_0)}\boldsymbol{x}_0 \tag{5-48}$$

可以得出结论：

(1) $\mathrm{Re}\lambda<0$，λ 对应的所有运动模式收敛(趋于零)。

(2) $\mathrm{Re}\lambda>0$，λ 对应的所有运动模式发散(趋于无穷)，并且按指数规律发散。

(3) $\mathrm{Re}\lambda=0$，将该例中的特征值 λ 换为 0，就可证实以下两种情况：

①若 λ 对应的代数重数与几何重数一致，运动模式既不会发散，也不会收敛，而是有界的；

②当 λ 对应的几何重数小于代数重数时，λ 对应的 Jordan 块中一定出现二阶或二阶以上的，运动模式发散，但发散按时间的幂函数规律。

由此可知，当零实部重根出现时，一定要研究它的几何重数后，才可对运动模式的收敛性作出结论。

2. 稳定性特征值判据

下面给出由特征值表征的稳定性判据。对线性定常系统(5-45)的内部稳定性，有以下充分必要条件。

(1) Lyapunov 稳定：$\det(s\boldsymbol{I}-\boldsymbol{A})$实部为零的根对应的初等因子是一次(或与之等价的说法)的，且其余根均具有负实部。由第 1 章的相关知识可知，对于特征值 λ_i，下面的说法是等价的：λ_i 是最小多项式的单根，λ_i 的初等因子都是一次的，对应的 $\boldsymbol{J}_i$ 是对角形；对应的约当块的个数等于代数重数；对应的几何重数等于代数重数。

(2) Lyapunov 渐近稳定：$\det(s\boldsymbol{I}-\boldsymbol{A})$的所有根均有负实部。

(3) Lyapunov 不稳定：$\det(s\boldsymbol{I}-\boldsymbol{A})$有正实部的根或实部为零的根，对应的初等因子不是一次的。

设 $\boldsymbol{A}$ 的互异特征值分别是$\lambda_1,\lambda_2,\cdots,\lambda_m$，据例 5-24 可知，只讨论其状态转移矩阵的性质就可以了，又考虑到 $e^{\boldsymbol{A}t}=\boldsymbol{P}e^{\boldsymbol{J}t}\boldsymbol{P}^{-1}$，只要讨论 $e^{\boldsymbol{J}t}$ 的性质就可以了，令 $\lambda_i(i=1,2,\cdots,m)$的几何重数为 ρ_i，于是可以将 $\boldsymbol{J}$ 表达成

$$\boldsymbol{J}=\begin{bmatrix}\boldsymbol{J}_1 & & & & \\ & \ddots & & & \\ & & \boldsymbol{J}_i & & \\ & & & \ddots & \\ & & & & \boldsymbol{J}_m\end{bmatrix},\boldsymbol{J}_i=\begin{bmatrix}\boldsymbol{J}_{i1} & & & \\ & \boldsymbol{J}_{i2} & & \\ & & \ddots & \\ & & & \boldsymbol{J}_{i\sigma_i}\end{bmatrix},\boldsymbol{J}_{ij}=\begin{bmatrix}\lambda_i & 1 & & \\ & \lambda_i & \ddots & \\ & & \ddots & 1 \\ & & & \lambda_i\end{bmatrix}$$

每个 Jordan 块对应的状态转移矩阵为

$$e^{\boldsymbol{J}_{ij}t}=\begin{bmatrix}e^{\lambda_i t} & te^{\lambda_i t} & \cdots & \cdots & \dfrac{t^{n_{ij}-1}}{(n_{ij}-1)!}e^{\lambda_i t} \\ & \ddots & te^{\lambda_i t} & & \\ & & e^{\lambda_i t} & \ddots & \\ & & & \ddots & te^{\lambda_i t} \\ & & & & e^{\lambda_i t}\end{bmatrix}$$

显然，只要讨论 $e^{\boldsymbol{J}t}$的有界性和收敛性即可，而这等价于讨论 $e^{\boldsymbol{J}t}$的每个元素的有界性和收敛性。

注意到 $e^{\boldsymbol{J}t}$的每个元素可以写成$ct^k e^{\sigma_i t+j\omega_i t}$形式，则 Lyapunov 稳定当且仅当特征多项式实部为零的根对应的初等因子是一次的，且其余根均具负实部；渐近稳定当且仅当特征多项式的所有根均具负实部；不稳定当且仅当特征多项式有正实部的根，或实部为零的根，对应的初等因子不是一次的。

例 5-25 讨论稳定性。

两个相同的系统并联和串联，两个系统的状态模型是一样的(如下)，说明其稳定性。

$$\dot{\boldsymbol{x}}=\begin{pmatrix}0 & 1\\ -1 & 0\end{pmatrix}\boldsymbol{x}+\begin{pmatrix}0\\1\end{pmatrix}u,y=(1\quad 0)\boldsymbol{x}$$

解 利用相同特征值的代数重数是否与几何重数相等判定

$$\text{并联}:\boldsymbol{A}_{\mathrm{p}}=\begin{pmatrix}0 & 1 & 0 & 0\\ -1 & 0 & 0 & 0\\ 0 & 0 & 0 & 1\\ 0 & 0 & -1 & 0\end{pmatrix};\qquad \text{串联}:\boldsymbol{A}_{\mathrm{s}}=\begin{pmatrix}0 & 1 & 0 & 0\\ -1 & 0 & 0 & 0\\ 0 & 0 & 0 & 1\\ 1 & 0 & -1 & 0\end{pmatrix}$$

并联和串联在虚轴上有相同特征值$\pm$ j，对于两者，它们的代数重数 $\sigma_i=2,i=1,2$。但前者的 $\mathrm{rank}(\boldsymbol{A}_{\mathrm{p}}-\mathrm{j}\boldsymbol{I})=2=n-\sigma_i$，说明代数重数与几何重数相等，所以是稳定的；而后者 $\mathrm{rank}(\boldsymbol{A}_{\mathrm{s}}-\mathrm{j}\boldsymbol{I})=3\neq n-\sigma_i$，说明代数重数与几何重数不相等，所以是不稳定的。

5.8.3 线性时变系统的稳定性转移矩阵判据

同样，对于线性系统只讨论齐次方程的零平衡点稳定性。由于 $\boldsymbol{A}(t)$是时变矩阵，所以不能使用 $\boldsymbol{A}$ 的特征值，而要用与系统运动关系密切的状态转移矩阵 $\boldsymbol{\Phi}(t,t_0)$ 来讨论稳定性

问题。

例 5-26 讨论稳定性。

讨论系统 $\dot{\boldsymbol{x}}=\begin{bmatrix}-1 & e^{2t}\\ 0 & -1\end{bmatrix}\boldsymbol{x}$ 的稳定性。

解 若按定常系统的判定方法，由 $\boldsymbol{A}$ 的特征值为-1、-1，知系统稳定，但这是错误的。事实上，齐次方程的基本解阵为 $\boldsymbol{\Psi}(t)=\begin{bmatrix}e^{-t} & \frac{1}{2}(e^{t}-e^{-t})\\ 0 & e^{-t}\end{bmatrix}$，由此得到解为

$$\boldsymbol{x}(t)=\begin{bmatrix}e^{-t} & \frac{1}{2}(e^{t}-e^{-t})\\ 0 & e^{-t}\end{bmatrix}\begin{bmatrix}e^{-t_0} & \frac{1}{2}(e^{t_0}-e^{-t_0})\\ 0 & e^{-t_0}\end{bmatrix}^{-1}\boldsymbol{x}(t_0)$$

当 $t\to\infty$ 时，只要 $x_2(t_0)\neq 0$，就有 $\|\boldsymbol{x}(t)\|$ 趋于无穷，故零解不稳定。

下面是线性时变系统的稳定性转移矩阵判据。

(1) 齐次时变线性系统 Lyapunov 稳定⇔存在某常数 $N(t_0)$，使得对于任意的 t_0 和 $t\geqslant t_0$ 有 $\|\boldsymbol{\Phi}(t,t_0)\|\leqslant N(t_0)$。(齐次时变线性系统 Lyapunov 稳定等价于状态转移矩阵范数的有界性)。

(2) 齐次时变线性系统一致 Lyapunov 稳定⇔(1)中的 $N(t_0)$ 与 t_0 无关。(齐次时变线性系统一致 Lyapunov 稳定等价于状态转移矩阵范数的一致有界性)

(3) 齐次时变线性系统 Lyapunov 渐近稳定⇔$\lim\limits_{t\to\infty}\|\boldsymbol{\Phi}(t,t_0)\|=0$。(齐次时变线性系统 Lyapunov 渐近稳定等价于状态转移矩阵范数趋向于零)

(4) 齐次时变线性系统一致 Lyapunov 渐近稳定⇔存在 N、$C>0$，使对任意 t_0 和 $t\geqslant t_0$ 有 $\|\boldsymbol{\Phi}(t,t_0)\|\leqslant Ne^{-C(t-t_0)}$。(齐次时变线性系统一致 Lyapunov 渐近稳定等价于状态转移矩阵按指数规律稳定)

下面说明第(4)个判据。

事实上，由于 $\boldsymbol{x}(t)$ 与 $\boldsymbol{x}(t_0)$ 线性相关，如果原点是一致渐近稳定的，则也是全局一致渐近稳定的。由

$$\|\boldsymbol{x}(t)\|\leqslant\|\boldsymbol{\Phi}(t,t_0)\|\ \|\boldsymbol{x}(t_0)\|\leqslant N\|\boldsymbol{x}(t_0)\|e^{-C(t-t_0)} \tag{5-49}$$

式 $\|\boldsymbol{\Phi}(t,t_0)\|\leqslant Ne^{-C(t-t_0)}$ 的充分性是显然的。

此外，为了解释必要性，假设原点是一致渐近稳定的，那么存在一个 KL 类函数 β，满足

$$\|\boldsymbol{x}(t)\|\leqslant\beta(\|\boldsymbol{x}(t_0)\|,t-t_0),\ \forall\boldsymbol{x}(t_0)\in\mathbf{R}^n \tag{5-50}$$

又由导出的阵模的定义，有

$$\|\boldsymbol{\Phi}(t,t_0)\|\boldsymbol{x}\|\overset{\|\boldsymbol{x}\|=1}{=\!=\!=}\max_{\|\boldsymbol{x}\|=1}\|\boldsymbol{\Phi}(t,t_0)\boldsymbol{x}\|\leqslant\max_{\|\boldsymbol{x}\|=1}\beta(\|\boldsymbol{x}\|,t-t_0)=\beta(1,t-t_0) \tag{5-51}$$

式中，$\beta(1,t-t_0)$ 当 $t\to\infty$，$\beta(1,t-t_0)\to 0$，存在 $T>0$ 满足 $\beta(1,T)\leqslant 1/e$。对于任何 $t\geqslant t_0$，设 N 满足 $t<t_0+NT$ 的最小正整数。将区间 $[t_0,t_0+(N-1)T]$ 分为 $N-1$ 个长度为 T 的子区间，利用 $\boldsymbol{\Phi}(t,t_0)$ 的转移特性

$$\boldsymbol{\Phi}(t,t_0)=\boldsymbol{\Phi}(t,t_0+(N-1)T)\boldsymbol{\Phi}(t_0+(N-1)T,t_0+(N-2)T)\cdots\boldsymbol{\Phi}(t+T,t_0)$$

有

$$\|\boldsymbol{\Phi}(t,t_0)\|\leqslant\|\boldsymbol{\Phi}(t,t_0+(N-1)T)\|\prod_{k=1}^{h=N-1}\|\boldsymbol{\Phi}(t_0+kT,t_0+(k-1)T)\|$$

$$\leqslant \beta(1,0)\prod_{k=1}^{k=N-1}\frac{1}{\mathrm{e}} = \mathrm{e}\beta(1,0)\mathrm{e}^{-N} \leqslant \mathrm{e}\beta(1,0)\mathrm{e}^{-(t-t_0)/T} = N\mathrm{e}^{-C(t-t_0)} \tag{5-52}$$

式中，$N=\mathrm{e}\beta(1,0)$；$C=1/T$。

下面对转移矩阵判据说明几点。

(1) 判据给出了线性系统的重要性质，完全是由 $\boldsymbol{x}(t,x_0,t_0)=\boldsymbol{\Phi}(t,t_0)\boldsymbol{x}_0$ 中 $\boldsymbol{x}(t,\boldsymbol{x}_0,t_0)$ 对 $\boldsymbol{x}_0$ 的线性关系所致。状态转移矩阵决定了解的一切性质。这对一般非线性系统是不成立的。

(2) 对线性时变系统，一致稳定性不能由矩阵 $\boldsymbol{A}(t)$ 的特征值位置描述，这一点在例 5-26 给出示例。但在工程上常用"系数冻结法"来分析时变系统的稳定性。

工程上的"系数冻结法"是将时标冻结，其系统变成一个时间点上的定常线性系统，由此判定在此时间点上的稳定性，进而将冻结点取$[t_0,\infty)$上有限时间点分别验证，最后断定系统的稳定性。事实上，即使取遍整个区间$[t_0,\infty)$所有时间点上的特征值均有负实部，系统也可能仍是不稳定的。所以冻结法是不正确的，其错误在于冻结的定常系统的稳定性与原来的稳定性一般是不相干的。

此外，从实际工程的角度，任何系统都处于时刻变化的状态中，绝对定常的系统是不存在的。实际上，由定常模型出发设计的控制器用于实际的系统这一过程相当于应用于冻结法，而使用它在大多数情况下结果又是正确的。这一点可以从两方面解释：一是渐近稳定的系统或多或少具有一定的鲁棒性，参数的波动相对于标称参数足够小，便可以由定常化的系统推断原系统的稳定性；二是已有研究表明对于系统矩阵元素变化率足够小，或是满足某种形式 Lipschitz 条件的系统，其渐近稳定性可根据系统矩阵的特征值进行判定。

因此，实际工程中可以试探使用冻结法，但要对成立条件认真分析，针对不同的系统，成立的条件是不一样的。

(3) 线性系统的稳定性具有全局性质：判据(3)、(4)清楚地表明，对于线性系统而言，若其零解是(一致)渐近稳定的，那么由状态空间任一点为起点的运动轨线都要收敛到原点，即原点的渐定稳定的吸引区遍及整个状态空间，这就是上面定义所述的全局(一致)渐近稳定或大范围(一致)渐近稳定的概念。

(4) 对于线性系统而言，零解的吸引性蕴涵其稳定性，而一般的非线性系统则不具备这一性质。

(5) 可以得到一个推论：对于带输入的线性系统，若稳定，则它的所有解或同时有界，或同时无界。这一点从解的表达式中可以清楚地看到。

(6) 对于线性系统，一致渐近稳定⇔指数稳定。

(7) 对时不变系统：稳定⇔一致稳定 。

事实上，由 $\|\boldsymbol{\Phi}(t,t_0)\|=\|\mathrm{e}^{\boldsymbol{A}(t-t_0)}\|\leqslant N(t_0),\forall t\geqslant t_0 \Leftrightarrow \|\mathrm{e}^{\boldsymbol{A}\tau}\|\leqslant N,\forall \tau\geqslant 0$，知 N 与 t_0 无关。

(8) 对定常系统总可以有 $\|\mathrm{e}^{\boldsymbol{A}\tau}\|\leqslant \alpha \mathrm{e}^{-\lambda\tau},\forall \tau\geqslant 0,\lambda>0$，于是渐近稳定⇔一致渐近稳定⇔指数渐近稳定，所以对定常线性系统通常只说"系统渐近稳定"。

本小节最后对线性系统，归纳 Lyapunov 各种稳定性间的关系如图 5-20 所示。

全局指数稳定	⇔	指数稳定		
⇕		⇕		
全局一致渐近稳定	⇔	一致渐近稳定	⇒	一致稳定
↓↑(定常)		↓↑(定常)		⇓
全局渐近稳定	⇔	渐近稳定	⇒	稳定

图 5-20　线性系统 Lyapunov 各种稳定性间的关系

5.8.4　线性系统的稳定性 Lyapunov 判据

由于线性系统的结构简单，在利用 Lyapunov 稳定性判据时，构造 Lyapunov 函数有一般性的方法吗？答案是肯定的。那就是通过 Lyapunov 方程试探求解，进而判定稳定性。

1. 线性定常系统的 Lyapunov 方程与稳定性判据

设 $\boldsymbol{x}=\boldsymbol{0}$ 是定常线性系统 $\dot{\boldsymbol{x}}=\boldsymbol{A}\boldsymbol{x}$ 平衡点，其是渐近稳定的充分必要条件是对给定的任一个正定对称阵 $\boldsymbol{Q}$，都存在唯一的正定对称阵 $\boldsymbol{P}$，使得

$$\boldsymbol{A}^{\mathrm{T}}\boldsymbol{P}+\boldsymbol{P}\boldsymbol{A}=-\boldsymbol{Q} \tag{5-53}$$

该式称为 Lyapunov 方程。

一方面，若对任意给正定对称阵 $\boldsymbol{Q}$，都存在唯一的正定对称阵 $\boldsymbol{P}$，使式(5-53)成立，要说明系统渐近稳定。为此，构造 Lyapunov 函数 $V(\boldsymbol{x})$

$$V(\boldsymbol{x})=\boldsymbol{x}^{\mathrm{T}}\boldsymbol{P}\boldsymbol{x} \tag{5-54}$$

对其求导，并计及式(5-53)，得

$$\dot{V}=\boldsymbol{x}^{\mathrm{T}}(\boldsymbol{A}^{\mathrm{T}}\boldsymbol{P}+\boldsymbol{P}\boldsymbol{A})\boldsymbol{x}=-\boldsymbol{x}^{\mathrm{T}}\boldsymbol{Q}\boldsymbol{x}<0 \tag{5-55}$$

由 Lyapunov 稳定性定理知零解渐近稳定。

另外，要证明若 $\dot{\boldsymbol{x}}=\boldsymbol{A}\boldsymbol{x}$ 的零解是渐近稳定，则对任意给定的对称正定阵 $\boldsymbol{Q}$，有唯一的正定对称阵 $\boldsymbol{P}$ 存在，使得 Lyapunov 方程成立。为此，考虑矩阵微分方程

$$\dot{\boldsymbol{X}}=\boldsymbol{A}^{\mathrm{T}}\boldsymbol{X}+\boldsymbol{X}\boldsymbol{A},\boldsymbol{X}(0)=\boldsymbol{Q}>0 \tag{5-56}$$

不难验证其解为 $\boldsymbol{X}=\mathrm{e}^{\boldsymbol{A}^{\mathrm{T}}t}\boldsymbol{Q}\mathrm{e}^{\boldsymbol{A}t}$，显然当 $Re\lambda(\boldsymbol{A})<0$ 时，$\boldsymbol{X}(\infty)=0$。对上式两边积分，并注意到系统渐近稳定的假设，有

$$-\boldsymbol{Q}=\boldsymbol{A}^{\mathrm{T}}\left(\int_0^{\infty}\boldsymbol{X}\mathrm{d}t\right)+\left(\int_0^{\infty}\boldsymbol{X}\mathrm{d}t\right)\boldsymbol{A} \tag{5-57}$$

令 $\boldsymbol{P}=\int_0^{\infty}\boldsymbol{X}\mathrm{d}t=\int_0^{\infty}\mathrm{e}^{\boldsymbol{A}^{\mathrm{T}}t}\boldsymbol{Q}\mathrm{e}^{\boldsymbol{A}t}\mathrm{d}t$，则易验证它是正定对称阵，将其代入上式得 Lyapunov 方程(5-53)，同时有

$$\boldsymbol{x}^{\mathrm{T}}\boldsymbol{P}\boldsymbol{x}=\boldsymbol{x}^{\mathrm{T}}\int_0^{\infty}\mathrm{e}^{\boldsymbol{A}^{\mathrm{T}}t}\boldsymbol{Q}\mathrm{e}^{\boldsymbol{A}t}\mathrm{d}t\boldsymbol{x}=\int_0^{\infty}(\mathrm{e}^{\boldsymbol{A}t}\boldsymbol{x})^{\mathrm{T}}\boldsymbol{Q}(\mathrm{e}^{\boldsymbol{A}t}\boldsymbol{x})\mathrm{d}t>0,\forall\boldsymbol{x}\neq 0$$

下面证明 $\boldsymbol{P}$ 的唯一性，于是设有 $\boldsymbol{P}_1$，$\boldsymbol{P}_2$ 满足 Lyapunov 方程，则有

$$\boldsymbol{A}^{\mathrm{T}}\boldsymbol{P}_1+\boldsymbol{P}_1\boldsymbol{A}=-\boldsymbol{Q},\boldsymbol{A}^{\mathrm{T}}\boldsymbol{P}_2+\boldsymbol{P}_2\boldsymbol{A}=-\boldsymbol{Q}$$

两式相减，得

$$\boldsymbol{A}^{\mathrm{T}}(\boldsymbol{P}_1-\boldsymbol{P}_2)+(\boldsymbol{P}_1-\boldsymbol{P}_2)\boldsymbol{A}=0$$

两边左乘 $\mathrm{e}^{\boldsymbol{A}^{\mathrm{T}}t}$，右乘 $\mathrm{e}^{\boldsymbol{A}t}$，得

$$\mathrm{e}^{\boldsymbol{A}^{\mathrm{T}}t}[\boldsymbol{A}^{\mathrm{T}}(\boldsymbol{P}_1-\boldsymbol{P}_2)+(\boldsymbol{P}_1-\boldsymbol{P}_2)\boldsymbol{A}]\mathrm{e}^{\boldsymbol{A}t}=0$$

即有

$$\frac{\mathrm{d}}{\mathrm{d}t}[\mathrm{e}^{\boldsymbol{A}^{\mathrm{T}}t}(\boldsymbol{P}_1-\boldsymbol{P}_2)\mathrm{e}^{\boldsymbol{A}t}]=0 \Rightarrow \mathrm{e}^{\boldsymbol{A}^{\mathrm{T}}t}(\boldsymbol{P}_1-\boldsymbol{P}_2)\mathrm{e}^{\boldsymbol{A}t}=\boldsymbol{C},\ \forall t$$

式中，$\boldsymbol{C}$ 为常数阵。

当 $t=0$ 时，得 $\boldsymbol{C}=\boldsymbol{P}_1-\boldsymbol{P}_2$；并有 $\lim\limits_{t\to\infty}\mathrm{e}^{\boldsymbol{A}^{\mathrm{T}}t}(\boldsymbol{P}_1-\boldsymbol{P}_2)\mathrm{e}^{\boldsymbol{A}t}=0$，因此得 $\boldsymbol{C}=\boldsymbol{0}$，$\boldsymbol{P}_1=\boldsymbol{P}_2$。故 $\boldsymbol{P}$ 是唯一的。

下面对该判据说明几点。

(1) 利用该判据不仅可以判定定常线性系统的稳定性，同时也给出了构造一个二次型 Lyapunov 函数的具体途径，在指定正定对称 $\boldsymbol{Q}$ 阵后可求解所定义 $\boldsymbol{P}$。当状态方程右边的 $\boldsymbol{Ax}$ 受到扰动时，无论对 $\boldsymbol{A}$ 的线性扰动，还是非线性扰动，知道存在 Lyapunov 函数，就允许大致做出系统的一些结论。

(2) 判据表明 $\boldsymbol{A}$ 若渐近稳定，这个 $\boldsymbol{P}$ 有唯一解存在。

(3) $\boldsymbol{Q}$ 阵选取不影响稳定性判据，在求解 Lyapunov 方程时比较简单的是取 $\boldsymbol{Q}=\boldsymbol{I}$ 为单位阵。

(4) $\boldsymbol{A}$ 中含未确定参数时，先指定 $\boldsymbol{Q}$ 阵，后求解 Lyapunov 方程，用 Sylvester 定理写出对称 $\boldsymbol{P}$ 阵正定的条件，这样就可得到系统稳定时，$\boldsymbol{A}$ 中的待定参数应满足的条件。注意，这些待定参数应满足的条件是和 $\boldsymbol{Q}$ 阵的选择无关的。

(5) 需要注意：判据并不意味着"$\boldsymbol{A}$ 渐近稳定，$\boldsymbol{P}$ 正定，由 Lyapunov 方程所得的 $\boldsymbol{Q}$ 一定正定"成立。

给出一个反例：对 $\boldsymbol{A}=\begin{pmatrix}-1 & 1\\ 1 & -3\end{pmatrix}$，$\boldsymbol{P}=\begin{pmatrix}1 & 2\\ 2 & 5\end{pmatrix}$，显然 $\boldsymbol{A}$ 的特征值均有负实部，$\boldsymbol{P}$ 正定，但按 Lyapunov 方程计算得 $\boldsymbol{Q}=\begin{pmatrix}-2 & 2\\ 2 & 26\end{pmatrix}$ 却不是正定的。

例 5-27 利用 Lyapunov 方程判定稳定性。

已知系统状态方程

$$\dot{\boldsymbol{x}}=\begin{pmatrix}0 & 1\\ -2 & -3\end{pmatrix}\boldsymbol{x}$$

试分析系统平衡点的稳定性。

解 显然系统只有原点一个平衡点。设

$$\boldsymbol{P}=\begin{bmatrix}p_{11} & p_{12}\\ p_{21} & p_{22}\end{bmatrix},\boldsymbol{Q}=\boldsymbol{I}$$

由 $\boldsymbol{A}^{\mathrm{T}}\boldsymbol{P}+\boldsymbol{PA}=-\boldsymbol{Q}$，得

$$\begin{pmatrix}0 & -2\\ 1 & -3\end{pmatrix}\begin{bmatrix}p_{11} & p_{12}\\ p_{21} & p_{22}\end{bmatrix}+\begin{bmatrix}p_{11} & p_{12}\\ p_{21} & p_{22}\end{bmatrix}\begin{pmatrix}0 & 1\\ -2 & -3\end{pmatrix}=\begin{pmatrix}-1 & 0\\ 0 & -1\end{pmatrix}$$

将上式展开，并令各对应元素相等，可解得

$$\boldsymbol{P}=\begin{bmatrix}\frac{5}{4} & \frac{1}{4}\\ \frac{1}{4} & \frac{1}{4}\end{bmatrix}$$

根据希尔维斯特判据知

$$\Delta_1=\frac{5}{4}>0,\Delta_2=\begin{vmatrix}\frac{5}{4} & \frac{1}{4}\\ \frac{1}{4} & \frac{1}{4}\end{vmatrix}=\frac{1}{4}>0$$

故矩阵 $\boldsymbol{P}$ 是正定的，因而系统的平衡点是大范围渐近稳定的。

实际上，还有一个判据：

上述判据对 $\boldsymbol{Q}$ 正定的要求可以放宽为半正定，同时 $\boldsymbol{x}^{\mathrm{T}}\boldsymbol{Q}\boldsymbol{x}$ 沿 $\dot{\boldsymbol{x}}=\boldsymbol{A}\boldsymbol{x}$ 的任意非零解不恒为零，则矩阵方程 $\boldsymbol{A}^{\mathrm{T}}\boldsymbol{P}+\boldsymbol{P}\boldsymbol{A}=-\boldsymbol{Q}$ 有正定对称解的充要条件为 $\dot{\boldsymbol{x}}=\boldsymbol{A}\boldsymbol{x}$ 渐近稳定。

思考 如何理解该判据？

例 5-28 分析题。

对下面三个命题：

(1) $\boldsymbol{A}$ 渐近稳定，$\boldsymbol{Q}$ 半正定，由 Lyapunov 方程所得 $\boldsymbol{P}$ 不能保证正定。

(2) $\boldsymbol{Q}$ 半正定，$\boldsymbol{P}$ 正定，由 Lyapunov 方程所得 $\boldsymbol{A}$ 不能保证渐近稳定。

(3) $\boldsymbol{A}$ 渐近稳定，$\boldsymbol{Q}$ 半正定，且 $\boldsymbol{x}^{\mathrm{T}}\boldsymbol{Q}\boldsymbol{x}$ 沿方程的非零解不恒为零，由 Lyapunov 方程所得 $\boldsymbol{P}$ 正定。

分析以下问题。

(1) 用例子说明正确性，并阐述原因。

(2)将所举例子的 $\boldsymbol{Q}$ 表成 $\boldsymbol{N}^{\mathrm{T}}\boldsymbol{N}$ 形式，判定($\boldsymbol{A}$, $\boldsymbol{N}$)和($\boldsymbol{A}$, $\boldsymbol{Q}$)的可观性。

(3)通过这三个命题及(2)中对各命题可观性判定，猜测其可观性与“$\boldsymbol{x}^{\mathrm{T}}\boldsymbol{Q}\boldsymbol{x}$ 沿方程的非零解不恒为零”的关系。

解 对三个命题分别分析如下。

第一个命题是正确的。举例 $\boldsymbol{A}=\begin{bmatrix}-1 & 0\\ 1 & -1\end{bmatrix}$，$\boldsymbol{Q}=\begin{bmatrix}1 & 0\\ 0 & 0\end{bmatrix}$，$\boldsymbol{P}=\begin{bmatrix}0.5 & 0\\ 0 & 0\end{bmatrix}$

不妨令$\boldsymbol{x}^{\mathrm{T}}\boldsymbol{Q}\boldsymbol{x}\equiv 0$ 并 $\dot{\boldsymbol{x}}=\boldsymbol{A}\boldsymbol{x}$，得解 $x_1\equiv 0$，$x_2=\mathrm{e}^{-t}x_{20}$。当 $x_{20}\neq 0$ 时，$\dot{\boldsymbol{x}}=\boldsymbol{A}\boldsymbol{x}$ 的解是非零解。这表明，$\boldsymbol{x}^{\mathrm{T}}\boldsymbol{Q}\boldsymbol{x}$ 沿方程的非零解恒为零，与判据的条件不符，$\boldsymbol{P}$ 的正定性得不到保证，所以命题正确。

可以将 $\boldsymbol{Q}$ 分解为$\boldsymbol{N}^{\mathrm{T}}\boldsymbol{N}=\begin{pmatrix}1\\ 0\end{pmatrix}(1\quad 0)$，则易于验证 ($\boldsymbol{A}$,$\boldsymbol{N}$)与($\boldsymbol{A}$,$\boldsymbol{Q}$)均是不可观的。

第二个命题是正确的。举例 $\boldsymbol{A}=\begin{bmatrix}-0.5 & 0\\ 0 & 0\end{bmatrix}$，$\boldsymbol{Q}=\begin{bmatrix}1 & 0\\ 0 & 0\end{bmatrix}$，$P=\begin{bmatrix}1 & 0\\ 0 & 1\end{bmatrix}$

不妨令$x^{\mathrm{T}}\boldsymbol{Q}\boldsymbol{x}\equiv 0$ 并 $\dot{\boldsymbol{x}}=\boldsymbol{A}\boldsymbol{x}$，得解 $x_1\equiv 0$，$\boldsymbol{x}_2=\boldsymbol{x}_{20}$。当 $\boldsymbol{x}_{20}\neq 0$ 时，$\dot{\boldsymbol{x}}=\boldsymbol{A}\boldsymbol{x}$ 的解是非零解。这表明，$\boldsymbol{x}^{\mathrm{T}}\boldsymbol{Q}\boldsymbol{x}$ 沿方程的非零解恒为零，与判据的条件不符，不能保证 $\boldsymbol{A}$ 渐近稳定，所以命题正确。

$\boldsymbol{Q}$ 可以分解为 $\boldsymbol{N}^{\mathrm{T}}\boldsymbol{N}=\begin{pmatrix}1\\ 0\end{pmatrix}(1\quad 0)$，则易于验证 ($\boldsymbol{A}$,$\boldsymbol{N}$)与($\boldsymbol{A}$,$\boldsymbol{Q}$)均是不可观的。

第三个命题是正确的。举例 $\boldsymbol{A}=\begin{bmatrix}-1 & 1\\ 0 & -1\end{bmatrix}$，$\boldsymbol{Q}=\begin{bmatrix}1 & 0\\ 0 & 0\end{bmatrix}$，$\boldsymbol{P}=\begin{bmatrix}0.5 & 0.25\\ 0.25 & 0.25\end{bmatrix}$

由 $\dot{\boldsymbol{x}}=\boldsymbol{A}\boldsymbol{x}$ 得解 $\boldsymbol{x}(t)=\mathrm{e}^{\boldsymbol{A}t}\boldsymbol{x}(0)=\begin{bmatrix}\mathrm{e}^{-t} & t\mathrm{e}^{-t}\\ 0 & \mathrm{e}^{-t}\end{bmatrix}\boldsymbol{x}(0)$。当 $\boldsymbol{x}(0)\neq 0$ 时，解是非零解，$\boldsymbol{x}^{\mathrm{T}}\boldsymbol{Q}\boldsymbol{x}$ 沿此非零解显然不恒为 0，与判据的条件相符，保证了 $\boldsymbol{P}$ 正定。

可以将 Q 分解为 $N^{\mathrm{T}}N=\begin{pmatrix}1\\0\end{pmatrix}(1\quad 0)$，则易于验证 (A,N) 与 (A,Q) 均是可观的。

通过这三个命题及(2)中对各命题可观性判定，猜测："$x^{\mathrm{T}}Qx$ 沿方程的非零解不恒为零"等价于 (A,N) 可观，并等价于 (A,Q) 可观。

由此，又得到一个判据：

定常线性方程 $\dot{x}=Ax$ 的零解渐近稳定的充分必要条件是在给定 $Q=N^{\mathrm{T}}N$ 半正定阵且 (A,Q) 为可观(即 (A,N) 可观)时 Lyapunov 方程 $A^{\mathrm{T}}P+PA=-Q$ 的解 P 为正定。由于 Q 为半正定矩阵，总可以将其分解为 $Q=N^{\mathrm{T}}N$ 的形式。采用反证法，易得 (A,Q) 可观测可推得 (A,N) 可观测。

一方面，由零解渐近稳定，则任给使 (A,N) 可观测的半正定阵 N，由积分

$$P=\int_0^{\infty}\mathrm{e}^{A^{\mathrm{T}}t}Q\mathrm{e}^{At}\,\mathrm{d}t=\int_0^{\infty}\mathrm{e}^{A^{\mathrm{T}}t}N^{\mathrm{T}}N\mathrm{e}^{At}\,\mathrm{d}t$$

确定的矩阵 P 必满足 Lyapunov 方程且为正定，而 $\int_0^{\infty}\mathrm{e}^{A^{\mathrm{T}}t}N^{\mathrm{T}}N\mathrm{e}^{At}\,\mathrm{d}t$ 就是由以 N 为输出矩阵的可观性 Gram 矩阵，显然 P 是满秩的，所以 (A,N) 可观测。

另一方面若在给定 (A,Q) 为可观测的半正定阵 $Q=N^{\mathrm{T}}N$ 下，Lyapunov 方程解 P 为正定，要证此时系统必定渐近稳定。为此，考虑

$$x^{\mathrm{T}}Qx=x^{\mathrm{T}}N^{\mathrm{T}}Nx=0\Rightarrow Nx=\mathbf{0}\Leftrightarrow N\mathrm{e}^{At}x_0=\mathbf{0} \tag{5-58}$$

令 $t=\mathbf{0}$，得 $Nx_0=\mathbf{0}$。

对式(5-58)的最后一个表达式微分，得

$$NA\mathrm{e}^{At}x_0=\mathbf{0} \tag{5-59}$$

再令 $t=0$，得 $NAx_0=\mathbf{0}$。依次类推，直到 $NA^{n-1}x_0=\mathbf{0}$。于是，有

$$\begin{pmatrix}N\\NA\\\vdots\\NA^{n-1}\end{pmatrix}x_0=\mathbf{0}$$

由于 (A,N) 可观测，所以上式的可观测矩阵满秩，所以 $x_0\equiv\mathbf{0}$。这说明使 $x^{\mathrm{T}}Qx$ 只有原点为 0，即沿方程 $\dot{x}=Ax$ 非零解不恒为零。由上一个判据知，系统必渐近稳定。

例 5-29 求稳定条件。

已知下面系统是最小实现的，求该系统在什么情况下是稳定的。

$$\dot{x}=\begin{pmatrix}0 & \alpha_3^{-1} & 0\\-\alpha_2^{-1} & 0 & \alpha_2^{-1}\\0 & -\alpha_1^{-1} & -\alpha_1^{-1}\end{pmatrix}x+\begin{pmatrix}0\\0\\1\end{pmatrix}u$$

$$y=(0\quad 0\quad 1)x$$

解 对参数不为 0 的齐次状态方程平衡点只有一个，就是原点。

为求稳定性条件，不妨令半正定的矩阵 $Q=\begin{bmatrix}0&0&0\\0&0&0\\0&0&2\end{bmatrix}=\begin{bmatrix}0\\0\\\sqrt{2}\end{bmatrix}\begin{bmatrix}0&0&\sqrt{2}\end{bmatrix}$，显然 (A,Q) 可观测。

解方程 $\boldsymbol{A}^{\mathrm{T}}\boldsymbol{P}+\boldsymbol{P}\boldsymbol{A}=-\boldsymbol{Q}$，得到 $\boldsymbol{P}=\begin{bmatrix}\alpha_3 & 0 & 0\\ 0 & \alpha_2 & 0\\ 0 & 0 & \alpha_1\end{bmatrix}$，欲使 $\boldsymbol{P}$ 正定，只要 $\alpha_1>0,\alpha_2>0,\alpha_3>0$。

该题的状态方程形式可用于证明 Routh 判据，见后面习题。

下面讨论另一个问题，在有些情况下，要求需要断定系统是否具有一定的收敛速度，所以有必要导出判断 $\boldsymbol{A}$ 的特征值实部小于某个负实数的 Lyapunov 判据。这就是下面的结论。

定常线性系统方程 $\dot{\boldsymbol{x}}=\boldsymbol{A}\boldsymbol{x}$ 的状态矩阵 $\boldsymbol{A}$ 的所有特征值均小于负实值 $-\sigma(\sigma\geqslant 0)$ 的充要条件是对任意给定的一个正定对称矩阵 $\boldsymbol{Q}$，如下的推广 Lyapunov 方程有唯一正定对称阵 $\boldsymbol{P}$

$$2\sigma\boldsymbol{P}+\boldsymbol{A}^{\mathrm{T}}\boldsymbol{P}+\boldsymbol{P}\boldsymbol{A}=-\boldsymbol{Q} \tag{5-60}$$

事实上，由式(5-60)出发可以得到

$$2\sigma\boldsymbol{P}+\boldsymbol{A}^{\mathrm{T}}\boldsymbol{P}+\boldsymbol{P}\boldsymbol{A}=-\boldsymbol{Q}\Leftrightarrow\sigma\boldsymbol{I}\boldsymbol{P}+\boldsymbol{A}^{\mathrm{T}}\boldsymbol{P}+\boldsymbol{P}\boldsymbol{A}+\boldsymbol{P}\sigma\boldsymbol{I}=-\boldsymbol{Q}$$
$$\Leftrightarrow(\sigma\boldsymbol{I}^{\mathrm{T}}+\boldsymbol{A}^{\mathrm{T}})\boldsymbol{P}+\boldsymbol{P}(\boldsymbol{A}+\sigma\boldsymbol{I})=-\boldsymbol{Q}$$

令 $\widetilde{\boldsymbol{A}}=\boldsymbol{A}+\sigma\boldsymbol{I}$，便得

$$\widetilde{\boldsymbol{A}}^{\mathrm{T}}\boldsymbol{P}+\boldsymbol{P}\widetilde{\boldsymbol{A}}=-\boldsymbol{Q} \tag{5-61}$$

该式表明对于 $\dot{\boldsymbol{x}}=\widetilde{\boldsymbol{A}}\boldsymbol{x}$ 是渐近稳定的，即 $\widetilde{\boldsymbol{A}}$ 的特征根均在左半平面，再计及 $\widetilde{\boldsymbol{A}}=\boldsymbol{A}+\sigma\boldsymbol{I}$，便知 $\boldsymbol{A}$ 的所有特征值均小于负实值 $-\sigma$。

2. 线性时变系统 Lyapunov 方程与稳定性判据

下面先给出一个结论：设 $\boldsymbol{x}=\boldsymbol{0}$ 是系统 $\dot{\boldsymbol{x}}(t)=\boldsymbol{A}(t)\boldsymbol{x}(t)$ 的平衡点，$\boldsymbol{A}(t)$ 各元素为分段连续的一致有界函数。则原平衡点指数(一致渐近)稳定平衡点的充要条件是对任意给定的一个连续、实对称、一致有界和一致正定的时变矩阵 $\boldsymbol{Q}(t)$（即存在正实数 $\beta_2>\beta_1>0$ 使 $\beta_2\boldsymbol{I}\geqslant\boldsymbol{Q}(t)\geqslant\beta_1\boldsymbol{I}>0,t\geqslant t_0$ 成立)，如下形式的 Lyapunov 方程

$$-\dot{\boldsymbol{P}}(t)=\boldsymbol{A}^{\mathrm{T}}(t)\boldsymbol{P}(t)+\boldsymbol{P}(t)\boldsymbol{A}(t)+\boldsymbol{Q}(t),\ \forall\, t\geqslant t_0 \tag{5-62}$$

有唯一连续、实对称、一致有界和一致正定的矩阵 $\boldsymbol{P}(t)$（即存在实数 $\alpha_2>\alpha_1>0$ 使成立 $\alpha_2\boldsymbol{I}\geqslant\boldsymbol{P}(t)\geqslant\alpha_1\boldsymbol{I}>0,\ t\geqslant t_0$）。

实际上，这个判据是定常情况的一般化。

首先说明充分性。

备选 Lyapunov 函数

$$V(\boldsymbol{x},t)=\boldsymbol{x}^{\mathrm{T}}\boldsymbol{P}(t)\boldsymbol{x} \tag{5-63}$$

显然据 $\boldsymbol{P}(t)$ 连续、实对称、一致有界和一致正定，得

$$c_1\ \|\boldsymbol{x}\|_2^2\leqslant V(\boldsymbol{x},t)\leqslant c_2\ \|\boldsymbol{x}\|_2^2 \tag{5-64}$$

计及式(5-62)，得备选 Lyapunov 函数沿 $\dot{\boldsymbol{x}}(t)=\boldsymbol{A}(t)\boldsymbol{x}$ 的轨线的导数为

$$\dot{V}(\boldsymbol{x},t)=\boldsymbol{x}^{\mathrm{T}}\dot{\boldsymbol{P}}(t)\boldsymbol{x}+\boldsymbol{x}^{\mathrm{T}}\boldsymbol{P}(t)\dot{\boldsymbol{x}}+\dot{\boldsymbol{x}}^{\mathrm{T}}\boldsymbol{P}(t)\boldsymbol{x}=-\boldsymbol{x}^{\mathrm{T}}\boldsymbol{Q}(\boldsymbol{x})\boldsymbol{x}\leqslant -c_3\ \|\boldsymbol{x}\|_2^2 \tag{5-65}$$

由式(5-64)、式(5-65)知，据显含时间的自治系统一致渐近稳定的判据知，原点是全局指数稳定的。

再说明必要性。

假设 $\boldsymbol{\theta}(\tau;t,\boldsymbol{x})$ 是 $\dot{\boldsymbol{x}}(t)=\boldsymbol{A}(t)\boldsymbol{x}$ 始于 $(\boldsymbol{x},t)$ 的解，则 $\boldsymbol{\theta}(\tau;\boldsymbol{x},t)=\boldsymbol{\Phi}(\tau,t)\boldsymbol{x}$。由于 $\boldsymbol{A}(\tau)$ 是一致有界的，即 $\|\boldsymbol{A}(\tau)\|_2\leqslant L$（$L$ 是大于 0 的某个常数)，所以该解满足

$$\|\boldsymbol{x}\|_2\mathrm{e}^{-L(\tau-t)}\leqslant\|\boldsymbol{\theta}(\tau;\boldsymbol{x},t)\|_2\leqslant\|\boldsymbol{x}\|_2\mathrm{e}^{L(\tau-t)} \tag{5-66}$$

与定常情况类似，设 $\boldsymbol{P}(\boldsymbol{x})=\int_t^{\infty}\boldsymbol{\Phi}^{\mathrm{T}}(\tau,t)\boldsymbol{Q}(\tau,t)\boldsymbol{\Phi}(\tau,t)\mathrm{d}\tau$，则

$$\boldsymbol{x}^{\mathrm{T}}\boldsymbol{P}(t)\boldsymbol{x}=\int_t^{\infty}\boldsymbol{\theta}^{\mathrm{T}}(\tau;\boldsymbol{x},t)\boldsymbol{Q}\boldsymbol{\theta}(\tau;\boldsymbol{x},t)\mathrm{d}\tau \tag{5-67}$$

由线性时变系统的指数稳定性转移矩阵判据知 $\|\boldsymbol{\Phi}(\tau,t)\|\leqslant k\mathrm{e}^{-\lambda(\tau-t)}$，$\forall\tau\geqslant t\geqslant0$，得

$$\boldsymbol{x}^{\mathrm{T}}\boldsymbol{P}(t)\boldsymbol{x}\leqslant\int_t^{\infty}c_4\ \|\boldsymbol{\Phi}(\tau,t)\|_2^2\ \|\boldsymbol{x}\|_2^2\mathrm{d}\tau\leqslant\int_t^{\infty}k^2\mathrm{e}^{-2\lambda(\tau-t)}\mathrm{d}\tau c_4\ \|\boldsymbol{x}\|_2^2=\frac{k^2c_4}{2\lambda}\ \|\boldsymbol{x}\|_2^2\triangleq c_2\ \|\boldsymbol{x}\|_2^2 \tag{5-68}$$

再利用式(5-66)的下界，计及 $\boldsymbol{Q}(t)$ 一致有界和一致正定，得

$$\boldsymbol{x}^{\mathrm{T}}\boldsymbol{P}(t)\boldsymbol{x}\geqslant\int_t^{\infty}c_3\ \|\boldsymbol{\theta}(\tau;\boldsymbol{x},t)\|_2^2\mathrm{d}\tau\geqslant\int_t^{\infty}\mathrm{e}^{-2L(\tau-t)}\mathrm{d}\tau c_3\ \|\boldsymbol{x}\|_2^2=\frac{c_3}{2L}\ \|\boldsymbol{x}\|_2^2\triangleq c_1\ \|\boldsymbol{x}\|_2^2$$

综合式(5-67)和式(5-68)，得

$$c_1\ \|\boldsymbol{x}\|_2^2\leqslant\boldsymbol{x}^{\mathrm{T}}\boldsymbol{P}(t)\boldsymbol{x}\leqslant c_2\ \|\boldsymbol{x}\|_2^2 \tag{5-69}$$

此式表明 $\boldsymbol{P}(t)$ 是正定且有界的。

又由 $\boldsymbol{P}(t)$ 的定义说明 $\boldsymbol{P}(t)$ 对称且连续可微。计及状态转移矩阵的性质 $\frac{\partial}{\partial t}\boldsymbol{\Phi}(\tau,t)=-\boldsymbol{\Phi}(\tau,t)\boldsymbol{A}(t)$，对 $\boldsymbol{P}(t)$ 求微分，得

$$\begin{aligned}\dot{\boldsymbol{P}}(t)&=\int_t^{\infty}\boldsymbol{\Phi}^{\mathrm{T}}(\tau;t,\boldsymbol{x})\boldsymbol{Q}(\tau)\frac{\partial}{\partial t}\boldsymbol{\Phi}(\tau,t)\mathrm{d}\tau+\int_t^{\infty}\left[\frac{\partial}{\partial t}\boldsymbol{\Phi}^{\mathrm{T}}(\tau,t)\right]\boldsymbol{Q}(\tau)\boldsymbol{\Phi}(\tau,t)\mathrm{d}\tau-\boldsymbol{Q}(t)\\&=-\int_t^{\infty}\boldsymbol{\Phi}^{\mathrm{T}}(\tau;t,\boldsymbol{x})\boldsymbol{Q}(\tau)\boldsymbol{\Phi}(\tau,t)\mathrm{d}\tau\boldsymbol{A}(t)-\boldsymbol{A}^{\mathrm{T}}(t)\int_t^{\infty}\boldsymbol{\Phi}^{\mathrm{T}}(\tau,t)\boldsymbol{Q}(\tau)\boldsymbol{\Phi}(\tau,t)\mathrm{d}\tau-\boldsymbol{Q}(t)\\&=-\boldsymbol{P}(t)\boldsymbol{A}(t)-\boldsymbol{A}^{\mathrm{T}}(t)\boldsymbol{P}(t)-\boldsymbol{Q}(t)\end{aligned}$$

由此，式(5-62)成立。

下面总结一下利用 Lyapunov 第二法对线性系统进行稳定性分析的特点。

(1) 所有的判据都是充要条件，而非仅充分条件。

(2) 渐近稳定性等价于 Lyapunov 方程的存在性。

(3) 渐近稳定时，必存在二次型 Lyapunov 函数 $V(\boldsymbol{x})=\boldsymbol{x}^{\mathrm{T}}\boldsymbol{P}\boldsymbol{x}$ 及 $\dot{V}(\boldsymbol{x})=-\boldsymbol{x}^{\mathrm{T}}\boldsymbol{Q}\boldsymbol{x}$。

(4) 对于线性定常系统，当系统矩阵 $\boldsymbol{A}$ 非奇异时，仅有原点个平衡点。

(5) 渐近稳定就是大范围渐近稳定，两者完全等价。

(6) 线性系统的 Lyapunov 稳定性方法是一种代数方法，也不要求把特征多项式进行因式分解，而且可进一步应用于求解某些最优控制问题。

5.9 线性系统稳定自由运动的衰减性能估计

利用 Lyapunov 判据不仅可以判断平衡点是否渐近稳定，而且还可以间接对稳定的自由运动趋向平衡点的收敛速度作出估计。本节考虑如下的线性自治系统：

$$\dot{\boldsymbol{x}}=\boldsymbol{A}(t)\boldsymbol{x},\boldsymbol{x}(0)=\boldsymbol{x}_0,t\geqslant0 \tag{5-70}$$

原点是其平衡点，且渐近稳定。

1) 衰减系数

设有存在 Lyapunov 函数 $V(\boldsymbol{x},t)$，由渐近稳定，$V(\boldsymbol{x},t)$ 正定，而 $\dot{V}(\boldsymbol{x},t)$ 负定，引入衰减系数表征系统自由运动衰减的性能

$$\eta(\boldsymbol{x},t)=-\frac{\dot{V}(\boldsymbol{x},t)}{V(\boldsymbol{x},t)} \tag{5-71}$$

下面对衰减系数对运动状态的几点说明。

(1) 衰减系数对运动状态 $\boldsymbol{x}$ 的依赖性,即衰减系数是系统自由运动状态 $\boldsymbol{x}$ 的一个标量函数。

(2) 定义式中,若将正定 $V(\boldsymbol{x},t)$ 视为能量,负定 $\dot{V}(\boldsymbol{x},t)$ 视为能量下降速率,则衰减系数 $\eta(\boldsymbol{x})$ 的量纲就为 $1/s$。这从一个角度说明,衰减系数定义在物理上的合理性。

(3) 衰减系数的属性:能量 $V(\boldsymbol{x},t)$ 愈大,能量下降速率 $\dot{V}(\boldsymbol{x},t)$ 愈小,则 $\eta(\boldsymbol{x})$ 愈小,对应于运动衰减愈慢;能量 $V(\boldsymbol{x},t)$ 愈小,能量下降速率 $\dot{V}(\boldsymbol{x},t)$ 愈大,则 $\eta(\boldsymbol{x},t)$ 愈大,对应于运动衰减愈快。因此,由 $\eta(\boldsymbol{x})$ 的大小可直观地表征运动衰减的快慢。

2) 自由运动衰减快慢的估计

对衰减系数两边从 0 到 t 积分得

$$-\int_{t_0}^{t}\eta\mathrm{d}t=\int_{t_0}^{t}\frac{\dot{V}(\boldsymbol{x},t)}{V(\boldsymbol{x},t)}\mathrm{d}t=\int_{t_0}^{t}\frac{1}{V(\boldsymbol{x},t)}\mathrm{d}V(\boldsymbol{x},t)=\ln V(\boldsymbol{x},t)-\ln V(\boldsymbol{x}_0,t_0)=\ln\frac{V(\boldsymbol{x},t)}{V(\boldsymbol{x}_0,t_0)} \tag{5-72}$$

由此,得

$$V(\boldsymbol{x},t)=V(\boldsymbol{x}_0,t_0)\mathrm{e}^{-\int_{t_0}^{t}\eta\mathrm{d}t}\xrightarrow{\eta_{\min}=\min\limits_{x}\eta}V(\boldsymbol{x},t)\leqslant V(\boldsymbol{x}_0,t_0)\mathrm{e}^{-\eta_{\min}t} \tag{5-73}$$

式中 $\eta_{\min}$ 为最小衰减系数,将其作为反映运动衰减快慢的一个指标。只要确定出 $\eta_{\min}$,就可以定出 $V(\boldsymbol{x})$ 随时间 t 的衰减上界

$$t-t_0\leqslant-\frac{1}{\eta_{\min}}\ln\left(\frac{V(\boldsymbol{x},t)}{V(\boldsymbol{x}_0,t_0)}\right) \tag{5-74}$$

下面针对渐近稳定的线性定常系统进行讨论,且令 $t_0=0$。给定任意正定对称阵 $\boldsymbol{Q}$,Lyapunov 方程 $\boldsymbol{A}^{\mathrm{T}}\boldsymbol{P}+\boldsymbol{P}\boldsymbol{A}=-\boldsymbol{Q}$ 的解阵 $\boldsymbol{P}$ 唯一存在且为正定对称。则对最小衰减系数进行规范化,有

$$\eta_{\min}=\min_{x}\left[-\frac{\dot{\boldsymbol{V}}(\boldsymbol{x})}{\boldsymbol{V}(\boldsymbol{x})}\right]=\min_{x}\left[\frac{\boldsymbol{x}^{\mathrm{T}}\boldsymbol{Q}\boldsymbol{x}}{\boldsymbol{x}^{\mathrm{T}}\boldsymbol{P}\boldsymbol{x}}\right]=\min_{x}\{\boldsymbol{x}^{\mathrm{T}}\boldsymbol{Q}\boldsymbol{x}\mid\boldsymbol{x}^{\mathrm{T}}\boldsymbol{P}\boldsymbol{x}=1\}=\lambda_{\min}(\boldsymbol{Q}\boldsymbol{P}^{-1}) \tag{5-75}$$

即在 $V(\boldsymbol{x})=1$ 的超球面上求 $-\dot{V}(\boldsymbol{x})$ 的极小值。

下面通过 Lagrange 乘子法对此结论进行证明。

首先,通过引入拉格朗日乘子 k,把式(5-75)的条件极值问题转化为等价的无条件极值问题:

$$\eta_{\min}=\min_{x}[\boldsymbol{x}^{\mathrm{T}}\boldsymbol{Q}\boldsymbol{x}-k(\boldsymbol{x}^{\mathrm{T}}\boldsymbol{P}\boldsymbol{x}-1)]=\min_{x}[\boldsymbol{x}^{\mathrm{T}}(\boldsymbol{Q}-k\boldsymbol{P})\boldsymbol{x}+k] \tag{5-76}$$

并且,为在单位超球面上找到使 η 取极小的状态点 $\boldsymbol{x}=\boldsymbol{x}_{\min}$,有

对 $\boldsymbol{x}$,$\boldsymbol{x}^{\mathrm{T}}(\boldsymbol{Q}-k\boldsymbol{P})\boldsymbol{x}+k$ 取极小$\Leftrightarrow$对 $\boldsymbol{x}$,$\boldsymbol{x}^{\mathrm{T}}(\boldsymbol{Q}-k\boldsymbol{P})\boldsymbol{x}$ 取极小。由极值条件,得

$$\begin{aligned}\boldsymbol{0}&=\left\{\frac{\mathrm{d}}{\mathrm{d}\boldsymbol{x}}[\boldsymbol{x}^{\mathrm{T}}(\boldsymbol{Q}-k\boldsymbol{P})x]\right\}_{x=x_{\min}}=\left\{\left[\frac{\mathrm{d}}{\mathrm{d}\boldsymbol{x}}\boldsymbol{x}^{\mathrm{T}}(\boldsymbol{Q}-k\boldsymbol{P})\boldsymbol{x}\right]+\left[\frac{\mathrm{d}}{\mathrm{d}\boldsymbol{x}}[\boldsymbol{x}^{\mathrm{T}}(\boldsymbol{Q}-k\boldsymbol{P})\boldsymbol{x}]^{\mathrm{T}}\right]\right\}_{x=x_{\min}}\\&=(\boldsymbol{Q}-k\boldsymbol{P})\boldsymbol{x}_{\min}+(\boldsymbol{Q}-k\boldsymbol{P})\boldsymbol{x}_{\min}=2(\boldsymbol{Q}-k\boldsymbol{P})\boldsymbol{x}_{\min}=-2\boldsymbol{P}(k\boldsymbol{I}-P^{-1}\boldsymbol{Q})\boldsymbol{x}_{\min}=-(k\boldsymbol{I}-\boldsymbol{Q}\boldsymbol{P}^{-1})2\boldsymbol{P}\boldsymbol{x}_{\min}\end{aligned} \tag{5-77}$$

考虑到单位超球面上有 $\boldsymbol{x}_{\min}\neq\boldsymbol{0}$,而矩阵 $\boldsymbol{P}$ 为非奇异,由上式可知

$$(k\boldsymbol{I}-\boldsymbol{P}^{-1}\boldsymbol{Q})\text{奇异}\Leftrightarrow(k\boldsymbol{I}-\boldsymbol{Q}\boldsymbol{P}^{-1})\text{奇异}$$

于是

$$\det(k\boldsymbol{I}-\boldsymbol{P}^{-1}\boldsymbol{Q})=0 \text{ 和 } \det(k\boldsymbol{I}-\boldsymbol{Q}\boldsymbol{P}^{-1})=0 \tag{5-78}$$

由此，得

$$k_i=\lambda_i(\boldsymbol{P}^{-1}\boldsymbol{Q})=\lambda_i(\boldsymbol{Q}\boldsymbol{P}^{-1}),i=1,2,\cdots,n \tag{5-79}$$

再由 $\boldsymbol{P}$ 和 $\boldsymbol{Q}$ 为正定知，$\lambda_i(\boldsymbol{P}^{-1}\boldsymbol{Q})=\lambda_i(\boldsymbol{Q}\boldsymbol{P}^{-1})>0,i=1,2,\cdots,n$。而 $(\boldsymbol{Q}-k\boldsymbol{P})$ 奇异意味着，有

$$\boldsymbol{x}_{\min}^{\mathrm{T}}(\boldsymbol{Q}-k\boldsymbol{P})\boldsymbol{x}_{\min}=0 \tag{5-80}$$

从而得

$$\eta_{\min}=\min_{\boldsymbol{x}}[\boldsymbol{x}^{\mathrm{T}}(\boldsymbol{Q}-k\boldsymbol{P})\boldsymbol{x}+k]=\min_{\boldsymbol{x}}[k]=\lambda_{\min}(\boldsymbol{P}^{-1}\boldsymbol{Q})=\lambda_{\min}(\boldsymbol{Q}\boldsymbol{P}^{-1}) \tag{5-81}$$

此式就是最小衰减系数表达式。

另外，由于 $\lambda_{\min}(\boldsymbol{P})\boldsymbol{x}^{\mathrm{T}}\boldsymbol{x}\leqslant\boldsymbol{x}^{\mathrm{T}}\boldsymbol{P}\boldsymbol{x}\leqslant V(\boldsymbol{x}_0)\mathrm{e}^{-\eta_{\min}t}$，所以有

$$\|\boldsymbol{x}\|_2^2=\boldsymbol{x}^{\mathrm{T}}\boldsymbol{x}\leqslant\frac{V(\boldsymbol{x}_0)\mathrm{e}^{-\eta_{\min}t}}{\lambda_{\min}(\boldsymbol{P})}\Rightarrow\|\boldsymbol{x}\|_2\leqslant\sqrt{\frac{V(\boldsymbol{x}_0)}{\lambda_{\min}(\boldsymbol{P})}}\mathrm{e}^{-(\eta_{\min}/2)t} \tag{5-82}$$

式中，$2/\eta_{\min}$ 实际上是经典意义下的时间常数 T。

例 5-30 求能量转移响应时间上界。

已知系统的状态方程

$$\begin{pmatrix}\dot{x}_1\\ \dot{x}_2\end{pmatrix}=\begin{pmatrix}-1 & 0\\ 2 & -1\end{pmatrix}\begin{pmatrix}x_1\\ x_2\end{pmatrix}$$

判定系统的稳定性。若渐近稳定，求衰减系数。并求这个系统从封闭曲线 $V(\boldsymbol{x})=150$ 边界上的一点到封闭曲线 $V(\boldsymbol{x})=0.05$ 内一点响应时间的一个上界。

解 设 $\boldsymbol{Q}=\boldsymbol{I}$，并且按下式求解 $\boldsymbol{P}$

$$\begin{pmatrix}-1 & 2\\ 0 & -1\end{pmatrix}\begin{pmatrix}p_{11} & p_{12}\\ p_{12} & p_{22}\end{pmatrix}+\begin{pmatrix}p_{11} & p_{12}\\ p_{12} & p_{22}\end{pmatrix}\begin{pmatrix}-1 & 0\\ 2 & -1\end{pmatrix}=\begin{pmatrix}-1 & 0\\ 0 & -1\end{pmatrix}$$

求解结果为

$$\begin{bmatrix}p_{11} & p_{12}\\ p_{12} & p_{22}\end{bmatrix}=\frac{1}{4}\begin{bmatrix}6 & 2\\ 2 & 2\end{bmatrix}$$

显然其是正定对称的，所以系统是渐近稳定的。于是可得李亚普诺夫函数及其导数分别为

$$V=\boldsymbol{x}^{\mathrm{T}}\boldsymbol{P}\boldsymbol{x}=\frac{1}{4}(6x_1^2+4x_1x_2+2x_2^2),\dot{V}=-\boldsymbol{x}^{\mathrm{T}}\boldsymbol{x}=-(x_1^2+x_2^2)$$

基此，可以求得的 η 值为

$$\eta=-\frac{\dot{V}}{V}=\frac{4(x_1^2+x_2^2)}{6x_1^2+4x_1x_2+2x_2^2}$$

η 的最小值可由 $\boldsymbol{Q}\boldsymbol{P}^{-1}$ 的最小特征值求得。由于所设的 $\boldsymbol{Q}=\boldsymbol{I}$，因此可得

$$|\boldsymbol{Q}\boldsymbol{P}^{-1}-\lambda\boldsymbol{I}|=|\boldsymbol{P}^{-1}-\lambda\boldsymbol{I}|=0$$

由此得 $\lambda_1=0.5858,\lambda_2=3.4142$。故 $\eta_{\min}=\lambda_1=3.4142$。

由 $V(\boldsymbol{x},t)\leqslant V(\boldsymbol{x}_0,t_0)\mathrm{e}^{-\eta_{\min}(t-t_0)}$ 得 $-\dfrac{1}{\eta_{\min}}\ln\left[\dfrac{V(\boldsymbol{x},t)}{V(\boldsymbol{x}_0,t_0)}\right]\geqslant t-t_0$，将 $\eta_{\min}=3.4142$、$V(\boldsymbol{x},t)=0.05$ 和 $V(\boldsymbol{x}_0,t_0)=150$ 代入方程，可得

$$-\frac{1}{0.5858}\ln\left[\frac{0.05}{150}\right]\geqslant t-t_0\Rightarrow 13.68\geqslant t-t_0$$

从曲线 $V(\boldsymbol{x},t)=150$ 上出发的任意轨迹，进入被曲线 $V(\boldsymbol{x},t)=0.05$ 所包围的区域内，所需要的时间不超过 13.68 个单位时间(注意，这个时间间隔与所选的 $\boldsymbol{P}$ 和 $\boldsymbol{Q}$ 矩阵有关。若选取合适的 $\boldsymbol{P}$ 和 $\boldsymbol{Q}$，则还可得到比 13.68 单位时间小的数作为 $t-t_0$ 的上界)。

5.10 自治系统的 Lyapunov 第一法稳定性判据

虽然几乎所有的实际系统均包含非线性特性，但许多系统在某些工作范围内可以合理地用线性模型来替代，这个范围也是我们所关心的邻域。这进一步说明线性系统理论对于实际系统的重要性。线性系统的稳定性理论同样也可在某一邻域内应用于非线性不很严重且可线性化的系统。

Lyapunov 第一法又称间接法，它的基本思路是通过系统状态方程的解来判别系统的稳定性。对于线性定常系统，只需解出特征方程的根即可作出稳定性判断(5.5 节中已详述)，而对于非线性不很严重的不显含时间的系统，则可通过线性化处理，取其一次近似得到线性化方程，然后再根据其特征根来判断系统的稳定性；对于线性时变系统，根据其转移矩阵特性进行判定，而对于非线性不很严重的显含时间的系统，则可通过线性化处理，取其一次近似得到线性化方程，然后再根据其转移矩阵特性判断系统的稳定性。

对式(5-1)的系统，$\mathbf{D}=\{\boldsymbol{x}\in\mathbf{R}^n \mid \|\boldsymbol{x}-\boldsymbol{x}_e\|_2<r\}$(表示平衡点的一个邻域)，$\boldsymbol{f}(\boldsymbol{x},t)$对 $\boldsymbol{x}$ 具有连续的偏导数，其平衡状态为 $\boldsymbol{x}_e$(不一定是 $\boldsymbol{0}$)，据 5.2.2 的关于“原点稳定性问题”的论述，不失一般性，下面直接认为系统的平衡点 $\boldsymbol{x}_e=0$，即对 $\forall t>0$，$\boldsymbol{f}(\boldsymbol{0},t)=\boldsymbol{0}$。进一步假设 Jacobi 矩阵$\left(\dfrac{\partial \boldsymbol{f}}{\partial \boldsymbol{x}}\right)$是有界的，且在 $\mathbf{D}$ 上对 t 是一致 Lipschitz 的，于是有

$$\left\| \frac{\partial f_i}{\partial \boldsymbol{x}}\bigg|_{\boldsymbol{x}_A,t}-\frac{\partial f_i}{\partial \boldsymbol{x}}\bigg|_{\boldsymbol{x}_B,t}\right\|_2\leqslant \hat{L}\ \|\boldsymbol{x}_A-\boldsymbol{x}_B\|_2,\ \boldsymbol{x}_A,\boldsymbol{x}_B\in\mathbf{D},\ \forall t\geqslant 0,\ i=1,2,\cdots,n \tag{5-83}$$

据中值定理，得

$$f_i(\boldsymbol{x},t)=f_i(\boldsymbol{0},t)+\frac{\partial f_i}{\partial \boldsymbol{x}}(\boldsymbol{z}_i,t)\boldsymbol{x} \tag{5-84}$$

式中，z_i 是由原点到 $\boldsymbol{x}$ 的线段上一点。考虑到 $\boldsymbol{f}(\boldsymbol{0},t)=\boldsymbol{0}$，得

$$f_i(\boldsymbol{x},t)=\frac{\partial f_i}{\partial \boldsymbol{x}}(\boldsymbol{z}_i,t)\boldsymbol{x}=\frac{\partial f_i}{\partial \boldsymbol{x}}(\boldsymbol{0},t)\boldsymbol{x}+\left(\frac{\partial f_i}{\partial \boldsymbol{x}}(\boldsymbol{z}_i,t)-\frac{\partial f_i}{\partial \boldsymbol{x}}(\boldsymbol{0},t)\right)\boldsymbol{x} \tag{5-85}$$

于是，考虑 $i=1,2,\cdots,n$，将上式写成矩阵形式

$$\dot{\boldsymbol{x}}=\boldsymbol{f}(\boldsymbol{x},t)=\boldsymbol{A}(t)\boldsymbol{x}+\boldsymbol{g}(\boldsymbol{x},t) \tag{5-86}$$

式中，$A(t)=\dfrac{\partial \boldsymbol{f}}{\partial \boldsymbol{x}}(\boldsymbol{x},t)\big|_{0,t}$，计及式(5-83)，$\boldsymbol{g}(\boldsymbol{x},t)$满足

$$\|\boldsymbol{g}(\boldsymbol{x},t)\|_2\leqslant\sqrt{\sum_{i=1}^{n}\left\|\frac{\partial f_i}{\partial \boldsymbol{x}}(\boldsymbol{z}_i,t)-\frac{\partial f_i}{\partial \boldsymbol{x}}(\boldsymbol{0},t)\right\|_2^2}\ \|\boldsymbol{x}\|_2\leqslant\sqrt{n}\hat{L}\ \|\boldsymbol{x}\|_2 \tag{5-87}$$

因此，在平衡点(这里是原点)的一个小邻域内线性化为误差动力学方程

$$\dot{\boldsymbol{x}}=\boldsymbol{A}(t)\boldsymbol{x} \tag{5-88}$$

由此需要讨论平衡点 $\boldsymbol{x}=\boldsymbol{0}$ 处的稳定性与原非线性系统在 $\boldsymbol{x}_e$ 处的稳定性间的关系。下面分别对不显含时间的自治系统和显含时间的自治非线性系统给出两个稳定性判据。

$\boldsymbol{f}(\boldsymbol{x},t)$不显含 t 时，线性误差动力学的状态方程的系统矩阵是定常的 $\boldsymbol{A}$，则

ⅰ. 如果 $\boldsymbol{A}$ 的所有特征值λ_i 满足 $\mathrm{Re}\lambda_i<0$，则原非线性平衡状态 $\boldsymbol{x}_e$ 是渐近稳定的。

ⅱ. 如果 $\boldsymbol{A}$ 至少有一个特征值 λ_i 满足 $\mathrm{Re}\lambda_i>0$，则原非线性平衡状态 $\boldsymbol{x}_e$ 是不稳定的。

ⅲ. 如果 $\boldsymbol{A}$ 的特征值，至少有一个的实部为零，则原非线性系统的平衡状态 $\boldsymbol{x}_e$ 的稳定性将取决于线性化过程中忽略的高阶导数项。

从 Lyapuonov 第二法证明第ⅰ点结论和第ⅱ点结论。

(1)对第ⅰ点结论的证明。

设 $\boldsymbol{A}$ 是渐近稳定的，那么对于任何正定对称矩阵 $\boldsymbol{Q}$，李雅普诺夫方程 $\boldsymbol{PA}+\boldsymbol{A}^{\mathrm{T}}\boldsymbol{P}=-\boldsymbol{Q}$ 的解 $\boldsymbol{P}$ 都是正定的。以 $V(\boldsymbol{x})=\boldsymbol{x}^{\mathrm{T}}\boldsymbol{Px}$ 作为线性系统的备选李雅普诺夫函数，则 $V(\boldsymbol{x})$ 沿系统轨线的导数为

$$\dot{V}(\boldsymbol{x})=\boldsymbol{x}^{\mathrm{T}}\boldsymbol{Pf}(\boldsymbol{x})+\boldsymbol{f}^{\mathrm{T}}(\boldsymbol{x})\boldsymbol{Px}=\boldsymbol{x}^{\mathrm{T}}(\boldsymbol{PA}+\boldsymbol{A}^{\mathrm{T}}\boldsymbol{P})\boldsymbol{x}+2\boldsymbol{x}^{\mathrm{T}}\boldsymbol{Pg}(\boldsymbol{x})=-\boldsymbol{x}^{\mathrm{T}}\boldsymbol{Qx}+2\boldsymbol{x}^{\mathrm{T}}\boldsymbol{Pg}(\boldsymbol{x})$$

上式右边的第一项是负定的，而第二项一般是不定的。由函数 $\boldsymbol{g}(\boldsymbol{x})$ 的连续性可知，并考虑到 $\boldsymbol{f}(\boldsymbol{0})=\boldsymbol{0}$，所以当 $\|\boldsymbol{x}\|_2\to0$，有 $\|g(\boldsymbol{x})\|_2/\|\boldsymbol{x}\|_2\to0$。对于任意 $\gamma>0$，存在 $r>0$，使 $\|g(\boldsymbol{x})\|_2<\gamma\|\boldsymbol{x}\|_2$，$\forall\|\boldsymbol{x}\|_2<r$，于是计及 $\boldsymbol{x}^{\mathrm{T}}\boldsymbol{Qx}\geqslant\lambda_{\min}(\boldsymbol{Q})\|\boldsymbol{x}\|_2^2$，有

$$\dot{V}(\boldsymbol{x})<-\boldsymbol{x}^{\mathrm{T}}\boldsymbol{Qx}+2\gamma\|\boldsymbol{P}\|_2\|\boldsymbol{x}\|_2^2\leqslant-[\lambda_{\min}(\boldsymbol{Q})-2\gamma\|\boldsymbol{P}\|_2]\|\boldsymbol{x}\|_2^2,\ \forall\|\boldsymbol{x}\|_2<r$$

选择 $\gamma<(1/2)\lambda_{\min}(\boldsymbol{Q})/(\|\boldsymbol{P}\|_2)$，可以保证 $\dot{V}(\boldsymbol{x})$ 负定。因此，原点是渐近稳定的。

(2)对第ⅱ点结论的证明。

先考虑 $\boldsymbol{A}$ 在虚轴没有特征值的特例。如果 $\boldsymbol{A}$ 的特征值集中到右半平面一组，左半开平面一组，那么存在一个满秩矩阵 $\boldsymbol{T}$，和渐近稳定的方阵 $\boldsymbol{A}_1$、$\boldsymbol{A}_2$，满足

$$\boldsymbol{TAT}^{-1}=\begin{pmatrix}-\boldsymbol{A}_1 & \boldsymbol{0}\\ \boldsymbol{0} & \boldsymbol{A}_2\end{pmatrix}$$

设 $\boldsymbol{z}=\boldsymbol{Tx}=\begin{pmatrix}\boldsymbol{z}_1\\ \boldsymbol{z}_2\end{pmatrix}$，$\boldsymbol{z}$ 的分块与 $\boldsymbol{A}_1$，$\boldsymbol{A}_2$ 的维数一致，对不显含时间的式(5-86)进行变量代换，则得系统

$$\dot{\boldsymbol{z}}_1=-\boldsymbol{A}_1\boldsymbol{z}_1+\boldsymbol{g}_1(\boldsymbol{z})$$
$$\dot{\boldsymbol{z}}_2=\boldsymbol{A}_2\boldsymbol{z}_2+\boldsymbol{g}_2(\boldsymbol{z})$$

其中对于任意 $\gamma>0$，存在 $r>0$，对函数 $g_i(\boldsymbol{z})$ 有 $\|g_i(\boldsymbol{z})\|_2<\gamma\|\boldsymbol{z}\|_2$，$\forall\|\boldsymbol{z}\|_2<r$，$i=1,2$。变换后系统的平衡点依然是原点。

设 $\boldsymbol{Q}_1$ 和 $\boldsymbol{Q}_2$ 分别是与 $\boldsymbol{A}_1$ 和 $\boldsymbol{A}_2$ 维数相同的正定对称矩阵。由于 $\boldsymbol{A}_1$，$\boldsymbol{A}_2$ 是赫尔维茨矩阵，因此李雅普诺夫方程 $\boldsymbol{P}_i\boldsymbol{A}_i+\boldsymbol{A}_i^{\mathrm{T}}\boldsymbol{P}_i=-\boldsymbol{Q}_i$，$i=1,2$ 有唯一的正定解 P_1 和 P_2。设

$$V(\boldsymbol{z})=\boldsymbol{z}_1^{\mathrm{T}}\boldsymbol{P}_1\boldsymbol{z}_1-\boldsymbol{z}_2^{\mathrm{T}}\boldsymbol{P}_2\boldsymbol{z}_2=\boldsymbol{z}^{\mathrm{T}}\begin{pmatrix}\boldsymbol{P}_1 & 0\\ 0 & -\boldsymbol{P}_2\end{pmatrix}\boldsymbol{z}$$

在子空间 $\boldsymbol{z}_2=\boldsymbol{0}$ 内，对于任意靠近原点的点有 $V(\boldsymbol{z})>0$，所以可以设 $\mathbf{U}=\{\boldsymbol{z}\in\mathbf{R}^n\mid\|\boldsymbol{z}\|_2\leqslant r$ 和 $V(\boldsymbol{z})>0\}$。在 $\mathbf{U}$ 内，对上式求导

$$\begin{aligned}\dot{V}(\boldsymbol{z})&=-\boldsymbol{z}_1^{\mathrm{T}}(\boldsymbol{P}_1\boldsymbol{A}_1+\boldsymbol{A}_1^{\mathrm{T}}\boldsymbol{P}_1)\boldsymbol{z}_1+2\boldsymbol{z}_1^{\mathrm{T}}\boldsymbol{P}_1\boldsymbol{g}_1(\boldsymbol{z})-\boldsymbol{z}_2^{\mathrm{T}}(\boldsymbol{P}_2\boldsymbol{A}_2+\boldsymbol{A}_2^{\mathrm{T}}\boldsymbol{P}_2)\boldsymbol{z}_2-2\boldsymbol{z}_2^{\mathrm{T}}\boldsymbol{P}_2\boldsymbol{g}_2(\boldsymbol{z})\\&=\boldsymbol{z}_1^{\mathrm{T}}\boldsymbol{Q}_1\boldsymbol{z}_1+\boldsymbol{z}_2^{\mathrm{T}}\boldsymbol{Q}_2\boldsymbol{z}_2+2\boldsymbol{z}^{\mathrm{T}}\begin{bmatrix}\boldsymbol{P}_1\boldsymbol{g}_1(\boldsymbol{z})\\ -\boldsymbol{P}_2\boldsymbol{g}_2(\boldsymbol{z})\end{bmatrix}\\&\geqslant\lambda_{\min}(\boldsymbol{Q}_1)\|\boldsymbol{z}_1\|_2^2+\lambda_{\min}(\boldsymbol{Q}_2)\|\boldsymbol{z}_2\|_2^2-2\|\boldsymbol{z}_2\|_2\sqrt{\|\boldsymbol{P}_1\|_2^2\|\boldsymbol{g}_1(\boldsymbol{z})\|_2^2+\|\boldsymbol{P}_2\|_2^2\|\boldsymbol{g}_2(\boldsymbol{z})\|_2^2}\\&>(\alpha-2\sqrt{2}\beta\gamma)\|\boldsymbol{z}\|_2^2\end{aligned}$$

其中，$\alpha=\min\{\lambda_{\min}(\boldsymbol{Q}_1),\lambda_{\min}(\boldsymbol{Q}_2)\}$，$\beta=\max\{\|\boldsymbol{P}_1\|_2,\|\boldsymbol{P}_2\|_2\}$。选择 $\gamma<\alpha/(2\sqrt{2}\beta)$，以保证在 U 内有 $\dot{V}(\boldsymbol{z})>0$，所以据 Chetaev 不稳定判据，变换后系统的原点是非稳定的。

注意到通过定义矩阵

$$P=T^{\mathrm{T}}\begin{pmatrix}P_1 & 0\\ 0 & -P_2\end{pmatrix}T;Q=T^{\mathrm{T}}\begin{pmatrix}Q_1 & 0\\ 0 & Q_2\end{pmatrix}T$$

该矩阵满足：$PA+A^{\mathrm{T}}P=Q$，矩阵 Q 是正定的，且 $V(x)=x^{\mathrm{T}}Px$ 在任意靠近原点 $x=0$ 点上为正。由此说明原系统的原点是非稳定的。

考虑一般情况下，即 A 在虚轴上可能有特征值，而且在右半开负平面内也有特征值。运用前面平移坐标轴的简单方法，即可将一般情况转化为特殊情况。假设 A 有 m 个特征值满足 $\mathrm{Re}\lambda_i>\delta>0$，那么，矩阵$[A-(\delta/2)I]$在右半开平面内有 m 个特征值，但在虚轴上没有特征值。根据前面的讨论，在矩阵 $P=P^{\mathrm{T}}$ 和 $Q=Q^{\mathrm{T}}>0$，使

$$P[A-(\delta/2)I]+[A-(\delta/2)I]^{\mathrm{T}}P=Q$$

其中，$V(x)=x^{\mathrm{T}}Px$ 在任意靠近原点 $x=0$ 点上为正。$V(x)$沿系统轨线的导数为

$$\begin{aligned}\dot V(x)&=x^{\mathrm{T}}(PA+A^{\mathrm{T}}P)x+2\,x^{\mathrm{T}}Pg(x)\\&=x^{\mathrm{T}}[P[A-(\delta/2)I]+[A-(\delta/2)I]^{\mathrm{T}}P]x+\delta\,x^{\mathrm{T}}Px+2\,x^{\mathrm{T}}Pg(x)\\&=x^{\mathrm{T}}Qx+\delta V(x)+2\,x^{\mathrm{T}}Pg(x)\end{aligned}$$

在集合 $U=\{x\in\mathbf{R}^n\mid\|x\|_2\leqslant r$ 和 $V(x)>0\}$ 内当 $\|x\|_2<r$ 时，选择 r 满足 $\|g_i(z)\|_2<\gamma\|z\|_2$，则 $\dot V(x)$满足

$$\dot V(x)\geqslant\lambda_{\min}(Q)\|x\|_2^2-2\|P\|_2\|x\|_2\|g(x)\|_2\geqslant(\lambda_{\min}(Q)-2\gamma\|P\|_2)\|x\|_2^2$$

当 $\gamma<(1/2)\lambda_{\min}(Q)/\|P\|_2$ 时，上式为正。所以据 Chetaev 不稳定判据，原系统的原点是非稳定的。

例 5-31 分析系统在平衡点处的稳定性。

设系统的状态方程为

$$\dot x_1=x_1-x_1x_2$$
$$\dot x_2=x_1x_2-x_2$$

利用线性化方法是否可以分析系统在平衡状态处的稳定性；

解 系统有两个平衡状态 $x_{e1}=(0\quad 0)^{\mathrm{T}}$，$x_{e2}=(1\quad 1)^{\mathrm{T}}$。

在 x_{e1}处将其线性化，得

$$\dot x_1=x_1$$
$$\dot x_2=-x_2$$

其特征值为 $\lambda_1=+1,\lambda_2=-1$，可见原非线性系统在 x_{e1}处是不稳定的。

在 x_{e2}处将其线性化，得

$$\dot x_1=-x_2$$
$$\dot x_2=x_1$$

其特征值为$\pm j1$，实部为零，所以不能由线性化方程得出原系统在 x_{e2}处稳定性的结论。

思考 这种情况要应用上面讨论的 Lyapunov 第二法进行判定，你能构造相应的 Lyapunov 函数吗?

例 5-32 分析系统在平衡点处的稳定性。

已知单摆方程可以简记为

$$\dot x_1-x_2=f_1(x_1,x_2)$$
$$\dot x_2=-a\sin x_1-bx_2=f_2(x_1,x_2)$$

研究其稳定性。

解 系统有两个平衡点(0,0)和(π,0)。用线性化方法研究这两个点的稳定性。

系统的Jacobian矩阵为

$$\frac{\partial \boldsymbol{f}}{\partial \boldsymbol{x}}=\begin{bmatrix}\dfrac{\partial f_1}{\partial x_1} & \dfrac{\partial f_1}{\partial x_2}\\ \dfrac{\partial f_2}{\partial x_1} & \dfrac{\partial f_2}{\partial x_2}\end{bmatrix}=\begin{pmatrix}0 & 1\\ -a\cos x_1 & -b\end{pmatrix}$$

(1) 对平衡点(0,0),有

$$\frac{\partial \boldsymbol{f}}{\partial \boldsymbol{x}}=\begin{pmatrix}0 & 1\\ -a & -b\end{pmatrix}$$

则其特征值

$$\lambda_{1,2}=-\frac{1}{2}b\pm\frac{1}{2}\sqrt{b^2-4a}$$

当所有 $a>0,b>0$ 时,特征值均在左半平面,因此,原点处的平衡点是渐近稳定的。

当 $b=0$,两个特征值均在虚轴上,因此不能确定线性化后系统原点的稳定性。在前面的例子中已通过Lyapunov函数的构造分析了稳定性。

(2) 对平衡点(π,0),有

$$\frac{\partial \boldsymbol{f}}{\partial \boldsymbol{x}}=\begin{bmatrix}0 & 1\\ a & -b\end{bmatrix}$$

其特征值

$$\lambda_{1,2}=-\frac{1}{2}b\pm\frac{1}{2}\sqrt{b^2+4a}$$

当所有 $a>0$ 且 $b\geqslant 0$ 时,在右半开平面内有特征值,因而平衡点(π,0)是不稳定的。

例 5-33 分析Lokta-Volterra生态模型在平衡点的稳定性。

Lokta-Volterra生态模型的状态方程为

$$\dot{x}(t)=x(t)[\alpha_1+\alpha_2 y(t)]=f_1(x,y)$$

$$\dot{y}(t)=y(t)[\alpha_3+\alpha_4 x(t)]=f_2(x,y)$$

式中 α_1 为捕食者独自存在时的死亡率,故 $\alpha_1<0$;α_2 为被捕食者给予捕食者的供养能力,$\alpha_2>0$;α_3 为被捕食者的独立生存时的增长率,$\alpha_3>0$;α_4 为捕食者猎取被捕食者的能力,$\alpha_4<0$。

该系统的平衡点分别为 $O(0,0)$ 和 $P(-\alpha_3/\alpha_4,-\alpha_1/\alpha_2)$。系统的Jacobi矩阵为

$$\boldsymbol{J}=\begin{bmatrix}\dfrac{\partial f_1}{\partial x} & \dfrac{\partial f_1}{\partial y}\\ \dfrac{\partial f_2}{\partial x} & \dfrac{\partial f_2}{\partial y}\end{bmatrix}=\begin{bmatrix}\alpha_1+\alpha_2 y & \alpha_2 x\\ \alpha_4 y & \alpha_3+\alpha_4 x\end{bmatrix}\quad(1)$$

(1) 将(0,0)代入式(1),得

$$\boldsymbol{J}=\begin{bmatrix}\alpha_1 & 0\\ 0 & \alpha_3\end{bmatrix}\quad(2)$$

考虑到 $\alpha_1<0$,所以按Lyapunov第一法的第二种情况,系统是不稳定的。

(2) 将 $(-\alpha_3/\alpha_4,-\alpha_1/\alpha_2)$ 代入式(1),得

$$\boldsymbol{J}=\begin{pmatrix}\dfrac{\partial f_1}{\partial x} & \dfrac{\partial f_1}{\partial y}\\ \dfrac{\partial f_2}{\partial x} & \dfrac{\partial f_2}{\partial y}\end{pmatrix}=\begin{pmatrix}0 & \dfrac{-\alpha_3\alpha_2}{\alpha_4}\\ \dfrac{-\alpha_1\alpha_4}{\alpha_2} & 0\end{pmatrix} \quad (3)$$

求其特征值，得 $\lambda^2=\alpha_1\alpha_3<0$，故有其轭虚根，按 Lyapunov 第一法第三种情况，并不能判定系统的稳定性。

下面改用相轨迹分析方法。在 3.3.3 节中已分析得到下面的关系

$$\alpha_1\ln y+\alpha_2 y-\alpha_3\ln x-\alpha_4 x=c \quad (4)$$

该式为原方程组的隐式通解，c 是积分常数。它确定了 $\alpha_k(k=1,2,3,4)$ 以及积分常数 c 之间的关系，而且该关系式在任意时刻都成立。

式(4)两边取以 e 为底的指数，得到相轨线的另一种形式为

$$(x^{\alpha_3}\mathrm{e}^{\alpha_4 x})(y^{-\alpha_1}\mathrm{e}^{-\alpha_2 y})=d \quad (5)$$

式中，$d=\mathrm{e}^{-c}$ 为常数。记 $\varphi(x)=x^{\alpha_3}\mathrm{e}^{\alpha_4 x}$，$\psi(y)=y^{-\alpha_1}\mathrm{e}^{-\alpha_2 y}$，作出大致图像，如图 5-21 所示。

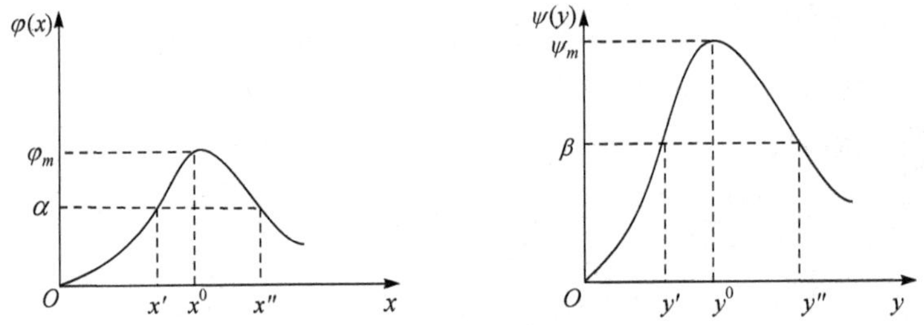

图 5-21 $\varphi(x)$ 和 $\psi(y)$ 的大致图像

记 $\varphi(x)$ 和 $\psi(y)$ 的极大值点为 x^0 和 y^0，极大值分别为 φ_m 和 ψ_m。分别由

$$\frac{d\varphi(x)}{dx}=\alpha_3 x^{\alpha_3-1}\mathrm{e}^{\alpha_4 x}+\alpha_4 x^{\alpha_3}\mathrm{e}^{\alpha_4 x}=0 \quad (6)$$

$$\frac{d\psi(y)}{dy}=-\alpha_1 y^{-\alpha_1-1}\mathrm{e}^{-\alpha_2 y}-\alpha_2 y^{-\alpha_1}\mathrm{e}^{-\alpha_2 y}=0 \quad (7)$$

得 $x^0=-\alpha_3/\alpha_4$，$y^0=-\alpha_1/\alpha_2$，正好是平衡点 P。且有 $\varphi_{\mathrm{m}}=\varphi\left(-\dfrac{\alpha_3}{\alpha_4}\right)$，$\psi_{\mathrm{m}}=\psi\left(-\dfrac{\alpha_1}{\alpha_2}\right)$。所以，当且仅当 $d\leqslant\varphi_{\mathrm{m}}\psi_{\mathrm{m}}$ 时，相轨线才有意义。

当 $0<d<\varphi_{\mathrm{m}}\psi_{\mathrm{m}}$ 时，设 $d=\alpha\psi_{\mathrm{m}}(0<\alpha<\varphi_{\mathrm{m}})$，令 $y=y^0$，则由式(5)得到 $\varphi(x)=\alpha$。由图 5-21 可知，必存在 x' 和 x'' 使得 $\varphi(x')=\varphi(x'')=\alpha$，对应于图 5-22 中的 Q_1 和 Q_2 两点；当 $d=\varphi_{\mathrm{m}}\psi_{\mathrm{m}}$ 时，$x=x^0$，$y=y^0$，相轨线退化为点 P；分析区间(x',x'')内的任意一点 x^k：此时，$\varphi(x)>\alpha$，由 $\varphi(x)\psi(y)=\alpha\psi_{\mathrm{m}}$ 可知 $\psi(y)<\psi_{\mathrm{m}}$。设 $\psi(y)=\beta<\psi_{\mathrm{m}}$，从图 5-21 中可知，必存在 y' 和 y'' 使得 $\psi(y')=\psi(y'')=\beta$，对应于图 5-22 中的 Q_3 和 Q_4 两点。x^k 为区间(x',x'')内的任意一点，所以相轨线在 Q_1 和 Q_2 之间对于每一个 x^k 总要有对应的 y' 和 y'' 两点，说明图 5-22 中的相轨线是一条封闭的曲线。

对于不同的 d 值，式(5)确定的相轨线是一簇以 P 为中心点(奇点)的封闭曲线。d 由最大值 $\varphi_{\mathrm{m}}\psi_{\mathrm{m}}$ 变小时，相轨线向外扩展。

$\boldsymbol{f}(\boldsymbol{x},t)$ 显含 t 时，线性误差动力学的状态方程的系统矩阵是时变的 $\boldsymbol{A}(t)$，若 $\boldsymbol{A}(t)$ 矩阵有界，且 $\boldsymbol{f}(\boldsymbol{x},t)$ 在 $\boldsymbol{D}$ 上是 Lipschitz 的，对 t 一致，则若线性误差动力学的线性状态方程 $\dot{\boldsymbol{x}}=\boldsymbol{A}(t)$

$\boldsymbol{x}$ 在原点是指数稳定，则原非线性系统在平衡状态 $\boldsymbol{x}_e$ 处是指数稳定。

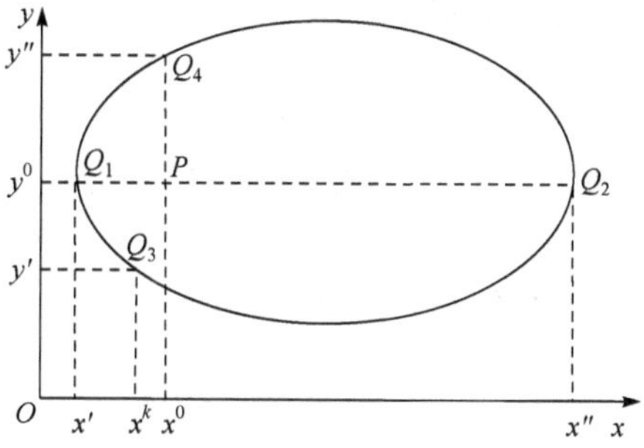

图 5-22　相轨线的大致图像

事实上，由于线性系统在原点有一个指数稳定平衡点，$\boldsymbol{A}(t)$ 连续且有界，存在一个连续可微且有界正定的对称矩阵 $\boldsymbol{P}(t)$ 满足 $-\dot{\boldsymbol{P}}(t)=\boldsymbol{P}(t)\boldsymbol{A}(t)+\boldsymbol{A}^{\mathrm{T}}(t)\boldsymbol{P}(t)+\boldsymbol{Q}(t)$，其中 $\boldsymbol{Q}(t)$ 是连续的正定对称矩阵。用 $V(t,\boldsymbol{x})=\boldsymbol{x}^{\mathrm{T}}\boldsymbol{P}(t)\boldsymbol{x}$ 作为非线性系统的备选李雅普诺夫函数，则 $V(t,\boldsymbol{x})$ 沿系统轨线的导数为

$$\begin{aligned}\dot{V}(t,\boldsymbol{x})&=\boldsymbol{x}^{\mathrm{T}}\boldsymbol{P}(t)\boldsymbol{f}(t,\boldsymbol{x})+\boldsymbol{f}^{\mathrm{T}}(t,\boldsymbol{x})\boldsymbol{P}(t)\boldsymbol{x}+\boldsymbol{x}^{\mathrm{T}}\dot{\boldsymbol{P}}(t)\boldsymbol{x}\\&=\boldsymbol{x}^{\mathrm{T}}[\boldsymbol{P}(t)\boldsymbol{A}(t)+\boldsymbol{A}^{\mathrm{T}}(t)\boldsymbol{P}(t)+\dot{\boldsymbol{P}}(t)]\boldsymbol{x}+2\,\boldsymbol{x}^{\mathrm{T}}\boldsymbol{P}(t)\boldsymbol{g}(t,\boldsymbol{x})\\&=-\boldsymbol{x}^{\mathrm{T}}\boldsymbol{Q}(t)\boldsymbol{x}+2\,\boldsymbol{x}^{\mathrm{T}}\boldsymbol{P}(t)\boldsymbol{g}(t,\boldsymbol{x})\end{aligned}$$

计及式(5-65)和式(5-65)，得

$$\dot{V}(t,\boldsymbol{x})\leqslant -c_3\ \|\boldsymbol{x}\|_2^2+2c_2\sqrt{n}L\ \ \|\boldsymbol{x}\|_2^2\leqslant -(c_3-2c_2\sqrt{n}L\rho)\,\|\boldsymbol{x}\|_2^2,\ \forall\ \|\boldsymbol{x}\|_2^2<\rho$$

选择 $\rho<\min\{r,c_3/(2c_2\sqrt{n}L)\}$，以保证当 $\|\boldsymbol{x}\|_2^2<\rho$ 时 $\dot{V}(t,\boldsymbol{x})$ 负定。因此，当 $\|\boldsymbol{x}\|_2^2<\rho$ 时，原点是指数稳定的。

5.11　典型二阶动力学系统的稳定性

机械振动、机器人和飞行器等诸多领域的对象均可抽象成下述二阶动力学系统

$$\boldsymbol{M}\boldsymbol{x}+\boldsymbol{D}\dot{\boldsymbol{x}}+\boldsymbol{K}\boldsymbol{x}=\boldsymbol{L}\boldsymbol{f} \tag{5-89}$$

的稳定性问题。其中，$\boldsymbol{M},\boldsymbol{D},\boldsymbol{K}\in\mathbf{R}^{n\times n}$ 分别为系统的广义质量阵、广义阻尼阵和广义刚度阵；$\boldsymbol{L}\in\mathbf{R}^{n\times p}$ 为控制力或力矩分布矩阵；$\boldsymbol{f}\in\mathbf{R}^{p}$，$\boldsymbol{x}\in\mathbf{R}^{n}$ 分别为广义力(力矩)和广义坐标。系统中的系数矩阵 $\boldsymbol{M}$ 和 $\boldsymbol{K}$ 在实际应用中代表了实际问题的质量矩阵和刚度矩阵，因而一般是对称的。

本节利用 Lyapunov 稳定性判据解决上述系统的稳定性问题。

1. 典型二阶动力系统的状态空间描述

二阶动力系统的稳定性由其自由系统

$$\boldsymbol{M}\boldsymbol{x}+\boldsymbol{D}\dot{\boldsymbol{x}}+\boldsymbol{K}\boldsymbol{x}=\boldsymbol{0} \tag{5-90}$$

的稳定性完全决定。

如果令 $\boldsymbol{X}=\begin{pmatrix}\dot{\boldsymbol{x}}\\ \boldsymbol{x}\end{pmatrix}$，则在矩阵 $\boldsymbol{M}$ 可逆的条件下可导出系统的状态方程

$$\dot{\boldsymbol{X}}=\boldsymbol{A}\boldsymbol{X},\boldsymbol{A}=\begin{pmatrix}-\boldsymbol{M}^{-1}\boldsymbol{D} & -\boldsymbol{M}^{-1}\boldsymbol{K}\\ \boldsymbol{I} & 0\end{pmatrix} \tag{5-91}$$

当且仅当系统式(5-91)为渐近稳定时,称系统(5-91)为渐近稳定。

2. 典型二阶动力系统稳定的充分条件

在建立关于系统(5-90)的稳定性判据之前,先证明下面一个命题。

设 $\boldsymbol{A}$、$\boldsymbol{E}$、$\boldsymbol{F}$ 均为 n 阶实方阵,$\boldsymbol{C}\in\mathbf{R}^{m\times n}$,且(1)$\boldsymbol{A}=\boldsymbol{EF}$;(2)$\boldsymbol{F}^{\mathrm{T}}+\boldsymbol{F}=-\boldsymbol{C}^{\mathrm{T}}C$;(3)$\boldsymbol{E}>0$;(4)$(\boldsymbol{A},\boldsymbol{C})$能观,则系统 $\dot{\boldsymbol{x}}=\boldsymbol{Ax}$ 为渐近稳定。

事实上,根据 Lyapunov 判据和已知条件(4)可知,只需找到一个对称正定矩阵 $\boldsymbol{P}$ 满足下述 Lyapunov 矩阵方程

$$\boldsymbol{A}^{\mathrm{T}}\boldsymbol{P}+\boldsymbol{PA}=-\boldsymbol{C}^{\mathrm{T}}\boldsymbol{C} \tag{5-92}$$

注意到条件(3),可取 $\boldsymbol{P}=\boldsymbol{E}^{-1}$。再利用条件(2)和(3),可得

$$\boldsymbol{A}^{\mathrm{T}}\boldsymbol{P}+\boldsymbol{PA}=\boldsymbol{F}^{\mathrm{T}}+\boldsymbol{F}=-\boldsymbol{C}^{\mathrm{T}}\boldsymbol{C} \tag{5-93}$$

即 $\boldsymbol{P}=\boldsymbol{E}^{-1}$ 为所寻的满足 Lyapunov 矩阵方程的对称正定矩阵。从而系统 $\dot{\boldsymbol{x}}=\boldsymbol{Ax}$ 渐近稳定。

基此,下面给出典型二阶动力学系统(5-90)渐近稳定的充分条件是 $\boldsymbol{M}>\mathbf{0}$,$\boldsymbol{D}^{\mathrm{T}}+\boldsymbol{D}>0$,$\boldsymbol{K}>0$。

对于系统(5-91),有

$$\boldsymbol{A}=\boldsymbol{EF},\boldsymbol{E}=\begin{pmatrix}\boldsymbol{M}^{-1} & \mathbf{0}\\ \mathbf{0} & \boldsymbol{K}^{-1}\end{pmatrix},\boldsymbol{F}=\begin{pmatrix}-\boldsymbol{D} & -\boldsymbol{K}\\ \boldsymbol{K} & \mathbf{0}\end{pmatrix}$$

由条件 $\boldsymbol{M}>0$,$\boldsymbol{D}^{\mathrm{T}}+\boldsymbol{D}>0$,$\boldsymbol{K}>0$,易得 $\boldsymbol{E}>0$,且存在 n 阶可逆矩阵 $\boldsymbol{T}$,使得

$$\boldsymbol{D}^{\mathrm{T}}+\boldsymbol{D}=\boldsymbol{T}^{\mathrm{T}}\boldsymbol{T}$$

如果令 $\boldsymbol{C}=[\boldsymbol{T}\ \mathbf{0}]$,则有

$$\boldsymbol{F}^{\mathrm{T}}+\boldsymbol{F}=-\boldsymbol{C}^{\mathrm{T}}\boldsymbol{C}$$

下面再考查$(\boldsymbol{A},\boldsymbol{C})$的可观性,利用 PBH 判据,计及 $\boldsymbol{T}$ 与$\boldsymbol{M}^{-1}\boldsymbol{K}$ 的可逆性,得

$$\mathrm{rank}\begin{pmatrix}s\boldsymbol{I}-\boldsymbol{A}\\ \boldsymbol{C}\end{pmatrix}=\mathrm{rank}\begin{pmatrix}s\boldsymbol{I}+\boldsymbol{M}^{-1}\boldsymbol{D} & \boldsymbol{M}^{-1}\boldsymbol{K}\\ \boldsymbol{I} & s\boldsymbol{I}\\ \boldsymbol{T} & \mathbf{0}\end{pmatrix}=\mathrm{rank}\begin{pmatrix}s\boldsymbol{I}+\boldsymbol{M}^{-1}\boldsymbol{D} & \boldsymbol{M}^{-1}\boldsymbol{K}\\ \boldsymbol{I} & s\boldsymbol{I}\\ \boldsymbol{I} & \mathbf{0}\end{pmatrix}=\mathrm{rank}\begin{bmatrix}\mathbf{0} & \boldsymbol{I}\\ \mathbf{0} & s\boldsymbol{I}\\ \boldsymbol{I} & \mathbf{0}\end{bmatrix}=\mathrm{rank}\begin{bmatrix}\mathbf{0} & \boldsymbol{I}\\ \mathbf{0} & \mathbf{0}\\ \boldsymbol{I} & \mathbf{0}\end{bmatrix}=2n$$

由此$(\boldsymbol{A},\boldsymbol{C})$能观。

综上所述,对于系统(5-90)而言,与已证明命题的条件完全符合,由此说明系统(5-90)的渐近稳定性。

5.12 自治离散系统的稳定性定义与判据

前面讨论了连续系统的稳定性定义与判据,本节介绍离散系统的稳定性定义与判据。实际上,大部分的定义与判据类似于相应的连续系统。

考虑如下由差分方程描述的离散时间自治系统

$$\boldsymbol{x}(k+1)=\boldsymbol{f}(\boldsymbol{x}(h),h) \tag{5-94}$$

其中,$k\in N=\{h+i\,|\,i=0,1,2,\cdots,h\geqslant 0\}$,$\boldsymbol{x}\in\mathbf{R}^n$;$\boldsymbol{f}:\mathbf{R}^n\times N\to\mathbf{R}^n$;并令该系统的采样周期为 T_s。需指出,对于每个 $\boldsymbol{x}_0\in\mathbf{R}^n$ 及对每个初始时刻 $h\geqslant 0$,方程有唯一解 $\boldsymbol{x}(k;x_0,h)$,且 $\boldsymbol{x}(h;$

$x_0, h) = x_0$。这里还假设，对于所有 $k \in N$，$\boldsymbol{f}(\boldsymbol{x}, k) = \boldsymbol{x}$ 成立的充要条件是 $\boldsymbol{x} = \boldsymbol{0}$，因此，方程有唯一的平衡点 $\boldsymbol{x} = 0$。

显然，不显含时间的离散自治系统为

$$\boldsymbol{x}(k+1) = \boldsymbol{f}(\boldsymbol{x}(k)) \tag{5-95}$$

5.12.1 稳定性定义

针对系统(5-94)的稳定性定义，可以将连续时间系统有关稳定，一致稳定，一致渐近稳定等定义类似地用到该系统的平衡点 $\boldsymbol{x} = \boldsymbol{0}$ 上来，其中只需用 $k \in N$ 来代替连续时间即可。

(1)离散系统(5-94)的平衡点 $\boldsymbol{x} = \boldsymbol{0}$ 称为是稳定的，如果对于任给的 $\varepsilon > 0$ 及任何非负整数 h，存在 $\delta = \delta(\varepsilon, h) > 0$，使当 $\| \boldsymbol{x}_0 \| < \delta$ 时，有

$$\| \boldsymbol{x}(k; \boldsymbol{x}_0, h) \| < \varepsilon$$

对于所有 $k \geqslant h$ 成立。如果 δ 与 h 无关，即 $\delta = \delta(\varepsilon)$，则方程(5-94)的平衡点 $\boldsymbol{x} = \boldsymbol{0}$ 称为是一致稳定的。

(2)离散系统(5-94)的平衡点 $\boldsymbol{x} = \boldsymbol{0}$ 称为是渐近稳定的，如果它是稳定的，同时存在一个 $\eta(h) > 0$，使得当 $\| \boldsymbol{x}_0 \| < \delta$ 时，有

$$\lim_{k \to \infty} \boldsymbol{x}(k; \boldsymbol{x}_0, h) = \boldsymbol{0}$$

(3)离散系统(5-94)的平衡点 $\boldsymbol{x} = \boldsymbol{0}$ 称为是一致渐近稳定的，如果它是一致稳定的，同时对每个 $\varepsilon > 0$ 及任意非负整数 h，存在一个 $\delta_0 > 0$(与 h 和 ε 无关)及 $T(\varepsilon) > 0$(与 h 无关)，使当 $\| x_0 \| < \delta_0$ 时，对所有 $k \geqslant h + T(\varepsilon)$ 有

$$\| \boldsymbol{x}(k; \boldsymbol{x}_0, h) \| < \varepsilon$$

对于所有 $k \geqslant h + T(\varepsilon)$ 成立。

(4)离散系统(5-94)的平衡点 $\boldsymbol{x} = \boldsymbol{0}$ 称为是指数稳定的，如果存在 $\alpha > 0$，且对每个 $\varepsilon > 0$，存在一个 $\delta(\varepsilon) > 0$，使当 $\| \boldsymbol{x}_0 \| < \delta(\varepsilon)$ 时，有

$$\| \boldsymbol{x}(k; \boldsymbol{x}_0, h) \| \leqslant \varepsilon \mathrm{e}^{-\alpha(k-h)\mathrm{T_s}}$$

对于所有 $k \geqslant h$ 成立。

(5)离散系统(5-94)的平衡点 $\boldsymbol{x} = \boldsymbol{0}$ 称为是不稳定的，如果定义稳定定义中的条件不成立。

关于方程(5-94)解的全局性质，有如下定义。

(6)离散系统(5-94)的解称为是一致有界的，如果对任何 $\alpha > 0$ 及非负整数 h，存在一个 $\beta(\alpha) > 0$(与 h 无关)，使得当 $\| \boldsymbol{x}_0 \| < \alpha$ 时，有

$$\| \boldsymbol{x}(k; \boldsymbol{x}_0, h) \| < \beta$$

对所有 $k \geqslant h$ 成立。

(7)离散系统(5-94)的平衡点 $\boldsymbol{x} = \boldsymbol{0}$ 称为是大范围稳定的，如果它是稳定的，并且方程(5-94)的每个解当 $k \to \infty$ 时趋于零。

(8)离散系统(5-94)的平衡点 $\boldsymbol{x} = \boldsymbol{0}$ 称为是大范围一致渐近稳定的，如果①它是稳定的；②方程(5-94)的解是一致有界的；③对任何 $\alpha > 0$，任何 ε 及 $h \in \mathbf{R}^+$ 存在 $T(\varepsilon, \alpha)$(与 h 无关)，使得当 $\| \boldsymbol{x}_0 \| < \alpha$ 时，有

$$\| \boldsymbol{x}(k; x_0, h) \| < \varepsilon$$

对于所有的 $k \geqslant h + T(\varepsilon, \alpha)$ 成立。

(9) 离散系统(5-94)的平衡点 $\boldsymbol{x} = \boldsymbol{0}$ 称为是大范围指数稳定的。如果存在 $\alpha > 0$，并对任何 $\beta > 0$，存在 $N(\beta)$，使当 $\| \boldsymbol{x}_0 \| < \beta$ 时，有

$$\|\boldsymbol{x}(k;\boldsymbol{x}_0,h)\|\leqslant N(\beta)\boldsymbol{x}_0\mathrm{e}^{-\alpha(k-h)\mathrm{T_s}}$$

对于所有 $k\geqslant h$ 成立。

5.12.2 离散系统的稳定性判据

1. 不显含时间的离散自治系统的稳定性判据

类似于对连续自治系统的稳定性 Lyapunov 判据，有下面的几个大范围渐近稳定性判据。

(1) 对不显含时间的离散时间非线性自治系统(5-95)，若存在一个相对于离散状态 $\boldsymbol{x}(k)$ 的标量函数 $V(\boldsymbol{x}(k))$，使对任意 $\boldsymbol{x}(k)\in\mathbf{R}^n$ 满足：

ⅰ. $V(\boldsymbol{x}(k))$为正定；

ⅱ. 表 $\Delta V(\boldsymbol{x}(k))=V(\boldsymbol{x}(k+1))-V(\boldsymbol{x}(k))$，$\Delta V(\boldsymbol{x}(k))$为负定；

ⅲ. 当 $k\rightarrow\infty$，$\|\boldsymbol{x}(k)\|\rightarrow\infty$时，有 $V(\boldsymbol{x}(k))\rightarrow\infty$。

则原点平衡状态即 $\boldsymbol{x}=\mathbf{0}$ 为大范围渐近稳定。

同样，这个判据的条件ⅱ偏于保守，可以放宽此条件，得到另一个判据。

(2) 对不显含时间的离散时间非线性自治系统(5-95)，若存在一个相对于离散状态 $\boldsymbol{x}(k)$ 的标量函数 $V(\boldsymbol{x}(k))$，使对任意 $\boldsymbol{x}(k)\in\mathbf{R}^n$ 满足：

ⅰ. $V(\boldsymbol{x}(k))$为正定；

ⅱ. 表 $\Delta V(\boldsymbol{x}(k))=V(\boldsymbol{x}(k+1))-V(\boldsymbol{x}(k))$，$\Delta V(\boldsymbol{x}(k))$为半负定；

ⅲ. 对由任意非零初始状态 $\boldsymbol{x}(0)\in\mathbf{R}^n$ 确定的所有自由运动，$\Delta V(\boldsymbol{x}(k))$不恒为零；

ⅳ. 当 $\boldsymbol{k}\rightarrow\infty$，$\|\boldsymbol{x}(k)\|\rightarrow\infty$时，有 $V(\boldsymbol{x}(k))\rightarrow\infty$。

则原点平衡状态即 $\boldsymbol{x}=\mathbf{0}$ 为大范围渐近稳定。

以上两个判据在不要求径向无界条件时，其平衡状态的稳定是局部渐近稳定的。

由上述定理出发，可以得到一个应用非常方便的判据。

(3) 对不显含时间的离散时间非线性自治系统(5-95)，若 $\boldsymbol{f}(\boldsymbol{x}(k))$为收敛，即对 $\boldsymbol{x}(k)\neq\mathbf{0}$ 有

$$\|\boldsymbol{f}(\boldsymbol{x}(k))\|<\|\boldsymbol{x}(k)\| \tag{5-96}$$

则原点平衡状态即 $\boldsymbol{x}=\mathbf{0}$ 为大范围渐近稳定。

事实上，取 $\mathbf{V}(\boldsymbol{x}(k))=\|\boldsymbol{x}(k)\|$，显然其是正定的且是径向无界的。而

$$\boldsymbol{\Delta V}(\boldsymbol{x}(k))=\mathbf{V}(\boldsymbol{x}(k+1))-\mathbf{V}(\boldsymbol{x}(k))=\|\boldsymbol{x}(k+1)\|-\|\boldsymbol{x}(k)\|=\|\boldsymbol{f}(\boldsymbol{x}(k))\|-\|\boldsymbol{x}(k)\|$$

由式(5-96)，得 $\Delta V(\boldsymbol{x}(k))<0$。由此，便知，系统大范围渐近稳定。

适用范围更宽的是利用 LaSalle 不变集原理形成的判据。

(4) 设 $\boldsymbol{\Omega}\in\mathbf{D}$ 是不显含时间的离散时间非线性自治系统(5-95)的有界正向不变紧闭集，若设 $V:\mathbf{D}\rightarrow\mathbf{R}$ 是连续可微的函数，满足在 $\boldsymbol{x}(k)\in\boldsymbol{\Omega}$ 内 $\Delta V(\boldsymbol{x}(k))=V(\boldsymbol{x}(k+1))-V(\boldsymbol{x}(k))\leqslant 0$，那么该系统对应于任意初态$\boldsymbol{x}_0\in\boldsymbol{\Omega}$ 的解 $\boldsymbol{x}(k)$随时间趋向于 $\mathbf{M}$，即

$$\lim_{k\rightarrow\infty}\boldsymbol{x}(k)=\boldsymbol{m}\in\mathbf{M} \tag{5-97}$$

式中，$\mathbf{M}$ 是 $\mathbf{E}=\{\boldsymbol{x}|\Delta V(\boldsymbol{x}(k))=0\}$所含的最大不变集。

LaSalle 不变集原理可以用于有一个平衡点集的系统中，而不单是只有一个孤立平衡点的系统中。类似于连续系统，对于单孤立平衡点系统的 Lyapunov 稳定性判据(Barbashin-Krasovskii 判据)。

在 Lyapunov(全局)稳定基础上，设 $\mathbf{S}=\{\boldsymbol{x}\in\mathbf{D}|\Delta V(\boldsymbol{x}(k))=0\}$，若除平衡点外，没有其他

解同样保持在$\mathbf{S}$内,那么原点是(全局)渐近稳定的。这个结论是由 Barbashin-Krasovskii 给出的。

2. 显含时间离散自治系统的稳定性判据

类似于连续情况,可以得到如下的 Lyapunov 一致渐近稳定的判据。

(1) 设$\boldsymbol{x}=\mathbf{0}$是自治系统(5-94)的一个平衡点,$\mathbf{D}\subset\mathbf{R}^n$是包含$\boldsymbol{x}=\mathbf{0}$的定义域,$V:\mathbf{D}\times[0,\infty]\to\mathbf{R}$是连续可微函数,且满足:

$$W_1(\boldsymbol{x})\leqslant V(k,\boldsymbol{x})\leqslant W_2(\boldsymbol{x}) \tag{5-98}$$

$$\Delta V_f=V(f(\boldsymbol{x},k),k+1)-V(\boldsymbol{x},k)\leqslant -W_3(\boldsymbol{x}) \tag{5-99}$$

$\forall t\geqslant 0$, $\forall \boldsymbol{x}\in\mathbf{D}$,其中$W_1,W_2,W_3\in\mathbf{K}_\infty$都是$\mathbf{D}$上的连续正定函数。那么$\boldsymbol{x}=\mathbf{0}$是一致渐近稳定的。若$\mathbf{D}=\mathbf{R}^n$和$W_1(x)$径向无界,则$\boldsymbol{x}=\mathbf{0}$是全局一致渐近稳定的。

同样,定常情况下的 LaSalle 不变性原理不适用于时变情况,为扩大稳定性判定的适用范围,下面的结论给出了相应的类似于 LaSalle 不变性原理的渐近稳定判据。

(2) 设$\boldsymbol{x}=\mathbf{0}$是自治系统(5-94)的一个平衡点,且系统(5-94)的解是有界的。设$V:\mathbf{D}\times[0,\infty)\to\mathbf{R}$是连续可微函数,使得对于某个$\delta>0$, $\forall k\geqslant 0$, $\forall x\in\mathbf{D}$,存在α满足

$$-\infty<\alpha\leqslant V(\boldsymbol{x}(k),k) \tag{5-100}$$

$$\Delta V_f=V(f(\boldsymbol{x},k),k+1)-V(\boldsymbol{x},k)\leqslant -W_3(\boldsymbol{x})\leqslant 0 \tag{5-101}$$

其中,$W_3(\boldsymbol{x})$是$\mathbf{D}$上的连续正定函数。则当$k\to\infty$时,$\boldsymbol{x}(k)\to\{\boldsymbol{x}\mid W_3(\boldsymbol{x})=0,\boldsymbol{x}\in\mathbf{D}\}$。在此基础上,满足如下的附加条件:$\forall \boldsymbol{p}\in\mathbf{D}(\boldsymbol{p}\neq 0)$,存在有限数$\tilde{k}(\boldsymbol{p})$,使得$\limsup\limits_{k\to\infty} V(\boldsymbol{x}(k+\tilde{k}(\boldsymbol{p}));\boldsymbol{q},k)<\lim\limits_{k\to\infty}V(\boldsymbol{p}(k),k)$,则系统(5-94)的平衡点是渐近稳定的。该判据中的附加条件扮演着不显含时间自治系统的 Barbashin-Krasovskii 判据中所描述的条件的角色。

5.12.3 线性离散系统的稳定性判据

1. 线性定常离散系统渐近稳定判据

考虑离散时间定常线性系统的状态方程

$$\boldsymbol{x}(\boldsymbol{k}+1)=\boldsymbol{G}\boldsymbol{x}(\boldsymbol{k}) \tag{5-102}$$

的稳定性判据。下面分别对特征值判据和 Lyapunov 判据进行介绍。

1) 特征值判据

系统(5-102)的平衡状态$\mathbf{0}$处 Lyapunov 稳定的充要条件为$\boldsymbol{G}$的特征根均在单位开圆盘内,或者在单位圆盘上,且在单位圆盘上的根为单根。进一步 Lyapunov 渐近稳定的充要条件为$\boldsymbol{G}$的全部特征根在单位开圆盘内。

不失一般性,这里仅限于对$\boldsymbol{G}$的特征值z_i, $i=1,2,\cdots,n$为两两相异的情况进行说明。事实上,由于$z_1,z_2,\cdots,z_n$为两两相异,存在非奇异常阵$\boldsymbol{P}$,使得下式成立

$$\boldsymbol{G}=\boldsymbol{P}\begin{bmatrix} z_1 & & \\ & \ddots & \\ & & z_n \end{bmatrix}\boldsymbol{P}^{-1} \tag{5-103}$$

将此式代入 3.8.1 节中齐次差分的通解式,可得到

$$\boldsymbol{x}(k)=\boldsymbol{G}^k\boldsymbol{x}_0=\boldsymbol{P}\begin{bmatrix} z_1^k & & \\ & \ddots & \\ & & z_n^k \end{bmatrix}\boldsymbol{P}^{-1}\boldsymbol{x}_0$$

因此 $$\lim_{k\to\infty}\boldsymbol{x}(k)=\boldsymbol{P}\begin{bmatrix}\lim\limits_{k\to\infty}z_1^k & & \\ & \ddots & \\ & & \lim\limits_{k\to\infty}z_n^k\end{bmatrix}\boldsymbol{P}^{-1}\boldsymbol{x}_0$$

这表明，有 $\lim\limits_{k\to\infty}z_i^k=0,i=1,2,\cdots,n$ 和 $\lim\limits_{k\to\infty}\boldsymbol{x}(k)=\boldsymbol{0}$ 即表示系统为渐近稳定。

上述渐近稳定性判据可归结为判定常数矩阵的特征值是否位于复平面的单位圆之内的问题，这一问题又可进一步归结为一个实系数多项式的根是否全部位于复平面的单位圆之内。在经典理论中有三种代数方法可以用来判定特征根是否在单位圆内，即基于双线性变换的 Routh 判据、Jury 判据、Schur-cohn 判据。

2) Lyapunov 判据

同样与连续系统一样，可以找出对应的 Lyapunov 函数，根据上一稳定性判据判定线性离散系统的稳定性，但对线性系统，还有更简便的判定方法，即：

矩阵 $\boldsymbol{G}\in\mathbf{R}^{n\times n}$ 的所有特征根均在单位开圆盘内，即 $\lambda_i(\boldsymbol{G})\subset\mathbf{B}(0,1)$，等价于存在对称矩阵 $\boldsymbol{P}>0$，对任意给定的正定对称阵 $\boldsymbol{Q}$，使 Laypunov 方程成立

$$\boldsymbol{G}^{\mathrm{T}}\boldsymbol{P}\boldsymbol{G}-\boldsymbol{P}=-\boldsymbol{Q}; \tag{5-104}$$

一方面，若所有特征根均在单位圆内，并假设式(5-104)成立，则有

$$\boldsymbol{G}^{\mathrm{T}}\boldsymbol{P}\boldsymbol{G}-\boldsymbol{P}=-\boldsymbol{Q}$$
$$(\boldsymbol{G}^{\mathrm{T}})^2\boldsymbol{P}\boldsymbol{G}^2-\boldsymbol{G}^{\mathrm{T}}\boldsymbol{P}\boldsymbol{G}=-\boldsymbol{G}^{\mathrm{T}}\boldsymbol{Q}\boldsymbol{G}$$
$$(\boldsymbol{G}^{\mathrm{T}})^3\boldsymbol{P}\boldsymbol{G}^3-(\boldsymbol{G}^{\mathrm{T}})^2\boldsymbol{P}\boldsymbol{G}^2=-(\boldsymbol{G}^{\mathrm{T}})^2\boldsymbol{Q}\boldsymbol{G}^2$$
$$\vdots$$
$$(\boldsymbol{G}^{\mathrm{T}})^{n+1}\boldsymbol{P}\boldsymbol{G}^{n+1}-(\boldsymbol{G}^{\mathrm{T}})^n\boldsymbol{P}\boldsymbol{G}^n=-(\boldsymbol{G}^{\mathrm{T}})^n\boldsymbol{Q}\boldsymbol{G}^n$$

以上各式相加可得

$$(\boldsymbol{G}^{n+1})^{\mathrm{T}}\boldsymbol{P}\boldsymbol{G}^{n+1}-\boldsymbol{P}=-\sum_{k=0}^{n}(\boldsymbol{G}^k)^{\mathrm{T}}\boldsymbol{Q}\boldsymbol{G}^k$$

因为 $\lambda_i(\boldsymbol{G})\subset\mathbf{B}(0,1)$，有 $\lim\limits_{n\to\infty}(\boldsymbol{G}^{n+1})^{\mathrm{T}}\boldsymbol{P}\boldsymbol{G}^{n+1}=\boldsymbol{0}$，所以有

$$\boldsymbol{P}=\sum_{k=1}^{\infty}(\boldsymbol{G}^k)^{\mathrm{T}}\boldsymbol{Q}\boldsymbol{G}^k>0$$

另一方面，若假设在 $\boldsymbol{C}^n$ 中定义新的内积 $\langle\boldsymbol{p},\boldsymbol{q}\rangle=\boldsymbol{p}^{\mathrm{T}}\boldsymbol{P}\boldsymbol{q}*$。记所有特征根集合为 $\boldsymbol{\Lambda}$，对 $\forall\lambda\in\boldsymbol{\Lambda}$，$\boldsymbol{x}\neq0$ 为 $\boldsymbol{G}$ 的对应于 λ 的特征矢量，即 $\boldsymbol{G}\boldsymbol{p}=\boldsymbol{\lambda}\boldsymbol{p}$，则

$$\langle\boldsymbol{G}\boldsymbol{p},\boldsymbol{G}\boldsymbol{p}\rangle=\langle\boldsymbol{\lambda}\boldsymbol{p},\boldsymbol{\lambda}\boldsymbol{p}\rangle=|\boldsymbol{\lambda}|^2\boldsymbol{p}^{\mathrm{T}}\boldsymbol{P}\boldsymbol{p}*$$

又

$$\langle\boldsymbol{G}\boldsymbol{p},\boldsymbol{G}\boldsymbol{p}\rangle=\boldsymbol{p}^{\mathrm{T}}\boldsymbol{G}^{\mathrm{T}}\boldsymbol{P}\boldsymbol{G}*\boldsymbol{p}*=\boldsymbol{p}^{\mathrm{T}}\boldsymbol{G}^{\mathrm{T}}\boldsymbol{P}\boldsymbol{G}\boldsymbol{p}*$$

由式(5-104)得

$$\boldsymbol{p}^{\mathrm{T}}\boldsymbol{G}^{\mathrm{T}}\boldsymbol{P}\boldsymbol{G}\boldsymbol{p}*-\boldsymbol{p}^{\mathrm{T}}\boldsymbol{P}\boldsymbol{p}*=-\boldsymbol{p}^{\mathrm{T}}\boldsymbol{Q}\boldsymbol{p}*<0$$

所以

$$|\lambda|^2p^{\mathrm{T}}\boldsymbol{P}\boldsymbol{p}*=\boldsymbol{p}^{\mathrm{T}}\boldsymbol{G}^{\mathrm{T}}\boldsymbol{P}\boldsymbol{G}\boldsymbol{p}*<\boldsymbol{x}^{\mathrm{T}}\boldsymbol{P}\boldsymbol{p}*$$

据此，$|\lambda|^2\boldsymbol{p}^{\mathrm{T}}\boldsymbol{P}\boldsymbol{p}*<\boldsymbol{p}^{\mathrm{T}}\boldsymbol{P}\boldsymbol{p}*$，从而 $|\lambda|^2<1$，即 $\lambda_i\in\mathbf{B}(0,1),i=1,2,\cdots,n$。

据该判据，便可直接写出对应的 Lyapunov 函数可取为 $V[\boldsymbol{x}(k)]=\boldsymbol{x}^{\mathrm{T}}(\boldsymbol{k})\boldsymbol{P}\boldsymbol{x}(k)$。

与线性定常连续系统相类似，在具体应用判据时，可先给定一个正定实对称矩阵 $\boldsymbol{Q}$，如选 $\boldsymbol{Q}=\boldsymbol{I}$，然后验算由 $\boldsymbol{G}^{\mathrm{T}}\boldsymbol{P}\boldsymbol{G}-\boldsymbol{P}=-\boldsymbol{I}$ 所确定的实对称矩阵 $\boldsymbol{P}$ 是否正定，从而作出稳定性的结论。

例 5-34 确定渐近稳定条件。

设线性离散系统状态方程为

$$\boldsymbol{x}(k+1)=\begin{pmatrix}\lambda_1 & 0\\ 0 & \lambda_2\end{pmatrix}\boldsymbol{x}(k)$$

试确定系统在平衡点处渐近稳定的条件。

解 系统的平衡点为原点。由式 $\boldsymbol{G}^{\mathrm{T}}\boldsymbol{P}\boldsymbol{G}-\boldsymbol{P}=-\boldsymbol{I}$ 得

$$\begin{pmatrix}\lambda_1 & 0\\ 0 & \lambda_2\end{pmatrix}\begin{pmatrix}p_{11} & p_{12}\\ p_{21} & p_{22}\end{pmatrix}\begin{pmatrix}\lambda_1 & 0\\ 0 & \lambda_2\end{pmatrix}-\begin{pmatrix}p_{11} & p_{12}\\ p_{21} & p_{22}\end{pmatrix}=\begin{pmatrix}-1 & 0\\ 0 & -1\end{pmatrix}$$

展开化简整理得

$$\boldsymbol{P}=\begin{pmatrix}\dfrac{1}{1-\lambda_1^2} & 0\\ 0 & \dfrac{1}{1-\lambda_2^2}\end{pmatrix}$$

要使 $\boldsymbol{P}$ 为正定的实对称矩阵，必须满足：

$$|\lambda_1|<1,\ |\lambda_2|<1$$

可见只有当系统的极点落在单位圆内时，系统在平衡点处才是大范围渐近稳定的。这个结论与由采样控制系统稳定判据分析的结论是一致的。

下面讨论另一个问题，在有些情况下，要求需要断定系统是否具有一定的收敛速度，所以有必要导出判断 $\boldsymbol{G}$ 的特征值的实部小于某实数的 Lyapunov 判据。这就是下面的结论。

对于系统(5-102)，矩阵 $\boldsymbol{G}$ 的所有特征值的幅度均小于 σ，即 $|\lambda_i(\boldsymbol{G})|<\sigma$，$i=1,2,\cdots,n$，$0\leqslant\sigma\leqslant1$，当且仅当对任意给定的正定对称阵 $\boldsymbol{Q}$，Lyapunov 方程 $\boldsymbol{G}^{\mathrm{T}}\boldsymbol{P}\boldsymbol{G}+\boldsymbol{\sigma}(\boldsymbol{G}^{\mathrm{T}}\boldsymbol{P}+\boldsymbol{P}^{\mathrm{T}}\boldsymbol{G})+(\boldsymbol{\sigma}^2-1)\boldsymbol{P}=-\boldsymbol{Q}$ 有唯一正定对称的解。这个结论和连续情况类似。

2. 线性时变离散系统渐近稳定判据

考虑线性时变离散系统

$$\boldsymbol{x}(k+1)=\boldsymbol{G}(k)\boldsymbol{x}(k) \tag{5-105}$$

的稳定性。

系统(5-105)的平衡状态 **0** 为大范围渐近稳定的充要条件是对于任意给定的正定实对称矩阵 $\boldsymbol{Q}(k)$，必存在一个正定的实对称矩阵 $\boldsymbol{P}(k)$，使得

$$\boldsymbol{G}^{\mathrm{T}}(k)\boldsymbol{P}(k+1)\boldsymbol{G}(k)-\boldsymbol{P}(k)=-\boldsymbol{Q}(k) \tag{5-106}$$

成立，并且

$$V(\boldsymbol{x}(k),k)=\boldsymbol{x}^{\mathrm{T}}(k)\boldsymbol{P}(k)\boldsymbol{x}(k) \tag{5-107}$$

是系统的 Lyapunov 函数。

事实上，假设选取式(5-107)为备选 Lyapunov 函数，该函数显然是正定的，则

$$\begin{aligned}\Delta V&=V(\boldsymbol{x}(k+1),k+1)-V(\boldsymbol{x}(k),k)=\boldsymbol{x}^{\mathrm{T}}(k+1)\boldsymbol{P}(k+1)\boldsymbol{x}(k+1)-\boldsymbol{x}^{\mathrm{T}}(k)P(k)\boldsymbol{x}(k)\\&=\boldsymbol{x}^{\mathrm{T}}(k)\boldsymbol{G}^{\mathrm{T}}(k)\boldsymbol{P}(k+1)\boldsymbol{G}(k)\boldsymbol{x}(k)-\boldsymbol{x}^{\mathrm{T}}(k)\boldsymbol{P}(k)\boldsymbol{x}(k)\\&=\boldsymbol{x}^{\mathrm{T}}(k)[\boldsymbol{G}^{\mathrm{T}}(k)\boldsymbol{P}(k+1)\boldsymbol{G}(k)-\boldsymbol{P}(k)]\boldsymbol{x}(k)\end{aligned} \tag{5-108}$$

由式(5-106)得

$$\Delta V=-\boldsymbol{x}^{\mathrm{T}}(k)\boldsymbol{Q}(k)\boldsymbol{x}(k) \tag{5-109}$$

根据渐近稳定的 Lyapunov 判据，要求 ΔV 为负定，所以 $\boldsymbol{Q}(k)$ 必为正定。

该判据进一步扩展到大范围一致渐近稳定，则要求 $\boldsymbol{Q}(k)$ 和 $\boldsymbol{P}(k)$ 为一致有界，一致对称正定。即

$$\beta_1\boldsymbol{I}\leqslant\boldsymbol{Q}(k)\leqslant\alpha_1\boldsymbol{I},\beta_2\boldsymbol{I}\leqslant\boldsymbol{P}(k)\leqslant\alpha_2\boldsymbol{I} \tag{5-110}$$

式中，$\alpha_1\geqslant\beta_1>0,\alpha_2\geqslant\beta_2>0$。

在具体运用时，与线性连续系统情况相类似，可先给定一个正定的实对称矩阵 $\boldsymbol{Q}(k)$（一般取 $\boldsymbol{I}$），计算由式(5-106)所确定的 $\boldsymbol{P}(k)$ 是否正定。

当 $\boldsymbol{G}(k)$ 非奇异时（一般是满足的），很容易求 $\boldsymbol{P}(k+1)$，即

$$\boldsymbol{P}(k+1)=\boldsymbol{G}^{-\mathrm{T}}(k)\boldsymbol{P}(k)\boldsymbol{G}^{-1}(k)-\boldsymbol{G}^{-\mathrm{T}}(k)\boldsymbol{Q}(k)\boldsymbol{G}^{-1}(k) \tag{5-111}$$

采用迭代法便可写出对应的表达式。

思考 你能依式(5-111)写出 $\boldsymbol{P}(k+1)$ 的表达式吗？

5.13 线性系统的输入输出稳定性

所谓一个因果系统为外部稳定指在初始条件为零情况下，如果对任意一个有界输入 $\boldsymbol{u}(t)$（即满足条件 $\|\boldsymbol{u}(t)\|\leqslant\beta_1<\infty,\forall t\in[t_0,\infty)$），对应的输出 $\boldsymbol{y}(t)$ 均为有界（即有 $\|\boldsymbol{y}(t)\|\leqslant\beta_2<\infty,\forall t\in[t_0,\infty)$）。外部稳定性基于系统输入输出描述，属于有界输入有界输出稳定性，简称 BIBO 稳定性。

思考 此定义中为什么要强调初始条件为零？

1. 时变线性系统的 BIBO 稳定充要条件

对于零初始条件的线性时变系统考虑线性系统

$$\begin{aligned}&\dot{\boldsymbol{x}}=\boldsymbol{A}(t)\boldsymbol{x}+\boldsymbol{B}(t)\boldsymbol{u},\boldsymbol{x}(t_0)=\boldsymbol{x}_0,t\geqslant t_0\\&\boldsymbol{y}=\boldsymbol{C}(t)\boldsymbol{x}+\boldsymbol{D}(t)\boldsymbol{u}\end{aligned} \tag{5-112}$$

其中，$\boldsymbol{x}$ 为 n 维状态，$\boldsymbol{u}$ 为 p 维输入，$\boldsymbol{y}$ 为 q 维输出。表 $\boldsymbol{H}(t,\tau)$ 为其脉冲响应矩阵，则系统为 BIBO 稳定的充分必要条件是，存在一个有限常数 k，使对于一切 $t\in[t_0,\infty)$，$\boldsymbol{H}(t,\tau)$ 的每一个元 $h_{ij}(t,\tau)(i=1,2,\cdots,q;j=1,2,\cdots,p)$ 均满足关系式

$$\int_{t_0}^{t}|h_{ij}(t,\tau)|\mathrm{d}\tau\leqslant k<\infty \tag{5-113}$$

下面分别对 SISO 系统和 MIMO 系统加以说明。

首先考虑 $p=q=1$，即单输入—单输出的情况。

充分性。已知式 $\int_{t_0}^{t}|h_{ij}(t,\tau)|\mathrm{d}\tau\leqslant k<\infty$ 成立，且任意输入 $u(t)$ 满足 $|u(t)|\leqslant k_1<\infty$，$t\in[t_0,\infty)$，那么利用由脉冲响应函数 $g(t,\tau)$ 表示的输出 $y(t)$，得

$$|y(t)|=\left|\int_{t_0}^{t}h(t,\tau)u(\tau)\mathrm{d}\tau\right|\leqslant\int_{t_0}^{t}|h(t,\tau)||u(\tau)|\mathrm{d}\tau\leqslant k_1\int_{t_0}^{t}|h(t,\tau)|\mathrm{d}\tau\leqslant k_1k=k_2<\infty \tag{5-114}$$

由定义知系统为 BIBO 稳定。

必要性。采用反证法，设存在某个 $t_1\in[t_0,\infty)$ 使 $\int_{t_0}^{t}|h(t,\tau)|\mathrm{d}\tau=\infty$，则定义一个有界输入

$$u(t)=\text{sign}[g(t_1,t)]=\begin{cases}+1, h(t_1,t)>0\\ 0, h(t_1,t)=0\\ -1, h(t_1,t)<0\end{cases} \tag{5-115}$$

观察在此输入作用下产生的输出 $y(t)$，易知

$$y(t_1)=\int_{t_0}^{t_1}h(t_1,\tau)u(\tau)\mathrm{d}\tau=\int_{t_0}^{t_1}|h(t_1,\tau)|\mathrm{d}\tau=\infty$$

表明输出 $y(t)$ 为无界，这与已知系统为 BIBO 稳定相矛盾，假设不成立。式(5-113)成立。

下面再考虑 MIMO 系统情况。注意到此时系统输出 $y(t)$ 的分量 $y_i(t)$ 满足关系式

$$\begin{aligned}|y_i(t)|&=\left|\int_{t_0}^{t}[h_{i1}(t,\tau)u_1(\tau)+\cdots+h_{ip}(t,\tau)u_p(\tau)]\mathrm{d}\tau\right|\\ &\leqslant\left|\int_{t_0}^{t_1}h_{i1}(t,\tau)u_1(\tau)\mathrm{d}\tau\right|+\cdots+\left|\int_{t_0}^{t_1}h_{ip}(t,\tau)u_p(\tau)\mathrm{d}\tau\right|\end{aligned} \tag{5-116}$$

式中，$i=1,2,\cdots,q$。显然有限个有界数之和仍为有界，由此并利用 SISO 情况的结论，即可证得结论成立。

2. 定常线性系统的 BIBO 稳定充要条件

对于零初始条件的线性定常系统

$$\begin{aligned}\dot{\boldsymbol{x}}&=\boldsymbol{Ax}+\boldsymbol{Bu}, \boldsymbol{x}(t_0)=\boldsymbol{x}_0, t\geqslant t_0\\ \boldsymbol{y}&=\boldsymbol{Cx}+\boldsymbol{Du}\end{aligned} \tag{5-117}$$

式中，$\boldsymbol{x}$ 为 n 维状态；$\boldsymbol{u}$ 为 p 维输入；y 为 q 维输出。设初始时刻 $t_0=0$，$\boldsymbol{H}(t)$ 为其脉冲响应矩阵，$\boldsymbol{H}(s)$ 为其传递函数矩阵，则系统 BIBO 稳定的充分必要条件是，存在一个有限常数 k，使对一切 $\boldsymbol{H}(t)$ 的每一个元 $h_{ij}(t)(i=1,2,\cdots,q;j=1,2,\cdots,p)$ 均满足关系式

$$\int_0^{\infty}|h_{ij}(\boldsymbol{t})|\mathrm{d}t\leqslant k<\infty \tag{5-118}$$

或者等价地，当 $\boldsymbol{H}(s)$ 为真的有理分数函数矩阵时，$\boldsymbol{H}(s)$ 每一个元传递函数 $h_{ij}(s)$ 的所有极点均具有负实部，这实际上也意味着传递函数矩阵所有极点均具有负实部。

显然此结论的第一部分可由时变情况定常化直接导出。对于结论的第二部分，考虑到传递函数矩阵的特征多项式是所有 1、2、…、min(p,q) 阶子式的公分母，所以可对每个元进行讨论。当 $h_{ij}(s)$ 为真的有理分式时，必可利用部分分式法将其展开为有限项之和，其中每一项的形式为 $\beta_l/(s-\lambda_l)^{\alpha_l}$，$l=1,2,\cdots,p$，$\lambda_l$ 可为 $h_{ij}(s)$ 的极点，β_l 和 α_l 为大量零常数。

当 $\alpha_l\neq0$ 时，$\beta_l/(s-\lambda_l)^{\alpha_l}$ 所对应的拉氏反变换为 $\eta_{lr}t^{\alpha_l-1}e^{\lambda_l t}$，$l=1,2,\cdots,p$；

当 $\alpha_l=0$ 时，$\beta_l/(s-\lambda_l)^{\alpha_l}$ 所对应的拉氏反变换为 δ 函数。

由此可知，由 $h_{ij}(s)$ 取拉氏反变换导出的 $h_{ij}(t)$ 是有限个 $\eta_{lr}t^{\alpha_l-1}e^{\lambda_l t}$ 之和，式中也可能包含有 δ 函数项。易知，当且仅当 $\lambda_l(l=1,2,\cdots,p)$ 均具有负实部时，$t^{\alpha_l-1}e^{\lambda_l t}$ 为绝对可积，也即 $h_{ij}(s)$ 为绝对可积。从而系统为 BIBO 稳定。

3. 线性定常系统内部稳定性与外部稳定性的关系

考虑连续时间线性时不变系统式(5-117)，内部稳定性与外部稳定性的关系可用如下结论概括。

(1)若系统为内部稳定即渐近稳定，则系统必为 BIBO 稳定即外部稳定。

(2)系统为 BIBO 稳定即外部稳定，不能保证系统必为内部稳定即渐近稳定。

(3)若系统完全能控且完全能观，则系统外部稳定等价于系统内部稳定。

思考 想一想，上述三个结论的正确性如何说明？

5.14 小　　结

本章对系统稳定性问题作了较为系统的讨论。稳定是能够控制系统正常运行的前提，是表征系统运动行为的一类重要结构特性。

本章的思路是先讨论的稳定性和种类；然后对内部稳定的概念、判据从连续时间和离散时间两大方面进行了阐述，而对连续时间情况又分别从不显含时间和显含时间两个方面介绍了相关的判据；最后简单地对线性系统的 BIBO 外部稳定性进行了阐述。

本章的理论性比较强，同时实际应用价值也较高，读者在阅读本章内容时，需要将对稳定性的理解与能量对应起来，数学描述是对稳定性描述的手段，重在对概念、判据的理解，以及应用这些概念和判据解决实际问题。

本章最后，以人这个系统出发，再次趣味说明一下稳定性：每个人都具有不同的自治程度，自治程度不高的系统或非自治系统是过定义域内的同一点的运动轨线可能有多个甚至无穷个方向，随外部输入或时间点的不同而不同。有些人的心思的运动轨线变化多端，另一些人的思想并不善变，无论哪一种人一般均可选取表征精力的状态构造类能量 Lypunov 函数，显然它是“正能量”，精力随时间最终衰减，所以是李雅普诺夫意义下稳定的。但对人来讲，初始的性格平衡点不等于最终的性格平衡点，所以不能保证渐近稳定，而且稳定过程中多半会有振荡(波折)，并不能保证指数稳定。

习　　题

5.1　求平衡点。

求下述定常线性系统 $\dot{\boldsymbol{x}}=\boldsymbol{A}\boldsymbol{x}=\begin{pmatrix}-1 & 0 & 0\\ 0 & 0 & 0\\ 0 & 0 & 0\end{pmatrix}\boldsymbol{x}$ 的平衡点。

5.2　用 Lyapunov 第二法分析稳定性。

已知非线性系统状态方程为

$$\dot{x}_1=x_2-x_1(x_1^2+x_2^2)$$
$$\dot{x}_2=-x_1-x_2(x_1^2+x_2^2)$$

分析其稳定性。

5.3　用 Lyapunov 第二法分析稳定性。

(1) $\dot{\boldsymbol{x}}=\begin{pmatrix}-1 & 1\\ 2 & -3\end{pmatrix}\boldsymbol{x}$；　(2) $\dot{\boldsymbol{x}}=\begin{pmatrix}-1 & 1\\ -1 & -1\end{pmatrix}\boldsymbol{x}$。

5.4　用 Lyapunov 第二法分析稳定性。

设系统的状态方程为

$$\dot{x}_1=x_2$$
$$\dot{x}_2=-(1-|x_1|)x_2-x_1$$

讨论平衡状态的稳定性，并在坐标图中画出稳定的区域。

5.5　已知二阶系统的状态方程为

$$\begin{pmatrix}\dot{x}_1\\ \dot{x}_2\end{pmatrix}=\begin{pmatrix}a_{11} & a_{12}\\ a_{21} & a_{22}\end{pmatrix}\begin{pmatrix}x_1\\ x_2\end{pmatrix}$$

试确定系统在平衡状态处大范围渐近稳定的条件。由此对下面两个状态方程判定其稳定性

$$(1)\dot{\boldsymbol{x}}=\begin{bmatrix}2 & 6\\ -1 & -5\end{bmatrix}\boldsymbol{x}\qquad (2)\ \dot{\boldsymbol{x}}=\begin{bmatrix}0 & 1\\ -6 & -5\end{bmatrix}\boldsymbol{x}。$$

5.6 线性时变系统的状态方程为

$$\begin{cases}\dot{x}_1=-\dfrac{1}{t}x_1+x_2\\ \dot{x}_2=-tx_1-\dfrac{1}{2}x_2\end{cases}$$

分析系统在平衡点处的稳定性如何？并求 V 函数。

5.7 对下面离散时间线性时不变系统

$$\boldsymbol{x}(k+1)=\begin{pmatrix}1 & 4 & 0\\ -3 & -2 & -3\\ 2 & 0 & 0\end{pmatrix}\boldsymbol{x}(k)$$

试用两种方法判定系统的稳定性。

5.8 对下面离散时间线性时不变系统

$$\boldsymbol{x}(k+1)=\begin{bmatrix}0 & 1 & 0\\ 0 & 0 & 1\\ 0 & \dfrac{\alpha}{2} & 0\end{bmatrix}\boldsymbol{x}(k),k>0$$

求系统稳定的条件。

5.9 对渐近稳定的 SISO 连续时间线性时不变系统$(\boldsymbol{A},\boldsymbol{b},\boldsymbol{c})$，系统输入 $\boldsymbol{u}(t)\equiv 0$，且其初值为 $\boldsymbol{x}_0$，$\boldsymbol{P}$ 为 Lyapunov 方程 $\boldsymbol{A}^{\mathrm{T}}\boldsymbol{P}+\boldsymbol{P}\boldsymbol{A}=-\boldsymbol{c}^{\mathrm{T}}\boldsymbol{c}$ 的正定对称解。令系统输出为 $y(t)$，试证明 $\int_0^{\infty}y^2(t)\mathrm{d}t=\boldsymbol{x}_0^{\mathrm{T}}\boldsymbol{P}\boldsymbol{x}_0$ 。

5.10 已知系统状态方程

$$\dot{\boldsymbol{x}}=\begin{pmatrix}0 & 1 & 0\\ 0 & -2 & 1\\ -K & 0 & -1\end{pmatrix}\boldsymbol{x}$$

试确定系统增益 K 的稳定范围。

5.11 稳定性是否是线性系统在常非奇异状态线性变换下的一种不变性？试就定常与时变两种情况分别说明。

5.12 对线性时变系统为 $\dot{\boldsymbol{x}}=\boldsymbol{A}(t)\boldsymbol{x}$，$\boldsymbol{A}(t)$为在$[t_0,\infty)$上连续的时变矩阵，分析以下问题。

(1)若系统为一致渐近稳定的，能否断定 $\boldsymbol{A}(t)$的特征值的实部对任何 $t>0$ 为负？

(2)若$\lim\limits_{t\to\infty}\boldsymbol{A}(t)=\boldsymbol{A}$，问该系统与 $\dot{\boldsymbol{x}}=\boldsymbol{A}\boldsymbol{x}$ 的稳定性有无联系？

5.13 给定能控的连续时间线性时不变系统$(\boldsymbol{A},\boldsymbol{B})$，其初值为 $\boldsymbol{x}_0$。取 $\boldsymbol{u}=-\boldsymbol{B}^{\mathrm{T}}\mathrm{e}^{-\boldsymbol{A}^{\mathrm{T}}t}\boldsymbol{W}^{-1}(0,T)\boldsymbol{x}_0$，而 $\boldsymbol{W}(0,T)=\int_0^{T}\mathrm{e}^{-\boldsymbol{A}t}\boldsymbol{B}\boldsymbol{B}^{\mathrm{T}}\mathrm{e}^{-\boldsymbol{A}^{\mathrm{T}}t}\mathrm{d}t,T>0$，证明由此构成的闭环系统是渐近稳定的。

5.14 设系统的状态方程为

$$\begin{cases}\dot{x}_1=x_2-ax_1(x_1^2+x_2^2)\\ \dot{x}_2=-x_1-ax_2(x_1^2+x_2^2)\end{cases}$$

试求其 V 函数，并在 $a>0$，$a<0$ 和 $a=0$ 时，分析平衡点处的系统稳定性。

5.15 对下面连续时间线性时变系统

$$\dot{\boldsymbol{x}}=\begin{pmatrix}0 & 1\\ -\dfrac{1}{t+1} & -10\end{pmatrix}\boldsymbol{x},t\geqslant 0$$

判定原点平衡状态即 $\boldsymbol{x}_e=\boldsymbol{0}$ 是否为大范围渐近稳定。

5.16 设非线性系统状态方程为

$$\dot{x}_1=x_2$$
$$\dot{x}_2=-a(x_1+x_2)2x_2-x_1,a>0$$

问:是否可以用克拉索夫斯基法判定稳定性?若不能请选择一种合适的方法判定稳定性。

5.17 设非线性方程为

$$\dot{x}_1=x_2$$
$$\dot{x}_2=-x_1^3-x_2$$

问:是否可以用克拉索夫斯基法判定稳定性?若不能请选择一种合适的方法判定稳定性。

5.18 试用变量梯度法构造下列系统的李雅普诺夫函数,并说明系统的稳定域。

$$\dot{x}_1=-x_1+2x_1^2x_2$$
$$\dot{x}_2=-x_2$$

5.19 已知非线性系统为

$$\dot{x}_1=x_2-\alpha x_1^3$$
$$\dot{x}_2=-x_1-\beta x_2^3$$

问:是否可以用近似线性化方法(Lyapunov 第一法)求解系统稳定性的条件?若不能请选择一种合适的方法。

5.20 设系统的状态方程

$$\dot{x}_1=-3x_1+x_2$$
$$\dot{x}_2=x_1-x_2-x_2^3$$

试用克拉索夫斯基法分析 $\boldsymbol{x}_e=\boldsymbol{0}$ 处的稳定性。

5.21 用 Lyapunov 第二法证明 Routh 判据的正确性。

提示:将用齐次微分方程描述最高阶次的导数变换成 1,将其变换为状态方程,然后给定正定矩阵 $\boldsymbol{Q}$,据 Lyapunov 方程求出相应的矩阵 $\boldsymbol{P}$,由要求 $\boldsymbol{P}$ 的正定条件就可证明 Routh 判据的正确性。

5.22 已知系统的状态方程

$$\begin{pmatrix}\dot{x}_1\\ \dot{x}_2\end{pmatrix}=\begin{pmatrix}0 & 1\\ -1 & -1\end{pmatrix}\begin{pmatrix}x_1\\ x_2\end{pmatrix}$$

判定系统的稳定性。若渐近稳定,求衰减系数。并求这个系统从 0 时刻封闭曲线 $V(\boldsymbol{x})=150$ 边界上的一点到封闭曲线 $V(\boldsymbol{x})=0.06$ 内一点响应时间的一个上界。

5.23 设有二阶非线性系统为

$$\begin{cases}\dot{x}_1=x_2\\ \dot{x}_2=-\sin x_1-x_2\end{cases}$$

(1)求出所有的平衡态;

(2)求出各平衡态处的线性化状态方程,并用李雅普诺夫第一法判断是否为渐近稳定。

5.24 用 Krasovski 法确定下述系统为大范围渐近稳定时,参数 a 和 b 的取值范围。

$$\begin{cases}\dot{x}_1=ax_1+x_2\\ \dot{x}_2=x_1-x_2+bx_2^5\end{cases}$$

第 6 章　确定性动态系统常规控制综合与设计

系统综合与设计和已讨论的系统分析是有联系的，但属于后者的逆向工作。系统综合属于理论层面的范畴，是一种理论性的“设计”，可归结为在工程实现前提下给定系统方程和指定期望运动行为，确定控制作用、形式和构成。而系统设计则把问题延伸到工程层面，是一种工程性的“综合”，需要考虑实现控制作用 u 的控制器和基此导出的控制系统在工程构成中的各种实际问题，如线路类型选择、元件选用、元件参数和功率确定等。系统的综合与设计往往是交织在一起的，控制系统的设计过程还可能存在着回溯，反馈控制系统综合与设计的流程如图 6-1所示。图中综合部分完成后，由于对于现代控制器的实现一般是依赖于微处理器的，所以在设计部分首先就是系统的选型问题，然后围绕微处理器进行硬、软件设计，将控制器以代码的形式固化到嵌入式系统中进行联机调试，验证综合阶段得到的控制是否合适有效。

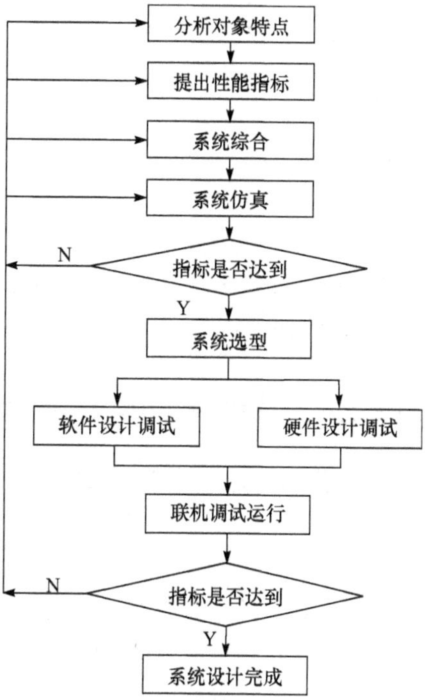

图 6-1　控制系统综合与设计过程

无论抑制外部扰动的影响还是减少内部参数变动的影响，反馈控制都要远远优越于非反馈控制，所以通常控制作用取为反馈形式。本章以状态空间方法为基础，针对常用典型形式性能指标，讨论线性时不变系统的反馈控制综合与设计问题。本章的内容主要包括综合与设计的共性问题与概念、反馈控制的形式、极点配置问题、镇定问题、解耦问题、观测器问题。

6.1 引　　言

本节主要对系统综合与设计的共性问题与概念作讨论，涉及综合与设计问题的提法、性能指标的类型、研究综合与设计问题的思路、工程设计与实现中的一些理论问题。

6.1.1 问题的提法

考虑连续时间线性时不变受控系统，状态空间描述为

$$\begin{matrix} \dot{\boldsymbol{x}}(t)=\boldsymbol{A}\boldsymbol{x}(t)+\boldsymbol{B}\boldsymbol{u}(t) \\ \boldsymbol{y}(t)=\boldsymbol{C}\boldsymbol{x}(t)+\boldsymbol{D}\boldsymbol{u}(t) \end{matrix}, \boldsymbol{x}(0)=\boldsymbol{x}_0, t>0 \tag{6-1}$$

式中，$\boldsymbol{x}$ 为 n 维状态矢量($\boldsymbol{x}\in \boldsymbol{R}^n$)；$\boldsymbol{u}$ 为 p 维控制矢量($\boldsymbol{u}\in \mathbf{R}^p$)；$\boldsymbol{y}$ 为 q 维输出矢量($\boldsymbol{y}\in \mathbf{R}^q$)。分别为 $n\times n$，$n\times p$，$q\times n$ 维矩阵。当采样周期为 T，且采用 ZOH 时，其离散时间状态空间描述为

$$\left.\begin{aligned}\boldsymbol{x}(k+1)&=\boldsymbol{G}(T)\boldsymbol{x}(k)+\boldsymbol{H}(T)\boldsymbol{u}(k)\\ \boldsymbol{y}(k)&=\boldsymbol{C}\boldsymbol{x}(k)+\boldsymbol{D}\boldsymbol{u}(k)\end{aligned}\right.,\boldsymbol{x}(0)=\boldsymbol{x}_0,k\geqslant 0 \tag{6-2}$$

式中，$\boldsymbol{G}(T)=\mathrm{e}^{AT}$；$\boldsymbol{H}(T)=\int_0^T \mathrm{e}^{At}\mathrm{d}t\cdot\boldsymbol{B}$；$\boldsymbol{C},\boldsymbol{D}$ 仍与式(6-1) 中的一样。

系统的综合问题主要针对被控对象考虑性能指标和控制输入两个方面。性能指标实质上是对综合导出的控制系统所应具有性能的一个表征，可取为不同形式：系统状态运动形态的某些特征量或运动过程的某种期望形式，甚至是极小化或极大化的一个性能函数。控制输入是综合问题目标的手段，通常取为反馈控制形式，反馈是控制系统具有一定免疫能力的重要原因，反馈控制系统的结构如图 6-2 所示，反馈或采用状态反馈或采用输出反馈，将它们分别施加于受控系统(6-1)或式(6-2)便形成了状态反馈控制系统和输出反馈控制系统。输出反馈的信息少一些，而状态反馈的信息多一些。

状态反馈控制 $\boldsymbol{u}$ 的表达式如下

$$\boldsymbol{u}=\boldsymbol{K}\boldsymbol{x}+\boldsymbol{v} \tag{6-3}$$

其中 $\boldsymbol{K}$ 为 $p\times n$ 状态反馈矩阵。下面的具体讨论中也将给出其复频域形式。

输出反馈控制 u 的表达式如下

$$\boldsymbol{u}=\boldsymbol{F}\boldsymbol{y}+\boldsymbol{v} \tag{6-4}$$

其中 $\boldsymbol{F}$ 为 $p\times q$ 输出反馈矩阵。下面的具体讨论中也将给出其复频域形式。

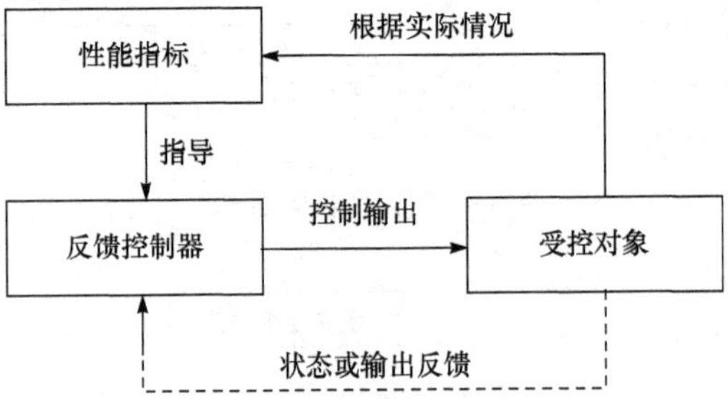

图 6-2　反馈控制的基本结构

有时在有些状态不可测量的或不易测量的情况下，需采用输出反馈引入动态环节构造状态，如观测器或者速度反馈等，这在后面介绍。

在此基础上，所谓综合问题就是：对给定受控系统(6-1)或式(6-2)，确定反馈形式的一个控制 $\boldsymbol{u}$(连续的函数或离散的序列)。使所导出闭环控制系统的运动行为达到或优于指定的期望性能指标；所谓的设计问题就是：在综合结果的基础上考虑实际工程需求，为实际系统或装置选择合适的元器件、功率等级等，计及控制受限，全面设计能够运行的系统。

6.1.2　性能指标的类型

系统的性能指标分为静态指标和动态指标两大类。静态指标主要指稳态误差。动态指标可区分为“非优化型性能指标”和“优化型性能指标”两类。非优化型性能指标属于不等式指标的范畴，目标是使综合导出的控制系统性能达到或好于期望性能指标。优化型性能指标属于极值型指标的范畴，目标是综合控制器是一个性能指标函数取极小值或极大值。

典型的非优化型性能指标的提法主要有如下四种类型。

(1) 以渐近稳定作为性能指标——镇定问题。综合目标是使所导出的反馈控制系统为渐近稳定。稳定是控制系统能够正常运行的前提，所以它是最基本的指标。

(2) 以一组期望闭环系统特征值或特征向量作为性能指标——极点配置问题或特征结构配置问题。前者的综合目标是使所导出的反馈控制系统特征值配置于复平面上期望位置；而后者则还要考虑特征向量，它对系统的响应也有影响，特征结构配置可以给出一个确定的极点配置问题的一切解。

在经典控制论中,时域动态指标如调整时间 t_s、峰值时间 t_p、超调量 $\sigma\%$;频域动态指标有开环与闭环之分:开环情况下指交域频率和裕度;闭环情况下指谐振频率、谐振峰值和带宽频率。这些指标都由系统特征值的位置所决定,故该类问题等价于使综合导出的控制系统的动态性能达到期望的时域指标或频域指标。

(3) 以实现解耦作为性能指标——解耦控制问题。综合目标是使所导出的反馈控制系统实现一个输出由且仅由一个输入控制,可分为动态解耦控制和静态解耦控制两类。解耦控制不仅应用于线性多输入多输出系统,在非线多输入多输出系统中也应用广泛。

(4) 以使系统输出 $\boldsymbol{y}(t)$在存在外部扰动环境下无静差地跟踪参考信号 $\boldsymbol{y}_r(t)$作为性能指标——跟踪问题。综合目标是使所导出的反馈控制系统实现扰动抑制和渐近跟踪。

优化性能指标的含义和形式随问题背景的不同而不同。在线性系统中,通常取优化性能指标为积分(泛)函数,使其最小。基本的有下述形式。

(1) 误差范数积分 $\mathrm{ISE}=\int_0^{t_s}\|\boldsymbol{e}(t)\|\,\mathrm{d}t$。这个积分表示误差越小越好。

(2) 时间误差范数积积分 $\mathrm{ITSE}=\int_0^{t_s}t\|\boldsymbol{e}(t)\|\,\mathrm{d}t$。这个积分表示达到稳定的时间越小越好和误差越小越好。

(3) 二次型积分泛函 $J(\boldsymbol{u}(\cdot))=\int_0^{\infty}(\boldsymbol{x}^{\mathrm{T}}\boldsymbol{Q}\boldsymbol{x}+\boldsymbol{u}^{\mathrm{T}}\boldsymbol{R}\boldsymbol{u})\mathrm{d}t$,$\boldsymbol{x}$ 是状态(通常是误差),另一个是运动所需要的能量。这个泛函值当然是越小越好。

必须指出的是,对一些优化问题,其优化的客观性是相对的,既有一定的客观性,也有一定的主观性,这主要取决于评价的标准与实际需求。

另外,控制系统抵御外部干扰、抑制噪声影响和克服系统参数摄动、结构摄动影响的能力也是实际控制系统应具备的,这一性能称为鲁棒性。鲁棒性分稳定鲁棒性和性能鲁棒性,一个控制系统当其模型参数发生大幅度变化或其结构发生变化时能否仍保持渐近稳定,这叫稳定鲁棒性。进而还要求在模型扰动下系统的品质指标仍然保持在某个允许范围内,这称为性能鲁棒性。

综上所述,对控制系统性能的要求除了"稳"、"快"、"准"外,"少"(输出变量关联少、能量消耗小)和"鲁棒"也是在很多实际场合要求的。

6.1.3 综合与设计问题解决思路

给定一个综合与设计问题,无论取何种指标,也不管采用何种反馈形式,均可将其分解为四个不同性能的问题进行解决,即可以归结为以下几方面的问题。

(1) 建立"可综合条件",这属于综合理论的范畴,可综合条件是指综合问题的可解性。可综合条件的建立,将系统综合问题的研究置于严格的理论基础上,避免了系统综合过程中的盲目性。

(2) 建立确定相应控制规律的"算法",这属于综合方法的范畴。对综合问题建立确定反馈控制的算法归结为提供微处理器状态反馈或输出反馈的方法和步骤。需要注意的是,需要对算法本身的可信性进行判定。数值算法的可信性可由数值计算是否存在病态来确定,病态的算法使数值误差被不断"放大"或出现被 0 除的问题,从而导致处理器运算的数值不稳定。

(3) 构建"可设计条件",属于设计理论的范畴,可设计条件是指设计问题的可实现性。以当前的技术、经济、工况条件(如控制信号受限),设计备选方案,备选方案不能脱离实际情况。

(4) 搭建适合于实际运行条件(工况、技术、经济等)的“实体”,这属于设计技术实施的范畴。根据详细的设计方案考虑现场的各种因素,选择或开发合适的控制系统各环节的硬、软件。

6.2 连续时间线性时不变反馈控制系统的结构特性

考虑连续受控系统,式(6-1)重写如下

$$\begin{matrix}\dot{\boldsymbol{x}}(t)=\boldsymbol{A}\boldsymbol{x}(t)+\boldsymbol{B}\boldsymbol{u}(t)\\ \boldsymbol{y}(t)=\boldsymbol{C}\boldsymbol{x}(t)+\boldsymbol{D}\boldsymbol{u}(t)\end{matrix},\boldsymbol{x}(0)=\boldsymbol{x}_0,t>0 \tag{6-5}$$

为方便起见,以下相关书写中均不带时间变量。该受控系统的传递函数为

$$\boldsymbol{W}_0(s)=\boldsymbol{C}[s\boldsymbol{I}-\boldsymbol{A}]^{-1}\boldsymbol{B}+\boldsymbol{D} \tag{6-6}$$

本节针对此系统对几类反馈形式做讨论,主要内容有状态反馈、输出反馈、从输出到状态矢量导数反馈、串联动态补偿、反馈动态补偿。

6.2.1 连续时间系统的状态反馈与其闭环系统分析

1. 状态反馈系统的时域形式

针对系统(6-5)的状态反馈结构如图 6-3 所示。该结构的特点:将系统的每一个状态变量乘以相应的反馈系数,然后反馈到输入端与参考输入相加形成控制律,作为受控系统的控制输入。

按图示的状态反馈方法,反馈控制律 $\boldsymbol{u}$ 为

$$\boldsymbol{u}=\boldsymbol{K}\boldsymbol{x}+\boldsymbol{v} \tag{6-7}$$

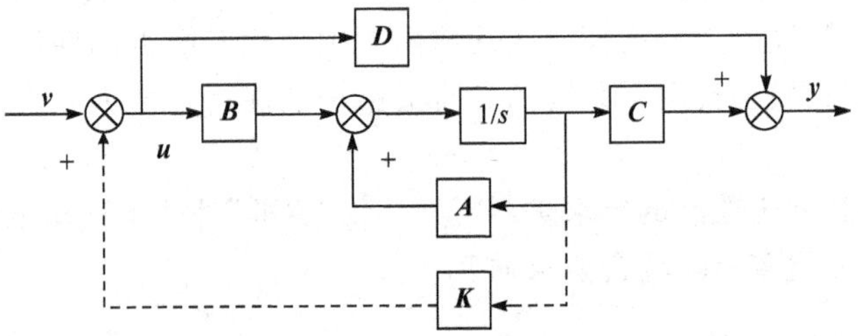

图 6-3 连续时间系统的状态反馈控制基本结构

式中,$\boldsymbol{v}$ 为 $p\times1$ 维参考输入;$\boldsymbol{K}$ 为 $p\times n$ 维状态反馈增益阵。

将式(6-7)代入式(6-5)整理可得状态反馈闭环系统的状态空间表达式

$$\begin{matrix}\dot{\boldsymbol{x}}=(\boldsymbol{A}+\boldsymbol{B}\boldsymbol{K})\boldsymbol{x}+\boldsymbol{B}\boldsymbol{v}\\ \boldsymbol{y}=(\boldsymbol{C}+\boldsymbol{D}\boldsymbol{K})\boldsymbol{x}+\boldsymbol{D}\boldsymbol{v}\end{matrix} \tag{6-8}$$

闭环系统简写为$\Sigma_{\mathrm{K}}=((\boldsymbol{A}+\boldsymbol{B}\boldsymbol{K}),\boldsymbol{B},\boldsymbol{C}+\boldsymbol{D}\boldsymbol{K},\boldsymbol{D})$。若为惯性系统,简写为$\Sigma_{\mathrm{K}}=((\boldsymbol{A}+\boldsymbol{B}\boldsymbol{K}),\boldsymbol{B},\boldsymbol{C})$,此时闭环系统传递函数为

$$\boldsymbol{W}_{\mathrm{K}}(s)=\boldsymbol{C}[s\boldsymbol{I}-(\boldsymbol{A}+\boldsymbol{B}\boldsymbol{K})]^{-1}\boldsymbol{B} \tag{6-9}$$

下面对状态反馈形式说明以下几点。

(1) 由于状态 $\boldsymbol{x}$ 完全地表征了系统的结构信息,所以状态反馈为系统结构的完全反馈,实

现的功能强。

(2) $\boldsymbol{A}+\boldsymbol{BK}$ 的维数与 $\boldsymbol{A}$ 的维数一致，所以状态反馈并未改变系统的阶数。

(3) $\boldsymbol{A}+\boldsymbol{BK}$ 中 $\boldsymbol{K}$ 是可以选择的，故 $\boldsymbol{A}+\boldsymbol{BK}$ 的特征值可自由配置从而使系统获得所要求的性能(如稳定性、收敛速度等)。所以可以在给定系统性能指标的情况下，反求闭环系统特征值的期望值，进而确定 $\boldsymbol{K}$ 值。

(4) 状态反馈不改变系统惯性性质。

(5) 状态反馈能提供更丰富的状态信息和可供选择的自由度，因而使系统容易获得更为优异的性能。它在形成最优控制规律，抑制或消除扰动影响，实现系统解耦控制等方面获得了广泛的应用。

(6) 状态反馈保持能控性。

事实上，系统(6-5)能控性判别矩阵为 $\boldsymbol{Q}_{c0}=(\boldsymbol{B},\boldsymbol{AB},\boldsymbol{A}^2\boldsymbol{B},\cdots,\boldsymbol{A}^{n-1}\boldsymbol{B})$，而状态反馈系统式(6-9)的能控性判别矩阵为

$$\begin{aligned}\boldsymbol{Q}_{ck}&=(\boldsymbol{B},(\boldsymbol{A}+\boldsymbol{BK})\boldsymbol{B},(\boldsymbol{A}+\boldsymbol{BK})^2\boldsymbol{B},\cdots,(\boldsymbol{A}+\boldsymbol{BK})^{n-1}\boldsymbol{B})\\&=(\boldsymbol{B},\boldsymbol{AB}+\boldsymbol{B}(\boldsymbol{KB}),\boldsymbol{A}^2\boldsymbol{B}+\boldsymbol{AB}(\boldsymbol{KB})+\boldsymbol{B}(\boldsymbol{KAB})+\boldsymbol{B}(\boldsymbol{KBKB}),\cdots)\end{aligned}\tag{6-10}$$

该式表明，$\boldsymbol{Q}_{ck}$ 可以看成是由 $\boldsymbol{Q}_{c0}$ 经初等变换得到的，而矩阵的初等变换不改变矩阵的秩，所以 $\boldsymbol{Q}_{ck}$ 和 $\boldsymbol{Q}_{c0}$ 的秩相同。这就说明状态反馈系统的能控性得到保持。

另外，能控性不变，也就是输入解耦零点不变(不能控振型不变)。实际上，假设 λ_0 为原系统的输入解耦零点，则有 $\mathrm{rank}[\lambda_0\boldsymbol{I}-\boldsymbol{A}\quad \boldsymbol{B}]<n$。而对于状态反馈闭环系统有

$$\mathrm{rank}(\lambda_0\boldsymbol{I}-(\boldsymbol{A}+\boldsymbol{BK})\quad \boldsymbol{B})=\mathrm{rank}\left((\lambda_0\boldsymbol{I}-\boldsymbol{A}\quad \boldsymbol{B})\begin{pmatrix}\boldsymbol{I} & \boldsymbol{0}\\ -\boldsymbol{K} & \boldsymbol{I}\end{pmatrix}\right)=\mathrm{rank}(\lambda_0\boldsymbol{I}-\boldsymbol{A}\quad \boldsymbol{B})<n$$

这表明 λ_0 也为状态反馈闭环系统的输入解耦零点。

(7) 状态反馈并不保持能观性。

状态反馈不能保证系统的输出解耦零点(不能观振型)和能观性不变。针对线性 SISO 系统 $\Sigma_0=(\boldsymbol{A},\boldsymbol{b},\boldsymbol{c},\boldsymbol{d})$，其传递函数为 $W_0(s)=c[s\boldsymbol{I}-\boldsymbol{A}]^{-1}\boldsymbol{b}+d$。通过将其化成可控标准型后再求传递函数，可得

$$\begin{aligned}W_0(s)&=\frac{b_{n-1}s^{n-1}+b_{n-2}s^{n-2}+\cdots+b_1s+b_0}{s^n+a_{n-1}s^{n-1}+\cdots+a_1s+a_0}+d\\&=\frac{ds^n+(b_{n-1}+da_{n-1})s^{n-1}+\cdots+(b_1+da_1)s+(b_0+da_0)}{s^n+a_{n-1}s^{n-1}+\cdots+a_1s+a_0}\end{aligned}\tag{6-11}$$

引入状态反馈，设 $\boldsymbol{K}=(K_0\quad K_1\quad \cdots\quad K_2)$，则闭环系统传递函数为 $W_K(s)=c[s\boldsymbol{I}-(\boldsymbol{A}+\boldsymbol{BK})]^{-1}\boldsymbol{b}+d$。用同样的变换可求得传递函数为

$$\begin{aligned}W_K(s)&=\frac{[(b_{n-1}+da_{n-1})-d(a_{n-1}-K_{n-1})]s^{n-1}+\cdots+[(b_0+da_0)-d(a_0-K_0)]}{s^n+(a_{n-1}-K_{n-1})s^{n-1}+\cdots+(a_1-K_1)s+a_0-K_0}+d\\&=\frac{ds^n+(b_{n-1}+da_{n-1})s^{n-1}+\cdots+(b_1+da_1)s+(b_0+da_0)}{s^n+(a_{n-1}-K_{n-1})s^{n-1}+\cdots+(a_1-K_1)s+a_0-K_0}\end{aligned}\tag{6-12}$$

比较式(6-11)和式(6-12)，分子多项式一样，可知 $W_K(s)$ 与 $W_0(s)$ 的零点是一样的(保持不变)。但分母多项式的每一项均可通过选择 $\boldsymbol{K}$ 而改变，这就有可能发生传递函数零极点相消。根据最小系统的概念，并计及系统的能控性，系统的能观性可能被破坏。

上面从定性的传递函数分析对状态反馈不能保持能观性进行了说明。下面给一个例子加以说明。

例 6-1 讨论 SISO 反馈系统的能观性。

系统状态空间描述为 $\dot{x}=\begin{pmatrix}1 & 1\\0 & 1\end{pmatrix}x+\begin{pmatrix}0\\1\end{pmatrix}u$， $y=(c_1 \quad c_2)x$，采用状态反馈后讨论反馈系统的能观性。

解 反馈系统的状态空间描述为 $\dot{x}=(A+bk)x+bv, y=cx$。列出系统 c 阵参数、状态增益向量 k 讨论系统可观测性。

c	k	原系统	闭环系统
[0 1]	[1 1]	不可观	可观
[0 1]	[0 1]	不可观	不可观
[1 1]	[1 2]	可观	不可观
[1 1]	[1 1]	可观	可观
[1 0]	任意	可观	可观

这个例子表明不能改系统能观性的状态反馈是存在的，需要原系统满足什么条件呢？这是一个有意义的问题，研究表明，受控系统为强完全能观测时，状态反馈将保持能观性。上例中，最后一行取的 c 值可以使原系统是强能观测的，即无论状态增益向量 k 取何值，闭环系统的能观性判别矩阵均是满秩的。实际上，对于 SISO 系统，强完全能观测对于能控的系统来讲，就是无论如何选择反馈增益 k 均不会使相应的传递函数存在零极对消。对 MIMO 系统情况又如何呢？在下面的状态反馈的复频域形式中将给出结论。

(8) 状态反馈有时难于实施，所以在实际物理构成时需要利用可测变量的信息构造状态，这个问题称为观测与估计问题。这一问题的解决弥补了状态反馈的不足。对确定性系统，利用系统可量测变量如输入 u 和输出 y，通过构造一个相应动态系统，可重构系统状态 x，且称相应理论为状态重构即观测器问题。观测器问题要用到从输出到状态矢量导数 $\dot{x}$ 反馈。对于随机线性系统，利用系统可量测变量输入 u 和输出 y，并考虑作用于系统的噪声特性，通过构造一个相应动态系统可估计系统状态 x，其相应理论问题称为状态估计即卡尔曼滤波问题。这一问题超出了本书的范围。

2. 状态反馈系统的复频域形式

考虑线性时不变系统，设其可由 $q\times p$ 传递函数矩阵 $G(s)$ 完全表征，且可表示为

$$G(s)=\text{不可简约 RMFD}\quad N(s)D^{-1}(s), D(s)\text{列既约} \tag{6-13}$$

式中，$D(s)$ 和 $N(s)$ 为 $p\times p$ 和 $q\times p$ 多项式矩阵。对应的 PMD 为

$$\begin{cases}D(s)\xi(s)=u(s)\\ y(s)=N(s)\xi(s)\end{cases} \tag{6-14}$$

式中，$\xi(s)$ 为广义状态 $\xi(t)$ 的拉普拉斯变换（拉氏变换）；$u(s)$ 和 $y(s)$ 为输入 $u(t)$ 和输出 $y(t)$ 的拉普拉斯变换。

进而，利用第 4 章给出的 MFD 控制器形实现，可以得到图 6-4 所示 RMFD$N(s)D^{-1}(s)$ 即对应 PMD 的控制器形状态空间实现结构图。图中，$\psi(p)\zeta$ 为状态向量，$\psi(p)=\psi(s)|_{s=p}$，$p=d/dt$ 为微分算子，参数矩阵的含义见多项式矩阵 $D(s)$ 和 $N(s)$ 的列次表达式

$$D(s)=D_{hc}S(s)+D_{lc}\psi(s) \tag{6-15}$$

$$N(s)=N_{lc}\psi(s) \tag{6-16}$$

式中，$\boldsymbol{S}(s)=\begin{bmatrix} s^{k_1} & & \\ & \ddots & \\ & & s^{k_p} \end{bmatrix}$，$k_i=\delta_{ci}\boldsymbol{D}(s)$ 即列次数；$\boldsymbol{\Psi}(s)=\begin{bmatrix} s^{k_1-1} & & \\ \vdots & & \\ s & & \\ 1 & & \\ & \ddots & \\ & & s^{k_1-1} \\ & & \vdots \\ & & s \\ & & 1 \end{bmatrix}$，$\sum_{i=1}^{p}k_i=n$。

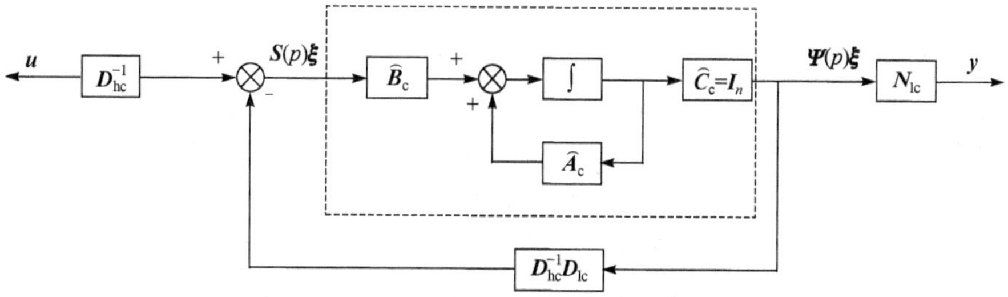

图 6-4　$\boldsymbol{N}(s)\boldsymbol{D}^{-1}(s)$的控制器形实现结构图

于是，基于状态空间描述形式结构图，取 $n\times1$ 状态 $\boldsymbol{\Psi}(p)\boldsymbol{\xi}$ 为反馈量，并将其通过 $p\times n$ 反馈阵 $\boldsymbol{K}$ 馈送到输入端，就可构成状态反馈系统时间域形式结构图。考虑到控制器形核实现的关系式

$$\hat{\boldsymbol{C}}_c(s\boldsymbol{I}-\hat{\boldsymbol{A}}_c)\hat{\boldsymbol{B}}_c=\boldsymbol{I}(s\boldsymbol{I}-\hat{\boldsymbol{A}}_c)\hat{\boldsymbol{B}}_c=\boldsymbol{\Psi}(s)\boldsymbol{S}^{-1}(s) \tag{6-17}$$

并以 $\boldsymbol{\psi}(s)\boldsymbol{S}^{-1}(s)$取代$\{\hat{\boldsymbol{A}}_c,\hat{\boldsymbol{B}}_c,\boldsymbol{I}\}$即图中虚线框出的部分，则可由此导出图 6-5 所示的状态反馈系统复频率域形式结构图。

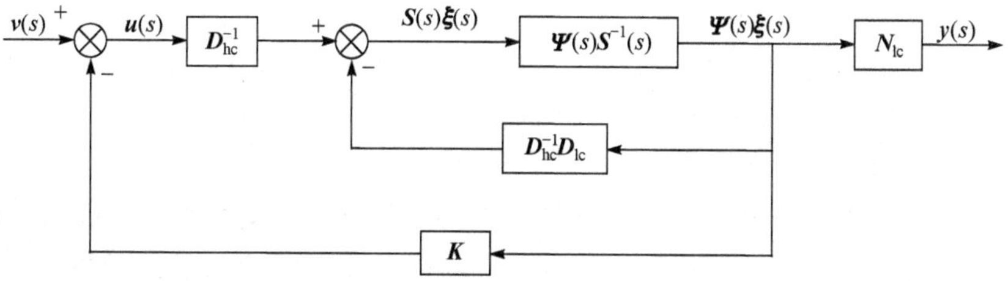

图 6-5　状态反馈系统的复频率域结构图

再在保证馈送到输入端的反馈量不变前提下，利用关系式(6-15)和式(6-16)，等价地导出图 6-6 所示形式的状态反馈系统复频率域结构图，$\boldsymbol{v}(s)$为 $p\times1$ 参考输入拉普拉斯变换。

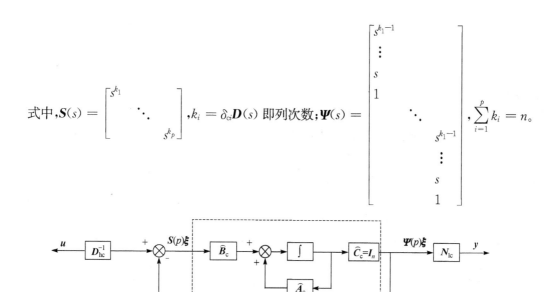

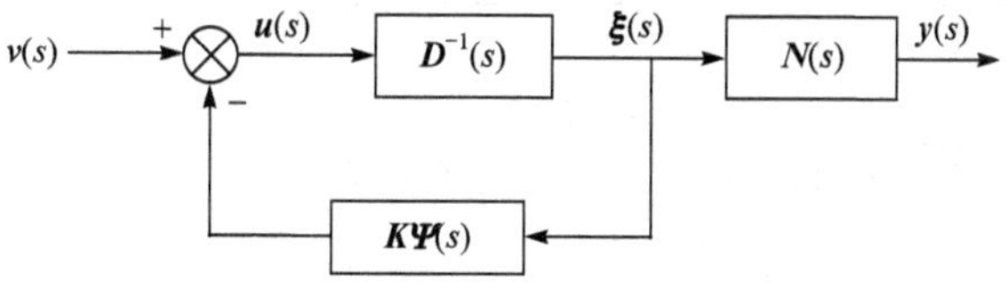

图 6-6　用于复频率域分析和综合的状态反馈系统结构图

由图 6-6 可导出

$$\begin{cases}\boldsymbol{\xi}(s)=\boldsymbol{D}^{-1}(s)[v(s)-\boldsymbol{K\Psi}(s)\boldsymbol{\xi}(s)]\\ \boldsymbol{y}(s)=\boldsymbol{N}(s)\boldsymbol{\xi}(s)\end{cases}\tag{6-18}$$

进而有

$$\boldsymbol{y}(s)=\boldsymbol{N}(s)[\boldsymbol{D}(s)+\boldsymbol{K\Psi}(s)]^{-1}\boldsymbol{v}(s)\tag{6-19}$$

代入式(6-15),得闭环传递函数的 RMFD 为

$$\boldsymbol{G}_{\mathrm{K}}(s)=\boldsymbol{N}(s)[\boldsymbol{D}_{\mathrm{hc}}\boldsymbol{S}(s)+(\boldsymbol{D}_{\mathrm{lc}}+\boldsymbol{K})\boldsymbol{\psi}(s)]^{-1}=\boldsymbol{N}(s)\boldsymbol{D}_{\mathrm{K}}^{-1}(s)\tag{6-20}$$

下面对复频域状态反馈形式说明以下几点。

(1) 若开环系统能观,状态反馈系统引入的反馈阵 $\boldsymbol{K}$ 可能使闭环系统的某特征根满足

$$\lambda_i=\text{“}\det\boldsymbol{D}_{\mathrm{K}}(s)=0\text{ 的根”}=\text{使 }\boldsymbol{N}(s)\text{降秩的 }s\text{ 值}$$

此时,$\{\boldsymbol{D}_{\mathrm{K}}(s),\boldsymbol{N}(s)\}$可能非右互质,从而不能保证闭环系统完全能观。但是能控性是保持的。

(2) MIMO 系统状态反馈保持能观性的充要条件是当原系统是能控且能观的,且满秩的原系统传递函数 $\boldsymbol{W}_0(s)=\boldsymbol{N}(s)\boldsymbol{D}^{-1}(s)$不存在使 $\boldsymbol{N}(s)$降秩 s 值(强能观性)。

(3) 需要指出的是,一般状态反馈配置 n 个极点不会影响原传递函数阵的零点(除了出现极点零点对消),但并不意味着,传递函数阵的各元分子多项式不受状态反馈影响。

例 6-2 讨论 MIMO 反馈系统的能观性与传递函数阵的变化。

系统状态空间描述为$\Sigma=(\boldsymbol{A},\boldsymbol{B},\boldsymbol{C})$:

$$\boldsymbol{A}=\begin{bmatrix}1&0&0\\0&2&0\\0&0&3\end{bmatrix},\boldsymbol{B}=\begin{bmatrix}1&0\\0&1\\1&1\end{bmatrix},\boldsymbol{C}=\begin{pmatrix}1&0&2\\2&1&0\end{pmatrix}$$

判定系统的能控能观性,并求传递函数阵。若取状态反馈 $\boldsymbol{K}=\begin{pmatrix}6&15&-15\\0&-3&0\end{pmatrix}$,求取状态反馈后的传递函数,并判定前后系统的能观性。

解 通过能观性判别矩阵,可以判定原系统是能观且能控的。而原系统的传递函数阵为

$$\boldsymbol{W}_0(s)=\begin{bmatrix}\dfrac{3s-5}{(s-1)(s-3)}&\dfrac{2}{s-3}\\\dfrac{2}{s-1}&\dfrac{1}{s-2}\end{bmatrix}=\begin{pmatrix}3s-5&2(s-2)\\2(s-3)&(s-3)\end{pmatrix}\begin{pmatrix}(s-1)(s-3)&0\\0&(s-2)(s-3)\end{pmatrix}^{-1}$$

其极点是 1,2,3;零点是 3。显然系统不是强能观的。按照结论,此系统的状态反馈闭环系统并不能总保持能观性。但这并不代表找不到可以使闭环系统能观的反馈增益 $\boldsymbol{K}$。

选择 $\boldsymbol{K}=\begin{pmatrix}6&15&-15\\0&-3&0\end{pmatrix}$后,可以判定状态反馈后的系统也是能观与能控的。状态反馈后的传递函数矩阵为

$$\boldsymbol{W}_{\mathrm{K}}(s)=\begin{bmatrix}\dfrac{3s-5}{(s+2)(s+3)}&\dfrac{2s^2+12s-17}{(s+1)(s+2)(s+3)}\\\dfrac{2(s-3)}{(s+2)(s+3)}&\dfrac{(s-3)(s+8)}{(s+1)(s+2)(s+3)}\end{bmatrix}$$

$$=\begin{pmatrix}3s-5&2s^2+12s-17\\2(s-3)&(s-3)(s+8)\end{pmatrix}\begin{pmatrix}(s+2)(s+3)&0\\0&(s+1)(s+2)(s+3)\end{pmatrix}^{-1}$$

其极点变成−1,−2,−3;零点依然是 3。同时,状态反馈对传递函数的大部分元产生了影响。

6.2.2 连续时间系统的(静态)输出反馈与其闭环系统分析

1. 静态输出反馈系统的时域形式

针对系统的输出反馈结构如图 6-7 所示。该结构的特点:将输出变量乘以相应的反馈系数矩阵,然后反馈到输入端与参考输入相加形成控制律,作为受控系统的控制输入。

按图示的状态反馈方法,反馈控制律 $\boldsymbol{u}$ 为

$$\boldsymbol{u}=\boldsymbol{F}\boldsymbol{y}+\boldsymbol{v} \tag{6-21}$$

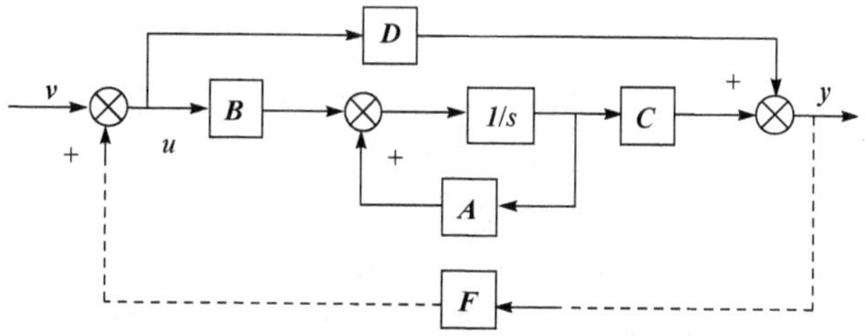

图 6-7 连续时间系统的输出反馈控制基本结构

式中,$\boldsymbol{v}$ 为 $p\times 1$ 维参考输入;$\boldsymbol{F}$ 为 $p\times q$ 维状态反馈增益阵。

结合系统式(6-5)和控制律(6-21),得

$$\begin{aligned}\dot{\boldsymbol{x}}&=[\boldsymbol{A}+\boldsymbol{B}(\boldsymbol{I}-\boldsymbol{F}\boldsymbol{D})^{-1}\boldsymbol{F}\boldsymbol{C}]\boldsymbol{x}+\boldsymbol{B}(\boldsymbol{I}-\boldsymbol{D}\boldsymbol{F})^{-1}\boldsymbol{v}\\ \boldsymbol{y}&=[\boldsymbol{C}+\boldsymbol{D}(\boldsymbol{I}-\boldsymbol{F}\boldsymbol{D})^{-1}\boldsymbol{F}\boldsymbol{C}]\boldsymbol{x}+\boldsymbol{D}(\boldsymbol{I}-\boldsymbol{D}\boldsymbol{F})^{-1}\boldsymbol{v}\end{aligned} \tag{6-22}$$

系统简写为$\sum_F=(\boldsymbol{A}+\boldsymbol{B}(\boldsymbol{I}-\boldsymbol{F}\boldsymbol{D})^{-1}\boldsymbol{F}\boldsymbol{C},\boldsymbol{B}(\boldsymbol{I}-\boldsymbol{D}\boldsymbol{F})^{-1},\boldsymbol{C}+\boldsymbol{D}(\boldsymbol{I}-\boldsymbol{F}\boldsymbol{D})^{-1}\boldsymbol{F}\boldsymbol{C},\boldsymbol{D}(\boldsymbol{I}-\boldsymbol{D}\boldsymbol{F})^{-1})$。若为惯性系统,简写为$\sum_F=(\boldsymbol{A}+\boldsymbol{B}\boldsymbol{F}\boldsymbol{C},\boldsymbol{B},\boldsymbol{C})$。此时闭环系统传递函数为

$$\boldsymbol{W}_F(s)=\boldsymbol{C}[s\boldsymbol{I}-(\boldsymbol{A}+\boldsymbol{B}\boldsymbol{F}\boldsymbol{C})]^{-1}\boldsymbol{B} \tag{6-23}$$

根据反馈连接的闭环传递函数形式,有

$$\boldsymbol{W}_F(s)=\boldsymbol{W}_0(s)[\boldsymbol{I}-\boldsymbol{F}\boldsymbol{W}_0(s)]^{-1}=[\boldsymbol{I}-\boldsymbol{W}_0(s)\boldsymbol{F}]^{-1}\boldsymbol{W}_0(s) \tag{6-24}$$

式(6-23)和式(6-24)在能控、能观情况下是等价的。下面对这种等价性进行阐释。

事实上,式(6-23)两边同左乘 $\boldsymbol{C}^{\mathrm{T}}$,得

$$\boldsymbol{C}^{\mathrm{T}}\boldsymbol{W}_F(s)=\boldsymbol{C}^{\mathrm{T}}\boldsymbol{C}[s\boldsymbol{I}-(\boldsymbol{A}+\boldsymbol{B}\boldsymbol{F}\boldsymbol{C})]^{-1}\boldsymbol{B} \tag{6-25}$$

在 $\boldsymbol{C}^{\mathrm{T}}\boldsymbol{C}$ 可逆的情况下(即系统可观),得

$$(\boldsymbol{C}^{\mathrm{T}}\boldsymbol{C})^{-1}\boldsymbol{C}^{\mathrm{T}}\boldsymbol{W}_F(s)=[s\boldsymbol{I}-(\boldsymbol{A}+\boldsymbol{B}\boldsymbol{F}\boldsymbol{C})]^{-1}\boldsymbol{B} \tag{6-26}$$

上式两端乘以

$$[s\boldsymbol{I}-(\boldsymbol{A}+\boldsymbol{B}\boldsymbol{F}\boldsymbol{C})](\boldsymbol{C}^{\mathrm{T}}\boldsymbol{C})^{-1}\boldsymbol{C}^{\mathrm{T}}\boldsymbol{W}_F(s)=\boldsymbol{B} \tag{6-27}$$

即

$$(s\boldsymbol{I}-\boldsymbol{A})(\boldsymbol{C}^{\mathrm{T}}\boldsymbol{C})^{-1}\boldsymbol{C}^{\mathrm{T}}\boldsymbol{W}_F(s)-\boldsymbol{B}\boldsymbol{F}\boldsymbol{C}(\boldsymbol{C}^{\mathrm{T}}\boldsymbol{C})^{-1}\boldsymbol{C}^{\mathrm{T}}\boldsymbol{W}_F(s)=\boldsymbol{B} \tag{6-28}$$

上式两边同左乘 $\boldsymbol{C}^{\mathrm{T}}\boldsymbol{C}(s\boldsymbol{I}-\boldsymbol{A})^{-1}$,得

$$\boldsymbol{C}^{\mathrm{T}}\boldsymbol{W}_F(s)-\boldsymbol{C}^{\mathrm{T}}\boldsymbol{C}(s\boldsymbol{I}-\boldsymbol{A})^{-1}\boldsymbol{B}\boldsymbol{F}\boldsymbol{C}(\boldsymbol{C}^{\mathrm{T}}\boldsymbol{C})^{-1}\boldsymbol{C}^{\mathrm{T}}\boldsymbol{W}_F(s)=\boldsymbol{C}^{\mathrm{T}}\boldsymbol{C}(s\boldsymbol{I}-\boldsymbol{A})^{-1}\boldsymbol{B} \tag{6-29}$$

上式两边去除 $\boldsymbol{C}^{\mathrm{T}}$,得

$$\boldsymbol{W}_F(s)-\boldsymbol{C}(s\boldsymbol{I}-\boldsymbol{A})^{-1}\boldsymbol{B}\boldsymbol{F}\boldsymbol{C}(\boldsymbol{C}^{\mathrm{T}}\boldsymbol{C})^{-1}\boldsymbol{C}^{\mathrm{T}}\boldsymbol{W}_F(s)=\boldsymbol{C}(s\boldsymbol{I}-\boldsymbol{A})^{-1}\boldsymbol{B} \tag{6-30}$$

计及 $\boldsymbol{C}(\boldsymbol{C}^{\mathrm{T}}\boldsymbol{C})^{-1}\boldsymbol{C}^{\mathrm{T}}=\boldsymbol{I}$ 和 $\boldsymbol{W}_0(s)=\boldsymbol{C}(s\boldsymbol{I}-\boldsymbol{A})^{-1}\boldsymbol{B}$,得

$$\boldsymbol{W}_F(s)-\boldsymbol{W}_0(s)\boldsymbol{F}\boldsymbol{W}_F(s)=\boldsymbol{W}_0(s) \tag{6-31}$$

所以,$\boldsymbol{W}_F(s)=(\boldsymbol{I}-\boldsymbol{W}_0(s)\boldsymbol{F})^{-1}\boldsymbol{W}_0(s)$。

又如何证明$(\boldsymbol{I}-\boldsymbol{W}_0(s)\boldsymbol{F})^{-1}W_0(s)=\boldsymbol{W}_0(s)[\boldsymbol{I}-\boldsymbol{F}\boldsymbol{W}_0(s)]^{-1}$呢？可以采用三种方法。

一者由恒等式$(s\boldsymbol{I}-\boldsymbol{A})-\boldsymbol{BFC}=s\boldsymbol{I}-(\boldsymbol{A}+\boldsymbol{BFC})$出发，两边同右乘$(s\boldsymbol{I}-\boldsymbol{A})^{-1}\boldsymbol{B}$，并计及$(\boldsymbol{C}^{\mathrm{T}}\boldsymbol{C})^{-1}\boldsymbol{C}^{\mathrm{T}}\boldsymbol{C}=\boldsymbol{I}$，便可推导出结论。留给读者作为练习。

二者由表达式(6-23)出发，两边同右乘一个$\boldsymbol{B}^{\mathrm{T}}$，便可采用与上面一样的推导方式得到结论。留给读者作为练习。

三者通过使用矩阵求逆的等式$(\boldsymbol{I}+\boldsymbol{MN})^{-1}\boldsymbol{M}=\boldsymbol{M}(\boldsymbol{I}+\boldsymbol{NM})^{-1}$进行直接推导。留给读者作为练习。

下面对输出反馈形式说明以下几点。

(1) 输出反馈是系统结构信息的不完全反馈，所以功能上较状态反馈差一些。

(2) $\boldsymbol{A}+\boldsymbol{BFC}$与$\boldsymbol{A}$的维数一致，所以输出反馈不改变系统阶数。

(3) 通过选择输出反馈增益阵$\boldsymbol{F}$可以改变闭环系统的特征值，从而改变系统特性。输出反馈中的$\boldsymbol{FC}$与状态反馈中的$\boldsymbol{K}$地位相当，但由于$m<n$，所以$\boldsymbol{F}$可供选择的自由度要比$\boldsymbol{K}$小(即给定一个$\boldsymbol{K}$，通过$\boldsymbol{FC}=\boldsymbol{K}$求$\boldsymbol{F}$无解)，只有将所有状态输出或与之类似的线性无关组合输出时等同于状态反馈，即$\boldsymbol{FC}=\boldsymbol{K}$。以 SISO 时不变线性系统为例进行说明，考虑受控系统

$$\begin{aligned}\dot{\boldsymbol{x}}&=\boldsymbol{A}\boldsymbol{x}+\boldsymbol{b}u\\ y&=\boldsymbol{c}\boldsymbol{x}\end{aligned}\tag{6-32}$$

采用输出反馈$u=fy+v=f\boldsymbol{c}\boldsymbol{x}+v$，得闭环系统传递函数为

$$W_F=\boldsymbol{c}(s\boldsymbol{I}-\boldsymbol{A}-\boldsymbol{b}f\boldsymbol{c})^{-1}\boldsymbol{b}\tag{6-33}$$

而闭环特征多项式为

$$\alpha_F(s)=\det(s\boldsymbol{I}-\boldsymbol{A}-\boldsymbol{b}f\boldsymbol{c})\tag{6-34}$$

又由$(s\boldsymbol{I}-\boldsymbol{A}-\boldsymbol{b}f\boldsymbol{c})=(s\boldsymbol{I}-\boldsymbol{A})(\boldsymbol{I}-(s\boldsymbol{I}-\boldsymbol{A})^{-1}\boldsymbol{b}f\boldsymbol{c})$，得

$$\alpha_F(s)=\det(s\boldsymbol{I}-\boldsymbol{A})\det(\boldsymbol{I}-(s\boldsymbol{I}-\boldsymbol{A})^{-1}\boldsymbol{b}f\boldsymbol{c})=\det(s\boldsymbol{I}-\boldsymbol{A})\det(1-f\boldsymbol{c}(s\boldsymbol{I}-\boldsymbol{A})^{-1}\boldsymbol{b})\tag{6-35}$$

计及原系统的特征多项式为$\alpha(s)=\det(s\boldsymbol{I}-\boldsymbol{A})$，上式改写成

$$\alpha_F(s)=\alpha(s)-f\beta(s)\tag{6-36}$$

显然反馈极点满足

$$0=\alpha(s)-f\beta(s)\tag{6-37}$$

而$\alpha(s)=0$与$\beta(s)=0$的根分别受控于系统的极点和零点。据经典控制理论中根轨迹法，对输出反馈系统，闭环极点只能分布于以开环极点为起始点和以开环零点为“终点”的根轨迹上，而不能位于根轨迹外的任意点。

(4) 输出反馈也不改变系统的惯性性质。

(5) 输出反馈保持能控性。

因$\boldsymbol{FC}=\boldsymbol{K}$，所以将其看成是状态反馈中的$\boldsymbol{K}$，而状态反馈的能控性与原系统是一样的。所以输出反馈保持能控性。

另外，输出反馈保持能控性实际上是保持了输入解耦零点的不变。

(6) 输出反馈保持能观性。

原系统能观性判别矩阵为$\boldsymbol{Q}_{o0}=(\boldsymbol{C}^{\mathrm{T}},\boldsymbol{A}^{\mathrm{T}}\boldsymbol{C}^{\mathrm{T}},\cdots,(\boldsymbol{A}^{\mathrm{T}})^{n-1}\boldsymbol{C}^{\mathrm{T}})^{\mathrm{T}}$，而输出反馈系统(6-22)的能控性判别矩阵为

$$\begin{aligned}\boldsymbol{Q}_{of}&=(\boldsymbol{C}^{\mathrm{T}},(\boldsymbol{A}+\boldsymbol{BFC})^{\mathrm{T}}\boldsymbol{C}^{\mathrm{T}},\cdots,((\boldsymbol{A}+\boldsymbol{BFC})^{\mathrm{T}})^{n-1}\boldsymbol{C}^{\mathrm{T}})^{\mathrm{T}}\\&=(\boldsymbol{C}^{\mathrm{T}},\boldsymbol{A}^{\mathrm{T}}\boldsymbol{C}^{\mathrm{T}}+\boldsymbol{C}^{\mathrm{T}}\boldsymbol{F}^{\mathrm{T}}\boldsymbol{B}^{\mathrm{T}}\boldsymbol{C}^{\mathrm{T}},\cdots)\end{aligned}\tag{6-38}$$

该式表明，$\boldsymbol{Q}_{of}$可以看作是由$\boldsymbol{Q}_{o0}$经初等变换得到的，而矩阵的初等变换不改变矩阵的秩，所以$\boldsymbol{Q}_{of}$和$\boldsymbol{Q}_{o0}$的秩相同。这就说明输出反馈系统的能观性得到保持。

另外，输出反馈保持能观性实际上是保持了输出解耦零点的不变。

(7) 输出反馈在技术上和物理上要比状态反馈方便。输出反馈只需要测量输出，而不用测量内部的状态，所付出的测量成本低。

(8) 为弥补输出反馈的不足，常引入动态补偿，如超前或滞后校正、速度反馈等。

2. 静态输出反馈系统的复频域形式

在第 2 章基本的输出反馈连接组成的系统 $\boldsymbol{S}_F$ 中，反馈通道令其为常量矩阵 $\boldsymbol{W}_2$，如图 6-8 所示。对其引入几个约定。

(1) 前向通道传递函数 $\boldsymbol{W}_1(s)$ 是真的或严真的，且系统可由 $\boldsymbol{W}_1(s)$ 和 $\boldsymbol{W}_2$ 完全表征。

(2) 为保证直接输出反馈系统的真性或严真性，令 $\det(\boldsymbol{I}+\boldsymbol{W}_1(s)\boldsymbol{W}_2)|_{s=\infty}=\det(\boldsymbol{I}+\boldsymbol{W}_2\boldsymbol{W}_1(s))|_{s=\infty}\neq 0$。

(3) 表 $\boldsymbol{S}_{12}=\boldsymbol{W}_2\boldsymbol{W}_1(s)$，$\boldsymbol{S}_{21}=\boldsymbol{W}_1(s)\boldsymbol{W}_2$。并由图可知 $\boldsymbol{u}_1=\boldsymbol{u}-\boldsymbol{y}_2$，$\boldsymbol{y}=\boldsymbol{y}_1=\boldsymbol{u}_2$。

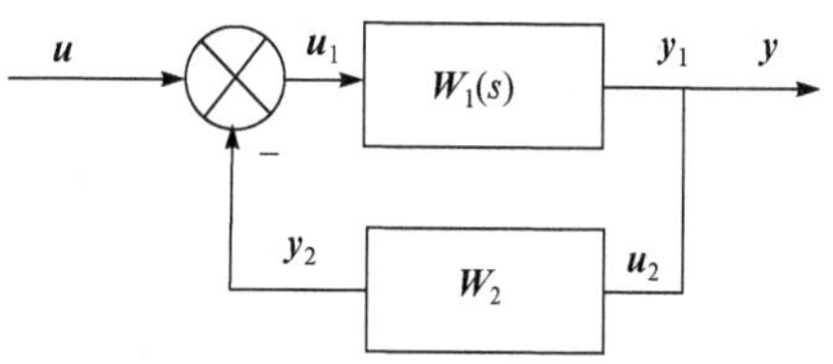

图 6-8　直接增益输出反馈系统

下面针对结构特性和稳定性进行讨论。

对于结构特性有结论：$\boldsymbol{S}_F$ 完全能控$\Leftrightarrow \boldsymbol{W}_1(s)$完全能控；$\boldsymbol{S}_F$ 完全能观$\Leftrightarrow \boldsymbol{W}_1(s)$完全能观。

下面说明对于能控性的等价结论。在 $\boldsymbol{S}_F$ 中只有 $\boldsymbol{W}_1(s)$ 含有动态，当其完全能控时，$\boldsymbol{S}_{12}=\boldsymbol{W}_2\boldsymbol{W}_1(s)$就能控。令其状态为 $\bar{\boldsymbol{x}}$，对于任意两个非零状态 $\bar{\boldsymbol{x}}_0$ 和 $\bar{\boldsymbol{x}}_1$，必存在控制 $\bar{\boldsymbol{u}}_1$ 使系统 $\boldsymbol{S}_{12}$ 在有限时间内将 $\bar{\boldsymbol{x}}_0$ 转移到 $\bar{\boldsymbol{x}}_1$，由于系统可由 $\boldsymbol{W}_1(s)$ 和 $\boldsymbol{W}_2$ 完全表征，所以 $\boldsymbol{S}_{12}$ 的输出 $\bar{\boldsymbol{y}}_2$ 存在。由此可构造 $\bar{\boldsymbol{u}}=\bar{\boldsymbol{u}}_1+\bar{\boldsymbol{y}}_2$，使系统 $\boldsymbol{S}_F$ 在有限时间内将 $\bar{\boldsymbol{x}}_0$ 转移到 $\bar{\boldsymbol{x}}_1$，这说明 $\boldsymbol{S}_F$ 完全能控。此外，同样可构造 $\bar{\boldsymbol{u}}_1=\bar{\boldsymbol{u}}-\bar{\boldsymbol{y}}_2$，使系统 $\boldsymbol{S}_{12}$ 在有限时间内将 $\bar{\boldsymbol{x}}_0$ 转移到 $\bar{\boldsymbol{x}}_1$，这说明 $\boldsymbol{S}_{12}$ 完全能控。能观性的等价结论可由对偶关系导出。

对于稳定性问题，在稳定性一章中讨论了内部稳定和外部稳定的概念，一般在状态空间方法中使用内部稳定描述，而复频域方法中采用 BIBO 稳定描述。对于线性时不变系统，传递函数矩阵只能反映系统中能控和能观的部分。基此，当且仅当系统为完全能控和完全能观，系统的 BIBO 稳定性与渐近稳定性为等价。但一般情况下，系统渐近稳定则一定 BIBO 稳定，然反命题不成立。对于直接增益输出反馈的系统，系统 $\boldsymbol{S}_F$ 渐近稳定$\Leftrightarrow$系统 $\boldsymbol{S}_F$ 为 **BIBO** 稳定。其特征多项式判据见动态补偿输出反馈系统一节。

6.2.3　连续时间系统从输出到状态矢量导数反馈与其闭环系统分析

针对系统(6-5)的从输出到状态矢量导数 $\dot{\boldsymbol{x}}$ 反馈结构如图 6-9 所示。该结构的特点：将输出变量乘以相应的反馈系数矩阵形成控制律，与 $\boldsymbol{Bu}$ 相加后对系统起作用。

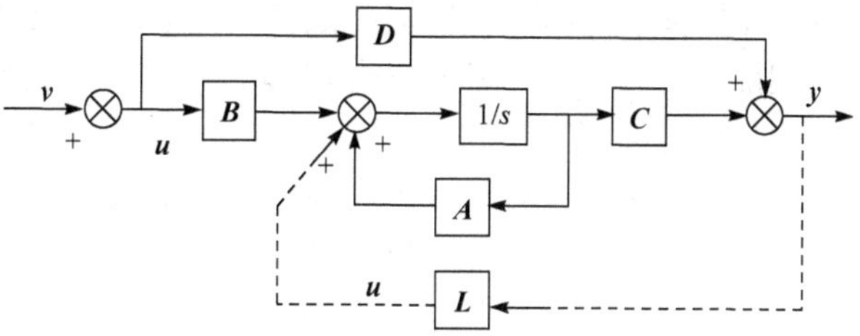

图 6-9　从输出到状态矢量导数 $\dot{\boldsymbol{x}}$ 反馈控制基本结构

按图示的状态反馈方法，反馈控制律 $\bar{\boldsymbol{u}}$ 为

$$\tilde{\boldsymbol{u}}=\boldsymbol{L}\boldsymbol{y} \tag{6-39}$$

式中，$\boldsymbol{L}$ 为 $n\times q$ 维状态反馈增益阵。

结合系统式(6-5)和控制律(6-39)，得

$$\begin{aligned}\dot{\boldsymbol{x}}&=[\boldsymbol{A}+\boldsymbol{LC}]\boldsymbol{x}+[\boldsymbol{LD}+\boldsymbol{B}]\boldsymbol{u}\\ \boldsymbol{y}&=\boldsymbol{Cx}+\boldsymbol{Du}\end{aligned} \tag{6-40}$$

系统简写为 $\sum_{\mathrm{L}}=(\boldsymbol{A}+\boldsymbol{LC},\boldsymbol{LD}+\boldsymbol{B},\boldsymbol{C},\boldsymbol{D})$。若为惯性系统，简写为 $\sum_{\mathrm{L}}=(\boldsymbol{A}+\boldsymbol{LC},\boldsymbol{B},\boldsymbol{C})$。此时闭环系统传递函数为对线性系统

$$\boldsymbol{W}_{\mathrm{L}}(s)=\boldsymbol{C}[s\boldsymbol{I}-(\boldsymbol{A}+\boldsymbol{LC})]^{-1}\boldsymbol{B} \tag{6-41}$$

对从输出到状态矢量导数 $\dot{\boldsymbol{x}}$ 反馈形式说明以下几点。

(1) 从输出到状态矢量导数 $\dot{\boldsymbol{x}}$ 反馈不改变系统阶数。

(2) $\boldsymbol{A}+\boldsymbol{LC}$ 中 $\boldsymbol{L}$ 是可以选择的，故 $\boldsymbol{A}+\boldsymbol{LC}$ 的特征值可自由配置从而使系统获得所要求的性能(如稳定性、收敛速度等)。所以可以在给定系统性能指标的情况下，反求闭环系统特征值的期望值，进而确定 $\boldsymbol{L}$ 值。

(3) 从输出到状态矢量导数 $\dot{\boldsymbol{x}}$ 反馈不改变系统维数的惯性性质。

(4) 从输出到状态矢量导数 $\dot{\boldsymbol{x}}$ 反馈不改变系统的能观测性和能观测子空间。

(5) 从输出到状态矢量导数 $\dot{\boldsymbol{x}}$ 反馈可能改变系统的能控制性和能控子空间。

(6) 这种反馈由于是接入系统内部。而通常系统是不提供这种接入，不过可以用于状态观测器中。

思考 为什么从输出到状态矢量导数 $\dot{\boldsymbol{x}}$ 反馈不改变系统的能观测性，而改变能控性？

6.2.4 连续时间系统的动态补偿

1. 从时域角度讨论动态补偿的形式

前面三种反馈形式均不会增加新的状态变量，且反馈阵都是常阵。但在更复杂的情况下，往往需要引入动态子系统来改善系统性能。称这种动态子系统为动态补偿器，通常有串联结构和并联反馈结构两种形式，如图 6-10 和图 6-11 所示。

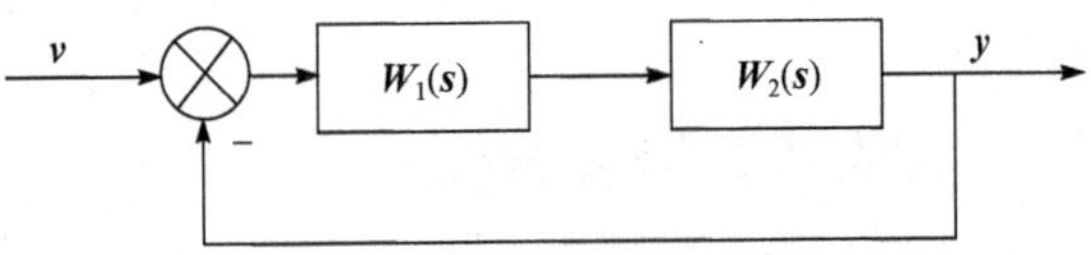

图 6-10 动态补偿的串联结构

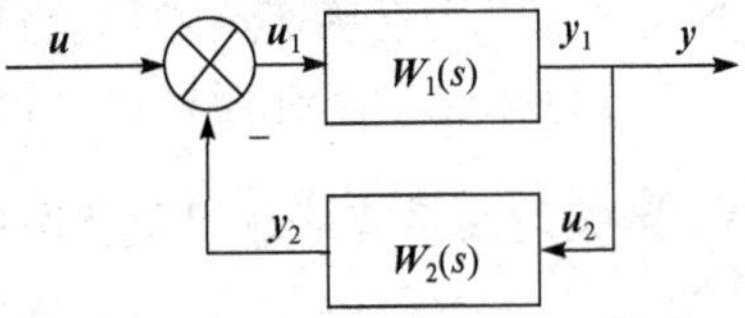

图6-11 动态补偿的并联结构(动态输出反馈)

带动态补偿的闭环系统的阶数是动态补偿器阶数与受控系统阶数之和。串联结构的典型例子是串联校正，可以采用超前、滞后或二者的复合；并联结构典型的例子是状态观器的状态反馈、局部反馈等。

下面以动态补偿的并联结构说明。动态输出反馈的一般形式为

$$\begin{aligned}\boldsymbol{z}&=\boldsymbol{Fz}+\boldsymbol{Hy}+\boldsymbol{Lv}\\ \boldsymbol{u}&=\boldsymbol{Nz}+\boldsymbol{My}+\boldsymbol{v}\end{aligned} \tag{6-42}$$

式中，$\boldsymbol{v}\in\mathbf{R}^{p}$；$\boldsymbol{z}\in\mathbf{R}^{m}$；各参数矩阵适当。当 $m=0$ 时，补偿器的动态环节不存在，此时，该式为一个静态输出反馈律。

将式(6-5)与式(6-42)结合，得到闭环系统，这里原系统为惯性系统，则有

$$\dot{X}=\widetilde{A}X+\widetilde{B}v$$
$$y=\widetilde{C}X \qquad (6\text{-}43)$$

式中，$X=(x^{\mathrm{T}} \quad z^{\mathrm{T}})^{\mathrm{T}}$；$\widetilde{A}=\begin{pmatrix} A+BMC & BN \\ HC & F \end{pmatrix}$；$\widetilde{B}=\begin{pmatrix} B \\ L \end{pmatrix}$；$\widetilde{C}=(C \quad 0)$。

若令 $\hat{A}=\begin{pmatrix} A & 0 \\ 0 & 0 \end{pmatrix}$，$\hat{B}=\begin{pmatrix} B & 0 \\ 0 & I_p \end{pmatrix}$，$\hat{C}=\begin{pmatrix} C & 0 \\ 0 & I_p \end{pmatrix}$，$G=\begin{pmatrix} I_p \\ L \end{pmatrix}$，$K=\begin{pmatrix} M & N \\ H & F \end{pmatrix}$，则式(6-43)可以写成增广系统

$$\dot{X}=\hat{A}X+\hat{B}U$$
$$Y=\hat{C}X \qquad (6\text{-}44)$$

在静态输出反馈

$$U=KY+Gv \qquad (6\text{-}45)$$

下的控制作用。这里的 G 实际上相当于对外部输入的一个变换。

在“输出反馈极点配置存在性与求解”一节将看到，静态输出反馈的能力与 $p+q-n$ 的大小有关，当此量较小时，利用输出反馈达不到预期的目的时，可以利用一个 m 阶的动态补偿器来实现这种控制作用，由于等价的增广系统，“$p+q-n$”值变成一个较大的值$(p+m)+(q+m)-(n+m)$，故其动态补偿反馈的能力增强。

带观测器的状态反馈系统实际上属于动态补偿反馈系统，以后将证明带观测器的状态反馈系统在传递特性意义下，完全等效于一个带串联补偿器和并联反馈补偿器的输出反馈系统，可以相互转换，所以要使输出反馈达到状态反馈功能的途径是采用这种补偿器结构的反馈方式。

2. 从复频域角度讨论动态补偿系统的结构特性与稳定性

在第 2 章基本的输出反馈连接组成的系统 S_{F} 中，如图 6-11 所示。对其引入几个约定。

(1) 前向通道传递函数 $W_1(s)$是真的或严真的，且系统可由 $W_1(s)$和 $W_2(s)$完全表征。

(2) 为保证直接输出反馈系统的真性或严真性，令 $\det(I+W_1(s)W_2(s))\big|_{s=\infty}=\det(I+W_2(s)W_1(s))\big|_{s=\infty}\neq 0$；

(3) 子系统采用有理分式矩阵和不可简约 MFD 描述，即

$W_i(s)=$不可简约 RMFD $\quad N_{\mathrm{R}i}(s)D_{\mathrm{R}i}^{-1}(s)=$不可简约 LMFD $\quad N_{\mathrm{L}i}(s)D_{\mathrm{L}i}^{-1}(s)$

(4) 表 $S_{12}=W_2(s)W_1(s)$，$S_{21}=W_1(s)W_2(s)$。并由图可知 $u_1=u-y_2$，$y=y_1=u_2$。

下面针对结构特性和稳定性进行讨论。

对于结构特性有结论：S_{F} 完全能控$\Leftrightarrow S_{12}=W_2(s)W_1(s)$完全能控；$S_{\mathrm{F}}$ 完全能观$\Leftrightarrow S_{21}=W_1(s)W_2(s)$完全能观。

下面对于能控性的等价结论进行解释。在 S_{F} 中只有 $W_1(s)$含有动态，当其完全能控时，$S_{12}=W_2(s)W_1(s)$就能控。令其状态为 $\bar{x}$，对于任意两个非零状态 $\bar{x}_0$ 和 $\bar{x}_1$，必存在控制 $\bar{u}_1$ 使系统 S_{12}在有限时间内将 $\bar{x}_0$ 转移到 $\bar{x}_1$，由于系统可由 $W_1(s)$和 $W_2(s)$完全表征，所以 S_{12}的输出 $\bar{y}_2$ 存在。由此可构造 $\bar{u}=\bar{u}_1+\bar{y}_2$，使系统 S_{F} 在有限时间内将 $\bar{x}_0$ 转移到 $\bar{x}_1$，这说明 S_{F} 完全能控。另一方面同样可构造 $\bar{u}_1=\bar{u}-\bar{y}_2$，使系统 S_{12}在有限时间内将 $\bar{x}_0$ 转移到 $\bar{x}_1$，这说明 S_{12}完全能控。能观性的等价结论可由对偶关系导出。

对于稳定性问题，在稳定性一章中讨论了内部稳定和外部稳定的概念，一般在状态空间方

法中使用内部稳定描述，而在复频域方法中采用 BIBO 稳定描述。对于线性时不变系统，传递函数矩阵只能反映系统中能控和能观的部分。基此，当且仅当系统为完全能控和完全能观时，系统的 BIBO 稳定性与渐近稳定性为等价。但一般情况，系统渐近稳定则一定 BIBO 稳定，然反命题不成立。对于动态输出反馈的系统，若满足 $\boldsymbol{S}_{12}$ 完全能控，$\boldsymbol{S}_{21}$ 完全能观，则有系统 $\boldsymbol{S}_{\mathrm{F}}$ 渐近稳定$\Leftrightarrow$系统 $\boldsymbol{S}_{\mathrm{F}}$ 为 **BIBO** 稳定；若不满足该条件，则有系统 $\boldsymbol{S}_{\mathrm{F}}$ 渐近稳定$\Rightarrow$系统 $\boldsymbol{S}_{\mathrm{F}}$ 为 **BIBO** 稳定。

下面讨论有理分式矩阵表征情形的 $\boldsymbol{S}_{\mathrm{F}}$ 渐近稳定条件和以不可简约 MFD 和 MFD 表征情形的 S_{F} 渐近稳定条件。

(1) 有理分式矩阵表征情形的 $\boldsymbol{S}_{\mathrm{F}}$ 渐近稳定条件。

为此先求 $\boldsymbol{S}_{\mathrm{F}}$ 的特征多项式。令具有补偿器的线性时不变输出反馈系统 $\boldsymbol{S}_{\mathrm{F}}$ 中的状态空间描述分别为

$\boldsymbol{S}_{\mathrm{F}}$ 状态空间描述$=\{\boldsymbol{A}_{\mathrm{F}},\boldsymbol{B}_{\mathrm{F}},\boldsymbol{C}_{\mathrm{F}},\boldsymbol{D}_{\mathrm{F}}\}$，$\boldsymbol{S}_1$ 状态空间描述$=\{\boldsymbol{A}_1,\boldsymbol{B}_1,\boldsymbol{C}_1,\boldsymbol{D}_1\}$，$\boldsymbol{S}_2$ 状态空间描述$=\{\boldsymbol{A}_2,\boldsymbol{B}_2,\boldsymbol{C}_2,\boldsymbol{D}_2\}$；两个子系统的特征多项式分别为

$\Delta_1(s)=\boldsymbol{W}_1(s)$特征多项式$=\beta_1\det(s\boldsymbol{I}-\boldsymbol{A}_1)$，$\Delta_2(s)=\boldsymbol{W}_2(s)$特征多项式$=\beta_2\det(s\boldsymbol{I}-\boldsymbol{A}_2)$。

由系统的连接特征，$\boldsymbol{u}_2=\boldsymbol{y}_1=\boldsymbol{y}$，$\boldsymbol{u}_1=\boldsymbol{u}-\boldsymbol{y}_2$，将其与两个子系统的状态空间联立起来

$$\begin{aligned}\dot{\boldsymbol{x}}_1&=\boldsymbol{A}_1\boldsymbol{x}_1+\boldsymbol{B}_1\boldsymbol{u}_1\\ \boldsymbol{y}_1&=\boldsymbol{C}_1\boldsymbol{x}_1+\boldsymbol{D}_1\boldsymbol{u}_1\end{aligned},\quad \begin{aligned}\dot{\boldsymbol{x}}_2&=\boldsymbol{A}_2\boldsymbol{x}_2+\boldsymbol{B}_2\boldsymbol{u}_2\\ \boldsymbol{y}_2&=\boldsymbol{C}_2\boldsymbol{x}_2+\boldsymbol{D}_2\boldsymbol{u}_2\end{aligned}$$

计及 $\det[\boldsymbol{I}+\boldsymbol{W}_1(\infty)\boldsymbol{W}_2(\infty)]=\det[\boldsymbol{I}+\boldsymbol{D}_1\boldsymbol{D}_2]\neq0$，有

$$\begin{pmatrix}\dot{\boldsymbol{x}}_1\\ \dot{\boldsymbol{x}}_2\end{pmatrix}=\begin{pmatrix}\boldsymbol{A}_1-\boldsymbol{B}_1\boldsymbol{D}_2(\boldsymbol{I}+\boldsymbol{D}_1\boldsymbol{D}_2)^{-1}\boldsymbol{C}_1 & -\boldsymbol{B}_1\boldsymbol{C}_2+\boldsymbol{B}_1\boldsymbol{D}_2(\boldsymbol{I}+\boldsymbol{D}_1\boldsymbol{D}_2)^{-1}\boldsymbol{D}_1\boldsymbol{C}_2\\ \boldsymbol{B}_2(\boldsymbol{I}+\boldsymbol{D}_1\boldsymbol{D}_2)^{-1}\boldsymbol{C}_1 & \boldsymbol{A}_2-\boldsymbol{B}_2(\boldsymbol{I}+\boldsymbol{D}_1\boldsymbol{D}_2)^{-1}\boldsymbol{D}_1\boldsymbol{C}_2\end{pmatrix}\begin{pmatrix}\boldsymbol{x}_1\\ \boldsymbol{x}_2\end{pmatrix}+\begin{pmatrix}\boldsymbol{B}_1-\boldsymbol{B}_1\boldsymbol{D}_2(\boldsymbol{I}+\boldsymbol{D}_1\boldsymbol{D}_2)^{-1}\boldsymbol{D}_1\\ \boldsymbol{B}_2(\boldsymbol{I}+\boldsymbol{D}_1\boldsymbol{D}_2)^{-1}\boldsymbol{D}_1\end{pmatrix}\boldsymbol{u}$$

$$\boldsymbol{y}=(\boldsymbol{I}+\boldsymbol{D}_1\boldsymbol{D}_2)^{-1}(\boldsymbol{C}_1\quad -\boldsymbol{D}_1\boldsymbol{C}_2)\begin{pmatrix}\boldsymbol{x}_1\\ \boldsymbol{x}_2\end{pmatrix}+(\boldsymbol{I}+\boldsymbol{D}_1\boldsymbol{D}_2)^{-1}\boldsymbol{D}_1\boldsymbol{u}$$

令其系统矩阵为 $\boldsymbol{A}_{\mathrm{F}}$，并 $\beta_3=\det(\boldsymbol{I}+\boldsymbol{D}_1\boldsymbol{D}_2)^{-1}$，以及 $\Delta_1(s)$和 $\Delta_2(s)$的关系式，可得

$$\begin{aligned}\boldsymbol{S}_{\mathrm{F}}\text{ 的特征多项式}&=\det(s\boldsymbol{I}-\boldsymbol{A}_{\mathrm{F}})=\det(s\boldsymbol{I}-\boldsymbol{A}_1)\det(s\boldsymbol{I}-\boldsymbol{A}_2)\det[\boldsymbol{I}+\boldsymbol{W}_1(s)\boldsymbol{W}_2(s)]\det[\boldsymbol{I}+\boldsymbol{D}_1\boldsymbol{D}_2]^{-1}\\ &=\frac{\beta_3}{\beta_1\beta_2}\Delta_1(s)\Delta_2(s)\det[\boldsymbol{I}+\boldsymbol{W}_1(s)\boldsymbol{W}_2(s)]=\beta\Delta_1(s)\Delta_2(s)\det[\boldsymbol{I}+\boldsymbol{W}_1(s)\boldsymbol{W}_2(s)]\end{aligned}$$

式中，$\beta=\beta_3/\beta_1\beta_2$ 为常数。

由此，便可得有理分式矩阵表征情形的 $\boldsymbol{S}_{\mathrm{F}}$ 渐近稳定条件：

$$\begin{aligned}\boldsymbol{S}_{\mathrm{F}}\text{ 渐近稳定}&\Leftrightarrow\boldsymbol{S}_{\mathrm{F}}\text{ 特征值均具有负实部}\Leftrightarrow\text{“}\det(s\boldsymbol{I}-\boldsymbol{A}_F)=0\text{ 根”均具有负实部}\\ &\Leftrightarrow\text{“}\Delta_1(s)\Delta_2(s)\det[\boldsymbol{I}+\boldsymbol{W}_1(s)\boldsymbol{W}_2(s)]=0\text{ 根”均具有负实部}\end{aligned}$$

(2) 以不可简约 MFD 和 MFD 表征情形的 $\boldsymbol{S}_{\mathrm{F}}$ 渐近稳定条件。

若令具有补偿器的线性时不变输出反馈系统 $\boldsymbol{S}_{\mathrm{F}}$ 中 $\boldsymbol{W}_1(s)$和 $\boldsymbol{W}_2(s)$以不可简约 LMFD$\boldsymbol{D}_{\mathrm{L1}}^{-1}(s)\boldsymbol{N}_{\mathrm{L1}}(s)$和不可简约 RMFD$\boldsymbol{N}_{\mathrm{R2}}(s)\boldsymbol{D}_{\mathrm{R2}}^{-1}(s)$表征，则将 $\boldsymbol{W}_1(s)=\boldsymbol{D}_{\mathrm{L1}}^{-1}(s)\boldsymbol{N}_{\mathrm{L1}}(s)$和 $\boldsymbol{W}_2(s)=\boldsymbol{N}_{\mathrm{R2}}(s)\boldsymbol{D}_{\mathrm{R2}}^{-1}(s)$代入上式 $\boldsymbol{S}_{\mathrm{F}}$ 的传递函数矩阵 $\boldsymbol{W}_{\mathrm{F}}(s)=[\boldsymbol{I}+\boldsymbol{W}_1(s)\boldsymbol{W}_2(s)]^{-1}\boldsymbol{W}_1(s)$中，得

$$\boldsymbol{W}_{\mathrm{F}}(s)=[\boldsymbol{I}+\boldsymbol{D}_{\mathrm{L1}}^{-1}(s)\boldsymbol{N}_{\mathrm{L1}}(s)\boldsymbol{N}_{\mathrm{R2}}(s)\boldsymbol{D}_{\mathrm{R2}}^{-1}(s)]^{-1}\boldsymbol{D}_{\mathrm{L1}}^{-1}(s)\boldsymbol{N}_{\mathrm{L1}}(s)=\boldsymbol{D}_{\mathrm{R2}}(s)[\boldsymbol{D}_{\mathrm{L1}}(s)\boldsymbol{D}_{\mathrm{R2}}(s)+\boldsymbol{N}_{\mathrm{L1}}(s)\boldsymbol{N}_{\mathrm{R2}}(s)]^{-1}\boldsymbol{N}_{\mathrm{L1}}(s)$$

据 $\boldsymbol{W}_{\mathrm{F}}(s)$和其状态空间实现的关系，可进而有 $\det(s\boldsymbol{I}-\boldsymbol{A}_{\mathrm{F}})$和 $\det[\boldsymbol{D}_{\mathrm{L1}}(s)\boldsymbol{D}_{\mathrm{R2}}(s)+\boldsymbol{N}_{\mathrm{L1}}(s)\boldsymbol{N}_{\mathrm{R2}}(s)]$具有相同首 1 多项式。基此，$\boldsymbol{S}_{\mathrm{F}}$ 渐近稳定$\Leftrightarrow$“$\det(s\boldsymbol{I}-\boldsymbol{A}_{\mathrm{F}})=0$ 根”均具有负实部$\Leftrightarrow$“$\det[\boldsymbol{D}_{\mathrm{L1}}(s)\boldsymbol{D}_{\mathrm{R2}}(s)+\boldsymbol{N}_{\mathrm{L1}}(s)\boldsymbol{N}_{\mathrm{R2}}(s)]=0$ 根”均具有负实部。

同理，若令具有补偿器的线性时不变输出反馈系统 $\boldsymbol{S}_{\mathrm{F}}$ 中 $\boldsymbol{W}_1(s)$以不可简约 RMFD$\boldsymbol{N}_{\mathrm{R1}}(s)\cdot\boldsymbol{D}_{\mathrm{R1}}^{-1}(s)$和以不可简约 LMFD$\boldsymbol{D}_{\mathrm{L2}}^{-1}(s)\boldsymbol{N}_{\mathrm{L2}}(s)$表征，则有 $\boldsymbol{S}_{\mathrm{F}}$ 渐近稳定$\Leftrightarrow$“$\det[\boldsymbol{D}_{\mathrm{L2}}(s)\boldsymbol{D}_{\mathrm{R1}}(s)+\boldsymbol{N}_{\mathrm{L2}}(s)\boldsymbol{N}_{\mathrm{R1}}(s)]=0$ 根”均具有负实部。

需要注意的是，由于反馈连接的两子系统的完全能控和能观，并不能保证 $\boldsymbol{S}_{\mathrm{F}}$ 的完全能控和能观，所以 $\boldsymbol{S}_{\mathrm{F}}$ 渐近稳定条件为 BIBO 稳定的充分条件。但在反馈传递函数阵是常阵时，由上面的分析可知，$\boldsymbol{S}_{\mathrm{F}}$ 渐近稳定条件为 BIBO 稳定的充要条件，这也是前面给出的结论。

思考 当考虑直接增益输出反馈的线性控制系统时，上述关于有理分式矩阵表征情形的 $\boldsymbol{S}_{\mathrm{F}}$ 渐近稳定条件和以不可简约 MFD 和 MFD 表征情形的 $\boldsymbol{S}_{\mathrm{F}}$ 渐近稳定条件可以进一步简化成什么样？

例 6-3 给定图 6-10 所示的具有串联补偿器的线性时不变输出反馈系统，其中传递函数分别为

$$\boldsymbol{W}_1(s)=\begin{pmatrix}\dfrac{1}{s+1} & 1\\ \dfrac{1}{s^2-1} & \dfrac{1}{s-1}\end{pmatrix},\boldsymbol{W}_2(s)=\begin{pmatrix}\dfrac{1}{s+3} & \dfrac{1}{s+1}\\ \dfrac{1}{s+3} & \dfrac{1}{s+2}\end{pmatrix}$$

分析以下问题。

(1) 该输出反馈系统是否完全能控？

(2) 该输出反馈系统是否完全能观？

(3) 该输出反馈系统是否为 BIBO 稳定？

(4) 该输出反馈系统是否为渐近稳定？

解 首先导出 $\boldsymbol{W}_1(s)$ 的 LMFD 和 $\boldsymbol{W}_2(s)$ 的 RMFD：

$$\boldsymbol{W}_1(s)=\begin{pmatrix}\dfrac{1}{s+1} & 1\\ \dfrac{1}{s^2-1} & \dfrac{1}{s-1}\end{pmatrix}=\begin{pmatrix}s+1 & 0\\ 0 & (s-1)(s+1)\end{pmatrix}^{-1}\begin{pmatrix}1 & s+1\\ 1 & s+1\end{pmatrix}=\boldsymbol{D}_{\mathrm{L1}}^{-1}(s)\boldsymbol{N}_{\mathrm{L1}}(s)$$

$$\boldsymbol{W}_2(s)=\begin{pmatrix}\dfrac{1}{s+3} & \dfrac{1}{s+1}\\ \dfrac{1}{s+3} & \dfrac{1}{s+2}\end{pmatrix}=\begin{pmatrix}1 & s+2\\ 1 & s+1\end{pmatrix}\begin{pmatrix}s+3 & 0\\ 0 & (s+2)(s+1)\end{pmatrix}^{-1}=\boldsymbol{N}_{\mathrm{R2}}(s)\boldsymbol{D}_{\mathrm{R2}}^{-1}(s)$$

据不可简约性秩判据易知，$\boldsymbol{N}_{\mathrm{R2}}(s)\boldsymbol{D}_{\mathrm{R2}}^{-1}(s)$ 为不可简约的，而 $\boldsymbol{D}_{\mathrm{L1}}^{-1}(s)\boldsymbol{N}_{\mathrm{L1}}(s)$ 为可简约的，为此，将其不可简约化：

求最大左公因子 $\boldsymbol{L}(s)=\begin{pmatrix}s+1 & 1\\ 0 & 1\end{pmatrix}$，$\boldsymbol{L}^{-1}(s)=\begin{pmatrix}\dfrac{1}{s+1} & \dfrac{-1}{s+1}\\ 0 & 1\end{pmatrix}$，则不可简约的 LMFD $\bar{\boldsymbol{D}}_{\mathrm{L1}}^{-1}(s)\bar{\boldsymbol{N}}_{\mathrm{L1}}(s)$ 的分母和分子分别为

$$\bar{\boldsymbol{D}}_{\mathrm{L1}}(s)=\boldsymbol{L}^{-1}(s)\boldsymbol{D}_{\mathrm{L1}}(s)=\begin{pmatrix}1 & -(s+1)\\ 0 & (s-1)(s+1)\end{pmatrix},\bar{\boldsymbol{N}}_{\mathrm{L1}}(s)=\boldsymbol{L}^{-1}(s)\boldsymbol{N}_{\mathrm{L1}}(s)=\begin{pmatrix}0 & 0\\ 1 & (s+1)\end{pmatrix}$$

进而，基于不可简约的 RMFD $\boldsymbol{N}_{\mathrm{R2}}(s)\boldsymbol{D}_{\mathrm{R2}}^{-1}(s)$ 和 LMFD $\bar{\boldsymbol{D}}_{\mathrm{L1}}^{-1}(s)\bar{\boldsymbol{N}}_{\mathrm{L1}}(s)$，得

$$\mathrm{rank}[\bar{\boldsymbol{D}}_{\mathrm{L1}}(s)\boldsymbol{D}_{\mathrm{R2}}(s)\bar{\boldsymbol{N}}_{\mathrm{L1}}(s)]=\mathrm{rank}\begin{pmatrix}s+3 & -(s-1)(s+1)(s+2) & 0 & 0\\ 0 & (s-1)(s+1)^2(s+2) & 1 & s+1\end{pmatrix}=2,\forall s=-3,-2,-1,1$$

由此导出，$\{\bar{\boldsymbol{D}}_{\mathrm{L1}}(s)\boldsymbol{D}_{\mathrm{R2}}(s),\bar{\boldsymbol{N}}_{\mathrm{L1}}(s)\}$ 左互质，据串联系统的能控性判据知，前向通道串联系统是完全能控的。再据直接增益反馈系统能控性判据，知该输出反馈系统是完全能控的。

同理，基于不可简约的 RMFD $\boldsymbol{N}_{\mathrm{R2}}(s)\boldsymbol{D}_{\mathrm{R2}}^{-1}(s)$ 和 LMFD $\bar{\boldsymbol{D}}_{\mathrm{L1}}^{-1}(s)\bar{\boldsymbol{N}}_{\mathrm{L1}}(s)$，也可得

$$\text{rank}\begin{pmatrix}\bar{\boldsymbol{D}}_{L1}(s)\boldsymbol{D}_{R2}(s)\\ \boldsymbol{N}_{R2}(s)\end{pmatrix}=\text{rank}\begin{bmatrix}s+3 & -(s-1)(s+1)(s+2)\\ 0 & (s-1)(s+1)^2(s+2)\\ 1 & s+2\\ 1 & s+1\end{bmatrix}=2,\forall s=-3,-2,-1,1$$

由此导出，$\{\bar{\boldsymbol{D}}_{L1}(s)\boldsymbol{D}_{R2}(s),\boldsymbol{N}_{R2}(s)\}$右互质，据串联系统的能控性判据知，前向通道串联系统是完全能观的。再据直接增益反馈系统能观性判据，知该输出反馈系统是完全能观的。

计算前向通道的传递函数及其特征多项式。

$$\boldsymbol{W}(s)=\boldsymbol{W}_2(s)\boldsymbol{W}_1(s)=\begin{bmatrix}\dfrac{1}{s+3} & \dfrac{1}{s+1}\\ \dfrac{1}{s+3} & \dfrac{1}{s+2}\end{bmatrix}\begin{bmatrix}\dfrac{1}{s+1} & 1\\ \dfrac{1}{s^2-1} & \dfrac{1}{s-1}\end{bmatrix}=\begin{bmatrix}\dfrac{s^2+s+2}{(s-1)(s+1)^2(s+3)} & \dfrac{s^2+s+2}{(s-1)(s+1)(s+3)}\\ \dfrac{s+1}{(s-1)(s+2)(s+3)} & \dfrac{(s+1)^2}{(s-1)(s+2)(s+3)}\end{bmatrix}$$

其特征多项式为所有 1 阶、2 阶子式的最公分母，即

$$\Delta(s)=\text{lcd}\left\{\begin{array}{l}\dfrac{s^2+s+2}{(s-1)(s+1)^2(s+3)},\dfrac{s^2+s+2}{(s-1)(s+1)(s+3)},\dfrac{s+1}{(s-1)(s+2)(s+3)},\dfrac{(s+1)^2}{(s-1)(s+2)(s+3)}\\ \det\boldsymbol{W}(s)=\dfrac{s^5+7s^4+15s^3+9s^2-3s-1}{(s-1)(s+1)^2(s+2)(s+3)}\end{array}\right\}$$

$$=(s-1)(s+1)2(s+2)(s+3)$$

基此，可得系统的特征多项式为

$$\Delta(s)\det(\boldsymbol{I}+\boldsymbol{W}(s))=s^5+7s^4+15s^3+9s^2-3s-1$$

显然多项式中含有负系数项，故其根不全具有负实部，从而，该系统为非 BIBO 稳定。由于直接增益输出反馈系统的渐近稳定性与 BIBO 稳定性等价，所以该系统为非渐近稳定的。

6.3 离散时间线性时不变反馈控制系统的结构特性

考虑离散受控系统(6-2)重写如下

$$\begin{array}{l}\boldsymbol{x}(k+1)=\boldsymbol{G}(T)\boldsymbol{x}(k)+\boldsymbol{H}(T)\boldsymbol{u}(k)\\ \boldsymbol{y}(k)=\boldsymbol{C}\boldsymbol{x}(k)+\boldsymbol{D}\boldsymbol{u}(k)\end{array},\boldsymbol{x}(0)=\boldsymbol{x}_0,k\geqslant 0 \tag{6-46}$$

该受控系统的传递函数为

$$\boldsymbol{W}_0(z)=\boldsymbol{C}[z\boldsymbol{I}-\boldsymbol{G}]^{-1}\boldsymbol{H}+\boldsymbol{D} \tag{6-47}$$

本节与连续情况类似地讨论。

6.3.1 离散时间系统的状态反馈与其闭环系统分析

针对系统式(6-46)的状态反馈结构如图 6-12 所示，该结构的特点与连续时间情况类似。按图示的状态反馈方法，反馈控制律 $\boldsymbol{u}$ 为

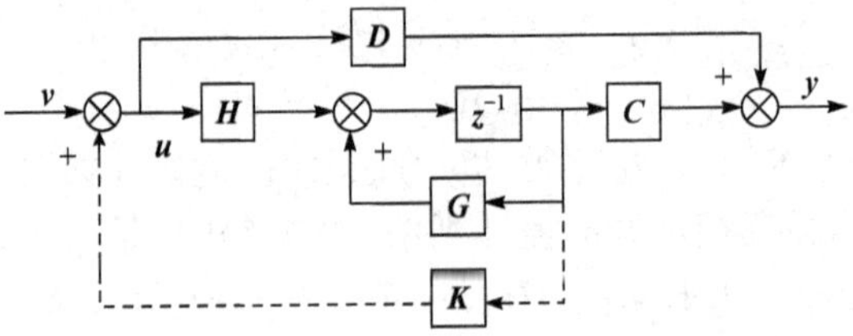

图 6-12　离散时间系统的状态反馈控制基本结构

$$\boldsymbol{u}(k)=\boldsymbol{K}\boldsymbol{x}(k)+\boldsymbol{v}(k) \tag{6-48}$$

式中，$\boldsymbol{v}$ 为 $p\times 1$ 维参考输入；$\boldsymbol{K}$ 为 $p\times n$ 维状态反馈增益阵。

将式(6-48)代入式(6-46)整理可得，状态反馈闭环系统的状态空间表达式为

$$\begin{aligned}\boldsymbol{x}(k+1)&=(\boldsymbol{G}+\boldsymbol{HK})\boldsymbol{x}(k)+\boldsymbol{H}\boldsymbol{v}(k)\\ \boldsymbol{y}(k)&=(\boldsymbol{C}+\boldsymbol{DK})\boldsymbol{x}(k)+\boldsymbol{D}\boldsymbol{v}(k)\end{aligned} \tag{6-49}$$

闭环系统简写为$\sum_{\mathrm{K}}=(\boldsymbol{G}+\boldsymbol{HK},\boldsymbol{H},\boldsymbol{C}+\boldsymbol{DK},\boldsymbol{D})$。若为惯性系统，简写为$\sum_{\mathrm{K}}=(\boldsymbol{G}+\boldsymbol{HK},\boldsymbol{H},\boldsymbol{C})$，此时闭环系统传递函数为

$$\boldsymbol{W}_{\mathrm{K}}(z)=\boldsymbol{C}[z\boldsymbol{I}-(\boldsymbol{G}+\boldsymbol{HK})]^{-1}\boldsymbol{H} \tag{6-50}$$

离散情况下的状态反馈同样不改变系统的阶数，也不改变系统的惯性性质。并且可以通过选择 $\boldsymbol{K}$ 实现 $\boldsymbol{G}+\boldsymbol{HK}$ 的特征值自由配置从而使系统获得所要求的性能(如稳定性、收敛速度等)。离散情况下的状态反馈同样能保持能控性、不保持能观性。离散情况下有时也需要解决观测器问题和卡尔曼滤波问题。

6.3.2 离散时间系统的(静态)输出反馈与其闭环系统分析

针对系统(6-46)的输出反馈结构如图 6-13 所示。该结构的特点与连续情况类似。

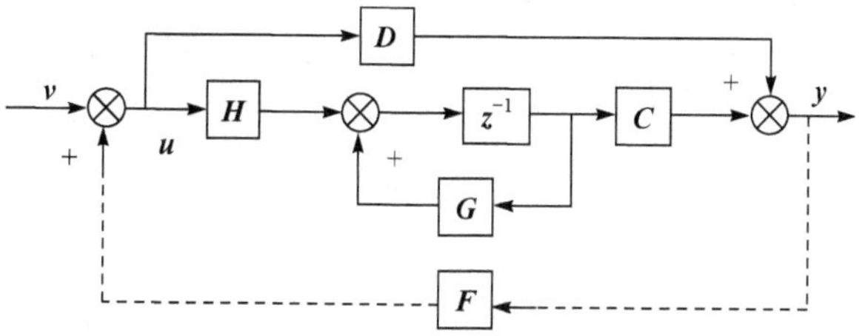

图 6-13 离散时间系统的输出反馈控制基本结构

按图示的状态反馈方法，反馈控制律 $\boldsymbol{u}$ 为

$$\boldsymbol{u}(k)=\boldsymbol{F}\boldsymbol{y}(k)+\boldsymbol{v}(k) \tag{6-51}$$

式中，$\boldsymbol{v}$ 为 $p\times 1$ 维参考输入；$\boldsymbol{F}$ 为 $p\times q$ 维输出反馈增益阵。

结合系统式(6-46)和控制律(6-51)，得

$$\begin{aligned}\boldsymbol{x}(k+1)&=[\boldsymbol{G}+\boldsymbol{H}(\boldsymbol{I}-\boldsymbol{FD})^{-1}\boldsymbol{FC}]\boldsymbol{x}(k)+\boldsymbol{H}(\boldsymbol{I}-\boldsymbol{DF})^{-1}\boldsymbol{v}(k)\\ \boldsymbol{y}(k)&=[\boldsymbol{C}+\boldsymbol{D}(\boldsymbol{I}-\boldsymbol{FD})^{-1}\boldsymbol{FC}]\boldsymbol{x}(k)+\boldsymbol{D}(\boldsymbol{I}-\boldsymbol{DF})^{-1}\boldsymbol{v}(k)\end{aligned} \tag{6-52}$$

系统简写为$\sum_{F}=(\boldsymbol{G}+\boldsymbol{H}(\boldsymbol{I}-\boldsymbol{FD})^{-1}\boldsymbol{FC},\boldsymbol{H}(\boldsymbol{I}-\boldsymbol{DF})^{-1},\boldsymbol{C}+\boldsymbol{D}(\boldsymbol{I}-\boldsymbol{FD})^{-1}\boldsymbol{FC},\boldsymbol{D}(\boldsymbol{I}-\boldsymbol{DF})^{-1})$。若为惯性系统，简写为$\sum_{F}=(\boldsymbol{G}+\boldsymbol{HFC},\boldsymbol{H},\boldsymbol{C})$。此时闭环系统传递函数为

$$\boldsymbol{W}_{F}(z)=\boldsymbol{C}[z\boldsymbol{I}-(\boldsymbol{G}+\boldsymbol{HFC})]^{-1}\boldsymbol{H} \tag{6-53}$$

离散情况下的输出反馈反馈下面对输出反馈不改变系统阶数，也不改变系统的惯性性质。并且可以通过选择输出反馈增益阵 $\boldsymbol{F}$ 改变闭环系统的特征值，但不能任意改变。离散情况下的输出反馈同样能保持能控性和能观性。

6.3.3 离散时间系统从输出到下一个状态的反馈与其闭环系统分析

针对系统(6-46)的从输出到状态矢量导数 $\dot{\boldsymbol{x}}$ 反馈结构如图 6-14 所示。该结构的特点与连续情况类似。

按图示的状态反馈方法，反馈控制律 $\tilde{\boldsymbol{u}}$ 为

$$\tilde{\boldsymbol{u}}(k)=\boldsymbol{L}\boldsymbol{y}(k) \tag{6-54}$$

式中，L 为 $n\times q$ 维输出反馈增益阵。

结合系统式(6-46)和控制律(6-54)，得

$$\begin{aligned}\boldsymbol{x}(k+1)&=[\boldsymbol{G}+\boldsymbol{LC}]\boldsymbol{x}(k)+[\boldsymbol{LD}+\boldsymbol{H}]\boldsymbol{u}(k)\\ \boldsymbol{y}(k)&=\boldsymbol{Cx}(k)+\boldsymbol{Du}(k)\end{aligned}\tag{6-55}$$

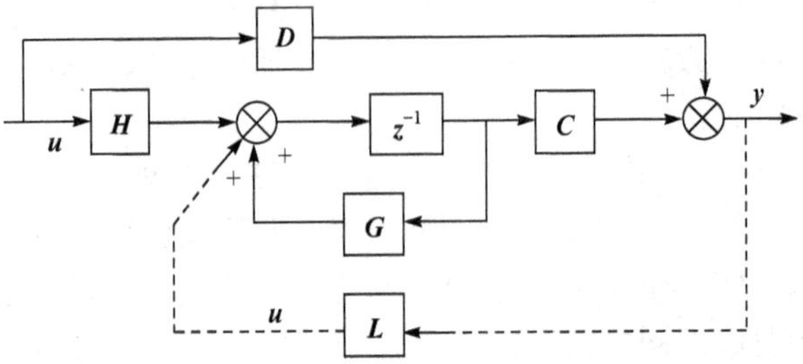

图 6-14　从输出到下一状态的反馈控制基本结构

系统简写为$\sum_L=(\boldsymbol{G}+\boldsymbol{LC},\boldsymbol{LD}+\boldsymbol{H},\boldsymbol{C},\boldsymbol{D})$。若为惯性系统，简写为$\sum_L=(\boldsymbol{G}+\boldsymbol{LC},\boldsymbol{H},\boldsymbol{C})$。此时对线性系统闭环系统传递函数为

$$\boldsymbol{W}_L(z)=\boldsymbol{C}[z\boldsymbol{I}-(\boldsymbol{G}+\boldsymbol{LC})]^{-1}\boldsymbol{H}\tag{6-56}$$

离散情况下的从输出到状态矢量导数 $\dot{\boldsymbol{x}}$ 反馈不改变系统阶数，也不改变系统维数的惯性性质，同时也不会改变能观测性，但并不保持能控性。并且可以通过选择 $\boldsymbol{L}$ 自由配置 $\boldsymbol{G}+\boldsymbol{LC}$ 的特征值，从而使系统获得所要求的性能(如稳定性、收敛速度等)。同样这种结构也可在观测器设计中使用。

6.3.4　离散时间系统的动态补偿

离散时间系统的动态补偿同连续情况类似也需要引入动态子系统来改善系统性能，也通常有串联结构和并联结构两种形式，与图 6-10 和图 6-11 类似。在对离散时间系统进行动态补偿时，需要注意采样周期的选择对闭环系统的影响。

6.4　线性时不变系统的极点配置问题提法与指标确定

6.4.1　问题的提法

控制系统的性能主要取决于系统极点在根平面上的分布。因此作为综合系统性能指标的一种形式，往往是给出一组期望极点，或者根据时域指标转换成一组等价的期望极点。

考虑如式(6-5)的连续线性时不变受控系统(CLTIS)的状态方程，重写如下

$$\dot{\boldsymbol{x}}=\boldsymbol{Ax}+\boldsymbol{Bu}\tag{6-57}$$

以一组期望极点的特征值为性能指标，对 CLTIS 给一个状态反馈型的控制，使导出的控制系统特征值配置在期望的位置，故要给出一组特征值$\{\lambda_i^*,i=1,2,\cdots,n\}$，它们或为实数，或为共轭复数。限定控制输入为状态反馈，即重写式(6-7)如下

$$\boldsymbol{u}=\boldsymbol{Kx}+\boldsymbol{v}\tag{6-58}$$

则闭环控制系统的状态反馈重写如下

$$\dot{\boldsymbol{x}}=(\boldsymbol{A}+\boldsymbol{BK})\boldsymbol{x}+\boldsymbol{Dv}\tag{6-59}$$

同样，考虑如式的离散线性时不变受控系统(DLTIS)的状态方程，重写如下

$$\boldsymbol{x}(k+1)=\boldsymbol{G}(T)\boldsymbol{x}(k)+\boldsymbol{H}(T)\boldsymbol{u}(k)\tag{6-60}$$

以一组期望极点的特征值为性能指标，对 DLTIS 给一个状态反馈型的控制，使导出的控制系统特征值配置在期望的位置，故要给出一组特征值$\{z_i^*, i=1,2,\cdots,n\}$，它们或为实数，或为共轭复数。限定控制输入为状态反馈，即重写式(6-7)如下

$$\boldsymbol{u}(k)=\boldsymbol{Kx}(k)+\boldsymbol{v}(k) \tag{6-61}$$

则闭环控制系统的状态反馈重写如下

$$\boldsymbol{x}(k+1)=(\boldsymbol{G}+\boldsymbol{HK})\boldsymbol{x}(k)+\boldsymbol{Hv}(k) \tag{6-62}$$

同样，考虑连续或离散情况下的输出反馈闭环系统，重写如下

$$\dot{\boldsymbol{x}}=(\boldsymbol{A}+\boldsymbol{BFC})\boldsymbol{x}+\boldsymbol{Bv} \tag{6-63}$$

$$\boldsymbol{x}(k+1)=(\boldsymbol{G}+\boldsymbol{HFC})\boldsymbol{x}(k)+\boldsymbol{Hv}(k) \tag{6-64}$$

同样，考虑连续或离散情况下的从输出到下一个状态的反馈闭环系统，重写如下

$$\dot{\boldsymbol{x}}=(\boldsymbol{A}+\boldsymbol{LC})\boldsymbol{x}+\boldsymbol{Bu} \tag{6-65}$$

$$\boldsymbol{x}(k+1)=(\boldsymbol{G}+\boldsymbol{LC})\boldsymbol{x}(k)+\boldsymbol{Hu}(k) \tag{6-66}$$

极点配置问题的提法。确定反馈矩阵满足三种连续域特征值：

$\lambda_i(\boldsymbol{A}+\boldsymbol{BK})=\lambda_i^*\ (i=1,2,\cdots,n)$、$\lambda_i(\boldsymbol{A}+\boldsymbol{BFC})=\lambda_i^*\ (i=1,2,\cdots,n)$、$\lambda_i(\boldsymbol{A}+\boldsymbol{LC})=\lambda_i^*\ (i=1,2,\cdots,n)$

或三种离散域特征值：

$z_i(\boldsymbol{G}+\boldsymbol{HK})=z_i^*\ (i=1,2,\cdots,n)$、$z_i(\boldsymbol{G}+\boldsymbol{HFC})=z_i^*\ (i=1,2,\cdots,n)$、$z_i(\boldsymbol{G}+\boldsymbol{LC})=z_i^*\ (i=1,2,\cdots,n)$

极点配置问题实质上应用反馈技术实现零极点的重新分配，以获得期望的性能。

值得注意的是，期望闭环极点组缺乏直观工程意义，所以往往以工程中基本类型指标作为提法，故需要建立两者间的对应关系。

为解决极点配置问题，要解决两方面问题：一是极点什么情况下可配置，属理论范畴；二是极点如何进行配置，属方法范畴。

6.4.2 工程性能指标与期望极点组间的关系

1. 时域指标与频域指标

时域指标由系统单位阶跃响应所定义，有稳态误差、超调量、上升时间、峰值时间、调节时间、衰减比、阻尼振荡频率、振荡次数等，如图 6-15 所示。

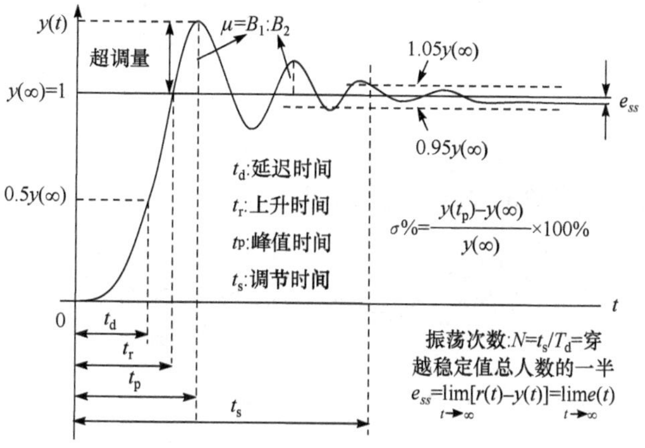

图 6-15　时域指标示意图

频域指标一般有谐振峰值、谐振频率和截止频率，如图 6-16 所示。

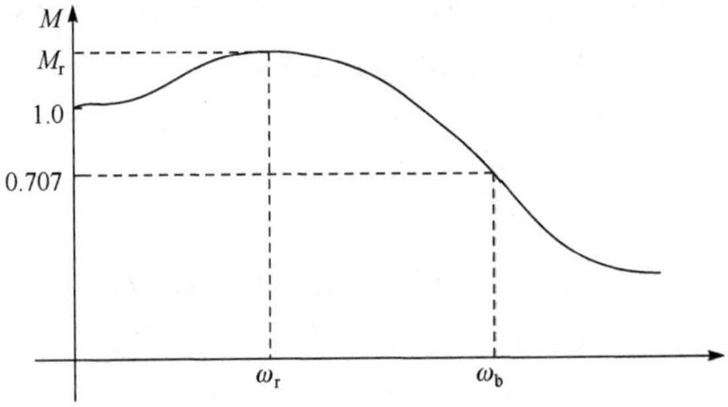

图 6-16　频域指标示意图

2. 连续情况下，时域指标与频域指标和极点间的关系

系统的极点完全决定系统的稳定性和系统响应的类型，而零点与极点决定着系统响应的幅值(动态的和静态的)。稳定系统的稳态误差一般仅与静态增益相关，下面首先讨论动态指标。

对二阶系统，系统的动态响应特性正好与系统期望的闭环极点和零点的位置联系起来。二阶系统的标准传递函数为

$$W_0(s)=\frac{\omega_n^2}{s^2+2\zeta\omega_n s+\omega_n^2} \tag{6-67}$$

当 $0<\zeta<1$(欠阻尼)时，特征根为 $s_{1,2}=-\omega_n\zeta\pm j\omega_n\sqrt{1-\zeta^2}$。

时域性能指标与系统参数的显式表达式如下。超调量

$$\sigma=e^{-\pi\zeta/\sqrt{1-\zeta^2}}\times 100\%$$

调节时间

$$t_s=-\frac{\ln(0.02\sqrt{1-\zeta^2})}{\zeta\omega_n}(2\%),\ t_s=-\frac{\ln(0.05\sqrt{1-\zeta^2})}{\zeta\omega_n}(5\%)$$

上升时间

$$t_r=\frac{\pi-\arctan(\sqrt{1-\zeta^2}/\zeta)}{\omega_n\sqrt{1-\zeta^2}}$$

峰值时间

$$t_p=\frac{\pi}{\omega_n\sqrt{1-\zeta^2}}$$

频域性能指标与系统参数的显式表达式如下。

谐振峰值

$$M_r=\frac{1}{2\zeta\sqrt{1-\zeta^2}}\quad (0<\zeta<0.707)$$

谐振频率

$$\omega_r=\omega_n\sqrt{1-2\zeta^2}$$

截止频率

$$\omega_b=\omega_n\sqrt{1-2\zeta^2+\sqrt{2-4\zeta^2+4\zeta^4}}$$

由上述关系，便可将二阶系统的极点组与指标联系起来，在给定工程指标的情况下可以获

得极点组指标。

对高阶系统，期望的闭环极点位置不能和系统的动态特性(响应特性)联系起来，但一般只有少数几个极点(主导极点)对系统的响应起主导作用，最靠近虚轴的极点(主首极点)对系统的影响起首要作用。主首极点在整体上决定系统响应的类型和走向，非主首极点的主导极点也不能忽略，它们的影响体现在局部变化上。一般为方便设计，在指定工程指标时选择共轭主首极点为主导极点，其余极点作为非主导极点。

对于一个 n 阶线性时不变受控系统，综合满足性能要求的 n 个期望闭环极点的步骤可归纳如下。

(1) 分析系统的可综合性，能否综合出满足性能要求的 n 个期望闭环极点。

(2) 根据工程指标构造主导极点对。主导极点对要考虑在误差向量的快速性和干扰、测量噪声的灵敏性之间折中：如果加快误差响应速度，则干扰和测量噪声的影响通常也随之增大。

(3) 选取其余 $n-2$ 个期望闭环极点，其原则是远离主导极点实部 5～10 倍。同时也要兼顾系统零点分布的情况，注意状态反馈并不改变原系统的零点，但可以制造零极点对消。

(4) 根据综合算法进行综合。这一步需选择适用的综合算法。

(5) 通过仿真验证各项工程指标。

3. 离散域极点与连续域极点间的关系

根据 $z=e^{sT}$，$s=-\sigma+j\omega_d$，可以由连续域中的期望极点分布求得 z 平面的期望极点分布。另外对于二阶系统也可以根据 s 域和 z 域的映射关系在 z 平面绘制出等 σ 线(同心圆)、等 ω_d 线(由原点出发的射线)、等 ζ 线(对数螺旋线)如图 6-17 所示。

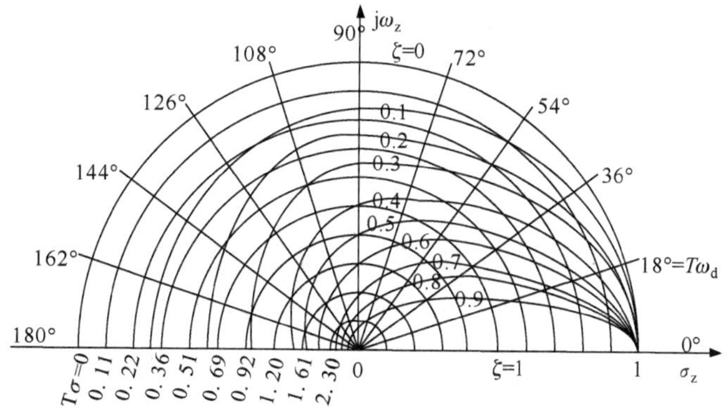

图 6-17 二阶系统的离散域特征曲线

据此图由连续域的指标可以确定离散域的极点取值范围。下面通过一个例子说明。

例 6-4 确定离散闭环控制系统的极点取值范围。

要求二阶数字控制系统满足以下动态性能指标：$\sigma\leqslant 17\%$，$t_s\leqslant 2.34\text{s}(2\%)$，$t_r\leqslant 1.7\text{s}$，采样周期 $T=0.5\text{s}$，确定闭环极点的取值范围。

解 据题中的指标，可得到下面的结果，查图 6-17 可得如图 6-18 所示的阴影部分。

$$\sigma\leqslant 17\% \qquad \sigma=e^{-\pi\zeta/\sqrt{1-\zeta^2}}\times 100\% \rightarrow \zeta\geqslant 0.5$$

$$t_s \leqslant 2.34\text{s} \qquad t_s = -\frac{\ln(0.02\sqrt{1-\zeta^2})}{\zeta\omega_n} \rightarrow T\sigma \geqslant 0.5\times 1.37 = 0.683$$

$$t_r \leqslant 1.7\text{s} \qquad t_r = \frac{\pi - \arctan(\sqrt{1-\zeta^2}/\zeta)}{\omega_n\sqrt{1-\zeta^2}} \rightarrow T\omega_d \geqslant 0.5\times 1.3 = 0.653$$

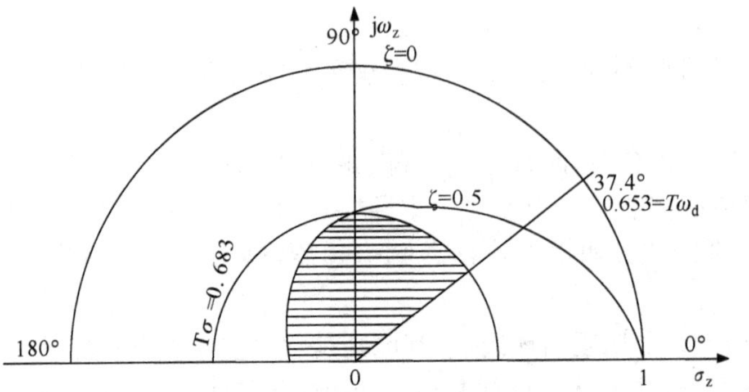

图 6-18　例 6-4 满足指标要求的 z 域极点范围

6.5　线性时不变系统状态反馈极点配置的存在性与算法

6.5.1　单输入连续时间线性时不变系统极点配置的存在性与算法

考虑单输入 n 阶连续时间线性时不变系统

$$\dot{\boldsymbol{x}} = \boldsymbol{A}\boldsymbol{x} + \boldsymbol{b}u \tag{6-68}$$

给定一组任意期望闭环特征值 $\{\lambda_i^*, i=1,2,\cdots,n\}$，要求确定一个 $p\times n$ 状态反馈矩阵 $\boldsymbol{k}$，使成立 $\lambda_i(\boldsymbol{A}+\boldsymbol{b}\boldsymbol{k})=\lambda_i^*$。下面简述此类系统极点配置的存在性与算法。

1. 存在性

对式(6-68)所示的受控系统，其全部 n 个特征值可任意配置的充分必要条件是$(\boldsymbol{A},\boldsymbol{b})$完全能控。

首先说明必要性：已知可任意配置，欲证$(\boldsymbol{A},\boldsymbol{b})$完全能控。采用反证法。

反设$(\boldsymbol{A},\boldsymbol{b})$不完全能控，则通过线性非奇异变换 $\boldsymbol{x}=\boldsymbol{T}\bar{\boldsymbol{x}}$ 使系统结构分解为

$$\bar{\boldsymbol{A}} = \boldsymbol{T}^{-1}\boldsymbol{A}\boldsymbol{T} = \begin{pmatrix} \bar{\boldsymbol{A}}_c & \bar{\boldsymbol{A}}_{12} \\ 0 & \bar{\boldsymbol{A}}_{\bar{c}} \end{pmatrix}, \bar{\boldsymbol{d}} = \boldsymbol{T}^{-1}\boldsymbol{b} = \begin{pmatrix} \bar{\boldsymbol{b}}_c \\ 0 \end{pmatrix}$$

并且对任一状态反馈矩阵 $\boldsymbol{k}=(\boldsymbol{k}_1 \quad \boldsymbol{k}_2)$，有

$$\begin{aligned}\lambda_i(\boldsymbol{A}+\boldsymbol{b}\boldsymbol{k}) &= \lambda_i(\boldsymbol{T}\bar{\boldsymbol{A}}\boldsymbol{T}^{-1} + \boldsymbol{T}\bar{\boldsymbol{b}}\boldsymbol{k}) = \lambda_i(\bar{\boldsymbol{A}} + \bar{\boldsymbol{b}}\boldsymbol{k}\boldsymbol{T}) \\ &= \lambda_i(\bar{\boldsymbol{A}} + \overline{\boldsymbol{b}\boldsymbol{k}}) = \lambda_i\left(\begin{pmatrix} \bar{\boldsymbol{A}}_c + \bar{\boldsymbol{b}}_c\bar{\boldsymbol{k}}_1 & \bar{\boldsymbol{A}}_{12} + \bar{\boldsymbol{b}}_c\bar{\boldsymbol{k}}_2 \\ 0 & \bar{\boldsymbol{A}}_{\bar{c}} \end{pmatrix}\right)\end{aligned}$$

其中，$\bar{\boldsymbol{k}}=\boldsymbol{k}\boldsymbol{T}=(\boldsymbol{k}_1\boldsymbol{T} \quad \boldsymbol{k}_2\boldsymbol{T})=(\bar{\boldsymbol{k}}_1 \quad \bar{\boldsymbol{k}}_2)$，$i=1,2,\cdots,n$，$\lambda_i(\cdot)$代表所示矩阵的特征值。

于是，得到状态反馈系统的特征值集为

$$\boldsymbol{\Lambda}(\boldsymbol{A}+\boldsymbol{b}\boldsymbol{k}) = \{\boldsymbol{\Lambda}(\bar{\boldsymbol{A}}_c + \bar{\boldsymbol{b}}_c\bar{\boldsymbol{k}}_1), \boldsymbol{\Lambda}(\bar{\boldsymbol{A}}_{\bar{c}})\}$$

该式表明，状态反馈不能改变系统不能控部分的特征值，即反设不成立。得证必要性。

下面说明充分性：已知$(\boldsymbol{A},\boldsymbol{b})$完全能控，欲证可任意配置。采用构造性法。

由于状态反馈并不改变系统的阶数，并计及$(\boldsymbol{A},\boldsymbol{b})$完全能控，可以令原系统和状态反馈系

统的特征值分别为λ_i, λ_i^*，$i=1,2,\cdots,n$，相应的特征多项式分别为

$$\alpha(s)=\prod_{i=1}^{n}(s-\lambda_i)=s^n+a_{n-1}s^{n-1}+\cdots+a_1 s+a_0$$

$$\alpha^*(s)=\prod_{i=1}^{n}(s-\lambda_i^*)=s^n+a_{n-1}^*s^{n-1}+\cdots+a_1^* s+a_0^*$$

由于$(\boldsymbol{A},\boldsymbol{b})$完全能控，通过非奇异变换$\boldsymbol{x}=\boldsymbol{T}_{\mathrm{cI}}\bar{x}$将其变成能控标准型

$$\dot{\bar{\boldsymbol{x}}}=\bar{\boldsymbol{A}}\bar{\boldsymbol{x}}+\bar{\boldsymbol{d}}\boldsymbol{u}$$

式中，$\bar{\boldsymbol{A}}=\boldsymbol{T}_{\mathrm{cI}}^{-1}\boldsymbol{A}\boldsymbol{T}_{\mathrm{cI}}=\begin{pmatrix}0&1&\cdots&0&0\\0&0&\cdots&0&0\\\vdots&\vdots&&\vdots&\vdots\\0&0&\cdots&0&1\\-a_0&-a_1&\cdots&-a_{n-2}&-a_{n-1}\end{pmatrix}$；$\bar{\boldsymbol{b}}=\boldsymbol{T}_{\mathrm{cI}}^{-1}\boldsymbol{b}=\begin{pmatrix}0\\0\\\vdots\\0\\1\end{pmatrix}$。

构造状态反馈增益阵$\bar{\boldsymbol{k}}=\boldsymbol{k}\boldsymbol{T}_{\mathrm{cI}}=(\bar{k}_0\quad \bar{k}_1\quad\cdots\quad \bar{k}_{n-1})=(a_0-a_0^*\quad a_1-a_1^*\quad\cdots\quad a_{n-1}-a_{n-1}^*)$
于是得到

$$\bar{\boldsymbol{A}}+\bar{\boldsymbol{b}}\bar{\boldsymbol{k}}=\begin{pmatrix}0&1&0&\cdots&0\\0&0&1&\cdots&0\\\vdots&\vdots&\vdots&&\vdots\\0&0&0&\cdots&1\\-a_0^*&-a_1^*&\cdots&\cdots&-a_{n-1}^*\end{pmatrix}$$

其特征多项式为

$$|s\boldsymbol{I}-(\boldsymbol{A}+\boldsymbol{b}\boldsymbol{k})|=|s\boldsymbol{I}-(\bar{\boldsymbol{A}}+\bar{\boldsymbol{b}}\bar{\boldsymbol{k}})|=s^n+a_{n-1}^*s^{n-1}+\cdots+a_1^* s+a_0^*=\alpha^*(s)$$

以上推导表明，对任意给定的期望极点组$\{\lambda_i^*, i=1,2,\cdots,n\}$，必存在反馈矩阵$\boldsymbol{k}=\bar{\boldsymbol{k}}\boldsymbol{T}_{\mathrm{cI}}^{-1}$使上式成立，即可任意配置全部闭环系统特征值。

下面对该结论说明几点。

(1) 根据该结论，在实现极点的任意配置之前，必须判别受控系统的能控性。

(2) 当系统阶次较低($n\leqslant 3$)时，检验其能控性后，根据原系统的状态方程直接计算反馈增益阵$\boldsymbol{K}$的代数方程还是比较简单的，无须将它化为能控标准型。但系统阶次较高时，利用上述构造性方法更容易计算。

(3) 考虑到几乎所有受控系统都为能控的，结论中给出的条件并不是苛刻限制，即总可利用状态反馈任意配置系统全部特征值。

2. 算法

算法一(Bass-Gura 算法)：由上面充分性证明的构造性方法可以总结出下述求解状态反馈阵的算法，其步骤如下。

(1) 计算 $\mathrm{rank}\boldsymbol{Q}_{\mathrm{c}}$，判定能控性。若能控，进行下一步，否则不可进行任意极点配置。

(2) 计算原系统矩阵的特征多项式$\alpha(s)=\det(s\boldsymbol{I}-\boldsymbol{A})=s^n+a_{n-1}s^{n-1}+\cdots+a_1 s+a_0$。

(3) 计算反馈系统期望闭环特征值决定的特征多项式$\alpha^*(s)=\prod_{i=1}^{n}(s-\lambda_i^*)=s^n+a_{n-1}^*s^{n-1}+\cdots+a_1^* s+a_0^*$。

(4) 计算$\bar{\boldsymbol{k}}=(\bar{k}_0\quad \bar{k}_1\quad\cdots\quad \bar{k}_{n-1})=(a_0-a_0^*\quad a_1-a_1^*\quad\cdots\quad a_{n-1}-a_{n-1}^*)$。

(5) 计算 $\boldsymbol{T}_{\mathrm{cI}}=(\boldsymbol{A}^{n-1}\boldsymbol{b},\boldsymbol{A}^{n-2}\boldsymbol{b},\cdots,\boldsymbol{A}\boldsymbol{b},\boldsymbol{b})\begin{bmatrix}1 & 0 & \cdots & 0 & 0\\ a_{n-1} & 1 & \cdots & 0 & 0\\ \vdots & \vdots & & \vdots & \vdots\\ a_2 & a_3 & \cdots & 1 & 0\\ a_1 & a_2 & \cdots & a_{n-1} & 1\end{bmatrix}$,并计算 $\boldsymbol{T}_{\mathrm{cI}}^{-1}$。

(6) 计算 $\boldsymbol{k}=\bar{\boldsymbol{k}}\boldsymbol{T}_{\mathrm{cI}}^{-1}$。

该算法比较程序化,适合于计算机计算。

算法二(Ackermann 算法):利用 Cayley-Hamilton 定理可以得到下述求解状态反馈阵的算法,其步骤如下。

(1) 计算 $\mathrm{rank}\boldsymbol{Q}_{\mathrm{c}}$,判定能控性。若能控,进行下一步,否则不可进行任意极点配置。

(2) 计算反馈系统期望闭环特征值决定的特征多项式 $f^*(s)=\prod_{i=1}^{n}(s-\lambda_i^*)=s^n+a_{n-1}^*s^{n-1}+\cdots+a_1^*s+a_0^*$ 。

(3) 计算 $\phi(\boldsymbol{A})=\boldsymbol{A}^n+a_{n-1}^*\boldsymbol{A}^{n-1}+\cdots+a_1^*\boldsymbol{A}+a_0^*I$。

(4) 计算 $\boldsymbol{k}=(0\ 0\ \cdots\ 0\ -1)\boldsymbol{Q}_{\mathrm{c}}^{-1}\phi(\boldsymbol{A})$。

由于该算法要求 $\boldsymbol{Q}_{\mathrm{c}}$ 是方阵,所以仅适用于单输入系统。该算法也比较适合计算机编程计算。

算法三(直接比较计算法):直接比较期望多项式各项系数求解状态反馈阵的算法(该方法适用于阶次较低的情况),其步骤如下。

(1) 计算 $\mathrm{rank}\boldsymbol{Q}_{\mathrm{c}}$,判定能控性。若能控,进行下一步,否则不可进行任意极点配置。

(2) 计算反馈系统期望闭环特征值决定的特征多项式 $f^*(s)=\prod_{i=1}^{n}(s-\lambda_i^*)=s^n+a_{n-1}^*s^{n-1}+\cdots+a_1^*s+a_0^*$。

(3) 将 $f_{\mathrm{k}}^*(s)=|s\boldsymbol{I}-(\boldsymbol{A}+\boldsymbol{bk})|$ 写成 s^i 的多项式,并与 $f^*(s)$ 的各项系数对比列写方程组。

(4) 求解该方程组中的待定系数 $k_i(i=0,\cdots,n-1)$,组合成向量 $\boldsymbol{k}$。

例 6-5 利用上述三种算法分别计算状态反馈增益向量并利用 MATLAB/Simulink 进行比较分析。

考虑如下线性定常系统

$$\dot{\boldsymbol{x}}=\boldsymbol{A}\boldsymbol{x}+\boldsymbol{b}u$$

式中

$$\boldsymbol{A}=\begin{pmatrix}0 & 1 & 0\\ 0 & 0 & 1\\ -1 & -5 & -6\end{pmatrix},\quad \boldsymbol{b}=\begin{pmatrix}0\\0\\1\end{pmatrix}$$

(1) 利用状态反馈控制 $u=\boldsymbol{kx}$ 将系统的闭环极点配置在 $s=-2\pm\mathrm{j}4$ 和 $s=-10$,确定状态反馈增益矩阵 $\boldsymbol{k}$。

(2) 假设 $y=(1\quad 1\quad 1)\boldsymbol{x}$,利用 MATLAB/Simulink 比较分析在零状态下,原系统与状态反馈系统输出阶跃响应,说明状态反馈控制对性能指标好坏两个方面的影响。对于不利影响,如何克服?

解 (1)首先判定系统的能控性。能控性矩阵为

$$Q_c=(b \vdots Ab \vdots A^2b)=\begin{pmatrix}0&0&1\\0&1&-6\\1&-6&31\end{pmatrix}$$

得出 $\det Q_c=-1$，所以 $\mathrm{rank}Q_c=3$，系统状态完全能控的，可任意配置极点。下面利用三种方法求解。

① 利用 Bass-Gura 算法。

计算原系统的系统矩阵特征多项式

$$\alpha(s)=\det(sI-A)=\det\begin{pmatrix}s&-1&0\\0&s&-1\\1&5&s+6\end{pmatrix}=s^3+6s^2+5s+1=s^3+a_2s^2+a_1s+a_0$$

计算反馈系统的期望系统矩阵特征多项式

$$\alpha^*(s)=\prod_{i=1}^{n}(s-\lambda_i^*)=(s+2-\mathrm{j}4)(s+2+\mathrm{j}4)(s+10)=s^3+14s^2+60s+200=s^3+a_2^*s^2+a_1^*s+a_0^*$$

计算反馈增益

$$\bar{k}=(a_0-a_0^* \quad a_1-a_1^* \quad \cdots \quad a_{n-1}-a_{n-1}^*)=(1-200 \vdots 5-60 \vdots 6-14)=(-199 \quad -55 \quad -8)$$

由于原系统本身就是能控标准Ⅰ型，所以 $k=\bar{k}=(-199 \quad -55 \quad -8)$。

② 利用 Ackermann 算法。

计算反馈系统的期望系统矩阵特征多项式

$$\alpha^*(s)=\prod_{i=1}^{n}(s-\lambda_i^*)=(s+2-\mathrm{j}4)(s+2+\mathrm{j}4)(s+10)=s^3+14s^2+60s+200=s^3+a_2^*s^2+a_1^*s+a_0^*$$

$$\phi(A)=A^3+a_2^*A^2+a_1^*A+a_0^*I=A^3+14A^2+60A+200I=\begin{pmatrix}199&55&8\\-8&159&7\\-7&-43&117\end{pmatrix}$$

$$k=(0\ 0\ -1)Q_c^{-1}\phi(A)=(0\ 0\ -1)\begin{pmatrix}0&0&1\\0&1&-6\\1&-6&31\end{pmatrix}^{-1}\begin{pmatrix}199&55&8\\-8&159&7\\-7&-43&117\end{pmatrix}$$

即 $k=(0\ 0\ -1)\begin{pmatrix}5&6&1\\6&1&0\\1&0&0\end{pmatrix}\begin{pmatrix}199&55&8\\-8&159&7\\-7&-43&117\end{pmatrix}=[-199-55-8]$。

③直接比较求解法。

加入反馈阵 $k=(k_0 \quad k_1 \quad k_2)$后，闭环系统的系数矩阵为

$$A+bk=\begin{pmatrix}0&1&0\\0&0&1\\-1&-5&-6\end{pmatrix}+\begin{pmatrix}0\\0\\1\end{pmatrix}(k_0 \quad k_1 \quad k_2)=\begin{pmatrix}0&1&0\\0&0&1\\-1+k_0&-5+k_1&-6+k_2\end{pmatrix}$$

由此得到闭环系统的特征多项式为 $\alpha_k^*(s)=|sI-(A+bk)|=s^3+(6-k_3)s^2+(5-k_2)s+1-k_1$。

另外，据期望极点得到的特征多项式为

$$\begin{aligned}\alpha^*(s)&=(s+2-\mathrm{j}4)(s+2+\mathrm{j}4)(s+10)\\&=s^3+14s^2+60s+200\end{aligned}$$

$\alpha_k^*(s)$与$\alpha^*(s)$的对应相系数进行比较，可解得 $k=(-199 \quad -55 \quad -8)$。

(2) 在 MATLAB/Simulink 中进行数值计算得到前后系统的响应如图 6-19 中实线和点

画线所示。从图中可以看出：对于该例子，调节时间加快了，由原来的 18s 减小到 2s 以内；另外，状态反馈后的系统在稳定之前有振荡，而且存在着较大的稳态误差。为了消除稳态误差，再引入积分环节（积分时间常数为 0.007s），得到如图 6-19 中长画线的响应曲线。

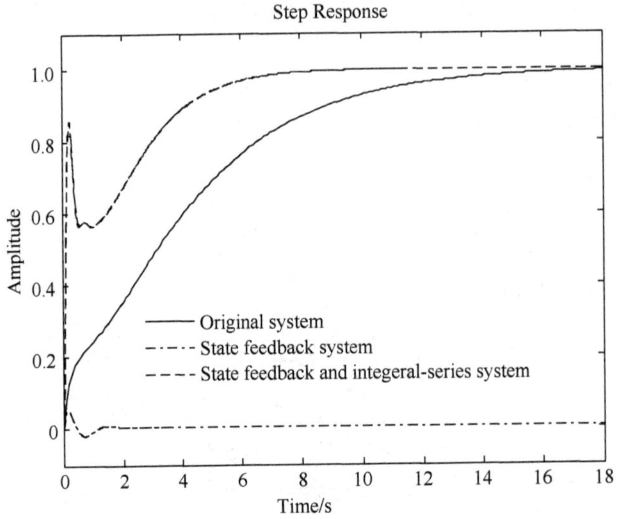

图 6-19　例 6-5 的响应

该例子说明

(1) 对于 SI 系统无论采用哪一种算法得到的状态反馈控制器都是一样的；

(2) 极点配置可以对调节时间、峰值时间、超调量产生影响，也可能产生稳态误差。为消除稳态误差，可以串联积分。对积分串入后，同样会引起其他性能指标的改变，可以将整个系统看成是一个增广系统，再次进行极点配置。

例 6-6　利用状态反馈极点配置算法综合满足指标的控制器。

给定受控系统的传递函数 $W_0(s)=\dfrac{1}{s(s+6)(s+2)}$。期望指标：超调量 $\sigma\leqslant 5\%$；峰值时间 $t_p\leqslant 0.5\text{s}$；系统带宽 $\omega_b\leqslant 10$；跟踪误差 $e_p=0$；$e_v\leqslant 0.2$。试用状态反馈极点配置方法进行综合，要求在 MATLAB/Simulink 中画出闭环系统的模拟结构图，并进行数值仿真验证。

解　(1) 确定能控规范。

受控系统的传递函数为

$$W_0(s)=\frac{1}{s(s+6)(s+2)}=\frac{1}{s^3+18s^2+72s}$$

直接写出能控规范Ⅰ型

$$\begin{pmatrix}\dot{x}_1\\ \dot{x}_2\\ \dot{x}_3\end{pmatrix}=\begin{pmatrix}0 & 1 & 0\\ 0 & 0 & 1\\ 0 & -72 & -18\end{pmatrix}\begin{pmatrix}x_1\\ x_2\\ x_3\end{pmatrix}+\begin{pmatrix}0\\ 0\\ 1\end{pmatrix}u,\quad y=(1\quad 0\quad 0)\begin{pmatrix}x_1\\ x_2\\ x_3\end{pmatrix}$$

(2) 确定期望的 3 个极点。

选其中一对主导极点 $\lambda_{1,2}^*$ 和一个远极点 λ_3，并且认为主导极点主要决定系统的性能，远极点只有微小的影响。

根据二阶系统的关系式决定主导极点。

由 $\sigma=e^{-\pi\zeta/\sqrt{1-\zeta^2}}\times 100\%\leqslant 5\%$，得 $\zeta>0.4881$，取 $\zeta=\sqrt{2}/2$。

由 $t_p=\dfrac{\pi}{\omega_n\sqrt{1-\zeta^2}}\leqslant 0.5$，得 $\omega_n\geqslant 8.8858$；再由 $\omega_b=\omega_n\sqrt{1-2\zeta^2+\sqrt{2-4\zeta^2+4\zeta^4}}\leqslant 10$ 和已选定的 $\zeta=\sqrt{2}/2$，得 $\omega_n\leqslant 10$。计及 $\omega_n\geqslant 8.8858$ 和 $\omega_n\leqslant 10$，可取 $\omega_n=10$。

由此，主导极点为 $\lambda_{1,2}^*=-\zeta\omega_n+j\omega_n\sqrt{1-\zeta^2}=-5\sqrt{2}\pm j5\sqrt{2}$。远极点应按它距原点距离远大于 5 倍的主导极点，取 $\lambda_3=-100$。

(3) 确定基于能控规范Ⅰ型的状态反馈。

计算原系统的系统矩阵特征多项式

$$\alpha(s)=s^3+18s^2+72s$$

计算反馈系统的期望系统矩阵特征多项式

$$\alpha^*(s)=\prod_{i=1}^{3}(s-\lambda_i^*)=s^3+114.1s^2+1510s+10000$$

于是，状态反馈阵 $\boldsymbol{k}=(-10000\quad -1348\quad -96.1)$。

(4) 确定输入放大系数。

由(3)知，对应的闭环传递函数为

$$W_k(s)=\frac{K}{s^3+114.1s^2+1510s+10000}$$

由对阶跃信号的跟踪误差要求可得 $e_p=\lim\limits_{t\to\infty}(1-y(t))=\lim\limits_{s\to 0}s\left(\dfrac{1}{s}-\dfrac{G_k(s)}{s}\right)=0\Rightarrow K=10000$。

这只是初步结果，需要通过对速度信号的跟踪误差要求的校验，即

$$e_v=\lim_{t\to\infty}(t-y(t))=\lim_{s\to 0}s\left(\frac{1}{s^2}-\frac{G_k(s)}{s^2}\right)=0.151\leqslant 0.2$$

所以 $K=10000$ 合适。

(5) 在 MATLAB/Simulink 中搭建闭环系统仿真验证。

数值仿真结果如图 6-20 所示。图中对阶跃响应与斜坡响应分别进行了 10s 的数值仿真。注意斜坡响应是在阶跃响应进入稳态基础上进行的，即有初始条件。从图中可以看出，设计的控制器满足要求的性能指标。

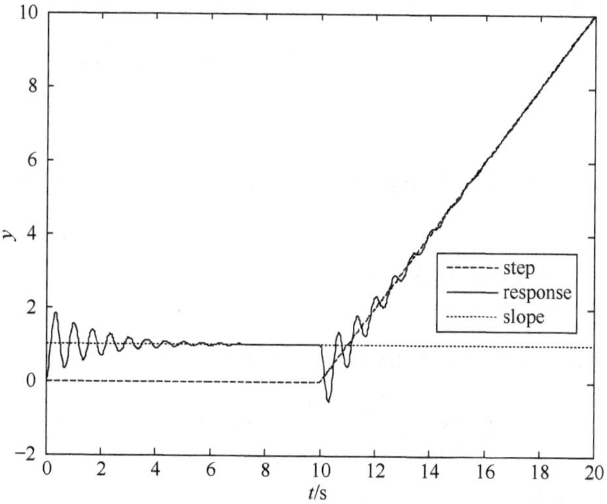

图 6-20　例 6-6 闭环系统的数值仿真结果

例 6-7 利用极点配置算法综合并设计一级直线倒立摆的控制系统。

再次考虑一级直线倒立摆的线性模型，忽略了所有的摩擦力，其状态空间模型重写如下

$$\dot{z}=\begin{pmatrix}0&1&0&0\\0&0&0&0\\0&0&0&1\\0&0&29.4&0\end{pmatrix}z+\begin{pmatrix}0\\1\\0\\3\end{pmatrix}v$$

$$y=\begin{pmatrix}1&0&0&0\\0&0&1&0\end{pmatrix}z+\begin{pmatrix}0\\0\end{pmatrix}v$$

要求超调量 $\sigma\leqslant 5\%$，调节时间 $t_s\leqslant 2\mathrm{s}$，基此设计其状态反馈控制器。

解 (1) 计算能控性矩阵的秩 $\mathrm{rank}\boldsymbol{Q}_c=\begin{pmatrix}0&1&0&0\\1&0&0&0\\0&3&0&88.2\\3&0&88.2&0\end{pmatrix}=4$，所以系统是能控的。

(2) 反馈增益求解。

根据动态性能指标要求确定闭环主导极点的期望位置

由 $\zeta=\sqrt{1-\dfrac{1}{1+\left(\dfrac{1}{\pi}\ln\dfrac{1}{\sigma_p}\right)^2}}$，$\omega_n=\dfrac{1}{\xi\cdot t_s}\ln\dfrac{1}{\Delta\cdot\sqrt{1-\zeta^2}}$，取 $\Delta=0.02$，计算得 $\zeta=0.6901$，$\omega_n=3.0686$，故主导极点为 $\lambda_{1,2}=-2.1177\pm 2.2208\mathrm{i}$，非主导极点为 $\lambda_{3,4}=-10.5885$。

令状态反馈阵 $\boldsymbol{k}=[k_0,k_1,k_2,k_3]$，则闭环系统特征多项式为 $f(\lambda)=\det[\lambda\boldsymbol{I}-(\boldsymbol{A}+\boldsymbol{bk})]$。而期望系统特征多项式为 $f^*(\lambda)=(\lambda-s_1)(\lambda-s_2)(\lambda-s_3)(\lambda-s_4)$，比较 $f(\lambda)$，$f^*(\lambda)$ 各对应系数可得 $\boldsymbol{k}=[36,24,-92,-16]$。

6.5.2 多输入连续时间线性时不变系统极点配置的存在性与算法

考虑多输入 n 阶连续时间线性时不变系统

$$\dot{\boldsymbol{x}}=\boldsymbol{Ax}+\boldsymbol{Bu}\tag{6-69}$$

给定一组任意期望闭环特征值 $\{\lambda_i^*,i=1,2,\cdots,n\}$，要求确定一个 $p\times n$ 状态反馈矩阵 $\boldsymbol{K}$，使成立 $\lambda_i(\boldsymbol{A}+\boldsymbol{BK})=\lambda_i^*$。下面阐述此类系统极点配置的存在性与算法。

1. 存在性

对式(6-69)所示的受控系统，其全部 n 个特征值可任意配置的充分必要条件是 $(\boldsymbol{A},\boldsymbol{B})$ 完全能控。

首先说明必要性：已知可任意配置，欲证 $(\boldsymbol{A},\boldsymbol{B})$ 完全能控。这一证明与单输入情况类似，为完整起见，类似证明如下。

反设 $(\boldsymbol{A},\boldsymbol{B})$ 不完全能控，则通过线性非奇异变换 $\boldsymbol{x}=\boldsymbol{T}\bar{\boldsymbol{x}}$ 使系统结构分解为

$$\bar{\boldsymbol{A}}=\boldsymbol{T}^{-1}\boldsymbol{AT}=\begin{pmatrix}\bar{\boldsymbol{A}}_c&\bar{\boldsymbol{A}}_{12}\\0&\bar{\boldsymbol{A}}_{\bar{c}}\end{pmatrix},\bar{\boldsymbol{B}}=\boldsymbol{T}^{-1}\boldsymbol{B}=\begin{pmatrix}\bar{\boldsymbol{B}}_c\\0\end{pmatrix}$$

并且对任一状态反馈矩阵 $\boldsymbol{K}=(\boldsymbol{k}_1\quad\boldsymbol{k}_2)$，有

$$\lambda_i(\boldsymbol{A}+\boldsymbol{BK})=\lambda_i(\boldsymbol{T}\bar{\boldsymbol{A}}\boldsymbol{T}^{-1}+\boldsymbol{T}\bar{\boldsymbol{B}}\boldsymbol{K})=\lambda_i(\bar{\boldsymbol{A}}+\bar{\boldsymbol{B}}\boldsymbol{KT})$$

$$=\lambda_i(\bar{A}+\bar{B}\bar{K})=\lambda_i\left(\begin{pmatrix}\bar{A}_c+\bar{B}_c\bar{K}_1 & \bar{A}_{12}+\bar{B}_c\bar{K}_2\\ 0 & \bar{A}_{\bar{c}}\end{pmatrix}\right)$$

式中，$\bar{K}=KT=(K_1T \quad K_2T)=(\bar{K}_1 \quad \bar{K}_2)$，$i=1,2,\cdots,n$；$\lambda_i(\cdot)$代表所示矩阵的特征值。

于是，得到状态反馈系统的特征值集为

$$\Lambda(A+BK)=\{\Lambda(\bar{A}_c+\bar{B}_c\bar{K}_1),\Lambda(\bar{A}_{\bar{c}})\}$$

该式表明，状态反馈不能改变系统不能控部分的特征值，即反设不成立。得证必要性。

下面说明充分性：已知(A,B)完全能控，欲证可任意配置。为了将其证明向单输入情况靠拢，首先使系统矩阵A循环化；然后利用循环系统的能控性质证明。

若A循环，$\bar{A}=A$；若A非循环，引入一个预状态反馈$u=K'x+\bar{u}$，然后作符号置换$\bar{u}=u$，使$\dot{x}=(A+BK')x+Bu$为循环，即$\bar{A}=A+BK'$为循环矩阵。

进而，对循环$(\bar{A},B)$引入状态反馈$u=Kx+v$，且$p\times n$矩阵$K=\rho k$，ρ和k为$p\times 1$和$1\times n$向量。由于$\bar{A}$是循环的，所以可选取ρ使$(\bar{A},B\rho)$保持完全能控。令$n\times 1$矩阵$b=B\rho$，则等价单输入闭环系统为

$$\dot{x}=(\bar{A}+BK)x+Bv=(\bar{A}+B\rho k)x+Bv=(\bar{A}+bk)x+Bv$$

显然$\det(sI-(\bar{A}+BK))=\det(sI-(\bar{A}+bk))$

最后，对单输入系统前已证明，由$(\bar{A},b)$完全能控，必存在k可任意配置全部极点。再由等价性知，对多输入系统，由$\{A,B\}$完全能控，必存在$K=\rho k$可任意配置全部极点。证毕。

对该存在性结论说明几点。

(1) 该结论的证明思路：将问题简单化，向已经解决问题靠拢。

(2) 根据该结论，在实现极点的任意配置之前，必须判别受控系统的能控性。

(3) 由结论的证明过程知，最终的状态反馈阵为$K=\rho k$或$K'+\rho k$。由于K'与ρ的选择非唯一性将直接导致最终的状态反馈阵K不唯一性和秩非1性。通常，总是希望K'和ρ的选取使K的各个元为尽可能小，这样付出的控制代价就小一些。

(4) 对于状态反馈系统，还有一个问题是不完全状态反馈：若在n个状态变量中有n_1个状态x_{l_j}，$j=1,\cdots,n_1$不适合反馈，则由$m\times n$个元素构成的反馈增益K中，对应于不能反馈的状态K阵中的列必全为0，余下的$m\times(n-n_1)$个元素不为0，若$m\times(n-n_1)\geqslant n$，则可以通过选择这些不为0的元素的值将$n$个特征值配置到期望极点上，否则，无法实现将$n$个特征值配置到期望极点上。对于单输入系统，显然是不可能用不完全反馈实现n个极点配置的；而对于多输入系统则还是可以的。不完全状态反馈的例子将在离散情况相关的内容中介绍。

(5) 考虑到几乎所有受控系统都为能控的，结论中给出的条件并不苛刻，即总可利用状态反馈任意配置系统全部特征值。

2. 算法

多输入情况下的算法有基于循环矩阵的构造性算法、基于 Luenberger 能控规范型的构造性算法、基于 Sylvester 方程的构造性算法和疋田构造性算法。下面只介绍两种算法。

算法一(基于循环矩阵的构造性算法)：利用证明充分性的过程构造状态反馈增益，其步骤如下。

(1) 计算$\mathrm{rank}Q_c$，判定能控性。若能控，进行下一步，否则不可进行任意极点配置。

(2) 判断A的循环性。若非循环，选取一个$p\times n$状态实常阵K'使$\bar{A}=A+BK'$为循环；若为循环，$\bar{A}=A$。

(3) 对循环 $\bar{\boldsymbol{A}}$，选取一个 $p\times 1$ 实常向量 $\boldsymbol{\rho}$，使 $\boldsymbol{b}=\boldsymbol{B\rho}$，使 $(\bar{\boldsymbol{A}},\boldsymbol{b})$ 为完全能控。

(4) 对等价单输入系统 $(\bar{\boldsymbol{A}},\boldsymbol{b})$，利用单输入情形极点配置算法，计算状态反馈向量 $\boldsymbol{k}$。

(5) 对 $\boldsymbol{A}$ 为循环，所求状态反馈矩阵 $\boldsymbol{K}=\boldsymbol{\rho k}$；对 $\boldsymbol{A}$ 为非循环，所求状态反馈矩阵为 $\boldsymbol{K}=\boldsymbol{\rho k}+\boldsymbol{K}'$。

实际上，由于对于能控非循环系统几乎都可以循环化，所以在使用这种构造算法时，直接采用下面的步骤更具操作性，其步骤如下。

(1) 计算 $\mathrm{rank}\boldsymbol{Q}_c$，判定能控性。若能控，进行下一步，否则不可进行任意极点配置。

(2) 计算反馈系统期望闭环特征值决定的特征多项式 $\alpha^*(s)=\prod_{i=1}^{n}(s-\lambda_i^*)=s^n+\alpha_{n-1}^*s^{n-1}+\cdots+\alpha_1^*s+\alpha_0^*$。

(3) 令 $\boldsymbol{A}+\boldsymbol{BK}=\boldsymbol{H}\begin{pmatrix}0 & 1 & 0 & \cdots & 0\\ 0 & 0 & 1 & \cdots & 0\\ \vdots & \vdots & \vdots & & \vdots\\ 0 & 0 & 0 & \cdots & 1\\ -\alpha_0^* & -\alpha_1^* & \cdots & \cdots & -\alpha_{n-1}^*\end{pmatrix}\boldsymbol{H}^{-1}$，选择合适的 $\boldsymbol{H}$ 通常可选成 $\boldsymbol{I}$，但也不尽然，而 $\boldsymbol{A}$ 和 $\boldsymbol{B}$ 是已知的，所以可求出一个状态反馈矩阵 $\boldsymbol{K}$。

算法二(疋田构造性算法)：设 $\lambda_i^*,\boldsymbol{v}_i^*\in\mathbf{C}^{n\times 1}(i=1,2,\cdots,n)$ 分别表示期望闭环系统的极点及其相对应的特征向量。假定 $\{\lambda_i^*,i=1,2,\cdots,n\}$ 与 $\boldsymbol{\Lambda}(\boldsymbol{A})$ 中元素是相异的且 $\lambda_i^*\neq\lambda_j^*\ (i\neq j)$，前一假设保证了 $(\lambda_i^*\boldsymbol{I}-\boldsymbol{A})$ 可逆，后一假设则主要保证一个特征根对应一个特征向量，于是有下式

$$(\lambda_i^*\boldsymbol{I}-(\boldsymbol{A}+\boldsymbol{BK}))\boldsymbol{v}_i^*=0\Rightarrow\boldsymbol{v}_i^*=(\lambda_i^*\boldsymbol{I}-\boldsymbol{A})^{-1}\boldsymbol{BK}\boldsymbol{v}_i^*$$

令 $\boldsymbol{\xi}_i=\boldsymbol{K}\boldsymbol{v}_i^*$，则 $(\boldsymbol{\xi}_1\quad\boldsymbol{\xi}_2\quad\cdots\quad\boldsymbol{\xi}_n)=\boldsymbol{K}(\boldsymbol{v}_1^*\quad\boldsymbol{v}_2^*\quad\cdots\quad\boldsymbol{v}_n^*)$；再令 $\boldsymbol{V}_i=(\lambda_i^*\boldsymbol{I}-\boldsymbol{A})^{-1}\boldsymbol{B}$，则 $\boldsymbol{v}_i^*=\boldsymbol{V}_i\boldsymbol{\xi}_i$。一般 $(\boldsymbol{v}_1^*\quad\boldsymbol{v}_2^*\quad\cdots\quad\boldsymbol{v}_n^*)$ 可逆，于是

$$\boldsymbol{K}=(\boldsymbol{\xi}_1\quad\boldsymbol{\xi}_2\quad\cdots\quad\boldsymbol{\xi}_n)(\boldsymbol{v}_1^*\quad\boldsymbol{v}_2^*\quad\cdots\quad\boldsymbol{v}_n^*)^{-1}=(\boldsymbol{\xi}_1\quad\boldsymbol{\xi}_2\quad\cdots\quad\boldsymbol{\xi}_n)(\boldsymbol{V}_1\boldsymbol{\xi}_1\quad\boldsymbol{V}_2\boldsymbol{\xi}_2\quad\cdots\quad\boldsymbol{V}_n\boldsymbol{\xi}_n)^{-1}$$

该式表明只要选择了 $\xi_i(i=1,2,\cdots,n)$，便可由上式计算反馈增益 $\boldsymbol{K}$。显然 ξ_i 的选择有较大的任意性，这也说明了多输入系统极点配置问题中确定状态反馈阵 $\boldsymbol{K}$ 的非唯一性。

值得注意的是，当期望极点中存在带虚部的极点时，$\boldsymbol{V}_i$ 中的元素可能有带虚部的数，这将直接导致最后综合的反馈增益 $\boldsymbol{K}$ 中的元素可能存在虚部，这使控制器不易实现，不过通过选择合适的 $\xi_i(i=1,2,\cdots,n)$ 可以解决这个问题。另外，若不满足 $\{\lambda_i^*,i=1,2,\cdots,n\}$ 与 $\boldsymbol{\Lambda}(\boldsymbol{A})$ 中元素是相异的，或存在 $\lambda_i^*=\lambda_j^*\ (i\neq j)$，则可以在相同特征值上加一个微小偏量，使之满足 $\{\lambda_i^*,i=1,2,\cdots,n\}$ 与 $\boldsymbol{\Lambda}(\boldsymbol{A})$ 中元素是相异的且 $\lambda_i^*\neq\lambda_j^*\ (i\neq j)$ 条件，便可用上述方法构造状态反馈阵 $\boldsymbol{K}$。这一处理可以满足实际工程需要。

例 6-8 利用上述四种算法分别计算状态反馈增益向量。

给定一个多输入线性时不变系统

$$\dot{\boldsymbol{x}}=\begin{pmatrix}-0.5 & 1 & -1\\ -1 & 0 & 1\\ 1 & -1 & 0\end{pmatrix}\boldsymbol{x}+\begin{pmatrix}0 & 0\\ 1 & 0\\ 0 & 1\end{pmatrix}\boldsymbol{u},\quad \boldsymbol{x}(0)=\begin{pmatrix}0\\0\\0\end{pmatrix},t\in[0,\infty)$$

$$\boldsymbol{y}=\begin{pmatrix}0 & 2 & 0\\ 2 & 0 & 2\end{pmatrix}\boldsymbol{x}$$

状态反馈的期望极点为$(-1,-1+\mathrm{j},-1-\mathrm{j})$，试通过上述两种方法求反馈增益。

解 判定能控性

$$\mathrm{rank}\boldsymbol{Q}_c=\mathrm{rank}(\boldsymbol{B}\vdots\boldsymbol{AB}\vdots\boldsymbol{A}^2\boldsymbol{B})=\mathrm{rank}\begin{pmatrix}0&0&1&-1&0.5&1.5\\1&0&0&1&-2&1\\0&1&-1&0&1&-2\end{pmatrix}=3$$

所以系统能控。下面采用两种方法求解状态反馈增益。

(1) 利用直接计算算法。

首先，定出对应于期望闭环特征值组的特征多项式

$$\alpha^*(s)=\prod_{i=1}^{3}(s-\lambda_i^*)=(s+1-\mathrm{j})(s+1+\mathrm{j})(s+1)=s^3+3s^2+4s+2$$

令一个期望闭环系统矩阵为

$$\boldsymbol{A}+\boldsymbol{BK}=\boldsymbol{H}\begin{pmatrix}0&1&0\\0&0&1\\-2&-4&-3\end{pmatrix}\boldsymbol{H}^{-1}$$

选取 $\boldsymbol{H}=\begin{pmatrix}1.2205&-1.7872&-0.1744\\0.3013&2.2821&-0.5609\\-0.6577&1.2577&0.7904\end{pmatrix}$(这个 $\boldsymbol{H}$ 很难选取，这里参考了基于 Sylvester 方程的构造性算法)，将 $\boldsymbol{A},\boldsymbol{B}$ 代入上式中求解得到 $\boldsymbol{K}=\begin{pmatrix}5.2386&0.8301&5.5403\\-3.6225&-0.8922&-3.3301\end{pmatrix}$。

(2) 易知期望极点与原系统极点没有相同的，所以可以采用芷田构造性算法。此题由于期望极点存在共轭复根，所以要选择合适的 $\boldsymbol{\xi}$。

选择 $\boldsymbol{\xi}=(\boldsymbol{\xi}_1\quad\boldsymbol{\xi}_2\quad\boldsymbol{\xi}_3)=\begin{pmatrix}1&0&0\\0&1&1\end{pmatrix}$，计算

$$\boldsymbol{V}_1=(\lambda_1^*\boldsymbol{I}-\boldsymbol{A})^{-1}\boldsymbol{B}=((-1)\times\boldsymbol{I}-\boldsymbol{A})^{-1}\boldsymbol{B}=\begin{pmatrix}0&-0.6667\\-0.5&-0.1667\\-0.5&-0.5\end{pmatrix}$$

$$\boldsymbol{V}_2=(\lambda_2^*\boldsymbol{I}-\boldsymbol{A})^{-1}\boldsymbol{B}=((-1+\mathrm{j})\times\boldsymbol{I}-\boldsymbol{A})^{-1}\boldsymbol{B}=-\begin{pmatrix}-0.2462+0.0308\mathrm{i}&0.3077+0.4615\mathrm{i}\\0.3846+0.0769\mathrm{i}&-0.2308+0.1538\mathrm{i}\\0.2923+0.3385\mathrm{i}&0.3846+0.0769\mathrm{i}\end{pmatrix}$$

$$\boldsymbol{V}_2=(\lambda_3^*\boldsymbol{I}-\boldsymbol{A})^{-1}\boldsymbol{B}=((-1-\mathrm{j})\times\boldsymbol{I}-\boldsymbol{A})^{-1}\boldsymbol{B}=-\begin{pmatrix}-0.2462-0.0308\mathrm{i}&0.3077-0.4615\mathrm{i}\\0.3846-0.0769\mathrm{i}&-0.2308-0.1538\mathrm{i}\\0.2923-0.3385\mathrm{i}&0.3846-0.0769\mathrm{i}\end{pmatrix}$$

于是 $\boldsymbol{K}=(\boldsymbol{\xi}_1\quad\boldsymbol{\xi}_2\quad\cdots\quad\boldsymbol{\xi}_n)(\boldsymbol{V}_1\boldsymbol{\xi}_1\quad\boldsymbol{V}_2\boldsymbol{\xi}_2\quad\cdots\quad\boldsymbol{V}_n\boldsymbol{\xi}_n)^{-1}=\begin{pmatrix}0.5&-1&-1\\-0.25&1.5&-1.5\end{pmatrix}$。

6.5.3 离散时间线性时不变系统极点配置的存在性与算法

考虑多输入 n 阶离散时间线性时不变系统：

$$\boldsymbol{x}(k+1)=\boldsymbol{G}(T)\boldsymbol{x}(k)+\boldsymbol{H}(T)\boldsymbol{u}(k)\tag{6-70}$$

给定一组任意期望闭环特征值$\{z_i^*,i=1,2,\cdots,n\}$，要求确定一个 $r\times n$ 状态反馈矩阵 $\boldsymbol{K}$，使成立 $z_i(\boldsymbol{G}+\boldsymbol{HK})=z_i^*$。当是单输入时，$\boldsymbol{H}(T)$写成 $\boldsymbol{h}(T)$。下面阐述此类系统极点配置的存在性与算法。

1. 存在性

对式(6-70)所示的受控系统,其全部 n 个特征值可任意配置的充分必要条件是$(\boldsymbol{G},\boldsymbol{H})$完全能控。

该结论的证明与对应的连续系统情况类似,这里不赘述。下面对该结论说明几点。

(1) 根据该结论,在实现极点的任意配置之前,必须判别受控系统的能控性。

(2) 不完全状态反馈问题在离散情况仍然存在:若在 n 个状态变量中有 n_1 个状态 $x_{l_j}, j=1,\cdots,n_1$ 不适合反馈,则由 $m\times n$ 个元素构成的反馈增益 $\boldsymbol{K}$ 中,对应于不能反馈的状态 $\boldsymbol{K}$ 阵中的列必全为 0,余下的 $m\times(n-n_1)$个元素不为 0,若 $m\times(n-n_1)\geqslant n$,则可以通过选择这些不为 0 的元素的值将 n 个特征值配置到期望极点上,否则,无法实现将 n 个特征值配置到期望极点上。对于单输入系统,显然是不可能用不完全反馈实现 n 个极点配置的;而对于多输入系统则还是可以的。下面给出一个不完全状态反馈的例子。

(3) 考虑到几乎所有受控系统都为能控的,结论中给出的条件并不苛刻,即总可利用状态反馈任意配置系统全部特征值。

2. 算法

极点配置的算法与连续时间类似。为了方便起见,整理如下。

对 SI 系统:有 Bass-Gura 算法、Ackermann 算法、直接比较计算法。将 6.5.1 节的相关算法中的 s 改成 z,将 $\boldsymbol{A}$ 改成 $\boldsymbol{G}$,将 $\boldsymbol{b}$ 改成 $\boldsymbol{h}$ 即可。

对 MI 系统:有直接计算算法、基于 Luenberger 能控规范型的构造性算法、基于 Sylvester 方程的构造性算法、疋田构造性算法。将 6.5.2 节的相关算法中的 s 改成 z,将 $\boldsymbol{A}$ 改成 $\boldsymbol{G}$,将 $\boldsymbol{B}$ 改成 $\boldsymbol{H}$ 即可。

例 6-9 不完全状态反馈的例子。

设有系统

$$\boldsymbol{x}(k+1)=\boldsymbol{G}\boldsymbol{x}(k)+\boldsymbol{H}\boldsymbol{u}(k)$$

式中 $\boldsymbol{G}=\begin{pmatrix}0 & 1\\ -1 & -2\end{pmatrix}$,$\boldsymbol{H}=\begin{pmatrix}0\\ 1\end{pmatrix}$,若状态 x_1 不能反馈,试问该系统能否用不完全状态反馈来任意配置该系统的极点?若修改 $\boldsymbol{H}=\begin{pmatrix}1 & 0\\ 0 & 1\end{pmatrix}$后,情况又如何?

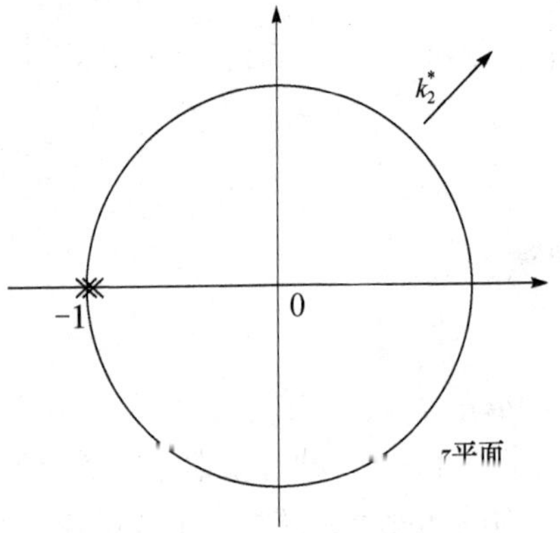

图 6-21　例 6-9SI 时的根轨迹图

解　当 $\boldsymbol{H}=\begin{pmatrix}0\\ 1\end{pmatrix}$时,由于状态 x_1 不能反馈,所以状态反馈 $\boldsymbol{K}=(0\quad k_2)$。于是得到闭环系统特征方程为

$$|z\boldsymbol{I}-(\boldsymbol{G}+\boldsymbol{H}\boldsymbol{K})|=z^2+(2-k_2)z+1-k_2=0$$

化成根轨迹形式 $1+\dfrac{k_2^*(z+1)}{z^2+2z+1}=0, k_2^*=-k_2$。绘制 k_2^* 变化时的根轨迹如图 6-21 所示,由图可见,在 $z=-1$ 处的一个开环极点不能移动。当 k_2^* 在 $-\infty$ 到 $+\infty$变化时,另一个闭环根在 z 实轴上由 $z=+\infty$移到 $-\infty$。所以,对于 SI 系统,不仅闭环系统的特征值不能用不完全状态的反馈任意配置,而且系统也是不稳

定的。

当修改 $\boldsymbol{H}=\begin{pmatrix}1 & 0\\0 & 1\end{pmatrix}$之后，由于状态 x_1 不能反馈，所以状态反馈 $\boldsymbol{K}=\begin{pmatrix}0 & k_{12}\\0 & k_{22}\end{pmatrix}$。得到闭环系统特征方程为

$$|z\boldsymbol{I}-(\boldsymbol{G}+\boldsymbol{HK})|=z^2+(2-k_{22})z+1+k_{12}=0$$

显然，上式中有两个独立的参数，$\boldsymbol{G}+\boldsymbol{HK}$ 的两个特征值可任意配置。

6.6 线性时不变系统从输出到状态矢量导数反馈极点配置

考虑如式(6-5)的连续线性时不变受控系统(CLTIS)的状态方程，重写如下

$$\begin{aligned}\dot{\boldsymbol{x}}&=\boldsymbol{Ax}+\boldsymbol{Bu}\\ \boldsymbol{y}&=\boldsymbol{Cx}\end{aligned}\tag{6-71}$$

给定一组任意期望闭环特征值$\{\lambda_i^*, i=1,2,\cdots,n\}$或$\{z_i^*, i=1,2,\cdots,n\}$，要求确定一个 $n\times q$ 状态反馈矩阵 $\boldsymbol{L}$，使 $\lambda_i(\boldsymbol{A}+\boldsymbol{LC})=\lambda_i^*\ (i=1,2,\cdots n)$成立。通过从输出到状态矢量导数 $\dot{\boldsymbol{x}}$ 反馈实现极点配置的充分必要条件是系统完全能观。这一点与状态反馈实现极点配置是类似的，这里不再赘述。

6.7 线性时不变系统状态反馈与从输出到状态矢量导数反馈复合极点配置

本节同时使用状态反馈和从输出到状态矢量导数 $\dot{\boldsymbol{x}}$ 反馈两种方法对系统进行极点配置。其特殊作用在于它也适用于不满足 6.5 节和 6.6 节，甚至使含相同的既不能控、又不能观测的子空间的系统极点配置到合适的位置。

考虑如式(6-5)的连续线性时不变受控系统(CLTIS)的状态方程，重写如下

$$\begin{aligned}\dot{\boldsymbol{x}}&=\boldsymbol{Ax}+\boldsymbol{Bu}\\ \boldsymbol{y}&=\boldsymbol{Cx}\end{aligned}\tag{6-72}$$

设系统(6-72)有 n_1 维能控又能观测、n_2维能控但不能观测、n_3维不能控但能观测、n_4维既不能控又不能观测的子系统，$n=n_1+n_2+n_3+n_4$。n_5为 n_3+n_4维不能控子系统中具有指定位置的极点数(可以保留，一般是稳定的)；n_6为 n_2+n_4维不能观子系统中具有指定位置(可以保留，一般是稳定的)的极点数。n_7为不能观测部分优先采用状态反馈后具有指定位置的极点数；n_8为不能控部分优先采用从输出到状态矢量导数 $\dot{\boldsymbol{x}}$ 反馈后具有指定位置的极点数。

当 $n_1+n_2+n_5+n_7\geqslant n$ 或者 $n_1+n_3+n_6+n_8\geqslant n$ 时，系统式(6-72)均可应用图 6-22 所示的复合反馈对系统进行极点任意配置，条件是 $n_1\geqslant n_4$，并得到相应的系统

$$\Sigma=(\boldsymbol{A}+\boldsymbol{LC}+\boldsymbol{BK},\boldsymbol{B},\boldsymbol{C})\tag{6-73}$$

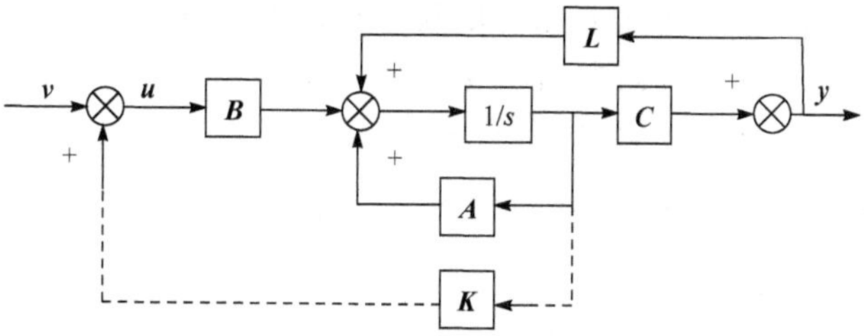

图 6-22　状态反馈和从输出到状态矢量导数 $\dot{\boldsymbol{x}}$ 反馈复合镇定结构图

先证明充分性。若 $n_1 \geqslant n_4$，则存在 $\boldsymbol{L}$、$\boldsymbol{K}$ 使系统式(6-73)具有任意配置的极点。

因输出至 $\dot{\boldsymbol{x}}$ 的反馈不改变系统的能观测性和能观测子空间，且一个特征值和一个状态变量相对应。又因 $n_1 \geqslant n_4$，即 $n_1+n_3 \geqslant n_3+n_4$，鉴于输出至 $\dot{\boldsymbol{x}}$ 的输出反馈可以改变系统的能控性，那么总可以保证 n_3+n_4 个不能控状态变量在保持原 n_1+n_2 个状态变量仍然能控的前提下变得能控，从而使系统变得能控。

同理，即 $n_1+n_2 \geqslant n_2+n_4$，鉴于状态反馈可以改变系统的能观性，那么总可以保证 n_2+n_4 个不能观状态变量在保持原 n_1+n_3 仍然能观的前提下变得能观，从而使系统变得能观测。

由此，据满足 6.5 节和 6.6 节的极点配置条件知，存在 $\boldsymbol{L}$、$\boldsymbol{K}$ 使系统(6-72)具有任意配置的极点。

再看必要性。若已找到 $\boldsymbol{L}$、$\boldsymbol{K}$ 使系统式(6-72)具有任意配置的极点，则 $n_1 \geqslant n_4$。

反设 $n_1 < n_4$，即 $n_1+n_3 < n_3+n_4$，则采用输出至 $\dot{\boldsymbol{x}}$ 的反馈最大限度只能使 $n_1+n_2+n_1+n_3 = n-n_4 < n$ 个状态变量能控，因此系统仍不能控。

同理，即 $n_1+n_2 < n_2+n_4$，则采用状态反馈最大限度地改变能观测性后系统仍不能观测。

由此，据满足 6.8.2 节和 6.8.3 节的镇定性，得出与已知相矛盾的结论，因此假设错误，必要性得证。

下面对该极点配置条件说明几点：

(1) $\boldsymbol{L}$、$\boldsymbol{K}$ 均按原极点配置法求取，通常非唯一，且满足充分条件的解具有试探性质。

(2) 考虑到 $n_1 \geqslant n_4$ 就是 $n_1+n_3 \geqslant n_3+n_4$，$n_1+n_2 \geqslant n_2+n_4$，特殊地，当 $n_3+n_4=0$ 时，$n_3=n_4=0$；同理，$n_2=n_4=0$。此时，该结论退化成：采用状态(输出至 $\dot{\boldsymbol{x}}$ 的输出)反馈任意配置系统式(6-72)的极点的充分必要条件是该系统不存在不能控(观测)部分。这个结论就是极点任意配置的结论。

(3) 实际上，该结论的另一种表达形式为：采用状态反馈加输出至 $\dot{\boldsymbol{x}}$ 的输出反馈配置系统极点的充分必要条件是该系统经输出至 $\dot{\boldsymbol{x}}$ 的反馈配置极点后的系统的不能控部分均具有指定位置的极点，且系统经状态反馈后的系统不能观部分也具有指定位置的极点。

6.8 线性时不变系统输出反馈极点配置存在性与算法

输出反馈极点配置是 20 世纪 70 年代后期系统控制理论中的一个热点问题。下面从输出反馈极点配置的存在性和任意配置扩展两个方面进行阐述。

6.8.1 静态输出反馈极点配置问题的存在性与算法

考虑连续情况下的线性时不变(LTI)系统

$$\begin{aligned} \dot{\boldsymbol{x}} &= \boldsymbol{A}\boldsymbol{x}+\boldsymbol{B}\boldsymbol{u} \\ \boldsymbol{y} &= \boldsymbol{C}\boldsymbol{x} \end{aligned} \tag{6-74}$$

当采样周期为 T，且采用 ZOH 时，其离散时间状态空间描述为：

$$\begin{aligned} \boldsymbol{x}(k+1) &= \boldsymbol{G}\boldsymbol{x}(k)+\boldsymbol{H}\boldsymbol{u}(k) \\ \boldsymbol{y}(k) &= \boldsymbol{C}\boldsymbol{x}(k) \end{aligned} \tag{6-75}$$

式中，$\boldsymbol{G}(T)=\mathrm{e}^{AT}$，$\boldsymbol{H}(T)=\int_0^T \mathrm{e}^{At}\mathrm{d}t \cdot \boldsymbol{B}$；$\boldsymbol{C}$ 不变。

给定一组任意期望闭环特征值 $\{\lambda_i^*, i=1,2,\cdots,n\}$ 或 $\{z_i^*, i=1,2,\cdots,n\}$，要求确定一个 $p\times n$ 状态反馈矩阵 $\boldsymbol{F}$，使成立 $\lambda_i(\boldsymbol{A}+\boldsymbol{BFC})=\lambda_i^*$ $(i=1,2,\cdots,n)$ 或 $z_i(\boldsymbol{G}+\boldsymbol{HFC})=z_i^*$ $(i=1,$

2,…,n)。下面阐述此类问题解的存在性与算法。

1. 存在性

静态输出反馈实际上是一种部分状态反馈，所以其控制作用必然没有全状态反馈强，即采用静态输出反馈可能不能任意配置静态输出反馈闭环系统的极点。

例 6-10 说明输出反馈不能任意配置闭环极点。

下面的系统能控且能观，问能否通过输出反馈实现闭环系统的极点任意配置？

$$\dot{\boldsymbol{x}}=\begin{pmatrix}0 & 1\\0 & 0\end{pmatrix}\boldsymbol{x}+\begin{pmatrix}0\\1\end{pmatrix}u,\ y=(1\quad 0)\boldsymbol{x}$$

解 取输出反馈控制律 $u=fy$，则系统的闭环系统为

$$\dot{\boldsymbol{x}}=\begin{pmatrix}0 & 1\\f & 0\end{pmatrix}\boldsymbol{x},\ y=(1\quad 0)\boldsymbol{x}$$

其闭环系统的特征多项式为 $\alpha(s)=s^2-k$。显然，其特征根为 $\pm\sqrt{k}$，k 可能是正，也可能是负，所以闭环系统极点只可能在坐标轴上变化，不能任意配置。

由此，就产生了一个问题，输出反馈的能力多大？它能任意改变多少闭环系统极点？这一点可由下面几个充分条件给出：

(1)对式(6-74)或式(6-75)所示的受控系统，若 $\text{rank}(\boldsymbol{B})=p$ 和 $\text{rank}(\boldsymbol{C})=q$，系统可控且可观，则采用输出反馈至少可对数目为 $\max(q,p)$ 个极点进行任意接近式配置。

首先，对于满足可控且可观的系统矩阵可能是非循环，可引入一个输出反馈矩阵 $\boldsymbol{F}_0$，使输出反馈闭环系统的系统矩阵 $\boldsymbol{A}_1=\boldsymbol{A}+\boldsymbol{B}\boldsymbol{F}_0\boldsymbol{C}$ 是循环的。由于输出反馈产不改变可能与可观性，所以系统$(\boldsymbol{A}_1,\boldsymbol{B},\boldsymbol{C})$是能控且能观的。下面分两种情况说明。

① 假设 $q\geqslant p$，则 $\max(q,p)=q$。

假设 $\lambda_1,\lambda_2,\cdots,\lambda_q$ 是 q 个期望接近的互异特征值，并令 $\boldsymbol{B}=(\boldsymbol{b}_1\quad \boldsymbol{b}_2\quad \cdots\quad \boldsymbol{b}_4)$。引入变换阵 $\boldsymbol{P}$ 将循环系统$(\boldsymbol{A}_1,\boldsymbol{B},\boldsymbol{C})$变换成 Jordan 形 $\boldsymbol{J}$，即 $\boldsymbol{J}=\boldsymbol{P}^{-1}\boldsymbol{A}_1\boldsymbol{P}$。计及 $\boldsymbol{A}_1$ 的循环性，并设其有 γ 个互异的特征值，则每个特征值仅对应一个 Jordan 块，记 $\lambda_i\to\boldsymbol{J}_i$，$i=1,2,\cdots,\gamma$。现在定义向量

$$\boldsymbol{\xi}=\theta_1\boldsymbol{P}^{-1}\boldsymbol{b}_1+\sum_{i=2}^{p}\theta_i\boldsymbol{P}^{-1}\boldsymbol{b}_i \tag{6-76}$$

由于循环系统$(\boldsymbol{A}_1,\boldsymbol{B},\boldsymbol{C})$是能控且能观的，所以据 Jordan 判据，知 $\boldsymbol{P}^{-1}\boldsymbol{B}=(\boldsymbol{P}^{-1}\boldsymbol{B}_1\quad \boldsymbol{P}^{-1}\boldsymbol{B}_2\quad \cdots\quad \boldsymbol{P}^{-1}\boldsymbol{B}_p)$对于每个 Jordan 块的最后一行为非零的，进而可能通过适当选择 θ_i 使 $\boldsymbol{\xi}$ 中对于每个 Jordan 块的最后一行是非零的(其行标记为 $l_1,l_2,\cdots,l_\gamma$)。下面确定 θ_i。

由与每个 Jordan 块最后一行对应的 $\boldsymbol{P}^{-1}\boldsymbol{B}$ 中行满足

$$\theta_1\ (\boldsymbol{P}^{-1}\boldsymbol{b}_1)_j+\theta_2\ (\boldsymbol{P}^{-1}\boldsymbol{b}_2)_j\neq\boldsymbol{0},\quad j=l_1,l_2,\cdots,l_\gamma \tag{6-77}$$

可适当选择 θ_1(一般选择其为 1，但也非绝对，只要满足条件就可以)、θ_2；

同理，由与每个 Jordan 块最后一行对应的 $\boldsymbol{P}^{-1}\boldsymbol{B}$ 中行满足

$$\theta_1\ (\boldsymbol{P}^{-1}\boldsymbol{b}_1)_j+\theta_2\ (\boldsymbol{P}^{-1}\boldsymbol{b}_2)_j+\theta_3\ (\boldsymbol{P}^{-1}\boldsymbol{b}_2)_j\neq\boldsymbol{0},j=l_1,l_2,\cdots,l_\gamma \tag{6-78}$$

可适当选择 θ_3；

依次类推，最后得向量 $\boldsymbol{\theta}=(\theta_1\quad \theta_2\quad \cdots\quad \theta_p)^{\mathrm{T}}$。由确定 θ_i 的过程可知，θ_i 的设计自由度较大。令输出反馈阵为

$$\boldsymbol{F}^*=\boldsymbol{\theta}\boldsymbol{f} \tag{6-79}$$

式中，$\boldsymbol{f}$ 是 $1\times q$ 的矩阵。由此问题归结为对 SI 系统$(\boldsymbol{A}_1,\boldsymbol{b}^*,\boldsymbol{C})$，$\boldsymbol{B}^*=\boldsymbol{B}\boldsymbol{\theta}$，通过输出反馈 $u=\boldsymbol{f}\boldsymbol{y}$ 实现 q 个期望接近的特征值配置。注意到 $\boldsymbol{\xi}=\boldsymbol{P}^{-1}\boldsymbol{b}^*$ 的特性，知$(\boldsymbol{A}_1,\boldsymbol{b}^*)$是可控的，令 $\boldsymbol{A}_1$ 的特

征多项式为

$$\alpha_{A_1}(s)=s^n+a_{n-1}s^{n-1}+a_{n-2}s^{n-2}+\cdots+a_1s+a_0 \tag{6-80}$$

可引入变换 $\boldsymbol{x}=\boldsymbol{T}\boldsymbol{z}$，其中

$$\boldsymbol{T}=(\boldsymbol{A}_1^{n-1}\boldsymbol{b}^* \quad \boldsymbol{A}_1^{n-2}\boldsymbol{b}^* \quad \cdots \quad \boldsymbol{b}^*)\begin{pmatrix}1 & & & & \\ a_{n-1} & 1 & & & \\ \vdots & a_{n-1} & \ddots & & \\ a_2 & a_3 & \ddots & \ddots & \\ a_1 & a_2 & \cdots & a_{n-1} & 1\end{pmatrix} \tag{6-81}$$

使系统$(\boldsymbol{A}_1,\boldsymbol{b}^*,\boldsymbol{C})$变成$(\bar{\boldsymbol{A}}_1,\bar{\boldsymbol{b}}^*,\bar{\boldsymbol{C}})$

$$\dot{z}=\begin{pmatrix}0 & 1 & 0 & \cdots & 0\\ 0 & 0 & 1 & \cdots & 0\\ \vdots & \vdots & \vdots & & \vdots\\ 0 & 0 & 0 & \cdots & 1\\ -a_0 & -a_1 & -a_2 & \cdots & -a_{n-1}\end{pmatrix}z+\begin{pmatrix}0\\0\\ \vdots\\0\\1\end{pmatrix}u \tag{6-82}$$

$$y=\boldsymbol{C}\boldsymbol{T}\boldsymbol{z}$$

其输出反馈闭环系统的系统矩阵为

$$\begin{pmatrix}0 & 1 & 0 & \cdots & 0\\ 0 & 0 & 1 & \cdots & 0\\ \vdots & \vdots & \vdots & & \vdots\\ 0 & 0 & 0 & \cdots & 1\\ -a_0 & -a_1 & -a_2 & \cdots & -a_{n-1}\end{pmatrix}+\begin{pmatrix}0\\0\\ \vdots\\0\\1\end{pmatrix}\boldsymbol{fCT} \tag{6-83}$$

通过输出反馈配置系统矩阵，使其有 q 个期望接近的相异特征值。

显然 $\boldsymbol{fCT}$ 是一个行向量，令 $\boldsymbol{fCT}=(\delta_0,\delta_1,\cdots,\delta_{n-1})$，则输出反馈闭环系统的特征方程为

$$\alpha_{\bar{A}_1}(s)=s^n+(a_{n-1}-\delta_{n-1})s^{n-1}+(a_{n-2}-\delta_{n-2})s^{n-2}+\cdots+(a_1-\delta_1)s+(a_0-\delta_0)=0 \tag{6-84}$$

将上式写成

$$s^n+a_{n-1}s^{n-1}+a_{n-2}s^{n-2}+\cdots+a_1s+a_0=\delta_{n-1}s^{n-1}+\cdots+\delta_1s+\delta_0=\boldsymbol{fCT}(1 \quad s \quad \cdots \quad s^{n-1})^{\mathrm{T}} \tag{6-85}$$

将 $\lambda_1,\lambda_2,\cdots,\lambda_q$ 代入上式后，可得

$$(\alpha_{A_1}(\lambda_1) \quad \alpha_{A_1}(\lambda_2) \quad \cdots \quad \alpha_{A_1}(\lambda_q))=\boldsymbol{fCT}\begin{pmatrix}1 & 1 & \cdots & 1\\ \lambda_1 & \lambda_2 & \cdots & \lambda_q\\ \lambda_1^2 & \lambda_2^2 & \cdots & \lambda_q^2\\ \vdots & \vdots & & \vdots\\ \lambda_1^{n-1} & \lambda_1^{n-1} & \cdots & \lambda_q^{n-1}\end{pmatrix} \tag{6-86}$$

令 $q\times q$ 的方阵 $\boldsymbol{S}=\boldsymbol{CT}\begin{pmatrix}1 & 1 & \cdots & 1\\ \lambda_1 & \lambda_2 & \cdots & \lambda_q\\ \lambda_1^2 & \lambda_2^2 & \cdots & \lambda_q^2\\ \vdots & \vdots & & \vdots\\ \lambda_1^{n-1} & \lambda_1^{n-1} & \cdots & \lambda_q^{n-1}\end{pmatrix}$，当 $\det\boldsymbol{S}\neq 0$ 时，有

$$\boldsymbol{f}=(\alpha_{A_1}(\lambda_1) \quad \alpha_{A_1}(\lambda_2) \quad \cdots \quad \alpha_{A_1}(\lambda_q))\boldsymbol{S}^{-1} \tag{6-87}$$

将其式中，便得输出反馈阵

$$F^*=\boldsymbol{\theta}(\alpha_{A_1}(\lambda_1)\quad \alpha_{A_1}(\lambda_2)\quad \cdots\quad \alpha_{A_1}(\lambda_q))$$

$$\left(C(A_1^{n-1}B\theta\quad A_1^{n-2}B\theta\quad \cdots\quad B\theta)\begin{pmatrix}1 & & & & \\ a_{n-1} & 1 & & & \\ \vdots & a_{n-1} & \ddots & & \\ a_2 & a_3 & \ddots & \ddots & \\ a_1 & a_2 & \cdots & a_{n-1} & 1\end{pmatrix}\begin{pmatrix}1 & 1 & \cdots & 1\\ \lambda_1 & \lambda_2 & \cdots & \lambda_q\\ \lambda_1^2 & \lambda_2^2 & \cdots & \lambda_q^2\\ \vdots & \vdots & & \vdots\\ \lambda_1^{n-1} & \lambda_1^{n-1} & \cdots & \lambda_q^{n-1}\end{pmatrix}\right)^{-1} \tag{6-88}$$

当 $\det S=0$ 时，则可以对部分期望特征值作稍微调整，使 $\det S\neq 0$。计及 CT 的满秩性，这种调整是任意趋近于原期望特征值的。需要注意的是，出现调整时，可能出现所求反馈增益过大的情况，这主要是因为极点选取的问题。例如，对于 SISO 系统，有限增益不会使极点与原系统的有限零点重合。

② 假设 $p>q$，则 $\max(q,p)=p$。

此时，由于系统(A_1,B,C)是能控且能观的，所以其对偶系统$(A_1^{\mathrm{T}},C^{\mathrm{T}},B^{\mathrm{T}})$是能控且能观的。针对系统$(A_1^{\mathrm{T}},C^{\mathrm{T}},B^{\mathrm{T}})$进行第 1 种情况的过程，便可得输出反馈阵 $F^{*\mathrm{T}}$。又因为

$$\Lambda(A_1^{\mathrm{T}}+C^{\mathrm{T}}F^{*\mathrm{T}}B^{\mathrm{T}})=\Lambda(A_1+BF^*C) \tag{6-89}$$

所以可得输出反馈阵 F^* 对 p 个互异特征值任意接近式配置。

综上，可以找到输出反馈阵 F_0+F^* 至少可对数目为 $\max(q,p)$ 个极点进行任意接近式配置。

思考 对于 SISO 系统，实现 1 个极点任意接近式配置的输出反馈阵 F^* 是唯一的吗？为什么？

例 6-11 说明输出反馈增益阵过大的情况。

考虑线性系统

$$\dot{x}=\begin{pmatrix}0 & 1 & 0\\ 0 & 0 & 1\\ 1 & 0 & 0\end{pmatrix}x+\begin{pmatrix}0\\ 1\\ 0\end{pmatrix}u,\quad y=\begin{pmatrix}1 & 0 & 0\\ 1 & 1 & 0\end{pmatrix}x$$

分析输出反馈增益阵过大的情况。

解 可以验证，该系统是循环的，据上述结论，知该系统可以通过输出反馈实现 2 个极点的任意接近式配置。计算系统的传递函数为

$$G(s)=C(sI-A)^{-1}b=\begin{pmatrix}\dfrac{s}{s^3-1}\\ \dfrac{s(s-1)}{s^3-1}\end{pmatrix}$$

显然(传输)零点为 0；系统特多项式为 $\alpha_A(s)=s^3-1$，极点为 1(三重)或者 $1,-\dfrac{1}{2}\pm \mathrm{j}\dfrac{\sqrt{3}}{2}$。无论按哪一组特征值，该系统均是循环的。

令两个期望极点是 λ_1,λ_2，按上述构造性过程得输出反馈

$$F^*=(1)(\alpha_A(\lambda_1)\quad \alpha_A(\lambda_2))\left(\begin{pmatrix}1 & 0 & 0\\ 1 & 1 & 0\end{pmatrix}(A^2b\quad Ab\quad b)\begin{pmatrix}1 & 0 & 0\\ a_2 & 1 & 0\\ a_1 & a_2 & 1\end{pmatrix}\begin{pmatrix}1 & 1\\ \lambda_1 & \lambda_2\\ \lambda_1^2 & \lambda_2^2\end{pmatrix}\right)^{-1}$$

即

$$F^*=(\lambda_1^3-1\quad \lambda_2^3-1)\begin{pmatrix}\lambda_1 & \lambda_2\\ \lambda_1+\lambda_1^2 & \lambda_2+\lambda_2^2\end{pmatrix}^{-1}$$

由于原系统的零点为0，而输出反馈不改变系统的零点，闭环系统的特征值不可能到达0。

故当$\lambda_1=\varepsilon\to0$或$\lambda_2=\eta\to0$时，输出反馈增益矩阵中的元素将过大。在实际使用中往往是不允许的。

(2)对式(6-74)或式(6-75)所示的受控系统，若$\mathrm{rank}(\boldsymbol{B})=p$和$\mathrm{rank}(\boldsymbol{C})=q$，系统可控且可观，系统矩阵$\boldsymbol{A}$的特征值是互异的，则存在输出反馈在保持原系统$\max(q,p)-1$(或$\min(q,p)-1$)个极点情况下，几乎总可对数目为$\min(n,p+q-1)-\max(p,q)+1$(或$\min(n,p+q-1)-\min(q,p)+1$)个极点进行任意配置。

不失一般性，假定$q\geqslant p$和$q>1$，则$\max(q,p)-1=q-1\triangleq t$。令$\boldsymbol{A}$的$t$个互异特征值$\lambda_1$，$\lambda_1,\cdots,\lambda_t$保留在$\boldsymbol{A}+\boldsymbol{BFC}$中，引入$\boldsymbol{T}$对$(\boldsymbol{A},\boldsymbol{B},\boldsymbol{C})$进行坐标变换，得对角系统$(\boldsymbol{T}^{-1}\boldsymbol{AT},\boldsymbol{T}^{-1}\boldsymbol{B},\boldsymbol{CT})$，将其写成

$$\begin{aligned}\dot{z}&=\begin{pmatrix}\boldsymbol{\Lambda}_1 & 0\\ 0 & \boldsymbol{\Lambda}_2\end{pmatrix}\boldsymbol{z}+\begin{pmatrix}(\boldsymbol{T}^{-1}\boldsymbol{B})_1\\ (\boldsymbol{T}^{-1}\boldsymbol{B})_2\end{pmatrix}\boldsymbol{u}\\ y&=((\boldsymbol{CT})_1\quad(\boldsymbol{CT})_2)\boldsymbol{z}\end{aligned}\tag{6-90}$$

其中，$\boldsymbol{\Lambda}_1\triangleq\mathrm{diag}(\lambda_1,\lambda_1,\cdots,\lambda_t)$，$\boldsymbol{\Lambda}_2\triangleq\mathrm{diag}(\lambda_{t+1},\cdots,\lambda_n)$，$\boldsymbol{T}^{-1}\boldsymbol{B}\triangleq\begin{pmatrix}(\boldsymbol{T}^{-1}\boldsymbol{B})_1\\ (\boldsymbol{T}^{-1}\boldsymbol{B})_2\end{pmatrix}$，$\boldsymbol{CT}\triangleq((\boldsymbol{CT})_1\ (\boldsymbol{CT})_2)$。可以想象，几乎对于所有的$(\boldsymbol{B},\boldsymbol{C})$对满足以下两个条件。

① $\mathrm{rank}\,(\boldsymbol{T}^{-1}\boldsymbol{B})_2=\min(p,n-t)$。

② $(\boldsymbol{CT})_1$中不包含$(\boldsymbol{CT})_2$任何列，即如果c_i是$(\boldsymbol{CT})_2$中的列，那么$c_i\neq\mathrm{span}\,(\boldsymbol{CT})_1$。

存在$\boldsymbol{l}'\in\mathbf{R}^{1\times r}$使$\boldsymbol{l}'(\boldsymbol{CT})_1=0$，并且令$\boldsymbol{l}'(\boldsymbol{CT})_2\triangleq(c_{t+1}^*,c_{t+2}^*,\cdots,c_n^*)$，其中$c_j^*$，$j=t+1,\cdots,n$是非零标量，将控制作用$\boldsymbol{u}=\boldsymbol{F}^*\boldsymbol{l}'\boldsymbol{y}$加到系统(6-90)中，给出闭环系统矩阵

$$\begin{pmatrix}\boldsymbol{\Lambda}_1 & (\boldsymbol{T}^{-1}\boldsymbol{B})_1\boldsymbol{F}^*\boldsymbol{l}'(\boldsymbol{CT})_2\\ 0 & \boldsymbol{\Lambda}_2+(\boldsymbol{T}^{-1}\boldsymbol{B})_2\boldsymbol{F}^*\boldsymbol{l}'(\boldsymbol{CT})_2\end{pmatrix}\tag{6-91}$$

输出反馈不改变系统的能控性与能观性，所以$(\boldsymbol{\Lambda}_2,(\boldsymbol{T}^{-1}\boldsymbol{B})_2)$是可控的，$(\boldsymbol{l}'(\boldsymbol{CT})_2,\boldsymbol{\Lambda}_2)$是可观的，并且因为$\mathrm{rank}\,(\boldsymbol{T}^{-1}\boldsymbol{B})_2=\min(p,n-t)$，那么由第1个结论，总能找到一个$\boldsymbol{F}^*$使$\boldsymbol{\Lambda}_2+(\boldsymbol{T}^{-1}\boldsymbol{B})_2\boldsymbol{F}^*\boldsymbol{l}'(\boldsymbol{CT})_2$有$\min(p,n-t)$个极点任意接近期望极点。这意味着能找到一个控制作用$\boldsymbol{u}=\boldsymbol{Fy}$，$\boldsymbol{F}\triangleq\boldsymbol{F}^*\boldsymbol{l}'$使闭环系统矩阵保留$t=q-1$个特定的开环极点，并有$\min(p,n-q+1)=\min(p+q-1,n)-q+1$个极点任意接近配置到期望极点。

另外，在$p>q$情况下，研究其对偶系统，同式(6-89)，同样可得结论。

(3)对式(6-74)或式(6-75)所示的受控系统，若$\mathrm{rank}(\boldsymbol{B})=p$和$\mathrm{rank}(\boldsymbol{C})=q$，系统可控且可观，则采用输出反馈几乎总可对数目为$\min(n,p+q-1)$的闭环极点进行“任意接近”式配置，即使其可任意接近给定的期望极点位置。

这个结论不难理解，实际上是综合了上述两个结论，但要给出较严谨的说明，考虑到极点的形态(要么为实数，要么为共轭复数)，需要对其分4种情况进行说明。

情况1：$\min(n,p+q-1)$是奇数，$\max(p,q)$是奇数。

依第1个结论，存在$\boldsymbol{F}_1$使输出反馈系统的系统矩阵$\boldsymbol{A}_1=\boldsymbol{A}+\boldsymbol{BF}_1\boldsymbol{C}$有$\max(p,q)$个互异极点实现任意接近期望极点的配置，并且至少有1个极点是实极点。依第2个结论，存在$\boldsymbol{F}_2$使$\boldsymbol{A}_1$的$\max(p,q)-1$极点保留，并实现$\boldsymbol{A}_2=\boldsymbol{A}_1+\boldsymbol{BF}_2\boldsymbol{C}$的$\min(n,p+q-1)-\max(p,q)+1$个

极点实现任意接近期望极点的配置。这种情况下的输出增益矩阵 $\boldsymbol{F} \triangleq \boldsymbol{F}_1 + \boldsymbol{F}_2$。

情况 2：$\min(n, p+q-1)$是奇数，$\max(p,q)$是偶数。

依第 1 个结论，存在 $\boldsymbol{F}_1$ 使输出反馈系统的系统矩阵 $\boldsymbol{A}_1 = \boldsymbol{A} + \boldsymbol{B}\boldsymbol{F}_1\boldsymbol{C}$ 有 $\max(p,q)$个互异极点实现任意接近期望极点的配置，并且至少有 1 个极点（不过据极点的形态，实际上至少有 2 个）是实数极点。依第 2 个结论，存在 $\boldsymbol{F}_2$ 使 $\boldsymbol{A}_1$ 的 $\max(p,q)-1$ 极点保留，并实现 $\boldsymbol{A}_2 = \boldsymbol{A}_1 + \boldsymbol{B}\boldsymbol{F}_2\boldsymbol{C}$ 的 $\min(n, p+q-1) - \max(p,q) + 1$ 个极点实现任意接近期望极点的配置。这种情况下的输出增益矩阵 $\boldsymbol{F} \triangleq \boldsymbol{F}_1 + \boldsymbol{F}_2$。

情况 3：$\min(n, p+q-1)$是偶数，$\max(p,q)$是奇数。

依第 1 个结论，存在 $\boldsymbol{F}_1$ 使输出反馈系统的系统矩阵 $\boldsymbol{A}_1 = \boldsymbol{A} + \boldsymbol{B}\boldsymbol{F}_1\boldsymbol{C}$ 有 $\max(p,q)$个互异极点实现任意接近期望极点的配置，并且至少有 1 个极点是实极点。依第 2 个结论，存在 $\boldsymbol{F}_2$ 使 $\boldsymbol{A}_1$ 的 $\max(p,q)-1$ 极点保留，并实现 $\boldsymbol{A}_2 = \boldsymbol{A}_1 + \boldsymbol{B}\boldsymbol{F}_2\boldsymbol{C}$ 的 $\min(n, p+q-1) - \max(p,q) + 1$ 个极点实现任意接近期望极点的配置。这种情况下的输出增益矩阵 $\boldsymbol{F} \triangleq \boldsymbol{F}_1 + \boldsymbol{F}_2$。

情况 4：$\min(n, p+q-1)$是偶数，$\max(p,q)$是偶数。

如果 $n \geqslant p+q-1$，则 $\min(n, p+q-1) = p+q-1$ 是偶数，即 $p+q$ 是奇数。而 $\max(p,q)$是偶数，故 $\min(p,q)$是奇数。

如果 $n < p+q-1$，则 $\min(n, p+q-1) = n$ 是偶数，$p+q-1$ 不确定是奇还是偶。虽然 $\max(p,q)$是偶数，但仍无法确定 $\max(p,q)$的奇偶性。如果 $\min(p,q)$是偶，将 p 或 q 减少 1，使 $\min(p,q)-1$ 是奇数（这并没有改变 $\min(n, p+q-1)$的性质）。

依第 1 个结论，存在 $\boldsymbol{F}_1$ 使输出反馈系统的系统矩阵 $\boldsymbol{A}_1 = \boldsymbol{A} + \boldsymbol{B}\boldsymbol{F}_1\boldsymbol{C}$ 有 $\min(p,q)$个互异极点实现任意接近期望极点的配置，并且至少有 1 个极点是实极点。依第 2 个结论，存在 $\boldsymbol{F}_2$ 使 $\boldsymbol{A}_1$ 的 $\min(p,q)-1$ 极点保留，并实现 $\boldsymbol{A}_2 = \boldsymbol{A}_1 + \boldsymbol{B}\boldsymbol{F}_2\boldsymbol{C}$ 的 $\min(n, p+q-1) - \min(p,q) + 1$ 个极点实现任意接近期望极点的配置。这种情况下的输出增益矩阵 $\boldsymbol{F} \triangleq \boldsymbol{F}_1 + \boldsymbol{F}_2$。

综合这 4 种情况，可以看出，无论如何采用输出反馈几乎总可对数目为 $\min(n, p+q-1)$ 的闭环极点进行“任意接近”式配置。

需要说明的是，一般情况几乎总是可以实现对 $\min(n, p+q-1)$个闭环极点进行“任意接近”式配置（特殊地，在满足 $p+q-1 \geqslant n$ 时，几乎可以通过输出反馈对其所有极点进行“任意接近”式配置），那些不能“任意接近”式配置的极点不同于“不能控”极点。

例 6-12 有违结论的例子。

下面的系统能控且能观，问能否通过输出反馈实现闭环系统的 $\min(n, p+q-1)$个极点任意配置？

$$\dot{\boldsymbol{x}} = \begin{pmatrix} 0 & 1 & 0 & 0 \\ 0 & 0 & 0 & 0 \\ 0 & 0 & 0 & 1 \\ 0 & 0 & 0 & 0 \end{pmatrix} \boldsymbol{x} + \begin{pmatrix} 0 & 0 \\ 1 & 0 \\ 0 & 0 \\ 0 & 1 \end{pmatrix} \boldsymbol{u}, \quad \boldsymbol{y} = \begin{pmatrix} 1 & 0 & 0 & 0 \\ 0 & 0 & 1 & 0 \end{pmatrix} \boldsymbol{x}$$

解 取输出反馈控制律 $\boldsymbol{u} = \boldsymbol{F}\boldsymbol{y} = \begin{pmatrix} f_{11} & f_{12} \\ f_{21} & f_{22} \end{pmatrix} \boldsymbol{y}$，则系统的闭环系统为

$$\dot{\boldsymbol{x}} = \begin{pmatrix} 0 & 1 & 0 & 0 \\ f_{11} & 0 & f_{12} & 0 \\ 0 & 0 & 0 & 1 \\ f_{21} & 0 & f_{22} & 0 \end{pmatrix} \boldsymbol{x}, \quad \boldsymbol{y} = \begin{pmatrix} 1 & 0 & 0 & 0 \\ 0 & 0 & 1 & 0 \end{pmatrix} \boldsymbol{x}$$

其闭环系统的特征多项式为 $\alpha(s)=s^4+(f_{11}-f_{22})s^2+(f_{11}f_{22}-f_{12}f_{21})$，此多项式表明，只有 2 个极点可以任意配置，而按结论是 3 个极点可任意配置。

2. 算法

总结 1 中的三个结论，实际是将 MI 系统转化成 SI 系统来配置极点，称此种方法为并矢法。总结这种配置方法的一般步骤：

(1) 先研判受控系统的输入矩阵与输出矩阵是否满秩，是否可控且可观。若满秩且可控、可观，计算可任意接近式配置极点的个数 $\min(n,p+q-1)$，并给出期望极点，进行下一步。

(2) 判断受控系统的系统矩阵是否为循环的。若非循环，则进行循环化。这一步引入输出反馈阵设为 $\boldsymbol{F}_0$。下面的步骤针对 $q\geqslant p$。

(3) 计算 $\min(n,p+q-1)$ 和 $\max(p,q)$ 的奇偶性，根据结论(3)中分的 4 种情况，分别进行如下两步。

(4) 针对循环系统，按式(6-88)配置 q(前 3 种情况)或 p(后 1 种情况)个极点任意接近期望极点。这一步引入输出反馈阵设为 $\boldsymbol{F}_1$。

(5) 将(3)步后形成的系统转化成 Jordan 形(6-90)，按结论(2)的思路引入输出反馈阵 $\boldsymbol{F}_2\triangleq\boldsymbol{F}^*\boldsymbol{l}'$ 使闭环系统矩阵保留 $t=q-1$ 个特定的已配置期望极点，并实现另外的 $\min(n,p+q-1)-\max(p,q)+1$(前 3 种情况)或 $\min(n,p+q-1)-\min(p,q)+1$(后 1 种情况)个极点任意接近配置到期望极点。

(6) 计算最终的输出反馈矩阵 $\boldsymbol{F}=\boldsymbol{F}_0+\boldsymbol{F}_1+\boldsymbol{F}_2$。

若 $p>q$，则求其对偶系统，对其再按上面步骤进行，需要注意的是最后求得的输出反馈阵需要转秩。

需要注意的是，并矢法要求原系统矩阵必须先循环化，再对其按上述方法进行极点配置，并且此方法牺牲反馈阵的自由度。

例 6-13 输出反馈系统的极点配置。

考虑如下的线性系统

$$\boldsymbol{A}=\begin{pmatrix}0&1&0\\0&0&1\\0&0&0\end{pmatrix},\boldsymbol{B}=\begin{pmatrix}1&0\\1&0\\1&1\end{pmatrix},\boldsymbol{C}=\begin{pmatrix}1&0&0\\0&1&0\end{pmatrix}$$

该系统能否通过输出反馈将闭环系统的极点配置到 -1、-2、-5。若能，求输出反馈阵 $\boldsymbol{F}$。

解 显然，系统的特征多项式为 $\alpha_A(s)=s^3$，特征值为 0，系统是循环的，并且系统能观且能控。由于 $p=2\wedge q=2$ 以及 $n=3$，$p+q-1\geqslant n$，故几乎可以通过输出反馈对其所有极点进行"任意接近"式配置。$\min(n,p+q-1)=3$ 是奇数，$\max(p,q)=2$ 是偶数。引入输出反馈 $\boldsymbol{u}=\boldsymbol{F}\boldsymbol{y}$ 实现期望极点是 -1、-2、-5 的配置。

首先引入输出反馈 $\boldsymbol{F}_1$ 配置 -1、-2 两个极点，即

$$\boldsymbol{F}_1=\begin{pmatrix}\theta_1\\\theta_2\end{pmatrix}(-1\quad -8)$$

$$\left(\begin{pmatrix}1&0&0\\0&1&0\end{pmatrix}\left[\begin{pmatrix}0&1&0\\0&0&1\\0&0&0\end{pmatrix}^2\begin{pmatrix}1&0\\1&0\\1&1\end{pmatrix}\begin{pmatrix}\theta_1\\\theta_2\end{pmatrix}\quad\begin{pmatrix}0&1&0\\0&0&1\\0&0&0\end{pmatrix}\begin{pmatrix}1&0\\1&0\\1&1\end{pmatrix}\begin{pmatrix}\theta_1\\\theta_2\end{pmatrix}\quad\begin{pmatrix}1&0\\1&0\\1&1\end{pmatrix}\begin{pmatrix}\theta_1\\\theta_2\end{pmatrix}\right]\begin{pmatrix}1&0&0\\0&1&0\\0&0&1\end{pmatrix}\begin{pmatrix}1&1\\-1&-2\\1&4\end{pmatrix}\right)^{-1}$$

取$\begin{pmatrix}\theta_1\\ \theta_2\end{pmatrix}=\begin{pmatrix}0\\ 1\end{pmatrix}$，得 $\boldsymbol{F}_1==\begin{pmatrix}0 & 0\\ 6 & 7\end{pmatrix}$。由此，得

$$\boldsymbol{A}_1=\boldsymbol{A}+\boldsymbol{B}\boldsymbol{F}_1\boldsymbol{C}=\begin{bmatrix}0 & 1 & 0\\ 0 & 0 & 1\\ 6 & 7 & 0\end{bmatrix}$$

其特征值为－1、－2、0。将系统$(\boldsymbol{A}_1,\boldsymbol{B},\boldsymbol{C})$转化成 Jordan 形，得

$$\dot{\boldsymbol{\xi}}=\begin{bmatrix}-1 & 0 & 0\\ 0 & -2 & 0\\ 0 & 0 & 3\end{bmatrix}\boldsymbol{\xi}+\frac{1}{20}\begin{bmatrix}30 & -5\\ -16 & 4\\ 6 & 1\end{bmatrix}\boldsymbol{u}$$

$$\boldsymbol{y}=\begin{pmatrix}1 & 1 & 1\\ -1 & -2 & 3\end{pmatrix}\boldsymbol{\xi}$$

并且结论 2 中的条件，令 $\boldsymbol{u}=\boldsymbol{F}_2\boldsymbol{y}$，$\boldsymbol{F}_2\triangleq\boldsymbol{F}^*\boldsymbol{l}'$其中 $\boldsymbol{l}'=(1\quad 1)$，得到如下闭环矩阵

$$\begin{bmatrix}-1 & \frac{1}{20}(30,-5)\boldsymbol{F}^*(-1,4)\\ \begin{matrix}0\\ 0\end{matrix} & \begin{pmatrix}-2 & 0\\ 0 & 3\end{pmatrix}+\frac{1}{20}\begin{pmatrix}-16 & 4\\ 6 & 1\end{pmatrix}\boldsymbol{F}^*(-1,4)\end{bmatrix}$$

再据结论 1，可计算 $\boldsymbol{F}^*=\begin{pmatrix}-4\\ -16\end{pmatrix}$使$\begin{pmatrix}-2 & 0\\ 0 & 3\end{pmatrix}+\frac{1}{20}\begin{pmatrix}-16 & 4\\ 6 & 1\end{pmatrix}\boldsymbol{F}^*(-1,4)$的特征值绝对靠近极点$(-2,-5)$。实际上，一般情况下，可以采用参数法直接计算。

由上，给出期望的输出反馈增益矩阵

$$\boldsymbol{F}=\boldsymbol{F}_1+\boldsymbol{F}_2=\boldsymbol{F}_1+\boldsymbol{F}^*\boldsymbol{l}'=\begin{pmatrix}0 & 0\\ 6 & 7\end{pmatrix}+\begin{pmatrix}-4\\ -16\end{pmatrix}(1\quad 1)=\begin{pmatrix}-4 & -4\\ -10 & -9\end{pmatrix}$$

闭环系统矩阵的极点在这种情况下准确地等于－1、－2、－5。

实际上，该例中可以选择不同的 $\boldsymbol{\theta}$ 向量，这样得到的输出反馈阵是不一样的。由此，可以专门针对 $\boldsymbol{\theta}$ 向量研究选择一个比较好的值。

静态输出极点配置还有其他一些方法，如非并矢法、直接方法、基于正交变换和 house-hoder 变换的方法、牛顿法，基于寻优的最优逼近算法、最小范数的极点配置方法等，感兴趣的读者请参考相关文献。

3. 一种特殊情况下的输出反馈极点配置

设某类惯性系统 $\boldsymbol{G}_0(s)$，其 $\deg\boldsymbol{G}_0(s)=n$，且可表示为 $n\times 1$ 的传递函数

$$\boldsymbol{G}_0(s)=\frac{1}{s^n+a_{n-1}s^{n-1}+\cdots+a_1s+a_0}\begin{bmatrix}b_{n-1}^{(0)}s^{n-1}+\cdots+b_1^{(0)}s+b_0^{(0)}\\ b_{n-1}^{(1)}s^{n-1}+\cdots+b_1^{(1)}s+b_0^{(1)}\\ \vdots\\ b_{n-1}^{(n-1)}s^{n-1}+\cdots+b_1^{(n-1)}s+b_0^{(n-1)}\end{bmatrix}\tag{6-92}$$

显然其特征多项式是 $\alpha(s)=s^n+a_{n-1}s^{n-1}+\cdots+a_1s+a_0$。其相应的状态空间描述表为$\Sigma_0=(\boldsymbol{A},\boldsymbol{B},\boldsymbol{C})$，采用输出反馈后系统为$\Sigma_F=(\boldsymbol{A}+\boldsymbol{B}f\boldsymbol{C},\boldsymbol{B},\boldsymbol{C})$。于是闭环系统的特征多项式

$$|s\boldsymbol{I}-(\boldsymbol{A}+\boldsymbol{B}f\boldsymbol{C})|=|s\boldsymbol{I}-\boldsymbol{A}-\boldsymbol{B}f\boldsymbol{C}|=|s\boldsymbol{I}-\boldsymbol{A}|\,|\boldsymbol{I}-(s\boldsymbol{I}-\boldsymbol{A})^{-1}\boldsymbol{B}f\boldsymbol{C}|\tag{6-93}$$

再根据矩阵等式 $\det(\boldsymbol{I}+\boldsymbol{M}\boldsymbol{N})=\det(\boldsymbol{I}+\boldsymbol{N}\boldsymbol{M})$，得

$$|s\boldsymbol{I}-(\boldsymbol{A}+\boldsymbol{B}f\boldsymbol{C})|=|s\boldsymbol{I}-\boldsymbol{A}|\,|\boldsymbol{I}-f\boldsymbol{C}(s\boldsymbol{I}-\boldsymbol{A})^{-1}\boldsymbol{B}|=|s\boldsymbol{I}-\boldsymbol{A}|\,|\boldsymbol{I}-f\boldsymbol{W}_0(s)|=\alpha(s)\,|\boldsymbol{I}-f\boldsymbol{W}_0(s)|\tag{6-94}$$

令期望特征多项式为 $\alpha^*(s)=s^n+a_{n-1}^*s^{n-1}+\cdots+a_1^*s+a_0^*$，则

$$|s\boldsymbol{I}-(\boldsymbol{A}+\boldsymbol{B}\boldsymbol{f}\boldsymbol{C})|=s^n+a_{n-1}^*s^{n-1}+\cdots+a_1^*s+a_0^* \tag{6-95}$$

计及式(6-94)、式(6-95)和式(6-96)，并令 $\boldsymbol{f}=(f_0\quad f_1\quad\cdots\quad f_{m-1})$，得

$$\left(1-\frac{(f_0\quad f_1\quad\cdots\quad f_{m-1})}{s^n+a_{n-1}s^{n-1}+\cdots+a_1s+a_0}\begin{pmatrix}b_{n-1}^{(0)}s^{n-1}+\cdots+b_1^{(0)}s+b_0^{(0)}\\ b_{n-1}^{(1)}s^{n-1}+\cdots+b_1^{(1)}s+b_0^{(1)}\\ \vdots\\ b_{n-1}^{(n-1)}s^{n-1}+\cdots+b_1^{(n-1)}s+b_0^{(n-1)}\end{pmatrix}\right)=\frac{s^n+a_{n-1}^*s^{n-1}+\cdots+a_1^*s+a_0^*}{s^n+a_{n-1}s^{n-1}+\cdots+a_1s+a_0} \tag{6-96}$$

据多项式恒等条件得

$$\begin{cases}b_0^{(0)}f_0+b_0^{(1)}f_1+\cdots+b_0^{(n-1)}f_{m-1}=a_0-a_0^*\\ b_1^{(1)}f_0+b_1^{(1)}f_1+\cdots+b_1^{(n-1)}f_{m-1}=a_1-a_1^*\\ \vdots\\ b_{n-1}^{(0)}f_0+b_{n-1}^{(1)}f_1+\cdots+b_{n-1}^{(n-1)}f_{m-1}=a_{n-1}-a_{n-1}^*\end{cases} \tag{6-97}$$

记为

$$\hat{\boldsymbol{B}}\boldsymbol{f}^{\mathrm{T}}=\hat{\boldsymbol{a}}$$

根据线性方程组解的理论，得

当 $\mathrm{rank}(\hat{\boldsymbol{B}})<\mathrm{rank}((\hat{\boldsymbol{B}},\hat{\boldsymbol{a}}))$ 时，方程(6-97)无解；

当 $\mathrm{rank}(\hat{\boldsymbol{B}})=\mathrm{rank}((\hat{\boldsymbol{B}},\hat{\boldsymbol{a}}))=n$ 时，方程(6-97)有唯一解，即对单输入线性系统输出反馈极点配置问题的解是唯一的；

当 $\mathrm{rank}(\hat{\boldsymbol{B}})=\mathrm{rank}((\hat{\boldsymbol{B}},\hat{\boldsymbol{a}}))<n$ 时，方程(6-97)有无限多解；

所以，有结论：针对如式(6-92)所示的受控系统，如果期望极点多项式满足 $\mathrm{rank}(\hat{\boldsymbol{B}})=\mathrm{rank}((\hat{\boldsymbol{B}},\hat{\boldsymbol{a}}))$，则可以利用输出反馈实现极点的配置。

例 6-14 利用输出极点配置算法综合满足指标的控制器。

给定受控系统的传递函数 $W_0(s)=\dfrac{1}{s(s+6)(s+2)}$。期望指标为：超调量 $\sigma\leqslant5\%$；峰值时间 $t_p\leqslant0.5s$；系统带宽 $\omega_b\leqslant10$；跟踪误差 $e_p=0$；$e_v\leqslant0.2$。试用输出反馈求解控制器。

解 (1) 基于传递函数求解控制器。

根据前面例 6-5 给出解答可得到目标闭环系统的传递函数为

$$W_K(s)=\frac{10000}{s^3+114.1s^2+1510s+10000}$$

采用经典输出控制得到的闭环系统为

$$W_K(s)=\frac{W_0(s)}{1+W_0(s)K(s)}$$

由此解出 $K(s)=\dfrac{-9999s^3-79885.9s^2-118490s+10000}{10000}$。显然这个反馈控制律除比例环节外，还有一、二及三阶微分环节，物理实现困难，所以这种方式不可取。

(2) 基于输出反馈配置极点。

根据前面例 6-5 给出原系统的状态方程

$$\begin{pmatrix}\dot{x}_1\\ \dot{x}_2\\ \dot{x}_3\end{pmatrix}=\begin{pmatrix}0&1&0\\0&0&1\\0&-72&-18\end{pmatrix}\begin{pmatrix}x_1\\x_2\\x_3\end{pmatrix}+\begin{pmatrix}0\\0\\1\end{pmatrix}u,\quad y=(1\quad0\quad0)\begin{pmatrix}x_1\\x_2\\x_3\end{pmatrix}$$

并有期望的 3 个极点 $\lambda_{1,2}^*=-\zeta\omega_n+j\omega_n\sqrt{1-\zeta^2}=-5\sqrt{2}\pm j5\sqrt{2}$ 和 $\lambda_3=-100$。

计及 $fc=k$ 与前面已得到的状态反馈阵 $k=(-10000\quad -1348\quad -96.1)$ 与 $c=(1\quad 0\quad 0)$ 可知，f 无解。这说明采用输出反馈不能任意配置闭环系统的极点。

例 6-15 利用输出反馈综合下面系统的控制器。

系统的传递函数是 $W_0(s)=\begin{pmatrix}\dfrac{s^2+s+2}{(s-1)(s+1)(s+2)}\\[2mm] \dfrac{s}{(s+1)(s+2)(s-1)}\\[2mm] \dfrac{2s^2+s+4}{(s-1)(s+1)(s+2)}\end{pmatrix}$，其一个实现为 $\dot{x}=\begin{pmatrix}0&1&0\\0&0&1\\2&1&-2\end{pmatrix}x+\begin{pmatrix}0\\0\\1\end{pmatrix}u$，$y=\begin{pmatrix}1&1&2\\0&1&0\\1&1&4\end{pmatrix}x$。

要求其期望极点为 $-1,-1,-2$，求输出反馈控制器。

解 由题意，原系统的特征多项式为

$$f(s)=(s+1)(s-1)(s+2)=s^3+2s^2-s-2$$

期望特征多项式为

$$f^*(s)=(s+1)^2(s+2)=s^3+4s^2+5s+2$$

设输出反馈阵 $f=(f_0\quad f_1\quad \cdots\quad f_{m-1})$，列写方程组并求解

$$\begin{cases}2f_0+4f_2=-4\\ f_0+f_1+f_2=-6\\ f_0+2f_2=-2\end{cases}\Rightarrow f=(-2\quad -4\quad 0)+k(-2\quad 1\quad 1)$$

所以无穷多种反馈矩阵可以将系统的极点配置到期望极点。

6.8.2 动态输出反馈极点配置问题的存在性与 PID 动态输出反馈

1. 存在性

扩大静态输出反馈配置极点功能的一个途径是采用动态输出反馈，有两类形式，见 6.2.4 节。下面不加证明地给出存在性结论：

对于式(6-74)或式(6-75)所示的受控系统，若能控且能观，则几乎总存在 $\max(0,n-q-p+1)$ 阶动态补偿器，使得系统的特征值在该补偿器作用下闭环系统的极点可以任意配置。

下面对该结论说明几点：

ⅰ. 如果满足 $p+q-1<n$，在系统能控且能观的情况下，采用的动态补偿器的阶数小于等于 $n-(p+q-1)$。

ⅱ. 对于 SISO 系统，此条件是充要的。需要注意的是，动态补偿器的阶数等于 $n-1$ 是任意配置极点要求，但在处理具体问题时，如果并不要求“任意”配置极点，则所选择的补偿器的阶数可进一步降低。

ⅲ. 这种闭环系统的零点，在串联连接情况下，是受控系统零点与动态补偿零点的总和；在反馈连接情况下，则是受控系统零点与动态补偿器极点的总和。

ⅳ. 记 μ 和 ν 分别是系统(6-74)的能控性指数和能观性指数，则存在 $\min(\mu,\nu)$ 阶动态补偿器使该系统的闭环系统的极点可以任意配置。

关于动态补偿及点配置，到目前还存在一个未解决的“最小阶动态补偿”问题，即对于给定的一个线性系统，当用动态补偿器来实现其控制时，闭环系统的极点可以任意配置的动态补偿

器的最小阶数是多少？寻求最小阶补偿器可以简化系统设计，节省系统设计中的元件，减小投资，所以进一步解决这一问题是有实际意义和理论价值的。但也要注意到，现有理论所提供的非最小阶动态补偿器的设计方法可以适合实际应用，且所设计的动态补偿器实践上还是不难解决的，相反由于补偿器的阶次稍高，使设计的自由度增加，可以同时将鲁棒性等多种目标考虑进去。

2. PID 动态输出反馈

采用上一节讲述的并矢法进行多变量系统的 PD、PID 设计动态输出反馈控制器是比较简单有效的方法。其控制规律分别如下

$$\text{PD}: \boldsymbol{u}=\boldsymbol{v}-\boldsymbol{P}\boldsymbol{y}-\boldsymbol{Q}\dot{\boldsymbol{y}} \tag{6-98}$$

式中，$\boldsymbol{v}$ 是闭环系统的输入。

$$\text{PID}: \boldsymbol{u}=-\boldsymbol{P}\boldsymbol{y}+\boldsymbol{R}\int_0^t(\boldsymbol{y}_r-\boldsymbol{y})\mathrm{d}t-\boldsymbol{Q}\dot{\boldsymbol{y}} \tag{6-99}$$

式中，$\boldsymbol{y}_{\mathrm{r}}$ 是闭环系统的参考输入，即期望输出。

PD 动态输出反馈可以将闭环极点配置在复平面期望的位置，以满足瞬态响应要求；而要在稳态时准确跟踪参考输入，且可以克服终值为常数任意扰动对系统的影响，则需引入积分项。

6.9 线性时不变系统反馈镇定问题与求解

6.9.1 问题的提法

系统能正常工作的前提是稳定，所以对于不稳定的系统实现镇定是基本要求，甚至有一些系统以稳定为最终目标，例如，卫星的姿态控制和倒立摆稳定问题。另外，众多的系统需要获得其他性能指标（如下一节的跟踪问题）是以稳定为基础的。

考虑如式(6-5)的连续线性时不变受控系统(CLTIS)的状态方程，重写为

$$\begin{aligned}\dot{\boldsymbol{x}}&=\boldsymbol{A}\boldsymbol{x}+\boldsymbol{B}\boldsymbol{u}\\ \boldsymbol{y}&=\boldsymbol{C}\boldsymbol{x}\end{aligned} \tag{6-100}$$

其 DLTIS 的状态方程重写为

$$\begin{aligned}\boldsymbol{x}(k+1)&=\boldsymbol{G}\boldsymbol{x}(k)+\boldsymbol{H}\boldsymbol{u}(k)\\ \boldsymbol{y}(k)&=\boldsymbol{C}\boldsymbol{x}(k)\end{aligned} \tag{6-101}$$

要求通过极点配置方法将状态反馈闭环系统或输出反馈闭环系统的极点综合到复平面的左半平面，而不要求在指定的期望位置，即强调的是系统的稳定性。这一问题的解决为状态不完全能控的系统实现渐近稳定提供了技术途径。

下面讨论两类镇定问题：状态反馈镇定和静态输出反馈镇定。

状态反馈镇定问题是针对系统(6-100)求取一个 $p\times n$ 状态反馈矩阵 $\boldsymbol{K}$，使 $\mathrm{Re}\lambda_i(\boldsymbol{A}+\boldsymbol{BK})<0, i=1,2,\cdots,n$；或针对系统(6-101)求取一个 $p\times n$ 状态反馈矩阵 $\boldsymbol{K}$，使 $|\lambda_i(\boldsymbol{G}+\boldsymbol{HK})|<1, i=1,2,\cdots,n$。

输出反馈镇定问题是针对系统(6-100)求取一个使 $\mathrm{Re}\lambda_i(\boldsymbol{A}+\boldsymbol{BFC})<0, i=1,2,\cdots,n$ 的 $p\times q$ 状态反馈矩阵 $\boldsymbol{F}$；针对系统(6-101)求取一个使 $\mathrm{Re}\lambda_i(\boldsymbol{G}+\boldsymbol{HFC})<0, i=1,2,\cdots,n$ 的 $p\times q$ 状态反馈矩阵 $\boldsymbol{F}$。

6.9.2 状态反馈可镇定条件与算法

1. 状态反馈可镇定的条件

如果针对系统(6-100)的状态反馈镇定问题有解，则称该系统是可稳的，或者称$(\boldsymbol{A},\boldsymbol{B})$可稳。基此，将状态反馈可镇定性问题化为$(\boldsymbol{A},\boldsymbol{B})$可稳性条件。代数等价的时不变线性系统具有等同的可稳性。

思考 为什么代数等价的时不变线性系统具有等同的可稳性?

对于系统(6-100)的可镇定性分两种情况：

(1) 当$(\boldsymbol{A},\boldsymbol{B})$可控时，由于极点可任意配置，显然能用状态反馈实现镇定。

(2) 当$(\boldsymbol{A},\boldsymbol{B})$不可控时，按能控性进行分解为

$$\dot{\bar{\boldsymbol{x}}}=\begin{pmatrix}\boldsymbol{A}_c & \boldsymbol{A}_{12}\\ \boldsymbol{0} & \boldsymbol{A}_{\bar{c}}\end{pmatrix}\bar{\boldsymbol{x}}+\begin{pmatrix}\boldsymbol{B}_c\\ \boldsymbol{0}\end{pmatrix}\boldsymbol{u} \tag{6-102}$$

其中，$\boldsymbol{A}_c\in\mathbf{R}^{l\times l}$，$\boldsymbol{A}_{\bar{c}}\in\mathbf{R}^{(n-l)\times(n-l)}$，$\boldsymbol{B}_c\in\mathbf{R}^{l\times p}$。显然两者是代数等价的，所以

$$\boldsymbol{\Lambda}(\boldsymbol{A})=\boldsymbol{\Lambda}(\boldsymbol{A}_c)\cup\Lambda(\boldsymbol{A}_{\bar{c}}) \tag{6-103}$$

对于$\boldsymbol{\Lambda}(\boldsymbol{A}_c)$所含的能控振型(模态)集，是可以通过$\boldsymbol{u}=\boldsymbol{K}\boldsymbol{x}$的作用任意配置。而对于$\boldsymbol{\Lambda}(\boldsymbol{A}_{\bar{c}})$非空，由前面相关章节可知，该集合中包含的是不能控振型(模态)集。由于

$$\begin{aligned}\operatorname{rank}\left(s\boldsymbol{I}-\begin{pmatrix}\boldsymbol{A}_c & \boldsymbol{A}_{12}\\ \boldsymbol{0} & \boldsymbol{A}_{\bar{c}}\end{pmatrix}\quad\begin{pmatrix}\boldsymbol{B}_c\\ \boldsymbol{0}\end{pmatrix}\right)&=\operatorname{rank}\begin{pmatrix}s\boldsymbol{I}_p-\boldsymbol{A}_c & -\boldsymbol{A}_{12} & \boldsymbol{B}_c\\ \boldsymbol{0} & s\boldsymbol{I}_{n-p}-\boldsymbol{A}_{\bar{c}} & \boldsymbol{0}\end{pmatrix}\\ &=\operatorname{rank}\begin{pmatrix}s\boldsymbol{I}_p-\boldsymbol{A}_c & \boldsymbol{B}_c & -\boldsymbol{A}_{12}\\ \boldsymbol{0} & \boldsymbol{0} & s\boldsymbol{I}_{n-p}-\boldsymbol{A}_{\bar{c}}\end{pmatrix}=\operatorname{rank}\begin{pmatrix}\boldsymbol{0} & \boldsymbol{I}_p & \boldsymbol{0}\\ \boldsymbol{0} & \boldsymbol{0} & s\boldsymbol{I}_{n-p}-\boldsymbol{A}_{\bar{c}}\end{pmatrix}\end{aligned} \tag{6-104}$$

由此，$s\in\boldsymbol{\Lambda}(\boldsymbol{A}_{\bar{c}})$时，$s\boldsymbol{I}_{n-p}-\boldsymbol{A}_{\bar{c}}$降秩，即意味着不能控振型(模态)集等同于其输入解耦零点集。$\boldsymbol{u}$的作用不能改变不能控振型(模态)，要使系统可稳，自然要求输入解耦零点是稳定的，即有状态反馈可镇定的充要条件是该系统不能控部分渐近稳定。

2. 状态反馈镇定系统的算法

同样分两种情况给出镇定算法。

(1) 当$(\boldsymbol{A},\boldsymbol{B})$可控时的镇定律设计。

求解一个给定系统的状态反馈镇定总是可能通过求解该系统的状态反馈极点配置问题解决，这在前面已解决。下面给出一种基于 Gram 能控性矩阵的设计方法。

由线性系统的 Gram 矩阵能控性判据知，当$(\boldsymbol{A},\boldsymbol{B})$可控时，对于任何$t_1>0$，下述矩阵

$$\boldsymbol{W}_c[0,t_1]=\int_0^{t_1}\mathrm{e}^{-\boldsymbol{A}t}\boldsymbol{B}\boldsymbol{B}^{\mathrm{T}}\mathrm{e}^{-\boldsymbol{A}^{\mathrm{T}}t}\mathrm{d}t \tag{6-105}$$

为对称正定的。将

$$\boldsymbol{u}=-\boldsymbol{B}^{\mathrm{T}}\boldsymbol{W}_c[0,t_1]\boldsymbol{x} \tag{6-106}$$

作为系统(6-100)的控制律，则该控制律可使系统镇定。

事实上，将式(6-106)代入系统式(6-100)得闭环系统的系统矩阵为$\boldsymbol{A}_c=\boldsymbol{A}-\boldsymbol{B}\boldsymbol{B}^{\mathrm{T}}\boldsymbol{W}_c^{-1}$，计及式(6-105)，有

$$\boldsymbol{A}_c\boldsymbol{W}_c+\boldsymbol{W}_c\boldsymbol{A}_c^{\mathrm{T}}=\boldsymbol{A}\boldsymbol{W}_c+\boldsymbol{W}_c\boldsymbol{A}^{\mathrm{T}}-2\boldsymbol{B}\boldsymbol{B}^{\mathrm{T}}=\int_0^{t_1}(\boldsymbol{A}\mathrm{e}^{-\boldsymbol{A}t}\boldsymbol{B}\boldsymbol{B}^{\mathrm{T}}\mathrm{e}^{-\boldsymbol{A}^{\mathrm{T}}t}+\mathrm{e}^{-\boldsymbol{A}t}\boldsymbol{B}\boldsymbol{B}^{\mathrm{T}}\mathrm{e}^{-\boldsymbol{A}^{\mathrm{T}}t}\boldsymbol{A}^{\mathrm{T}})\mathrm{d}t-2\boldsymbol{B}\boldsymbol{B}^{\mathrm{T}}$$

$$
=-\int_0^{t_1}\frac{\mathbf{d}}{\mathbf{d}t}(\mathbf{e}^{-\boldsymbol{A}t}\boldsymbol{B}\boldsymbol{B}^{\mathrm{T}}\mathbf{e}^{-\boldsymbol{A}^{\mathrm{T}}t})\mathbf{d}t-2\boldsymbol{B}\boldsymbol{B}^{\mathrm{T}} \tag{6-107}
$$

$$
=-\mathbf{e}^{-\boldsymbol{A}t_1}\boldsymbol{B}\boldsymbol{B}^{\mathrm{T}}\mathbf{e}^{-\boldsymbol{A}^{\mathrm{T}}t_1}-2\boldsymbol{B}\boldsymbol{B}^{\mathrm{T}}
$$

令 λ 为 $\boldsymbol{A}_c$ 的任意一个特征值，$\boldsymbol{z}$ 是相应的左特征向量，则有 $\boldsymbol{z}\neq\boldsymbol{0}$，且

$$
\boldsymbol{z}^{\mathrm{T}}\boldsymbol{A}_c=\lambda\boldsymbol{z}^{\mathrm{T}} \tag{6-108}
$$

设 λ^* 是 λ 复共轭，它也是 $\boldsymbol{A}_c$ 的特征值，对应的特征向量 $\boldsymbol{z}^*$ 是 $\boldsymbol{z}$ 的复共轭向量。对式(6-107)两边左乘 $\boldsymbol{z}^{*\mathrm{T}}$，右乘 $\boldsymbol{z}^{\mathrm{T}}$，得

$$
(\lambda^*+\lambda)\boldsymbol{z}^{*\mathrm{T}}\boldsymbol{W}_c\boldsymbol{z}=-\boldsymbol{z}^{*\mathrm{T}}\mathrm{e}^{-\boldsymbol{A}t_1}\boldsymbol{B}\boldsymbol{B}^{\mathrm{T}}\mathrm{e}^{-\boldsymbol{A}^{\mathrm{T}}t_1}\boldsymbol{z}-\boldsymbol{z}^{*\mathrm{T}}\boldsymbol{B}\boldsymbol{B}^{\mathrm{T}}\boldsymbol{z} \tag{6-109}
$$

由于$(\boldsymbol{A},\boldsymbol{B})$能控，因此，由能控性的 PBH 判据有 $\boldsymbol{z}^{\mathrm{T}}\boldsymbol{B}\neq\boldsymbol{0}$，又由于 $\boldsymbol{z}^{*\mathrm{T}}\mathrm{e}^{-\boldsymbol{A}t_1}\boldsymbol{B}\boldsymbol{B}^{\mathrm{T}}e^{-\boldsymbol{A}^{\mathrm{T}}t_1}\boldsymbol{z}\geqslant 0$，从而上式右端小于 0。再注意到 $\boldsymbol{W}_c[0,t_1]$的正定性，由上式可重 $\lambda^*+\lambda<0$。由此可知 $\mathrm{Re}(\lambda)<0$，故 $\boldsymbol{A}_c$ 稳定。

(2)当$(\boldsymbol{A},\boldsymbol{B})$不可控时的镇定律设计。

这里探讨两种在系统可稳定条件下求取镇定控制律的方法。

方法一：利用能控性分解。这种方法的步骤如下。

① 将系统进行能控性分解，获取变换阵 $\boldsymbol{T}$ 及

$$
\bar{\boldsymbol{A}}=\boldsymbol{T}^{-1}\boldsymbol{A}\boldsymbol{T}=\begin{pmatrix}\boldsymbol{A}_c & \boldsymbol{A}_{12}\\ \boldsymbol{0} & \boldsymbol{A}_{\bar{c}}\end{pmatrix},\bar{\boldsymbol{B}}=\boldsymbol{T}^{-1}\boldsymbol{B}=\begin{pmatrix}\boldsymbol{B}_c\\ \boldsymbol{0}\end{pmatrix} \tag{6-110}
$$

其中，$(\boldsymbol{A}_c,\boldsymbol{B}_c)$能控，另外由系统的可稳条件知矩阵 $\boldsymbol{A}_{\bar{c}}$ 稳定。

② 利用极点配置方法求取矩阵 $\boldsymbol{K}_c$，使得矩阵 $\boldsymbol{A}_c+\boldsymbol{B}_c\boldsymbol{K}_c$ 具有一组稳定特征值。

③ 计算状态反馈镇定律增益 $\boldsymbol{K}=(\boldsymbol{K}_c\quad \boldsymbol{0})\boldsymbol{T}^{-1}$。

例 6-16 求镇定控制律。

已知线性系统

$$
\dot{\boldsymbol{x}}=\begin{pmatrix}0&1&2\\0&1&0\\1&1&1\end{pmatrix}\boldsymbol{x}+\begin{pmatrix}0&1\\1&0\\0&1\end{pmatrix}\boldsymbol{u}
$$

求其镇定控制律。

解 (1) 判定能控性。

由 $\mathrm{rank}\boldsymbol{Q}_c=\mathrm{rank}(\boldsymbol{B}\quad \boldsymbol{A}\boldsymbol{B}\quad \boldsymbol{A}^2\boldsymbol{B})=\mathrm{rank}\begin{pmatrix}0&1&1&2&3\\1&0&1&0&1\\0&1&1&2&3\end{pmatrix}=2<n=3$，表明系统为不完全能控。

(2) 按能控性分解。

在 $\boldsymbol{Q}_c$ 中取线性无关的前两列，再任取第三列与之构成非奇异的矩阵 $\boldsymbol{T}=\begin{pmatrix}0&1&1\\1&0&0\\0&1&0\end{pmatrix}$。于是可得

$$
\bar{\boldsymbol{A}}=\boldsymbol{T}^{-1}\boldsymbol{A}\boldsymbol{T}=\begin{pmatrix}0&1&1\\1&0&0\\0&1&0\end{pmatrix}^{-1}\begin{pmatrix}0&1&2\\0&1&0\\1&1&1\end{pmatrix}\begin{pmatrix}0&1&1\\1&0&0\\0&1&0\end{pmatrix}=\left(\begin{array}{cc:c}1&0&0\\1&2&1\\ \hdashline 0&0&-1\end{array}\right),\bar{\boldsymbol{B}}=\boldsymbol{T}^{-1}\boldsymbol{B}=\begin{pmatrix}0&1&1\\1&0&0\\0&1&0\end{pmatrix}^{-1}\begin{pmatrix}0&1\\1&0\\0&1\end{pmatrix}=\left(\begin{array}{cc}1&0\\0&1\\ \hdashline 0&0\end{array}\right)
$$

由此，该系统不可控的极点是$-1<0$，所以该系统可稳。

（3）对能控部分进行极点配置。

系统的能控部分为 $\boldsymbol{A}_c=\begin{pmatrix}1 & 0\\1 & 2\end{pmatrix}$，$\boldsymbol{B}_c=\begin{pmatrix}1 & 0\\0 & 1\end{pmatrix}$。取期望极点为 -3，-2，同时期望的系统矩阵为 $\boldsymbol{A}_s=\begin{pmatrix}-3 & 0\\0 & -2\end{pmatrix}$，则有 $\boldsymbol{K}_c=\boldsymbol{A}_s-\boldsymbol{A}_c=\begin{pmatrix}-3 & 0\\0 & -2\end{pmatrix}-\begin{pmatrix}1 & 0\\1 & 2\end{pmatrix}=\begin{pmatrix}-4 & 0\\-1 & -4\end{pmatrix}$。

（4）求取反馈镇定律的增益阵。

$$\boldsymbol{K}=\begin{pmatrix}-4 & 0 & 0\\-1 & -4 & 0\end{pmatrix}\begin{bmatrix}0 & 1 & 1\\1 & 0 & 0\\0 & 1 & 0\end{bmatrix}^{-1}=\begin{pmatrix}0 & -4 & 0\\0 & -1 & -4\end{pmatrix}$$

方法二：基于 Riccati 代数方程实现系统的镇定。

针对系统$(\boldsymbol{A},\boldsymbol{B})$给出一个 Riccati 代数方程

$$\boldsymbol{A}^{\mathrm{T}}\boldsymbol{P}+\boldsymbol{P}\boldsymbol{A}-\boldsymbol{P}\boldsymbol{B}\boldsymbol{B}^{\mathrm{T}}\boldsymbol{P}+\boldsymbol{Q}=\boldsymbol{0} \tag{6-111}$$

式中，$\boldsymbol{Q}\in\mathbf{R}^{n\times n}$ 为对称正定矩阵。假设$(\boldsymbol{A},\boldsymbol{B})$可稳，则该 Riccati 代数方程的解阵 $\boldsymbol{P}$ 为唯一非负定的，且满足 $\boldsymbol{A}-\boldsymbol{B}\boldsymbol{B}^{\mathrm{T}}\boldsymbol{P}$ 稳定。

事实上，将式(6-111)改写成

$$(\boldsymbol{A}-\boldsymbol{B}\boldsymbol{B}^{\mathrm{T}}\boldsymbol{P})^{\mathrm{T}}\boldsymbol{P}+\boldsymbol{P}(\boldsymbol{A}-\boldsymbol{B}\boldsymbol{B}^{\mathrm{T}}\boldsymbol{P})+\boldsymbol{P}\boldsymbol{B}\boldsymbol{B}^{\mathrm{T}}\boldsymbol{P}+\boldsymbol{Q}=\boldsymbol{0} \tag{6-112}$$

若 $\boldsymbol{A}-\boldsymbol{B}\boldsymbol{B}^{\mathrm{T}}\boldsymbol{P}$ 有某特征值λ 具有非负实部，记其对应的特征向量为 $\boldsymbol{x}$，则依定义有

$$(\boldsymbol{A}-\boldsymbol{B}\boldsymbol{B}^{\mathrm{T}}\boldsymbol{P})^{\mathrm{T}}\boldsymbol{x}=\lambda\boldsymbol{x} \tag{6-113}$$

对式(6-112)两边左乘 $\boldsymbol{x}^*$、右乘 $\boldsymbol{x}$，并计及式(6-113)，得

$$2\mathrm{Re}(\lambda)\boldsymbol{x}^{*\mathrm{T}}\boldsymbol{P}\boldsymbol{x}+\boldsymbol{x}^{*\mathrm{T}}\boldsymbol{P}\boldsymbol{B}\boldsymbol{B}^{\mathrm{T}}\boldsymbol{P}\boldsymbol{x}+\boldsymbol{x}^{*\mathrm{T}}\boldsymbol{Q}\boldsymbol{x}=0 \tag{6-114}$$

若 $\boldsymbol{P}$ 为非负定的，$\mathrm{Re}(\lambda)>0$，所以上式的三项均非负，故必全为 0，而 $\boldsymbol{x}^{*\mathrm{T}}\boldsymbol{Q}\boldsymbol{x}=0$ 与 $\boldsymbol{Q}$ 正定对称矛盾。这表明，$\boldsymbol{A}-\boldsymbol{B}\boldsymbol{B}^{\mathrm{T}}\boldsymbol{P}$ 不能具有非负实部的特征值，故其必稳定。

另外，这里的解阵 $\boldsymbol{P}$ 也是唯一的。假设有两个不同非负定对称的解阵 $\boldsymbol{P}_1$，$\boldsymbol{P}_2$，则它们满足式，即

$$\boldsymbol{A}^{\mathrm{T}}\boldsymbol{P}_1+\boldsymbol{P}_1\boldsymbol{A}-\boldsymbol{P}_1\boldsymbol{B}\boldsymbol{B}^{\mathrm{T}}\boldsymbol{P}_1+\boldsymbol{Q}=\boldsymbol{0} \tag{6-115}$$

$$\boldsymbol{A}^{\mathrm{T}}\boldsymbol{P}_2+\boldsymbol{P}_2\boldsymbol{A}-\boldsymbol{P}_2\boldsymbol{B}\boldsymbol{B}^{\mathrm{T}}\boldsymbol{P}_2+\boldsymbol{Q}=\boldsymbol{0} \tag{6-116}$$

两式相减，得

$$(\boldsymbol{A}-\boldsymbol{B}\boldsymbol{B}^{\mathrm{T}}\boldsymbol{P}_1)^{\mathrm{T}}(\boldsymbol{P}_1-\boldsymbol{P}_2)+(\boldsymbol{P}_1-\boldsymbol{P}_2)(\boldsymbol{A}-\boldsymbol{B}\boldsymbol{B}^{\mathrm{T}}\boldsymbol{P}_2)=\boldsymbol{0} \tag{6-117}$$

由于 $\boldsymbol{A}-\boldsymbol{B}\boldsymbol{B}^{\mathrm{T}}\boldsymbol{P}_1$，$\boldsymbol{A}-\boldsymbol{B}\boldsymbol{B}^{\mathrm{T}}\boldsymbol{P}_2$ 均是稳定的，故二者无互为相反数的特征值，由此表明只有当 $\boldsymbol{P}_1-\boldsymbol{P}_2=\boldsymbol{0}$ 时，式(6-117)成立，所以 $\boldsymbol{P}$ 是唯一的。

由上面的结论，总结基于 Riccati 代数方程实现系统的镇定的步骤。

ⅰ.对任意给定的 $\boldsymbol{Q}\in\mathbf{R}^{n\times n}$ 阵，解式(6-111)。若有解，进行第ⅱ步，否则镇定律不存在。

ⅱ.按上面的论述过程，显然取 $\boldsymbol{K}=-\boldsymbol{B}^{\mathrm{T}}\boldsymbol{P}$ 便是状态反馈增益。

本算法实际上与线性系统的二次型最优控制问题有直接联系。注意，这里 $\boldsymbol{Q}$ 的选取将决定着可控部分极点的位置。

思考　为什么讲"$\boldsymbol{Q}$ 的选取将决定着可控部分极点的位置"？

6.9.3　输出反馈可镇定条件

对于系统(6-100)能控且能观时，系统的输出可镇定性取决于极点是否可以通过输出反

馈配置到左半平面。这里主要是考虑到对于能控且能观的系统并不能通过输出反馈任意配置极点，所以有可能不能保证能控且能观系统一定能用输出反馈镇定。

对于系统(6-100)不是能控且能观时，将其按能控能观性进行分解，为

$$
\begin{aligned}
\dot{\bar{\boldsymbol{x}}} &= \begin{pmatrix} \bar{\boldsymbol{A}}_{co} & \boldsymbol{0} & \bar{\boldsymbol{A}}_{13} & \boldsymbol{0} \\ \bar{\boldsymbol{A}}_{21} & \bar{\boldsymbol{A}}_{c\bar{o}} & \bar{\boldsymbol{A}}_{23} & \bar{\boldsymbol{A}}_{24} \\ \boldsymbol{0} & \boldsymbol{0} & \bar{\boldsymbol{A}}_{\bar{c}o} & \boldsymbol{0} \\ \boldsymbol{0} & \boldsymbol{0} & \bar{\boldsymbol{A}}_{43} & \bar{\boldsymbol{A}}_{\bar{c}\bar{o}} \end{pmatrix} \bar{\boldsymbol{x}} + \begin{pmatrix} \bar{\boldsymbol{B}}_{co} \\ \bar{\boldsymbol{B}}_{c\bar{o}} \\ \boldsymbol{0} \\ \boldsymbol{0} \end{pmatrix} \boldsymbol{u} \\
\boldsymbol{y} &= (\bar{\boldsymbol{C}}_{co} \quad \boldsymbol{0} \quad \bar{\boldsymbol{C}}_{\bar{c}o} \quad \boldsymbol{0}) \bar{\boldsymbol{x}}
\end{aligned}
\tag{6-118}
$$

其中，$\bar{\boldsymbol{A}}_{co} \in \mathbf{R}^{n_1 \times n_1}$，$\bar{\boldsymbol{A}}_{c\bar{o}} \in \mathbf{R}^{n_2 \times n_2}$，$\bar{\boldsymbol{A}}_{\bar{c}o} \in \mathbf{R}^{n_3 \times n_3}$，$\bar{\boldsymbol{A}}_{\bar{c}\bar{o}} \in \mathbf{R}^{n_4 \times n_4}$。显然两者是代数等价的，所以

$$
\boldsymbol{\Lambda}(\boldsymbol{A}) = \boldsymbol{\Lambda}(\bar{\boldsymbol{A}}_{co}) \cup \boldsymbol{\Lambda}(\bar{\boldsymbol{A}}_{c\bar{o}}) \cup \boldsymbol{\Lambda}(\bar{\boldsymbol{A}}_{\bar{c}o}) \cup \boldsymbol{\Lambda}(\bar{\boldsymbol{A}}_{\bar{c}\bar{o}}) \tag{6-119}
$$

对于 $\boldsymbol{\Lambda}(\bar{\boldsymbol{A}}_{co})$ 所含的能控且能观振型(模态)集，是可以通过 $\boldsymbol{u} = \boldsymbol{F}\boldsymbol{y}$ 的作用进行配置，但并不是任意配置。而对于 $\boldsymbol{\Lambda}(\bar{\boldsymbol{A}}_{c\bar{o}}) \cup \boldsymbol{\Lambda}(\bar{\boldsymbol{A}}_{\bar{c}o}) \cup \boldsymbol{\Lambda}(\bar{\boldsymbol{A}}_{\bar{c}\bar{o}})$ 的非空特征值集合，不能通过输出反馈实现极点配置。输出反馈可镇定条件是能控能观部分是输出反馈能镇定的，其余子系统是渐近稳定的。

思考 将分解后式(6-118)对应的输出反馈闭环系统写出后，很容易得到上述结论。

思考 证明：在输出矩阵 $\boldsymbol{C}$ 非奇异情况下，线性时不变系统或基于输出反馈镇定的充要条件是系统可由状态反馈镇定。并且在定出状态反馈镇定的反馈阵 $\boldsymbol{K}$ 后，输出反馈镇定的反馈阵 $\boldsymbol{F} = \boldsymbol{K}\boldsymbol{C}^{-1}$。

例 6-17 分析输出反馈是否可以奏效。

设系统如下，试分析是否能以通过输出反馈使之镇定。

$$
\dot{\boldsymbol{x}} = \begin{pmatrix} 0 & 1 & 0 \\ 0 & 0 & -1 \\ -1 & 0 & 0 \end{pmatrix} \boldsymbol{x} + \begin{pmatrix} 0 \\ 1 \\ 0 \end{pmatrix} u, \quad y = \begin{pmatrix} 1 & 0 & 0 \\ 0 & 0 & 1 \end{pmatrix} \boldsymbol{x}
$$

解 易验证，该系统是能控且能观的，但从特征多项式 $|s\boldsymbol{I} - \boldsymbol{A}| = s^3 - 1$ 可以看出各系数异号且缺项，故系统不稳定的。假设引入的输出反馈阵 $\boldsymbol{F} = (f_0 \quad f_1)$，则有

$$
\boldsymbol{A} + \boldsymbol{b}\boldsymbol{F}\boldsymbol{c} = \begin{pmatrix} 0 & 1 & 0 \\ f_0 & 0 & -1 + f_1 \\ -1 & 0 & 0 \end{pmatrix}
$$

对应的特征多项式为 $\det(s\boldsymbol{I} - (\boldsymbol{A} + \boldsymbol{b}\boldsymbol{F}\boldsymbol{c})) = s^3 - f_0 s + (f_1 - 1)$。根据 Routh 判据，特征多项式缺 s^2，所以无论如何选择输出反馈阵都没法使系统镇定。

6.10 线性时不变系统解耦控制

6.10.1 解耦问题的背景与提法

1. 耦合的概念与描述

在导弹、卫星、机器人、化工过程(液位、流量、压力、温度)等对象中普遍存在着若干个控制回路，回路之间相互关联，相互影响，即一个控制量的变化同时引起几个被控制量变化，这种现

象称之为耦合。图 6-23 是一个有严重耦合的流量与压力工业过程控制系统。显然，耦合造成了改善系统性能的困难。

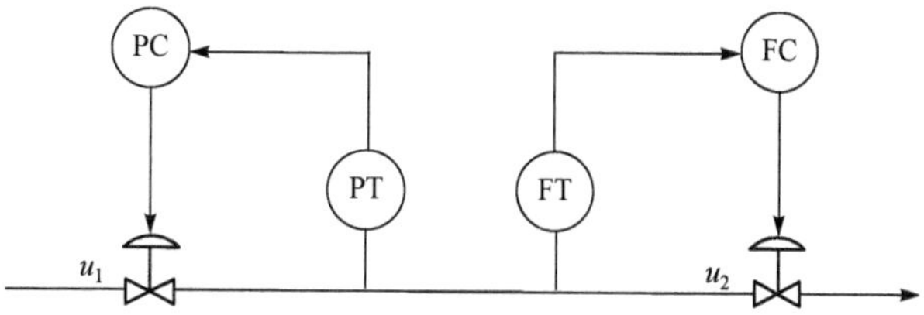

图 6-23　关联严重的流量、压力工业过程控制系统

系统中各变量之间关联程度是不一样的，那么如何判断多变量过程中各变量的耦合程度？这里引入"相对增益"的概念，它定义为：令某一通道在其他系统均为开环时的放大系数与该通道在其他系统均为闭环时的放大系数之比 λ_{ij}，即

$$\lambda_{ij}=\frac{\partial y_i/\partial u_j\,|_{u_k=C}}{\partial y_i/\partial u_j\,|_{y_k=C}} \tag{6-120}$$

相对增益 λ_{ij} 表达了 u_j 相对于过程中其他调节量对该被控量 y_i 而言的增益（$u_j\to y_i$）。式中，分子表示除 $u_j\to y_i$ 通道外，其他通道全部断开（开环）时所得到的 $u_j\to y_i$ 通道的静态增益，即调节量 u_j 改变了 Δu_j 所得到的 y_i 的变化量 Δy_i 与 Δu_j 之比，其他调节量 $u_k(k\neq j)$ 均不变；分母表示除 $u_j\to y_i$ 通道外，其他通道均闭合（闭环）时所得，$u_j\to y_i$ 通道的静态增益，即只改变被控量 y_i 所得到的变化量 Δy_i 与 u_j 的变化量 Δu_j 之比，其他被控量保持 $y_k(k\neq j)$ 不变。由相对增益 λ_{ij} 元素构成的相对增益矩阵 Λ，称为 Briistol 阵列。

$$\boldsymbol{\Lambda}=\begin{pmatrix}\lambda_{11} & \lambda_{12} & \cdots & \lambda_{1n}\\ \lambda_{21} & \lambda_{22} & \cdots & \lambda_{2n}\\ \vdots & \vdots & & \vdots\\ \lambda_{n1} & \lambda_{n2} & \cdots & \lambda_{nn}\end{pmatrix} \tag{6-121}$$

对于多输入多输出系统的静态特性矩阵一般写成

$$\boldsymbol{y}=\boldsymbol{Mu} \tag{6-122}$$

式中，$\boldsymbol{M}=\left[\frac{\partial y_i}{\partial u_j}\bigg|_{u_k=C}\right]_{q\times p}=\begin{bmatrix}k_{11} & \cdots & k_{1p}\\ \vdots & & \vdots\\ k_{q1} & \cdots & k_{qp}\end{bmatrix}$。

考虑到，输入与输出个数相同，所以 $\boldsymbol{M}$ 矩阵是方的，且设 $\boldsymbol{M}$ 有逆矩阵存在，则

$$\boldsymbol{u}=\boldsymbol{M}^{-1}\boldsymbol{y} \tag{6-123}$$

考虑到 $u_j=\sum_{i=1}^{q}\frac{\partial u_j}{\partial y_i}\bigg|_{y_k=C}y_i$，所以 $\boldsymbol{M}^{-1}=\left[\frac{\partial u_j}{\partial y_i}\bigg|_{y_k=C}\right]_{p\times p}\triangleq\boldsymbol{C}^{\mathrm{T}}$。而 $\lambda_{ij}=\frac{\partial y_i/\partial u_j\,|_{u_k=C}}{\partial y_i/\partial u_j\,|_{y_k=C}}=\frac{\partial y_i}{\partial u_j}\bigg|_{u_k=C}\frac{\partial u_j}{\partial y_i}\bigg|_{y_k=C}$，因此相对增益矩阵是 $\boldsymbol{M}$ 矩阵与 $\boldsymbol{C}$ 矩阵中各自对应（第 i 行，第 j 列）元素的相乘，写成

$$\boldsymbol{\Lambda}=\boldsymbol{M}*(\boldsymbol{M}^{-1})^{\mathrm{T}} \tag{6-124}$$

故只要知道了所有的开环放大系数 k_{ij}，相对增益都可以求出。

例 6-18　求其相对增益。

图 6-24 是一个关联严重的流量、压力工业过程双变量静态耦合系统，求其相对增益。

解 由该系统的结构，可得

$$y_1=k_{11}u_1+k_{12}u_2$$

$$y_2=k_{21}u_1+k_{22}u_2$$

$$\left.\frac{\partial y_1}{\partial u_1}\right|_{u_2=C}=k_{11},\left.\frac{\partial y_1}{\partial u_1}\right|_{y_2=C}=\frac{k_{11}k_{22}-k_{12}k_{21}}{k_{22}},$$

$$\lambda_{11}=\frac{\partial y_1/\partial u_1\mid_{u_k=C}}{\partial y_1/\partial u_1\mid_{y_k=C}}=\frac{k_{11}k_{22}}{k_{11}k_{22}-k_{12}k_{21}}$$

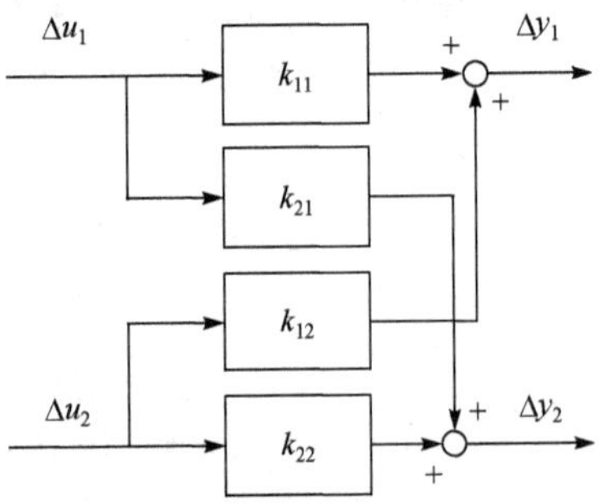

图 6-24 关联严重的流量、压力工业过程双变量静态耦合图

同理，可求

$$\lambda_{22}=\lambda_{11}=\frac{\partial y_1/\partial u_1\mid_{u_k=C}}{\partial y_1/\partial u_1\mid_{y_k=C}}=\frac{k_{11}k_{22}}{k_{11}k_{22}-k_{12}k_{21}}$$

$$\lambda_{12}=\lambda_{21}=\frac{-k_{12}k_{21}}{k_{11}k_{22}-k_{12}k_{21}}$$

由此，Briistol 阵列为

	u_1	u_2
y_1	λ_{11}	λ_{12}
y_2	λ_{21}	λ_{22}

同样，也可以利用相对增益矩阵的方法进行计算。

下面对相对增益说明几点：

ⅰ. 相对增益阵列中，每行和每列的元素之和为 1。这个基本性质在 2×2 变量系统中特别有用。只要知道了阵列中任何一个元素，其他元素可立即求出。上例中压力和流量系统就是此种情况。

当 $\lambda_{11}=0.5$ 时，$\lambda=\begin{bmatrix}0.5 & 0.5\\0.5 & 0.5\end{bmatrix}$；当 $\lambda_{11}=1.2$ 时，$\lambda=\begin{bmatrix}1.2 & -0.2\\-0.2 & 1.2\end{bmatrix}$。

ⅱ. 在相对增益阵列中所有元素为正时，称之为正耦合。在相对增益阵中只要有一元素为负，称之为负耦合。对于 2×2 变量系统，当 k_{11} 与 k_{22} 同号（都为正或都为负），k_{12} 与 k_{21} 中一正一负时，λ_{ij} 都为正值，且 $\lambda_{ij}\leqslant 1$，属正耦合系统。

ⅲ. 相对增益所反映的耦合特性以及"变量配对"措施。下面以 2×2 变量系统为例讨论。

当 $\lambda_{11}<0$ 时，第二个回路的断开或闭合将会对 y_1 有相反的作用，两个控制回路将会以"相互不相容"的方式进行关联，如 y_1 与 u_1 配对，将造成闭环系统的不稳定。所以不要采用负值配对方式。

当 $\lambda_{11}=0$ 时，u_1 对 y_1 没有任何控制作用，不能配对。

当 $0<\lambda_{11}<1$ 时，第二通道与第一通道存在不同程度的耦合，特别当 $\lambda_{11}=0.5$ 时，两回路存在相同的耦合。此时无论怎样变量配对，耦合均不能解除，必须进行解耦。

当 $\lambda_{11}=1$ 时，第二通道对第一通道无耦合作用，y_1 对 u_1 的变量配对合适，不存在静态关联，此时采用两个单一控制器。反过来讲，当采用两个单一的控制器时，变量 u_1 与被控变量 y_1 间的匹配应使两者间的尽量接近 1。

当 $\lambda_{11}>1$，闭合第二个回路将减小 y_1 和 u_1 之间的增益，说明回路间有耦合。λ_{11} 增加，耦合程度随之增加，大到一定程度将不能独立控制两个输出变量。

ⅳ. Briistol 阵列没有考虑动态项的影响，因此按此作出的结论带有一定的局限性，不过一般情况下仍可作为设计的依据。

2. 解耦问题的提法

考虑 MIMO 连续线性定常系统

$$\begin{aligned}\dot{x}&=Ax+Bu\ ,x(0)=x_0,\ t\geqslant 0\\ y&=Cx\end{aligned}\tag{6-125}$$

其中，A 为 $n\times n$ 阵，B 为 $n\times p$ 阵，C 为 $q\times n$ 阵。为讨论方便，假设输出与输入变量个数相同（即 $p=q$）。解耦就是消除或减小系统之间的相互耦合，使各系统成为独立的互不相关或弱相关的控制回路。所以解耦通常围绕以下两个问题开展：如何最大限度地减少耦合程度？在什么情况下必须进行解耦设计，又如何设计？

减小耦合有三种方法，即选择变量配对、调整控制器参数和减少控制回路。后两者一般是在前者之后自然要做的事情。所以这里重点介绍被控变量与调节变量间的正确匹配。

在耦合非常严重的情况下，最有效的方法是采用多变量系统的解耦设计。可以从时域和频域两个角度设计解耦器。前者一般基于状态空间方法，后者一般基于传递函数方法。解耦器又分动态解耦器和静态解耦器。

（1）动态解耦的提法。

基于状态空间的方法，引入状态反馈结合输入变换的控制规律，即取

$$u=Kx+Lv\tag{6-126}$$

由此，得到闭环系统

$$\begin{aligned}\dot{x}&=(A+BK)x+BLv\\ y&=Cx\end{aligned}\tag{6-127}$$

解耦就是系统转化成非奇异的对角线有理分式阵，即

$$W_F(s)=C(sI-A-BK)^{-1}BL=\begin{pmatrix}w_{F11}(s)&&&\\&w_{F22}(s)&&\\&&\ddots&\\&&&w_{Fpp}(s)\end{pmatrix},w_{Fii}(s)\neq 0\tag{6-128}$$

这样将使输出变量和参考输入变量之间有一一对应关系

$$y_i(s)=w_{Fii}(s)v_i(s),i=1,2,\cdots,p\tag{6-129}$$

实际上，该式意味着在过渡过程和稳态，交叉耦合关系均消除了。这就称之为动态解耦，可以说它是一种基于时间补偿的解耦方法。

基于传递函数的方法，通过串联传递函数补偿实现指定的对角元非零解耦。

（2）静态解耦的提法。

动态解耦对于许多系统是不能实现的，退一步，只要求输入和输出在系统的输出响应到达稳态之后是解耦的，即引入状态反馈结合输入变换的控制规律式(6-126)使闭环系统式(6-127)渐近稳定，且满足

$$\lim_{s\to 0}W_F(s)=\begin{pmatrix}w_{F11}(0)&&&\\&w_{F22}(0)&&\\&&\ddots&\\&&&w_{Fpp}(0)\end{pmatrix},w_{Fii}(0)\neq 0\tag{6-130}$$

这种静态解耦只适用于参考输入是阶跃信号 $v(t)=(\beta_1\cdot 1(t)\quad \beta_2\cdot 1(t)\quad \cdots\quad \beta_p\cdot 1(t))^{\mathrm{T}}$ 的情况。利用拉氏终值定理，在系统渐近稳定的前提下，可得到系统为稳态时的输出

$$\lim_{s\to\infty}\boldsymbol{y}=\lim_{s\to 0}sW_F(s)\begin{pmatrix}\beta_1\\ \vdots\\ \beta_p\end{pmatrix}\frac{1}{s}=\begin{pmatrix}w_{F11}(0)\beta_1\\ \vdots\\ w_{Fpp}(0)\beta_p\end{pmatrix}\tag{6-131}$$

这表明，当系统实现静态解耦时，对于分量为阶跃信号的参考输入，可以做到稳态下每个输出都只受同序号的一个输入的完全控制，可以说它是一种基于幅值补偿的解耦方法。

6.10.2 被控变量与调节变量间正确匹配

被控变量与调节变量间正确匹配，是最简单的有效手段，理论上在前面已分析过，在此举例 2 个例子加以说明。需要注意的是，相对增益阵列没有考虑动态项的影响，一般只是针对静态情况下得到的，不过仍可作为设计的参考依据。

例 6-19 关联程度分析与输入输出匹配。

图 6-25 所示为混合器浓度和流量控制系统，原料分别以流量 Q_A，Q_B 流入并混合，阀门由 u_1，u_2 分别控制，以流量 Q_O 和浓度 C 为被控量，浓度 C 要求控制在 75%。分析这个系统的关联程度，以及这样匹配是否合理。

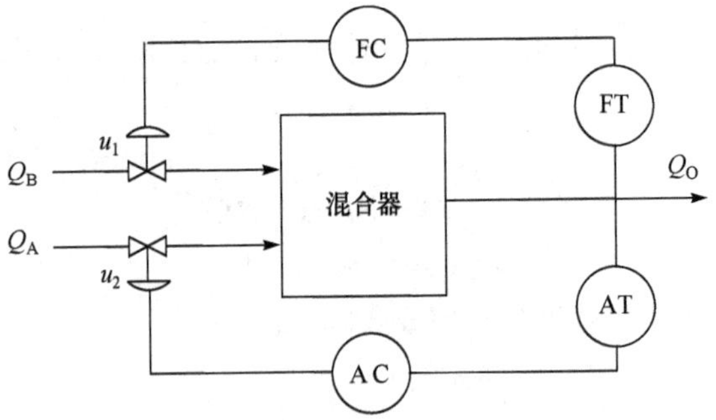

图 6-25 混合器浓度和流量控制系统

解 对于这个系统有

$$Q_O=Q_A+Q_B, C=Q_A/Q_O$$

根据图中所示匹配，首先求取相对增益 λ_{11}（浓度 C 与 Q_A 配对）的分子项

$$\left.\frac{\partial C}{\partial Q_A}\right|_{Q_B}=\left.\frac{\partial(Q_A/(Q_A+Q_B))}{\partial Q_A}\right|_{Q_B}=\frac{1-C}{Q_O}$$

其次求取 λ_{11} 的分母项

$$\left.\frac{\partial C}{\partial Q_A}\right|_{Q_O}=\left.\frac{\partial(Q_A/Q_O)}{\partial Q_A}\right|_{Q_O}=\frac{1}{Q_O}$$

因此可求得

$$\lambda_{11}=\frac{\left.\dfrac{\partial C}{\partial Q_A}\right|_{Q_B}}{\left.\dfrac{\partial C}{\partial Q_A}\right|_{Q_O}}=\frac{\dfrac{1-C}{Q_O}}{\dfrac{1}{Q_O}}=1-C=0.25$$

所以系统的相对增益阵列为

	Q_A	Q_B
C	0.25	0.75
Q_O	0.75	0.25

由相对增益阵列可知题图中所示匹配是不合理的，可以重新配匹，组成按出口浓度 C 通过 u_2 来控制 Q_B，而按出口流量 Q_O 通过 u_1 来控制 Q_A 的系统，如图 6-26 所示，这样系统的耦合影响就小得多了。从相对增益矩阵，可以看出，当 Q_B 有增量 ΔQ_B 时，它将造成 $0.75\Delta C$ 和 $0.25\Delta Q_O$ 的增量，$0.25\Delta Q_O$ 的增量耦合到第一通道的输入为 $(0.25/3)\Delta Q_A$，因此在两个通道间传递的耦合作用逐渐衰减至 0，这时耦合是收敛的。相反如果仍然采用题图所示的配对关系，则耦合发散，过程将变为不稳定。

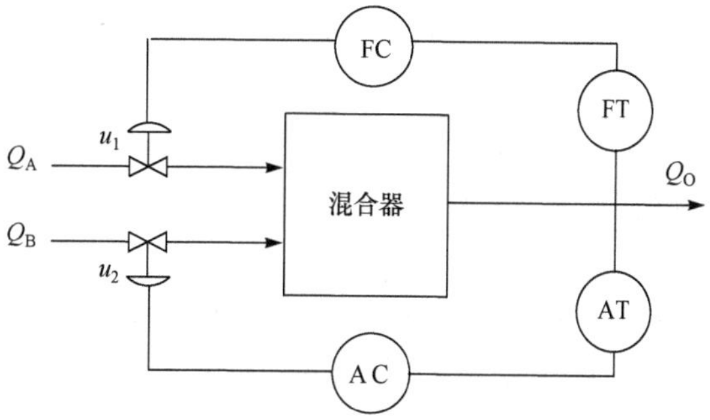

图 6-26　正确匹配的混合器浓度和流量控制系统

例 6-20　关联程度分析与输入输出匹配。

图 6-27(a)所示为三种流体的混合过程。图中阀门 V_1 控制 100℃原料 1 的流量，开度为 u_1，阀门 V_2 控制 200℃原料 2 的流量，开度为 u_2，阀门 V_3 控制 100℃原料 3 的流量，开度为 u_3，假设三个通道配置相同，阀门为线性(系数为 K)，三种原料的热容也相同(设为 C)。要求控制的参数是混合后流体的热量(Q_{11}，Q_{22})和总流量 q。分析图 6-27(b)选择的控制通道是否合理。

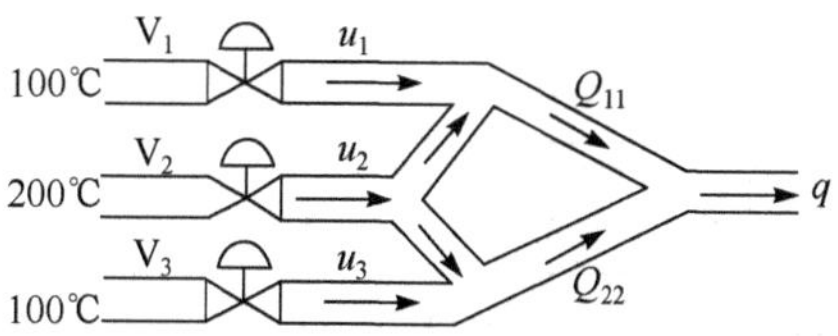

(a) 三种流体的混合过程

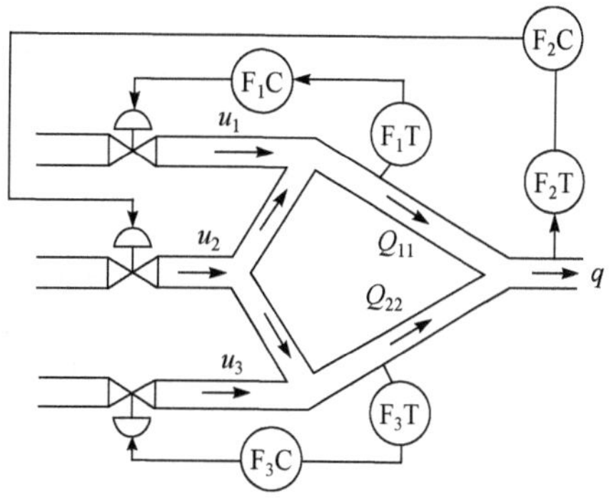

(b) 某控制通道方案

图 6-27　三种流体的混合过程及控制方案

解　为方便计算，令 $K=1$，$C=1$。计算变量间的关系

$$Q_{11}=K\times\frac{u_1}{100}\times C\times 100+\frac{1}{2}\times K\times\frac{u_2}{100}\times C\times 200=u_1+u_2$$

$$q=K\times u_1+K\times u_2+K\times u_3=u_1+u_2+u_3$$

$$Q_{22}=K\times\frac{u_3}{100}\times C\times 100+\frac{1}{2}\times K\times\frac{u_2}{100}\times C\times 200=u_3+u_2$$

求分子放大系数矩阵

$$\boldsymbol{M}=\begin{pmatrix}\dfrac{\partial Q_{11}}{\partial u_1} & \dfrac{\partial Q_{11}}{\partial u_2} & \dfrac{\partial Q_{11}}{\partial u_3}\\ \dfrac{\partial q}{\partial u_1} & \dfrac{\partial q}{\partial u_2} & \dfrac{\partial q}{\partial u_3}\\ \dfrac{\partial Q_{22}}{\partial u_1} & \dfrac{\partial Q_{22}}{\partial u_2} & \dfrac{\partial Q_{22}}{\partial u_2}\end{pmatrix}=\begin{pmatrix}1 & 1 & 0\\ 1 & 1 & 1\\ 0 & 1 & 1\end{pmatrix},\boldsymbol{M}^{-1}=\begin{pmatrix}0 & 1 & -1\\ 1 & -1 & 1\\ -1 & 1 & 0\end{pmatrix}$$

所以相对增益阵列为 $\boldsymbol{\Lambda}=\boldsymbol{M}*(\boldsymbol{M}^{-1})^{\mathrm{T}}=\begin{pmatrix}0 & 1 & 0\\ 1 & -1 & 1\\ 0 & 1 & 0\end{pmatrix}$。

从得到的 $\boldsymbol{\Lambda}$ 阵可以看出，最初选择的控制通道是错误的，$\boldsymbol{\Lambda}$ 矩阵的三个对角线元中，两个为 0，一个为 −1。这表明，u_1 对 Q_{11} 和 u_3 对 Q_{22} 没有控制能力，而 u_2 对 q 则形成负耦合，u_2 的增加会引起 u_1 和 u_3 的减少，它们会使 q 减少，而使 u_2 继续增加，形成一个不断发散的变化过程。所以本例的控制通道可以按如下两种方式选择：u_1-q，$u_2-Q_{11}(Q_{22})$；u_3-q，$u_2-Q_{11}(Q_{22})$。

6.10.3 输入输出动态解耦与算法

1. 基于传递函数阵的分析解耦法——频域法

频域解耦方法又包括前馈补偿解耦法、对角阵解耦法、串联补偿反馈解耦法。下面分别介绍。为讨论方便，以下讨论均以 2×2 系统为例进行。

(1) 前馈补偿解耦法。

前馈补偿解耦法如图 6-28 所示，图中 $\boldsymbol{W}_{\mathrm{p}}(s)$ 是对象模型，$\boldsymbol{W}_{\mathrm{d}}(s)$ 是其前馈补偿解耦装置。

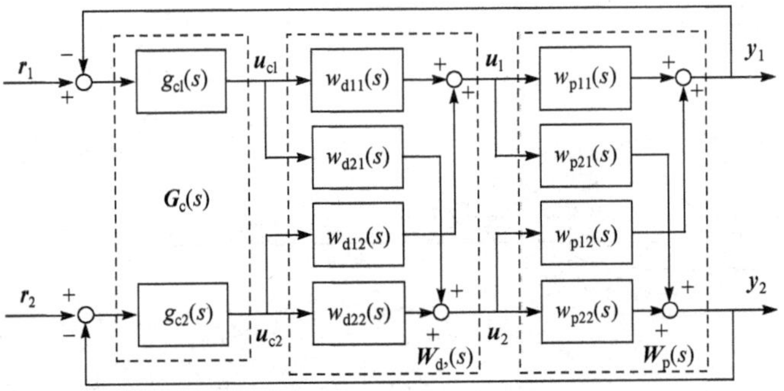

图 6-28 前馈补偿解耦法示意图

为了实现 u_{c1} 与 y_2、u_{c2} 与 y_1 之间的解耦，考查由图所示的传递关系，有

$$\begin{aligned}&w_{\mathrm{p21}}(s)w_{\mathrm{d11}}(s)u_{\mathrm{c1}}(s)+w_{\mathrm{p22}}(s)w_{\mathrm{d21}}(s)u_{\mathrm{c1}}(s)=0\\&w_{\mathrm{p12}}(s)w_{\mathrm{d22}}(s)u_{\mathrm{c2}}(s)+w_{\mathrm{p11}}(s)w_{\mathrm{d12}}(s)u_{\mathrm{c2}}(s)=0\end{aligned}\tag{6-132}$$

两个方程，4 个未知有理分式，显然有多解。一般令 $w_{\mathrm{d11}}(s)=w_{\mathrm{d22}}(s)=1$，便可得

$$\begin{aligned}w_{\mathrm{d21}}(s)&=-w_{\mathrm{p21}}(s)/w_{\mathrm{p22}}(s)\\w_{\mathrm{d12}}(s)&=-w_{\mathrm{p12}}(s)/w_{\mathrm{p11}}(s)\end{aligned}\tag{6-133}$$

显然，这种方法只规定对角线以外的元素为零，并不指定对角元是什么样的结构。同时也应注意到此补偿器对过程特性的依赖性较大。此外，当输入-输出变量较多时，则不宜采用此方法。

对解耦后的 2 个 SISO 系统，分别设计相应的闭环控制器 $g_{\mathrm{c1}}(s)$ 和 $g_{\mathrm{c2}}(s)$，实现性能指标要求。

(2) 对角阵解耦法。

对角阵解耦要求被控对象特性矩阵与解耦环节矩阵的乘积等于对角阵，并且其对角元可以选原对象传递函数阵的对角元，也可以选为单位阵。它也是一种前馈解耦法，只是解耦后的对角元被事先确定而已。

若对角元可以选原对象传递函数阵的对角元，按图 6-28，即得

$$\begin{bmatrix} w_{p11}(s) & w_{p12}(s) \\ w_{p21}(s) & w_{p22}(s) \end{bmatrix}\begin{bmatrix} w_{d11}(s) & w_{d12}(s) \\ w_{d21}(s) & w_{d22}(s) \end{bmatrix}=\begin{bmatrix} w_{p11}(s) & 0 \\ 0 & w_{p22}(s) \end{bmatrix} \tag{6-134}$$

假设对象传递矩阵 $\boldsymbol{W}_{p}(s)$ 为非奇异阵，则

$$\begin{bmatrix} w_{d11}(s) & w_{d12}(s) \\ w_{d21}(s) & w_{d22}(s) \end{bmatrix}=\begin{bmatrix} w_{p11}(s) & w_{p12}(s) \\ w_{p21}(s) & w_{p22}(s) \end{bmatrix}^{-1}\begin{bmatrix} w_{p11}(s) & 0 \\ 0 & w_{p22}(s) \end{bmatrix} \tag{6-135}$$

即

$$\begin{bmatrix} w_{d11}(s) & w_{d12}(s) \\ w_{d21}(s) & w_{d22}(s) \end{bmatrix}=\begin{bmatrix} \dfrac{w_{p11}(s)w_{p22}(s)}{w_{p11}(s)w_{p22}(s)-w_{p12}(s)w_{p21}(s)} & \dfrac{-w_{p22}(s)w_{p12}(s)}{w_{p11}(s)w_{p22}(s)-w_{p12}(s)w_{p21}(s)} \\ \dfrac{-w_{p11}(s)w_{p21}(s)}{w_{p11}(s)w_{p22}(s)-w_{p12}(s)w_{p21}(s)} & \dfrac{w_{p11}(s)w_{p22}(s)}{w_{p11}(s)w_{p22}(s)-w_{p12}(s)w_{p21}(s)} \end{bmatrix} \tag{6-136}$$

若对角阵选为单位阵，则易得

$$\begin{bmatrix} w_{d11}(s) & w_{d12}(s) \\ w_{d21}(s) & w_{d22}(s) \end{bmatrix}=\begin{bmatrix} \dfrac{w_{p22}(s)}{w_{p11}(s)w_{p22}(s)-w_{p12}(s)w_{p21}(s)} & \dfrac{-w_{p12}(s)}{w_{p11}(s)ww_{p22}(s)-w_{p12}(s)w_{p21}(s)} \\ \dfrac{-w_{p21}(s)}{w_{p11}(s)w_{p22}(s)-w_{p12}(s)w_{p21}(s)} & \dfrac{w_{p11}(s)}{w_{p11}(s)w_{p22}(s)-w_{p12}(s)w_{p21}(s)} \end{bmatrix} \tag{6-137}$$

(3)串联补偿反馈解耦法。

串联补偿反馈解耦法如图 6-29 所示，图中 $\boldsymbol{W}_{p}(s)$ 是对象模型，要设计一个传递函数矩阵为 $\boldsymbol{W}_{c}(s)$ 的串联补偿器，使得通过反馈矩阵 $\boldsymbol{H}$ 实现如图所示的闭环系统为解耦系统。

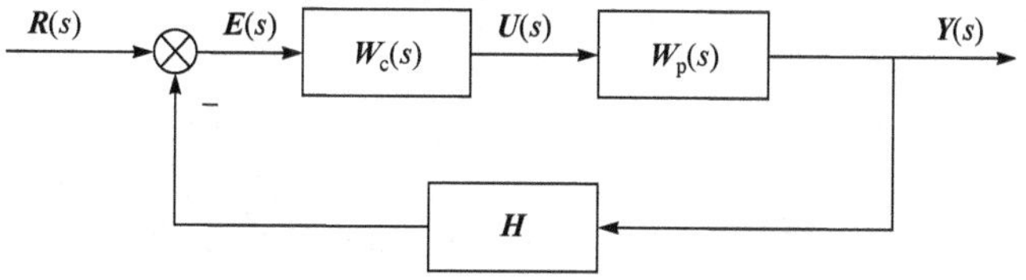

图 6-29　串联补偿反馈解耦法示意图

图示闭环系统的传递函数为

$$\boldsymbol{\Phi}(s)=[\boldsymbol{I}+\boldsymbol{W}(s)\boldsymbol{H}]^{-1}\boldsymbol{W}(s) \tag{6-138}$$

式中，$\boldsymbol{W}(s)=\boldsymbol{W}_{p}(s)\boldsymbol{W}_{c}(s)$。由此，得

$$\boldsymbol{W}(s)=\boldsymbol{\Phi}(s)[\boldsymbol{I}-\boldsymbol{H}\boldsymbol{\Phi}(s)]^{-1} \tag{6-139}$$

于是

$$\boldsymbol{W}_{c}(s)=\boldsymbol{W}_{p}^{-1}(s)\boldsymbol{W}(s)=\boldsymbol{W}_{p}^{-1}(s)\boldsymbol{\Phi}(s)[\boldsymbol{I}-\boldsymbol{H}\boldsymbol{\Phi}(s)]^{-1} \tag{6-140}$$

这就是串联补偿器的传递函数矩阵。特殊地，对于单位反馈矩阵，串联补偿器为

$$\boldsymbol{W}_{c}(s)=\boldsymbol{W}_{p}^{-1}(s)\boldsymbol{\Phi}(s)[\boldsymbol{I}-\boldsymbol{\Phi}(s)]^{-1} \tag{6-141}$$

将对角的期望闭环传递函数矩阵代入式(6-140)或式(6-141)，便可得串联补偿器。

需要注意的是采用上述基于复频域的解耦方法，一定要顾及其解耦控制器可实现性，一般

可在简化对象后，采用超前或滞后校正结构 $K\dfrac{T_1s+1}{T_2s+1}$。

例 6-21 复频域解耦。

已知某过程的传递函数如下，该系统中存在比较小的时间常数(考虑比例为 1∶8)，先将其简化，然后通过前馈补偿解耦法设计解耦装置，并求其静态解耦装置。

$$\boldsymbol{W}_{\mathrm{p}}(s)=\begin{pmatrix}\dfrac{2.6}{(2.7s+1)(0.3s+1)} & \dfrac{-1.6}{(2.7s+1)(0.2s+1)} & 0\\ \dfrac{1}{3.8s+1} & \dfrac{1}{4.5s+1} & 0\\ \dfrac{2.74}{0.2s+1} & \dfrac{2.6}{0.18s+1} & \dfrac{-0.87}{0.25s+1}\end{pmatrix}$$

解 将小时间常数忽略掉，简化动态模型如下：

$$\widetilde{\boldsymbol{W}}_{\mathrm{p}}(s)=\begin{pmatrix}\dfrac{2.6}{2.7s+1} & \dfrac{-1.6}{2.7s+1} & 0\\ \dfrac{1}{3.8s+1} & \dfrac{1}{4.5s+1} & 0\\ \dfrac{2.74}{1} & \dfrac{2.6}{1} & \dfrac{-0.87}{1}\end{pmatrix}\Rightarrow\widetilde{\boldsymbol{W}}_{\mathrm{p\_d}}(s)=\begin{pmatrix}\dfrac{2.6}{2.7s+1} & \dfrac{-1.6}{2.7s+1}\\ \dfrac{1}{3.8s+1} & \dfrac{1}{4.5s+1}\end{pmatrix}$$

按前馈补偿解耦法，令 $w_{\mathrm{d11}}(s)=w_{\mathrm{d22}}(s)=1$，而 $w_{\mathrm{d21}}(s)=-w_{\mathrm{p21}}(s)/w_{\mathrm{p22}}(s)=-\dfrac{4.5s+1}{3.8s+1}$，$w_{\mathrm{d12}}(s)=-w_{\mathrm{p12}}(s)/w_{\mathrm{p11}}(s)=\dfrac{1.6}{2.6}$。所以前馈补偿解耦装置和静态解耦装置分别为

$$\boldsymbol{W}_{\mathrm{d}}(s)=\begin{pmatrix}1 & \dfrac{1.6}{2.6}\\ -\dfrac{4.5s+1}{3.8s+1} & 1\end{pmatrix}\Rightarrow\boldsymbol{W}_{\mathrm{d}}(s)=\begin{pmatrix}1 & \dfrac{1.6}{2.6}\\ -1 & 1\end{pmatrix}$$

2.基于状态反馈的解耦法——时域法

(1) 传递函数阵的两个特征量——结构特性指数和结构特性向量。

设 $\boldsymbol{W}(s)$ 为一个 $q\times q$ 的严真传递函数阵，它的第 i 行传递函数向量表为

$$\boldsymbol{w}_i(s)=(\boldsymbol{w}_{i1}(s)\quad \boldsymbol{w}_{i2}(s)\quad \cdots\quad \boldsymbol{w}_{iq}(s))\tag{6-142}$$

再令 σ_{ij} 为 $\boldsymbol{w}_{ij}(s)$ 的分母多项式次数与分子多项式次数之差，则 $\boldsymbol{W}(s)$ 的第一个特征量(结构特性指数)定义为第 i 行传递函数向量中元素相对阶最小值

$$d_i=\min\{\sigma_{i1},\sigma_{i2},\cdots,\sigma_{iq}\}-1,i=1,2,\cdots,q\tag{6-143}$$

显然该特征量为非负整数。当 $\boldsymbol{W}(s)$ 给定之后，该特征量唯一确定。$\boldsymbol{W}(s)$ 的第二个特征量(结构特性向量)定义为

$$\boldsymbol{E}_i=\lim_{s\to\infty}s^{d_i+1}\boldsymbol{W}_i(s),i=1,2,\cdots,q\tag{6-144}$$

这两个特征量有一些属性：

ⅰ. 如果 $\boldsymbol{W}(s)$ 对应的状态空间描述为 $(\boldsymbol{A},\boldsymbol{B},\boldsymbol{C},\boldsymbol{D})$，且 $\boldsymbol{c}_i$ 表示 $\boldsymbol{C}$ 的第 i 个行向量，则

① $\boldsymbol{W}(s)$ 的第一个特征量可表示为

$$d_i=\begin{cases}\mu & \boldsymbol{c}_i\boldsymbol{A}^k\boldsymbol{B}=\boldsymbol{0},k=0,1,\cdots,\mu-1,\boldsymbol{c}_i\boldsymbol{A}^{\mu}\boldsymbol{B}\neq\boldsymbol{0}\\ n-1 & \boldsymbol{c}_i\boldsymbol{A}^k\boldsymbol{B}=\boldsymbol{0},k=0,1,\cdots,n-1\end{cases}\tag{6-145}$$

② $\boldsymbol{W}(s)$的第二个特征量可表示为

$$\boldsymbol{E}_i=\boldsymbol{c}_i\boldsymbol{A}^{d_i}\boldsymbol{B}\tag{6-146}$$

证明 利用$\boldsymbol{W}(s)=\boldsymbol{C}(s\boldsymbol{I}-\boldsymbol{A})^{-1}\boldsymbol{B}$,并计及预解矩阵$(s\boldsymbol{I}-\boldsymbol{A})^{-1}=\dfrac{1}{\alpha(s)}(\boldsymbol{R}_{n-1}s^{n-1}+\boldsymbol{R}_{n-2}s^{n-2}+\cdots+\boldsymbol{R}_1s+\boldsymbol{R}_0)$,可得

$$\boldsymbol{w}_i(s)=\frac{1}{\alpha(s)}(\boldsymbol{c}_i\boldsymbol{R}_{n-1}\boldsymbol{B}s^{n-1}+\boldsymbol{c}_i\boldsymbol{R}_{n-2}\boldsymbol{B}s^{n-2}+\cdots+\boldsymbol{c}_i\boldsymbol{R}_1\boldsymbol{B}s+\boldsymbol{c}_i\boldsymbol{R}_0\boldsymbol{B})\tag{6-147}$$

式中

$$\alpha(s)=\det(s\boldsymbol{I}-\boldsymbol{A})=s^n+\alpha_{n-1}s^{n-1}+\alpha_{n-2}s^{n-2}+\cdots+\alpha_1s+\alpha_0\tag{6-148}$$

$$\boldsymbol{R}_{n-1}=\boldsymbol{I},\boldsymbol{R}_{n-2}=\boldsymbol{A}+\alpha_{n-1}\boldsymbol{I},\boldsymbol{R}_{n-3}=\boldsymbol{A}^2+\alpha_{n-1}\boldsymbol{A}+\alpha_{n-2}\boldsymbol{I},\cdots,\boldsymbol{R}_0=\boldsymbol{A}^{n-1}+\alpha_{n-1}\boldsymbol{A}^{n-2}+\cdots+\alpha_1\boldsymbol{I}\tag{6-149}$$

但根据 d_i 的定义(6-143)知,$\boldsymbol{w}_i(s)$的各元传递函数相对阶最小值为 d_i+1,这表明式(6-147)中与 $s^{n-1},\cdots,s^{n-d_i}$ 相关的各系数矩阵均为零,而与 s^{n-d_i-1} 相关的系数矩阵必不为零,于是得

$$\boldsymbol{c}_i\boldsymbol{R}_{n-1}\boldsymbol{B}=\boldsymbol{c}_i\boldsymbol{R}_{n-2}\boldsymbol{B}=\cdots=\boldsymbol{c}_i\boldsymbol{R}_{n-d_i}\boldsymbol{B}=\boldsymbol{0},\boldsymbol{C}_i\boldsymbol{R}_{n-d_i-1}\boldsymbol{B}\neq\boldsymbol{0}\tag{6-150}$$

利用式(6-149)得

$$\boldsymbol{c}_i\boldsymbol{B}=\boldsymbol{c}_i\boldsymbol{A}\boldsymbol{B}=\cdots=\boldsymbol{c}_i\boldsymbol{A}^{d_i-1}\boldsymbol{B}=\boldsymbol{0},\boldsymbol{c}_i\boldsymbol{A}^{d_i}\boldsymbol{B}\neq\boldsymbol{0}\tag{6-151}$$

这说明,d_i 是使 $\boldsymbol{c}_i\boldsymbol{A}^k\boldsymbol{B}\neq\boldsymbol{0}$ 的正整数 k 的最小值。而当 $\boldsymbol{w}_i(s)\equiv\boldsymbol{0}$ 时,也即 $\boldsymbol{c}_i\boldsymbol{A}^k\boldsymbol{B}=\boldsymbol{0},k=0,1,\cdots,n-1$时,规定 $d_i=n-1$。再据 $\boldsymbol{E}_i$ 的定义,得

$$\boldsymbol{E}_i=\lim_{s\to\infty}s^{d_i+1}\boldsymbol{w}_i(s)=\boldsymbol{c}_i\boldsymbol{R}_{n-d_i-1}\boldsymbol{B}=\boldsymbol{c}_i\boldsymbol{A}^{d_i}\boldsymbol{B}\tag{6-152}$$

ⅱ. 对于任意的矩阵对$(\boldsymbol{L},\boldsymbol{K})$,其中 $\det\boldsymbol{L}\neq0$,闭环系统(6-127)的传递函数阵 $\boldsymbol{W}_{\mathrm{F}}(s)$的第 i 个行传递函数向量可表为

$$\boldsymbol{w}_{\mathrm{F}i}=\frac{1}{\alpha_{\mathrm{F}}(s)}(\boldsymbol{c}_i\bar{\boldsymbol{R}}_{n-1}\boldsymbol{B}\boldsymbol{L}s^{n-1}+\boldsymbol{c}_i\bar{\boldsymbol{R}}_{n-2}\boldsymbol{B}\boldsymbol{L}s^{n-2}+\cdots+\boldsymbol{c}_i\bar{\boldsymbol{R}}_1\boldsymbol{B}\boldsymbol{L}s+\boldsymbol{c}_i\bar{\boldsymbol{R}}_0\boldsymbol{B}\boldsymbol{L})\tag{6-153}$$

其中,$\alpha_{\mathrm{F}}(s)$为闭环系统特征多项式,式中 $\boldsymbol{R}_i,i=0,1,\cdots,n-1$ 表达式如下

$$\begin{aligned}&\bar{\boldsymbol{R}}_{n-1}=\boldsymbol{I}\\&\bar{\boldsymbol{R}}_{n-2}=(\boldsymbol{A}+\boldsymbol{B}\boldsymbol{K})+\alpha_{n-1}\boldsymbol{I}\\&\bar{\boldsymbol{R}}_{n-3}=(\boldsymbol{A}+\boldsymbol{B}\boldsymbol{K})^2+\alpha_{n-1}(\boldsymbol{A}+\boldsymbol{B}\boldsymbol{K})+\alpha_{n-2}\boldsymbol{I}\\&\qquad\vdots\\&\bar{\boldsymbol{R}}_0=(\boldsymbol{A}+\boldsymbol{B}\boldsymbol{K})^{n-1}+\alpha_{n-1}(\boldsymbol{A}+\boldsymbol{B}\boldsymbol{K})^{n-2}+\cdots+\alpha_1\boldsymbol{I}\end{aligned}$$

而$\boldsymbol{W}_{\mathrm{F}}(s)$的两个特征量可表示为

$$\bar{d}_i=\begin{cases}\mu & \boldsymbol{c}_i(\boldsymbol{A}+\boldsymbol{B}\boldsymbol{K})^k\boldsymbol{B}\boldsymbol{L}=\boldsymbol{0},k=0,1,\cdots,\mu-1,\boldsymbol{c}_i(\boldsymbol{A}+\boldsymbol{B}\boldsymbol{K})^{\mu}\boldsymbol{B}\boldsymbol{L}\neq\boldsymbol{0}\\ n-1 & \boldsymbol{c}_i(\boldsymbol{A}+\boldsymbol{B}\boldsymbol{K})^k\boldsymbol{B}\boldsymbol{L}=\boldsymbol{0},k=0,1,\cdots,n-1\end{cases}\tag{6-154}$$

$$\bar{\boldsymbol{E}}_i=\boldsymbol{c}_i(\boldsymbol{A}+\boldsymbol{B}\boldsymbol{K})^{d_i}\boldsymbol{B}\boldsymbol{L},i=1,2,\cdots,q\tag{6-155}$$

ⅲ. 对于任意的矩阵对$(\boldsymbol{L},\boldsymbol{K})$,其中 $\det\boldsymbol{L}\neq0$,开环系统(6-125)和闭环系统(6-127)的传递函数阵的特征量间的关系为

$$\bar{d}_i=d_i,\bar{\boldsymbol{E}}_i=\boldsymbol{E}_i\boldsymbol{L},i=1,2,\cdots,q\tag{6-156}$$

证明 对任一 $\boldsymbol{i}$,由条件(6-151)可以导出

$$c_iBL=0, c_i(A+BK)BL=c_iABL+c_iBKBL=0, \cdots, c_i(A+BK)^{d_i-1}BL=0$$
$$c_i(A+BK)^{d_i}BL=C_{d_i}^0c_iA^{d_i}BL+C_{d_i}^1c_iA^{d_i-1}BKBL+C_{d_i}^2c_iA^{d_i-2}(BK)^2BL+\cdots+C_{d_i}^{d_i}c_i(BK)^{d_i}BL=c_iA^{d_i}BL \tag{6-157}$$

考虑到 $\det L\neq 0$，所以 $c_i(A+BK)^{d_i}BL=c_iA^{d_i}BL\neq 0$。于是计及式(6-152)，由式(6-155)得

$$\bar{E}_i=c_i(A+BK)^{d_i}BL=c_iA^{d_i}BL=E_iL \tag{6-158}$$

(2) 动态解耦的条件。

基于两个特征量给出如下状态反馈解耦的充要条件。

线性定常受控系统(6-125)可采用状态反馈和输入变换对(L,K)使其在控制律(6-126)的作用下可实现输入-输出动态解耦的充要条件是如下 $q\times q$ 常阵为非奇异。

$$E=\begin{bmatrix}E_1\\E_2\\\vdots\\E_q\end{bmatrix} \tag{6-159}$$

证明 先证明必要性。已知存在矩阵对(L,K)且 $\det L\neq 0$ 使线性定常受控系统(6-125)在控制律(6-126)的作用下可实现输入-输出动态解耦，即闭环系统的传递函数矩阵为

$$W_F(s)=\begin{bmatrix}w_{F11}(s) & & & \\ & w_{F22}(s) & & \\ & & \ddots & \\ & & & w_{Fqq}(s)\end{bmatrix}, w_{Fii}(s)\neq 0 \tag{6-160}$$

于是其结构特性向量为

$$\bar{E}=\begin{bmatrix}\bar{E}_1\\\bar{E}_2\\\vdots\\\bar{E}_q\end{bmatrix}=\begin{bmatrix}\lim\limits_{s\to\infty}s^{d_1+1}w_{F_1}(s)\\\lim\limits_{s\to\infty}s^{d_2+1}w_{F_2}(s)\\\vdots\\\lim\limits_{s\to\infty}s^{d_q+1}w_{F_q}(s)\end{bmatrix}=\begin{bmatrix}\lim\limits_{s\to\infty}s^{d_1+1}w_{F11}(s) & & \\ & \ddots & \\ & & \lim\limits_{s\to\infty}s^{d_q+1}w_{Fqq}(s)\end{bmatrix} \tag{6-161}$$

这说明 $\bar{E}$ 为角线非奇异常阵。又计及 $\bar{E}=EL$，且 $\det L\neq 0$，所以 $E=\bar{E}L^{-1}$为非奇异。

再证充分性。采用构造性证明。首先令 c_i 表示 C 的第 i 个行向量，构造 $q\times q$ 的矩阵 $F=\begin{bmatrix}c_1A^{d_1+1}\\\vdots\\c_qA^{d_q+1}\end{bmatrix}$。已知 E 为非奇异，取 $L=E^{-1}, K=-E^{-1}F$。相应的闭环系统的传递函数为

$$W_F(s)=C(sI-A+BE^{-1}F)^{-1}BE^{-1} \tag{6-162}$$

利用式(6-153)得其第 i 个行传递函数向量为

$$w_{Fi}=\frac{1}{\alpha_F(s)}(c_i\bar{R}_{n-1}BLs^{n-1}+c_i\bar{R}_{n-2}BLs^{n-2}+\cdots+c_i\bar{R}_1BLs+C_i\bar{R}_0BL) \tag{6-163}$$

式中，$\alpha_F(s)=\det(sI-A)=s^n+\bar{\alpha}_{n-1}s^{n-1}+\bar{\alpha}_{n-2}s^{n-2}+\cdots+\bar{\alpha}_1s+\bar{\alpha}_0$。注意到 $\bar{d}_i=d_i$ 及结构特性指数定义，可知

$$c_iR_{n-1}B=c_iR_{n-2}B=\cdots=c_iR_{n-d_i}B=0 \tag{6-164}$$

等价地，有

$$c_iBL=0, c_i(A+BK)BL=c_iABL+c_iBKBL=0, \cdots, c_i(A+BK)^{d_i-1}BL=0 \tag{6-165}$$

式(6-163)中的其他项为

$$c_i\bar{R}_{n-d_i-1}BL=c_i(A+BK)^{d_i}BL+\bar{\alpha}_{n-1}c_i(A+BK)^{d_i-1}BL+\cdots+\bar{\alpha}_{n-d_i}c_iBL=c_i(A+BK)^{d_i}BL=\bar{E_i}=E_iL$$

$$\begin{aligned}c_i\bar{R}_{n-d_i-2}BL&=c_i(A+BK)^{d_i+1}BL+\bar{\alpha}_{n-1}c_i(A+BK)^{d_i}BL+\bar{\alpha}_{n-2}c_i(A+BK)^{d_i-1}BL+\cdots+\bar{\alpha}_{n-d_i-1}c_iBL\\&=c_i(A+BK)^{d_i+1}BL+\bar{\alpha}_{n-1}c_i(A+BK)^{d_i}BL=c_i(A+BK)^{d_i+1}BL+\bar{\alpha}_{n-1}E_iL\\&=(c_iA^{d_i+1}+C_iA^{d_i}BK)BL+\bar{\alpha}_{n-1}E_iL=F_iBL-E_iE^{-1}FBL+\bar{\alpha}_{n-1}E_iL\\&=F_iBL-(0,\cdots,0,1,0,\cdots,0)EE^{-1}FBL+\bar{\alpha}_{n-1}E_iL=(F_i-F_i)BL+\bar{\alpha}_{n-1}E_iL=\bar{\alpha}_{n-1}E_iL\end{aligned}\tag{6-166}$$

$$\vdots$$

$$c_i\bar{R}_0BL=\bar{\alpha}_{d_i+1}E_iL$$

注意在推导过程中有结论

$$c_i(A+BK)^{d_i+1}=\mathbf{0}\tag{6-167}$$

由此 $c_i(A+BK)^{d_i+j}=\mathbf{0},j=1,2,\cdots,n$。

将式(6-164)和式(6-166)代入式(6-163),得

$$w_{Fi}=\frac{1}{\alpha_F(s)}(s^{n-d_i-1}+\bar{\alpha}_{n-1}s^{n-d_i-2}+\cdots+\bar{\alpha}_{d_i+1})E_iL\tag{6-168}$$

又据 C-H 定理有

$$(A+BK)^n+\bar{\alpha}_{n-1}(A+BK)^{n-1}+\bar{\alpha}_{n-2}(A+BK)^{n-2}+\cdots+\bar{\alpha}_1(A+BK)+\bar{\alpha}_0I=\mathbf{0}\tag{6-169}$$

将式(6-169)两边同乘以 $c_i(A+BK)^{d_i}$,计及式(6-167),便得 $c_i(A+BK)^{d_i}\neq\mathbf{0}$,由此 $\bar{\alpha}_0=0$;将式(6-169)两边同乘以 $c_i(A+BK)^{d_i-1}$,计及式(6-167),得 $\bar{\alpha}_1=0$;照此类推,便有 $\bar{\alpha}_2=0,\cdots,\bar{\alpha}_{d_i}=0$。于是

$$\alpha_F(s)=s^{d_i+1}(s^{n-d_i-1}+\bar{\alpha}_{n-1}s^{n-d_i-2}+\bar{\alpha}_{n-2}s^{n-d_i-3}+\cdots+\bar{\alpha}_{d_i+1})\tag{6-170}$$

将其代入式(6-168)中,并计及 $L=E^{-1}$,得

$$w_{Fi}=\frac{1}{s^{d_i+1}}E_iL=\frac{1}{s^{d_i+1}}(0,\cdots,0,1,0,\cdots,0)EE^{-1}=\left(0,\cdots,0,\frac{1}{s^{d_i+1}},0,\cdots,0\right)\tag{6-171}$$

这表明,在矩阵对(L,K)下,闭环传递函数阵为

$$W_F(s)=\begin{pmatrix}\frac{1}{s^{d_1+1}}&0&\cdots&0\\0&\frac{1}{s^{d_2+1}}&\cdots&0\\\vdots&\vdots&&\vdots\\0&0&\cdots&\frac{1}{s^{d_q+1}}\end{pmatrix}\tag{6-172}$$

说明几点。

ⅰ.受控系统能否采用状态反馈和输入变换实现解耦由其传递函数阵的两个特征量唯一决定。

ⅱ.从表面上看,系统的能控性或可镇定性在这里是无关重要的。但是,为了保证解耦后的系统能正常运行并具有良好的动态性能,仍要求受控系统是能控的,或至少是可镇定的。否则,不能保证闭环系统的渐近稳定性,解耦控制就无意义了。

ⅲ.解耦后的每个 SISO 系统的传递函数是一个积分链,积分系统并不能得到满意的动态性能,所以还需要进一步设计闭环控制器。

(3) 动态解耦的算法。

考虑如式(6-125)所示的完全能控的 MIMO 线性定常系统,满足 $\dim(u)=\dim(y)=q$。目标是要实现该系统的输入-输出动态解耦控制,同时对解耦后的每一个 SISO 控制系统实现

期望的极点配置。下面给出其算法步骤：

ⅰ. 计算$\{d_i, \boldsymbol{E}_i, i=1,2,\cdots,q\}$，并判断$\boldsymbol{E}^{\mathrm{T}}$是否非奇异。若是，该系统可用控制律(6-126)实现解耦，转到ⅱ；否则，不能解耦退出计算。

ⅱ. 计算$\boldsymbol{E}^{-1}$和$\boldsymbol{F}$。

ⅲ. 取变换对$(\bar{\boldsymbol{L}},\bar{\boldsymbol{K}})$，$\bar{\boldsymbol{L}}=\boldsymbol{E}^{-1}$，$\bar{\boldsymbol{K}}=-\boldsymbol{E}^{-1}\boldsymbol{F}$，由此导出**积分型解耦系统**

$$\begin{aligned}\dot{\boldsymbol{x}}&=\bar{\boldsymbol{A}}\boldsymbol{x}+\bar{\boldsymbol{B}}\boldsymbol{v}\\ \boldsymbol{y}&=\bar{\boldsymbol{C}}\boldsymbol{x}\end{aligned}\tag{6-173}$$

式中，$\bar{\boldsymbol{A}}=\boldsymbol{A}-\boldsymbol{B}\boldsymbol{E}^{-1}\boldsymbol{F}$，$\bar{\boldsymbol{B}}=\boldsymbol{B}\boldsymbol{E}^{-1}$，$\bar{\boldsymbol{C}}=\boldsymbol{C}$。这里注意，解耦实现上是通过状态反馈实现的，而状态反馈不改变系统的能控性，所以由$(\boldsymbol{A},\boldsymbol{B})$能控可以推知$(\bar{\boldsymbol{A}},\bar{\boldsymbol{B}})$也能控。

为方便对每一个输入输出通道进行极点配置，还需将上式转化成解耦规范型。同时考虑系统的状态数总是大于等于输出数，需要考查系统状态的能观性，以甄别哪些状态对输出产生影响，哪些状态并不对输出产生影响，而对后者的极点配置不会对输出产生影响。

ⅳ. 判定$(\bar{\boldsymbol{A}},\bar{\boldsymbol{C}})$的能观性，计算 $\mathrm{rank}\boldsymbol{Q}_{\mathrm{o}}=\mathrm{rank}\begin{pmatrix}\bar{\boldsymbol{C}}\\ \bar{\boldsymbol{C}}\bar{\boldsymbol{A}}\\ \vdots\\ \bar{\boldsymbol{C}}\bar{\boldsymbol{A}}^{n-1}\end{pmatrix}=m$。若$m=n$表明能观；若$m<n$表明不能观。

ⅴ. 引入非奇异变换$\boldsymbol{x}=\boldsymbol{T}\tilde{\boldsymbol{x}}$，将系统(6-173)变换成如下的解耦规范型

$$\tilde{\boldsymbol{A}}=\left(\begin{array}{ccc:c}\tilde{\boldsymbol{A}}_1 & & & \boldsymbol{0}\\ & \ddots & & \vdots\\ & & \tilde{\boldsymbol{A}}_q & \boldsymbol{0}\\ \hdashline \tilde{\boldsymbol{A}}_{\mathrm{c}1} & \cdots & \tilde{\boldsymbol{A}}_{\mathrm{c}l} & \tilde{\boldsymbol{A}}_{q+1}\end{array}\right),\quad \tilde{\boldsymbol{B}}=\left(\begin{array}{ccc}\tilde{\boldsymbol{b}}_1 & & \\ & \ddots & \\ & & \tilde{\boldsymbol{b}}_q\\ \hdashline \tilde{\boldsymbol{b}}_{\mathrm{c}1} & \cdots & \tilde{\boldsymbol{b}}_{\mathrm{c}q}\end{array}\right),\quad \tilde{\boldsymbol{C}}=\left(\begin{array}{ccc:c}\tilde{\boldsymbol{c}}_1 & & & \boldsymbol{0}\\ & \ddots & & \vdots\\ & & \tilde{\boldsymbol{c}}_q & \boldsymbol{0}\end{array}\right)\tag{6-174}$$

其中，虚线分块化表示按能观性的结构分解形式，若能观，则在上式中不出现不能观的部分。注意这里各分块矩阵的规模为$\tilde{\boldsymbol{A}}_i\in\mathbf{R}^{m_i\times m_i}$，$\tilde{\boldsymbol{b}}_i\in\mathbf{R}^{m_i\times 1}$，$\tilde{\boldsymbol{c}}_i\in\mathbf{R}^{1\times m_i}$，$\sum\limits_{i=1}^{q}m_i=m$，且有

$$\tilde{\boldsymbol{A}}_i=\left(\begin{array}{c:ccc:c}0 & 1 & & & 0\\ \vdots & & \ddots & & \vdots\\ 0 & & & 1 & 0\\ \hdashline 0 & 0 & \cdots & 0 & 0\\ \hdashline * & & * & & *\end{array}\right)\begin{array}{l}\left.\vphantom{\begin{array}{c}0\\ \vdots\\ 0\end{array}}\right\}d_i+1\\ \left.\vphantom{\begin{array}{c}0\\ *\end{array}}\right\}m_i-(d_i+1)\end{array},\quad \tilde{\boldsymbol{b}}_i=\begin{pmatrix}0\\ \vdots\\ 0\\ 1\\ 0\\ \vdots\\ 0\end{pmatrix}\leftarrow(d_i+1),\quad \tilde{\boldsymbol{c}}_i=(1\quad 0\quad\cdots\quad 0)\tag{6-175}$$

其中，$*$表示的块阵对综合结果不产生影响。

注意这里并没给出求取$\boldsymbol{T}$的具体方法。不过当系统完全能观时，系统是最小实现，基于关系式$\tilde{\boldsymbol{A}}=\boldsymbol{T}^{-1}\bar{\boldsymbol{A}}\boldsymbol{T}$，$\tilde{\boldsymbol{B}}=\boldsymbol{T}^{-1}\bar{\boldsymbol{B}}$，$\tilde{\boldsymbol{C}}=\bar{\boldsymbol{C}}\boldsymbol{T}$（这里$\bar{\boldsymbol{C}}=\boldsymbol{C}$），再利用两者的能控制性判别矩阵与能观性判别矩阵，基于两最小实现间的变换关系有

$$\boldsymbol{T}^{-1}=(\tilde{\boldsymbol{Q}}_{\mathrm{o}}^{\mathrm{T}}\tilde{\boldsymbol{Q}}_{\mathrm{o}})^{-1}\tilde{\boldsymbol{Q}}_{\mathrm{o}}^{\mathrm{T}}\boldsymbol{Q}_{\mathrm{o}},\quad \boldsymbol{T}=\boldsymbol{Q}_{\mathrm{c}}\tilde{\boldsymbol{Q}}_{\mathrm{c}}^{\mathrm{T}}(\tilde{\boldsymbol{Q}}_{\mathrm{c}}\tilde{\boldsymbol{Q}}_{\mathrm{c}}^{\mathrm{T}})^{-1}\tag{6-176}$$

ⅵ. 对解耦规范型$(\tilde{\boldsymbol{A}},\tilde{\boldsymbol{B}},\tilde{\boldsymbol{C}})$，引入状态反馈实现解耦后的 SISO 系统的极点配置。状态反馈增益矩阵取$q\times n$状态反馈矩阵

$$\tilde{\boldsymbol{K}}=\begin{pmatrix}\tilde{\boldsymbol{k}}_1 & & \boldsymbol{0}\\ & \ddots & \vdots\\ & \tilde{\boldsymbol{k}}_q & \boldsymbol{0}\end{pmatrix},\tilde{\boldsymbol{k}}_i=(k_{i0}\quad k_{i1}\quad\cdots\quad k_{id_i}\quad 0\quad\cdots\quad 0)\tag{6-177}$$

由此，可导出

$$\tilde{\boldsymbol{C}}(s\boldsymbol{I}-\tilde{\boldsymbol{A}}-\tilde{\boldsymbol{B}}\tilde{\boldsymbol{K}})^{-1}\tilde{\boldsymbol{B}}=\begin{pmatrix}\tilde{\boldsymbol{c}}_1(s\boldsymbol{I}-\tilde{\boldsymbol{A}}_1-\tilde{\boldsymbol{b}}_1\tilde{\boldsymbol{k}}_1)\tilde{\boldsymbol{b}}_1 & & \\ & \ddots & \\ & & \tilde{\boldsymbol{c}}_q(s\boldsymbol{I}-\tilde{\boldsymbol{A}}_q-\tilde{\boldsymbol{b}}_q\tilde{\boldsymbol{k}}_q)\tilde{\boldsymbol{b}}_q\end{pmatrix}\tag{6-178}$$

$$\tilde{\boldsymbol{A}}_i-\tilde{\boldsymbol{b}}_i\tilde{\boldsymbol{k}}_i=\left(\begin{array}{c:ccc:c}0 & & & & 0\\ \vdots & & \boldsymbol{I}_{d_i} & & \vdots\\ 0 & & & & 0\\ \hdashline k_{i0} & k_{i1} & \cdots & k_{id_i} & 0\\ \hdashline * & & * & & *\end{array}\right)\tag{6-179}$$

这表明，$\tilde{\boldsymbol{K}}$ 的结构形式保证了解耦控制的要求，而 $\tilde{\boldsymbol{k}}_i$ 的元则由解耦后的第 i 个 SISO 控制系统的期望极点组决定。显然，解耦目的的状态反馈并不配置所有特征值。对于$(\bar{\boldsymbol{A}},\bar{\boldsymbol{B}},\bar{\boldsymbol{C}})$，依坐标变换有 $\hat{\boldsymbol{K}}=\tilde{\boldsymbol{K}}\boldsymbol{T}^{-1}$。

ⅶ. 综合两次状态反馈，并计及坐标变换，得

$$\boldsymbol{K}=-\boldsymbol{E}^{-1}\boldsymbol{F}+\boldsymbol{E}^{-1}\tilde{\boldsymbol{K}}\boldsymbol{T}^{-1},\boldsymbol{L}=\boldsymbol{E}^{-1}\tag{6-180}$$

例 6-22 求取输入-输出解动态解耦控制律。

给定双输入双输出的线性定常受控系统如下，求解该系统的输入-输出解动态解耦控制律。

$$\dot{\boldsymbol{x}}=\begin{pmatrix}0&1&0&0\\3&0&0&2\\0&0&0&1\\0&-2&0&0\end{pmatrix}\boldsymbol{x}+\begin{pmatrix}0&0\\1&0\\0&0\\1&0\end{pmatrix}\boldsymbol{u},\boldsymbol{y}=\begin{pmatrix}1&0&0&0\\0&0&1&0\end{pmatrix}\boldsymbol{x}$$

解 (1) 计算$\{d_i,\boldsymbol{E}_i,i=1,2\}$。

按式(6-145)和式(6-146)计算得，$d_1=1,d_2=1$；$\boldsymbol{E}_1=(1\quad 0),\boldsymbol{E}_2=(0\quad 1)$。

(2) 判断动态解耦条件是否满足。

$\boldsymbol{E}=\begin{pmatrix}1&0\\0&1\end{pmatrix}$为非奇异，所以该系统可以利用$(\boldsymbol{L},\boldsymbol{K})$变换对实现动态解耦。

(3) 导出积分型解耦系统。

$$\boldsymbol{E}^{-1}=\begin{pmatrix}1&0\\0&1\end{pmatrix},\boldsymbol{F}=\begin{pmatrix}\boldsymbol{c}_1\boldsymbol{A}^2\\\boldsymbol{c}_2\boldsymbol{A}^2\end{pmatrix}=\begin{pmatrix}3&0&0&2\\0&-2&0&0\end{pmatrix}\Rightarrow\bar{\boldsymbol{L}}=\boldsymbol{E}^{-1}=\begin{pmatrix}1&0\\0&1\end{pmatrix},\bar{\boldsymbol{K}}=-\boldsymbol{E}^{-1}\boldsymbol{F}=\begin{pmatrix}-3&0&0&-2\\0&2&0&0\end{pmatrix}$$

$$\bar{\boldsymbol{A}}=\boldsymbol{A}-\boldsymbol{B}\boldsymbol{E}^{-1}\boldsymbol{F}=\left(\begin{array}{cc:cc}0&1&0&0\\0&0&0&0\\\hdashline 0&0&0&1\\0&0&0&0\end{array}\right),\bar{\boldsymbol{B}}=\boldsymbol{B}\boldsymbol{E}^{-1}=\left(\begin{array}{c:c}0&0\\1&0\\\hdashline 0&0\\0&1\end{array}\right),\bar{\boldsymbol{C}}=\boldsymbol{C}=\begin{pmatrix}1&0&0&0\\0&0&1&0\end{pmatrix}$$

(4) 判定$(\bar{\boldsymbol{A}},\bar{\boldsymbol{C}})$的能观性：容易看出保持为能观。

(5) 化解耦规范型：易见$(\bar{\boldsymbol{A}},\bar{\boldsymbol{B}},\bar{\boldsymbol{C}})$已是解耦规范型，并且得到两个 SISO 解耦系统。

(6) 对解耦规范型表达的模型确定状态反馈增益矩阵 $\tilde{\boldsymbol{K}}=\left(\begin{array}{cc:cc}k_{10}&k_{11}&0&0\\\hdashline 0&0&k_{20}&k_{21}\end{array}\right)$

若要求解耦后的期望特征值分别为$\lambda_{11}^*=-2,\lambda_{12}^*=-4;\lambda_{21}^*=-2+\mathrm{j},\lambda_{22}^*=-2-\mathrm{j}$,按极点配置方法进行计算,得$\tilde{\boldsymbol{K}}=\left(\begin{array}{cc:cc}-8 & -6 & 0 & 0\\ \hdashline 0 & 0 & -5 & -4\end{array}\right)$。

(7) 求变换对。

$$\boldsymbol{K}=-\boldsymbol{E}^{-1}\boldsymbol{F}+\boldsymbol{E}^{-1}\tilde{\boldsymbol{K}}\boldsymbol{T}^{-1}=\begin{pmatrix}11 & 6 & 0 & 2\\ 0 & -2 & 5 & 4\end{pmatrix},\boldsymbol{L}=\boldsymbol{E}^{-1}=\begin{pmatrix}1 & 0\\ 0 & 1\end{pmatrix}$$

3. 基于输出的模式控制解耦法——时域法

考虑如式(6-125)所示的完全能控的多输入多输出线性定常系统。并设系统的状态向量、输入向量和输出向量三者维数相同,且输入矩阵和输出矩阵满秩,此时可以采用模式控制。

假设系统矩阵$\boldsymbol{A}$具有实数的、互异的特征值($\lambda_1,\lambda_2,\cdots,\lambda_n$),并其特征矩阵为$\boldsymbol{P}$,则$\boldsymbol{A}$可表示成

$$\boldsymbol{A}=\boldsymbol{P}\boldsymbol{\Lambda}\boldsymbol{P}^{-1} \tag{6-181}$$

式中,$\boldsymbol{\Lambda}=\mathrm{diag}(\lambda_1,\lambda_2,\cdots,\lambda_n)$。

若令控制器采用静态输出反馈,即$\boldsymbol{u}=\boldsymbol{F}\boldsymbol{y}$,则计及原系统的输出方程,闭环后的系统方程

$$\dot{\boldsymbol{x}}=(\boldsymbol{A}+\boldsymbol{B}\boldsymbol{F}\boldsymbol{C})\boldsymbol{x} \tag{6-182}$$

如选择控制器矩阵为$\boldsymbol{F}=\boldsymbol{B}^{-1}\boldsymbol{P}\boldsymbol{K}$,$\boldsymbol{K}$是对角阵;并设可挑选输出矩阵$\boldsymbol{C}=\boldsymbol{P}^{-1}$,则有

$$\dot{\boldsymbol{x}}=\boldsymbol{P}(\boldsymbol{P}^{-1}\boldsymbol{A}\boldsymbol{P}+\boldsymbol{K})\boldsymbol{P}^{-1}\boldsymbol{x}\Rightarrow\boldsymbol{P}^{-1}\dot{\boldsymbol{x}}=(\boldsymbol{P}^{-1}\boldsymbol{A}\boldsymbol{P}+\boldsymbol{K})\boldsymbol{P}^{-1}\boldsymbol{x}\Rightarrow\dot{\boldsymbol{y}}=(\boldsymbol{\Lambda}+\boldsymbol{K})\boldsymbol{y} \tag{6-183}$$

显然$\boldsymbol{\Lambda}+\boldsymbol{K}$是一个对角阵,调整$\boldsymbol{K}$的每一个对角元,直接影响相应的输出变量的过渡过程,但不影响其他的输出变量,这样就实现了不相关的要求。

需要考虑的是,输出矩阵$\boldsymbol{C}$是否可取$\boldsymbol{P}^{-1}$的自由度。

6.10.4 输入输出静态解耦与算法

上一节所讨论的动态解耦,看似效果很理想,但是系统的模型都不可能十分精确,所以动态解耦实际上是不可能精确的。另外,有时受控对象不存在非奇异的$\boldsymbol{E}$阵,有时积分型解耦系统含有不稳定的不可观测的状态变量,这时可附加一些动态单元使系统稳定,但增加了控制规律的复杂性及实现的难度,以致输入输出之间仍然存在耦合,于是有时宁可放宽对解耦问题的要求和提法,即实现稳态解耦在很多情况下已经可以满足实际需求,可以获得相当好的效果。

下面给出输入输出静态解耦的充要条件与算法。

1. 输入输出静态解耦的充要条件

线性定常受控系统(6-125)可采用状态反馈和输入变换对$(\boldsymbol{L},\boldsymbol{K})$使其在控制律(6-126)的作用下可实现输入-输出静态解耦的充要条件是

ⅰ. 系统(6-125)可镇定。

ⅱ. 系统的系数矩阵满足如下秩关系:$\mathrm{rank}\begin{pmatrix}\boldsymbol{A} & \boldsymbol{B}\\ \boldsymbol{C} & \boldsymbol{0}\end{pmatrix}=n+q$。

在证明该充要条件之前,设$(\boldsymbol{A}+\boldsymbol{B}\boldsymbol{K})^{-1}$存在,首先说明下述关系式的正确性。

$$\mathrm{rank}\begin{bmatrix}\boldsymbol{I}_n & \boldsymbol{0}\\ \boldsymbol{0} & \boldsymbol{C}(\boldsymbol{A}+\boldsymbol{B}\boldsymbol{K})^{-1}\boldsymbol{B}\end{bmatrix}=\mathrm{rank}\begin{pmatrix}\boldsymbol{A} & \boldsymbol{B}\\ \boldsymbol{C} & \boldsymbol{0}\end{pmatrix} \tag{6-184}$$

事实上，由于

$$\begin{pmatrix} I_n & 0 \\ 0 & C(A+BK)^{-1}B \end{pmatrix}=\begin{pmatrix} I_n & 0 \\ -C(A+BK)^{-1} & I_q \end{pmatrix}\begin{pmatrix} A & B \\ C & 0 \end{pmatrix}\begin{pmatrix} I_n & 0 \\ K & I_q \end{pmatrix}\begin{pmatrix} (A+BK)^{-1} & (A+BK)^{-1}B \\ 0 & -I_q \end{pmatrix} \tag{6-185}$$

显然右边第1、3、4个矩阵均是满秩的，所以式(6-184)成立。

证明 下面证明充分性。

由第ⅰ个条件系统(6-125)可镇定，故可以选择 $\boldsymbol{K}$ 使 $\boldsymbol{A}+\boldsymbol{BK}$ 的特征值均在左半平面，自然 $(\boldsymbol{A}+\boldsymbol{BK})^{-1}$ 存在。再由第ⅱ个条件和式(6-184)知

$$\operatorname{rank}\boldsymbol{C}(\boldsymbol{A}+\boldsymbol{BK})^{-1}\boldsymbol{B}=q \tag{6-186}$$

表明方阵 $\boldsymbol{C}(\boldsymbol{A}+\boldsymbol{BK})^{-1}\boldsymbol{B}$ 可逆，故可取

$$\boldsymbol{L}=-(\boldsymbol{C}(\boldsymbol{A}+\boldsymbol{BK})^{-1}\boldsymbol{B})^{-1}\widetilde{\boldsymbol{D}} \tag{6-187}$$

式中，$\widetilde{\boldsymbol{D}}=\operatorname{diag}(\widetilde{d}_{11},\widetilde{d}_{22},\cdots,\widetilde{d}_{qq})$，$\widetilde{d}_{ii}\neq 0$，$i=1,2,\cdots,q$。

于是在变换对 $(\boldsymbol{L},\boldsymbol{K})$ 如上取法下，闭环系统渐近稳定的同时，成立

$$\begin{aligned}\lim_{s\to 0}\boldsymbol{W}_{\mathrm{F}}(s)&=\lim_{s\to 0}\boldsymbol{C}(s\boldsymbol{I}-\boldsymbol{A}-\boldsymbol{BK})^{-1}\boldsymbol{BL}=-\lim_{s\to 0}(\boldsymbol{C}(s\boldsymbol{I}-\boldsymbol{A}-\boldsymbol{BK})^{-1}\boldsymbol{B}(\boldsymbol{C}(\boldsymbol{A}+\boldsymbol{BK})^{-1}\boldsymbol{B})^{-1}\widetilde{D})\\&=\lim_{s\to 0}(\boldsymbol{C}(\boldsymbol{A}+\boldsymbol{BK})^{-1}\boldsymbol{B}(\boldsymbol{C}(\boldsymbol{A}+\boldsymbol{BK})^{-1}\boldsymbol{B})^{-1}\widetilde{\boldsymbol{D}})=\widetilde{\boldsymbol{D}}\end{aligned} \tag{6-188}$$

显然，这说明在满足结论中的两个条件下，系统可实现静态解耦。

下面证明必要性。

由系统可静态解耦，据静态解耦的定义知存在变换对 $(\boldsymbol{L},\boldsymbol{K})$ 使闭环系统渐近稳定，说明第ⅰ个条件成立。而且 $\lim\limits_{s\to 0}\boldsymbol{W}_{\mathrm{F}}(s)=-\boldsymbol{C}(\boldsymbol{A}+\boldsymbol{BK})^{-1}\boldsymbol{BL}$ 为非奇异对角矩阵，同时考虑 $\boldsymbol{L}$ 的非奇异性，所以 $\boldsymbol{W}_{\mathrm{F}}(0)$ 的非奇异性等价于 $\boldsymbol{C}(\boldsymbol{A}+\boldsymbol{BK})^{-1}\boldsymbol{B}$ 的非奇异性。由式(6-184)知，这等同于条件ⅱ成立。

2. 输出静态解耦的算法

由1的证明过程可以归纳相应的静态解耦算法：

ⅰ. 判断系统的可镇定性以及结论中要求的秩条件是否成立。若可镇定且秩条件成立，进行下一步。

ⅱ. 确定一个镇定状态反馈阵 $\boldsymbol{K}$ 使 $\boldsymbol{A}+\boldsymbol{BK}$ 的特征值均在左半平面。

ⅲ. 按各SISO线性系统的静态增益要求，选择 $\widetilde{\boldsymbol{D}}=\operatorname{diag}(\widetilde{d}_{11},\widetilde{d}_{22},\cdots,\widetilde{d}_{qq})$，$\widetilde{d}_{ii}\neq 0$，$i=1,2,\cdots,q$。

ⅳ. 取变换阵 $\boldsymbol{L}=-(\boldsymbol{C}(\boldsymbol{A}+\boldsymbol{BK})^{-1}\boldsymbol{B})^{-1}\widetilde{D}$。

例 6-23 求取输入-输出解静态解耦控制律。

已知下面的线性系统，求解其状态反馈与输入变换相结合的静态解耦控制律。

$$\boldsymbol{A}=\begin{pmatrix} 0 & 1 & 0 \\ 0 & 0 & 1 \\ 0 & 0 & 1 \end{pmatrix},\boldsymbol{B}=\begin{pmatrix} 0 & 0 \\ 0 & 1 \\ 1 & 0 \end{pmatrix},\boldsymbol{C}=\begin{pmatrix} 1 & 0 & 0 \\ 0 & 0 & 1 \end{pmatrix}$$

解 (1) 易验证系统是能控的，且 $\operatorname{rank}\begin{pmatrix} \boldsymbol{A} & \boldsymbol{B} \\ \boldsymbol{C} & \boldsymbol{0} \end{pmatrix}=5$。

(2) 将系统的极点配置到 $-1,-2,-3$ 处的 $\boldsymbol{K}$ 可取 $\boldsymbol{K}=\begin{pmatrix} 0 & 0 & -3 \\ -3 & -4 & -1 \end{pmatrix}$。

(3) 取 $\widetilde{\boldsymbol{D}}$ 为单位阵，即 $\widetilde{\boldsymbol{D}}=I_2$。

(4) $\boldsymbol{L}=-(\boldsymbol{C}(\boldsymbol{A}+\boldsymbol{BK})^{-1}\boldsymbol{B})^{-1}\widetilde{\boldsymbol{D}}=\begin{pmatrix}0 & 2\\ 3 & 0\end{pmatrix}$。

从而，静态解耦控制律为 $\boldsymbol{u}=\boldsymbol{Kx}+\boldsymbol{Lv}=\begin{pmatrix}0 & 0 & -3\\ -3 & -4 & -1\end{pmatrix}\boldsymbol{x}+\begin{pmatrix}0 & 2\\ 3 & 0\end{pmatrix}\boldsymbol{v}$。

6.11 基于观测器的线性时不变系统状态反馈控制

采用状态反馈实现系统的镇定或极点配置，离不开对状态的检测，实际情况是并不是所有的状态易于测量，由于测量手段在经济和适用性上的限制，状态反馈不可能或很难实现。为解决这一问题，龙伯格(Luenberger)提出了状态观测器，解决了在确定性条件下受控系统的状态重构问题，从而使状态反馈成为一种可实现的控制律。本节介绍基本概念和一种全维观测器和降维观测器，并说明相关特性。

6.11.1 状态重构与观测相关概念

1. 状态观测器定义

不失一般性，本节考虑惯性系统的状态空间描述 $\Sigma_0=(\boldsymbol{A},\boldsymbol{B},\boldsymbol{C})$

$$\begin{aligned}\dot{\boldsymbol{x}}&=\boldsymbol{Ax}+\boldsymbol{Bu}\\ \boldsymbol{y}&=\boldsymbol{Cx}\end{aligned}\tag{6-189}$$

一个直观的想法是，考虑到$(\boldsymbol{A},\boldsymbol{B},\boldsymbol{C})$已知，设计一个完全相同的系统来观测状态 $\boldsymbol{x}$，如图 6-30所示。观测器的状态空间描述为

$$\begin{aligned}\dot{\hat{\boldsymbol{x}}}&=\boldsymbol{A}\hat{\boldsymbol{x}}+\boldsymbol{Bu}\\ \hat{\boldsymbol{y}}&=\boldsymbol{C}\hat{\boldsymbol{x}}\end{aligned}\tag{6-190}$$

容易看出，这种状态观测器只有当观测器的初态与系统初态完全相同时，观测器的输出才严格等于系统的实际状态 $\boldsymbol{x}$。但是，这种开环观测器在实际应用中存在三个基本问题：

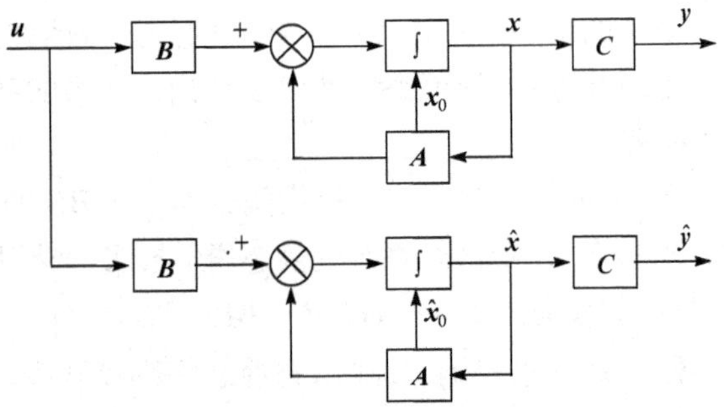

图 6-30　开环观测器

(1) 对不稳定情况，只要初态存在很小偏差(实际上估测与实际情况总是存在差异)，系统状态和重构状态之间的偏差就会随时间增加而增加，起不到观测作用。

(2) 对于稳定情况，尽管系统状态和重构状态之间的偏差在渐近趋于0，但收敛速度不能由设计者按期望要求进行综合，从控制工程角度讲这是不允许的。

(3) 干扰和系统参数变化与观测器采用的参数不一致，使系统状态和重构状态之间的偏差变坏。

因此，开环观测器是没有实用意义的，也可以说这并不是观测器。为了实现渐近意义上的观测器，需要将输入 $\boldsymbol{u}$ 和输出 $\boldsymbol{y}$ 同时作为观测器的输入，于是有如下的定义：

设线性定常系统 $\Sigma_0=(\boldsymbol{A},\boldsymbol{B},\boldsymbol{C})$的状态矢量 $\boldsymbol{x}$ 不能直接检测。如果动态系统 $\hat{\Sigma}$ 以 Σ_0 的输

入 $\boldsymbol{u}$ 和输出 $\boldsymbol{y}$ 作为其输入量，能产生一组输出量 $\hat{\boldsymbol{x}}$ 近似于 $\boldsymbol{x}$，即

$$\lim_{t\to\infty}\hat{\boldsymbol{x}}=\lim_{t\to\infty}\boldsymbol{x} \tag{6-191}$$

则称 $\hat{\Sigma}$ 状态 $\hat{\boldsymbol{x}}$ 为被观测系统 Σ_0 状态 $\boldsymbol{x}$ 的状态重构状态，所构造系统 $\hat{\Sigma}$ 为被观测系统 Σ_0 的一个状态观测器。如图 6-31 所示。

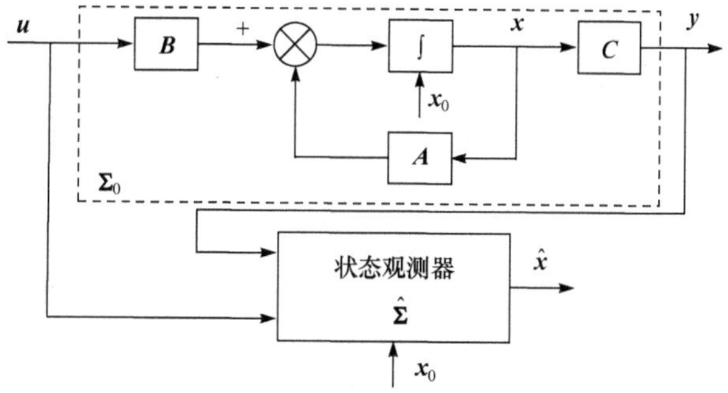

图 6-31　状态重构问题的直观说明

对此定义说明几点：

(1) 观测器 $\hat{\Sigma}$ 应以 Σ_0 的输入 $\boldsymbol{u}$ 和输出 $\boldsymbol{y}$ 为输入量。

(2) 为满足 $\lim\limits_{t\to\infty}\hat{\boldsymbol{x}}=\lim\limits_{t\to\infty}\boldsymbol{x}$，$\Sigma_0$ 必须完全能观，或其不能观子系统是渐近稳定的。

(3) $\hat{\Sigma}$ 的输出 $\hat{\boldsymbol{x}}$ 应以足够快的速度渐近于 $\boldsymbol{x}$，即 $\hat{\Sigma}$ 应有足够宽的频带。但从抑制干扰角度看，又希望不要太宽。因此，要根据具体情况予以兼顾。

(4) $\hat{\Sigma}$ 在结构上应尽量简单，即具有尽可能低的维数，以利于物理实现。

2. 线性状态观测器分类

(1) 从功能角度，可把观测器分为状态观测器和函数观测器。

状态观测器以重构被观测系统状态为目标，取重构状态 $\hat{\boldsymbol{x}}$ 和被观测状态 $\boldsymbol{x}$ 的渐近等价为指标，即式(6-191)。其特点是，当系统达到稳态时可使重构状态 $\hat{\boldsymbol{x}}$ 完全等同于被观测状态 $\boldsymbol{x}$。

函数观测器以重构被观测系统状态的函数如反馈线性函数 $\boldsymbol{Kx}$ 为目标，将等价指标取为

$$\lim_{t\to\infty}\boldsymbol{w}(t)=\lim_{t\to\infty}\boldsymbol{Kx} \tag{6-192}$$

式中，$\boldsymbol{K}$ 为常数阵。函数观测器的特点是，当系统达到稳态时可使重构输出 $\boldsymbol{w}(t)$ 完全等同于被观测状态函数，如 $\boldsymbol{Kx}$。

(2)从结构角度，可把观测器分为全维观测器和降维观测器。

全维观测器是指维数等于被观测系统的状态观测器，降维观测器是指维数小于被观测系统的状态观测器。降维观测器在结构上比全维观测器简单，全维观测器在抗噪声上比降维观测器优越。

本节限于介绍全维状态观测器和降维观测器的存在性，并分别给出一种求解方法。

6.11.2　状态观测器的存在性

1. 系统完全能观情况下的观测器存在性

若线性定常系统 $\Sigma_0=(\boldsymbol{A},\boldsymbol{B},\boldsymbol{C})$ 完全能观，则其状态矢量 $\boldsymbol{x}$ 可由输出 $\boldsymbol{y}$ 和输入 $\boldsymbol{u}$ 进行重构。

事实上，不妨将输出方程对 t 逐次求导，并将状态方程代入并整理可得

$$\begin{aligned}&\boldsymbol{y}=\boldsymbol{C}\boldsymbol{x}\\&\dot{\boldsymbol{y}}-\boldsymbol{C}\boldsymbol{B}\boldsymbol{u}=\boldsymbol{C}\boldsymbol{A}\boldsymbol{x}\\&\ddot{\boldsymbol{y}}-\boldsymbol{C}\boldsymbol{B}\dot{\boldsymbol{u}}-\boldsymbol{C}\boldsymbol{A}\boldsymbol{B}\boldsymbol{u}=\boldsymbol{C}\boldsymbol{A}^2\boldsymbol{x}\\&\qquad\vdots\\&\boldsymbol{y}^{(n-1)}-\boldsymbol{C}\boldsymbol{B}\boldsymbol{u}^{(n-2)}-\boldsymbol{C}\boldsymbol{A}\boldsymbol{B}\boldsymbol{u}^{(n-3)}-\cdots-\boldsymbol{C}\boldsymbol{A}^{n-2}\boldsymbol{B}\boldsymbol{u}=\boldsymbol{C}\boldsymbol{A}^{n-1}\boldsymbol{x}\end{aligned}\tag{6-193}$$

将各式等号左边用矢量 $\boldsymbol{z}$ 表示，则有

$$\boldsymbol{z}=\begin{bmatrix}z_1\\z_2\\\vdots\\z_n\end{bmatrix}=\begin{bmatrix}\boldsymbol{y}\\\dot{\boldsymbol{y}}-\boldsymbol{C}\boldsymbol{B}\boldsymbol{u}\\\vdots\\\boldsymbol{y}^{(n-1)}-\boldsymbol{C}\boldsymbol{B}\boldsymbol{u}^{(n-2)}-\boldsymbol{C}\boldsymbol{A}\boldsymbol{B}\boldsymbol{u}^{(n-3)}-\cdots-\boldsymbol{C}\boldsymbol{A}^{n-2}\boldsymbol{B}\boldsymbol{u}\end{bmatrix}=\begin{bmatrix}\boldsymbol{C}\\\boldsymbol{C}\boldsymbol{A}\\\vdots\\\boldsymbol{C}\boldsymbol{A}^{n-1}\end{bmatrix}\boldsymbol{x}=\boldsymbol{Q}_o\boldsymbol{x}\tag{6-194}$$

若系统完全能观，$\mathrm{rank}\boldsymbol{Q}_o=n$，则有

$$\boldsymbol{x}=(\boldsymbol{Q}_o^{\mathrm{T}}\boldsymbol{Q}_o)^{-1}\boldsymbol{Q}_o^{\mathrm{T}}\boldsymbol{z}\tag{6-195}$$

根据式(6-194)可以构造一个新系统 $\boldsymbol{Z}$，它以原系统的 $\boldsymbol{y}$、$\boldsymbol{u}$ 为其输入，它的输出 $\boldsymbol{z}$ 经 $(\boldsymbol{Q}_o^{\mathrm{T}}\boldsymbol{Q}_o)^{-1}\boldsymbol{Q}_o^{\mathrm{T}}$ 变换后便得到状态矢量 $\boldsymbol{x}$。换句话说，只要系统完全能观，那么状态矢量 $\boldsymbol{x}$ 便可由系统的输入 $\boldsymbol{u}$、输出 $\boldsymbol{y}$ 及其各阶导数估计出来，状态估计值记为 $\hat{\boldsymbol{x}}$。观测器的结构如图 6-32 所示。系统 $\boldsymbol{z}$ 中包含 0 阶到 $n-1$ 阶微分器，这些微分器将大大加剧测量噪声对于状态估计的影响。

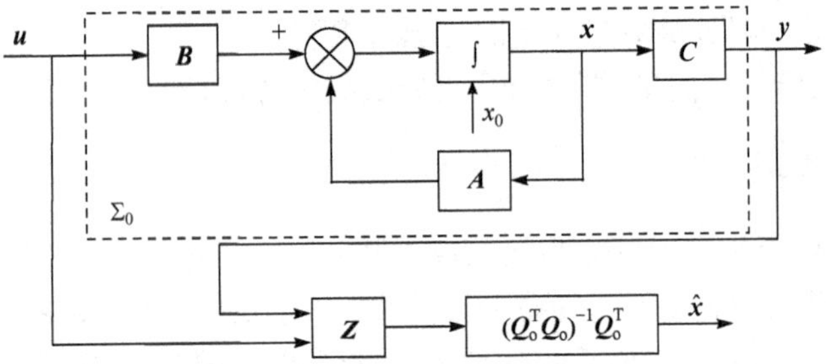

图 6-32　利用 $\boldsymbol{u}$ 和 $\boldsymbol{y}$ 重构状态 $\boldsymbol{x}$

尽管上面的推导过程理论上是成立的，但如此构造的观测器是没有工程价值的。有价值的观测器从下面针对不完全能观情况下的观测器存在性证明过程中可以得到。

2. 系统不完全能观情况下的观测器存在性

对于线性定常系统 $\Sigma_0=(\boldsymbol{A},\boldsymbol{B},\boldsymbol{C})$，状态观测器存在的充要条件是 Σ_0 的不能观子系统为渐近稳定。满足此条件的系统称为$(\boldsymbol{A},\boldsymbol{C})$是可检测的，它与可镇定是对偶的概念。

设 $\Sigma_0=(\boldsymbol{A},\boldsymbol{B},\boldsymbol{C})$不完全能观，对其按能观性进行结构分解。不妨设 $\Sigma_0=(\boldsymbol{A},\boldsymbol{B},\boldsymbol{C})$已具有能观性分解形式，即

$$\boldsymbol{x}=\begin{pmatrix}\boldsymbol{x}_o\\\boldsymbol{x}_{\bar{o}}\end{pmatrix},\boldsymbol{A}=\begin{pmatrix}\boldsymbol{A}_{11}&0\\\boldsymbol{A}_{21}&\boldsymbol{A}_{22}\end{pmatrix},\boldsymbol{B}=\begin{pmatrix}\boldsymbol{B}_1\\\boldsymbol{B}_2\end{pmatrix},\boldsymbol{C}=(\boldsymbol{C}_1\quad\boldsymbol{0})\tag{6-196}$$

式中，$\boldsymbol{x}_o$ 为能观子状态；$\boldsymbol{x}_{\bar{o}}$ 为不能观子状态；$(\boldsymbol{A}_{11},\boldsymbol{B}_1,\boldsymbol{C}_1)$为能观子系统；$(\boldsymbol{A}_{22},\boldsymbol{B}_2,\boldsymbol{0})$为不能观子系统。

构造状态观测器 $\hat{\Sigma}$。引入实际输出与观测输出的差值对 $\boldsymbol{x}$ 的估计值 $\hat{\boldsymbol{x}}$ 进行调整，这种调

整在后面将看到实际上是对 $\hat{x}$ 渐近于 x 的速度进行调整。令 $\hat{x}=[\hat{x}_o^{\mathrm{T}}\ \hat{x}_{\bar{o}}^{\mathrm{T}}]^{\mathrm{T}}$，$L=(L_1\quad L_2)^{\mathrm{T}}$ 为调节 $\hat{x}$ 渐近于 x 的速度的反馈增益矩阵。于是有观测器方程

$$\dot{\hat{x}}=A\hat{x}+Bu+L(y-C\hat{x})=(A-LC)\hat{x}+Bu+LCx \tag{6-197}$$

定义 $\tilde{x}=x-\hat{x}$ 为状态误差矢量，结合式(6-197)和式(6-196)可导出状态误差方程

$$\begin{aligned}
\dot{\tilde{x}}=\dot{x}-\dot{\hat{x}}&=\begin{bmatrix}\dot{x}_{\bar{o}}-\dot{\hat{x}}_o\\ \dot{x}_{\bar{o}}-\dot{\hat{x}}_{\bar{o}}\end{bmatrix}\\
&=\left\{\begin{bmatrix}A_{11}x_o+B_1u\\ A_{21}x_o+A_{22}x_{\bar{o}}+B_2u\end{bmatrix}-\begin{bmatrix}(A_{11}-L_1C_1)\hat{x}_o+B_1u+L_1C_1x_o\\ (A_{21}-L_2C_1)\hat{x}_o+A_{22}\hat{x}_{\bar{o}}+B_2u+L_2C_1x_o\end{bmatrix}\right\}\\
&=\begin{bmatrix}(A_{11}-L_1C_1)(x_o-\hat{x}_o)\\ (A_{21}-L_2C_1)(x_o-\hat{x}_o)+A_{22}(x_{\bar{o}}-\hat{x}_{\bar{o}})\end{bmatrix}
\end{aligned}\tag{6-198}$$

即

$$\dot{x}_o-\dot{\hat{x}}_o=(A_{11}-L_1C_1)(x_o-\hat{x}_o) \tag{6-199}$$

$$\dot{x}_{\bar{o}}-\dot{\hat{x}}_{\bar{o}}=(A_{21}-L_2C_1)(x_o-\hat{x}_o)+A_{22}(x_{\bar{o}}-\hat{x}_{\bar{o}}) \tag{6-200}$$

由式(6-199)可知，通过适当选择 L_1，可使 $(A_{11}-L_1C_1)$ 的特征值均具负实部，因而有

$$\lim_{t\to\infty}(x_o-\hat{x}_o)=\lim_{t\to\infty}e^{(A_{11}-L_1C_1)t}(x_o(0)-\hat{x}_o(0))=\mathbf{0} \tag{6-201}$$

同理，由式(6-200)可得其解为

$$\begin{aligned}
(x_{\bar{o}}\ \hat{x}_{\bar{o}})&=e^{A_{22}t}(x_{\bar{o}}(0)-\hat{x}_{\bar{o}}(0))+\int_0^t e^{A_{22}(t-\tau)}(A_{21}-L_2C_1)(x_o-\hat{x}_o)\,d\tau\\
&=e^{A_{22}t}(x_{\bar{o}}(0)-\hat{x}_{\bar{o}}-(0))+\int_0^t e^{A_{22}(t-\tau)}(A_{21}-L_2C_1)e^{(A_{11}-L_1C_1)t}(x_o(0)-\hat{x}_o(0))\,d\tau
\end{aligned}\tag{6-202}$$

由于 $\lim\limits_{t\to\infty}e^{(A_{11}-L_1C_1)t}=\mathbf{0}$，因此仅当

$$\lim_{t\to\infty}e^{A_{22}t}=0 \tag{6-203}$$

成立时，才对任意 $x_{\bar{o}}(0)$ 和 $\hat{x}_{\bar{o}}(0)$，有

$$\lim_{t\to\infty}(x_{\bar{o}}-\hat{x}_{\bar{o}})=0 \tag{6-204}$$

而 $\lim\limits_{t\to\infty}e^{A_{22}t}=0$ 与 A_{22} 特征值均具有负实部等价。

故只有 $\Sigma_0=(A,B,C)$ 的不能观子系统渐近稳定时，才能使 $\lim\limits_{t\to\infty}(x-\hat{x})=0$。

实际上，上述证明过程给出了一种状态观测器的综合方案，如图 6-33 所示。图 6-33(a)是依式(6-197)的第一式得到的，图 6-33(b)是依式(6-197)的第二式得到的。

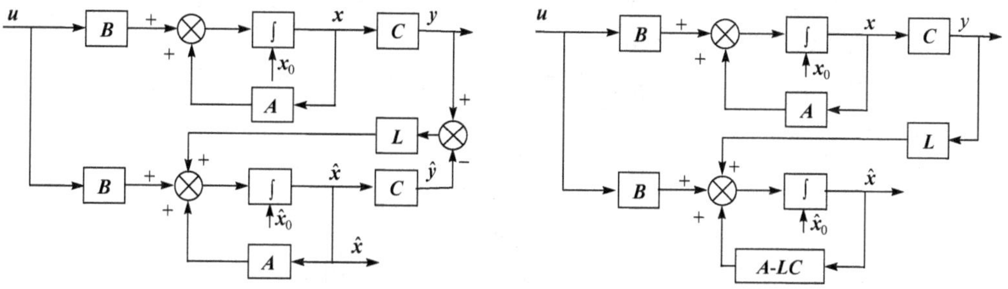

(a) 依式(6-197)的第一式得到的框图

(b) 依式(6-197)的第二式得到的框图

图 6-33　一种渐近观测器

6.11.3 全维状态观测器设计

全维设计方案实际上已在上一小节中给出，下面重写状态观测器方程

$$\dot{\hat{\boldsymbol{x}}}=(\boldsymbol{A}-\boldsymbol{LC})\hat{\boldsymbol{x}}+\boldsymbol{Bu}+\boldsymbol{LCx} \tag{6-205}$$

(1) 系统能观时，状态误差方程为

$$\dot{\tilde{\boldsymbol{x}}}=(\boldsymbol{A}-\boldsymbol{LC})\tilde{\boldsymbol{x}} \tag{6-206}$$

其解为

$$\tilde{\boldsymbol{x}}=e^{(A-LC)t}\tilde{\boldsymbol{x}}(0),\ t\geqslant 0 \tag{6-207}$$

由式(6-207)可以看出，若 $\tilde{\boldsymbol{x}}(0)=0$，则在 $t\geqslant 0$ 的所有时间内，$\tilde{\boldsymbol{x}}\equiv 0$，即状态估值 $\hat{\boldsymbol{x}}$ 与状态真值 $\boldsymbol{x}$ 相等。若 $\tilde{\boldsymbol{x}}(0)\neq 0$，二者初值不相等，但$(\boldsymbol{A}-\boldsymbol{LC})$的特征值均具有负实部，则 $\tilde{\boldsymbol{x}}$ 将渐近衰减至零，观测器的状态 $\hat{\boldsymbol{x}}$ 将渐近地逼近实际状态 $\boldsymbol{x}$。状态逼近的速度将取决于 $\boldsymbol{L}$ 的选择和$(\boldsymbol{A}-\boldsymbol{LC})$特征值的配置。

总结完全能观情况下全维观测器综合算法一的步骤：

ⅰ. 判定系统的能观性，若能观，进行如下步骤。

ⅱ. 计算对偶系数矩阵 $\bar{\boldsymbol{A}}=\boldsymbol{A}^{\mathrm{T}}$，$\bar{\boldsymbol{B}}=\boldsymbol{C}^{\mathrm{T}}$。

ⅲ. 对$(\bar{\boldsymbol{A}},\bar{\boldsymbol{B}})$和期望特征值组$\{\lambda_1^*,\lambda_2^*,\cdots,\lambda_n^*\}$，采用极点配置算法，计算使 $\lambda_i(\bar{\boldsymbol{A}}+\bar{\boldsymbol{B}}\bar{\boldsymbol{K}})=\lambda_i^*$，$i=1,2,\cdots,n$ 的状态反馈矩阵 $\bar{\boldsymbol{K}}$。

ⅳ. 取 $\boldsymbol{L}=-\bar{\boldsymbol{K}}^{\mathrm{T}}$。

ⅴ. 计算$(\boldsymbol{A}-\boldsymbol{LC})$。

ⅵ. 所综合全维观测器为$\dot{\hat{\boldsymbol{x}}}=(\boldsymbol{A}-\boldsymbol{LC})\hat{\boldsymbol{x}}+\boldsymbol{Bu}+\boldsymbol{Ly}$。

(2) 系统不能观时，由上节的讨论知，将状态分解成能观和不能观两部分，这两部分的状态误差方程为

$$\dot{\boldsymbol{x}}_o-\dot{\hat{\boldsymbol{x}}}_o=(\boldsymbol{A}_{11}-\boldsymbol{L}_1\boldsymbol{C}_1)(\boldsymbol{x}_o-\hat{\boldsymbol{x}}_o) \tag{6-208}$$

$$\dot{\boldsymbol{x}}_{\bar{o}}-\dot{\hat{\boldsymbol{x}}}_{\bar{o}}=(\boldsymbol{A}_{21}-\boldsymbol{L}_2\boldsymbol{C}_1)(\boldsymbol{x}_o-\hat{\boldsymbol{x}}_o)+\boldsymbol{A}_{22}(\boldsymbol{x}_{\bar{o}}-\hat{\boldsymbol{x}}_{\bar{o}}) \tag{6-209}$$

当 $\boldsymbol{A}_{22}$ 特征值均具有负实部时，不可控的部分渐近稳定，其不可控部分状态趋近速度受到 $\boldsymbol{A}_{22}$ 特征值位置的限制，$\boldsymbol{L}_2$ 可以选择适当数值。而通过合适的选择 $\boldsymbol{L}_1$ 和对$(\boldsymbol{A}_{11}-\boldsymbol{L}_1\boldsymbol{C}_1)$特征值进行配置。

总结不完全能观情况下的全维观测器综合算法一的步骤：

ⅰ. 判定系统的能观性，若不能观且不能观的部分渐近稳定，进行如下步骤。

ⅱ. 计算对偶系数矩阵 $\bar{\boldsymbol{A}}=\boldsymbol{A}^{\mathrm{T}}$，$\bar{\boldsymbol{B}}=\boldsymbol{C}^{\mathrm{T}}$。

ⅲ. 采用线性系统镇定的方法求取镇定反馈矩阵 $\bar{\boldsymbol{K}}$ 使$(\bar{\boldsymbol{A}}+\bar{\boldsymbol{B}}\bar{\boldsymbol{K}})$的特征值在左半平面。

ⅳ. 取 $\boldsymbol{L}=-\bar{\boldsymbol{K}}^{\mathrm{T}}$。

ⅴ. 计算$(\boldsymbol{A}-\boldsymbol{LC})$。

ⅵ. 所综合全维观测器为$\dot{\hat{\boldsymbol{x}}}=(\boldsymbol{A}-\boldsymbol{LC})\hat{\boldsymbol{x}}+\boldsymbol{Bu}+\boldsymbol{Ly}$。

实际上，此时对不能观部分给出的观测并没起到观测作用。

例 6-24 设计全维状态观测器。

已知系统

$$\dot{x}=\begin{pmatrix}1 & 0\\0 & 0\end{pmatrix}x+\begin{pmatrix}1\\1\end{pmatrix}u$$

$$y=(2 \quad -1)x$$

设计全维状态观测器使其极点为－10，－10。

解 (1)检验能观性。

因 $Q_o=\begin{pmatrix}c\\cA\end{pmatrix}=\begin{pmatrix}2 & -1\\2 & 0\end{pmatrix}$满秩，系统能观，可构造全维状态观测器。

(2)将系统化成能观 II 型。

系统特征多项式为

$$\det(\lambda I-A)=\det\begin{pmatrix}\lambda-1 & 0\\0 & \lambda\end{pmatrix}=\lambda^2-\lambda$$

得 $a_1=-1, a_0=0$，于是

$$T^{-1}=\begin{pmatrix}1 & a_1\\0 & 1\end{pmatrix}\begin{pmatrix}2 & 0\\2 & -1\end{pmatrix}=\begin{pmatrix}0 & 1\\2 & -1\end{pmatrix}, T=\begin{pmatrix}1/2 & 1/2\\1 & 0\end{pmatrix}$$

于是

$$\dot{\bar{x}}=T^{-1}AT\bar{x}+T^{-1}bu=\begin{pmatrix}0 & 0\\1 & 1\end{pmatrix}\bar{x}+\begin{pmatrix}1\\1\end{pmatrix}u$$

$$y=CT\bar{x}=(0 \quad 1)\bar{x}$$

(3)引入反馈阵 $\bar{L}=(\bar{l}_1 \quad \bar{l}_2)^T$，得观测器特征多项式

$$f(\lambda)=\det[\lambda I-(\bar{A}-\bar{L}\bar{c})]=\det\begin{pmatrix}\lambda & \bar{l}_1\\-1 & \lambda-(1-\bar{l}_2)\end{pmatrix}$$

$$=\lambda^2-(1-\bar{l}_2)\lambda+\bar{l}_1$$

(4)根据期望极点得期望特征式

$$f(\lambda)=(\lambda+10)(\lambda+10)=\lambda^2+20\lambda+100$$

(5)比较各项系数，得

$$\bar{l}_1=100, \bar{l}_2=21$$

(6)反变换到 x 状态下

$$L=T\bar{L}=\begin{pmatrix}0.5 & 0.5\\1 & 0\end{pmatrix}\begin{pmatrix}100\\21\end{pmatrix}=\begin{pmatrix}60.5\\100\end{pmatrix}$$

(7)观测器方程为

$$\dot{\hat{x}}=(A-LC)\hat{x}+Bu+Ly=\begin{pmatrix}-120 & 60.5\\-200 & 100\end{pmatrix}\hat{x}+\begin{pmatrix}1\\1\end{pmatrix}u+\begin{pmatrix}60.5\\100\end{pmatrix}y$$

或者

$$\dot{\hat{x}}=A\hat{x}+bu+L(y-\hat{y})=\begin{bmatrix}1 & 0\\0 & 0\end{bmatrix}\hat{x}+\begin{bmatrix}1\\1\end{bmatrix}u+\begin{bmatrix}60.5\\100\end{bmatrix}(y-\hat{y})$$

应当指出，当系统维数较低时，在检验能观性后亦可不经过化能观 II 型的步骤直接按特征式比较来确定反馈阵 L。例如，对本例有

$$A-LC=\begin{pmatrix}1 & 0\\0 & 0\end{pmatrix}-\begin{pmatrix}l_1\\l_2\end{pmatrix}(2 \quad -1)=\begin{pmatrix}1-2l_1 & l_1\\-2l_2 & l_2\end{pmatrix}$$

$$f(\lambda)=\det[\lambda \boldsymbol{I}-(\boldsymbol{A}-\boldsymbol{GC})]=\det\begin{pmatrix}\lambda-(1-2l_1) & -l_1\\ 2l_2 & \lambda-l_2\end{pmatrix}=\lambda^2+(2l_1-l_2-1)\lambda+l_2$$

与期望特征式比较，得

$$2l_1-l_2-1=20$$
$$l_2=100$$

故 $\boldsymbol{L}=\begin{pmatrix}60.5\\100\end{pmatrix}$，与上面结果一致。

6.11.4 降维状态观测器设计

系统的输出矢量 $\boldsymbol{y}$ 一般是能够测量的，因此，可以利用系统的输出矢量 $\boldsymbol{y}$ 来直接产生部分状态变量，从而降低观测器的维数。

对如式(6-189)的线性系统 $\Sigma_0=(\boldsymbol{A},\boldsymbol{B},\boldsymbol{C})$，假设其完全能观且完全能控，设 $\mathrm{rank}\boldsymbol{C}=q$，引入非奇异变换 $\boldsymbol{x}=\boldsymbol{P}\bar{\boldsymbol{x}}$，得到新的状态空间描述 $\bar{\Sigma}=(\bar{\boldsymbol{A}},\bar{\boldsymbol{B}},\bar{\boldsymbol{C}})$

$$\begin{aligned}\dot{\bar{\boldsymbol{x}}}&=\bar{\boldsymbol{A}}\bar{\boldsymbol{x}}+\bar{\boldsymbol{B}}\boldsymbol{u}=\boldsymbol{P}^{-1}\boldsymbol{A}\boldsymbol{P}\bar{\boldsymbol{x}}+\boldsymbol{P}^{-1}\boldsymbol{B}\boldsymbol{u}\\ \boldsymbol{y}&=\bar{\boldsymbol{C}}\bar{\boldsymbol{x}}=\boldsymbol{C}\boldsymbol{P}\bar{\boldsymbol{x}}\end{aligned}\quad\Rightarrow\quad\begin{aligned}&\begin{pmatrix}\dot{\bar{\boldsymbol{x}}}_1\\ \dot{\bar{\boldsymbol{x}}}_2\end{pmatrix}=\begin{pmatrix}\bar{\boldsymbol{A}}_{11} & \bar{\boldsymbol{A}}_{12}\\ \bar{\boldsymbol{A}}_{21} & \bar{\boldsymbol{A}}_{22}\end{pmatrix}\begin{pmatrix}\bar{\boldsymbol{x}}_1\\ \bar{\boldsymbol{x}}_2\end{pmatrix}+\begin{pmatrix}\bar{\boldsymbol{B}}_1\\ \bar{\boldsymbol{B}}_2\end{pmatrix}\boldsymbol{u}\\ &\boldsymbol{y}=\boldsymbol{C}\boldsymbol{P}\bar{\boldsymbol{x}}\end{aligned}\tag{6-210}$$

为了显式地揭示输出 $\boldsymbol{y}$ 中直接表征了一部分状态，以如下方式构造 $\boldsymbol{P}$：任选 $\boldsymbol{C}_0\in\mathbf{R}^{(n-q)\times n}$ 使 $\boldsymbol{Q}=\begin{pmatrix}\boldsymbol{C}_0\\ \boldsymbol{C}\end{pmatrix}$ 为非奇异方阵，$\boldsymbol{P}=\boldsymbol{Q}^{-1}=(\boldsymbol{P}_1\quad \boldsymbol{P}_2)$。于是由

$$\boldsymbol{I}_n=\boldsymbol{Q}\boldsymbol{P}=\begin{pmatrix}\boldsymbol{C}_0\\ \boldsymbol{C}\end{pmatrix}(\boldsymbol{P}_1\quad \boldsymbol{P}_2)=\begin{pmatrix}\boldsymbol{C}_0\boldsymbol{P}_1 & \boldsymbol{C}_0\boldsymbol{P}_2\\ \boldsymbol{C}\boldsymbol{P}_1 & \boldsymbol{C}\boldsymbol{P}_2\end{pmatrix}=\begin{pmatrix}\boldsymbol{I}_{n-q} & 0\\ 0 & \boldsymbol{I}_q\end{pmatrix}$$

知 $\boldsymbol{C}\boldsymbol{P}_1=\boldsymbol{0}$，$\boldsymbol{C}\boldsymbol{P}_2=\boldsymbol{I}_q$。于是，式(6-210)的输出变成

$$\boldsymbol{y}=\boldsymbol{C}\boldsymbol{P}\bar{\boldsymbol{x}}=\boldsymbol{C}(\boldsymbol{P}_1\quad \boldsymbol{P}_2)\begin{pmatrix}\bar{\boldsymbol{x}}_1\\ \bar{\boldsymbol{x}}_2\end{pmatrix}=(\boldsymbol{0}\quad \boldsymbol{I}_q)\begin{pmatrix}\bar{\boldsymbol{x}}_1\\ \bar{\boldsymbol{x}}_2\end{pmatrix}=\bar{\boldsymbol{x}}_2\tag{6-211}$$

该式揭示输出 $\boldsymbol{y}$ 中直接表征了一部分状态，也为利用输出 $\boldsymbol{y}$ 构造降维观测器提供了可能。下面对 $n-q$ 维的状态 $\bar{\boldsymbol{x}}_1$ 构造全维状态观测器。

结合式(6-210)和式(6-211)，得

$$\begin{aligned}\dot{\bar{\boldsymbol{x}}}_1&=\bar{\boldsymbol{A}}_{11}\bar{\boldsymbol{x}}_1+(\bar{\boldsymbol{A}}_{12}\boldsymbol{y}+\bar{\boldsymbol{B}}_1\boldsymbol{u})\\ (\dot{\boldsymbol{y}}-\bar{\boldsymbol{A}}_{22}\boldsymbol{y}-\bar{\boldsymbol{B}}_2\boldsymbol{u})&=\bar{\boldsymbol{A}}_{21}\bar{\boldsymbol{x}}_1\end{aligned}\tag{6-212}$$

令上式中 $\bar{\boldsymbol{u}}=\bar{\boldsymbol{A}}_{12}\boldsymbol{y}+\bar{\boldsymbol{B}}_1\boldsymbol{u}$，$\boldsymbol{z}=(\dot{\boldsymbol{y}}-\bar{\boldsymbol{A}}_{22}\boldsymbol{y}-\bar{\boldsymbol{B}}_2\boldsymbol{u})$，则被观测状态的方程为

$$\begin{aligned}\dot{\bar{\boldsymbol{x}}}_1&=\bar{\boldsymbol{A}}_{11}\bar{\boldsymbol{x}}_1+\bar{\boldsymbol{u}}\\ \boldsymbol{z}&=\bar{\boldsymbol{A}}_{21}\bar{\boldsymbol{x}}_1\end{aligned}\tag{6-213}$$

假设系统$(\boldsymbol{A},\boldsymbol{C})$能观，则非奇异变换不改变能观性，有$(\bar{\boldsymbol{A}},\bar{\boldsymbol{C}})$也是能观的，再据 PBH 判据有

$$n=\mathrm{rank}\begin{pmatrix}s\boldsymbol{I}-\bar{\boldsymbol{A}}\\ \bar{\boldsymbol{C}}\end{pmatrix}=\mathrm{rank}\begin{pmatrix}s\boldsymbol{I}-\bar{\boldsymbol{A}}_{11} & -\bar{\boldsymbol{A}}_{12}\\ -\bar{\boldsymbol{A}}_{21} & s\boldsymbol{I}-\boldsymbol{A}_{22}\\ \boldsymbol{I}_q & 0\end{pmatrix}=q+\mathrm{rank}\begin{pmatrix}\bar{\boldsymbol{A}}_{12}\\ s\boldsymbol{I}-\bar{\boldsymbol{A}}_{22}\end{pmatrix}\Rightarrow\mathrm{rank}\begin{pmatrix}\bar{\boldsymbol{A}}_{12}\\ s\boldsymbol{I}-\bar{\boldsymbol{A}}_{22}\end{pmatrix}=n-q$$

所以$(\bar{A}_{11},\bar{A}_{21})$也可观。

仿照全维观测器的方法一来设计降维观测器，得

$$\dot{\hat{\bar{x}}}_1=(\bar{A}_{11}-\bar{L}\bar{A}_{21})\hat{\bar{x}}_1+\bar{u}+\bar{L}z \tag{6-214}$$

式中，$\hat{\bar{x}}_1$ 为$\bar{x}_1$ 的观测值或估计值。类似地，通过选择$(n-q)\times q$ 维矩阵$\bar{L}$ 可将矩阵$(\bar{A}_{11}-\bar{L}\bar{A}_{21})$的特征值配置在期望的位置上。

将式 $\bar{u}=\bar{A}_{12}y+\bar{B}_1u$，$z=(\dot{y}-\bar{A}_{22}y-\bar{B}_2u)$代入式(6-214)，得

$$\dot{\hat{\bar{x}}}_1=(\bar{A}_{11}-\bar{L}\bar{A}_{21})\hat{\bar{x}}_1+(\bar{A}_{12}-\bar{L}\bar{A}_{22})y+(\bar{B}_1-\bar{L}\bar{B}_2)u+\bar{L}\dot{y} \tag{6-215}$$

方程中出现$\dot{y}$，对实现不利，为了消去它，引入变量$\hat{w}=\hat{\bar{x}}_1-\bar{L}y$，于是观测器方程变为

$$\begin{aligned}\dot{\hat{w}}&=(\bar{A}_{11}-\bar{L}\bar{A}_{21})\hat{\bar{x}}_1+(\bar{A}_{12}-\bar{L}\bar{A}_{22})y+(\bar{B}_1-\bar{L}\bar{B}_2)u\\ \hat{\bar{x}}_1&=\hat{w}+\bar{L}y\end{aligned} \tag{6-216}$$

或者将$\hat{\bar{x}}_1$ 代入，得

$$\begin{aligned}\dot{\hat{w}}&=(\bar{A}_{11}-\bar{L}\bar{A}_{21})\hat{w}+[(\bar{A}_{11}-\bar{L}\bar{A}_{21})\bar{L}+(\bar{A}_{12}-\bar{L}\bar{A}_{22})]y+(\bar{B}_1-\bar{L}\bar{B}_2)u\\ \hat{\bar{x}}_1&=\hat{w}+\bar{L}y\end{aligned} \tag{6-217}$$

整个状态矢量$\bar{x}$ 的估计值为

$$\hat{\bar{x}}=\begin{pmatrix}\hat{\bar{x}}_1\\ \hat{\bar{x}}_2\end{pmatrix}=\begin{pmatrix}\hat{w}+\bar{L}y\\ y\end{pmatrix}=\begin{pmatrix}I\\ 0\end{pmatrix}\hat{w}+\begin{pmatrix}\bar{L}\\ I\end{pmatrix}y \tag{6-218}$$

再变换到$\hat{x}$ 状态下，则有

$$\hat{x}=P\hat{\bar{x}} \tag{6-219}$$

根据式(6-216)可得整个观测器的结构如图 6-34 所示。

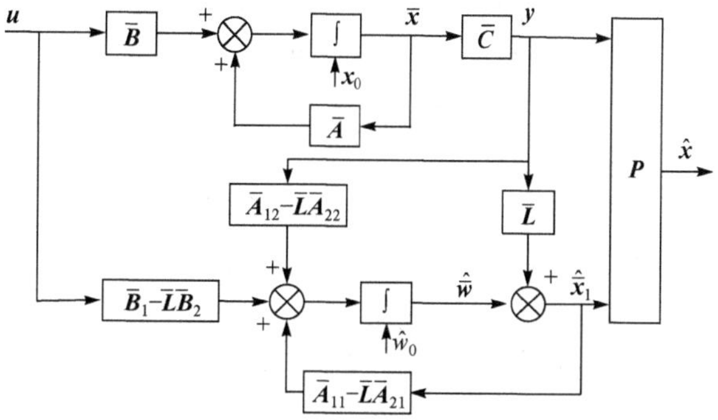

图 6-34　降维观测器方案一的结构图

由式(6-211)可知，$\bar{x}_2=y$ 是直接可测的，所以这 q 个状态分量没有估计误差。为了证实$\bar{x}_1$ 的估计值误差具有所希望的衰减速率，可将式(6-211)的第一式减去式(6-215)，求得状态估计误差方程：

$$\dot{\tilde{x}}_1=\dot{\bar{x}}_1-\dot{\hat{\bar{x}}}_1=\bar{A}_{11}\bar{x}_1+\bar{A}_{12}y+\bar{B}_1u-(\bar{A}_{11}-\bar{L}\bar{A}_{21})\hat{\bar{x}}_1-(\bar{A}_{12}-\bar{L}\bar{A}_{22})y-(\bar{B}_1-\bar{L}\bar{B}_2)u-\bar{L}\dot{y}$$

考虑到式(6-212)第二式，经消项整理后得

$$\dot{\tilde{x}}_1=(\bar{A}_{11}-\bar{L}\bar{A}_{21})(\bar{x}_1-\hat{\bar{x}}_1)=(\bar{A}_{11}-\bar{L}\bar{A}_{21})\tilde{x}_1 \tag{6-220}$$

由于系统能观，故必能通过选择$\bar{L}$ 使$(\bar{A}_{11}-\bar{L}\bar{A}_{21})$的极点任意配置，从而保证误差$\tilde{x}_1$ 能按设计

者的愿望尽快地衰减到零。

由此表明，若线性系统 $\Sigma_0=(\boldsymbol{A},\boldsymbol{B},\boldsymbol{C})$ 能观，$\mathrm{rank}\boldsymbol{C}=q$，则它的 q 个状态分量可由 y 直接获得，其余的 $(n-q)$ 个状态分量便只需用 $(n-q)$ 维的降维观测器进行重构即可。指定降维观测器期望特征值组 $\{\lambda_i^*, i=1,2,\cdots,n-q\}$，总结按上述方案构造降维观测器的步骤：

ⅰ. 任选 $\boldsymbol{C}_0\in\mathbf{R}^{(n-q)\times n}$ 使 $\boldsymbol{Q}=\begin{pmatrix}\boldsymbol{C}_0\\ \boldsymbol{C}\end{pmatrix}$ 为非奇异方阵，$\boldsymbol{P}=\boldsymbol{Q}^{-1}=(\boldsymbol{P}_1\quad \boldsymbol{P}_2)$，$\boldsymbol{P}_1$ 是 $n\times(n-q)$ 的，$\boldsymbol{P}_2$ 是 $n\times q$ 的。

ⅱ. 计算经 $\boldsymbol{x}=\boldsymbol{P}\bar{\boldsymbol{x}}$ 变换后的 $\bar{\boldsymbol{A}}_{11},\bar{\boldsymbol{A}}_{12},\bar{\boldsymbol{A}}_{21},\bar{\boldsymbol{A}}_{22},\bar{\boldsymbol{B}}_1,\bar{\boldsymbol{B}}_2$。

ⅲ. 计算期望特征值组 $\{\lambda_i^*, i=1,2,\cdots,n-q\}$ 对应的特征多项式 $\alpha^*(s)=\prod\limits_{i=1}^{n-q}(s-\lambda_i^*)$。

ⅳ. 对 $(\bar{\boldsymbol{A}}_{11}^{\mathrm{T}},\bar{\boldsymbol{A}}_{21}^{\mathrm{T}})$ 采用极点配置方法，综合一个 $\bar{\boldsymbol{K}}$ 使 $\det(s\boldsymbol{I}-(\bar{\boldsymbol{A}}_{11}^{\mathrm{T}}+\bar{\boldsymbol{A}}_{21}^{\mathrm{T}}\bar{\boldsymbol{K}}))=\alpha^*(s)$。

ⅴ. 取 $\bar{\boldsymbol{L}}=-\bar{\boldsymbol{K}}^{\mathrm{T}}$。

ⅵ. 将相关矩阵代入下面的降维状态观测器方程

$$\dot{\hat{\boldsymbol{w}}}=(\bar{\boldsymbol{A}}_{11}-\bar{\boldsymbol{L}}\bar{\boldsymbol{A}}_{21})\hat{\boldsymbol{w}}+[(\bar{\boldsymbol{A}}_{11}-\bar{\boldsymbol{L}}\bar{\boldsymbol{A}}_{21})\bar{\boldsymbol{L}}+(\bar{\boldsymbol{A}}_{12}-\bar{\boldsymbol{L}}\bar{\boldsymbol{A}}_{22})]\boldsymbol{y}+(\bar{\boldsymbol{B}}_1-\bar{\boldsymbol{L}}\bar{\boldsymbol{B}}_2)\boldsymbol{u}$$

$$\hat{\bar{\boldsymbol{x}}}_1=\hat{\boldsymbol{w}}+\bar{\boldsymbol{L}}\boldsymbol{y}$$

ⅶ. 观测状态结合直接测量状态，变换到原空间，即

$$\hat{\boldsymbol{x}}=\boldsymbol{P}\,\bar{\boldsymbol{x}}\boldsymbol{C}=\boldsymbol{P}\begin{pmatrix}\hat{\boldsymbol{w}}+\bar{\boldsymbol{L}}\boldsymbol{y}\\ \boldsymbol{y}\end{pmatrix}$$

ⅷ. 停止计算。

例 6-25 设计降维状态观测器。

给定系统 $\Sigma_0=(\boldsymbol{A},\boldsymbol{b},\boldsymbol{c})$

$$\dot{\boldsymbol{x}}=\begin{pmatrix}4&4&4\\-11&-12&-12\\13&14&13\end{pmatrix}\boldsymbol{x}+\begin{pmatrix}1\\-1\\0\end{pmatrix}\boldsymbol{u}$$

$$\boldsymbol{y}=(1,\quad 1,\quad 1)\boldsymbol{x}$$

试设计极点为 $-3,-4$ 的降维观测器。

解 (1) 经检验系统完全能观，故存在状态观测器，且 $\mathrm{rank}(\boldsymbol{c})=1$。

(2) 构造变换阵作线性变换，设

$$\boldsymbol{P}^{-1}=\begin{pmatrix}1&0&0\\0&1&0\\1&1&1\end{pmatrix},\boldsymbol{P}=\begin{pmatrix}1&0&0\\0&1&0\\-1&-1&1\end{pmatrix}$$

得

$$\bar{\boldsymbol{A}}=\boldsymbol{P}^{-1}\boldsymbol{A}\boldsymbol{P}=\begin{pmatrix}1&0&0\\0&1&0\\1&1&1\end{pmatrix}\begin{pmatrix}4&4&4\\-11&-12&-12\\13&14&13\end{pmatrix}\begin{pmatrix}1&0&0\\0&1&0\\-1&-1&1\end{pmatrix}=\begin{pmatrix}0&0&4\\1&0&-12\\1&1&5\end{pmatrix}$$

$$\bar{\boldsymbol{b}}=\boldsymbol{P}^{-1}\boldsymbol{b}=\begin{pmatrix}1&0&0\\0&1&0\\1&1&1\end{pmatrix}\begin{pmatrix}1\\-1\\0\end{pmatrix}=\begin{pmatrix}1\\-1\\0\end{pmatrix}$$

$$\bar{\boldsymbol{c}}=\boldsymbol{c}\boldsymbol{P}=(1,\quad 1,\quad 1)\begin{pmatrix}1&0&0\\0&1&0\\-1&-1&1\end{pmatrix}=(0,\quad 0,\quad 1)$$

由于状态分量$\boldsymbol{x}_3$ 可由 $\boldsymbol{y}$ 直接提供，$\bar{\boldsymbol{y}}=\boldsymbol{y}$，故只需要设计二维状态观测器。

(3) 引入反馈阵 $\bar{\boldsymbol{L}}=(\bar{l}_1 \quad \bar{l}_2)^{\mathrm{T}}$ 得观测器特征多项式

$$f(s)=\det(s\boldsymbol{I}-(\bar{\boldsymbol{A}}_{11}-\bar{\boldsymbol{L}}\bar{\boldsymbol{A}}_{21}))=\det\left(\begin{pmatrix} s & 0\\ 0 & s\end{pmatrix}-\begin{pmatrix} 0 & 0\\ 1 & 0\end{pmatrix}+\begin{pmatrix}\bar{l}_1\\ \bar{l}_2\end{pmatrix}(1,\ 1)\right)=\det\begin{pmatrix} s+\bar{l}_1 & \bar{l}_1\\ -1+\bar{l}_2 & s+\bar{l}_2\end{pmatrix}=s^2+(\bar{l}_1+\bar{l}_2)s+\bar{l}_1$$

(4) 根据期望极点得期望特征式为

$$f^*(\lambda)=(\lambda+3)(\lambda+4)=\lambda^2+7\lambda+12$$

(5) 比较 $f(\lambda)$与 $f^*(\lambda)$各项系统得

$$\bar{\boldsymbol{L}}=\begin{pmatrix}\bar{l}_1\\ \bar{l}_2\end{pmatrix}=\begin{pmatrix}12\\ -5\end{pmatrix}$$

(6) 由式(6-216)可得观测器方程：

$$\begin{cases}\dot{\hat{\boldsymbol{w}}}=\begin{pmatrix}-12 & -12\\ 6 & 5\end{pmatrix}\hat{\boldsymbol{x}}_1+\begin{pmatrix}-56\\ 13\end{pmatrix}\boldsymbol{y}+\begin{pmatrix}1\\ -1\end{pmatrix}\boldsymbol{u}\\ \hat{\boldsymbol{x}}_1=\hat{\boldsymbol{w}}+\begin{pmatrix}12\\ -5\end{pmatrix}\boldsymbol{y}\end{cases}$$

或由式(6-217)得

$$\begin{cases}\dot{\hat{\boldsymbol{w}}}=\begin{pmatrix}-12 & -12\\ 6 & 5\end{pmatrix}\hat{\boldsymbol{w}}+\begin{pmatrix}-140\\ 60\end{pmatrix}\boldsymbol{y}+\begin{pmatrix}1\\ -1\end{pmatrix}\boldsymbol{u}\\ \hat{\boldsymbol{x}}_1=\hat{\boldsymbol{w}}+\begin{pmatrix}12\\ -5\end{pmatrix}\boldsymbol{y}\end{cases}$$

经线性变换后的状态估计值为

$$\hat{\bar{\boldsymbol{x}}}=\begin{pmatrix}\hat{\bar{\boldsymbol{x}}}_1\\ \bar{\boldsymbol{x}}_2\end{pmatrix}=\begin{pmatrix}\hat{\boldsymbol{w}}+\bar{\boldsymbol{G}}\boldsymbol{y}\\ \boldsymbol{y}\end{pmatrix}=\begin{pmatrix}1 & 0\\ 0 & 1\\ 0 & 0\end{pmatrix}\begin{pmatrix}\bar{w}_1\\ \bar{w}_2\end{pmatrix}+\begin{pmatrix}12\\ -5\\ 1\end{pmatrix}\boldsymbol{y}=\begin{pmatrix}\bar{w}_1+12\boldsymbol{y}\\ \bar{w}_2-5\boldsymbol{y}\\ \boldsymbol{y}\end{pmatrix}$$

(7) 为得到原系统的状态估计，还要作如下变换：

$$\hat{\boldsymbol{x}}=\boldsymbol{P}\hat{\bar{\boldsymbol{x}}}=\begin{pmatrix}1 & 0 & 0\\ 0 & 1 & 0\\ -1 & -1 & 1\end{pmatrix}\begin{pmatrix}\bar{w}_1+12\boldsymbol{y}\\ \bar{w}_2-5\boldsymbol{y}\\ \boldsymbol{y}\end{pmatrix}=\begin{pmatrix}\bar{w}_1+12\boldsymbol{y}\\ \bar{w}_2-5\boldsymbol{y}\\ -\bar{w}_1-\bar{w}_2-6\boldsymbol{y}\end{pmatrix}$$

6.11.5 基于观测器实现状态反馈——一种动态输出反馈

观测器的引入使受控系统状态反馈的物理实现成为可能。本节是对以重构如式(6-189)的能控且能观系统$\Sigma_0=(\boldsymbol{A},\boldsymbol{B},\boldsymbol{C})$状态代替系统状态实现状态反馈所导致的影响问题进行较为系统和较为全面的讨论，着重于阐明基于观测器的状态反馈控制系统的基本特性。

以全维观测为例进行阐述。将能控且能观系统和其观测器重写如下

$$\begin{aligned}\dot{\boldsymbol{x}}&=\boldsymbol{A}\boldsymbol{x}+\boldsymbol{B}\boldsymbol{u}\\ \boldsymbol{y}&=\boldsymbol{C}\boldsymbol{x}\end{aligned} \tag{6-221}$$

$$\dot{\hat{\boldsymbol{x}}}=(\boldsymbol{A}-\boldsymbol{L}\boldsymbol{C})\hat{\boldsymbol{x}}+\boldsymbol{B}\boldsymbol{u}+\boldsymbol{L}\boldsymbol{y} \tag{6-222}$$

反馈控制律采用

$$\boldsymbol{u}=\boldsymbol{K}\hat{\boldsymbol{x}}+\boldsymbol{v} \tag{6-223}$$

将上面三式结合起来，画出整个闭环系统结构图，如图 6-35 所示。

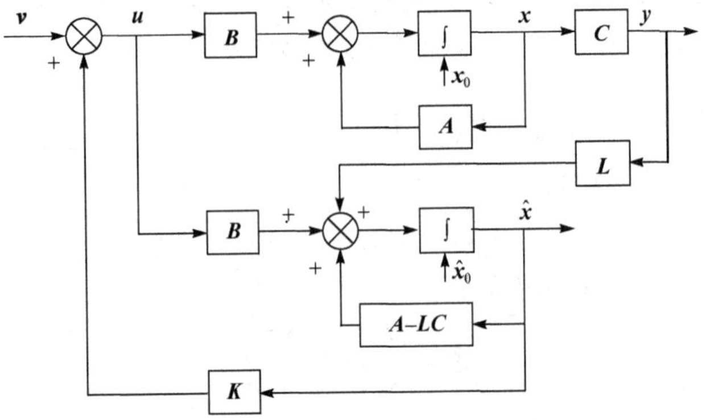

图 6-35　基于第一观测器方案实现状态反馈系统

将式(6-223)代入式(6-221)和式(6-222)，得

$$
\begin{aligned}
\dot{x}&=Ax+BK\hat{x}+Bv\\
\dot{\hat{x}}&=(A-LC+BK)\hat{x}+LCx+Bv\\
y&=Cx
\end{aligned}
\tag{6-224}
$$

写成矩阵的形式

$$
\begin{aligned}
\begin{pmatrix}\dot{x}\\ \dot{\hat{x}}\end{pmatrix}&=\begin{pmatrix}A & BK\\ LC & (A-LC+BK)\end{pmatrix}\begin{pmatrix}x\\ \hat{x}\end{pmatrix}+\begin{pmatrix}B\\ B\end{pmatrix}v\\
y&=(C\quad 0)\begin{pmatrix}x\\ \hat{x}\end{pmatrix}
\end{aligned}
\tag{6-225}
$$

简记为 $\hat{\Sigma}_{LK}=(\hat{A},\hat{B},\hat{C})$。显然全维观测器是一个 $2n$ 阶的闭环系统。

下面给出基于观测器的状态反馈系统的特性。

(1) 基于观测器的状态反馈系统的阶数。

相比于直接状态反馈控制系统，基于观测器的状态反馈系统的阶数提高了，且为原系统的阶数与观测器阶数之和。

(2) 基于观测器的状态反馈系统的特征值集合。

对于基于全维观测器的状态反馈系统 $\hat{\Sigma}_{LK}=(\hat{A},\hat{B},\hat{C})$，引入状态估计误差 $\tilde{x}=x-\hat{x}$，并引入非奇异线性变换

$$
\begin{pmatrix}x\\ \tilde{x}\end{pmatrix}=\begin{pmatrix}x\\ x-\hat{x}\end{pmatrix}=\begin{pmatrix}I & 0\\ I & -I\end{pmatrix}\begin{pmatrix}x\\ \hat{x}\end{pmatrix}
\tag{6-226}
$$

令 $P=\begin{pmatrix}I & 0\\ I & -I\end{pmatrix}$，则 $P^{-1}=\begin{pmatrix}I & 0\\ I & -I\end{pmatrix}$。经线性变换后的系统 $\breve{\Sigma}_{LK}=(\breve{A},\breve{B},\breve{C})$，

$$
\begin{aligned}
\breve{A}&=P^{-1}\hat{A}P=\begin{pmatrix}I & 0\\ I & -I\end{pmatrix}\begin{pmatrix}A & BK\\ LC & (A-LC+BK)\end{pmatrix}\begin{pmatrix}I & 0\\ I & -I\end{pmatrix}=\begin{pmatrix}A+BK & BK\\ 0 & A-LC\end{pmatrix}\\
\breve{B}&=P^{-1}\breve{B}=\begin{pmatrix}I & 0\\ I & -I\end{pmatrix}\begin{pmatrix}B\\ B\end{pmatrix}=\begin{pmatrix}B\\ 0\end{pmatrix},C=\breve{C}P=(C\quad 0)\begin{pmatrix}I & 0\\ I & I\end{pmatrix}=(C\quad 0)
\end{aligned}
\tag{6-227}
$$

由于线性非奇异变换不改变系统的极点，所以有

$$\det(s\boldsymbol{I}-\hat{\boldsymbol{A}})=\det(s\boldsymbol{I}-\breve{\boldsymbol{A}})=\det\begin{pmatrix} s\boldsymbol{I}-(\boldsymbol{A}+\boldsymbol{BK}) & -\boldsymbol{BK} \\ \boldsymbol{0} & s\boldsymbol{I}-(\boldsymbol{A}-\boldsymbol{LC}) \end{pmatrix}=\det(s\boldsymbol{I}-(\boldsymbol{A}+\boldsymbol{BK}))\det(s\boldsymbol{I}-(\boldsymbol{A}-\boldsymbol{LC}))$$

(6-228)

该式表明基于观测器的状态反馈系统的特征多项式等于$(\boldsymbol{A}+\boldsymbol{BK})$和$(\boldsymbol{A}-\boldsymbol{LC})$的特征多项式之积，进而有

$$\boldsymbol{\Lambda}(\hat{\boldsymbol{A}})=\boldsymbol{\Lambda}(\boldsymbol{A}+\boldsymbol{BK})\cup\boldsymbol{\Lambda}(\boldsymbol{A}-\boldsymbol{LC}) \tag{6-229}$$

(3) 基于观测器的状态反馈系统综合的分离性。

由式(6-229)知，观测器的引入不影响直接状态反馈的 $\boldsymbol{K}$ 配置，而状态反馈的引入也不影响观测器的 $\boldsymbol{L}$ 配置，即状态反馈和观测器的综合可独立进行。这就称之为分离原理。

(4) 基于观测器的状态反馈系统的传递函数矩阵。

观测器引入后的状态反馈系统的传递函数 $\boldsymbol{G}_{\mathrm{LK}}(s)$与直接状态反馈控制系统的传递函数矩阵 $\boldsymbol{G}_{\mathrm{K}}(s)$相等。

以基于全维观测器的状态反馈系统为例来说明。事实上，

$$\boldsymbol{G}_{\mathrm{LK}}(s)=\hat{\boldsymbol{C}}(s\boldsymbol{I}-\hat{\boldsymbol{A}})^{-1}\hat{\boldsymbol{B}}=\breve{\boldsymbol{C}}(s\boldsymbol{I}-\breve{\boldsymbol{A}})^{-1}\breve{\boldsymbol{B}}=(\boldsymbol{C}\quad \boldsymbol{0})\begin{pmatrix} s\boldsymbol{I}-(\boldsymbol{A}+\boldsymbol{BK}) & -\boldsymbol{BK} \\ \boldsymbol{0} & s\boldsymbol{I}-(\boldsymbol{A}-\boldsymbol{LC}) \end{pmatrix}^{-1}\begin{pmatrix} \boldsymbol{B} \\ \boldsymbol{0} \end{pmatrix} \tag{6-230}$$

利用 1.2.1 节分块矩阵求逆公式，得

$$\boldsymbol{G}_{\mathrm{LK}}(s)=\boldsymbol{C}(s\boldsymbol{I}-(\boldsymbol{A}+\boldsymbol{BK}))^{-1}\boldsymbol{B}=\boldsymbol{G}_{\mathrm{K}}(s) \tag{6-231}$$

思考　以基于降维观测器的状态反馈系统为例同样也能说明这样的事实。你能给出类似相应说明吗？

(5) 基于观测器的状态反馈系统的能控性。

观测器的引入使状态反馈控制系统不再保持完全能控。

以基于全维观测器的状态反馈系统为例进行说明。事实上，$\hat{\Sigma}_{\mathrm{LK}}=(\hat{\boldsymbol{A}},\hat{\boldsymbol{B}},\hat{\boldsymbol{C}})$的变换形式$\breve{\Sigma}_{\mathrm{LK}}=(\breve{\boldsymbol{A}},\breve{\boldsymbol{B}},\breve{\boldsymbol{C}})$，如式(6-227)已是按能控性分解形式，$(\boldsymbol{A}-\boldsymbol{BK},\boldsymbol{B},\boldsymbol{C})$即为系统能控部分。由于不能控的分状态是估计误差，所以这种不完全能控并不影响系统的正常工作。

(6) 基于观测器的状态反馈与直接状态反馈在 $t\to\infty$时的等效性。

由式(6-227)看出，通过选择 $\boldsymbol{L}$ 使$(\boldsymbol{A}-\boldsymbol{LC})$的特征值均位于左半平面，必有$\lim\limits_{t\to\infty}\tilde{\boldsymbol{x}}=\boldsymbol{0}$。因此，当 $t\to\infty$时，必成立

$$\begin{aligned} \dot{\boldsymbol{x}}&=(\boldsymbol{A}+\boldsymbol{BK})\boldsymbol{x}+\boldsymbol{Bv} \\ \boldsymbol{y}&=\boldsymbol{Cx} \end{aligned} \tag{6-232}$$

这表明，基于观测器的状态反馈与直接状态反馈只有当 $t\to\infty$，进入稳态时，才会与直接状态反馈系统完全等价。可以通过选择 $\boldsymbol{L}$ 加速 $\tilde{\boldsymbol{x}}\to\boldsymbol{0}$。

(7) 基于观测器的状态反馈系统的鲁棒性。

一般地说，观测器的引入会使状态反馈控制系统的鲁棒性变坏。根据分离性单独设计的任意状态反馈 $\boldsymbol{K}$，绝大多数系统在用观测器时都不可能有实现控制的低敏感性。

改善的途径是采用回路传递函数矩阵恢复技术。对此，这里不作展开性讨论。

(8) 基于观测器的状态反馈系统中观测器的综合原则。

基于观测器的状态反馈控制系统，其观测器综合的一条经验性原则是，把观测器的特征值负实部取为 $\boldsymbol{A}+\boldsymbol{BK}$ 特征值的负实部的 2～3 倍。

(9) 基于观测器的状态反馈系统与带补偿器输出反馈系统的等价性。

工程上，往往更关心传递特性。就输入输出传递特性而言，基于观测器的状态反馈系统与带补偿器输出反馈系统是等效的。补偿器含有串联补偿和并联补偿两部分。

为了说明这一问题，下面分析状态观测器的传递特性。将图 6-35 反馈阵 $\boldsymbol{K}$ 计入观测器系统 $\Sigma_L=(\boldsymbol{A}-\boldsymbol{LC},(\boldsymbol{B}\quad\boldsymbol{L}),\boldsymbol{K})$，将图 6-35 简化成图 6-36。系统 $\Sigma_L=(\boldsymbol{A}-\boldsymbol{LC},(\boldsymbol{B}\quad\boldsymbol{L}),\boldsymbol{K})$ 以原系统输入和输出作为输入。

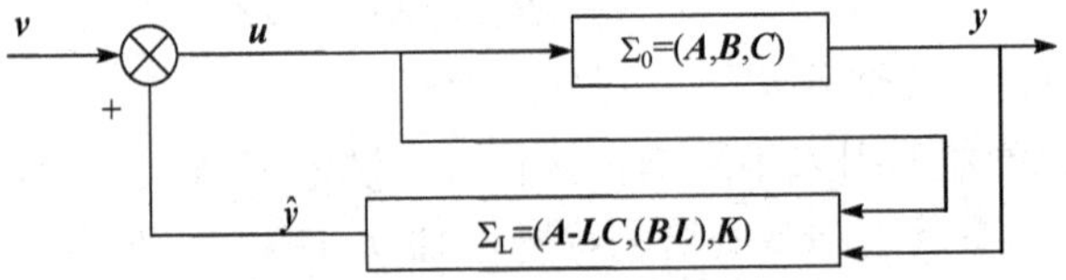

图 6-36　基于观测器的状态反馈系统简化图

$\Sigma_L=(\boldsymbol{A}-\boldsymbol{LC},(\boldsymbol{B}\quad\boldsymbol{L}),\boldsymbol{K})$ 的状态空间表达式为

$$\begin{aligned}\dot{\hat{\boldsymbol{x}}}&=(\boldsymbol{A}-\boldsymbol{LC})\hat{\boldsymbol{x}}+\boldsymbol{Bu}+\boldsymbol{Ly}\\ \hat{\boldsymbol{y}}&=\boldsymbol{K}\hat{\boldsymbol{x}}\end{aligned}\tag{6-233}$$

将该式取拉氏变换，可导出 Σ_L 的传递特性

$$\hat{\boldsymbol{Y}}(s)=\boldsymbol{K}(s\boldsymbol{I}-(\boldsymbol{A}-\boldsymbol{LC}))^{-1}\boldsymbol{BU}(s)+\boldsymbol{K}(s\boldsymbol{I}-(\boldsymbol{A}-\boldsymbol{LC}))^{-1}\boldsymbol{LY}(s)\tag{6-234}$$

令 $\boldsymbol{G}_1^*(s)=\boldsymbol{K}(s\boldsymbol{I}-(\boldsymbol{A}-\boldsymbol{LC}))^{-1}\boldsymbol{B}$，$\boldsymbol{G}_2(s)=\boldsymbol{K}(s\boldsymbol{I}-(\boldsymbol{A}-\boldsymbol{LC}))^{-1}\boldsymbol{L}$，则上式变为

$$\hat{\boldsymbol{Y}}(s)=\boldsymbol{G}_1^*(s)\boldsymbol{U}(s)+\boldsymbol{G}_2(s)\boldsymbol{Y}(s)\tag{6-235}$$

此式表明，观测器相当于两个子系统并联，如图 6-37(a)所示。进一步对其进行等效变换，得到图 6-37(b)图，图中 $\boldsymbol{G}_1(s)=(\boldsymbol{I}-\boldsymbol{G}_1^*(s))^{-1}$。

为了说明的是 $\boldsymbol{G}_1(s)$ 的可实现性，由第 1 章 1.2.1 节的矩阵求逆式(1-4)，可得

$$\boldsymbol{G}_1(s)=(\boldsymbol{I}-\boldsymbol{G}_1^*(s))^{-1}=(\boldsymbol{I}-\boldsymbol{K}(s\boldsymbol{I}-(\boldsymbol{A}-\boldsymbol{LC}))^{-1}\boldsymbol{B})^{-1}=\boldsymbol{I}+\boldsymbol{K}(s\boldsymbol{I}-(\boldsymbol{A}-\boldsymbol{LC})-\boldsymbol{BK})^{-1}\boldsymbol{B}\tag{6-236}$$

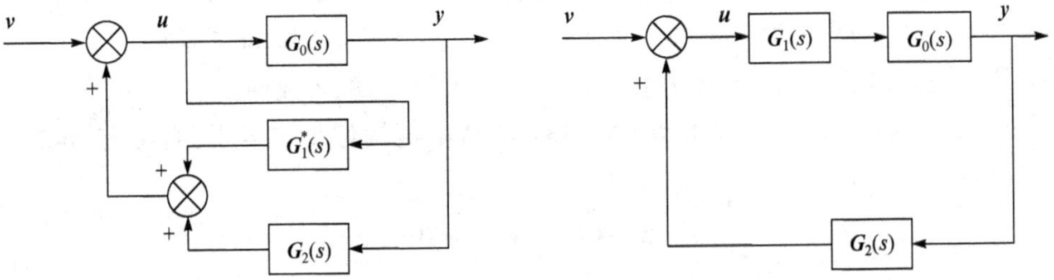

(a) 观测器等效于两子系统的并联　　(b) 观测器等效于带补偿的输出反馈

图 6-37　基于观测器的状态反馈系统简化图

此式表明，$\boldsymbol{G}_1(s)$ 的实现是 $\Sigma_1=((\boldsymbol{A}-\boldsymbol{LC})+\boldsymbol{BK},\boldsymbol{B},\boldsymbol{K},\boldsymbol{I})$，这就说明，一个基于观测器的状态反馈系统与带补偿器输出反馈系统是等效的。

例 6-26　设计基于状态观测器的状态反馈系统。

设受控系统的传递函数为 $G_0(s)=1/s(s+6)$，设计基于观测器的状态反馈系统。状态反馈将闭环系统极点配置为 $-4\pm j6$，实现上述反馈的全维及降维观测的极点为 -10，-10。并对系统进行数值计算比较三种情况下的状态响应与输出响应。

解　传递函数没有零极点对消，可得到一种最小实现，它是能控能观的，根据分离特性可

以分别设计反馈增益和观测器增益。为方便观测器设计，下面取系统的能观标准II型实现

$$\dot{\boldsymbol{x}}=\begin{pmatrix}0 & 0\\ 1 & -6\end{pmatrix}\boldsymbol{x}+\begin{pmatrix}1\\ 0\end{pmatrix}\boldsymbol{u}$$

$$\boldsymbol{y}=(0\quad 1)\boldsymbol{x}$$

(1) 首先设计反馈增益。

令 $\boldsymbol{K}=(k_1\quad k_2)$，得闭环系统矩阵

$$\boldsymbol{A}+\boldsymbol{BK}=\begin{pmatrix}0 & 0\\ 1 & -6\end{pmatrix}+\begin{pmatrix}1\\ 0\end{pmatrix}(k_1\quad k_2)=\begin{pmatrix}k_1 & k_2\\ 1 & -6\end{pmatrix}$$

其特征多项式为 $\alpha(\lambda)=\lambda^2+(6-k_1)\lambda+(-6k_1-k_2)$。

由题，期望的特征多项式为 $\alpha^*(\lambda)=\lambda^2+8\lambda+52$。比较得

$$\boldsymbol{K}=(k_1\quad k_2)=(-2\quad -40)$$

(2) 再设计全维观测器增益。

令 $\boldsymbol{L}=(l_1\quad l_2)^{\mathrm{T}}$，得观测器系统矩阵

$$\boldsymbol{A}-\boldsymbol{LC}==\begin{pmatrix}0 & 0\\ 1 & -6\end{pmatrix}-\begin{bmatrix}l_1\\ l_2\end{bmatrix}(0\quad 1)=\begin{bmatrix}0 & -l_1\\ 1 & -6-l_2\end{bmatrix}$$

其特征多项式为 $\underline{\alpha}(\lambda)=\lambda^2+(6+l_2)\lambda+l_1$。

由题，期望的特征多项式为 $\underline{\alpha}^*(\lambda)=\lambda^2+20\lambda+100$。比较得

$$\boldsymbol{L}=(l_1\quad l_2)^{\mathrm{T}}=(100\quad 14)^{\mathrm{T}}$$

于是，系统的全维状态观测器为

$$\begin{aligned}\dot{\hat{\boldsymbol{x}}}&=(\boldsymbol{A}-\boldsymbol{LC})\hat{\boldsymbol{x}}+\boldsymbol{Bu}+\boldsymbol{Ly}\\ &=\begin{pmatrix}0 & -100\\ 1 & -20\end{pmatrix}\hat{\boldsymbol{x}}+\begin{pmatrix}1\\ 0\end{pmatrix}\boldsymbol{u}+\begin{pmatrix}100\\ 14\end{pmatrix}\boldsymbol{y}\end{aligned}$$

(3) 再设计降维观测器。

在给出的最小实现中 y 可以直接由 x_2 表示，所以可以设计一维观测器。其观测器方程为

$$\dot{\hat{\boldsymbol{w}}}=(\boldsymbol{A}_{11}-\boldsymbol{LA}_{21})\hat{\boldsymbol{w}}+[(\boldsymbol{A}_{11}-\boldsymbol{LA}_{21})\boldsymbol{L}+(\boldsymbol{A}_{12}-\boldsymbol{LA}_{22})]\boldsymbol{y}+(\boldsymbol{B}_1-\boldsymbol{LB}_2)\boldsymbol{u}$$

$$\hat{\boldsymbol{x}}_1=\hat{\boldsymbol{w}}+\boldsymbol{Ly}$$

按给出的最小实现，知 $\boldsymbol{A}_{11}=0$，$\boldsymbol{A}_{21}=1$，$\boldsymbol{A}_{12}=0$，$\boldsymbol{A}_{22}=-6$，$\boldsymbol{B}_1=1$，$\boldsymbol{B}_2=0$，代入上式，考虑此时的观测器是标量系统，得

$$\dot{\hat{\boldsymbol{w}}}=-l\hat{\boldsymbol{w}}+(-l^2+6l)y+u$$

$$\hat{x}_1=\hat{\boldsymbol{w}}+ly$$

特征多项式为 $\underset{\sim}{\alpha}(\lambda)=\lambda+l$。由题，期望的特征多项式为 $\underset{\sim}{\alpha}^*(\lambda)=\lambda+10$。对比得，$l=10$。

于是，系统的降维状态观测器为

$$\dot{\hat{\boldsymbol{w}}}=-10\hat{\boldsymbol{w}}-40y+u$$

$$\hat{x}_1=\hat{\boldsymbol{w}}+10y$$

比较全维观测器和降维观测器可以看出，全维观测器要复杂一些，而降维观测器要简单一些。

由此，假设输入信号是阶跃信号，基于 MATLAB/Simulink 构建基于全维(上)和降维(下)观测器的状态反馈系统计算框图，得到如图 6-38 所示的结果。

图 6-38(a)、(b)、(c)分别是无噪声情况下的输出响应、控制器输出、观测器对第 1 状态的全维与降维观测结果。从图中可以看出，观测器对第 1 状态实现渐近观测，并且由此设计的基于观测器的状态反馈系统也实现稳定。

图 6-38(d)是在输出测量时于 4s 加入持续 0.5 秒的脉冲信号，得到系统输出响应。基于全维观测器的状态反馈系统在抗噪声方面比基于降维观测器的状态反馈系统优越一些。

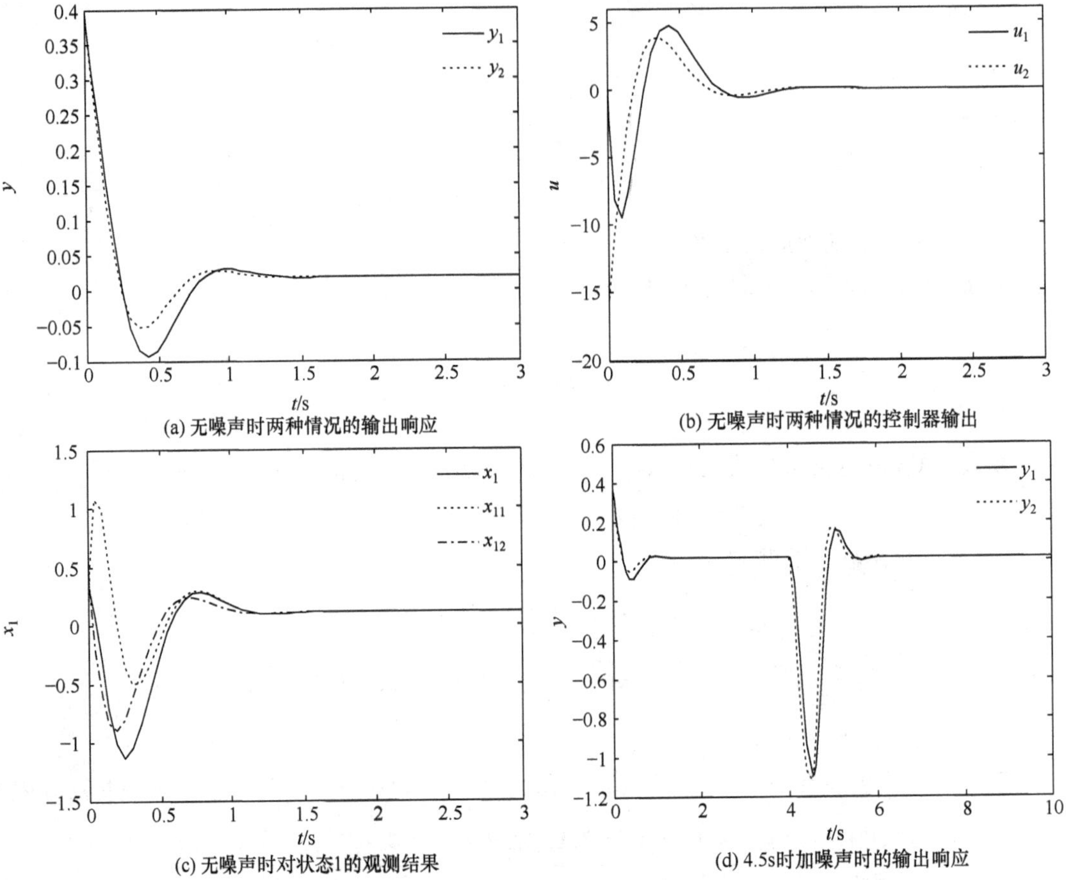

图 6-38　例 6-25 的仿真结果

6.12　小　　结

本章从时域和频域两个角度讨论了确定性系统的状态反馈和输出反馈的控制综合和设计的基本问题。从中可以看到，现代控制系统设计主要是基于系统模型和设计目标通过数学手段求解控制规律，而不同于经典控制系统多半通过对部分环节进行修正达到目的。对于确定性系统的反馈控制器和观测器的存在性，书中进行了深入讨论，给出了各种情况下反馈控制和状态观测器的设计方法。无论是反馈控制器，还是观测器，其方法的核心在于特征结构配置(包括特征值与特征向量)，本章主要介绍了特征值配置。

线性系统的能控性决定了其极点是否可以利用状态反馈进行任意配置。状态反馈是一种全息控制方案，然而，系统的信息往往并不是全部都可获得，此时，输出反馈或动态补偿器和观测器就能发挥作用。书中给出了比较规则、丰富的已有结果，这些结果要结合具体问题加以合量使用，具体问题具体分析。

习　题

6.1　用 PBH 能控性判别方法证明状态反馈能保持能控性。

6.2　用 PBH 能控性判别方法证明输出反馈能保持能观性。

6.3　比较状态反馈与输出反馈的特点，说明优缺点。

6.4　用 MATLAB 编写 Bass-Gura 算法函数，并通过虚拟一个系统验证函数的正确性。

6.5　对于单输入连续时间 LTI 系统，利用 Cayley-Hamilton 定理证明 Ackermann 极点配置算法。

6.6　已知系统为

$$\dot{x}_1=x_2$$
$$\dot{x}_2=x_3$$
$$\dot{x}_3=-x_1-x_2-x_3+3u$$

试确定线性状态反馈控制律，使闭环极点都是 -3，并画出闭环系统的结构图。

6.7　给定系统状态方程为

$$\dot{x}=\begin{bmatrix}0 & 0 & 0\\ 1 & -1 & 0\\ 0 & 1 & -1\end{bmatrix}x+\begin{bmatrix}1\\ 0\\ 0\end{bmatrix}u$$

求状态反馈增益阵 $\boldsymbol{k}$，使反馈后闭环特征值为 $\lambda_1^*=-2,\lambda_{2,3}^*=-1\pm \mathrm{j}\sqrt{3}$。

6.8　考虑如下线性定常系统

$$\boldsymbol{x}(k+1)=\boldsymbol{G}\boldsymbol{x}(k)+\boldsymbol{h}u(k)$$

式中

$$\boldsymbol{G}=\begin{pmatrix}0 & 1 & 0\\ 0 & 0 & 1\\ -1 & -5 & -6\end{pmatrix},\quad \boldsymbol{h}=\begin{pmatrix}0\\ 0\\ 1\end{pmatrix}$$

(1) 利用状态反馈控制 $u(k)=\boldsymbol{K}\boldsymbol{x}(k)$，将系统的闭环极点配置在 $-0.5\pm \mathrm{j}0.5$ 和 $s=0.4$，确定状态反馈增益矩阵 $\boldsymbol{K}$。

(2) 假设 $y(k)=(1\quad 1\quad 1)\boldsymbol{x}(k)$，利用 MATLAB/Simulink 在零状态下，比较并分析原系统与状态反馈系统的输出阶跃响应，说明状态反馈控制对性能指标好坏两个方面的影响。对于不利影响，如何克服？

6.9　考虑如下的线性定常系统

$$\dot{\boldsymbol{x}}=\begin{pmatrix}-1 & 0\\ 1 & -2\end{pmatrix}+\begin{pmatrix}0\\ 1\end{pmatrix}\boldsymbol{u}$$
$$\boldsymbol{y}=(1\quad 0)\boldsymbol{x}$$

设计全阶状态观测器，其期望特征值为 $\lambda_{1,2}=-5$。

6.10　考查如图 P6.10 所示的被控过程，设计一线性状态反馈控制系统，使闭环系统满足如下性能指标：a. 输出超调量 $\sigma\leqslant 5\%$；b. 调节时间 $t_s\leqslant 4\mathrm{s}$；c. 在单位阶跃输入下的稳态误差为 0。要求用 MATLAB 编制程序进行验证。

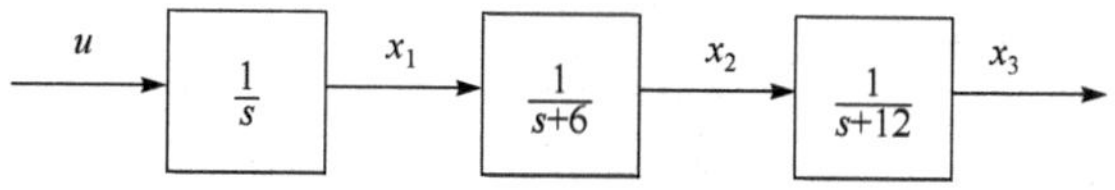

图 P6.10　被控过程传递函数图

6.11　系统的传递函数是 $W_0(s)=\begin{pmatrix}\dfrac{s^2+1}{(s-1)(s+1)(s+2)}\\ \dfrac{-s}{(s+1)(s+2)}\\ \dfrac{1}{(s-1)(s+1)(s+2)}\end{pmatrix}$，其一个实现为 $\begin{aligned}\dot{x}&=\begin{pmatrix}0&1&0\\0&0&1\\2&1&-2\end{pmatrix}x+\begin{pmatrix}0\\0\\1\end{pmatrix}u\\ y&=\begin{pmatrix}1&0&1\\0&1&-1\\1&0&0\end{pmatrix}x\end{aligned}$。要求其期望极点为－1，－1，－2，求输出反馈控制器。

6.12　给定系统的传递函数为

$$G(s)=\frac{1}{s(s+4)(s+8)}$$

试确定线性状态反馈律，使闭环极点为－2，－4，－7。

6.13　给定系统的传递函数为

$$g(s)=\frac{(s-1)(s+2)}{(s+1)(s-2)(s+3)}$$

试问能否用状态反馈将函数变为

$$g_k(s)=\frac{(s-1)}{(s+2)(s+3)} \text{和} g_k(s)=\frac{(s+2)}{(s+1)(s+3)}$$

若有可能，试分别求出状态反馈增益阵 k，并画出结构图。

6.14　对于完全能观的线性定常系统而言，其状态的初值可由输入输出信息构造出来，从而系统的状态运动也可由系统的输入和输出信息完全精确地获得，试阐述其正确性。另外，既然这样，为什么还要通过状态观测器，求取系统状态的渐近估计呢？

6.15　能观性是定常线性系统存在降维观测器的充分条件吗？试问这一条件可否进一步减弱？

6.16　已知如下系统，试设计一个状态观测器，使观测器的极点为 $-r,-2r(r>0)$。

$$\dot{x}=\begin{pmatrix}0&1\\0&0\end{pmatrix}x+\begin{pmatrix}0\\1\end{pmatrix}u$$

$$y=(1\quad 0)x$$

6.17　设受控对象的传递函数为 $1/s^3$，求解以下问题：

(1)设计状态反馈，使闭环极点配置为 $-3,-0.5\pm \mathrm{j}\sqrt{3}/2$；

(2)设计极点为－5 的降维观测器；

(3)按(1)和(2)的结果，求等效的反馈校正和串联校正装置。

(4)画出等效前的系统模拟结构图和等效后的系统框图。

6.18　设一个 n 阶 SISO 定常线性系统最小实现为

$$\dot{x}(t)=Ax(t)+bu(t)$$

$$y(t)=cx(t)$$

设参考输入信号为 $y_r(t)=\sin(\omega t)$，其中 ω 为给定正常数。

(1)若 $cb=cAb=\cdots=cA^{n-2}b=0$，证明存在 $u(t)$ 使系统输出 $y(t)$ 可以渐近地跟踪参考信号 $y_r(t)$，且系统中所有状态都是有界的，即存在 $\lim\limits_{t\to 0}(y(t)-y_r(t))=0$。

(2)如果去掉上述条件，结论还成立吗？试给出证明。

6.19　给定图 P6.19 所示的具有反馈补偿器的线性时不变输出反馈系统，其中传递函数分别为

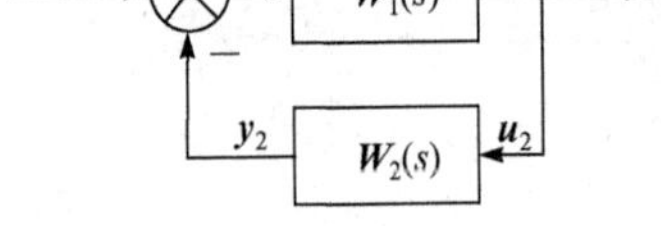

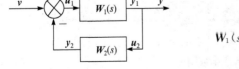

图 P6.19　反馈补偿系统

$$W_1(s)=\begin{pmatrix}\dfrac{1}{s+1}&1\\ \dfrac{1}{s^2-1}&\dfrac{1}{s-1}\end{pmatrix},\quad W_2(s)=\begin{pmatrix}\dfrac{1}{s+3}&\dfrac{1}{s+1}\\ \dfrac{1}{s+3}&\dfrac{1}{s+2}\end{pmatrix}$$

分析以下问题：

(1) 该输出反馈系统是否完全能控？

(2) 该输出反馈系统是否完全能观？

(3) 该输出反馈系统是否为 BIBO 稳定？

(4) 该输出反馈系统是否为渐近稳定？

6.20 给定双输入双输出的线性定常受控系统如下，试判定该系统用状态反馈和输入变换能否实现解耦？若能，将解耦后子系统的极点分别配置到 $\lambda_{11}^*=-2$，$\lambda_{12}^*=-4$；$\lambda_{21}^*=-2+\mathrm{j}$，$\lambda_{22}^*=-2-\mathrm{j}$。

$$\dot{\boldsymbol{x}}=\begin{bmatrix}0 & 1 & 0 & 0\\ 3 & 0 & 0 & 2\\ 0 & 0 & 0 & 1\\ 0 & -2 & 0 & 0\end{bmatrix}\boldsymbol{x}+\begin{bmatrix}0 & 0\\ 1 & 0\\ 0 & 0\\ 0 & 1\end{bmatrix}\boldsymbol{u}$$

$$\boldsymbol{y}=\begin{bmatrix}1 & 0 & 0 & 0\\ 0 & 0 & 1 & 0\end{bmatrix}\boldsymbol{x}$$

参 考 文 献

陈万义. 2008. 传递函数矩阵零空间的最小多项式基和亏数// Proceedings of the 27nd Chinese Control Conference, kunming: 11-13.

陈万义. 2010. 关于复频域理论的若干注记// Proceedings of the 29nd Chinese Control Conference, Beijing: 62-64.

陈万义. 2013. 关于多项式矩阵和有理函数矩阵的若干性质// Proceedings of the 32nd Chinese Control Conference, Xi'an: 132-134.

段广仁. 2004. 线性系统理论. 哈尔滨: 哈尔滨工业大学出版社.

胡寿松. 2001. 自动控制原理. 4 版. 北京: 科学出版社.

刘豹, 唐万生. 2006. 现代控制理论. 3 版. 北京: 机械工业出版社.

闵颖颖, 刘允刚. 2007. Barbalat 引理及其在系统稳定性分析中的应用. 山东大学学报(工学版), 37(1): 51-55, 114.

彭纪南, 王明. 1992. 系统能控性与能观性的哲学分析及其意义. 科学技术与辩证法, 1: 2.

王春民, 刘兴明, 嵇艳鞠. 2008. 连续与离散控制系统. 北京: 科学出版社.

王孝武. 1998. 现代控制理论基础. 2 版. 北京: 机械工业出版社.

闻君里, 应启珩, 杨为理. 2000. 信号与系统(上). 2 版. 北京: 高等教育出版社.

吴麒. 1999. 自动控制原理(下). 北京: 清华大学出版社.

吴晓燕, 张双选. 2006. MATLAB 在自动控制中的应用. 西安: 西安电子科技大学出版社.

张嗣瀛, 高立群. 2006. 现代控制理论. 北京: 清华大学出版社.

郑大钟. 2002. 线性系统理论. 2 版. 北京: 清华大学出版社.

周凤岐, 周军, 郭建国. 2011. 现代控制理论基础. 西安: 西北工业大学出版社.

周军. 1994. 多变量系统各类阻塞零点的关系与性质. 兰州大学学报(自然科学版), 30(4): 170-173.

Davsion E J, Wang S H. 1975. On pole assignment in linear multivariable systems using output feedback. IEEE Transactions on Automatic Control, 8: 509-516.

Davsion E J. 1970. On pole assignment in linear systems with incomplete state feedback. IEEE Transactions on Auotmatic Control, 6: 348-351.

Davsion E J. 1971. A note on pole assignment in linear systems with incomplete state feedback. IEEE Transactions on Automatic, Control, 2: 98-99.

Kimura H. 1975. Pole assignment by gain output feedback. IEEE Transactions on Automatic Control, 8: 509-516.

Ogata K. 2000. 现代控制工程. 卢伯英等译. 北京: 电子工业出版社.

WANG S H, Davsion E J. 1973. An Algorithm for the assignment of closed-loop poles using output feedback in large linear multivariable systems. IEEE Transactions on Automatic Control: 74-75.